高超声速出版工程
（第二期）

湍 流

Turbulent Flows

〔美〕斯蒂芬·B. 波普（Stephen B. Pope） 著
谢 峰 范孝华 孙海浩 杨彦广 译

科 学 出 版 社
北 京

图字：01－2018－2939 号

内 容 简 介

湍流是流体力学中的一种基本现象，是指流体在运动过程中表现出随机性和不规则性的流动状态。这种流动状态在自然界和工程应用中普遍存在，例如河流的流动、大气中的风暴及发动机内部的气体流动等。湍流在传热、传质和动量传递等过程中起着关键作用，同时也是理解和预测自然现象及优化工程设计的重要基础。

本书是一部聚焦流体力学重要分支——湍流领域的经典研究生教学参考书。该书内容前沿、体系完整，教学适用性强，脱胎于 Pope 教授多年来在康奈尔大学讲授的课程讲义。全书采用两部分结构加附录的编排方式：第一部分系统阐述湍流的基本特性、定量描述方法及涉及的核心物理机理；第二部分深入探讨各类湍流建模与数值模拟技术；书末附录部分则汇总了所需的数学工具。书中还提供了丰富的练习和参考文献，能够让读者深入掌握湍流相关知识。本书主要面向工程类专业高年级研究生，同时也可为应用数学、物理学、海洋科学与大气科学领域的师生，以及相关科研人员和从业工程师提供重要参考。

图书在版编目（CIP）数据

湍流／（美）斯蒂芬·B. 波普（Stephen B. Pope）著；谢峰等译. -- 北京：科学出版社，2025. 4.
ISBN 978-7-03-081387-9

Ⅰ. O357.5

中国国家版本馆 CIP 数据核字第 202558GU72 号

责任编辑：徐杨峰　赵朋媛／责任校对：谭宏宇
责任印制：黄晓鸣　／封面设计：殷　靓

科学出版社 出版
北京东黄城根北街 16 号
邮政编码：100717
http：//www.sciencep.com

南京展望文化发展有限公司排版
广东虎彩云印刷有限公司印刷
科学出版社发行　各地新华书店经销
*
2025 年 4 月第　一　版　开本：B5（720×1000）
2025 年10月第三次印刷　印张：41 3/4
字数：815 000

定价：280.00 元

（如有印装质量问题，我社负责调换）

高超声速出版工程（第二期）

专家委员会

顾　问

王礼恒　张履谦　杜善义

主任委员

包为民

副主任委员

吕跃广　李应红

委　员

（按姓名汉语拼音排序）

艾邦成　包为民　蔡巧言　陈坚强　陈伟芳
陈小前　邓小刚　段广仁　符　松　关成启
桂业伟　郭　雷　韩杰才　侯　晓　姜　斌
姜　杰　李小平　李应红　吕跃广　孟松鹤
闵昌万　沈　清　孙明波　谭永华　汤国建
唐志共　王晓军　阎　君　杨彦广　易仕和
尤延铖　于达仁　朱广生　朱恒伟　祝学军

高超声速出版工程（第二期）·高超声速译著系列

编写委员会

主　编

杨彦广　关成启

副主编

方　明　黄　伟　王　刚

委　员

（按姓名汉语拼音排序）

蔡巧言　陈坚强　陈伟芳　方　明　关成启
郭照立　黄　伟　李新亮　卢志毅　罗金玲
王　刚　肖保国　肖志祥　谢　峰　杨彦广
易仕和　袁湘江　张　俊　钟诚文

丛书序

飞得更快一直是人类飞行发展的主旋律。

1903 年 12 月 17 日，莱特兄弟发明的飞机腾空而起，虽然飞得摇摇晃晃，犹如蹒跚学步的婴儿，但拉开了人类翱翔天空的华丽大幕；1949 年 2 月 24 日，Bumper-WAC 从美国新墨西哥州白沙发射场发射升空，上面级飞行马赫数超过 5，实现人类历史上第一次高超声速飞行。从学会飞行，到跨入高超声速，人类用了不到五十年，蹒跚学步的婴儿似乎长成了大人，但实际上，迄今人类还没有实现真正意义的商业高超声速飞行，我们还不得不忍受洲际旅行需要十多个小时甚至更长飞行时间的煎熬。试想一下，如果我们将来可以在两小时内抵达全球任意城市，这个世界将会变成什么样？这并不是遥不可及的梦！

今天，人类进入高超声速领域已经快 70 年了，无数科研人员为之奋斗了终生。从空气动力学、控制、材料、防隔热到动力、测控、系统集成等，在众多与高超声速飞行相关的学术和工程领域内，一代又一代科研和工程技术人员传承创新，为人类的进步努力奋斗，共同致力于达成人类飞得更快这一目标。量变导致质变，仿佛是天亮前的那一瞬，又好像是蝶即将破茧而出，几代人的奋斗把高超声速推到了嬗变前的临界点上，相信高超声速飞行的商业应用已为期不远！

高超声速飞行的应用和普及必将颠覆人类现在的生活方式，极大地拓展人类文明，并有力地促进人类社会、经济、科技和文化的发展。这一伟大的事业，需要更多的同行者和参与者！

书是人类进步的阶梯。

实现可靠的长时间高超声速飞行堪称人类在求知探索的路上最为艰苦卓绝的一次前行，将披荆斩棘走过的路夯实、巩固成阶梯，以便于后来者跟进、攀登，意义深远。

以一套丛书，将高超声速基础研究和工程技术方面取得的阶段性成果和宝贵经验固化下来，建立基础研究与高超声速技术应用之间的桥梁，为广大研究人员和工程技术人员提供一套科学、系统、全面的高超声速技术参考书，可以起到为人类文明探索、前进构建阶梯的作用。

2016 年，科学出版社就精心策划并着手启动了“高超声速出版工程”这一非常符合时宜的事业。我们围绕“高超声速”这一主题，邀请国内优势高校和主要科研院所，组织国内各领域知名专家，结合基础研究的学术成果和工程研究实践，系统梳理和总结，共同编写了“高超声速出版工程”丛书，丛书突出高超声速特色，体现学科交叉融合，确保丛书具有系统性、前瞻性、原创性、专业性、学术性、实用性和创新性。

这套丛书记载和传承了我国半个多世纪尤其是近十几年高超声速技术发展的科技成果，凝结了航天航空领域众多专家学者的智慧，既可供相关专业人员学习和参考，又可作为案头工具书。期望本套丛书能够为高超声速领域的人才培养、工程研制和基础研究提供有益的指导和帮助，更期望本套丛书能够吸引更多的新生力量关注高超声速技术的发展，并投身于这一领域，为我国高超声速事业的蓬勃发展做出力所能及的贡献。

是为序！

2017 年 10 月

原著中文版序

本书旨在为理工科研究生提供系统深入的湍流流动教学参考书，同时也可供大气科学、应用数学、物理学领域的学生和科研工作者参考使用。

书中重点围绕四个核心问题展开：

（1）湍流有哪些显著特征？

（2）如何定量描述湍流现象？

（3）湍流中蕴含哪些关键物理机制？

（4）如何建立方程来模拟湍流或对其建模？

早在 1972 年，在 Tennekes 和 Lumley 编写的经典教材中就对前三个问题给出了深刻解答。而近几十年来，随着计算技术的突破，针对第四个问题的研究取得了重大进展。诸如雷诺应力模型、概率密度函数方法和大涡模拟等技术的出现，为模拟或建模湍流提供了有力工具。本书内容分为两大部分。第一部分系统阐述湍流的基本特性、数学定量方法和物理机制；第二部分重点探讨如何建立精准的模型方程以刻画湍流。与侧重工程应用的湍流建模手册（Wilcox，1993）不同，本书更注重理论框架的构建，揭示不同建模方法背后的数学原理与物理内涵。

关于湍流与湍流流动的文献浩如烟海，通过不同的方法，众多有价值的问题得以探讨。在一学期的课程或篇幅有限的书籍中，仅能覆盖部分主题，且方法亦有限。本书对主题与方法的筛选基于笔者 20 年来在麻省理工学院与康奈尔大学教授湍流课程的教学经验。相较于均匀湍流理论，本书更侧重湍流流动的工程、大气科学等实际应用。对定量理论与模型的强调，契合科学目标——发展一种易处理且定量准确的湍流理论，并为理解湍流流动计算方法（如湍流模型和大涡模拟）奠定坚实基础。

除大涡模拟与直接数值模拟外，本书所述理论与模型均源自统计方法，其开创者包括 Osborne Reynolds、G. I. Taylor、Prandtl、von Kármán 和 Kolmogorov 等。近 25 年来，学术研究中有相当部分强调确定性观点，例如对相干结构的实验研究，以及基于低维动力系统的模型[如 Holmes 等(1996)的研究]。目前，此类方法尚未发展出普适的定量模型，亦未对统计方法产生显著影响。因此，本书未系统阐述确定性观点。

全书分为两部分及若干附录。第一部分为湍流流动概论，涵盖纳维-斯托克斯(Navier-Stokes)方程、湍流场的统计表征、平均流动方程、简单自由剪切流与壁面约束流动的行为、能量级串、湍流谱及 Kolmogorov 假设。前五章聚焦平均速度场及其受雷诺应力的影响，引入"湍流黏性"概念并深入讨论其局限性，随后转向湍流本身，特别是湍流动能的产生与耗散，为第 6 章描述能量级串与 Kolmogorov 假设奠定基础。基于波数空间，对傅里叶模态的均匀湍流谱进行了详细描述，这不仅为能量级串提供了新视角，亦为后续章节的直接数值模拟、大涡模拟与快速畸变理论提供了分析框架。

第 7 章阐述了简单壁面约束流动，首先分析平均速度场，进而讨论雷诺应力。本章引入雷诺应力的精确输运方程，并考察其在湍流边界层中的平衡特性。

第二部分所述的模拟与建模方法包括：直接数值模拟、湍流黏性模型(如 $k-\varepsilon$ 模型)、雷诺应力模型、概率密度函数方法及大涡模拟。第 9 章首先讨论直接数值模拟，因其概念最为直观，但受限于简单低雷诺数流动的特性，促使了其他方法的引入。第 10 章阐述应用最广泛的湍流黏性模型。第 11 章的雷诺应力模型更紧密关联湍流物理本质——雷诺应力平衡方程可直接从 Navier-Stokes 方程导出，其各项贡献已通过实验与模拟量化。引入快速畸变理论以阐明平均速度梯度对雷诺应力的作用机制，模型构建中侧重基本概念与原理，而非具体模型形式的细节。

第 12 章聚焦概率密度函数方法，核心研究对象为速度场(单点、单次、欧拉框架)的联合概率密度函数。该概率密度函数的一阶矩对应平均速度，二阶矩对应雷诺应力。从雷诺应力过渡到概率密度函数描述的合理性在于：概率密度函数方程中，对流项(含平均与脉动速度)以闭合形式呈现，无须额外建模；快速畸变效应可在有限程度上精确处理；因其能精确处理化学反应而无须建模假设，该方法在湍流反应流(如湍流燃烧)中的优势显著。

概率密度函数方法的关键要素包括随机拉格朗日模型(如跟踪流体粒子速度的朗之万模型),这些模型在湍流扩散领域(源自 G. I. Taylor 于 1921 年发表的经典论文)亦有应用。第 13 章论述大涡模拟方法,其直接解析大尺度湍流运动,而对小尺度亚网格运动效应则进行建模。第 9 章至第 12 章提出的诸多概念与技术,在亚网格过程建模中得到了实际应用。

本书是为一个学期的课程设计的,面向已修读流体力学与应用数学研究生课程的学生。尽管多数学生需掌握大量新内容,但经验表明,只要讲解足够清晰透彻,他们便能够成功掌握。为此,书中包含多个附录,对正文涉及的数学方法与结论进行必要推导与阐释。鉴于学生的概率论学习基础参差不齐,书中专门提供了相关基础知识(第 3.2 至 3.5 节)。

若想放缓教学节奏,第一、二部分可分两学期讲授,内容足够充实。若无须涵盖建模内容,仅第一部分即可作为湍流流动的完整导论。

多数习题要求读者"证明……",借此引入附加结论与观察。因此,建议通读所有习题,即便未能实际演算。本书设计为自足性教材,但仍提供了充足参考文献,以便辅助进行科研文献检索。

尽管成书过程力求严谨,但初版难免存在疏漏。已知勘误表发布于 http://mae.cornell.edu/~pope/TurbulentFlows。读者若发现其他问题,请通过 pope@mae.cornell.edu 联系作者。

本书的成稿得益于众多人士的帮助。特别感谢康奈尔大学同事 David Caughey、Sidney Leibovich、John Lumley、Dietmar Rempfer 和 Zellman Warhaft 的技术支持;感谢 Peter Bradshaw、Paul Durbin、Rodney Fox、Kemo Hanjalić、Charles Meneveau、Robert Moser、Blair Perot、Ugo Piomelli、P. K. Yeung 和 Norman Zabusky 对章节草稿的宝贵建议;感谢康奈尔大学毕业生 Bertrand Delarue、Thomas Dreeben、Matthew Overholt、Paul Van Slooten、Jun Xu 等对书稿的反馈,其中前五位协助完成插图绘制。书稿主要由 June Meyermann 排版,其表现出的耐心、精确与热忱令人钦佩;Sarah Pope 对参考文献进行了细致校对,其准确性显著提升。尤其感谢妻子 Linda 在本书撰写期间及多年来的包容、支持与鼓励。

目 录

第一篇　原　　理

第1章　简　　介

第2章　流体运动方程

第3章 湍流的统计描述

第4章 平均流动方程

第5章 自由剪切流

第6章 湍流运动的尺度

第 7 章 壁 面 流 动

第二篇 建 模 与 仿 真

第 8 章 建模与仿真简介

第 9 章 直接数值模拟

第 10 章 湍流黏性模型

第 11 章 雷诺应力和相关模型

第 12 章 PDF 方法

第 13 章 大 涡 模 拟

第三篇 附 录

附录 A 笛卡儿张量

附录 B 二阶张量性质

附录 C 狄拉克 delta 函数

附录 D 傅里叶变换

附录J 扩 散 过 程

参 考 文 献

符号表及缩写

第一篇

原　　理

第 1 章

简　　介

1.1　湍流的性质

我们的日常环境中有很多机会可以遇到湍流现象，如烟囱里冒出的烟、河流或瀑布中的水，抑或是肆虐的强风等。观察瀑布，我们可以立即看出流动是不稳定的、不规则的、看似随机并且混乱的，每个旋涡或液滴的运动轨迹是不可预测的。在固体火箭发动机的羽流中（图 1.1），可以观察到许多不同尺度的湍流运动，大到与羽流宽度相当的旋涡，小到仅相机可以分辨的最小尺度。这两个例子中提到的特征是所有湍流所共有的。

图 1.1　"泰坦 4"火箭发动机地面试车产生的湍流尾焰照片（喷管出口直径 3 m，预计尾焰高度为 1 500 m，雷诺数为 200×10^6）

更多内容详见 Mungal 和 Hollingsworth（1989）的研究，由 San Jose Mercury & News 授权

在实验室中可以开展更为精密而细致的观察。图 1.2 显示了两种不同雷诺数条件下湍流射流的平面图像。同样，流体浓度场是不规则的，并且可以观察到很宽范围的长度尺度。

正如上述讨论所描述的，湍流的一种基本特征是，流体速度场在不同位置和时间上都有显著而不规则的变化。速度场（将在 2.1 节

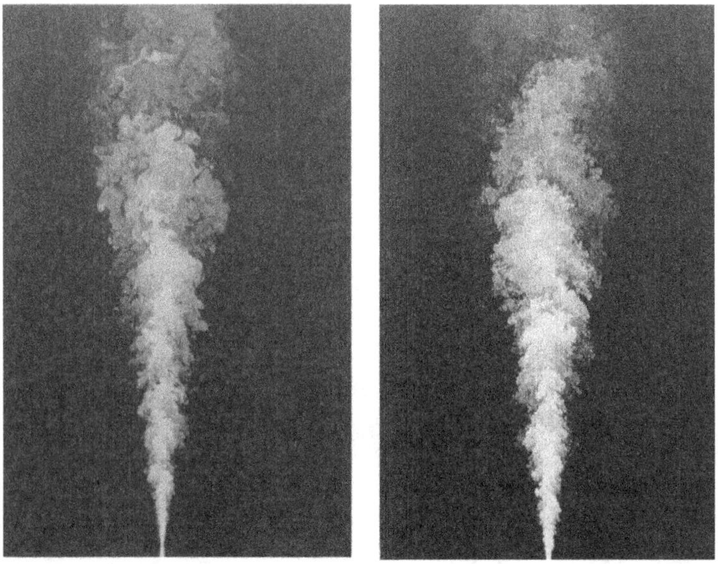

(a) Re=5 000 (b) Re=20 000

图 1.2 湍流射流中浓度的平面图像

来自 Dahm 和 Dimotakis(1990)的研究

进行介绍)用 $\boldsymbol{U}(\boldsymbol{x}, t)$ 表示,其中 $\boldsymbol{x}$ 表示位置,t 表示时间。

图 1.3 给出了湍流射流中心线上轴向速度分量的时间历程 $U_1(t)$ (与图 1.2 类似)。水平线(图 1.3 中)显示了平均速度,表示为 $\langle U_1 \rangle$ (第 3.2 节有定义)。可以看出,瞬时速度 $U_1(t)$ 展现出显著的波动(大约 25%的 $\langle U_1 \rangle$),不是周期性的,且

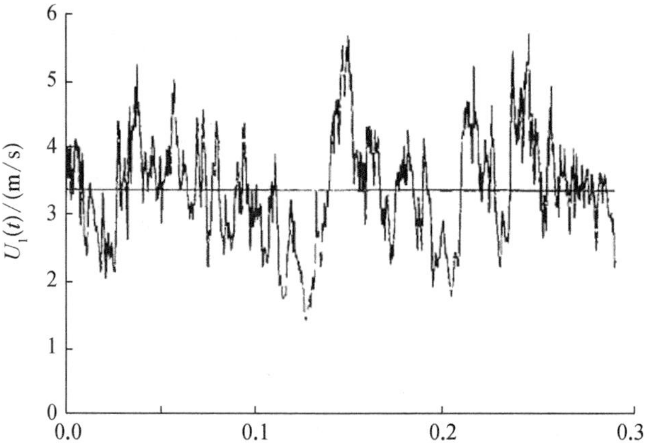

图 1.3 湍流射流中心线上速度 $U_1(t)$ 轴向分量的时间历程

来自 Tong 和 Warhaft(1995)的实验

时间历程在一个大范围的时间尺度上呈现变化。非常重要的是,我们发现 $U_1(t)$ 及其平均值 $\langle U_1\rangle$ 在某种意义上是“稳定的”: $U_1(t)$ 不会发生巨大变化; $U_1(t)$ 也不会在与 $\langle U_1\rangle$ 不同的其他值附近驻留太长时间。

图 1.4 显示了在类似湍流射流中不同横坐标 x_2 上的平均速度 $\langle U_1\rangle$ 分布。与速度 U_1 形成鲜明对比,平均速度 $\langle U_1\rangle$ 具有平滑的速度剖面,没有细小的结构。事实上,湍流的速度剖面形状与层流射流几乎没有差异。

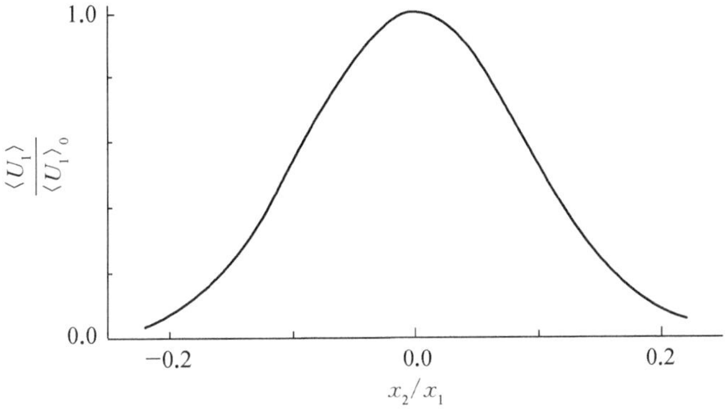

图 1.4　湍流射流中的平均轴向速度分布[来自 Hussein 等(1994)的研究]

平均速度 $\langle U_1\rangle$ 通过其在中心线上的值 $\langle U_1\rangle_0$ 来归一化;横向(径向)坐标 x_2 通过与喷管的距离 x_1 归一化;雷诺数是 95 500

湍流普遍存在于工程应用中,但难以肉眼见到。泵、压缩机、管道等内部液体或气体流动时,通常是湍流。类似地,运输工具,如飞机、汽车、轮船及潜艇周围的流动也是湍流。发动机、锅炉和熔炉中燃料与空气的混合,以及化学反应堆中反应物的混合都是在湍流中进行的。

相比同等条件下的层流,湍流的一个重要特征是能够更有效地输运和混合流体。Reynolds(1883)首次报道的一个实验很好地证明了这一点。在一条有水流动的长管道中注入染料,染料能够稳定在管道的中心线上。后来经 Reynolds(1894)证实,这种流动能由一个无量纲参数(也就是现在的雷诺数 Re) 所表征。一般地,雷诺数定义为 $Re = \mathcal{U}\mathcal{L}/\nu$, 其中 $\mathcal{U}$ 和 $\mathcal{L}$ 分别是流动的特征速度和特征长度, ν 为流体的运动黏度(对于管道流, $\mathcal{U}$ 和 $\mathcal{L}$ 分别是面积平均轴向速度和管道直径)。在 Reynolds 的管道流实验中,如果 Re 小于 2 300,则流动为层流状态——流体速度不随时间变化,并且所有流线都平行于管道轴线。在这种(层流)情况下,中心线上注入的染料形成一条长条纹,其直径随下游距离(增大)仅略有增加。另外,如果 Re 超过 4 000,则流动是湍流状态①。靠近注射器时,染料条纹因湍流运动而摆动;

① 随着雷诺数的增加,发生层流到湍流的转捩现象,转捩 Re 范围取决于具体的实验条件。

随着下游距离(增大)逐渐变得不太清晰,并最终与周围的水混合,染料的峰值浓度降低到不可见的程度。

Van Dyke(1982)再现了 Reynolds 实验及其他经典的湍流流动现象,研究这组照片有很大的教育意义。

湍流能够有效输运和混合流体,对于许多实际应用至关重要。当混合不同的流体时,通常希望尽可能快地完成混合。将污染物释放到大气或水中,以及燃烧装置和化学反应堆中不同反应物的混合,都期望如此。

同时,湍流也能有效地"混合"流体的动量。因此,在飞机机翼和船体上,湍流的壁面剪应力(即阻力)比层流时要大得多。类似地,相比层流,湍流的固-液和液-气界面的传热传质速率大大提高。

综合上述三种观察,研究湍流的主要动机如下:绝大多数流动是湍流;流动中物质、动量和热量的输运与混合具有重要的现实意义;而湍流大大提升了这些过程的速率。

1.2 湍流研究

已有多项技术手段可用于解决许多涉及湍流的不同问题。对这些研究进行分类的第一步是区分湍流中的小尺度湍流和大尺度运动。

在高雷诺数下存在一个尺度间隔,这将在第 6 章进行详细讨论。大尺度运动受到流动几何条件(即边界条件)的强烈影响,它们控制着输运和混合。另外,小尺度运动的行为几乎完全由它们从大尺度接收能量的速率及黏性所决定。因此,这些小尺度运动具有不受到流动几何条件约束的普遍特性。人们很自然地会问到小尺度运动的特征是什么,它们能通过流体运动控制方程预测吗?这些都是湍流理论所要讨论的问题,在 Batchelor(1953)、Monin 和 Yaglom(1975)、Panchev(1971)、Lesieur(1990)、McComb(1990)和其他人的著作中有所论述,在本书(第 6 章)中略有涉及。

本书的侧重点是湍流,对其的研究可以分为三类。

(1) 发现:旨在提供特定流动的定性或定量信息的实验(或模拟)研究。

(2) 建模:理论(或建模)研究,旨在发展能够准确预测湍流特性且易于分析的数学模型。

(3) 控制:旨在以有益的方式操纵或控制流动或湍流的研究(通常包括实验和理论两部分),例如,改变边界几何构型以增强混合;或者使用主动控制来减少阻力。

本书第一部分的剩余部分主要讲关于第一类的研究,目的是让读者获得对简单湍流的重要特征、主导物理过程,以及它们如何与流体运动方程相关联的理解。第 1 章中对于湍流的描述并不全面：更多的内容可以在 Monin 和 Yaglom(1971)、Townsend(1976)、Hinze(1975)及 Schlichting(1979)的著作中找到。

第二类研究旨在开发易处理的数学模型,“易处理”一词至关重要。对于流体流动,无论是层流还是湍流,控制准则都体现在已经出现了一个多世纪的纳维-斯托克斯(Navier-Stokes)方程(这些方程将在第 2 章进行回顾)中。非常值得称赞的是,相对简单的纳维-斯托克斯方程能够准确而完整地描述复杂、多样的流体流动。然而,在湍流背景下,它们的优势也是它们的弱点：方程组描述了湍流速度场中从最大到最小的长度和时间尺度的所有细节。速度场中包含的信息量是巨大的,直接求解纳维-斯托克斯方程(通常)是不可能的。因此,尽管纳维-斯托克斯方程精确地描述了湍流,但它们并没有为湍流提供一个易处理的模型。

第 9 章叙述了直接求解湍流纳维-斯托克斯方程的方法,称为直接数值模拟(DNS)。尽管 DNS 难以处理具有现实意义的高雷诺数流动,但它仍然是研究中等雷诺数条件下简单湍流的强大手段。在第 7 章对壁面边界流动的描述中,广泛地采用 DNS 结果研究所涉及的物理过程。

而对于现实应用中普遍存在的高雷诺数流动,自然而然地追求一种统计方法。即,湍流不是采用速度 $\boldsymbol{U}(\boldsymbol{x}, t)$ 的形式,而是用一些统计量来描述,最简单的就是采用平均速度场 $\langle \boldsymbol{U}(\boldsymbol{x}, t)\rangle$ 进行描述。基于这种统计的模型可以产生一组易处理的方程组,因为统计场在位置和时间上变化较为平稳(如果有的话)。在第 3 章中,介绍了统计方法表征湍流场中使用的概念与技术;第二部分描述了用于计算湍流特性的统计模型。介绍的方法包括：湍流黏性模型,如 $k-\varepsilon$ 模型(第 10 章)、雷诺应力模型(第 11 章)、基于速度概率密度函数(PDF)的模型(第 12 章)及大涡模拟(LES)方法(第 13 章)。

第二部分中描述的统计模型可用于上述第三类研究,即旨在操纵或控制流动或湍流度的研究。然而,本书没有明确讨论该类研究。

表征和模拟湍流需要运用到大量的数学方法。附录提供了其中一些方法的简短教程与总结。第一个方法是广泛使用的笛卡儿张量。读者在继续阅读之前,不妨先回顾一下这份材料(附录 A)。书中贯穿了练习题,可为读者提供实践所学数学技巧的机会,大多数练习还包含附加的结果与数据。此外,书中还给出了专业术语和缩写的列表。

第 2 章

流体运动方程

本章简要回顾控制等性质牛顿流体流动的纳维-斯托克斯方程。如需要更全面的描述,可以在 Batchelor(1967)、Panton(1984)及 Tritton(1988)的著作中找到。但这些文献并没有深入讨论湍流研究中的两个重要主题,即压力的泊松方程(第 2.5 节)和纳维-斯托克方程的变换特性(第 2.9 节)。附录 A 回顾了如何用矢量或笛卡儿张量表示流体运动方程。

2.1 连续流性质

人们自然而然地会将流体视为连续介质。然而还是值得回顾一下连续介质假设,其综合了流体中离散分子性质与连续观点,避免在引入诸如“流体质点”和“无穷小物质元素”时出现混淆。

与人们通常可见的尺度相比,分子运动的长度和时间尺度都极其小。以大气环境下的空气为例,分子的平均间距为 3×10^{-9} m,平均自由程 λ 为 6×10^{-8} m,以及分子连续两次碰撞的平均时间间隔为 10^{-10} s。相比之下,流动中最小的几何长度尺度 ℓ 很少小于 0.1 mm $=10^{-4}$ m,对于 100 m/s 的流速,其产生的流动时间尺度大于 10^{-6} s。因此,即使对于具有小长度和时间尺度的流动,其流动尺度也超过分子尺度 3 个及 3 个以上的数量级。

分子间隔的长度尺度采用克努森数量化:

$$Kn \equiv \lambda/\ell \tag{2.1}$$

在上面的例子中, Kn 小于 10^{-3},而通常连续流方法适用范围为 $Kn \ll 1$。

对于非常小的 Kn, 由于尺度间隔,存在中间长度尺度 ℓ^*,其比分子尺度大,但小于流动尺度(即 $\lambda \ll \ell^* \ll \ell$)。大体而言,连续流性质可以等价于分布在 $V=\ell^{*3}$ 体积内分子的平均性质。$\mathcal{V}_x$ 表示中心为 $\boldsymbol{x}$、体积为 V 的球形区域。这样在 t 时刻,流体的密度 $\rho(\boldsymbol{x},\ t)$ 为 $\mathcal{V}_x$ 中分子的总质量除以 V。

类似地,流体的速度 $\boldsymbol{U}(\boldsymbol{x}, t)$ 是 $\mathcal{V}_x$ 中分子的平均速度。由于尺度间隔, ℓ^* 的选择对连续流性质的影响可以忽略不计。

虽然上一段中介绍的是标准方法(Batchelor, 1967; Panton, 1984),但如练习 2.1 所示,需要更加注意基于 ℓ^* 尺度的平均,并恰当地给出连续流性质定义。事实上,连续场最好定义为分子性质的期望值,见第 12 章内容。

重要的是,一旦引入连续假设获得连续场,如 $\rho(\boldsymbol{x}, t)$ 和 $\boldsymbol{U}(\boldsymbol{x}, t)$,就可以不管流体中所有有关离散分子性质的概念,不再与分子尺度相关。即使(在微观上)在 $(\boldsymbol{x}, t)$ 处很可能没有实际的物质,但是讨论"$\boldsymbol{x}, t$ 处的密度"也是有意义的。类似地,还可以考虑在比分子尺度更小距离上的性质差异,事实上,当定义梯度时就可以这样做:

$$\frac{\partial \rho}{\partial x_1} \equiv \lim_{h \to 0}\left(\frac{1}{h}[\rho(x_1 + h, x_2, x_3, t) - \rho(x_1, x_2, x_3, t)]\right) \tag{2.2}$$

练　习

2.1　在理想气体流动中,设 $m^{(i)}$、$\boldsymbol{x}^{(i)}(t)$ 和 $\boldsymbol{u}^{(i)}(t)$ 分别为第 i 个分子的质量、位置和速度。作为标准连续假设的推广,考虑定义:

$$\boldsymbol{U}(\boldsymbol{x}, t) \equiv \frac{\sum_i m^{(i)} \boldsymbol{u}^{(i)} K(|\boldsymbol{r}^{(i)}|)}{\sum_j m^{(j)} K(|\boldsymbol{r}^{(j)}|)} \tag{2.3}$$

其中, $\boldsymbol{r}^{(i)} \equiv \boldsymbol{x}^{(i)} - \boldsymbol{x}$; $K(r)$ 是光顺核心,例如:

$$K(r) = \exp\left(-\frac{1}{2}r^2/\ell^{*2}\right) \tag{2.4}$$

具有特定的长度尺度。显示速度梯度为

$$\frac{\partial U_\kappa}{\partial x_\ell} = \frac{\sum_i m^{(i)}(u_k^{(i)} - U_k)K'(|\boldsymbol{r}^{(i)}|)r_\ell^{(i)}/|\boldsymbol{r}^{(i)}|}{\sum_j m^{(j)} K(|\boldsymbol{r}^{(j)}|)} \tag{2.5}$$

其中, $K'(r) = \mathrm{d}K(r)/\mathrm{d}r$。

显然,由方程(2.3)定义的连续场继承了数学连续性属性的内核。如在标准处理中, $K(r)$ 是分段常数,即

$$K(r) = \begin{cases} 1, & r \leqslant \ell^* \\ 0, & r > \ell^* \end{cases} \tag{2.6}$$

那么, $\boldsymbol{U}(\boldsymbol{x}, t)$ 是分段常数,因此不可连续微分。

2.2 欧拉场和拉格朗日场

连续密度场$\rho(\boldsymbol{x}, t)$ 和速度场$\boldsymbol{U}(\boldsymbol{x}, t)$ 是欧拉场,因为它们通过惯性坐标系中的位置 $\boldsymbol{x}$ 进行标识。可供选择的拉格朗日描述的出发点是流体粒子的定义——这是一个连续概念。根据定义,流体粒子是以局部流体速度运动的点:$\boldsymbol{X}^+(t, \boldsymbol{Y})$ 表示在特定的固定参考时间 t_0 时处于位置 $\boldsymbol{Y}$ 的流体粒子,其在 t 时刻的位置见图 2.1。数学上,流体粒子的位置 $\boldsymbol{X}^+(t, \boldsymbol{Y})$ 由两个方程确定。

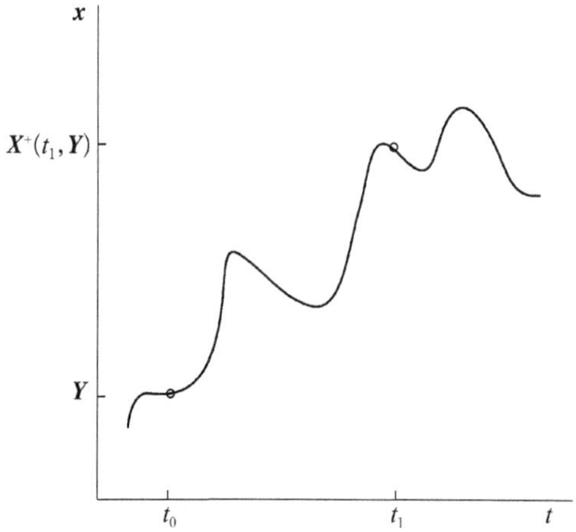

图 2.1　流体粒子在 $x-t$ 空间中的轨迹 $X^+(t, Y)$ 的示意图(显示了它在参考时间 t_0的位置 Y, 以及在后续时刻 t_1的位置)

首先,定义参考时间 t_0 的位置为

$$\boldsymbol{X}^+(t_0, \boldsymbol{Y}) = \boldsymbol{Y} \tag{2.7}$$

其次,式(2.8)表示流体粒子实际以局部流体速度的运动情况:

$$\frac{\partial}{\partial t}\boldsymbol{X}^+(t, \boldsymbol{Y}) = \boldsymbol{U}[\boldsymbol{X}^+(t, \boldsymbol{Y}), t] \tag{2.8}$$

给定欧拉速度场 $\boldsymbol{U}(\boldsymbol{x}, t)$, 那么,对于任何 $\boldsymbol{Y}$, 通过方程(2.8)在时间上前向和后向积分,可以得到所有 t 时刻的 $\boldsymbol{X}^+(t, \boldsymbol{Y})$。

例如,密度和速度的拉格朗日场,是根据其对应的欧拉场来定义的:

$$\rho^+(t, \boldsymbol{Y}) \equiv \rho[\boldsymbol{X}^+(t, \boldsymbol{Y}), t] \tag{2.9}$$

$$\boldsymbol{U}^+(t, \boldsymbol{Y}) \equiv \boldsymbol{U}[\boldsymbol{X}^+(t, \boldsymbol{Y}), t] \tag{2.10}$$

需要注意的是,拉格朗日场 ρ^+ 和 $\boldsymbol{U}^+$ 不是由流体粒子的当前位置标识的,而是由它在参考时间 t_0 的位置 $\boldsymbol{Y}$ 标识的。因此, $\boldsymbol{Y}$ 称为拉格朗日坐标或物质坐标。

对于固定的 $\boldsymbol{Y}$, $\boldsymbol{X}^+(t, \boldsymbol{Y})$ 定义了流体粒子路径(在 $\boldsymbol{x}-t$ 空间中)的一个轨迹,同样 $\rho^+(t, \boldsymbol{Y})$ 是流体粒子密度。例如,跟随一个流体粒子,对于固定的 $\boldsymbol{Y}$, 偏导数 $\partial\rho^+(t, \boldsymbol{Y})/\partial t$ 是密度的变化率。根据方程(2.9)可以得到:

$$\begin{aligned}\frac{\partial}{\partial t}\rho^{+}(t, \boldsymbol{Y}) &= \frac{\partial}{\partial t}\rho[\boldsymbol{X}^{+}(t, \boldsymbol{Y}), t] \\ &= \left[\frac{\partial}{\partial t}\rho(\boldsymbol{x}, t)\right]_{\boldsymbol{x}=\boldsymbol{X}^{+}(t, \boldsymbol{Y})} + \frac{\partial}{\partial t}\boldsymbol{X}_i^{+}(t, \boldsymbol{Y})\left[\frac{\partial}{\partial \boldsymbol{x}_i}\rho(\boldsymbol{x}, t)\right]_{\boldsymbol{x}=\boldsymbol{X}^{+}(t, \boldsymbol{Y})} \\ &= \left[\frac{\partial}{\partial t}\rho(\boldsymbol{x}, t) + \boldsymbol{U}_i(\boldsymbol{x}, t)\frac{\partial}{\partial \boldsymbol{x}_i}\rho(\boldsymbol{x}, t)\right]_{\boldsymbol{x}=\boldsymbol{X}^{+}(t, \boldsymbol{Y})} \\ &= \left[\frac{\mathrm{D}}{\mathrm{D}t}\rho(\boldsymbol{x}, t)\right]_{\boldsymbol{x}=\boldsymbol{X}^{+}(t, \boldsymbol{Y})}\end{aligned} \tag{2.11}$$

其中,物质导数(material derivative 或 substantial derivative)的定义如下:

$$\frac{\mathrm{D}}{\mathrm{D}t} \equiv \frac{\partial}{\partial t} + U_i\frac{\partial}{\partial x_i} = \frac{\partial}{\partial t} + \boldsymbol{U}\cdot\nabla \tag{2.12}$$

因此,跟随一个流体粒子的密度变化率,可以由拉格朗日场的偏导数(即 $\partial\rho^{+}/\partial t$)和欧拉场的物质导数(即 $\mathrm{D}\rho/\mathrm{D}t$)给出。

类似地,对于固定的 $\boldsymbol{Y}$, $\boldsymbol{U}^{+}(t, \boldsymbol{Y})$ 是流体粒子速度,并且:

$$\frac{\partial}{\partial t}\boldsymbol{U}^{+}(t, \boldsymbol{Y}) = \left[\frac{\mathrm{D}}{\mathrm{D}t}\boldsymbol{U}(\boldsymbol{x}, t)\right]_{\boldsymbol{x}=\boldsymbol{X}^{+}(t, \boldsymbol{Y})} \tag{2.13}$$

式(2.13)给出了流体粒子速度的变化率,即流体粒子加速度。

流体粒子也可称为质点,并且,我们已经看到,它在 t_0 时刻位置为 $\boldsymbol{Y}$,并以当地流体速度的运动来定义[式(2.8)]。物质线、表面和体积的定义是类似的。例如,考虑在 t_0 时刻,一个简单的封闭表面 $\mathcal{S}_0$ 包围的体积为 $\mathcal{V}_0$。相应的,物质表面 $\mathcal{S}(t)$ 定义是在 t_0 时刻与 $\mathcal{S}_0$ 重合,并且 $\mathcal{S}(t)$ 的每个点都随着当地流体速度移动。因此 $\mathcal{S}(t)$ 由流体粒子 $\boldsymbol{X}^{+}(t, \boldsymbol{Y})$ 组成,这些流体粒子在 t_0 时刻构成表面 $\mathcal{S}_0$:

$$\mathcal{S}(t) \equiv \{\boldsymbol{X}^{+}(t, \boldsymbol{Y}): \boldsymbol{Y} \in \mathcal{S}_0\} \tag{2.14}$$

因为物质表面随流体移动,所以表面和流体之间的相对速度为零。因此,流体粒子不能穿透物质表面;物质表面也没有质量流量通过。

练　习

2.2　考虑两个流体粒子,在参考时间 t_0 分别位于 $\boldsymbol{Y}$ 和 $\boldsymbol{Y}+\mathrm{d}\boldsymbol{Y}$,其中 $\mathrm{d}\boldsymbol{Y}$ 为无穷小位移。在时间 t,两个粒子之间形成无穷小线元:

$$\boldsymbol{s}(t) \equiv \boldsymbol{X}^{+}(t, Y+\mathrm{d}\boldsymbol{Y}) - \boldsymbol{X}^{+}(t, \boldsymbol{Y}) \tag{2.15}$$

表明 $s(t)$ 可演变为

$$\frac{\mathrm{d}\boldsymbol{s}}{\mathrm{d}t}=\boldsymbol{s}\cdot(\nabla\boldsymbol{U})_{x=X^{+}(t,\,Y)} \tag{2.16}$$

提示：在泰勒级数展开中，$\boldsymbol{U}^{+}(t,\,\boldsymbol{Y}+\mathrm{d}\boldsymbol{Y})=\boldsymbol{U}[\boldsymbol{X}^{+}(t,\,\boldsymbol{Y})+\boldsymbol{s}(t),t]$。由于$s$无穷小，只需要保留主导阶项。

2.3 连续性方程

质量守恒或连续性方程为

$$\frac{\partial\rho}{\partial t}+\nabla\cdot(\rho\boldsymbol{U})=0 \tag{2.17}$$

读者们应该熟悉根据控制体和物质体积对该方程的推导与解释，这里不再赘述。另一个有用的形式是根据流体比容 $\vartheta(\boldsymbol{x},\,t)=1/\rho(\boldsymbol{x},\,t)$ 来表示的。通过变换方程(2.17)可以得到：

$$\frac{\mathrm{D}\ln\vartheta}{\mathrm{D}t}=\nabla\cdot\boldsymbol{U} \tag{2.18}$$

式中等号左侧是比容的对数增长率，而扩张$\nabla\cdot\boldsymbol{U}$给出了无限小物质体积的对数增长率（如练习 2.3 和 2.4 所示）。因此，连续性方程可以看作跟随流体粒子的比容变化和无限小物质体积元的体积变化之间的一致性条件。

本书中，我们考虑了等密度流（即ρ独立于$\boldsymbol{x}$和t的流动）。在这种情况下，演化方程(2.17)简化为速度场为螺线管形或无散度的运动学条件：

$$\nabla\cdot\boldsymbol{U}=0 \tag{2.19}$$

练 习

2.3 设$\mathcal{V}(t)$是以物质表面$\mathcal{S}(t)$为边界的物质体积。几何上，$\mathcal{V}(t)$内的流体体积$V(t)$由式(2.20)演变而来：

$$\frac{\mathrm{d}V(t)}{\mathrm{d}t}=\iint_{\mathcal{S}(t)}\boldsymbol{U}\cdot\boldsymbol{n}\mathrm{d}A \tag{2.20}$$

其中，dA是$\mathcal{S}(t)$上的面积元；$\boldsymbol{n}$是指向外的法线。使用散度定理可得

$$\frac{\mathrm{d}V(t)}{\mathrm{d}t}=\iiint_{\mathcal{V}(t)}\nabla\cdot\boldsymbol{U}\mathrm{d}\boldsymbol{x} \tag{2.21}$$

于是，对于无限小物质体积 d$\mathcal{V}$ 的无限小体积 d$V(t)$：

$$\frac{\mathrm{d}}{\mathrm{d}t}\ln \mathrm{d}V(t) = \nabla\cdot \boldsymbol{U} \tag{2.22}$$

2.4　雅可比行列式：

$$J(t, \boldsymbol{Y}) \equiv \det\left[\frac{\partial \boldsymbol{X}_i^+(t, \boldsymbol{Y})}{\partial \boldsymbol{Y}_j}\right] \tag{2.23}$$

给出了 t 时刻无穷小的物质体积 d$V(t)$ 与 t_0 时刻时体积 d$V(t_0)$ 之间的体积比。取无穷小 dt 中的首阶，表示为

$$\boldsymbol{X}_i^+(t_0 + \mathrm{d}t, \boldsymbol{Y}) = \boldsymbol{Y}_i + U_i(\boldsymbol{Y}, t_0)\mathrm{d}t \tag{2.24}$$

$$\frac{\partial \boldsymbol{X}_i^+(t_0 + \mathrm{d}t, \boldsymbol{Y})}{\partial \boldsymbol{Y}_j} = \delta_{ij} + \left(\frac{\partial U_i}{\partial x_j}\right)_{Y,\, t_0}\mathrm{d}t \tag{2.25}$$

$$J(t_0 + \mathrm{d}t, \boldsymbol{Y}) = 1 + (\nabla\cdot \boldsymbol{U})_{Y,\, t_0}\mathrm{d}t \tag{2.26}$$

因此，表示为

$$\left[\frac{\partial}{\partial t}\ln J(t, \boldsymbol{Y})\right]_{t=t_0} = (\nabla\cdot \boldsymbol{U})_{Y,\, t_0} \tag{2.27}$$

2.5　练习 2.3 中定义的体积 $V(t)$ 可以写为

$$V(t) = \iiint_{\mathcal{V}(t)} \mathrm{d}\boldsymbol{x} = \iiint_{\mathcal{V}(t_0)} J(t, \boldsymbol{Y})\mathrm{d}\boldsymbol{Y} \tag{2.28}$$

方程中的第一个和最后一个表达式对时间进行微分，并将结果与式(2.21)进行比较，得到：

$$\frac{\partial}{\partial t}\ln J(t, \boldsymbol{Y}) = (\nabla\cdot \boldsymbol{U})_{X^+(t,\, Y)} \tag{2.29}$$

因此认为，在等密度流动中，$J(t, \boldsymbol{Y})$ 是单位 1 的。

2.4　动量方程

基于牛顿第二定律，动量方程可将流体粒子加速度 DU/Dt 与流体受到的表面力和体积力关联起来。一般来说，源于分子的表面力由对称的应力张量 $\tau_{ij}(\boldsymbol{x}, t)$ 描述，即 $\tau_{ij} = \tau_{ji}$。需要关注的体积力一般是重力。用 Ψ 表示重力势能（即与重力

相关的单位质量势能)，单位质量的体积力为

$$\boldsymbol{g} = -\nabla\Psi \tag{2.30}$$

对于恒定的重力场，势能 $\Psi = gz$，其中 g 为重力加速度，z 为垂直坐标。根据动量方程：

$$\rho\frac{\mathrm{D}U_j}{\mathrm{D}t} = \frac{\partial\tau_{ij}}{\partial x_i} - \rho\frac{\partial\Psi}{\partial x_j} \tag{2.31}$$

这些力可导致流体加速。

针对本书中所考虑的基本流动类型——等性质的牛顿流体流动，可进一步将动量方程具体化。在这种情况下，应力张量为

$$\tau_{ij} = -P\delta_{ij} + \mu\left(\frac{\partial U_i}{\partial x_j} + \frac{\partial U_j}{\partial x_i}\right) \tag{2.32}$$

其中，P 是压力；μ 是(恒定的)黏性系数。回想一下，(对于考虑的等密度流动)速度场为无散度(即 $\partial U_i/\partial x_i = 0$)，观察到方程(2.32)将应力表示为各向同性($-P\delta_{ij}$)与偏差贡献的总和。

在一般动量方程[式(2.31)]中采用这个表达式代替应力张量[方程(2.32)]，并利用ρ、μ 恒定及$\nabla\cdot\boldsymbol{U} = 0$ 的条件，得到纳维-斯托克斯方程：

$$\rho\frac{\mathrm{D}U_j}{\mathrm{D}t} = \mu\frac{\partial^2 U_j}{\partial x_i\partial x_i} - \frac{\partial P}{\partial x_j} - \rho\frac{\partial\Psi}{\partial x_j} \tag{2.33}$$

此外，定义修正压力 p 为

$$p = P + \rho\Psi \tag{2.34}$$

于是，方程简化为

$$\frac{\mathrm{D}\boldsymbol{U}}{\mathrm{D}t} = -\frac{1}{\rho}\nabla p + \nu\nabla^2\boldsymbol{U} \tag{2.35}$$

其中，$\nu \equiv \mu/\rho$ 是运动黏度。总之，等性质的牛顿流体流动由纳维-斯托克斯方程(2.35)及源于质量守恒的无散度条件$\nabla\cdot\boldsymbol{U} = 0$ 一起控制。

在单位法向为 $\boldsymbol{n}$ 的静止固体壁上，速度满足不渗透的边界条件：

$$\boldsymbol{n}\cdot\boldsymbol{U} = 0 \tag{2.36}$$

以及无滑移条件：

$$\boldsymbol{U} - \boldsymbol{n}(\boldsymbol{n}\cdot\boldsymbol{U}) = 0 \tag{2.37}$$

于是，共同得到 $\boldsymbol{U}=0$。

有时考虑理想(无黏)流体的假设是有用的，可定义为具有各向同性应力张量：

$$\tau_{ij}=-P\delta_{ij} \tag{2.38}$$

动量守恒条件由欧拉方程给出：

$$\frac{\mathrm{D}\boldsymbol{U}}{\mathrm{D}t}=-\frac{1}{\rho}\nabla p \tag{2.39}$$

式(2.39)由式(2.31)、式(2.34)和式(2.38)推导出来。因为欧拉方程不包含速度的二阶空间导数，所以它们需要采用与纳维-斯托克斯方程不同的边界条件。例如，在静止的固体壁上，只能使用不渗透条件，而切向速度分量通常不为零。

虽然更倾向于直接从 τ_{ij} 各向同性的定义方程[式(2.38)]中获得欧拉方程(以及由此导出的其他方程)，但欧拉方程也可以通过纳维-斯托克斯方程将 ν 设置为零而得到。然而，值得注意的是，$\nu=0$ 是一个奇异极限：在黏度消失的极限 ($\nu\rightarrow 0$) 状态下的纳维-斯托克斯方程的解不同于欧拉方程的解。另外，即使在这个极限下，方程也需要不同的边界条件。

2.5 压力的作用

需要进一步说明压力在(等密度)纳维-斯托克斯方程中的作用。首先，我们发现各向同性应力与守恒体积力具有相同的影响，可以通过修正的压力梯度表示。因此，体积力对速度场和修正压力场没有影响(当然，这与密度可变的流动相反，在密度可变流动中，浮力变得非常关键)。此后，将 p 简称为“压力”。

我们可能习惯认为压力是热力学变量，通过状态方程将密度和温度相关联。然而，对于等密度流动，压力和密度之间没有联系，压力需要一个不同的解释。

为此，取纳维-斯托克斯方程[式(2.35)]的散度，没有假设速度场是无散度的，而是将扩张率写为 Δ (即 $\Delta=\nabla\cdot\boldsymbol{U}$)。结果为

$$\left(\frac{\mathrm{D}}{\mathrm{D}t}-\nu\nabla^2\right)\Delta=R \tag{2.40}$$

其中，

$$R\equiv-\frac{1}{\rho}\nabla^2 p-\frac{\partial U_i}{\partial x_j}\frac{\partial U_j}{\partial x_i} \tag{2.41}$$

当初始和边界条件 $\Delta=0$，求解方程(2.40)。当且仅当，R 处处为零时，解为

$\Delta=0$，这反过来意味着[从式(2.41)]，p 满足泊松方程：

$$\nabla^2 p = S \equiv -\rho \frac{\partial U_i}{\partial x_j}\frac{\partial U_j}{\partial x_i} \tag{2.42}$$

因此，可以得出结论：满足泊松方程是无散度速度场保持无散度状态的充分和必要条件。

在静止的平面固体表面上，纳维-斯托克斯方程[式(2.35)]可简化为

$$\frac{\partial p}{\partial n} = \mu \frac{\partial^2 U_n}{\partial n^2} \tag{2.43}$$

其中，n 是壁面法向方向的坐标；U_n 是垂直于壁面的速度分量。这个方程为泊松方程[式(2.42)]提供了一个诺依曼(Neumann)边界条件。给定这种形式的诺依曼条件，泊松方程[(式 2.42)]可根据同一时刻的速度场确定压力场 $p(\boldsymbol{x},t)$(在一个常数内)。因此，当前速度场可确定出唯一的 ∇p，而与流动的历程无关。

泊松方程[式(2.42)]的解可以显式地用格林函数表示。考虑泊松方程：

$$\nabla^2 f(\boldsymbol{x}) = S(\boldsymbol{x}) \tag{2.44}$$

在域 $\mathcal{V}$ 中，源 $S(x)$ 可以表示为

$$S(\boldsymbol{x}) = \iiint_{\mathcal{V}} S(\boldsymbol{y})\delta(\boldsymbol{x}-\boldsymbol{y})\,\mathrm{d}\boldsymbol{y} \tag{2.45}$$

其中，$\boldsymbol{y}$ 是域 $\mathcal{V}$ 中的一点；$\delta(\boldsymbol{x}-\boldsymbol{y})$ 是 $\boldsymbol{y}$ 上的三维狄拉克 δ 函数①。泊松方程：

$$\nabla^2 g(\boldsymbol{x}\mid\boldsymbol{y}) = \delta(\boldsymbol{x}-\boldsymbol{y}) \tag{2.46}$$

式(2.46)的一个解是

$$g(\boldsymbol{x}\mid\boldsymbol{y}) = \frac{-1}{4\pi\,|\boldsymbol{x}-\boldsymbol{y}|} \tag{2.47}$$

如符号所隐含的，解既取决于 $\boldsymbol{x}$，也取决于 δ 函数 $\boldsymbol{y}$ 的位置。当它乘以 $S(\boldsymbol{y})$ 并在域 $\mathcal{V}$ 内积分时，方程(2.46)变成 $\nabla^2 f = S$，即方程(2.44)，因此方程(2.47)成为一个解：

$$f(\boldsymbol{x}) = \iiint_{\mathcal{V}} g(\boldsymbol{x}\mid\boldsymbol{y})S(\boldsymbol{y})\,\mathrm{d}\boldsymbol{y} = \frac{-1}{4\pi}\iiint_{\mathcal{V}} \frac{S(\boldsymbol{y})}{|\boldsymbol{x}-\boldsymbol{y}|}\mathrm{d}\boldsymbol{y} \tag{2.48}$$

因此，压力泊松方程[式(2.42)]的解是

① 附录 C 中回顾了狄拉克 δ 函数的性质。

$$p(\boldsymbol{x},\ t) = p^{(h)}(\boldsymbol{x},\ t) + \frac{\rho}{4\pi}\iiint_{\mathcal{V}}\left(\frac{\partial U_i}{\partial x_j}\frac{\partial U_j}{\partial x_i}\right)_{\boldsymbol{y},\ t}\frac{\mathrm{d}\boldsymbol{y}}{|\boldsymbol{x}-\boldsymbol{y}|} \tag{2.49}$$

其中，$p^{(h)}$ 是取决于边界条件的谐波函数 [$\nabla^2 p^{(h)} = 0 = 0$]。可以用域 $\mathcal{V}$ 边界上的表面积分来表示 $p^{(h)}$，见 Kellogg(1967)的研究。

练　习

2.6　证明(远离原点)：

$$\nabla^2|\boldsymbol{x}|^{-1} = \frac{\partial^2}{\partial x_i \partial x_i}(x_j x_j)^{-1/2} = 0 \tag{2.50}$$

2.7　一种求解等性质纳维-斯托克斯方程的简单数值方法：从初始条件 $\boldsymbol{U}(\boldsymbol{x},\ 0)$ 开始，以小时间步长 Δt 推进求解。在第 n 步，数值解用 $\boldsymbol{U}^{(n)}(\boldsymbol{x})$ 表示，它是 $\boldsymbol{U}(\boldsymbol{x},\ n\Delta t)$ 的近似值。每个时间步骤由两个子步骤组成，第一个步骤产生式(2.51)定义的瞬时结果 $\hat{\boldsymbol{U}}^{(n+1)}(\boldsymbol{x})$：

$$\hat{U}_j^{(n+1)} \equiv U_j^{(n)} + \Delta t\left(\nu\frac{\partial^2 U_j^{(n)}}{\partial x_i \partial x_i} - U_k^{(n)}\frac{\partial U_j^{(n)}}{\partial x_k}\right) \tag{2.51}$$

第二步：

$$U_j^{(n+1)} = \hat{U}_j^{(n+1)} - \Delta t\frac{\partial \phi^{(n)}}{\partial x_j} \tag{2.52}$$

其中，$\phi^{(n)}(\boldsymbol{x})$ 是标量场。

(1) 评述方程(2.51)与纳维-斯托克斯方程之间的关系。

(2) 假设 $\boldsymbol{U}^{(n)}$ 是无散度的，从方程(2.51)得到 $\hat{\boldsymbol{U}}^{(n+1)}$ 散度的表达式(用 $\boldsymbol{U}^{(n)}$ 表示)。

(3) 从方程(2.52)得到 $\boldsymbol{U}^{(n+1)}$ 散度的一个表达式。

(4) 因此，证明当且仅当 $\nabla\cdot\boldsymbol{U}^{(n+1)} = 0$ 时，$\phi^{n}(\boldsymbol{x})$ 满足泊松方程：

$$\nabla^2\phi^{(n)} = -\frac{\partial U_k^{(n)}}{\partial x_j}\frac{\partial U_j^{(n)}}{\partial x_k} \tag{2.53}$$

(5) $\phi^{(n)}(\boldsymbol{x})$ 与压力之间的关系是什么？

2.6　守恒被动标量

除了速度 $\boldsymbol{U}(\boldsymbol{x},\ t)$，还考虑了一个守恒的被动标量，用 $\phi(\boldsymbol{x},\ t)$ 表示。在等性

质流动中，ϕ 的守恒方程为

$$\frac{\mathrm{D}\phi}{\mathrm{D}t}=\Gamma\,\nabla^2\phi \tag{2.54}$$

其中，Γ 是（恒定且均匀的）扩散率。由于方程（2.54）中没有源项或汇项，标量 ϕ 是守恒的。它是被动项，（通过假设）其值对物质性质（即 ρ、ν 和 Γ）没有影响，因此它对流动也没有影响。

标量 ϕ 可以代表各种物理性质。它可能是在温度上的一个小的过剩——对物质性质的影响足够小到忽略不计。在这种情况下，Γ 是热扩散率，比值 ν/Γ 是普朗特数 Pr。或者，ϕ 可以是痕量物种（trace species）的浓度，在这种情况下 Γ 是分子扩散率，ν/Γ 是施密特数 Sc。

标量的一个重要性质是它的有界性。如果 ϕ 的初始值和边界值在一个给定的范围内：

$$\phi_{\min}\leqslant\phi\leqslant\phi_{\max} \tag{2.55}$$

此时，所有 $(\boldsymbol{x},\ t)$ 的 $\phi(\boldsymbol{x},\ t)$ 值也在这个范围内：不可能发生 ϕ 大于 $\phi_{\max}$ 或者小于 $\phi_{\min}$。

为说明这个结果，考察标量场中的局部最大值。假设在时刻 $\bar{t}$，$\bar{\boldsymbol{x}}$ 处有一个局部最大值，选择一个 $\partial^2\phi/(\partial x_i\partial x_j)$ 位于主轴的坐标系。数学上最大值的性质意味着：

$$(\nabla\phi)_{\bar{x},\,\bar{t}}=0 \tag{2.56}$$

并且，二阶导数 $\partial^2\phi/\partial x_1^2$、$\partial^2\phi/\partial x_2^2$ 及 $\partial^2\phi/\partial x_3^2$ 为负或零。因此，对于它们总和的拉普拉斯算子，有

$$(\nabla^2\phi)_{\bar{x},\,\bar{t}}\leqslant 0 \tag{2.57}$$

然后，从 ϕ 的守恒方程[式（2.54）]，可以得到：

$$\left(\frac{\mathrm{D}\phi}{\mathrm{D}t}\right)_{\bar{x}\cdot\bar{t}}=\left(\frac{\partial\phi}{\partial t}+\boldsymbol{V}\cdot\nabla\phi\right)_{\bar{x},\,\bar{t}}=\Gamma(\nabla^2\phi)_{\bar{x}\cdot\bar{t}}\leqslant 0 \tag{2.58}$$

对于每个向量 $\boldsymbol{V}$，沿着从局部最大值开始的任何轨迹，ϕ 值都没有增大。因此，ϕ 值不能超过由初始条件和边界条件确定的最大值 $\phi_{\max}$。显然，类似的讨论也适用于最小值 $\phi_{\min}$。

2.7 涡量方程

湍流的一个基本特征是它们都是旋转的，即它们有不等于零的涡量。涡量

$\boldsymbol{\omega}(\boldsymbol{x}, t)$ 是速度的旋度：

$$\boldsymbol{\omega} = \nabla\times \boldsymbol{U} \tag{2.59}$$

它等于 $(\boldsymbol{x}, t)$ 处流体旋转速率的两倍。

取纳维-斯托克斯方程[式(2.35)]的旋度，涡量方程可以演变为

$$\frac{\mathrm{D}\boldsymbol{\omega}}{\mathrm{D}t} = \nu\nabla^2\boldsymbol{\omega} + \boldsymbol{\omega}\cdot\nabla\boldsymbol{U} \tag{2.60}$$

对于等密度流动，压力项 $(-\nabla\times\nabla p/\rho)$ 可以消去。

物质的无穷小线元 $\boldsymbol{s}(t)$ [式(2.16)]可以变换为

$$\frac{\mathrm{d}\boldsymbol{s}}{\mathrm{d}t} = \boldsymbol{s}\cdot\nabla\boldsymbol{U} \tag{2.61}$$

除了黏性项，它与涡量方程完全相同。因此，在无黏流中，涡量矢量的表现与无穷小物质线元(亥姆霍兹定理)相同。如果由速度梯度产生的应变率用于拉伸与 $\boldsymbol{\omega}$ 平齐的物质线元，则相应的 $\boldsymbol{\omega}$ 幅值增加。这就是旋涡拉伸现象，是湍流中的一个重要过程，而 $\boldsymbol{\omega}\cdot\nabla\boldsymbol{U}$ 称为旋涡拉伸项。

对于二维流动，旋涡拉伸项消失，涡量的一个非零分量演变为守恒标量。由于没有旋涡的拉伸，二维湍流(在特定情况下可能出现)与三维湍流在本质上是不同的。

练　习

2.8　使用后缀表示法验证关系式：

$$\nabla\cdot\boldsymbol{\omega} = 0 \tag{2.62}$$

$$\nabla\times\nabla\phi = 0 \tag{2.63}$$

$$\nabla\times(\nabla\times\boldsymbol{U}) = \nabla(\nabla\cdot\boldsymbol{U}) - \nabla^2\boldsymbol{U} \tag{2.64}$$

$$\boldsymbol{U}\times\boldsymbol{\omega} = \frac{1}{2}\nabla(\boldsymbol{U}\cdot\boldsymbol{U}) - \boldsymbol{U}\cdot\nabla\boldsymbol{U} \tag{2.65}$$

是否是式(2.64)和式(2.65)中张量的表达式？

2.9　说明纳维-斯托克斯方程[式(2.35)]可以写成斯托克斯形式：

$$\frac{\partial\boldsymbol{U}}{\partial t} - \boldsymbol{U}\times\boldsymbol{\omega} + \nabla\left(\frac{1}{2}\boldsymbol{U}\cdot\boldsymbol{U} + \frac{p}{\rho}\right) = \nu\boldsymbol{\nabla}^2\boldsymbol{U} \tag{2.66}$$

因此，可得到伯努利定理：对于定常的、无黏性的、等密度的流动，伯努利积分

得到的是常数：

$$H \equiv \frac{1}{2}\boldsymbol{U}\cdot\boldsymbol{U}+\frac{p}{\rho} \tag{2.67}$$

（1）沿流线；

（2）沿涡线（即平行于 $\boldsymbol{\omega}$ 的线）；

（3）无旋流动中任何位置（$\boldsymbol{\omega}=0$）。

2.10 说明涡量平方或涡量拟能 $-\omega^2=\boldsymbol{\omega}\cdot\boldsymbol{\omega}$ 的变化形式为

$$\frac{\mathrm{D}\omega^2}{\mathrm{D}t}=\nu\nabla^2\omega^2+2\omega_i\omega_j\frac{\partial U_i}{\partial x_j}-2\nu\frac{\partial\omega_i}{\partial x_j}\frac{\partial\omega_i}{\partial x_j} \tag{2.68}$$

2.8 应变率和旋转率

速度梯度 $\partial U_i/\partial x_j$ 是二阶张量的分量，其一般特征在附录 B 给出。将 $\partial U_i/\partial x_j$ 分解为各向同性、对称偏斜和非对称三项：

$$\frac{\partial U_i}{\partial x_j}=\frac{1}{3}\Delta\delta_{ij}+S_{ij}+\Omega_{ij} \tag{2.69}$$

在等密度流动中，扩张 $\Delta=\nabla\cdot\boldsymbol{U}$ 为零，S_{ij} 是对称的偏斜应变速率张量：

$$S_{ij}\equiv\frac{1}{2}\left(\frac{\partial U_i}{\partial x_j}+\frac{\partial U_j}{\partial x_i}\right) \tag{2.70}$$

Ω_{ij} 是非对称旋转速率张量：

$$\Omega_{ij}\equiv\frac{1}{2}\left(\frac{\partial U_i}{\partial x_j}-\frac{\partial U_j}{\partial x_i}\right) \tag{2.71}$$

可以发现，牛顿应力定律[方程(2.32)]可以重新表示为

$$\tau_{ij}=-P\delta_{ij}+2\mu S_{ij} \tag{2.72}$$

表明黏性应力与应变速率线性相关，与旋转速率无关。

涡量和旋转速率通过如下关系联系起来：

$$\omega_i=-\varepsilon_{ijk}\Omega_{jk} \tag{2.73}$$

$$\Omega_{ij}=-\frac{I}{2}\varepsilon_{ijk}\omega_k \tag{2.74}$$

其中，ε_{ijk} 是交替符号。因此，Ω_{ij} 和 ω_i 包含相同的信息，但是（如附录 A 中所讨论的）Ω_{ij} 是张量，而 ω_i 不是。

练　习

2.11　从方程（2.16）推导出一个无穷小物质线元长度演化的方程。说明线的增长速率与应变速率呈线性关系，并且与旋转速率无关。

2.12　说明涡量方程［式（2.60）］也可以写成：

$$\frac{\mathrm{D}\omega_i}{\mathrm{D}t} = \nu \frac{\partial^2 \omega_i}{\partial x_j \partial x_j} + S_{ij}\omega_j \tag{2.75}$$

可采用 S_{ij} 和 Ω_{ij} 重新表示压力的泊松方程［式（2.42）］中的源项。

2.13　在简单的剪切流中，除了 $\partial U_1/\partial x_2$，其余的速度梯度都为零。对于这种情况，写出 S_{ij} 和 Ω_{ij}（以矩阵的形式）及 $\boldsymbol{\omega}$ 的分量。

2.9　变换性质

通过研究纳维-斯托克斯方程在经历各种变换时的行为，能够推断它们所描述流动的重要性质。这些性质中最重要的是雷诺数相似性、在固定旋转和反射坐标轴下的不变性、伽利略不变性，以及坐标系旋转下的不变性缺失。

假设一个在实验室进行的特定流体力学实验，同时，假设第二个实验，它与第一个实验相似，但在某些方面又有所不同。例如，第二个实验可以在不同的时刻进行；实验装置可以放置在不同的位置，朝向不同的方向；也可以放在一个移动的平台上；可以采用不同的流体；或者可以制造几何上与第一个装置类似但尺度不同的第二个装置。对于这些差异，我们需要确认两个实验中的速度场是否相似。即当速度场进行适当的缩比并参考合适坐标系时，它们是相同的吗？这些问题可以通过研究纳维-斯托克斯方程的变换性质（也称为不变性或对称性）来回答。

这些是湍流建模中要考虑的重要因素。除非模型的变换性质与纳维-斯托克斯方程一致，否则该模型在定性上是错误的。

图 2.2（a）为第一个（参考）实验中设定的装置示意图。装置的尺寸由长度尺度 $\mathcal{L}$ 表征，速度的初始状态和边界条件由速度尺度 $\mathcal{U}$ 表征。坐标系（用 E 表示，其正交单位基向量为 $\boldsymbol{e}_i$）的原点和轴相对于装置固定，其在惯性坐标系中静止。

长度尺度 $\mathcal{L}$ 和速度尺度 $\mathcal{U}$ 用于定义非一维自变量：

$$\hat{\boldsymbol{x}} = \boldsymbol{x}/\mathcal{L}, \quad \hat{t} = t\,\mathcal{U}/\mathcal{L} \tag{2.76}$$

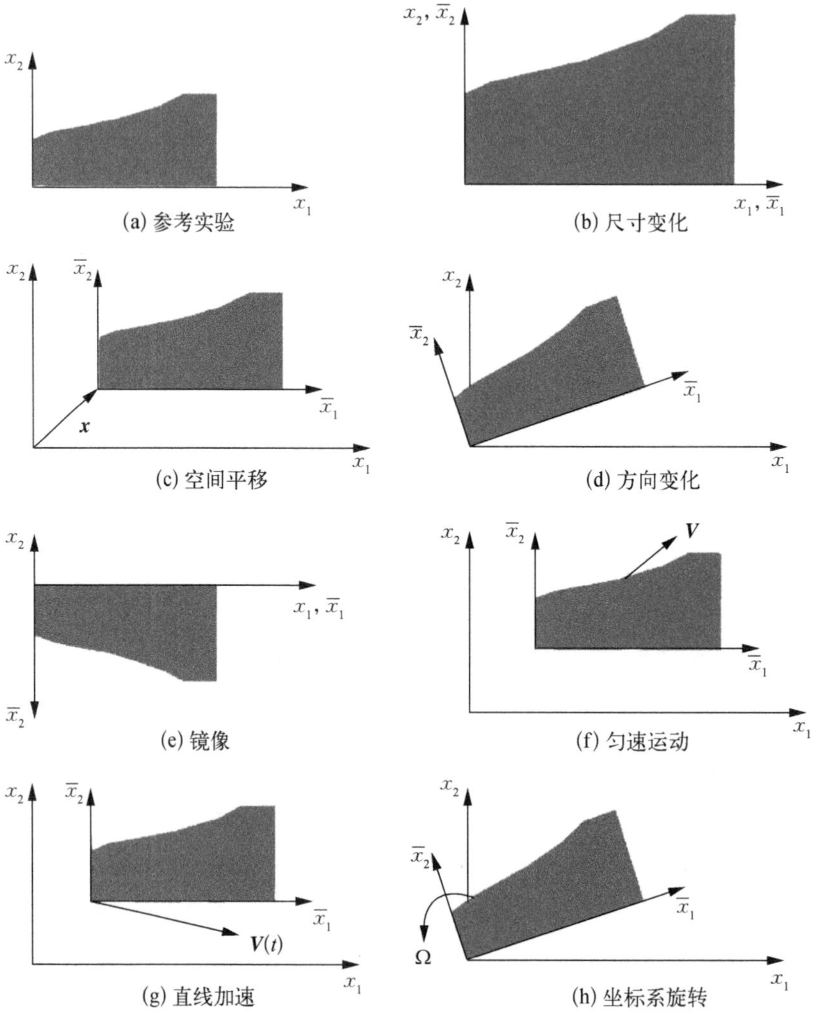

图 2.2　用于研究纳维-斯托克斯方程变换性质的实验示意图

(a)为参考实验(涉及 E 坐标系);(b)~(h)为其他实验(涉及 $\bar{E}$ 坐标系)

以及因变量:

$$\hat{\boldsymbol{U}}(\hat{\boldsymbol{x}},\ \hat{t}) = \boldsymbol{U}(\boldsymbol{x} \cdot t)/\mathcal{U}, \quad \hat{p}(\hat{\boldsymbol{x}},\ \hat{t}) = p(\boldsymbol{x},\ t)/(\rho\,\mathcal{U}^2) \tag{2.77}$$

将这些简单的缩比变换应用于连续性方程[式(2.19)]、纳维-斯托克斯方程[式(2.35)]及泊松方程[式(2.42)],可以得到:

$$\frac{\partial \hat{U}_i}{\partial \hat{x}_i} = 0 \tag{2.78}$$

$$\frac{\partial \hat{U}_j}{\partial \hat{t}} + \hat{U}_i \frac{\partial \hat{U}_j}{\partial \hat{x}_i} = \frac{1}{Re} \frac{\partial^2 \hat{U}_j}{\partial \hat{x}_i \partial \hat{x}_i} - \frac{\partial \hat{p}}{\partial \hat{x}_j} \tag{2.79}$$

$$\frac{\partial^2 \hat{p}}{\partial \hat{x}_i \partial \hat{x}_i} = - \frac{\partial \hat{U}_i}{\partial \hat{x}_j} \frac{\partial \hat{U}_j}{\partial \hat{x}_i} \tag{2.80}$$

其中,雷诺数是

$$Re \equiv \mathcal{U}\mathcal{L}/\nu \tag{2.81}$$

显然,雷诺数是这些方程中的唯一参数。

2.9.1　雷诺数相似性

图 2.2(b)所示的实验具有不同的长度尺度 $\mathcal{L}_b$、速度尺度 $\mathcal{U}_b$，以及流体性质 ν_b 和 ρ_b。如果缩比变量以类似的方式定义 ($\hat{\boldsymbol{x}} = \boldsymbol{x}/\mathcal{L}_b$, $\hat{\boldsymbol{U}} = \boldsymbol{U}/\mathcal{U}_b$ 等)。那么,两个实验的边界条件[用 $\hat{\boldsymbol{U}}(\hat{\boldsymbol{x}}, \hat{t})$ 表示]相同,变换后的纳维-斯托克斯方程与式(2.78)~式(2.80)相同,而 Re 要替换为

$$Re_b \equiv \mathcal{U}_b \mathcal{L}_b / \nu_b \tag{2.82}$$

因此,如果雷诺数相同 ($Re = Re_b$)，那么缩比的速度场 $\hat{\boldsymbol{U}}(\hat{\boldsymbol{x}}, \hat{t})$ 也是一样的,因为它们由同一方程控制,并具有相同的初始和边界条件,这就是雷诺数相似性。

缩比的欧拉方程与方程(2.79)相同,但忽略了 Re。缩比的速度场 $\hat{\boldsymbol{U}}(\hat{\boldsymbol{x}}, \hat{t})$ 与欧拉方程给出的是相同的,与 $\mathcal{L}_b$、$\mathcal{U}_b$、ρ_b 无关：它们表现出缩比相似性,并且欧拉方程相对于缩比变换是不变的。

2.9.2　时空不变性

纳维-斯托克斯方程最简单的不变性是它们相对于时间和空间位移的不变性。如图 2.2(c)所示,设定第二个实验比参考实验的时间晚 T,装置平移量为 $\boldsymbol{X}$。第二个实验中的速度场参考图 2.2(c)所示的 $\bar{E}$ 坐标系,该坐标系具有正交向量 $\bar{\boldsymbol{e}}_i$；缩比后的自变量定义为

$$\hat{\boldsymbol{x}} = \bar{\boldsymbol{x}}/\mathcal{L} = (\boldsymbol{x} - \boldsymbol{X})/\mathcal{L} \tag{2.83}$$

$$\hat{t} = (t - T)\,\mathcal{U}/\mathcal{L} \tag{2.84}$$

容易得到,纳维-斯托克斯方程与式(2.78)~式(2.80)相同。

2.9.3　旋转和镜像不变性

图 2.2(d)显示了与参考实验不同方向的装置;通过旋转参考 (E) 坐标轴,可

以获得合适的 $\bar{E}$ 坐标系。图 2.2(e)显示了一个不同的装置,是相对于参考装置的镜像。在这种情况下,通过坐标轴的反射获得合适的坐标系 $\bar{E}$。

在笛卡儿张量中进行了精确地考虑了这些坐标变换——轴的旋转和镜像(见附录 A)。采用 $a_{ij} = \boldsymbol{e}_i \cdot \bar{\boldsymbol{e}}_j$ 作为方向余弦,缩比变量为

$$\hat{x}_i = \bar{x}_i / \mathcal{L} = a_{ji} x_j / \mathcal{L} \tag{2.85}$$

$$\hat{U}_i = a_{ji} U_j \tag{2.86}$$

纳维-斯托克斯方程可以用笛卡儿张量表示。这一事实直接表明,变换后的方程与参考系中的方程[式(2.78)~式(2.80)]是相同的。因此,纳维-斯托克斯方程对于坐标轴的旋转和镜像是不变的。

在这些考虑中,区分两种“旋转”是很重要的。这里考虑通过固定旋转 E 坐标轴获得的 $\bar{E}$ 坐标系。我们所说的“固定”是指方向余弦 a_{ij} 与时间无关。相反,考虑下面的旋转情况,方向余弦是与时间相关的。

关于镜像不变性的物理意义和数学推论,将在附录 A 中进行更深入的讨论。物理意义是纳维-斯托克斯方程不包含对右旋或左旋运动的偏移。当然,这种偏移可能发生在流体中——在龙卷风中表现得最为显著,但它来自初始值或边界条件,或来自坐标旋转,而不是来自运动方程(用惯性坐标表示)。

任何用笛卡儿张量符号写成的方程都保证了坐标轴在旋转和镜像下的不变性。相反,用向量表示并包含伪向量(如涡量)的公式,或用交替符号 ε_{ijk} 表示后缀的公式,不能保证这种不变性。

2.9.4 时间反转

类似于坐标轴的镜像(如 $\bar{x}_2 = -x_2$),可以通过如下定义来考虑时间反转:

$$\hat{t} = -t\mathcal{U}/\mathcal{L} \tag{2.87}$$

$$\hat{\boldsymbol{U}}(\hat{\boldsymbol{x}}, \hat{t}) = -\boldsymbol{U}(\boldsymbol{x}, t)/\mathcal{U} \tag{2.88}$$

容易看出,除了黏性项符号(与 Re^{-1} 成比例)的改变,相应变换的纳维-斯托克斯方程与式(2.78)~式(2.80)是相同的。因此,纳维-斯托克斯方程在时间反转下不是不变的,但是欧拉方程是不变的。

2.9.5 伽利略不变性

本节的其余主题与移动坐标有关。首先考虑,如图 2.2(f)所示,装置以固定速度 $\boldsymbol{V}$ 运动,因此两个坐标系 (E 和 $\bar{E}$) 都在惯性坐标系中。坐标系之间的转换是

$$\bar{\boldsymbol{x}} = \boldsymbol{x} - \boldsymbol{V}t, \quad \bar{t} = t \tag{2.89}$$

$$\bar{\boldsymbol{U}}(\bar{\boldsymbol{x}},\ \bar{t}) = \boldsymbol{U}(\boldsymbol{x},\ t) - \boldsymbol{V} \tag{2.90}$$

在不同惯性系中相同的量称为伽利略不变量。由式(2.89)和式(2.90)可以得到：

$$\frac{\partial \bar{U}_i}{\partial \bar{x}_j} = \frac{\partial U_i}{\partial x_j} \tag{2.91}$$

$$\frac{\partial \bar{U}_i}{\partial \bar{t}} = \frac{\partial U_i}{\partial t} + V_j \frac{\partial U_i}{\partial x_j} \tag{2.92}$$

$$\frac{\mathrm{D}\bar{U}_i}{\mathrm{D}\bar{t}} \equiv \frac{\partial \bar{U}_i}{\partial \bar{t}} + \bar{U}_j \frac{\partial \bar{U}_i}{\partial \bar{x}_j} = \frac{\mathrm{D}U_i}{\mathrm{D}t} \tag{2.93}$$

表明速度梯度和流体加速度是伽利略不变的，但速度及其偏导数则不是。其他伽利略不变量包括，如 $\phi(\boldsymbol{x},\ t)$ 和压力 $p(\boldsymbol{x},\ t)$ 标量，以及与速度梯度相关的量，如 S_{ij}、Ω_{ij} 及涡量 $\boldsymbol{\omega}$。

变换后的纳维-斯托克斯方程(以 $\hat{\boldsymbol{x}} \equiv \bar{\boldsymbol{x}}/\mathcal{L}$ 形式表示 $\hat{\boldsymbol{U}} = \bar{\boldsymbol{U}}/\mathcal{U}$ 等)与式(2.78)~式(2.80)是相同的，因此易得出是伽利略不变的。就像经典力学描述的所有现象一样，流体流动的行为在所有惯性坐标中是相同的。

练　　习

2.14　分析下列哪些是伽利略不变量：

(1) 流线(定义为处处平行于速度矢量的曲线)；

(2) 涡线(定义为处处平行于涡量矢量的曲线)；

(3) 螺旋度，定义为 $\boldsymbol{U}\cdot\boldsymbol{\omega}$；

(4) 涡量拟能，定义为 $\boldsymbol{\omega}\cdot\boldsymbol{\omega}$；

(5) 物质线、表面和体积；

(6) 标量场：$\partial\phi/\partial t$，$\partial\phi/\partial x_i$ 及 $\mathrm{D}\phi/\mathrm{D}t$。

2.9.6　伽利略不变性的扩展

纳维-斯托克斯方程的一个特殊性质是，在坐标中直线加速度下是不变的。如图 2.2(g)所示，假设第二个实验是，在一个以可变速度 $\boldsymbol{V}(t)$ 移动的平台上进行的，但坐标系没有旋转，因此坐标方向(如 $\boldsymbol{e}_1$ 和 $\bar{\boldsymbol{e}}_1$)保持平行。根据式(2.89)和式(2.90)定义的变量 $\bar{\boldsymbol{x}}$、$\bar{t}$ 及 $\bar{\boldsymbol{U}}$，变换的纳维-斯托克斯方程为

$$\frac{\partial \bar{U}_j}{\partial \bar{t}} + \bar{U}_i \frac{\partial \bar{U}_j}{\partial \bar{x}_i} = \nu \frac{\partial^2 \bar{U}_j}{\partial \bar{x}_i \partial \bar{x}_i} - \frac{1}{\rho}\frac{\partial p}{\partial \bar{x}_j} - A_j \tag{2.94}$$

其中,右边的附加项是坐标系的加速度,$\boldsymbol{A} = \mathrm{d}\boldsymbol{V}/\mathrm{d}t$; 最后两项可以写为

$$\frac{1}{\rho}\frac{\partial p}{\partial \bar{x}_j} + A_j = \frac{1}{\rho}\frac{\partial}{\partial \bar{x}_j}(p + \rho \bar{x}_i A_i) \tag{2.95}$$

表明坐标系的加速度可以纳入修正的压力项。因此,变换变量后的纳维-斯托克斯方程与式(2.76)~式(2.80)相同:

$$\hat{\boldsymbol{U}} \equiv \bar{\boldsymbol{U}}/\mathcal{U}, \quad \hat{p} \equiv (p + \rho\bar{\boldsymbol{x}} \cdot \boldsymbol{A})/(\rho\,\mathcal{U}^2) \tag{2.96}$$

因此,在具有任意直线加速度的坐标系中,实验中的缩尺速度 $\hat{\boldsymbol{U}}$ 和修正压力场 $\hat{p}$ 与惯性坐标系中是相同的,这是伽利略不变性的扩展(仅适用于等密度流动)。

2.9.7 坐标旋转

最后,假设在非惯性旋转坐标中进行的第二个实验,见图 2.2(h)。在 $\bar{E}$ 坐标系中,与时间相关的基本向量 $\bar{\boldsymbol{e}}_i(t)$ 由式(2.97)演变而来:

$$\frac{\mathrm{d}}{\mathrm{d}t}\bar{\boldsymbol{e}}_i = \tilde{\Omega}_{ij}\bar{\boldsymbol{e}}_j \tag{2.97}$$

其中,$\tilde{\Omega}_{ij}(t) = -\tilde{\Omega}_{ji}(t)$ 是坐标系的旋转速率。注意,在这种情况下,方向余弦为 $a_{ij}(t) = \boldsymbol{e}_i \cdot \bar{\boldsymbol{e}}_j(t)$,与时间有关。

变换到非惯性系的纳维-斯托克斯方程与方程(2.94)相同,但坐标系加速度 $-A_j$ 被虚拟力代替(见练习 2.15):

$$F_j = -\bar{x}_i\tilde{\Omega}_{ik}\tilde{\Omega}_{kj} - 2\bar{U}_i\tilde{\Omega}_{ij} - \bar{x}_i\frac{\mathrm{d}\tilde{\Omega}_{ij}}{\mathrm{d}\bar{t}} \tag{2.98}$$

对 $\boldsymbol{F}$ 有贡献的三项分别代表离心力、科里奥利力和角加速度力。离心力可以纳入修正的压力项,但剩下的两个力不能。众所周知,在气象学和涡轮机中,科里奥利力会对旋转坐标系中的流动产生显著影响。

一个物理量在旋转和非旋转坐标系中相同,我们称其具有物质-坐标系无关性。显然,纳维-斯托克斯方程没有这种性质。

涡量方程中坐标系旋转的影响也很明显。在非惯性坐标系 $\bar{E}$ 中,涡量的演化方程为

$$\bar{\omega}_i \equiv \varepsilon_{ijk}\frac{\partial \bar{U}_k}{\partial \bar{x}_j} \tag{2.99}$$

可在纳维-斯托克斯方程[式(2.94)]用 F_j 代替 $-A_j$,得到:

$$\frac{\partial \bar{\omega}_i}{\partial \bar{t}} + \bar{U}_j\frac{\partial \bar{\omega}_i}{\partial \bar{x}_j} = \nu\frac{\partial^2 \bar{\omega}_i}{\partial \bar{x}_j \partial \bar{x}_j} + \bar{\omega}_j\frac{\partial \bar{U}_i}{\partial \bar{x}_j} - 2\varepsilon_{ijk}\frac{\partial \bar{U}_\ell}{\partial \bar{x}_j}\tilde{\Omega}_{\ell k} - \varepsilon_{ijk}\frac{\mathrm{d}\tilde{\Omega}_{jk}}{\mathrm{d}t} \tag{2.100}$$

显然，由于后两项——分别对应科里奥利力和角加速度力，旋转坐标系中的涡量方程不同于惯性坐标系的涡量方程[式(2.60)]。

练　习

2.15　假设 $\boldsymbol{X}(t)$ 是一个运动点相对于惯性坐标系中 E 坐标系原点的位置。设 $\boldsymbol{Y}(t)=\bar{\boldsymbol{e}}_i(t)Y_i(t)$ 是相对于非惯性系 $\bar{E}$ 的同一点的位置。$\bar{E}$ 坐标系的原点以速度 $\boldsymbol{V}(t)$ 移动，同时其基本向量 $\bar{\boldsymbol{e}}_i(t)$ 根据方程(2.97)演化得到。如果原点在时间 $t=0$ 时重合，那么：

$$\boldsymbol{X}(t)=\boldsymbol{Y}(t)+\int_0^t \boldsymbol{V}(t')\mathrm{d}t' \tag{2.101}$$

速度和加速度(相对于惯性框架)可表示为

$$\dot{\boldsymbol{X}}=\boldsymbol{V}+\bar{\boldsymbol{e}}_j(\dot{Y}_j+Y_i\tilde{\Omega}_{ij}) \tag{2.102}$$

$$\ddot{\boldsymbol{X}}=\dot{\boldsymbol{V}}+\bar{\boldsymbol{e}}_j(\ddot{Y}_j+Y_i\tilde{\Omega}_{ik}\tilde{\Omega}_{kj}+2\dot{Y}_i\tilde{\Omega}_{ij}+Y_i\dot{\tilde{\Omega}}_{ij}) \tag{2.103}$$

其中，符号上方的点表示对时间的求导(用于区分不同时间)。

2.9.8　二维流动

纳维-斯托克斯方程的另一个特殊性质是，对于二维流动(例如，在 x_1-x_2 平面上)，它们相对于流动平面内坐标系的定常转动(即围绕 x_3 轴旋转)是不变的，详见 Speziale(1981)的著作。对于二维流动，用流函数和涡量重新表示纳维-斯托克斯方程有时是有用的。对于流函数 $\psi(x_1, x_2, t)$，速度由式(2.104)给出：

$$U_1=\frac{\partial\psi}{\partial x_2},\quad U_2=-\frac{\partial\psi}{\partial x_1} \tag{2.104}$$

而且涡量唯一的非零分量是

$$\omega_3=\frac{\partial U_2}{\partial x_1}-\frac{\partial U_1}{\partial x_2} \tag{2.105}$$

对于坐标系的定常转动，方程(2.100)的最后一项为零。对于所考虑的二维流动，对倒数第二项的显性评估表明也为零(见练习 2.17)。因此，对于这种特殊情况，涡量不受坐标系旋转的影响，纳维-斯托克斯方程表现出物质-坐标系无关性(在这种受限的情况下)。

练 习

2.16 对于 $U_3=0$, U_1 和 U_2 由方程(2.104)给出的二维流动,表明所有流函数的速度散度为零。证明流函数和涡量可以由泊松方程联系起来:

$$\left(\frac{\partial^2}{\partial x_1^2}+\frac{\partial^2}{\partial x_2^2}\right)\psi=-\omega_3 \tag{2.106}$$

2.17 参考方程(2.100)倒数第二项,考虑变量:

$$\Omega_i^* \equiv \varepsilon_{ijk}\frac{\partial \bar{U}_\ell}{\partial \bar{x}_j}\tilde{\Omega}_{\ell k} \tag{2.107}$$

对于二维流动(在 x_1-x_2 平面内),且坐标系在同一平面内旋转时, $\partial\bar{U}_\ell/\partial\bar{x}_j$ 和 $\tilde{\Omega}_{\ell k}$ 的哪些分量为零? 这表明 Ω_1^* 和 Ω_2^* 都是零。获得结果:

$$\Omega_3^*=\tilde{\Omega}_{12}\left(\frac{\partial\bar{U}_1}{\partial\bar{x}_1}+\frac{\partial\bar{U}_2}{\partial\bar{x}_2}\right) \tag{2.108}$$

因此,认为对于所设定的流动类型, $\boldsymbol{\Omega}^*$ 为零。

第 3 章

湍流的统计描述

3.1 湍流的随机性

在湍流中，速度场 $\boldsymbol{U}(\boldsymbol{x}, t)$ 是随机的。这句话是什么意思？为什么会这样？

第一步，我们需要理解“随机”这个词。假设一个在特定条件下可以重复多次的流体流动实验 $\mathcal{C}$，并假设一个事件 A，如 $A \equiv \{U < 10\ \mathrm{m/s}\}$，其中 U 是特定位置和时刻的速度特定分量（从实验开始测量）。如果事件 A 必然发生，那么 A 就是确定或者肯定的。如果事件 A 不会发生，那么就是不可能的。第三种可能性是 A 可能发生，或者说可能发生但不一定发生。在这种情况下，事件 A 是随机的。那么，在例子 $A \equiv \{U < 10\ \mathrm{m/s}\}$ 中，U 是一个随机变量。

有种错误是有时会将不正确的附加影响归因于“随机”，然后质疑湍流是一种随机现象的事实。事件 A 是随机的，只是意味着它既不是确定的，也不是不可能的。U 是一个随机变量只意味着它不存在唯一的值——即使在相同条件下（$\mathcal{C}$）的重复实验中的相同时刻。图 3.1 显示了随机变量 U 在 40 次重复实验中得到值 $U^{(n)}$（$n = 1, 2, \cdots, 40$）。

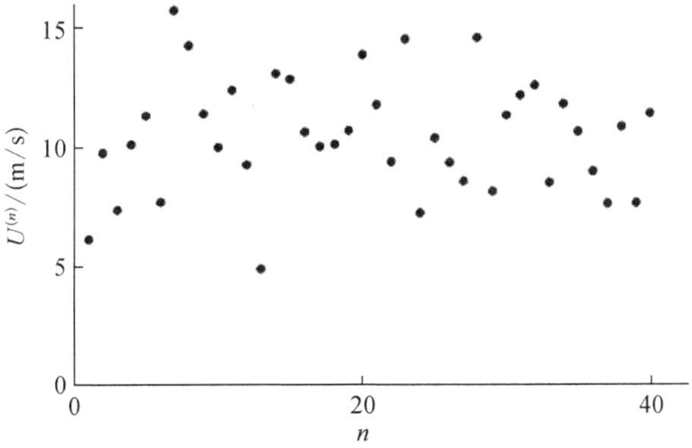

图 3.1　随机速度变量 U 在第 n 次湍流重复实验时 $U^{(n)}$ 的具体值示意图

下一个要解决的问题是湍流的随机特性和纳维-斯托克斯方程所体现的经典力学确定性之间的一致性。如果运动方程是确定的,解为什么是随机的？答案主要基于以下两个发现：

（1）在任何湍流中,初始条件、边界条件和物质性质都不可避免地存在扰动；

（2）湍流流场对这些扰动表现出强烈的敏感性。

在讨论随机性时,首先考虑“在特定条件集 $\mathcal{C}$ 下可以重复多次的流体流动实验”,其中一个例子是在光滑直管中流动的20℃的水。值得注意的是,定义的条件 $\mathcal{C}$ 是不完备的：因为现实中必然存在来自这些名义条件的扰动。边界条件可能存在扰动,例如,由于装置的振动,或者名义上光滑表面的抛光程度(粗糙度)导致的扰动。微小温度的不均匀性或杂质的存在都可能导致流体性质的扰动,并且流动的初始状态也可能存在扰动。通过细心的操作,可以削弱这些扰动,但并不能完全消除。因此,名义条件 $\mathcal{C}$ 是不完备的,不能唯一地确定湍流的演化。

扰动的存在本身并不能解释湍流的随机特性,事实上,层流中也存在这种扰动。然而,在高雷诺数下的湍流,流场演化对初始条件、边界条件及物质性质的微小变化都极其敏感。这种敏感性在动力学系统的研究中得到了很好的解释,并在关于混沌的著作(例如：Gleick, 1988；Moon, 1992)中得到了推广,现在用洛伦兹方程来展示。

Lorenz(1963)研究了一个时变系统,该系统由三个状态变量 $x(t)$、$y(t)$ 和 $z(t)$ 表征。描述这些变量演变的常微分方程为

$$\begin{cases}\dot{x} = \sigma(y - x) \\ \dot{y} = \rho x - y - xz \\ \dot{z} = -\beta z + xy\end{cases} \tag{3.1}$$

其中,系数 $\sigma = 10$；$\beta = 8/3$；$\rho = 28$。对于初始条件：

$$[x(0), y(0), z(0)] = [0.1,\ 0.1,\ 0.1] \tag{3.2}$$

图 3.2(a)显示了方程(3.1)通过数值积分获得的 $x(t)$ 时间历程。初始条件略有不同时获得的结果表示为 $\hat{x}(t)$：

$$[x(0), y(0), z(0)] = [0.100\,001,\ 0.1,\ 0.1] \tag{3.3}$$

如图 3.2(b)所示,可以发现(如预期那样) $x(t)$ 和 $\hat{x}(t)$ 最初是无法分辨的,但是在 $t = 35$ 时刻以后,它们完全不同。图 3.2(c)显示了两者的差异 $\hat{x}(t) - x(t)$,更清晰地展示了这一现象。

这种对初始条件极其敏感的结果是,当超出某个点(临界值)时,将无法预测系统的状态。在这个例子中,如果已知初始状态的精度在 10^{-6},图 3.2 清楚地表明,我们无法对 $t = 35$ 时刻以后的状态做出任何有用的预测。

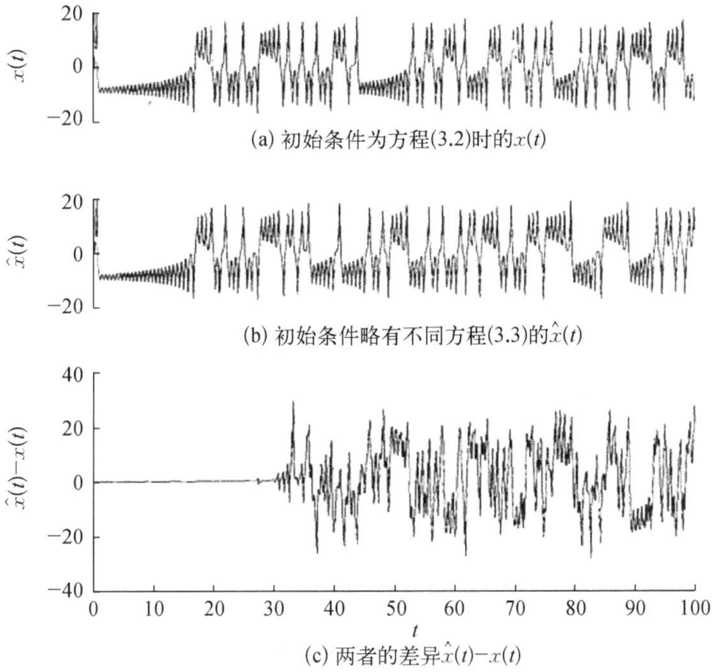

图 3.2　洛伦兹方程[式(3.1)]的时间历程

这个例子证明,一组简单的确定性方程比纳维-斯托克斯方程简单得多——表现出对初始条件的高度敏感性,从而不可预测。

洛伦兹系统的定性行为取决于系数。特别地,对于固定值 $\sigma = 10$ 和 $\beta = 8/3$,行为取决于 ρ。如果 ρ 小于临界值 $\rho^* \approx 24.74$,则系统进入稳定的不动点,即状态变量 $[x(t), y(t), z(t)]$ 趋于渐近固定值。但是,对于 $\rho > \rho^*$(如图 3.2 中的 $\rho = 28$),将带来混沌的行为。此外,这与纳维-斯托克斯方程有相似之处。纳维-斯托克斯方程(具有稳定的边界条件)在足够低的雷诺数条件下有稳定的解,但在高雷诺数下,湍流解是混沌的。Guckenheimer 和 Holmes(1983)、Moon(1992)及 Gleick(1988)等的著作深入讨论了有关洛伦兹方程、动力学系统与方程、动力学系统与混沌的问题。

3.2　随机变量的特征

对于层流,可以使用理论(即纳维-斯托克斯方程)来计算 U(特定位置和时刻的速度特定分量)。同时,可以通过实验来测量 U。根据一个世纪的经验,我们有信心，U 的计算值和测量值会吻合得很好(数值与实验的误差较小)。

纳维-斯托克斯方程同样适用于湍流，但理论的目标发生了变化。由于 U 是一个随机变量，本质上，它的值是不可预测的：几乎可以肯定预测 U 的特定值的理论是错误的。然而，理论可以旨在确定诸如 $A \equiv \{U < 10\ \mathrm{m/s}\}$ 等事件的概率。

这一节发展了用于表征随机变量的概念和工具，如 U。特别地，U 完全由其概率密度函数(PDF)来表征。湍流的随机速度场 $\boldsymbol{U}(\boldsymbol{x}, t)$ 是比单个随机变量 U 复杂得多的数学对象。在后续章节中，将介绍一些用于表征随机变量集(如 U_1、U_2 和 U_3)、时间的随机函数[如 $U(t)$]和位置的随机函数[如 $U(\boldsymbol{x})$]的量。

3.2.1 样本空间

为了讨论比 $A \equiv \{U < 10\ \mathrm{m \cdot s}\}$ 更一般的事件，引入一个独立的速度变量 V，称为对应 U 的样本空间变量。如图 3.3 所示，对于不同的事件，例如：

$$B \equiv \{U < V_{\mathrm{b}}\} \tag{3.4}$$

$$C \equiv \{V_{\mathrm{a}} \leqslant U < V_{\mathrm{b}}\}, \quad V_{\mathrm{a}} < V_{\mathrm{b}} \tag{3.5}$$

对应于样本空间的不同区域。

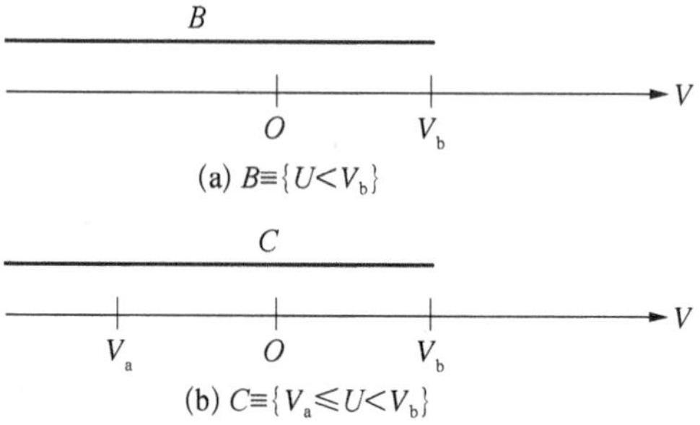

图 3.3 对应特定事件区域 U 的样本空间示意图

3.2.2 概率

例如，事件 B 的概率可以写为

$$p = P(B) = P\{U < V_{\mathrm{b}}\} \tag{3.6}$$

目前，读者对概率有直观理解就足够了：p 是一个实数 $(0 \leqslant p \leqslant 1)$，表示事件发生的可能性。对于不可能的事件，$p$ 为 0；对于确定的事件，p 为 1(将在第 3.8 节中进一步讨论概率)。

3.2.3　累积分布函数

任何事件的概率都可以由累积分布函数(cumulative distribution function, CDF)确定,其定义如下:

$$F(V) \equiv P\{U < V\} \tag{3.7}$$

例如,有

$$P(B) = P\{U < V_b\} = F(V_b) \tag{3.8}$$

$$\begin{aligned} P(C) &= P\{V_a \leqslant U < V_b\} = P\{U < V_b\} - P\{U < V_a\} \\ &= F(V_b) - F(V_a) \end{aligned} \tag{3.9}$$

CDF 的三个基本属性为

$$F(-\infty) = 0 \tag{3.10}$$

因为 $\{U < -\infty\}$ 是不可能的:

$$F(\infty) = 1 \tag{3.11}$$

因为 $\{U < \infty\}$ 是确定的,并且有

$$F(V_b) \geqslant F(V_a), \quad V_b > V_a \tag{3.12}$$

因为每个事件的概率都是非负的,即

$$F(V_b) - F(V_a) = P\{V_a \leqslant U < V_b\} \geqslant 0 \tag{3.13}$$

第三个属性[方程(3.12)]表示 CDF 是一个非递减函数的事实。

3.2.4　概率密度函数

PDF 定义为 CDF 的导数:

$$f(V) \equiv \frac{\mathrm{d}F(V)}{\mathrm{d}V} \tag{3.14}$$

从 CDF 的性质容易推出,PDF 是非负的:

$$f(V) \geqslant 0 \tag{3.15}$$

并满足无量纲化条件:

$$\int_{-\infty}^{\infty} f(V)\,\mathrm{d}V = 1 \tag{3.16}$$

而且 $f(-\infty) = f(\infty) = 0$。进一步地,由方程(3.13)可得,随机变量在特定区间内的概率等于 PDF 在该区间内的积分:

$$P\{V_a \leqslant U < V_b\} = F(V_b) - F(V_a) = \int_{V_a}^{V_b} f(V)\,dV \tag{3.17}$$

图 3.4 是该方程的图形示意图。

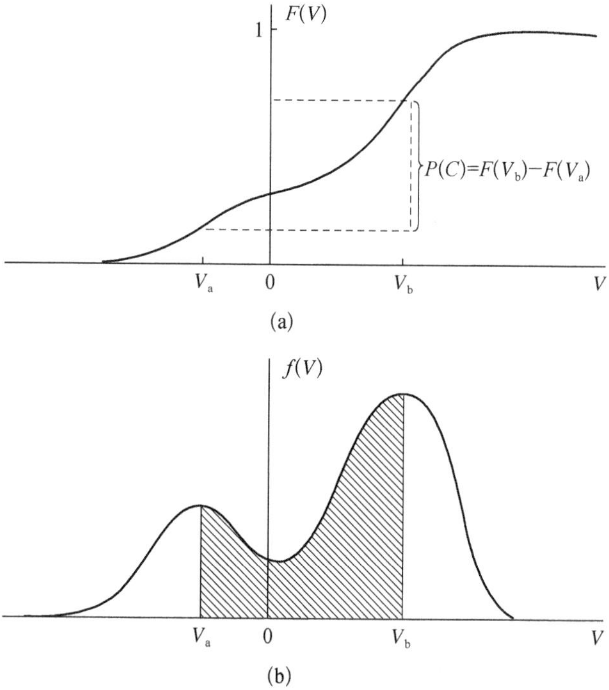

图 3.4 (a) 表征事件 $C \equiv \{V_a \leqslant U < V_b\}$ 概率的随机变量 U 的 CDF 示意图;(b) 对应的 PDF 示意图,其中阴影区域是事件 C 发生的概率

对于一个无穷小的间隔,方程(3.17)变为

$$P\{V \leqslant U < V + dV\} = F(V + dV) - F(V) = f(V)\,dV \tag{3.18}$$

因此,PDF $f(V)$ 是样本空间中每单位距离的概率,也就是"概率密度函数"。鉴于 CDF 和乘积 $f(V)\,dV$ 是无量纲的,PDF $f(V)$ 的量纲与 U 相反。在变量变化的情况下,密度的变换规则(如 PDF)不同于函数的变换规则:见练习 3.9。

需要强调的是,PDF $f(V)$(或等同的 CDF)充分刻画了随机变量 U,两个及两个以上具有相同 PDF 的随机变量称为同一分布,或在统计上是相同的。

3.2.5 平均值和矩

随机变量 U 的平均值(或期望值)由式(3.19)定义:

$$\langle U\rangle \equiv \int_{-\infty}^{\infty} Vf(V)\,\mathrm{d}V \tag{3.19}$$

它是 U 所有可能值的概率加权平均值。更一般地,如果 $Q(U)$ 是 U 的函数, $Q(U)$ 的平均值是

$$\langle Q(U)\rangle \equiv \int_{-\infty}^{\infty} Q(V)f(V)\,\mathrm{d}V \tag{3.20}$$

即使没有明确说明,也应该理解(这里和后面)只有当方程(3.20)的积分绝对收敛时,平均值 $\langle Q(U)\rangle$ 才存在。

获得平均值的规则很简单。如果 $Q(U)$ 和 $R(U)$ 是 U 的函数, a 和 b 是常数,那么:

$$\langle [aQ(U) + bR(U)]\rangle = a\langle Q(U)\rangle + b\langle R(U)\rangle \tag{3.21}$$

这很容易从方程(3.20)中证明。因此,角括弧 $\langle\ \rangle$ 具有线性运算符的特性。U、$Q(U)$ 以及 $R(U)$ 都是随机变量,而 $\langle U\rangle$、$\langle Q(U)\rangle$、$\langle R(U)\rangle$ 不是。因此,平均值的平均值就是平均值: $\langle\langle U\rangle\rangle = \langle U\rangle$。

U 的脉动由式(3.22)定义:

$$u \equiv U - \langle U\rangle \tag{3.22}$$

方差定义为均方脉动:

$$\mathrm{var}(U) \equiv \langle u^2\rangle = \int_{-\infty}^{\infty} (V - \langle U\rangle)^2 f(V)\,\mathrm{d}V \tag{3.23}$$

方差的平方根为标准差:

$$\mathrm{sdev}(U) = \sqrt{\mathrm{var}(U)} = \langle u^2\rangle^{1/2} \tag{3.24}$$

也用 u' 和 σ_u 表示,也称为 U 的均方根(root mean square, RMS)。

第 n 个中心矩定义为

$$\mu_n \equiv \langle u^n\rangle = \int_{-\infty}^{\infty} (V - \langle U\rangle)^n f(V)\,\mathrm{d}V \tag{3.25}$$

很明显, $\mu_0 = 1$, $\mu_1 = 0$, $\mu_2 = \sigma_u^2$。

(相对地,关于原点的第 n 阶矩或第 n 阶原始矩定义为 $\langle U^n\rangle$。)

练　习

3.1　Q 和 R 是随机变量, a 和 b 是常数,使用方程(3.20)验证关系式:

$$\langle a\rangle = a,\quad \langle aQ\rangle = a\langle Q\rangle \tag{3.26}$$

$$\langle Q + R\rangle = \langle Q\rangle + \langle R\rangle,\quad \langle\langle Q\rangle\rangle = \langle Q\rangle \tag{3.27}$$

$$\langle\langle Q\rangle\langle R\rangle\rangle = \langle Q\rangle\langle R\rangle,\quad \langle\langle Q\rangle R\rangle = \langle Q\rangle\langle R\rangle \tag{3.28}$$

$$\langle q\rangle = 0,\quad \langle q\langle R\rangle\rangle = 0 \tag{3.29}$$

其中，$q \equiv Q - \langle Q\rangle$。

3.2 定义 Q 为

$$Q = a + bU \tag{3.30}$$

其中，U 是随机变量，a 和 b 是常数。推导：

$$\langle Q\rangle = a + b\langle U\rangle \tag{3.31}$$

$$\mathrm{var}(Q) = b^2\mathrm{var}(U) \tag{3.32}$$

$$\mathrm{sdev}(Q) = b\ \mathrm{sdev}(U) \tag{3.33}$$

同样证明：

$$\mathrm{var}(U) = \langle U^2\rangle - \langle U\rangle^2 \tag{3.34}$$

3.2.6 标准化

通常具有零均值和单位方差的标准化随机变量使用起来很方便，U 的标准化随机变量 $\hat{U}$ 定义为

$$\hat{U} \equiv (U - \langle U\rangle)/\sigma_u \tag{3.35}$$

其 PDF，即 U 的标准化 PDF 为

$$\hat{f}(\hat{V}) = \sigma_u f(\langle U\rangle + \sigma_u\hat{V}) \tag{3.36}$$

$\hat{U}$ 的矩——U 的标准矩为

$$\hat{\mu}_n = \frac{\langle u^n\rangle}{\sigma_u^n} = \frac{\mu_n}{\sigma_u^n} = \int_{-\infty}^{\infty} \hat{V}^n\hat{f}(\hat{V})\,\mathrm{d}\hat{V} \tag{3.37}$$

显然，有 $\hat{\mu}_0 = 1$，$\hat{\mu}_1 = 0$，$\hat{\mu}_2 = 1$。第三个标准化矩 $\hat{\mu}_3$ 称为偏度，第四个 $\hat{\mu}_4$ 称为平坦度或峰度。

练　习

3.3 推导证明 U 和 Q 的标准矩[由方程(3.30)定义]是相同的。

3.2.7 特征函数

定义随机变量 U 的特征函数为

$$\Psi(s) \equiv \langle e^{iUs}\rangle = \int_{-\infty}^{\infty} f(V)e^{iVs}\,\mathrm{d}V \tag{3.38}$$

可以认为方程(3.38)中的积分是傅里叶逆变换：$\Psi(s)$ 和 $f(V)$ 形成一对傅里叶变换，因此它们包含相同的信息。

特征函数是一种便于推导和证明的数学工具，附录 I 有关于其特性的描述。在第 12 章之前没有广泛使用特征函数，因此可以推迟对附录 I 的研究。

3.3　概率分布示例

为了巩固提出的概念，并说明一些不同性质的行为，现在给出一些概率分布的具体例子，这些分布将在后面的章节中出现。

3.3.1　均匀分布

如果 U 在 $a \leqslant V < b$ 区间内均匀分布，那么 U 的 PDF 为

$$f(V)=\begin{cases}\dfrac{1}{b-a}, & a \leqslant V < b \\ 0, & V < a \text{ 且 } V \geqslant b\end{cases} \tag{3.39}$$

这个 PDF 和相应的 CDF 如图 3.5 所示。

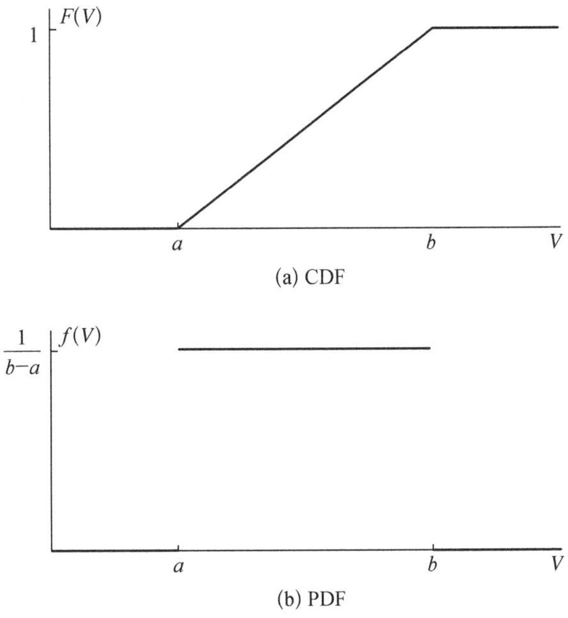

图 3.5　一个均匀随机变量的 CDF 和 PDF 示意图[方程(3.39)]

练 习

3.4 对于方程(3.39)的均匀分布,证明:

(1) $\langle U\rangle = \frac{1}{2}(a + b)$;

(2) $\text{var}(U) = \frac{1}{12}(b - a)^2$;

(3) $\hat{\mu}_3 = 0$;

(4) $\hat{\mu}_4 = \frac{9}{5}$。

3.3.2 指数分布

如果 U 与参数 λ 呈指数分布,其 PDF(图 3.6)为

$$f(V) = \begin{cases} \frac{1}{\lambda}\exp(-V/\lambda), & V \geqslant 0 \\ 0, & V < 0 \end{cases} \tag{3.40}$$

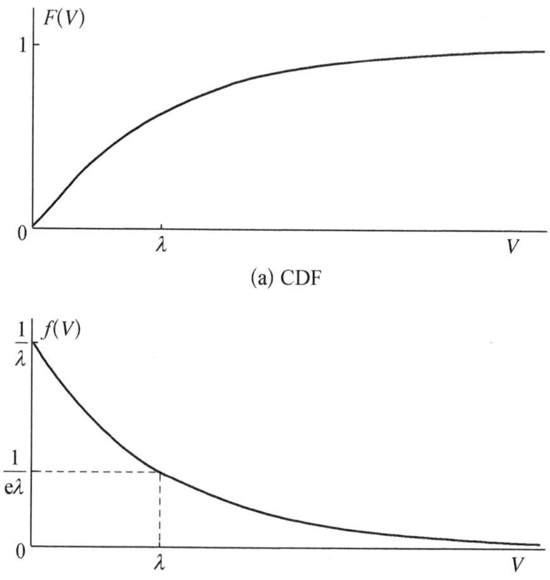

图 3.6 一个指数分布随机变量的 CDF 和 PDF 示意图[方程(3.40)]

练　习

3.5 对于指数分布方程[式(3.40)],证明:

(1) 满足无量纲条件;

(2) $\langle U \rangle = \lambda$;

(3) $\langle U^n \rangle = n\lambda \langle U^{n-1} \rangle = n!\lambda^n,\ n \geqslant 1$;

(4) $F(V) = \begin{cases} 1 - \exp(-V/\lambda), & V > 0 \\ 0, & V \leqslant 0 \end{cases}$;

(5) $\text{Prob}\,\{U \geqslant a\lambda\} = e^{-a},\ a \geqslant 0$。

3.3.3　正态分布

正态分布或高斯分布是概率论中最重要的基本分布。如果 U 为正态分布,且平均值为 μ 和标准偏差 σ,则 U 的 PDF 为

$$f(V) = \mathcal{N}(V;\mu,\sigma^2) \equiv \frac{1}{\sigma\sqrt{2\pi}}\exp\left[-\frac{1}{2}(V-\mu)^2/\sigma^2\right] \tag{3.41}$$

其中,$\mathcal{N}(V;\mu,\sigma^2)$ 有时写为 $\mathcal{N}(\mu,\sigma^2)$,表示均值为 μ 和方差为 σ^2 的正态分布。也可以写作:

$$U \overset{\text{D}}{=} \mathcal{N}(\mu,\sigma^2) \tag{3.42}$$

来表示 U 在分布上等同一个正态随机变量,即 U 的 PDF 由方程(3.41)给出。

如果 U 是基于方程(3.41)的正态分布,那么:

$$\hat{U} \equiv (U-\mu)/\sigma \tag{3.43}$$

$\hat{U}$ 是一个标准的高斯随机变量,其 PDF 为

$$\hat{f}(V) = \mathcal{N}(V;0,1) = \frac{1}{\sqrt{2\pi}}e^{-V^2/2} \tag{3.44}$$

该 PDF 相应的 CDF 为

$$\hat{F}(V) = \int_{-\infty}^{V}\frac{1}{\sqrt{2\pi}}e^{-x^2/2}\mathrm{d}x = \frac{1}{2}\left[1 + \operatorname{erf}(V/\sqrt{2})\right] \tag{3.45}$$

如图 3.7 所示。

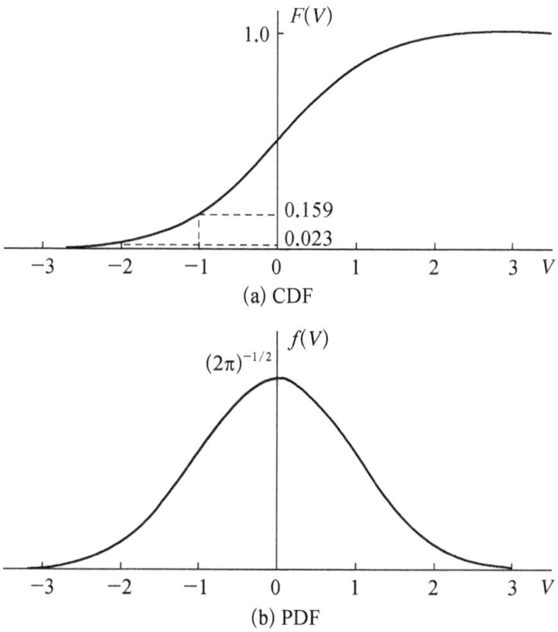

图 3.7 一个标准高斯随机变量的 CDF 和 PDF 示意图

练 习

3.6 考虑值：

$$\int_{-\infty}^{\infty} \frac{\mathrm{d}}{\mathrm{d}V}\left(\frac{V^n}{\sqrt{2\pi}}\mathrm{e}^{-V^2/2}\right)\mathrm{d}V \tag{3.46}$$

得到高斯分布标准矩 $\hat{\mu}_n$ 的递推关系。证明奇数矩 ($\hat{\mu}_3$, $\hat{\mu}_5$, …) 为零，峰度为

$$\hat{\mu}_4 = 3 \tag{3.47}$$

超斜度是

$$\hat{\mu}_6 = 15 \tag{3.48}$$

3.3.4 对数正态分布

再次假设 U 是正态分布，均值为 μ 和方差为 σ^2。那么根据定义，正的随机变量是对数正态分布：

$$Y = \mathrm{e}^U \tag{3.49}$$

Y 的 CDF $F_Y(y)$ 和 PDF $f_Y(y)$ 可通过 U 的 CDF $F_u(y)$ 和 PDF $f_u(y)$ 推导得出，由式(3.41)给出的 $F(V)$ 和 $f(V)$ 命名。

由于 Y 是正的，采样空间可以取为正实线，即 $y \geqslant 0$。根据 CDF 的定义，可以得到：

$$\begin{aligned} F_Y(y) &= P\{Y < y\} = P\{e^U < y\} = P\{U < \ln y\} \\ &= F(\ln y) \end{aligned} \tag{3.50}$$

然后，通过对 y 的微分得到 PDF：

$$\begin{aligned} f_Y(y) &= \frac{\mathrm{d}}{\mathrm{d}y} F_Y(y) = \frac{1}{y} f(\ln y) \\ &= \frac{1}{y\sigma\sqrt{2\pi}} \exp\left[-\frac{1}{2}(\ln y - \mu)^2/\sigma^2\right] \end{aligned} \tag{3.51}$$

图 3.8 显示了 $\langle Y \rangle = 1$ 和不同方差值的 CDF $F_Y(y)$ 和 PDF $f_Y(y)$。

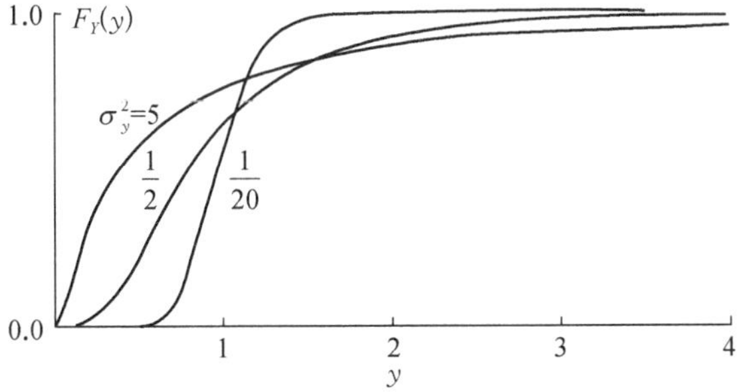

(a) CDF

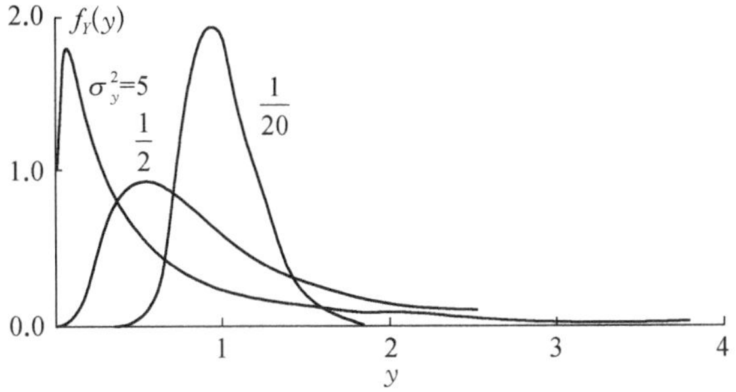

(b) PDF

图 3.8　$\langle Y \rangle = 1$ 和 var$\langle Y \rangle = 1/20$、$1/2$ 和 5 时对数正态随机变量 Y 的 CDF 和 PDF

可以看出，不同的 σ^2 值能产生不同形状的 PDF。特别是，较大的 σ^2 值导致 PDF 带有一个长尾，同时能够清晰地发现 CDF 缓慢逼近 1。如练习 3.7 所示，无量

纲方差 $\mathrm{var}(Y/\langle Y\rangle)$ 以 e^{σ^2} 增长。

式(3.50)和式(3.51)表明了 PDF 和 CDF 的变换规则。练习 3.9 中有进一步的拓展。

练 习

3.7 证明 Y 的原始矩[由方程(3.49)定义]为

$$\langle Y^n\rangle = \exp\left(n\mu + \frac{1}{2}n^2\sigma^2\right) \tag{3.52}$$

提示：评估 $\int_{-\infty}^{\infty} \mathrm{e}^{nV} f(V)\,\mathrm{d}V$。

证明，当设定如下条件时：

$$\mu = -\frac{1}{2}\sigma^2 \tag{3.53}$$

$\langle Y\rangle$ 的值为单位 1，且 Y 的方差为

$$\mathrm{var}(Y) = \langle Y\rangle^2(\mathrm{e}^{\sigma^2} - 1) \tag{3.54}$$

3.8 随机变量 Z 定义为

$$Z \equiv aY^b \tag{3.55}$$

这里，Y 是一个对数正态随机变量，并且 a 和 b 是正常数。证明 Z 也是对数正态分布，并且：

$$\mathrm{var}(\ln Z) = b^2\mathrm{var}(\ln Y) \tag{3.56}$$

3.9 随机变量 U 有 CDF $F(V)$ 和 PDF $f(V)$。随机变量 Y 可定义为

$$Y = Q(U) \tag{3.57}$$

其中，$Q(V)$ 是一个单调递增函数。按照式(3.50)和式(3.51)的步骤，证明 Y 的 CDF $F_Y(y)$ 和 PDF $f_Y(y)$ 由如下方程给出：

$$F_Y(y) = F(V) \tag{3.58}$$

$$f_Y(y) = f(V)\bigg/\frac{\mathrm{d}Q(V)}{\mathrm{d}V} \tag{3.59}$$

其中，

$$y \equiv Q(V) \tag{3.60}$$

证明 $Q(V)$ 相应的结果为单调递减函数：

$$F_Y(y) = 1 - F(V) \tag{3.61}$$

$$f_Y(y) = -f(V) \Big/ \frac{\mathrm{d}Q(V)}{\mathrm{d}V} \tag{3.62}$$

证明式(3.59)和式(3.62)可以写成通用形式：

$$f_Y(y)\,\mathrm{d}y' = f(V)\,\mathrm{d}V \tag{3.63}$$

其中：

$$\mathrm{d}y \equiv \left|\frac{\mathrm{d}Q(V)}{\mathrm{d}V}\right|\mathrm{d}V \tag{3.64}$$

$\mathrm{d}y$ 为相应的无穷小间隔。

3.3.5　伽马分布

当均值为 μ 和方差为 σ^2，正随机变量 U 的伽马分布的条件是其 PDF 为

$$f(V) = \frac{1}{\Gamma(\alpha)}\left(\frac{\alpha}{\mu}\right)^{\alpha} V^{\alpha-1}\exp\left(-\frac{\alpha V}{\mu}\right) \tag{3.65}$$

其中，α 定义为

$$\alpha \equiv \left(\frac{\mu}{\sigma}\right)^2 \tag{3.66}$$

以及伽马函数 $\Gamma(\alpha)$ 为

$$\Gamma(\alpha) \equiv \int_0^{\infty} x^{\alpha-1}\mathrm{e}^{-x}\mathrm{d}x \tag{3.67}$$

当 $\alpha = 1$ 时，U 成为指数分布，原点处的 PDF 值为 $f(0) = 1/\mu$。对于较大的 α 值(较小的无量纲方差)，PDF 在原点为零；而对于较小的 α 值，PDF 无穷大，如图 3.9 所示。

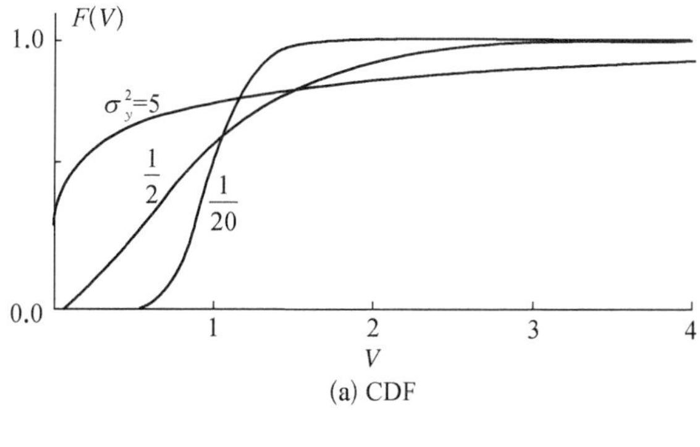

(a) CDF

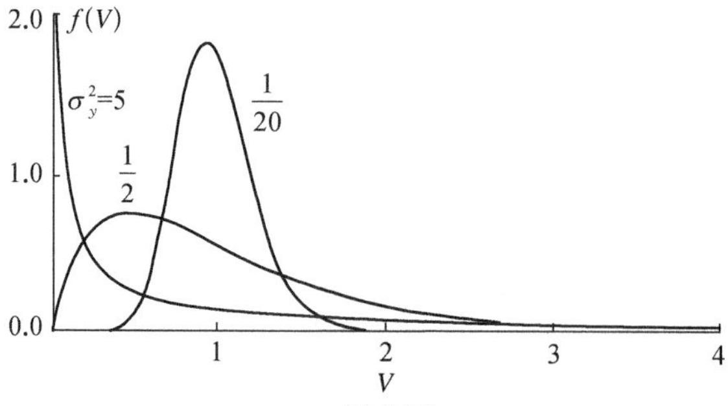

(b) PDF

图 3.9 当均值 μ = 1 及方差 σ^2 分别为 1/20、1/2 和 5 时伽马分布的 CDF 和 PDF

练 习

3.10 使用置换关系式 $x=\alpha V/\mu$ 证明伽马分布的无量纲原始矩为

$$\int_0^\infty\left(\frac{V}{\mu}\right)^n f(V)\,\mathrm{d}V=\frac{1}{\alpha^n\Gamma(\alpha)}\int_0^\infty x^{n+\alpha-1}\mathrm{e}^{-x}\mathrm{d}x$$
$$=\frac{\Gamma(n+\alpha)}{\alpha^n\Gamma(\alpha)}=\frac{(n+\alpha-1)!}{\alpha^n(\alpha-1)!} \tag{3.68}$$

验证 $n=0$、1 和 2 结果的一致性。

3.3.6 delta 函数分布

假设 U 是一个随机变量,取值 a 的概率为 p,值 $b(b>a)$ 的概率为 $1-p$。容易推导 U 的 CDF:

$$F(V)=P\{U<V\}=\begin{cases}0, & V\leqslant a\\ p, & a<V\leqslant b\\ 1, & V>b\end{cases} \tag{3.69}$$

见图 3.10。可以写成赫维赛德函数形式:

$$F(V)=pH(V-a)+(1-p)H(V-b) \tag{3.70}$$

相应的 PDF[通过方程(3.70)微分获得]为

$$f(V)=p\delta(V-a)+(1-p)\delta(V-b) \tag{3.71}$$

见图 3.10。delta 函数和赫维赛德函数的性质见附录 C。

离散随机变量只能取有限个的随机变量值(与连续随机变量相反)。尽管本

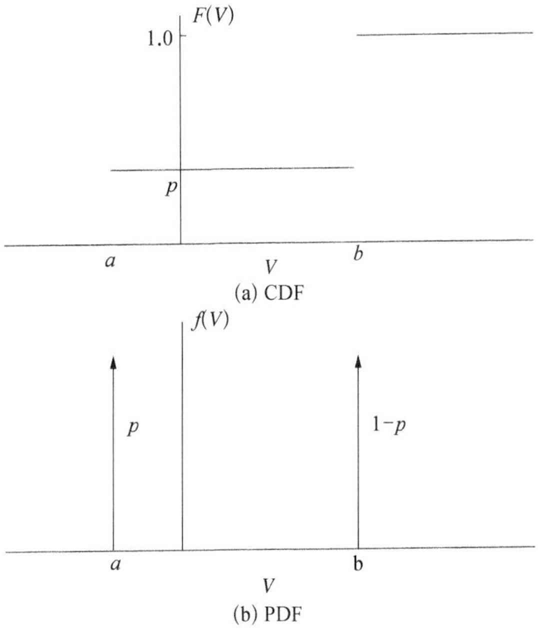

图 3.10　方程(3.69)定义的离散随机变量 U 的 CDF 和 PDF 示意图

节中介绍的工具旨在描述连续随机变量，但显然(借助于赫维赛德函数和 delta 函数)也可以处理离散随机变量。此外，如果 U 是一个确定变量，值 a 的概率为 1 时，则其 CDF 和 PDF 始终由如下公式给出：

$$F(V) = H(V - a) \tag{3.72}$$

$$f(V) = \delta(V - a) \tag{3.73}$$

练　习

3.11　使 U 为掷骰子的结果，即 $U = 1$、2、3、4、5 或 6 的概率相等。证明 U 的 CDF 和 PDF 是

$$F(V) = \frac{1}{6}\sum_{n=1}^{6} H(V - n) \tag{3.74}$$

$$f(V) = \frac{1}{6}\sum_{n=1}^{6} \delta(V - n) \tag{3.75}$$

并画出这些分布示意图。

3.12 假设$f_\phi(\psi)$是满足$\phi_{min} \leqslant \phi \leqslant \phi_{max}$边界层条件标量$\phi$的PDF。对于给定的均值$\langle\phi\rangle$，当$f_\phi(\psi)$为双delta函数分布时,获得方差$\langle\phi'^2\rangle$最大的可能值:

$$f_\phi(\psi) = p\delta(\phi_{max} - \psi) + (1 - p)\delta(\phi_{min} - \psi) \tag{3.76}$$

对于该分布,请证明:

$$p = \frac{\langle\phi\rangle - \phi_{min}}{\phi_{max} - \phi_{min}} \tag{3.77}$$

$$\langle\phi'^2\rangle = (\phi_{max} - \langle\phi\rangle)(\langle\phi\rangle - \phi_{min}) \tag{3.78}$$

注意:对于$\phi_{min} = 0$, $\phi_{max} = 1$,以上两式的结果分别为$p = \langle\phi\rangle$和$\langle\phi'^2\rangle = \langle\phi\rangle(1 - \langle\phi\rangle)$。

3.3.7 柯西分布

均值、方差和其他矩定义为PDF的积分[方程(3.20)],默认假设所有的这些积分都收敛;事实上,除了少数例外,湍流研究中遇到的PDF都是如此。柯西分布是一个简单而又有用的反例。

以c为中心,半宽度为w,柯西分布的PDF为

$$f(V) = \frac{w/\pi}{(V - c)^2 + w^2} \tag{3.79}$$

对于大的V, f以V^{-2}变化,因此,$Vf(V)$的积分以$\ln V$发散。因此,尽管分布以中心$V = c$对称,但平均值不存在[由方程(3.19)定义],方差趋向无穷。

图3.11显示了柯西密度[方程(3.79)]和相应的CDF:

$$F(V) = \frac{1}{2} + \frac{1}{\pi}\arctan\left(\frac{V - c}{w}\right) \tag{3.80}$$

其中, $c = 0$; $w = 1$。

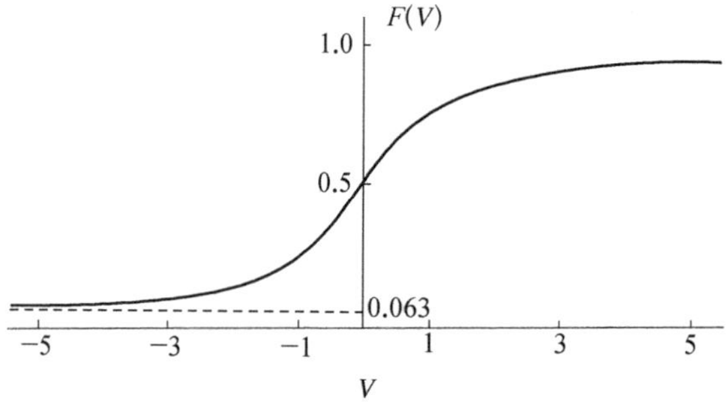

(a) CDF

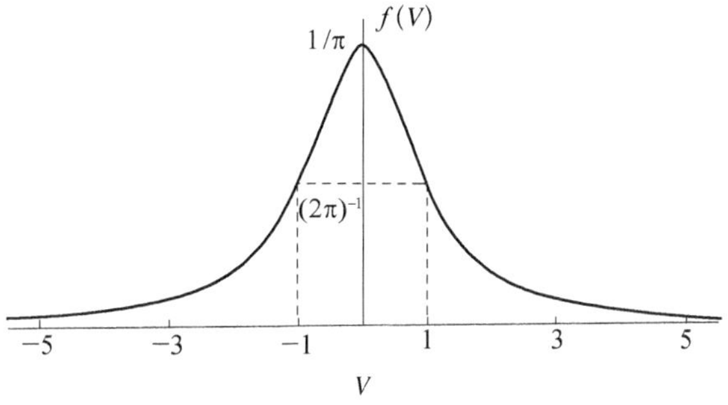

(b) PDF

图 3.11　当 $c=0$，$w=1$ 时，柯西分布[式(3.79)和式(3.80)]的 CDF 和 PDF

练　习

3.13　图 3.12 所示的 PDF 具有零均值和单位方差(即是标准化的)。证明示意图中的变量由如下公式给出：

$$a^2=\frac{6}{11}(1+2\sqrt{3}),\quad b=\sqrt{3}a,\quad h=\frac{1}{a+\frac{1}{2}b} \tag{3.81}$$

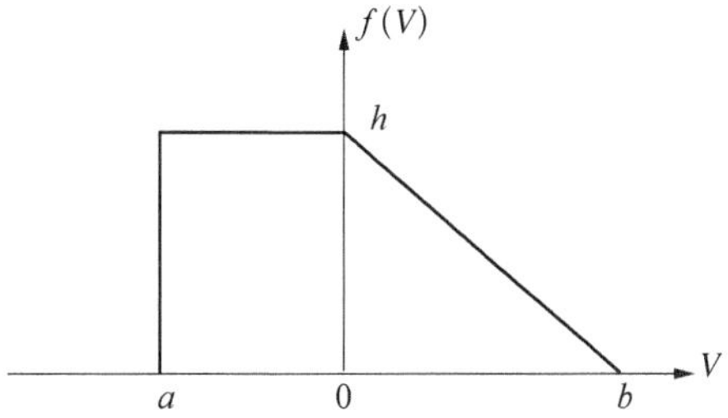

图 3.12　练习 3.13 中标准化 PDF 的示意图

3.4　联合随机变量

在本节中，将单个随机变 U 的结果拓展到两个或多个随机变量。以湍流中特定位置和时间的速度分量为例 (U_1,U_2,U_3)。

对应随机变量 $\boldsymbol{U}=\{U_1,U_2,U_3\}$ 的样本空间变量表示为 $\boldsymbol{V}=\{V_1,V_2,V_3\}$。对于 U_1 和 U_2 两个分量，图 3.13 显示了 $N=100$ 个点 $(V_1,V_2)=(U_1^{(n)},U_2^{(n)})$，$n=$

1, 2, ⋯, N 的散点图,其中 $(U_1^{(n)}, U_2^{(n)})$ 是第 n 次重复实验的 (U_1, U_2) 值。联合随机变量 (U_1, U_2) 的 CDF 定义如下:

$$F_{12}(V_1, V_2) \equiv P\{U_1 < V_1, U_2 < V_2\} \tag{3.82}$$

这是样本点 $(V_1, V_2) = (U_1, U_2)$ 位于图 3.14 阴影区域内的概率。显然, $F_{12}(V_1, V_2)$ 是其每个参数的非递减函数:

$$F_{12}(V_1 + \delta V_1, V_2 + \delta V_2) \geqslant F_{12}(V_1, V_2), \quad \delta V_1 \geqslant 0; \delta V_2 \geqslant 0 \tag{3.83}$$

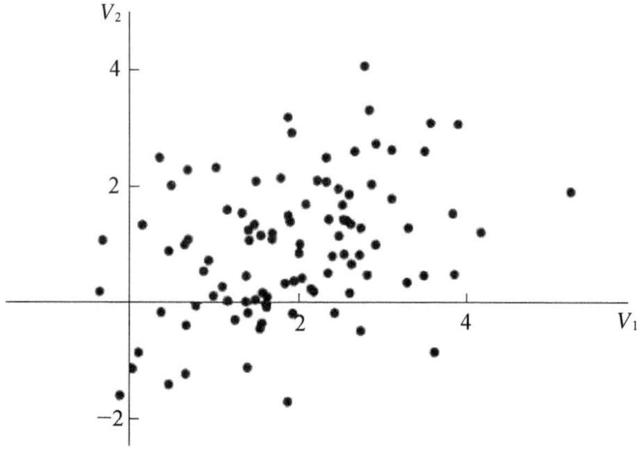

图 3.13 联合随机变量 (U_1, U_2) 100 个点的 $(V_1\text{-}V_2)$ 样本空间散点图

在此示例中, U_1 和 U_2 的关系为: $\langle U_1 \rangle = 2$, $\langle U_2 \rangle = 1$, $\langle u_1^2 \rangle = 1$, $\langle u_2^2 \rangle = 5/16$, $\rho_{12} = 1/\sqrt{5}$

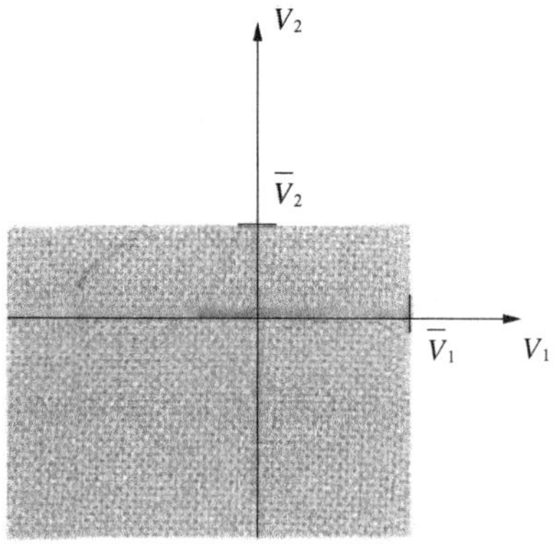

图 3.14 $V_1 - V_2$ 样本空间显示对应事件 $\{U_1 < \overline{V}_1, U_2 < \overline{V}_2\}$ 的区域

CDF 的其他特性包括:

$$F_{12}(-\infty, V_2) = P\{U_1 < -\infty, U_2 < V_2\} = 0 \tag{3.84}$$

因为 $\{U_1 < -\infty\}$ 是不可能的，且：

$$F_{12}(\infty, V_2) = P\{U_1 < \infty, U_2 < V_2\}$$
$$= P\{U_2 < V_2\} = F_2(V_2) \tag{3.85}$$

$\{U_1 < \infty\}$ 是确定的。单个随机变量 U_2［方程(3.85)定义］的 CDF $F_2(V_2)$ 称为临界 CDF。类似地，U_1 的临界 CDF 为 $F_1(V_1) = F_{12}(V_1, \infty)$。

U_1 和 U_2 的联合 PDF(JPDF)定义如下：

$$f_{12}(V_1, V_2) \equiv \frac{\partial^2}{\partial V_1 \partial V_2} F_{12}(V_1, V_2) \tag{3.86}$$

如图 3.15 所示，其基本特性是

$$P\{V_{1a} \leqslant U_1 < V_{1b}, V_{2a} \leqslant U_2 \leqslant V_{2b}\} = \int_{V_{1a}}^{V_{1b}} \int_{V_{2a}}^{V_{2b}} f_{12}(V_1, V_2) \mathrm{d}V_2 \mathrm{d}V_1 \tag{3.87}$$

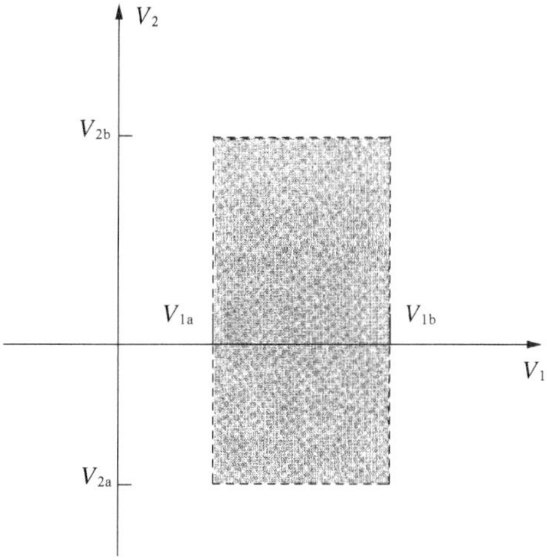

图 3.15　$V_1 - V_2$ 样本空间显示对应事件 $\{V_{1a} \leqslant U_1 < V_{1b}, V_{2a} \leqslant U_2 < V_{2b}\}$ 的区域，见方程(3.87)

容易推导出的其他特性有

$$f_{12}(V_1, V_2) \geqslant 0 \tag{3.88}$$

$$\int_{-\infty}^{\infty} f_{12}(V_1, V_2) \mathrm{d}V_1 = f_2(V_2) \tag{3.89}$$

$$\int_{-\infty}^{\infty} f_{12}(V_1, V_2) \mathrm{d}V_1 \mathrm{d}V_2 = 1 \tag{3.90}$$

其中，$f_2(V_2)$ 是 U_2 的临界 PDF。

如果 $Q(U_1, U_2)$ 是随机变量的函数,那么其平均值由如下公式定义:

$$\langle Q(U_1, U_2)\rangle \equiv \int_{-\infty}^{\infty}\int_{-\infty}^{\infty} Q(V_1, V_2) f_{12}(V_1, V_2)\,\mathrm{d}V_1\mathrm{d}V_2 \tag{3.91}$$

可以通过该方程确定平均值 $\langle U_1\rangle$ 和 $\langle U_2\rangle$, 以及方差 $\langle u_1^2\rangle$ 和 $\langle u_2^2\rangle$, 或者等效值也通过临界 PDFs $f_1(V_1)$ 和 $f_2(V_2)$ (见练习 3.15)确定。其中, u_1 和 u_2 是速度脉动量的,即 $u_1 = U_1 - \langle U_1\rangle$。

U_1 和 U_2 的协方差是混合二阶矩:

$$\mathrm{cov}(U_1, U_2) = \langle u_1 u_2\rangle = \int_{-\infty}^{\infty}\int_{-\infty}^{\infty}(V_1 - \langle U_1\rangle)(V_2 - \langle U_2\rangle) f_{12}(V_1, V_2)\,\mathrm{d}V_1\mathrm{d}V_2 \tag{3.92}$$

以及相关系数为

$$\rho_{12} \equiv \langle u_1 u_2\rangle / [\langle u_1^2\rangle\langle u_2^2\rangle]^{1/2} \tag{3.93}$$

如图 3.13 所示的散点图所示,当一个随机变量平均值的正偏移(如 $u_1 > 0$) 优先与另一个量的正偏移(如 $u_2 > 0$) 互相关时,产生正相关系数。反之,如果正偏移 u_1 优先与另一个量的负偏移 u_2 互相关,则相关系数为负,如图 3.16 所示。一般来说,有如下柯西-施瓦茨不等式:

$$-1 \leqslant \rho_{12} \leqslant 1 \tag{3.94}$$

见练习 3.16。

如果相关系数 ρ_{12} 为零[这意味着协方差 $\langle u_1 u_2\rangle$ 为零],则随机变量 U_1 和 U_2 不相关。相反,如果 ρ_{12} 为 1,那么 U_1 和 U_2 是完全相关的;如果 ρ_{12} 等于 -1,它们是完全负相关的。练习 3.17 给出了这三类相关性的例子。

明显地,可以从图 3.16 所示的散点图看出, $U_1 \approx V_{1\mathrm{a}}$ 和 $U_1 \approx V_{1\mathrm{b}}$ 的样本很可能具有明显不同的 U_2 值。这在图 3.17 中得到了证实,图中显示了 $U_1 = V_{1\mathrm{a}}$ 和 $U_1 = V_{1\mathrm{b}}$ 的 $f_{12}(V_1, V_2)$。对于给定的 $V_{1\mathrm{a}}$, $f_{12}(V_{1\mathrm{a}}, V_2)$ 显示了当 $U_1 = V_{1\mathrm{a}}$ 时样本空间 (U_1, U_2) 中 U_2 是如何分布的。通过定义条件 PDF,可是使这些描述变得准确:以 $U_1 = V_1$ 为条件的 U_2 PDF 为

$$f_{2|1}(V_2 \mid V_1) \equiv f_{12}(V_1, V_2)/f_1(V_1) \tag{3.95}$$

这是简化的联合 PDF f_{12}, 进行相应的缩放以满足无量纲条件:

$$\int_{-\infty}^{\infty} f_{2|1}(V_2 \mid V_1)\,\mathrm{d}V_2 = 1 \tag{3.96}$$

对于给定的 V_1, 如果 $f_1(V_1)$ 为零,那么 $f_{2|1}(V_2 \mid V_1)$ 无法定义。否则,这很容易验

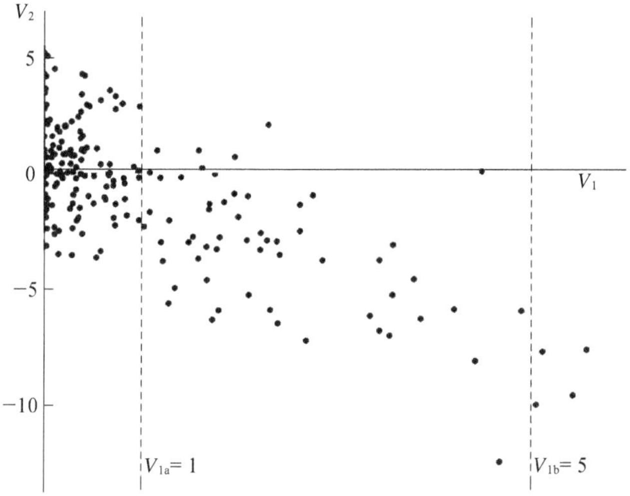

图 3.16　负相关随机变量的散点图（$\langle U_1\rangle=1$，$\langle U_2\rangle=-1$，$\langle u_1^2\rangle=2$，$\langle u_2^2\rangle=12$ 及 $\rho_{12}=-\sqrt{2/3}$）

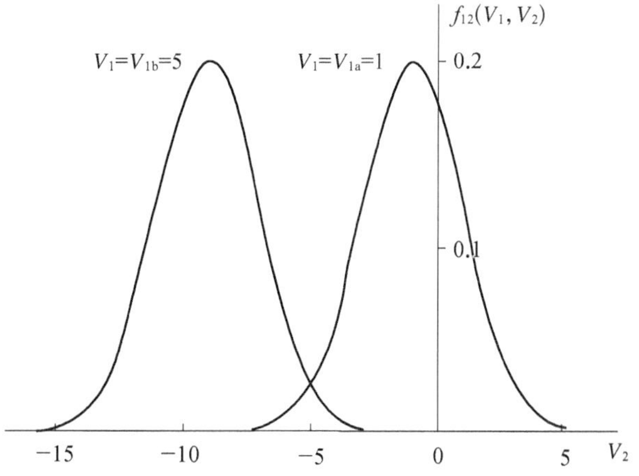

图 3.17　在图 3.16 中所示分布的联合 PDF（以 V_2 为横坐标，在 $V_1=V_{1a}=1$ 和 $V_1=V_{1b}=5$ 两种条件下的曲线）

证 $f_{2|1}(V_2 \mid V_1)$ 满足 PDF 的所有条件，即它是非负的，并且满足方程（3.96）的无量纲条件（符号："$\mid V_1$"是"$\mid U_1=V_1$"的缩写，读作"以 $U_1=V_1$ 为条件"或"给定 $U_1=V_1$"，或"给定 V_1"）。

对于函数 $Q(U_1, U_2)$，条件平均值（以 V_1 为条件）$\langle Q \mid V_1\rangle$ 的定义如下：

$$\langle Q(U_1, U_2) \mid U_1=V_1\rangle \equiv \int_{-\infty}^{\infty} Q(V_1, V_2) f_{2|1}(V_2 \mid V_1)\,\mathrm{d}V_2 \tag{3.97}$$

无关性的概念至关重要。如果 U_1 和 U_2 是无关的,那么其中的一个值不会提供另外一个值的信息。因此,"条件作用"没有效果,条件和临界 PDF 相同:

$$f_{2|1}(V_2 \mid V_1) = f_2(V_2), \quad U_1 \text{ 与 } U_2 \text{ 无关} \tag{3.98}$$

因此[根据式(3.95)],联合 PDF 是临界的乘积:

$$f_{12}(V_1, V_2) = f_1(V_1) f_2(V_2), \quad U_1 \text{ 与 } U_2 \text{ 无关} \tag{3.99}$$

无关随机变量是不相关的;但一般来说,不相关的不一定是无关变量。

练　习

3.14 根据 CDF[方程(3.82)]和联合 PDF[方程(3.86)]的定义,证明联合 PDF 方程[式(3.87)~式(3.90)]的性质。

3.15 证明仅对于 U_1 的函数 $R(U_1)$,以联合 PDF f_{12} 形式[方程(3.91)]定义的平均值 $\langle R(U_1)\rangle$ 与临界 PDF f_1 形式[方程(3.20)]的定义一致。

3.16 考虑值 $(u_1/u_1' \pm u_2/u_2')^2$,建立柯西–施瓦茨不等式:

$$-1 \leqslant \rho_{12} \leqslant 1 \tag{3.100}$$

其中,u_1' 和 u_2' 是 U_1 和 U_2 的标准差;ρ_{12} 是相关系数。

3.17 U_1 和 U_3 为不相关的随机变量,U_2 定义为

$$U_2 = a + bU_1 + cU_3 \tag{3.101}$$

其中,a、b 和 c 是常数。表明相关系数 ρ_{12} 为

$$\rho_{12} = \frac{b}{(b^2 + c^2\langle u_3^2\rangle / \langle u_1^2\rangle)^{1/2}} \tag{3.102}$$

进而证明 U_1 和 U_2 满足:

(1) 如果 b 为零且 c 不等于零,则两者不相关 ($\rho_{12} = 0$);

(2) 如果 c 为零且 b 为正,则为完全相关 ($\rho_{12} = 1$);

(3) 如果 c 为零且 b 为负,则为完全负相关 ($\rho_{12} = -1$)。

3.18 对于两个随机变量之和,得到:

$$\mathrm{var}(U_1 + U_2) = \mathrm{var}(U_1) + \mathrm{var}(U_2) + 2\mathrm{cov}(U_1, U_2) \tag{3.103}$$

或者 N 个无关随机变量之和,得到:

$$\mathrm{var}\left(\sum_{i=1}^{N} U_i\right) = \sum_{i=1}^{N} \mathrm{var}(U_i) \tag{3.104}$$

3.19 设 U_1 为标准高斯随机变量,并定义 U_2 为 $U_2 = |U_1|$。在 $V_1 - V_2$ 样本空

间中画出 (U_1, U_2) 可能的值,并证明 U_1 和 U_2 是不相关的。若 U_2 的条件 PDF 为

$$f_{2|1}(V_2 \mid V_1) = \delta(V_2 - |V_1|) \tag{3.105}$$

此时,证明 U_2 和 U_1 不是无关的。

3.20　对于任何函数 $R(U_1)$, 从式(3.97)开始,证明:

$$\langle R(U_1) \mid V_1 \rangle = R(V_1) \tag{3.106}$$

3.21　证明无条件平均值可通过式(3.107)从条件平均值中获得:

$$\langle Q(U_1, U_2) \rangle = \int_{-\infty}^{\infty} \langle Q \mid V_1 \rangle f_1(V_1) \mathrm{d}V_1 \tag{3.107}$$

3.5　正态分布和联合正态分布

在本节中,我们将介绍中心极限定理,(在其他事项中)证明正态分布或高斯分布[方程(3.41)]是概率理论的核心。随后描述了联合正态分布及其特殊性质。通过特征函数很容易获得许多给出的结果(附录 I)。

首先考察集合平均值。设 U 表示湍流重复实验中特定位置和时刻的速度分量, $U^{(n)}$ 表示 U 的第 n 次重复的速度分量。每次重复均在相同的名义条件下进行,并且不同重复实验之间无关。因此,随机变量 $\{U^{(1)}, U^{(2)}, U^{(3)}, \cdots\}$ 独立且具有相同的分布(即 U),称为独立同分布(i.i.d)。

集合平均值(超过 N 次重复)由式(3.108)定义:

$$\langle U \rangle_N \equiv \frac{1}{N} \sum_{n=1}^{N} U^{(n)} \tag{3.108}$$

集合平均值本身就是一个随机变量,很容易得到其均值和方差:

$$\langle \langle U \rangle_N \rangle = \langle U \rangle \tag{3.109}$$

$$\mathrm{var}\,(\langle U \rangle_N) = \frac{1}{N}\mathrm{var}(U) = \frac{\sigma_u^2}{N} \tag{3.110}$$

因此,[见练习(3.22)] $\hat{U}$ 定义如下:

$$\hat{U} = [\langle U \rangle_N - \langle U \rangle] N^{1/2} / \sigma_u \tag{3.111}$$

是一个标准的随机变量(即 $\langle \hat{U} \rangle = 0$, $\langle \hat{U}^2 \rangle = 1$)。

中心极限定理表明,当 N 趋于无穷大时, $\hat{U}$ 的 PDF $\hat{f}(V)$ 趋于标准的正态分布:

$$\hat{f}(V)=\frac{1}{\sqrt{2\pi}}\exp\left(-\frac{1}{2}V^2\right) \tag{3.112}$$

(见图 3.7 和练习 I.3。)这个结果取决于 $\{U^{(1)}, U^{(2)}, \cdots, U^{(n)}\}$ 是 i.i.d(无关且同分布)。对潜在随机变量 U 的唯一限制条件是它的方差是有限的。

现在关注在概率理论和湍流中都很重要的联合正态分布。例如,在均匀湍流的实验中,发现速度分量和守恒被动标量 $\{U_1, U_2, U_3, \phi\}$ 为联合正态分布,见图 5.46。给出 D 个随机变量的一般集 $\boldsymbol{U}=\{U_1, U_2, \cdots, U_D\}$ 的定义和性质。对于 $D=2$ 或 3,可以认为 $\boldsymbol{U}$ 是湍流中的速度分量。

随机向量 $\boldsymbol{U}$ 的平均值和脉动可以很方便地使用矩阵来表示:

$$\boldsymbol{\mu}=\langle\boldsymbol{U}\rangle \tag{3.113}$$

$$\boldsymbol{u}=\boldsymbol{U}-\langle\boldsymbol{U}\rangle \tag{3.114}$$

然后求出(对称 $D\times D$) 协方差矩阵:

$$\boldsymbol{C}=\langle\boldsymbol{u}\boldsymbol{u}^{\mathrm{T}}\rangle \tag{3.115}$$

如果 $\boldsymbol{U}=\{U_1, U_2, U_3\}$ 是速度,那么协方差矩阵是一个分量为 $C_{ij}=\langle u_i u_j\rangle$ 的二阶张量。

如果 $\boldsymbol{U}=\{U_1, U_2, \cdots, U_D\}$ 是联合正态分布,则(根据定义)其联合 PDF 为

$$f(\boldsymbol{V})=\left[(2\pi)^D\det(\boldsymbol{C})\right]^{-1/2}\exp\left[-\frac{1}{2}(\boldsymbol{V}-\boldsymbol{\mu})^{\mathrm{T}}\boldsymbol{C}^{-1}(\boldsymbol{V}-\boldsymbol{\mu})\right] \tag{3.116}$$

注意,联合 PDF 的 $\boldsymbol{V}$ 相关性包含在二次型中:

$$g(\boldsymbol{V})\equiv(\boldsymbol{V}-\boldsymbol{\mu})^{\mathrm{T}}\boldsymbol{C}^{-1}(\boldsymbol{V}-\boldsymbol{\mu}) \tag{3.117}$$

对于 $D=2$, 对应恒定概率密度 g 的常数值是 V_1-V_2 平面中的椭圆。对于 $D=3$, 等概率曲面是 $\boldsymbol{V}$ 空间中的椭球体。

现在来考察 $\{U_1, U_2\}$ 这对联合正态随机变量(即 $D=2$) 的更多细节。图 3.18 显示了 $\boldsymbol{\mu}$ 和 $\boldsymbol{C}$ 的特定选择的散点图和等概率密度线。

根据方差 $\langle u_1^2\rangle$ 和 $\langle u_2^2\rangle$ 及相关系数 ρ_{12}, 联合正态 PDF[式(3.116)]为

$$\begin{aligned}f_{12}(V_1, V_2)=&\left[4\pi^2\langle u_1^2\rangle\langle u_2^2\rangle(1-\rho_{12}^2)\right]^{-1/2}\exp\left[\frac{-1}{2(1-\rho_{12}^2)}\right.\\&\left.\times\left(\frac{(V_1-\langle U_1\rangle)^2}{\langle u_1^2\rangle}-\frac{2\rho_{12}(V_1-\langle U_1\rangle)(V_2-\langle U_2\rangle)}{(\langle u_1^2\rangle\langle u_2^2\rangle)^{1/2}}+\frac{(V_2-\langle U_2\rangle)^2}{\langle u_2^2\rangle}\right)\right]\end{aligned} \tag{3.118}$$

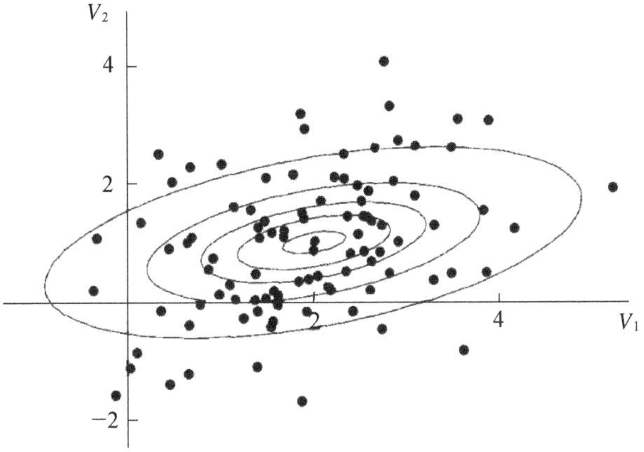

图 3.18　联合正态随机变量 (U_1, U_2) 在 $V_1 - V_2$ 平面中的散点图和等概率密度线(存在 $\langle U_1\rangle = 2$, $\langle U_2\rangle = 1$, $\langle u_1^2\rangle = 1$, $\langle u_2^2\rangle = 5/16$ 及 $\rho_{12} = 1/\sqrt{5}$)

从式(3.118)可以推断出以下特性。

(1) U_1 和 U_2 的临界 PDF[$f_1(V_1)$ 和 $f_2(V_2)$]为高斯分布。

(2) 如果 U_1 与 U_2 不相关[即 $\rho_{12}=0$,那么 $f_1(V_1)$ 和 $f_2(V_2)$ 也是独立的,因为 $f_{12}(V_1, V_2)=f_1(V_1)f_2(V_2)$]。这是联合正态分布的一个特殊性质:一般来说,缺乏相关性并不意味着无关。

(3) U_1 的条件平均值为

$$\langle U_1 \mid U_2 = V_2\rangle = \langle U_1\rangle + \frac{\langle u_1 u_2\rangle}{\langle u_2^2\rangle}(V_2 - \langle U_2\rangle) \tag{3.119}$$

(4) U_1 的条件方差为

$$\langle (U_1 - \langle U_1 \mid V_2\rangle)^2 \mid V_2\rangle = \langle u_1^2\rangle(1-\rho_{12}^2) \tag{3.120}$$

(5) 条件 PDF $f_{1|2}(V_1 \mid V_2)$ 为高斯分布。

回到 $\boldsymbol{U} = \{U_1, U_2, \cdots, U_D\}$ 作为联合正态分布的一般情况,考虑 $\boldsymbol{U}$ 的线性变换可以得到额外的认识。一个基本结果是(附录 I),如果 $\boldsymbol{U}$ 是联合正态分布,那么 $\boldsymbol{U}$ 的一般线性变换形成的随机向量 $\hat{\boldsymbol{U}}$ 也是联合正态分布。

协方差矩阵 $\boldsymbol{C}$ 是对称的,所以它可以通过酉矩阵 $\boldsymbol{A}$ 定义的酉变换对角化。酉矩阵的性质是

$$\boldsymbol{A}^{\mathrm{T}}\boldsymbol{A} = \boldsymbol{A}\boldsymbol{A}^{\mathrm{T}} = \boldsymbol{I} \tag{3.121}$$

其中,$\boldsymbol{I}$ 是 $D\times D$ 单位矩阵。也就是说,存在一个酉矩阵 $\boldsymbol{A}$,使得

$$\boldsymbol{A}^{\mathrm{T}}\boldsymbol{C}\boldsymbol{A} = \boldsymbol{\Lambda} \tag{3.122}$$

其中，$\boldsymbol{\Lambda}$ 是包含 $\boldsymbol{C}$ 特征值的对角矩阵：

$$\boldsymbol{\Lambda} = \begin{bmatrix} \lambda_1 & 0 & \cdots & 0 \\ 0 & \lambda_2 & \cdots & 0 \\ \vdots & \vdots & \ddots & \vdots \\ 0 & 0 & \cdots & \lambda_D \end{bmatrix} \tag{3.123}$$

因此，变换后的随机向量为

$$\hat{\boldsymbol{u}} \equiv \boldsymbol{A}^{\mathrm{T}}\boldsymbol{u} \tag{3.124}$$

具有对角协方差矩阵 $\boldsymbol{\Lambda}$：

$$\hat{\boldsymbol{C}} = \langle \hat{\boldsymbol{u}}\hat{\boldsymbol{u}}^{\mathrm{T}} \rangle = \langle \boldsymbol{A}^{\mathrm{T}}\boldsymbol{u}\boldsymbol{u}^{\mathrm{T}}\boldsymbol{A} \rangle = \boldsymbol{A}^{\mathrm{T}}\boldsymbol{C}\boldsymbol{A} = \boldsymbol{\Lambda} \tag{3.125}$$

从该变换过程中可以观察到一些现象和推导出一些结果：

（1）如果 $\boldsymbol{U}$ 是速度矢量，那么 $\hat{\boldsymbol{u}}$ 是特定坐标系中的脉动速度，即 $\langle u_i u_j \rangle$ 的主轴；

（2）$\boldsymbol{C}$ 的特征值 λ_i 为

$$\lambda_i = \langle \hat{u}_{(i)} \hat{u}_{(i)} \rangle \geqslant 0 \tag{3.126}$$

其中，括号后缀不包括在求和约定中。因此，因为每个特征值都是非负的，所以 $\boldsymbol{C}$ 是对称半正定的。

（3）协方差矩阵 $\hat{\boldsymbol{C}}$ 是对角的，表示变换后的随机变量 $\{\hat{u}_1, \hat{u}_2, \hat{u}_3\}$ 是无关的。无论 U 是否为联合正态分布，以上这三个观察结果均适用。

（4）如果 $\boldsymbol{U}$ 是联合正态分布，那么 $\{\hat{u}_1, \hat{u}_2, \cdots, \hat{u}_D\}$ 是独立的高斯随机变量。

练 习

3.22 从集合平均值的定义[式(3.108)]中可以看出：

$$\langle \langle U \rangle_N^2 \rangle = \langle U \rangle^2 + \frac{1}{N}\mathrm{var}(U) \tag{3.127}$$

从而验证式(3.110)。提示：

$$\langle U \rangle_N^2 = \frac{1}{N^2}\sum_{n=1}^{N}\sum_{m=1}^{N} U^{(n)}U^{(m)} \tag{3.128}$$

3.23 推导 $\langle U \rangle_N$ 峰度的显式表达式，以 N 和 U 的峰度的形式表示。根据中心极限定理对结果进行评述。

3.24　证明，对于大 N，集合平均值［式(3.108)］可以写为

$$\langle U\rangle_N = \langle U\rangle + N^{-1/2}u'\xi$$

其中，$u' = \mathrm{sdev}(U)$；ξ 是标准化高斯随机变量。

3.25　设 $\boldsymbol{U}$ 为联合正态随机向量，其均值为 $\boldsymbol{\mu}$，正定协方差矩阵 $\boldsymbol{C} = \boldsymbol{A\Lambda A}^{\mathrm{T}}$，其中 $\boldsymbol{A}$ 为酉矩阵，$\boldsymbol{\Lambda}$ 为对角矩阵。证明随机变量：

$$\hat{\boldsymbol{u}} \equiv \boldsymbol{C}^{-1/2}(\boldsymbol{U} - \boldsymbol{\mu})$$

服从标准化的联合正态，即其均值为零，协方差矩阵为单位矩阵，且联合概率密度函数为

$$\hat{f}(\hat{\boldsymbol{V}}) = \left(\frac{1}{2\pi}\right)^{D/2}\exp\left(-\frac{1}{2}\hat{\boldsymbol{V}}^{\mathrm{T}}\hat{\boldsymbol{V}}\right) \tag{3.129}$$

3.26　高斯随机数发生器产生一系列独立的标准化高斯随机数：$\xi^{(1)}$，$\xi^{(2)}$，$\xi^{(3)}$，…。如何用它们生成具有指定平均值 $\boldsymbol{\mu}$ 和协方差矩阵 $\boldsymbol{C}$ 的联合正态随机向量 $\boldsymbol{U}$？

提示：可以通过多种方式实现，其中最好的方式是柯列斯基分解，即一个对称半定矩阵可以分解为 $\boldsymbol{C} = \boldsymbol{LL}^{\mathrm{T}}$，其中 $\boldsymbol{L}$ 为下三角矩阵。

3.6　随机过程

作为一个随机变量的例子，在 3.2 节中考虑了湍流重复实验中在特定位置和时刻（相对于实验初始时刻）的速度分量 U，随机变量 U 完全由其 PDF 和 $f(V)$ 确定。现在考虑相同的速度，但是时间的函数，即 $U(t)$，这种与时间相关的随机变量称为随机过程。图 3.19 显示了在不同重复实验中获得的样本路径，即 $U(t)$ 的值。

如何确定随机过程？在每个时间点，随机变量 $U(t)$ 的特征由其单次 CDF 确定：

$$F(V,\ t) \equiv P\{U(t) < V\} \tag{3.130}$$

或者，等价地，通过单次 PDF 确定：

$$f(V;\ t) \equiv \frac{\partial F(V,\ t)}{\partial V} \tag{3.131}$$

但是，这些量不包含两次或两次以上的 $U(t)$ 的联合信息。为了说明这一限制，图 3.20 显示了五个不同随机过程的样本路径，每个过程都具有相同的单次

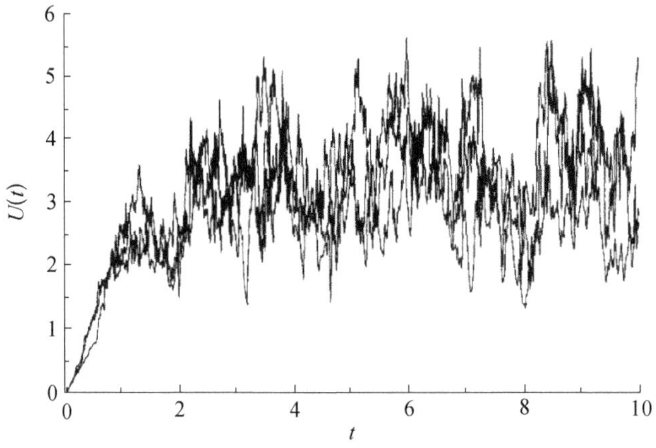

图 3.19 三次湍流重复实验 $U(t)$ 的样本路径

PDF。显然,可能获得完全不同的行为(定性地和定量地),但不能用单次 PDF 表示。过程 $U(t)$ 的 N 次联合 CDF 定义如下:

$$F_N(V_1, t_1; V_2, t_2; \cdots; V_N, t_N) \equiv P\{U(t_1) < V_1, U(t_2) < V_2, \cdots, U(t_N) < V_N\} \tag{3.132}$$

其中,$\{t_1, t_2, \cdots, t_N\}$ 是指定的时间点;$F_N(V_1, t_1; V_2, t_2; \cdots; V_N, t_N)$ 是对应的 N 次联合 PDF。为完全刻画随机过程,有必要了解所有瞬间时刻的联合 PDF,通常这是不可能的。

如果该过程在统计上是稳定的,如许多湍流流动(但肯定不是全部),将会得到极大的简化。如果所有的多次统计量在时间偏移下是不变的,即对于所有正的时间间隔 T 和所有 $\{t_1, t_2, \cdots, t_N\}$ 的选择,有

$$f(V_1, t_1 + T; V_2, t_2 + T; \cdots; V_N, t_N + T) = f(V_1, t_1; V_2, t_2, \cdots, V_N, t_N) \tag{3.133}$$

从层流开始,可能通过初始瞬态阶段,然后达到稳定状态,在此状态下,流动变量与时间无关。在初始瞬态阶段后,湍流可达到统计稳定状态,在该状态下,即使流动变量[如 $U(t)$]随时间变化,统计数据也与时间无关,如图 3.19 所示的过程。图 3.21 显示了该过程平均值 $\langle U(t)\rangle$ 和方差 $\langle u(t)^2\rangle$。明显地,在 $t \approx 5$ 之后,即使过程本身 $U(t)$ 继续显著变化,但统计量与时间无关。

对于统计上稳定的过程,最简单的多次统计是自协方差:

$$R(s) \equiv \langle u(t)u(t+s)\rangle \tag{3.134}$$

或者,采用标准化形式的自相关函数:

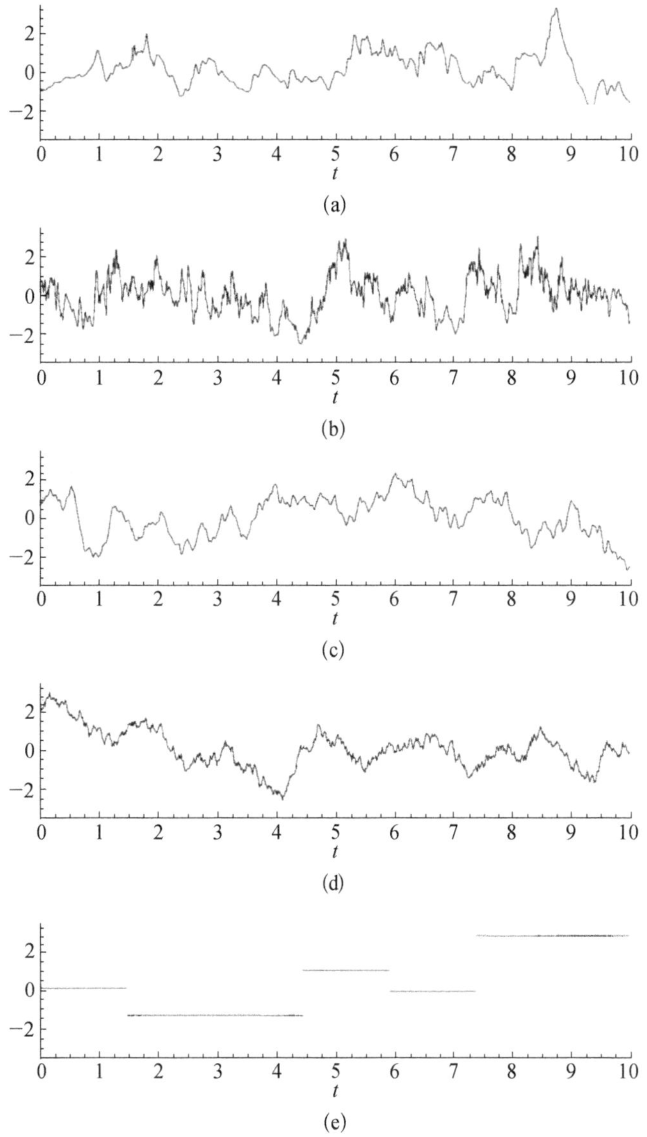

图 3.20　五个统计稳定随机过程的样本路径

每个随机过程的单次 PDF 都是标准化高斯分布。(a)测量的湍流速度;(b)测量的频率高于(a)的湍流速度;(c)与(a)具有相同频谱的高斯过程;(d)与(a)具有相同积分时间尺度的奥恩斯坦-乌伦贝克(Ornstein-Uhlenbeck, OU)过程(见第 12 章);(e)与(d)具有相同频谱的跳跃过程

$$\rho(s) \equiv \langle u(t)u(t+s)\rangle / \langle u(t)^2\rangle \tag{3.135}$$

其中, $u(t) = U(t) - \langle U\rangle$ 是脉动。注意,基于统计上稳定的假设,平均值 $\langle U\rangle$、方差 $\langle u^2\rangle$、$R(s)$ 和 $\rho(s)$ 与时间 t 无关。自相关函数是 t 和 $t+s$ 两个时刻之间过程

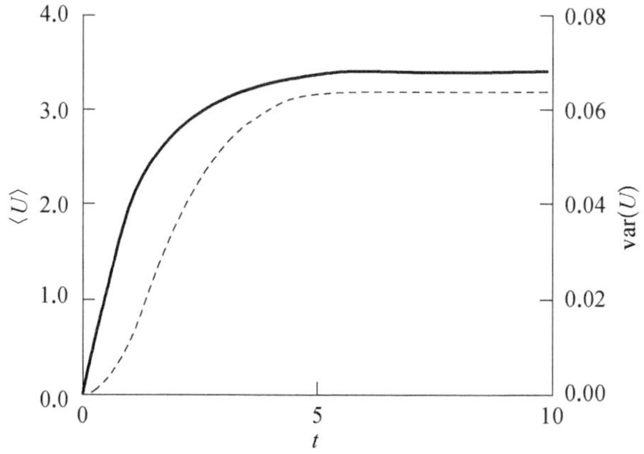

图 3.21 图 3.19 所示过程的平均值$\langle U(t)\rangle$(实线)和方差$\langle u(t)^2\rangle$(虚线)

的相关系数。因此,其性质为

$$\rho(0)=1 \tag{3.136}$$

$$|\rho(s)|\leqslant 1 \tag{3.137}$$

更进一步,取 $t'=t+s$, 得到:

$$\begin{aligned}\rho(s)&=\langle u(t'-s)u(t')\rangle/\langle u^2\rangle\\&=\rho(-s)\end{aligned} \tag{3.138}$$

即, $\rho(s)$ 是一个偶数函数。

如果 $U(t)$ 是周期性的,间隔为 T[即 $U(t+T)=U(t)$], 那么 $\rho(s)$ 也是如此[即 $\rho(s+T)=\rho(s)$]。然而,对于湍流流动中产生的过程,预计随着滞后时间的增加,相关性将减小。通常 $\rho(s)$ 的急剧下降足以使积分收敛:

$$\bar{\tau}\equiv\int_0^\infty\rho(s)\,\mathrm{d}s \tag{3.139}$$

那么 $\bar{\tau}$ 是该过程的积分时间尺度。

图 3.22 显示了图 3.20 中五个过程的自相关函数。特别值得注意的是:与低频过程(a)相比,高频率过程(b)的自相关函数较窄(因此 $\bar{\tau}$ 较小)。通过构造,过程(c)与过程(a)具有相同的自相关特性。过程(d)和(e)都具有自相关函数 $\rho(s)=\exp(-|s|/\bar{\tau})$, 与过程(a)的积分时间尺度相同。因此,除了过程(b)之外,其他所有过程都具有相同的积分时间尺度。

自协方差 $R(s)\equiv\langle u(t)u(t+s)\rangle=\langle u(t)^2\rangle\rho(s)$ 和(两次)频谱 $E(\omega)$ 构成一对傅里叶变换:

$$
\begin{aligned}
E(\omega) &\equiv \frac{1}{\pi}\int_{-\infty}^{\infty} R(s)\,e^{-i\omega s}\,ds \\
&= \frac{2}{\pi}\int_{0}^{\infty} R(s)\cos(\omega s)\,ds
\end{aligned}
\tag{3.140}
$$

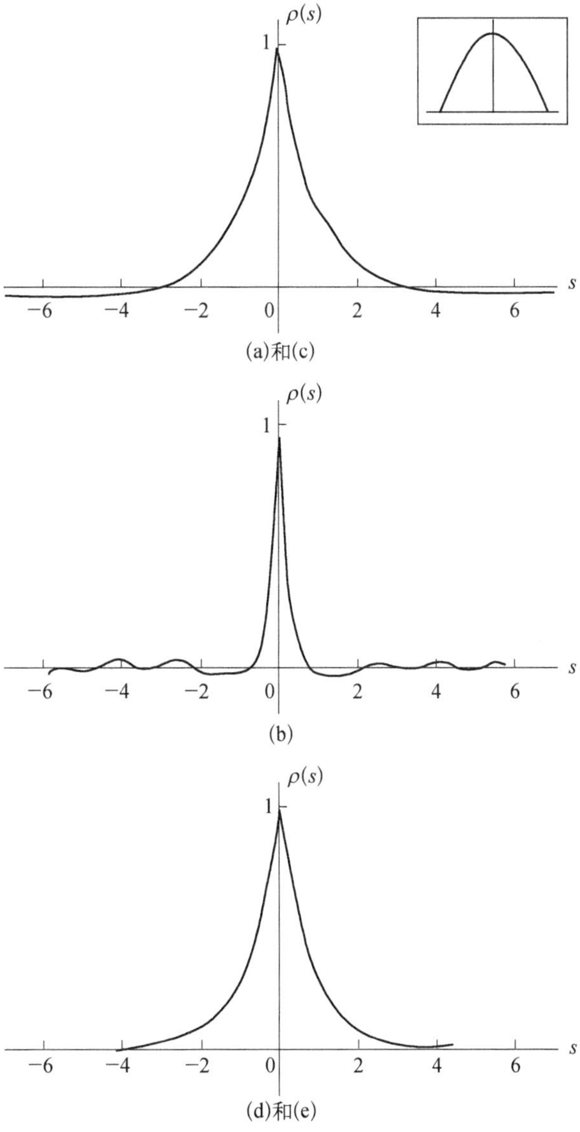

图 3.22　图 3.20 所示过程的自相关函数

如图所示，过程(a)和(c)的自相关函数在原点处是平滑的

以及：

$$R(s)=\frac{1}{2}\int_{-\infty}^{\infty}E(\omega)\mathrm{e}^{\mathrm{i}\omega s}\mathrm{d}\omega=\int_{0}^{\infty}E(\omega)\cos(\omega s)\mathrm{d}\omega \tag{3.141}$$

附录 D 中给出了傅里叶变换的定义和特性。显然，$R(s)$ 和 $E(\omega)$ 包含相同的信息，只是形式不同。因为 $R(s)$ 是实数和偶数的，同样 $E(\omega)$ 也是如此。

如附录 E 所述，速度脉动 $u(t)$ 具有频谱表示，它是不同频率 ω 的傅里叶模式的加权和，即 $\mathrm{e}^{\mathrm{i}\omega t}=\cos(\omega t)+\mathrm{i}\sin(\omega t)$。频谱的基本特性是，(对于 $\omega_{\mathrm{a}}<\omega_{\mathrm{b}}$) 积分：

$$\int_{\omega_{\mathrm{a}}}^{\omega_{\mathrm{b}}}E(\omega)\mathrm{d}\omega \tag{3.142}$$

是频率范围 $\omega_{\mathrm{a}}\leqslant\omega<\omega_{\mathrm{b}}$ 内所有模式对方差 $\langle u(t)^2\rangle$ 的贡献。

特别地，方差为

$$R(0)=\langle u(t)^2\rangle=\int_{0}^{\infty}E(\omega)\mathrm{d}\omega \tag{3.143}$$

从方程(3.141)中可以明显看出，$s=0$。

频谱和自相关(系数)之间的另一个简单关系是积分时间尺度，由式(3.144)给出：

$$\bar{\tau}=\frac{\pi E(0)}{2\langle u^2\rangle} \tag{3.144}$$

这可以简单地通过在方程(3.140)中设定 $\omega=0$ 得到验证。附录 E 给出了更完整的关于频谱表述与描述的解释。

图 3.23 显示了图 3.20 中稳定随机过程的频谱。高频过程(b)的积分时间尺度比过程(a)的积分时间尺度小，其原点处的频谱值也相应小[方程(3.144)]，但其频谱拓展到更高的频率。

实际上，自相关函数或频谱通常是唯一用来描述随机过程多次特性的量。然而，值得注意的是，单次 PDF 和自相关函数只提供了(随机)过程的部分特征。图 3.20 中的过程(d)和(e)充分说明了这一点。这两个过程在性质上完全不同，但它们具有相同的单次 PDF(高斯)和相同的自相关性函数 [$\rho(s)=\mathrm{e}^{-|s|/\bar{\tau}}$]。强调一下，一般地，单次 PDF 和自相关函数并不能完全描述一个随机过程。

高斯过程是一个重要但非常特殊的例子。根据定义，如果一个过程是高斯分布，一般的 N 次 PDF[方程(3.133)]是联合正态分布。既然联合正态分布由其平均值 $\langle U(t_n)\rangle$ 和协方差 $\langle u(t_n)u(t_m)\rangle$ 完全表征，对于统计上稳定的过程，有

$$\langle u(t_n)u(t_m)\rangle=R(t_n-t_m)=\langle u(t)^2\rangle\rho(t_n-t_m) \tag{3.145}$$

因此，统计稳定的高斯过程完全由其均值 $\langle U(t)\rangle$、方差 $\langle u(t)^2\rangle$，以及自相关函数 $\rho(s)$ [或等价的频谱 $E(\omega)$] 表征。

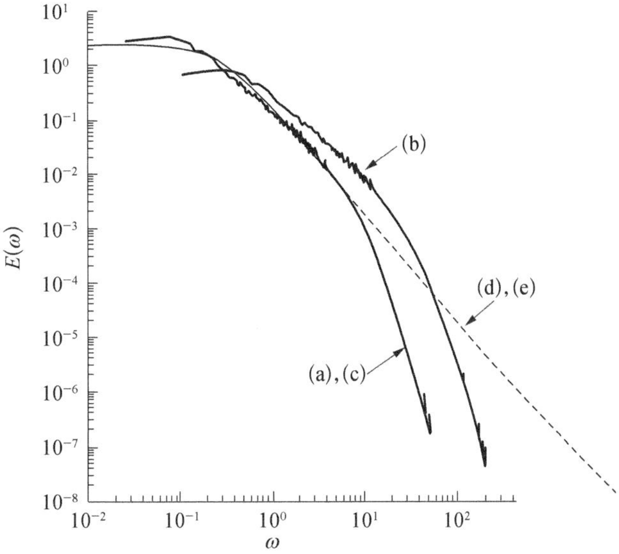

图 3.23　图 3.20 所示过程的频谱

在图 3.20 中，过程(c)定义为与过程(a)湍流速度频谱相同的高斯过程，可识别过程(a)和(c)之间的一些差异，同时可以清楚地显示出这些差异。例如，考察 $\ddot{U}(t) \equiv \mathrm{d}^2U(t)/\mathrm{d}t^2$ 的样本路径，见图 3.24。对于高斯过程(c)，$\ddot{U}(t)$ 也是高斯过

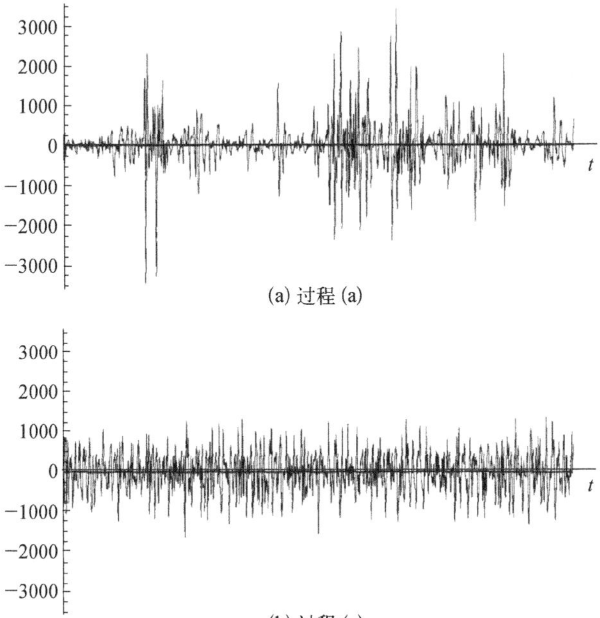

(a) 过程 (a)

(b) 过程 (c)

图 3.24　图 3.20 所示过程(a)和(c)中 $\ddot{U}(t)$ 的样本路径

程，因此 $\ddot{U}(t)$ 的峰度是 3。而对于过程(a)湍流速度，$\ddot{U}(t)$ 则远不是高斯分布，峰度为 11。

湍流引起的随机过程[如过程(a)]是可微的，即对于每个样本路径存在以下极限：

$$\frac{\mathrm{d}U(t)}{\mathrm{d}t}=\lim_{\Delta t\downarrow 0}\left[\frac{U(t+\Delta t)-U(t)}{\Delta t}\right] \tag{3.146}$$

在这种情况下，取平均值并作极限交换，得到：

$$\begin{aligned}\left\langle\frac{\mathrm{d}U(t)}{\mathrm{d}t}\right\rangle &= \left\langle\lim_{\Delta t\downarrow 0}\left[\frac{U(t+\Delta t)-U(t)}{\Delta t}\right]\right\rangle \\ &= \lim_{\Delta t\downarrow 0}\left[\frac{\langle U(t+\Delta t)\rangle-\langle U(t)\rangle}{\Delta t}\right] \\ &= \frac{\mathrm{d}\langle U(t)\rangle}{\mathrm{d}t}\end{aligned} \tag{3.147}$$

合成过程[如过程(d)和(e)]是不需要可微的[即极限方程(3.146)不存在]。可以发现，这些过程的频谱在高频时以 $E(\omega)\sim\omega^{-2}$ 衰减，并且(相应地)其自相关函数 $\rho(s)=\mathrm{e}^{-|s|/\bar{\tau}}$ 在原点处是不可微的。

图 3.23 中，(d)是一个奥恩斯坦-乌伦贝克过程，是扩散过程的典型例子。第 12 章和附录 J 给出了在这些过程中使用 PDF 方法的阐述。

练　习

在下面的练习中，$u(t)$ 是一个零平均值、统计稳定、可微的随机过程，具有自协方差 $R(s)$、自相关函数 $\rho(s)$ 和频谱 $E(\omega)$。

3.27 证明 $u(t)$ 与 $\dot{u}(t)$ 不相关，且 $u(t)$ 与 $\ddot{u}(t)$ 负相关。

3.28 证明：

$$\left\langle u^2\frac{\mathrm{d}^3u}{\mathrm{d}t^3}\right\rangle=-2\langle u\dot{u}\ddot{u}\rangle=2\langle(\dot{u})^3\rangle+2\langle u\dot{u}\ddot{u}\rangle=\langle(\dot{u})^3\rangle \tag{3.148}$$

3.29 证明原点处 $(s=0)$ $\mathrm{d}R(s)/\mathrm{d}s$ 为零，$\mathrm{d}^2R(s)/\mathrm{d}s^2$ 为负。

3.30 证明过程 $\dot{u}(t)$ 的自协方差 $B(s)$ 为

$$B(s)=-\frac{\mathrm{d}^2R(s)}{\mathrm{d}s^2} \tag{3.149}$$

3.31 证明 $\dot{u}(t)$ 的积分时间尺度为零。

3.32　证明 $\dot{u}(t)$ 的频谱为 $\omega^2 E(\omega)$。

3.33　如果 $u(t)$ 是一个高斯过程,证明:

$$\langle \dot{u}(t) \mid u(t) = v \rangle = 0 \tag{3.150}$$

$$\langle \ddot{u}(t) \mid u(t) = v \rangle = -v\langle \dot{u}(t)^2 \rangle / \langle u^2 \rangle \tag{3.151}$$

3.7　随机场

在湍流中,速度 $\boldsymbol{U}(\boldsymbol{x}, t)$ 是一个随时间变化的随机矢量场。它的部分特征可以通过扩展前面几节中提供的工具来表征。

3.7.1　单点统计

单点单次的速度的联合 CDF 为

$$F(\boldsymbol{V}, \boldsymbol{x}, t) = P\{U_i(\boldsymbol{x}, t) < V_i, i = 1, 2, 3\} \tag{3.152}$$

而联合 PDF 是

$$f(\boldsymbol{V}; \boldsymbol{x}, t) = \frac{\partial^3 F(\boldsymbol{V}, \boldsymbol{x}, t)}{\partial V_1 \partial V_2 \partial V_3} \tag{3.153}$$

在每个点和时刻,这个 PDF 完全描述了随机速度矢量,但它不包含在两个或更多时刻或位置的联合信息。根据该 PDF,平均速度场为

$$\langle \boldsymbol{U}(\boldsymbol{x}, t) \rangle = \iiint_{-\infty}^{\infty} \boldsymbol{V} f(\boldsymbol{V}; \boldsymbol{x}, t) \mathrm{d}V_1 \mathrm{d}V_2 \mathrm{d}V_3 \tag{3.154}$$

$$= \int \boldsymbol{V} f(\boldsymbol{V}; \boldsymbol{x}, t) \mathrm{d}\boldsymbol{V} \tag{3.155}$$

方程的第二行引入了一个缩写符号, $\int(\ )\mathrm{d}\boldsymbol{V}$ 代表:

$$\iiint_{-\infty}^{\infty} (\ ) \mathrm{d}V_1 \mathrm{d}V_2 \mathrm{d}V_3$$

脉动速度场定义为

$$\boldsymbol{u}(\boldsymbol{x}, t) \equiv \boldsymbol{U}(\boldsymbol{x}, t) - \langle \boldsymbol{U}(\boldsymbol{x}, t) \rangle \tag{3.156}$$

(单点单次)速度的协方差为 $\langle u_i(\boldsymbol{x}, t) u_j(\boldsymbol{x}, t) \rangle$。这些协方差称为雷诺应力(下一章给出了其中的原因),并写作 $\langle u_i u_j \rangle$,可以理解其是与 $\boldsymbol{x}$ 和 t 相关的。

$f(\boldsymbol{V};\ \boldsymbol{x},\ t)$ 中的分号表示 f 是相对于出现在分号左侧的样本空间变量(即 V_1、V_2 及 V_3)的概率密度,而 f 也是相对于剩余变量(即 x_1、x_2、x_3 和 t)的函数。这种区分很有用,因为概率密度和函数具有不同的变换特性(见练习 3.9)。

湍流速度场是可微分的,并且(如第 3.6 节所述)微分与取均值可交换:

$$\left\langle\frac{\partial U_i}{\partial t}\right\rangle=\frac{\partial\langle U_i\rangle}{\partial t} \tag{3.157}$$

$$\left\langle\frac{\partial U_i}{\partial x_j}\right\rangle=\frac{\partial\langle U_i\rangle}{\partial x_j} \tag{3.158}$$

3.7.2 N 点统计

N 点、N 次联合 PDF 可以定义为方程(3.132)的简单拓展。设 $\{(\boldsymbol{x}^{(n)},\ t^{(n)}),\ n=1,\ 2,\ \cdots,\ N\}$ 是一组指定的位置和时刻。从而定义:

$$f_N(\boldsymbol{V}^{(1)},\ \boldsymbol{x}^{(1)},\ t^{(1)},\ \boldsymbol{V}^{(2)},\ \boldsymbol{x}^{(2)},\ t^{(2)};\ \cdots;\ \boldsymbol{V}^{(N)},\ \boldsymbol{x}^{(N)},\ t^{(N)}) \tag{3.159}$$

式(3.159)是 $\boldsymbol{U}(\boldsymbol{x},\ t)$ 在这 N 个时空点上的联合 PDF。确定所有时空点的 N 点 PDF 显然是不可能的,因此在现实中无法完全表征随机速度场。

发现湍流速度场不是高斯分布:由平均值 $\langle\boldsymbol{U}(\boldsymbol{x},\ t)\rangle$ 和自协方差 $\langle u_i(\boldsymbol{x}^{(1)},\ t^{(1)})u_j(\boldsymbol{x}^{(2)},\ t^{(2)})\rangle$ 可完全表征高斯场。

3.7.3 统计稳定性与均匀性

如果所有统计量在时间偏移下不变,则随机场 $\boldsymbol{U}(\boldsymbol{x},\ t)$ 是统计稳定的。就 N 点 PDF 而言,这意味着对于所有 N 点,用 $(\boldsymbol{x}^{(n)},\ t^{(n)}+T)$ 替换 $(\boldsymbol{x}^{(n)},\ t^{(n)})$ 而 f_N 不变,其中 T 是时间偏移。

类似地,如果所有的统计量都是位移下的不变量,则该场在统计上是均匀的。将所有 N 个点 $(\boldsymbol{x}^{(n)},\ t^{(n)})$ 替换为 $(\boldsymbol{x}^{(n)}+X,\ t^{(n)})$,其中,$\boldsymbol{X}$ 是位置偏移,则 f_N 是不变的。如果速度场 $\boldsymbol{U}(\boldsymbol{x},\ t)$ 在统计上是均匀的,则平均速度 $\langle\boldsymbol{U}\rangle$ 是均化的;并且,通过选择恰当的坐标系,可以将 $\langle\boldsymbol{U}\rangle$ 移动到零值。均匀湍流的定义限制性较小:具体来说,在均匀湍流中,脉动速度场 $\boldsymbol{u}(\boldsymbol{x},\ t)$ 在统计上是均匀的,这与平均速度梯度 $\partial\langle U_i\rangle/\partial x_i$ 非零但是均匀的定义一致(见 5.4.5 节)。在风洞实验中,可以近似实现均匀湍流,而均匀湍流是直接数值模拟研究中最简单的一类流动。

通过类似的方式,湍流在统计上可以是二维或一维的。例如,图 3.25 所示为槽道流动装置的示意图。对于大的宽高比 $(b/h\gg 1)$ 且远离端壁 $(|x_3|/b\ll 1)$ 的情况,流动统计在展向上 (x_3) 变化很小。因此,在近似范围内,速度场 $\boldsymbol{U}(\boldsymbol{x},\ t)$ 在统计上是二维的,统计与 x_3 无关。在槽道足够远的下游 $(x_1/h\gg 1)$,流动得到

(统计上)充分发展。此时,速度场在统计上是一维的,统计数据与 x_1 和 x_3 无关。类似地,管道中的湍流在统计上是轴对称的,即(在极柱坐标中)所有统计数据都与周向坐标无关。

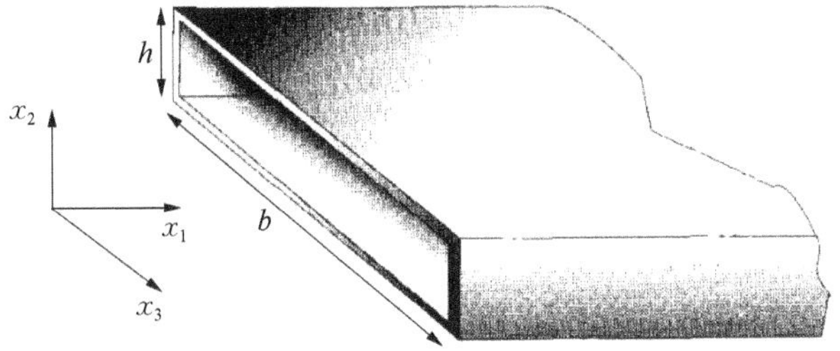

图 3.25　槽流湍流装置的示意图

需要强调的是,即使流体在统计上是均匀的或一维的,但 $\boldsymbol{U}(\boldsymbol{x}, t)$ 的三个分量在三个坐标方向和时间上都是变化的,只有统计数据与某些坐标方向无关。

3.7.4　各向同性湍流

根据定义,统计均匀场 $\boldsymbol{U}(\boldsymbol{x}, t)$ 在平移(即坐标系原点的移动)下是统计不变的。如果在坐标系旋转和反射下流场也具有统计不变性,则它是(统计)各向同性的。各向同性的概念在湍流中极为重要:已经对(近似)各向同性湍流进行了数百次风洞实验,许多湍流理论都以各向同性湍流为核心。根据 N 点 PDF[式(3.159)],在各向同性湍流中,如果 $\boldsymbol{U}(\boldsymbol{x}^{(n)}, t^{(n)})$ 替换为 $\bar{\boldsymbol{U}}(\bar{\boldsymbol{x}}^{(n)}, t^{(n)})$,$f_N$ 不变,其中,$\bar{\boldsymbol{x}}$ 和 $\bar{\boldsymbol{U}}$ 表示通过坐标轴的旋转和镜像获得的在任何坐标系中的位置和速度。

3.7.5　两点相关

涵盖随机场空间结构信息的最简单统计是两点、单次自协方差:

$$R_{ij}(\boldsymbol{r}, \boldsymbol{x}, t) \equiv \langle u_i(\boldsymbol{x}, t) u_j(\boldsymbol{x} + \boldsymbol{r}, t) \rangle \tag{3.160}$$

通常称为两点的相关性。由此可以定义各种积分长度尺度,例如:

$$L_{11}(\boldsymbol{x}, t) \equiv \frac{1}{R_{11}(0, \boldsymbol{x}, t)} \int_0^{\infty} R_{11}(\boldsymbol{e}_1 r, \boldsymbol{x}, t) \mathrm{d}r \tag{3.161}$$

其中,$\boldsymbol{e}_1$ 是 x_1 坐标方向上的单位矢量。

3.7.6　波数频谱

对于均匀湍流,两点相关系函数 $R_{ij}(\boldsymbol{r}, t)$ 与 $\boldsymbol{x}$ 无关,它所包含的信息可以用波数频谱重新表示。空间傅里叶模式:

$$e^{i\boldsymbol{\kappa}\cdot\boldsymbol{x}} = \cos(\boldsymbol{\kappa}\cdot\boldsymbol{x}) + i\sin(\boldsymbol{\kappa}\cdot\boldsymbol{x}) \tag{3.162}$$

其在波数向量 $\boldsymbol{\kappa}$ 的方向上呈正弦变化(波长 $\ell = 2\pi/|\boldsymbol{\kappa}|$),而在垂直于 $\boldsymbol{\kappa}$ 的平面上是常数。速度频谱张量 $\Phi_{ij}(\boldsymbol{\kappa}, t)$ 是两点相关系数的傅里叶变换:

$$\Phi_{ij}(\boldsymbol{\kappa}, t) = \frac{1}{(2\pi)^3}\iiint_{-\infty}^{\infty} e^{-i\boldsymbol{\kappa}\cdot\boldsymbol{r}} R_{ij}(\boldsymbol{r}, t)\,d\boldsymbol{r} \tag{3.163}$$

且逆变换为

$$R_{ij}(\boldsymbol{r}, t) = \iiint_{-\infty}^{\infty} e^{i\boldsymbol{\kappa}\cdot\boldsymbol{r}} \Phi_{ij}(\boldsymbol{\kappa}, t)\,d\boldsymbol{\kappa} \tag{3.164}$$

其中,$d\boldsymbol{r}$ 和 $d\boldsymbol{\kappa}$ 分别写为 $dr_1dr_2dr_3$ 和 $d\kappa_1d\kappa_2d\kappa_3$。设定 $\boldsymbol{r} = 0$,方程可以变为

$$R_{ij}(0, t) = \langle u_iu_j\rangle = \iiint_{-\infty}^{\infty} \Phi_{ij}(\boldsymbol{\kappa}, t)\,d\boldsymbol{\kappa} \tag{3.165}$$

因此,$\Phi_{ij}(\boldsymbol{\kappa}, t)$ 表示对波数为 $\boldsymbol{\kappa}$ 的速度模式协方差 $\langle u_iu_j\rangle$ 的贡献。

两点相关函数和频谱包含两种不同类型的方向性信息。其中,$R_{ij}(\boldsymbol{r}, t)$ 对 $\boldsymbol{r}$ 的依赖关系及 $\Phi_{ij}(\boldsymbol{\kappa}, t)$ 对 $\boldsymbol{\kappa}$ 的依赖关系反映了相关性的方向性信息;而 R_{ij} 和 Φ_{ij} 的分量则提供了速度的方向性信息。

能量谱函数是一个有用的量,特别是在定性讨论中:

$$E(\kappa, t) \equiv \iiint_{-\infty}^{\infty} \frac{1}{2}\Phi_{ii}(\boldsymbol{\kappa}, t)\delta(|\boldsymbol{\kappa}| - \kappa)\,d\boldsymbol{\kappa} \tag{3.166}$$

这可以被视为一个去掉了所有方向信息的 $\Phi_{ij}(\boldsymbol{\kappa}, t)$。对式(3.166)在所有标量波数 $\boldsymbol{\kappa}$ 上进行积分得到:

$$\int_0^{\infty} E(\kappa, t)\,d\kappa = \frac{1}{2}R_{ii}(0, t) = \frac{1}{2}\langle u_iu_i\rangle \tag{3.167}$$

因此,$E(\kappa, t)d\kappa$ 表示对 $\kappa \leqslant |\boldsymbol{\kappa}| \leqslant \kappa + d\kappa$ 范围内 $|\kappa|$ 的所有模式对湍动能 $1/2\langle u_iu_j\rangle$ 的贡献。湍流的速度谱将在6.5节进行详细展开。

练 习

3.34 对于替换 $\boldsymbol{x}' = \boldsymbol{x} + \boldsymbol{r}$,根据两点相关系数的定义[方程(3.160)],推导可得

$$R_{ij}(\boldsymbol{r}, \boldsymbol{x}, t) = R_{ji}(-\boldsymbol{r}, \boldsymbol{x}', t) \tag{3.168}$$

因此,对于统计均匀场,有

$$R_{ij}(\boldsymbol{r},\ t) = R_{ji}(-\boldsymbol{r},\ t) \tag{3.169}$$

3.35　如果 $\boldsymbol{u}(\boldsymbol{x},\ t)$ 是无散度的(即 $\nabla\cdot\boldsymbol{u}=0$)，证明两点相关系数[方程(3.160)]满足如下条件：

$$\frac{\partial}{\partial r_j}R_{ij}(\boldsymbol{x},\ \boldsymbol{r},\ t) = 0 \tag{3.170}$$

证明，如果 $\boldsymbol{u}(x,\ t)$ 在统计上是均匀的，那么：

$$\frac{\partial}{\partial r_j}R_{ij}(\boldsymbol{r},\ t) = \frac{\partial}{\partial r_i}R_{ij}(\boldsymbol{r},\ t) = 0 \tag{3.171}$$

3.8　概率和平均值

在发展了描述随机变量、随机过程及随机场的工具之后，现在回到阐明概率概念的起点。现在讨论的一切都是建立在这个概念之上的。密度和速度等物理量是在操作层面上定义的(如 2.1 节)，因此(至少在原理上)它们的值可以通过测量来确定。概率的操作定义：例如，用时间平均或集合平均来表示，尽管它们得到了广泛使用，但并不令人满意。相反，在现代处理中，概率论是基于公理的。本节的目的是描述这种公理化方法，并解释与可测量量(如时间平均数)的关系。为了简单起见，从抛硬币实验开始讨论。

考虑一枚硬币，它可以抛出任何次数，得到“正”和“反”两个可能的结果。定义变量 p 为“正”的概率(假设每一次抛硬币在统计上是独立的，并且与其他抛硬币没有区别)。

假设耐心地进行 $N = 1\,000\,000$ 次的抛硬币实验。产生“正”的投掷分数是一个随机变量，用 p_N 表示。在这个特定的实验中，假设 p_N 的测量值为 0.502 4。

抛硬币实验是伯努利实验的一个例子，对此有一个完整的理论。例如，假设硬币是“公平的”，即 $p = 1/2$。然后，一个简单的统计计算表明(对于 $N = 1\,000\,000$)，在 99%置信度下，概率 p_N 的范围为

$$0.498\,7 < p_N < 0.501\,3$$

由于测量值 $p_N = 0.502\,4$ 不在该范围内，可以很有信心地假设 $p = 1/2$ 为假。相反，基于 p_N 观测值的进一步统计计算表明，在 99%的置信度下，p 位于的范围为

$$0.501\,1 < p < 0.503\,7$$

总结如下：

(1) p 定义为“正”面的概率；

(2) p_N 是“正”的测量频率；

(3) 给出关于 p 的假设，可以预测 p_N 的范围；

(4) 给出 p_N 的测量值，可以确定 p 的置信区间。

两个最值得注意的点是 p 无法测量——只能在一定的置信水平下进行估计；虽然当 N 趋向于无穷大时，p_N 趋向于 p，但不能以此来定义 p。

在考虑湍流速度 $U(t)$ 时，将 $f(V;\ t)$ 定义为其 PDF，随后定义平均值为

$$\langle U(t)\rangle \equiv \int_{-\infty}^{\infty} Vf(V;\ t)\,\mathrm{d}V \tag{3.172}$$

在湍流实验和模拟中，几种平均方法是通过定义其他与 $\langle U(t)\rangle$ 相关的均值而实现的。对于统计稳定的流动，时间平均值(在时间间隔 t 内)的定义如下：

$$\langle U(t)\rangle_T \equiv \frac{1}{T}\int_t^{t+T} U(t')\,\mathrm{d}t' \tag{3.173}$$

对于可以重复或复现 N 次的流动，集合平均值定义为

$$\langle U(t)\rangle_N \equiv \frac{1}{N}\sum_{n=1}^{N} U^{(n)}(t) \tag{3.174}$$

其中，$U^{(n)}(t)$ 为在第 n 次实验的测量值。在边长为 $\mathcal{L}$ 的立方体且是均匀湍流的模拟中，$U(\boldsymbol{x},\ t)$ 的空间平均值定义为

$$\langle U(t)\rangle_{\mathcal{L}} \equiv \frac{1}{\mathcal{L}^3}\int_0^{\mathcal{L}}\int_0^{\mathcal{L}}\int_0^{\mathcal{L}} U(\boldsymbol{x},\ t)\,\mathrm{d}x_1\mathrm{d}x_2\mathrm{d}x_3 \tag{3.175}$$

对于统计上的一维和二维流动，可以定义类似的空间平均值。

这些平均的随机变量 $\langle U\rangle_T$、$\langle U\rangle_N$ 和 $\langle U\rangle_{\mathcal{L}}$ (如 p_N) 可以用来预测 $\langle U\rangle$，但不能确定地测量。最重要的是，对于所有流动，即使是那些非稳定或均匀流动，或者不能重复或复现的流动，$\langle U\rangle$ 都有很好的定义。对于统计稳定的流动(例外情况除外)，T 趋向于无穷大时，$\langle U\rangle_T$ 趋向于 $\langle U\rangle$，但这并不是平均值的定义。

练 习

3.36 在湍流实验中，$N = 1\,000$ 次测量得到的整体平均值 $\langle U\rangle_N$ 为 11.24 m/s，U 的标准差估计值为 2.5 m/s，确定 $\langle U\rangle$ 的 95%置信区间。

3.37 对于统计稳定流动，推导：

$$\operatorname{var}(\langle U(t)\rangle_T) = \frac{\operatorname{var}(U)}{T^2}\int_0^T\int_0^T \rho(t-s)\,\mathrm{d}s\mathrm{d}t$$

其中，$\rho(s)$ 是 $U(t)$ 的自相关函数。假设积分时间尺度 $\bar{\tau}$ 存在且为正[方程(3.139)]，则获得长时间结果：

$$\mathrm{var}\,(\langle U(t)\rangle_T) \sim \frac{2\bar{\tau}}{T}\mathrm{var}(U) \tag{3.176}$$

3.38 图 3.26 显示了在矩形管道中下游对称扩张稳定层流中测得的速度分布。尽管构型与边界条件关于平面 $y = 0$ 对称，但流动是非对称的。每次流动从静止状态开始时，在初始瞬态后，达到两个稳定状态中的一种。对于该流动，讨论期望值 $\langle U\rangle$ 与时间平均值 $\langle U\rangle_T$ 之间的关系，以及整体平均值 $\langle U\rangle_N$。

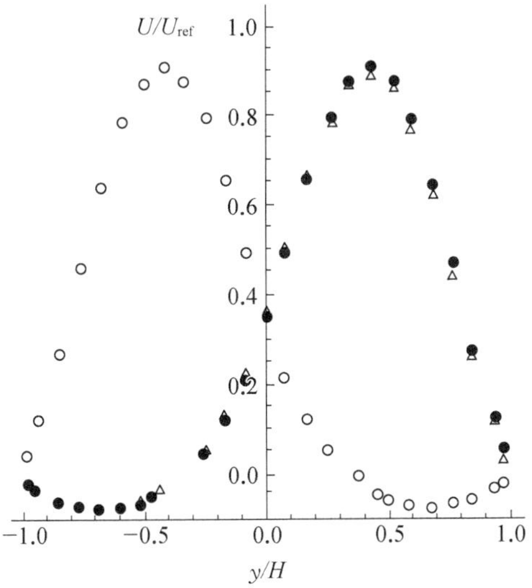

图 3.26　Durst 等(1974)在矩形管道对称扩张下游的稳定层流中测量的速度分布(几何构型和边界条件相对平面 $y = 0$ 对称)

○：稳定状态 1；△：稳定状态 2；●：剖面 1 关于 y 轴的镜像

第 4 章

平均流动方程

4.1 雷诺方程

在前一章中，引入了各种统计量来描述湍流速度场，包括平均值、PDF、两点相关性等。通过控制湍流速度场 $\boldsymbol{U}(\boldsymbol{x}, t)$ 的纳维-斯托克斯方程，可以推导出所有这些量的演化方程。这些方程中最基本的[首先由 Reynolds(1894) 提出]是控制平均速度场 $\langle \boldsymbol{U}(\boldsymbol{x}, t) \rangle$ 的方程。

将速度 $\boldsymbol{U}(\boldsymbol{x}, t)$ 分解为其平均值 $\langle \boldsymbol{U}(\boldsymbol{x}, t) \rangle$ 和脉动量：

$$\boldsymbol{u}(\boldsymbol{x}, t) \equiv \boldsymbol{U}(\boldsymbol{x}, t) - \langle \boldsymbol{U}(\boldsymbol{x}, t) \rangle \tag{4.1}$$

称为雷诺分解，即

$$\boldsymbol{U}(\boldsymbol{x}, t) = \langle \boldsymbol{U}(\boldsymbol{x}, t) \rangle + \boldsymbol{u}(\boldsymbol{x}, t) \tag{4.2}$$

其源自连续性方程[式(2.19)]：

$$\nabla \cdot \boldsymbol{U} = \nabla \cdot (\langle \boldsymbol{U} \rangle + \boldsymbol{u}) = 0 \tag{4.3}$$

$\langle \boldsymbol{U}(\boldsymbol{x}, t) \rangle$ 和 $\boldsymbol{u}(\boldsymbol{x}, t)$ 都是螺线管形。由于这个方程的平均值是

$$\nabla \cdot \langle \boldsymbol{U} \rangle = 0 \tag{4.4}$$

然后相减，可以得到：

$$\nabla \cdot \boldsymbol{u} = 0 \tag{4.5}$$

注意：取平均值和微分值是可交换的，因此 $\langle \nabla \cdot \boldsymbol{U} \rangle = \nabla \cdot \langle \boldsymbol{U} \rangle$，也可以是 $\langle \nabla \cdot \boldsymbol{u} \rangle = \nabla \cdot \langle \boldsymbol{u} \rangle = 0$。

因为非线性对流项的存在，取动量方程[式(2.35)]的平均值并不简单。第一步是将物质导数写成守恒形式：

$$\frac{\mathrm{D}U_j}{\mathrm{D}t} = \frac{\partial U_j}{\partial t} + \frac{\partial}{\partial x_i}(U_i U_j) \tag{4.6}$$

因此,平均值为

$$\left\langle\frac{\mathrm{D}U_j}{\mathrm{D}t}\right\rangle=\frac{\partial\langle U_j\rangle}{\partial t}+\frac{\partial}{\partial x_i}\langle U_iU_j\rangle \tag{4.7}$$

然后,用雷诺分解代替 U_i 和 U_j, 非线性项变为

$$\begin{aligned}\langle U_iU_j\rangle &=\langle(\langle U_i\rangle+u_i)(\langle U_j\rangle+u_j)\rangle\\&=\langle\langle U_i\rangle\langle U_j\rangle+u_i\langle U_j\rangle+u_j\langle U_i\rangle+u_iu_j\rangle\\&=\langle U_i\rangle\langle U_j\rangle+\langle u_iu_j\rangle\end{aligned} \tag{4.8}$$

其中,速度协方差 $\langle u_iu_j\rangle$ 称为雷诺应力(原因稍后说明)。因此,根据前两个方程,可以得到:

$$\begin{aligned}\left\langle\frac{\mathrm{D}U_j}{\mathrm{D}t}\right\rangle&=\frac{\partial\langle U_j\rangle}{\partial t}+\frac{\partial}{\partial x_i}(\langle U_i\rangle\langle U_j\rangle+\langle u_iu_j\rangle)\\&=\frac{\partial\langle U_j\rangle}{\partial t}+\langle U_i\rangle\frac{\partial\langle U_j\rangle}{\partial x_i}+\frac{\partial}{\partial x_i}\langle u_iu_j\rangle\end{aligned} \tag{4.9}$$

第二步从 $\partial\langle U_i\rangle/\partial x_i=0$[方程(4.4)]开始。

通过定义平均物质导数,可以有效地重新表示最终结果:

$$\frac{\bar{\mathrm{D}}}{\bar{\mathrm{D}}t}\equiv\frac{\partial}{\partial t}+\langle\boldsymbol{U}\rangle\cdot\nabla \tag{4.10}$$

对于任意特性 $Q(\boldsymbol{x},t)$, $\bar{\mathrm{D}}Q/\bar{\mathrm{D}}t$ 表示随局部平均速度 $\langle\boldsymbol{U}(\boldsymbol{x},t)\rangle$ 移动的点的变化率。根据表达式,方程(4.9)变换为

$$\left\langle\frac{\mathrm{D}U_j}{\mathrm{D}t}\right\rangle=\frac{\bar{\mathrm{D}}}{\bar{\mathrm{D}}t}\langle U_j\rangle+\frac{\partial}{\partial x_i}\langle u_iu_j\rangle \tag{4.11}$$

显然,物质导数的平均值 $\langle\mathrm{D}U_j/\mathrm{D}t\rangle$ 不等于平均值的物质导数 $\bar{\mathrm{D}}\langle U_j\rangle/\bar{\mathrm{D}}t$。

现在,取动量方程[式(2.35)]的平均值很简单,因为其他项在 $\boldsymbol{U}$ 和 p 中是线性关系。结果是平均动量或雷诺方程:

$$\frac{\bar{\mathrm{D}}\langle U_j\rangle}{\bar{\mathrm{D}}t}=\nu\nabla^2\langle U_j\rangle-\frac{\partial\langle u_iu_j\rangle}{\partial x_i}-\frac{1}{\rho}\frac{\partial\langle p\rangle}{\partial x_j} \tag{4.12}$$

表面上,雷诺方程[式(4.12)]与纳维-斯托克斯方程[式(2.35)]是相同的,除了雷诺应力项,这是一个关键的差别。

与 $p(\boldsymbol{x},t)$ 一样,平均压力场 $\langle p(\boldsymbol{x},t)\rangle$ 满足泊松方程。这可以通过取 ∇^2p 的平均值[式(2.42)]或通过取雷诺方程的散度来获得:

$$-\frac{1}{\rho}\nabla^2\langle p\rangle=\left\langle\frac{\partial U_i}{\partial x_j}\frac{\partial U_j}{\partial x_i}\right\rangle$$
$$=\frac{\partial\langle U_i\rangle}{\partial x_j}\frac{\partial\langle U_j\rangle}{\partial x_i}+\frac{\partial^2\langle u_iu_j\rangle}{\partial x_i\partial x_j} \tag{4.13}$$

练　习

4.1 从雷诺方程[式(4.12)]出发,推导固定控制体积 $\mathcal{V}$(图 4.1) 中平均动量变化率的方程,并尽可能将各项表示为边界控制面 $\mathcal{A}$ 上的积分。

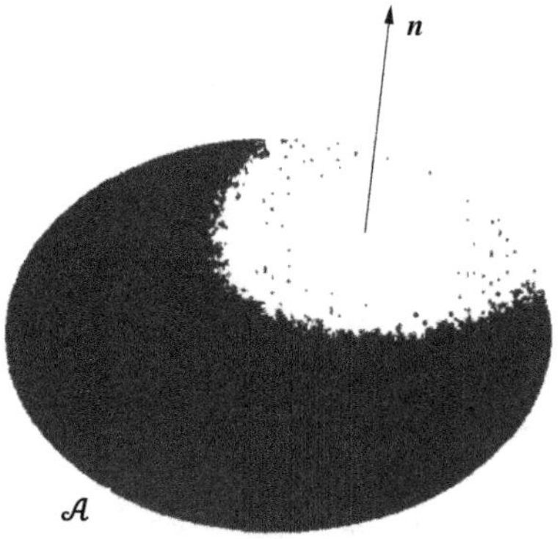

图 4.1 边界控制面为 $\mathcal{A}$ 的控制体积 $\mathcal{V}$ 示意图(单位法线 $\boldsymbol{n}$ 指向外侧)

4.2 对于随机场 $\phi(\boldsymbol{x}, t)$,可以得到:

$$\frac{\mathrm{D}\phi}{\mathrm{D}t}=\frac{\bar{\mathrm{D}}\phi}{\bar{\mathrm{D}}t}+\nabla\cdot(\boldsymbol{u}\phi) \tag{4.14}$$

$$\left\langle\frac{\mathrm{D}\phi}{\mathrm{D}t}\right\rangle=\frac{\bar{\mathrm{D}}\langle\phi\rangle}{\bar{\mathrm{D}}t}+\nabla\cdot\langle\boldsymbol{u}\phi\rangle \tag{4.15}$$

4.3 平均应变速率 $\bar{S}_{ij}$ 和平均旋转速率 $\bar{\Omega}_{ij}$ 定义如下:

$$\bar{S}_{ij}\equiv\frac{1}{2}\left(\frac{\partial\langle U_i\rangle}{\partial x_j}+\frac{\partial\langle U_j\rangle}{\partial x_i}\right) \tag{4.16}$$

$$\bar{\Omega}_{ij}\equiv\frac{1}{2}\left(\frac{\partial\langle U_i\rangle}{\partial x_j}-\frac{\partial\langle U_j\rangle}{\partial x_i}\right) \tag{4.17}$$

获得结果:

$$\bar{S}_{ij} = \langle S_{ij} \rangle, \bar{\Omega}_{ij} = \langle \Omega_{ij} \rangle \tag{4.18}$$

$$\frac{\partial \langle U_i \rangle}{\partial x_j} \frac{\partial \langle U_j \rangle}{\partial x_i} = \bar{S}_{ij}\bar{S}_{ij} - \bar{\Omega}_{ij}\bar{\Omega}_{ij} \tag{4.19}$$

$$\frac{\partial \bar{S}_{ij}}{\partial x_i} = \frac{1}{2} \frac{\partial^2 \langle U_j \rangle}{\partial x_i \partial x_i} \tag{4.20}$$

4.2 雷诺应力

显然,雷诺应力 $\langle u_i u_j \rangle$ 在平均速度场 $\langle \boldsymbol{U} \rangle$ 的方程中起着至关重要的作用。如果 $\langle u_i u_j \rangle$ 为零,那么 $\boldsymbol{U}(\boldsymbol{x}, t)$ 和 $\langle \boldsymbol{U}(\boldsymbol{x}, t) \rangle$ 的方程将是相同的。$\boldsymbol{U}(\boldsymbol{x}, t)$ 和 $\langle \boldsymbol{U}(\boldsymbol{x}, t) \rangle$ 的行为非常不同(图 1.4),因此可归因于雷诺应力的影响。现在对它们的一些性质进行描述。

4.2.1 解释为应力

雷诺方程可以重写为

$$\rho \frac{\bar{\mathrm{D}} \langle U_j \rangle}{\bar{\mathrm{D}} t} = \frac{\partial}{\partial x_i}\left[\mu\left(\frac{\partial \langle U_i \rangle}{\partial x_j} + \frac{\partial \langle U_j \rangle}{\partial x_i}\right) - \langle p \rangle \delta_{ij} - \rho \langle u_i u_j \rangle\right] \tag{4.21}$$

这是动量守恒方程的一般形式[式(2.31)],方括号中的项表示三个应力的总和:黏性应力、来自平均压力场的各向同性应力 $-\langle p \rangle \delta_{ij}$, 以及由脉动速度场得出的表观应力 $-\rho \langle u_i u_j \rangle$。尽管该表观应力为 $-\rho \langle u_i u_j \rangle$, 但通常将 $\langle u_i u_j \rangle$ 称为雷诺应力。

黏性应力(即单位面积的力)最终来自分子水平上的动量传递。因此,雷诺应力也来源于脉动速度场的动量传递。如图 4.1 所示,在固定控制体积 $\mathcal{V}$ 内,由于流经边界面 $\mathcal{A}$ 而产生的动量增益率为

$$\dot{\boldsymbol{M}} = \iint_{\mathcal{A}} \rho \boldsymbol{U}(-\boldsymbol{U} \cdot \boldsymbol{n})\, \mathrm{d}A \tag{4.22}$$

其中,单位体积的动量为 $\rho \boldsymbol{U}$, 通过 $\mathcal{A}$ 流入 $\mathcal{V}$ 中单位面积的体积流率为 $-\boldsymbol{U} \cdot \boldsymbol{n}$。该方程 j 分量的平均值为

$$\begin{aligned} \langle \dot{M}_j \rangle &= \iint_{\mathcal{A}} -\rho(\langle U_i \rangle \langle U_j \rangle + \langle u_i u_j \rangle) n_i \mathrm{d}A \\ &= \iiint_{\mathcal{V}} -\rho \frac{\partial}{\partial x_i}(\langle U_i \rangle \langle U_j \rangle + \langle u_i u_j \rangle) \mathrm{d}V \end{aligned} \tag{4.23}$$

最后一步由散度定理得出。由此可见,对于控制体积 $\mathcal{V}$,雷诺方程中出现的雷诺应力(即 $-\rho\partial\langle u_iu_j\rangle/\partial x_i$) 源自边界 $\mathcal{A}$ 上脉动速度引起的平均动量通量 $-\rho\langle u_iu_j\rangle n_i$。

4.2.2 闭合问题

对于一般的统计三维流动,存在四个无关的方程控制平均速度场,即雷诺方程[式(4.12)]的三个组成部分,以及平均连续性方程[式(4.4)]或泊松方程[式(4.13)]。然而,这四个方程包含四个以上的未知数。除了 $\langle \boldsymbol{U}\rangle$ 和 $\langle p\rangle$ (四个量),还有雷诺应力。

这就是闭合问题的一种表现。一般来说,对于一组统计量集合的演化方程(由纳维-斯托克斯方程获得),它包含比所考虑的统计量集合中更多的统计量。因此,在没有单独的信息来确定额外统计量的情况下,方程组无法求解。这样的方程组比方程组数有更多的未知数,称为未闭合。雷诺方程组是未闭合的,除非以某种方式确定雷诺应力,否则无法求解。

4.2.3 张量性质

雷诺应力是二阶张量的分量①,显然具有对称性,即 $\langle u_iu_j\rangle = \langle u_ju_i\rangle$。其对角线分量(如 $\langle u_1^2\rangle = \langle u_1u_1\rangle$, $\langle u_2^2\rangle$ 和 $\langle u_3^2\rangle$)称为正应力,而非对角分量(如 $\langle u_1u_2\rangle$)则称为剪切应力。

湍流动能 $k(\boldsymbol{x}, t)$ 定义为雷诺应力张量轨迹的一半:

$$k \equiv \frac{1}{2}\langle \boldsymbol{u}\cdot\boldsymbol{u}\rangle = \frac{1}{2}\langle u_iu_i\rangle \tag{4.24}$$

它是脉动速度场中每单位质量的平均动能。

在雷诺应力张量的主轴上,剪切应力为零,正应力为非负特征值(即 $\langle u_1^2\rangle \geqslant 0$)。因此,雷诺应力张量是对称半正定的。通常,所有特征值都是严格正定的;但是,在特殊或极端情况下,一个或多个特征值可以为零。

4.2.4 各向异性

剪切应力和正应力之间的区别取决于坐标系的选择。各向同性应力和各向异性应力之间存在本质区别。各向同性应力为 $\frac{2}{3}k\delta_{ij}$,则偏各向异性部分为

$$a_{ij} \equiv \langle u_iu_j\rangle - \frac{2}{3}k\delta_{ij} \tag{4.25}$$

① 二阶张量的性质见附录 B。

广泛使用的无量纲各向异性张量定义如下：

$$b_{ij} = \frac{a_{ij}}{2k} = \frac{\langle u_i u_j \rangle}{\langle u_\ell u_\ell \rangle} - \frac{1}{3}\delta_{ij} \tag{4.26}$$

根据这些各向异性张量，雷诺应力张量为

$$\begin{aligned} \langle u_i u_j \rangle &= \frac{2}{3}k\delta_{ij} + a_{ij} \\ &= 2k\left(\frac{1}{3}\delta_{ij} + b_{ij}\right) \end{aligned} \tag{4.27}$$

它只是各向异性分量 a_{ij}，其可以有效地传递动量。因为有

$$\rho\frac{\partial\langle u_i u_j \rangle}{\partial x_i} + \frac{\partial\langle p \rangle}{\partial x_j} = \rho\frac{\partial a_{ij}}{\partial x_i} + \frac{\partial}{\partial x_j}(\langle p \rangle + \frac{2}{3}\rho k) \tag{4.28}$$

表明各向同性分量 $\left(\frac{2}{3}k\right)$ 可以被修正平均压力吸收。

4.2.5　无旋运动

湍流的一个基本特征是它们是旋转的。而考虑一个无旋转的随机速度场，例如（近似于一个）水波的流动。涡量为零，所以平均涡量、脉动涡量和 $\partial u_i/\partial x_j - \partial u_j/\partial x_i$ 也都为零。因此，有

$$\left\langle u_i\left(\frac{\partial u_i}{\partial x_j} - \frac{\partial u_j}{\partial x_i}\right)\right\rangle = \frac{\partial}{\partial x_j}\left(\frac{1}{2}\langle u_i u_i \rangle\right) - \frac{\partial}{\partial x_i}\langle u_i u_j \rangle = 0 \tag{4.29}$$

从中得出 Corrsin-Kistler 方程（Corrsin and Kistler, 1954）：

$$\frac{\partial}{\partial x_i}\langle u_i u_j \rangle = \frac{\partial k}{\partial x_j} \tag{4.30}$$

对于无旋流动，在这种情况下，雷诺应力 $\langle u_i u_j \rangle$ 与各向同性应力 $k\delta_{ij}$ 具有相同的效果，可在修正压力中被吸收。换句话说，无旋场 $\boldsymbol{u}(\boldsymbol{x}, t)$ 产生的雷诺应力对平均速度场绝对没有影响。

4.2.6　对称

对于某些流动，流动几何中的对称性决定了雷诺应力的性质。考虑一个统计二维流，其统计量与 x_3 无关，并且在 x_3 坐标轴的反射下是统计不变量。对于速度 $f(\boldsymbol{V}; \boldsymbol{x}, t)$ 的 PDF，这两个条件意味着：

$$\frac{\partial f}{\partial x_3} = 0 \tag{4.31}$$

$$f(V_1, V_2, V_3; x_1, x_2, x_3, t) = f(V_1, V_2, -V_3; x_1, x_2, -x_3, t) \tag{4.32}$$

当 $x_3 = 0$ 时,由最后一个方程得出 $\langle U_3 \rangle = -\langle U_3 \rangle$,即 $\langle U_3 \rangle = 0$;它同样产生 $\langle u_1 u_3 \rangle = 0$ 和 $\langle u_2 u_3 \rangle = 0$。第一个方程[式(4.31)]表明,这些关系适用于所有 $\boldsymbol{x}$。因此,对于这种统计二维流动,$\langle U_3 \rangle$ 为零,且雷诺应力张量为

$$\begin{bmatrix} \langle u_1^2 \rangle & \langle u_1 u_2 \rangle & 0 \\ \langle u_1 u_2 \rangle & \langle u_2^2 \rangle & 0 \\ 0 & 0 & \langle u_3^2 \rangle \end{bmatrix} \tag{4.33}$$

除了统计上的二维外,槽道湍流如图 3.25 所示。图 3.25 在统计上关于平面 $x_2 = 0$ 对称。这种对称性意味着:

$$f(V_1, V_2, V_3; x_1, x_2, x_3, t) = f(V_1, -V_2, V_3; x_1, -x_2, x_3, t) \tag{4.34}$$

由此可知,$\langle U_2 \rangle$ 和 $\langle u_1 u_2 \rangle$ 是 x_2 的奇函数,而 $\langle U_1 \rangle$ 和正应力是偶函数。

练 习

4.4 下列方程式均不正确,为什么?

(1)

$$\langle u_i u_j \rangle = \begin{bmatrix} 0.5 & 0.1 & 0 \\ 0.1 & 0.3 & 0.1 \\ 0 & 0.1 & -0.1 \end{bmatrix}$$

(2)

$$\langle u_i u_j \rangle = \begin{bmatrix} 0.21 & -0.05 & 0.01 \\ -0.06 & 0.5 & 0 \\ 0.01 & 0 & 1.0 \end{bmatrix}$$

(3)

$$\langle u_i u_j \rangle = \begin{bmatrix} 1 & 1.5 & 0.2 \\ 1.5 & 1 & 0 \\ 0.2 & 0 & 1 \end{bmatrix}$$

(4)

$$a_{ij}=\begin{bmatrix}1.8 & 0.2 & 0\\ 0.2 & -1.6 & 0.1\\ 0 & 0.1 & -0.3\end{bmatrix}$$

(5)

$$a_{ij}=\begin{bmatrix}-0.4 & 0 & 0.1\\ 0 & 0.2 & 0\\ 0.1 & 0 & 0.2\end{bmatrix}$$

4.5　在均匀湍流剪切流(其中 $\partial\langle U_1\rangle/\partial x_2$ 是唯一的非零平均速度梯度)实验中,测量到的雷诺应力(采用 k 无量纲化)为

$$\frac{\langle u_i u_j\rangle}{k}=\begin{bmatrix}1.08 & -0.32 & 0\\ -0.32 & 0.40 & 0\\ 0 & 0 & 0.52\end{bmatrix}\tag{4.35}$$

(1) 确定相应的各向异性张量 a_{ij} 和 b_{ij};

(2) u_1 和 u_2 的相关系数是多少?

(3) 式(4.35)形式的矩阵可通过该形式的酉矩阵转换为主轴:

$$\boldsymbol{A}=\begin{bmatrix}\cos\theta & \sin\theta & 0\\ -\sin\theta & \cos\theta & 0\\ 0 & 0 & 1\end{bmatrix}$$

也就是说,对于角度 θ 的特定值,$A_{ki}\langle u_k u_j\rangle A_{j\ell}$ 是对角线。确定出角度 $\theta=\theta_R(0\leqslant\theta_R\leqslant\pi/2)$,可将 $\langle u_i u_j\rangle$ 转换为主轴。

(4) 确定转换平均张量速率 $\bar{S}_{ij}$ 到主轴的角度 $\theta=\theta_S(0\leqslant\theta_S\leqslant\pi/2)$;

(5) 确定 $\langle u_i u_j\rangle$ 的特征值。

4.3　平均标量方程

正如湍流速度场 $\boldsymbol{U}(\boldsymbol{x},t)$ 的最基本描述由平均速度 $\langle\boldsymbol{U}(\boldsymbol{x},t)\rangle$ 提供一样,同样,守恒被动标量场 $\phi(\boldsymbol{x},t)$ 的最基本描述也是由其平均值 $\langle\phi(\boldsymbol{x},t)\rangle$ 提供的。得到 $\langle\phi(\boldsymbol{x},t)\rangle$ 的守恒方程的方法与求得雷诺方程的方法相同。

波动标量场定义如下:

$$\phi'(\boldsymbol{x}, t) = \phi(\boldsymbol{x}, t) - \langle \phi(\boldsymbol{x}, t) \rangle \tag{4.36}$$

所以标量场的雷诺分解是

$$\phi(\boldsymbol{x}, t) = \langle \phi(\boldsymbol{x}, t) \rangle + \phi'(\boldsymbol{x}, t) \tag{4.37}$$

守恒方程中，$\phi(\boldsymbol{x}, t)$ [式(2.54)]可以写成：

$$\frac{\partial \phi}{\partial t} + \nabla \cdot (\boldsymbol{U}\phi) = \boldsymbol{\Gamma}\nabla^2 \phi \tag{4.38}$$

唯一的非线性项是涉及对流通量 $\boldsymbol{U}\phi$ 的项，其平均值为

$$\begin{aligned} \langle \boldsymbol{U}\phi \rangle &= \langle (\langle \boldsymbol{U} \rangle + \boldsymbol{u})(\langle \phi \rangle + \phi') \rangle \\ &= \langle \boldsymbol{U} \rangle \langle \phi \rangle + \langle \boldsymbol{u}\phi' \rangle \end{aligned} \tag{4.39}$$

速度标量协方差 $\langle \boldsymbol{u}\phi' \rangle$ 是一个向量，称为标量通量：它表示由于脉动速度场(练习 4.6)而产生的标量通量(每单位面积的流速)。因此，取等式(4.38)的平均值，可得

$$\frac{\partial \langle \phi \rangle}{\partial t} + \nabla \cdot (\langle \boldsymbol{U} \rangle \langle \phi \rangle + \langle \boldsymbol{u}\phi' \rangle) = \boldsymbol{\Gamma}\nabla^2 \langle \phi \rangle \tag{4.40}$$

或者，就平均物质导数而言[等式(4.10)]：

$$\frac{\bar{\mathrm{D}} \langle \phi \rangle}{\bar{\mathrm{D}} t} = \nabla \cdot (\boldsymbol{\Gamma}\nabla \langle \phi \rangle - \langle \boldsymbol{u}\phi' \rangle) \tag{4.41}$$

显然，在这个平均标量方程中，标量通量的作用与雷诺方程中雷诺应力的作用类似。特别是，它们引起了一个闭合问题：即使 $\langle \boldsymbol{U} \rangle$ 已知，等式(4.41)也无法求得 $\langle \phi \rangle$，缺少对 $\langle \boldsymbol{u}\phi' \rangle$ 项的处理。

练 习

4.6 设 $\Phi(t)$ 为守恒被动标量场 $\phi(\boldsymbol{x}, t)$ 在固定控制体积 $\mathcal{V}$ 上的积分(图 4.1)，获得 $\mathrm{d}\langle \Phi(t) \rangle/\mathrm{d}t$ 的方程。在可能的情况下，将每个项表示为边界控制面 $\mathcal{A}$ 上的积分，并描述该项的意义。

4.7 考虑统计二维流，其中速度和标量场的统计独立于 x_3，并且在 x_3 坐标轴的镜像下是不变的。记下 $\boldsymbol{U}(\boldsymbol{x}, t)$ 和 $\phi(\boldsymbol{x}, t)$ 的单点联合 PDF 满足的对称条件，证明 $\partial\langle \phi \rangle/\partial x_3$ 和 $\langle u_3\phi' \rangle$ 为 0。如果 $x_2 = 0$ 是统计对称平面，则证明 $< \phi >$ 是 x_2 的偶函数，且 $\langle u_2\phi' \rangle$ 是一个奇函数。

4.4　梯度扩散和湍流黏性假设

在科学研究领域的历史发展中，通常会有一系列模型提出，用于描述所研究的现象。通常，例如在湍流研究中，早期模型很简单，但随后发现其在物理内容和预测精度方面都存在不足。后来的模型可能在物理内容和预测准确性方面更具优越性，但缺乏简单性。尽管它们有缺陷，但欣赏早期简单的模型是很有价值的。一个原因是模型隐含的行为可以通过简单的推理或简单的分析来确定，而不是更复杂的模型通常需要的数值解。其次，简单的模型可以提供一个参考，用来比较正在研究的现象及更复杂的模型。

正是本着这种精神，我们引入了梯度扩散假设、湍流黏性假设及相关的思想。这些都是有价值的概念，但应始终牢记其局限性。

标量通量 $\langle \boldsymbol{u}\phi' \rangle$ 矢量给出了守恒标量 ϕ 湍流输运的方向和大小。根据梯度扩散假设，这种输运是沿着平均标量梯度向下的，也就是说，在 $-\nabla\langle\phi\rangle$ 方向。因此，根据假设，存在正的标量 $\boldsymbol{\Gamma}_{\mathrm{T}}(\boldsymbol{x},\ t)$ ——湍流扩散率：

$$\langle \boldsymbol{u}\phi' \rangle = -\boldsymbol{\Gamma}_{\mathrm{T}} \nabla \langle \phi \rangle \tag{4.42}$$

有效扩散率定义为分子扩散率和湍流扩散率之和：

$$\boldsymbol{\Gamma}_{\mathrm{eff}}(\boldsymbol{x},\ t) = \boldsymbol{\Gamma} + \boldsymbol{\Gamma}_{\mathrm{T}}(\boldsymbol{x},\ t) \tag{4.43}$$

结合梯度扩散假设[式(4.42)]的平均标量守恒方程[式(4.41)]为

$$\frac{\bar{\mathrm{D}}\langle\phi\rangle}{\bar{\mathrm{D}}t} = \nabla\cdot\left(\boldsymbol{\Gamma}_{\mathrm{eff}} \nabla\langle\phi\rangle\right) \tag{4.44}$$

由此可以看出，该方程与式(2.54)中的守恒方程相同，只不过用 $\langle \boldsymbol{U} \rangle$、$\langle \phi \rangle$ 和 $\boldsymbol{\Gamma}_{\mathrm{eff}}$ 代替了 $\boldsymbol{U}$、ϕ 和 $\boldsymbol{\Gamma}$。

在数学上，梯度扩散假设[式(4.42)]类似于傅里叶热传导定律和菲克分子扩散定律。类似地，由 Boussinesq 于 1877 年提出的湍流黏性假设在数学上类似于牛顿流体的应变应力率关系[式(2.32)]。根据该假设，偏雷诺应力 $\left(-\rho\langle u_i u_j\rangle + \frac{2}{3}\rho k \delta_{ij}\right)$ 与平均应变率成正比：

$$\begin{aligned} -\rho\langle u_i u_j\rangle + \frac{2}{3}\rho k \delta_{ij} &= \rho \nu_{\mathrm{T}}\left(\frac{\partial\langle U_i\rangle}{\partial x_j} + \frac{\partial\langle U_j\rangle}{\partial x_i}\right) \\ &= 2\rho\nu_{\mathrm{T}} \bar{S}_{ij} \end{aligned} \tag{4.45}$$

其中，正标量系数 ν_T 是湍流黏性（也称为涡黏性）。

包含湍流黏性假设的平均动量方程［即将式(4.45)代入式(4.12)］为

$$\frac{\bar{D}}{\bar{D}t}\langle U_j \rangle = \frac{\partial}{\partial x_i}\left[\nu_{\text{eff}}\left(\frac{\partial \langle U_i \rangle}{\partial x_j} + \frac{\partial \langle U_j \rangle}{\partial x_i}\right)\right] - \frac{1}{\rho}\frac{\partial}{\partial x_j}\left(\langle p \rangle + \frac{2}{3}\rho k\right) \tag{4.46}$$

其中，ν_{eff} 是有效黏性：

$$\nu_{\text{eff}}(\boldsymbol{x}, t) = \nu + \nu_T(\boldsymbol{x}, t) \tag{4.47}$$

这与纳维-斯托克斯方程相同，用 $\langle \boldsymbol{U} \rangle$ 和 ν_{eff} 代替 $\boldsymbol{U}$ 和 ν，用 $\langle p \rangle + \frac{2}{3}\rho k$ 修改后的平均压力。

到目前为止，梯度扩散和湍流黏性假设的引入没有得到证明或批评。对这些假设的全面评估将推迟到第 10 章。在这个阶段，有以下观察就足够了。

（1）梯度扩散假设意味着标量通量向量与平均标量梯度向量对齐。即使在简单的湍流中，情况也并非如此。例如，在一项关于均匀湍流剪切流实验中（Tavoularis and Corrsin，1981），测得 $\nabla\langle \phi \rangle$ 与 $-\langle \boldsymbol{u}\phi' \rangle$ 的夹角为 65°。

（2）同样，湍流黏性假设表明各向异性张量 a_{ij} 与平均应变率张量一致，即

$$\begin{aligned} a_{ij} &\equiv \langle u_i u_j \rangle - \frac{2}{3}k\delta_{ij} \\ &= -\nu_T\left(\frac{\partial \langle U_i \rangle}{\partial x_j} + \frac{\partial \langle U_j \rangle}{\partial x_i}\right) \\ &= -2\nu_T \bar{S}_{ij} \end{aligned} \tag{4.48}$$

a_{ij} 和平均应变率具有对称性和偏斜性，有 5 个独立分量。根据湍流黏性假设，这五个组分通过标量系数 ν_T 相互关联。同样，即使在简单剪切流中，发现这种排列也不会发生（练习 4.5）。

（3）一类重要的流动由那些可以用二维湍流边界层方程（第 5 章）来描述的流动组成。在这些流动中，平均速度主要在 x_1 坐标方向上，而平均量的变化主要在 x_2 坐标方向上。边界层方程中只出现标量通量的一个分量 $\langle u_2\phi' \rangle$ 和一个雷诺应力 $\langle u_1 u_2 \rangle$。因此，梯度扩散假设简化为

$$\langle u_2\phi' \rangle = -\boldsymbol{\Gamma}_T \frac{\partial \langle \phi \rangle}{\partial x_2} \tag{4.49}$$

湍流黏性假设：

$$\langle u_1 u_2 \rangle = -\nu_T \frac{\partial \langle U_1 \rangle}{\partial x_2} \tag{4.50}$$

这两个方程都将单个协方差与单个梯度联系起来。假设协方差和梯度具有相反的符号(几乎总是如此),那么,这些方程可以被视为 $\boldsymbol{\Gamma}_{\mathrm{T}}$ 和 $\boldsymbol{\nu}_{\mathrm{T}}$ 的定义。

(4) $\boldsymbol{\nu}_{\mathrm{T}}(\boldsymbol{x}, t)$ 和 $\boldsymbol{\Gamma}_{\mathrm{T}}(\boldsymbol{x}, t)$ 的规范解决了闭合问题。也就是说,如果 $\boldsymbol{\nu}_{\mathrm{T}}$ 和 $\boldsymbol{\Gamma}_{\mathrm{T}}$ 可以以某种方式指定,那么平均流量方程 $\langle \boldsymbol{U} \rangle$ [等式(4.46)]和 $\langle \phi \rangle$ [等式(4.44)]可求解。

(5) 在高雷诺数、远离壁面的情况下,发现 $\boldsymbol{\nu}_{\mathrm{T}}$ 和 $\boldsymbol{\Gamma}_{\mathrm{T}}$ 与流动的速度尺度 U 和长度尺度 $\mathcal{L}$ 成正比,与流体的分子性质 $\boldsymbol{\nu}$ 和 $\boldsymbol{\Gamma}$ 无关。因此,比率 $\boldsymbol{\nu}_{\mathrm{T}}/\boldsymbol{\nu}$ 和 $\boldsymbol{\Gamma}_{\mathrm{T}}/\boldsymbol{\Gamma}$ 都随雷诺数线性增加,因此(在给定情况下)分子输运可以忽略不计。

(6) 湍流普朗特数 $\boldsymbol{\sigma}_{\mathrm{T}}$ 的定义如下:

$$\sigma_{\mathrm{T}} = \nu_{\mathrm{T}}/\boldsymbol{\Gamma}_{\mathrm{T}} \tag{4.51}$$

在大多数简单湍流中,σ_{T} 是有序统一的。

练　　习

4.8　证明,根据梯度扩散假设,在统计平稳流动中,最大值和最小值 $\langle \phi \rangle$ 出现在边界处。

提示:修改第 2.6 节中使用的有界性参数,将其应用于等式(4.44)。

4.9　证明,为了使湍流黏性假设[等式(4.45)]产生非负的法向应力,湍流黏性应满足:

$$\nu_{\mathrm{T}} \leqslant \frac{k}{3\,\mathcal{S}_{\lambda}} \tag{4.52}$$

其中,S_{λ} 是平均应变率张量的最大特征值。

第 5 章

自由剪切流

研究最为普遍的自由剪切湍流是射流、尾流及混合层。“自由”意味着这些流动远离壁面,而湍流是由于平均速度差而产生的。

首先考察圆形射流。结合实验观测(5.1 节)与雷诺方程(5.2 节),不仅可以了解圆形射流,还可以发现湍流的一般行为。5.3 节研究圆形射流中的湍动能,以及能量产生与耗散的关键过程;5.4 节简要介绍其他自相似自由剪切流;5.5 节给出自由剪切流行为的进一步观察结果。

5.1 圆形射流:实验观察

5.1.1 流动的一种描述

我们在第 1 章就已经讨论了圆形射流,如图 1.1~图 1.4 所示。理想的实验装置和采用的坐标系如图 5.1 所示。牛顿流体稳定地流经直径为 d 的喷嘴,产生(近似)平顶速度为 U_J 的剖面。喷嘴喷出的射流流入处于相同流体且无限静止状态的环境中。在统计上,流动是稳定且轴对称的。因此,统计数据取决于轴向和径向坐标(x 和 r),但与时间和周向坐标 θ 无关。速度在 x、r 和 θ 坐标方向上的分量分别用 U、V 和 W 表示。

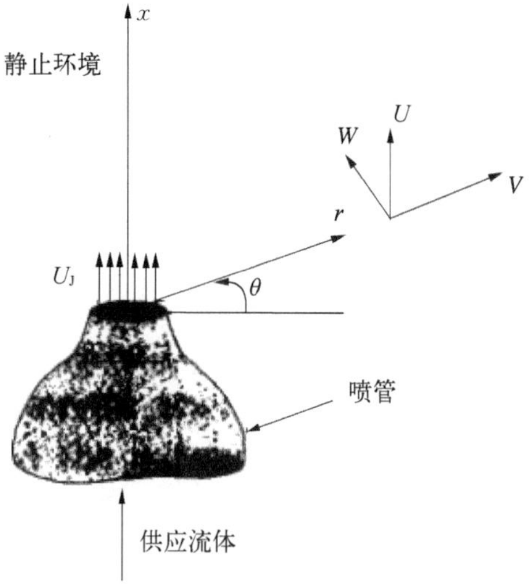

图 5.1　圆喷射实验示意图(选用极柱坐标系表示)

在理想实验中,流动完全由 U_J、d 和 ν 确定。因此,唯一的无量纲参数是雷诺数,定义为 $Re = U_J d/\nu$。正如 Schneider(1985)和 Hussein 等(1994)所讨论的那样,实际情况中,喷嘴及周围环境的具体情况会对流动产生一些影响。

5.1.2　平均速度场

从流动的显示特征(图 1.1 和图 1.2)可以预见,平均速度主要体现在轴向上。测量的平均轴向速度的径向剖面如图 5.2 所示(注意:$\langle U\rangle$ 剖面是关于轴线 $r=0$ 对称的)。在图 5.2 中未显示的初始发展区域(即 $0 \leqslant x/d \leqslant 25$),速度剖面从(近似)正方形变为图 5.2 中所示的圆形。平均周向速度为零(即 $\langle W\rangle = 0$),而如练习 5.5 所示,平均径向速度 $\langle V\rangle$ 比 $\langle U\rangle$ 小一个数量级。

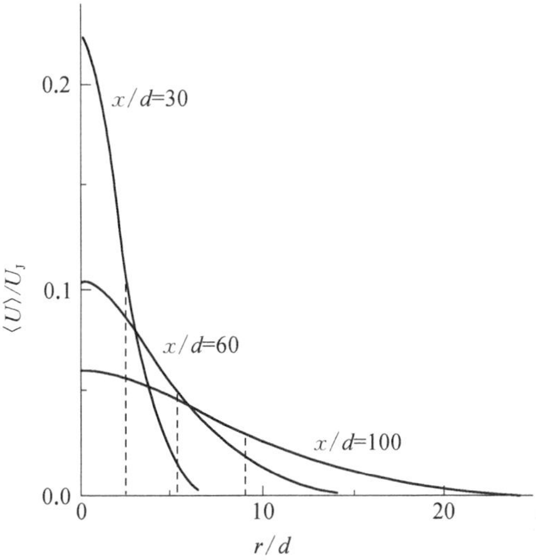

图 5.2　圆形湍流射流平均轴向速度的径向分布, *Re* = 95 500[数据来自 Hussein 等(1994)的研究]

虚线表示剖面的半宽 $r_{1/2}(x)$ 位置

1. 轴向速度

根据平均轴向速度场 $\langle U(x, r, \theta)\rangle$(与 θ 无关),中心线上的速度为

$$U_0(x) \equiv \langle U(x, 0, 0)\rangle \tag{5.1}$$

定义射流的半宽度 $r_{1/2}(x)$ 如下:

$$\langle U[x, r_{1/2}(x), 0]\rangle = \frac{1}{2}U_0(x) \tag{5.2}$$

图 5.2 显示了两个清晰特征,随着轴向距离的增加,射流在衰减[即 $U_0(x)$ 减小],并沿径向扩散[即 $r_{1/2}(x)$ 增大]。

随着射流的衰减与扩散,平均速度剖面发生变化,如图 5.2 所示,但其剖面的形状保持不变。在初始发展区域之外(即 $x/d > 30$),$\langle U\rangle/U_0(x)$ 剖面与 $r/r_{1/2}(x)$ 崩塌到一条曲线上。图 5.3 显示了 Wynanski 和 Fiedler(1969)以这种方式绘制的 x/d 在 40~100 的实验数据,从中得到的重要结论是平均速度剖面自相似。

2. 自相似性

自相似性是湍流研究中的一个重要概念,它出现在不同的背景下。探索一般的情况,考虑一个依赖于两个无关变量(即 x 和 y)的量 $Q(x, y)$。作为 x 的函数,分别为因变量 Q 和自变量 y 定义了特征量 $Q_0(x)$ 和 $\delta(x)$。然后,缩比变量为

$$\xi \equiv \frac{y}{\delta(x)} \tag{5.3}$$

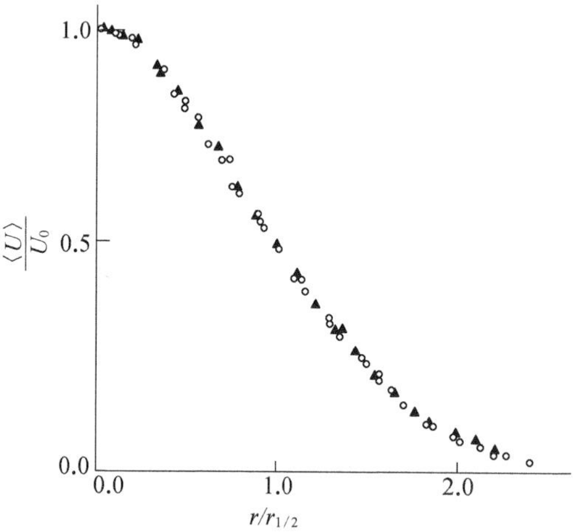

图 5.3 圆形湍流射流平均轴向速度与径向距离的关系，$Re\approx10^5$ [Wygnanski 和 Fiedler(1969)的测量结果]

○：$x/d=40$；△：$x/d=50$；□：$x/d=60$；◇：$x/d=75$；●：$x/d=97.5$

$$\tilde{Q}(\xi,\ x)\equiv\frac{Q(x,\ y)}{Q_0(x)}\qquad(5.4)$$

若因变量与 x 无关，即存在一个函数 $\hat{Q}(\xi)$：

$$\tilde{Q}(\xi,\ x)=\hat{Q}(\xi)\qquad(5.5)$$

那么 $Q(x,\ y)$ 是自相似的。在这种情况下，$Q(x,\ y)$ 可以用单个自变量的函数表示 - $Q_0(x)$、$\delta(x)$ 以及 $\hat{Q}(\xi)$。

一些意见和条件需要说明：

(1) 必须选择合适的尺度 $Q_0(x)$ 和 $\delta(x)$，它们通常与 x 成幂次律关系；

(2) 在某些情况下，还需要进行一般变换，例如：

$$\tilde{Q}(\xi,\ x)\equiv[Q(x,\ y)-Q_\infty(x)]/Q_0(x)$$

(3) 可在 x 的一定范围内(但并非所有 x)观察到(在一个很好的近似范围内)自相似行为；

(4) 如果自相似量 $Q(x,\ y)$ 由偏微分方程控制，则 $Q_0(x)$，$\delta(x)$ 及 $\hat{Q}(\xi)$ 由常微分方程控制。

3. 轴向尺度变化

回到圆形射流，为了完全描述流场，需要确定 $U_0(x)$ 和 $r_{1/2}(x)$ 的轴向变化情况。图 5.4 显示了 $U_0(x)$ 的倒数，具体以 $U_J/U_0(x)$ 与 x/d 的关系表示。显然，在所考虑的 x/d 范围内，实验数据位于一条直线上。定义这条线与横坐标的截距为虚拟原点，用 x_0 表示；图 5.4 所示的直线对应于：

$$\frac{U_0(x)}{U_J}=\frac{B}{(x-x_0)/d}\qquad(5.6)$$

其中，$x_0/d=4$；$B=5.8$，B 是一个经验常数。很明显，直线行为和式(5.6)不适用于靠近喷嘴的初始发展区域。

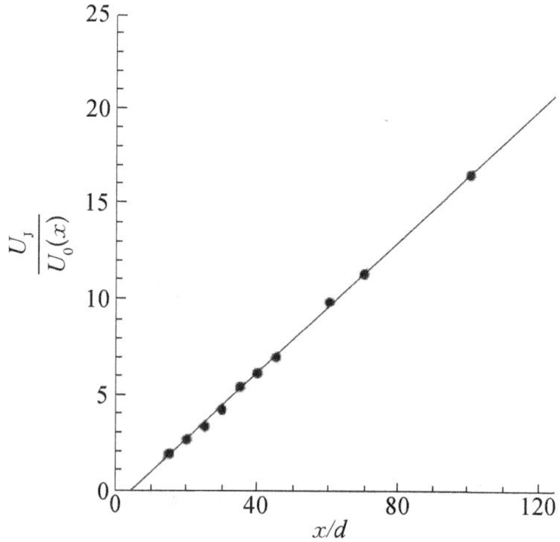

图 5.4 圆形湍流射流沿中心线的平均速度随轴向距离的变化(Re = 95 500)

数据点来源 Hussein 等(1994)的实验数据；直线来源于方程(5.6)

研究发现,射流以线性扩散,扩散率为

$$S \equiv \frac{\mathrm{d}r_{1/2}(x)}{\mathrm{d}x} \tag{5.7}$$

S 为一个常数。或者,换句话说,对于位于自相似区域中的 x, $r_{1/2}(x)$ 的经验公式为

$$r_{1/2}(x) = S(x - x_0) \tag{5.8}$$

将在第 5.2 节中看到,动量守恒意味着乘积 $r_{1/2}(x)U_0(x)$ 与 x 无关;变量 $r_{1/2} \sim x$ 和 $U_0 \sim x^{-1}$ 的变化规律一致。这些变量还表明,当地雷诺数可定义为

$$Re_0(x) \equiv r_{1/2}(x)U_0(x)/\nu \tag{5.9}$$

其与 x 无关。

4. 雷诺数

在理想圆形射流实验中,唯一的无量纲参数是射流的雷诺数 Re。因此,我们不禁要问:自相似剖面形状、速度衰减常数 B 及扩散率 S 是如何随 Re 变化的。答案简单而意义深远:并不依赖于 Re。表 5.1 表明,对于 Re 相差近 10 倍的射流,B 和 S 测量值的微小差异在实验的不确定度范围内。此外,通过流场显示观察,Re 增大 1 000 倍,射流的扩散率是相同的[见图 1.1,以及 Mungal 和 Hollingsworth (1989)的研究]。从图 1.2 可以明显看出,Re 确实能影响流动:Re 越大,小尺度流动结构越小。然而,重复强调一下,平均速度剖面和扩散率与 Re 无关。

表 5.1　圆形湍流射流的扩散率 S[式(5.7)]和速度衰减常数 B[式(5.6)]

参　数	Panchapakesan 和 Lumley(1993a)的数据	Hussein 等(1994)的热线数据	Hussein 等(1994)的激光多普勒数据
Re	11 000	95 500	95 500
S	0.096	0.102	0.094
B	6.06	5.9	5.8

注:数据来自 Panchapakesan 和 Lumley(1993a)的研究。

5. 总结

在高雷诺数($Re > 10^4$)湍流射流的自相似区域($x/d > 30$),中心线速度 $U_0(x)$ 和半宽 $r_{1/2}(x)$ 根据式(5.6)和式(5.8)变化。这些公式中的经验常数与 Re 无关:为了明确,我们认为它们的值为 $B = 5.8$ 和 $S = 0.094$(表 5.1)。横流相似性变量可以是

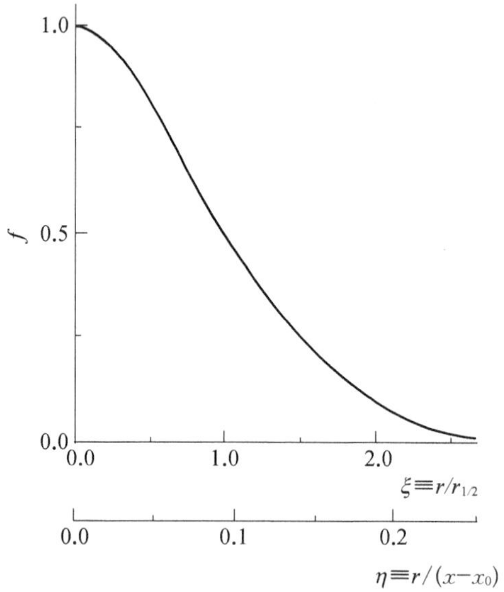

图 5.5 自相似圆形射流平均轴向速度的自相似剖面：曲线由 Hussein 等(1994)的 LDA 数据拟合

$$\xi \equiv r/r_{1/2} \tag{5.10}$$

或者为

$$\eta \equiv r/(x - x_0) \tag{5.11}$$

这两个值通过 $\eta = S\xi$ 进行关联。自相似平均速度剖面定义如下：

$$f(\eta) = \bar{f}(\xi) = \langle U(x,\ r,\ 0) \rangle / U_0(x) \tag{5.12}$$

如图 5.5 所示。

6. 横向速度

在圆形射流的自相似区域,平均横向速度 $\langle V \rangle$ 可通过连续性方程(见练习 5.4 和 5.5)由 $\langle U \rangle$ 确定。图 5.6 显示了通过这种计算得到的 $\langle V \rangle / U_0$ 自相似剖面。值得注意的是,$\langle V \rangle$ 非常小,比 U_0 小 40 倍。同时还应注意,在射流边缘 $\langle V \rangle$ 为负值,表示外界流体进入射流并被夹带。

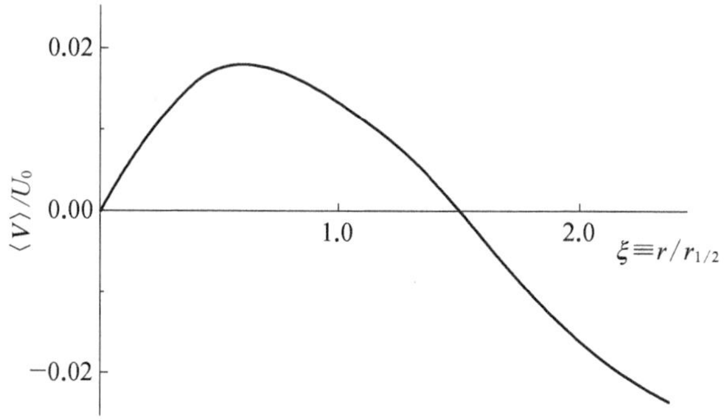

图 5.6 自相似圆形射流平均横向速度[来自 Hussein 等(1994)的 LDA 数据]

练 习

5.1 通过 $U_0(x)$ 和 $r_{1/2}(x)$ 的经验公式(取 $x_0 = 0$),表明：

$$\frac{\mathrm{d}U_0}{\mathrm{d}x} = -\frac{U_0}{x} \tag{5.13}$$

因此得到：

$$\frac{r_{1/2}}{U_0}\frac{\mathrm{d}U_0'}{\mathrm{d}x} = -S \tag{5.14}$$

5.2　从圆形湍流射流中的自相似速度剖面 $f(\eta)$ [式(5.11)和式(5.12)]可知：

$$\frac{r_{1/2}}{U_0}\frac{\partial\langle U\rangle}{\partial x} = -S(\eta f)' \tag{5.15}$$

$$\frac{r_{1/2}}{U_0}\frac{\partial\langle U\rangle}{\partial r} = Sf' \tag{5.16}$$

其中，“′”表示关于 η 的微分。

5.3　自相似速度剖面的一个近似值为

$$f(\eta) = (1 + a\eta^2)^{-2} \tag{5.17}$$

根据 $r_{1/2}$ 的定义，证明常数 a 由式(5.18)给出：

$$a = (\sqrt{2} - 1)/S^2 \approx 47 \tag{5.18}$$

证明，根据这个近似值：

$$\frac{r_{1/2}}{U_0}\frac{\partial\langle U\rangle}{\partial r} = -4a\eta S/(1 + a\eta^2)^3 \tag{5.19}$$

那么：

$$\frac{r_{1/2}}{U_0}\left(\frac{\partial\langle U\rangle}{\partial r}\right)_{r=r_{1/2}} = -2 + \sqrt{2} \approx -0.59 \tag{5.20}$$

注意，在相同轴向位置的 $(\partial\langle U\rangle/\partial r)_{r=r_{1/2}}$ 大约是 $(\partial\langle U\rangle/\partial x)_{r=0}$ 的 6 倍。

5.4　对于圆形湍流射流，在极柱坐标系下，平均连续性方程为

$$\frac{\partial\langle U\rangle}{\partial x} + \frac{1}{r}\frac{\partial}{\partial r}(r\langle V\rangle) = 0 \tag{5.21}$$

证明，如果 $\langle U\rangle$ 是自相似的，并且：

$$\langle U\rangle/U_0 = f(\eta) \tag{5.22}$$

那么 $\langle V\rangle$ 也是自相似的：

$$\langle V\rangle/U_0 = h(\eta) \tag{5.23}$$

其中,$f(\eta)$ 和 $h(\eta)$ 通过式(5.24)关联:

$$\eta(f\eta)' = (h\eta)' \tag{5.24}$$

5.5 如果自相似的轴向速度剖面 $f(\eta)$ 由式(5.17)给出,由式(5.24)可知,横向速度剖面 $h(\eta)$ 为

$$h(\eta) = \frac{1}{2}(\eta - a\eta^3)/(1 + a\eta^2)^2 \tag{5.25}$$

根据该方程,证明半宽处的横向速度为

$$\langle V \rangle_{r=r_{1/2}} = U_0 h(S) = \left(\frac{1}{2} - \frac{1}{4}\sqrt{2}\right) SU_0 \approx 0.014U_0 \tag{5.26}$$

对于大 $r/r_{1/2}$,表明方程(5.25)意味着:

$$\begin{aligned}\langle V \rangle &\sim -\frac{U_0 S}{2(\sqrt{2} - 1)} \frac{1}{(r/r_{1/2})} \\ &\approx -0.1U_0/(r/r_{1/2})\end{aligned} \tag{5.27}$$

5.6 设 $f(\hat{U}, \hat{V}, \hat{W}; x, r, \theta)$ 代表圆形湍流射流 U、V 和 W 的联合 PDF,$\hat{U}$、$\hat{V}$、$\hat{W}$ 为样本空间变量。流动在统计上是轴对称的:

$$\frac{\partial f}{\partial \theta} = 0 \tag{5.28}$$

它在周向坐标方向的反射下是不变的:

$$f(\hat{U}, \hat{V}, \hat{W}; x, r, \theta) = f(\hat{U}, \hat{V}, -\hat{W}; x, r, -\theta) \tag{5.29}$$

证明:对于 $\theta = 0$,方程(5.29)意味着 $\langle W \rangle$、$\langle UW \rangle$ 及 $\langle VW \rangle$ 为零,并且根据方程(5.28)可知,这些量处处为零。

绘制 $r - \theta$ 平面的示意图,并证明(对于给定的 x, r 和 θ)与 $V(x, r, \theta)$, $-V(x, r, \theta + \pi)$, $W(x, r, \theta - \pi/2)$ 及 $-W(x, r, \theta + \pi/2)$ 相对应的方向是相同的。因此,可以证明(对于统计的轴对称流动):

$$f(\hat{U}, \pm\hat{V}, \pm\hat{W}; x, 0, \theta) = f(\hat{U}, \pm\hat{W}, \pm\hat{V}; x, 0, 0) \tag{5.30}$$

证明:在轴上,$\langle V^2 \rangle$ 和 $\langle W^2 \rangle$ 相等,且 $\langle V \rangle$ 和 $\langle UV \rangle$ 为零。

5.1.3 雷诺应力

x、r 和 θ 坐标方向上的脉动速度分量分别用 u、v 和 w 表示。在圆形湍流射流中,雷诺应力张量为

$$\begin{bmatrix} \langle u^2 \rangle & \langle uv \rangle & 0 \\ \langle uv \rangle & \langle v^2 \rangle & 0 \\ 0 & 0 & \langle w^2 \rangle \end{bmatrix} \tag{5.31}$$

也就是说,由于周向对称性,$\langle uw \rangle$ 和 $\langle vw \rangle$ 为零(见练习 5.6)。流动的构型还表明,正应力是 r 的偶函数,而剪切应力 $\langle uv \rangle$ 是 r 的一个奇函数。接近轴 $r=0$ 时,速度的径向 V 和周向 W 分量变得不能分辨,因此 $\langle v^2 \rangle$ 和 $\langle w^2 \rangle$ 在轴 $r=0$ 上相等。

考虑中心线上的轴向速度均方根:

$$u_0'(x) \equiv \langle u^2 \rangle_{r=0}^{1/2} \tag{5.32}$$

$u_0'(x)$ 随 x 是怎样变化的? 或者,就无量纲量而言,$u_0'(x)/U_0(x)$ 随 x/d 和 Re 是怎样变化的? 答案很简单,但很有启发。在初始发展区域后,$u_0'(x)/U_0(x)$ 逐渐趋向于约为 0.25 的常数值[如 Panchapakesan 和 Lumley(1993a)的研究]。因此,与 $U_0(x)$ 相似,$u_0'(x)$ 也会以 x^{-1} 方式衰减。不同实验的 u_0'/U_0 会有一些变化,但没有发现对 Re 系统相关性的记录。

从上述观察结果可以看出,雷诺应力具有自相似性。即,在初始发展以外的区域,所有的 x,$\langle u_i u_j \rangle / U_0(x)^2$ 同 $r/r_{1/2}$ 或 $\eta = r/(x-x_0)$ 绘制的剖面重合在一起。图 5.7 显示了 Hussein 等(1994)测量的自相似剖面,从这些数据中得出的一些重要观察结果:

(1) 中心线速度的 RMS 约为平均值的 25%;

(2) 朝射流边缘方向,尽管雷诺应力在减小(随着 $r/r_{1/2}$ 的增加),但 RMS 与当地平均值的比值无限增大(图 5.8);

(3) 雷诺应力表现出明显的各向异性,表现为剪切应力与正应力的差异;

(4) 剪切应力的相对大小可通过比值 $\langle uv \rangle / k$ 和 $u-v$ 相关系数 ρ_{uv} (图 5.9)进行量化。两条曲线具有相同的形状,中心部分平坦,其中 $\langle uv \rangle / k \approx 0.27$ 和 $\rho_{uv} \approx 0.4$。

(5) $\partial \langle U \rangle / \partial r$ 为负时,剪切应力为正;并当 $\partial \langle U \rangle / \partial r$ 为零时,剪切应力为零。因此,对于这种流动,存在正的湍流黏性 ν_T,满足:

$$\langle uv \rangle = -\nu_T \frac{\partial \langle U \rangle}{\partial r} \tag{5.33}$$

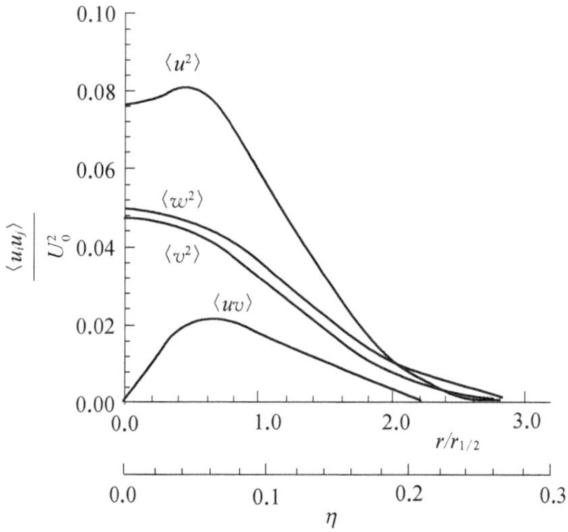

图 5.7　自相似圆形射流的雷诺应力分布

曲线由 Hussein 等(1994)的 LDA 数据拟合

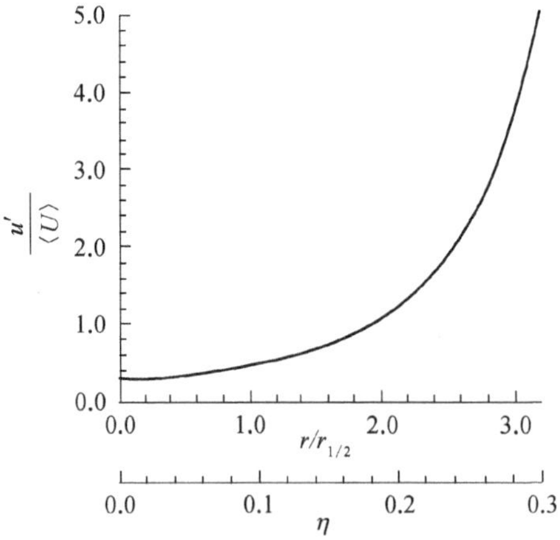

图 5.8 自相似圆形射流中当地湍流强度 $\langle u^2 \rangle^{1/2}/\langle U \rangle$ 的剖面图

曲线由 Hussein 等(1994)的实验数据拟合

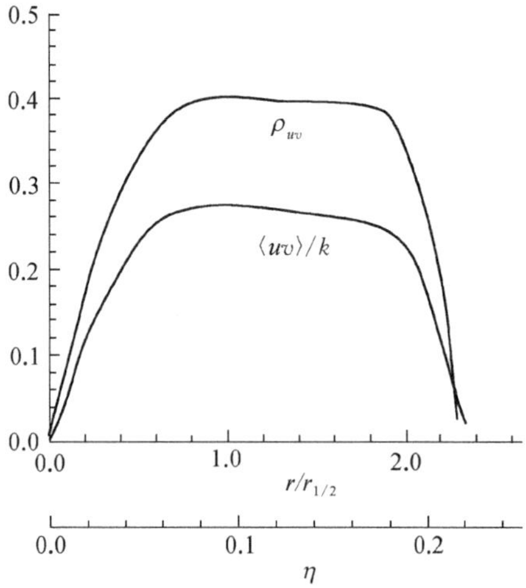

图 5.9 自相似圆形射流 $\langle uv \rangle/k$ 和 $u-v$ 相关系数 ρ_{uv} 的分布

曲线由 Hussem 等(1994)的实验数据拟合

(6) 由于 $\langle uv \rangle$ 和 $\partial\langle U \rangle/\partial r$ 的剖面是自相似的,显然,由式(5.33)定义的湍流黏性剖面也是自相似的。特别地:

$$\nu_T(x, r) = U_0(x) r_{1/2}(x) \hat{\nu}_T(\eta) \tag{5.34}$$

其中,ν_T是无量纲化剖面(如图 5.10 所示)。可以发现,当 $1 < r/r_{1/2} < 1.5$ 时,在 0.028 的 15%范围内,射流的 $\hat{\nu}_T$ 整体非常均匀,但在射流边缘处减小为零。

(7) 湍流黏性是速度量乘以长度。因此,定义当地长度尺度 $l(x, t)$ 为

$$\nu_T = u'l \tag{5.35}$$

其中,$u'(x, t)$ 是当地轴向速度的均方根 $\langle u^2 \rangle^{1/2}$。显然,$l$ 是自相似的。$l/r_{1/2}$ (图 5.11)的剖面非常平坦,在大多数射流区域 ($0.1 < r/r_{1/2} < 2.1$),其位于 0.12 的 15%范围内。

方程(5.35)中定义的长度尺度 l 是一个导出量,而不是可以直接测量且具有明确物理意义的量。另外,积分的长度尺度(通过两点速度的相关性获得)是可测量的,并表征脉动速度场关联的距离。

Wynanski 和 Fiedler(1969)测量了轴向速度的两点相关系数,发现它们在 $x/d > 30$ 时是自相似的。定义纵向和横向相关系数为

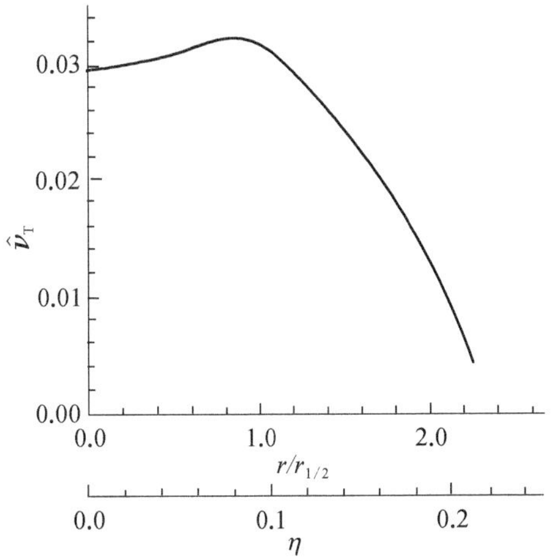

图 5.10　自相似圆形射流中的无量纲化湍流扩散率 ν_T［方程(5.34)］

曲线由 Hussein 等(1994)的实验数据拟合

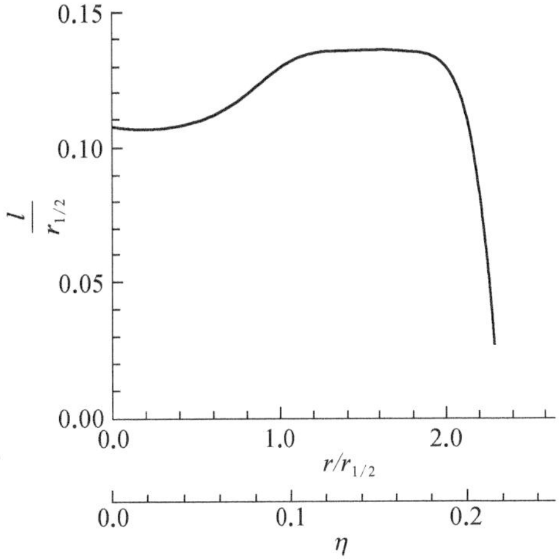

图 5.11　自相似圆形射流中由式(5.35)定义的长度尺度分布

曲线由 Hussein 等(1994)的实验数据拟合

$$\bar{R}_1(x, r, s) \equiv \frac{\left\langle u\left(x+\frac{1}{2}s, r, \theta\right) u\left(x-\frac{1}{2}s, r, \theta\right)\right\rangle}{\left[\left\langle u\left(x+\frac{1}{2}s, r, \theta\right)^2\right\rangle\left\langle u\left(x-\frac{1}{2}s, r, \theta\right)^2\right\rangle\right]^{1/2}} \tag{5.36}$$

$$\bar{R}_2(x, r, s) \equiv \frac{\left\langle u\left(x, r+\frac{1}{2}s, \theta\right) u\left(x, r-\frac{1}{2}s, \theta\right)\right\rangle}{\left[\left\langle u\left(x, r+\frac{1}{2}s, \theta\right)^2\right\rangle\left\langle u\left(x, r-\frac{1}{2}s, \theta\right)^2\right\rangle\right]^{1/2}} \tag{5.37}$$

然后，相应的积分长度尺度为

$$L_{11}(x, r) \equiv \int_0^\infty \bar{R}_1(x, r, s)\,\mathrm{d}s \tag{5.38}$$

$$L_{22}(x, r) \equiv \int_0^\infty \bar{R}_2(x, r, s)\,\mathrm{d}s \tag{5.39}$$

图 5.12 显示了这些积分长度尺度测量的自相似剖面。从图中可以看出，L_{11} 和 L_{22} 通常分别为 $0.7r_{1/2}$ 和 $0.3r_{1/2}$，远大于 $l \approx 0.1r_{1/2}$。还应意识到，间隔距离大于 L_{11} 时，存在明显的相关性，如图 5.13 所示。第 5.4 节进一步描述了自相似圆形射流的一些特征。

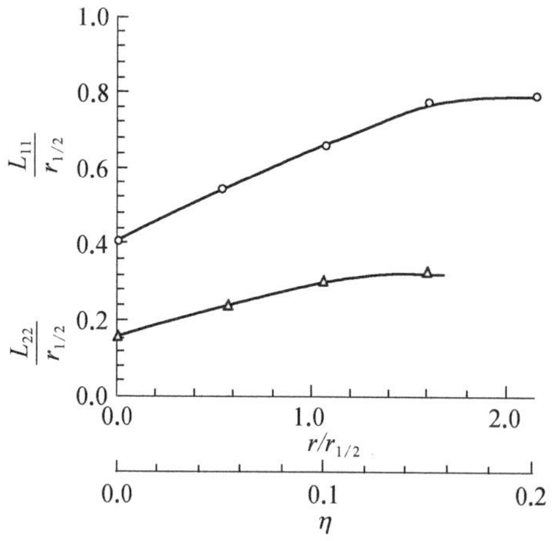

图 5.12 圆形湍流射流中积分长度尺度的自相似剖面[来自 Wynanski 和 Fiedler(1969)的研究]

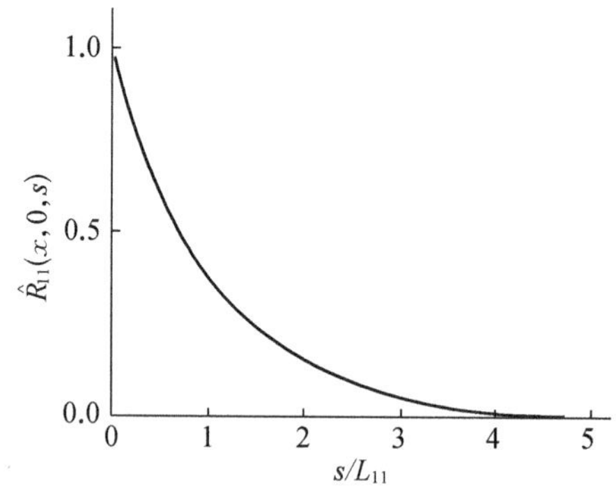

图 5.13 自相似圆形射流轴向速度的纵向自相关系数[来自 Wynanski 和 Fiedler(1969)的研究]

练 习

5.7 当 $r/r_{1/2}=1$ 时,平均应变率张量的主轴与 x 轴约成45°。根据图 5.7 中的测量结果,雷诺应力张量的主轴与 x 轴的夹角小于 30°。

5.8 将 L_{11} 与图 1.1 和图 1.2 中喷流显示的宽度进行比较。

5.9 在极柱坐标系 (x、r 和 θ) 中,连续性方程为

$$\frac{\partial U}{\partial x}+\frac{1}{r}\frac{\partial}{\partial r}(rV)+\frac{1}{r}\frac{\partial W}{\partial \theta}=0 \tag{5.40}$$

其中,U、V 和 W 是三个坐标方向上的速度。Navier-Stokes 方程为

$$\frac{\partial U}{\partial t}+U\frac{\partial U}{\partial x}+V\frac{\partial U}{\partial r}+\frac{W}{r}\frac{\partial U}{\partial \theta}=-\frac{1}{\rho}\frac{\partial p}{\partial x}+\nu\nabla^2 U \tag{5.41}$$

$$\frac{\partial V}{\partial t}+U\frac{\partial V}{\partial x}+V\frac{\partial V}{\partial r}+\frac{W}{r}\frac{\partial V}{\partial \theta}-\frac{W^2}{r}=-\frac{1}{\rho}\frac{\partial p}{\partial r}+\nu\left(\nabla^2 V-\frac{V}{r^2}-\frac{2}{r^2}\frac{\partial W}{\partial \theta}\right) \tag{5.42}$$

$$\frac{\partial W}{\partial t}+U\frac{\partial W}{\partial x}+V\frac{\partial W}{\partial r}+\frac{W}{r}\frac{\partial W}{\partial \theta}+\frac{VW}{r}=-\frac{1}{r\rho}\frac{\partial p}{\partial \theta}+\nu\left(\nabla^2 W+\frac{2}{r^2}\frac{\partial V}{\partial \theta}-\frac{W}{r^2}\right) \tag{5.43}$$

其中,

$$\nabla^2 f = \frac{\partial^2 f}{\partial x^2} + \frac{1}{r}\frac{\partial}{\partial r}\left(r\frac{\partial f}{\partial r}\right) + \frac{1}{r^2}\frac{\partial^2 f}{\partial \theta^2} \tag{5.44}$$

[式(5.44)见 Batchelor(1967)的研究。]在无旋统计的轴对称流动中，$\langle W\rangle$、$\langle uw\rangle$ 及 $\langle vw\rangle$ 为零。表明这类流动的雷诺方程为

$$\frac{\partial\langle U\rangle}{\partial x} + \frac{1}{r}\frac{\partial}{\partial r}(r\langle V\rangle) = 0 \tag{5.45}$$

$$\frac{\bar{\mathrm{D}}\langle U\rangle}{\bar{\mathrm{D}}t} = -\frac{1}{\rho}\frac{\partial\langle p\rangle}{\partial x} - \frac{\partial}{\partial x}\langle u^2\rangle - \frac{1}{r}\frac{\partial}{\partial r}(r\langle uv\rangle) + \nu\nabla^2\langle U\rangle \tag{5.46}$$

$$\frac{\bar{\mathrm{D}}\langle V\rangle}{\bar{\mathrm{D}}t} = -\frac{1}{\rho}\frac{\partial\langle p\rangle}{\partial r} - \frac{\partial}{\partial x}\langle uv\rangle - \frac{1}{r}\frac{\partial}{\partial r}(r\langle v^2\rangle) + \frac{\langle w^2\rangle}{r} + \nu\left(\nabla^2\langle V\rangle - \frac{\langle V\rangle}{r^2}\right) \tag{5.47}$$

其中，

$$\frac{\bar{\mathrm{D}}}{\bar{\mathrm{D}}t} = \frac{\partial}{\partial t} + \langle U\rangle\frac{\partial}{\partial x} + \langle V\rangle\frac{\partial}{\partial r} \tag{5.48}$$

5.2　圆形射流：平均动量

5.2.1　边界层方程

在圆形湍流射流中，存在一个主要的平均流动方向 (x)，平均横向速度相对较小 [$|\langle V\rangle| \approx 0.03|\langle U\rangle|$]，流动逐渐扩散 ($\mathrm{d}r_{1/2}/\mathrm{d}x \approx 0.1$)，因此(对于平均值)与横向梯度相比，轴向梯度相对较小。所有的自由剪切流都具有这些特征，因此可以使用边界层方程代替完整的雷诺方程。当然，湍流边界层方程也适用于湍流边界层，以及其他一些壁面边界流动。这些流动将在第 7 章中进行讨论。

首先考虑统计上的二维定常流，其中 x 是主流方向，平均值的梯度主要在 y 方向上，统计数据在 z 方向上没有变化。速度分量是 U、V 和 W，且 $\langle W\rangle$ 为零。图 5.14 中给出了这类流动的例子。我们考虑的流动上边界 ($y\to\infty$) 是静止的或为非湍流的自由流(如图 5.14 所示)。对于每种流动，可以定义 x 的函数 $\delta(x)$ 为特征流动宽度，$U_c(x)$ 为特征对流速度，$U_s(x)$ 为特征速度偏差。

对于这些流动，平均值的连续和动量方程为

$$\frac{\partial\langle U\rangle}{\partial x} + \frac{\partial\langle V\rangle}{\partial y} = 0 \tag{5.49}$$

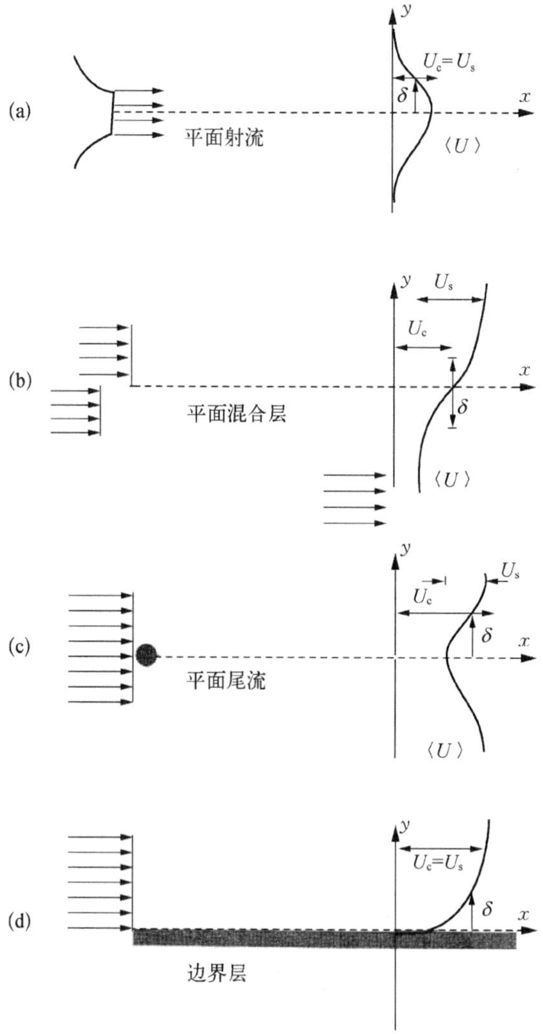

图 5.14 平面二维剪切流示意图：展示特征流动宽度 $\boldsymbol{\delta}(\boldsymbol{x})$、特征对流速度 $\boldsymbol{U}_c$及特征速度偏差 $\boldsymbol{U}_s$

$$
\begin{aligned}
\langle U\rangle \frac{\partial\langle U\rangle}{\partial x}+\langle V\rangle \frac{\partial\langle U\rangle}{\partial y}= & -\frac{1}{\rho} \frac{\partial\langle p\rangle}{\partial x}+\left\{\nu \frac{\partial^2\langle U\rangle}{\partial x^2}\right\} \\
& +\nu \frac{\partial^2\langle U\rangle}{\partial y^2}-\frac{\partial\langle u^2\rangle}{\partial x}-\frac{\partial\langle uv\rangle}{\partial y}
\end{aligned} \tag{5.50}
$$

$$
\begin{aligned}
\left\{\langle U\rangle \frac{\partial\langle V\rangle}{\partial x}\right\}+\left\{\langle V\rangle \frac{\partial\langle V\rangle}{\partial y}\right\}= & -\frac{1}{\rho} \frac{\partial\langle p\rangle}{\partial y}+\left\{\nu \frac{\partial^2\langle V\rangle}{\partial x^2}\right\} \\
& +\left\{\nu \frac{\partial^2\langle V\rangle}{\partial y^2}\right\}-\frac{\partial\langle uv\rangle}{\partial x}-\frac{\partial\langle v^2\rangle}{\partial y}
\end{aligned} \tag{5.51}
$$

这些方程也适用于层流,层流状态下雷诺应力为零。大括号({ })中的项在边界层近似中被忽略。

只需忽略大括号中的项即可获得湍流边界层方程,理由与层流情况下忽略这些项的原因相同,并且忽略雷诺应力的轴向导数,因为与横向梯度相比,雷诺应力的轴向导数较小。然后横向动量方程[式(5.51)]变为

$$\frac{1}{\rho}\frac{\partial\langle p\rangle}{\partial y}+\frac{\partial\langle v^2\rangle}{\partial y}=0 \tag{5.52}$$

在自由流($y\to\infty$)中,压力用 $p_0(x)$ 表示,且 $\langle v^2\rangle$ 为零。因此,对方程进行积分得到:

$$\langle p\rangle/\rho=p_0/\rho-\langle v^2\rangle \tag{5.53}$$

然后,轴向压力梯度为

$$\frac{1}{\rho}\frac{\partial\langle p\rangle}{\partial x}=\frac{1}{\rho}\frac{\mathrm{d}p_0}{\mathrm{d}x}-\frac{\partial\langle v^2\rangle}{\partial x} \tag{5.54}$$

对于静止或均匀自由流动,压力梯度 $\mathrm{d}p_0/\mathrm{d}x$ 为零。一般来说, $\mathrm{d}p_0/\mathrm{d}x$ 以伯努利方程中的自由流速度给出。

在轴向动量方程[式(5.50)]中,忽略大括号中的项并代入方程(5.54),得到:

$$\langle U\rangle\frac{\partial\langle U\rangle}{\partial x}+\langle V\rangle\frac{\partial\langle U\rangle}{\partial y}=\nu\frac{\partial^2\langle U\rangle}{\partial y^2}-\frac{1}{\rho}\frac{\mathrm{d}p_0}{\mathrm{d}x}-\frac{\partial\langle uv\rangle}{\partial y}-\frac{\partial}{\partial x}(\langle u^2\rangle-\langle v^2\rangle) \tag{5.55}$$

右侧的第一个和最后一个项需要进一步讨论。

在自由剪切湍流中, $\nu\partial^2\langle U\rangle/\partial y^2$ 与 $\nu U_s/\delta^2$ 同量级,为 Re^{-1} 量级。因此,与方程(5.55)中的主导项相比可以忽略。另外,湍流边界层靠近壁面时,速度导数非常大,与 U_s 和 δ 不在一个量级。在这种情况下,方程(5.55)中的黏性项 $\nu\partial^2\langle U\rangle/\partial y^2$ 为主导阶。

在层流边界层方程中,轴向扩散项 $\nu\partial^2\langle U\rangle/\partial x^2$ 的相对量级为 Re^{-1}, 因此小到可以忽略不计。湍流边界层流动中与之对应的是方程(5.55)中的最后一项轴向应力梯度,为了保持一致,也应忽略;但应该注意,这不是一个无足轻重的近似。如练习 5.11 所述,在自由剪切流中,忽略项为方程中主导项的 10%量级。

总之,对于静态流体或均匀流动约束的统计二维定常流,连续性方程[式(5.49)]和轴向动量方程组成湍流边界层方程:

$$\langle U\rangle\frac{\partial\langle U\rangle}{\partial x}+\langle V\rangle\frac{\partial\langle U\rangle}{\partial y}=\nu\frac{\partial^2\langle U\rangle}{\partial y^2}-\frac{\partial}{\partial y}\langle uv\rangle \tag{5.56}$$

除近壁区域外,黏性项可忽略不计。方程(5.53)可给出平均压力分布。

对于统计轴对称、定常的无旋流动(如圆形射流或圆球绕流),相应的湍流边界层方程为

$$\frac{\partial\langle U\rangle}{\partial x}+\frac{1}{r}\frac{\partial(r\langle V\rangle)}{\partial r}=0 \tag{5.57}$$

$$\langle U\rangle\frac{\partial\langle U\rangle}{\partial x}+\langle V\rangle\frac{\partial\langle U\rangle}{\partial r}=\frac{\nu}{r}\frac{\partial}{\partial r}\left(r\frac{\partial\langle U\rangle}{\partial r}\right)-\frac{1}{r}\frac{\partial}{\partial r}(r\langle uv\rangle) \tag{5.58}$$

平均压力分布为

$$\langle p\rangle/\rho=p_0/\rho-\langle v^2\rangle+\int_r^{\infty}\frac{\langle v^2\rangle-\langle w^2\rangle}{r'}\mathrm{d}r' \tag{5.59}$$

方程(5.58)右侧忽略的轴向应力梯度项为

$$-\frac{\partial}{\partial x}\left(\langle u^2\rangle-\langle v^2\rangle+\int_r^{\infty}\frac{\langle v^2\rangle-\langle w^2\rangle}{r'}\mathrm{d}r'\right) \tag{5.60}$$

练　　习

5.10 从极柱坐标的雷诺方程[式(5.45)~式(5.47)]开始,验证相应的边界层方程为式(5.57)~式(5.60)。

5.11 对于自相似圆形射流的中心线,对于边界层方程中的项或忽略项,推导出以下估计值:

$$\begin{cases}\dfrac{r_{1/2}}{U_0^2}\left(\langle U\rangle\dfrac{\partial\langle U\rangle}{\partial x}\right)_{r=0}=-S\approx-0.094\\[2ex]\dfrac{r_{1/2}}{U_0^2}\left(\dfrac{1}{r}\dfrac{\partial(r\langle uv\rangle)}{\partial r}\right)_{r=0}=\dfrac{r_{1/2}}{U_0^2}\left(2\dfrac{\partial\langle uv\rangle}{\partial r}\right)_{r=0}\approx 0.1\\[2ex]\dfrac{r_{1/2}}{U_0^2}\left(\dfrac{\partial\langle u^2\rangle}{\partial x}\right)_{r=0}=-2S\dfrac{\langle u^2\rangle_{r=0}}{U_0^2}\approx-0.014\end{cases} \tag{5.61}$$

5.2.2 质量、动量及能量流量

回到圆形湍流射流,探讨一些动量守恒的基本特征。忽略黏性项并乘以 r,动量方程[式(5.58)]变为

$$\frac{\partial}{\partial x}(r\langle U\rangle^2)+\frac{\partial}{\partial r}(r\langle U\rangle\langle V\rangle+r\langle uv\rangle)=0 \tag{5.62}$$

通过连续性方程[式(5.57)]写出守恒形式的对流项。对 r 积分，得到：

$$\begin{aligned}\frac{\mathrm{d}}{\mathrm{d}x}\int_0^\infty r\langle U\rangle^2\mathrm{d}r &= -\left[r\langle U\rangle\langle V\rangle + r\langle uv\rangle\right]_0^\infty \\ &= 0\end{aligned} \tag{5.63}$$

由于对于较大的 r，$\langle UV\rangle$ 比 r^{-1} 更迅速地趋向于零。平均流的动量流量为

$$\dot{M}(x) \equiv \int_0^\infty 2\pi r\rho\langle U\rangle^2\mathrm{d}r \tag{5.64}$$

从式(5.63)中可以看出动量流量是守恒的：$\dot{M}(x)$ 与 x 无关。同样的结论适用于所有射流(进入静止环境或均匀流)和尾流(在均匀流)。

自相似圆形射流中的平均速度剖面可以写为

$$\langle U(x,\ r,\ 0)\rangle = U_0(x)\bar{f}(\xi) \tag{5.65}$$

其中，

$$\xi \equiv r/r_{1/2}(x) \tag{5.66}$$

以及 $\bar{f}(\xi)$ 是相似性剖面(是 ξ 的函数，而不是 η 的函数)，因此动量流量[式(5.64)]可以重新写为

$$\dot{M} = 2\pi\rho(r_{1/2}U_0)^2\int_0^\infty \xi\bar{f}(\xi)^2\mathrm{d}\xi \tag{5.67}$$

这个积分是一个无量纲常数，由剖面形状确定，但与 x 无关。由于 $\dot{M}$ 与 x 无关，因此乘积 $r_{1/2}(x)U_0(x)$ 也必须与 x 无关。根据实验观测到的射流线性扩散($\mathrm{d}r_{1/2}/\mathrm{d}x = S$ 为常数)，平均速度 $U_0(x)$ 必然以 x^{-1} 减小。

对于自相似圆形射流，与平均速度场相关的质量流量 $\dot{m}(x)$ 和动能流量 $\dot{E}(x)$ 为

$$\begin{aligned}\dot{m}(x) &\equiv \int_0^\infty 2\pi r\rho\langle U\rangle\mathrm{d}r \\ &= 2\pi\rho r_{1/2}(r_{1/2}U_0)\int_0^\infty \xi\bar{f}(\xi)\mathrm{d}\xi\end{aligned} \tag{5.68}$$

$$\begin{aligned}\dot{E}(x) &\equiv \int_0^\infty 2\pi r\rho\frac{1}{2}\langle U\rangle^3\mathrm{d}r \\ &= \frac{\pi\rho}{r_{1/2}}(r_{1/2}U_0)^3\int_0^\infty \xi\bar{f}(\xi)^3\mathrm{d}\xi\end{aligned} \tag{5.69}$$

由于 $\bar{f}$ 的积分和乘积 $r_{1/2}U_0$ 均与 x 无关，可以得出质量流量与 $r_{1/2}$ 成线性相关，因此也是与 x 也呈线性关系——能量流量与 $r_{1/2}$ (和 x) 成反比。

5.2.3 自相似性

对于圆形湍流射流,经验观察表明 $\langle U\rangle/U_0(x)$ 和 $\langle u_iu_j\rangle/U_0(x)^2$ 是 $\xi = r/r_{1/2}$ 的函数,是自相似的(即与 x 无关)。$\langle U\rangle$ 的自相似剖面为 $\bar{f}(\xi)$ [式(5.65)],且将 $\langle uv\rangle$ 定义为

$$\bar{g}(\xi) \equiv \langle uv\rangle/U_0(x)^2 \tag{5.70}$$

现在从边界层方程来看,这种自相似表现意味着射流线性扩散 ($\mathrm{d}r_{1/2}/\mathrm{d}x = S$ 为常数),因此显然 $U_0(x)$ 以 x^{-1} 衰减。

假设流动是自相似的,且忽略黏性项,边界层动量方程[式(5.58)]可以写为

$$[\xi\bar{f}^2]\left\{\frac{r_{1/2}}{U_0}\frac{\mathrm{d}U_0}{\mathrm{d}x}\right\} - \left[\bar{f}'\int_0^{\xi}\xi\bar{f}\,\mathrm{d}\xi\right]\left\{\frac{r_{1/2}}{U_0}\frac{\mathrm{d}U_0}{\mathrm{d}x} + 2\frac{\mathrm{d}r_{1/2}}{\mathrm{d}x}\right\} = -[(\xi\bar{g})'] \tag{5.71}$$

其中,“′”表示对 ξ 的微分(练习 5.12 给出了推导该方程的步骤);方括号([])中的项仅与 ξ 相关;而大括号({})中的项仅与 x 相关。由于方程右侧仅与 ξ 相关,方程左侧不可能存在 x 相关性。因此,大括号中的项与 x 无关,即

$$\frac{r_{1/2}}{U_0}\frac{\mathrm{d}U_0}{\mathrm{d}x} = C \tag{5.72}$$

$$\frac{r_{1/2}}{U_0}\frac{\mathrm{d}U_0}{\mathrm{d}x} + 2\frac{\mathrm{d}r_{1/2}}{\mathrm{d}x} = C + 2S \tag{5.73}$$

其中,C 和 S 是常数。这个结论成立的条件是与 ξ 的关联项不恒等于零。

通过上述两个方程消除 C,从而得到:

$$\frac{\mathrm{d}r_{1/2}}{\mathrm{d}x} = S \tag{5.74}$$

表明射流线性的扩散率是自相似的必然结果。式(5.72)表明,$U_0(x)$ 随 x 呈幂次方变化,但幂次不确定。然而,假设 $r_{1/2}$ 随 x 线性变化,已经观察到动量守恒要求 $U_0(x)$ 以 x^{-1} 变化。由此,得出常数 C 为

$$C \equiv \frac{r_{1/2}}{U_0}\frac{\mathrm{d}U_0}{\mathrm{d}x} = -S \tag{5.75}$$

练　习

5.12 从等式 $\langle U\rangle = U_0(x)\bar{f}(\xi)$ 和 $\xi = r/r_{1/2}$,推导自相似圆形射流 $\langle U\rangle$ 的导数为

$$\frac{r_{1/2}}{U_0}\frac{\partial\langle U\rangle}{\partial x}=\bar{f}\left(\frac{r_{1/2}}{U_0}\frac{\mathrm{d}U_0}{\mathrm{d}x}\right)-\xi\bar{f}'\left(\frac{\mathrm{d}r_{1/2}}{\mathrm{d}x}\right)\tag{5.76}$$

$$\frac{r_{1/2}}{U_0}\frac{\partial\langle U\rangle}{\partial r}=\bar{f}'\tag{5.77}$$

其中,“′”表示对 ξ 的微分。根据连续性方程[式(5.57)],推导平均横向速度为

$$\begin{aligned}\frac{\langle V\rangle}{U_0}&=-\frac{1}{rU_0}\int_0^r\hat{r}\frac{\partial\langle U\rangle}{\partial x}\mathrm{d}\hat{r}\\&=-\frac{1}{\xi}\int_0^\xi\hat{\xi}\bar{f}\left(\frac{r_{1/2}}{U_0}\frac{\mathrm{d}U_0}{\mathrm{d}x}\right)-\hat{\xi}^2\bar{f}'\left(\frac{\mathrm{d}r_{1/2}}{\mathrm{d}x}\right)\mathrm{d}\hat{\xi}\\&=\xi\bar{f}\left(\frac{\mathrm{d}r_{1/2}}{\mathrm{d}x}\right)-\left(\frac{r_{1/2}}{U_0}\frac{\mathrm{d}U_0}{\mathrm{d}x}+2\frac{\mathrm{d}r_{1/2}}{\mathrm{d}x}\right)\frac{1}{\xi}\int_0^\xi\hat{\xi}\bar{f}\mathrm{d}\hat{\xi}\end{aligned}\tag{5.78}$$

其中,$\hat{r}$ 和 $\hat{\xi}$ 是积分变量。将这些关系式代入边界层动量方程[式(5.58)],忽略黏性项,验证式(5.71)。

5.2.4 均匀湍流黏性

湍流边界层方程存在闭合问题:两个方程(连续和轴向动量方程),涉及三个因变量 $\langle U\rangle$、$\langle V\rangle$ 和 $\langle uv\rangle$。如果可以指定湍流黏性 $\nu_{\mathrm{T}}(x, t)$,则可以解决闭合问题。那么,剪切应力由式(5.79)确定:

$$\langle uv\rangle=-\nu_{\mathrm{T}}\frac{\partial\langle U\rangle}{\partial r}\tag{5.79}$$

对于自相似圆形射流,首先观察到,ν_{T} 与 r 和 $U_0(x)$ 成比例,即

$$\nu_{\mathrm{T}}(x, r)=r_{1/2}(x)U_0(x)\hat{\nu}_{\mathrm{T}}(\eta)\tag{5.80}$$

其次,在射流大部分区域,$\hat{\nu}_{\mathrm{T}}(\eta)$ 位于 0.028 的 15%范围内。因此,在求解边界层方程时,认为 $\hat{\nu}_{\mathrm{T}}(\eta)$ 是与 η 无关的常数是合理的。事实上,由于乘积 $r_{1/2}(x)U_0(x)$ 与 x 无关,这相当于 ν_{T} 是均匀的——与 x 和 r 均无关,因此边界层动量方程变为

$$\langle U\rangle\frac{\partial\langle U\rangle}{\partial x}+\langle V\rangle\frac{\partial\langle U\rangle}{\partial r}=\frac{\nu_{\mathrm{T}}}{r}\frac{\partial}{\partial r}\left(r\frac{\partial\langle U\rangle}{\partial r}\right)\tag{5.81}$$

尽管可以简单地通过用 ν_{eff} 替换 ν_{T} 来保留黏性项,但考虑到高雷诺数条件假设,黏性项已被忽略。这正是层流边界层方程,分别用 $\langle U\rangle$、$\langle V\rangle$ 和 ν_{T} 替换 U、V 和 ν。

Schlichting(1933)首先得到了方程(5.81)及连续性方程[式(5.57)]的解。在

这里，给出方程的解，并讨论它的一些结果，随后给出推导过程。

当 $\eta = r/(x - x_0)$ 时，相似性剖面为 $f(\eta) = \langle U\rangle/U_0$ 的解为

$$f(\eta) = \frac{1}{(1 + a\eta^2)^2} \tag{5.82}$$

其中，系数 a 表示为扩散速率 S 的形式（见练习 5.3）：

$$a = (\sqrt{2} - 1)/S^2 \tag{5.83}$$

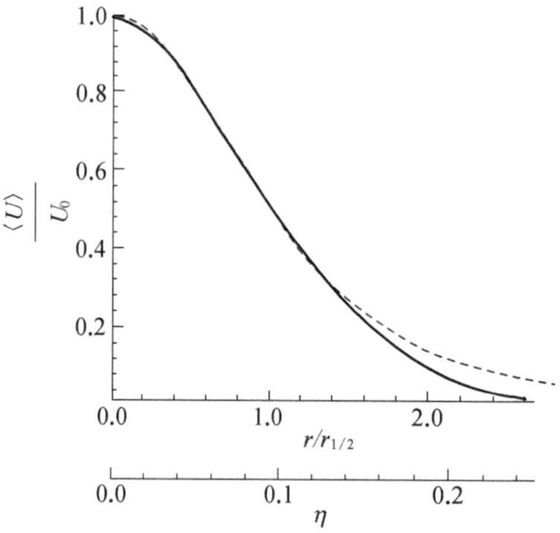

图 5.15 自相似圆形射流的平均速度剖面

实线：由 Hussein 等（1994）的实验数据拟合；虚线：均匀湍流的黏性解［方程（5.82）］

在图 5.15 中对比了剖面 $\langle U\rangle/U_0$ 的计算结果（$S = 0.094$）与实验测量值。两个剖面吻合良好，但射流边缘除外，此时由经验观察确定的湍流黏性 $\hat{\nu}_T(\eta)$ 衰减为零（图 5.10）。扩散速率由指定的标准化黏性表示：

$$S = 8(\sqrt{2} - 1)\hat{\nu}_T \tag{5.84}$$

当 $\hat{\nu}_T \approx 0.028$ 时，得到扩散速率 $S = 0.094$，（预料之中）刚好是测量获得的平均值（图 5.10）。

$\hat{\nu}_T$ 有时以湍流雷诺数的形式表示：

$$R_T \equiv \frac{U_0(x)r_{1/2}(x)}{\nu_T} = \frac{1}{\hat{\nu}_T} \approx 35 \tag{5.85}$$

因此，在均匀湍流黏性近似下，圆形湍流射流的平均速度场与雷诺数为 35 的层流射流相同。

均匀湍流黏性的解。引入 Stokes 流函数 $\psi(x, r)$：

$$\langle U\rangle = \frac{1}{r}\frac{\partial\psi}{\partial r} \tag{5.86}$$

$$\langle V\rangle = -\frac{1}{r}\frac{\partial\psi}{\partial x} \tag{5.87}$$

因此，自动满足连续性方程［式（5.57）］。基于虚拟原点测量 x（因此 $\eta = r/x$），从方程（5.86）导出：

$$\begin{aligned}\psi &= \int_0^r r\langle U\rangle \mathrm{d}r \\ &= x^2 U_0(x)\int_0^\eta \eta f(\eta)\,\mathrm{d}\eta\end{aligned} \tag{5.88}$$

由于 $x^2U_0(x)$ 随 x 线性变化,很明显存在自相似缩比的流函数 $F(\eta)$,有

$$\psi = \nu_T x F(\eta) \tag{5.89}$$

因为包括常数 ν_T,所以 $F(\eta)$ 是无量纲的。

根据上述方程,可以得到:

$$\langle U\rangle = \frac{\nu_T}{x}\frac{F'}{\eta} \tag{5.90}$$

$$\langle V\rangle = \frac{\nu_T}{x}\left(F' - \frac{F}{\eta}\right) \tag{5.91}$$

其中,$F' = \mathrm{d}F/\mathrm{d}\eta$。为满足 $\langle V\rangle$ 在轴上为零的条件,F 必须满足:

$$F(0) = F'(0) = 0 \tag{5.92}$$

边界层方程[式(5.81)]中所有的项都可以用 F 及其导数表示。简化后的结果为

$$\frac{FF'}{\eta^2} - \frac{F'^2}{\eta} - \frac{FF''}{\eta} = \left(F'' - \frac{F'}{\eta}\right)' \tag{5.93}$$

方程左侧是 $(-FF'/\eta)'$,因此可以对方程进行积分,从而得到:

$$FF' = F' - \eta F'' \tag{5.94}$$

根据式(5.92),积分常数为零。这个方程可以重新写为

$$\left(\frac{1}{2}F^2\right)' = 2F' - (\eta F')' \tag{5.95}$$

然后进行第二次积分,积分常数再次为零:

$$\frac{1}{2}F^2 = 2F - \eta F' \tag{5.96}$$

或者:

$$\frac{1}{2F - \frac{1}{2}F^2}\frac{\mathrm{d}F}{\mathrm{d}\eta} = \frac{1}{\eta} \tag{5.97}$$

进行第三次积分,积分常数为 c, 得到:

$$\frac{1}{2}\ln\left(\frac{F}{4-F}\right)=\ln\eta+c \tag{5.98}$$

设 $a=\mathrm{e}^{2c}$ 时,方程的解为

$$F(\eta)=\frac{4a\eta^2}{1+a\eta^2} \tag{5.99}$$

对该解进行微分,发现平均速度剖面[式(5.90)]为

$$\langle U\rangle=\frac{8a\nu_{\mathrm{T}}}{x}\frac{1}{(1+a\eta^2)^2} \tag{5.100}$$

因此,中心线速度为

$$U_0(x)=\frac{8a\nu_{\mathrm{T}}}{x} \tag{5.101}$$

自相似剖面为

$$f(\eta)=\frac{1}{(1+a\eta^2)^2} \tag{5.102}$$

常数 a 和湍流黏性 ν_{T} 与扩散速率 $S=r_{1/2}/x$ 有关。注意, $r=r_{1/2}$ 处 $\eta=S$, 根据 $r_{1/2}$ 的定义, $f(S)=1/2$。导出:

$$a=(\sqrt{2}-1)/S^2 \tag{5.103}$$

然后,根据式(5.101)得到:

$$\nu_{\mathrm{T}}=\frac{S}{8(\sqrt{2}-1)} \tag{5.104}$$

5.3 圆形射流:动能

5.3.1 动能的分解

(单位质量)流体的动能为

$$E(\boldsymbol{x},t)\equiv\frac{1}{2}\boldsymbol{U}(\boldsymbol{x},t)\cdot\boldsymbol{U}(\boldsymbol{x},t) \tag{5.105}$$

E 的平均值可分解为两部分：

$$\langle E(\boldsymbol{x}, t)\rangle = \bar{E}(\boldsymbol{x}, t) + k(\boldsymbol{x}, t) \tag{5.106}$$

其中，$\bar{E}(\boldsymbol{x}, t)$ 是平均流动的动能：

$$\bar{E} \equiv \frac{1}{2}\langle \boldsymbol{U}\rangle \cdot \langle \boldsymbol{U}\rangle \tag{5.107}$$

$k(\boldsymbol{x}, t)$ 是湍动能：

$$k \equiv \frac{1}{2}\langle \boldsymbol{u} \cdot \boldsymbol{u}\rangle = \frac{1}{2}\langle u_i u_i\rangle \tag{5.108}$$

可通过将雷诺分解 $\boldsymbol{U} = \langle \boldsymbol{U}\rangle + \boldsymbol{u}$ 代入式(5.105)并取平均值验证该分解。

湍动能 k 确定雷诺应力张量的各向同性部分(即 $2/3k\delta_{ij}$)；但我们发现各向异性部分也与 k 成比例。例如，在我们观察到的大部分圆形湍流射流中，$\langle uv\rangle \approx 0.27k$（图 5.9），剪切应力的数学边界为 $|uv| \leqslant k$（练习 5.13）。因此，k 是一个非常重要的量。在这一节中，我们将探讨湍流中湍动能产生与耗散过程，这也引出了对 E、$\langle E\rangle$ 及 $\bar{E}$ 的讨论。

练　习

5.13　从柯西–施瓦茨不等式和 k 的定义，推导：

$$|\langle uv\rangle| \leqslant k \tag{5.109}$$

5.14　(对于不可压缩流)证明：

$$\boldsymbol{U} \cdot \frac{\mathrm{D}\boldsymbol{U}}{\mathrm{D}t} = \frac{\mathrm{D}E}{\mathrm{D}t} = \frac{\partial E}{\hat{\partial} t} + \nabla \cdot (\boldsymbol{U}E) \tag{5.110}$$

根据动量方程：

$$\rho \frac{\mathrm{D}U_j}{\mathrm{D}t} = \frac{\partial \tau_{ij}}{\partial x_i} \tag{5.111}$$

其中，τ_{ij} 为应力张量，证明：

$$\rho \frac{\mathrm{D}E}{\mathrm{D}t} - \frac{\partial}{\partial x_i}(U_j \tau_{ij}) = -S_{ij}\tau_{ij} \tag{5.112}$$

其中，$S_{ij} \equiv \frac{1}{2}(\partial U_i/\partial x_j + \partial U_j/\partial x_i)$ 是应变速率张量。对于牛顿流体，τ_{ij} 由式

(5.113)给出：

$$\tau_{ij}=-p\delta_{ij}+2\rho\nu S_{ij} \tag{5.113}$$

证明：动能方程为

$$\frac{\mathrm{D}E}{\mathrm{D}t}+\nabla\cdot\boldsymbol{T}=-2\nu S_{ij}S_{ij} \tag{5.114}$$

其中，

$$T_i\equiv U_ip/\rho-2\nu U_jS_{ij} \tag{5.115}$$

5.3.2 瞬时动能

由 Navier-Stokes 方程得到 E 的演化方程为

$$\frac{\mathrm{D}E}{\mathrm{D}t}+\nabla\cdot\boldsymbol{T}=-2\nu S_{ij}S_{ij} \tag{5.116}$$

其中，$S_{ij}\equiv\frac{1}{2}(\partial U_i/\partial x_j+\partial U_j/\partial x_i)$ 是应变速率张量，同时：

$$T_i\equiv U_ip/\rho-2\nu U_jS_{ij} \tag{5.117}$$

是能量通量，见练习 5.14。E 的方程在固定控制体上的积分为

$$\frac{\mathrm{d}}{\mathrm{d}t}\iiint_{\mathcal{V}}E\mathrm{d}\mathcal{V}+\iint_{\mathcal{A}}(\boldsymbol{U}E+\boldsymbol{T})\cdot\boldsymbol{n}\mathrm{d}\mathcal{A}=-\iiint_{\mathcal{V}}2\nu S_{ij}S_{ij}\mathrm{d}\mathcal{V} \tag{5.118}$$

面积分用来计算流入与流出，以及在控制面上做的功：它表示 E 从一个区域传递到另一个区域。值得注意的是，流动中没有能量的“源”。分量的平方和 $S_{ij}S_{ij}$ 为正(若 S_{ij} 的所有分量为零，则为零)。因此，右边是能量的“汇”：它代表黏性耗散，将机械能转换为内能(热量)。

练 习

5.15 通过展开$\nabla^2\left(\frac{1}{2}U_iU_i\right)$，推导：

$$\boldsymbol{U}\cdot\nabla^2\boldsymbol{U}=\nabla^2E-\frac{\partial U_i}{\partial x_j}\frac{\partial U_i}{\partial x_j} \tag{5.119}$$

利用该结果，通过 Navier－Stokes 方程[式(2.35)]获得动能方程的另一种形式：

$$\frac{\mathrm{D}E}{\mathrm{D}t} + \nabla\cdot\widetilde{\boldsymbol{T}} = -\nu\frac{\partial U_i}{\partial x_j}\frac{\partial U_i}{\partial x_j} \tag{5.120}$$

其中，

$$\widetilde{\boldsymbol{T}} = \boldsymbol{U}p/\rho - \nu\nabla E \tag{5.121}$$

5.16　根据应变速率张量 S_{ij} 和旋转速率张量 $\Omega_{ij} = \frac{1}{2}(\partial U_i/\partial x_j - \partial U_j/\partial x_i)$，证明：

$$2S_{ij}S_{ij} = \frac{\partial U_i}{\partial x_j}\frac{\partial U_i}{\partial x_j} + \frac{\partial^2 U_i U_j}{\partial x_i \partial x_j} \tag{5.122}$$

$$2\Omega_{ij}\Omega_{ij} = \frac{\partial U_i}{\partial x_j}\frac{\partial U_i}{\partial x_j} - \frac{\partial^2 U_i U_j}{\partial x_i \partial x_j} \tag{5.123}$$

5.17　证明式(5.114)和式(5.120)是相同的。

5.18　证明：

$$\left\langle\frac{\mathrm{D}E}{\mathrm{D}t}\right\rangle = \frac{\bar{\mathrm{D}}\langle E\rangle}{\bar{\mathrm{D}}t} + \nabla\cdot\langle\boldsymbol{u}E\rangle \tag{5.124}$$

因此，[根据式(5.114)]可以得到：

$$\frac{\bar{\mathrm{D}}\langle E\rangle}{\bar{\mathrm{D}}t} + \nabla\cdot(\langle\boldsymbol{u}E\rangle + \langle\boldsymbol{T}\rangle) = -\bar{\varepsilon} - \varepsilon \tag{5.125}$$

其中，$\bar{\varepsilon}$ 和 ε 由式(5.127)和式(5.128)定义。

5.3.3　平均动能

通过简单地取式(5.116)的平均值得到平均动能 $\langle E\rangle$ 的方程：

$$\frac{\bar{\mathrm{D}}\langle E\rangle}{\bar{\mathrm{D}}t} + \nabla\cdot(\langle\boldsymbol{u}E\rangle + \langle\boldsymbol{T}\rangle) = -\bar{\varepsilon} - \varepsilon \tag{5.126}$$

见练习 5.18。式(5.126)右侧的两项为

$$\bar{\varepsilon} \equiv 2\nu\bar{S}_{ij}\bar{S}_{ij} \tag{5.127}$$

$$\varepsilon \equiv 2\nu\langle s_{ij}s_{ij}\rangle \tag{5.128}$$

其中，S_{ij} 和 s_{ij} 为应变的平均值和脉动速率：

$$\bar{S}_{ij}=\langle S_{ij}\rangle=\frac{1}{2}\left(\frac{\partial\langle U_i\rangle}{\partial x_j}+\frac{\partial\langle U_j\rangle}{\partial x_i}\right) \tag{5.129}$$

$$s_{ij}=S_{ij}-\langle S_{ij}\rangle=\frac{1}{2}\left(\frac{\partial u_i}{\partial x_j}+\frac{\partial u_j}{\partial x_i}\right) \tag{5.130}$$

第一个作用项 $\bar{\varepsilon}$，是由于平均流引起的耗散：一般来说，与其他项相比，它的量级为 Re^{-1}，因此可以忽略不计。正如我们将看到的，第二个作用项 ε，是非常重要的。

5.3.4 平均流和湍动能

$\bar{E}\equiv\frac{1}{2}\langle\boldsymbol{U}\rangle\cdot\langle\boldsymbol{U}\rangle$ 和 $k\equiv\frac{1}{2}\langle\boldsymbol{u}\cdot\boldsymbol{u}\rangle$ 的方程可以写为

$$\frac{\bar{\mathrm{D}}\bar{E}}{\bar{\mathrm{D}}t}+\nabla\cdot\bar{\boldsymbol{T}}=-\mathcal{P}-\bar{\varepsilon} \tag{5.131}$$

$$\frac{\bar{\mathrm{D}}k}{\bar{\mathrm{D}}t}+\nabla\cdot\boldsymbol{T}'=\mathcal{P}-\varepsilon \tag{5.132}$$

见练习 5.19 和 5.20。其中 $\bar{\boldsymbol{T}}$ 和 $\boldsymbol{T}'$ 由式(5.136)和式(5.140)定义。$\mathcal{P}$ 值通常是正的：

$$\mathcal{P}\equiv-\langle u_iu_j\rangle\frac{\partial\langle U_i\rangle}{\partial x_j} \tag{5.133}$$

因此，在 k 方程中是一个“源”：称为湍动能的生成，或者简单地称为生成。

练 习

5.19 通过雷诺方程[式(4.12)]，推导出平均动能方程$\left(\text{当 } \bar{E}\equiv\frac{1}{2}\langle\boldsymbol{U}\rangle\cdot\langle\boldsymbol{U}\rangle \text{ 时}\right)$为

$$\frac{\bar{\mathrm{D}}\bar{E}}{\bar{\mathrm{D}}t}+\nabla\cdot\bar{\boldsymbol{T}}=-\mathcal{P}-\bar{\varepsilon} \tag{5.134}$$

其中，

$$\mathcal{P}\equiv-\langle u_iu_j\rangle\frac{\partial\langle U_i\rangle}{\partial x_j} \tag{5.135}$$

$$\widetilde{T}_i \equiv \langle U_j\rangle\langle u_i u_j\rangle + \langle U_i\rangle\langle p\rangle/\rho - 2\nu\langle U_j\rangle\bar{S}_{ij} \tag{5.136}$$

5.20　用纳维-斯托克斯方程[式(2.35)]减去雷诺方程[式(4.12)],脉动速度 $\boldsymbol{u}(\boldsymbol{x},\ t)$ 演变为

$$\frac{\partial u_j}{\partial t} + \frac{\partial}{\partial x_i}(U_i U_j - \langle U_i U_j\rangle) = \nu\nabla^2 u_j - \frac{1}{\rho}\frac{\partial p'}{\partial x_j} \tag{5.137}$$

或者:

$$\frac{\mathrm{D}u_j}{\mathrm{D}t} = -u_i\frac{\partial\langle U_j\rangle}{\partial x_i} + \frac{\partial}{\partial x_i}\langle u_i u_j\rangle + \nu\nabla^2 u_j - \frac{1}{\rho}\frac{\partial p'}{\partial x_j} \tag{5.138}$$

其中,p' 是脉动压力场 ($p' = p - \langle p\rangle$)。因此,表明湍动能演变为

$$\frac{\bar{\mathrm{D}}k}{\bar{\mathrm{D}}t} + \nabla\cdot\boldsymbol{T}' = \mathcal{P} - \varepsilon \tag{5.139}$$

其中,

$$T'_i \equiv \frac{1}{2}\langle u_i u_j u_j\rangle + \langle u_i p'\rangle/\rho - 2\nu\langle u_j s_{ij}\rangle \tag{5.140}$$

5.3.5　生成

$\bar{E}$ 和 k 的方程清晰展示了(湍动能)生成所起的重要作用。平均速度梯度对雷诺应力的作用是从平均流中消耗动能[式(5.131)中的 $-\mathcal{P}$ 换为 $\bar{E}$],并将其转移到脉动速度场[式(5.133)中的 $\mathcal{P}$ 换为 k]。

关于生成的一些观察如下。

(1) 速度梯度张量中只有对称部分对生成有影响,即

$$\mathcal{P} = -\langle u_i u_j\rangle\bar{S}_{ij} \tag{5.141}$$

(2) 雷诺应力张量中只有各向异性部分对生成有影响,即

$$\mathcal{P} = -a_{ij}\bar{S}_{ij} \tag{5.142}$$

其中,$a_{ij} = \langle u_i u_j\rangle - \frac{2}{3}k\delta_{ij}$

(3) 根据湍流黏性假设[即 $a_{ij} = -2\nu_T\bar{S}_{ij}$, 式(4.48)],生成为

$$\mathcal{P} = 2\nu_{\mathrm{T}}\bar{S}_{ij}\bar{S}_{ij} \geq 0 \tag{5.143}$$

可以发现,用 ν_{T} 替换 ν 后, $\mathcal{P}$ 的表达式与平均流量的耗散 $\bar{\varepsilon}$ 相同[式(5.127)]。

(4) 在边界层近似中,除 $\partial\langle U\rangle\partial y$ (或者 $\partial\langle U\rangle\partial r$) 外,忽略所有平均速度梯度,

它的生成为

$$\mathcal{P} = -\langle uv\rangle \frac{\partial\langle U\rangle}{\partial y} \tag{5.144}$$

或者，$\mathcal{P} = -\langle uv\rangle \partial\langle U\rangle/\partial r$。

（5）根据湍流黏性假设，在边界层近似下，生成为

$$\mathcal{P} = \nu_T\left(\frac{\partial\langle U\rangle}{\partial y}\right)^2 \tag{5.145}$$

练 习

5.21 证明生成 $\mathcal{P}$ 的边界为

$$|\mathcal{P}| \leqslant 2k\,\mathcal{S}_\lambda$$

其中，$\mathcal{S}_\lambda$ 是平均应变速率张量特征值的最大绝对值。

5.3.6 耗散

在 k 方程中，汇 ε 是湍动能的耗散，或简单称为耗散。脉动速度梯度（$\partial u_i/\partial x_j$）对脉动偏应力（$2\nu s_{ij}$）作用，将动能转化为内能（如练习 5.22 所示，由此产生的温度上升几乎总是小到可以忽略不计）。从其定义（$\varepsilon \equiv 2\nu\langle s_{ij}s_{ij}\rangle$）可以看出，耗散是非负的。

为了理解其最重要的特性，回到自相似圆形射流。已经发现 $\langle U\rangle/U_0$ 和 $\langle u_iu_j\rangle/U_0{}^2$ 剖面（作为 $\xi = r/r_{1/2}$ 的函数）是自相似的，并与 Re 无关（在 x/d 和 Re 足够大的情况下）。因此，k/U_0^2 及 $\hat{\mathcal{P}}$ 也是自相似的，也与 Re 无关：

$$\hat{\mathcal{P}} \equiv \mathcal{P}/(U_0^3/r_{1/2}) \approx -\frac{\langle uv\rangle}{U_0^2}\frac{r_{1/2}}{U_0}\frac{\partial\langle U\rangle}{\partial r} \tag{5.146}$$

在 k 的平衡方程中，因为 $\bar{\mathrm{D}}k/\bar{\mathrm{D}}t$ 和 $\mathcal{P}$ 的尺度均为 $U_0^3/r_{1/2}$，ε 几乎不可避免地具有相同的尺度，即

$$\hat{\varepsilon} \equiv \varepsilon/(U_0^3/r_{1/2}) \tag{5.147}$$

$\hat{\varepsilon}$ 是自相似的，并与 Re 无关，测量结果证实了这一点[如 Panchapakesan 和 Lumley（1993a）及 Hussein 等（1994）的研究]。

乍看上去，ε 的这种特性令人困惑。假设开展了两次高雷诺数圆形射流实验，用 a 和 b 表示，喷嘴直径 d 与射流速度 U_J 均相同，但流体黏性分别为 ν_a 和 ν_b。对

于给定的 x（在自相似区域内），两个实验中的速度 $U_0(x)$ 和半宽度 $r_{1/2}(x)$ 是相同的。因此，对于给定的 (x, r)，两个实验中的耗散也是相同的，即

$$\varepsilon_a(x, r) = \varepsilon_b(x, r) = \hat{\varepsilon}[r/r_{1/2}(x)] \frac{U_0^3(x)}{r_{1/2}(x)} \tag{5.148}$$

然而，根据 $\varepsilon \equiv 2\nu\langle s_{ij}s_{ij}\rangle$ 的定义，ε 与 ν 成正比，而两个实验的 ν 是不同的！那么 ε_a 和 ε_b 怎么可能相等呢？答案的起因可以在图 1.2 中找到。图 1.2 中，雷诺数高的射流，流动结构更细，因此，梯度更大，$S_{ij} = \frac{1}{2}(\partial U_i/\partial x_j + \partial U_j/\partial x_i)$ 值更高，就变得合理。

练　习

5.22 考虑理想气体的自相似圆形射流。由于耗散加热，中心线温度 $T_0(x)$ 略高于环境温度 T_∞。利用简单的能量平衡获得粗略的估计：

$$\frac{T_0 - T_\infty}{T_\infty} \approx \frac{U_J U_0 - U_0^2}{C_p T_\infty}$$

其中，C_p 是比定压热容。从而得到最高温度差的估计值：

$$\frac{T_{0,\max} - T_\infty}{T_\infty} \approx \frac{Ma^2}{4(\gamma - 1)}$$

其中，Ma 是基于 U_J 的马赫数；γ 是比热比。

5.3.7 Kolmogorov 尺度

在第 6 章中，我们将看到最小湍流运动的特征尺度：Kolmogorov 尺度。这些长度尺度（η）、时间尺度（τ_η）及速度尺度（u_η）以 ε 和 ν 的形式给出：

$$\eta \equiv \left(\frac{\nu^3}{\varepsilon}\right)^{1/4} \tag{5.149}$$

$$\tau_\eta \equiv \left(\frac{\nu}{\varepsilon}\right)^{1/2} \tag{5.150}$$

$$u_\eta \equiv (\nu\varepsilon)^{1/4} \tag{5.151}$$

根据这些定义和式(5.147)可以得到，与平均流量尺度 $r_{1/2}$ 和 U_0 不同，Kolmogorov 尺度随雷诺数 $Re_0 = U_0 r_{1/2}/\nu$ 而变化，根据：

$$\eta/r_{1/2} = Re_0^{-3/4}\hat{\varepsilon}^{-1/4} \tag{5.152}$$

$$\tau_\eta/(r_{1/2}/U_0) = Re_0^{-1/2}\hat{\varepsilon}^{-1/2} \tag{5.153}$$

$$u_\eta/U_0 = Re_0^{-1/4}\hat{\varepsilon}^{1/4} \tag{5.154}$$

（回想一下 $\hat{\varepsilon}$ 是无量纲的，并与雷诺数无关。）因此，与流场观察结果一致，我们发现（相对于平均流动尺度），最小运动的长度和时间尺度随着雷诺数的增加而减小。

根据 Kolmogorov 尺度的定义，存在两个特征：

$$\frac{\eta u_\eta}{\nu} = 1 \tag{5.155}$$

$$\nu\left(\frac{u_\eta}{\eta}\right)^2 = \frac{\nu}{\tau_\eta^2} = \varepsilon \tag{5.156}$$

第一个特征表明：无论 Re_0 有多大，基于 Kolmogorov 尺度的雷诺数是统一的，说明这些尺度的运动受到黏性的强烈影响。第二个特征表明，速度梯度以 $(u_\eta/\eta = 1/\tau_\eta)$ 形式缩比，并且 ε 与 ν 无关。

因此，上述难题的解决方案是，均方应变速率 $\langle s_{ij}s_{ij}\rangle$ 与 τ_η^{-2} 成正比，与 ν 成反比，从而确保 $\varepsilon_a = \nu_a\langle s_{ij}s_{ij}\rangle_a$ 和 $\varepsilon_b = \nu_b\langle s_{ij}s_{ij}\rangle_b$ 是相等的。剩下的问题是为什么小尺度湍流运动会以这种方式缩比，这将在第 6 章中讨论。

5.3.8 湍动能的收支

对于自相似圆形射流，图 5.16 显示了湍动能的收支。绘制了 k 方程[式(5.132)]中通过 $U_0^3/r_{1/2}$ 进行无量纲化的四项值。贡献项有：生成 $\mathcal{P}$、耗散 $-\varepsilon$、平均对流 $-\bar{D}k/\bar{D}t$ 及湍流输运 $-\nabla\cdot T'$。生成和平均对流可以可靠地测量，并且不同的研究结果较为一致（在 20%以内）。

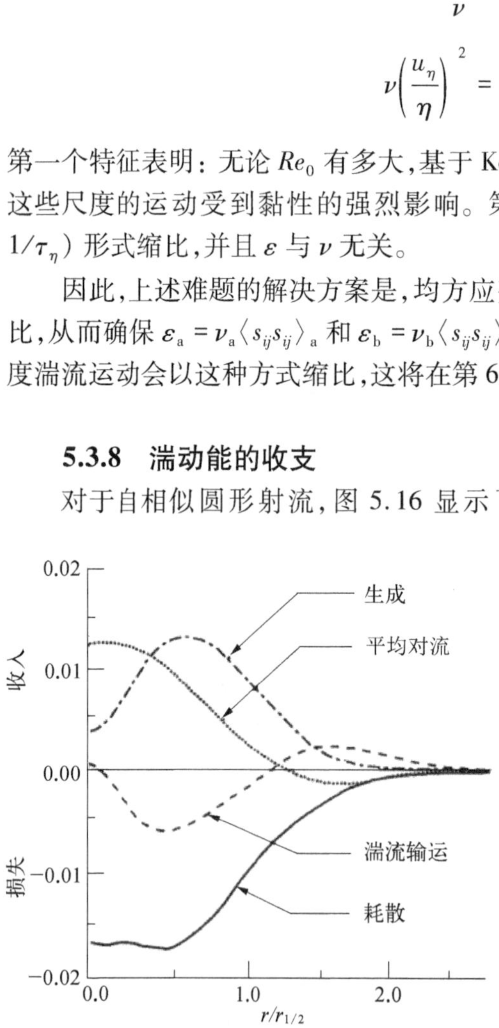

图 5.16 自相似圆形射流中的湍动能收支，量值通过 U_0 和 $r_{1/2}$ 无量纲化[摘自 Panchapakesan 和 Lumley(1993a)的研究]

然而，其他两项不确定性较大，不同实验中的测量值相差两个或两个以上的数量级。在整个射流中，耗散是一个主项。生成在 $r/r_{1/2} \approx 0.6$ 处达到峰值，而此时 $\mathcal{P}/\varepsilon$ 大约为 0.8。在中心线上，$-\langle uv\rangle\partial\langle U\rangle/\partial r$ 为零（以 r^2 变化），因此生成是由项 $-(\langle u^2\rangle - \langle v^2\rangle)\partial\langle U\rangle/\partial x$ 产生的（其在边界层近似中被忽略）。在喷

流边缘，$\mathcal{P}/\varepsilon$ 趋于零，并且湍流输运与 ε 相平衡。

5.3.9　尺度的对比

通过平均流动和 k，评估和对比不同速率和时间尺度是有益的，如表 5.2 和图 5.17 所示。时间尺度 τ 和 $\tau_{\mathcal{P}}$ 可给出射流中湍流寿命的度量。以等速率 ε 耗散一定量的能量 k 需要的时间为 τ；类似地，以速率 $\mathcal{P}$ 产生 k 的时间为 $\tau_{\mathcal{P}}$。这些时间尺度较大且近似相等：它们与中心线上一个粒子从虚拟原点以 $U_0(x)$ 速度飞行的时间 τ_J 相当；它们大约是外加剪切 S^{-1} 时间尺度的 3 倍。湍流是长期存在的。

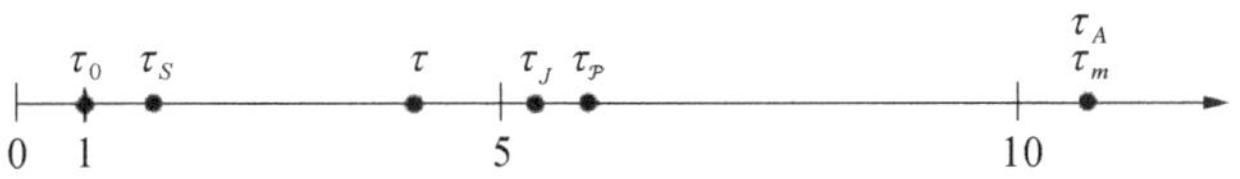

图 5.17　自相似圆形射流的时间刻度(单位为 τ_0)

表 5.2　自相似圆形射流的时间尺度、速率和比值

定　义	说　明	时 间 尺 度	在自相似圆形射流中的值，以 τ_0 无量纲化
$\tau_0 = r_{1/2}/U_0$	用于无量纲化的参考时间尺度	τ_0	1
$\tau_J = \frac{1}{2}x/U_0$	从虚拟起点的平均射流时间	τ_J	5.3
$\Omega_m = \frac{U_0}{\dot{m}}\frac{\mathrm{d}\dot{m}}{\mathrm{d}x}$	夹带率	$\tau_m = \Omega_m^{-1}$	10.6
$\Omega_A = \left\lvert\frac{\mathrm{d}U_0}{\mathrm{d}x}\right\rvert$	轴向应变率	$\tau_A = \Omega_A^{-1}$	10.6
$S = (2\bar{S}_{ij}\bar{S}_{ij})^{1/2} \approx \left\lvert\frac{\partial\langle U\rangle}{\mathrm{d}r}\right\rvert$	应变率	$\tau_S = S^{-1}$	1.7
$\omega = \varepsilon/k$	湍流衰减率	$\tau = \omega^{-1} = k/\varepsilon$	4.5
$\Omega_{\mathcal{P}} = \mathcal{P}/k$	湍流生成率	$\tau_{\mathcal{P}} = \Omega_{\mathcal{P}}^{-1}$	5.7
$\mathcal{P}/\varepsilon$	生成耗散比		0.8
$S/\omega = Sk/\varepsilon = \tau/\tau_S$	应变衰减比		2.6

注：前四项以 $U_0(x)$、$r_{1/2}(x)$ 和扩展速率 S 进行估计；其余项根据 $r/r_{1/2} \approx 0.7$ 处的实验数据进行估计，此时 $\langle uv\rangle$ 和 $|\partial\langle U\rangle/\partial r|$ 达到峰值。

图 5.18 显示了长度尺度的对比。其中,积分尺度 L_{11} 和 L_{22} 具有直接的物理意义,而 $l \equiv \nu_T/u'$ 和式(5.157)没有直接的物理意义:

$$L \equiv k^{3/2}/\varepsilon \tag{5.157}$$

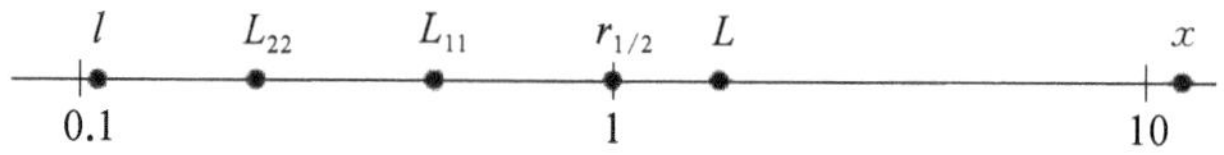

图 5.18 自相似圆形射流的长度尺度(单位为 $r_{1/2}$)

L_{11} 和 L_{22} 为纵向和横向积分标度; $L = k^{3/2}/\varepsilon$; $l \equiv \nu_T/u'$; 在 $r/r_{1/2} \approx 0.7$ 处评估(注意对数刻度)

练 习

5.23 参考表 5.2,验证:

$$\begin{cases} \tau_J = \dfrac{1}{2}x/U_0 \\ \tau_0 \Omega_m = S \\ \tau_0 \Omega_A = S \end{cases} \tag{5.158}$$

5.24 对于无量纲化速度剖面 $f(\eta) = (1 + a\eta^2)^2$, 证明 $|\partial\langle U\rangle/\partial r|$ 的最大值为

$$\frac{r_{1/2}}{U_0}\left|\frac{\partial\langle U\rangle}{\partial r}\right|_{\max} = \frac{25}{54}\sqrt{(\sqrt{50} - 5)} \approx 0.67$$

并发生在:

$$r/r_{1/2} = (\sqrt{50} - 5)^{-1/2} \approx 0.69$$

5.3.10 伪耗散

定义伪耗散 $\tilde{\varepsilon}$ 为

$$\tilde{\varepsilon} \equiv \nu \left\langle \frac{\partial u_i}{\partial x_j} \frac{\partial u_i}{\partial x_j} \right\rangle \tag{5.159}$$

其与真实耗散 ε 的关系(见练习 5.25)为

$$\tilde{\varepsilon} = \varepsilon - \nu \frac{\partial^2 \langle u_i u_j \rangle}{\partial x_i \partial x_j} \tag{5.160}$$

几乎在所有情况下，式(5.160)中的最后一项都很小(最多只有 ε 的百分之几)，因此 ε 与 $\tilde{\varepsilon}$ 之间的差异不是很重要。事实上，许多学者将 $\tilde{\varepsilon}$ 看作"耗散"。练习 5.27 显示，采用 $\tilde{\varepsilon}$ 代替 ε 后，一些方程会得到更加简单的形式。

练　习

5.25　推导耗散 ε 与伪耗散 $\tilde{\varepsilon}$ 之间存在以下关系：

$$\begin{aligned}\varepsilon \equiv 2\nu\langle s_{ij}s_{ij}\rangle &= \nu\left\langle\frac{\partial u_i}{\partial x_j}\frac{\partial u_i}{\partial x_j}+\frac{\partial u_i}{\partial x_j}\frac{\partial u_j}{\partial x_i}\right\rangle \\ &= \tilde{\varepsilon}+\nu\frac{\partial^2\langle u_iu_j\rangle}{\partial x_i\partial x_j}\end{aligned} \tag{5.161}$$

5.26　湍动能方程中的耗散项和黏性扩散项来自表达式 $\nu\langle u_i\nabla^2u_i\rangle$。证明这可以用其他形式重新表示：

$$\begin{aligned}\nu\langle u_i\nabla^2u_i\rangle &= \nu\left\langle u_i\frac{\partial}{\partial x_j}\left(\frac{\partial u_i}{\partial x_j}\right)\right\rangle \\ &= \nu\nabla^2k-\tilde{\varepsilon}\end{aligned} \tag{5.162}$$

以及：

$$\begin{aligned}\nu\langle u_i\nabla^2u_i\rangle &= \nu\left\langle u_i\frac{\partial}{\partial x_j}\left(\frac{\partial u_i}{\partial x_j}+\frac{\partial u_j}{\partial x_i}\right)\right\rangle \\ &= 2\nu\frac{\partial}{\partial x_j}\langle u_is_{ij}\rangle-\varepsilon\end{aligned} \tag{5.163}$$

5.27　证明湍动能方程[式(5.139)]也可以写为

$$\frac{\bar{\mathrm{D}}k}{\bar{\mathrm{D}}t}+\frac{\partial}{\partial x_i}\left[\frac{1}{2}\langle u_iu_ju_j\rangle+\langle u_ip'\rangle/\rho\right]=\nu\nabla^2k+\mathcal{P}-\tilde{\varepsilon} \tag{5.164}$$

5.28　在均匀的各向同性湍流中，四阶张量是各向同性的：

$$\left\langle\frac{\partial u_i}{\partial x_j}\frac{\partial u_k}{\partial x_\ell}\right\rangle$$

因此，可以写为

$$\left\langle\frac{\partial u_i}{\partial x_j}\frac{\partial u_k}{\partial x_\ell}\right\rangle=\alpha\delta_{ij}\delta_{k\ell}+\beta\delta_{ik}\delta_{j\ell}+\gamma\delta_{i\ell}\delta_{jk} \tag{5.165}$$

其中，α、β 及 γ 是标量。鉴于连续性方程 $\partial u_i/\partial x_i = 0$，证明标量之间的关系为

$$3\alpha + \beta + \gamma = 0 \tag{5.166}$$

考虑到 $(\partial/\partial x_j)\langle u_i \partial u_j/\partial x_\ell\rangle$（由于均匀性为零），证明 $\left\langle \frac{\partial u_i}{\partial x_j}\frac{\partial u_j}{\partial x_\ell}\right\rangle$ 为零，因此：

$$\alpha + \beta + 3\gamma = 0 \tag{5.167}$$

证明方程(5.165)随后变为

$$\left\langle \frac{\partial u_i}{\partial x_j}\frac{\partial u_k}{\partial x_\ell}\right\rangle = \beta\left(\delta_{ik}\delta_{j\ell} - \frac{1}{4}\delta_{ij}\delta_{k\ell} - \frac{1}{4}\delta_{i\ell}\delta_{jk}\right) \tag{5.168}$$

以及：

$$\left\langle\left(\frac{\partial u_1}{\partial x_1}\right)^2\right\rangle = \frac{1}{2}\beta,\quad \left\langle\left(\frac{\partial u_1}{\partial x_2}\right)^2\right\rangle = 2\left\langle\left(\frac{\partial u_1}{\partial x_1}\right)^2\right\rangle \tag{5.169}$$

$$\left\langle \frac{\partial u_1}{\partial x_1}\frac{\partial u_2}{\partial x_2}\right\rangle = \left\langle \frac{\partial u_1}{\partial x_2}\frac{\partial u_2}{\partial x_1}\right\rangle = -\frac{1}{2}\left\langle\left(\frac{\partial u_1}{\partial x_1}\right)^2\right\rangle \tag{5.170}$$

$$\varepsilon = \nu\left\langle \frac{\partial u_i}{\partial x_j}\frac{\partial u_i}{\partial x_j}\right\rangle = \frac{15}{2}\nu\beta = 15\nu\left\langle\left(\frac{\partial u_1}{\partial x_1}\right)^2\right\rangle \tag{5.171}$$

5.4 其他自相似流动

前面已经详细研究了自相似圆形射流的平均速度和雷诺应力。现在，简要地考察其他经典的自由剪切流，包括平面射流、混合层、平面和轴对称尾流流动及均匀剪切流（即受到恒定和均匀平均剪切作用的均匀湍流）。随后，5.5 节用于描述这些流动的一些其他特征。

5.4.1 平面射流

理想的平面射流（如图 5.14 所示）在统计上是二维的。平均流动的主流方向为 x，横向流动坐标为 y，统计数据与展向坐标 z 无关，统计对称面为 $y = 0$ 平面。在实验室进行的实验中，有一个矩形喷嘴，高度为 d（在 y 方向上），宽度为 w（在 z 方向上），要求具有较大的宽高比 w/d（通常为 50），以便对于 $z = 0$（良好的近似值），流动在统计上是二维的，并且没有边缘效应（至少在 x/w 不太大的情况下）。

与圆形射流一样,定义中心线速度 $U_0(x)$ 和半宽 $y_{1/2}(x)$ 为

$$U_0(x) \equiv \langle U(x,\ 0,\ 0)\rangle \tag{5.172}$$

$$\frac{1}{2}U_0(x) \equiv \langle U[x,\ y_{1/2}(x),0]\rangle \tag{5.173}$$

在实验中[如 Heskestad(1965)、Bradbury(1965)、Gutmark 和 Wynanski(1976)的研究]发现,当用 $U_0(x)$ 和 $y_{1/2}(x)$ 缩比时,平均速度和雷诺应力剖面变得自相似(在大于 $x/d = 40$ 的区域),这些剖面如图 5.19 和图 5.20 所示。雷诺应力的剖面形状和大小与圆形射流相似。

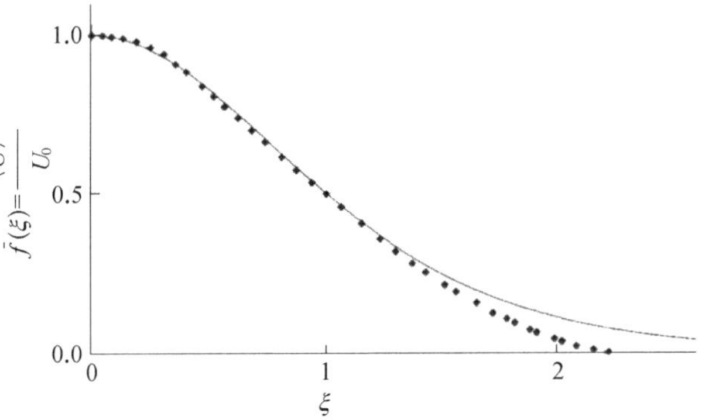

图 5.19　自相似平面射流的平均速度剖面(经 ASME 许可)

符号: Heskestad(1965)的实验数据;曲线: 均匀湍流黏性解[方程(5.187)]

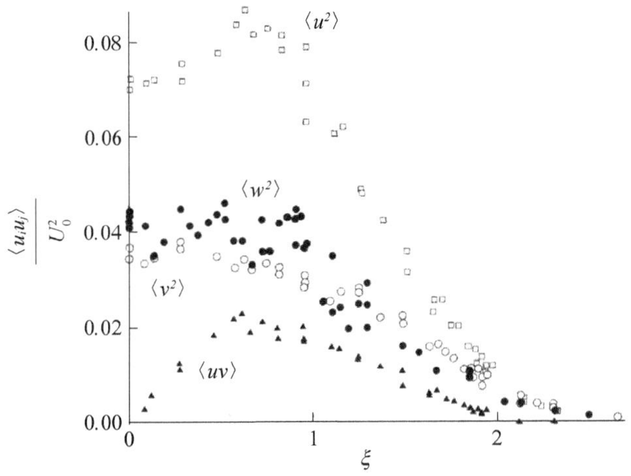

图 5.20　自相似平面射流的雷诺应力剖面[数据来自 Heskestad(1965)的测量结果(经 ASME 许可)]

发现 $y_{1/2}(x)$ 是线性变化的，即

$$\frac{\mathrm{d}y_{1/2}}{\mathrm{d}x}=S \tag{5.174}$$

其中，扩散速率 S 为常数，$S\approx 0.10$。然而与圆形射流不同，$U_0(x)$ 以 $x^{-1/2}$ 变化。如现在所示，这些变化是自相似的结果。

在守恒形式下，边界层方程（忽略黏性项）为

$$\frac{\partial}{\partial x}\langle U\rangle^2+\frac{\partial}{\partial y}(\langle U\rangle\langle V\rangle)=-\frac{\partial}{\partial y}\langle uv\rangle \tag{5.175}$$

对 y 进行积分，得到：

$$\frac{\mathrm{d}}{\mathrm{d}x}\int_{-\infty}^{\infty}\langle U\rangle^2\mathrm{d}y=0 \tag{5.176}$$

当 $y\to\pm\infty$ 时，$\langle U\rangle$ 和 $\langle uv\rangle$ 为零。因此，（单位展向距离）动量流量为是守恒的（与 x 无关）：

$$\dot{M}\equiv\int_{-\infty}^{\infty}\rho\langle U\rangle^2\mathrm{d}y \tag{5.177}$$

在自相似区域，平均轴向速度剖面为

$$\langle U\rangle=U_0(x)\bar{f}(\xi) \tag{5.178}$$

其中，

$$\xi\equiv y/y_{1/2}(x) \tag{5.179}$$

因此，动量流量为

$$\dot{M}=\rho U_0(x)^2y_{1/2}(x)\int_{-\infty}^{\infty}\bar{f}(\xi)^2\mathrm{d}\xi \tag{5.180}$$

明显地，乘积 $U_0(x)^2y_{1/2}(x)$ 与 x 无关，与观测结果一致，由此可以推断：

$$\frac{y_{1/2}}{U_0}\frac{\mathrm{d}U_0}{\mathrm{d}x}=-\frac{1}{2}\frac{\mathrm{d}y_{1/2}}{\mathrm{d}x} \tag{5.181}$$

将自相似剖面对 $\langle U\rangle$、方程(5.178)及 $\langle uv\rangle$ 进行替换：

$$\langle uv\rangle=U_0^2\bar{g}(\xi) \tag{5.182}$$

代入边界层方程，从而得到：

$$\frac{1}{2}\frac{\mathrm{d}y_{1/2}}{\mathrm{d}x}\left(\bar{f}^2+\bar{f}'\int_0^{\xi}\bar{f}\mathrm{d}\xi\right)=\bar{g}' \tag{5.183}$$

这涉及与圆形射流相同的操作,见练习 5.12。在方程(5.183)中,由于右侧和圆括号中的项与 x 无关,因此 $\mathrm{d}y_{1/2}/\mathrm{d}x$ 也必然与 x 无关。从而,自相似性要求扩散速率 $S \equiv \mathrm{d}y_{1/2}/\mathrm{d}x$ 为常数;动量守恒要求 U_0 以 $x^{-1/2}$ 变化[式(5.180)]。

$\langle U\rangle$ 和 $\langle uv\rangle$ 的自相似性意味着湍流黏性的自相似性,即

$$\nu_{\mathrm{T}}(x,\ y) = U_0(x) y_{1/2}(x) \hat{\nu}_{\mathrm{T}}(\xi) \tag{5.184}$$

可以看出,自相似平面射流的 ν_{T} 以 $x^{1/2}$ 增长,当地雷诺数也是如此:

$$Re_0(x) = U_0(x) y_{1/2}(x)/\nu \tag{5.185}$$

另外,湍流雷诺数与 x 无关:

$$R_{\mathrm{T}} = U_0(x) y_{1/2}(x)/\nu_{\mathrm{T}}(x,\ y_{1/2}) \tag{5.186}$$

如果湍流黏性在整个流动中是均匀的(即 $\hat{\nu}_{\mathrm{T}}$ = 常数),那么边界层方程的自相似形式[式(5.183)]可以求解(见后续内容),得到:

$$\bar{f}(\xi) = \operatorname{sech}^2(\alpha\xi) \tag{5.187}$$

其中,$\alpha = \dfrac{1}{2}\ln(1 + \sqrt{2})^2$。图 5.19 显示了计算结果与实验数据的对比。与圆形射流一样,剖面之间吻合得很好,边缘处除外,因为湍流黏性减小导致实验剖面比式(5.187)更快地趋于零。观察到缩比的湍流黏性的扩散速率 $S \approx 0.1$,对应[见式(5.200)]:

$$R_{\mathrm{T}} = \frac{1}{\hat{\nu}_{\mathrm{T}}} \approx 31$$

这与圆形射流的 $R_{\mathrm{T}} \approx 35$ 相当。

均匀湍流黏性的求解。湍流黏性假设给出剪切应力,并认为 $\hat{\nu}_{\mathrm{T}}$ 是均匀的,即与 ξ 无关,我们现在得到了自相似边界层方程[式(5.183)]的解。方程为

$$\frac{1}{2}S\left(\bar{f}^2 + \bar{f}'\int_0^{\xi}\bar{f}\,\mathrm{d}\xi\right) = -\hat{\nu}_{\mathrm{T}}\bar{f}'' \tag{5.188}$$

为便于替换:

$$F(\xi) \equiv \int_0^{\xi}\bar{f}(s)\,\mathrm{d}s \tag{5.189}$$

由于 $\bar{f}(\xi)$ 是偶函数,因此 $F(\xi)$ 是奇函数。特别是,$F(0) = F''(0) = 0$。通过替换,得到:

$$\frac{1}{2}S[(F')^2+F''F]=-\hat{\nu}_{\mathrm{T}}F''' \tag{5.190}$$

注意到式(5.190)中方括号内的项为

$$(F')^2+F''F=(FF')'=\frac{1}{2}(F^2)'' \tag{5.191}$$

可以通过两次积分获得

$$\frac{1}{4}SF^2=-\hat{\nu}_{\mathrm{T}}F'+a+b\xi \tag{5.192}$$

由于 F^2 和 F' 是偶数函数,积分常数 b 为零,而通过边界条件 $F'(0)=1$ 确定 $\alpha=\hat{\nu}_{\mathrm{T}}$。规定:

$$\alpha=\sqrt{\frac{S}{4\hat{\nu}_{\mathrm{T}}}} \tag{5.193}$$

则方程(5.192)变为

$$F'=1-(\alpha F)^2 \tag{5.194}$$

积分后得到:

$$F=\frac{1}{\alpha}\tanh(\alpha\xi) \tag{5.195}$$

因此有

$$\bar{f}=F'=\mathrm{sech}^2(\alpha\xi) \tag{5.196}$$

根据 $y_{1/2}$ 的定义,有

$$\bar{f}(1)=\frac{1}{2}=\mathrm{sech}^2\alpha \tag{5.197}$$

从而得到:

$$\alpha=\frac{1}{2}\ln(1+\sqrt{2})^2\approx 0.88 \tag{5.198}$$

该方程与式(5.193)一起,可将扩散率 S 与缩比湍流黏性 $\hat{\nu}_{\mathrm{T}}$ 进行关联:

$$S=[\ln(1+\sqrt{2})^2]^2\hat{\nu}_{\mathrm{T}} \tag{5.199}$$

或者：

$$R_T = \frac{1}{\hat{\nu}_T} = \frac{[\ln(1+\sqrt{2})^2]^2}{S} \approx 31 \tag{5.200}$$

其中，S 取实验值 $S \approx 0.1$。

5.4.2　平面混合层

如图 5.14 所示，混合层是在速度不同 [U_h 和 U_l($U_h > U_l \geqslant 0$)] 的两个均匀、基本平行的流动之间形成的湍流。例如，一种混合层形成于流入静止环境（$U_l = 0$）的平面射流（$U_h = U_J$）边缘（在初始区域）。或者，在风洞中产生的流动，在 $x < 0$ 处用分流板将两股气流分开，随后在 $x > 0$ 处形成混合层。

与平面射流一样，主流方向为 x，横流坐标为 y，统计数据与展向坐标 z 无关。与圆形和平面射流相比，混合层存在两种外加的速度：U_h 和 U_l。因此，流动取决于无量纲参数 U_l/U_h，可以定义两种特征速度，一种为特征对流速度：

$$U_c \equiv \frac{1}{2}(U_h + U_l) \tag{5.201}$$

另一种为特征速度差：

$$U_s \equiv U_h - U_l \tag{5.202}$$

所有涉及的速度（U_h、U_l、U_c 及 U_s）均为常数，与 x 无关。

流动的特征宽度 $\delta(x)$ 可以根据平均速度面 $\langle U(x, y, z)\rangle$ 以多种方式定义，这与 z 无关。当 $0 < \alpha < 1$ 时，定义横流位置 $y_\alpha(x)$，得到：

$$\langle U[x, y_\alpha(x), 0]\rangle = U_l + \alpha(U_h - U_l) \tag{5.203}$$

然后取 $\delta(x)$ 为

$$\delta(x) = y_{0.9}(x) - y_{0.1}(x) \tag{5.204}$$

此外，定义一个参考横向位置 $\bar{y}(x)$ 为①

$$\bar{y}(x) = \frac{1}{2}[y_{0.9}(x) + y_{0.1}(x)] \tag{5.205}$$

随后，定义缩比横流坐标 ξ 为

$$\xi = [y - \bar{y}(x)]/\delta(x) \tag{5.206}$$

---

① 注意，练习 5.29~5.32 中控制充分发展自相似混合层的方程使用了不同定义的 $\bar{y}(x)$。

以及缩比速度为

$$f(\xi) = (\langle U \rangle - U_c)/U_s \tag{5.207}$$

根据这些定义,可得$f(\pm\infty) = \pm\frac{1}{2}$和$f\left(\pm\frac{1}{2}\right) = \pm 0.4$,如图 5.21 所示。

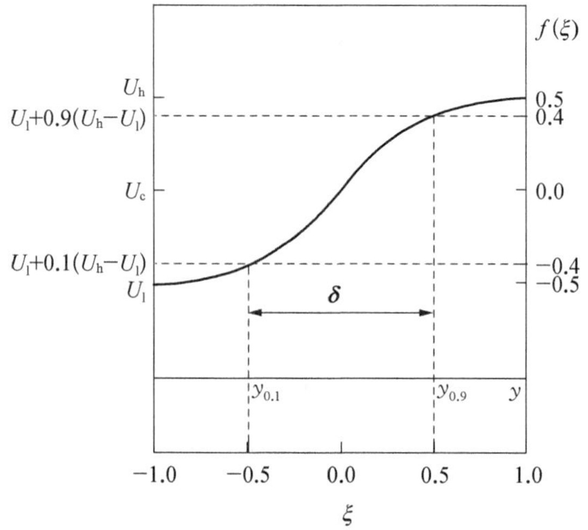

图 5.21　平均速度 $\langle U \rangle$ 及缩比平均速度剖面 $f(\xi)$ 对于 y 坐标的示意图,显示了 $y_{0.1}$、$y_{0.9}$ 和 δ 的定义

对于 $U_l/U_h = 0$ 的情况,许多实验证实了混合层是自相似的[如 Wynanski 和 Fiedler(1970)及 Champane 等(1976)的研究]。图 5.22 显示,根据式(5.207)缩比时,不同轴向位置测量的平均速度剖面会崩塌在一起;图 5.23 清晰地显示了混合

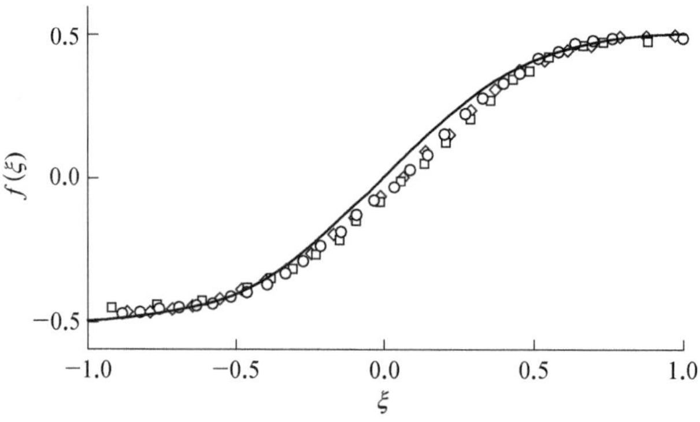

图 5.22　平面混合层内的缩比速度剖面

符号表示: Champagne 等(1976)的实验数据(◇: x = 39.5cm; □: x = 49.5 cm; ○: x = 59.5 cm);曲线表示误差函数剖面图[式(5.224)],供参考

层以线性扩散。实验还表明,雷诺应力具有自相似性。但应注意,流动不关于 $y=0$ 对称,甚至在 $\xi=0$ 附近对称,且优先向低速流场方向扩散。

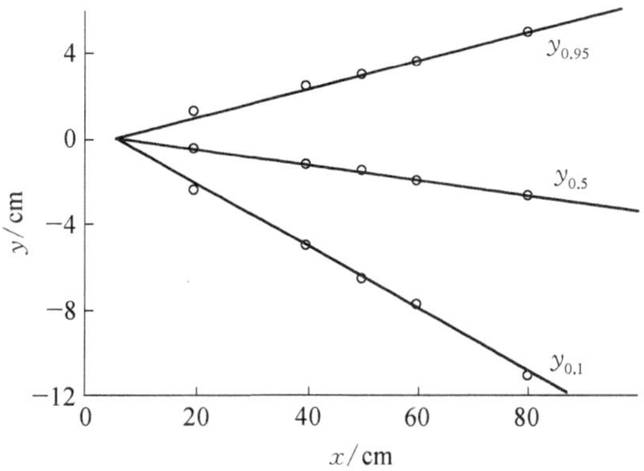

图 5.23　平面混合层内 $y_{0.1}$、$y_{0.5}$ 和 $y_{0.95}$ 的轴向变化,呈线性扩散
[Champagne 等(1976)的实验数据]

与圆形和平面射流一样,混合层的线性扩散是自相似的必然结果。如练习 5.29 所示,$\bar{y}(x)$ 以一个不同的定义,以 $g(\xi)\equiv\langle uv\rangle U_s^2$ 作为缩比剪切应力,自相似混合层的边界层方程为

$$\left(\frac{U_c}{U_s}\frac{d\delta}{dx}\right)\left[\xi+\frac{U_s}{U_c}\int_0^{\xi}f(\hat{\xi})\,d\hat{\xi}\right]f'=g' \tag{5.208}$$

因为除了 δ, 这个方程中没有任何项依赖于 x, 因此扩散速率 $d\delta/dx$ 和参数必然是与 x 无关的常数,与观察到的一致。

$$S\equiv\frac{U_c}{U_s}\frac{d\delta}{dx} \tag{5.209}$$

对于以 U_c 速度沿 x 方向移动的观察者,混合层的分数增长率为 $U_c d\ln\delta/dx$。如果采用当地时间尺度 δ/U_s 对该速率进行无量纲化,生成的无量纲参数为

$$\frac{\delta}{U_s}U_c\frac{d\ln\delta}{dx}=\frac{U_c}{U_s}\frac{d\delta}{dx}=S \tag{5.210}$$

可以预见 S 近似与速度比无关,因此 $d\delta/dx$ (近似)以 U_s/U_c 进行变化。不同实验之间 S 的测量值有较大变化,这应该(至少部分)归因于离开分流板时的流动状态($x=0$)。文献给出的范围为 $S\approx0.06\sim0.11$(Dimotakis, 1991)。而在 Champagne 等(1976)的实验中,该值为 $S\approx0.097$。

考虑一个有趣的极限是 $U_s/U_c\to0$, 对应 $U_l/U_h\to1$。在这种情况下,边界层

方程(5.208)中的 U_s/U_c 项消失,然后方程变为

$$U_c \frac{\partial\langle U\rangle}{\partial x} = -\frac{\partial\langle uv\rangle}{\partial y} \tag{5.211}$$

对于剩余的对流项,与 $U_c\partial\langle U\rangle/\partial x$ 相比,$(\langle U\rangle - U_c)\partial\langle U\rangle/\partial x$ 和 $\langle V\rangle\partial\langle U\rangle/\partial y$ 可以忽略不计。以 U_c 速度沿 x 方向移动的观察者,可以看到两道流动($y\to\infty$ 和 $y\to-\infty$)分别以 $\frac{1}{2}U_s$ 和 $-\frac{1}{2}U_s$ 的速度向右和向左移动。x 方向上的平均值梯度与 y 方向上的梯度相比非常小(U_s/U_c 量级)。混合层的厚度随时间以 SU_s 的速率增长。因此,在移动坐标系中,当 U_s/U_c 趋于零时,流动变为统计上的一维和时间相关。称为时间混合层(与实验室坐标系中的空间混合层相反)。时间混合层在统计上是关于 $y=0$ 对称的。

Rogers 和 Moser(1994)采用直接数值模拟(DNS)描述了时间混合层。Navier-Stokes 方程通过分辨率为 512×210×192(在 x、y 和 z 方向)的网格求解。在初始瞬态后,混合层变得自相似,宽度 δ 随时间线性增加。观测到的扩张参数 $S\approx 0.062$,接近实验观测范围的下限(0.06 ~ 0.11)。

在实验中,很难获得与时间混合层对应的极限 $U_l/U_h\to 1$。然而,Bell 和 Mehta(1990)在 $U_l/U_h = 0.6$ 下产生与 Rogers 和 Moser(1994)的时间混合层相似的结果。在实验中,扩散参数为 $S\approx 0.069$。

图 5.24 中显示的时间混合层与 $U_l/U_h = 0.6$ 的空间混合层的缩比平均速度剖面是难以分辨的。在图 5.24 中还显示了一个误差函数剖面,它是时间混合层的等湍流黏性解(见练习 5.33)。与射流一样,相比测量结果,由等湍流黏性解给出的平均速度剖面更缓慢地趋向于自由流速度。图 5.25 显示了缩比雷诺应力剖面,两个

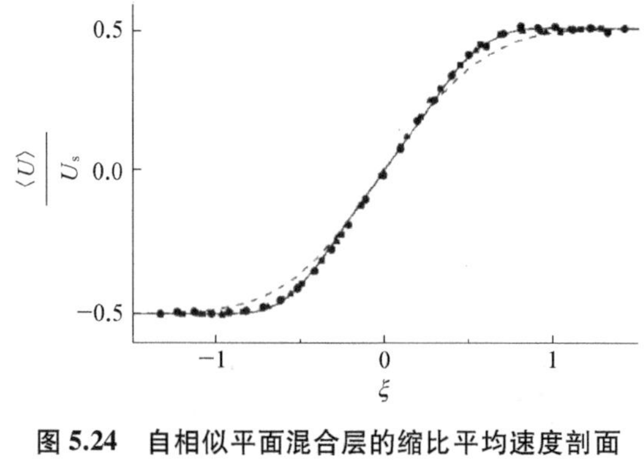

图 5.24 自相似平面混合层的缩比平均速度剖面

符号:Bell 和 Mehta(1990)的实验值(U_l/U_h = 0.6);实线:时间混合层的 DNS 数据(Rogers and Moser, 1994);虚线:选择宽度以匹配层混合层中心数据的误差函数剖面

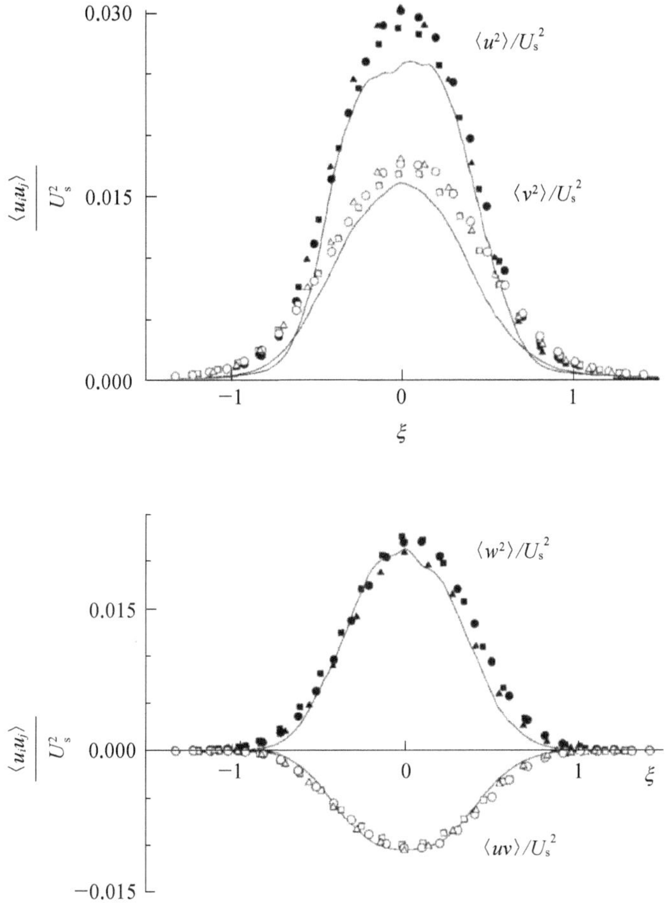

图 5.25　自相似平面混合层的缩比雷诺应力剖面

符号：Bell 和 Mehta（1990）的实验值（U_1/U_h = 0.6）；实线：时间混合层的 DNS 数据（Rogers and Moser，1994）

混合层的雷诺应力剖面差别很小。

对于混合层，由于 U_s 固定，δ 随 x 线性变化，雷诺数 $Re_0(x) \equiv U_s\delta/\nu$，并且湍流黏性也随 x 线性增长。以 $U_c U_s^2 \delta$ 进行缩比的湍动能流速 $\dot{K} = \int_{-\infty}^{\infty} \langle U \rangle k \mathrm{d}y$，也随 x 线性增加，这与 $\dot{K}$ 随 x 减小的射流和尾流相反。由于在混合层中，$\dot{K}$ 随 x 增大，对整个流动取平均，生成 $\mathcal{P}$ 必然大于耗散 ε。Rogers 和 Moser（1994）观察到了混合层中心，$\mathcal{P}/\varepsilon \approx 1.4$。

在后面的练习中，推导了空间和时间混合层的相似性方程。时间混合层是对称的[即 $\bar{y}$ 为零，$f(\xi)$ 为奇函数]，自由流是平行的（即 $\langle V \rangle_{y=\infty} = \langle V \rangle_{y=-\infty} = 0$）。

空间混合层是不对称的，它优先向低速流动扩散（$\mathrm{d}\bar{y}/\mathrm{d}x$ 为负），并夹带流体（即 $\langle V\rangle_{y=\infty}$ 为零，$\langle V\rangle_{y=-\infty}$ 为正）。因此，两个自由流并不完全平行（在实验中，通过调整风洞壁面的倾角，可以将自由流保持在近似均匀的速度）。

练 习

5.29 根据 ξ 的定义和缩比速度 $f(\xi)$ [式(5.206)和式(5.207)]证明：

$$\frac{\partial\langle U\rangle}{\partial x}=-\frac{U_{\mathrm{s}}}{\delta}f'\left(\xi\frac{\mathrm{d}\delta}{\mathrm{d}x}+\frac{\mathrm{d}\bar{y}}{\mathrm{d}x}\right)\tag{5.212}$$

在自相似混合层中，不考虑 $\bar{y}(x)$ 的定义。通过平均连续性方程，证明：

$$\begin{aligned}&(\langle V\rangle_{y=\infty}-\langle V\rangle_{y=-\infty})/U_{\mathrm{s}}\\&=\frac{\mathrm{d}\bar{y}}{\mathrm{d}x}+\frac{\mathrm{d}\delta}{\mathrm{d}x}\left[-\int_{-\infty}^{0}\left(\frac{1}{2}+f\right)\mathrm{d}\xi+\int_{0}^{\infty}\left(\frac{1}{2}-f\right)\mathrm{d}\xi\right]\\&=\frac{\mathrm{d}\delta}{\mathrm{d}x}\left[-\int_{-\infty}^{y=0}\left(\frac{1}{2}+f\right)\mathrm{d}\xi+\int_{y=0}^{\infty}\left(\frac{1}{2}-f\right)\mathrm{d}\xi\right]\end{aligned}\tag{5.213}$$

选择坐标系，使 x 轴平行于高速自由流中的速度，因此 $\langle V\rangle_{y=\infty}$ 为零。然后证明横向平均速度为

$$\frac{\langle V\rangle}{U_{\mathrm{s}}}=\frac{\mathrm{d}\delta}{\mathrm{d}x}\left[\xi\left(f-\frac{1}{2}\right)+\int_{\xi}^{\infty}\left(f-\frac{1}{2}\right)\mathrm{d}\xi\right]+\frac{\mathrm{d}\bar{y}}{\mathrm{d}x}\left(f-\frac{1}{2}\right)\tag{5.214}$$

由此表明，边界层方程可以写为

$$\left[\left(\frac{U_{\mathrm{c}}}{U_{\mathrm{s}}}+\frac{1}{2}\right)\left(\xi\frac{\mathrm{d}\delta}{\mathrm{d}x}+\frac{\mathrm{d}\bar{y}}{\mathrm{d}x}\right)-\frac{\mathrm{d}\delta}{\mathrm{d}x}\int_{\xi}^{\infty}\left(f-\frac{1}{2}\right)\mathrm{d}\xi\right]f'=g'\tag{5.215}$$

其中，

$$g(\xi)\equiv\langle uv\rangle/U_{\mathrm{s}}^{2}\tag{5.216}$$

上述结果适用于任何 $\bar{y}(x)$ 的规范。现在特别说明 $\bar{y}(x)$ 是剪切应力 $|g|$ 峰值位置的情况。考虑方程(5.215)中 $\xi=0$ 时，证明：

$$\begin{aligned}\frac{\mathrm{d}\bar{y}}{\mathrm{d}x}&=-\frac{\mathrm{d}\delta}{\mathrm{d}x}\int_{0}^{\infty}\left(\frac{1}{2}-f\right)\mathrm{d}\xi\Big/\left(\frac{U_{\mathrm{c}}}{U_{\mathrm{s}}}+\frac{1}{2}\right)\\&=-\frac{U_{\mathrm{s}}}{U_{\mathrm{h}}}\frac{\mathrm{d}\delta}{\mathrm{d}x}\int_{0}^{\infty}\left(\frac{1}{2}-f\right)\mathrm{d}\xi\end{aligned}\tag{5.217}$$

有了 $\bar{y}(x)$ 的规范,可以证明边界层方程变为

$$\frac{\mathrm{d}\delta}{\mathrm{d}x}\left(\frac{U_{\mathrm{c}}}{U_{\mathrm{s}}}\xi+\int_0^{\xi}f\mathrm{d}\xi\right)f'=g' \tag{5.218}$$

5.30　证明夹带速度为

$$\langle V\rangle_{y=-\infty}=U_{\mathrm{s}}\frac{\mathrm{d}\delta}{\mathrm{d}x}\left[\int_{-\infty}^{0}\left(\frac{1}{2}+f\right)\mathrm{d}\xi-\frac{U_{\mathrm{l}}}{U_{\mathrm{h}}}\int_0^{\infty}\left(\frac{1}{2}-f\right)\mathrm{d}\xi\right] \tag{5.219}$$

讨论时间和空间混合层 $\langle V\rangle_{y=-\infty}$ 的符号。

5.31　通过从 $\xi=-\infty$ 到 $\xi=\infty$ 的积分,获得如下关系式:

$$\begin{aligned}&\frac{U_{\mathrm{c}}}{U_{\mathrm{s}}}\left[\int_0^{\infty}\left(\frac{1}{2}-f\right)\mathrm{d}\xi-\int_{-\infty}^{0}\left(\frac{1}{2}+f\right)\mathrm{d}\xi\right]\\&+\int_0^{\infty}f\left(\frac{1}{2}-f\right)\mathrm{d}\xi+\int_{-\infty}^{0}-f\left(\frac{1}{2}+f\right)\mathrm{d}\xi=0\end{aligned} \tag{5.220}$$

结果表明,空间混合层不可能是对称的。

5.32　如果 $f(\xi)$ 由误差函数近似,则有

$$\int_{-\infty}^{0}\left(\frac{1}{2}+f\right)\mathrm{d}\xi=\int_0^{\infty}\left(\frac{1}{2}-f\right)\mathrm{d}\xi=I_0\approx 0.24 \tag{5.221}$$

利用该近似,获得结果:

$$-\frac{\mathrm{d}\bar{y}}{\mathrm{d}x}=\frac{\langle V\rangle_{y=-\infty}}{U_{\mathrm{s}}}=\frac{U_{\mathrm{s}}}{U_{\mathrm{h}}}\frac{\mathrm{d}\delta}{\mathrm{d}x}I_0 \tag{5.222}$$

对于 $U_{\mathrm{h}}/U_{\mathrm{l}}=2$ 的混合层,扩散速率 S 取 0.09,估算式(5.222)右侧的值,并证明在低速流动中,流线与 x 轴之间的角度约为 0.5°。

5.33　根据湍流黏性假设, $g=-\hat{\nu}_{\mathrm{T}}f'$, 并且假设 $\hat{\nu}_{\mathrm{T}}$ 是均匀的,证明时间混合层的动量方程[式(5.208)]可简化为

$$S\xi f'=-\hat{\nu}_{\mathrm{T}}f'' \tag{5.223}$$

证明该方程的解(满足适当的边界条件)为

$$\begin{aligned}f(\xi)&=\int_0^{\xi}\frac{1}{\sigma\sqrt{2\pi}}\exp\left(-\frac{1}{2}\zeta^2/\sigma^2\right)\mathrm{d}\zeta\\&=\frac{1}{2}\mathrm{erf}\left(\frac{\xi}{\sigma\sqrt{2}}\right)\end{aligned} \tag{5.224}$$

其中,

$$\sigma^2 = \hat{\nu}_{\mathrm{T}}/S \tag{5.225}$$

条件 $f\left(\pm\frac{1}{2}\right) = \pm 0.4$ 满足：

$$\sigma = \left[2\sqrt{2}\,\mathrm{erf}^{-1}\left(\frac{4}{5}\right)\right]^{-1} \approx 0.390\,2 \tag{5.226}$$

5.34 对于自相似时间混合层，从动量方程[式(5.218)]起，证明混合层中心的无量纲化剪切应力为

$$-g(0) = S\int_0^{\infty} \xi f'\mathrm{d}\xi = S\int_0^{\infty}\left(\frac{1}{2} - f\right)\mathrm{d}\xi \tag{5.227}$$

如果 $f(\xi)$ 由误差函数曲线近似[式(5.224)]，证明：

$$-g(0) = \frac{S\sigma}{\sqrt{2\pi}} \approx 0.156S \tag{5.228}$$

$g(0)$ 和 S 的测量值与此关系式的一致性如何？

5.4.3 平面尾流

如图 5.14(c)所示，当均匀流（x 方向的速度 U_c）流过圆柱体（中心轴与 z 轴平齐）时，形成平面尾流。这种流动在统计上是二维定常的，并且关于平面 $y = 0$ 对称。

特征对流速度为自由流速度 U_c，特征速度差为

$$U_s(x) \equiv U_c - \langle U(x,\ 0,\ 0)\rangle \tag{5.229}$$

定义半宽度 $y_{1/2}(x)$ 为

$$\langle U(x,\ \pm y_{1/2},\ 0)\rangle = U_c - \frac{1}{2}U_s(x) \tag{5.230}$$

正如预期，随着下游距离的增加，尾流扩散（$y_{1/2}$ 增加）并衰减（U_s/U_c 减小并趋向于零）。

与混合层一样，有两种不同的速度尺度，即 U_s 和 U_c。在混合层中，它们具有恒定的比值，与 x 无关。而对于尾流，比值 U_s/U_c 随 x 衰减。因此，流动不是完全自相似的；但当 U_s/U_c 趋于零时，在尾流远处逐渐变得自相似。在实验中，当该速度比约小于 1/10 时，能够观察到自相似行为。

当 $\xi \equiv y/y_{1/2}(x)$ 为缩比横向流变量时，定义自相似速度亏损 $f(\xi)$ 为

$$f(\xi) = [U_c - \langle U(x,\ y,\ 0)\rangle]/U_s(x) \tag{5.231}$$

因此,平均速度为

$$\langle U\rangle = U_c - U_s(x)f(\xi) \tag{5.232}$$

根据这些定义,可得 $f(0) = 1$ 和 $f(\pm 1) = 1/2$。

定义(单位展向)动量亏损流率 $\dot{M}(x)$ 为

$$\dot{M}(x) = \int_{-\infty}^{\infty} \rho\langle U\rangle(U_c - \langle U\rangle)\mathrm{d}y \tag{5.233}$$

在自相似区域,有

$$\dot{M}(x) = \rho U_c U_s(x) y_{1/2}(x) \int_{-\infty}^{\infty}\left[1 - \frac{U_s}{U_c}f(\xi)\right]f(\xi)\mathrm{d}\xi \tag{5.234}$$

将动量定理应用于圆柱绕流和尾流(Batchelor, 1967),结果表明,动量亏损流率 $\dot{M}(x)$ 是守恒的(与 x 无关),并等于圆柱(单位展向)的阻力(见练习 5.35)。由此,从式(5.234)可以明显看出,在尾流远处 ($U_s/U_c \to 0$),乘积 $U_s(x)y_{1/2}(x)$ 与 x 无关。

在尾流远处,平均对流项 $\bar{D}\langle U\rangle/\bar{D}t$ 可简化为 $U_c\partial\langle U\rangle/\partial x$,因此边界层方程变为

$$U_c\frac{\partial\langle U\rangle}{\partial x} = -\frac{\partial\langle uv\rangle}{\partial y} \tag{5.235}$$

将其表示为相似性变量 $f(\xi)$ 和 $g(\xi) = \langle uv\rangle/U_s^2$ 的形式,该方程为

$$S(\xi f)' = -g' \tag{5.236}$$

其中,扩散参数(见练习 5.36)为

$$S \equiv \frac{U_c}{U_s}\frac{\mathrm{d}y_{1/2}}{\mathrm{d}x} \tag{5.237}$$

方程(5.236)表明自相似性决定了 S 是常数。结合 $U_s(x)y_{1/2}(x)$ 是常数的特性,意味着 $U_s(x)$ 和 $y_{1/2}(x)$ 分别以 $x^{-1/2}$ 和 $x^{1/2}$ 变化。注意到方程(5.236)可以进行积分,得到剪切应力、平均速度与扩散速率之间的简单关系:

$$g = -S\xi f \tag{5.238}$$

湍流黏性 ν_T 与 $U_s(x)y_{1/2}(x)$ 成比例,因此与 x 无关。假设湍流黏性为常数,即

$$\nu_T = \hat{\nu}_T U_s(x) y_{1/2}(x) \tag{5.239}$$

式(5.238)的解为

$$f(\xi) = \exp(-\alpha\xi^2) \tag{5.240}$$

其中，$\alpha = \ln 2 \approx 0.693$（见练习 5.37）。湍流雷诺数为

$$R_T \equiv \frac{U_s(x)y_{1/2}(x)}{\nu_T} = \frac{1}{\hat{\nu}_T} = \frac{2\ln 2}{S} \tag{5.241}$$

Wynanski 等（1986）报道了演示实验。除了圆柱外，研究人员还使用对称翼型和矩形薄板来产生平面尾流。在每种情况下均可（令人信服地）发现流动具有自相似性，平均速度剖面如图 5.26 所示。除边缘外，等湍流黏性解与数据吻合较好，与射流的情况一致。

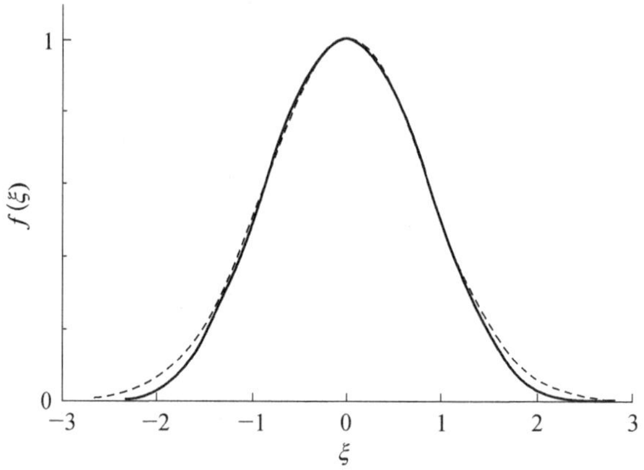

图 5.26 自相似平面尾流的无量纲化速度差剖面

实线：Wynanski 等（1986）的实验数据；虚线：等湍流黏性解[式（5.240）]

然而，不同构型产生的尾流似乎并不趋向于完全相同的自相似状态。扩散速率参数分别为 $S_{\text{plate}} = 0.073$，$S_{\text{cylinder}} = 0.083$，以及 $S_{\text{airfoil}} = 0.103$。根据式（5.238），剪切应力剖面表现出相同程度的差异。对于薄板，峰值轴向速度均方根为 $\langle u^2\rangle_{\max}^{1/2}/U_s = 0.32$，而对于翼型，该值是 0.41。正如 George（1989）所讨论的那样，观察到的不同状态均与自相似性完全一致。然而，当湍流流体向下游对流时，它保留了尾流产生的信息，而不是趋向于同一状态。

练 习

5.35 根据边界层方程，证明对于平面尾流有

$$\frac{\partial}{\partial x}[\langle U\rangle(U_c - \langle U\rangle)] + \frac{\partial}{\partial y}[\langle V\rangle(U_c - \langle U\rangle)] = \frac{\partial}{\partial y}\langle uv\rangle \tag{5.242}$$

由此证明动量耗散流率是守恒的[式(5.233)]。

5.36　对于自相似平面尾流，由于 $y_{1/2}(x)U_s(x)$ 与 x 无关，表明：

$$\frac{y_{1/2}U_c}{U_s^2}\frac{\mathrm{d}U_s}{\mathrm{d}x} = -S \tag{5.243}$$

其中，扩散参数 S 由式(5.237)定义。从方程(5.232)可以得到：

$$\frac{\partial\langle U\rangle}{\partial x} = -f\frac{\mathrm{d}U_s}{\mathrm{d}x} + \frac{U_s}{y_{1/2}}\frac{\mathrm{d}y_{1/2}}{\mathrm{d}x}\xi f' \tag{5.244}$$

因此：

$$\frac{U_c y_{1/2}}{U_s^2}\frac{\partial\langle U\rangle}{\partial x} = S(\xi f)' \tag{5.245}$$

缩比剪切应力为

$$g(\xi) = \langle uv\rangle / U_s^2 \tag{5.246}$$

证明(近似)边界层方程：

$$U_c\frac{\partial\langle U\rangle}{\partial x} = -\frac{\partial\langle uv\rangle}{\partial y} \tag{5.247}$$

可以写为

$$S(\xi f)' = -g' \tag{5.248}$$

5.37　表明湍流黏性假设(具有均匀 ν_T) 相当于：

$$g = \hat{\nu}_T f' \tag{5.249}$$

将式(5.249)代入式(5.248)，得到解：

$$f(\xi) = \exp(-\alpha\xi^2) \tag{5.250}$$

其中，

$$\alpha = \frac{S}{2\hat{\nu}_T} \tag{5.251}$$

证明：$\alpha = \ln 2$，因此有

$$\frac{1}{\hat{\nu}_T} = \frac{2\ln 2}{S} \tag{5.252}$$

5.4.4 轴对称尾流

轴对称尾流的分析情况与平面尾流类似。但是,实验数据却表现出显著差异。

一种轴对称尾流是在圆形物体后面形成的,如球体、球体或圆盘,保持在一个以一定的 x 方向速度的均匀流动中。流动在统计上是轴对称的,统计与 x 和 r 相关,但与 θ 无关。以明显的方式定义中心线速度差 $U_s(x)$ 和流动半宽 $r_{1/2}(x)$。

与平面尾流一样,只有当 U_s/U_c 趋于零,然后扩散参数 $S = U_c/U_s \mathrm{d}r_{1/2}/\mathrm{d}x$ 为常数时,才可能存在自相似性。然而,对于这种流动,动量耗散流量等于物体上的阻力——与 $\rho U_c U_s r_{1/2}^2$ 成正比。因此,U_s 以 $x^{-2/3}$ 变化,$r_{1/2}$ 以 $x^{1/3}$ 变化,并且雷诺数以 $x^{-1/3}$ 减小。假设湍流黏性在整个流动中是均匀的,会形成与平面尾流相同的平均速度亏损剖面[式(5.239)~式(5.241)]。

Uberoi 和 Freymuth(1970)在雷诺数 $Re_d \equiv U_c d/\nu = 8\,600$ 的条件下,开展了球体(直径为 d)尾流的测量实验。在初始发展区域($x/d < 50$)下游,在 $50 < x/d < 150$ 流向范围可发现平均速度和雷诺应力的自相似性。图 5.27 给出了测量的平均速度亏损剖面与等湍流黏性解的对比,图 5.28 显示了速度均方根剖面。可以观察到 $\langle u^2\rangle^{1/2}/U_s$ 的峰值约为 0.9,远高于我们考察过的其他流动。相应地,扩散参数为 $S \approx 0.51$,至少比平面尾流中观察到的扩散参数大 5 倍。

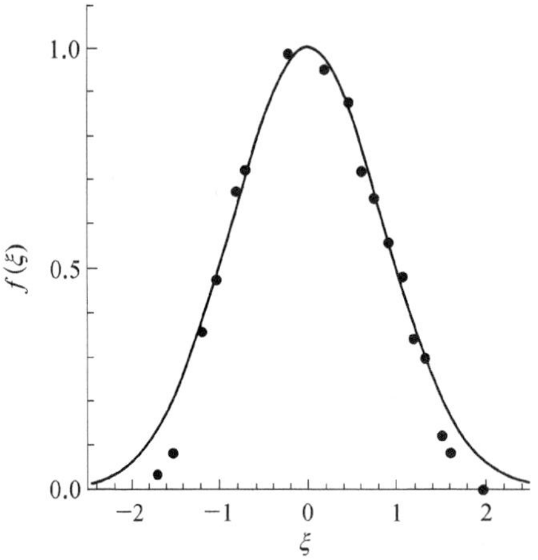

图 5.27 自相似轴对称尾流中的平均速度亏损剖面

符号: Uberoi 和 Freymuth(1970)的实验数据;
曲线: 等湍流黏性解 $f(\xi) = \exp(-\xi^2 \ln 2)$

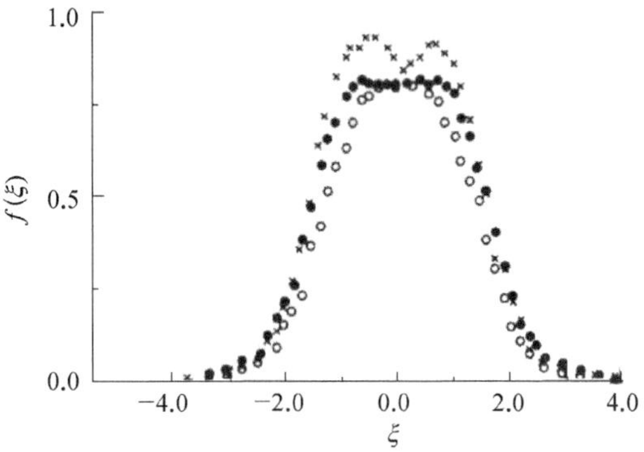

图 5.28 自相似轴对称尾流中的 RMS 速度剖面

Uberoi 和 Freymuth (1970) 的实验数据: × 表示 $\langle u^2\rangle^{1/2}/U_s$; ●表示 $\langle v^2\rangle^{1/2}/U_s$; ○表示 $\langle w^2\rangle^{1/2}/U_s$

湍动能的平衡(图 5.29)也与其他气流动明显不同。主导项是来自上游的对流(即 $-\langle U\rangle \partial k/\partial x$),耗散 ε 和横向输运各为其一半左右。相反,在峰值处,生成 $\mathcal{P}$ 仅为耗散 ε 的 20%和对流的 15%。对流的主导和相对较小的生成表明湍流主要受

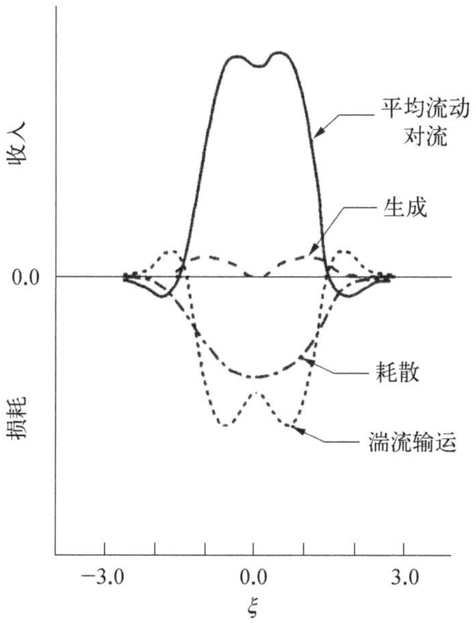

图 5.29　自相似轴对称尾流的湍动能平衡[来自 Uberoi 和 Freymuth(1970)的实验数据]

上游条件的影响。

扩散参数和湍流水平在很大程度上取决于产生尾流的物体几何形状(表 5.3)。这一实验观察有效验证了假设。从流线型物体到钝体，S 增加 10 倍，相对湍流强度增加 3 倍。第 5.5.4 节将进一步讨论这些观察结果。

表 5.3　不同物体产生轴对称尾流的扩散参数和湍流强度

物　体	扩散参数 S	中心线湍流强度 $\langle u^2\rangle_0^{1/2}/U_s$	研　究　者
49%阻隔屏	0.064	0.3	Cannon 和 Champagne(1991)
6∶1 球头	0.11	0.3	Chevray(1968)
84%阻隔屏	0.34	0.75	Cannon 和 Champagne(1991)
球体	0.51	0.84	Uberoi 和 Freymuth(1970)
圆盘	0.71	1.1	Cannon 和 Champagne(1991)
圆盘	0.8	0.94	Carmody(1964)

在本章所研究的自由剪切流，只有在轴对称尾流中的雷诺数随 x 减小(以 $x^{-1/3}$)。因此，只有在有限的 x 范围内才能存在自相似性(与 Re 无关)；因为，在足

够大的 x 下，可以假设流动重新层流化。层流尾流具有相同的自相似速度分布，但其 U_s 和 $r_{1/2}$ 分别随 x^{-1} 和 $x^{1/2}$ 变化。一些实验数据[如 Cannon 和 Champane(1991)的研究]与自相似性(基于高雷诺数缩比)存在一定的偏差。

练 习

5.38 对于远的轴对称尾流，从近似边界层方程开始：

$$U_c \frac{\partial\langle U\rangle}{\partial x} = -\frac{1}{r}\frac{\partial}{\partial r}(r\langle uv\rangle) \tag{5.253}$$

推导出动量亏损流量是守恒的：

$$\dot{M} \equiv \int_0^\infty 2\pi r\rho U_c(U_c - \langle U\rangle)\,\mathrm{d}r \tag{5.254}$$

对于自相似尾流，将 $\dot{M}$ 重新以 U_s 和 $f(\xi) = (U_c - \langle U\rangle)/U_s$ 的形成表示，其中 $\xi = r/r_{1/2}$。因此，可以证明：

$$\frac{r_{1/2}U_c}{U_s^2}\frac{\mathrm{d}U_s}{\mathrm{d}x} = -2S \tag{5.255}$$

其中，扩散参数为

$$S \equiv \frac{U_c}{U_s}\frac{\mathrm{d}r_{1/2}}{\mathrm{d}x} \tag{5.256}$$

5.39 从方程(5.253)开始，推导：

$$-S(\xi f + \xi^2 f') = (\xi g)' \tag{5.257}$$

对于自相似轴对称尾流，$g(\xi) = \langle uv\rangle/U_s^2$。因此，证明：

$$g = -Sf\xi \tag{5.258}$$

如果采用均匀湍流黏性的假设(即 $g = \hat{\nu}_T f'$)，证明式(5.258)的解为

$$f(\xi) = \exp(-\xi^2 \ln 2) \tag{5.259}$$

那么：

$$S = 2\ln 2\,\hat{\nu}_T \tag{5.260}$$

5.4.5 均匀剪切流

流场观测结果显示，我们所考察的自由剪切流本质上是统计非均匀的。在时

间混合层的中心，平均剪切速率 $\partial\langle U\rangle/\partial y$ 非常均匀，但雷诺应力呈现明显的空间变化。

湍动能不随时间变化，但生成比耗散多 40%。产生的多余能量向外输运，涉及的输运过程基本上取决于流场的不均匀性。与这些流动相反，研究均匀湍流是有益的，因为在这种流动中不存在输运过程。根据均匀湍流的定义，速度 $\boldsymbol{u}(\boldsymbol{x}, t)$ 和压力 $p'(\boldsymbol{x}, t)$ 的脉动分量在统计上是均匀的。因此，施加的平均速度梯度 $\partial\langle U_i\rangle/\partial x_j$ 必须是均匀的，尽管它们可能随时间变化(见练习 5.40 和 5.41)。这里考察的均匀剪切流，单个施加的平均速度梯度 $S = \partial\langle U\rangle/\partial y$ 是常数。

在风洞实验中，均匀剪切流可以得到很好的近似。通过控制上游的流动阻力，可以产生具有图 5.30 所示平均速度剖面的湍流(平均流动完全在 x 方向，即 $\langle V\rangle = \langle W\rangle = 0$，并且 $\langle U\rangle$ 仅在 y 方向上变化)。流动开始处 $(x/h = 0)$，垂直于流动的方向上的雷诺应力是均匀的，并且这种均匀性在下游持续存在。图 5.31 显示了 Tavoularis 和 Corrsin(1981)测量的雷诺应力在轴向上的变化情况。尽管存在这种轴向变化，但在以平均速度 U_c 移动的坐标系内，湍流是近似均匀的。对均匀剪切流的直接数值模拟结果[如 Rogallo(1981)，以及 Rogers 和 Moin(1987)的研究]与实验基本一致。

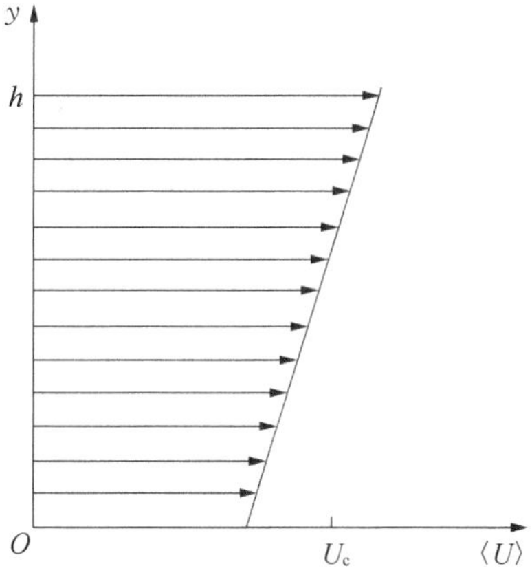

图 5.30　均匀剪切流中平均速度剖面的示意图

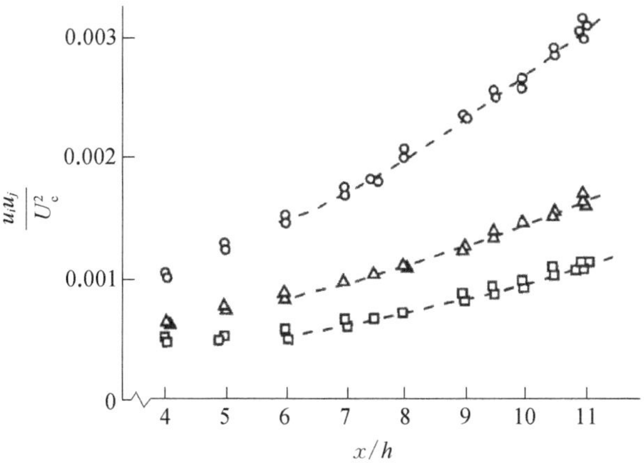

图 5.31　均匀剪切流中雷诺应力随轴向距离的变化

Tavoularis 和 Corrsin(1981)的实验：○表示 $\langle u^2\rangle$；□表示 $\langle v^2\rangle$；△表示 $\langle w^2\rangle$

这些研究得出的重要结论是：经过一段时间的发展后，均匀剪切湍流变得自相似。也就是说，当统计数据通过施加的剪切率 $\mathcal{S}$ 和动能 $k(t)$ 标准化后，变得与时间无关。表 5.4 比较了 Tavoularis 和 Corrsin(1981)所进行的实验中的两个位置与 Rogers 和 Moin(1987)所进行的 DNS 研究中的一些统计数据。在 $x/h = 7.5$ 与 $x/h = 11.0$ 之间，动能增加 65%，但无量纲化雷诺应力几乎没有变化。湍流时间尺度 $\tau = k/\varepsilon$ 变化不明显，但与施加的平均流动时间尺度 $\mathcal{S}^{-1}$ 固定成比例。在两个测量位置之间，纵向积分长度尺度 L_{11} 增加 30%，但在用 $\mathcal{S}$ 和 k 标准化后保持不变。

表 5.4 均匀剪切湍流的统计值[Tavoularis 和 Corrsin(1981)的实验，以及 Rogers 和 Moin(1987)的 DNS 研究结果]

统计值	Tavoularis 和 Corrsin		Rogers 和 Moin
	$x/h = 7.5$	$x/h = 11.0$	$\mathcal{S}t = 8.0$
$\langle u^2\rangle/k$	1.04	1.07	1.06
$\langle v^2\rangle/k$	0.37	0.37	0.32
$\langle w^2\rangle/k$	0.58	0.56	0.62
$-\langle uv\rangle/k$	0.28	0.28	0.33
$-\rho_{uv}$	0.45	0.45	0.57
$\mathcal{S}k/\varepsilon$	6.5	6.1	4.3
$\mathcal{P}/\varepsilon$	1.8	1.7	1.4
$L_{11}\,\mathcal{S}/k^{1/2}$	4.0	4.0	3.7
$L_{11}/(k^{3/2}/\varepsilon)$	0.62	0.66	0.86

湍动能的演化方程，可简单地表示为

$$\frac{\mathrm{d}k}{\mathrm{d}t} = \mathcal{P} - \varepsilon \tag{5.261}$$

见练习 5.40，其可重写为

$$\frac{\tau}{k}\frac{\mathrm{d}k}{\mathrm{d}t} = \frac{\mathcal{P}}{\varepsilon} - 1 \tag{5.262}$$

其中，因为 τ 和 $\mathcal{P}/\varepsilon$ 是常数，所以解为

$$k(t) = k(0)\exp\left[\frac{t}{\tau}\left(\frac{\mathcal{P}}{\varepsilon} - 1\right)\right] \tag{5.263}$$

由于 $\mathcal{P}/\varepsilon \approx 1.7$ 大于 1，动能随时间呈指数增长。因此，ε 和 $L \equiv k^{3/2}/\varepsilon = k^{1/2}/\tau$ 也

呈指数增长。Tavoularis 和 Karnik(1989)、de Souza 等(1995)和 Lee 等(1990)对均匀剪切流进行了另外的实验和 DNS。

练　习

5.40　从纳维-斯托克斯方程[式(2.35)]中减去雷诺方程[式(4.12)],证明脉动速度 $\boldsymbol{u}(\boldsymbol{x}, t)$ 的演变为

$$\frac{\mathrm{D}u_j}{\mathrm{D}t} = - u_i \frac{\partial \langle U_j \rangle}{\partial x_i} + \frac{\partial}{\partial x_i}\langle u_i u_j \rangle + \nu \nabla^2 u_j - \frac{1}{\rho}\frac{\partial p'}{\partial x_j} \tag{5.264}$$

证明,对于均匀湍流:

$$\left\langle u_j \frac{\mathrm{D}u_j}{\mathrm{D}t} \right\rangle = \frac{\mathrm{d}k}{\mathrm{d}t} \tag{5.265}$$

$$\left\langle u_j \frac{\partial p'}{\partial x_j} \right\rangle = 0 \tag{5.266}$$

$$\nu \langle u_j \nabla^2 u_j \rangle = - \varepsilon \tag{5.267}$$

因此,动能演变为

$$\frac{\mathrm{d}k}{\mathrm{d}t} = \mathcal{P} - \varepsilon \tag{5.268}$$

其中,

$$\mathcal{P} \equiv - \langle u_i u_j \rangle \frac{\partial \langle U_j \rangle}{\partial x_i} \tag{5.269}$$

注意,这意味着均匀湍流的一个必要条件是均匀的平均速度梯度。

5.41　通过 $\langle U_j \rangle$ 的雷诺方程[式(4.12)]对 x_k 进行微分,证明,在均匀湍流中,速度梯度的演变为

$$\frac{\mathrm{d}}{\mathrm{d}t}\frac{\partial \langle U_j \rangle}{\partial x_k} + \frac{\partial \langle U_i \rangle}{\partial x_k}\frac{\partial \langle U_j \rangle}{\partial x_i} = - \frac{1}{\rho}\frac{\partial^2 \langle p \rangle}{\partial x_j \partial x_k} \tag{5.270}$$

因此,证明平均应变速率:

$$\bar{S}_{jk} \equiv \frac{1}{2}\left(\frac{\partial \langle U_j \rangle}{\partial x_k} + \frac{\partial \langle U_k \rangle}{\partial x_j}\right)$$

以及转动为

$$\bar{\Omega}_{jk} \equiv \frac{1}{2}\left(\frac{\partial\langle U_j\rangle}{\partial x_k} - \frac{\partial\langle U_k\rangle}{\partial x_j}\right)$$

演变为

$$\frac{\mathrm{d}\bar{S}_{jk}}{\mathrm{d}t} + \bar{S}_{ik}\bar{S}_{ji} + \bar{\Omega}_{ik}\bar{\Omega}_{ji} = -\frac{1}{\rho}\frac{\partial^2\langle p\rangle}{\partial x_j \partial x_k} \tag{5.271}$$

$$\frac{\mathrm{d}\bar{\Omega}_{jk}}{\mathrm{d}t} + \bar{S}_{ik}\bar{\Omega}_{ji} + \bar{\Omega}_{ik}\bar{S}_{ji} = 0 \tag{5.272}$$

注意,平均压力场的形式为 $\langle p(\boldsymbol{x}, t)\rangle = A(t) + B_i(t)x_i + C_{ij}(t)x_ix_j$,并且可以选择 $C_{ij}(t)$ 来产生任何期望的演化 $\mathrm{d}\bar{S}_{jk}/\mathrm{d}t$。另外,平均旋转速率的演化完全由 $\bar{S}_{ij}$ 和 $\bar{\Omega}_{ij}$ 决定。

5.4.6 栅格湍流

在没有平均速度梯度的情况下,因为没有生成($\mathcal{P}=0$),均匀湍流会衰减。在风洞实验中,将均匀流(x 方向上的速度为 U_0)通过类似于图 5.32 所示的栅格(以栅格间距 M 为特征),可以获得衰减均匀湍流的良好近似。在实验室坐标系中,流动在统计上是稳定的,并且(在流动的中心)统计量仅在 x 方向上变化。在以平均速度 U_0 移动坐标系中,湍流是均匀的(适当近似),并且它随时间($t = x/U_0$)发展。

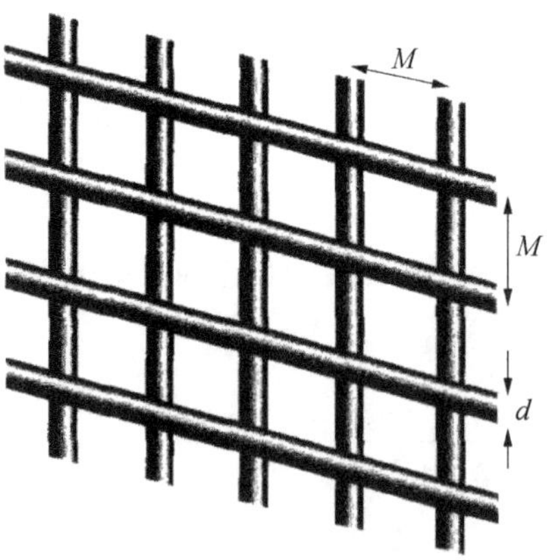

图 5.32 产生湍流的栅格示意图,栅格由直径为 d 的横条组成,间距为 M

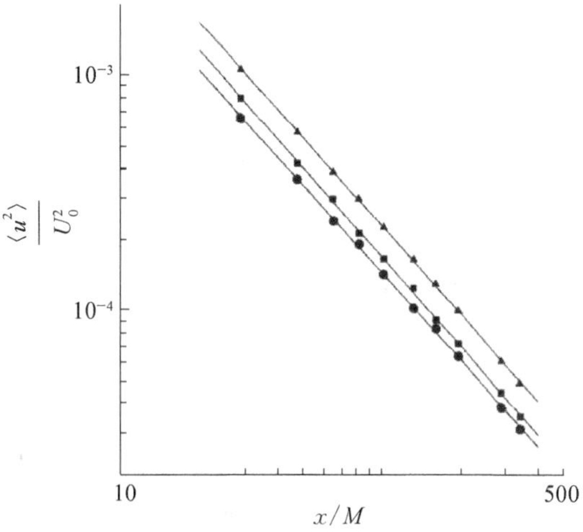

图 5.33 栅格湍流中雷诺应力的衰减

方形表示$\langle u^2\rangle/U_0^2$;圆形表示$\langle v^2\rangle/U_0^2$;三角形表示 k/U_0^2;线:与$(x/M)^{-1.3}$成比例[数据来自 Comte-Bellot 和 Corrsin(1966)的研究]

图 5.33 显示了 Comte-Bellot 和 Corrsin(1966)栅格湍流实验的$\langle u^2\rangle$和$\langle v^2\rangle$测量值。(理想)实验的对称性决定了$\langle v^2\rangle$与$\langle w^2\rangle$相等,并且所有的剪切应力均为零。可以看出,轴向速度均方根$\langle u^2\rangle^{1/2}$比横向均方根$\langle v^2\rangle^{1/2}$大 10%。Comte-Bellot 和 Corrsin(1966)证实了对实验进行修正可以得到相等的法向应力,从而更好地近似于理想的均匀各向同性湍流。

从图 5.33 可以明显看出,法向应力和 k 衰减为幂律,在实验室框架中,可以写为

$$\frac{k}{U_0^2}=A\left(\frac{x-x_0}{M}\right)^{-n} \tag{5.273}$$

其中,x_0 为虚拟原点。文献报道的衰减指数 n 的值介于 1.15 ~ 1.45。然而,Mohamed 和 LaRue(1990)则认为,几乎所有的数据都与 $n=1.3$(和 $x_0=0$)一致。对于不同的栅格几何形状和雷诺数,A 的值变化很大。

在移动坐标系中,可以写出幂律[方程(5.273)]:

$$k(t)=k_0\left(\frac{t}{t_0}\right)^{-n} \tag{5.274}$$

其中,t_0 是任意参考时间;k_0 是 t_0 时刻 k 的值。通过微分,得到:

$$\frac{\mathrm{d}k}{\mathrm{d}t}=-\left(\frac{nk_0}{t_0}\right)\left(\frac{t}{t_0}\right)^{-(n+1)} \tag{5.275}$$

现在,对于衰减的均匀湍流,k 演化的精确方程[式(5.261)]可简化为

$$\frac{\mathrm{d}k}{\mathrm{d}t}=-\varepsilon \tag{5.276}$$

因此,通过比较最后两个方程,当 $\varepsilon_0=nk_0/t_0$ 时,得到 ε 也以幂律衰减:

$$\varepsilon(t)=\varepsilon_0\left(\frac{t}{t_0}\right)^{-(n+1)} \tag{5.277}$$

练习 5.42 中给出了其他量的衰减指数。

随着湍流的衰减,雷诺数减小,因此黏性效应最终占主导地位。这将导致第 6.3 节中讨论的最终衰变期,其中衰减指数为 $n=5/2$(见练习 6.10)。

从某种意义上说,栅格湍流(作为均匀各向同性湍流的近似)是最基本的湍流,因此它在实验和理论上都得到了广泛的研究。然而,从另一种意义上讲,它是病态的:与剪切湍流相比,其不存在湍流产生机制(栅格下游)。

已经发展了由一系列活动翼排列组成的"主动"栅格,可显著地产生更高水平的湍流,从而得到更高的雷诺数[如 Makita(1991),以及 Mydlarski 和 Warhaft

(1996)的研究]。

练　习

5.42 对于栅格湍流,给定 k 和 t 的衰减律[式(5.274)和式(5.277)],取 $n=1.3$,验证以下结果:

$$\tau \equiv \frac{k}{\varepsilon} \sim t$$

$$L \equiv \frac{k^{3/2}}{\varepsilon} \sim \left(\frac{t}{t_0}\right)^{(1-n/2)} = \left(\frac{t}{t_0}\right)^{0.35}$$

$$\frac{k^{1/2}L}{\nu} \sim \left(\frac{t}{t_0}\right)^{(1-n)} = \left(\frac{t}{t_0}\right)^{-0.3}$$

(注意,雷诺数 $k^{1/2}L/\nu$ 减小。L 和 τ 的增加不应被误解。这并不是湍流运动变得越大和越慢,相反,越小、越快的运动衰减得更快,剩下了更大和更慢的运动。)

5.5 进一步观察

对自由剪切流的考察主要集中在平均速度场和雷诺应力上。在本节,首先将考察对象扩展到守恒被动标量 ϕ,考虑其平均值 $\langle\phi\rangle$、方差 $\langle\phi'^2\rangle$ 及标量通量 $\langle u\phi\rangle$。随后,考察一阶矩和二阶矩无法描述的量和现象。

5.5.1 守恒标量

本章讨论的所有自由剪切流,都已经通过实验研究了守恒被动标量 $\phi(\boldsymbol{x}, t)$ 的行为。对于射流,射流流体可能温度略高于周围环境,或与周围流体的化学成分略有不同。这样可以方便得到无量纲化的标量场,在喷流中,ϕ 是 1,而在周围环境中,ϕ 是 0。有时,将这种无量纲化的标量称为混合分数(特别是在燃烧文献中)。同样,在混合层中,ϕ 在两个流动中可以分别无量纲化为 0 和 1。

对于平面流动,平均值 $\langle\phi\rangle$ 的边界层方程为

$$\langle U\rangle \frac{\partial\langle\phi\rangle}{\partial x} + \langle V\rangle \frac{\partial\langle\phi\rangle}{\partial y} = \Gamma \frac{\partial^2\langle\phi\rangle}{\partial y^2} - \frac{\partial\langle v\phi'\rangle}{\partial y} \tag{5.278}$$

该方程与轴向速度 $\langle U\rangle$ 方程[式(5.56)]非常相似,并由此产生类似的守恒量。以

平面射流为例，已经发现动量流率 $\int_{-\infty}^{\infty}\rho\langle U\rangle^2\mathrm{d}y$ 是守恒的，由此可以推断 $\langle U\rangle$ 与 $x^{-1/2}$ 成比例。类似地，从方程(5.278)可以得出标量流量 $\int_{-\infty}^{\infty}\rho\langle U\rangle\langle\phi\rangle\mathrm{d}y$ 也是守恒的，因此 $\langle\phi\rangle$ 缩比方式必须与 $\langle U\rangle$ 相同，即与 $x^{-1/2}$ 成比例。相同的结论适用于所有自相似自由剪切流：$\langle\phi\rangle$ 随 x 的比例方式与 $\langle U\rangle$ 相同。

$\langle\phi\rangle$ 的横向剖面也类似于 $\langle U\rangle$，但在所有情况下，它们都略宽于 $\langle U\rangle$。例如，图 5.34 所示为 Fabris(1979)在自相似平面尾流中测量的 $\langle U\rangle$ 和 $\langle\phi\rangle$ 的剖面。等湍流黏性 ν_T 的假设导致无量纲化速度剖面 $f(\xi)=\exp(-\xi^{s}\ln 2)$，如图 5.34 所示[见方程(5.240)]。同样，假设湍流扩散率恒定：

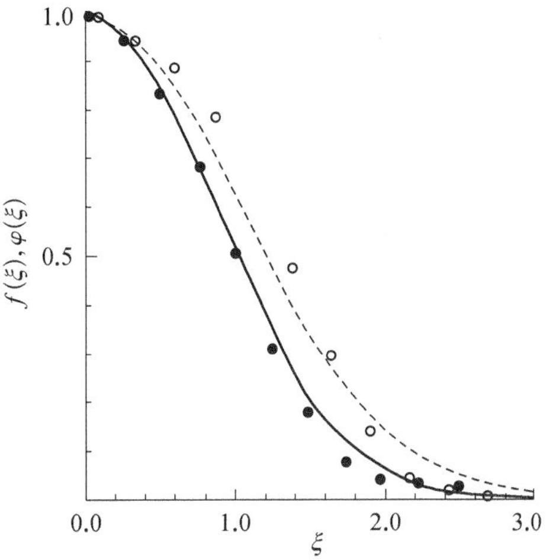

图 5.34　自相似平面尾流的无量纲化平均速度亏损 $f(\xi)$ 和标量 $\varphi(\xi)=\langle\phi\rangle/\langle\phi\rangle_{y=0}$

符号(实心 f，空心 φ)：来自 Fabris(1979)的实验结果；实线：$f(\xi)=\exp(-\xi^2\ln 2)$；虚线：$\varphi(\xi)=\exp(-\xi^2\sigma_T\ln 2)$ 且 $\sigma_T=0.7$

$$\Gamma_T=\nu_T/\sigma_T \tag{5.279}$$

其导致无量纲化标量剖面：

$$\langle\phi\rangle/\langle\phi\rangle_{y=0}=\exp(-\xi^2\sigma_T\ln 2) \tag{5.280}$$

(见练习 5.43。)湍流普朗特数设定为 $\sigma_T=0.7$ 时，该剖面与数据非常吻合(如练习 5.43 所示，标量剖面和速度剖面的宽度之比与 $\sigma_T^{-1/2}$ 成正比)。

应该注意到，在自相似自由剪切流中，梯度扩散和湍流黏性假设仅在有限程度上成立，即在近似横向通量 $\langle v\phi'\rangle$ 和 $\langle uv\rangle$ 时。在平面尾流中，当 U_s/U_c 趋于零时，$|\partial\langle\phi\rangle/\partial x|$ 相对于 $|\partial\langle\phi\rangle/\partial y|$ 几乎可以忽略不计。然而，实验数据[如 Fabris(1979)的研究]显示 $|\langle u\phi'\rangle|$ 与 $|\langle v\phi'\rangle|$ 相当。均匀剪切流也清晰地证实了 $\nabla\langle\phi\rangle$ 与 $-\langle u\phi'\rangle$ 不平齐。Tavoularis 和 Corrsin(1981)在 y 方向施加了一个平均标量梯度，发现 $|\langle u\phi'\rangle|$ 是 $|\langle v\phi'\rangle|$ 的 2 倍以上：$\nabla\langle\phi\rangle$ 与 $-\langle u\phi'\rangle$ 之间的角度为 65°。

湍动能 $k=\frac{1}{2}\langle\boldsymbol{u}\cdot\boldsymbol{u}\rangle$ 表征的是脉动速度场中的能量，标量方差 $\langle\phi'^2\rangle$ 或均方根 $\langle\phi'^2\rangle^{1/2}$ 表征的是标量脉动的水平。图 5.35 显示了 Panchapakesan 和 Lumley

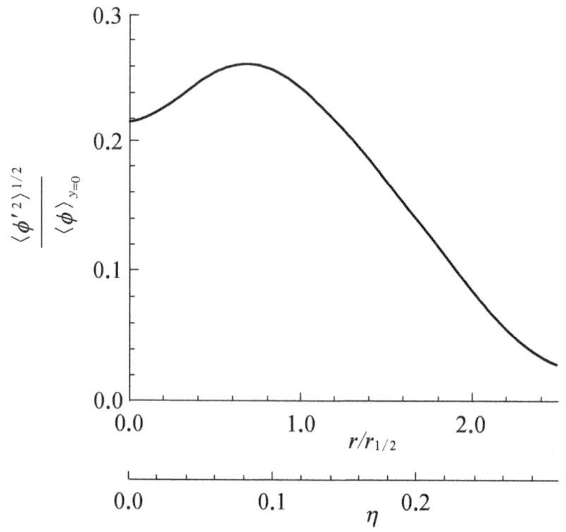

图 5.35 圆形射流的无量纲化标量脉动均方根[来自 Panchapakesan 和 Lumley(1993b)的实验数据]

(1993b)的实验结果,测量得到氦气射流在空气中的均方根①。剖面形状和脉动水平(最高达 25%)与轴向速度均方根 $\langle u^2\rangle^{1/2}$ 相当(图 5.7)。

标量方差的演化方程可以写为

$$\frac{\bar{\mathrm{D}}\langle \phi'^2\rangle}{\bar{\mathrm{D}}t} + \nabla\cdot \mathcal{T}_\phi = \mathcal{P}_\phi - \varepsilon_\phi \tag{5.281}$$

(见练习 5.44。)其中,标量方差生成是

$$\mathcal{P}_\phi = -2\langle \boldsymbol{u}\phi'\rangle \cdot \nabla\langle \phi\rangle \tag{5.282}$$

标量耗散为

$$\varepsilon_\phi = 2\Gamma\langle \nabla\phi' \cdot \nabla\phi'\rangle \tag{5.283}$$

通量为

$$\mathcal{T}_\phi = \langle \boldsymbol{u}\phi'^2\rangle - \Gamma\, \nabla\langle \phi'^2\rangle \tag{5.284}$$

(有时,该方程写为 $\frac{1}{2}\langle \phi'^2\rangle$,且根据 $\mathcal{P}_\phi$ 和 ε_ϕ 的定义忽略系数 2。)

对于圆形射流,图 5.36 显示了方程(5.281)的各项。通过与图 5.16 的比较可以发现,各项的平衡与动能平衡非常相似。在 $\mathcal{P}_\phi$ 峰值处,$\mathcal{P}_\phi/\varepsilon_\phi$ 为 0.85。

---

① 在 $x/d = 50 \sim 120$ 的测量范围内,平均密度变化达到 13%,这对流动有一定的影响,即 ϕ 不是完全被动的。

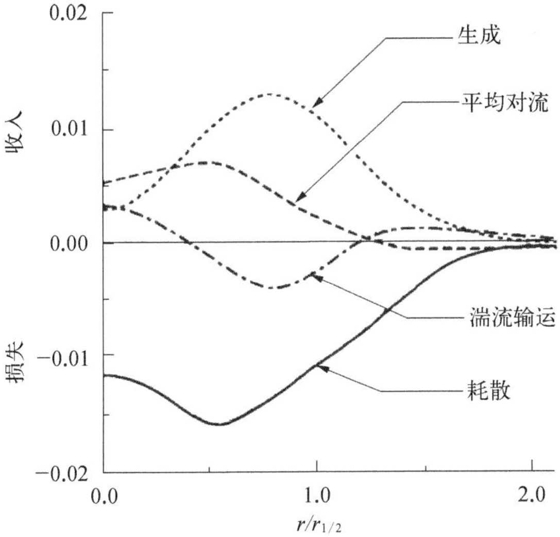

图 5.36　圆形射流中标量方差的收支：通过 $\langle\phi\rangle_{y=0}$，U_s 和 $r_{1/2}$ 无量纲化式(5.281)中的项[来自 Panchapakesan 和 Lumley(1993b)的实验数据]

值 $\tau\equiv k/\varepsilon$ 定义为速度脉动的特征时间尺度，类似地，$\tau_\phi\equiv\langle\phi'^2\rangle\varepsilon_\phi$ 定义为标量时间尺度。图 5.37 显示了在圆形射流中时间尺度比 τ/τ_ϕ 的剖面，大部分剖面的 τ/τ_ϕ 在 1.5 的 15%范围内。在许多其他剪切流中，发现该时间尺度比为 1.5～2.5(Beguier et al.，1978)。

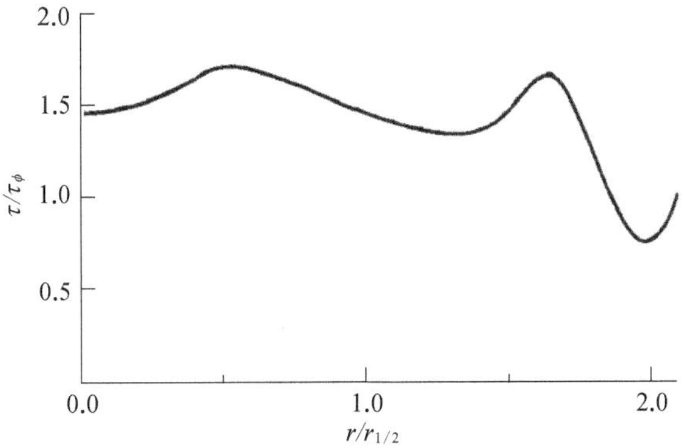

图 5.37　圆形射流的标量-速度时间尺度比[来自 Panchapakesan 和 Lumley(1993b)的实验数据]

分子扩散率 Γ 的影响是什么？这个问题可以用雷诺数 $\mathcal{UL}/\nu$ 和普朗特或施密特数 $\sigma\equiv\nu/\Gamma$ 来重新阐释。实验中遇到的 σ 值从 0.3(对于空气中的氦)变化到

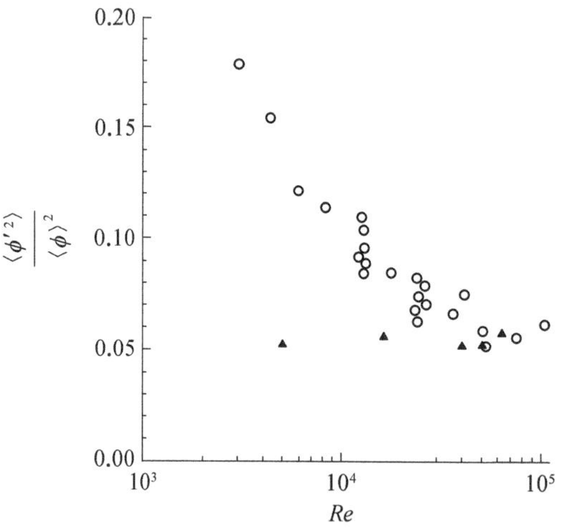

图 5.38 不同雷诺数下自相似圆形射流轴线上的无量纲化标量方差

三角形：空气射流［Dowling 和 Dimotakis 的实验(1990)］；圆形：水射流［Miller(1991)的实验］

1 500(对于水中的染料)。图 5.38 提供了解释该问题的宝贵信息，图中展示了不同雷诺数下自相似圆形射流中心线上通过平均标量无量纲化的标量方差。对于空气射流 ($\sigma \approx 1$)，在过去的十年研究表明，*Re* 没有影响。对于水射流 ($\sigma \approx 10^3$)，标量方差随着 *Re* 的增加而减小，并逐渐与空气射流中的值趋向一致。因此，这些数据得到的观点为：在足够高的雷诺数(这里 $Re > 30\,000$) 下，速度和标量的平均值和方差不受 *Re* 和 σ 的影响。

从其定义[式(5.283)]可以明显看出，标量耗散本质上是一个分子过程。然而，如图 1.2 所示，对于给定的流动(以 $\mathcal{U}$、$\mathcal{L}$、ν 和 σ 为特征)，随着雷诺数的增加，无量纲化标量梯度 $\mathcal{L}\nabla\phi$ 也随之增加。因此，与其采用定义中模糊地建议将 ε 与 $\Gamma/\mathcal{L}^2$ 成比例缩比，不如采用 ε_ϕ 与 $\mathcal{U}/\mathcal{L}$ 成比例缩比，从而与 Γ 无关(在足够高的雷诺数条件下)。下一章将阐述引起该特征的过程。

ψ 是标量的指定值，x 点满足如下方程：

$$\phi(\boldsymbol{x},\ t) = \psi \tag{5.285}$$

定义等标量曲面。在高雷诺数下，这类表面在中等尺度范围内表现出分形性质，分形维数约为 2.36[例如，Sreenivasan(1991)的研究]。然而，仔细考察表明，表面几何结构明显偏离完美分形(Frederiksen et al., 1997)。

练　习

5.43 对于自相似平面尾流，忽略分子扩散率 Γ，平均标量方程[式(5.278)]为

$$U_c \frac{\partial\langle\phi\rangle}{\partial x} = -\frac{\partial}{\partial y}\langle v\phi'\rangle \tag{5.286}$$

设 $\phi_0(x)$ 表示对称平面上 $\langle\phi\rangle$ 的值；并且当 $\xi = y/y_{1/2}$ 时，设自相似标量剖面为

$$\varphi(\xi) = \langle \phi \rangle / \phi_0 \tag{5.287}$$

对所有 y 积分式(5.286)，证明 $U_c\phi_0(x)y_{1/2}(x)$ 是守恒的，因此：

$$-\frac{U_c y_{1/2}}{U_s \phi_0}\frac{\mathrm{d}\phi_0}{\mathrm{d}x} = S \equiv \frac{U_c}{U_s}\frac{\mathrm{d}y_{1/2}}{\mathrm{d}x} \tag{5.288}$$

推导可得

$$\frac{U_c y_{1/2}}{U_s \phi_0}\frac{\partial\langle \phi \rangle}{\partial x} = -S(\xi\varphi)' \tag{5.289}$$

等湍流扩散率的假设可以写为

$$-\langle v\phi' \rangle = \Gamma_T \frac{\partial\langle \phi \rangle}{\partial y} = \frac{\nu_T}{\sigma_T}\frac{\partial\langle \phi \rangle}{\partial y} = \frac{\hat{\nu}_T}{\sigma_T}U_s(x)y_{1/2}(x)\frac{\partial\langle \phi \rangle}{\partial y} \tag{5.290}$$

其中，σ_T 是湍流普朗特数。证明，在该假设下，标量方程[式(5.286)]变为

$$-S(\xi\varphi)' = \frac{\hat{\nu}_T}{\sigma_T}\varphi'' \tag{5.291}$$

证明该方程的解是

$$\varphi(\xi) = \exp(-\beta\xi^2) \tag{5.292}$$

其中，

$$\beta = \frac{S\sigma_T}{2\hat{\nu}_T} \tag{5.293}$$

利用练习 5.36 的结果，证明方程的解可以重写为

$$\begin{aligned}\varphi(\xi) &= \exp(-\xi^2\sigma_T \ln 2)\\ &= f(\xi\sqrt{\sigma_T})\end{aligned} \tag{5.294}$$

设 $\xi_{1/2}$ 为无量纲化标量剖面的半宽[即 $\varphi(\xi_{1/2}) = 1/2$]。证明 $\xi_{1/2}$ 与 σ_T 的关系为

$$\sigma_T = 1/\xi_{1/2}^2 \tag{5.295}$$

5.44　根据雷诺分解 $\boldsymbol{U} = \langle \boldsymbol{U} \rangle + \boldsymbol{u}$ 和 $\phi = \langle \phi \rangle + \phi'$，证明：

$$\boldsymbol{U}\phi - \langle \boldsymbol{U}\phi \rangle = \boldsymbol{U}\phi' + \boldsymbol{u}\langle \phi \rangle - \langle \boldsymbol{u}\phi' \rangle \tag{5.296}$$

因此，从 $\phi(\boldsymbol{x}, t)$ 的守恒方程[式(4.38)]可以看出，标量脉动的演化为

$$\frac{\mathrm{D}\phi'}{\mathrm{D}t}=-\boldsymbol{u}\cdot\nabla\langle\phi\rangle+\nabla\cdot\langle\boldsymbol{u}\phi'\rangle+\Gamma\nabla^2\phi' \tag{5.297}$$

证明：

$$2\phi'\nabla^2\phi'=\nabla^2(\phi'^2)-2\nabla\phi'\cdot\nabla\phi' \tag{5.298}$$

将方程(5.297)乘以 $2\phi'$ 并取平均，证明标量方差按照式(5.281)演变。

5.5.2　间歇性

对瞬时自由剪切流的观察(如图 1.1 和图 1.2)表明湍流和周围流体之间存在尖锐(但严重不规则)的交界面。Corrsin(1943)的许多实验开始都证实了这一点：有一个高度扭曲的运动表面(称为黏性超级层)——将湍流与非湍流区分开。湍流区域以大尺度涡为特征：涡量均方根 ω' 与应变速率一样，与 Kolmogorov 尺度成比例，即 $\omega'\sim 1/\tau_\eta\sim(U_s/\delta)Re^{1/2}$。相反，非湍流本质上是无旋的。在自由剪切流边缘的固定位置，运动有时是湍流的，有时是非湍流的，即流动是间歇性的。

为了避免误解，需要强调的是，黏性超级层中没有间断。在数学意义上，涡量和所有其他场在该层上变化平稳：但与流动宽度 δ 相比，该层非常薄。

间歇性定量描述的起点是指示函数或间歇性函数 $-\boldsymbol{I}(\boldsymbol{x},t)$。在湍流中定义为 $\boldsymbol{I}=1$，在非湍流中定义为 $\boldsymbol{I}=0$。操作上，它可以通过 Heaviside 函数获得：

$$\boldsymbol{I}(\boldsymbol{x},t)=\boldsymbol{H}[|\boldsymbol{\omega}(\boldsymbol{x},t)|-\omega_{\text{thresh}}] \tag{5.299}$$

其中，ω_{thresh} 是一个小的正临界值。图 5.39 显示了自由剪切流动不同位置 $\boldsymbol{I}(t)$ 的

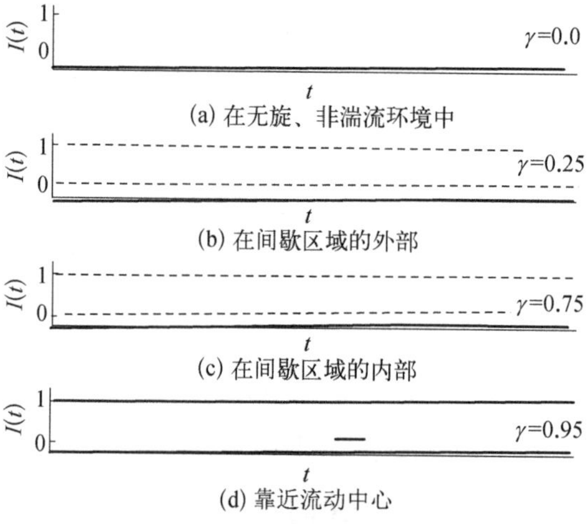

图 5.39　自由剪切流动间歇函数随时间变化的示意图

时间序列示意图。

间歇系数 $\gamma(\boldsymbol{x},\ t)$ 是 $(\boldsymbol{x},\ t)$ 处流动为湍流的概率：

$$\gamma(\boldsymbol{x},\ t) = \langle \boldsymbol{I}(\boldsymbol{x},\ t)\rangle = \text{Prob}\,\{|\boldsymbol{\omega}(\boldsymbol{x},\ t)| > \omega_{\text{thresh}}\} \tag{5.300}$$

对于所有的自由剪切流，实验表明 γ 的剖面变得自相似。例如，图 5.40 显示了在平面尾流中测量的 γ 轮廓。在其他流动中，剖面形状相似，但在射流和混合层中的间歇区（$0.1 < \gamma < 0.9$）只占流动宽度很小的部分。

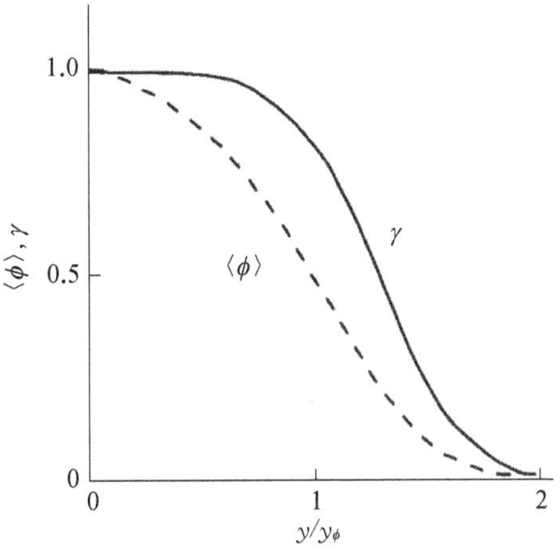

图 5.40　自相似平面尾流间歇因子的分布

所示的平均标量剖面用于对比：y_ϕ 为半宽［来自 LaRue 和 Libby（1974；1976）的实验数据］

间歇函数可用于获得条件统计量。以标量 $\phi(\boldsymbol{x},\ t)$ 为例，ψ 是样本空间变量，$f_\phi(\psi;\ \boldsymbol{x},\ t)$ 表示 $\phi(\boldsymbol{x},\ t)$ 的 PDF，其可以分解为湍流的贡献 $\gamma(\boldsymbol{x},\ t)f_{\text{T}}(\psi;\ \boldsymbol{x},\ t)$ 和非湍流的贡献：

$$f_\phi = \gamma f_{\text{T}} + (1-\gamma)f_{\text{N}} \tag{5.301}$$

因此，f_{T} 和 f_{N} 分别是湍流（$\boldsymbol{I}=1$）和非湍流（$\boldsymbol{I}=0$）状态下 ϕ 的 PDF。

在非湍流区域，涡量基本为零，标量也基本等于自由流动的值 ϕ_∞。实际上，条件 $|\phi-\phi_\infty| > \phi_{\text{thresh}}$ 通常用来作为湍流的替代指标。因此，在近似值范围内，非湍流的 PDF 为

$$f_{\text{N}}(\psi;\ \boldsymbol{x},\ t) = \delta(\psi - \phi_\infty) \tag{5.302}$$

湍流 ϕ 的平均值和方差定义如下：

$$\langle \phi(\boldsymbol{x},\ t)\rangle_{\text{T}} = \int_{-\infty}^{\infty} \psi f_{\text{T}}(\psi;\ \boldsymbol{x},\ t)\,\mathrm{d}\psi \tag{5.303}$$

$$(\phi'_{\text{T}})^2 = \int_{-\infty}^{\infty} (\psi - \langle\phi\rangle_{\text{T}})^2 f_{\text{T}}\,\mathrm{d}\psi \tag{5.304}$$

非湍流力矩 $\langle\phi\rangle_{\text{N}}$ 和 $(\phi'_{\text{N}})^2$ 的定义类似，如果 f_{N} 由式(5.302)给定，则有 $\langle\phi\rangle_{\text{N}} = \phi_\infty$ 和 $\phi'_{\text{N}} = 0$。根据方程(5.301)，无条件平均值和方程以条件矩的形式给出：

$$\langle\phi\rangle = \gamma\langle\phi\rangle_{\text{T}} + (1-\gamma)\langle\phi\rangle_{\text{N}} \tag{5.305}$$

$$\langle\phi'^2\rangle = \gamma(\phi'_{\text{T}})^2 + (1-\gamma)(\phi'_{\text{N}})^2 + \gamma(1-\gamma)(\langle\phi\rangle_{\text{T}} - \langle\phi\rangle_{\text{N}})^2 \tag{5.306}$$

注意到,无条件方差包含与条件均值之间差异的贡献。

对于湍流尾流,ϕ_∞、$\langle\phi\rangle_N$ 和 ϕ'_N 均为零。图 5.41 显示了湍流的平均值 $\langle\phi\rangle_T$ 和均方根 ϕ'_T 与无条件对应值的对比。从图中可以看出,无论是在平均值还是在均方根方面,整个流动中湍流的状态都比无条件剖面更加均匀。

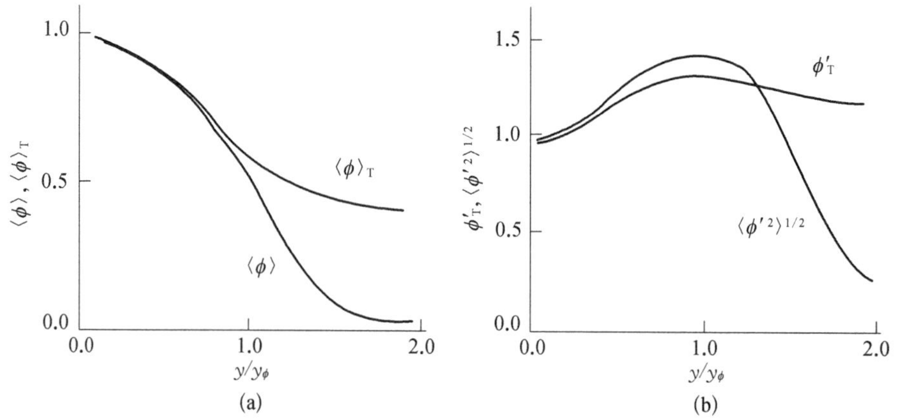

图 5.41 在自相似平面尾流中,无条件无量纲化与湍流平均(a)和 RMS(b)标量剖面的对比[来自 LaRue 和 Libby(1974)的实验数据]

描述了间歇区域,现在回到关于间歇的一些基本问题。为什么湍流与非湍流的交界面如此尖锐?黏性超级层的性质和特征是什么?非湍流区域中速度脉动的特征是什么?

所有剪切湍流的一个共同特点是它们夹带流体。例如,在圆形射流中,质量流量随轴向距离 x 线性增加。由于间歇因子是自相似的,湍流流体的质量流量也随 x 线性增加。因此,在 $x/d = 100$ 处,湍流运动中流体的 80%夹带在 $x/d = 20$ 与 $x/d = 100$ 之间。夹带的流体来自环境,其中 ω 和 ϕ 为零。只有通过分子扩散,ω 和 ϕ 才能偏离零点①,并且在高雷诺数湍流条件下,只有当梯度非常陡时,分子扩散才会产生显著的影响。因此,在黏性超级层中,$|\omega|$ 和 ϕ 从零开始急剧增大,并且黏性超级层的厚度很小(与 $|\nabla\phi|$ 成反比)。

一些黏性超级层的特征可从实验中获得[如 LaRue 和 Libby(1976)的研究],但并不是所有的特征都可以从实验中获得。大尺度湍流运动使得超级层产生对流,所以可以由高斯分布非常精确地给出其横向位置的 PDF。相应地,γ 的剖面与误差函数近似(图 5.40)。湍流运动也会使超级层变形,使其呈随机的波纹状,并在中间长度尺度的范围内,它近似于分形,分形维数为 2.36(Sreenivasan et al.,1989)。由于湍流流体的质量流量随着下游距离的增加而增加,超级层相对于流体向无旋

① 当 ω 为零时,涡旋拉伸项 $\omega\cdot\nabla U$ 也为零。

环境传播：体积夹带率由超级层面积和传播速度的乘积给出，与 $U_s\delta^2$ 成比例（与 Re 无关）。

如果假设超级层相对于流体的传播速度 u_e 与 Kolmogorov 速度 $u_\eta \sim U_s Re^{-1/4}$ [式(5.154)]成比例[首次由 Corrsin 和 Kistler(1954)提出]。那么，整体夹带率与 Re 无关，超级层的面积与 $\delta^2 Re^{1/4}$ 成比例。随后的简化模型表明，超级层厚度与 Kolmogorov 尺度 $\eta \sim \delta Re^{-3/4}$ 成比例[式(5.152)]。

图 5.42 是圆形湍流射流的示意图，显示了流体粒子从环境中的点 O 到黏性超级层中点 E 的路径。其中，s 表示沿流体粒子路径从 E 到 O 测量的弧长。通过常微分方程可近似得到沿该路径的标量方程 $\mathrm{D}\phi/\mathrm{D}t = \Gamma\nabla^2\phi$，恰当的边界条件是

$$-u_e\frac{\mathrm{d}\phi}{\mathrm{d}s} = \Gamma\frac{\mathrm{d}^2\phi}{\mathrm{d}s^2} \tag{5.307}$$

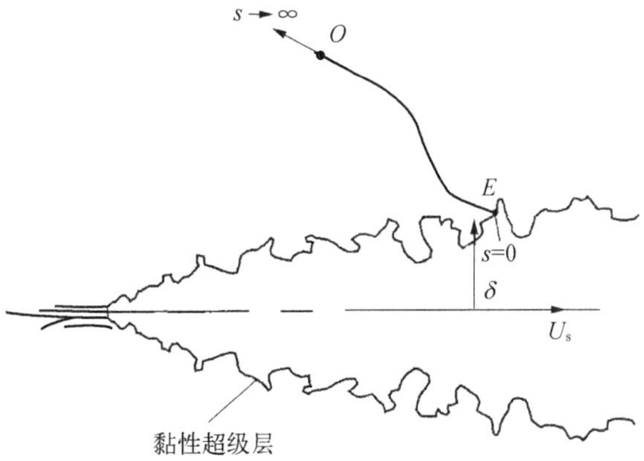

图 5.42　显示黏性超级层的圆形湍流射流示意图，以及流体粒子从静止环境中的一点 O 到黏性超级层中点 E 的路径

$\phi(\infty) = 0$（在环境中）和 $\phi(0) = \phi_0$（在超级层中）的量级一致。式(5.307)的解为

$$\phi(s) = \phi_0\exp(-s/\Lambda) \tag{5.308}$$

其中，长度尺度 Λ 与黏性超级层的估计厚度成比例：$\Lambda = \Gamma/u_e$。相对于当地流动宽度 δ，该长度尺度为

$$\frac{\Lambda}{\delta} = \frac{\nu}{U_s\delta}\left(\frac{\Gamma}{\nu}\right)\left(\frac{U_s}{u_e}\right) = cRe^{-3/4} \tag{5.309}$$

其中，c 为常数；雷诺数为 $U_s\delta/\nu$（回想一下，u_e/U_s 与 $Re^{-1/4}$ 成比例）。因此，根据该模型，超级层厚度尺度与 Kolmogorov 尺度成比例，即 $\delta Re^{-3/4}$。经证实，实验结果

[如 LaRue 和 Libby(1976)]与该理论一致,但不足以令人信服。

关注涡量 ω 和标量 ϕ,因为在非湍流区域,它们的值只能通过分子效应($\nu\nabla^2\omega$ 和 $\Gamma\nabla^2\phi$)改变,并且这些影响可以忽略。另外,速度也受压力梯度的影响。流动中心的湍流运动引起压力脉动,从而导致非湍流区域的速度脉动。

图 5.43 显示了在自相似混合层中测量的条件和无条件平均速度。从图中可以看出,非湍流速度 $\langle U\rangle_N$ 明显与自由来流速度不同。对于相同的流动,图 5.44 显示了轴向速度条件和无条件的方差。可以看出,非湍流速度的均方根 u'_N 不容忽

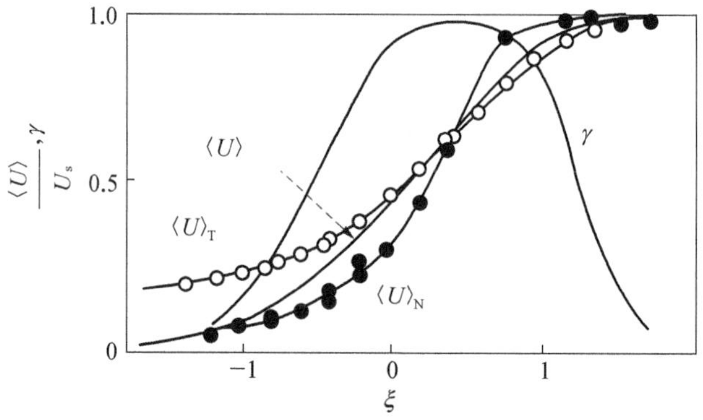

图 5.43 在自相似混合层中,间歇因子 γ、无条件平均轴向速度 $\langle U\rangle$ 与湍流 $\langle U\rangle_T$ 和非湍流 $\langle U\rangle_N$ 的平均速度剖面[来自 Wynanski 和 Fiedler(1970)的实验数据]

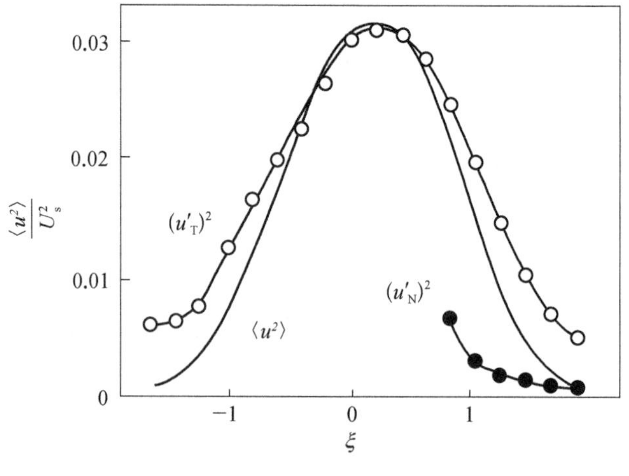

图 5.44 在自相似混合层中,轴向速度的无条件 $\langle u^2\rangle$、湍流 $(u'_T)^2$ 和非湍流 $(u'_N)^2$ 方差的剖面[来自 Wynanski 和 Fiedler(1970)的实验数据]

视。Phillips(1955)提出的一个非常成功的理论表明,非湍流法向应力[如 $(u'_N)^2$]随着横向距离 y 的增加以 y^{-4} 减小。

练　习

5.45　考虑在时间混合层之外的非湍流无旋流动(在 $x=x_1$ 和 $z=x_3$ 方向上,流动在统计上是均匀的)。从 Corrsin-Kistler 方程[4.2 节,式(4.30)]可以推导出:

$$\langle v^2\rangle = \langle u^2\rangle + \langle w^2\rangle \tag{5.310}$$

实验发现,该关系式对于其他自由剪切流是准确的,如 Wynanski 和 Fiedler(1970)的研究。

5.5.3　PDFs 和高阶矩

通过考察剪切流中测量的单点 PDF,可得出一个简单的结论:在具有均匀平均标量梯度的均匀剪切流中,速度和标量的联合 PDF 为联合正态分布。而在自由剪切流中,PDF 不是高斯分布。图 5.45 显示了 Tavoularis 和 Corrsin(1981)在均匀剪切流中测量的 u、v、w 及 ϕ 的标准化临界 PDFs,没有发现明显偏离标准化的高

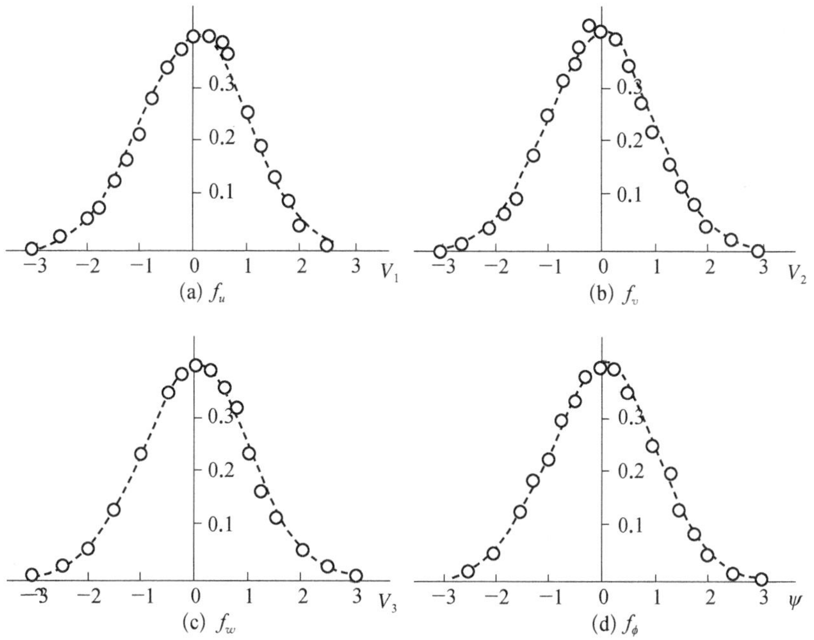

图 5.45　均匀剪切流中 u(a)、v(b)、w(c)及 ϕ(d)的标准 PDFs,虚线是标准化的高斯线[摘自 Tavoularis 和 Corrsin(1981)的研究]

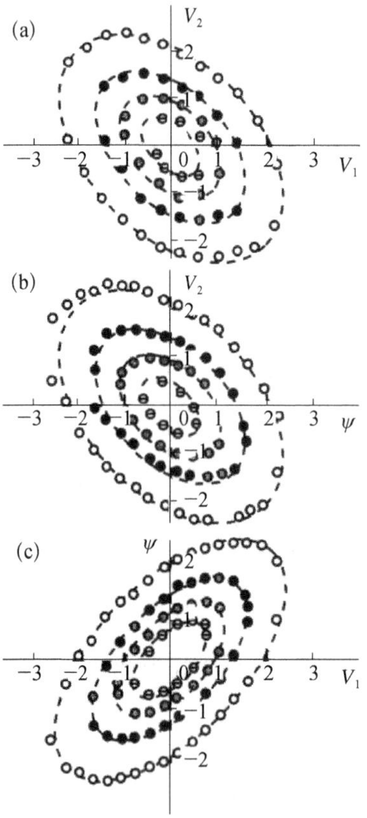

图 5.46 均匀剪切流中测量的标准化变量的联合 PDFs 等值线[摘自 Tavoularis 和 Corrsin (1981)的研究]

(a) u 和 v;(b) ϕ 和 v;(c) u 和 ϕ。等值线值为 0.15、0.10、0.05 和 0.01,虚线对应具有相同相关系数联合正态分布的曲线

斯分布。对于相同的流动,图 5.46 显示了速度和速度标量联合 PDFs。同样,这些都可由联合正态分布准确描述,这是一个重要而有价值的观察结果。

在自由剪切流中,情况则完全不同。图 5.47 所示为时间混合层中的标量 PDFs $f_\phi(\psi;\xi)$,两个流动的标量值分别为 $\phi=0$ 和 $\phi=1$;而且,由于边界性质(2.6 节),各处的 $\phi(\boldsymbol{x},t)$ 介于零和单位一。因此,当 $\psi<0$ 和 $\psi>1$ 时,$f_\phi(\psi;\xi)$ 为零。

如图 5.47 所示,在混合层中心有一个宽的、基本呈钟形的分布,横跨整个取值范围。随着测量位置向高速流动移动,PDF 移动到更高的 ψ 值,并在上限 $\psi=1$ 处发展成尖峰。

在射流[如 Dahm 和 Dimotakis(1990)的研究]和尾流[如 LaRue 和 Libby(1974)的研究]中发现了定性相似的 PDF 形状。Dowling 和 Dimotakis(1990)对于圆形射流的测量清晰地显示了标量 PDF 的自相似性,这具有重要价值。

自由剪切流的边缘,PDF 形状的变化严重影响高阶矩。图 5.48 显示,在平面尾流中测量的标量的斜度为

$$S_\phi \equiv \langle \phi'^3 \rangle / \langle \phi'^2 \rangle^{3/2}$$

峰度为

$$K_\phi \equiv \langle \phi'^4 \rangle / \langle \phi'^2 \rangle^2$$

在流动中心,这些值与高斯值差异不大($S_\phi=0$, $K_\phi=3$);但在流动边缘,这些值增长得相对较大。同时,图 5.48 也显示了湍流区域通过条件平均得到的 $S_{\phi T}$ 和 $K_{\phi T}$。在整个流动中,这些值始终接近高斯值。

现在来讨论自由剪切流轴向速度 $U(\boldsymbol{x},t)$。图 5.49 显示了时间混合层中多个流动相交位置的 $f_u(V)$。在混合层中心,观察到熟悉的钟形曲线;但在边缘处,PDF 向层内的速度方向倾斜很大。与标量 ϕ 不同,速度不受边界条件的约束。从图 5.49 也可以看出,在混合层边缘出现高于自由来流速度的流动的可能性很大。

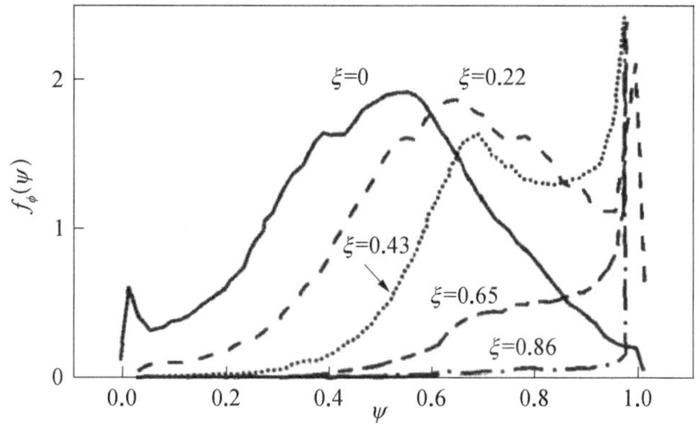

图 5.47 自相似时间混合层中不同横向位置守恒被动标量的 PDF [来自 Rogers 和 Moser(1994)的直接数值模拟]

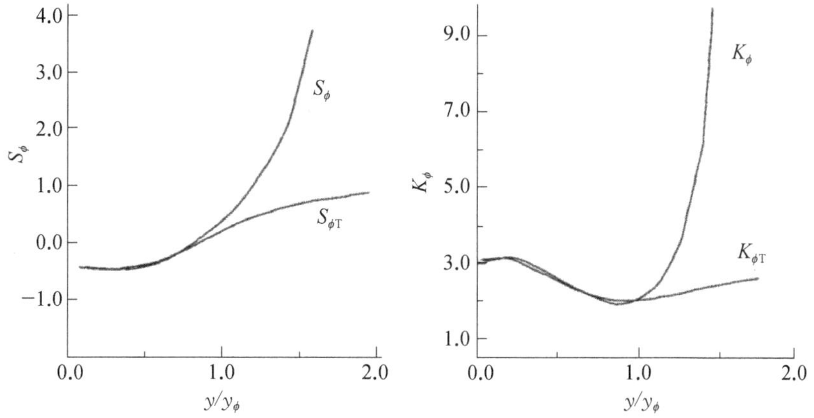

图 5.48 自相似平面尾流中无条件(S_ϕ和 K_ϕ)和有条件湍流($S_{\phi T}$和 $K_{\phi T}$)剖面的守恒被动标量的斜度和峰度[来自 LaRue 和 Libby(1974)的实验数据]

与标量 ϕ 的情况一样,轴向速度的斜度 S_u 和峰度 K_u 在流动边缘明显偏离高斯值(0 和 3)。例如,图 5.50 显示了 Wynanski 和 Fiedler(1969)的自相似圆形射流测量值。

总结:在均匀湍流中,速度标量联合 PDF 是联合正态分布。在自由剪切流的中心,PDFs 呈钟形,但不完全是高斯分布,在流动边缘的间歇区域,明显偏离高斯分布。在间歇区域,标量的 PDF 在边界处有一个尖峰,而速度的 PDF 是无界的。

5.5.4 大尺度湍流运动

尽管很重要,但我们已经考察过的单点统计数据(如 $\langle U\rangle$、$\langle u_iu_j\rangle$、γ 等)对湍

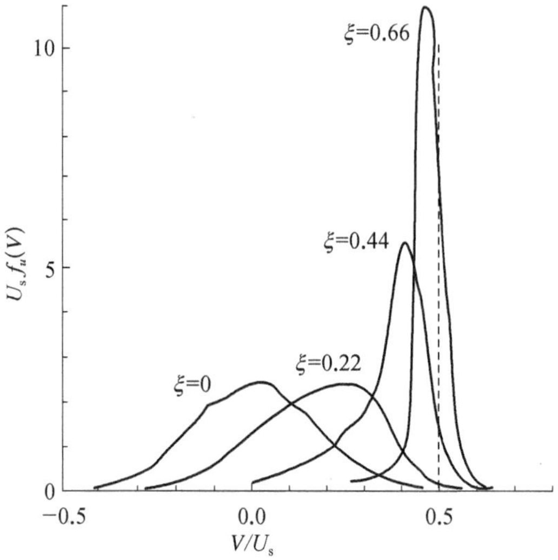

图 5.49 时间混合层轴向速度的 PDFs

距混合层中心的距离为 $\xi = y/\delta$。虚线对应自由来流速度 U_h
[来自 Rogers 和 Moser(1994)的 DNS 数据]

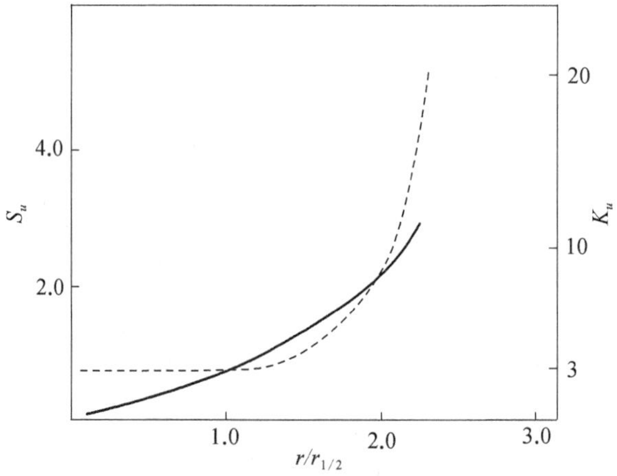

图 5.50 自相似圆形射流的斜度(实线)和峰度(虚线)剖面
[来自 Wynanski 和 Fiedler(1969)的实验数据]

流的描述非常有限。两点速度相关性的测量结果表明(图 5.13),速度在与流动宽度相当的距离上有明显的相关性。然而,即使是这种两点统计数据,也很少提供引起这些长距离相关性的瞬时流场结构信息。

流动显示能够提供大尺度湍流运动的一些信息。图 5.51 和图 5.52 显示了混合层和轴对称尾流的情况,混合层中可见的主要特征是大尺度“涡卷”。研究发现，这些涡卷是集中展向涡量的区域，并在较大的展向距离上保持连贯。随着涡卷向下游对流，其尺寸和间距增大，导致数量减少。涡卷可以在“配对”过程中与相邻涡卷合并，或者被撕裂，其涡量被相邻涡卷吸收。

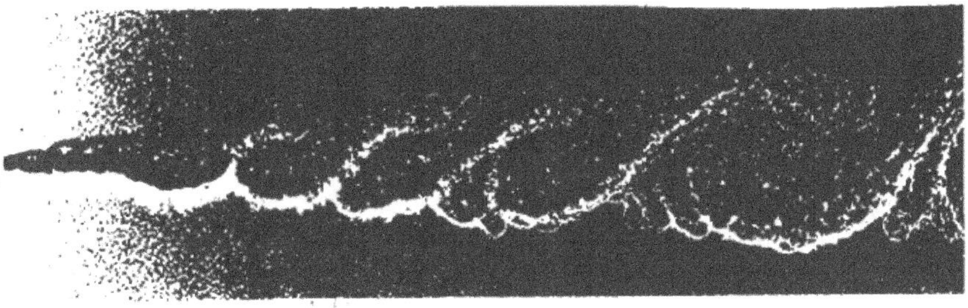

图 5.51　平面混合层的流动显示：压力为 8 atm 条件下氦气(上部) U_h = 10.1 m/s 与氮气(下部) U_l = 3.8 m/s 之间混合层的激光阴影图[摘自 Brown 和 Roshko (1974)的研究]

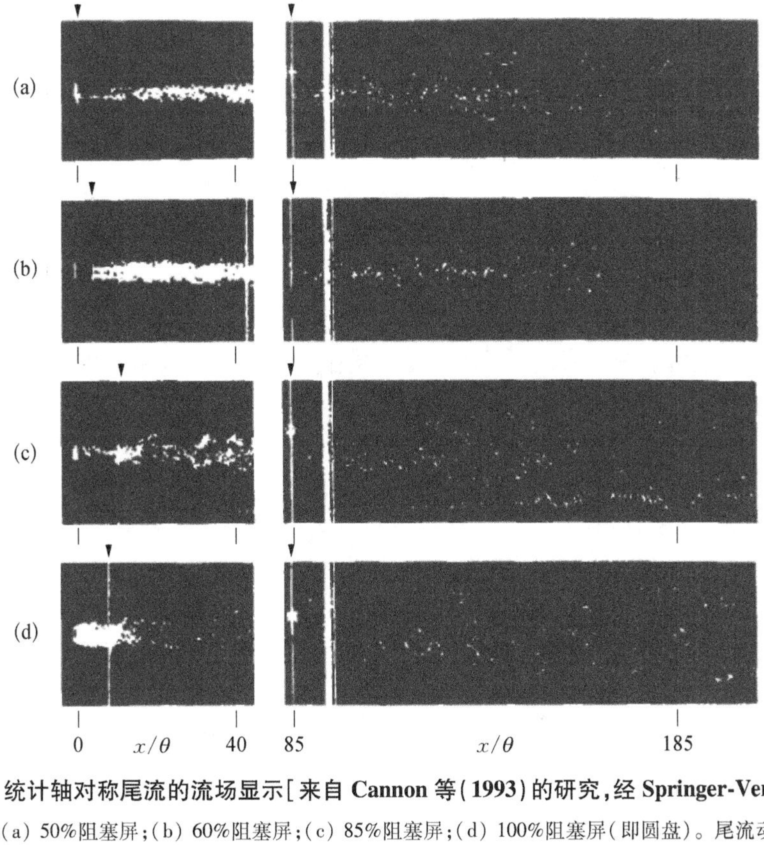

图 5.52　统计轴对称尾流的流场显示[来自 Cannon 等(1993)的研究，经 Springer-Verlag 许可]

(a) 50%阻塞屏；(b) 60%阻塞屏；(c) 85%阻塞屏；(d) 100%阻塞屏(即圆盘)。尾流动量厚度为 θ，烟线位于 x/θ = 10 和 x/θ = 85 处

在其他自由剪切流中,已经研究了大尺度运动。由于其大小与流动的宽度相当,因此不可避免地受到流动构型和边界条件的强烈影响,并且在不同的流动中会呈现不同的特征。在某种程度上,稳定性理论已经成功地阐释了大尺度运动的结构。因此,这都支持这些运动是由各种流动固有的不稳定性引起的这一观点。

有几个现象似乎可以用大尺度运动来解释。有这样一个明显的例子,Oster 和 Wynanski(1982)对湍流混合层开展了有/无小振幅强迫作用的实验,这种强迫作用被加在分流板后缘的摆动挡板上。挡板运动的振幅非常小(通常为 1.5 mm),因此在混合层的初始区域 ($x < 100$ mm),对平均速度和雷诺应力分布的影响难以发现。但是在下游,对混合层的发展影响很大,如图 5.53 所示。

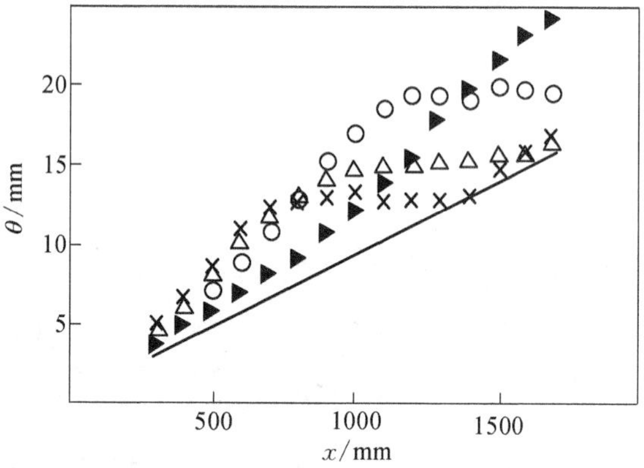

图 5.53 不同强迫作用频率下混合层厚度 θ 与轴向距离 x 的关系 [摘自 Oster 和 Wynanski(1982)的研究]

—: 0 Hz, ×: 60 Hz; △: 50 Hz; ○: 40 Hz; ▲: 30 Hz

经过一段距离 ($x \approx 300$ mm)后,混合层在 60 Hz 频率强制作用下的开始以比非受迫作用混合层快两倍的扩散速率扩散。然而,随后(在 $x \approx 900$ mm 处),混合层停止发展,而且,实际上在它恢复发展(在 $x \approx 1\,500$ mm 处)之前还略有收缩。在较低的强迫作用频率条件下,也会发生同样的现象,但在下游较远的地方,混合层的特征时间尺度 δ/U_s 更大。在混合层停止发展的区域,发现剪切应力 $\langle uv \rangle$ 符号改变,因此生成 $\mathcal{P}$ 为负值,即能量从湍流中提取出并返回到平均流。

明显地,湍流黏性假设无法解释这些观察结果,尤其是负的生成 $\mathcal{P}$。但是,流动的固有不稳定性与强迫作用联系在一起,呈现出大尺度湍流运动。频率 f 的强迫作用可激发长度尺度 ℓ 与 U_s/f 成比例的模式。在分流板附近,混合层厚度 δ 比 ℓ 小。当 δ 向 ℓ 增长时,将激发更大尺度的运动,促进涡卷的配对或者合并,从而增加运动的尺度与混合层的宽度。当形成共振时,大尺度运动锁定在强迫作用的尺度上。随后的配对或合并将抑制更大尺度的运动,因此混合层停止发展。在该区域,发现大尺度运动的结构与稳定性理论预测的模式非常类似。

对于非受迫作用的混合层,不同实验中的扩散参数 S 变化很大,从 $S \approx 0.06$ 到 $S \approx 0.11$(Dimotakis, 1991)。Oster 和 Wynanski(1982)认为,这种差异由混合层对流动中小尺度、不可控扰动频谱的敏感性所致,取决于具体的实验装置。

在钝体(如圆柱体和球体)尾流附近的流场中,存在具有固定频率的大尺度运动,最明显的例子是圆柱体上的涡脱落。当然,这些运动取决于物体的几何构型——对于隔板、球体和圆盘,它们是不同的。从图 5.52 明显可以看出,大尺度运动的差异一直持续到尾流的远处。同样,这些运动与固有不稳定性有关,并且是扩散率之间存在巨大差异的原因(Cannon and Champane, 1991),见表 5.3。

从大尺度结构的研究中至少可以积累两个经验。首先,湍流和湍流流动呈现出比湍流黏性假设所涵盖范围更丰富的行为。其次,湍流过程在空间和时间上都是非局部的:湍流有很长的记忆,它在某一点的行为会受到远离该点流动的强烈影响。

第 6 章

湍流运动的尺度

在考察自由剪切流时,观察到湍流运动的尺度范围是从流动宽度 δ 到更小的尺度,并且随着雷诺数的增加,尺度逐渐变小(相对于 δ)。我们还发现了湍动能和各向异性在雷诺应力中的重要性。本章将考虑能量和各向异性在不同运动尺度中是如何分布的,而且还考察在这些尺度上发生的不同物理过程。

本章的两个重复主题是能量级串和 Kolmogorov 假设。简要地说,能量级串[Richardson(1922)提出]的概念是,动能从最大运动尺度进入湍流(通过生成机制)。然后,这种能量(通过无黏过程)被转移到越来越小的尺度上,直到在最小尺度上,能量被黏性作用耗散。Kolmogorov(1941b)补充并量化了这个物理过程。因为是他提出的最小湍流尺度,所以现在以其名字命名。

在第一节中,对能量级串和 Kolmogorov 假设进行了更详细的描述。然后,考察了各种运动尺度的统计数据,即结构函数(6.2 节)、两点相关性(6.3 节)及频谱(6.5 节)。作为讨论频谱的基础,在第 6.4 节将湍流速度场表示为傅里叶模式之和,并根据 Navier-Stokes 方程推导了这些模式的演化。其余章节给出了能量级串的频谱图形(6.6 节),并讨论了 Kolmogorov 假设的局限性(6.7 节)。

6.1 能量级串和Kolmogorov假设

我们考虑在高雷诺数下具有特征速度 $\mathcal{U}$ 和长度尺度 $\mathcal{L}$ 的充分发展湍流。这里强调雷诺数 $Re = \mathcal{U}\mathcal{L}/\nu$ 是较大的,而且,事实上,如果考虑很高的雷诺数,最容易理解这些概念。

6.1.1 能量级串

Richardson 关于能量级串的第一个概念是,湍流可以看作由大小不同的涡组成。尺度为 ℓ 的涡具有特征速度 $u(\ell)$ 和时间尺度 $\tau(\ell) \equiv \ell/u(\ell)$。"涡"无法被准确定义,但认为其是一种湍流运动,局限在一个尺度为 ℓ 的区域内,存在一定程度的相干,区域内充满大涡也可能包含较小的涡。

最大尺度涡特征长度为 ℓ_0,与流动尺度 $\mathcal{L}$ 相当,其特征速度 $u_0 \equiv u(\ell_0)$ 的量级是均方根湍流强度 $u' = \left(\frac{2}{3}k\right)^{1/2}$,与 $\mathcal{U}$ 相当。这些涡的雷诺数 $Re_0 \equiv u_0\ell_0/\nu$(与 Re 相比)较大,因此黏性直接带来的影响可以忽略。

Richardson 的观点是,大尺度涡是不稳定的,并且会破裂,将能量转移到较小的涡。这些小涡也将经历类似的破裂过程,并将能量转移到更小的涡。这种能量级串(能量相继在越来越小的涡中传递)将持续到雷诺数 $Re(\ell) \equiv u(\ell)\ell/\nu$ 足够小,涡运动稳定下来,并且分子黏性可以有效地耗散掉这些动能。Richardson(1922)简要总结了这一问题:大涡形成小涡,伴随着速度的增强;小涡形成更小涡,一直到黏性耗散(在分子意义上)。

该图像之所以重要,是因为它将耗散放在一系列过程的结尾。因此,在从最大涡能量转移过程中的第一步,耗散速率 ε 就确定了。这些涡的能量量级为 u_0^2,时间尺度为 $\tau_0 = \ell_0/u_0$,因此能量转移速率可以假设为 $u_0^2/\tau_0 = u_0^3/\ell_0$。因而,与自由剪切流中的实验观察结果一致,该级串的图像表明,ε 与 u_0^3/ℓ_0 成比例,与 ν 无关(考虑在高雷诺数条件下)。

6.1.2 Kolmogorov 假设

有几个基本问题仍然没有得到解决。承担能量耗散的最小涡尺度是多少?随着 ℓ 的减小,特征速度 $u(\ell)$ 和时间刻度 $\tau(\ell)$ 是增大、减小还是保持不变?[假定雷诺数 $u(\ell)\ell/\nu$ 随着 ℓ 的减小,还不足以确定这些的变化趋势]。

Kolmogorov(1941b)①提出的理论回答了这些问题及更多的问题,该理论以三个假设的形式表述。有一种理论推测——Kolmogorov 用来启发假设——速度 $u(\ell)$ 和时间尺度 $\tau(\ell)$ 都随着 ℓ 的减少而减少。

第一个假设涉及小尺度运动的各向同性。一般来说,大涡是各向异性的,并且受到流动边界条件的影响。Kolmogorov 认为,在湍流尺度减小过程中,大尺度运动在方向上的差异消失了,通过该过程,能量被转移到越来越小的涡中。因此可大致表述如下。

Kolmogorov 局部各向同性假设。在足够高的雷诺数下,小尺度湍流运动($\ell \ll \ell_0$)在统计上是各向同性的。

(“局部各向同性”仅指小尺度下的各向同性,第 6.1.4 节有更准确的定义。)引入长度尺度 ℓ_{EI}($\ell_{EI} \approx 1/6\ell_0$)作为各向异性大涡($\ell > \ell_{EI}$)和各向同性小涡($\ell <$

① 本节的英文译文来自 Kolmogorov(1991)在《皇家学会会刊》的一期特刊,以纪念原版出版 50 周年。该期特刊中与 Kolmogorov 假设有关的其他论文也很有参考价值。

ℓ_{EI}）之间的界限，这是有用的（6.5 节解释了 ℓ_{EI} 及下面介绍的其他尺度规定的理由）。

与能量向下传递时失去了大尺度的方向信息类似，Kolmogorov 认为，由平均流场和边界条件确定的大涡几何构型的所有信息也丢失了。因此，小尺度运动的统计在某种意义上是统一的——不同的高雷诺数湍流都是相似的。

这种统计上的统一状态取决于哪些参数？在能量级串（$\ell < \ell_{EI}$）中，两个主要的过程是能量向更小尺度的传递及黏性耗散。因此，一个合理的假设是，小尺度运动从大尺度吸收能量的速率（用 $\mathcal{T}_{EI}$ 表示）及运动黏性 ν，都是重要参数。

正如我们将看到的，耗散速率 ε 由能量传输速率 $\mathcal{T}_{EI}$ 确定，这两个速率几乎相等，即 $\varepsilon \approx \mathcal{T}_{EI}$。因此，小尺度的统计统一状态由 ν 和大尺度能量传输速率 $\mathcal{T}_{EI}$ 确定的假设应表述如下。

Kolmogorov 第一相似性假设。在足够高雷诺数的不同湍流中，小尺度运动的统计量（$\ell < \ell_{EI}$）具有一个由 ν 和 ε 唯一确定的统一形式。

尺度范围 $\ell < \ell_{EI}$ 称为统一平衡范围。在该范围内，与 ℓ_0/u_0 相比，时间尺度 $\ell/u(\ell)$ 更小，因此小涡可以快速适应，以维持大涡施加的能量传输速率 $\mathcal{T}_{EI}$ 的动态平衡。

给定两个参数 ε 和 ν，可以形成（在乘以常数条件下）唯一的长度、速度和时间尺度。Kolmogorov 尺度如下：

$$\eta \equiv (\nu^3/\varepsilon)^{1/4} \tag{6.1}$$

$$u_\eta \equiv (\varepsilon\nu)^{1/4} \tag{6.2}$$

$$\tau_\eta \equiv (\nu/\varepsilon)^{1/2} \tag{6.3}$$

源于这些定义的两种特性清晰地表明 Kolmogorov 尺度表征了最小的耗散涡。首先，基于 Kolmogorov 尺度的雷诺数为 1，即 $\eta u_\eta/\nu = 1$，这与能量级串向越来越小的尺度发展，直到雷诺数 $u(\ell)\ell/\nu$ 小到足以使耗散生效的概念一致。其次，耗散速率由式（6.4）给出：

$$\varepsilon = \nu(u_\eta/\eta)^2 = \nu/\tau_\eta^2 \tag{6.4}$$

这表明 $u_\eta/\eta = 1/\tau_\eta$ 表征了耗散涡速度梯度的统一特征。

在确定了 Kolmogorov 尺度后，可以陈述显示其假设作用的结果，并说明短语“相似性假设”和“统一形式”的含义。考虑到在 t_0 时，在高雷诺数湍流流动中的一个点 x_0。根据 $(\boldsymbol{x}_0, t_0)$ 处的 Kolmogorov 尺度，通过如下公式定义无量纲坐标：

$$\boldsymbol{y} \equiv (\boldsymbol{x} - \boldsymbol{x}_0)/\eta \tag{6.5}$$

并通过如下公式定义无量纲速度差场：

$$w(y) \equiv [U(x, t_0) - U(x_0, t_0)]/u_\eta \tag{6.6}$$

无量纲参数不能由 ε 和 ν 形成，所以(在量纲的基础上)无量纲场 $w(y)$ 的统计量的“统一形式”不能依赖于 ε 和 ν。因此，根据上述 Kolmogorov 假设，当在不太大的尺度上考察无量纲速度场 $w(y)$ 时(特别是 $|y| < \ell_{EI}/\eta$)，所有高雷诺数湍流在统计上是各向同性的，所有点 (x_0, t_0) 在统计上是相同的。在小尺度上，所有高雷诺数湍流速度场在统计上是相似的；也就是说，当使用 Kolmogorov 尺度[式(6.5)和式(6.6)]对其进行缩比时，它们在统计上是相同的。

最小尺度与最大尺度的比率可根据 Kolmogorov 尺度的定义和比例 $\varepsilon \sim u_0^3/\ell_0$ 来确定。结果为

$$\eta/\ell_0 \sim Re^{-3/4} \tag{6.7}$$

$$u_\eta/u_0 \sim Re^{-1/4} \tag{6.8}$$

$$\tau_\eta/\tau_0 \sim Re^{-1/2} \tag{6.9}$$

显然，在高雷诺数下，最小尺度涡 (u_η 和 τ_η) 的速度尺度和时间尺度(如前所述)比最大尺度涡 (u_0 和 τ_0) 小。

从流动显示结果(图 1.2)可以看出，比值 η/ℓ_0 不可避免地随着 Re 的增加而减小。因此，在足够高的雷诺数条件下，存在一个远小于 ℓ_0 而又远大于 η 的 ℓ 尺度范围，即 $\ell_0 \gg \ell \gg \eta$。由于该范围内的旋涡尺度比耗散旋涡大得多，可以认为其雷诺数 $u(\ell)\ell/\nu$ 很大，运动几乎不受黏性的影响。因此，根据这一点和第一相似性假设，可得如下结论(近似表述)。

Kolmogorov 第二相似性假设。在雷诺数足够高的湍流中，$\ell_0 \gg \ell \gg \eta$ 范围内 ℓ 尺度运动的统计具有由 ε 唯一 确定的统一形式，与 ν 无关。

引入长度尺度 ℓ_{DI}($\ell_{DI} = 60\eta$)，可以很方便地将上述假设的尺度范围表示为 $\ell_{EI} > \ell > \ell_{DI}$。长度尺度 ℓ_{DI} 将统一平衡范围 ($\ell < \ell_{EI}$) 分为两个子范围：惯性子范围 ($\ell_{EI} > \ell > \ell_{DI}$) 和耗散子范围 ($\ell < \ell_{DI}$)。顾名思义，根据第二相似性假设，惯性子范围内的运动是由惯性效应决定的——黏性影响可以忽略不计；而只有在耗散范围内的运动才会显著受到黏性的影响，因此基本上所有的耗散都是由黏性影响引起的。

图 6.1 显示了不同的长度尺度和范围。可以发现，大部分能量都包含在尺度为 $\ell_{EI} = 1/6\ell_0 < \ell < 6\ell_0$ 范围的较大涡中，该尺度范围称为含能范围。ℓ_{EI} 是能量 (E) 与惯性 (I) 范围之间的分界线，而 ℓ_{DI} 是耗散 (D) 与惯性 (I) 子范围之间的分界线。

长度尺度、速度尺度及时间尺度都不能只由 ε 产生。然而，给定一个涡的大小 ℓ (在惯性子范围内)，涡的特征速度尺度和时间尺度由 ε 和 ℓ 产生：

$$u(\ell) = (\varepsilon\ell)^{1/3} = u_\eta(\ell/\eta)^{1/3} \sim u_0(\ell/\ell_0)^{1/3} \tag{6.10}$$

$$\tau(\ell) = (\ell^2/\varepsilon)^{1/3} = \tau_\eta(\ell/\eta)^{2/3} \sim \tau_0(\ell/\ell_0)^{2/3} \tag{6.11}$$

因此,第二相似性假设的结果是(在惯性子范围内)速度尺度 $u(\ell)$ 和时间尺度 $\tau(\ell)$ 随着 ℓ 的减小而减小。

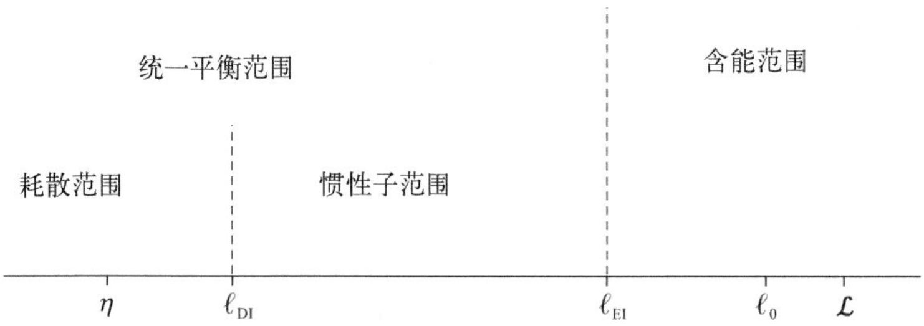

图 6.1　在极高雷诺数条件下的旋涡尺度 ℓ (对数坐标),展示不同的长度尺度和范围

在能量级串的概念中,一个重要的量[用 $\mathcal{T}(\ell)$ 表示]——是能量从大于 ℓ 的涡转移到小于 ℓ 的涡的速率。如果这个转移过程主要是由大小与 ℓ 相当的涡完成的,那么预期 $\mathcal{T}(\ell)$ 的数量级为 $u(\ell)^2/\tau(\ell)$, 性质为

$$u(\ell)^2/\tau(\ell) = \varepsilon \tag{6.12}$$

式(6.12)源自式(6.10)和式(6.11),其特别具有启发性,因此它表明 $\mathcal{T}(\ell)$ 与 ℓ 无关 (ℓ 在惯性子范围内)。正如我们将看到的情况那样,而且进一步可得 $\mathcal{T}(\ell)$ 与 ε 相等。

因此,对于 $\ell_{EI} > \ell > \ell_{DI}$, 有

$$\mathcal{T}_{EI} \equiv \mathcal{T}(\ell_{EI}) = \mathcal{T}(\ell) = \mathcal{T}_{DI} \equiv \mathcal{T}(\ell_{DI}) = \varepsilon \tag{6.13}$$

也就是说,大尺度涡的能量转移速率 $\mathcal{T}_{EI}$ 决定了惯性子范围的恒定能量传输速率 $\mathcal{T}(\ell)$ 和能量离开惯性子范围并进入耗散范围的速率 $\mathcal{T}_{DI}$ 及耗散速率 ε。该过程如图 6.2 所示。

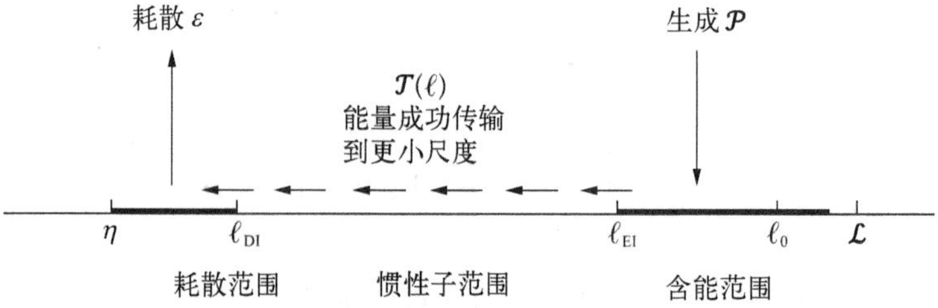

图 6.2　极高雷诺数条件下能量级串示意图

6.1.3　能谱

湍动能如何在不同大小的涡之间分布还有待确定。对于均匀湍流，通过考虑第 3 章中介绍的能谱函数 $E(\kappa)$ [式(3.166)]最容易实现。

回顾第 3.7 节，长度尺度 ℓ 的运动对应于波数 $\kappa = 2\pi/\ell$，而在 (κ_a, κ_b) 波数范围内的能量为

$$k_{(\kappa_a, \kappa_b)} = \int_{\kappa_a}^{\kappa_b} E(\kappa)\,\mathrm{d}\kappa \tag{6.14}$$

在 6.5 节，对 $E(\kappa)$ 进行了详细的考察，其中一个有趣的结果是，在 (κ_a, κ_b) 范围内，运动对耗散速率 ε 的贡献为

$$\varepsilon_{(\kappa_a, \kappa_b)} = \int_{\kappa_a}^{\kappa_b} 2\nu\kappa^2 E(\kappa)\,\mathrm{d}\kappa \tag{6.15}$$

根据 Kolmogorov 第一相似性假设，在统一平衡范围 $(\kappa > \kappa_{EI} \equiv 2\pi/\ell_{EI})$，频谱是一个 ε 和 ν 的统一函数。从第二个假设可以得出，在惯性子范围 $(\kappa_{EI} < \kappa < \kappa_{DI} \equiv 2\pi/\ell_{DI})$，频谱是

$$E(\kappa) = C\varepsilon^{2/3}\kappa^{-5/3} \tag{6.16}$$

其中，C 是一个统一常数(这些结论将在第 6.5 节进行验证)。

为了理解 Kolmogorov $-5/3$ 谱的一些基本特征，考虑了一般的幂律谱：

$$E(\kappa) = A\kappa^{-p} \tag{6.17}$$

其中，A 和 p 是常数。当 $p > 1$ 时，大于 κ 的波数中包含的能量为

$$k_{(\kappa, \infty)} \equiv \int_{\kappa}^{\infty} E(\kappa')\,\mathrm{d}\kappa' = \frac{A}{p-1}\kappa^{-(p-1)} \tag{6.18}$$

当 $p \leqslant 1$ 时，积分发散。同样，当 $p < 3$ 时，小于 κ 的波数耗散为

$$\varepsilon_{(0, k)} \equiv \int_{0}^{\kappa} 2\nu\kappa'^2 E(\kappa')\,\mathrm{d}\kappa' = \frac{2\nu A}{3-p}\kappa^{3-p} \tag{6.19}$$

当 $p \geqslant 3$ 时，积分发散。于是，得到 $p = 5/3$，与 Kolmogorov 谱对应，大约位于积分 $\kappa_{(\kappa, \infty)}$ 和 $\varepsilon_{(0, \kappa)}$ 收敛范围(1, 3)的中间。高波数中的能量随着 κ 的增加，以 $\kappa_{(\kappa, \infty)} \sim \kappa^{-2/3}$ 比例减小；而低波数中的耗散以 $\varepsilon_{(0, \kappa)} \sim \kappa^{-4/3}$ 的比例随着 κ 的减小而趋向于零。

尽管 Kolmogorov 的 $-5/3$ 谱仅适用于惯性子范围，但能量的大部分处于大尺度 $(\ell > \ell_{EI}$ 或者 $\kappa < 2\pi/\ell_{EI})$，以及耗散的大部分处于小尺度 $(\ell < \ell_{DI}$ 或者 $\kappa > 2\pi/\ell_{DI})$，这个情况和观察得到的结果一致。

6.1.4 Kolmogorov 假设的重述

为了从中推断出精确的结果,这里有必要介绍 Kolmogorov(1941)假说的更为精确的表述。Kolmogorov 用四维空间 $\boldsymbol{x}-t$ 中的 N 点分布来表示。然而,在这里,考虑在固定时间 t 物理空间 $(\boldsymbol{x})$ 中的 N 点分布,这对于大多数研究是足够普遍的。

在湍流中考虑一个简单的域 $\mathcal{G}$, 并令 $\boldsymbol{x}^{(0)}$, $\boldsymbol{x}^{(1)}$, …, $\boldsymbol{x}^{(N)}$ 是 $\mathcal{G}$ 内点的指定集合。定义新的坐标和速度差为

$$\boldsymbol{y} \equiv \boldsymbol{x} - \boldsymbol{x}^{(0)} \tag{6.20}$$

$$\boldsymbol{v}(\boldsymbol{y}) \equiv \boldsymbol{U}(\boldsymbol{x}, t) - \boldsymbol{U}(\boldsymbol{x}^{(0)}, t) \tag{6.21}$$

而且, N 点 $\boldsymbol{y}^{(0)}$, $\boldsymbol{y}^{(1)}$, …, $\boldsymbol{y}^{(N)}$ 处 $\boldsymbol{v}$ 的联合 PDF 用 f_N 表示。

局部均匀性的定义。如果对于每个固定的 N 和 $\boldsymbol{y}^{(n)}(n = 1, 2, \cdots, N)$, N 点 PDF f_N 与 $\boldsymbol{x}^{(0)}$ 和 $\boldsymbol{U}(\boldsymbol{x}^{(0)}, t)$ 无关,湍流在域 $\mathcal{G}$ 中是局部均匀的。

局部各向同性的定义。如果湍流是局部均匀的并且 PDF f_N 对于坐标轴的旋转和反射是不变的,那么湍流在域 $\mathcal{G}$ 中是局部各向同性的。

局部各向同性假设。对于任何雷诺数 $(Re = \mathcal{UL}/\nu)$ 足够大的湍流,如果域 $\mathcal{G}$ 足够小(即对于所有 n, $|y^{(n)}| \ll \mathcal{L}$), 并且不靠近流动的边界或者其他奇点,湍流可以很好地近似为局部各向同性。

第一相似性假设。对于局部各向同性湍流, N 点 PDF f_N 由黏性 ν 和耗散速率 ε 唯一确定。

第二相似性假设。如果向量 $\boldsymbol{y}^{(m)}$ 的模量及其差值 $\boldsymbol{y}^{(m)} - \boldsymbol{y}^{(n)}(m \neq n)$ 比 Kolmogorov 尺度大,则 N 点 PDF f_N 由耗散速率 ε 唯一确定,而与黏性 ν 无关。值得注意的是,这些假设是专门针对速度差异的。N 点 PDF f_N 使得这些假设适用于任何湍流流动,而关于波数频谱的描述仅适用于统计上均匀(至少在一个方向上)的流动。

对于非均匀流,局部各向同性只能"达到很好的近似"(如假设中所表述的那样)。例如,取 $\boldsymbol{y}^{(1)} = \boldsymbol{e}\ell$ 和 $\boldsymbol{y}^{(2)} = -\boldsymbol{e}\ell$ (其中 ℓ 是指定长度, $\boldsymbol{e}$ 是指定的单位向量),有

$$\begin{aligned}\langle \boldsymbol{v}(\boldsymbol{y}^{(1)}) - \boldsymbol{v}(\boldsymbol{y}^{(2)}) \rangle &= \langle \boldsymbol{U}(\boldsymbol{y}^{(1)}) \rangle - \langle \boldsymbol{U}(\boldsymbol{y}^{(2)}) \rangle \\ &\approx 2\frac{\ell}{\mathcal{L}}\boldsymbol{e} \cdot \mathcal{L}\nabla\langle \boldsymbol{U} \rangle \end{aligned} \tag{6.22}$$

显然,这个简单的统计量并不完全是各向同性的,而是有一个小的各向异性分量(处于 $\ell/\mathcal{L}$ 量级)——由大尺度的不均匀性引起。

6.2 结构函数

为表明 Kolmogorov 假设的正确应用,需要考虑[与 Kolmogorov(1941b)的研究

类似]二阶速度结构函数。通过推导这些假设的预测结果,并将其与实验数据进行比较。

根据定义,二阶速度结构函数是 $\boldsymbol{x}+\boldsymbol{r}$ 和 $\boldsymbol{x}$ 两点之间速度差的协方差:

$$D_{ij}(\boldsymbol{r},\ \boldsymbol{x},\ t) \equiv \langle [U_i(\boldsymbol{x}+\boldsymbol{r},\ t) - U_i(\boldsymbol{x},\ t)][U_j(\boldsymbol{x}+\boldsymbol{r},\ t) - U_j(\boldsymbol{x},\ t)]\rangle \tag{6.23}$$

很明显,Kolmogorov 假设适用于该统计数据,但这可以通过以式(6.20)和式(6.21)定义位置 $\boldsymbol{y}$ 和速度差 $\boldsymbol{v}$ 的形式重新表示,从而验证:

$$D_{ij}(\boldsymbol{y}^{(2)} - \boldsymbol{y}^{(1)},\ \boldsymbol{x}^{(0)} + \boldsymbol{y}^{(1)},\ t) = \langle [v_i(\boldsymbol{y}^{(2)}) - v_i(\boldsymbol{y}^{(1)})][v_j(\boldsymbol{y}^{(2)}) - v_j(\boldsymbol{y}^{(1)})]\rangle \tag{6.24}$$

见图 6.3。假设满足所有其他条件(例如,雷诺数足够大)。

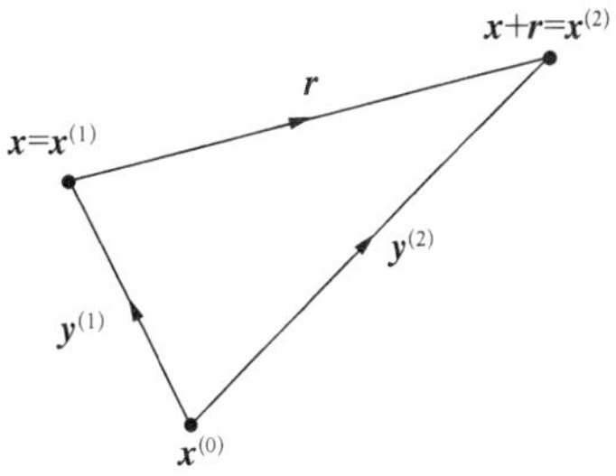

图 6.3　在域 $\mathcal{G}$ 内用 $\boldsymbol{x}^{(n)}$ 和 $\boldsymbol{y}^{(n)}$ 表示点 $\boldsymbol{x}$ 和 $\boldsymbol{x}+\boldsymbol{r}$ 的示意图

局部各向同性假设的第一个含义是,(对于 $r \equiv |\boldsymbol{r}| \ll \mathcal{L}$) D_{ij} 与 $\boldsymbol{x}^{(0)}$ 无关。因此,方程(6.24)表明, D_{ij} 不依赖于它的第二个参数,即 $D_{ij}(\boldsymbol{r},\ \boldsymbol{x},\ t)$ 与 $\boldsymbol{x}$ 无关。从它的定义[式(6.23)]中可以明显看出, $D_{ij}(\boldsymbol{r},\ t)$ 依赖于 $\boldsymbol{r}=\boldsymbol{y}^{(2)}-\boldsymbol{y}^{(1)}$,但与 $\boldsymbol{y}^{(1)}$ 和 $\boldsymbol{y}^{(2)}$ 分别独立。因此, $D_{ij}(\boldsymbol{r},\ t)$ 是 $\boldsymbol{r}$ 的各向同性函数。

在标量倍数范围内,唯一可以由向量 $\boldsymbol{r}$ 产生的二阶张量是 δ_{ij} 和 r_ir_j。因此, D_{ij} 可以写为

$$D_{ij}(\boldsymbol{r},\ t) = D_{NN}(r,\ t)\delta_{ij} + [D_{LL}(r,\ t) - D_{NN}(r,\ t)]\frac{r_ir_j}{r^2} \tag{6.25}$$

其中,分别调用标量函数 D_{LL} 和 D_{NN},称为纵向和横向结构函数。如果选择坐标系使 $\boldsymbol{r}$ 位于 x_1 方向(即 $\boldsymbol{r}=\boldsymbol{e}_1$),可以得到:

$$\begin{cases} D_{11} = D_{LL}, \quad D_{22} = D_{33} = D_{NN} \\ D_{ij} = 0, \quad i \neq j \end{cases} \tag{6.26}$$

式(6.26)与图 6.4 一起显示了 D_{LL} 和 D_{NN} 的重要作用。

在 $\langle \boldsymbol{U} \rangle = 0$ 的均匀湍流中,连续性方程的结果为

$$\frac{\partial}{\partial r_i}D_{ij}(\boldsymbol{r},\ t) = 0 \tag{6.27}$$

见练习 6.1。由于局部均匀性,该方程也适用于(很好地近似)当前的情况。随后,由式(6.25)和式(6.27)可以推导出(见练习 6.2), D_{LL} 由 D_{NN} 唯一确定:

$$D_{NN}(r,\ t) = D_{LL}(r,\ t) + \frac{1}{2} r \frac{\partial}{\partial r} D_{LL}(r,\ t) \tag{6.28}$$

因此,在局部各向同性湍流中,$D_{ij}(\boldsymbol{r},\ t)$ 由单标量函数 $D_{LL}(r,\ t)$ 确定。

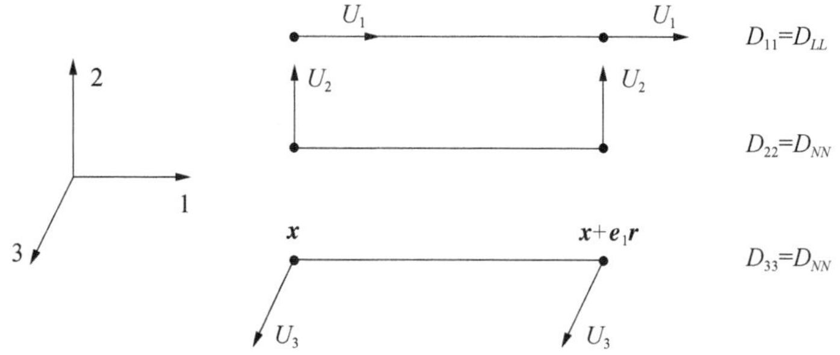

图 6.4　$\boldsymbol{r} = \boldsymbol{e}_1 r$ 的纵向和横向结构函数中涉及的速度分量示意图

根据第一相似性假设,给定 $\boldsymbol{r}$ ($|\boldsymbol{r}| \ll \mathcal{L}$),$D_{ij}$ 由 ε 和 ν 唯一确定。值 $(\varepsilon r)^{2/3}$ 是速度平方的量级,因此可用于 D_{ij} 的无量纲化。只有一个无关的无量纲集可以由 r、ε 和 ν 构成,可以方便地取为 $r\varepsilon^{1/4}/\nu^{3/4} = r/\eta$。因此,根据第一相似性假设,存在一个通用的无量纲函数 $\hat{D}_{LL}(r/\eta)$,(根据假设的条件)使得

$$D_{LL}(r,\ t) = (\varepsilon r)^{2/3} \hat{D}_{LL}(r/\eta) \tag{6.29}$$

根据第二相似性假设,对于大 r/η ($\mathcal{L} \gg r \gg \eta$),$D_{LL}$ 与 ν 无关。在这种情况下,不存在由 ε 和 r 形成的无量纲集,因此 D_{LL} 由式(6.30)给出:

$$D_{LL}(r,\ t) = C_2(\varepsilon r)^{2/3} \tag{6.30}$$

其中,C_2 是一个通用常数(这意味着,对于较大的 r/η,$\hat{D}_{LL}$ 逐渐趋向于常数 C_2)。

根据等式(6.28),横向结构函数为

$$D_{NN}(r,\ t) = \frac{4}{3} D_{LL}(r,\ t) = \frac{4}{3} C_2(\varepsilon r)^{2/3} \tag{6.31}$$

因此,根据式(6.25),D_{ij} 由式(6.32)给出:

$$D_{ij}(\boldsymbol{r},\ t) = C_2(\varepsilon r)^{2/3} \left(\frac{4}{3}\delta_{ij} - \frac{1}{3}\frac{r_i r_j}{r^2} \right) \tag{6.32}$$

因此,在惯性子范围 ($\mathcal{L} \gg r \gg \eta$) 内,Kolmogorov 假设能够根据 ε、r 及通用常数 C_2 确定相关的二阶结构函数。

Saddoughi 和 Veernvalli(1994)在湍流边界层中对式(6.32)中 Kolmogorov 假设的预测进行了验证,这是在实验室中获得的最高雷诺数边界层。主流方向为 $x =$

x_1，垂直于壁面的距离为 $y = x_2$。测量位于 $y = 400$ mm 处，边界层厚度为 $\delta = 1\,090$ mm、雷诺数（基于 δ）为 3.6×10^6，而该处的 Kolmogorov 尺度为 $\eta = 0.09$ mm。取 $\mathcal{L} = \delta$ 为流动的特征长度，则比值 $\mathcal{L}/\eta \approx 12\,000$ 表明两个尺度的差异极大。

由于 $\boldsymbol{r} = \boldsymbol{e}_1 r$ 和 $\mathcal{L} \gg r \gg \eta$，式(6.32)中的预测可以写为

$$D_{11}/(\varepsilon r)^{2/3} = C_2 \tag{6.33}$$

$$D_{22}/(\varepsilon r)^{2/3} = D_{33}/(\varepsilon r)^{2/3} = \frac{4}{3}C_2 \tag{6.34}$$

$$D_{ij} = 0, \quad i \neq j \tag{6.35}$$

图 6.5 显示了除以 $(\varepsilon r)^{2/3}$ 结构功能的测量结果。

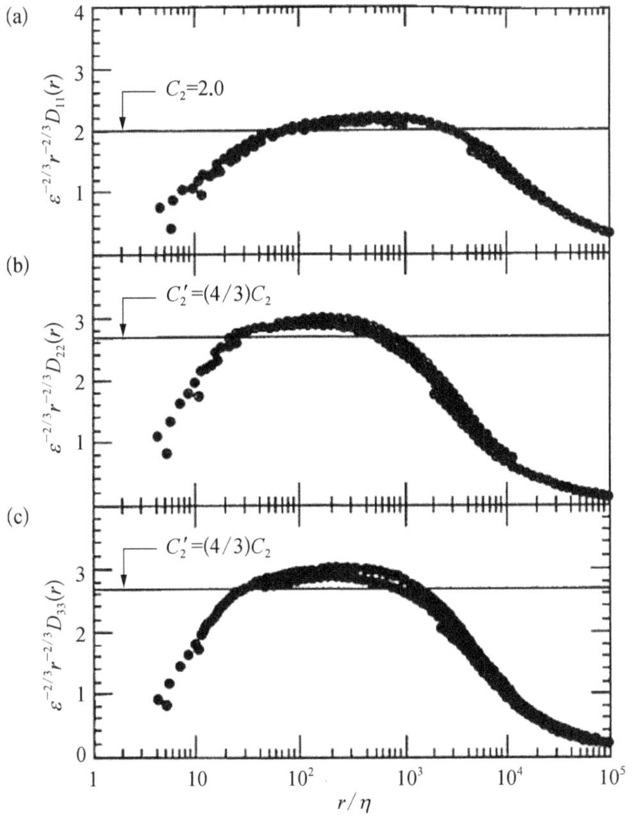

图 6.5　在高雷诺数湍流边界层中测量的二阶速度结构函数
［来自 Saddoughi 和 Veeravalli（1994）的研究］

水平线显示了惯性子范围内的 Kolmogorov 假设、式(6.33)及式(6.34)的预测结果

因此，容易验证上述预测结果。根据这些数据和其他数据建议，取值 $C_2 = 2.0$，

可以得出以下结论：

（1）对于 $7\,000\eta \approx \frac{1}{2}\mathcal{L} > r > 20\eta$，$D_{11}/(\varepsilon r)^{2/3}$ 在 C_2 的±15%范围内；

（2）D_{22} 和 D_{33} 之间没有显著差异；

（3）对于 $1\,200\eta \approx \frac{1}{10}\mathcal{L} > r > 12\eta$，$D_{22}/(\varepsilon r)^{2/3}$ 在 $\frac{4}{3}C_2$ 的±15%范围内。

在上述 r 给定范围内，D_{11} 和 D_{22} 的变化幅度分别达到 50 倍和 20 倍，因此±15% 的变化范围可视为小量。

显然，这些实验结果为 Kolmogorov 假设提供了实质性支持。然而，为了测试 C_2 的普适性，需要考虑其他流动，并且可以考察许多其他统计数据。第 6.5 节给出了与实验数据的进一步对比。

练 习

6.1 对于 $\langle \boldsymbol{U} \rangle = 0$ 的均匀湍流，证明结构函数 $D_{ij}(\boldsymbol{r})$［式(6.23)］和两点相关性 $R_{ij}(\boldsymbol{r})$［式(3.160)］由式(6.36)关联：

$$
\begin{aligned}
D_{ij}(\boldsymbol{r}) &= 2R_{ij}(0) - R_{ij}(\boldsymbol{r}) - R_{ji}(\boldsymbol{r}) \\
&= 2R_{ij}(0) - R_{ij}(\boldsymbol{r}) - R_{ij}(-\boldsymbol{r})
\end{aligned}
\tag{6.36}
$$

证明：连续性方程的一个结果为

$$
\frac{\partial D_{ij}}{\partial r_i} = \frac{\partial D_{ij}}{\partial r_j} = 0 \tag{6.37}
$$

［提示：参考练习 3.34 和 3.35。］

6.2 对式(6.25)进行微分，得到：

$$
\frac{\partial D_{ij}}{\partial r_i} = \frac{r_j}{r^2}\left(r\frac{\partial D_{LL}}{\partial r} + 2(D_{LL} - D_{NN}) \right) \tag{6.38}
$$

因此，验证式(6.28)。

6.3 对于小的 r ($r \ll \eta$)，在各向同性湍流中，证明二阶速度结构函数为

$$
D_{LL}(r) = r^2\left\langle \left(\frac{\partial u_1}{\partial x_1} \right)^2 \right\rangle = \frac{r^2\varepsilon}{15\nu} \tag{6.39}
$$

$$
D_{NN}(r) = r^2\left\langle \left(\frac{\partial u_2}{\partial x_1} \right)^2 \right\rangle = \frac{2r^2\varepsilon}{15\nu} = 2D_{LL}(r) \tag{6.40}
$$

6.3　两点相关性

Kolmogorov 假设及其推论与 Navier-Stokes 方程没有直接联系(然而,与前一节一样,通常会引用连续性方程)。尽管在描述能量级串时,已将能量向更小的尺度转移确定为至关重要的一种现象,但尚未确定或量化这种转移发生的精确机制。因此,很自然地,人们会尝试从 Navier-Stokes 方程中提取有关能量级串的有用信息。最早(在本节中概述)是 Taylor(1935a),以及 von Karman 和 Howarth(1938)基于两点相关性的尝试。接下来的两节给出以能谱——两点相关性的傅里叶变换为判据的波数空间的观点。

6.3.1　自相关函数

考虑平均速度为零,速度均方根为 $u'(t)$ 及耗散速率为 $\varepsilon(t)$ 的均匀各向同性湍流。由于齐次性,两点相关性与 $\boldsymbol{x}$ 无关:

$$R_{ij}(\boldsymbol{r},\ t) \equiv \langle u_i(\boldsymbol{x}+\boldsymbol{r},\ t)u_j(\boldsymbol{x},\ t)\rangle \tag{6.41}$$

在坐标原点为

$$R_{ij}(0,\ t)=\langle u_i u_j\rangle = u'^2\delta_{ij} \tag{6.42}$$

既没有生成也没有输运,因此湍动能的演化方程 $k(t)=\frac{3}{2}u'(t)^2$ [式(5.132)]简化为

$$\frac{\mathrm{d}k}{\mathrm{d}t}=-\varepsilon \tag{6.43}$$

与结构函数 D_{ij} 一样,各向同性的结果是 R_{ij} 可以用两个标量函数 $f(r,\ t)$ 和 $g(r,\ t)$ 表示[见式(6.25)]:

$$R_{ij}(\boldsymbol{r},\ t)=u'^2\left(g(r,\ t)\delta_{ij}+[f(r,\ t)-g(r,\ t)]\frac{r_i r_j}{r^2}\right) \tag{6.44}$$

当 $\boldsymbol{r}=\boldsymbol{e}_1 r$ 时,方程变为

$$\begin{cases} R_{11}/u'^2=f(r,\ t)=\langle u_1(\boldsymbol{x}+\boldsymbol{e}_1 r,\ t)u_1(\boldsymbol{x},\ t)\rangle/\langle u_1^2\rangle \\ R_{22}/u'^2=g(r,\ t)=\langle u_2(\boldsymbol{x}+\boldsymbol{e}_1 r,\ t)u_2(\boldsymbol{x},\ t)\rangle/\langle u_2^2\rangle \\ R_{33}=R_{22},\quad R_{ij}=0,\quad i\neq j \end{cases} \tag{6.45}$$

从而分别标识f和g为纵向和横向自相关函数。[注意,当$f(0, t)=g(0, t)=1$时,f和g是无量纲的]。与D_{ij}的性质类似,连续性方程意味着$\partial R_{ij}/\partial r_j = 0$(见练习3.35),结合式(6.44),推导得出:

$$g(r, t)=f(r, t)+\frac{1}{2}r\frac{\partial}{\partial r}f(r, t) \tag{6.46}$$

因此,在各向同性湍流中,两点相关$R_{ij}(\boldsymbol{r}, t)$完全由纵向自相关函数$f(r, t)$确定。图6.6显示了Comte-Bellot和Corrsin(1971)获得的近似各向同性网格生成湍流的$f(r, t)$测量结果。

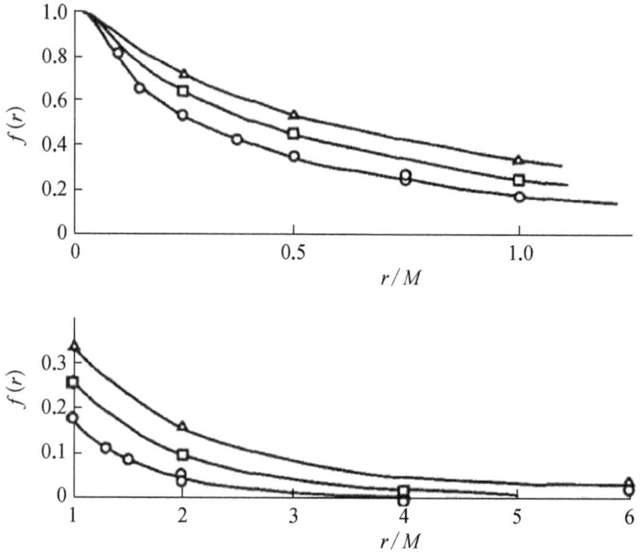

图6.6 网格湍流中纵向速度自相关函数$f(r, t)$的测量结果

○表示$x_1/M = 42$;□表示$x_1/M = 98$;△表示$x_1/M = 172$[摘自Comte Bellot和Corrsin(1971)的研究]

有两个不同的纵向长度尺度,$L_{11}(t)$和$\lambda_f(t)$,可由f定义;然后,相应的横向长度尺度$L_{22}(t)$和$\lambda_g(t)$可根据g定义。

6.3.2 积分长度尺度

从$f(r, t)$得到的第一个长度尺度是纵向积分尺度:

$$L_{11}(t) \equiv \int_0^{\infty} f(r, t)\mathrm{d}r \tag{6.47}$$

这个我们前面已经遇到过(图5.13)。积分尺度$L_{11}(t)$只是$f(r, t)$曲线以下的面积,因此通过图6.6可以明显发现L_{11}随时间增大(在网格湍流中)。如前所述，L_{11} 是大尺度涡的特征。在各向同性湍流中，横向积分尺度仅为 $L_{11}(t)$ 的一半（见练习 6.4）：

$$L_{22}(t) \equiv \int_0^\infty g(r,\ t)\,\mathrm{d}r \tag{6.48}$$

练　习

6.4　证明方程(6.46)可以重写为

$$g(r,\ t) = \frac{1}{2}\left(f(r,\ t) + \frac{\partial}{\partial r}[rf(r,\ t)]\right) \tag{6.49}$$

因此，在各向同性湍流中，横向积分尺度：

$$L_{22}(t) \equiv \int_0^\infty g(r,\ t)\,\mathrm{d}r \tag{6.50}$$

L_{22} 是纵向尺度的一半，即

$$L_{22}(t) = \frac{1}{2}L_{11}(t) \tag{6.51}$$

6.5　根据方程(6.46)证明：

$$\int_0^\infty rg(r,\ t)\,\mathrm{d}r = 0 \tag{6.52}$$

假设在 r 较大时，$f(r,\ t)$ 的衰减速度比 r^{-2} 快。

6.3.3　泰勒微尺度

从 $f(r,\ t)$ 得到的第二个长度尺度是纵向泰勒微尺度 $\lambda_f(t)$。由于 $f(r,\ t)$ 是 r 的偶函数且不大于 1，原点处的一阶导数 $f'(0,\ t) = (\partial f/\partial r)_{r=0}$ 为零，而二阶导数 $f''(0,\ t) = (\partial^2 f/\partial r^2)_{r=0}$ 是非正的。正如我们将看到的，在湍流中，$f''(0,\ t)$ 绝对是负的，因此定义 $\lambda_f(t)$ 为

$$\lambda_f(t) = \left[-\frac{1}{2}f''(0,\ t)\right]^{-1/2} \tag{6.53}$$

$\lambda_f(t)$ 是正实数，并且具有长度尺寸。

通过几何结构，这个深奥的定义变得清晰明了。设 $p(r)$ 是在 $r=0$ 处密切 $f(r)$ 的抛物线[即 $p(0) = f(0)$，$p'(0) = f'(0)$ 及 $p''(0) = f''(0)$ 的抛物线]。显然，$p(r)$ 为

$$
\begin{aligned}
p(r) &= 1 + \frac{1}{2} f''(0) r^2 \\
&= 1 - r^2 / \lambda_f^2
\end{aligned} \tag{6.54}
$$

因此,如图 6.7 所示,密切抛物线与轴线交于 $r = \lambda_f$ 处。如下面的推导所示,$f''(0, t)$ [及 $\lambda_f(t)$] 与速度导数关联:

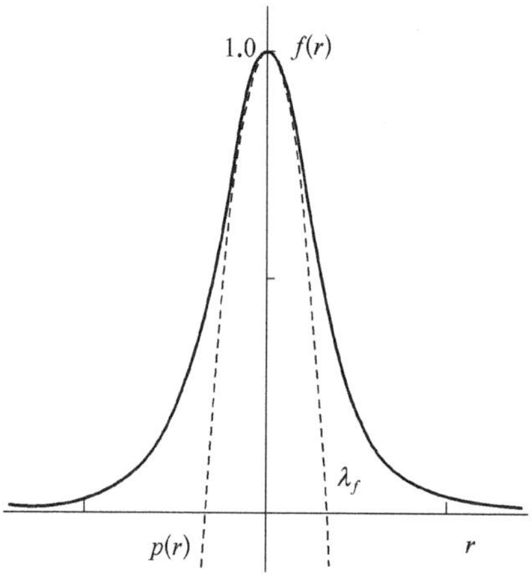

图 6.7 泰勒微尺度 λ_f定义的纵向速度自相关函数示意图

$$
\begin{aligned}
-u'^2 f''(0, t) &= -u'^2 \lim_{r \to 0} \frac{\partial^2}{\partial r^2} f(r, t) \\
&= -\lim_{r \to 0} \frac{\partial^2}{\partial r^2} \langle u_1(\boldsymbol{x} + e_1 r, t) u_1(\boldsymbol{x}, z) \rangle \\
&= -\lim_{r \to 0} \left\langle \left(\frac{\partial^2 u_1}{\partial x_1^2} \right)_{\boldsymbol{x}+e_1 r} u_1(\boldsymbol{x}, t) \right\rangle \\
&= -\left\langle \left(\frac{\partial^2 u_1}{\partial x_1^2} \right) u_1 \right\rangle \\
&= -\left\langle \frac{\partial}{\partial x_1} \left(u_1 \frac{\partial u_1}{\partial x_1} \right) - \left(\frac{\partial u_1}{\partial x_1} \right)^2 \right\rangle \\
&= \left\langle \left(\frac{\partial u_1}{\partial x_1} \right)^2 \right\rangle
\end{aligned} \tag{6.55}
$$

因此,得到:

$$
\left\langle \left(\frac{\partial u_1}{\partial x_1} \right)^2 \right\rangle = \frac{2u'^2}{\lambda_f^2} \tag{6.56}
$$

定义横向泰勒微尺度 $\lambda_g(t)$ 为

$$
\lambda_g(t) = \left[-\frac{1}{2} g''(0, t) \right]^{-1/2} \tag{6.57}
$$

在各向同性湍流中,等于 $\lambda_f(t) / \sqrt{2}$ (见练习 6.6)。随后,根据这两个方程和关系式 $\varepsilon = 15\nu \langle (\partial u_1 / \partial x_1)^2 \rangle$ [式(5.171)],给出耗散值为

$$
\varepsilon = 15\nu u'^2 / \lambda_g^2 \tag{6.58}
$$

在一篇标志着各向同性湍流研究起始的经典论文中,Taylor(1935a)定义了 λ_g 并得到上述关于 ε 的方程。随后,他提出“可以粗略地认为 λ_g 是能量耗散最小涡直径的尺度”。

从式(6.58)得出的推论是不正确的,因为它错误地假设 u' 是耗散涡的特征速度。相反,最小旋涡的特征长度和速度尺度为 Kolmogorov 尺度 η 和 u_η。

为了确定泰勒尺度和 Kolmogorov 尺度之间的关系,定义 $L \equiv k^{3/2}/\varepsilon$ 来表征大涡的长度尺度,湍流雷诺数为

$$Re_L \equiv \frac{k^{1/2}L}{\nu} = \frac{k^2}{\varepsilon\nu} \tag{6.59}$$

随后,微尺度由如下公式给出:

$$\lambda_g/L = \sqrt{10}\,Re_L^{-1/2} \tag{6.60}$$

$$\eta/L = Re_L^{-3/4} \tag{6.61}$$

$$\lambda_g = \sqrt{10}\,\eta^{2/3}L^{1/3} \tag{6.62}$$

因此,在高雷诺数条件下,λ_g 的大小介于 η 与 L 之间。

泰勒尺度没有明确的物理解释。然而,这是一个经常使用具有明确定义的量值。特别是泰勒尺度雷诺数,一般用于表征网格湍流:

$$R_\lambda \equiv u'\lambda_g/\nu \tag{6.63}$$

从式(6.60)可以看出,R_λ 随积分尺度雷诺数的平方根而变化:

$$R_\lambda = \left(\frac{20}{3}Re_L\right)^{1/2} \tag{6.64}$$

另外,可以发现比值正确表征了小涡的时间尺度:

$$\lambda_g/u' = (15\nu/\varepsilon)^{1/2} = \sqrt{15}\,\tau_\eta \tag{6.65}$$

练　习

6.6　从式(6.46)中可以看出:

$$g''(r,t) = 2f''(r,t) + \frac{1}{2}rf'''(r,t) \tag{6.66}$$

因此,横向泰勒微尺度为

$$\lambda_g(t) \equiv \left[-\frac{1}{2}g''(0,t)\right]^{-1/2} \tag{6.67}$$

其与纵向尺度 $\lambda_f(t)$ 的关系为

$$\lambda_g(t) = \lambda_f(t)/\sqrt{2} \tag{6.68}$$

证明：

$$\left\langle \left(\frac{\partial u_1}{\partial x_2}\right)^2 \right\rangle = \frac{2u'^2}{\lambda_g^2} \tag{6.69}$$

6.3.4 Karman-Howarth 方程

冯·卡门和霍沃斯(1938)从 Navier-Stokes 方程中得到 $f(r, t)$ 的演化方程。我们在此概述主要步骤、结果及一些启示：详细的推导可在原始著作或者标准参考文献[如 Hinze(1975)、Monin 和 Yaglom(1975)的研究]中找到。

$R_{ij}(\boldsymbol{r}, \boldsymbol{x}, t)$ 的时间导数可以表示为

$$\begin{aligned}\frac{\partial}{\partial t}R_{ij}(\boldsymbol{r}, t) &= \frac{\partial}{\partial t}\langle u_i(\boldsymbol{x}+\boldsymbol{r}, t)u_j(\boldsymbol{x}, t)\rangle \\ &= \left\langle u_j(\boldsymbol{x}, t)\frac{\partial}{\partial t}u_i(\boldsymbol{x}+\boldsymbol{r}, t)\right\rangle \\ &\quad + \left\langle u_i(\boldsymbol{x}+\boldsymbol{r}, t)\frac{\partial}{\partial t}u_j(\boldsymbol{x}, t)\right\rangle\end{aligned} \tag{6.70}$$

随后，Navier-Stokes 方程可用于消除方程(6.70)右侧的时间导数项：

$$\frac{\partial u_j}{\partial t} = -\frac{\partial(u_i u_j)}{\partial x_i} - \frac{1}{\rho}\frac{\partial p}{\partial x_j} + \nu\frac{\partial^2 u_j}{\partial x_i \partial x_i} \tag{6.71}$$

出现三类项，对应方程(6.71)中的对流项、压力梯度项及黏性项。对于各向同性湍流，$R_{ij}(\boldsymbol{r}, t)$ 方程中的压力梯度项为零。

对流项涉及两点在三个方向上速度的相关性，即

$$\bar{S}_{ijk}(\boldsymbol{r}, t) \equiv \langle u_i(\boldsymbol{x}, t)u_j(\boldsymbol{x}, t)u_k(\boldsymbol{x}+\boldsymbol{r}, t)\rangle \tag{6.72}$$

正如 R_{ij} 由 f 唯一确定一样[方程(6.44)]，在各向同性湍流中，$\bar{S}_{ijk}$ 由纵向相关性唯一确定：

$$\begin{aligned}\bar{k}(r, t) &= \bar{S}_{111}(\boldsymbol{e}_1 r, t)/u'^3 \\ &= \langle u_1(\boldsymbol{x}, t)^2 u_1(\boldsymbol{x}+\boldsymbol{e}_1 r, t)\rangle/u^3\end{aligned} \tag{6.73}$$

可以证明 $\bar{k}(r, t)$ 是 r 的奇函数，连续性方程表明 $\bar{k}'(0, t) = 0$，因此其级数展开式为

$$\bar{k}(r, t) = \bar{k}'''r^3/3! + \bar{k}^v r^5/5! + \cdots \tag{6.74}$$

其中，$\bar{k}^{V}$ 是 $r=0$ 处 $k(r,\ t)$ 的五阶导数。

通过推导，从 Navier-Stokes 方程中得到了 $f(r,\ t)$ 的精确方程，即 Karman-Howarth 方程：

$$\frac{\partial}{\partial t}(u'^2 f) - \frac{u'^3}{r^4}\frac{\partial}{\partial r}(r^4 \bar{k}) = \frac{2\nu u'^2}{r^4}\frac{\partial}{\partial r}\left(r^4 \frac{\partial f}{\partial r}\right) \tag{6.75}$$

得到的主要结果如下：

（1）存在一个闭合问题，单个方程包含两个未知函数，$f(r,\ t)$ 和 $\bar{k}(r,\ t)$；

（2）符号 $\bar{k}$ 和 ν 分别表示惯性过程和黏性过程；

（3）在 $r=0$ 处，包含 $\bar{k}$ 的项消失[基于方程(6.74)]；而 f 是 r 的偶函数，可得

$$\left[\frac{1}{r^4}\frac{\partial}{\partial r}\left(r^4 \frac{\partial f}{\partial r}\right)\right]_{r=0} = 5f''(0,\ t) = -\frac{5}{\lambda_g(t)^2} \tag{6.76}$$

因此，对于 $r=0$，Karman-Howarth 方程简化为(2/3 倍)动能方程：

$$\frac{\mathrm{d}}{\mathrm{d}t}u'(t)^2 = -10\nu\frac{u'^2}{\lambda_g^2} = -\frac{2}{3}\varepsilon \tag{6.77}$$

（4）在 Richardson-Kolmogorov 关于高雷诺数下能量级串的观点中，能量从大尺度向小尺度的输运是一个惯性过程（至少就 $r \gg \eta$ 而言）。因此，这种能量向较小尺度的输运是通过 Karman-Howarth 方程的 $\bar{k}$ 项完成的。

（5）如果 $\boldsymbol{u}(\boldsymbol{x},\ t)$ 是高斯场，那么 $\bar{k}(r,\ t)$ 就如所有三阶矩一样，都为零。因此，能量级串依赖于速度场的非高斯特性。

练　习

6.7　类似方程(6.55)的推导，表明：

$$\begin{aligned} u'^3\bar{k}'''(0,\ t) &= \left\langle \left(\frac{\partial u_1}{\partial x_1}\right)^3 \right\rangle \\ &= S\left(\frac{\varepsilon}{15\nu}\right)^{3/2} \end{aligned} \tag{6.78}$$

其中，S 是速度导数的斜度[方程(6.85)]。提示：也可见方程(3.148)。

6.8　表明在各向同性湍流中，纵向结构函数和自相关函数可通过式(6.79)关联：

$$u'(t)^2 f(r,\ t) = u'(t)^2 - \frac{1}{2}D_{LL}(r,\ t) \tag{6.79}$$

通过定义三阶结构函数：

$$D_{LLL}(r,\ t) = \langle [u_1(x + e_1 r,\ t) - u_1(x,\ t)]^3 \rangle \tag{6.80}$$

证明：

$$u'(t)^3 \bar{k}(r,\ t) = \frac{1}{6} D_{LLL}(r,\ t) \tag{6.81}$$

6.9 证明 Karman-Howarth 方程[式(6.75)]可重新表示为结构函数的形式：

$$\frac{\partial}{\partial t} D_{LL} + \frac{1}{3r^4} \frac{\partial}{\partial r}(r^4 D_{LLL}) = \frac{2v}{r^4} \frac{\partial}{\partial r}\left(r^4 \frac{\partial D_{LL}}{\partial r}\right) - \frac{4}{3}\varepsilon \tag{6.82}$$

对方程积分可以得到：

$$\frac{3}{r^5}\int_0^r s^4 \frac{\partial}{\partial t} D_{LL}(s,\ t)\,\mathrm{d}s = 6v \frac{\partial D_{LL}}{\partial r} - D_{LLL} - \frac{4}{5}\varepsilon r \tag{6.83}$$

6.3.5 进一步结果

Karman-Howarth 方程得到了广泛的研究，获得比本节内容提及的更多结果。本节现在给出的是一些更广为人知、信息量最大(最具代表性)的结果，Batchelor(1953)、Monin 和 Yaglom(1975)及 Hinze(1975)提供了更全面的认识。

6.3.6 速度导数的斜度

$\bar{k}(r,\ t)$ 的主导项 $\bar{k}'''(0,\ t)$ [式(6.74)]的值可以重新表示为

$$\begin{aligned} u'^3 \bar{k}'''(0,\ t) &= \left\langle \left(\frac{\partial u_1}{\partial x_1}\right)^3 \right\rangle \\ &= S\left(\frac{\varepsilon}{15\nu}\right)^{3/2} \\ &= -\frac{2}{35}\left\langle \omega_i \omega_j \frac{\partial u_i}{\partial x_j} \right\rangle \end{aligned} \tag{6.84}$$

其中，

$$S \equiv \left\langle \left(\frac{\partial u_1}{\partial x_1}\right)^3 \right\rangle \Big/ \left\langle \left(\frac{\partial u_1}{\partial x_1}\right)^2 \right\rangle^{3/2} \tag{6.85}$$

S 是速度导数的斜度(并且为负值)，见练习 6.7。因此，在这种斜度、涡旋拉伸和不同尺度之间的能量交换之间存在着联系。

6.3.7 Kolmogorov 4/5 定律

Karman-Howarth 方程可以用结构函数 $D_{LL}(r, t)$ 和 $D_{LLL}(r, t)$ 的形式重新表示：

$$D_{LLL}(r, t) = \langle [u_1(\boldsymbol{x} + \boldsymbol{e}_1 r, t) - u_1(\boldsymbol{x}, t)]^3 \rangle \tag{6.86}$$

结果为 Kolmogorov 方程(Kolmogorov, 1941a)，见练习 6.9：

$$\frac{3}{r^5}\int_0^r s^4 \frac{\partial}{\partial t} D_{LL}(s, t)\,\mathrm{d}s = 6\nu \frac{\partial D_{LL}}{\partial r} - D_{LLL} - \frac{4}{5}\varepsilon r \tag{6.87}$$

从中可以推出几个有用的结果。Kolmogorov 认为，在当地各向同性湍流中，左侧的非定常项为零，而黏性项在惯性子范围内可以忽略不计。于是导出 Kolmogorov 4/5 定律：

$$D_{LLL}(r, t) = -\frac{4}{5}\varepsilon r \tag{6.88}$$

Kolmogorov 进一步讨论了结构函数的斜度：

$$S' \equiv D_{LLL}(r, t)/D_{LL}(r, t)^{3/2} \tag{6.89}$$

S' 是常数，可得

$$D_{LL}(r, t) = \left(\frac{-4}{5S'}\right)^{2/3} (\varepsilon r)^{2/3} \tag{6.90}$$

这与 Kolmogorov 假设的预测相同[方程(6.30)]。因此，对于惯性子范围内的 $D_{LL}(r, t)$，证明了 Kolmogorov 假设与 Navier-Stokes 方程之间的一致性。另外，还可将常数 C_2 与斜度 S' 关联起来。

6.3.8 Loitsyanskii 积分

将 Karman-Howarth 方程[式(6.75)]乘以 r^4，并从 0 积分到 R，得到：

$$\frac{\mathrm{d}}{\mathrm{d}t}\int_0^R u'^2 r^4 f(r, t)\,\mathrm{d}r - u^3 R^4 \bar{k}(R, t) = 2\nu u'^2 R^4 f'(R, t) \tag{6.91}$$

Loitsyanski(1939)考虑极限 $R \to \infty$，并假设 f 和 $\bar{k}$ 随 r 的减小足够快，得到 Loitsyanski 积分是收敛的：

$$B_2 \equiv \int_0^\infty u'^2 r^4 f(r, t)\,\mathrm{d}r \tag{6.92}$$

从而使得包含 $\bar{k}(R, t)$ 和 $f'(R, t)$ 的项消失。根据这些假设，方程(6.91)表明 B_2

不随时间发生变化,因此称 B_2 为 Loitsyanskii 恒量。然而,假设是不正确的。根据各向同性湍流的产生方式,Loitsyanskii 积分可以是收敛的,也可以是发散的(Saffman, 1967)。当收敛时,发现方程(6.91)中包含 $\bar{k}$ 的项不会随着 R 趋于无穷大而消失,而 B_2 会随着时间的推移而增加[例如,Chasnov(1993)的研究]。

6.3.9 衰减后期

当各向同性湍流衰减时,雷诺数减小,因此惯性效应相对于黏性过程减弱。最终,当雷诺数足够小时,可以忽略惯性效应。

对于这种衰减后期,Batchelor 和 Townsend(1948)的研究表明,忽略惯性项的 Karman-Howarth 方程存在自相似解:

$$f(r,\ t) = \exp\left[-r^2/(8\nu t)\right] \tag{6.93}$$

其与实验数据非常吻合。需要强调的是,该解仅适用于远低于通常关注的低雷诺数状态。

练 习

6.10 对于惯性项中涉及可忽略 $\bar{k}$ 的衰减后期,验证方程(6.93)满足 Karman-Howarth 方程。证明在最后阶段(衰减后期),湍动能以 $k \sim t^{-5/2}$ 衰减。

6.11 对于均匀各向同性湍流,考虑六阶张量:

$$\mathcal{H}_{ijkpqr} \equiv \left\langle \frac{\partial u_i}{\partial x_p} \frac{\partial u_j}{\partial x_q} \frac{\partial u_k}{\partial x_r} \right\rangle \tag{6.94}$$

这是一个各向同性张量,因此可以写成标量系数乘以 Kronecker delta 乘积的项,如 $a_1\delta_{ip}\delta_{iq}\delta_{kr}$,有 15 种不同的 Kronecker delta 乘积(对应于后缀的不同顺序)。然而,从对称性的角度(如 $\mathcal{H}_{ijkpqr} = \mathcal{H}_{jikpqr}$)出发,一般表示为

$$\begin{aligned}\mathcal{H}_{ijkpqr} = {} & a_1\delta_{ip}\delta_{jq}\delta_{kr} + a_2(\delta_{ip}\delta_{jk}\delta_{qr} + \delta_{jq}\delta_{ik}\delta_{pr} + \delta_{kr}\delta_{ij}\delta_{pq}) \\ & + a_3(\delta_{ip}\delta_{jr}\delta_{qk} + \delta_{jq}\delta_{ir}\delta_{pk} + \delta_{kr}\delta_{iq}\delta_{pj}) + a_4(\delta_{iq}\delta_{pk}\delta_{jr} + \delta_{ir}\delta_{pj}\delta_{qk}) \\ & + a_5(\delta_{ij}\delta_{pk}\delta_{qr} + \delta_{ij}\delta_{qk}\delta_{pr} + \delta_{ik}\delta_{pj}\delta_{qr} \\ & + \delta_{ik}\delta_{rj}\delta_{pq} + \delta_{jk}\delta_{qi}\delta_{pr} + \delta_{jk}\delta_{ri}\delta_{pq})\end{aligned} \tag{6.95}$$

证明连续性方程意味着 $\mathcal{H}_{ijkiqr} = 0$,得到如下关系式:

$$\begin{cases} 3a_1 + 2a_2 + 2a_3 = 0 \\ 3a_2 + 4a_5 = 0 \\ 3a_3 + 2a_4 + 2a_5 = 0 \end{cases} \tag{6.96}$$

从量值上考虑：

$$\frac{\partial}{\partial x_i}\left\langle u_k \frac{\partial u_i}{\partial x_j}\frac{\partial u_j}{\partial x_k}\right\rangle$$

（在均匀湍流中）表明 $\mathcal{H}_{ijkjki}$ 为零，导出下列关系式：

$$a_1 + 7a_2 + 5a_3 + 4a_4 + 18a_5 = 0 \tag{6.97}$$

根据式(6.96)～式(6.97)中的四个关系式，所有系数以 a_1 的形式表示：

$$a_2 = -\frac{4}{3}a_1, \quad a_3 = -\frac{1}{6}a_1, \quad a_4 = -\frac{3}{4}a_1, \quad a_5 = a_1 \tag{6.98}$$

因此可得

$$\left\langle\left(\frac{\partial u_1}{\partial x_1}\right)^3\right\rangle = \mathcal{H}_{111111} = a_1 = S\left(\frac{\varepsilon}{15\nu}\right)^{3/2} \tag{6.99}$$

其中，S 为速度导数斜度[式(6.84)和式(6.85)]。因此，在各向同性湍流中，$\mathcal{H}_{ijkpqr}$ 的 729 个分量完全由速度导数斜度 S 和 Kolmogorov 时间尺度 $\tau_\eta = (\nu/\varepsilon)^{1/2}$ 决定。

利用式(6.95)和式(6.99)可得到：

$$\left\langle \omega_i\omega_j \frac{\partial u_i}{\partial x_j}\right\rangle = -\frac{35}{2}a_1 \tag{6.100}$$

$$\left\langle \frac{\partial u_i}{\partial x_k}\frac{\partial u_i}{\partial x_q}\frac{\partial u_k}{\partial x_q}\right\rangle = \mathcal{H}_{iikkqq} = \frac{35}{2}a_1 \tag{6.101}$$

6.4 傅里叶模式

对于各向同性湍流，源于 Navier-Stokes 方程的 Karman-Howarth 方程[式(6.75)]，充分描述了两点速度相关的动力学。然而，它并没有提供非常清晰的能量级串过程物理图像。通过考察波数空间中的 Navier-Stokes 方程，可以获得一些更进一步的认识。本节将研究平均速度为零、均匀湍流 Navier-Stokes 方程控制的离散傅里叶模式特征。

第一小节介绍将速度场表示为三维傅里叶级数的数学背景：

$$\boldsymbol{u}(\boldsymbol{x}, t) = \sum_{\boldsymbol{\kappa}} \mathrm{e}^{\mathrm{i}\boldsymbol{\kappa}\cdot\boldsymbol{x}}\hat{\boldsymbol{u}}(\boldsymbol{\kappa}, t) \tag{6.102}$$

（将附录 E 中的内容扩展到三维向量场。）然后，从 Navier-Stokes 方程推导出傅里叶

模式 $\hat{\boldsymbol{u}}(\boldsymbol{\kappa}, t)$ 的演化方程。最终,推导和讨论波数 $\boldsymbol{\kappa}$ 处动能的平衡方程:

$$\hat{E}(\boldsymbol{\kappa}, t) = \langle \hat{\boldsymbol{u}}^*(\boldsymbol{\kappa}, t) \cdot \hat{\boldsymbol{u}}(\boldsymbol{\kappa}, t) \rangle \tag{6.103}$$

除了加深能量级串的认识外,研究 Navier-Stokes 方程的傅里叶表达式还有其他原因。例如,将在第 9 章讨论:均匀湍流的直接数值模拟(DNS)通常在波数空间中进行[即求解 $\hat{\boldsymbol{u}}(\boldsymbol{\kappa}, t)$];快速畸变理论(RDT)——此理论在第 11 章中应用于受到极大平均速度梯度影响的均匀湍流中,同样也设置在波数空间中。

6.4.1 傅里叶级数表达式

傅里叶级数公式[式(6.102)]的一个含义是湍流速度场是周期性的。因此,在物理空间中考虑立方体 $0 \leqslant x_i \leqslant \mathcal{L}$, 边长 $\mathcal{L}$ 大于湍流积分尺度 L_{11}。那么对于所有整数向量 $\boldsymbol{N}$, 速度场是周期性的,即

$$\boldsymbol{u}(\boldsymbol{x} + \boldsymbol{N}\mathcal{L}, t) = \boldsymbol{u}(\boldsymbol{x}, t) \tag{6.104}$$

当 $\mathcal{L}/L_{11}$ 趋于无穷大时,这种人为施加的周期性效应消失。

在 x_1 方向上,傅里叶模式的表达形式为 $\sin(\kappa_0 n_1 x_1)$ 及:

$$\cos(2\pi n_1 x_1/\mathcal{L}) = \cos(\kappa_0 n_1 x_1) \tag{6.105}$$

对于整数 n_1, 其中 κ_0 是最低波数:

$$\kappa_0 \equiv 2\pi/\mathcal{L} \tag{6.106}$$

或者,在复数形式中,对于正整数和负整数 n_1, 傅里叶模式为

$$\mathrm{e}^{\mathrm{i}\kappa_0 n_1 x_1} = \cos(\kappa_0 n_1 x_1) + \mathrm{i}\sin(\kappa_0 n_1 x_1) \tag{6.107}$$

类似地,在其他两个方向上,傅里叶模式为 $\mathrm{e}^{\mathrm{i}\kappa_0 n_2 x_2}$ 和 $\mathrm{e}^{\mathrm{i}\kappa_0 n_3 x_3}$, 一般的三维模式就是一维模式的拓展。定义波数向量:

$$\boldsymbol{\kappa} = \kappa_0 \boldsymbol{n} = \kappa_0(\boldsymbol{e}_1 n_1 + \boldsymbol{e}_2 n_2 + \boldsymbol{e}_3 n_3) \tag{6.108}$$

可以将一般傅里叶模式简写为

$$\mathrm{e}^{\mathrm{i}\boldsymbol{\kappa}\cdot\boldsymbol{x}} = \mathrm{e}^{\mathrm{i}\kappa_0 n_1 x_1}\mathrm{e}^{\mathrm{i}\kappa_0 n_2 x_2}\mathrm{e}^{\mathrm{i}\kappa_0 n_3 x_3} \tag{6.109}$$

可根据波数向量的幅值 $\kappa \equiv |\boldsymbol{\kappa}|$ 和方向 $\boldsymbol{e} \equiv \boldsymbol{\kappa}/\kappa$ 对式(6.109)给出的傅里叶模式进行阐述。设 s 为物理空间中 $\boldsymbol{e}$ 方向的坐标,即 $s = \boldsymbol{e} \cdot \boldsymbol{x}$。随后可以得到:

$$\boldsymbol{\kappa} \cdot \boldsymbol{x} = \kappa \boldsymbol{e} \cdot \boldsymbol{x} = \kappa s \tag{6.110}$$

因此,$\mathrm{e}^{\mathrm{i}\boldsymbol{\kappa}\cdot\boldsymbol{x}}$ 在垂直于 $\boldsymbol{\kappa}$ 的平面内为常数(常数 s),在 $\boldsymbol{\kappa}$ 方向上随着波数 κ 的一

维傅里叶模式变化。图 6.8 显示了 $(n_1, n_2, n_3) = (4, 2, 0)$ 的傅里叶模式。

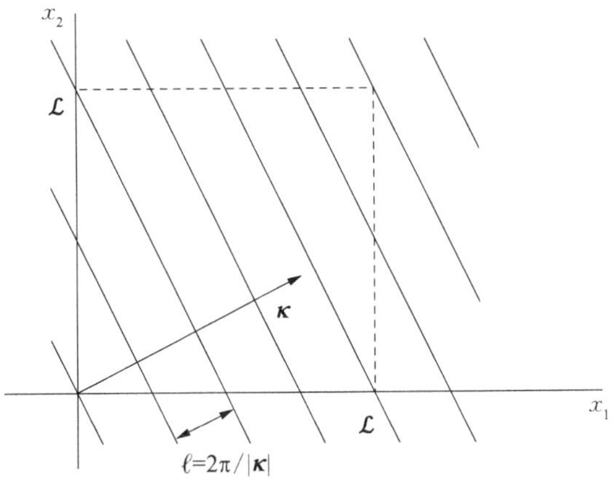

图 6.8　对应 $\boldsymbol{\kappa} = \boldsymbol{\kappa}_0(4, 2, 0)$ 的傅里叶模式示意图

斜线表示波峰,其中: $\mathcal{R}(\mathrm{e}^{\mathrm{i}\boldsymbol{\kappa}\cdot\boldsymbol{x}}) = \cos\boldsymbol{\kappa}\cdot\boldsymbol{x}$ 是单位 1

傅里叶模式是正交的。为在方程中简单地说明这一性质,引入两个定义。首先,对于给定两个波数向量 $\boldsymbol{\kappa}$ 和 $\boldsymbol{\kappa}'$, 定义:

$$\delta_{\boldsymbol{\kappa}, \boldsymbol{\kappa}'} = \begin{cases} 1, & \boldsymbol{\kappa} = \boldsymbol{\kappa}' \\ 0, & \boldsymbol{\kappa} \neq \boldsymbol{\kappa}' \end{cases} \tag{6.111}$$

其次,采用 $\langle\rangle_{\mathcal{L}}$ 表示立方体 $0 \leqslant x_i \leqslant \mathcal{L}$ 上的体积平均值,其正交特性可表示为(见练习 6.12)

$$\langle \mathrm{e}^{\mathrm{i}\boldsymbol{\kappa}\cdot\boldsymbol{x}} \mathrm{e}^{-\mathrm{i}\boldsymbol{\kappa}'\cdot\boldsymbol{x}} \rangle_{\mathcal{L}} = \delta_{\boldsymbol{\kappa}, \boldsymbol{\kappa}'} \tag{6.112}$$

对于周期函数 $g(\boldsymbol{x})$(例如,给定时间的速度分量),其傅里叶级数为

$$g(\boldsymbol{x}) = \sum_{\boldsymbol{\kappa}} \mathrm{e}^{\mathrm{i}\boldsymbol{\kappa}\cdot\boldsymbol{x}} \hat{g}(\boldsymbol{\kappa}) \tag{6.113}$$

其中,和覆盖了无限多个离散波数 $\boldsymbol{\kappa} = \kappa_0 \boldsymbol{n}$; $\hat{g}(\boldsymbol{\kappa})$ 是波数 $\boldsymbol{\kappa}$ 处的复傅里叶系数。由于 $g(\boldsymbol{x})$ 是实数, $\hat{g}(\boldsymbol{\kappa})$ 满足共轭对称性:

$$\hat{g}(\boldsymbol{\kappa}) = \hat{g}^*(-\boldsymbol{\kappa}) \tag{6.114}$$

其中,星号表示复共轭。

给定 $g(\boldsymbol{x})$, 根据正交条件[式(6.111)]可确定傅里叶系数:

$$\begin{aligned} \langle g(\boldsymbol{x}) \mathrm{e}^{-\mathrm{i}\boldsymbol{\kappa}'\cdot\boldsymbol{x}} \rangle_{\mathcal{L}} &= \langle \sum_{\boldsymbol{\kappa}} \hat{g}(\boldsymbol{\kappa}) \mathrm{e}^{\mathrm{i}\boldsymbol{\kappa}\cdot\boldsymbol{x}} \mathrm{e}^{-\mathrm{i}\boldsymbol{\kappa}'\cdot\boldsymbol{x}} \rangle_{\mathcal{L}} \\ &= \sum_{\boldsymbol{\kappa}} \hat{g}(\boldsymbol{\kappa}) \delta_{\boldsymbol{\kappa}, \boldsymbol{\kappa}'} = \hat{g}(\boldsymbol{\kappa}') \end{aligned} \tag{6.115}$$

为了推导方便，定义算子 $\mathcal{F}_{\boldsymbol{\kappa}}\{\quad\}$：

$$\begin{aligned}\mathcal{F}_{\boldsymbol{\kappa}}\{g(\boldsymbol{x})\} &= \langle g(\boldsymbol{x})\mathrm{e}^{-\mathrm{i}\boldsymbol{\kappa}\cdot\boldsymbol{x}}\rangle_{\mathcal{L}} \\ &= \frac{1}{\mathcal{L}^3}\int_0^{\mathcal{L}}\int_0^{\mathcal{L}}\int_0^{\mathcal{L}} g(\boldsymbol{x})\mathrm{e}^{-\mathrm{i}\boldsymbol{\kappa}\cdot\boldsymbol{x}}\mathrm{d}x_1\mathrm{d}x_2\mathrm{d}x_3\end{aligned} \tag{6.116}$$

因此，前面的方程可以简化为

$$\mathcal{F}_{\boldsymbol{\kappa}}\{g(\boldsymbol{x})\} = \hat{g}(\boldsymbol{\kappa}) \tag{6.117}$$

并且，波数 $\boldsymbol{\kappa}$ 的傅里叶模式系数由算子 $\mathcal{F}_{\boldsymbol{\kappa}}\{\quad\}$ 确定。

采用傅里叶表达式的主要原因之一是其导数形式。在方程(6.116)中，如果 $g(\boldsymbol{x})$ 用 $\partial g/\partial x_j$ 替换，得到：

$$\begin{aligned}\mathcal{F}_{\boldsymbol{\kappa}}\left\{\frac{\partial g(\boldsymbol{x})}{\partial x_j}\right\} &= \left\langle\frac{\partial g}{\partial x_j}\mathrm{e}^{-\mathrm{i}\boldsymbol{\kappa}\cdot\boldsymbol{x}}\right\rangle_{\mathcal{L}} \\ &= \left\langle -g(\boldsymbol{x})\frac{\partial}{\partial x_j}\mathrm{e}^{-\mathrm{i}\boldsymbol{\kappa}\cdot\boldsymbol{x}}\right\rangle_{\mathcal{L}} \\ &= \langle \mathrm{i}\kappa_j g(\boldsymbol{x})\mathrm{e}^{-\mathrm{i}\boldsymbol{\kappa}\cdot\boldsymbol{x}}\rangle_{\mathcal{L}} \\ &= \mathrm{i}\kappa_j\hat{g}(\boldsymbol{\kappa})\end{aligned} \tag{6.118}$$

物理空间中对于 x_j 的微分对应波数空间中 $\mathrm{i}\kappa_j$ 的乘积。

湍流速度场的傅里叶级数为

$$\boldsymbol{u}(\boldsymbol{x}, t) = \sum_{\boldsymbol{\kappa}}\mathrm{e}^{\mathrm{i}\boldsymbol{\kappa}\cdot\boldsymbol{x}}\hat{\boldsymbol{u}}(\boldsymbol{\kappa}, t) \tag{6.119}$$

其中，速度的傅里叶系数为

$$\hat{u}_j(\boldsymbol{\kappa}, t) = \mathcal{F}_{\boldsymbol{\kappa}}\{u_j(\boldsymbol{x}, t)\} \tag{6.120}$$

傅里叶模式 $\mathrm{e}^{\mathrm{i}\boldsymbol{\kappa}\cdot\boldsymbol{x}}$ 是非随机的且不随时间变化。因此，湍流速度场 $\boldsymbol{u}(\boldsymbol{x}, t)$ 随时间变化的随机性质意味着傅里叶系数 $\hat{\boldsymbol{u}}(\boldsymbol{\kappa}, t)$ 随时间变化并且是随机的。由于平均值 $\langle\boldsymbol{u}(\boldsymbol{x}, t)\rangle$ 为零，根据式(6.120)，平均值 $\langle\hat{\boldsymbol{u}}(\boldsymbol{\kappa}, t)\rangle$ 也为零。注意到，对于每个 $\boldsymbol{\kappa}$，$\hat{\boldsymbol{u}}(\boldsymbol{\kappa}, t)$ 是满足共轭对称性的复向量，即

$$\hat{\boldsymbol{u}}(\boldsymbol{\kappa}, t) = \hat{\boldsymbol{u}}^*(-\boldsymbol{\kappa}, t) \tag{6.121}$$

练　习

6.12　证明，对于整数 n：

$$\int_0^{\mathcal{L}}\mathrm{e}^{2\pi\mathrm{i}nx/\mathcal{L}}\mathrm{d}x = \begin{cases}0, & n \neq 0 \\ \mathcal{L}, & n = 0\end{cases} \tag{6.122}$$

从而形成正交特征方程(6.112)。

6.13 基于式(6.118)证明:

$$\mathcal{F}_{\boldsymbol{\kappa}}\{\nabla^2 g(\boldsymbol{x})\} = -\kappa^2 \hat{g}(\boldsymbol{\kappa}) \tag{6.123}$$

6.14 假设体积平均速度 $\langle \boldsymbol{u}(\boldsymbol{x}, t)\rangle_{\mathcal{L}}$ 为零,证明第零傅里叶模式的系数为零:

$$\hat{\boldsymbol{u}}(0, t) = 0 \tag{6.124}$$

6.15 表明涡量 $\boldsymbol{\omega} = \nabla\times \boldsymbol{u}$ 的傅里叶系数 $\hat{\boldsymbol{\omega}}(\boldsymbol{\kappa})$ 为

$$\hat{\boldsymbol{\omega}}(\boldsymbol{\kappa}) = \mathcal{F}_{\kappa}\{\boldsymbol{\omega}(\boldsymbol{x})\} = \mathrm{i}\boldsymbol{\kappa} \times \hat{\boldsymbol{u}}(\boldsymbol{\kappa}) \tag{6.125}$$

证明:$\boldsymbol{\kappa}$、$\hat{\boldsymbol{u}}(\boldsymbol{\kappa})$ 和 $\hat{\boldsymbol{\omega}}(\boldsymbol{\kappa})$ 是相互正交的。

6.16 一般地,不可压速度场可以写成无旋分量 $\nabla\phi$ 与旋转分量 $\nabla\times \boldsymbol{B}$ 之和,其中 $\phi(\boldsymbol{x})$ 是速度势,$\boldsymbol{B}(\boldsymbol{x})$ 是矢量势,其散度为零 ($\nabla\cdot \boldsymbol{B} = 0$):

$$\boldsymbol{u} = \nabla\phi + \nabla\times \boldsymbol{B} \tag{6.126}$$

对于周期速度场,表明 ϕ 为零,并得到 $\hat{\boldsymbol{B}}(\boldsymbol{\kappa}) \equiv \mathcal{F}_{\boldsymbol{\kappa}}\{\boldsymbol{B}(\boldsymbol{x})\}$ 和 $\hat{\boldsymbol{\omega}}(\boldsymbol{\kappa}) \equiv \mathcal{F}_{\boldsymbol{\kappa}}\{\boldsymbol{\omega}(\boldsymbol{x})\}$ 之间的关系式。

6.4.2 傅里叶模式的演变

在波数空间,速度的散度为

$$\mathcal{F}_{\boldsymbol{\kappa}}\left\{\frac{\partial u_j}{\partial x_j}\right\} = \mathrm{i}\kappa_j \hat{u}_j = \mathrm{i}\boldsymbol{\kappa} \cdot \hat{\boldsymbol{u}} \tag{6.127}$$

因此,连续性方程 $\nabla\cdot \boldsymbol{u} = 0$ 表明 $\hat{\boldsymbol{u}}$ 与 $\boldsymbol{\kappa}$ 垂直:

$$\boldsymbol{\kappa} \cdot \hat{\boldsymbol{u}} = 0 \tag{6.128}$$

有必要更详细地考察矢量(如 $\hat{\boldsymbol{u}}$)相对于波数 $\boldsymbol{\kappa}$ 的方向。任意矢量 $\hat{\boldsymbol{G}}$ 都可以分解为平行于 $\boldsymbol{\kappa}$ 的分量 $\hat{\boldsymbol{G}}^{\parallel}$ 和垂直于 $\boldsymbol{\kappa}$ 的分量 $\hat{\boldsymbol{G}}^{\perp}$,即 $\hat{\boldsymbol{G}} = \hat{\boldsymbol{G}}^{\parallel} + \hat{\boldsymbol{G}}^{\perp}$,见图 6.9。设 $\boldsymbol{e} = \boldsymbol{\kappa}/\kappa$ 为 $\boldsymbol{\kappa}$ 方向的单位向量,有

$$\hat{\boldsymbol{G}}^{\parallel} = \boldsymbol{e}(\boldsymbol{e} \cdot \hat{\boldsymbol{G}}) = \boldsymbol{\kappa}(\boldsymbol{\kappa} \cdot \hat{\boldsymbol{G}})/\kappa^2 \tag{6.129}$$

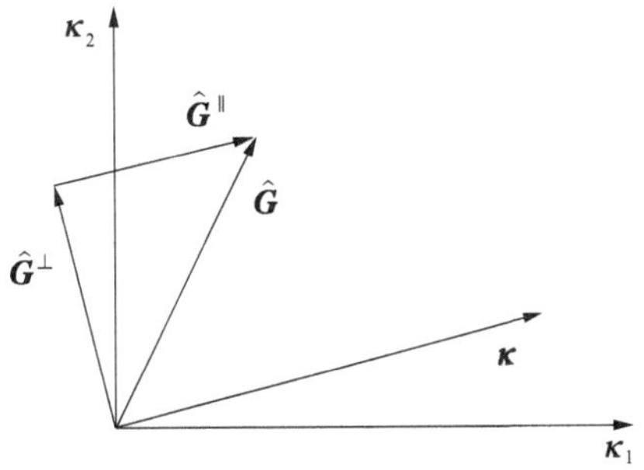

图 6.9 任意矢量 $\hat{\boldsymbol{G}}$(在二维波数空间中)分解为平行于 $\boldsymbol{\kappa}$ 的分量 $\hat{\boldsymbol{G}}^{\parallel}$ 和垂直于 $\boldsymbol{\kappa}$ 的分量 $\hat{\boldsymbol{G}}^{\perp}$ 的示意图

或者:

$$\hat{G}_j^{\parallel} = \frac{\kappa_j \kappa_k}{\kappa^2} \hat{G}_k \tag{6.130}$$

因此,从 $\hat{\boldsymbol{G}}^{\perp} = \hat{\boldsymbol{G}} - \hat{\boldsymbol{G}}^{\parallel}$ 可得到:

$$\hat{\boldsymbol{G}}^{\perp} = \hat{\boldsymbol{G}} - \boldsymbol{\kappa}(\boldsymbol{\kappa} \cdot \hat{\boldsymbol{G}}) / \kappa^2 \tag{6.131}$$

或者:

$$\hat{G}_j^{\perp} = P_{jk} \hat{G}_k \tag{6.132}$$

其中,投影张量(projection tensor) $P_{jk}(\boldsymbol{\kappa})$ 为

$$P_{jk} \equiv \delta_{jk} - \frac{\kappa_j \kappa_k}{\kappa^2} \tag{6.133}$$

它的主要结论是投影张量 $P_{j\kappa}(\boldsymbol{\kappa})$ 决定 $\hat{\boldsymbol{G}}_j^{\perp} = P_{jk} \hat{\boldsymbol{G}}_{\boldsymbol{\kappa}}$,表示 $\hat{\boldsymbol{G}}$ 在垂直于 $\boldsymbol{\kappa}$ 平面上的投影。后续将采用该投影张量在波数空间中描述 Navier-Stokes 方程。

通过在 Navier-Stokes 方程中逐项应用 $\mathcal{F}_{\boldsymbol{\kappa}}\{\quad\}$[式(6.116)],可得到波数空间中速度矢量的演化方程 $\hat{\boldsymbol{u}}(\boldsymbol{\kappa}, t)$:

$$\frac{\partial u_j}{\partial t} + \frac{\partial(u_j u_k)}{\partial x_k} = \nu \frac{\partial^2 u_j}{\partial x_k \partial x_k} - \frac{1}{\rho} \frac{\partial p}{\partial x_j} \tag{6.134}$$

简单地,时间导数为

$$\mathcal{F}_{\boldsymbol{\kappa}}\left\{\frac{\partial u_j}{\partial t}\right\} = \frac{\mathrm{d}\hat{u}_j}{\mathrm{d}t} \tag{6.135}$$

而对于黏性项,应用式(6.118)两次后得到:

$$\mathcal{F}_{\boldsymbol{\kappa}}\left\{\nu \frac{\partial^2 u_j}{\partial x_k \partial x_k}\right\} = -\nu \kappa^2 \hat{u}_j \tag{6.136}$$

其中,$\hat{\boldsymbol{p}}(\boldsymbol{\kappa}, t) \equiv \mathcal{F}_{\boldsymbol{\kappa}}\{p(\boldsymbol{x}, t)/\rho\}$ 是动压 (p/ρ) 的傅里叶系数,压力梯度项为

$$\mathcal{F}_{\boldsymbol{\kappa}}\left\{-\frac{1}{\rho} \frac{\partial p}{\partial x_j}\right\} = -\mathrm{i}\kappa_j \hat{p} \tag{6.137}$$

当前,非线性对流项可写为

$$\mathcal{F}_{\boldsymbol{\kappa}}\left\{\frac{\partial}{\partial x_k}(u_j u_k)\right\} = \hat{G}_j(\boldsymbol{\kappa}, t) \tag{6.138}$$

由此定义傅里叶系数 $\hat{\boldsymbol{G}}$。综合这些结果,得到:

$$\frac{\mathrm{d}\hat{u}_j}{\mathrm{d}t} + \nu\kappa^2\hat{u}_j = -\mathrm{i}\kappa_j\hat{p} - \hat{G}_j \tag{6.139}$$

当式(6.139)乘以 κ_j 时,左侧清除[考虑到连续性方程 $\kappa_j\hat{u}_j = 0$, 式(6.128)],剩余:

$$\kappa^2\hat{p} = \mathrm{i}\kappa_j\hat{G}_j \tag{6.140}$$

在波数空间中,由 Navier-Stokes 方程推导得到压力泊松方程,即

$$\mathcal{F}_{\boldsymbol{\kappa}}\{-\nabla^2 p\} = \mathcal{F}_{\boldsymbol{\kappa}}\left\{\frac{\partial}{\partial x_j}\left(\frac{\partial}{\partial x_k}(u_j u_k)\right)\right\} \tag{6.141}$$

通过求解方程(6.140)的 $\hat{p}$, 得到式(6.139)中的压力项:

$$-\mathrm{i}\kappa_j\hat{p} = \frac{\kappa_j\kappa_k}{\kappa^2}\hat{G}_k = \hat{G}_j^{\parallel} \tag{6.142}$$

即压力项精确地平衡了 $-\hat{\boldsymbol{G}}$ 在 $\boldsymbol{\kappa}$ 方向的分量 $-\hat{\boldsymbol{G}}^{\parallel}$。那么,在方程(6.139)的右侧剩下 $-\hat{\boldsymbol{G}}$ 垂直 $\boldsymbol{\kappa}$ 方向的分量 $-\hat{\boldsymbol{G}}^{\perp}$:

$$\begin{aligned}\frac{\mathrm{d}\hat{u}_j}{\mathrm{d}t} + \nu\kappa^2\hat{u}_j &= -\left(\delta_{ij} - \frac{\kappa_j\kappa_k}{\kappa^2}\right)\hat{G}_k \\ &= -P_{jk}\hat{G}_k = -\hat{G}_j^{\perp}\end{aligned} \tag{6.143}$$

该方程中黏性项的作用很简单。例如,考虑各向同性湍流的衰减后期,雷诺数很小,相对于黏性对流的影响可以忽略。随后,根据特定的初始条件 $\hat{\boldsymbol{u}}(\boldsymbol{\kappa},0)$, 并忽略 $\hat{\boldsymbol{G}}^{\perp}$ 项,方程(6.143)的解为

$$\hat{\boldsymbol{u}}(\boldsymbol{\kappa},t) = \hat{\boldsymbol{u}}(\boldsymbol{\kappa},0)\mathrm{e}^{-\nu\kappa^2 t} \tag{6.144}$$

因此,在衰减的最后阶段,每个傅里叶系数以 $\nu\kappa^2$ 的速率随时间呈指数衰减,而与其他所有模式都无关。高波数模式比低波数模式衰减得更快。

用 $\hat{\boldsymbol{u}}(\boldsymbol{\kappa})$ 表示(与时间 t 相关)非线性对流项:

$$\begin{aligned}\hat{G}_j(\boldsymbol{\kappa},t) &\equiv \mathcal{F}_{\boldsymbol{\kappa}}\left\{\frac{\partial}{\partial x_k}(u_j u_k)\right\} = \mathrm{i}\kappa_k\mathcal{F}_{\boldsymbol{\kappa}}\{u_j u_k\} \\ &= \mathrm{i}\kappa_k\mathcal{F}_{\boldsymbol{\kappa}}\left\{\left(\sum_{\boldsymbol{\kappa}'}\hat{u}_j(\boldsymbol{\kappa}')\mathrm{e}^{\mathrm{i}\boldsymbol{\kappa}'\cdot x}\right)\left(\sum_{\boldsymbol{\kappa}''}\hat{u}_k(\boldsymbol{\kappa}'')\mathrm{e}^{\mathrm{i}\boldsymbol{\kappa}''\cdot x}\right)\right\} \\ &= \mathrm{i}\kappa_k\sum_{\boldsymbol{\kappa}'}\sum_{\boldsymbol{\kappa}''}\hat{u}_j(\boldsymbol{\kappa}')\hat{u}_k(\boldsymbol{\kappa}'')\left\langle \mathrm{e}^{\mathrm{i}(\boldsymbol{\kappa}'+\boldsymbol{\kappa}'')\cdot x}\mathrm{e}^{-\mathrm{i}\boldsymbol{\kappa}\cdot x}\right\rangle_{\mathcal{L}} \\ &= \mathrm{i}\kappa_k\sum_{\boldsymbol{\kappa}'}\sum_{\boldsymbol{\kappa}''}\hat{u}_j(\boldsymbol{\kappa}')\hat{u}_k(\boldsymbol{\kappa}'')\delta_{\boldsymbol{\kappa},\boldsymbol{\kappa}'+\boldsymbol{\kappa}''} \\ &= \mathrm{i}\kappa_k\sum_{\boldsymbol{\kappa}'}\hat{u}_j(\boldsymbol{\kappa}')\hat{u}_k(\boldsymbol{\kappa}-\boldsymbol{\kappa}')\end{aligned} \tag{6.145}$$

推导的 6 个步骤分别调用式(6.138)、式(6.118)、式(6.119)、式(6.116)、式(6.112)和式(6.111)。将推导结果代入方程(6.143),得到 $\hat{u}(\boldsymbol{\kappa}, t)$ 演化方程的最终形式:

$$\left(\frac{\mathrm{d}}{\mathrm{d}t} + \nu\kappa^2\right)\hat{u}_j(\boldsymbol{\kappa}, t) = -\mathrm{i}\kappa_\ell P_{jk}(\boldsymbol{\kappa})\sum_{\boldsymbol{\kappa}'}\hat{u}_k(\boldsymbol{\kappa}', t)\hat{u}_\ell(\boldsymbol{\kappa} - \boldsymbol{\kappa}', t) \quad (6.146)$$

左侧仅涉及 $\boldsymbol{\kappa}$ 处的 $\hat{\boldsymbol{u}}$。相应的,右侧涉及 $\boldsymbol{\kappa}'$ 和 $\boldsymbol{\kappa}''$ 处的 $\hat{u}$,因而有 $\boldsymbol{\kappa}' + \boldsymbol{\kappa}'' = \boldsymbol{\kappa}$;实际上,$\boldsymbol{\kappa}' = \boldsymbol{\kappa}$ 和 $\boldsymbol{\kappa}'' = \boldsymbol{\kappa}$ 的贡献为零。因此,在波数空间中,对流项是非线性和非局部的。这些涉及波数三因子(wavenumber triads),$\boldsymbol{\kappa}$、$\boldsymbol{\kappa}'$ 和 $\boldsymbol{\kappa}''$ 相互作用,它们的关系为 $\boldsymbol{\kappa}' + \boldsymbol{\kappa}'' = \boldsymbol{\kappa}$。

练 习

6.17 设 $\boldsymbol{\kappa}^a$、$\boldsymbol{\kappa}^b$ 和 $\boldsymbol{\kappa}^c$ 为三个波数向量,使得

$$\boldsymbol{\kappa}^a + \boldsymbol{\kappa}^b + \boldsymbol{\kappa}^c = 0 \quad (6.147)$$

并定义 $\boldsymbol{a}(t) = \hat{\boldsymbol{u}}(\boldsymbol{\kappa}^a, t)$, $\boldsymbol{b}(t) = \hat{\boldsymbol{u}}(\boldsymbol{\kappa}^b, t)$ 和 $\boldsymbol{c}(t) = \hat{\boldsymbol{u}}(\boldsymbol{\kappa}^c, t)$。考虑一个周期速度场,在时间 $t = 0$ 时,只有在六个波数 $\pm\boldsymbol{\kappa}^a$、$\pm\boldsymbol{\kappa}^b$ 和 $\pm\boldsymbol{\kappa}^c$ 上具有非零傅里叶系数。并且,速度场的初始演化由 Euler 方程控制。当 $t = 0$ 时,方程(6.146)在 $v = 0$ 处:

(a) $$\frac{\mathrm{d}a_j}{\mathrm{d}t} = -\mathrm{i}\kappa^a_\ell P_{jk}(\boldsymbol{\kappa}^a)(b^*_k c^*_\ell + c^*_k b^*_\ell) \quad (6.148)$$

(b) $$\frac{\mathrm{d}}{\mathrm{d}t}\left(\frac{1}{2}\boldsymbol{a}\cdot\boldsymbol{a}^*\right) = -\Im\{\boldsymbol{a}\cdot\boldsymbol{b} \quad \boldsymbol{\kappa}^a\cdot\boldsymbol{c} + \boldsymbol{a}\cdot\boldsymbol{c} \quad \boldsymbol{\kappa}^a\cdot\boldsymbol{b}\} \quad (6.149)$$

(c) $$\frac{\mathrm{d}}{\mathrm{d}t}(\boldsymbol{a}\cdot\boldsymbol{a}^* + \boldsymbol{b}\cdot\boldsymbol{b}^* + \boldsymbol{c}\cdot\boldsymbol{c}^*) = 0 \quad (6.150)$$

(d) 有 24 种具有非零变化速率的模式,在波数空间中画出它们的位置。

6.4.3 傅里叶模式的动能

对于所考虑的周期性状态,式(6.146)是波数空间中的 Navier-Stokes 方程,它是一组傅里叶系数 $\hat{\boldsymbol{u}}(\boldsymbol{\kappa}, t)$ 的确定性常微分方程。现在考虑不同的方法来描述湍流的统计特征。

由于(假设)平均速度 $\langle \boldsymbol{U}(\boldsymbol{x}, t)\rangle$ 处处为零,其傅里叶系数,即 $\langle\hat{\boldsymbol{u}}(\boldsymbol{\kappa}, t)\rangle$ 也为零。接下来最简单的统计量是两个傅里叶系数的协方差,即

$$\langle\hat{u}_i(\boldsymbol{\kappa}', t)\hat{u}_j(\boldsymbol{\kappa}, t)\rangle \quad (6.151)$$

练习 6.18 表明，这些系数是不相关的，除非波数和为零，即 $\boldsymbol{\kappa}' + \boldsymbol{\kappa} = 0$，或者 $\boldsymbol{\kappa}' = -\boldsymbol{\kappa}$。因此，包含所有协方差信息的表达式为

$$\begin{aligned}\hat{R}_{ij}(\boldsymbol{\kappa}, t) &\equiv \langle \hat{u}_i^*(\boldsymbol{\kappa}, t)\hat{u}_j(\boldsymbol{\kappa}, t)\rangle \\ &= \langle \hat{u}_i(-\boldsymbol{\kappa}, t)\hat{u}_j(\boldsymbol{\kappa}, t)\rangle\end{aligned} \tag{6.152}$$

很容易得到 $\hat{R}_{ij}(\boldsymbol{\kappa}, t)$ 是两点速度相关的傅里叶系数：

$$\hat{R}_{ij}(\boldsymbol{\kappa}, t) = \mathcal{F}_{\boldsymbol{\kappa}}\{R_{ij}(\boldsymbol{x}, t)\} \tag{6.153}$$

（详见练习 6.18。）因此，$R_{ij}(\boldsymbol{x}, t)$ 的傅里叶级数为

$$\begin{aligned}R_{ij}(\boldsymbol{r}, t) &\equiv \langle u_i(\boldsymbol{x}, t)u_j(\boldsymbol{x}+\boldsymbol{r}, t)\rangle \\ &= \sum_{\boldsymbol{\kappa}} \hat{R}_{ij}(\boldsymbol{\kappa}, t)\mathrm{e}^{\mathrm{i}\boldsymbol{\kappa}\cdot\boldsymbol{r}}\end{aligned} \tag{6.154}$$

（见练习 6.19。）

定义速度谱张量为

$$\Phi_{ij}(\bar{\boldsymbol{\kappa}}, t) \equiv \sum_{\boldsymbol{\kappa}} \delta(\bar{\boldsymbol{\kappa}} - \boldsymbol{\kappa})\hat{R}_{ij}(\boldsymbol{\kappa}, t) \tag{6.155}$$

其中，$\bar{\boldsymbol{\kappa}}$ 为连续波数变量。谱张量明显是两点相关的傅里叶变换。根据式(6.154)和式(6.155)可得

$$R_{ij}(\boldsymbol{r}, t) = \iiint_{-\infty}^{\infty} \Phi_{ij}(\bar{\boldsymbol{\kappa}}, t)\mathrm{e}^{\mathrm{i}\bar{\boldsymbol{\kappa}}\cdot\boldsymbol{r}}\mathrm{d}\bar{\boldsymbol{\kappa}} \tag{6.156}$$

设定式(6.154)和式(6.156)中的 $\boldsymbol{r} = 0$，有

$$R_{ij}(0, t) = \langle u_i u_j\rangle = \sum_{\boldsymbol{\kappa}} \hat{R}_{ij}(\boldsymbol{\kappa}, t) = \iiint_{-\infty}^{\infty} \Phi_{ij}(\bar{\boldsymbol{\kappa}}, t)\mathrm{d}\bar{\boldsymbol{\kappa}} \tag{6.157}$$

因此，确定 $\hat{R}_{ij}(\boldsymbol{\kappa}, t)$ 为波数 $\boldsymbol{\kappa}$ 傅里叶模式对雷诺应力的贡献。同时：

$$\iiint_{\mathcal{K}} \Phi_{ij}(\bar{\boldsymbol{\kappa}}, t)\mathrm{d}\bar{\boldsymbol{\kappa}}$$

上式是波数空间中指定区域 $\mathcal{K}$ 模式对 $\langle u_i u_j\rangle$ 的贡献。练习 6.20 中给出了 $\hat{R}_{ij}$ 和 $\boldsymbol{\Phi}_{ij}$ 的其他特征。

特别有趣的是傅里叶模式的动能，定义为

$$\hat{E}(\boldsymbol{\kappa}, t) = \frac{1}{2}\langle \hat{u}_i^*(\boldsymbol{\kappa}, t)\hat{u}_t(\boldsymbol{\kappa}, t)\rangle = \frac{1}{2}\hat{\boldsymbol{R}}_{ii}(\boldsymbol{\kappa}, t) \tag{6.158}$$

湍动能为

$$k(t) = \frac{1}{2}\langle u_i u_i\rangle = \sum_{\boldsymbol{\kappa}} \frac{1}{2}\hat{R}_{ii}(\boldsymbol{\kappa}, t) = \sum_{\boldsymbol{\kappa}} \hat{E}(\boldsymbol{\kappa}, t) = \iint_{-\infty}^{\infty} \int_{\frac{1}{2}} \boldsymbol{\Phi}_{ii}(\bar{\boldsymbol{\kappa}}, t)\mathrm{d}\bar{\boldsymbol{\kappa}} \tag{6.159}$$

定义 $\hat{E}(\boldsymbol{\kappa}, t)$ 为波数 $\boldsymbol{\kappa}$ 对 k 的贡献。耗散速率 $\varepsilon(t)$ 通过式(6.160)也与 $\hat{E}(\boldsymbol{\kappa}, t)$ 关联起来(详见练习 6.23):

$$\begin{aligned}
\varepsilon(t) &= -\nu\langle u_j \nabla^2 u_j\rangle = -\nu \lim_{r\to 0}\frac{\partial^2}{\partial r_k \partial r_k}\boldsymbol{R}_{jj}(\boldsymbol{r}, t)\\
&= -\nu \lim_{r\to 0}\sum\nolimits_{\boldsymbol{\kappa}} \mathrm{e}^{\mathrm{i}\boldsymbol{\kappa}\cdot\boldsymbol{r}}(-\kappa_k\kappa_k)\hat{R}_{jj}(\boldsymbol{\kappa}, t)\\
&= \sum\nolimits_{\boldsymbol{\kappa}} 2\nu\kappa^2\hat{E}(\boldsymbol{\kappa}, t) = \iint_{-\infty}^{\infty}\!\!\int 2\nu\bar{\boldsymbol{\kappa}}^2\,\frac{1}{2}\boldsymbol{\Phi}_{ii}(\bar{\boldsymbol{\kappa}}, t)\,\mathrm{d}\bar{\boldsymbol{\kappa}}
\end{aligned} \tag{6.160}$$

因此,$\hat{E}(\boldsymbol{\kappa}, t)$ 和 $2\nu\kappa^2\hat{E}(\boldsymbol{\kappa}, t)$ 分别是傅里叶模式 $\boldsymbol{\kappa}$ 对动能和耗散速率的贡献。

可以从 $\hat{\boldsymbol{u}}(\boldsymbol{\kappa}, t)$ 的演化方程[式(6.146)]推导出 $\hat{E}(\boldsymbol{\kappa}, t)$ 的演化方程:

$$\frac{\mathrm{d}}{\mathrm{d}t}\hat{E}(\boldsymbol{\kappa}, t) = \hat{T}(\boldsymbol{\kappa}, t) - 2\nu\boldsymbol{\kappa}^2\hat{E}(\boldsymbol{\kappa}, t) \tag{6.161}$$

其中,

$$\hat{T}(\boldsymbol{\kappa}) = \kappa_\ell P_{jk}(\boldsymbol{\kappa})\mathcal{R}\left\{\mathrm{i}\sum\nolimits_{\boldsymbol{\kappa}'}\langle\hat{u}_j(\boldsymbol{\kappa})\hat{u}_k(\boldsymbol{\kappa}')\hat{u}_\ell^*(\boldsymbol{\kappa}-\boldsymbol{\kappa}')\rangle\right\} \tag{6.162}$$

其中,$\mathcal{R}\{\quad\}$ 表示实部。当对所有 $\boldsymbol{\kappa}$ 求和时,方程(6.161)的左侧为 $\mathrm{d}k/\mathrm{d}t$,而右侧的最后一项求和为 $-\varepsilon$。对于各向同性湍流,$\mathrm{d}k/\mathrm{d}t$ 等于 $-\varepsilon$,因此(可以直接得到),$\hat{T}$ 之和为零:

$$\sum\nolimits_{\boldsymbol{\kappa}}\hat{T}(\boldsymbol{\kappa}, t) = 0 \tag{6.163}$$

其中,$\hat{T}(\boldsymbol{\kappa}, t)$ 项表示模式之间的能量输运。

式(6.161)的 $\hat{E}(\boldsymbol{\kappa}, t)$ 与 Karman-Howarth 方程[式(6.75)]的 $f(r, t)$ 之间存在直接对应关系。它们包含基本相同的信息,但表达形式不同。傅里叶模式方程的一个优点是清楚地提供不同运动尺度的定量能量,并且得到在能量级串中起着关键作用的能量输运速率 $\hat{T}(\boldsymbol{\kappa}, t)$ 的显式表达式。事实上,对各向同性湍流的直接数值模拟,可以确定 $\hat{T}(\boldsymbol{\kappa}, t)$ 和相关量(Domaradzki, 1992)。

练 习

6.18 证明两个速度傅里叶系数的协方差可以表示为

$$\begin{aligned}
\langle\hat{u}_i(\boldsymbol{\kappa}', t)\hat{u}_j(\boldsymbol{\kappa}, t)\rangle &= \langle\mathcal{F}_{\boldsymbol{\kappa}'}\{u_i(\boldsymbol{x}', t)\}\mathcal{F}_{\boldsymbol{\kappa}}\{u_j(\boldsymbol{x}, t)\}\rangle\\
&= \langle\langle u_i(\boldsymbol{x}', t)\mathrm{e}^{-\mathrm{i}\boldsymbol{\kappa}'\cdot\boldsymbol{x}'}\rangle_{\mathcal{L}}\langle u_j(\boldsymbol{x}, t)\mathrm{e}^{-\mathrm{i}\boldsymbol{\kappa}\cdot\boldsymbol{x}}\rangle_{\mathcal{L}}\rangle
\end{aligned}$$

$$= \frac{1}{\mathcal{L}^6}\int_0^{\mathcal{L}}\cdots\int_0^{\mathcal{L}}\langle u_i(\boldsymbol{x}', t)u_j(\boldsymbol{x}, t)\rangle \mathrm{e}^{-\mathrm{i}(\boldsymbol{\kappa}'\cdot\boldsymbol{x}'+\boldsymbol{\kappa}\cdot\boldsymbol{x})}\mathrm{d}\boldsymbol{x}\mathrm{d}\boldsymbol{x}' \tag{6.164}$$

通过替换 $\boldsymbol{x}=\boldsymbol{x}'+\boldsymbol{r}$，以及基于均匀湍流中两点相关系数 $R_{ij}(\boldsymbol{r}, t)$ 与位置无关的特性，表明最终结果可以重新表示为

$$\begin{aligned}\langle \hat{u}_i(\boldsymbol{\kappa}', t)\hat{u}_j(\boldsymbol{\kappa}, t)\rangle &= \langle R_{ij}(\boldsymbol{r}, t)\mathrm{e}^{-\mathrm{i}\boldsymbol{\kappa}\cdot\boldsymbol{r}}\rangle_{\mathcal{L}}\langle \mathrm{e}^{-\mathrm{i}x'(\boldsymbol{\kappa}'+\boldsymbol{\kappa})}\rangle_{\mathcal{L}}\\ &= \mathcal{F}_{\boldsymbol{\kappa}}\{R_{ij}(\boldsymbol{r}, t)\}\delta_{\boldsymbol{\kappa}, -\boldsymbol{\kappa}'}\end{aligned} \tag{6.165}$$

提示：见式(E.22)。因此，通过设定 $\boldsymbol{\kappa}'=-\boldsymbol{\kappa}$，验证方程(6.153)。

6.19　通过替换：

$$u_i(\boldsymbol{x}) = \sum_{\boldsymbol{\kappa}'}\mathrm{e}^{\mathrm{i}\boldsymbol{\kappa}'\cdot\boldsymbol{x}}\hat{u}_i(\boldsymbol{\kappa}') = \sum_{\boldsymbol{\kappa}'}\mathrm{e}^{-\mathrm{i}\boldsymbol{\kappa}'\cdot\boldsymbol{x}}\hat{u}_i^*(\boldsymbol{\kappa}') \tag{6.166}$$

$$u_j(\boldsymbol{x}+\boldsymbol{r}) = \sum_{\boldsymbol{\kappa}}\mathrm{e}^{\mathrm{i}\boldsymbol{\kappa}\cdot(\boldsymbol{x}+\boldsymbol{r})}\hat{u}_j(\boldsymbol{\kappa}) \tag{6.167}$$

表明在均匀湍流中有

$$R_{ij}(\boldsymbol{r}) = \langle R_{ij}(\boldsymbol{r})\rangle_{\mathcal{L}} = \sum_{\boldsymbol{\kappa}}\mathrm{e}^{\mathrm{i}\boldsymbol{\kappa}\cdot\boldsymbol{r}}\langle \hat{u}_i^*(\boldsymbol{\kappa})\hat{u}_j(\boldsymbol{\kappa})\rangle \tag{6.168}$$

因此，方程(6.154)成立。

6.20　从 $\hat{R}_{ij}(\boldsymbol{\kappa})$ 的定义[式(6.152)]证明：

$$\hat{R}_{ij}(\boldsymbol{\kappa}) \geqslant 0,\quad i=j \tag{6.169}$$

$$\hat{R}_{ii}(\boldsymbol{\kappa}) \geqslant 0 \tag{6.170}$$

从共轭对称性可以得到：

$$\hat{R}_{ij}(\boldsymbol{\kappa}) = \hat{R}_{ji}(-\boldsymbol{\kappa}) = \hat{R}_{ji}^*(\boldsymbol{\kappa}) \tag{6.171}$$

从不可压缩性条件 $\boldsymbol{\kappa}\cdot\hat{\boldsymbol{u}}(\boldsymbol{\kappa})=0$ 可以推出：

$$\kappa_i\hat{R}_{ij}(\boldsymbol{\kappa}) = \kappa_j\hat{R}_{ij}(\boldsymbol{\kappa}) = 0 \tag{6.172}$$

值得注意的是，所有这些特性也适用于速度谱张量 $\Phi_{ij}(\boldsymbol{\kappa})$。

6.21　设 $\boldsymbol{Y}$ 为任意常数向量，定义 $\hat{g}(\boldsymbol{\kappa})=\boldsymbol{Y}\cdot\hat{\boldsymbol{u}}(\boldsymbol{\kappa})$。得到：

$$Y_iY_j\hat{R}_{ij}(\boldsymbol{\kappa}) = \langle \hat{g}^*(\boldsymbol{\kappa})\hat{g}(\boldsymbol{\kappa})\rangle \geqslant 0 \tag{6.173}$$

证明 $\hat{R}_{ij}(\boldsymbol{\kappa})$ 和 $\Phi_{ij}(\bar{\boldsymbol{\kappa}})$ 是半正定的，即对于所有的 $\boldsymbol{Y}$，都有

$$Y_iY_j\hat{\boldsymbol{R}}_{ij}(\boldsymbol{\kappa}) \geqslant 0,\quad Y_iY_j\Phi_{ij}(\bar{\boldsymbol{\kappa}}) \geqslant 0 \tag{6.174}$$

这个比式(6.169)的结果更优。

6.22 证明 $\hat{E}(\boldsymbol{\kappa})$ [式(6.158)]是非负的实数,并有

$$\hat{E}(\boldsymbol{\kappa}) = \hat{E}(-\boldsymbol{\kappa}) \tag{6.175}$$

6.23 从 $\boldsymbol{u}(\boldsymbol{x})$ 的频谱表达式[式(6.119)]推导出 $\partial u_i/\partial x_k$ 的频谱表达式为

$$\frac{\partial u_i}{\partial x_k} = \sum_{\boldsymbol{\kappa}} \mathrm{i}\kappa_k \hat{u}_i(\boldsymbol{\kappa}) \mathrm{e}^{\mathrm{i}\boldsymbol{\kappa}\cdot\boldsymbol{x}} \tag{6.176}$$

从而存在关系式:

$$\begin{aligned}\left\langle \frac{\partial u_\ell}{\partial x_k}\frac{\partial u_j}{\partial x_\ell}\right\rangle &= \sum_{\boldsymbol{\kappa}} \kappa_k \kappa_\ell \hat{R}_{ij}(\boldsymbol{\kappa}) \\ &= \iiint_{-\infty}^{\infty} \bar{\kappa}_k \bar{\kappa}_\ell \Phi_{ij}(\bar{\boldsymbol{\kappa}})\mathrm{d}\bar{\boldsymbol{\kappa}}\end{aligned} \tag{6.177}$$

$$\begin{aligned}\varepsilon &= \sum_{\boldsymbol{\kappa}} 2\nu\kappa^2 \hat{E}(\boldsymbol{\kappa}) \\ &= \iiint_{-\infty}^{\infty} 2\nu\bar{\kappa}^2 \frac{1}{2}\Phi_{ii}(\bar{\boldsymbol{\kappa}})\mathrm{d}\bar{\boldsymbol{\kappa}}\end{aligned} \tag{6.178}$$

6.5 速度谱

在上一节中,将(均匀湍流的)速度谱张量 $\Phi_{ij}(\boldsymbol{\kappa}, t)$ 定义为两点速度相关性系数 $R_{ij}(\boldsymbol{r})$ 的傅里叶变换(现在用 $\boldsymbol{\kappa}$ 表示连续性波数变量,代替上述的 $\bar{\boldsymbol{\kappa}}$)。在第6.5.1节中将回顾 $\Phi_{ij}(\boldsymbol{\kappa}, t)$ 的特性并引入一些相关量;主要介绍能量谱函数 $E(\kappa, t)$ 和一维频谱 $E_{ij}(\kappa_1, t)$。Kolmogorov 假设对这些谱在高波数(即普遍平衡范围)下的形式有影响。6.5.2 节将给出这些表示式,并用实验测量结果进一步检验 Kolmogorov 假设。第 6.6 节基于能量谱函数 $E(\kappa, t)$ 描述了波数空间中的能量级串。

6.5.1 定义及性质

1. 速度谱张量

在均匀湍流中,两点速度相关性和速度谱张量形成傅里叶变换对:

$$\Phi_{ij}(\boldsymbol{\kappa}) = \frac{1}{(2\pi)^3}\iiint_{-\infty}^{\infty} R_{ij}(\boldsymbol{r})\mathrm{e}^{-\mathrm{i}\boldsymbol{\kappa}\cdot\boldsymbol{r}}\mathrm{d}\boldsymbol{r} \tag{6.179}$$

$$R_{ij}(\boldsymbol{r}) = \iiint_{-\infty}^{\infty} \Phi_{ij}(\boldsymbol{\kappa})\mathrm{e}^{\mathrm{i}\boldsymbol{\kappa}\cdot\boldsymbol{r}}\mathrm{d}\boldsymbol{\kappa} \tag{6.180}$$

其中，$\boldsymbol{\kappa}=\{\kappa_1,\ \kappa_2,\ \kappa_3\}$ 是(连续)波数矢量;为了简化符号，R_{ij} 和 Φ_{ij} 的时间依赖性没有明确显示。速度谱张量 $\Phi_{ij}(\boldsymbol{\kappa})$ 是一个复数量,它具有如下性质:

$$\Phi_{ij}(\boldsymbol{\kappa})=\Phi_{ji}^{*}(\boldsymbol{\kappa})=\Phi_{ji}(-\boldsymbol{\kappa}) \tag{6.181}$$

$$\kappa_i\Phi_{ij}(\boldsymbol{\kappa})=\kappa_j\Phi_{ij}(\boldsymbol{\kappa})=0 \tag{6.182}$$

式(6.181)源自 $R_{ij}(\boldsymbol{r})$ 的对称特性及 $R_{ij}(\boldsymbol{r})$ 是实数的事实;而式(6.182)源自不可压缩性(见练习 6.20)。此外,对于所有矢量 $\boldsymbol{Y}$(见练习 6.21)，$\Phi_{ij}(\boldsymbol{\kappa})$ 是半正定的,即

$$\Phi_{ij}(\boldsymbol{\kappa})\boldsymbol{Y}_i\boldsymbol{Y}_j\geqslant 0 \tag{6.183}$$

因此，$\Phi_{ij}(\boldsymbol{\kappa})$ 的对角线分量(即 $i=j$)为实数且非负,因此迹也是实数非负的:

$$\Phi_{ii}^{*}(\boldsymbol{\kappa})=\Phi_{ii}^{*}(\boldsymbol{\kappa})\geqslant 0 \tag{6.184}$$

速度谱张量 $\Phi_{ij}(\boldsymbol{\kappa})$ 是一个值得考虑的有用量,因为它代表了波数空间中的雷诺应力密度(如 6.4.3 节所示),即 $\Phi_{ij}(\boldsymbol{\kappa})$ 是傅里叶模态 $\mathrm{e}^{\mathrm{i}\boldsymbol{\kappa}\cdot\boldsymbol{x}}$ 对雷诺应力 $\langle u_iu_j\rangle$ 的贡献(波数空间中每单位体积)。特别地,在方程(6.180)中设定 $\boldsymbol{r}=0$ 时,得到:

$$R_{ij}(0)=\langle u_iu_j\rangle=\iiint_{-\infty}^{\infty}\Phi_{ij}(\boldsymbol{\kappa})\,\mathrm{d}\boldsymbol{\kappa} \tag{6.185}$$

注意到，Φ_{ij} 具有(速度)^2/(波数)^{3}的量纲,或等价于(速度)^2×(长度)^{3}的量纲。

$\Phi_{ij}(\boldsymbol{\kappa})$ 包含的信息可以分为三个部分来考虑。首先,下标(i 和 j)表示物理空间中的速度方向。例如，$\Phi_{22}(\boldsymbol{\kappa})$ 完全属于 $u_2(\boldsymbol{x})$ 场。其次,波数方向 $\boldsymbol{\kappa}/|\boldsymbol{\kappa}|$ 给出了傅里叶模态在物理空间中的方向。最后,波数的大小决定了模态的长度尺度,即 $\ell=2\pi/|\boldsymbol{\kappa}|$(图 6.8)。

特别地,速度导数信息也包含在 $\Phi_{ij}(\boldsymbol{\kappa})$ 中:

$$\left\langle\frac{\partial u_i}{\partial x_k}\frac{\partial u_j}{\partial x_\ell}\right\rangle=\iiint_{-\infty}^{\infty}\kappa_k\kappa_\ell\Phi_{ij}(\boldsymbol{\kappa})\,\mathrm{d}\boldsymbol{\kappa} \tag{6.186}$$

因此,耗散速率(练习 6.23)为

$$\varepsilon=\iiint_{-\infty}^{\infty}2\nu\kappa^2\,\frac{1}{2}\Phi_{ii}(\boldsymbol{\kappa})\,\mathrm{d}\boldsymbol{\kappa} \tag{6.187}$$

$\Phi_{ij}(\boldsymbol{\kappa})$ 与积分长度尺度之间的关系将在下面[式(6.210)和式(6.213)]给出。

2. 能量谱函数

作为矢量的二阶张量函数，$\Phi_{ij}(\boldsymbol{\kappa})$ 包含大量信息。能量谱函数 $E(\boldsymbol{\kappa})$ 提供了一个更简单但不完整的描述,它是标量的标量函数。

能量谱函数是从 $\Phi_{ij}(\boldsymbol{\kappa})$ 中消除所有方向信息而获得的。通过考虑(一半)迹，即 $\frac{1}{2}\Phi_{ii}(\boldsymbol{\kappa})$，可以消除速度的方向信息。通过对所有波数 $\boldsymbol{\kappa}$ 的幅值 $|\boldsymbol{\kappa}|=\kappa$ 积分，可以消除傅里叶模态中的相关方向信息。为了采用数学方法表达这一点，用 $\mathcal{S}(\kappa)$ 表示波数空间中以原点为中心、以 κ 为半径的球体；对球面上的积分用 $\oint(\ )\mathrm{d}\mathcal{S}(\kappa)$ 表示。因此，能量谱函数可以定义为

$$E(\kappa)=\oint\frac{1}{2}\Phi_{ii}(\boldsymbol{\kappa})\,\mathrm{d}\mathcal{S}(\kappa)\tag{6.188}$$

或者，考虑到 Dirac delta 函数[式(C.11)]的筛选性质，等效表达式为

$$E(\kappa)=\iiint_{-\infty}^{\infty}\frac{1}{2}\Phi_{ii}(\boldsymbol{\kappa})\delta(|\boldsymbol{\kappa}|-\kappa)\,\mathrm{d}\boldsymbol{\kappa}\tag{6.189}$$

其中，κ 是一个自变量(即与 $\boldsymbol{\kappa}$ 无关)。

$E(\kappa)$ 的性质直接从 $\Phi_{ij}(\boldsymbol{\kappa})$ 的性质得到：$E(\kappa)$ 是非负实数；对于负的 κ，未在式(6.188)中得到定义，或者根据式(6.189)为零。$E(\kappa)$ 对所有 κ 的积分与 $\frac{1}{2}\Phi_{ii}(\boldsymbol{\kappa})$ 对所有 $\boldsymbol{\kappa}$ 的积分相同。因此，根据式(6.185)和式(6.187)，可以得到湍动能：

$$k=\int_0^{\infty}E(\kappa)\,\mathrm{d}\kappa\tag{6.190}$$

以及耗散：

$$\varepsilon=\int_0^{\infty}2\nu\kappa^2E(\kappa)\,\mathrm{d}\kappa\tag{6.191}$$

显然，$E(\kappa)\mathrm{d}\kappa$ 是波数空间中无限小区域 $\kappa\leqslant|\boldsymbol{\kappa}|<\kappa+\mathrm{d}\kappa$ 中，所有波数 $\boldsymbol{\kappa}$ 对 k 的贡献。

一般来说，$\Phi_{ij}(\boldsymbol{\kappa})$ 比 $E(\kappa)$ 包含更多的信息；但是，在各向同性湍流中，$\Phi_{ij}(\boldsymbol{\kappa})$ 的方向信息完全由 $\boldsymbol{\kappa}$ 决定；在标量乘积中，由 $\boldsymbol{\kappa}$ 形成的二阶张量只有 δ_{ij} 和 $\kappa_i\kappa_j$。因此，在各向同性湍流中，$\Phi_{ij}(\boldsymbol{\kappa})$ 由式(6.192)给出：

$$\Phi_{ij}(\boldsymbol{\kappa})=A(\kappa)\delta_{ij}+B(\kappa)\kappa_i\kappa_j\tag{6.192}$$

其中，$A(\kappa)$ 和 $B(\kappa)$ 是 κ 的标量函数。很容易确定这些标量函数(见练习 6.25)，

因此，在各向同性湍流中，速度谱张量为

$$\begin{aligned}\Phi_{ij}(\boldsymbol{\kappa})&=\frac{E(\kappa)}{4\pi\kappa^2}\left(\delta_{ij}-\frac{\kappa_i\kappa_j}{\kappa^2}\right)\\&=\frac{E(\kappa)}{4\pi\kappa^2}P_{ij}(\boldsymbol{\kappa})\end{aligned}\tag{6.193}$$

其中，$P_{ij}(\boldsymbol{\kappa})$ 是投影张量[式(6.133)]。

如果假定 $\Phi_{ij}(\boldsymbol{\kappa})$ 在原点是解析的，那么 $E(\kappa)$ 对于小 κ 以 κ^4 变化(见练习 6.26)。但是，当 $E(\kappa)$ 以 κ^2 变化时，$\Phi_{ij}(\boldsymbol{\kappa})$ 也可能不是解析的(Saffman, 1967)。在直接数值模拟中，κ^2 和 κ^4 的两种情况(Chasnov, 1995)均存在。有研究者，如 Reynolds(1987)提出，网格湍流会得到 κ^2 结果，但没有确凿证据。

练　习

6.24 证明：

$$\oint \mathrm{d}\mathcal{S}(\kappa) = 4\pi\kappa^2 \tag{6.194}$$

$$\oint \kappa_i\kappa_j \mathrm{d}\mathcal{S}(\kappa) = \frac{4}{3}\pi\kappa^4\delta_{ij} \tag{6.195}$$

提示：论证式(6.195)中的积分必须是各向同性的，即一个标量乘积 δ_{ij}。

6.25 证明将不可压缩条件 $\kappa_i\Phi_{ij}(\boldsymbol{\kappa})=0$ 应用到式(6.192)：

$$B(\kappa) = -A(\kappa)/\kappa^2 \tag{6.196}$$

利用练习(6.24)的结果证明，与式(6.192)对应的能量谱函数为

$$E(\kappa) = 6\pi\kappa^2 A(\kappa) + 2\pi\kappa^4 B(\kappa) \tag{6.197}$$

由此推导出式(6.193)。

6.26 如果 $\Phi_{ij}(\boldsymbol{\kappa})$ 在原点是解析的，则具有如下展开式：

$$\Phi_{ij}(\boldsymbol{\kappa}) = \Phi_{ij}^{(0)} + \Phi_{ijk}^{(1)}\kappa_k + \Phi_{ijk\ell}^{(2)}\kappa_k\kappa_\ell + \cdots \tag{6.198}$$

其中，$\boldsymbol{\Phi}^{(n)}$ 是常数张量。证明不可压缩性使得 $\Phi_{ij}{}^{(0)}=0$，$\Phi_{ij}(\boldsymbol{\kappa})$ 的正半确定性[式(6.183)]使得 $\Phi_{ijk}{}^{(1)}=0$。然后，证明(对于小的 κ 主导项)能量谱函数为

$$E(\kappa) = \frac{4}{3}\pi\kappa^4\Phi_{ijkk}^{(2)} + \cdots \tag{6.199}$$

3. 泰勒假说

在湍流的直接数值模拟中，可以提取速度谱张量 $\Phi_{ij}(\boldsymbol{\kappa})$ 和能量谱函数 $E(\kappa)$。为了在实验上确定这些量，对于所有的 $\boldsymbol{r}$，需要测量两点的速度相关性 $R_{ij}(\boldsymbol{r})$ ——这显然是不可行的。然而，使用单探头(如热线风速仪)可以近似地沿直线测量 $R_{ij}(\boldsymbol{r})$。

可以使用一种“飞热线”(flying hot wire)的技术：探头以恒定速度 V 沿平行于

x_1 轴的直线在湍流中快速移动(即探头沿基向量 $\boldsymbol{e}_1$ 方向移动)。如果探针位于 $\boldsymbol{x}_0$ 时 $t=0$, 则在 t 时刻位于:

$$\boldsymbol{X}(t) \equiv \boldsymbol{x}_0 + \boldsymbol{e}_1 Vt \tag{6.200}$$

探针测得的速度为

$$\boldsymbol{U}^{(m)}(t) = \boldsymbol{U}[\boldsymbol{X}(t), t] - \boldsymbol{e}_1 V \tag{6.201}$$

由 $\boldsymbol{U}^{(m)}(t)$ 得到的时间自协方差为

$$\begin{aligned} R_{ij}^{(m)}(s) &\equiv \langle [U_i^{(m)}(t) - \langle U_i^{(m)}(t)\rangle][U_j^{(m)}(t+s) - \langle U_j^{(m)}(t+s)\rangle]\rangle \\ &= \langle u_i[\boldsymbol{X}(t), t] u_j[\boldsymbol{X}(t+s), t+s]\rangle \\ &= \langle u_i[\boldsymbol{X}(t), t] u_j[\boldsymbol{X}(t) + \boldsymbol{e}_1 r_1,\ t + r_1/V]\rangle \end{aligned} \tag{6.202}$$

其中, $r_1 = Vs$, 是探头在时间 s 内移动的距离。如果湍流在 x_1 方向具有统计均匀性,那么,在探头速度 V 趋于无穷大的极限假设下,有

$$\begin{aligned} R_{ij}^{(m)}(s) &= \langle u_i(\boldsymbol{x}_0 + \boldsymbol{e}_1 Vt,\ 0) u_j(\boldsymbol{x}_0 + \boldsymbol{e}_1 Vt + \boldsymbol{e}_1 r_1,\ 0)\rangle \\ &= \langle u_i(\boldsymbol{x}_0,\ 0) u_j(\boldsymbol{x}_0 + \boldsymbol{e}_1 r_1,\ 0)\rangle \\ &= R_{ij}(\boldsymbol{e}_1 r_1,\ \boldsymbol{x}_0,\ 0) \end{aligned} \tag{6.203}$$

因此,在这些条件下,探头测量的时间自协方差在 $(\boldsymbol{x}_0,\ 0)$ 处可得到空间自协方差。对于 V 有限的实际情况,显然式(6.203)是一个近似值,并随着 V 的增加而逐渐逼近。

一种更简单、更普遍的技术是使用单个静止探头。该方法适用于统计上稳定的流动,其中(在测量位置处)湍流强度 u' 小于平均速度 $\langle \boldsymbol{U}\rangle$, 这里假设平均速度 U 处于 x_1 方向。在以平均速度移动的坐标系中,探头以速度 $\boldsymbol{e}_1 V = -\langle \boldsymbol{U}\rangle = -\boldsymbol{e}_1\langle U_1\rangle$ 移动。因此,飞热线分析适用于 $(r_1 = -\langle U_1\rangle s)$ 的情况。

将空间相关性近似为时间相关性,如等式(6.203),称为泰勒假说(Taylor, 1938)或冻结湍流近似(frozen-turbulence approximation),其准确性取决于流动特性和测量统计量。在 $u' \ll \langle U_1\rangle$ 的网格湍流中,这种近似是精确的,并且可以进行高阶修正(Lumley, 1965)。但在自由剪切流中,许多实验[如 Tong 和 Warhaft (1995)]表明 Taylor 假设不适用。

4. 一维频谱

现今几乎所有关于湍流频谱的实验数据都来自静止热线测量技术。测量结果(使用 Taylor 假设)推导出的量的形式为

$$R_{11}(\boldsymbol{e}_1 r_1,\ t) = \langle u_1^2\rangle f(r_1,\ t) \tag{6.204}$$

$$R_{22}(\boldsymbol{e}_1 r_1,\ t) = \langle u_2^2\rangle g(r_1,\ t) \tag{6.205}$$

其中，f 和 g 分别是纵向和横向自相关函数[式(6.45)]。这里将定义一维频谱 $E_{ij}(\kappa_1,\ t)$，并从 $R_{ij}(e_1r_1,\ t)$ 推导出其特性，展示各向同性湍流中与 $\Phi_{ij}(\boldsymbol{\kappa},\ t)$ 和 $E(\kappa,\ t)$ 之间的关系。在下一节，将采用 $E_{ij}(\kappa_1,\ t)$ 的实验数据评估 Kolmogorov 假设。

定义一维频谱 $E_{ij}(\kappa_1)$ 为两次的 $R_{ij}(\boldsymbol{e}_1r_1)$ 一维傅里叶变换：

$$E_{ij}(\kappa_1) \equiv \frac{1}{\pi}\int_{-\infty}^{\infty} R_{ij}(\boldsymbol{e}_1r_1)\mathrm{e}^{-\mathrm{i}\kappa_1r_1}\mathrm{d}r_1 \tag{6.206}$$

(因此与 t 的关系不是显式的。)对角线分量 $R_{22}(\boldsymbol{e}_1r_1)$ 为实数，且是 r_1 的偶函数，以 $i=j=2$ 为例。因此，$E_{22}(\kappa_1)$ 也是实数和偶函数，因此式(6.206)可以写为

$$E_{22}(\kappa_1) = \frac{2}{\pi}\int_0^{\infty} R_{22}(\boldsymbol{e}_1r_1)\cos(\kappa_1r_1)\mathrm{d}r_1 \tag{6.207}$$

利用反演公式[参考式(D.8)和式(D.9)]可得

$$R_{22}(\boldsymbol{e}_1r_1) = \int_0^{\infty} E_{22}(\kappa_1)\cos(\kappa_1r_1)\mathrm{d}\kappa_1 \tag{6.208}$$

根据 $E_{ij}(\kappa_1)$ 定义中的两次关系[设式(6.208)中 的 $r_1=0$]，可以得到：

$$R_{22}(0) = \langle u_2^2\rangle = \int_0^{\infty} E_{22}(\kappa_1)\mathrm{d}\kappa_1 \tag{6.209}$$

一维频谱与速度谱张量的关系(见练习 6.27)为

$$E_{22}(\kappa_1) = 2\iint_{-\infty}^{\infty} \Phi_{22}(\boldsymbol{\kappa})\mathrm{d}\kappa_2\mathrm{d}\kappa_3 \tag{6.210}$$

应该注意的是，$E_{22}(\kappa_1)$ 在 $\boldsymbol{e}_1\cdot\boldsymbol{\kappa}=\kappa_1$ 平面对所有波数 $\boldsymbol{\kappa}$ 都有影响，因此傅里叶模式的波数幅值 $|\boldsymbol{\kappa}|$ 对于 $E_{22}(\kappa_1)$ 的贡献明显大于 κ_1。

一维频谱 $E_{11}(\kappa_1)$ 与纵向自相关函数的关系为

$$E_{11}(\kappa_1) = \frac{2}{\pi}\langle u_1^2\rangle\int_0^{\infty} f(r_1)\cos(\kappa_1r_1)\mathrm{d}r_1 \tag{6.211}$$

对于纵向结构函数有

$$D_{11}(\boldsymbol{e}_1r_1) = 2\int_0^{\infty} E_{11}(\kappa_1)[1-\cos(\kappa_1r_1)]\mathrm{d}\kappa_1 \tag{6.212}$$

当 $\kappa_1=0$ 时，通过式(6.211)得出纵向积分尺度：

$$L_{11} = \int_0^{\infty} f(r_1)\mathrm{d}r_1 = \frac{\pi E_{11}(0)}{2\langle u_1^2\rangle} \tag{6.213}$$

横向相关性也有类似的结果。

在各向同性湍流中,一维频谱由能量谱函数 $E(\kappa)$ 确定。将式(6.210)写为 $E_{11}(\kappa_1)$,并用替换式(6.193)中的 $\Phi_{ij}(\boldsymbol{\kappa})$,可以得到:

$$E_{11}(\kappa_1)=\iint_{-\infty}^{\infty}\frac{E(\kappa)}{2\pi\kappa^2}\left(1-\frac{\kappa_1^2}{\kappa^2}\right)\mathrm{d}\kappa_2\mathrm{d}\kappa_3 \tag{6.214}$$

在固定平面 κ_1 上积分,并且被积函数对于 κ_1 轴径向对称。因此,引入径向坐标 κ_r(图 6.10):

$$\kappa_r^2=\kappa_2^2+\kappa_3^2=\kappa^2-\kappa_1^2 \tag{6.215}$$

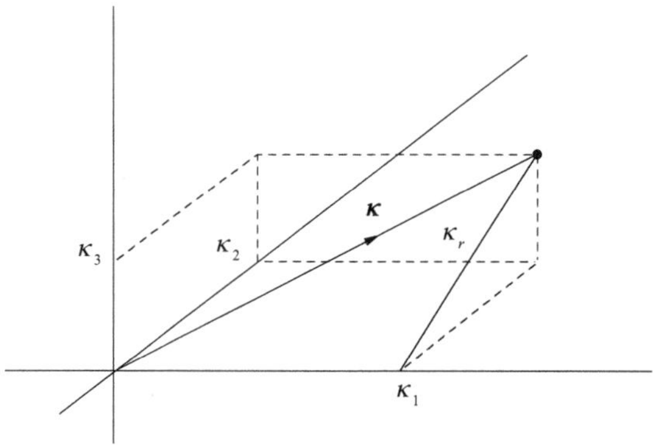

图 6.10 波数空间中径向坐标 κ_r 的定义示意图

注意到:$2\pi\kappa_r\mathrm{d}\kappa_r=2\pi\kappa\mathrm{d}\kappa$(对于固定的 κ_1),式(6.214)可以写为

$$E_{11}(\kappa_1)=\int_{\kappa_1}^{\infty}\frac{E(\kappa)}{\kappa}\left(1-\frac{\kappa_1^2}{\kappa^2}\right)\mathrm{d}\kappa \tag{6.216}$$

式(6.216)重申了前述的结果,即 $E_{11}(\kappa_1)$ 中波数 κ 的贡献大于 κ_1,这一现象称为混叠(aliasing)。实际上,很容易证明(见练习 6.28) $E_{11}(\kappa_1)$ 是 κ_1 的单调递减函数,因此无论 $E(\kappa)$ 形状如何,E_{11} 在零波数处最大。

通过反推式(6.216)(见练习 6.28),可以将 $E(\kappa)$ 以 $E_{11}(\kappa_1)$ 的形式表示(对于各向同性湍流):

$$E(\kappa)=\frac{1}{2}\kappa^3\frac{\mathrm{d}}{\mathrm{d}\kappa}\left[\frac{1}{\kappa}\frac{\mathrm{d}E_{11}(\kappa)}{\mathrm{d}\kappa}\right] \tag{6.217}$$

正如在各向同性湍流中的横向速度自相关函数 $g(r)$ 可以由其纵向对应函数[式(6.46)]确定一样,$E_{22}(\kappa_1)$ 也由 $E_{11}(\kappa_1)$ 确定。通过式(6.46)的余弦傅里叶变换获得两者的关系式[另见式(6.211)]：

$$E_{22}(\kappa_1)=\frac{1}{2}\left[E_{11}(\kappa_1)-\kappa_1\frac{\mathrm{d}E_{11}(\kappa_1)}{\mathrm{d}\kappa_1}\right]\tag{6.218}$$

练　习

6.27　根据式(6.180)，得到：

$$R_{22}(\boldsymbol{e}_1r_1)=\int_{-\infty}^{\infty}\left[\iint_{-\infty}^{\infty}\Phi_{22}(\boldsymbol{\kappa})\mathrm{d}\kappa_2\mathrm{d}\kappa_3\right]\mathrm{e}^{\mathrm{i}\kappa_1r_1}\mathrm{d}\kappa_1\tag{6.219}$$

根据式(6.208)，得到：

$$R_{22}(\boldsymbol{e}_1r_1)=\int_{-\infty}^{\infty}\frac{1}{2}E_{22}(\kappa_1)\mathrm{e}^{\mathrm{i}\kappa_1r_1}\mathrm{d}\kappa_1\tag{6.220}$$

因此，验证式(6.210)。

6.28　通过将式(6.216)微分，得到：

$$\frac{\mathrm{d}E_{11}(\kappa_1)}{\mathrm{d}\kappa_1}=-2\kappa_1\int_{\kappa_1}^{\infty}E(\kappa)\kappa^{-3}\mathrm{d}\kappa\tag{6.221}$$

$$\frac{\mathrm{d}^2E_{11}(\kappa_1)}{\mathrm{d}\kappa_1^2}=\frac{2E(\kappa_1)}{\kappa_1^2}-2\int_{\kappa_1}^{\infty}E(\kappa)\kappa^{-3}\mathrm{d}\kappa\tag{6.222}$$

因此，式(6.217)得到验证。利用式(6.221)证明 $E_{11}(\kappa_1)$ 是 κ_1 的单调递减函数，且当 $\kappa_1=0$ 时达到最大值。

6.29　证明在各向同性湍流中，有

$$E(\kappa)=-\kappa\frac{\mathrm{d}}{\mathrm{d}\kappa}\frac{1}{2}E_{ii}(\kappa)\tag{6.223}$$

$$=-\kappa\frac{\mathrm{d}}{\mathrm{d}\kappa}\left[\frac{1}{2}E_{11}(\kappa)+E_{22}(\kappa)\right]\tag{6.224}$$

6.30　证明：在各向同性湍流中，纵向积分尺度为

$$L_{11}=\frac{\pi}{2\langle u_1^2\rangle}\int_0^{\infty}\frac{E(\kappa)}{\kappa}\mathrm{d}\kappa\tag{6.225}$$

6.31　证明：在各向同性湍流中，$E_{22}(\kappa_1)$ 与 $E(\kappa)$ 的关系式为

$$E_{22}(\kappa_1)=\frac{1}{2}\int_{\kappa_1}^{\infty}\frac{E(\kappa)}{\kappa}\left(1+\frac{\kappa_1^2}{\kappa^2}\right)\mathrm{d}\kappa\tag{6.226}$$

$$E(\kappa)=-\kappa\left\{\frac{\mathrm{d}E_{22}(\kappa)}{\mathrm{d}\kappa}+\int_{\kappa}^{\infty}\frac{1}{\kappa_1}\frac{\mathrm{d}E_{22}(\kappa_1)}{\mathrm{d}\kappa_1}\mathrm{d}\kappa_1\right\} \tag{6.227}$$

5. 幂次律谱

在考察 Kolmogorov 假设时(第 6.5.2 节),幂次律谱的形式很有意思:

$$E_{11}(\kappa_1)=C_1A\kappa_1^{-p} \tag{6.228}$$

在 κ_1 的一定范围内,C_1 是常数,A 是无量纲因子(如 $A=\langle u_1^2\rangle L_{11}^{1-p}$),附录 G 详细考察了此类频谱。如果将式(6.228)给出的 $E_{11}(\kappa_1)$ 代入式(6.217)中,可以得到 $E(\kappa)$ 为

$$E(\kappa)=CA\kappa^{-p} \tag{6.229}$$

并有

$$C=\frac{1}{2}p(2+p)C_1 \tag{6.230}$$

根据式(6.218),$E_{22}(\kappa_1)$ 为

$$E_{22}(\kappa)=C_1'A\kappa^{-p} \tag{6.231}$$

其中,

$$C_1'=\frac{1}{2}(1+p)C_1 \tag{6.232}$$

因此,三个频谱的幂次律指数 p 是相同的,而常数 C、C_1 和 C_1' 之间是相关的。

6. 频谱的对比

在 6.5.3 节中介绍了一个模型谱[式(6.246)],其合理准确表示了测量的湍流频谱。图 6.11 显示了该模型给出的各向同性湍流在雷诺数 $R_\lambda=500$ 时的各种频谱—— $E(\kappa)$、$E_{11}(\kappa_1)$ 和 $E_{22}(\kappa_1)$,得到以下观察结果。

(1) 在波数范围的中心,所有的频谱都表现出 $p=\frac{5}{3}$ 幂次律特征。在此范围内,与式(6.230)和式(6.232)保持一致,并且 E_{11}、E_{22} 和 E 的比值为 $1:\frac{4}{3}:\frac{55}{18}$。

(2) 在高波数下,频谱衰减速度比 κ 的幂更快,与速度场无限可微的情况一致。

(3) 在低波数下,$E(\kappa)$ 随着 κ^2 趋近于零。相反,一维频谱在零波数时达到最大值。这再次说明一维频谱中波数 κ 的贡献大于 κ_1 的事实[式(6.216)]。

(4) 在低波数下,一维频谱 E_{11} 与 E_{22} 的比值为 2∶1,和积分长度尺度 L_{11} 与 L_{22} 的比值一致[见式(6.51)和式(6.213)]。

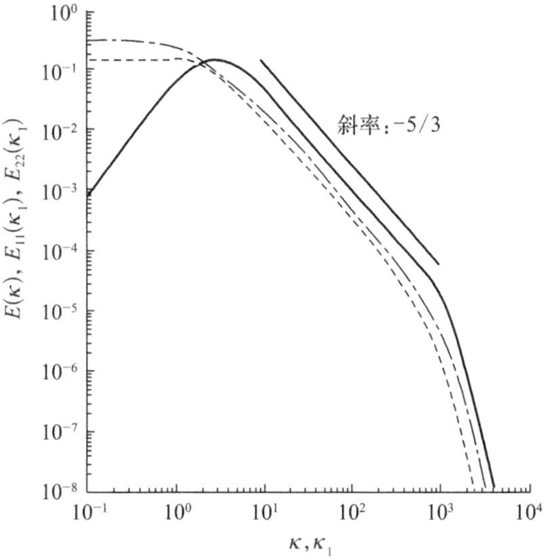

图 6.11　雷诺数为 $R_\lambda = 500$ 时各向同性湍流的频谱对比

实线：$E(\kappa)$；虚线：$E_{11}(\kappa_1)$；点虚线：$E_{22}(\kappa_1)$。数据来自式(6.246)的模型谱(任意单位)

6.5.2　Kolmogorov 谱

根据 Kolmogorov 假设，在任何雷诺数足够高的湍流中，速度谱的高波数部分采用特定的统一形式。可以通过两种不同的途径获得该结论及 Kolmogorov 谱形式。6.2 节给出了 Kolmogorov 假设对二阶速度结构函数的影响[如式(6.29)和式(6.30)]。第一种方法是通过结构函数作适当的傅里叶变换获得 Kolmogorov 谱。然而，第二条路线更简单，但不那么严格：直接将 Kolmogorov 假设转换为频谱。

回顾(对于任何雷诺数足够高的湍流)Kolmogorov 假设适用于小尺度的速度场，特别是由 $\ell < \ell_{EI}$ 定义的统一平衡范围内，对应波数空间中 $\kappa > \kappa_{EI} \equiv 2\pi/\ell_{EI}$ 范围。

根据当地各向同性(local isotropy)假设，统一平衡范围的速度统计量是各向同性的。因此，对于 $\kappa > \kappa_{EI}$，速度谱 $\Phi_{ij}(\boldsymbol{\kappa})$ 以式(6.193)中能量谱函数 $E(\kappa)$ 的形式给出，并适用于 $E_{11}(\kappa_1)$、$E_{22}(\kappa_1)$ 及 $E(\kappa)$ 之间的各向同性关系式[式(6.214)~式(6.218)]。

根据第一相似性假设，统一平衡范围的速度统计量具有由 ε 和 ν 唯一确定的统一形式。因此，对于 $\kappa > \kappa_{EI}$，$E(\kappa)$ 是 κ、ε 和 ν 的统一函数。采用 ε、ν 将 κ 和 $E(\kappa)$ 无量纲化，通过简单的量纲分析，发现这种统一关系可以写为

$$E(\kappa) = (\varepsilon\nu^5)^{1/4}\varphi(\kappa\eta) = u_\eta^2\eta\varphi(\kappa\eta) \tag{6.233}$$

其中，$\varphi(\kappa\eta)$ 是一个通用的无量纲函数——Kolmogorov 谱函数。另外，如果利用 ε 和 κ 无量纲化 $E(\kappa)$，则关系式为

$$E(\kappa) = \varepsilon^{2/3}\kappa^{-5/3}\Psi(\kappa\eta) \tag{6.234}$$

其中，$\Psi(\kappa\eta)$ 是补偿的 Kolmogorov 谱函数。这些通用函数之间的关系为

$$\Psi(\kappa\eta) = (\kappa\eta)^{5/3}\varphi(\kappa\eta) \tag{6.235}$$

并且，在 $\kappa > \kappa_{\text{EI}}$ 的条件下，式(6.233)和式(6.234)对应：

$$\kappa\eta > \frac{2\pi\eta}{\ell_{\text{EI}}} \tag{6.236}$$

第二相似性假设适用于惯性子范围内的尺度，即 $\eta \ll \ell \ll \ell_0$，或者是更精确的范围 $\ell_{\text{DI}} \ll \ell \ll \ell_{\text{EI}}$。

对应的波数空间范围为 $\kappa_{\text{EI}} < \kappa < \kappa_{\text{DI}}$，如图 6.12 所示，以 $\kappa\eta$ 的形式表示为

$$1 \gg \kappa\eta \gg \eta/\ell_0 \tag{6.237}$$

或者：

$$\kappa_{\text{DI}}\eta = \frac{2\pi\eta}{\ell_{\text{DI}}} > \kappa\eta > \frac{2\pi\eta}{\ell_{\text{EI}}} = \kappa_{\text{EI}\eta} \tag{6.238}$$

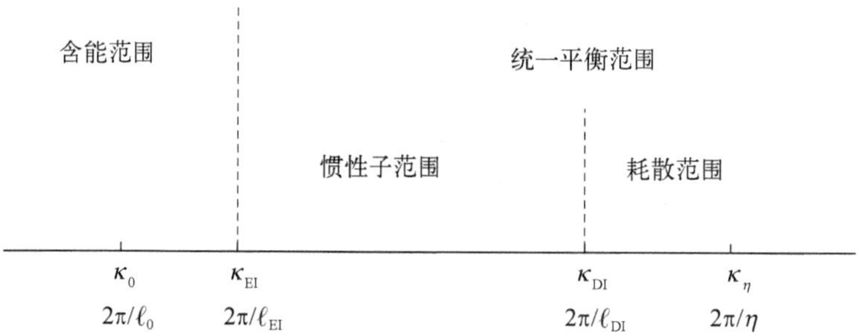

图 6.12　高雷诺数条件下不同范围的波数(对数形式)

在惯性子范围内，根据第二相似性假设，$E(\kappa)$ 具有 ε 唯一确定的通用形式，与 ν 无关。ν 仅通过 η 引入 $E(\kappa)$ 的表达式[式(6.234)]中。因此，该假设意味着，当参数 $\kappa\eta$ 趋于零时[即 $\kappa\eta \ll 1$，见式(6.237)]，函数 Ψ 与其参数无关，即趋向于常数。因此，第二相似性假设预测，在惯性子范围内，能量谱函数为

$$E(\kappa) = C\varepsilon^{2/3}\kappa^{-5/3} \tag{6.239}$$

[即式(6.234)中的 $\Psi = C$。] 这即是著名的 Kolmogorov $-\frac{5}{3}$ 谱，其中 C 为通用

Kolmogorov 常数,通过实验数据得到 $C = 1.5$[例如,见图 6.17 和 Sreenivasan(1995)的研究]。

根据假设,在惯性子范围内, $\Phi_{ij}(\boldsymbol{\kappa})$ 是各向同性张量函数, $E(\kappa)$ 是幂律谱 $\left[\text{即式(6.228) 且 } p = \frac{5}{3}\right]$。因此,如第 6.5 节所示,一维频谱由如下公式给出:

$$E_{11}(\kappa_1) = C_1 \varepsilon^{2/3} \kappa_1^{-5/3} \tag{6.240}$$

$$E_{22}(\kappa_1) = C_1' \varepsilon^{2/3} \kappa_1^{-5/3} \tag{6.241}$$

其中,

$$C_1 = \frac{18}{55} C \approx 0.49 \tag{6.242}$$

$$C_1' = \frac{4}{3} C_1 = \frac{24}{55} C \approx 0.65 \tag{6.243}$$

注: 见式(6.228)~式(6.232)。

附录 G 给出了幂律谱的一些性质。$E_{11}(\kappa_1)$ [式(6.240)]与二阶速度结构函数在惯性子范围内[式(6.30)]的直接关系式为

$$D_{LL}(r) = C_2 (\varepsilon r)^{2/3} \tag{6.244}$$

幂 p 和 q[$E(\kappa) \sim \kappa^{-p}$, $D_{11}(r) \sim r^{q}$] 通过 $p = \frac{5}{3} = 1 + q = 1 + \frac{2}{3}$ 进行关联;常数(非常的近似)通过式(6.245)确定:

$$C_2 \approx 4C_1 \approx 2.0 \tag{6.245}$$

见式(G.25)。

6.5.3　模型谱

在检验实验数据,以进一步验证 Kolmogorov 假设之前,先介绍一个简单模型谱进行对比。能量谱函数的模型为

$$E(\kappa) = C \varepsilon^{2/3} \kappa^{-5/3} f_L(\kappa L) f_\eta(\kappa \eta) \tag{6.246}$$

其中,f_L 和 f_η 是特定的无量纲函数。函数 f_L 决定了含能范围的形状,对于大的 κL,其趋向于等于 1。类似地,f_η 表示耗散范围的形状,对于小的 $\kappa\eta$,其也趋向于等于 1。在惯性子范围内,f_L 和 f_η 均基本等于 1,因此恢复成常数 C 的 Kolmogorov $-\frac{5}{3}$ 谱。

f_L 的具体表达式为

$$f_L(\kappa L)=\left(\frac{\kappa L}{[(\kappa L)^2+c_L]^{1/2}}\right)^{5/3+p_0}\tag{6.247}$$

其中，p_0 为 2；c_L 为正常数。显然，对于大的 κL，f_L 趋向等于 1；而对于小的 κL，指数 $\frac{5}{3}+p_0$ 使得 $E(\kappa)$ 以 $\kappa^{p_0}=\kappa^2$ 变化。对于另一选项，$p_0=4$ 时，称式(6.247)为冯·卡门谱(von Karman, 1948)，对于小的 κ，$E(\kappa)\sim\kappa^4$。

f_η 的具体表达式为

$$f_\eta(\kappa\eta)=\exp\{-\beta\{[(\kappa\eta)^4+c_\eta^4]^{1/4}-c_\eta\}\}\tag{6.248}$$

其中，β 和 c_η 为正的常数。注意到，当 $c_\eta=0$ 时，式(6.248)可简化为

$$f_\eta(\kappa\eta)=\exp(-\beta\kappa\eta)\tag{6.249}$$

速度场 $\boldsymbol{u}(\boldsymbol{x})$ 是无限可微的，对于大的 κ，能量谱函数的衰减比 κ 的任何幂次更快(见附录 G)，因此呈指数衰减[由 Kraichnan(1959)提出]。一些实验结果支持指数形式且 $\beta=5.2$[见 Saddoughi 和 Veeravalli(1994)的研究]。然而，对于小的 $\kappa\eta$，简单的指数形式[式(6.249)]偏离 1 的速度太快，并且 β 的值被限制在 $\beta\approx 2.1$(见练习 6.33)。可通过式(6.248)对这些缺陷进行修正。

对于特定的 κ、ε 和 ν 值，模型谱由式(6.246)~式(6.248)确定，其中 $C=1.5$ 和 $\beta=5.2$。或者，无量纲模型谱由指定的 R_λ 值唯一确定。常数 c_L 和 c_η 由 $E(\kappa)$ 和 $2\nu\kappa^2E(\kappa)$ 分别积分到 κ 和 ε 的要求来确定：在高雷诺数下，其值为 $c_L\approx 6.78$ 和 $c_\eta\approx 0.40$(见练习 6.32)。对于各向同性湍流，可根据式(6.216)~式(6.218)获得相应的一维频谱模型 $E_{11}(\kappa_1)$ 和 $E_{22}(\kappa_2)$。

图 6.13 所示为 $R_\lambda=500$ 时模型谱(用 Kolmogorov 缩尺)的对数图。显然，低波数下的幂次律 $E(\kappa)\sim\kappa^2$ 和惯性子范围内的 $E(\kappa)\sim\kappa^{-5/3}$，都证明在大的 κ 时呈指数衰减。

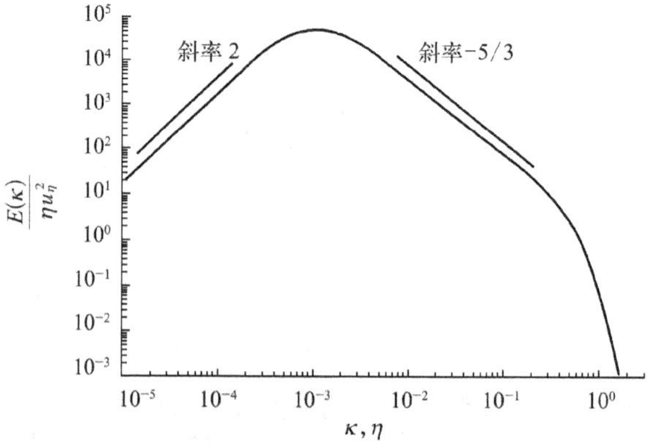

图 6.13 利用 Kolmogorov 尺度无量纲化的模型谱[式(6.246)，其中 $R_\lambda=500$]

练　习

6.32 证明,在非常大的雷诺数条件下,模型谱[式(6.246)]对所有 κ 积分得到:

$$k = C(\varepsilon L)^{2/3}\int_0^\infty (\kappa L)^{-5/3} f_L(\kappa L)\,\mathrm{d}(\kappa L) \tag{6.250}$$

证明,根据式(6.247)给出 $f_L(p_0 = 2)$,式(6.250)中的积分为

$$c_L^{-1/3}\int_0^\infty \frac{x^2}{(x^2+1)^{11/6}}\mathrm{d}x = c_L^{-1/3}\frac{3\Gamma\left(\frac{1}{3}\right)}{5\Gamma\left(\frac{5}{6}\right)\Gamma\left(\frac{3}{2}\right)} \approx 1.262 c_L^{-1/3} \tag{6.251}$$

因此,当 $C = 1.5$ 时,c_L 的高雷诺数渐近线为

$$c_L \approx (1.262C)^3 \approx 6.783 \tag{6.252}$$

6.5.4 耗散谱

在本小节及接下来的四小节中,将采用实验数据、Kolmogorov 假设和模型谱来考察湍流中的速度谱。在大多数相关的实验中,采用泰勒假设来获得一维频谱 $E_{ij}(\kappa_1)$ 的测量值。

图 6.14 显示了不同实验的 $E_{11}(\kappa_1)$ 测量结果,以 Kolmogorov 尺度进行绘图。与 $E(\kappa)$ [式(6.233)]的情况一样,Kolmogorov 假设意味着在雷诺数足够高和 $\kappa_1 > \kappa_{\mathrm{EI}}$ 的条件下,缩尺谱 $\varphi_{11} \equiv E_{11}(\kappa_1)/(\varepsilon\nu^5)^{1/4}$ 是 $\kappa\eta$ 的一个通用函数。图 6.14 所示的数据来自众多不同的流动实验,这些实验的泰勒尺度雷诺数范围在 23~3 180。可以看出,当 $\kappa_1\eta > 0.1$ 时,所有数据都紧密地分布在一条曲线上。在高雷诺数条件下,当 $\kappa_1\eta < 0.1$ 时,数据表现出幂次律特征,而幂次律特征覆盖的范围通常会随着 R_λ 的增加而扩大。因此,数据表明,当 $\kappa_1 > \kappa_{\mathrm{EI}}$ 时,$E_{11}(\kappa_1)/(\varepsilon\nu^5)^{1/4}$ 可以作为 $\kappa_1\eta$ 的一个通用函数。图 6.14 中偏离这一普遍行为的部分,是由于含能范围 $\kappa < \kappa_{\mathrm{EI}}$ 所引起的。同时,模型谱(也在图 6.14 显示了不同 R_λ 的数据)也相当准确地描绘了这些数据。

带有 Kolmogorov 尺度的补偿一维频谱[即 $\kappa_1^{5/3}E_{11}(\kappa_1)$]如图 6.15 所示,在线性对数图中突出显示耗散范围。对于 $\kappa_1\eta < 0.1$ 的情况,网格湍流($R_\lambda \approx 60$)和湍流边界层($R_\lambda \approx 600$)中的测量结果之间存在密切的一致性,这再次证实了高波数频谱的普遍性。

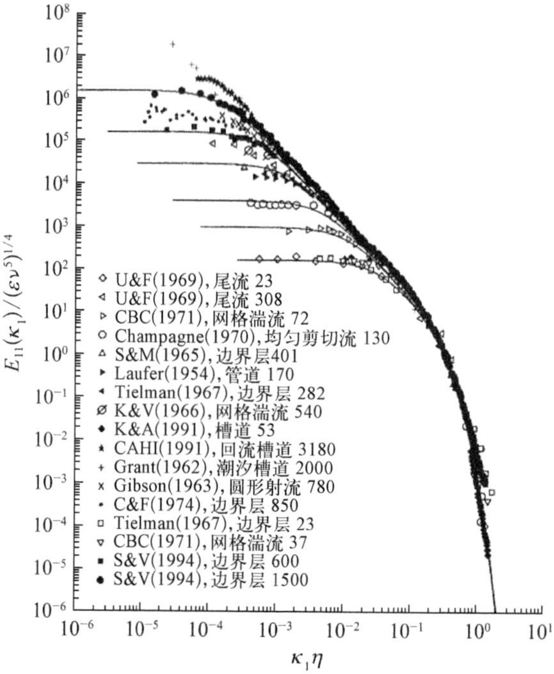

图 6.14　一维纵向速度谱测量数据(符号)与 R_λ = 30、70、130、300、600 和 1 500 的模型谱[式(6.246)]数据(曲线)

实验数据来自 Saddoughi 和 Veeravalli(1994),并给出了各个实验的参考文献。对于每个实验,图例最后的数值为 R_λ 值

当 $\kappa_1\eta > 0.3$ 时,图中的直线对应于最高波数下频谱的指数衰减。同样地,模型谱数据与实验数据吻合。

图 6.15 还显示了通过两个替代模型推导出的一维频谱 $f_\eta(\kappa\eta)$ 方程,均以指数形式表示:

$$f_\eta(\kappa\eta) = \exp(-\beta_0\kappa\eta) \tag{6.253}$$

其中,β_0 由式(6.258)给出。Pao 谱[参考 Pao(1965)的研究和 6.6 节内容]为

$$f_\eta(\kappa\eta) = \exp\left[-\frac{3}{2}C(\kappa\eta)^{4/3}\right] \tag{6.254}$$

从图 6.15 可以明显看出,两个替代模型与实验数据的吻合程度不如模型谱。

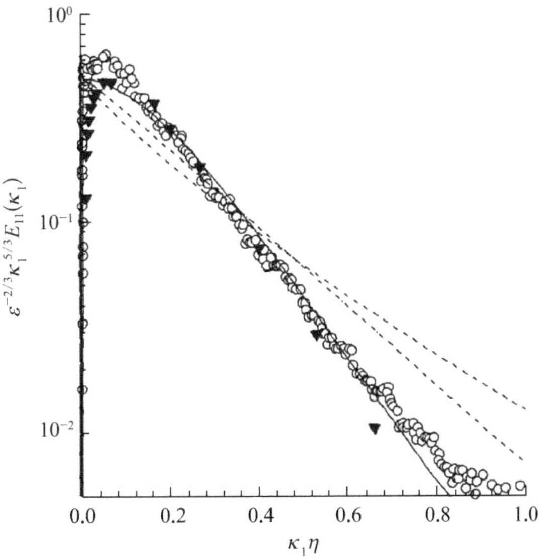

图 6.15　补偿一维速度谱

Comte-Bellot 和 Corrsin(1971)研究的 R_λ = 60 状态下的网格湍流实验结果(三角形),以及 Saddoughi 和 Veeravalli(1994)研究的 R_λ = 600 状态下的湍流边界层实验数据(圆圈)。实线：当 R_λ = 600 时,模型谱方程[式(6.246)]数据;虚线：指数谱方程[式(6.253)]数据;点虚线：Pao 谱方程[式(6.254)]数据

在确定模型谱能够准确描述耗散范围后,再使用其来量化耗散运动的尺度。图 6.16 显示了根据模型在 R_λ = 600 状态的耗散谱 $D(\kappa) = 2\nu\kappa^2E(\kappa)$, 以及耗散累积。

$$\varepsilon_{(0,\ \kappa)} \equiv \int_0^{\kappa} D(\kappa')\,\mathrm{d}\kappa' \tag{6.255}$$

图 6.16 中,横坐标表示波数 κ 和相应的波长 $\ell = 2\pi/\kappa$, 两者均通过 Kolmogorov 尺度 η 无量纲化。表 6.1 列出了这些曲线的特征波数和波长。可以看出,耗散谱的峰值出现在 $\kappa\eta = 0.26$ 处,对应于 $\ell/\eta \approx 24$, 而耗散累积的中心 $\left(\varepsilon_{(0,\ \kappa)} = \dfrac{1}{2}\varepsilon\right)$ 出现在 $\kappa\eta = 0.34$ 处,对应于 $\ell/\eta \approx 18$。因此,导致大部分耗散的运动尺度 ($0.1 < \kappa\eta < 0.75$ 或者 $60 > \ell/\eta > 8$) 远大于 Kolmogorov 尺度。该结果与 Kolmogorov 假设之间是一致的：假设意味着耗散运动的特征尺度与 η 成比例,而不是等于 η。根据这些结果,将惯性与耗散范围之间长度尺度的分界线取为 $\ell_{DI} = 60\eta$ (图 6.2 和图 6.12 已经表明了 ℓ_{DI} 的重要性)。

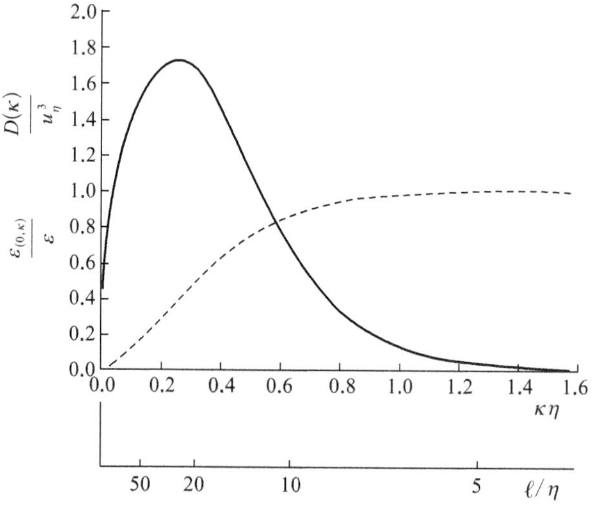

图 6.16 对应模型谱方程(6.246)在 R_λ = 600 状态下的耗散谱(实线)和耗散累积(虚线)

其中,$\ell = 2\pi/\kappa$,对应波数 κ 的波长

表 6.1 耗散谱的特征波数和长度尺度(基于 R_λ = 600 时的模型谱方程[式(6.246)])

定义的波数	$\kappa\eta$	ℓ/η
耗散谱峰值	0.26	24
$\varepsilon_{(0,\kappa)} = 0.1\varepsilon$	0.10	63
$\varepsilon_{(0,\kappa)} = 0.5\varepsilon$	0.34	18
$\varepsilon_{(0,\kappa)} = 0.9\varepsilon$	0.73	8.6

练 习

6.33 证明:在高雷诺数下,通过模型谱[式(6.246)]积分获得的耗散表达式为

$$\varepsilon = 2C\nu\varepsilon^{2/3}\eta^{-4/3}\int_0^\infty (\kappa\eta)^{1/3}f_\eta(\kappa\eta)\,\mathrm{d}(\kappa\eta) \tag{6.256}$$

证明,如果 f_η 由指数方程(6.253)给出,则式(6.256)中的积分为

$$\int_0^\infty x^{1/3}\mathrm{e}^{-\beta_0 x}\mathrm{d}x = \beta_0^{-4/3}\Gamma\left(\frac{4}{3}\right) \tag{6.257}$$

因此，对于 $C=1.5$，得到 β_0 的高雷诺数渐近线：

$$\beta_0 = \left[2C\Gamma\left(\frac{4}{3}\right)\right]^{4/3} \approx 2.094 \tag{6.258}$$

进而验证 Pao 谱[式(6.254)]满足式(6.256)。

6.5.5　惯性子范围

第二 Kolmogorov 假设预测在惯性子范围内存在一个 $-\frac{5}{3}$ 次方谱。图 6.14 中显著的幂次律特征最好通过绘制补偿谱 $\varepsilon^{-2/3}\kappa_1^{5/3}E_{11}(\kappa_1)$ 来考察。因此，Kolmogorov 假设通过在惯性子范围采用常数 C_1 [式(6.240)]来显示该特征。在图 6.17 中比较了高雷诺数边界层测量与 Kolmogorov 预测的补偿光谱。可以看出，在波数超过 20 的范围内，预测值与实验数据的偏差在 20%以内，在该范围内，$\kappa_1^{5/3}$ 增加了 2 000 倍以上。

显然，建立模型谱是为了在惯性子范围内获得 Kolmogorov 特征，这在图 6.17 中很明显。同时，图 6.17 还提供了这种显著各向异性湍流中局部各向同性的一些证据：对于 $\kappa_1\eta > 2\times10^{-3}$，$E_{22}$ 和 E_{33} 非常相似，并且(如局部各向同性所预测的那样)两者补偿谱的平台值为 E_{11} 的 $\frac{4}{3}$ 倍[式(6.243)]。

更直接的测试(包括耗散范围)是将 $E_{22}(\kappa_1)$ 的测量值与各向同性假设下式(6.218)中 $E_{11}(\kappa_1)$ 的计算值进行对比。Saddoughi 和 Veeravalli(1994)开展了该测试，发现测量值与计算值在整个平衡范围内相差不超过 10%。

6.5.6　含能范围

有两个因素使得含能范围的考察变得更为困难。首先，与统一平衡范围不同，含能范围取决于特定的流动。其次，一维频谱提供的直接信息很少，这是因为 $E_{11}(\kappa_1)$ 包含所有大于 κ_1 (即 $|\boldsymbol{\kappa}| > \kappa_1$) 波数的贡献值。能量谱函数 $E(\kappa)$ 是信息最多的量。对于各向同性湍流，尽管过程较为困难，可尝试通过微分一维频谱[式(6.217)和式(6.223)]获得能量谱函数。基于以上困难的考虑，在网格湍流(其具有相当程度的各向同性)中考察 $E(\kappa)$。

合适的标准化尺度是湍动能 k 和纵向积分长度尺度 L_{11}。对于各向同性湍流，$E(\kappa)$ 具有以下积分特性：

$$\int_0^\infty E(\kappa)\,\mathrm{d}\kappa = k \tag{6.259}$$

$$\int_0^\infty \frac{E(\kappa)}{\kappa}\mathrm{d}\kappa = \frac{4}{3\pi}kL_{11} \tag{6.260}$$

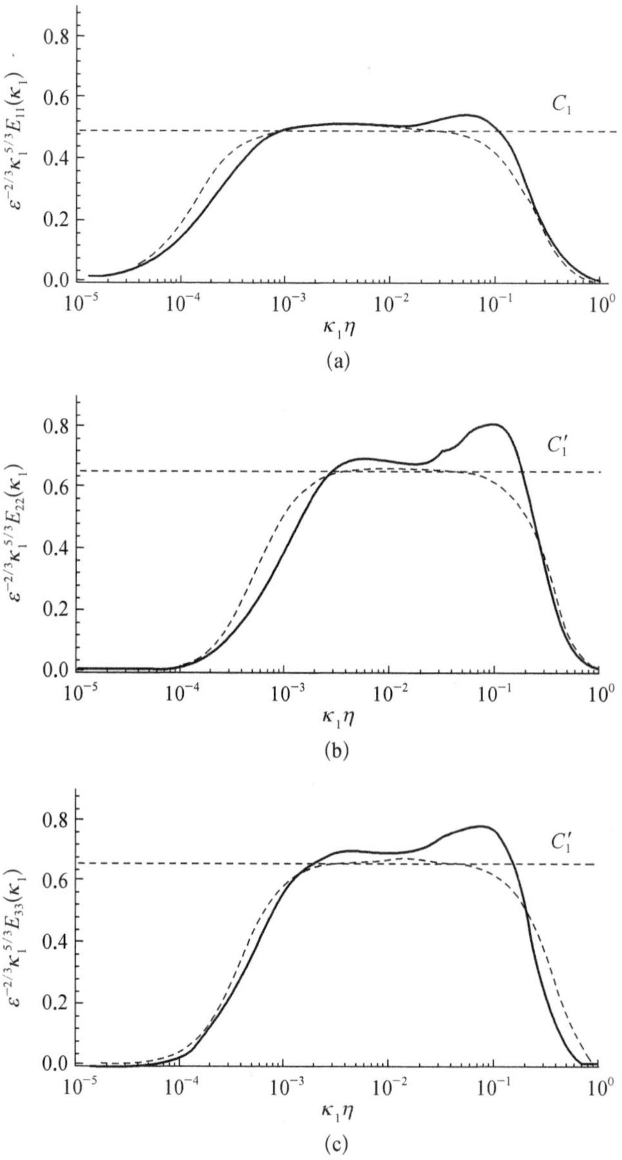

图 6.17　在 R_λ = 1 450 条件下，湍流边界层中测量的补偿一维频谱

实线：Saddoughi 和 Veeravalli（1994）的实验数据；虚线：式（6.246）的模型谱；长虚线：C_1 和 C_1' 对应的 Kolmogorov 惯性子范围谱。（R_λ = 1 450、690 及 910 条件下的模型谱 E_{11}、E_{22} 和 E_{33}，分别对应于 $\langle u_1^2\rangle$、$\langle u_2^2\rangle$ 及 $\langle u_3^2\rangle$ 测量值）

通过尺度处理后，图 6.18 显示了 $R_\lambda \approx 60$ 时网格湍流中 $E(\kappa)$ 的测量值，以及 $R_\lambda \approx 60$ 和 $R_\lambda \approx 600$ 状态下的模型谱。从图中可以看到（通过这种尺度处理），谱的形状不随着雷诺数变化而急剧变化，并且模型数据与实验测量结果吻合良好。图 6.18 中还显示了 $p_0 = 4$ 时方程(6.246)的模型谱[对于小的 κ，有 $E(\kappa) \sim \kappa^4$]。与 $p_0 = 2$ 相比，(模型谱)形状差异不大，峰值处 10%的差异很可能在实验不确定度的范围内。

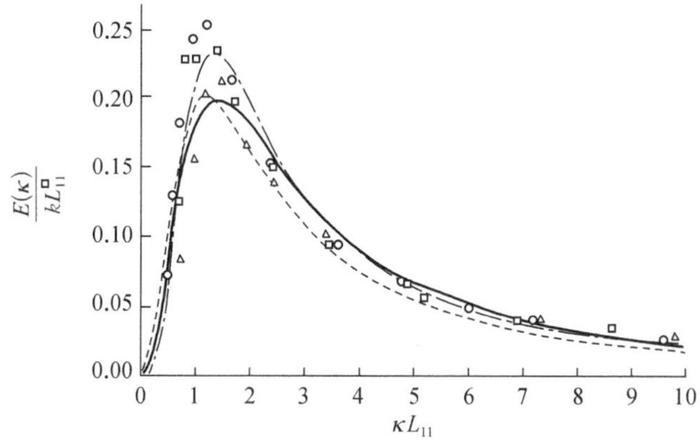

图 6.18　在各向同性湍流中用 k 和 L_{11} 无量纲化的能量谱函数

○：Comte Bellot 和 Corrsin(1971)的网格湍流实验；□：$R_\lambda = 71$；△：$R_\lambda = 65$；线：$R_\lambda = 61$。线，模型谱，式(6.246)；实线：$p_0 = 2$，$R_\lambda = 60$；虚线：$p_0 = 2$，$R_\lambda = 1\,000$；点虚线：$p_0 = 4$，$R_\lambda = 60$

对于模型谱，图 6.19 显示了相对于 $\ell/L_{11} = 2\pi/(\kappa L_{11})$ 的累积湍动能：

$$k_{(0,\kappa)} = \int_0^{\kappa} E(\kappa')\,\mathrm{d}\kappa' \tag{6.261}$$

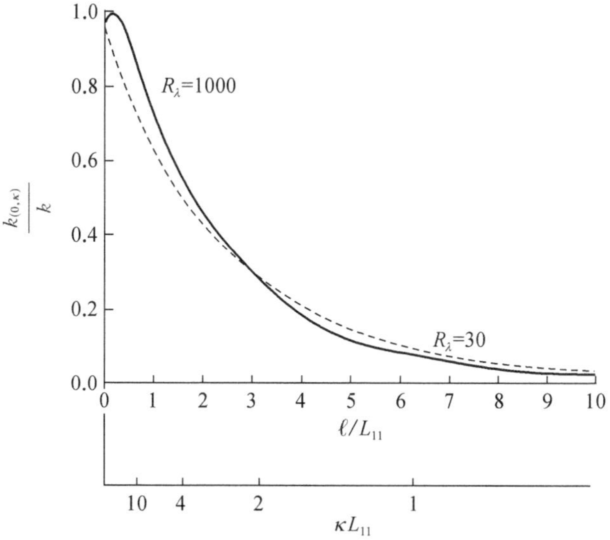

图 6.19　模型谱相对于波数 κ 和波长 $\ell = 2\pi/\kappa$ 的累积湍动能 $k_{(0,\kappa)}$

而且,表 6.2 给出了 $k_{(0,\kappa)}$ 的一些数值特征。模型谱的中心出现在 $\kappa L_{11} \approx 4\left(\ell/L_{11} \approx 1\frac{1}{2}\right)$ 处,并且在尺度范围 $\frac{1}{6}L_{11} < \ell < 6L_{11}$ 内的运动包含了 80%能量。在此基础上,表征含能运动的长度尺度分别取为 $\ell_0 = L_{11}$ 和 $\ell_{EI} = \frac{1}{6}L_{11}$。

表 6.2 能量谱的特征波数和长度尺度(基于 R_λ = 600 时的模型谱方程[式(6.246)])

定义的波数	κL_{11}	ℓ/L_{11}
能谱峰值	1.3	5.0
$k_{(0,\kappa)} = 0.1\varepsilon$	1.0	6.1
$k_{(0,\kappa)} = 0.5\varepsilon$	3.9	1.6
$k_{(0,\kappa)} = 0.8\varepsilon$	15	0.42
$k_{(0,\kappa)} = 0.9\varepsilon$	38	0.16

6.5.7 雷诺数的影响

图 6.20(a)显示了在特定雷诺数范围内由 k 和 L_{11} 无量纲化的模型谱。从图中可以看出,谱的含能范围 $(0.1 < \kappa L_{11} < 10)$ 非常接近;而 $-\frac{5}{3}$ 律范围随着 R_λ 的增加而增加,同时耗散范围(谱急剧下降)移动到更高的 κL_{11} 处。

图 6.20(b)显示了采用 Kolmogorov 尺度无量纲化的同一频谱。这些耗散范围(如 $\kappa\eta > 0.1$)接近,而随着 R_λ 的增加,含能范围移动到更低的 $\kappa\eta$ 处。

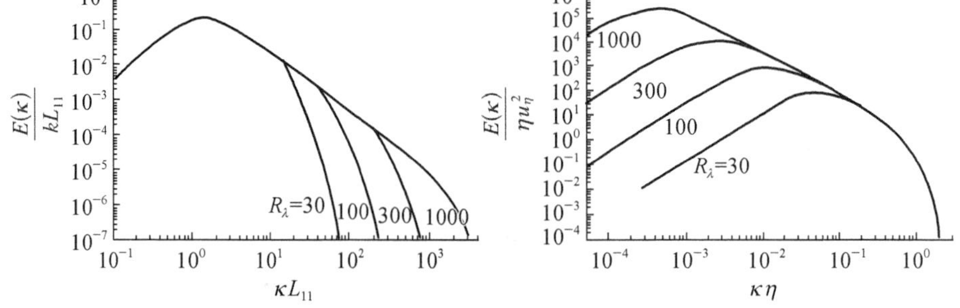

(a) 根据κ和L_{11}缩尺　　(b) 根据Kolmogorov缩尺

图 6.20 不同雷诺数的模型谱

图 6.21 对比了高雷诺数 (R_λ = 1 000) 和低雷诺数 (R_λ = 30) 条件下的能量和耗散谱。与对数线性图的通常做法一样,将谱乘以 κ,曲线 $\kappa E(\kappa)$ 下的面积代表

能量，即波数范围内 $(\kappa_a,\ \kappa_b)$ 的能量为

$$k_{(\kappa_a,\ \kappa_b)} = \int_{\kappa_a}^{\kappa_b} E(\kappa)\,d\kappa = \int_{\kappa_a}^{\kappa_b} \kappa E(\kappa)\,d\ln\kappa \tag{6.262}$$

采用 Kolmogorov 尺度时，高雷诺数谱包含更多能量(即 k/u_η^2 值更大)。因此，为了在同一图上进行对比，能量谱通过不同的因子进行缩放。图 6.21 的重要结果是，在低雷诺数下，能量和耗散谱明显重叠在一起，没有明显分离的界线。

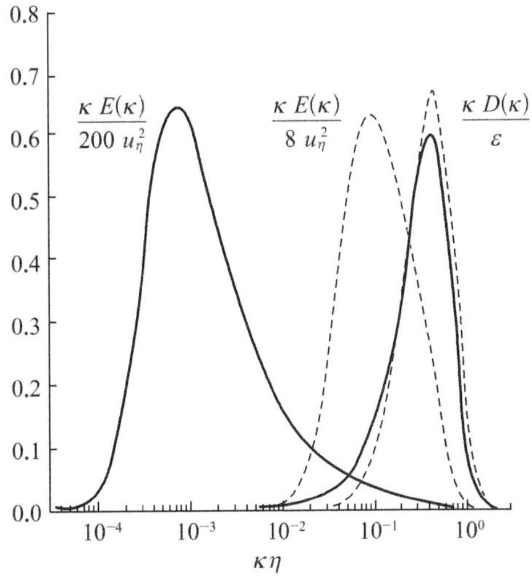

图 6.21　R_λ = 1 000(实线)和 R_λ = 30(虚线)条件下，用 Kolmogorov 尺度缩放的模型能量和耗散谱[注意 $E(\kappa)$ 的比例]

如图 6.22 所示，可以量化能量谱和耗散谱之间的重叠区域。对于 R_λ = 30 和 R_λ = 1 000，图 6.22 显示了波数大于 κ 的能量比例[即 $k_{(\kappa,\ \infty)}/k$] 和波数小于 κ 的耗散比例[即 $\varepsilon_{(0,\ \kappa)}/\varepsilon$]。如果存在完全分离区域，则随着 k 的增大，$k_{(\kappa,\ \infty)}/k$ 会在 $\varepsilon_{(0,\ \kappa)}/\varepsilon$ 从 0 开始上升之前减小到 0。从图 6.22 可以看出，在 R_λ = 30 条件下有相当大的重叠区域，而在 R_λ = 1 000 条件下，重叠区域要小得多，但不可忽略。

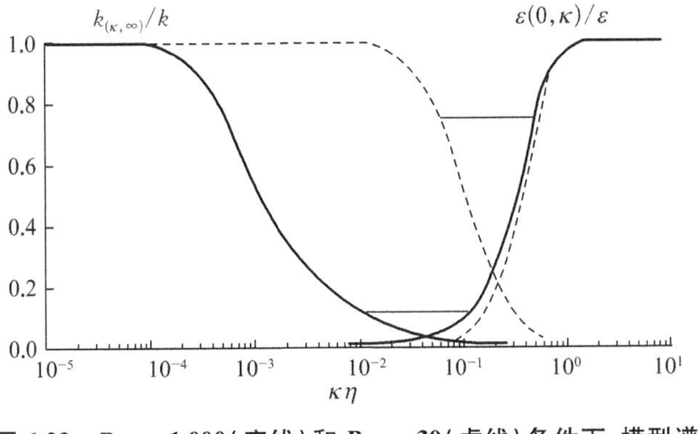

图 6.22　R_λ = 1 000(实线)和 R_λ = 30(虚线)条件下，模型谱在波数大于 κ 的能量比例 $(k_{(\kappa,\ \infty)}/k)$ 及波数小于 κ 的耗散比例 $(\varepsilon_{(0,\ \kappa)}/\varepsilon)$

对于两个雷诺数条件，水平线标出了能量谱和耗散谱之间的“10 个最大重叠波数”

如图 6.22 所示，对于给定的 R_λ，“10 个最大重叠”$(\kappa_m,\ 10\kappa_m)$ 和“重叠分数”f_0 可通过式(6.263)定义并计算：

$$f_0 = k_{(\kappa_m,\ \infty)}/k = \varepsilon_{(0,\ 10\kappa_m)}/\varepsilon \tag{6.263}$$

因此,10 个波数(κ_m, $10\kappa_m$)均对能量和耗散的贡献比例均略少于f_0。$R_\lambda = 30$ 和 $R_\lambda = 1\,000$ 条件下的f_0 值分别为 0.75 和 0.11。图 6.23 所示为f_0 作为模型谱 R_λ 的函数。显然,要使 10 个波数的能量和耗散都可以忽略不计,则需要非常大的雷诺数。

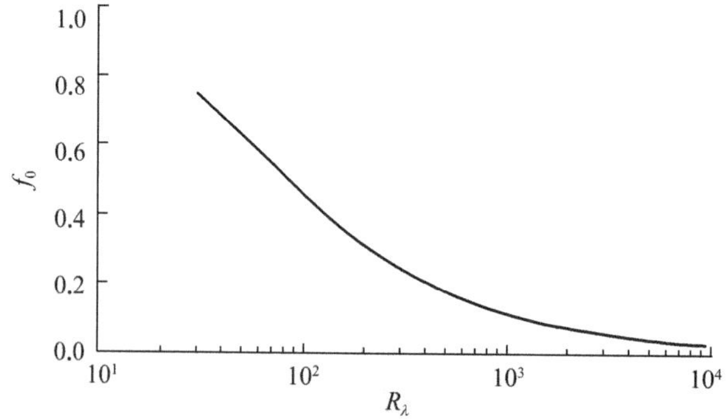

图 6.23　对于模型谱,10 个最大重叠波数对能量和耗散的贡献比例 f_0 和 R_λ 的函数关系

能量级串过程中的一个重要原则是(在高雷诺数下):能量耗散速率 ε 以 u_0^3/ℓ_0 成比例变化,其中 u_0 和 ℓ_0 分别表示含能涡的特征速度和长度尺度。取 $u_0 = k^{1/2}$ 和 $\ell_0 = L_{11}$,得到 $\varepsilon \sim k^{3/2}/L_{11}$。现在,根据 $L \equiv k^{3/2}/\varepsilon$ 的定义,有

$$\varepsilon = \frac{k^{3/2}}{L} = \frac{k^{3/2}}{L_{11}}\left(\frac{L_{11}}{L}\right) \tag{6.264}$$

因此,ε 与 $k^{3/2}/L_{11}$ 成比例变化等价于 L_{11}/L 保持恒定。图 6.24 显示了长度尺度比值 L_{11}/L 作为 R_λ 的函数关系。显然,根据模型谱,在高雷诺数条件下,L_{11}/L 逐渐趋于值 0.43。然而,该比值随着 R_λ 的减小而显著增加,例如,当 $R_\lambda = 50$ 时,其比渐进值增大了 50%。

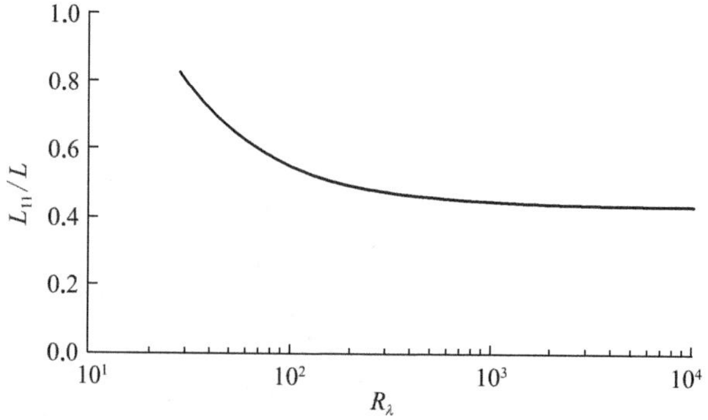

图 6.24　纵向积分长度尺度 L_{11} 与 $L = k^{3/2}/\varepsilon$ 的比值相对于模型谱雷诺数的曲线

最后,图 6.25 显示了不同湍流雷诺数之间的关系。根据 Re_L、R_λ 和式(6.64)的定义,得到:

$$Re_L \equiv \frac{k^{1/2}L}{\nu} = \frac{k^2}{\varepsilon\nu} = \frac{3}{20}R_\lambda^2 \tag{6.265}$$

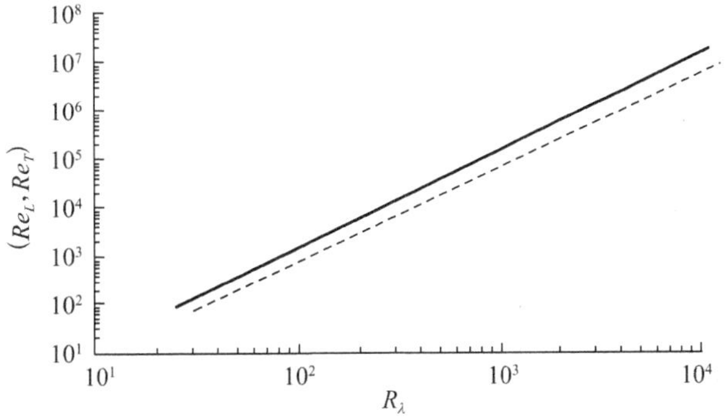

图 6.25　湍流雷诺数 Re_L（实线）和 Re_T（虚线）相对于模型谱 R_λ 的曲线

另外,基于 u' 和 L_{11},可以得到:

$$Re_T \equiv \frac{u'L_{11}}{\nu} = \sqrt{\frac{2}{3}}\frac{L_{11}}{L}Re_L \sim \frac{1}{20}R_\lambda^2 \tag{6.266}$$

在湍流中,雷诺数 $Re = UL/\nu$ 通常比 Re_T 大一个数量级(例如, $u'/\mathcal{U} \approx 0.2$, $L_{11}/\mathcal{L} \approx 0.5$), 根据推导,粗略估计为 $R_\lambda \approx \sqrt{2Re}$。

练　习

6.34　高雷诺数条件下,且当波数 κ 在惯性子范围内时,使用 Kolmogorov 谱[式(6.239)]估算,波数大于 κ 的运动产生的能量分数为

$$1 - \frac{k_{(0,\kappa)}}{k} \approx \frac{3}{2}C(\kappa L)^{-2/3} \tag{6.267}$$

$$\approx 1.28(\kappa L_{11})^{-2/3} \tag{6.268}$$

该估算值与表 6.2 中给出值之间的差异是怎样的?

6.5.8　剪切应力谱

到目前为止,本章只考察了各向同性湍流的速度谱,或局部各向同性湍流中各向同性部分的速度谱。在这些情况下,剪切应力谱[如 $\boldsymbol{\Phi}_{12}(\boldsymbol{\kappa})$ 和 $E_{12}(\kappa_1)$] 等于

零。在简单剪切流中，$\mathcal{S} \equiv \partial\langle U_1\rangle/\partial x_2 > 0$ 是唯一显著的平均速度梯度，平均剪切速率 $\mathcal{S}$ 导致了湍流的各向异性。从雷诺应力（如 $\langle u_1u_2\rangle/k \approx -0.3$）可以明显看出这种各向异性，并有

$$\langle u_1u_2\rangle = \int_0^\infty E_{12}(\kappa_1)\,\mathrm{d}\kappa_1 \tag{6.269}$$

因此，至少在部分波数范围内，频谱必须是各向异性的。考虑到剪切应力在动量输运和湍流能量生成中起的主要作用，确定不同运动尺度对 $\langle u_1u_2\rangle$ 的贡献是很重要的。（不可避免地）出现的一个简单、一致的情况是，对 $\langle u_1u_2\rangle$ 的主要贡献来自含能范围内的波数，并且在较高的波数条件下，$E_{12}(\kappa_1)$ 的衰减速度比 $E_{11}(\kappa_1)$ 快得多（与局部各向同性一致）。

如果 $\tau(\kappa)$ 是波数 κ 运动的特征时间尺度，则平均剪切速率 $\mathcal{S}$ 的影响可由无量纲参数 $\mathcal{S}\tau(\kappa)$ 表征。合理的推测是，如果 $\mathcal{S}\tau(\kappa)$ 很小，则平均剪切产生的各向异性程度也很低。

在耗散范围内，合适的时间尺度为 τ_η。因此，正如由 Corrsin（1958）首次提出的各向同性的最小尺度准则是

$$\mathcal{S}\tau_\eta \ll 1 \tag{6.270}$$

参数 $\mathcal{S}\tau_\eta$ 随 R_λ^{-1} 变化（见练习 6.35），因此式（6.270）是高雷诺数条件的要求。

在惯性子范围内，适当的时间尺度是由 κ 和 ε 组成，即 $\tau(\kappa) = (\kappa^2\varepsilon)^{-1/3}$。因此，在波数 κ 下各向同性的准则是

$$\mathcal{S}\tau(\kappa) = \mathcal{S}\kappa^{-2/3}\varepsilon^{-1/3} \ll 1 \tag{6.271}$$

定义长度尺度为 $L_\mathcal{S}$ 为

$$L_\mathcal{S} \equiv \varepsilon^{1/2}\,\mathcal{S}^{-3/2} \tag{6.272}$$

该准则可重新表示为

$$\kappa L_\mathcal{S} \gg 1 \tag{6.273}$$

练习 6.35 表明，$L_\mathcal{S}$ 通常为 $L \equiv k^{3/2}/\varepsilon$ 的 1/6。在非常高的雷诺数条件下，在惯性子范围内存在一个波数范围：

$$L_\mathcal{S}^{-1} \ll \kappa \ll \eta^{-1} \tag{6.274}$$

在该范围内，低水平的各向异性可以假设为各向同性基准状态的小扰动（由 S 引起），以 ε 表征。根据这一假设，剪切应力谱 $E_{12}(\kappa_1)$ 由 κ_1、ε 和 $\mathcal{S}$ 确定；此外，小扰动随 $\mathcal{S}$ 线性变化。通过量纲分析得到：

$$\frac{E_{12}(\kappa_1)}{u_{\mathcal{S}}^2 L_{\mathcal{S}}} = \hat{E}_{12}(\kappa_1 L_{\mathcal{S}}) \tag{6.275}$$

其中，$\hat{E}_{12}$ 为无量纲函数；速度尺度 $u_{\mathcal{S}}$ 为

$$u_{\mathcal{S}} \equiv (\varepsilon / \mathcal{S})^{1/2} \tag{6.276}$$

练习 6.35 表明，$u_{\mathcal{S}}$ 通常为 $\frac{1}{2}k^{1/2}$。由 E_{12} 与 $\mathcal{S}$ 的线性关系可以确定 $\hat{E}_{12}$ 值，从而得到：

$$\frac{E_{12}(\kappa_1)}{u_{\mathcal{S}}^2 L_{\mathcal{S}}} = -C_{12}(\kappa_1 L_{\mathcal{S}})^{-7/3} \tag{6.277}$$

或者：

$$E_{12}(\kappa_1) = -C_{12}\mathcal{S}\varepsilon^{1/3}\kappa_1^{-7/3} \tag{6.278}$$

其中，C_{12} 为常数。这一结果来自 Lumley(1967a)。

图 6.26 显示了在湍流边界层中在四个不同位置和雷诺数条件下测量的 $E_{12}(\kappa_1)$（基于 $L_{\mathcal{S}}$ 和 $u_{\mathcal{S}}$ 缩放）结果。显然，对于 $\kappa_1 L_{\mathcal{S}} > \frac{1}{2}$，实验数据与 $C_{12} = 0.15$ 条件下的式(6.277)的结果吻合良好。

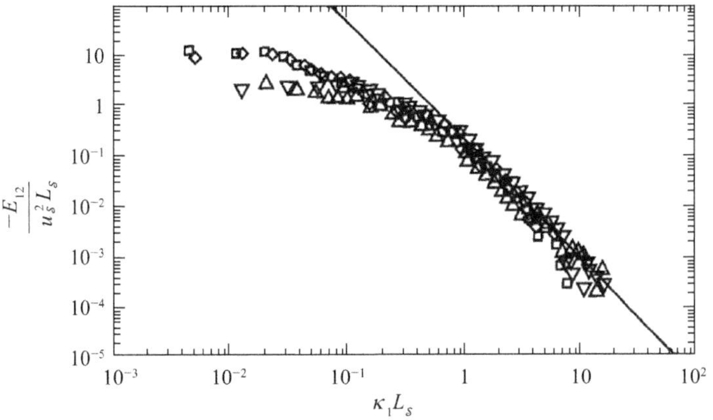

图 6.26　基于 $L_{\mathcal{S}}$ 和 $u_{\mathcal{S}}$ 缩放的剪切应力谱

线：$C_{12} = 0.15$ 条件下式(6.277)的数据；符号：Saddoughi 和 Veeravalli(1994)在 $R_\lambda \approx 500 \sim 1\,450$ 条件下在湍流边界层中得到的实验数据

当然，$E_{12}(\kappa_1)$ 衰减速度明显比 $E_{11}(\kappa_1)$ 快得多（对应 $k_1^{-7/3}$ 与 $k_1^{-5/3}$ 的对比）。因此，各向异性随 κ_1 增大而减小，这可以直接从频谱相干性 $H_{12}(\kappa_1)$ ——傅里叶模式的 $u_1 - u_2$ 相关系数看出。图 6.27 显示了在湍流边界层中 $H_{12}(\kappa_1)$ 的测量结

果。基于以上和其他相关数据,Saddoughi 和 Veeravalli(1994)提出谱的局部各向同性区域准则:

$$\kappa_1 L_{\mathcal{S}} > 3 \tag{6.279}$$

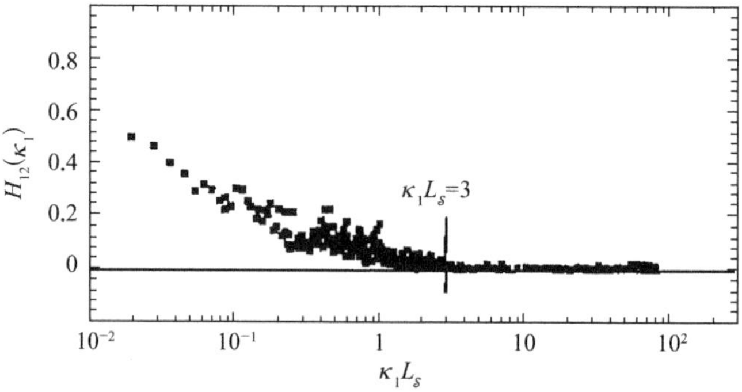

图 6.27 在 $R_\lambda \approx 1\,400$ 条件下湍流边界层中测得的谱相关系数 [来自 Saddoughi 和 Veeravalli(1994)的研究]

(在一些特定假设下)Saddoughi 和 Veeravalli(1994)的数据表明 $(2\pi/\ell_{\mathrm{EI}})L_{\mathcal{S}} \approx 6$, 这与惯性子范围的起始位置 $\ell_{\mathrm{EI}} = \frac{1}{6}L_{11}$ 一致。

练 习

6.35 对于 $\mathcal{S} = \partial\langle U_1\rangle/\partial x_2$, $\mathcal{P}/\varepsilon \approx 1$ 及 $\alpha \equiv -\langle u_1 u_2\rangle/k \approx 0.3$ 条件下的简单湍流剪切流,推导得到:

$$\mathcal{S}\,k/\varepsilon = \frac{1}{\alpha}\frac{\mathcal{P}}{\varepsilon} \approx 3 \tag{6.280}$$

$$\begin{aligned}\mathcal{S}\,\tau_\eta &= \frac{1}{\alpha}\frac{\mathcal{P}}{\varepsilon}Re_L^{-1/2} \approx 3Re_L^{-1/2} \\ &= \sqrt{\frac{20}{3}}\,\frac{1}{\alpha}\frac{\mathcal{P}}{\varepsilon}R_\lambda^{-1} \approx 9R_\lambda^{-1}\end{aligned} \tag{6.281}$$

$$L_{\mathcal{S}} \equiv \mathcal{S}^{-3/2}\varepsilon^{1/2} = \left(\frac{\mathcal{P}}{\varepsilon}\right)^{-3/2}\alpha^{3/2}L \approx \frac{1}{6}L \tag{6.282}$$

$$u_{\mathcal{S}} \equiv (\varepsilon/\mathcal{S})^{1/2} = \alpha^{1/2}\left(\frac{\mathcal{P}}{\varepsilon}\right)^{-1/2}k^{1/2} \approx \frac{1}{2}k^{1/2} \tag{6.283}$$

6.6　能量级串的频谱视图

在 6.2~6.5 节中，介绍了几种用于量化不同尺度湍流运动的统计数据，并通过实验数据、Kolmogorov 假设和简单模型谱对这些统计数据进行了验证。现在能够提供比第 6.1 节更全面的能量级串说明。因此，本节旨在总结和固化前面的发展过程。

6.6.1　含能运动

再次考虑非常高的雷诺数流动，其在运动的能量和耗散尺度(即 $L_{11}/\eta \sim Re^{3/4} \gg 1$) 之间存在明显的分离界限。大部分湍动能包含在长度尺度 ℓ 的运动中，相比积分长度尺度 $L_{11}\left(6L_{11} > \ell > \frac{1}{6}L_{11} = \ell_{\mathrm{EI}}\right)$，其特征速度量级为 $k^{1/2}$。由于它们的尺度与流动尺度 $\mathcal{L}$ 相当，这些大尺度运动会受到流动构型的强烈影响。此外，它们的时间尺度为 $L_{11}/k^{1/2}$，其大于平均流动时间尺度(表 5.2)，因此它们受到流场历程的显著影响。换而言之，与统一平衡范围相反，含能运动没有统计平衡所带来的统一形式。

所有的各向异性都局限于含能运动中，湍流的生成也是如此。另外，黏性耗散可以忽略不计。与之相反，在级串的初始过程中，能量被无黏过程消除，并以速率 $\mathcal{T}_{\mathrm{EI}}$ 输运到更小的尺度 ($\ell < \ell_{\mathrm{EI}}$)，传输速率与 $k^{3/2}L_{11}$ 呈比例。这一输运过程取决于非统一含能运动，因此无量纲比值 $\mathcal{T}_{\mathrm{EI}}/(k^{3/2}L_{11})$ 不是统一的。

6.6.2　能量谱平衡

对于均匀湍流(施加平均速度梯度)，可通过能量谱函数 $E(\kappa, t)$ 的平衡方程进行量化。该方程[详见 Hinze(1975)，以及 Monin 和 Yaglom(1975)的研究]可以写为

$$\frac{\partial}{\partial t}E(\kappa, t) = \mathcal{P}_{\kappa}(\kappa, t) - \frac{\partial}{\partial \kappa}\mathcal{T}_{\kappa}(\kappa, t) - 2\nu\kappa^2 E(\kappa, t) \tag{6.284}$$

其中，等号右侧的三项分别代表生成、谱输运和耗散。

生成谱 $\mathcal{P}_{\kappa}$ 由平均速度梯度 $\partial\langle U_i\rangle/\partial x_j$ 和谱张量各向异性部分的乘积确定。波数范围 ($\kappa_{\mathrm{a}}, \kappa_{\mathrm{b}}$) 对生成的贡献表示为

$$\mathcal{P}_{(\kappa_{\mathrm{a}}, \kappa_{\mathrm{b}})} = \int_{\kappa_{\mathrm{a}}}^{\kappa_{\mathrm{b}}} \mathcal{P}_{\kappa}\mathrm{d}\kappa \tag{6.285}$$

并且，在一定程度上，所有的各向异性都局限于含能范围，因此有

$$\mathcal{P} = \mathcal{P}_{(0,\,\infty)} \approx \mathcal{P}_{(0,\,\kappa_{\mathrm{EI}})} \tag{6.286}$$

$$\mathcal{P}_{(\kappa_{\mathrm{EI}},\,\infty)}/\mathcal{P} \ll 1 \tag{6.287}$$

式(6.284)等号右侧的第二项中，$\mathcal{T}_\kappa(\kappa)$ 是谱能量输运速率：表示能量从波数小于 κ 模式转移到波数大于 κ 模式的净速率。定义 $\mathcal{T}(\ell)$ 为能量从尺度大于 ℓ 的涡输运到小于 ℓ 的涡的速率，两者有简单的关系式：

$$\mathcal{T}(\ell) = \mathcal{T}_\kappa(2\pi/\ell) \tag{6.288}$$

这种谱输运导致波数范围 $(\kappa_{\mathrm{a}},\ \kappa_{\mathrm{b}})$ 的能量增益速率为

$$\int_{\kappa_{\mathrm{a}}}^{\kappa_{\mathrm{b}}} -\frac{\partial}{\partial\kappa}\mathcal{T}_\kappa(\kappa)\,\mathrm{d}\kappa = \mathcal{T}_\kappa(\kappa_{\mathrm{a}}) - \mathcal{T}_\kappa(\kappa_{\mathrm{b}}) \tag{6.289}$$

由于 $\mathcal{T}_\kappa$ 在波数为零和无限处消失，该输运项对湍动能 k 的平衡没有贡献。

可从 Navier-Stokes 方程中获得 $\mathcal{T}_\kappa$ 的精确表达式(Hinze，1975)。存在两个贡献：一方面来自与式(6.162)相似的波数模式的三波关系；另一方面(将在第 11.4 节详细介绍)表达了平均速度梯度对频谱的主要动力学效应。式(6.284)的最后一项是耗散谱 $D(\kappa,\ t) = 2\nu\kappa^2 E(\kappa,\ t)$。

图 6.28 是平衡方程中 $E(\kappa,\ t)$ 量值的示意图。在含能范围内，除耗散项外，所有项都较为显著。当在含能范围 $(0,\ \kappa_{\mathrm{EI}})$ 积分时，利用近似关系 $k_{(0,\,\mathrm{EI})} \approx k$，$\varepsilon_{(0,\,\mathrm{EI})} \approx 0$ 及 $\mathcal{P}_{(0,\,\mathrm{EI})} \approx \mathcal{P}$，式(6.284)变为

$$\frac{\mathrm{d}k}{\mathrm{d}t} \approx \mathcal{P} - \mathcal{T}_{\mathrm{EI}} \tag{6.290}$$

其中，$\mathcal{T}_{\mathrm{EI}} = \mathcal{T}_\kappa(\kappa_{\mathrm{EI}})$。在惯性子范围内，仅有谱输运过程显著，因此(从 κ_{EI} 积分到 κ_{DI} 时)式(6.284)变为

$$0 \approx \mathcal{T}_{\mathrm{EI}} - \mathcal{T}_{\mathrm{DI}} \tag{6.291}$$

其中，$\mathcal{T}_{\mathrm{DI}} = \mathcal{T}_\kappa(\kappa_{\mathrm{DI}})$。而在耗散范围内，谱输运与耗散平衡，因此(从 κ_{DI} 积分到无穷大时)式(6.284)变为

$$0 \approx \mathcal{T}_{\mathrm{DI}} - \varepsilon \tag{6.292}$$

当以上后三个方程相加时，得到(非近似的)湍动能方程 $\mathrm{d}k/\mathrm{d}t = \mathcal{P} - \varepsilon$。

上述方程再次强调了能量级串的基本特征。能量从含能范围 $\mathcal{T}_{\mathrm{EI}}$ 输运的速率，与包括平均速度梯度和含能范围频谱在内的几个因素以非统一的方式相关。然而，随后在 $\mathcal{T}_\kappa(\kappa) = \mathcal{T}_{\mathrm{EI}}$ 条件下，该输运速率建立了统一特征的惯性子范围；最终，频谱中高波数部分的能量耗散速率与接收能量速率相同。因此，$\mathcal{T}_{\mathrm{DI}}$ 和 ε 均由 $\mathcal{T}_{\mathrm{EI}}$ 确定，并与之相等。通常，当考虑“耗散”时，例如，将惯性子范围谱表征为

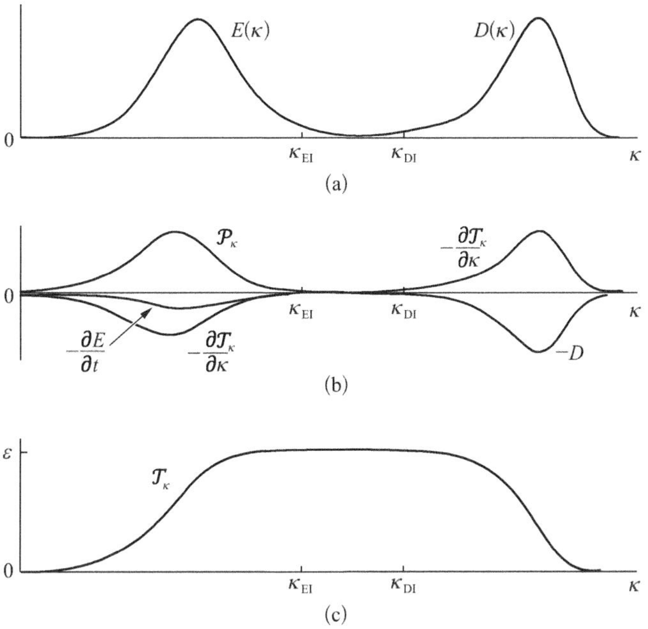

图 6.28　极高雷诺数下的均匀湍流：(a) 能量和耗散谱；(b) 对 $E(\kappa, t)$ 平衡方程[式(6.284)]的贡献；(c) 谱能量转移率的示意图

$E(\kappa)=C\varepsilon^{2/3}\kappa^{-5/3}$，在概念上，优先考虑 $\mathcal{T}_{\mathrm{EI}}$ 代替 ε。

6.6.3　级串时间尺度

一个有效性值得怀疑的类比是，惯性子范围内的能量流动类似于通过可变面积管道的不可压缩流体。恒定流动速率为 $\mathcal{T}_{\mathrm{EI}}$（单位时间的能量单位），而级串的容量（类似于管道面积）为 $E(\kappa)$（单位波数的能量单位）。因此，能量通过级串的速度（单位波数的能量单位）为

$$\dot{\kappa}(\kappa)=\mathcal{T}_{\mathrm{EI}}/E(\kappa)=\kappa^{5/3}\varepsilon^{1/3}/C \tag{6.293}$$

后面的表达式由 Kolmogorov 谱和 $\mathcal{T}_{\mathrm{EI}}=\varepsilon$ 替换得到。需要注意，该速度随着波数的增加而急剧增大。

从方程 $\mathrm{d}\kappa/\mathrm{d}t=\dot{\kappa}$ 的解可以看出，根据这个类比，能量从波数 κ_{a} 流向更高波数 κ_{b} 所需的时间 $t_{(\kappa_{\mathrm{a}},\,\kappa_{\mathrm{b}})}$ 为

$$\begin{aligned} t_{(\kappa_{\mathrm{a}},\,\kappa_{\mathrm{b}})} &= \frac{3}{2}C\varepsilon^{-1/3}\left(\kappa_{\mathrm{a}}^{-2/3}-\kappa_{\mathrm{b}}^{-2/3}\right) \\ &= \tau\,\frac{3}{2}C\left[(\kappa_{\mathrm{a}}L)^{-2/3}-(\kappa_{\mathrm{b}}L)^{-2/3}\right] \end{aligned} \tag{6.294}$$

根据关系式 $\kappa_{EI}=2\pi/\ell_{EI}$，$\ell_{EI}=\frac{1}{6}L_{11}$ 及 $L_{11}/L\approx 0.4$，可以得到：

$$t_{(\kappa_{EI},\infty)}\approx\frac{1}{10}\tau \tag{6.295}$$

预计能量一旦进入惯性子范围,其持续时间仅为总寿命 $\tau=k/\varepsilon$ 的 1/10。

6.6.4 谱能量输运模型

在统一平衡范围（$\kappa>\kappa_{EI}$）内,谱能量方程[式(6.284)]中的能量输运与耗散之间处于平衡状态,见图 6.28(b)。因此,在任意时刻 t，式(6.284)简化为

$$0=-\frac{\mathrm{d}}{\mathrm{d}\kappa}\mathcal{T}_\kappa(\kappa)-2\nu\kappa^2E(\kappa) \tag{6.296}$$

在 1940~1970 年期间,提出了许多的谱能量输运速率 $\mathcal{T}_\kappa$ 模型,可以从式(6.296)推导出谱 $E(\kappa)$ 的形式。Panchev(1971)对 Obukhov(1941)、Heisenberg(1948)及其他许多人的模型进行了回顾。适用于级串的物理,这些模型中的大多都是非局部的,在这个意义上,对于 $\kappa'\neq\kappa$，$\mathcal{T}_\kappa(\kappa)$ 更依赖于 $E(\kappa')$。然而,为了揭示该过程,我们考虑了 Pao(1965)提出的简单局部模型。与式(6.293)类似,定义能量输运速度 $\dot{\kappa}(\kappa)$ 为

$$\dot{\kappa}(\kappa)\equiv\mathcal{T}_\kappa(\kappa)/E(\kappa) \tag{6.297}$$

Pao 模型的唯一假设(尽管很严格)是 $\dot{\kappa}$ 完全由 ε 和 κ 决定。随后,通过量纲分析确定：

$$\mathcal{T}_\kappa(\kappa)=E(\kappa)\dot{\kappa}(\kappa)=E(\kappa)\alpha^{-1}\varepsilon^{1/3}\kappa^{5/3} \tag{6.298}$$

其中，α 是常数。利用该 $\mathcal{T}_\kappa$ 表达式,可以对式(6.296)进行积分(见练习 6.36),得到 Pao 频谱：

$$E(\kappa)=C\varepsilon^{2/3}\kappa^{-5/3}\exp\left[-\frac{3}{2}C(\kappa\eta)^{4/3}\right] \tag{6.299}$$

参考式(6.254),在图 6.15 中给出了与实验数据的对比。

练　习

6.36 将式(6.298)代入式(6.296),得到：

$$\frac{\mathrm{d}}{\mathrm{d}\kappa}\ln\left[E(\kappa)\kappa^{5/3}\right]=-2\alpha\nu\varepsilon^{-1/3}\kappa^{1/3} \tag{6.300}$$

然后通过积分获得

$$
\begin{aligned}
E(\kappa) &= \beta\kappa^{-5/3}\exp\left(-\frac{3}{2}\alpha\nu\varepsilon^{-1/3}\kappa^{4/3}\right) \\
&= \beta\kappa^{-5/3}\exp\left[-\frac{3}{2}\alpha(\kappa\eta)^{4/3}\right]
\end{aligned}
\tag{6.301}
$$

其中，β 是一个(维度)积分常数。为了与 Kolmogorov 谱(对于小的 $\kappa\eta$)保持一致，认为须有 $\beta = C\varepsilon^{2/3}$。表明由式(6.301)得出的耗散项为

$$
\int_0^\infty 2\nu\kappa^2 E(\kappa)\,\mathrm{d}\kappa = \varepsilon^{1/3}\beta/\alpha \tag{6.302}
$$

因此，α 与 Kolmogorov 常数 C 相同。验证，在 $\beta = C\varepsilon^{2/3}$ 和 $\alpha = C$ 的条件下，通过式(6.301)得到的 Pao 频谱为式(6.299)。

6.7　局限性、缺陷及改进

在考虑各种尺度的湍流运动时，能量级串、涡拉伸及 Kolmogorov 假设的概念提供了一个宝贵的理论体系。然而，无论是在理论还是实际上，都存在一些缺陷。事实上，自 1960 年以来，一个主要的研究(理论、实验和计算)方向是考察这些缺陷，并试图改进 Kolmogorov 假设。虽然在这里提供一些讨论是恰当的，但也应该认识到这些问题对湍流的研究和建模影响较小。这仅仅是因为小尺度 ($\ell < \ell_{\mathrm{EI}}$) 包含的能量很少(并且各向异性较小)，因此对流动几乎没有直接的影响。

6.7.1　雷诺数

Kolmogorov 假设的一个局限性是仅适用于高雷诺数流动，并且没有提供“足够高雷诺数”的标准。许多实验室和实际流动具有相当高的雷诺数(如 $Re \approx 10\,000$，$R_\lambda \approx 150$)，甚至发现耗散尺度上的运动也是各向异性的[例如，参考 George 和 Hussein(1991)的研究]。

仔细观察发现，惯性子范围频谱随着雷诺数的增加而缓慢逼近 Kolmogorov 谱。Mydlarski 和 Warhaft(1998)从较高雷诺数 ($R_\lambda \approx 50 \sim 500$) 条件下的网格湍流实验得到结论，惯性子范围频谱确实服从幂次律 $E(\kappa) \sim \kappa^{-p}$，但指数 p 由 R_λ 确定(图 6.29)。如图 6.29 中的曲线所示，p 在 R_λ 非常大的条件下能够接近 $\frac{5}{3}$，但是在 $R_\lambda \approx 200$ 条件下(许多实验室流场的典型值)，p 约为 1.5。

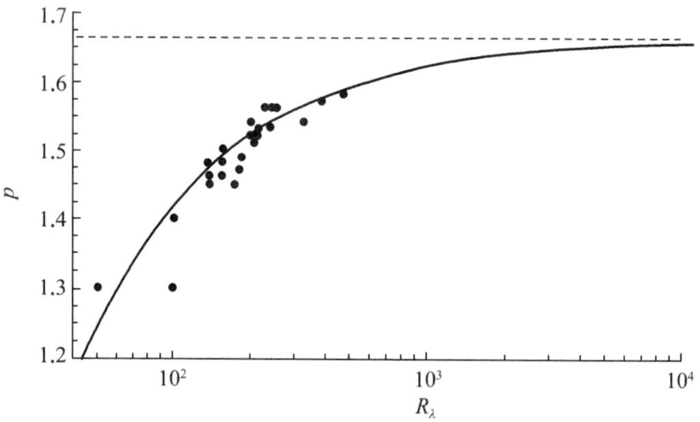

图 6.29 网格湍流中谱幂律指数 $p[E(\kappa)\sim\kappa^{-p}]$ 与雷诺数的函数关系

符号：Mydlarski 和 Warhaft 的实验数据(1998)；虚线：$p=\frac{5}{3}$；实线：经验曲线，$p=\frac{5}{3}-8R_\lambda^{-3/4}$

假设能量级串是能量从尺度 ℓ 的涡到尺度稍小的涡 $\left(如\frac{1}{2}\ell\right)$ 的单向输运，并且该能量输运仅取决于尺度 ℓ 的运动，显然这种假设过于简单。几乎不可能通过实验测量频谱的能量输运[但可见 Kellogg 和 Corrsin(1980)的研究]，但可以通过直接数值模拟获取(仅限于中等或低雷诺数)。从 Domaradzki 和 Rogallo(1990)的 DNS 研究可以看出，存在向更小和更大尺度的能量输运，但净输运方向是朝着更小尺度。在波数空间中，能量输运通过三波关系完成，即波数为 $\boldsymbol{\kappa}^a$、$\boldsymbol{\kappa}^b$ 和 $\boldsymbol{\kappa}^c$ 的三种模式之间的相互作用，并有 $\boldsymbol{\kappa}^a+\boldsymbol{\kappa}^b+\boldsymbol{\kappa}^c=0$[式(6.162)]。DNS 结果表明，输运主要是局部的(例如，在 $|\boldsymbol{\kappa}^a|\approx|\boldsymbol{\kappa}^b|$ 条件下的 a 与 b 模式之间)，受到波数明显更小(即 $|\boldsymbol{\kappa}^c|\ll|\boldsymbol{\kappa}^a|$)的第三模式的影响[Domaradzki(1992)和 Zhou(1993)开展了更为深入的研究]。

6.7.2 高阶统计量

迄今为止，本章考虑的所有实验数据均属于二阶速度统计量(即速度平方的统计数据)。这些是最重要的量，因为决定了动能与雷诺应力。

最简单的高阶统计量是无量纲化速度导数矩：

$$M_n=\left\langle\left(\frac{\partial u_1}{\partial x_1}\right)^n\right\rangle\Big/\left\langle\left(\frac{\partial u_1}{\partial x_1}\right)^2\right\rangle^{n/2}\tag{6.303}$$

当 $n=3$ 和 $n=4$ 时，它们是速度导数斜度 S 和峰度 K(回顾一下，对于高斯随机变量，$S=0$ 而 $K=3$)。根据 Kolmogorov 假设，对于每个 n，M_n 是一个统一常数。

然而，S 和 K 不是常数，而是随着雷诺数的增加而增加。例如，如图 6.30 所示，峰度测量值从低雷诺数网格湍流中的 $K \approx 4$ 增加到最高雷诺数条件下的 $K \approx 40$。与前面讨论的雷诺数效应不同，K 似乎没有渐近线，反而可能以 $K \sim R_\lambda^{3/8}$ 无限增长。

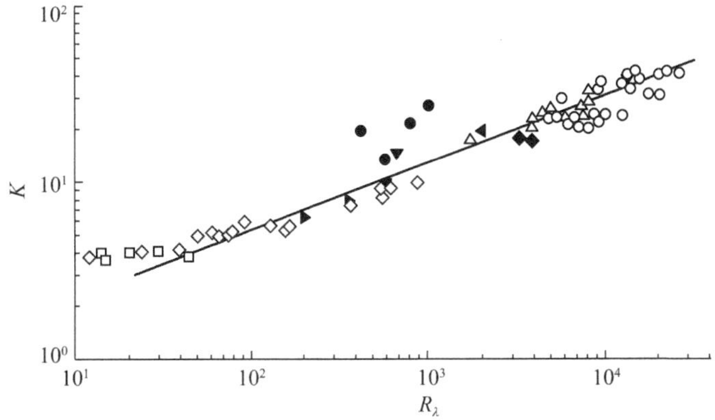

图 6.30　Van Atta 和 Antonia（1980）汇编的速度导数峰度随雷诺数变化的测量（符号）数据，实线为 $K \sim R_\lambda^{3/8}$

速度导数矩 M_n（如斜度 S 和峰度 K）属于耗散范围。与惯性子范围有关的最简单高阶统计量是纵向速度结构函数：

$$D_n(r) \equiv \langle (\Delta_r u)^n \rangle \tag{6.304}$$

即，定义速度差的矩（在 $\boldsymbol{x}$, t 处）为

$$\Delta_r u \equiv U_1(\boldsymbol{x} + e_1 r,\ t) - U_1(\boldsymbol{x},\ t) \tag{6.305}$$

回顾第 6.2 节和第 6.3 节中考虑的二阶结构函数 $D_2(r)$ 和三阶结构函数 $D_3(r)$，分别由 $D_{LL}(r)$ 和 $D_{LLL}(r)$ 表示。

根据 Kolmogorov 的第二假设，对于惯性子范围的区域（$L \gg r \gg \eta$），$D_n(r)$ 仅取决于 ε 和 r，因此通过量纲分析得到：

$$D_n(r) = C_n(\varepsilon r)^{n/3} \tag{6.306}$$

其中，C_2, C_3, …是常数。实验结果验证了 $n = 2$ 的预测（$C_2 = 2.0$，见图 6.5）；对于 $n = 3$，根据 Kolmogorov $\dfrac{4}{5}$ 律［式(6.88)］得到 $C_3 = -\dfrac{4}{5}$。对于高阶结构函数，Anselmet 等（1984）对 n 达到 18 的情况进行了测试。在惯性子范围内，发现依赖于 r 的幂律：

$$D_n(r) \sim r^{\zeta_n} \tag{6.307}$$

但如图 6.31 所示,通过测试获得的指数不同于式(6.306)中 Kolmogorov 的预测结果,即 $\zeta_n = n/3$。

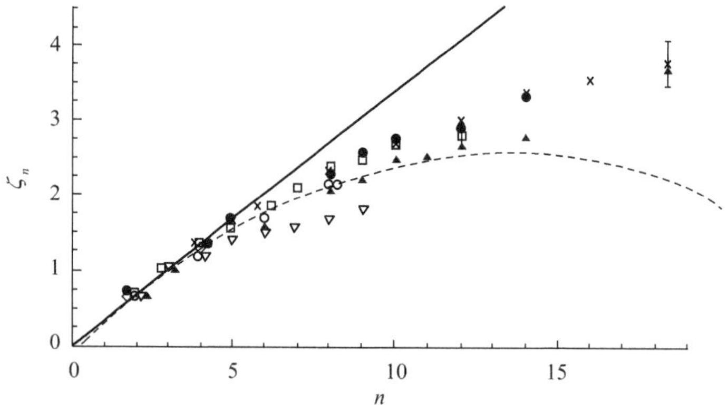

图 6.31 Anselmet 等(1984)汇编的在惯性子范围 $D_n(r) \sim r^{\zeta_n}$ 的纵向速度结构函数指数 ζ_n 测量结果(符号)

实线为 Kolmogorov(1941)预测值, $\zeta_n = \frac{1}{3}n$; 虚线是细化近似假设的预测值, $\mu = 0.25$ 时的方程[式(6.323)]

考察这些高阶矩下的 PDFs 具有指导意义。图 6.32 显示了从非常高雷诺数大气边界层中测量得到的 $\partial u_1/\partial x_1$ 标准 PDF。该 PDF 用 $f_Z(z)$ 表示,其中 Z 是标准导数:

$$Z \equiv \frac{\partial u_1}{\partial x_1} \Big/ \left\langle \left(\frac{\partial u_1}{\partial x_1} \right)^2 \right\rangle^{1/2} \tag{6.308}$$

图中,PDF 分布的尾部(四个标准导数以外)接近于直线,其对应指数尾部(exponential tails),图 6.32 中所示的虚线是近似值:

$$f_Z(z) = 0.2\exp(-1.1|z|), \quad z > 4 \tag{6.309}$$

$$f_Z(z) = 0.2\exp(-1.0|z|), \quad z < -4 \tag{6.310}$$

注意,负 Z 的衰减较慢,这与负斜度 S 一致。如图 6.32 所示,这种指数衰减显然比标准高斯衰减要慢得多。

这些尾部的意义是什么? 首先,它们对应于偶然事件: 将式(6.310)作为大 $|z|$ 的近似值,可以得到 $|Z|$ 超过 5 的概率小于 0.3%。然而,这些低概率尾部可对高阶矩造成巨大影响。表 6.3 显示了尾部 ($|Z| > 5$) 对矩的贡献是

$$M_n^{(5)} \equiv 2\int_5^{\infty} z^n f_Z(z)\,\mathrm{d}z \tag{6.311}$$

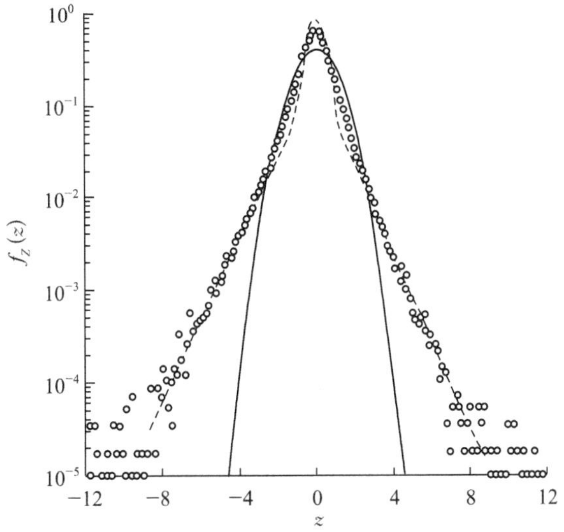

图 6.32　Van Atta 和 Chen 在大气边界层(高雷诺数)下测量得到的无量纲速度导数 $Z \equiv (\partial u_1/\partial x_1)/\langle(\partial u_1/\partial x_1)^2\rangle^{1/2}$ 的 PDF $f_Z(z)$

实线：高斯曲线；虚线：对应指数尾[式(6.309)和式(6.310)]

其中，$f_Z(z)$ 由式(6.310)给出。例如，观察到对超斜度 M_6 的贡献为 220，而对于高斯值则为 15。Belin 等(1997)叙述了在一定雷诺数范围内在实验室测量的 $\partial u_1/\partial x_1$ 的 PDF 及其矩。

表 6.3　根据式(6.310)和式(6.311)，Z 的 PDF 的指数尾 ($|Z| > 5$) 对力矩 M_n 的贡献 M_n^5

矩 n	尾贡献 M_n^5	高斯值 M_n
0	0.003	1
2	0.1	1
4	4.2	3
6	220	15
8	1.5×10^4	105
10	1.4×10^6	945

6.7.3　内部间歇性

Kolmogorov 预测与高阶矩 M_n 和 $D_n(r)$ 实验值之间的差异归因于内部间歇性现象，并且在很大程度上可以由 Obukhov(1962)和 Kolmogorov(1962)提出的精细相似性假设进行解释。为了阐述这些理论,有必要引入几个与耗散相关的量。

定义瞬时耗散 $\varepsilon_0(\boldsymbol{x}, t)$ 如下:

$$\varepsilon_0 = 2\nu s_{ij} s_{ij} \tag{6.312}$$

对于给定长度 r, 半径为 r 的球面 $\mathcal{V}(r)$ 上 ε_0 的平均值由式(6.313)给出:

$$\varepsilon_r(\boldsymbol{x}, t) = \frac{3}{4\pi r^3}\iiint_{\mathcal{V}(r)} \varepsilon_0(\boldsymbol{x} + \boldsymbol{r}, t)\,\mathrm{d}\boldsymbol{r} \tag{6.313}$$

遗憾的是,考虑到实际情况,不可能测量 ε_0 和 ε_r。使用一维代替值,即

$$\hat{\varepsilon}_0 = 15\nu\left(\frac{\partial u_1}{\partial x_1}\right)^2 \tag{6.314}$$

$$\hat{\varepsilon}_r(\boldsymbol{x}, t) \equiv \frac{1}{r}\int_0^r \hat{\varepsilon}_0(\boldsymbol{x} + e_1 r, t)\,\mathrm{d}r \tag{6.315}$$

在局部各向同性湍流中,每个量都具有平均值 ε。一般认为, ε_0 和 $\hat{\varepsilon}_0$ 的统计上是定量相似的,但在具体量值上肯定存在很大的差异。

早在 1949 年,例如 Batchelor 和 Townsend(1949)的实验表明,瞬时耗散 $\hat{\varepsilon}_0$ 取非常大的值。$\hat{\varepsilon}_0/\varepsilon$ 的峰值随着雷诺数的增加而增加: Meneveau 和 Sreenivasan(1991)在实验中(中等大小的 R_λ 值)观察到一个 $\hat{\varepsilon}_0/\varepsilon \approx 15$ 的峰值,而在气流表面层(高 R_λ 值),相应的测量值为 50。Kolmogorov(1962)预测的均方耗散脉动尺度为

$$\langle \varepsilon_0^2 \rangle / \varepsilon^2 \sim (L/\eta)^{\mu} \tag{6.316}$$

相似地:

$$\langle \varepsilon_r^2 \rangle / \varepsilon^2 \sim (L/r)^{\mu}, \quad \eta < r \ll L \tag{6.317}$$

其中, μ 是一个正的常数——间歇性指数。实验验证了式(6.317)及代替值 $\hat{\varepsilon}_r$, 并确定 $\mu = 0.25 \pm 0.05$(Sreenivasan and Kailasnath, 1993)。从 $\hat{\varepsilon}_0$ 的定义[式(6.317)]可以看出: $\langle \hat{\varepsilon}_0^2 \rangle / \varepsilon^2$ 能够精确地表示速度导数峰度 K。因此,取 $\mu = \dfrac{1}{4}$ 并考虑关系式 $L/\eta \sim R_\lambda^{3/2}$, 式(6.316)通过替换可以得到:

$$K \sim R_\lambda^{3\mu/2} = R_\lambda^{3/8} \tag{6.318}$$

这与实验数据一致(图 6.30)。

6.7.4 改进的相似性假设

考虑速度增量 $\Delta_r u$ [式(6.305)],第一个(原始)Kolmogorov 假设表明 $\Delta_r u$ 的统

计量(对于 $r \ll L$) 是统一的,由平均耗散 ε 和 ν 确定。改进的相似假设(Obukhov, 1962; Kolmogorov, 1962)的思想是 $\Delta_r u$ 不受平均耗散的影响,而是受当地值(在长度 r 上的平均值)的影响,即 ε_r。因此,第一个改进的相似性假设是(对于 $r \ll L$),以 ε_r 为条件的 $\Delta_r u$ 的统计量是统一的,由 ε_r 和 ν 确定。第二个改进的相似性假设是,对于 $\eta \ll r \ll L$,这些条件统计量仅与 ε_r 有关,与 ν 无关。

在 $\Delta_r u$ 矩中应用第二个改进的相似性假设:

$$\langle (\Delta_r u)^n \mid \varepsilon_r = \epsilon \rangle = C_n (\epsilon r)^{n/3} \tag{6.319}$$

其中, C_n 是通用常数[参见式(6.306)]; ϵ 是样本空间变量。随后得到结构函数 $D_n(r)$, 即无条件平均值:

$$\begin{aligned} D_n(r) &= \langle (\Delta_r u)^n \rangle = \langle \langle (\Delta_r u)^n \mid \varepsilon_r \rangle \rangle \\ &= C_n \langle \varepsilon_r^{n/3} \rangle r^{n/3} \end{aligned} \tag{6.320}$$

对于 $n = 3$, 由于 $\langle \varepsilon_r \rangle$ 等于 ε, 原始假设和改进的假设得到相同的预测结果; 其中, $C_3 = -\dfrac{4}{5}$, 是 Kolmogorov $\dfrac{4}{5}$ 律[式(6.88)]。对于 $n = 6$, 并利用式(6.317)的 $\langle \varepsilon_r^2 \rangle$, 预测结果为

$$D_6(r) \sim \varepsilon^2 L^{\mu} r^{2-\mu} \tag{6.321}$$

即当 $\mu = 0.25$ 时,幂律[式(6.307)] r 的指数为 $\zeta_6 = 2 - \mu = 1.75$ 的, ζ_6 值与图 6.31 中所示的数据吻合。

对于 n 的其他值, $\langle \varepsilon_r^{n/3} \rangle$ 由 ε_r 的 PDF 确定。Obukhov(1962)和 Kolmogorov(1962)推测 ε_r 是对数正态分布,即 $\ln(\varepsilon_r/\varepsilon)$ 为高斯分布。根据对数正态性假设并对 $\langle \varepsilon_r^2 \rangle$ 缩比[式(6.317)],可以得到(见练习 6.37) ε_r 矩的尺度为

$$\langle \varepsilon_r^m \rangle / \varepsilon^m \sim (L/r)^{m(m-1)\mu/2} \tag{6.322}$$

因此,结构函数[式(6.320)]的预测尺度为 $D_n(r) \sim r^{\zeta_n}$, 并有

$$\zeta_n = \frac{1}{3} n \left[1 - \frac{1}{6} \mu (n - 3) \right] \tag{6.323}$$

对于不太大的 n (例如, $n \leqslant 10$), 该预测结果与图 6.31 中所示的数据较为吻合。对于大 n, 差异归因于对数正态假设中的缺陷,已被 Mandelbrot(1974)及其他学者证实。

对于二阶结构函数 $D_2(r)$, 通过式(6.323)得到:

$$\zeta_2 = \frac{2}{3} + \frac{1}{9}\mu \approx \frac{2}{3} + \frac{1}{36} \tag{6.324}$$

相应地，预测惯性子范围频谱服从幂次律 $E(\kappa) \sim \kappa^{-p}$，且有

$$p = \frac{5}{3} + \frac{1}{9}\mu \approx \frac{5}{3} + \frac{1}{36} \tag{6.325}$$

因此，对于 $-\frac{5}{3}$ 频谱的预测修正非常小。

对于速度导数矩，改进的假设得到：

$$\left\langle \left(\frac{\partial u_1}{\partial x_1}\right)^n \mid \varepsilon_r = \epsilon \right\rangle = \bar{C}_n \left(\frac{\epsilon}{\nu}\right)^{n/2} \tag{6.326}$$

其中，$\bar{C}_n$ 是常数，因此：

$$M_n \equiv \frac{\left\langle \left(\frac{\partial u_1}{\partial x_1}\right)^n \right\rangle}{\left\langle \left(\frac{\partial u_1}{\partial x_1}\right)^2 \right\rangle^{n/2}} = \frac{\bar{C}_n \langle \varepsilon_r^{n/2} \rangle}{(\bar{C}_2 \varepsilon)^{n/2}} \tag{6.327}$$

使用对数正态假设来评估 ε_r 的矩[式(6.322)]，对于斜度和峰度，可以得到：

$$-S \sim (L/r)^{3\mu/8} \tag{6.328}$$

$$K \sim (L/r)^{\mu} \tag{6.329}$$

因此，无论 μ 的值是多少，预测值都为

$$-S \sim K^{3/8} \tag{6.330}$$

图 6.33 显示，尽管存在相当大的散度，但测量数据确实与该预测值一致。该

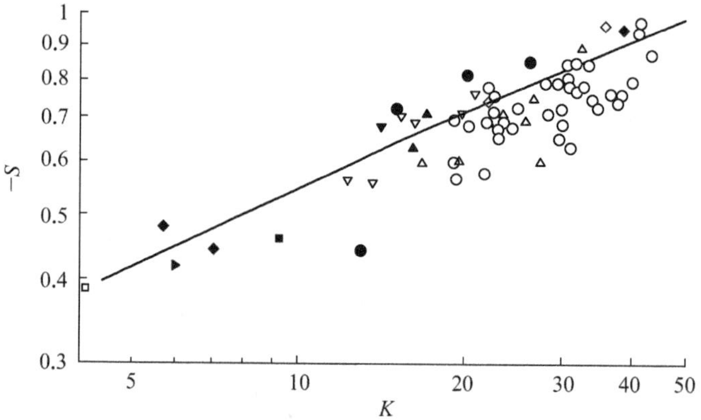

图 6.33　Van Atta 和 Antonia(1980)汇编的速度导数斜度 S 和峰度 K 的测量结果

直线表示 $-S \sim K^{3/8}$

领域的研究文献非常丰富，其中 Nelkin(1994)和 Stolovitzky 等(1995)给出了有用的综述。

练　习

6.37　正随机变量 ε_r 服从对数正态分布的条件是，当：

$$\phi \equiv \ln(\varepsilon_r/\varepsilon_{\text{ref}}) \tag{6.331}$$

服从高斯分布，其中 ε_{ref} 为正常数。设 ϕ 的方差为 σ^2，即其服从高斯分布。

(1) 证明 ε_r 的矩为

$$\langle \varepsilon_r^n \rangle = \varepsilon_{\text{ref}}^n \exp\left(n\langle \phi \rangle + \frac{1}{2}n^2\sigma^2\right) \tag{6.332}$$

(2) 证明，如果 ε_{ref} 取为 $\langle \varepsilon_r \rangle$，则有

$$\langle \varepsilon_r^n \rangle / \langle \varepsilon_r \rangle^n = \exp\left[\frac{1}{2}\sigma^2 n(n-1)\right] \tag{6.333}$$

(3) 如果 ε_r 的均方取决于参数 r：

$$\langle \varepsilon_r^2 \rangle / \langle \varepsilon_r \rangle^2 = A(L/r)^{\mu} \tag{6.334}$$

其中，A、L 和 μ 为正的常数，证明：

$$\sigma^2 = \ln A + \mu \ln(L/r) \tag{6.335}$$

$$\langle \varepsilon_r^n \rangle / \langle \varepsilon_r \rangle^n = A^{n(n-1)/2}(L/r)^{\mu n(n-1)/2} \tag{6.336}$$

6.7.5　结束语

大量的研究工作聚焦于原始 Kolmogorov 假设的缺陷，以及改进的相似性假设的细节上。然而，需要再次强调的是，在考虑湍流中的平均速度场和雷诺应力的背景下，这些问题意义不大。湍流能量和各向异性主要包含在大尺度运动中。另外，内部间歇性涉及仅在小尺度量的高阶统计中呈现的偶然事件。在考虑能量级串和湍流的背景下，比内部间歇性更重要的问题是，什么决定了含能尺度中的能量输运速率 $\mathcal{T}_{\text{EI}}$，这是一个难题，因为大尺度不是普遍存在的，后续将在第 10 章讨论这个问题。

第 7 章

壁 面 流 动

与第 5 章描述的自由剪切流不同,大多数湍流受到一个或多个固体物面限制(至少部分限制)。例如,通过管道和内流道的内部流动、飞机和船体周围的外部流动,以及在大气边界层和河流等环境下的流动。

本书考察其中三类最简单的流动(图 7.1),即充分发展的槽道流、充分发展的管道流及平板边界层。三类流动的平均速度矢量都(或者几乎)平行于壁面,同时发现,它们的近壁流动特征非常相似。这些简单流动具有重要的现实意义,在湍流研究的发展史中发挥了关键作用。

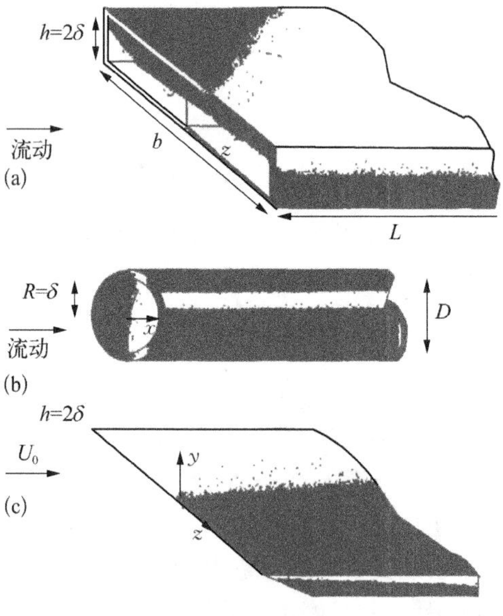

图 7.1 (a)槽道流、(b)管道流和(c)平板边界层示意图

核心问题是平均速度剖面的构型及摩擦特性,它们决定了流体施加在壁面上的剪切应力。此外,第 7.1.7 节将介绍混合长度;第 7.3.5 节将推导并验证雷诺应力的平衡方程;第 7.4 节将描述本征正交分解(proper orthogonal decomposition, POD)。

7.1 槽道流动

7.1.1 流动简介

如图 7.1 所示,考虑通过高度 $h = 2\delta$ 的矩形流道的流动。流道很长 ($L/\delta \gg 1$),并且宽径比也很大 ($b/\delta \gg 1$)。平均流动主要在轴向 ($x = x_1$) 方向,平均速度主要在法向 ($y = x_2$) 方向变化。底部和顶部壁面分别位于 $y = 0$ 和 $y = 2\delta$, 中间平面为 $y = \delta$。流道在展向 ($z = x_3$) 方向上的延伸远大于 δ, 因此(远离侧壁)流动的统计量与 z 无关。

定义中心线为 $y = \delta$, $z = 0$。三个坐标方向上的速度为 $(U, V, W) = (U_1, U_2, U_3)$, 速度脉动为 $(u, v, w) = (u_1, u_2, u_3)$, 平均横向速度 $\langle W \rangle$ 为零。

在流道入口附近 ($x = 0$), 存在一个流动的发展区。然而,本节仅关注(流动)充分发展的区域(大的 x), 速度统计量不再随 x 发生变化。因此,所考察的充分发展槽道流动的统计量是恒定的、一维的,速度统计量仅取决于 y。实验验证了自然期望,即流动在统计上关于中间平面 $y = \delta$ 是对称的,即 $y(U, V, W)$ 处的统计值与 $2\delta - y(U, -V, W)$ 处的统计值相同[见式(4.31)~式(4.34)]。

可用于表征流动的雷诺数为

$$Re \equiv (2\delta)\bar{U}/\nu \tag{7.1}$$

$$Re_0 \equiv U_0\delta/\nu \tag{7.2}$$

其中, $U_0 = \langle U \rangle_{y=\delta}$ 是中心线速度; $\bar{U}$ 是整体速度:

$$\bar{U} \equiv \frac{1}{\delta}\int_0^\delta \langle U \rangle \mathrm{d}y \tag{7.3}$$

当 $Re < 1\,350$ 时,流动为层流,当 $Re > 1\,800$ 时,认为流动为全湍流,尽管直到 $Re = 3\,000$ 时,转捩影响还存在(Patel and Head, 1969)。

7.1.2 平均力的平衡

平均连续方程可简化为

$$\frac{\mathrm{d}\langle V \rangle}{\mathrm{d}y} = 0 \tag{7.4}$$

由于 $\langle W \rangle$ 为零,且 $\langle U \rangle$ 与 x 无关。根据边界条件 $\langle V \rangle_{y=0} = 0$, 表明 $\langle V \rangle$ 对于所有 y 均为零,因此顶部壁面处也满足边界条件 $\langle V \rangle_{y=2\delta} = 0$。

法向平均动量方程简化为

$$0 = -\frac{\mathrm{d}}{\mathrm{d}y}\langle v^2\rangle - \frac{1}{\rho}\frac{\partial\langle p\rangle}{\partial y} \tag{7.5}$$

根据边界条件 $\langle v^2\rangle_{y=0} = 0$，积分得到：

$$\langle v^2\rangle + \langle p\rangle/\rho = p_{\mathrm{w}}(x)/\rho \tag{7.6}$$

其中，$p_{\mathrm{w}} = \langle p(x, 0, 0)\rangle$ 是底部壁面上的平均压力。该方程的一个重要推论是，在整个流动中平均轴向压力梯度是均匀的：

$$\frac{\partial\langle p\rangle}{\partial x} = \frac{\mathrm{d}p_{\mathrm{w}}}{\mathrm{d}x} \tag{7.7}$$

轴向平均动量方程为

$$0 = \nu\frac{\mathrm{d}^2\langle U\rangle}{\mathrm{d}y^2} - \frac{\mathrm{d}}{\mathrm{d}y}\langle uv\rangle - \frac{1}{\rho}\frac{\partial\langle p\rangle}{\partial x} \tag{7.8}$$

可以改写为

$$\frac{\mathrm{d}\tau}{\mathrm{d}y} = \frac{\mathrm{d}p_{\mathrm{w}}}{\mathrm{d}x} \tag{7.9}$$

其中，总剪切应力 $\tau(y)$ 为

$$\tau = \rho\nu\frac{\mathrm{d}\langle U\rangle}{\mathrm{d}y} - \rho\langle uv\rangle \tag{7.10}$$

对于该类流动，没有平均加速度，因此平均动量方程[式(7.9)]对应的是力的平衡：即轴向法向应力梯度与横向剪切应力梯度平衡。

由于 τ 仅为 y 的函数，而 p_{w} 仅为 x 的函数，从式(7.9)中明显可以看出，$\mathrm{d}\tau/\mathrm{d}y$ 和 $\mathrm{d}p_{\mathrm{w}}/\mathrm{d}x$ 均为常数。因此，$\tau(y)$ 和 $\mathrm{d}p_{\mathrm{w}}/\mathrm{d}x$ 的解可以用壁面剪应力来表示：

$$\tau_{\mathrm{w}} \equiv \tau(0) \tag{7.11}$$

由于 $\tau(y)$ 关于中间平面是反对称的，$\tau(\delta)$ 为零；在顶部壁面处的应力为 $\tau(2\delta) = \tau_{\mathrm{w}}$，因此，式(7.9)的解为

$$-\frac{\mathrm{d}p_{\mathrm{w}}}{\mathrm{d}x} = \frac{\tau_{\mathrm{w}}}{\delta} \tag{7.12}$$

以及：

$$\tau(y) = \tau_{\mathrm{w}}\left(1 - \frac{y}{\delta}\right) \tag{7.13}$$

采用参考速度无量纲化的壁面剪应力称为表面摩擦系数。在 U_0 和 $\bar{U}$ 的基础上，定义：

$$c_f \equiv \tau_w \Big/ \left(\frac{1}{2}\rho U_0^2\right) \tag{7.14}$$

$$C_f \equiv \tau_w \Big/ \left(\frac{1}{2}\rho \bar{U}^2\right) \tag{7.15}$$

总之：流动由流道入口和出口之间的压降驱动。在充分发展的区域，存在恒定(负)平均压力梯度 $\partial\langle p\rangle/\partial x = \mathrm{d}p_w/\mathrm{d}x$，与剪切应力梯度 $\mathrm{d}\tau/\mathrm{d}y = -\tau_w/\delta$ 平衡。对应给定的压力梯度 $\mathrm{d}p_w/\mathrm{d}x$ 和通道半宽 δ，线性剪切应力分布由式(7.12)和式(7.13)给出，与流体性质(如 ρ 和 ν)无关，也与流体运动状态(即层流或湍流)无关。值得注意的是，如果流动由 ρ、ν、δ 及 $\mathrm{d}p_w/\mathrm{d}x$ 确定，则 U_0 和 $\bar{U}$ 不是先验的。或者说，在实验中，可以确定流体的 $\bar{U}$，但压力梯度是未知的。在这两种情况下，壁面摩擦系数都不是先验的。当然，正如下面练习所示，层流状态的这些量都很容易确定。

练　习

7.1 对于层流，根据式(7.10)和式(7.13)，证明平均速度剖面为

$$U(y) = \frac{\tau_w \delta}{2\rho\nu}\frac{y}{\delta}\left(2 - \frac{y}{\delta}\right) \tag{7.16}$$

因此获得以下结果：

$$U_0 = \frac{\tau_w \delta}{2\rho\nu} = \frac{3}{2}\bar{U} \tag{7.17}$$

$$Re = \frac{4}{3}Re_0 \tag{7.18}$$

$$c_f = \frac{4}{Re_0} = \frac{16}{3Re} \tag{7.19}$$

$$C_f = \frac{9}{Re_0} = \frac{12}{Re} \tag{7.20}$$

7.2 定义摩擦速度为

$$u_\tau \equiv \sqrt{\tau_w/\rho} \tag{7.21}$$

证明,一般有

$$c_f = 2(u_\tau / U_0)^2 \tag{7.22}$$

对于层流:

$$\frac{u_\tau}{U_0} = \sqrt{\frac{2}{Re_0}} = \sqrt{\frac{8}{3Re}} \tag{7.23}$$

在层流上限范围内,即 $Re = 1\,350$, 评估 u_τ / U_0。

7.1.3 近壁剪切应力

图 7.2 显示了 Kim 等(1987)①通过直接接数值模拟充分发展的槽道湍流在 $Re = 5\,600$ 和 $Re = 13\,750$ 时获得的平均速度剖面。本小节和下一小节将阐述和量化这些剖面。

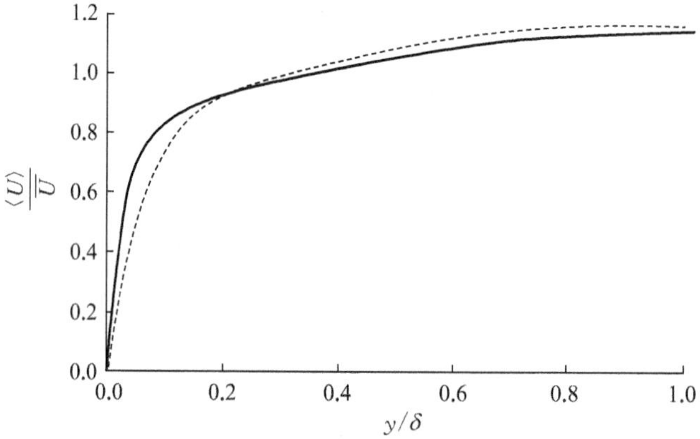

图 7.2 充分发展的槽道湍流的平均速度曲线[取自 Kim 等(1987)的 DNS 数据]

虚线: $Re = 5\,600$; 实线: $Re = 13\,750$

总剪切应力 $\tau(y)$ [式(7.10)]是黏性应力 $\rho\nu \mathrm{d}\langle U \rangle / \mathrm{d}y$ 与雷诺应力 $-\rho\langle uv \rangle$ 之和。在壁面处,边界条件 $\boldsymbol{U}(\boldsymbol{x}, t) = 0$ 表示所有雷诺应力为零。因此,壁面剪应力完全由黏性产生,即

$$\tau_w \equiv \rho\nu \left(\frac{\mathrm{d}\langle U \rangle}{\mathrm{d}y} \right)_{y=0} \tag{7.24}$$

黏性剪切应力和雷诺剪切应力的分布如图 7.3 所示。

① Moser 等(1999)简要介绍了高雷诺数条件下的数据。槽道流的 DNS 结果见第 9 章。

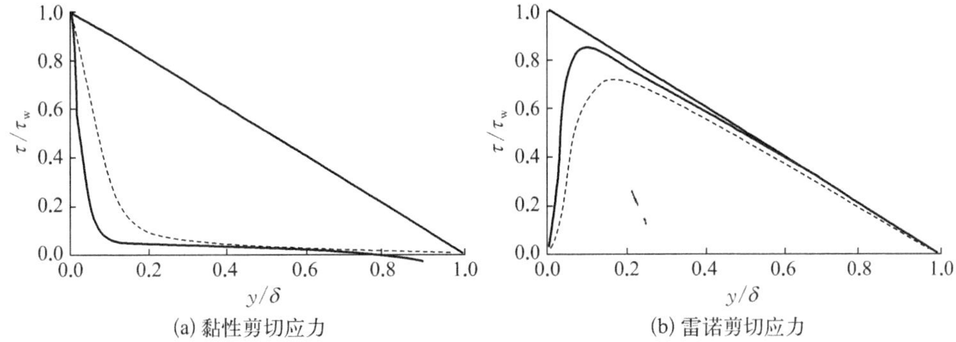

图 7.3 槽道湍流中的黏性剪切应力和雷诺剪切应力的剖面图[取自 Kim 等(1987)的 DNS 数据]

虚线: $Re = 5\,600$; 实线: $Re = 13\,750$

黏性应力在壁面处占主导,这一重要结论与自由剪切流动中的情况相反。在高雷诺数条件下,黏性应力比雷诺应力小得多。此外,在壁面附近,由于黏性是一个影响参数,速度分布取决于雷诺数(如图 7.2 所示),这与自由剪切流不同。

很明显,靠近壁面时,黏性 ν 和壁面剪应力 τ_w 是关键参数。根据这些量(以及 ρ),定义黏性尺度,即近壁区域适当的速度尺度和长度尺度。摩擦速度:

$$u_\tau \equiv \sqrt{\frac{\tau_w}{\rho}} \tag{7.25}$$

黏性长度尺度:

$$\delta_\nu \equiv \nu\sqrt{\frac{\rho}{\tau_w}} = \frac{\nu}{u_\tau} \tag{7.26}$$

基于黏性尺度 $u_\tau \delta_\nu/\nu$ 的雷诺数单位为 1,同时定义摩擦雷诺数:

$$Re_\tau \equiv \frac{u_\tau \delta}{\nu} = \frac{\delta}{\delta_\nu} \tag{7.27}$$

[在 Kim 等(1987)的 DNS 中,摩擦雷诺数在 $Re = 5\,600$ 时为 $Re_\tau = 180$, 在 $Re = 13\,750$ 时为 $Re_\tau = 395$。]

测量得到的壁面距离用黏性长度或壁面单位表示:

$$y^+ \equiv \frac{y}{\delta_\nu} = \frac{u_\tau y}{\nu} \tag{7.28}$$

注意到, y^+ 类似于当地雷诺数,因此可以预测,其大小可以用来确定黏性过程和湍流过程的相对重要性。为了支持这一假设,图 7.4 显示了在槽道流的近壁区域,黏性应力和雷诺应力对总应力的贡献分数。当以 y^+ 为横坐标时，绘制的两个雷诺数剖面几乎重合。黏性贡献从壁面（$y^+ = 0$）处的100%下降到 $y^+ \approx 12$ 处的50%，并且在 $y^+ = 50$ 处小于10%。

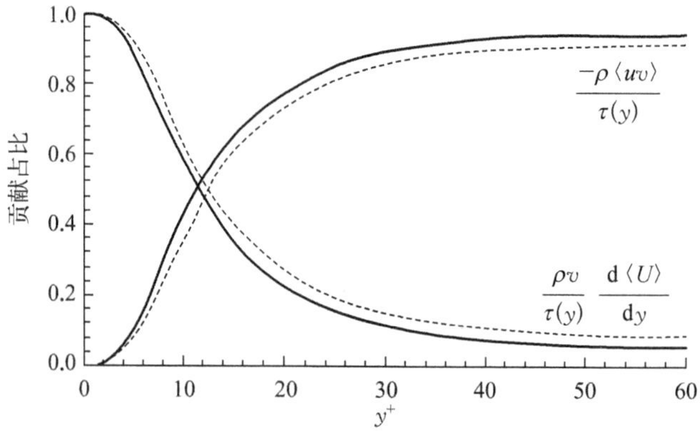

图 7.4　黏性应力和雷诺应力对总应力的贡献占比曲线[取自 Kim 等(1987)的 DNS 数据]

虚线：$Re = 5\,600$；实线：$Re = 13\,750$

基于 y^+ 定义了近壁流动中的不同区域或者层。在近壁黏性区 $y^+ < 50$，分子黏性对剪切应力有直接影响；相反，在外层 $y^+ > 50$，黏性的直接影响可以忽略不计。在近壁黏性区内，黏性子层 $y^+ < 5$ 中，雷诺剪切应力相比黏性应力可以忽略不计。因为 δ_ν/ν 以 Re_τ^{-1} 变化[式(7.27)]，所以随着流体雷诺数的增加，近壁黏性区所占的流道比例减少。

练　习

7.3　在 $Re = 10^5$ 条件下，对充分发展的槽道湍流进行实验。流体为水（$\nu = 1.14 \times 10^{-6}\mathrm{m^2s^{-1}}$），流道半高为 $\delta = 2\mathrm{cm}$，表面摩擦系数为 $C_\mathrm{f} = 4.4 \times 10^{-3}$。确定：$\bar{U}$、$u_\tau/\bar{U}$、$Re_\tau$ 及 δ_ν/ν。近壁黏性区和黏性子层的厚度分别是多少？同时以 δ 的分数和 mm 为单位表示。

7.1.4　平均速度剖面

充分发展的槽道流完全由 ρ、ν、δ 及 $\mathrm{d}p_\mathrm{w}/\mathrm{d}x$ 确定；或者等价地，由 ρ、ν、δ 和 u_τ 确定，因为有

$$u_\tau = \left(-\frac{\delta}{\rho}\frac{\mathrm{d}p_\mathrm{w}}{\mathrm{d}x}\right)^{1/2} \tag{7.29}$$

ρ、ν、δ、u_τ 和 y 只能形成两个独立的无量纲组(例如，y/δ 和 $Re_\tau = u_\tau\delta/\nu$)，因此平均速度剖面可以写为

$$\langle U\rangle = u_\tau F_0\left(\frac{y}{\delta},\ Re_\tau\right) \tag{7.30}$$

其中，F_0 是一个待定的通用无量纲函数。

虽然这种确定平均速度剖面的方法看起来很自然，但最好还是采用其他方法进行。我们考虑速度梯度 $\mathrm{d}\langle U\rangle/\mathrm{d}y$ 来代替 $\langle U\rangle$，因为速度梯度是动力学上重要的量。例如，黏性应力和湍流生成都由 $\mathrm{d}\langle U\rangle/\mathrm{d}y$ 确定。另外，通过量纲分析，$\mathrm{d}\langle U\rangle/\mathrm{d}y$ 仅取决于两个无量纲参数，因此(无任何假设)可以写为

$$\frac{\mathrm{d}\langle U\rangle}{\mathrm{d}y} = \frac{u_\tau}{y}\Phi\left(\frac{y}{\delta_\nu},\ \frac{y}{\delta}\right) \tag{7.31}$$

其中，Φ 是通用无量纲函数。选择 δ_ν 和 δ 两个参数的考虑是，δ_ν 是近壁黏性区 ($y^+ < 50$) 中的适当长度尺度，而 δ 是外层 ($y^+ > 50$) 中的适当尺度，并有如下关系式:

$$\left(\frac{y}{\delta_\nu}\right)\Big/\left(\frac{y}{\delta}\right) = Re_\tau \tag{7.32}$$

表明这两个参数与 y/δ 和 Re_τ 包含相同的信息[式(7.30)]。

1. 壁面律

Prandtl(1925)假设，在高雷诺数下，靠近壁面区域 ($y/\delta \ll 1$) 有一个内层，其平均速度剖面由黏性尺度决定，与 δ 和 U_0 无关。数学上，这意味着式(7.31)中的函数 $\Phi(y/\delta_\nu,\ y/\delta)$，在 y/δ 趋于零时，逐渐地趋向于仅为 y/δ_ν 的函数，因此式(7.31)变为

$$\frac{\mathrm{d}\langle U\rangle}{\mathrm{d}y} = \frac{u_\tau}{y}\Phi_1\left(\frac{y}{\delta_\nu}\right),\qquad \frac{y}{\delta} \ll 1 \tag{7.33}$$

其中，

$$\Phi_1\left(\frac{y}{\delta_\nu}\right) = \lim_{y/\delta\to 0}\Phi\left(\frac{y}{\delta_\nu},\ \frac{y}{\delta}\right) \tag{7.34}$$

其中，$y^+ \equiv y/\delta_\nu$，且定义 $u^+(y^+)$ 为

$$u^+ \equiv \frac{\langle U\rangle}{u_\tau} \tag{7.35}$$

式(7.33)可以写为

$$\frac{\mathrm{d}u^+}{\mathrm{d}y^+} = \frac{1}{y^+}\Phi_1(y^+) \tag{7.36}$$

对式(7.36)进行积分得到壁面律：

$$u^+ = f_w(y^+) \tag{7.37}$$

其中，

$$f_w(y^+) = \int_0^{y^+} \frac{1}{y'} \Phi_I(y') \mathrm{d}y' \tag{7.38}$$

关键点不在于式(7.38)，而是(根据 Prandtl 假设)当 $y/\delta \ll 1$ 时，u^+ 只由 y^+ 确定。

有大量的实验证明，对于不靠近转捩的雷诺数状态，f_w 函数是普适的，不仅适用于槽道流，也适用于管道流和边界层。对于小或大的 y^+ 值，均可以确定函数 $f_w(y^+)$ 的形式。

2. 黏性子层

无滑移条件 $\langle U \rangle_{y=0} = 0$ 对应于 $f_w(0) = 0$，而根据壁面黏性应力定律[式(7.24)]，导数的结果为

$$f'_w(0) = 1 \tag{7.39}$$

(这只是黏性尺度无量纲化的简单结果。)因此，对于小 y^+ 值，$f_w(y^+)$ 的泰勒级数展开为

$$f_w(y^+) = y^+ + \mathcal{O}(y^{+2}) \tag{7.40}$$

(事实上，仔细观察可以发现，在线性项之后，下一个非零项的量级为 y^{+4}，见练习 7.9。)

图 7.5 显示通过直接数值模拟获得的近壁区 u^+ 剖面。在黏性子层($y^+ < 5$)，与线性关系 $u^+ = y^+$ 的差异可以忽略，但对于 $y^+ > 12$，差异显著(大于 25%)。

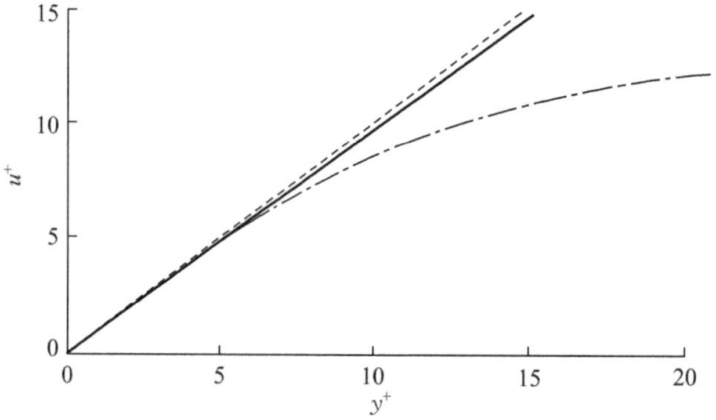

图 7.5　平均速度的近壁剖面曲线[取自 Kim 等(1987)的 DNS 数据]

虚线：Re = 5 600；实线：Re = 13 750；点划线：$u^+ = y^+$

3. 对数律

通常定义 $y/\delta < 0.1$ 为内层。在高雷诺数条件下，内层的外部对应于较大的 y^+ 值，即 $y^+ \approx 0.1\delta/\delta_\nu = 0.1Re_\tau \gg 1$。如前所述，对于较大的 y^+ 值，可以假定黏性几乎没有影响。因此，在式(7.33)中，$\Phi_1(y/\delta_\nu)$ 对 ν（通过 δ_ν）的相关性消失，因此 Φ_1 采用由 κ^{-1} 表示的常数值：

$$\Phi_1(y^+) = \frac{1}{\kappa}, \quad \frac{y}{\delta} \ll 1 \text{ 且 } y^+ \gg 1 \tag{7.41}$$

因此，在该区域中，平均速度梯度为

$$\frac{\mathrm{d}u^+}{\mathrm{d}y^+} = \frac{1}{\kappa y^+} \tag{7.42}$$

通过积分得到：

$$u^+ = \frac{1}{\kappa}\ln y^+ + B \tag{7.43}$$

其中，B 是常数。这是冯・卡门(1930)提出的壁面对数律，或者简称对数律，其中 κ 是冯卡门常数。文献中，对数律常数值存在一些变化，但通常在 5%以内：

$$\kappa = 0.41, \quad B = 5.2 \tag{7.44}$$

图 7.6 显示了对数律与内层 DNS 数据之间的对比（$y/\delta < 0.25$）。显然，在 $y^+ > 30$ 范围，两者非常吻合。

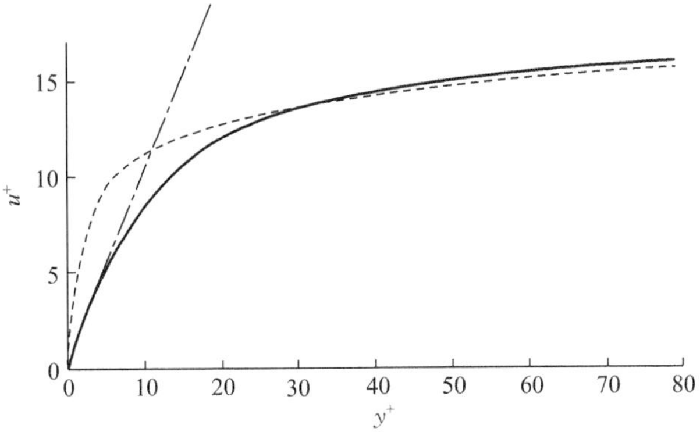

图 7.6　近壁平均速度剖面曲线

实线：取自 Kim 等(1987)的 DNS 数据：$Re = 13\,750$；点划线：$u^+ = y^+$；
虚线：对数律，式(7.43)和式(7.44)

在半对数图中，对数律表现得更清晰。图 7.7 显示了雷诺数在 $Re_0 \approx 3\,000$ 与 $Re_0 \approx 40\,000$ 之间槽道湍流 $u^+(y^+)$ 剖面的测量结果。从图中可以看出，数据汇聚为一条曲线,这证实了壁面律;并且对于 $y^+ > 30$, 除了流道中间平面附近区域(每个雷诺数的最后几个数据点),其余数据均符合对数律。

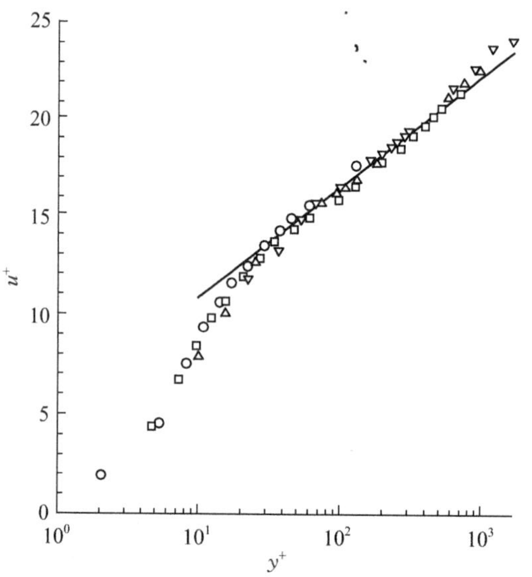

图 7.7 Wei 和 Willmarth(1989)测量的充分发展的槽道湍流的平均速度曲线

○: $Re_0 = 2\,970$; □: $Re_0 = 14\,914$; △: $Re_0 = 22\,776$; ▽: $Re_0 = 39\,582$;
实线: 对数律,式(7.43)和式(7.44)

黏性子层 ($y^+ < 5$) 与对数律区 ($y^+ > 30$) 之间的区域称为缓冲层,它是流动中以黏性为主的部分和以湍流为主的部分之间的过渡区域。表 7.1 和图 7.8 归纳了用于描述近壁流动的不同区域与分层。

表 7.1 壁面区域和层及其定义属性

区 域	位 置	定 义 属 性
内层	$\frac{y}{\delta} < 0.1$	$\langle U \rangle$ 由 U 和 y^+ 确定,与 U_0 和 δ 无关
壁面黏性区	$y^+ < 50$	黏性对剪切应力的贡献显著
黏性子层	$y^+ < 5$	与黏性应力相比,雷诺剪切应力可以忽略不计
外层	$y^+ > 50$	黏性对 $\langle U \rangle$ 的影响可以忽略不计
重叠区	$y^+ > 50,\ \frac{y}{\delta} < 0.1$	内外层重叠区域(在大雷诺数时)

续　表

区　域	位　置	定 义 属 性
对数律区	$y^+ > 30,\ \dfrac{y}{\delta} < 0.3$	对数律成立
缓冲区	$5 < y^+ < 30$	黏性子层和对数律区域之间的区域

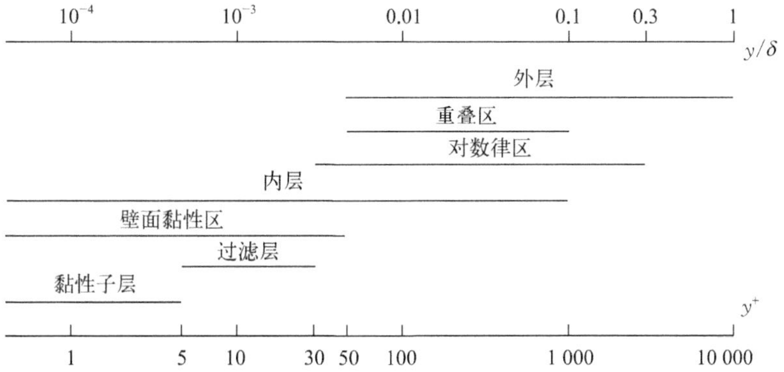

图 7.8　槽道湍流在高雷诺数（$Re_\tau = 10^4$）下，用 $y^+ = y/\delta_\nu$ 和 y/δ 定义的不同壁面区域和层的示意图

4. 速度亏损律

假设在外层（$y^+ > 50$），$\Phi(y/\delta_\nu,\ y/\delta)$ 与 ν 无关，这意味着对于大的 y/δ_ν，Φ 渐近于仅为 y/δ 的函数，即

$$\lim_{y/\delta_\nu \to \infty} \Phi\left(\frac{y}{\delta_\nu},\ \frac{y}{\delta}\right) = \Phi_0\left(\frac{y}{\delta}\right) \tag{7.45}$$

采用 Φ_0 替换式(7.31)中的 Φ，并从 y 积分到 δ，可以得到由冯·卡门(1930)提出的速度亏损律：

$$\frac{U_0 - \langle U \rangle}{u_\tau} = F_{\mathrm{D}}\left(\frac{y}{\delta}\right) \tag{7.46}$$

其中，

$$F_{\mathrm{D}}\left(\frac{y}{\delta}\right) = \int_{y/\delta}^{1} \frac{1}{y'} \Phi_0(y')\,\mathrm{d}y' \tag{7.47}$$

根据定义，速度亏损是平均速度 $\langle U \rangle$ 与中心线 U_0 之间的差。速度亏损律表明，通过 u_τ 无量纲化的速度亏损仅取决于 y/δ。与壁面律函数 $f_w(y^+)$ 不同，这里的 $F_D(y/\delta)$ 不是统一的：它在不同的流动中是不同的。

在足够高的雷诺数（约 $Re > 20\,000$）条件下，内层（$y/\delta < 0.1$）和外层（$y/\delta_\nu > 50$）之间存在重叠区（图 7.8）。式(7.33)和式(7.45)在该区域均有效，[从式(7.31)]得到：

$$\frac{y}{u_\tau}\frac{\mathrm{d}\langle U\rangle}{\mathrm{d}y} = \Phi_\mathrm{I}\left(\frac{y}{\delta_\nu}\right) = \Phi_\mathrm{O}\left(\frac{y}{\delta}\right), \quad \delta_\nu \ll y \ll \delta \tag{7.48}$$

在重叠区，Φ_I 和 Φ_O 为常数时，推导出该方程满足：

$$\frac{y}{u_\tau}\frac{\mathrm{d}\langle U\rangle}{\mathrm{d}y} = \frac{1}{\kappa}, \quad \delta_\nu \ll y \ll \delta \tag{7.49}$$

Millikan(1938)提出了对数律的另一种推导方法，同时还建立了小 y/δ 条件下速度亏损律的形式，即

$$\frac{U_0 - \langle U\rangle}{u_\tau} = F_\mathrm{D}\left(\frac{y}{\delta}\right) = -\frac{1}{\kappa}\ln\left(\frac{y}{\delta}\right) + B_1, \quad \frac{y}{\delta} \ll 1 \tag{7.50}$$

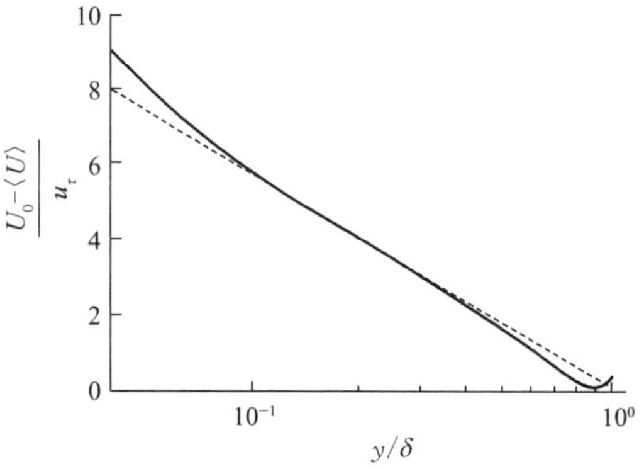

图 7.9 槽道湍流的平均速度亏损曲线[取自 Kim 等(1987)的 DNS 数据]

实线：$Re=13\,750$；虚线：对数律，式(7.43)和式(7.44)

其中，B_1 是流动相关常数。第 7.3.4 节将进一步考察重叠区和导致对数律的参数。

图 7.9 显示了槽道湍流 DNS 的速度亏损。可以看出，在 $y/\delta = 0.08$（$y^+ \approx 30$）和 $y/\delta = 0.3$ 之间，与对数律非常接近。即使在槽道的中心区域（$0.3 < y/\delta < 1.0$），与对数律的偏差也较小；但也应该认识到，这就导致对数律在该区域不再适用。

采用 $U_{0,\log}$ 表示通过对数律外推获得的中心线上 $\langle U\rangle$ 的值。对于 $y/\delta = 1$，式(7.50)为

$$\frac{U_0 - U_{0,\log}}{u_\tau} = B_1 \tag{7.51}$$

这为确定 B_1 提供了一种便捷的方法。从图 7.9 可以看出，差值 $U_0 - U_{0,\log}$ 非常小，约为 U_0 的 1%，这使得 B_1 难以测量。根据 DNS 数据得到 $B_1 \approx 0.2$，但 Dean(1978)考察了许多测量结果，提出 $B_1 \approx 0.7$。B_1 的不确定性无关紧要，因为它很小。

在边界层的外层，与对数律的偏差更大。因此，需要在此基础上进一步探讨速度亏损律。

7.1.5　摩擦律和雷诺数

在描述平均速度剖面之后，现在可以确定表面摩擦系数和其他量对雷诺数相关性。主要是建立速度 U_0、$\bar{U}$ 和 u_τ 之间的关系。

采用对数律[式(7.50)]在整个槽道上对 $\langle U\rangle$ 近似，可以得到整体速度 $\bar{U}$ 的良好预测。为了在 $y=\delta$ 时保持一致，需要取 $B_1=0$。如上所述，槽道中心与对数律的偏差较小(图 7.9)：在侧壁 ($y^+ < 30$) 附近时，近似值相差较大(图 7.6)，但该区域对 $\langle U\rangle$ 积分的贡献可以忽略不计(除非在非常低的雷诺数下)。这种近似得到的结果是

$$\frac{U_0-\bar{U}}{u_\tau}=\frac{1}{\delta}\int_0^\delta \frac{U_0-\langle U\rangle}{u_\tau}\mathrm{d}y$$
$$\approx\frac{1}{\delta}\int_0^\delta -\frac{1}{\kappa}\ln\left(\frac{y}{\delta}\right)\mathrm{d}y=\frac{1}{\kappa}\approx 2.4 \tag{7.52}$$

预测值与实验数据吻合良好，实验数据介于 2 和 3(Dean, 1978)，而 DNS 值为 2.6。

内层的对数律[式(7.43)]可以写为

$$\frac{\langle U\rangle}{u_\tau}=\frac{1}{\kappa}\ln\left(\frac{y}{\delta_\nu}\right)+B \tag{7.53}$$

在外层，有[式(7.50)]

$$\frac{U_0-\langle U\rangle}{u_\tau}=-\frac{1}{\kappa}\ln\left(\frac{y}{\delta}\right)+B_1 \tag{7.54}$$

当这两个方程相加时，对 y 的依赖性消失：

$$\frac{U_0}{u_\tau}=\frac{1}{\kappa}\ln\left(\frac{\delta}{\delta_\nu}\right)+B+B_1$$
$$=\frac{1}{\kappa}\ln\left[Re_0\left(\frac{U_0}{u_\tau}\right)^{-1}\right]+B+B_1 \tag{7.55}$$

对于给定的 Re_0，该方程可以求解 U_0/u_τ，进而确定表面摩擦系数 $c_\mathrm{f}=\tau_\mathrm{w}\Big/\left(\frac{1}{2}\rho U_0^2\right)=2(u_\tau/U_0)^2$。根据式(7.52)的近似结果，$Re\equiv 2\bar{U}\delta/\nu$ 和 $C_\mathrm{f}\equiv\tau_\mathrm{w}\Big/\left(\frac{1}{2}\rho\bar{U}^2\right)$ 也随之确定。

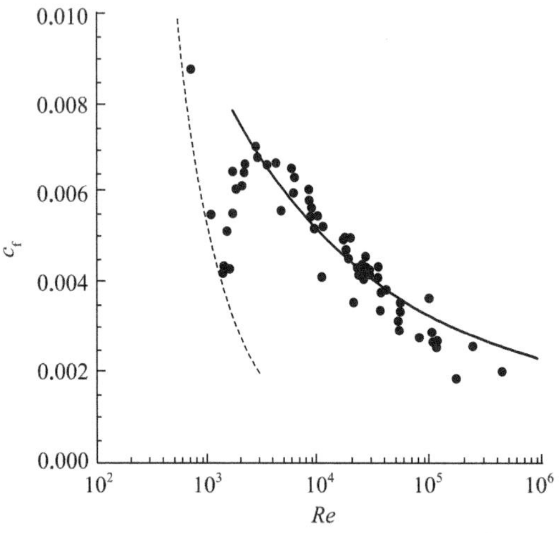

图 7.10　槽道流动在雷诺数 $Re \equiv 2\bar{U}\delta/\nu$ 下的表面摩擦系数 $c_f \equiv \tau_w \Big/ \left(\frac{1}{2}\rho U_0^2\right)$

符号：Dean（1978）汇总的实验数据；实线：出自式(7.55)；虚线：层流摩擦定律，$c_f = 16/(3Re)$

图 7.10 将式(7.55)获得的表面摩擦系数 c_f 显示为 Re 的函数，同时还显示了层流关系式及 Dean（1978）汇总的实验数据。对于 $Re > 3\,000$，式(7.55)与实验表面摩擦系数吻合良好。值得注意的是，Patel 和 Head（1969）发现，$Re = 3\,000$ 是实验观察到的具有统一常数对数律的最低雷诺数。

图 7.11 和图 7.12 显示了平均流动与黏性尺度的比值。长度尺度比值 $\delta/\delta_\nu = Re_\tau$ 几乎随 Re 线性增大，近似曲线为 $Re_\tau \approx 0.09Re^{0.88}$。因此，在高雷诺数条件下，黏性长度尺度可能非常小。例如，对于 $\delta = 2$ cm 的槽道，在 $Re = 10^5$ 时，黏性尺度为 $\delta_\nu \approx 10^{-5}$m，因此 $y^+ = 100$ 的位置距离壁面仅 1 mm。毫无疑问，在高雷诺数流动条件下对黏性近壁区域进行实验测量存在巨大困难。

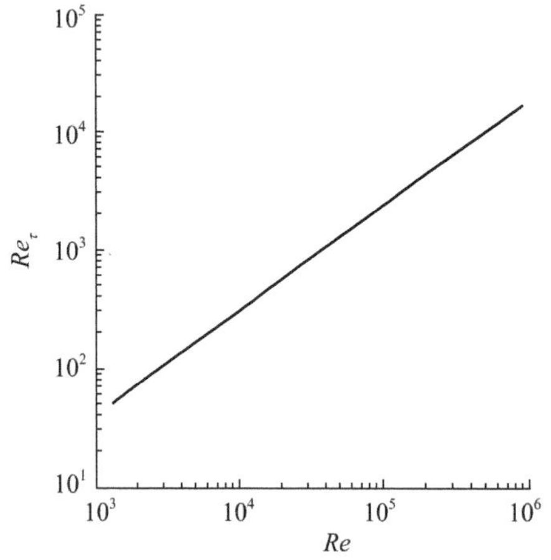

图 7.11　作为雷诺数的函数，槽道湍流的内外长尺度比为 $\delta/\delta_\nu = Re_\tau$ [由式(7.55)得到]

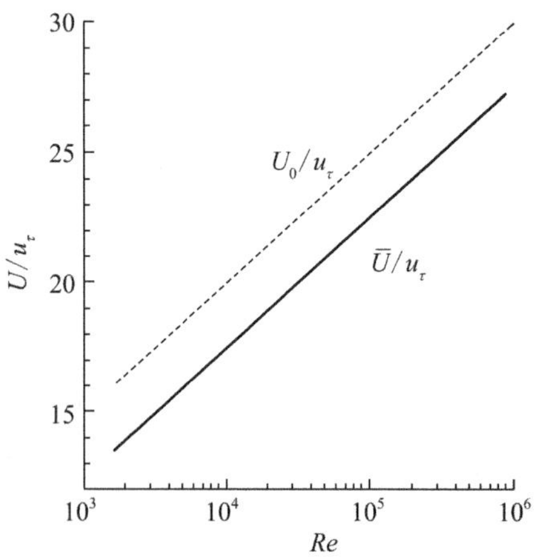

图 7.12　作为雷诺数的函数，槽道湍流的内外速度尺度比[由式(7.55)得到]

实线：$\bar{U}/u_\tau$；虚线：U_0/u_τ

相反，速度比随着 Re 缓慢增大（图 7.12），简单近似为 $U_0/u_\tau \approx 5\log_{10}Re$。因此，壁面与中心线之间平均速度的绝大部分增量发生在黏性近壁区域。在上述的示例中（$\delta = 2$ cm，$Re = 10^5$），在 $y^+ = 10$（即 $y \approx 0.1$ mm）处，平均速度超过中心线值 U_0 的 30%。

图 7.13 显示了不同区域和分层位置 y 对雷诺数的依赖性。如图所示，$Re > 3\,000$ 时存在对数律区域（$30\delta_\nu < y < 0.3\delta$），与 Patel 和 Head（1969）的实验结果吻合。另外，根据 $50\delta_\nu < y < 0.1\delta$ 的准则，雷诺数需要超过 20 000 才存在重叠区域。已有实验结果表明，对数律存在于重叠区域之外。

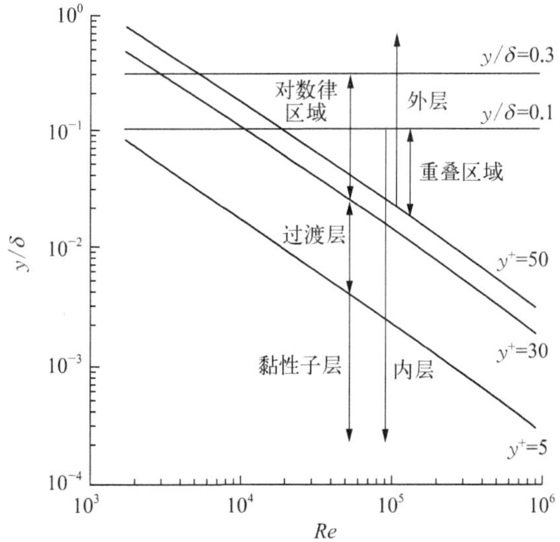

图 7.13 槽道湍流中的区域和分层与雷诺数的关系

7.1.6 雷诺应力

图 7.14~图 7.16 显示了 $Re = 13\,750$ 槽道流动条件下，通过 DNS 获得的雷诺应力和一些相关统计数据。为了探讨这些统计数据，有必要将流动分为三个区域：黏性近壁区（$y^+ < 50$）；对数律区（$50\delta_\nu < y < 0.3\delta$，或在该雷诺数下 $50 < y^+ < 120$）；核心区（$y > 0.3\delta$）。

在对数律区存在近似自相似性。无量纲化雷诺应力 $\langle u_i u_j \rangle / k$ 基本上是均匀的，生成耗散比 $\mathcal{P}/\varepsilon$ 和无量纲化平均剪切速率 $\mathcal{S}k/\varepsilon$ 也是均匀的（其中 $\mathcal{S} = \partial\langle U \rangle/\partial y$），具体数值见表 7.2。有趣的是，$\langle u_i u_j \rangle / k$ 的值是 Tavoularis 和 Corrsin（1981）在均匀剪切流中测量值的百分之几（表 5.4）。生成 $\mathcal{P}$ 和耗散 ε 几乎处于平衡状态，相比之下，k 的黏性和湍流输运非常小。

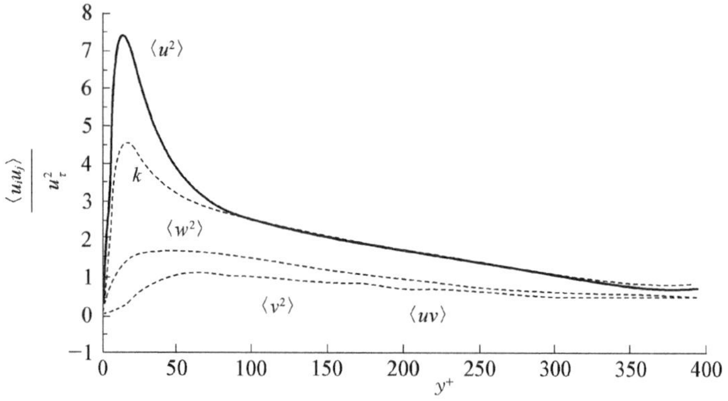

图 7.14　由摩擦速度无量纲化的雷诺应力和动能在 $Re=13\,750$ 处，槽道流量的 DNS 对 y+的影响（Kim et al.，1987）

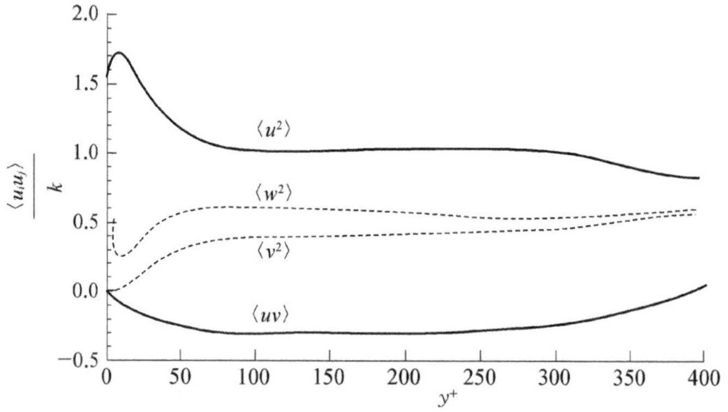

图 7.15　在 $Re=13\,750$ 处，由槽道流动的 DNS 湍动能无量纲化的雷诺应力分布图（Kim et al.，1987）

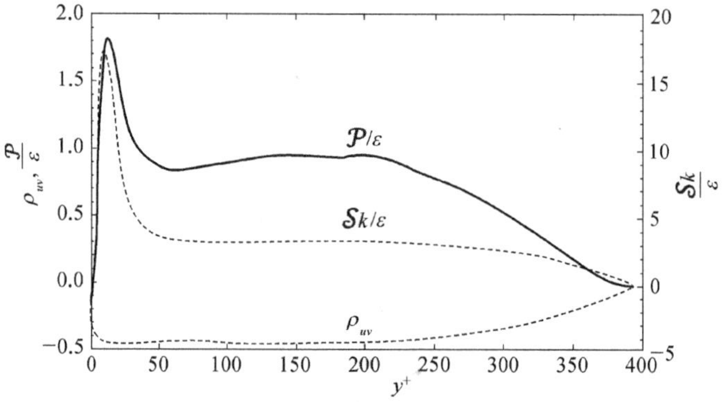

图 7.16　生成耗散比（$\mathcal{P}/\varepsilon$）、无量纲化平均剪切速率（$\mathcal{S}k/\varepsilon$）和剪切应力相关系数（ρ_{uv}）在 $Re=13\,750$ 时的分布图［取自 Kim 等（1987）的槽道流动 DNS 数据］

表 7.2　槽道湍流流动中的统计数据[取自 Kim 等(1987)的 DNS 数据，$Re = 13\,750$]

	位置		
	峰值生成 $y^+ = 11.8$	对数律 $y^+ = 98$	中心域 $y^+ = 395$
$\langle u^2 \rangle / k$	1.70	1.02	0.84
$\langle v^2 \rangle / k$	0.04	0.39	0.57
$\langle w^2 \rangle / k$	0.26	0.59	0.59
$\langle uv \rangle / k$	−0.116	−0.285	0
ρ_{uv}	−0.44	−0.45	0
$\mathcal{S}k/\varepsilon$	15.6	3.2	0
$\mathcal{P}/\varepsilon$	1.81	0.91	0

在中心线上，平均速度梯度和剪切应力均为零，因此生成 $\mathcal{P}$ 为零。图 7.16 显示了中心线上 $\mathcal{P}/\varepsilon$、$\mathcal{S}k/\varepsilon$ 及 ρ_{uv} 从对数律值变化为零的渐变过程。

图 7.15 表明，雷诺应力在中心线上呈现各向异性，但远小于对数律区域(另见表 7.2)。

黏性近壁区($y^+ < 50$)包含最剧烈的湍流运动，生成、耗散、湍动能和各向异性均在 y^+ 小于 20 时达到峰值，本书将更详细地考察该区域的特征。

壁面处 $\boldsymbol{U} = 0$ 的边界条件决定了对于小 y 处雷诺应力偏离零的方式。对于固定的 x、z 和 t，以及小的 y，脉动速度分量可以写成泰勒级数展开的形式：

$$u = a_1 + b_1 y + c_1 y^2 + \cdots \tag{7.56}$$

$$v = a_2 + b_2 y + c_2 y^2 + \cdots \tag{7.57}$$

$$w = a_3 + b_3 y + c_3 y^2 + \cdots \tag{7.58}$$

系数是均值为零的随机变量，对于充分发展的槽道流，在统计上与 x、z 和 t 无关。对于 $y = 0$，无滑移条件得到 $u = a_1 = 0$ 和 $w = a_3 = 0$；类似地，无渗透条件得到 $v = a_2 = 0$。在壁面处，u 和 w 对于所有 x 和 z 均为零，导数 $(\partial u/\partial x)_{y=0}$ 和 $(\partial w/\partial z)_{y=0}$ 也为零。因此，由连续方程得到：

$$\left(\frac{\partial v}{\partial y}\right)_{y=0} = b_2 = 0 \tag{7.59}$$

系数 b_2 为零的意义在于，在非常靠近壁面处，存在双分量流动。也就是说，考虑 y 的阶数，v 为零时，u 和 w 不等于零。由此产生的运动对应于平行于壁面的平面流动。(由于 u 和 w 在 y 方向上变化,称为双分量流动,而不是二维流动。)

雷诺应力可以通过取展开式[式(7.56)~式(7.58)]乘积的均值得到。考虑系数为零(即 a_1、a_2、a_3 和 b_2),以 y 为主导阶的雷诺应力为

$$\langle u^2\rangle = \langle b_1^2\rangle y^2 + \cdots \tag{7.60}$$

$$\langle v^2\rangle = \langle c_2^2\rangle y^4 + \cdots \tag{7.61}$$

$$\langle w^2\rangle = \langle b_3^2\rangle y^2 + \cdots \tag{7.62}$$

$$\langle uv\rangle = \langle b_1 c_2\rangle y^3 + \cdots \tag{7.63}$$

因此,当时 $\langle u^2\rangle$、$\langle w^2\rangle$ 和 k 从零以 y^2 增大时,$\langle uv\rangle$ 和 $\langle v^2\rangle$ 更缓慢地分别以 y^3 和 y^4 增大。这些特征可以清楚地从 $\langle u_i u_j\rangle$ 与 y 的对数图中看出(未显示),图 7.17 中黏性近壁区域 $\langle u_i u_j\rangle$ 和 k 剖面也明显地显示出来。

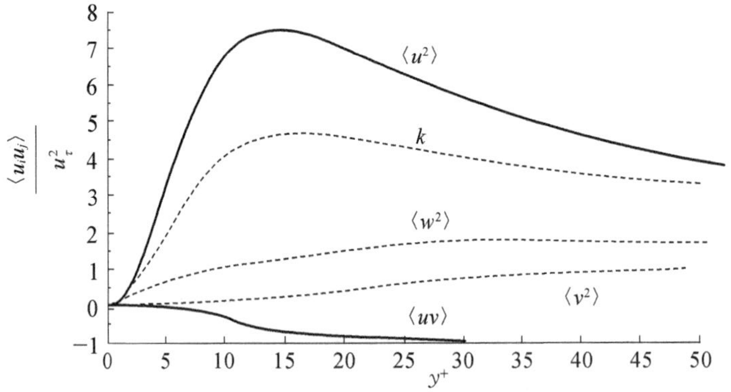

图 7.17 槽道湍流的黏性壁面区摩擦速度无量纲化的雷诺应力和动能分布图[取自 Kim 等(1987)的 DNS 数据(Re = 13 750)]

对于充分发展的槽道流,湍动能的平衡方程为

$$0 = \mathcal{P} - \tilde{\varepsilon} + \nu\frac{\mathrm{d}^2 k}{\mathrm{d}y^2} - \frac{\mathrm{d}}{\mathrm{d}y}\left\langle\frac{1}{2}v\boldsymbol{u}\cdot\boldsymbol{u}\right\rangle - \frac{1}{\rho}\frac{\mathrm{d}}{\mathrm{d}y}\langle vp'\rangle \tag{7.64}$$

(见练习 7.4。)图 7.18 显示了黏性近壁区该方程中的各项,依次为生成、伪耗散、黏性扩散、湍流对流及压力输运项。

与 $\langle uv\rangle$ 类似,生成 $\mathcal{P}$ 从零随 y^3 增大,并在缓冲层内 $y^+ \approx 12$ 处达到峰值。事实上,可以证明(练习 7.6),生成的峰值恰好在黏性应力和雷诺剪切应力相等的位置。在这个峰值附近,生成超过了耗散($\mathcal{P}/\varepsilon \approx 1.8$),生成的多余能量被输运走。压力传递很小,而湍流分别向壁面和对数律区域输运能量。黏性输运 $\nu\mathrm{d}^2k/\mathrm{d}y^2$ 将动能全部输运到壁面。

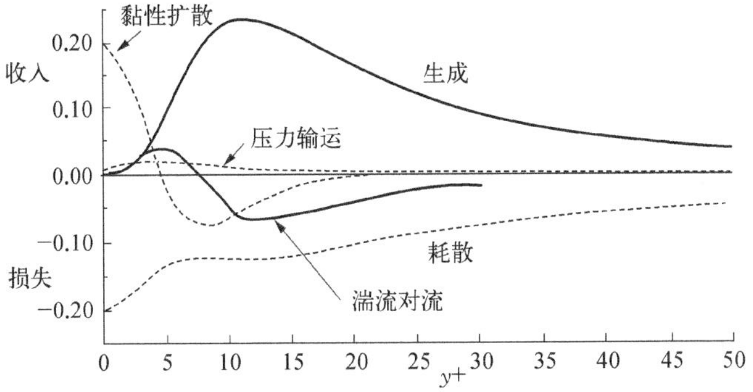

图 7.18　槽道流黏性壁面区域的湍动能收支

式(7.64)中的项按黏性尺度无量纲化，取自 Kim 等(1987)的 DNS 数据，$Re = 13\,750$

也许令人惊讶的是，耗散峰值发生在动能为零的壁面处。虽然脉动速度在 $y = 0$ 处消失，但脉动应变速率 s_{ij} 及耗散并没有消失(见练习 7.7)。壁面耗散通过黏性输运平衡：

$$\varepsilon = \tilde{\varepsilon} = \nu \frac{\mathrm{d}^2 k}{\mathrm{d}y^2}, \quad y = 0 \tag{7.65}$$

式(7.64)中的其他项为零(参见练习 7.5 和 7.7)。

对于全湍流，所考虑的统计量(通过黏性尺度无量纲化)在内层 ($y/\delta < 0.1$) 与雷诺数仅有弱的相关性。图 7.19 显示了不同雷诺数条件下测量的 u 和 v 的均方

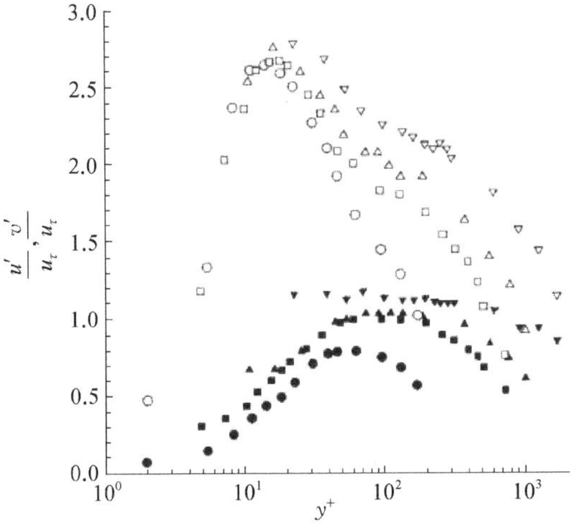

图 7.19　Wei 和 Willmarth(1989)测量的在不同雷诺数下槽道流动中平均速度剖面图

空心符号：$u'/u_\tau = \langle u^2 \rangle^{1/2}/u_\tau$；○：$Re_0 = 2\,970$；□：$Re_0 = 14\,914$；△：$Re_0 = 22\,776$；▽：$Re_0 = 39\,582$；实心符号：在相同雷诺数下的 $v'/u_\tau = \langle v^2 \rangle^{1/2}/u_\tau$

根的剖面。u'/u_τ 的峰值与 Re 无关；但在 $y^+ = 50$ 处（除最低雷诺数外，均在内层区域），u'/u_τ 的值从 $Re_0 = 14\ 914$ 到 $Re_0 = 39\ 582$ 增加了 20%。Wei 和 Willmarth（1989），以及 Antonia 等（1992）讨论了这些和其他的雷诺数效应。

练 习

7.4 从式(5.139)和式(5.164)推导，完全发展的槽道流湍动能方程可以写为

$$\frac{\mathrm{d}}{\mathrm{d}y}\left[\frac{1}{2}\langle v\boldsymbol{u}\cdot\boldsymbol{u}\rangle + \frac{\langle vp'\rangle}{\rho} - \nu\frac{\mathrm{d}}{\mathrm{d}y}(k + \langle v^2\rangle)\right] = \mathcal{P} - \varepsilon \tag{7.66}$$

或者：

$$\frac{\mathrm{d}}{\mathrm{d}y}\left(\frac{1}{2}\langle v\boldsymbol{u}\cdot\boldsymbol{u}\rangle + \frac{\langle vp'\rangle}{\rho} - \nu\frac{\mathrm{d}k}{\mathrm{d}y}\right) = \mathcal{P} - \tilde{\varepsilon} \tag{7.67}$$

对于该类流动，确定 ε 和 $\tilde{\varepsilon}$ 之间的关系（参见练习 5.25）。

7.5 根据展开式[式(7.56)～式(7.58)]，证明，在非常接近壁面区域内，动能方程中各项的阶数为

$$\begin{cases} \mathcal{P} = O(y^3), \quad \varepsilon = O(1) \\ \nu\dfrac{\mathrm{d}^2k}{\mathrm{d}y^2} = O(1), \quad \nu\dfrac{\mathrm{d}^2\langle v^2\rangle}{\mathrm{d}y^2} = O(y^2) \\ \dfrac{\mathrm{d}}{\mathrm{d}y}\left\langle\dfrac{1}{2}v\boldsymbol{u}\cdot\boldsymbol{u}\right\rangle = O(y^3), \quad \dfrac{1}{\rho}\dfrac{\mathrm{d}}{\mathrm{d}y}\langle vp'\rangle = O(y) \end{cases} \tag{7.68}$$

7.6 对于充分发展的槽道湍流，证明雷诺剪切应力可以写为

$$-\langle uv\rangle = \frac{\tau_{\mathrm{w}}}{\rho}\left(1 - \frac{y}{\delta}\right) - \nu\mathcal{S} \tag{7.69}$$

因此，生成速率为

$$\mathcal{P} = \frac{\tau_{\mathrm{w}}}{\rho}\left(1 - \frac{y}{\delta}\right)\mathcal{S} - \nu\mathcal{S}^2 \tag{7.70}$$

从 $\mathcal{P}$ 的表达式可以看出，生成峰值 $\check{\mathcal{P}}$ 出现在黏性应力与雷诺应力相等的位置 $\check{y}$。证明该峰值为

$$\frac{\nu\check{\mathcal{P}}}{u_\tau^4} = \frac{1}{4}[\tau(\check{y})/\tau_{\mathrm{w}}]^2 < \frac{1}{4} \tag{7.71}$$

7.7 证明，静止固体壁 $(y = 0)$ 处的应变脉动速率为

$$s_{ij} \equiv \frac{1}{2}\left(\frac{\partial u_i}{\partial x_j}+\frac{\partial u_j}{\partial x_i}\right)=\frac{1}{2}\begin{bmatrix} 0 & \frac{\partial u}{\partial y} & 0 \\ \frac{\partial u}{\partial y} & 0 & \frac{\partial w}{\partial y} \\ 0 & \frac{\partial w}{\partial y} & 0 \end{bmatrix}=\frac{1}{2}\begin{bmatrix} 0 & b_1 & 0 \\ b_1 & 0 & b_3 \\ 0 & b_3 & 0 \end{bmatrix} \tag{7.72}$$

其中，b_1 和 b_3 是式(7.56)和式(7.58)中的系数。因此，对于 $y=0$，Hanjalic 和 Launder(1976)得到以下结果：

$$\begin{aligned} \varepsilon &\equiv 2\nu\langle s_{ij}s_{ij}\rangle=\nu(\langle b_1^2\rangle+\langle b_3^2\rangle) \\ &=\nu\frac{\partial^2 k}{\partial y^2}=2\nu\left(\frac{\partial k^{1/2}}{\partial y}\right)^2 \end{aligned} \tag{7.73}$$

证明：在 $y=0$ 处，ε 与 $\tilde{\varepsilon}$ 相等。

7.8　以 ε_0^+ 表示由黏性尺度无量纲化的壁面处耗散，即

$$\varepsilon_0^+ \equiv \varepsilon_{y=0}\frac{\delta_\nu}{u_\tau^3} \tag{7.74}$$

采用图 7.18 中 ε_0^+ 的估计值，推导壁面处的 Kolmogorov 尺度为

$$\frac{\eta_{y=0}}{\delta_\nu}=(\varepsilon_0^+)^{-1/4}\approx 1.5 \tag{7.75}$$

7.9　壁面处雷诺剪应力的展开式[等式(7.63)]可以写为

$$\langle uv\rangle=-\sigma u_\tau^2 y^{+3}-\cdots \tag{7.76}$$

其中，可以假设无量纲系数 σ 与雷诺数无关。从动量方程[式(7.10)和式(7.13)]可以推导出 $\langle U\rangle$ 的展开式如下：

$$u^+=y^+-\frac{y^{+2}}{2Re_\tau}-\frac{1}{4}\sigma y^{+4}-\cdots \tag{7.77}$$

为什么由此可以推断出壁面律的展开式是

$$f_{\mathrm{w}}(y^+)=y^+-\frac{1}{4}\sigma y^{+4}-\cdots \tag{7.78}$$

7.1.7　长度尺度和混合长度

对数律区域的三个基本性质分别是平均速度梯度的形式：

$$\mathcal{S}=\frac{\mathrm{d}\langle U\rangle}{\mathrm{d}y}=\frac{u_\tau}{\kappa y}\text{或}\frac{\mathrm{d}u^+}{\mathrm{d}y^+}=\frac{1}{\kappa y^+} \tag{7.79}$$

生成与耗散几乎处于平衡状态：

$$\mathcal{P}/\varepsilon\approx 1 \tag{7.80}$$

以及无量纲化雷诺剪切应力近似恒定：

$$-\langle uv\rangle/k\approx 0.3 \tag{7.81}$$

从以上三个性质得到的第四个性质是湍流与平均剪切时间尺度的比值近似恒定：

$$\frac{\mathcal{S}k}{\varepsilon}=\left|\frac{k}{\langle uv\rangle}\right|\frac{\mathcal{P}}{\varepsilon}\approx 3 \tag{7.82}$$

通过以上关系式，可以推导出湍流长度尺度 $L\equiv k^{3/2}\varepsilon$ 为

$$L=\kappa y\frac{|\langle uv\rangle|^{1/2}}{u_\tau}\left(\frac{\mathcal{P}}{\varepsilon}\right)\left|\frac{\langle uv\rangle}{k}\right|^{-3/2} \tag{7.83}$$

在高雷诺数条件下，在重叠区域（$50\delta_\nu<y<0.1\delta$），雷诺应力基本恒定，因此 L 随 y 线性变化：

$$L=C_L y \tag{7.84}$$

并有

$$C_L\approx\kappa\left(\frac{\mathcal{P}}{\varepsilon}\right)\left|\frac{\langle uv\rangle}{k}\right|^{-3/2}\approx 2.5 \tag{7.85}$$

值得注意的是，$\mathcal{S}$、$\mathcal{P}$ 和 ε 与 y 成反比，而 L 和 $\tau=k/\varepsilon$ 与 y 呈线性关系。

在可开展 DNS 的中等雷诺数条件下，不存在重叠区域，剪切应力在对数律区域发生显著变化。结合近似方程[（7.79）~式（7.81）]存在的不足，导致式（7.84）得到 L 的近似值与 DNS 计算结果差异较大。

根据湍流黏性 $\nu_\mathrm{T}(y)$ 的定义，雷诺剪切应力由式（7.86）给出：

$$-\langle uv\rangle=\nu_\mathrm{T}\frac{\mathrm{d}\langle U\rangle}{\mathrm{d}y} \tag{7.86}$$

湍流黏性 ν_T 可以表示为速度尺度 u^* 和长度尺度 ℓ_m 的乘积：

$$\nu_\mathrm{T}=u^*\ell_\mathrm{m} \tag{7.87}$$

可以随意指定其中一个尺度，随后另一个尺度则可以确定 ν_T。一个合适的（隐式）规范为

$$u^* = |\langle uv \rangle|^{1/2} \tag{7.88}$$

将式(7.87)和式(7.88)代入式(7.86),并取绝对值,得到显式关系式:

$$u^* = \ell_{\mathrm{m}} \left| \frac{\mathrm{d}\langle U \rangle}{\mathrm{d}y} \right| \tag{7.89}$$

在槽道的上半部分($\delta < y < 2\delta$),速度梯度 $\mathrm{d}\langle U \rangle/\mathrm{d}y$ 为负,雷诺应力 $\langle uv \rangle$ 为正。式(7.88)和式(7.89)的绝对值确保 u^* 对所有 y 均为非负的。

在高雷诺数条件下存在的重叠区域($50\delta_\nu < y < 0.1\delta$),剪切应力 $\langle uv \rangle$ 与 u_τ^2 差异较小,且平均速度梯度为 $u_\tau/(ky)$。因此,u^* 等于 u_τ,随后通过式(7.89)可得

$$\ell_{\mathrm{m}} = \kappa y \tag{7.90}$$

与 $L \equiv k^{3/2}\varepsilon$ 类似,长度尺度 ℓ_{m} 也随 y 线性变化。

上述关系式构成了普朗特的混合长度假设(Prandtl, 1925)。综上,湍流黏性为

$$\nu_{\mathrm{T}} = u^* \ell_{\mathrm{m}} = \ell_{\mathrm{m}}^2 \left| \frac{\mathrm{d}\langle U \rangle}{\mathrm{d}y} \right| \tag{7.91}$$

其中,ℓ_{m} 是混合长度。在重叠区域,ℓ_{m} 随 y 呈线性变化,斜率为冯・卡门常数 k。

为了采用混合长度假设构建湍流模型,有必要在重叠区域外(黏性近壁区和核心区)指定 ℓ_{m}。该主题将在第 7.3 节讨论。

练　习

7.10　通过式(7.79)和式(7.80),推导对数律区域内 Kolmogorov 尺度的预估值为

$$\frac{\eta}{\delta_\nu} = (\kappa y^+)^{1/4}, \quad \frac{\eta}{L} = \frac{1}{C_L}\left(\frac{\kappa}{y^{+3}}\right)^{1/4} \tag{7.92}$$

7.2　管道流

自 1883 年雷诺进行的实验以来,管道流在认识湍流的发展上发挥了重要作用。特别地,由于测量一定长度充分发展的管道湍流的压降非常简单,进而能够确

定表面摩擦系数 C_f。20 世纪 30 年代,Nikuradse① 进行了有深远影响的一组实验,测量得到不同雷诺数条件下光滑及不同粗糙壁面管道的 C_f。

本节的主要目的是叙述壁面粗糙度的影响,其在管道、槽道及边界层流动中的作用相似。首先简要介绍光滑壁面的情况。

7.2.1 光滑管道的摩擦律

考虑内径为 D 的圆形截面长直管道中充分发展的湍流,如图 7.1 所示。在极坐标系 (x, r, θ) 中,速度统计量仅取决于径向坐标 r。平均中心线速度由 U_0 表示:

$$U_0 \equiv \langle U(x, 0, \theta) \rangle \tag{7.93}$$

而整体速度为

$$\tilde{U} \equiv \frac{1}{\pi R^2}\int_0^R \langle U \rangle 2\pi r \mathrm{d}r \tag{7.94}$$

其中,$R = \frac{1}{2}D$ 是管道半径。取 $\delta \equiv R$ 作为流动的特征宽度,传统的雷诺数定义为

$$Re \equiv \frac{\bar{U}D}{\nu} = \frac{2\bar{U}\delta}{\nu} \tag{7.95}$$

与槽道流类似,将 y 定义为与壁面的距离,即

$$y \equiv R - r \tag{7.96}$$

大量实验数据表明,内层区域 $(y/\delta < 0.1)$ 的平均速度分布符合统一的壁面律 $u^+ = f_w(y^+)$。图 7.20 显示了雷诺数 $Re \approx 30 \times 10^3 \sim 30 \times 10^6$ 条件下,Zagarola 和 Smits(1997)在充分发展的管道湍流中测量的平均速度分布。为了便于对比,显示标准常数 $(\kappa = 0.41, B = 5.2)$ 与最佳数据拟合常数 $(\kappa = 0.436, B = 6.13)$ 的对数律。可以看出,对于 $y^+ > 30$,剖面在 y^+ 一定范围内符合对数律且随 Re 增加;而且,如预期的那样,随着接近管道中心线,剖面偏离对数定律。图 7.21 显示了仅限于 $y/R < 0.1$ 范围的数据。显然,对于所有雷诺数状态,$y^+ > 30$ 和 $y/R < 0.1$ 范围的测量速度与对数律相差较小。

① 关于 Nikuradse 的实验描述和参考文献,详见 Schlichting(1979)的研究。

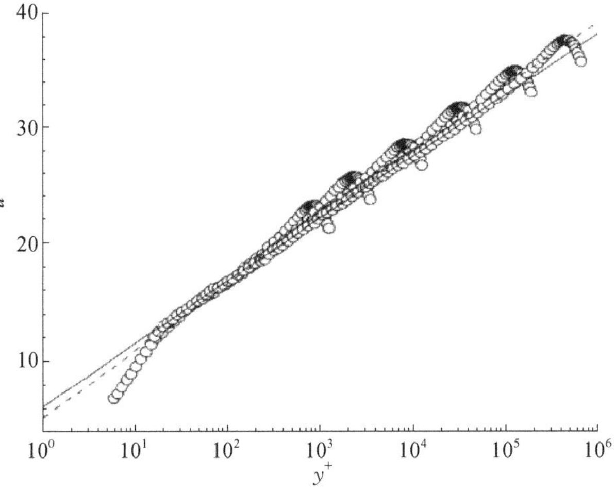

图 7.20 充分发展的管道湍流流动的平均速度分布图

符号: Zagarola 和 Smits(1997)在 6 个雷诺数下的实验数据 ($Re \approx 32 \times 10^3$、$99 \times 10^3$、$1.79 \times 10^6$、$7.71 \times 10^6$、$29.9 \times 10^6$); 实线: $\kappa = 0.436$, $B = 6.13$ 的对数律; 虚线: $\kappa = 0.41$, $B = 5.2$ 的对数律

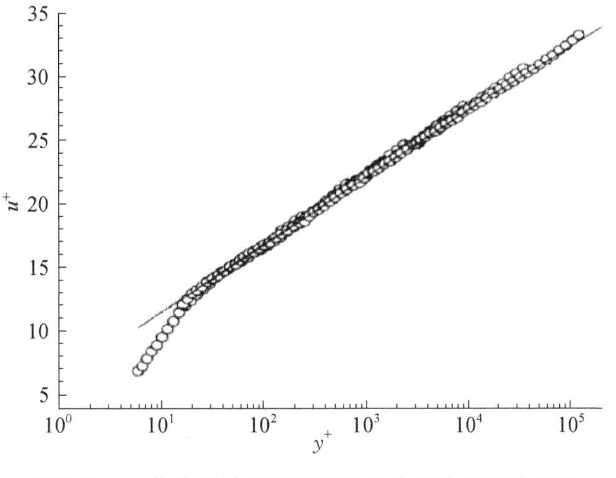

图 7.21 充分发展的管道湍流流动的平均速度分布图

符号: Zagarola 和 Smits(1997)在 $y/R < 0.1$ 的实验数据, Re 与图 7.20 相同; 直线: $\kappa = 0.436$, $B = 6.13$ 的对数定律

管道流的摩擦律一般表示为摩擦系数 f:

$$f \equiv \frac{\Delta p D}{\frac{1}{2}\rho \bar{U}^2 \mathcal{L}} \tag{7.97}$$

其中，Δp 是沿轴向距离 $\mathcal{L}$ 的压降。f 恰好是表面摩擦系数 C_f 的 4 倍(见练习 7.12)。与槽道流一样，可以通过对数律来近似整个流动的速度剖面，从而获得摩擦律(见练习 7.14 和 7.15)。通过微调常数，得到光滑管道的普朗特摩擦律[式(7.110)]：

$$\frac{1}{\sqrt{f}} = 2.0\lg(\sqrt{f}Re) - 0.8 \tag{7.98}$$

这是 f 与 Re 的隐式函数。从图 7.22 可以看出，在整个湍流雷诺数范围内，该摩擦律与实验数据非常吻合。

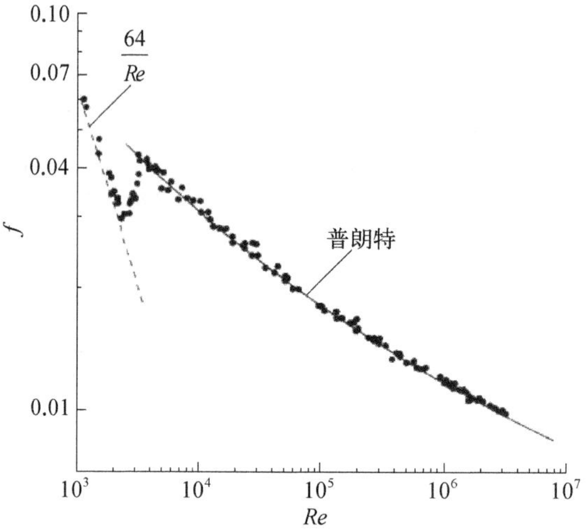

图 7.22　充分发展的光滑管道流动中的摩擦因子 f 与雷诺数的关系(经 McGraw-Hill 许可转载)

虚线：层流的 Hagen-Poiseuille 摩擦律；实线：湍流的普朗特摩擦律，式(7.98)；符号：Schlichting(1979)的测量数据

练　习

7.11　由极坐标系下的雷诺方程[式(5.45)~式(5.47)]推导，对于充分发展的管道湍流，剪切应力为

$$\tau(r) \equiv \rho\nu\frac{\mathrm{d}\langle U\rangle}{\mathrm{d}r} - \rho\langle uv\rangle \tag{7.99}$$

并有

$$\tau(r) = \frac{1}{2}r\frac{\mathrm{d}p_w}{\mathrm{d}x} \tag{7.100}$$

其中，$p_w(x)$ 是壁面处的平均压力[参考槽道流动的式(7.9)]。从而得到如下关系式：

$$-\frac{dp_w}{dx}=2\frac{\tau_w}{R} \tag{7.101}$$

其中，定义壁面剪切应力 τ_w（正数）为

$$\tau_w=-\tau(R) \tag{7.102}$$

（注意，由于这里使用的是极坐标系，$\langle uv\rangle$ 为正，速度梯度 $d\langle U\rangle/dr$ 为负。）

7.12　根据式(7.97)定义的摩擦因子 f 和式(7.15)定义的表面摩擦系数 C_f，得到如下关系式：

$$f=4C_f \tag{7.103}$$

$$\frac{u_\tau}{\bar{U}}=\sqrt{\frac{f}{8}} \tag{7.104}$$

其中，$u_\tau\equiv\sqrt{\tau_w/\rho}$ 为摩擦速度。

7.13　对于层流，求解式(7.99)，证明速度剖面为抛物线，并且中心线速度 U_0 是整体速度的两倍。推导充分发展的管道层流的 Hagen-Poiseuille 摩擦律为

$$f=\frac{64}{Re} \tag{7.105}$$

7.14　采用对数亏损律[式(7.50)]近似平均速度剖面，并取 $B_1=0$，得到：

$$\frac{U_0-\langle U\rangle}{u_\tau}=-\frac{1}{\kappa}\ln\left(\frac{y}{R}\right) \tag{7.106}$$

获得预估值：

$$\frac{U_0-\bar{U}}{u_\tau}=\frac{3}{2\kappa}\approx 3.66 \tag{7.107}$$

[槽道流动参见式(7.52)，根据 Schlichting(1979)的研究，式(7.107)的值为4.07时与实验数据更为吻合。]

7.15　定义 $y\equiv R-r$ 为与壁面的距离，对数律[式(7.43)]可以写为

$$u^+\equiv\frac{\langle U\rangle}{u_\tau}=\frac{1}{\kappa}\ln\left(\frac{yu_\tau}{\nu}\right)+B \tag{7.108}$$

假设在轴线上成立，并使用式(7.104)，得到摩擦律：

$$\frac{1}{\sqrt{f}} = \frac{1}{2\sqrt{2}\kappa}\ln(Re\sqrt{f}) - \frac{(3 + 5\ln 2 - 2\kappa B)}{4\sqrt{2}\kappa} \tag{7.109}$$

取 $\kappa = 0.41$，$B = 5.2$，有

$$\frac{1}{\sqrt{f}} \approx 1.99\log_{10}(Re\sqrt{f}) - 0.95 \tag{7.110}$$

7.16 用 $\bar{y}$ 表示平均速度梯度 $\mathrm{d}\langle U\rangle/\mathrm{d}y$ 等于 $\bar{U}/\delta$ 的位置 y 处。假设 $\bar{y}$ 位于对数律区域,则有

$$\frac{\bar{y}}{\delta} = \frac{1}{\kappa}\sqrt{\frac{f}{8}} \approx 0.86\sqrt{f} \tag{7.111}$$

$$\bar{y}^{+} \equiv \frac{\bar{y}}{\delta_\nu} = \frac{Ref}{16\kappa} \approx 0.15Ref \tag{7.112}$$

对于 $Re = 10^4$ 和 $Re = 10^6$，求得 $\bar{y}/\delta$ 和 $\bar{y}^+$ 的预估值。

7.2.2 壁面粗糙度

到目前为止,均假设槽道和管道壁面是完全光滑的。显然,在实际中,每个壁面都在一定程度上偏离了理想状态,这种偏离的一阶近似是以凸出或凹陷的长度尺度 s 来表征。对于给定的流动(即给定 R、$\bar{U}$ 和 ν)，需要解决的主要问题有：是否存在一个 s 值(如 s^*)，若低于该值,则流动与 s 无关,壁面等效于光滑壁？而对于 $s > s^*$，粗糙度将如何影响流动？

Nikuradse 在管道上进行了实验,将沙子尽可能紧密地黏在管壁上,沙粒大小从 $s/R = 1/15$ 到 $s/R = 1/500$ 不等。摩擦系数 f 的测量如图 7.23 所示,从图中可以看出,在层流状态下,粗糙度几乎没有影响,在转捩状态下粗糙度的影响也很小。另外,不同的粗糙度曲线都会近似于同一条曲线——即光滑管道的普朗特定律——直到达到一定的雷诺数后,才开始上拐,并趋于平稳。在最高的雷诺数条件下,摩擦系数与 Re 无关,其渐近值随 s/R 增加。

可以通过纳入粗糙度来扩展壁面律,从而解释实验观察到的现象。对于给定几何形状的壁面(粗糙度完全由 s 表征),平均速度梯度可以写为

$$\frac{\mathrm{d}\langle U\rangle}{\mathrm{d}y} = \frac{u_\tau}{y}\bar{\Phi}\left(\frac{y}{\delta_\nu}, \frac{y}{\delta}, \frac{s}{\delta_\nu}\right) \tag{7.113}$$

其中，$\bar{\Phi}$ 是通用无量纲函数[参见式(7.31)]。和以前一样,假设 $\bar{\Phi}$ 在内层($y/\delta < 0.1$)与 y/δ 无关。

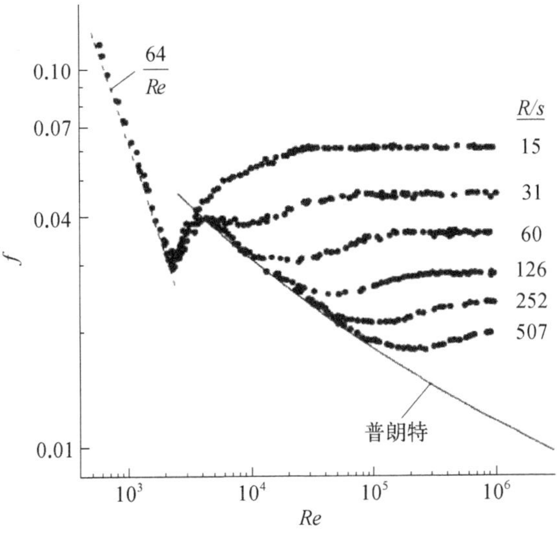

图 7.23　在不同粗糙度下充分发展的管道流动中的摩擦因子 f 与雷诺数的关系[经 McGraw-Hill 许可,改编自 Schlichting(1979)的研究]

虚线：层流摩擦律;实线：光滑管道湍流的普朗特摩擦律,式(7.98);
符号：Nikuradse 的测量数据

在高雷诺数条件下,考虑两种极端情况。如果 s/δ_ν 非常小,有充分的理由假设流动不受粗糙度的影响,随后恢复成标准壁面律:

$$\frac{\mathrm{d}\langle U\rangle}{\mathrm{d}y}=\frac{u_\tau}{y}\Phi_1\left(\frac{y}{\delta_\nu}\right),\quad s\ll\delta_\nu \text{ 且 } y\ll\delta \tag{7.114}$$

其中,

$$\Phi_1\left(\frac{y}{\delta_\nu}\right)=\lim_{\substack{y/\delta\to 0\\ s/\delta_\nu\to 0}}\bar{\Phi}\left(\frac{y}{\delta_\nu},\frac{y}{\delta},\frac{s}{\delta_\nu}\right) \tag{7.115}$$

对于较大的 y/δ_ν,假设与黏性无关,意味着 Φ_1 渐近地趋于常数,$\Phi_1\sim 1/\kappa$,随后将式(7.114)在对数律范围积分,即

$$\frac{\langle U\rangle}{u_\tau}=u^+=\frac{1}{\kappa}\ln\left(\frac{y}{\delta_\nu}\right)+B,\quad s\ll\delta_\nu\ll y\ll\delta \tag{7.116}$$

其中,B 是一个通用常数:

$$B\equiv\lim_{y^*\to\infty}\left\{\int_0^{y^*}\Phi_1(y^+)\frac{\mathrm{d}y^+}{y^+}-\frac{1}{\kappa}\ln y^+\right\} \tag{7.117}$$

第二种极端情况，粗糙度尺度 s 相比黏性尺度 δ_ν 较大。因而，粗糙元上的局部雷诺数较大（$u_\tau s/\nu = s/\delta_\nu \gg 1$）。动量从流体到壁面的传递是通过粗糙元上的阻力来实现的，而在高雷诺数条件下，阻力主要是由压力而不是黏性应力引起的。因此，可以假设 ν 与 δ_ν 不是相关参数，式(7.113)可以重写为

$$\frac{\mathrm{d}\langle U\rangle}{\mathrm{d}y} = \frac{u_\tau}{y}\Phi_R\left(\frac{y}{s}\right), \quad \delta_\nu \ll s \text{ 且 } y \ll \delta \tag{7.118}$$

对于给定粗糙度的构型，其中 Φ_R 是一个通用无量纲函数。

对于 $y \gg s$，可以假设湍流由局部流动确定，与 s 无关，这与光滑壁产生的流动相同，同时意味着 Φ_R 渐近趋于常数 $1/\kappa$。随后将式(7.118)在对数律范围积分：

$$u^+ = \frac{1}{\kappa}\ln\left(\frac{y}{s}\right) + B_2, \quad \delta_\nu \ll s \ll y \ll \delta \tag{7.119}$$

其中，B_2 是一个通用常数：

$$B_2 \equiv \lim_{y^* \to \infty}\left[\int_0^{y^*}\Phi_R\left(\frac{y}{s}\right)\frac{\mathrm{d}y}{y} - \frac{1}{\kappa}\ln\left(\frac{y}{s}\right)\right] \tag{7.120}$$

对于 s 与 δ_ν 相当的一般情况，类似的探讨得到的结论是（y 比 δ_ν 和 s 都大），存在常数 κ 和与 s/δ_ν 相关的附加常数 $\tilde{B}$，使得对数律为

$$u^+ = \frac{1}{\kappa}\ln\left(\frac{y}{s}\right) + \tilde{B}\left(\frac{s}{\delta_\nu}\right) \tag{7.121}$$

对于光滑壁（$s/\delta_\nu \ll 1$），式(7.116)等价于式(7.121)需要满足：

$$\tilde{B}\left(\frac{s}{\delta_\nu}\right) = B + \frac{1}{\kappa}\ln\left(\frac{s}{\delta_\nu}\right) \tag{7.122}$$

而对于完全粗糙的壁面（$s/\delta_\nu \gg 1$），式(7.119)等价于式(7.121)需要满足：

$$\tilde{B}\left(\frac{s}{\delta_\nu}\right) = B_2 \tag{7.123}$$

实验已经验证了粗糙壁的对数律[式(7.121)]，并且根据 Nikuradse 的数据确定了作为 s/δ_ν 函数的附加常数 $\tilde{B}$，见图 7.24。显然，对于 $s/\delta_\nu > 70$，即壁面是完全粗糙的，$B_2 = \tilde{B}(\infty) = 8.5$。而对于另一个极端，$\tilde{B}$ 的测量结果在 $s/\delta_\nu \approx 5$ 范围内与式(7.122)吻合，也就是说，将其作为容许粗糙度的极限，低于该极限时，壁面等效为光滑壁面。

完全粗糙情况下的对数律可推导出精确的摩擦律[练习 7.17 的式(7.124)]，该定律表明摩擦系数 f 是粗糙度 s/R 的函数(与雷诺数无关)。

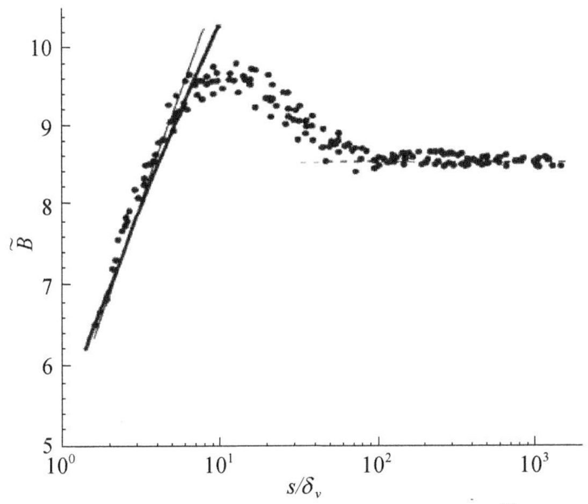

图 7.24　对数定律[式(7.121)]中的附加常数 $\widetilde{B}$ 作为粗糙度尺度 s 的函数关系，由黏性长度 δ_ν 无量纲化[经 McGraw-Hill 许可，改编自 Schlichting (1979) 的研究]

虚线：完全粗糙 $\widetilde{B}$；实线：光滑[式(7.122)]；符号：取自 Nikuradse 的数据

练　习

7.17　通过结合完全粗糙壁面的对数律式(7.119)和式(7.107)，推导出摩擦律：

$$f = 8\left[\frac{1}{\kappa}\ln\left(\frac{R}{s}\right) + B_2 - \frac{3}{2\kappa}\right]^{-2}$$

$$\approx \frac{1}{[1.99\lg(R/s) + 1.71]^2} \tag{7.124}$$

并将该摩擦律与图 7.23 中的实验数据进行比较。[Schlichting(1979)建议对系数 2.0 和 1.74 进行细微调整，分别以 1.99 和 1.71 代替。]

7.3　边界层

最简单的边界层是当匀速非湍流流过光滑平板时形成的边界层(图 7.1)。与给定平均压力梯度充分发展的槽道流相比，主要区别是：

(1) 边界层在流动方向上连续发展，边界层厚度 $\delta(x)$ 随 x 增加；

(2) 壁面剪应力 $\tau_w(x)$ 是未知的；

(3) 流动的外层由间歇性湍流/非湍流运动组成(第 5.5.2 节)。

尽管存在以上差异,但内层 $[y/\delta(x) < 0.1]$ 的运动与槽道流基本相同。本章就此进行阐述,并详细地研究了缓冲层中的运动。在亏损层 $[y/\delta(x) > 0.1]$ 中,对数律的偏离更为显著,这需要对速度亏损律进行更仔细的研究。

7.3.1 流动的描述

如图 7.1 所示,坐标系与槽道流的坐标系相同。平板表面(即壁面)位于 $x_2 = y = 0$ 处,且 $x_1 = x \geqslant 0$,前缘处 $x = 0$, $y = 0$。平均流动主要在 x 方向,自由流速度(边界层外)用 $U_0(x)$ 表示。统计数据主要在 y 方向上变化,且与 z 无关。然而,与槽道流不同,边界层不断发展,因此统计数据同时取决于 x 和 y。速度分量为 U、V 和 W,且 $\langle W\rangle$ 为零。

自由流压力 $p_0(x)$ 与速度 $U_0(x)$ 之间通过伯努利方程[式(2.67)]关联,即 $p_0(x) + \frac{1}{2}\rho U_0(x)^2 =$ 常数,因此压力梯度为

$$-\frac{\mathrm{d}p_0}{\mathrm{d}x} = \rho U_0 \frac{\mathrm{d}U_0}{\mathrm{d}x} \tag{7.125}$$

加速流动 $(\mathrm{d}U_0/\mathrm{d}x > 0)$ 对应于负的或者顺压压力梯度。相反,减速流动会产生正的、逆压压力梯度,之所以称之为逆压梯度,是因为其会导致边界层在壁面处发生分离。在航空应用中,通常期望边界层是附着的。本节主要聚焦零压力梯度的情况,对应 $U_0(x)$ 保持恒定。

通常定义边界层厚度 $\delta(x)$ 为速度 $U(x, y)$ 等于自由流速度 $U_0(x)$ 的 99%位置处 y 的值。这是一个条件较为苛刻的量,因为其取决于极小速度差量的测量。更可靠的是整体量的测量,例如位移厚度为

$$\delta^*(x) \equiv \int_0^\infty \left(1 - \frac{\langle U\rangle}{U_0}\right) \mathrm{d}y \tag{7.126}$$

以及动量厚度为

$$\theta(x) \equiv \int_0^\infty \frac{\langle U\rangle}{U_0}\left(1 - \frac{\langle U\rangle}{U_0}\right) \mathrm{d}y \tag{7.127}$$

根据不同厚度和 x 定义各种雷诺数为

$$Re_x \equiv \frac{U_0 x}{\nu}, \quad Re_\delta \equiv \frac{U_0\delta}{\nu}, \quad Re_{\delta^*} \equiv \frac{U_0\delta^*}{\nu}, \quad Re_\theta \equiv \frac{U_0\theta}{\nu} \tag{7.128}$$

在零压力梯度边界层中，从前缘（$x=0$）的层流开始，直到 Re_x 达到临界值 $Re_{\text{crit}}\approx 10^6$ 的位置，标志着转捩的开始[取决于自由流中扰动的性质与水平，Re_{crit} 值的变化幅度很大，参考 Schlichting(1979)的研究]。转捩发生一定距离后(可能距离前缘长度的 30%)，边界层发展为全湍流。在一些实验中，在流动中安装一根金属丝或其他装置，触发层流边界层突变，即促进向湍流的转捩。[有关转捩主题的更多信息，请参考 Amal 和 Michel(1990)、Kachanov(1994)的研究及其中的参考文献。]

7.3.2 平均动量方程

自然地，边界层方程适用于流动在 x 方向上缓慢发展的情况，轴向应力梯度相比横流梯度较小。横向平均动量方程[式(5.52)]积分可得

$$\langle p\rangle+\rho\langle v^2\rangle=p_0(x) \tag{7.129}$$

注意，由于 $\langle v^2\rangle$ 在壁面处为零，壁面压力 $p_{\mathrm{w}}(x)$ 与自由流压力 $p_0(x)$ 相等。

在边界层近似中，平均轴向动量方程为

$$\begin{aligned}\langle U\rangle\frac{\partial\langle U\rangle}{\partial x}+\langle V\rangle\frac{\partial\langle U\rangle}{\partial y}&=\nu\frac{\partial^2\langle U\rangle}{\partial y^2}-\frac{\partial\langle uv\rangle}{\partial y}-\frac{1}{\rho}\frac{\mathrm{d}p_0}{\mathrm{d}x}\\&=\frac{1}{\rho}\frac{\partial\tau}{\partial y}+U_0\frac{\mathrm{d}U_0}{\mathrm{d}x}\end{aligned} \tag{7.130}$$

其中，$\tau(x,\ y)$ 为总剪应力[见等式(5.55)]：

$$\tau=\rho\nu\frac{\partial\langle U\rangle}{\partial y}-\rho\langle uv\rangle \tag{7.131}$$

在壁面处，对流项为零，因此剪切应力与压力梯度平衡(由于 $\langle uv\rangle$ 从零开始以 y^3 增大)。如果压力梯度为零，则有

$$\frac{1}{\rho}\left(\frac{\partial\tau}{\partial y}\right)_{y=0}=\nu\left(\frac{\partial^2\langle U\rangle}{\partial y^2}\right)_{y=0}=0 \tag{7.132}$$

通过对边界层动量方程[式(7.130)]进行积分，可获得冯·卡门积分动量方程(见练习 7.18)。对于零压力梯度情况，结果为

$$\tau_{\mathrm{w}}=\frac{\mathrm{d}}{\mathrm{d}x}(\rho U_0^2\theta)=\rho U_0^2\frac{\mathrm{d}\theta}{\mathrm{d}x} \tag{7.133}$$

或者，表示为表面摩擦系数：

$$c_{\mathrm{f}}\equiv\frac{\tau_{\mathrm{w}}}{\frac{1}{2}\rho U_0^2}=2\frac{\mathrm{d}\theta}{\mathrm{d}x} \tag{7.134}$$

方程(7.133)量化了由壁面剪切应力引起动量流速的减少或动量亏损的增加。

对于零压力梯度层流边界层,Blasius(1908)提出式(7.130)有一个相似解,Schlichting(1979)对此进行了详细描述。速度比 $U(x, y)/U_0$ 仅取决于纵坐标比 y/δ_x,其中长度尺度 δ_x 为 $\delta_x \equiv (x\nu/U_0)^{1/2} = x/Re_x^{1/2}$。该相似解如图 7.25 所示。从而得到不同边界层厚度:

$$\frac{\delta}{x} \approx 4.9Re_x^{-1/2}, \quad \frac{\delta^*}{\delta} \approx 0.35, \quad \frac{\theta}{\delta} \approx 0.14 \tag{7.135}$$

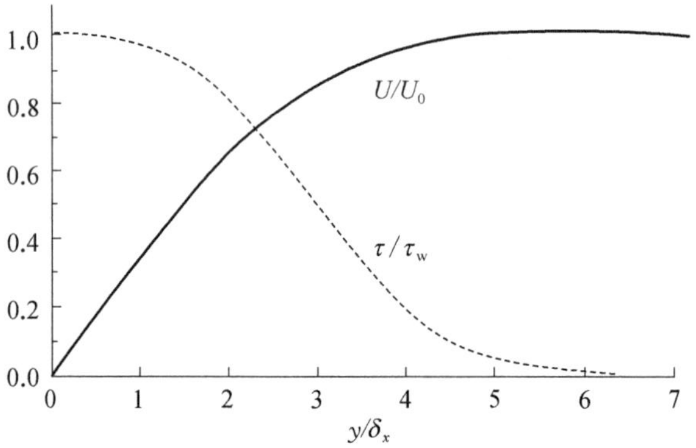

图 7.25 平板上零压力梯度层流边界层 Blasius 解给出的无量纲化速度和剪应力分布图

y 由 $\delta_x \equiv \dfrac{x}{Re_x^{1/2}} = (x\nu/U_0)^{1/2}$ 无量纲化得到

表面摩擦系数为

$$c_f \approx 0.664Re_x^{-1/2} \tag{7.136}$$

练 习

7.18 根据平均连续性方程[式(5.49)]和动量方程[式(5.55)]推导得到:

$$\frac{\partial}{\partial x}[\langle U\rangle(U_0 - \langle U\rangle)] + \frac{\partial}{\partial y}[\langle V\rangle(U_0 - \langle U\rangle)] + [U_0 - \langle U\rangle]\frac{dU_0}{dx} = -\frac{1}{\rho}\frac{\partial \tau}{\partial y} \tag{7.137}$$

从 $y = 0$ 积分到 $y = \infty$,有

$$\frac{d}{dx}(U_0^2\theta) + \delta^* U_0 \frac{dU_0}{dx} = \frac{\tau_w}{\rho}$$

从而得到冯·卡门积分动量方程：

$$c_{\mathrm{f}} \equiv \frac{\tau_{\mathrm{w}}}{\frac{1}{2}\rho U_0^2} = 2\frac{\mathrm{d}\theta}{\mathrm{d}x} + \frac{(4\theta + 2\delta^*)}{U_0}\frac{\mathrm{d}U_0}{\mathrm{d}x} \tag{7.138}$$

回顾式(7.126)和式(7.127)，δ^* 和 θ 分别是位移和动量厚度。

7.3.3　平均速度剖面

图 7.26 显示了 Klebanoff(1954)在动量厚度雷诺数 $Re_\theta = 8\,000$ 时的零压力梯度湍流边界层中，测量得到的平均速度、剪切力及间歇性因子 γ（定义见第 5.5.2 节）的剖面。值得注意的是，平均速度剖面从壁面上升的幅度远比 Blasius 剖面(图 7.25)更陡，随后在距离壁面较远处变得平缓。平均速度剖面的“平坦度”由形状因子 H 量化，定义为位移厚度与动量厚度的比值：

$$H \equiv \delta^* / \theta \tag{7.139}$$

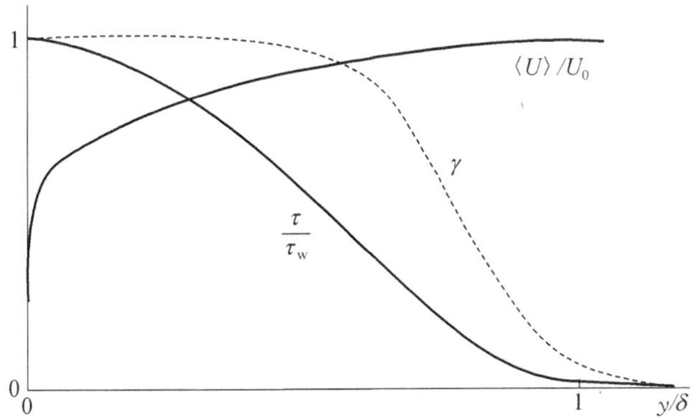

图 7.26　零压力梯度湍流边界层的平均速度、剪应力和间歇性因子分布图 (Re_θ = 8 000) [取自 Klebanoff(1954)的实验数据]

对于 Blasius 剖面，平坦度因子 $H \approx 2.6$，而对于 Klebanoff 边界层，$H \approx 1.3$。边界层平均速度剖面与槽道流非常相似(图 7.2)；并且，与槽道流一致，随着雷诺数的增加，以 y/δ 为横坐标绘制的 $\langle U\rangle/U_0$ 剖面在壁面处更加陡峭，而在远离壁面区域变得更加平缓。相应地，形状因子 H 随 Re 增大而减小。

即使产生剪切力的起源完全不同，其剖面与相应的层流剖面(图 7.25)也类似。接下来将更为详细地分析各层的速度剖面。

1. 壁面律

图 7.27 显示了由黏性尺度 u_τ 和 δ_ν 无量纲化的三种流动速度剖面：Klebanoff

的边界层（$Re_\theta = 8\,000$）；Spalart(1988)得到的DNS边界层（$Re_\theta = 1\,410$）；以及槽道流（$Re = 13\,750$）。不同流动速度剖面之间的一致性说明了壁面律在对数律区域和缓冲层内都具有普适性。在黏性子层（$y^+ < 5$）中，壁面律为$f_w(y^+) \approx y^+$，而对数律适用于y^+大于30或50(并且$y/\delta \ll 1$)的区域。在缓冲层（$5 < y^+ < 50$）中，壁面律将采取什么样的形式？van Driest(1956)在混合长度假设的基础上提供了一个纯经验公式，但这仍然是一个具有启发性的结果。

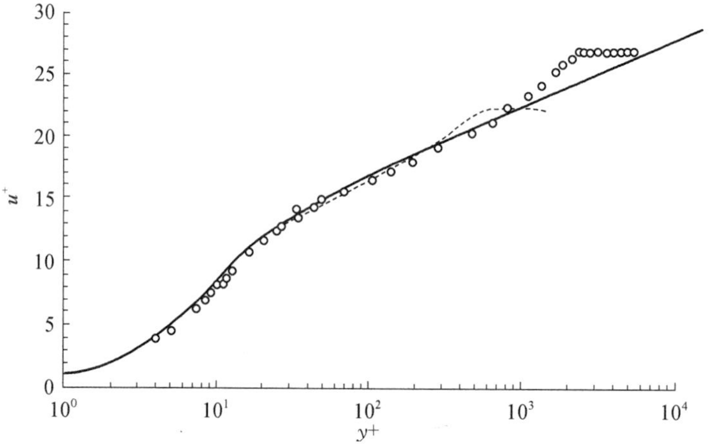

图7.27 基于壁面单元的平均速度分布图

○：Klebanoff(1954)的边界层实验，$Re_\theta = 8\,000$；虚线：Spalart(1988)的边界层DNS，$Re_\theta = 1\,410$；点划线：Kim等(1987)的槽道流DNS，$Re_\theta = 13\,750$；实线：van Driest的壁面定律，式(7.144)和式(7.145)

对于边界层（$\partial\langle U\rangle/\partial y > 0$），根据混合长度假设，总剪切力为

$$\begin{aligned}\tau(y)/\rho &= \nu\frac{\partial\langle U\rangle}{\partial y} + \nu_T\frac{\partial\langle U\rangle}{\partial y}\\ &= \nu\frac{\partial\langle U\rangle}{\partial y} + \ell_m^2\left(\frac{\partial\langle U\rangle}{\partial y}\right)^2\end{aligned}\tag{7.140}$$

根据定义：

$$\ell_m^+ \equiv \ell_m/\delta_\nu \tag{7.141}$$

通过黏性尺度无量纲化时，式(7.140)变为

$$\frac{\tau}{\tau_w} = \frac{\partial u^+}{\partial y^+} + \left(\ell_m^+\frac{\partial u^+}{\partial y^+}\right)^2 \tag{7.142}$$

这是一个$\partial u^+/\partial y^+$的二次方程，其解为

$$\frac{\partial u^+}{\partial y^+}=\frac{2\tau/\tau_w}{1+[1+(4\tau/\tau_w)(\ell_m^+)^2]^{1/2}} \tag{7.143}$$

在内层中,比值 τ/τ_w 基本等于1。式(7.143)积分获得的壁面律以混合长度表示为

$$u^+=f_w(y^+)=\int_0^{y^+}\frac{2\mathrm{d}y'}{1+[1+4\ell_m^+(y')^2]^{1/2}} \tag{7.144}$$

在对数律区域,合适的混合长度可以定义为 $\ell_m=\kappa y$ 或者等效为 $\ell_m^+=\kappa y^+$ [式(7.90)]。如果在黏性子层中使用相同的定义,则意味着湍流应力 $\nu_T\partial\langle U\rangle/\partial y$ 将以 y^2 增大,而 $\langle uv\rangle$ 将以 y^3 变化,增大速度更慢。显然,$\ell_m=\kappa y$ 的定义需要在壁面附近减小或减弱。因此,van Driest(1956)提出的定义为

$$\ell_m^+=\kappa y^+[1-\exp(-y^+/A^+)] \tag{7.145}$$

其中,A^+ 是一个常数,其值为 $A^+=26$;方括号中的项称为 van Driest 阻尼函数。

由式(7.144)和式(7.141)给出的壁面律如图7.27所示。显然,其与数据吻合良好。

对于大的 y^+,阻尼函数趋于1,恢复为对数律。值得注意的是,(对于给定的 κ)在对数定律中,van Driest 常数 A^+ 和附加常数 B 之间存在一对一的对应关系。当 $\kappa=0.41$ 时,$A^+=26$ 对应于 $B=5.3$。

已有文献广泛考虑了壁面律的普适性[例如,Bradshaw 和 Huang(1995)的研究]。在具有不同压力梯度 $\mathrm{d}p_0/\mathrm{d}x$ [以及剪切力梯度 $(\partial\tau/\partial y)_{y=0}$] 的边界层和管道流中,当 κ 接近 $\kappa=0.41$ 时,观察到了对数律。然而,当壁面剪切力梯度 $(\partial\tau/\partial y)_{y=0}$ 超过 $2\times10^{-3}\tau_w/\delta_\nu$ 时,A^+ 显著增大(Huffman and Bradshaw, 1972)。

练　习

7.19 根据混合长度假设,证明非常靠近壁面 ($y^+\ll1$) 的雷诺剪切力为

$$-\frac{\langle uv\rangle}{u_\tau^2}\approx(\ell_m^+)^2 \tag{7.146}$$

根据 van Driest 定义[式(7.145)]证明:

$$-\frac{\langle uv\rangle}{u_\tau^2}\approx\left(\frac{\kappa}{A^+}\right)^2 y^{+4} \tag{7.147}$$

将此结果与修正的 $\langle uv\rangle$ 与 y 关系式[式(7.63)](对于非常小的 y)进行对比。

2. 速度亏损律

在亏损层(即 $y/\delta > 0.2$)，平均速度偏离对数律，可以在图 7.27 中看到，图 7.28 中显示得更为清晰。

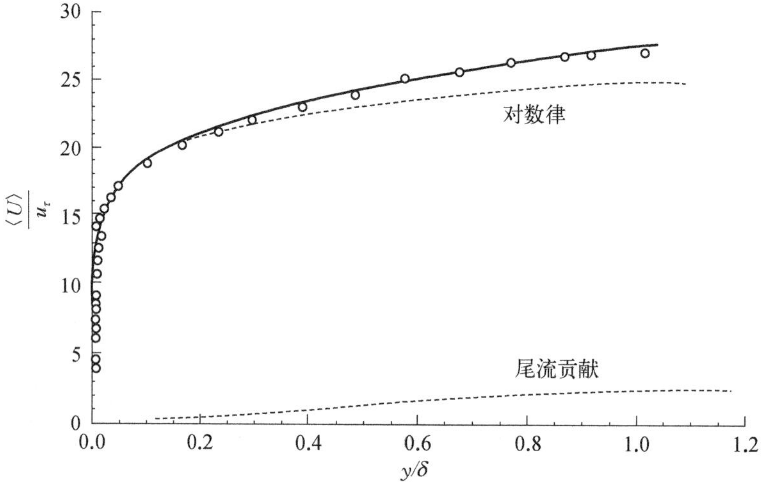

图 7.28 湍流边界层中显示尾迹规律的平均速度剖面

符号：Klebanoff(1954)的实验数据；上虚线：对数律（$\kappa = 0.41$, $B = 5.2$)；下虚线：尾流贡献 $\Pi w(y/\delta)/\kappa(\Pi = 0.5)$；实线：对数律和尾流贡献之和[式(7.148)]

Coles(1956)在考察了大量边界层数据后，表明(整个边界层上的)平均速度剖面可以用两个函数之和来表示。第一个函数是壁定律 $f_w(y^+)$，取决于 y/δ_ν：第二个函数称为尾流律，取决于 y/δ。表达式写为

$$\frac{\langle U\rangle}{u_\tau} = f_w\left(\frac{y}{\delta_\nu}\right) + \frac{\Pi}{\kappa}w\left(\frac{y}{\delta}\right) \tag{7.148}$$

假设尾流函数 $w(y/\delta)$ 是统一的(对于所有边界层相同)，并满足无量纲化条件 $w(0) = 0$ 和 $w(1) = 2$。Coles(1956)基于实验数据将 $w(y/\delta)$ 制成了数据表，但更方便的近似值为

$$w\left(\frac{y}{\delta}\right) = 2\sin^2\left(\frac{\pi}{2}\frac{y}{\delta}\right) \tag{7.149}$$

无量纲量 Π 称为尾流强度参数，其值与流动有关。

图 7.28 显示 Klebanoff 边界层中的 $\langle U\rangle/u_\tau$ 为这两个“律”之和。虚线是对数律(即当 $y^+ > 50$, $y/\delta < 0.2$ 时，是f_w 的最佳近似值)，而点划线是尾流律。实线为两者之和，与实验数据吻合良好。顾名思义，函数 $w(y/\delta)$ 的形状与平面尾流中 $y = 0$ 对称面的速度剖面相似。然而，这并不意味着两者流动之间存在明显的相似性。

式(7.148)也可以写成速度亏损律的形式。通过对数律近似f_w，并设定条件$\langle U\rangle_{y=\delta}=U_0$，可得

$$\frac{U_0-\langle U\rangle}{u_\tau}=\frac{1}{\kappa}\left\{-\ln\left(\frac{y}{\delta}\right)+\Pi\left[2-w\left(\frac{y}{\delta}\right)\right]\right\} \tag{7.150}$$

在图7.29中将该定律与Klebanoff数据进行了对比。

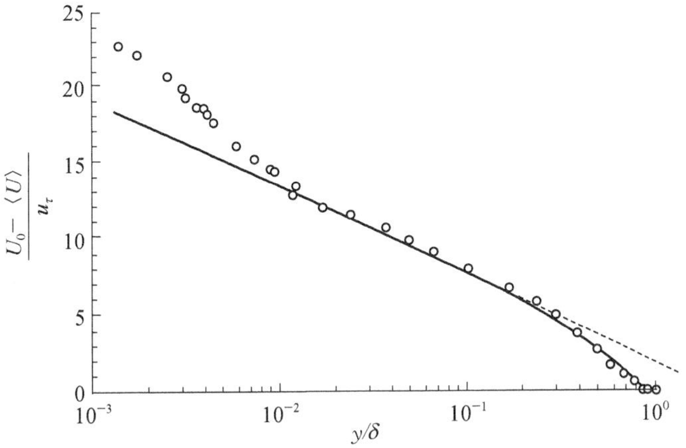

图7.29　速度亏损律

符号：Klebanoff(1954)的实验数据；虚线：对数律；实线：对数律和尾流贡献$\Pi w(y/\delta)/\kappa$之和

采用相同的近似值，式(7.148)在$y=\delta$处预估值得出摩擦律：

$$\frac{U_0}{u_\tau}=\frac{1}{\kappa}\ln\left(\frac{\delta u_\tau}{\nu}\right)+B+\frac{2\Pi}{\kappa} \tag{7.151}$$

$$\frac{U_0}{u_\tau}=\frac{1}{\kappa}\ln\left(Re_\delta\frac{u_\tau}{U_0}\right)+B+\frac{2\Pi}{\kappa} \tag{7.152}$$

对于给定的Re_δ，可以求解得到u_τ/U_0，进而确定表面摩擦系数$c_f=2(u_\tau/U_0)^2$。Schlichting(1979)提供了摩擦律更为简洁的显式形式，其中包括Schultz-Grunow公式：

$$c_f=0.370(\lg Re_x)^{-2.584} \tag{7.153}$$

在速度亏损层，剪切力$\tau(y)$比τ_w小，并且速度梯度$\partial\langle U\rangle/\partial y$比对数律$u_\tau/(\kappa y)$大。显然，湍流黏性$\nu_T=\tau/(\partial\langle U\rangle/\partial y)$的值小于对数律公式$\nu_T=u_\tau\kappa y$给出的值；因此，混合长度小于$\kappa y$。图7.30中显示的从Spalart(1988)的边界层DNS数据推导出的$\nu_T(y)$和$\ell_m(y)$证实了这一点。

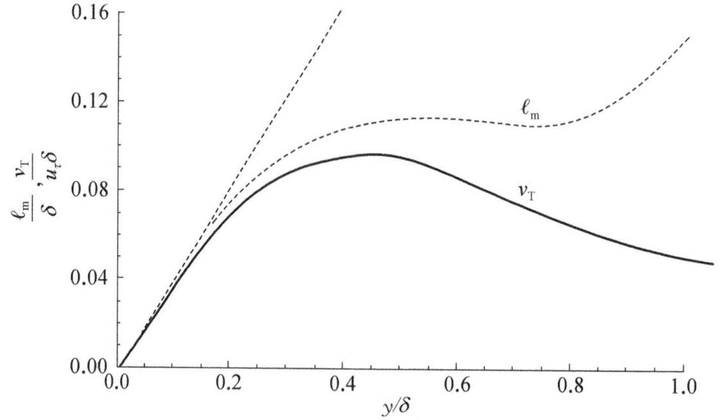

图 7.30 从湍流边界层的直接数值模拟推导出的湍流黏性和混合长度(Spalart, 1988)

实线：取自 DNS 的 ν_T；虚线：取自 DNS 的 ℓ_m；虚线：依据 van Driest 规范[式(7.145)]的 ℓ_m 和 ν_T

因此,在混合长度模型应用于边界层时,有必要修正亏损层中的公式 $\ell_m = \kappa y$。Escudier(1966)提出的一个简单修正是将 ℓ_m 设定为 κy 与 0.09δ 的最小值。混合长度模型的其他变形[如 Smith 和 Cebeci(1967),以及 Baldwin 和 Lomax(1978)的研究]通过不同的方式达到了类似的效果(Wilcox, 1993)。

7.3.4 重新考虑重叠区域

考虑到近壁湍流运动及其过程的复杂性,如何采用简单的公式,特别是通用对数律,表示管道流、槽道流及边界层的平均速度剖面是非常重要的。然而,一个理论在经验上的成功并不一定意味着其基于的假设是合理的：不同的假设可能会推导出准确性相当的预测。

多年来,Barenblatt 和 Monin(1979)、Long 和 Chen(1981)、George 等(1996)提出了反对对数律的观点,一个核心问题是重叠区域中雷诺数的影响。在推导对数律[见式(7.41)]时所作的有力假设是(对于 $Re \gg 1$, $y^+ \gg 1$ 及 $y/\delta \ll 1$) $y\partial u^+/\partial y$ 与 U_0、δ 和 ν 无关,因此与雷诺数无关。然而,实验数据[例如,图 7.19 及 Gad-el-Hak 和 Bandyopadhay(1994)的研究]清楚地显示重叠区域的雷诺应力分布取决于雷诺数,因而所涉及的湍流过程并非完全与雷诺数无关。

现在考虑高雷诺数条件下充分发展的管道湍流,对假设进行细微调整。内层的速度剖面表示为

$$u^+ = f_1(y^+) \tag{7.154}$$

[参考式(7.37)。]其中,函数 f_1 与雷诺数相关。在外层,亏损律重新写为

$$\frac{U_0 - \langle U \rangle}{u_o} = F_o(\eta) \tag{7.155}$$

其中,$\eta \equiv y/\delta$ [参见等式(7.46)];u_o 是外层的速度尺度,可能与 u_τ 不同;另外函数 F_o 可能与雷诺数相关。

在重叠区域 ($\delta_\nu \ll y \ll \delta$),$f_1(y^+)$ (对于大的 y^+) 与 $F_o(\eta)$ (对于小的 η) 的渐进形式必须匹配。符合匹配要求的速度剖面有两种形式,第一种形式是对数律:

$$u^+ = \frac{1}{\kappa}\ln y^+ + B \tag{7.156}$$

和幂律:

$$u^+ = C(y^+)^\alpha \tag{7.157}$$

[式(7.157)见练习 7.20 和 Barenblatt(1993)的研究。]推导过程的假设允许正系数 κ、B、α 和 C 与雷诺数相关。相反,如果系数与雷诺数无关,则该律具有普适性。

图 7.31 显示了在不同雷诺数条件下管流湍流重叠区域中测量的平均速度分布。将实验数据与通用对数律(其中 $\kappa = 0.436$, $B = 6.13$) 和幂律[式(7.157)](指数 α 由各雷诺数的数据确定)进行比较。

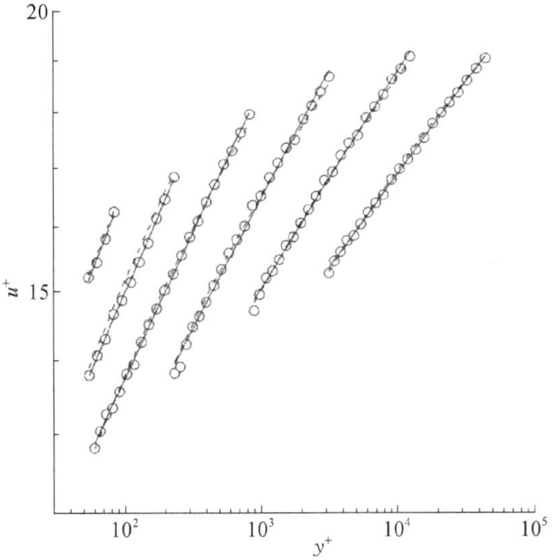

图 7.31 在 6 个不同的雷诺数下,湍流管道流动中平均速度分布的对数-对数图(从左至右: $Re \approx 32 \times 10^3$、$99 \times 10^3$、$1.79 \times 10^6$、$7.71 \times 10^6$、$29.9 \times 10^6$)

u^+ 的尺度为最低雷诺数,后续的剖面依次向下平移 1.1 倍。所示范围为重叠区域,$50\delta_\nu < y < 0.1R$。符号: Zagarola 和 Smits(1997)的实验数据;虚线: 对数律,$\kappa = 0.436$, $B = 6.13$;实线: 幂律[式(7.157)]: 幂 α 由数据的最佳拟合决定

明显地，α 随 Re 增大而快速减小：Zagarola 等(1997)提出的经验公式能够很好地近似其值：

$$\alpha = \frac{1.085}{\ln Re} + \frac{6.535}{(\ln Re)^2} \tag{7.158}$$

结果如图 7.32 所示。

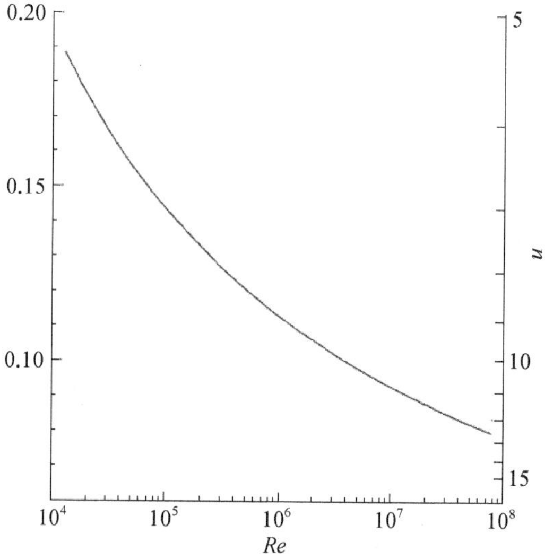

图 7.32 幂律关系 $u^+ = C(y^+)^\alpha = C(y^+)^{1/n}$ 中的指数 $\alpha = 1/n$ [式(7.158)]是管道流动作为雷诺数的函数

从图 7.31 可以看出，对数律和幂律都能相当精确地表示测量的速度剖面。鉴于对数律与幂律预测结果之间的细微差异，尽管数据经过仔细检查[例如，Zagarola 等(1997)]，得出的结论仍然存在争议[例如，Barenblatt 和 Chorin(1998)的研究]。无论潜在假设的优点是什么，对数律都具有普适性的实用优势。

出现的另一个问题是选择恰当的外层速度尺度 u_o。通用对数律意味着 $u_o = u_\tau$，而通用幂律(如图 7.31 所示，但不存在)意味着 $u_o = U_0$ (见练习 7.20)。学者们提出了不同建议：例如，对于管道流，$u_o = U_0 - \bar{U}$ (Zagarola and Smits, 1997)；对于边界层，$u_o = U_0$ (George et al., 1996)。

练　习

7.20 高雷诺数条件下充分发展的管道湍流，内层和外层的平均速度剖面分别由式(7.154)和式(7.155)确定。

（1）将式(7.154)和式(7.155)确定的 $\langle U\rangle$ 和 $\mathrm{d}\langle U\rangle/\mathrm{d}y$ 进行匹配可得到：

$$f_{\mathrm{I}}(y^{+})=\frac{U_0}{u_\tau}-\frac{u_{\mathrm{o}}}{u_\tau}F_{\mathrm{o}}(\eta) \tag{7.159}$$

$$y^{+}\frac{\mathrm{d}f_{\mathrm{I}}(y^{+})}{\mathrm{d}y^{+}}=-\frac{u_{\mathrm{o}}}{u_\tau}\eta\frac{\mathrm{d}F_{\mathrm{o}}(\eta)}{\mathrm{d}\eta} \tag{7.160}$$

在重叠区域 $(\delta_\nu \ll y \ll \delta)$，$f_{\mathrm{I}}(y^{+})$（对于大的 y^{+}）和 $F_{\mathrm{o}}(\eta)$（对于小的 η）不同的渐进形式是通过替换假设得到的：

$$y^{+}\frac{\mathrm{d}f_{\mathrm{I}}(y^{+})}{\mathrm{d}y^{+}}=\frac{1}{\kappa} \tag{7.161}$$

还有

$$y^{+}\frac{\mathrm{d}f_{\mathrm{I}}(y^{+})}{\mathrm{d}y^{+}}=\alpha C(y^{+})^{\alpha} \tag{7.162}$$

其中，κ、C 和 α 为正常数(即与 y 无关，但不一定与 Re 无关)。

（2）证明：式(7.160)和式(7.161)的通解为

$$f_{\mathrm{I}}(y^{+})=\frac{1}{\kappa}\ln y^{+}+B \tag{7.163}$$

[参考式(7.43)。]以及：

$$F_{\mathrm{o}}(\eta)=\frac{u_\tau}{u_{\mathrm{o}}}\left(-\frac{1}{\kappa}\ln\eta+B_1\right) \tag{7.164}$$

[参考式(7.50)。]其中，B 和 B_1 是积分常数。通过式(7.159)推导出摩擦律[式(7.55)]。

（3）证明式(7.160)和式(7.162)的通解为

$$f_{\mathrm{I}}(y^{+})=C(y^{+})^{\alpha}+b \tag{7.165}$$

$$F_{\mathrm{o}}(\eta)=b_1-C_{\mathrm{F}}\eta^{\alpha} \tag{7.166}$$

其中，

$$C_{\mathrm{F}}\equiv C\frac{u_\tau}{u_{\mathrm{o}}}\left(\frac{\delta}{\delta_\nu}\right)^{\alpha} \tag{7.167}$$

另外，b 和 b_1 是积分常数。通过式(7.159)确定：

$$b_1 = \frac{U_0 - bu_\tau}{u_o} \tag{7.168}$$

(4) 证明仅限于 κ、B 和 B_1 与 Re 无关，且 u_o 采用 u_τ 缩比时，式(7.163)和式(7.164)是通用对数律(即系数与 Re 无关)，并满足摩擦律[式(7.55)]。

(5) 证明仅限于 C 和 α 与 Re 无关，b 为零，且 u_o 采用 U_0 缩比时，式(7.165)和式(7.166)是通用幂律：

$$\frac{u_\tau}{U_0} = b_2\left(\frac{U_0\delta}{\nu}\right)^{-\alpha/(1+\alpha)} \tag{7.169}$$

并且对于某些常数 b_2，满足摩擦律。(注意：实验数据清楚地显示，α 与 Re 成反比的相互关系，见图 7.32。)

(6) 设 $\alpha = \frac{1}{7}$ 并忽略 $U_0/\bar{U}$ 随 Re 的变化。通过式(7.169)推导出摩擦系数：

$$f = b_3 Re^{-1/4} \tag{7.170}$$

其中，b_3 是常数。注意：当 $b_3 = 0.316\,4$ 时，式(7.170)是 Blasius 阻尼经验公式，在 $10^4 < Re < 10^5$ 范围内，与普朗特公式[式(7.98)]吻合较好，偏差在 3%以内，但在 $Re = 10^7$ 时偏差达到 30%。需要强调的是，该推导错误地认为存在普适幂律。

7.21 考虑幂律：

$$\frac{\langle U\rangle}{U_0} = \left(\frac{y}{R}\right)^{\alpha} \tag{7.171}$$

作为充分发展管道湍流速度剖面 ($0 < y < R$) 的近似值，推导面积平均速度为

$$\frac{\bar{U}}{U_0} = \frac{2}{(1+\alpha)(2+\alpha)} \tag{7.172}$$

7.22 将幂律剖面作为边界层平均速度剖面的近似值：

$$\frac{\langle U\rangle}{U_0} = \begin{cases} \left(\dfrac{y}{\delta}\right)^{1/n}, & \dfrac{y}{\delta} \leqslant 1 \\ 1, & \dfrac{y}{\delta} \geqslant 1 \end{cases} \tag{7.173}$$

其中，n 为正数。证明该速度剖面有

$$\frac{\delta^*}{\delta} = \frac{1}{n+1} \tag{7.174}$$

$$\frac{\theta}{\delta} = \frac{n}{(n+1)(n+2)} \tag{7.175}$$

并且得到形状因子为

$$H = 1 + \frac{2}{n} \tag{7.176}$$

7.3.5 雷诺应力平衡

前面已考察了自由剪切流和槽道流的湍动能平衡。在这里,基于 Spalart (1988)的边界层 DNS 数据,将深入探讨单个雷诺应力的平衡。首先,简要描述雷诺应力剖面和动能平衡。

在边界层内层,雷诺应力剖面(图 7.33)与槽道流中略有不同(图 7.14 和图 7.17)。在接近边界层边缘处,所有雷诺应力平滑地趋于零(对应非湍流自由流)。与槽道流类似,雷诺应力分布呈现与雷诺数的弱相关性[见 Marusic 等(1997)的研究]。

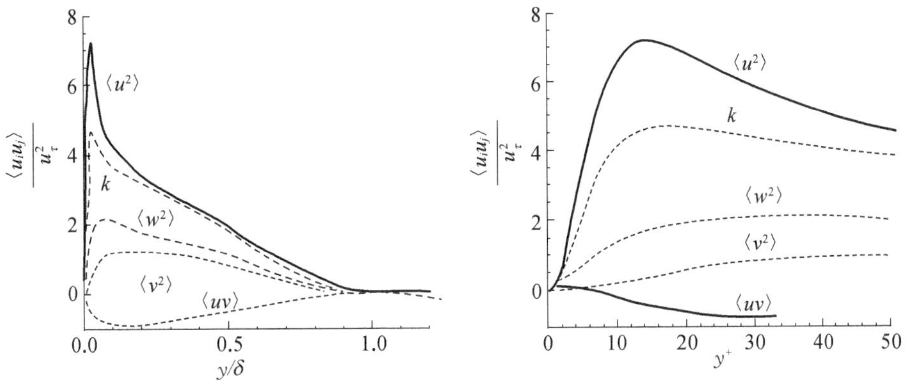

(a) 跨边界层 (b) 黏性近壁区

图 7.33 湍流边界层在 Re_θ = 1 410 时,以摩擦速度无量纲化的雷诺应力和动能分布曲线[取自 Spalart(1988)的 DNS 数据]

1. 动能平衡

在边界层近似中,湍动能方程[式(5.164)]为

$$0 = -\left(\langle U\rangle \frac{\partial k}{\partial x} + \langle V\rangle \frac{\partial k}{\partial y}\right) + \mathcal{P} - \tilde{\varepsilon} + \nu \frac{\partial^2 k}{\partial y^2} - \frac{\partial}{\partial y}\left\langle \frac{1}{2} v\boldsymbol{u}\cdot\boldsymbol{u}\right\rangle - \frac{1}{\rho}\frac{\partial}{\partial y}\langle vp'\rangle \tag{7.177}$$

该平衡方程依次为平均流对流项、生成项、伪耗散项、黏性扩散项、湍流对流项及压

力输运项。该方程基本与槽道流方程[式(7.64)]相同,只增加了平均流对流项。

方程(7.177)中各项对于湍动能的贡献如图 7.34 所示。在近壁区 [$y^+ \leqslant 50$, 图 7.34(b)],采用黏性尺度无量纲化的剖面与槽道流对应剖面非常相似(图 7.18)。在该区域,平均流动的对流可以忽略不计。

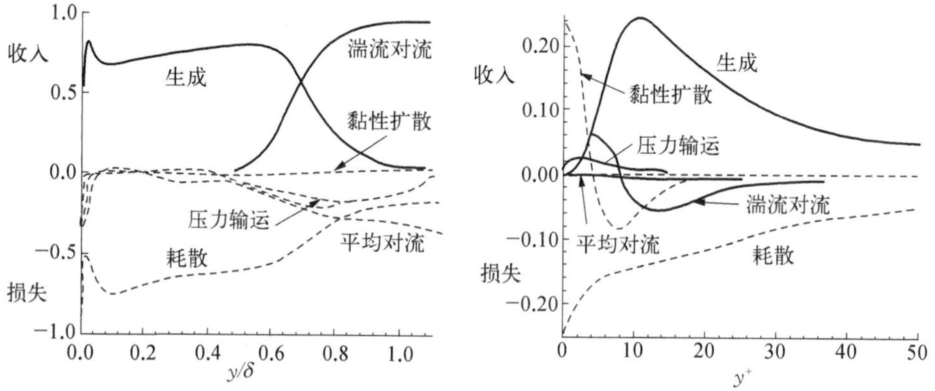

(a) 无量纲化为y的函数，使项的平方和为单位1 (b) 由黏性尺度无量纲化

图 7.34 湍流边界层在 Re_θ = 1 410 时的湍流-动能收支：式(7.177)中的项[取自 Spalart(1988)的 DNS 数据]

随着 y/δ 的增大,式(7.177)中各项的幅值减小。例如,在对数律区,P 和 ε 均随 y 增大而减小。为了显示作为 y 函数各项的相对重要性,图 7.34(a)对各项的贡献进行了局部无量纲化,因此平方和为 1。从 $y^+ \approx 40$ 到 $y/\delta \approx 0.4$, 主导平衡的是生成项与耗散项。在边界层更外侧,生成项变小,主导平衡的是耗散项与各种输运项。

2. 雷诺应力方程

根据 Navier-Stokes 方程推导雷诺应力输运方程(见练习 7.23)为

$$0 = -\frac{\bar{\mathrm{D}}}{\bar{\mathrm{D}}t}\langle u_i u_j \rangle - \frac{\partial}{\partial x_k}\langle u_i u_j u_k \rangle + \nu \nabla^2 \langle u_i u_j \rangle + \mathcal{P}_{ij} + \Pi_{ij} - \varepsilon_{ij} \tag{7.178}$$

其中, $\mathcal{P}_{ij}$ 是生成张量:

$$\mathcal{P}_{ij} \equiv -\langle u_i u_k \rangle \frac{\partial \langle U_j \rangle}{\partial x_k} - \langle u_j u_k \rangle \frac{\partial \langle U_i \rangle}{\partial x_k} \tag{7.179}$$

Π_{ij} 是速度-压力梯度张量:

$$\Pi_{ij} \equiv -\frac{1}{\rho}\left\langle u_i \frac{\partial p'}{\partial x_j} + u_j \frac{\partial p'}{\partial x_i} \right\rangle \tag{7.180}$$

以及 ε_{ij} 是耗散张量:

$$\varepsilon_{ij} \equiv 2\nu \left\langle \frac{\partial u_i}{\partial x_k} \frac{\partial u_j}{\partial x_k} \right\rangle \tag{7.181}$$

为了将这些对称二阶张量与更熟悉的物理量进行关联,发现雷诺应力方程的一半轨迹是动能方程,特别是

$$\frac{1}{2}\mathcal{P}_{ii} = \mathcal{P}, \quad \frac{1}{2}\varepsilon_{ii} = \tilde{\varepsilon} \tag{7.182}$$

$$\frac{1}{2}\Pi_{ii} = -\frac{\partial}{\partial x_i}\langle u_i p'/\rho \rangle \tag{7.183}$$

图 7.35~图 7.38 显示了式(7.178)中非零雷诺应力的各项分布,依次为平均对流项、湍流对流项、黏性扩散项、生成项、压力项及耗散项。首先考察正应力 $\langle u^2 \rangle$、$\langle v^2 \rangle$ 和 $\langle w^2 \rangle$。

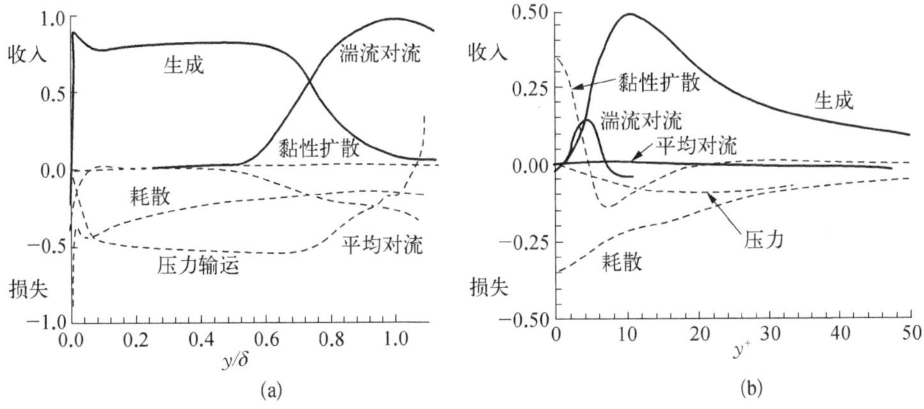

图 7.35 $\langle u^2 \rangle$ 在湍流边界层中的收支:条件和无量纲化同图 7.34

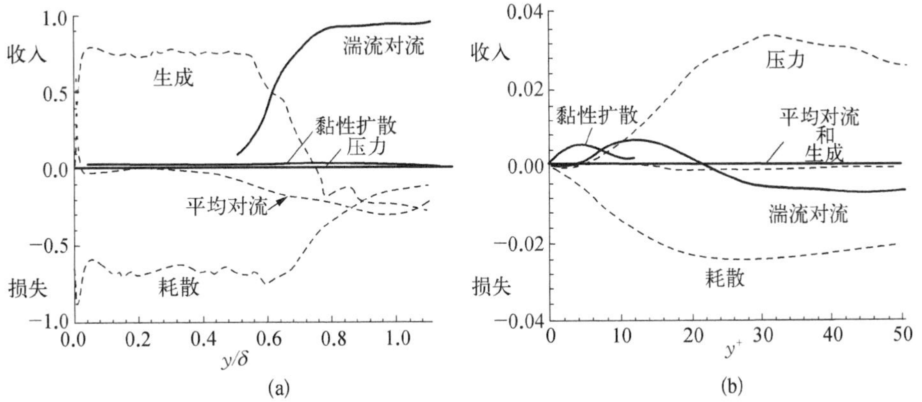

图 7.36 $\langle v^2 \rangle$ 在湍流边界层中的收支:条件和无量纲化同图 7.34

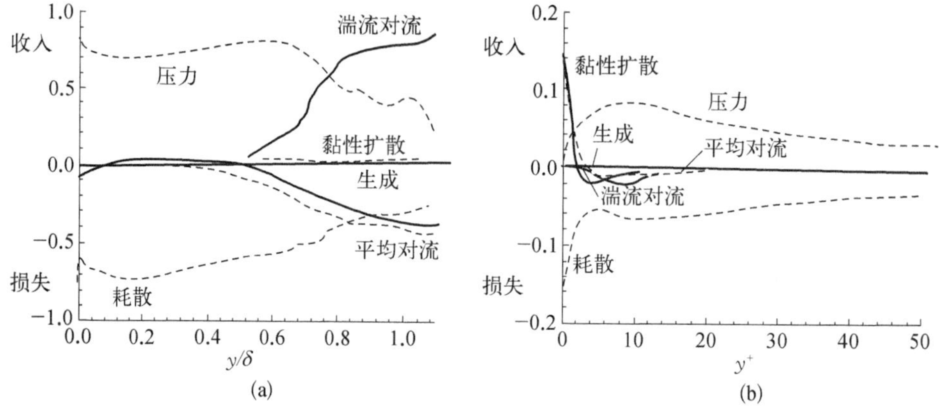

图 7.37 $\langle w^2\rangle$ 在湍流边界层中的收支：条件和无量纲化同图 7.34

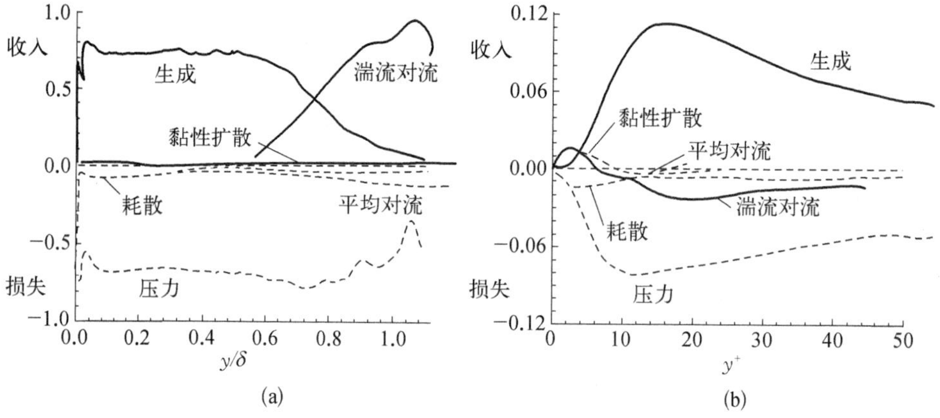

图 7.38 $-\langle uv\rangle$ 在湍流边界层中的收支：条件和无量纲化同图 7.34

3. 正应力平衡

单纯剪切流中 $\partial\langle U\rangle/\partial y$ 是唯一重要的平均速度梯度，正应力生成项为

$$\mathcal{P}_{11}=2\mathcal{P}=-2\langle uv\rangle\frac{\partial\langle U\rangle}{\partial y} \tag{7.184}$$

$$\mathcal{P}_{22}=\mathcal{P}_{33}=0 \tag{7.185}$$

即所有生成的动能均在 $\langle u^2\rangle$ 内。因此，与预期一致，对于绝大部分边界层，$\mathcal{P}_{11}$ 是 $\langle u^2\rangle$ 的主要来源(图 7.35)。

在湍流能平衡方程中，p' 仅作为输运项出现$\left(\text{即 }\frac{1}{2}\Pi_{ij} = -\nabla\cdot\langle \boldsymbol{u}p'/\rho\rangle\right)$，在绝大部分边界层中相对较小(图 7.34)。相反,在雷诺应力方程中,压力项 Π_{ij} 起核心作用。在绝大部分边界层中，Π_{11} 主导着 $\langle u^2\rangle$ 的平衡,而 Π_{22} 和 Π_{33} 分别是 $\langle v^2\rangle$ 和 $\langle w^2\rangle$ 平衡的主要来源。因此,脉动压力的主要作用是重新分配速度分量之间的能量,即从 $\langle u^2\rangle$ 中提取能量将其转换到 $\langle v^2\rangle$ 和 $\langle w^2\rangle$ 上。

$$\Pi_{ij} = \mathcal{R}_{ij} - \frac{\partial}{\partial x_k}T_{kij}^{(p)} \tag{7.186}$$

通过分解可以显示脉动压力的重新分配效应,其中应变压力率张量的 $\mathcal{R}_{ij}$ 为

$$\mathcal{R}_{ij} \equiv \left\langle \frac{p'}{\rho}\left(\frac{\partial u_i}{\partial x_j} + \frac{\partial u_j}{\partial x_i}\right)\right\rangle \tag{7.187}$$

而 $T_{kij}^{(p)}$ 是压力传递(见练习 7.24)。根据连续性方程$\nabla\cdot \boldsymbol{u} = 0$，应变压力率张量缩减为零,因此从湍动能方程中消失。在边界层中,能量以 $-R_{11} = R_{22} + R_{33}$ 的速率从 $\langle u^2\rangle$ 转换到 $\langle v^2\rangle$ 和 $\langle w^2\rangle$。

4. 剪切力平衡

图 7.38 显示了 $-\langle uv\rangle$ 的平衡状态。由于 $\langle uv\rangle$ 为负,因此 $-\langle uv\rangle$ 的“增值”对应剪切力幅值的增加。可以看出,在边界层的大部分区域($y^+ \approx 40$ 到 $y/\delta \approx 0.5$),生成项(即 $-\mathcal{P}_{12} = \langle v^2\rangle\partial\langle U\rangle/\partial y$) 与压力项 Π_{12} 之间近似平衡。与正应力平衡相比,除壁面附近外,耗散项 ε_{12} 相对较小。

在局部各向同性湍流中,耗散张量是各向同性的,即

$$\varepsilon_{ij} = \frac{2}{3}\tilde{\varepsilon}\delta_{ij} \tag{7.188}$$

图 7.39 显示了通过 $\frac{2}{3}\tilde{\varepsilon}$ 无量纲化的 ε_{ij} 分布。在靠近壁面区域，ε_{ij} 的各向异性显著;但是,在 $y/\delta > 0.2(y^+ > 130)$ 区域,接近各向同性$\left[\text{即 }\varepsilon_{ij}\Big/\left(\frac{2}{3}\tilde{\varepsilon}\right)\text{ 的对角分量接近于 1,非对角分量接近于零}\right]$。模拟的雷诺数相对较低,导致(对于 $y/\delta > 0.1$) ε_{ij} 的各向异性较弱但不同耗散张量的差异显著,而 Saddoughi 和 Veeravalli (1994)的边界层实验清晰地表明,在高雷诺数条件下局部是各向同性的。

雷诺应力的平衡状态明确表明,速度压力梯度张量 Π_{ij} 是一个重要的物理量,当然还包括生成张量 $\mathcal{P}_{ij}$ 和耗散项张量 ε_{ij}。将在第 11 章进一步探讨雷诺应力方程和 Π_{ij}。

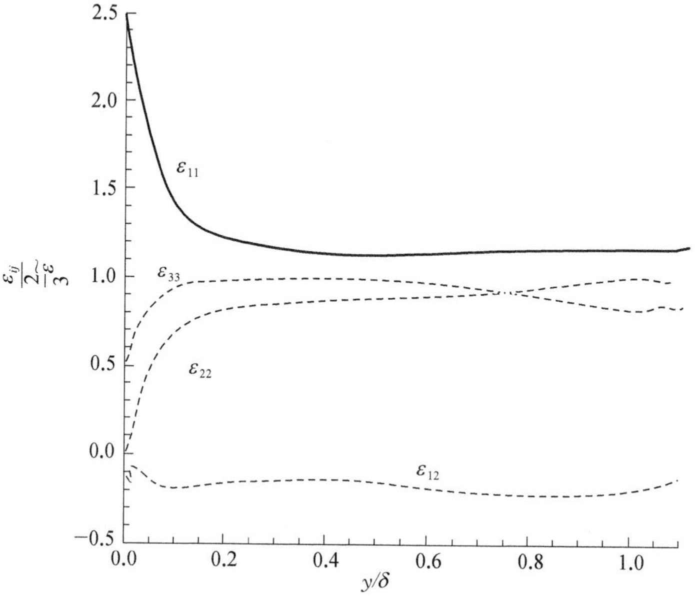

图 7.39　湍流边界层在 Re_θ = 1 410 时的无量纲化耗散分量：取自 Spalart(1988)的 DNS 数据，其中 δ = 650δ_ν

练　　习

7.23　根据雷诺分解 $\boldsymbol{U}=\langle \boldsymbol{U}\rangle+\boldsymbol{u}$，以及定义 $\mathrm{D}/\mathrm{D}t=\partial/\partial t+\boldsymbol{U}\cdot\nabla$ 和 $\bar{\mathrm{D}}/\bar{\mathrm{D}}t=\partial/\partial t+\langle \boldsymbol{U}\rangle\cdot\nabla$，推导：

$$\left\langle u_i\frac{\mathrm{D}u_j}{\mathrm{D}t}+u_j\frac{\mathrm{D}u_i}{\mathrm{D}t}\right\rangle=\frac{\bar{\mathrm{D}}\langle u_iu_j\rangle}{\bar{\mathrm{D}}t}+\frac{\partial}{\partial x_k}\langle u_iu_ju_k\rangle \tag{7.189}$$

因此，通过脉动速度 $\boldsymbol{u}(\boldsymbol{x},t)$ 的输运方程[式(5.138)]，推导出雷诺应力方程：

$$\frac{\bar{\mathrm{D}}\langle u_iu_j\rangle}{\bar{\mathrm{D}}t}+\frac{\partial}{\partial x_k}\langle u_iu_ju_k\rangle=\mathcal{P}_{ij}+\Pi_{ij}+\nu\langle u_i\nabla^2u_j+u_j\nabla^2u_i\rangle \tag{7.190}$$

其中，$\mathcal{P}_{ij}$ 和 Π_{ij} 分别由式(7.179)和式(7.180)定义。证明式(7.190)中的黏性项可以重新表示为

$$\nu\langle u_i\nabla^2u_j+u_j\nabla^2u_i\rangle=-\varepsilon_{ij}+\nu\nabla^2\langle u_iu_j\rangle \tag{7.191}$$

其中，ε_{ij} 由式(7.181)定义，进而验证式(7.178)。

7.24　证明 Π_{ij}［式(7.180)］可以分解为

$$\Pi_{ij} = \mathcal{R}_{ij} - \frac{\partial T_{kij}^{(p)}}{\partial x_k} \tag{7.192}$$

其中，$\mathcal{R}_{ij}$ 是由式(7.187)定义的应变压力率张量，并有

$$T_{kij}^{(p)} \equiv \frac{1}{\rho}\langle u_i p'\rangle \delta_{jk} + \frac{1}{\rho}\langle u_j p'\rangle \delta_{ik} \tag{7.193}$$

证明：$\mathcal{R}_{ij}$ 是偏张量，在均匀湍流中，Π_{ij} 与 $\mathcal{R}_{ij}$ 相等。

7.25　根据以上结果，雷诺应力方程可以写为

$$\frac{\bar{\mathrm{D}}}{\bar{\mathrm{D}}t}\langle u_i u_j\rangle + \frac{\partial}{\partial x_k}T_{kij} = \mathcal{P}_{ij} + \mathcal{R}_{ij} - \varepsilon_{ij} \tag{7.194}$$

其中，雷诺应力通量 T_{kij} 为

$$T_{kij} = T_{kij}^{(u)} + T_{kij}^{(p)} + T_{kij}^{(\nu)} \tag{7.195}$$

以及：

$$T_{kij}^{(u)} \equiv \langle u_i u_j u_k\rangle, \quad T_{kij}^{(\nu)} \equiv -\nu \frac{\partial \langle u_i u_j\rangle}{\partial x_k} \tag{7.196}$$

7.26　证明：

$$\frac{1}{2}\mathcal{P}_{ii} = \mathcal{P}, \quad \frac{1}{2}\varepsilon_{ii} = \tilde{\varepsilon} \tag{7.197}$$

进而证明，雷诺应力方程［式(7.194)］的一半迹与动能方程［式(5.164)］相同。

7.27　对于 $\partial\langle U_1\rangle/\partial x_2$ 为唯一非零平均速度梯度的单纯剪切流，证明生成张量 $\mathcal{P}$ 为

$$\mathcal{P} = \frac{\partial\langle U_1\rangle}{\partial x_2}\begin{bmatrix} -2\langle u_1 u_2\rangle & -\langle u_2^2\rangle & 0 \\ -\langle u_2^2\rangle & 0 & 0 \\ 0 & 0 & 0 \end{bmatrix} \tag{7.198}$$

7.28　对于雷诺应力各向异性形式 $a_{ij} \equiv \langle u_i u_j\rangle - \frac{2}{3}k\delta_{ij}$，生成张量为

$$\mathcal{P}_{ij} = -\frac{4}{3}k\frac{\partial\langle U_i\rangle}{\partial x_j} - a_{ik}\frac{\partial\langle U_j\rangle}{\partial x_k} - a_{jk}\frac{\partial\langle U_i\rangle}{\partial x_k} \tag{7.199}$$

给出一个正应力生成项 $\mathcal{P}_{11}$ 为负数流动的例子。

7.29 探讨应变压力率张量对雷诺剪切力的影响：

(1) 在 R_{ij} 主轴上；

(2) 在 $\langle u_i u_j \rangle$ 的主轴上。

7.30 根据 ε_{ij} 的定义[式(7.181)]，证明在壁面处，有

$$\varepsilon_{ij} = \nu \frac{\partial^2 \langle u_i u_j \rangle}{\partial y^2}, \quad y = 0 \tag{7.200}$$

并说明哪些分量在壁面处是非零的。

7.3.6 其他影响

到目前为止，本章考虑了平板上的零压力梯度湍流边界层。现在简要叙述非零压力梯度和表面曲率的影响。

1. 平均压力梯度

探讨平均压力梯度对边界层的影响，首先是因为在实际应用中经常出现，其次是影响可能很大。顺压梯度 ($\mathrm{d}p_0/\mathrm{d}x < 0$) 对应加速的自由流 ($\mathrm{d}U_0/\mathrm{d}x > 0$)，例如，发生在机翼的前部。相反，逆压梯度 ($\mathrm{d}p_0/\mathrm{d}x > 0$) 对应减速的自由流 ($\mathrm{d}U_0/\mathrm{d}x < 0$)，例如，出现在扩压段或者机翼尾部。

平均顺压梯度导致平均速度剖面变陡，导致形状因子 H 减小和表面摩擦系数 c_f 增大。间歇区域的宽度增加(Fiedler and Head, 1966)，非湍流流体可以穿透到壁面处。事实上，在低雷诺数下，足够强的顺压梯度可以促使边界层重新线性化(Narasimha and Sreenivasan, 1979)。

可以预测，温和的逆压梯度具有相反的影响：平均速度剖面变得平缓，形状因子 H 增加及表面摩擦系数 c_f 减小(Bradshaw, 1967; Spalart and Watmuff, 1993)。然而，持续的强逆压梯度会导致边界层分离或者脱离表面(Simpson, 1989)。分离伴随着流动的大尺度不稳定及分离下游的回流 ($\langle U \rangle < 0$)。

2. 表面曲率

曲面边界层在许多实际应用中都很重要，如涡轮机械中压气机和涡轮叶片的绕流。在这些应用中，曲率位于流动的主要方向。在机翼的上(吸力)表面，曲率是凸的；而在高度弯曲翼型的下(压力)表面是凹曲率。

在翼型绕流中，边界层同时受到曲率和平均压力梯度的影响，可以在实验室中对这些影响进行单独的实验研究。Muck 等(1985)对具有恒定自由流速度的边界层开展了实验，边界层在上游为平板紧接着为凸曲面(恒定曲率半径 R_c)的壁面上发展形成。Hoffmann 等(1985)在凹曲面上开展了一个类似的实验。

在这些实验中，边界层厚度 δ 与曲率半径 R_c 之比约为 0.01。Gillis 和 Johnston

(1983)开展了凸曲率 $\delta/R_c \approx 0.1$ 的实验。

瑞利准则(Rayleigh, 1916)准确地预测了曲率的稳定性或失稳效应。对于凸曲率,曲率中心位于表面下方,边界层中流体的角动量随半径(从曲率中心测量)增加。根据瑞利准则,这种增加的角动量是稳定的,并且实验数据证实,相比平面边界层,雷诺应力和表面摩擦系数有所降低。

在雷诺应力方程(取合适的曲线坐标系)中,由于曲率,会产生相对 δ/R_c 大小的附加生成项。然而,Bradshaw(1973)指出,曲率对湍流的影响比这种用直接作用机制所解释的影响要大一个数量级。

对于凹曲率表面的流动,曲率中心位于表面上方的流体内。在边界层中,流体的角动量随半径减小(即,随着接近表面而减小)。根据瑞利准则,这是不稳定的。实验观察到纵向 Taylor-Gortler 涡的形成,并且雷诺应力和表面摩擦系数增加(与平面边界层相比)。同样,这种影响的幅度比简单的缩比影响要大得多。

对于轻度弯曲表面的边界层,非零平均应变率为

$$\bar{S}_{12} = \bar{S}_{21} = \frac{1}{2}\left(\frac{\partial\langle U_1\rangle}{\partial x_2} - \frac{\langle U_1\rangle}{R_c}\right) \tag{7.201}$$

(采用局部笛卡儿坐标系,其中基向量 e_2 垂直于曲面, e_1 和 e_3 与曲面相切,平均流在 e_1 方向。)可以发现,曲率产生额外应变率 $-\frac{1}{2}\langle U_1\rangle/R_c$, 比 $\partial\langle U_1\rangle/\partial x_2$ 小,与 δ/R_c 一个量级。通常,剪切湍流对这种额外的应变率表现出不成比例的强烈响应(Bradshaw, 1973)。

7.4 湍流结构

与自由剪切流一样,自1960年以来,很大一部分壁面边界层流动的实验研究是针对湍流结构或准相干结构开展的。通过流动显示、条件采样技术或其他理论推导(如下所述)识别这些结构;但很难对其进行准确的定义。研究思路是流场在空间和时间区域(明显大于最小流动或湍流尺度)中具有特定的相干模式。不同的瞬时结构发生在不同的位置和时刻,流场在细节上肯定不同:但它们具有共同特征的相干模式。

湍流结构实验研究的目的包括:

(1) 在无序中找出规律;

(2) “解释”流动显示的模式;

(3) 基于基本结构“解释”流动的重要“机制”;

(4) 确认“重要”结构,期望通过有效控制来实现工程目标,如减少阻力和增强传热。

毫无疑问,这些研究取得了宝贵的成果,并实现了部分目标。然而,还有部分目标尚未实现,或者不能实现。基于牛顿力学的思路寻求现象的简单确定性解释。只有在非常有限的程度上,相干结构能简单地“解释”近壁湍流的流动。随机背景中存在许多结构,它们之间的确定性和随机的相互作用远不清楚,并且也不可能简单。基于少量结构样本的动力学作用发展近壁湍流定量理论的目标尚未实现,而且可能无法实现。

1. 壁面流动结构介绍

Kline 和 Robinson(1990),以及 Robinson(1991)对槽道流和边界层中的准相干结构进行了实用的分类,确定的八种类型如下:

(1) $0 < y^+ \leqslant 10$ 区域的低速条纹;

(2) 低速流体由壁面向外的喷射;

(3) 高速流体向壁面的扫掠;

(4) 几种特定形式的旋涡结构;

(5) 近壁区域 ($y^+ \leqslant 80$) 的强剪切层;

(6) 特定流动显示标记区域无明显流体的近壁局部结构;

(7) 背面,流向速度突然变化的表面(以 δ 为缩尺);

(8) 外层的大尺度运动(对于边界层,包括自由流流体的凸起、超级层及凹陷)。

Kline 和 Robinson(1990)、Robinson(1991)、Sreenivasan(1989)、Cantwell(1981)、Gad-el-Hak 和 Bandyopadhay(1994)等对这些结构的实验研究和论述进行了综述,本节只涉及一些主要研究。

大量的流动显示实验表明,在 $y^+ < 40$ 的近壁区存在条带结构。Kline 等(1967)在水槽的边界层实验中,采用一根细金属丝在水中(沿 z 方向)横向布置作为电极产生微小氢气泡。金属丝放置在距离壁面 $y^+ = 10$ 以内位置时,在壁面平面清晰可见流向 (x) 上的长条带结构,对应聚焦的氢气泡。该实验与后续研究[如 Kim 等(1971),以及 Smith 和 Metzler(1983)]确定了这种条带结构的诸多特征。在壁面附近 ($y^+ < 7$),条带的间距在 $80\delta_\nu \sim 120\delta_\nu$ 随机分布,与雷诺数无关,其长度(在 x 方向)可能超过 $1\,000\delta_\nu$。条带结构对应相对缓慢的流体——流向速度约为局部平均值的一半,而条带之间的流体(显然)以相对较快的速度运动。

条带具有一种特征行为,称为破碎。随着下游距离的增加,条带逐渐离开壁面,并在某个位置点(通常在 $y^+ = 10$ 附近),会急剧转向并快速离开壁面,该过程称为条带抛射或喷射。当条带抬升时，呈现出快速振荡，并随后破碎为更小尺度的运动。图 7.40 显示了典型喷射的染料条带结构。

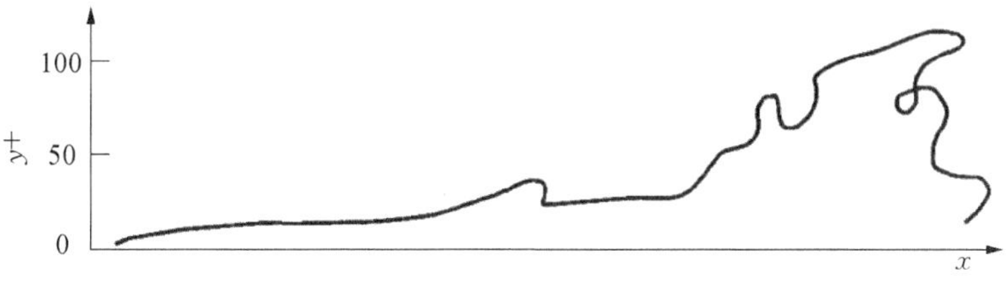

图 7.40　湍流边界层中染料条纹显示的近壁面低速喷射的流体［取自 Kline 等（1967）的实验］

随着流体通过喷射离开壁面，连续特性使得一些其他区域的流体流向壁面。Corino 和 Brodkey（1969）确定了高速流体（即 $u > 0$）向壁面移动的区域，称为扫掠。

一个重要问题是喷射和扫掠对于湍流生成的作用。如图 7.41 所示，通过坐标轴将脉动速度 $u-v$ 的样本空间划分为四个象限。在象限 2 和象限 4 中，乘积 uv 为负，因此这些区域的运动对应于正生成（回顾 $\mathcal{P}=-\langle uv\rangle\partial\langle U\rangle/\partial y$）。因此，喷射（象限 2）和扫掠（象限 4）都会产生湍流能量。各个象限对 $\langle uv\rangle$ 贡献的测量［例如 Wallace 等（1972），以及 Willmarth 和 Lu（1972）的研究］，可作为喷射和扫掠对生成湍流重要性的依据。然而，应该认识到，象限 2 中的运动不一定是喷射；并且相关系数约为 0.5 的简单事实表明，无论何种湍流结构，象限 2 和象限 4 运动发生的可能性是象限 1 和象限 3 运动的 2 倍（见练习 7.31）。

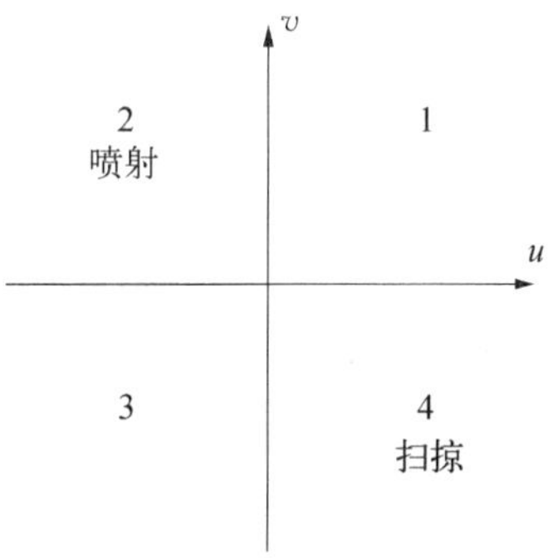

图 7.41　$u-v$ 样本空间显示了四个象限的编号，象限对应于喷射和扫掠

在近壁区域（$y^+ < 100$），成对的反向旋转的流向涡旋或滚转被确认为主要的"涡结构"（Bakewell and Lumley，1967；Blackwell and Haritonidis，1983），如图 7.42 所示。靠近壁面的漩涡间，在壁面存在流动的会聚（$\partial W/\partial z < 0$），形成观察到的条带结构。在图 7.42 中，漩涡间离开壁面的运动流体具有相对低的轴向速度，形成了图中所示的速度分布。速度剖面含有拐点，因此是不稳定的，并推测与破碎有关（Holmes et al.，1996）。

Head 和 Bandyopadhay（1981）提出，边界层中离壁面更远的主要涡结构是马蹄涡或发卡涡，如图 7.43 所示。横向尺度与 δ_ν 相当，长度与 δ 同量级，因此在高雷诺数条件下拉得极长。这种涡结构与壁面倾斜角约 45°，与 Theodorsen（1952）的预测结果吻合。

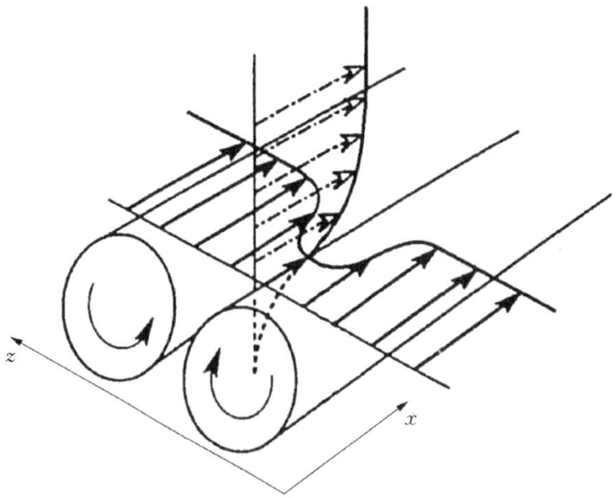

图 7.42 近壁区反向旋涡滚转对示意图 (Holmes et al., 1996)

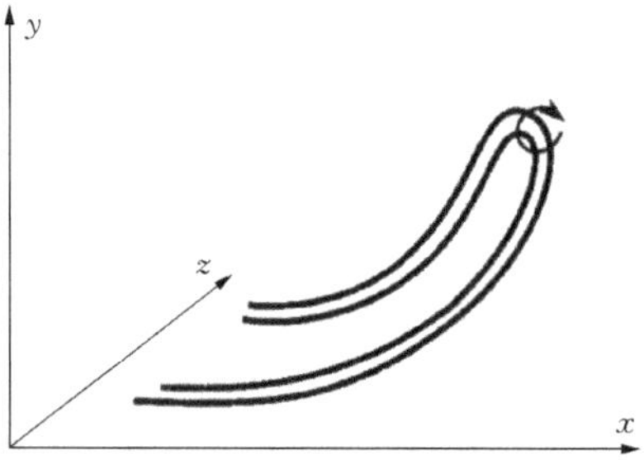

图 7.43 由 Head 和 Bandyopadhyay (1981)提出的发卡涡

Head 和 Bandyopadhay(1981)提出,较大尺度结构由发卡涡聚集而成;事实上,Perry 及其同事已经证明,这种涡结构的恰当分布可以对应边界层中测量的统计数据(Perry and Chong, 1982; Perry et al., 1986; Perry and Marusic, 1995)。

边界层最外层的流动是间歇性的。如第 5.5.2 节所述,存在一个薄湍流前缘——黏性超级层,将湍流边界层流体与无旋自由流流体隔离。在边界层内加入烟雾,而自由流流体为透明的流动显示中,可以发现黏性超级层的大尺度特征。例如,图 7.44 显示了 Falco(1977)的实验中充满烟雾区域的轮廓(标示黏性超级层的位置)。

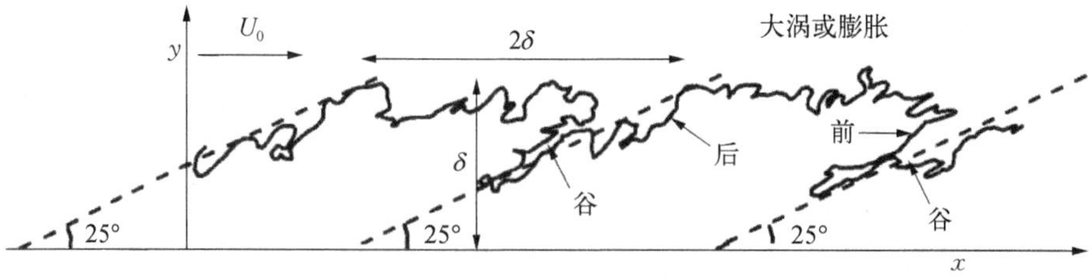

图 7.44 $Re_\theta \approx 4\,000$ 时湍流边界层的大尺度特征[取自 Falco(1977)的实验]

这条不规则的线(近似于黏性超级层)是充满烟雾的湍流流体和清澈的自由流流体之间的边界

图 7.44 中流动结构的性质和特征已经在许多基于条件采样热线测量实验中被量化[例如,Corrsin 和 Kistler(1954),Kovasznay 等(1970),Blackwelder 和 Kovasznay(1972),以及 Murlis 等(1982)的研究]。对于给定的 x, 超级层的 y 位置

符合(或者非常近似)平均值为 $0.8\delta_\nu$、方差为 $0.15\delta_\nu$ 的正态分布。相应地,间歇因子 γ 具有误差函数分布(图 7.26)。非湍流流体的低谷深入边界层,这些低谷隔离出以 20°~25°特征角度倾斜的大尺度漩涡或凸起。凸起的长度通常为 $\delta \sim 3\delta$(在 x 方向上),宽度(在 z 方向上)约为长度的一半。在以 $0.9U_0 \sim 0.97U_0$ 的速度向下游发展时,这些突起逐渐演化,并以平均旋转方向缓慢旋转(图 7.44 中为顺时针方向)。凸起的大尺度运动以外层的 U_0 和 δ 为特征尺度。

大尺度涡和超级层还包含更精细的结构:Falco(1974)称为典型涡,而前面提到,Head 和 Bandyopadhay(1981)则认为是 45°倾斜的发卡涡。Murlis 等(1982)的测量结果支持了 Head 等的观点,即更小尺度结构长度在 δ 量级,宽度为 δ_ν 量级。

练　习

7.31　假设 u 和 v 为联合正态分布,相关系数为 ρ_{uv},证明象限 1 运动的概率 P_1(即 $u > 0$)为

$$P_1 = \frac{1}{4} + \frac{1}{2\pi}\sin^{-1}\rho_{uv} \tag{7.202}$$

对于联合正态 u 和 v,以及 $\rho_{uv} = -0.5$(典型边界层),证明象限 1 和 2 运动的概率分别为 $P_1 = \dfrac{1}{6}$ 和 $P_1 = \dfrac{1}{3}$。

(提示:考虑联合正态随机变量 $\check{u} \equiv u$ 和 $\check{v} \equiv \alpha u + \beta v$,选择合适的 α 和 β 使 $\check{u} - \check{v}$ 协方差矩阵是各向同性的。)

2. 推导技术

上述准相干结构主要通过低雷诺数湍流的流场显示来识别(从实验或 DNS)。这种主观方法不可避免地产生对流动结构性质和特征的争议。因此,多年来有许多关于客观推导技术的建议,用于确定结构并量化其重要性。

基于条件单点测量的推导技术例子有:象限分析(Willmarth and Lu, 1972)和可变间隔时间平均(variable-interval time average, VITA)(Blackwelder and Kaplan, 1976)。DNS 提供的流场信息能够实现基于压力(Robinson, 1991)和速度梯度张量的各种不变量[例如 Blackburn 等(1996)及 Jeong 等(1997)的研究]的推导技术。

3. POD

POD 是一种基于两点速度相关性的推导技术,其确定了平均条件下包含能量最多的运动。POD 也称为 Karhunen-Loeve 分解,由 Lumley(1967b)引入湍流研究,Berkooz 等(1993)及 Holmes 等(1996)提供了完整的描述。

对于湍流,POD 提供了一种脉动速度场 $\boldsymbol{u}(\boldsymbol{x}, t)$ 的表述。然而,为了便于阐

述，本节先探讨区间 $0 < x < \mathcal{L}$ 内的随机标量函数 $u(x)$。

$u(x)$ 的正交分解为

$$u(x) = \sum_{n=1}^{\infty} a_n \varphi_n(x) \tag{7.203}$$

其中，$\{\varphi_n(x), n = 1, 2, \cdots\}$ 是一组实数基函数，满足正交性条件：

$$\frac{1}{\mathcal{L}}\int_0^{\mathcal{L}} \varphi_n(x)\varphi_m(x)\,\mathrm{d}x = \delta_{nm} \tag{7.204}$$

而 $\{a_n, n = 1, 2, \cdots\}$ 是基函数系数，通过将式(7.203)乘以 $\varphi_m(x)$ 并积分，很容易推导出：

$$a_m = \frac{1}{\mathcal{L}}\int_0^{\mathcal{L}} u(x)\varphi_m(x)\,\mathrm{d}x \tag{7.205}$$

基函数 $\varphi_n(x)$ 不是随机的，而系数 a_n 是随机的。基函数有无限多个的选项，最常见的是傅里叶模式，可以写为（与当前符号保持一致）：

$$\varphi_n(x) = \begin{cases} \cos[\pi(n-1)x/\mathcal{L}], & n \text{ 为奇数} \\ \sin(\pi n x/\mathcal{L}), & n \text{ 为偶数} \end{cases} \tag{7.206}$$

定义域上 $u(x)$ 的平均能量为

$$E \equiv \frac{1}{\mathcal{L}}\int_0^{\mathcal{L}} \frac{1}{2}\langle u(x)^2\rangle\,\mathrm{d}x \tag{7.207}$$

代入式(7.203)中的 $u(x)$，并联合式(7.204)，得到：

$$\begin{aligned} E &= \frac{1}{\mathcal{L}}\int_0^{\mathcal{L}} \frac{1}{2}\sum_{n=1}^{\infty}\sum_{m=1}^{\infty}\langle a_n a_m\rangle \varphi_n(x)\varphi_m(x)\,\mathrm{d}x \\ &= \sum_{n=1}^{\infty}\frac{1}{2}\langle a_n^2\rangle \end{aligned} \tag{7.208}$$

因此，$\frac{1}{2}\langle a_n^2\rangle$ 是第 n 模式 $a_n\varphi_n(x)$ 对能量的贡献，并且部分和为

$$E_N \equiv \sum_{n=1}^{N}\frac{1}{2}\langle a_n^2\rangle \tag{7.209}$$

E_N 是前 N 个模式中包含的能量。该推导过程适用于任何正交分解，也就是说，$\varphi_n(x)$ 的任何选项均得到与式(7.204)一致的结果。

本征正交分解定义的一个性质是选择能使部分和 E_N（其中，$N = 1, 2, \cdots$）最大化的基函数：POD 前 N 个模式比其他任何正交分解前 N 个模式包含的能量

更多。

因此，确定第 n 个 POD 基函数满足正交性条件[式(7.204)，$m \leqslant n$]，并最大化：

$$\langle a_n^2 \rangle = \frac{1}{\mathcal{L}^2}\int_0^{\mathcal{L}}\int_0^{L}\langle u(x)u(y)\rangle \varphi_n(x)\varphi_n(y)\,\mathrm{d}x\mathrm{d}y \tag{7.210}$$

显然，两点相关性信息足够确定 $\varphi_n(x)$；微积分变形的直接应用(Holmes et al., 1996)表明，$\varphi_n(x)$ 是积分方程的本征函数：

$$\frac{1}{\mathcal{L}}\int_0^{\mathcal{L}}\langle u(x)u(y)\rangle \varphi_n(y)\,\mathrm{d}y = \lambda_{(n)}\varphi_n(x) \tag{7.211}$$

本征值 λ_n 与 a_n^2 相等(见练习 7.32)；因此，本征值必须按降序排列($\lambda_{(1)} \gg \lambda_{(2)} \gg \lambda_{(3)} \cdots$)，以满足部分和 E_N 是最大的。

Holmes 等(1996)提出，将 POD 应用于湍流需要将以上概念拓展到三维速度场 $\boldsymbol{u}(\boldsymbol{x},\ t)$。通常只在空间中(而不同时在时间和空间中)进行分解，因此 POD 的形式为

$$\boldsymbol{u}(\boldsymbol{x},\ t) = \sum\nolimits_{n=1}^{\infty} a_n(t)\boldsymbol{\varphi}_n(\boldsymbol{x}) \tag{7.212}$$

其中，基函数 $\boldsymbol{\varphi}_n(\boldsymbol{x})$ 是不可压缩向量场，是某种意义上的“特征涡”(Moin and Moser, 1989)；系数 $a_n(t)$ 是时间的随机函数。

Bakewell 和 Lumley(1967)从测量的两点相关性推测，充分发展的管道湍流中的第一个 POD 基函数对应一对反向旋转的旋涡，与图 7.42 所示旋涡类似。Moin 和 Moser(1989)通过充分发展槽道流的 DNS 数据开展了综合 POD 分析。第一个本征函数占能量的 50% 和生成的 75%。同样对于槽道流，Sirovich 等(1990)考察了 DNS 推导的系数 $a_n(t)$ 时间序列。Berkooz 等(1993)和 Holmes 等(1996)对其他 POD 研究进行了回顾。

练　　习

7.32　通过替换式(7.203)，证明式(7.211)的左侧可以重新表示为

$$\frac{1}{\mathcal{L}}\int_0^{\mathcal{L}}\langle u(x)u(y)\rangle \varphi_n(y)\,\mathrm{d}y = \langle u(x)a_n\rangle = \sum\nolimits_{m=1}^{\infty}\langle a_m a_n\rangle \varphi_m(x) \tag{7.213}$$

将式(7.211)乘以 $\varphi_\ell(x)$ 并积分得到：

$$\langle a_\ell a_n\rangle = \lambda_{(n)}\delta_{\ell n} \tag{7.214}$$

证明不同的 POD 系数是不相关的，并且 POD 本征值为

$$\lambda_{(n)} = \langle a_n^2 \rangle \tag{7.215}$$

证明两点相关性是基于 POD 本征值和本征函数推出的，如下所示：

$$\langle u(x)u(y) \rangle = \sum_{n=1}^{\infty} \lambda_{(n)} \varphi_n(x) \varphi_n(y) \tag{7.216}$$

4. 动力学模型

回顾第 6.4.2 节，波数空间的 Navier-Stokes 方程由傅里叶系数的无限常微分方程组构成[式(6.146)]。这些方程是非线性的，涉及模式间的三波关系。同样，对于正交分解[式(7.212)]，Navier-Stokes 方程意味着描述系数 $a_n(t)$ 演化的无限非线性常微分方程组。对于正交分解的 N 个系数 $a_n(t)$，自然尝试用截断的 N 个常微分方程组来描述主要结构间的相互作用。

Aubry 等(1988)基于前 5 个 POD 模式开发了近壁区域的动力学模型，该模型成功地定性描述了近壁运动的一些特征，包括破碎现象。Holmes 等(1996)的著作进一步发展了该方法。

Walefe(1997)开发了一个基于正交模式的不同模型。该模型显示为一个自持过程：流向涡与平均剪切力之间的相互作用导致条带结构的发展；随后条带变得不稳定，破碎后重新产生涡结构。

5. 结论

实验与 DNS(主要在低雷诺数条件下)揭示了壁面流动中的若干准相干结构[根据 Kline 和 Robinson(1990)的分类，至少存在 8 种]。现有的一些客观分析技术，尤其是恰当正交分解(POD)，已被开发用于识别和量化这些结构的特征。由此获得的见解具有实际应用价值，例如在减阻装置的研发中[见 Bushnell 和 McGinley(1989)，Choi(1991)，以及 Schoppa 和 Hussain(1998)的研究]。然而需要指出的是，目前对近壁湍流行为的完整定量描述仍远未实现。特别是大多数流动结构的动力学特性及其相互作用仍存在大量未知，且可能极为复杂。

第二篇

建 模 与 仿 真

第 8 章

建模与仿真简介

8.1 挑战

与其他领域的科学探索一样，湍流研究的最终目标是获得一个易于处理的定量理论或模型，该理论或模型可用于计算感兴趣的和具有实际意义的量。一个世纪的经验表明，"湍流问题"是有名的难题，简单解析理论的前景目前看起来并不乐观。尽管无法建立简单的解析理论，但我们仍然有希望利用数字计算机不断增强的计算能力来实现计算湍流相关性质的目标。在随后的章节中，将描述和检验五种主要的湍流计算方法。

在开始研究湍流之前，我们首先需要考虑湍流的一些特殊性质，这些性质使得建立一个准确且易于处理的理论或模型变得困难。速度场 $\boldsymbol{U}(\boldsymbol{x}, t)$ 是三维、时间相关且随机的。最大的湍流运动几乎与流动的特征宽度一样大，因此直接受到边界几何形状的影响（不是普遍的）。时间尺度和长度尺度的范围很大。相对于最大尺度，Kolmogorov 时间尺度减小为 $Re^{-1/2}$，Kolmogorov 长度尺度减小为 $Re^{-3/4}$。在壁面流动中，最活跃的运动（导致峰值湍流生成的运动）采用比外部尺度 δ 更小的黏性长度尺度 δ_ν 来衡量，且近似减小为 $Re^{-0.8}$（相对于 δ）。

困难来自 Navier-Stokes 方程中的非线性对流项，压力梯度项更是如此。当它以速度表示时[通过 Poisson 方程的解，式(2.49)]，压力梯度项是非线性和非局部的。

8.2 方法综述

后续章节中，将采用偏微分方程组的形式来描述方法，并由代数方程补充某些情况。对于给定的流动，通过指定恰当的初始条件和边界条件，可以用数值方法求解这些方程。

在湍流模拟中，求解随时间变化的速度场方程，该速度场在某种程度上代表了对应于一种湍流状况的速度场 $\boldsymbol{U}(\boldsymbol{x}, t)$。相比之下，在湍流模型中，方程求解一些平均量，如 $\langle \boldsymbol{U} \rangle$、$\langle u_i u_j \rangle$ 和 ε。（在不需要区分场景的情况下，"模型"一词同时用于指代仿真模型和湍流模型。）

描述的两种模拟方法是直接数值模拟(DNS，第 9 章)和大涡模拟(LES，第 13 章)。在 DNS 中，通过求解 Navier-Stokes 方程来确定一种流动状况的 $\boldsymbol{U}(\boldsymbol{x}, t)$。由于必须解析所有长度尺度和时间尺度，DNS 的计算成本很高；并且，由于计算成本随着 Re^3 的增加而增加，这种方法仅限于低到中等雷诺数的流动。在 LES 中，方程求解一个"滤波后(filtered)的"速度场 $\bar{\boldsymbol{U}}(\boldsymbol{x}, t)$，它代表较大尺度(larger-scale)的湍流运动。求解的方程包含一个较小尺度运动影响的模型，而这种小尺度运动并未直接描述。

第 10 章和第 11 章中描述的方法统称为雷诺平均纳维-斯托克斯(Reynolds-averaged Navier-Stokes, RANS)方程，因为它们通过雷诺方程的解来确定平均速度场 $\langle \boldsymbol{U} \rangle$。这些方法中的第一种方法，雷诺应力是从湍流黏性模型中获得的。湍流黏性可以从代数关系(如混合长度模型)中获得，也可以从求解模拟输运方程的湍流量(如 k 和 ε)中获得。在雷诺应力模型(第 11 章)中，采用模型化的输运方程来求解雷诺应力，因此不需要湍流黏性。

平均速度 $\langle \boldsymbol{U} \rangle$ 和雷诺应力 $\langle u_i u_j \rangle$ 分别是关于速度 $f(\boldsymbol{V}; \boldsymbol{x}, t)$ 的欧拉 PDF 的一阶矩和二阶矩。在 PDF 方法(第 12 章)中，求解关于诸如 $f(\boldsymbol{V}; \boldsymbol{x}, t)$ 之类 PDF 的模型输运方程。

8.3 模型评价标准

本节的目的是概述用于评估模型的标准。从历史上看，已经提出了许多模型，并且许多模型目前正在使用。重要的是要认识到湍流涉及的面很广泛，以及有大量且广泛的问题需要解决。因此，拥有大量且广泛的模型是有用且必要的，这些模型的复杂性、准确性和其他一些属性会各不相同。

用于评估不同模型的主要准则包括：① 描述层级；② 完整性；③ 成本和易用性；④ 适用范围；⑤ 精度。

我们列举了两种模型作为详细说明这些标准的示例，即混合长度模型和 DNS，它们处于这些方法的两个极端。

回想一下，DNS 方法通过直接求解 Navier-Stokes 方程，给出某种流动的瞬时速度场 $\boldsymbol{U}(\boldsymbol{x}, t)$ 分布。混合长度模型(应用于统计稳定的二维边界层流)由关于 $\langle U(x, y) \rangle$、$\langle V(x, y) \rangle$ 的边界层方程组成，其中雷诺剪应力和湍流黏性从模型方程获得：

$$\langle uv \rangle = -\nu_{\mathrm{T}} \frac{\partial \langle U \rangle}{\partial y} \tag{8.1}$$

$$\nu_{\mathrm{T}} = \ell_{\mathrm{m}}^{2} \left| \frac{\partial \langle U \rangle}{\partial y} \right| \tag{8.2}$$

混合长度 $\ell_{\mathrm{m}}(x, y)$ 通过位置函数的形式给出。

8.3.1　描述层级

在 DNS 方法中，流动由瞬时速度 $\boldsymbol{U}(\boldsymbol{x}, t)$ 描述，所有其他信息都可以通过该速度场进一步确定。例如，可以采用流动可视化技术检查湍流结构，并且可以提取多次、多点统计数据。另外，在混合长度模型中，描述是在平均流层级上的：除了指定的混合长度外，唯一直接表示的量是 $\langle U \rangle$ 和 $\langle V \rangle$，没有提供有关速度的 PDFs（概率密度分布函数）、两点相关性或湍流结构之类的信息。在很多应用中，这种平均流动的封闭（如混合长度模型）提供的有限描述是足够的。更高层级的描述可以提供更完备的湍流特征，从而产生更准确和适用性更广泛的模型。

8.3.2　完整性

如果模型的组成方程不依赖于与流动相关的具体参数，则认为该模型是完整的。一种流动与另一种流动的区别仅在于物质属性（如密度和速度）、初始条件和边界条件的具体化。DNS 是完整的，而混合长度模型是不完整的：其必须指定混合长度体 $\ell_{\mathrm{m}}(x, y)$，而恰当地确定该值取决于具体的流动条件。

不完整模型可用于一些特定类别的流动中（如翼型上的附加边界层），其中包含了大量恰当具体化流动参数的半经验知识。显而易见，这种模型仍需满足完整性。

8.3.3　成本和易用性

除了最简单的流动之外，所有流动都需要数值方法来求解模型方程。执行湍流模型的计算难度取决于流动和模型自身。

表 8.1 根据几何形状对湍流进行了分类。计算难度随流动的统计维度而增加：如果流动在统计上是稳态的，则计算难度会降低；如果可以使用边界层方程，则计算难度会进一步降低。在某些方法（如 DNS）中，计算成本是流动雷诺数的快速增加函数；而在其他情况（如混合长度模型下），计算成本随雷诺数的增加是微不足道的，甚至是可以忽略的。

表 8.1 不同计算难度水平的湍流示例(难度向下、向右增加)

维数(统计不均匀性的方向数)	边界层(统计稳态,采用边界层近似)	统计稳态	非统计稳态
0			均匀剪切流
1		充分发展的管道或槽道流动;自相似剪切流[a]	瞬态混合层
2	平板边界层;共流中的射流	二维管道中突然膨胀的流动	振荡圆柱体绕流
3	机翼边界层	横流中的射流;飞行器或建筑物周围绕流	圆柱形往复式发动机内的流动

a 在相似变量中,二维自相似自由剪切流的湍流模型方程只有一个自变量。

对特定的流动开展湍流计算可以分为两部分。首先,必须获得或开发求解模型方程的计算机程序,并针对手头的流动进行设置(例如,通过指定适当的边界条件);其次,执行计算机程序进行计算,并提取所需的结果。第一步的成本和难度取决于可用的软件和算法,以及模型的复杂性。为特定类别的流动和模型开发计算机程序可能需要付出巨大的努力,因此,在评估和使用新模型时,编制调试新的计算程序是一个巨大障碍。当然,这是一种"一次性成本"。

第二部分(开展计算)的成本和难度取决于所需的计算机规模(例如,工作站或超级计算机)、执行计算所需的人力时间和技能,以及消耗的计算机资源,这些是"经常性开支"。

就消耗的计算机时间而言,什么样的计算成本是可以接受的?根据具体情况,答案可能会千差万别。Peterson 等(1989)认为,在最强大的超级计算机上,大约 200h 的中央处理器(central processing unit, CPU)时间是"大规模研究"计算的合理上限[Kim 等(1987)的槽道流动 DNS 计算需要 250 h,达到这种规模的计算很少]。对于"应用程序",Peterson 等(1989)建议,在最强大的超级计算机上,15 min 的 CPU 时间是更合理的,这相当于在百分之一速度的工作站上开展 25 h。为了在工作站上执行工程设计研究(需要"重复"湍流计算),每次计算需要 1 min 或更短的 CPU 时间。这些"重复""应用"和"大规模研究"计算的大小之比为 $1:1.5\times10^3:1.2\times10^6$。

在给定时间内执行的计算量以 flops(浮点运算)为计量单位,其取决于计算机的速度,以 megaflops、gigaflops 或 teraflops 为单位,即每秒 10^6 flops、10^9 flops 或 10^{12} flops①。图 8.1 显示了近 30 年内最大的超级计算机峰值运算速度的变化情

① 注意 flops 是操作的数量,而 megaflops 是一个速率,即每秒操作的数量(以百万计)。

况，从图中可以看出，速度呈指数增长，每 10 年增加 30 倍。这是一个惊人的增长速度：20 年增长 1 000 倍，40 年增长 100 万倍。尽管没有合理的基础可以将这种增长速度外推到今后几年，但通常认为这种趋势将继续下去（Foster，1995）。因此，今天的"研究"方法可能在 20 年内适用于"应用"，并在 40 年内适用于"重复"计算。另外，"大规模研究"和"重复性"计算在这 40 年间的转变再次说明，需要一系列适用于不同计算规模的模型。

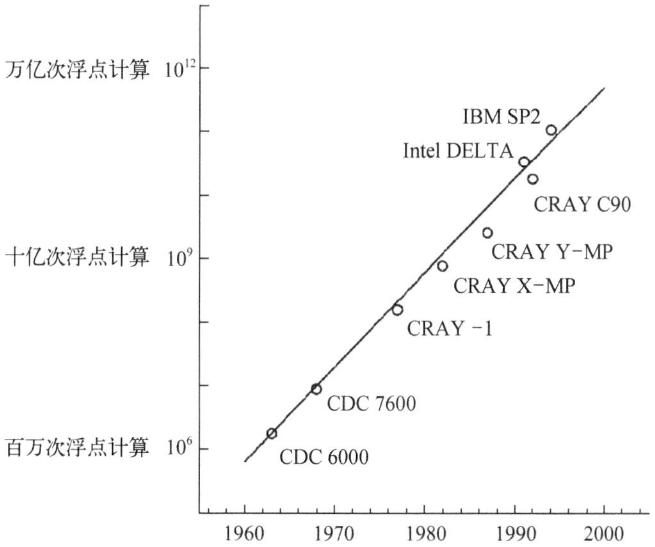

图 8.1　最快超级计算机的速度（每秒浮点运算次数）与其推出年份的关系［经 Addison Wesley Longman 许可，改编自 Foster（1995）的研究］

图中线条显示，每 10 年的增长速率为 30 倍

需要谨慎看待图 8.1 中显示的绝对速度，实际达到的速度可能比峰值速度小一个甚至两个数量级。通常仅使用并行计算机的一小部分（例如，八分之一）处理器，并且每个处理器仅达到峰值速度的 20%～50%。还应该意识到，虽然这里讨论的重点是 CPU 时间，但内存也可能是一个限制因素。

8.3.4　适用范围

并非所有模型都适用于所有流动。例如，有许多基于速度谱或两点相关性的模型，这些模型仅适用于各向同性湍流［本书没有考虑这些模型，但在 Lesieur（1990）和 McComb（1990）的书中有所描述］。作为第二个例子，特定的混合长度模型通常针对流动几何进行某些假设，从而给出具体化混合长度，因此其适用性仅限于该几何形状的流动。计算规模对某些模型的适用性提出了另一个限制（尽管仍然是真实的)。特别是对于 DNS 方法,计算资源需求随着雷诺数的增加而急剧上升,以至于该方法仅适用于低或中等雷诺数的流动。这一限制在第 9 章中有更详细的讨论。

在本书中,我们主要关注密度不变的流动中的速度场。然而,应该理解的是,在许多应用湍流模型的流动中,还存在其他现象,如传热和传质、化学反应、浮力、可压缩性和多相流。因此,需要考虑的一个重要因素是,这些考虑的方法在多大程度上适用于或者可以扩展到这些更复杂的流动。

需要强调的是,在这些考虑因素中,我们将适用性与准确性分开论述。只要模型方程是合适的并且可以求解,模型便适用于该流动,无论给出的解是否准确。

8.3.5 精度

不言而喻,精度是任何模型的必要属性。在某个特定流动的应用中,可以通过将模型计算结果与实验测量的结果进行比较来确定模型的精度。这个模型测试过程至关重要,值得仔细考虑。如图 8.2 所示,该过程由多个步骤组成,其中一些会引入误差。

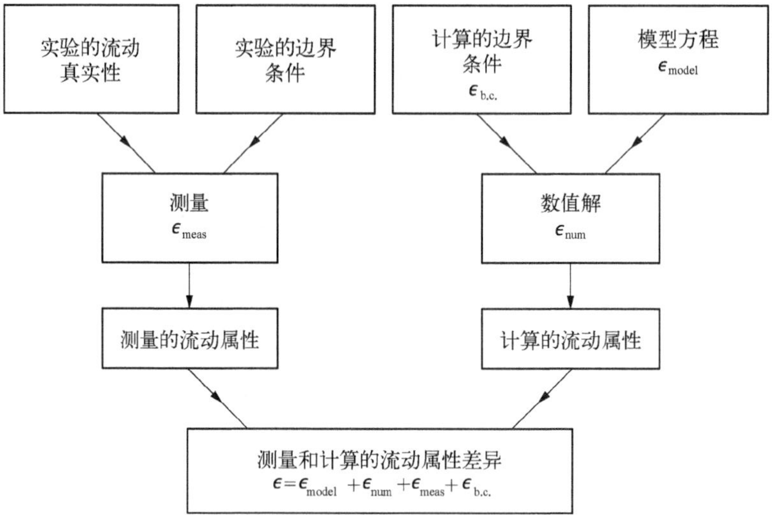

图 8.2 流动特性的测量值与计算值差异示意图,差异源于模型的不准确性:ϵ_{model};数值误差:ϵ_{num};测量误差:ϵ_{meas};边界条件的差异:$\epsilon_{b.c.}$(ϵ 的公式只是一个提示:误差不是线性增加的)

由于多种因素,计算中的边界条件不需要与实验测量流动的边界条件完全对应。流动可能是近似二维的,但在计算中可以假定为完全如此。边界条件的某些属性参数不一定是已知的,只能估计确定,或者依赖一些可能包含测量误差的实验数据。

模型方程的数值解不可避免地包含数值误差。这可能存在多个来源，但通常由空间截断误差主导。例如，在有限差分或有限元方法中，该误差是网格间距 Δx 的正幂函数，而计算成本随着 $1/\Delta x$ 的增加而增加(可能为正幂函数形式)。许多已发表的湍流模型计算结果都包含显著的数值误差，要么是因为可用的计算机资源不允许采用足够细密的网格间距，要么直言不讳地承认计算时没有充分注意和考虑数值精度。

总之，如图 8.2 所示，测量和计算的流动特性之间的差异来源于下列因素：① 模型的不准确性；② 数值误差；③ 测量误差；④ 边界条件的差异。

重要结论是，只有当② ~④ 产生的误差相对较小时，测量和计算的流动特性之间的比较才能够确定模型的准确性。特别是，从包含较大的或未量化数值误差的计算结果给出关于模型准确性的结论，是存在错误风险的。Coleman 和 Stern (1997)进一步讨论了这些问题。

8.3.6　总结

特定模型对特定湍流问题的适用性取决于上述标准的加权组合；各种标准的重要性的相对权重很大程度上取决于问题本身。因此，如开头所述，现在和将来，没有一个“最佳”模型，而是存在一系列模型可以有效地应用于范围广泛的湍流问题。

第 9 章

直接数值模拟

针对所研究的流动，在恰当的初始条件和边界条件下，直接数值模拟(DNS)通过求解 Navier-Stokes 方程，求解所有尺度的运动。每次模拟都会生成流动的一个实现(realization)。直到 20 世纪 70 年代，算力足够强大的计算机出现，DNS 方法才成为一种可行的方法，尽管它是建模方法中的后来者，但先讨论 DNS 是合理的。从概念上讲，它是最简单的方法，其在准确性和提供的描述层级方面是无与比拟的。但是，要意识到该方法的成本非常高，并且对计算资源的需求随着雷诺数的增加而迅速增加，以至于该方法的适用性仅限于低或中等雷诺数的流动。

在本章中，首先描述适用于均匀湍流的 DNS，并详细检查计算要求。进而，考虑非均匀湍流的 DNS，为此需要用到非常不同的数值方法。

9.1 均匀湍流

对于均匀湍流，伪频谱方法[由 Orszag 和 Patterson(1972)，以及 Rogallo(1981)开创]是首选的数值方法，因为该方法具有卓越的精度。第 9.1.1 节中将描述这一方法的基本原理，它允许我们预估 DNS 的计算成本(第 9.1.2 节)。

9.1.1 伪频谱方法

在均匀各向同性湍流的 DNS 中，求解域是边为 $\mathcal{L}$ 的立方体，如 6.4.1 节所述的速度场 $\boldsymbol{u}(\boldsymbol{x}, t)$，可表示为有限傅里叶级数的形式：

$$\boldsymbol{u}(\boldsymbol{x}, t) = \sum_{\boldsymbol{\kappa}} \mathrm{e}^{\mathrm{i}\boldsymbol{\kappa}\cdot\boldsymbol{x}} \hat{\boldsymbol{u}}(\boldsymbol{\kappa}, t) \tag{9.1}$$

总共表示了 N^3 个波数，其中偶数 N 决定了模拟的大小，因此决定了可以达到的雷诺数。通常选择 N 是 2 的幂(例如，$N = 128$ 或 $N = 192$)。在大小上，最低的非零波数是 $\kappa_0 = 2\pi/\mathcal{L}$，$N^3$ 个波数可以表述如下：

$$\boldsymbol{\kappa} = \kappa_0 \boldsymbol{n} = \kappa_0(\boldsymbol{e}_1 n_1 + \boldsymbol{e}_2 n_2 + \boldsymbol{e}_3 n_3) \tag{9.2}$$

其中,整数 n_i 介于 $-\frac{1}{2}N+1$ 和 $\frac{1}{2}N$。在每个方向上,最大波数可以表述为

$$\kappa_{\max} = \frac{1}{2}N\kappa_0 = \frac{\pi N}{\mathcal{L}} \tag{9.3}$$

这种频谱表示等效于在物理空间中 N^3 的等间距网格上表示 $\boldsymbol{u}(\boldsymbol{x}, t)$:

$$\Delta x = \frac{\mathcal{L}}{N} = \frac{\pi}{\kappa_{\max}} \tag{9.4}$$

离散傅里叶变换(discrete Fourier transform, DFT)给出了傅里叶系数 $\hat{\boldsymbol{u}}(\boldsymbol{\kappa}, t)$ 和 N^3 个网格节点处的速度 $\boldsymbol{u}(\boldsymbol{x}, t)$ 之间的一对一映射关系(见附录 F);快速傅里叶变换(fast Fourier transform, FFT)可用于在波数空间[即 $\hat{\boldsymbol{u}}(\boldsymbol{\kappa}, t)$]和物理空间[即 $\boldsymbol{u}(\boldsymbol{x}, t)$]之间进行 $N^3\log N$ 次数量级操作的变换。

频谱方法根据波数空间中的 Navier-Stokes 方程[式(6.146)],以小时间步长 Δt 推进傅里叶模态 $\hat{\boldsymbol{u}}(\boldsymbol{\kappa}, t)$。对该方程中的三波关系求和需要 N^6 次操作,为了避免这种大成本计算开销,伪频谱方法采用不同的方法计算 Navier-Stokes 方程的非线性项:速度场被转换到物理空间,形成非线性项(即 u_iu_j),然后将它们转回波数空间,这个过程大约需要 $N^3\log N$ 次数量级的操作。此外,还介绍了一个必须消除或控制的混叠误差(参见附录 F)。

伪频谱方法中主要的数值和计算问题包括时间步长策略、混叠误差的控制,以及在分布式内存并行计算机上的实现。Rogallo(1981)开发的算法可以很好地处理上述每一个问题,它构成了许多其他均匀湍流 DNS 代码的基础。

除了各向同性湍流之外,DNS 还可应用于具有各种外加平均速度梯度的均匀湍流(见练习 5.41),包括受到平均旋转(Bardina et al., 1985)、均匀剪切流(Rogers and Moin, 1987; Lee et al.,1990)和无旋平均应变(Lee and Reynolds, 1985)的各向同性湍流。如第 11.4 节所述,对于这些情况,周期解区域和波数矢量会因平均变形而扭曲失真。

9.1.2　计算成本

仿真的计算成本很大程度上取决于分辨率的需求。盒子的大小 $\mathcal{L}$ 必须足够大,才能表征包含能量的运动;并且网格间距 Δx 必须足够小,才能刻画耗散尺度。此外,用于推进求解的时间步长 Δt 也受数值精度的限制。接下来将详细地论述这些因素。

对于某一给定频谱的各向同性湍流, $\mathcal{L}$ 的一个合理的下限是 8 个积分长度尺

度（$\mathcal{L} = 8L_{11}$），就最低波数 κ_0 而言，这意味着：

$$\kappa_0 L_{11} = \frac{\pi}{4} \approx 0.8 \tag{9.5}$$

从图 6.18 和表 6.2 可以看出，能谱的峰值在 $\kappa L_{11} \approx 1.3$ 处，并且 10%的能量在 $\kappa L_{11} \approx 1.0$ 以下的波数处：对于 $\kappa L_{11} \approx 0.8$，大约 5%的能量因在频谱的低波数端而未被解析。

速度场的傅里叶描述意味着必须在求解域上施加周期性边界条件。图 9.1 显示了这些人为条件如何在自相关函数 $f(r)$ 中表现出来。在无限低波数分辨率（$\mathcal{L}/L_{11} \to \infty$）下，自相关函数单调趋于零，而对于 $\mathcal{L}/L_{11} = 8$，自相关函数是周期性的，当 $|r|/L_{11} > 3$ 时，自相关函数差异明显。尚未系统地研究有限盒子尺寸的影响，但是，以一定的代价，通过增大 $\mathcal{L}/L_{11}$ 可以减小人为影响。

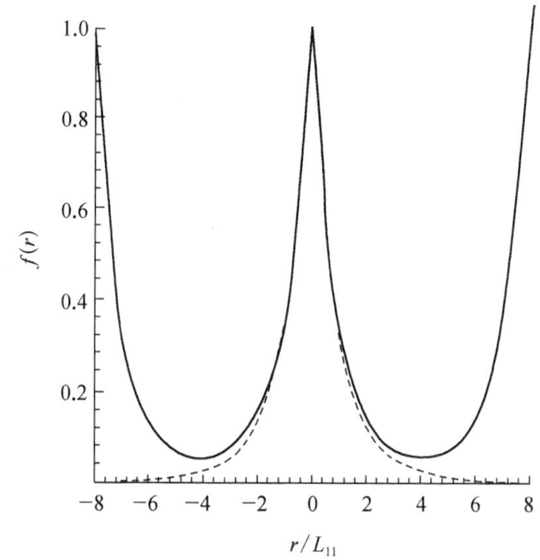

图 9.1 周期性对纵向速度自相关函数的影响

虚线：$f(r)$ 为 $R_\lambda = 40$ 时的模型频谱；实线：$f(r)$ 表示周期性速度场（$\mathcal{L} = 8L_{11}$），具有近似相同的频谱

最小耗散运动的分辨率（以 Kolmogorov 标度 η 为特征）需要足够小的网格间距 $\Delta x/\eta$，或者相应地，需要足够大的最大波数 $\kappa_{\max}$。可以从图 6.16 得出，耗散频谱在 $\kappa\eta = 1.5$ 之外非常小，并且经验表明 $\kappa_{\max}\eta \geqslant 1.5$ 确实是最小尺度良好分辨率的标准[例如：Yeung 和 Pope(1989)的研究]。物理空间中对应的网格间距为

$$\frac{\Delta x}{\eta} = \frac{\pi}{1.5} \approx 2.1 \tag{9.6}$$

这个值可能看起来很大,但请记住 η 低估了耗散运动的大小(图 6.16 和表 6.1)。

两个空间分辨率要求 $\mathcal{L}/L_{11}=8$ 和 $\kappa_{\max}$ 确定了傅里叶模态(或网格节点)的必要数量 N^3 与雷诺数之间的函数关系。通过上述方程,可以给出如下关系:

$$N = 2\frac{\kappa_{\max}}{\kappa_0} = 2\frac{\kappa_{\max}\eta}{\kappa_0 L_{11}}\left(\frac{L_{11}}{L}\right)\left(\frac{L}{\eta}\right) = \frac{12}{\pi}\left(\frac{L_{11}}{L}\right)\left(\frac{L}{\eta}\right) \tag{9.7}$$

其中,$L \equiv k^{3/2}/\varepsilon$。使用模型频谱获得 L_{11}/L,获得的 N 值显示为图 9.2 中雷诺数的函数。在高雷诺数下,L_{11}/L 的渐近值为 0.43(图 6.24),因此式(9.7)变为

$$N \sim 1.6\left(\frac{L}{\eta}\right) = 1.6Re_L^{3/4} \approx 0.4R_\lambda^{3/2} \tag{9.8}$$

因此,模态的总数增加为

$$N^3 \sim 4.4Re_L^{9/4} \approx 0.06R_\lambda^{9/2} \tag{9.9}$$

这与 Reynolds(1990)估计的 $N^3 \sim 0.1R_\lambda^{9/2}$ 是合理且一致的。

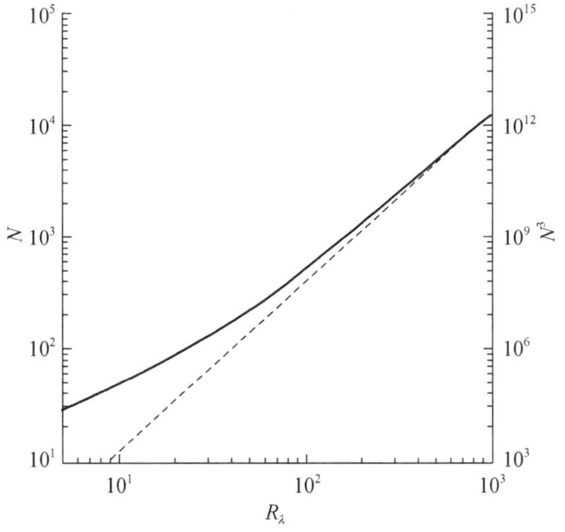

图 9.2　充分分辨各向同性湍流所需的每个方向的傅里叶模式(或网格节点)N 的数目

实线:式(9.7);虚线:渐近线,式(9.8);右轴表示所需模式的总数 N^3

为使求解的时间推进更加精确,有必要使流体粒子在时间步长 Δt 中只移动网格间距 Δx 的一小部分。在实践中,这样施加的库朗数近似为

$$\frac{k^{1/2}\Delta t}{\Delta x} = \frac{1}{20} \tag{9.10}$$

模拟的持续时间通常是在 4 倍湍流时间尺度 $\tau = k/\varepsilon$ 的量级上，因此所需的时间步数为

$$M = \frac{4\tau}{\Delta t} = 80\frac{L}{\Delta x} = \frac{120}{\pi}\frac{L}{\eta} \approx 9.2R_\lambda^{3/2} \tag{9.11}$$

练习 9.1 给出了 Δt 及 M 的另一种估计。

近似地说，运行一个仿真模拟所需的浮点运算次数正比于模态数量和时间步数的乘积，N^3M（模态步数）。上述结果产生如下关系：

$$N^3M \sim 160Re_L^3 \approx 0.55R_\lambda^6 \tag{9.12}$$

表明计算量随雷诺数的变大而快速急剧地上升。

为使画面更完整，假设每个时间步长的模态需要 1 000 次浮点运算，并在后面说明理由。那么，在1 gigaflop 的计算速度下进行模拟所需的时间 T_G（单位：天）为

$$T_G = \frac{10^3N^3M}{10^9\times 60\times 60\times 24} \sim \left(\frac{Re_L}{800}\right)^3 \approx \left(\frac{R_\lambda}{70}\right)^6 \tag{9.13}$$

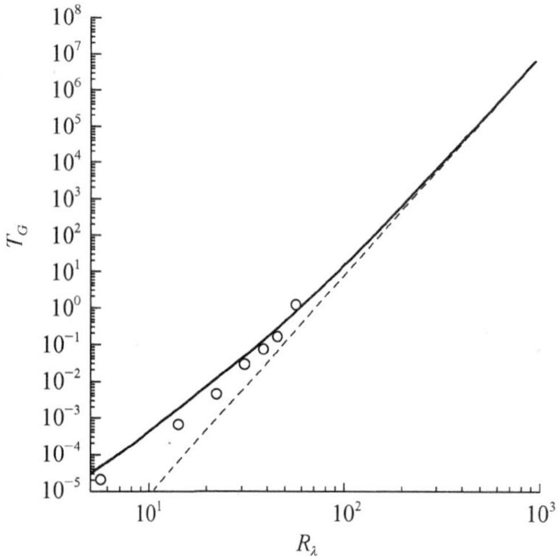

图 9.3 在 gigaflop 计算机上对均匀各向同性湍流进行 DNS 计算所需的时间随雷诺数的变化情况

实线：由式(9.7)、式(9.11)和式(9.13)估计的结果；虚线：渐近线[$(R_{\lambda/70})^6$]；符号：基于 40 节点 IBM SP2 的计时结果

图 9.3 显示了这个估计值作为 R_λ 的函数，以及支持所做假设的 DNS 代码的时间。表 9.1 给出了这些估计的总结。

表 9.1 估计各向同性湍流在不同雷诺数下每个方向所需模态 N[方程(9.3)]、总模态数 N^3、时间步数 M[方程(9.11)]、模态时间步数 N^3M、在 gigaflop 计算机运行一个模拟所需时间(假设每个模态每个时间步消耗 1 000 次运算操作)

R_λ	Re_L	N	N^3	M	N^3M	CPU 时间
25	94	104	1.1×10^6	1.2×10^3	1.3×10^9	20 min
50	375	214	1.0×10^7	3.3×10^3	3.2×10^{10}	9 h

续　表

R_λ	Re_L	N	N^3	M	N^3M	CPU 时间
100	1 500	498	1.2×10^8	9.2×10^3	1.1×10^{12}	13 天
200	6 000	1 260	2.0×10^9	2.6×10^4	5.2×10^{13}	20 月
400	24 000	3 360	3.8×10^{10}	7.4×10^4	2.8×10^{15}	90 年
800	96 000	9 218	7.8×10^{11}	2.1×10^5	1.6×10^{17}	5 000 年

从这些估计得出的明显结论是，计算成本随着雷诺数（R_λ^6 或 Re_L^3）的增加而急剧增加，以至于用 gigaflop 计算机不可能解决远高于 $R_\lambda \approx 100$ 的问题。图 9.3 中的坐标 T_G 还有另一种解释：在一天内执行 DNS 所需要的改进因子（超过千兆次浮点运算的计算机和数值方法）。因此，要达到 $R_\lambda = 1\,000$，需要百万倍的改进。

研究不同尺度的湍流运动所需计算工作量的分布是很有启发性的。在三维波数空间中，所表示的模态位于边长 $2\kappa_{\max}$ 的立方体内。在一个良好分辨率的模拟（假设 $\kappa_{\max}\eta = 1.5$）中，只有半径为 $\kappa_{\max}$ 的球内的模态是动态且有意义的。如图 9.4

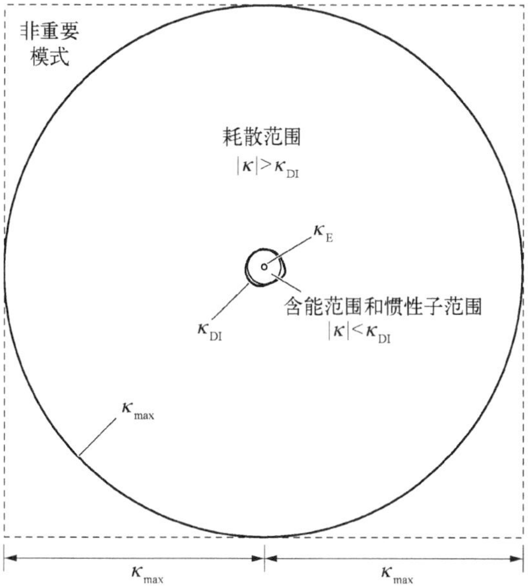

图 9.4　各向同性湍流伪频谱 DNS 波数空间中的解域

所表示的模态位于边长为 $2\kappa_{\max}$ 的立方体内（虚线）。所示的三个球体：半径为 $\kappa_{\max}$，各方向最大波数分解（$\kappa_{\max}\eta = 1.5$）；半径为 κ_{DI}，最大耗散运动的波数（$\kappa_{DI}\eta = 0.1$）；半径为 κ_E，$R_\lambda = 70$ 处能谱峰值对应的波数（$\kappa_E L_{11} = 1.3$）。所代表的模态中只有 0.016%位于半径 κ_{DI} 范围内，对应于含能范围和惯性子范围内的运动

所示，耗散范围对应于波数 $|\boldsymbol{\kappa}|$ 介于 κ_{DI} 和 $\kappa_{\max}$ 之间的球体，其中 $\kappa_{\mathrm{DI}}=0.1/\eta$ 是最大耗散运动的波数（第 6.5.4 节）。在球半径 κ_{DI} 的范围内，存在着含能（energy-containing）运动和（在足够高的雷诺数下）惯性范围的运动。在图 9.4 中，内球半径 κ_E 对应于各向同性湍流在 $R_\lambda=70$ 处的能谱峰值；在更高的雷诺数下，这个球体要小一些。这是一个简单的算术问题（练习 9.2），表明 99.98%的模态所代表的波数 $|\boldsymbol{\kappa}|$ 大于 κ_{DI}；小于 0.02%的模态所代表的运动处于含能范围或惯性子域（subrange）。

练　习

9.1　由库朗数［式(9.10)］确定的时间步长 Δt 是目前使用的数值方法所施加的限制。湍流对 Δt 施加的限制 $\Delta t/\tau_\eta$ 应该很小。如果库朗数约束［式(9.10)］用式(9.14)替换：

$$\frac{\Delta t}{\tau_\eta}=0.1 \tag{9.14}$$

得到修正的估计如下：

$$M=4\sqrt{15}R_\lambda \tag{9.15}$$

$$N^3M\sim 0.93R_\lambda^{11/2} \tag{9.16}$$

$$T_G\sim\left(\frac{R_\lambda}{100}\right)^{11/2} \tag{9.17}$$

对于 $R_\lambda=1\,000$，由这个估计得出 $T_G\approx 0.3\times10^6$，而式(9.13)给出的值为 $T_G=8.5\times10^6$。

9.2　考虑均匀各向同性湍流的 DNS，其中小尺度分辨率为 $\kappa_{\max}\eta=1.5$，如图 9.4 所示。耗散范围定义为 $|\boldsymbol{\kappa}|>\kappa_{\mathrm{DI}}$（见第 6.5.4 节），其中 $\kappa_{\mathrm{DI}}\eta=0.1$。证明：不在耗散范围内的 N^3 波数模态的比例为 $15^{-3}\pi/6\approx 0.000\,16$；相应的 99.98%的模态在耗散范围内。估计，在 $R_\lambda=70$ 时，能谱的峰值出现在 $\kappa_E\approx 0.01\kappa_{\max}$。有多少比例的模态是不重要的，例如当 $|\boldsymbol{\kappa}|>\kappa_{\max}$ 时？

9.1.3　人为修改和不完整的分辨率

DNS 的高成本促使了几种不同方法的出现，可以通过不完全解析低波数或高波数模态来计算更高的雷诺数（具有给定模态的数量）。

1. 低波数强制(low-wavenumber forcing)

通过在 DNS 中人为地强制(forcing)低波数模态,可以获得统计稳态的均匀湍流,从而为它们提供能量。因此,含能运动是不自然的,不受 Navier-Stokes 方程的约束。然而,只要小尺度运动是普适的(universal),就可以提取它们的有用信息。例如,在使用 256^3 模态和强制的模拟中,10 个波数的 $-5/3$ 频谱可以实现对 $R_\lambda = 180$(Overholt and Pope, 1996)的模拟:在没有强制的情况下,仅可以求解雷诺数为 $R_\lambda = 60$ 的问题(图 9.2)。Chen 等(1993)报告了强制采用 512^3 的网格模拟雷诺数为 $R_\lambda = 202$ 的问题。

2. 大涡模拟

在波数空间中,幅度为 $|\boldsymbol{\kappa}|$ 且小于 κ 的离散波数模态 $\boldsymbol{\kappa} = \kappa_0 \boldsymbol{n}$ 的数量随着 κ^3 的增加而增加。因此,在完全解析的 DNS 中,绝大多数模态都在耗散范围内(图 9.4 和练习 9.2)。这一观察结果为建立如下方法提供了很好的切入点,即降低耗散范围内的分辨率要求,特别是在含能尺度为主要关注点的情况下。

在大涡模拟(LES)中,仅求解含能运动,和对未解析模态的影响进行建模,这种方法是第 13 章的主题。

3. 超黏性

另一个不同的方法是对于整数 $m > 1$ 的情况,用 $\nu_H(-1)^{m+1}\nabla^{2m}\boldsymbol{u}$ 替换黏性项 $\nu\nabla^2\boldsymbol{u}$,其中 ν_H 是超黏性系数(Borue and Orszag, 1996)。在波数空间,这对应着将 $\nu\kappa^2\hat{\boldsymbol{u}}(\boldsymbol{\kappa})$ 替换为 $\nu_H\kappa^{2m}\hat{\boldsymbol{u}}(\boldsymbol{\kappa})$,这可使耗散范围变窄,从而降低对模态数量的需求。

4. 稀疏模态方法

在该方法中,完全刻画含能运动 ($|\boldsymbol{\kappa}| < \kappa_{EI}$),对于更高波数的层级 ($2^{m-1}\kappa_{EI} \leqslant |\boldsymbol{\kappa}| < 2^m\kappa_{EI}$, $m = 1, 2, \cdots$),仅表征傅里叶模态的 2^{-3m} 部分(Meneguzzi et al., 1996)。

5. 注意

应该意识到上面提到的所有方法——低波数强制方法、LES、超黏性和稀疏模态的使用都与 Navier-Stokes 方程有很大的不同。因此,它们不是对湍流的直接数值模拟,仅仅是一种模型,其准确性是先验未知的。

9.2　非均匀湍流

与均匀湍流相比,将 DNS 应用于非均匀湍流的主要区别在于:

(1) 傅里叶描述不能用于非均匀方向上;

(2) 需要物理边界条件(与周期性条件相反);

(3) 近壁面运动(黏性长度尺度为 δ_ν) 需要满足额外的分辨率要求。

现在针对某些特定流动说明其中的一些问题。

9.2.1 槽道流

在 Kim 等(1987)的槽道流 DNS 中,计算域是一个尺寸为 $\mathcal{L}_x \times h \times \mathcal{L}_z$ 的矩形区域。流动在平均流方向(x)和展向(z)方向都是统计均匀的,允许分别用 N_x 和 N_z 个模态的傅里叶描述表示。相应地,在物理空间中,在 x 和 z 两个方向上存在等距网格节点 $\Delta x = \mathcal{L}_x/N_x$ 和 $\Delta z = \mathcal{L}_z/N_z$。与均匀湍流的情况一样,傅里叶描述法所隐含的周期性边界条件是人为的,但只要周期 $\mathcal{L}_x$、$\mathcal{L}_z$ 与流动尺度相比足够大,其影响就很小。

在横流方向上,计算域是从底部的 $y = 0$ 延伸到顶部的 $y = h$。在这两个边界上,无滑移条件 $\boldsymbol{U} = 0$ 都适用。

x 和 z 方向上 N_x 和 N_z 个傅里叶模态的本质特征是它们提供了一组正交基函数。在非周期 y 方向上,通过使用切比雪夫(Chebyshev)多项式 $T_n(\xi)$(定义在区间 $-1 \leqslant \xi \leqslant 1$),也可以得到同样的结果。因此,速度场 $\boldsymbol{U}(x, y, z, t)$ 可以表示为 $N_x \times N_y \times N_z$ 个模态之和的形式:

$$\hat{\boldsymbol{U}}(n_x, n_y, n_z, t)\exp(2\pi \mathrm{i} n_x x/\mathcal{L}_x) T_{n_y}\left(\frac{2y}{h} - 1\right) \exp(2\pi \mathrm{i} n_z z/\mathcal{L}_z) \tag{9.18}$$

利用快速变换(FFTs)对基函数(basis-function)系数 $\hat{\boldsymbol{U}}(n_x, n_y, n_z, t)$ 和物理空间中 $N_x \times N_y \times N_z$ 个网格的速度 $\boldsymbol{U}(x, y, z, t)$ 进行变换。在 y 方向上,网格间距不是均匀的,边界附近的网格间距较细。根据 Navier-Stokes 方程,快速变换允许使用伪频谱方法推进速度场。

从指定的初始条件开始,在时间上推进求解,直到达到统计上的稳态。指定的初始条件可能会影响到达稳态所需的步数 M_0,但这并不影响稳态的统计数据。然后,继续推进求解(推进另外 M_T 个时间步),以便确保统计量可以是时间平均值(单点统计量也在两个同质方向上取平均值)。表 9.2 显示了在两种不同雷诺数下槽道流动 DNS 中使用的数值参数。请注意,壁面处在 y 方向的网格间距取大约 $1/20\delta_\nu$ 是必要的,其中 $\delta_\nu \equiv \nu/u_\tau$ 是黏性长度尺度。还要注意的是,较高雷诺数模拟区域的大小是较低雷诺数模拟区域的 1/4,并且持续的时间是较低雷诺数模拟的 1/4。根据以上分辨率要求,Reynolds(1990)估计需要的模态总数随着 $Re^{2.7}$ 的增加而增加(参考均匀湍流的 $Re_L^{2.25}$)。

9.2.2 自由剪切流

采用 DNS 研究统计一维自由剪切流的例子有随时间演化的混合层和平面尾流。对于混合层,Rogers 和 Moser(1994)在 x 和 z 两个方向使用了具有傅里叶模态

表 9.2 Re_τ = 180(Kim et al.,1987)和 Re_τ = 595(Mansour et al., 1988)情况下槽道流动的 DNS 求解的数值参数(文献中未定义的参数包括总节点数 N_{xyz}、y 方向的最大网格间距 Δy_{max}、最小网格间距 Δy_{min}、模拟总时长 T)

参　数	Re_τ	
	180	595
N_x	192	384
N_y	129	256
N_z	160	384
N_{xyz}	4×10^6	38×10^6
$\mathcal{L}_x/h$	2π	π
$\mathcal{L}_z/h$	π	$\frac{1}{2}\pi$
$\Delta x/\delta_\nu$	12	97
$\Delta y_{min}/\delta_\nu$	0.05	0.04
$\Delta y_{max}/\delta_\nu$	4.4	4.9
$\Delta z/\delta_\nu$	6	7.3
Tu_τ/h	5	1.1
M	22 500	12 000
$N_{xyz}M$	9×10^{10}	45×10^{10}
计算机型号	Cray XMP	IBM SP2(64 核)
CPU 时间/h	250	185

的伪频谱方法,以及在 y 方向上使用了雅可比多项式。由于施加的周期性,$\mathcal{L}_x$ 和 $\mathcal{L}_z$ 的区域尺寸必须大于混合层厚度 $\delta(t)$,后者随着时间的推移而增加。这个雅可比多项式延伸到 $y = \pm\infty$,以便于指定自由流中的边界条件,即平行于 x 方向的均匀流动。

对于随时间演化的流动,指定适当的初始条件是至关重要的。在混合层模拟的持续时间内,$\delta(t)$ 增加了 3 倍,发现初始条件对演化存在一阶的影响。

在空间上发展的混合层具有统计稳态性和二维性。在 DNS 中,需要流入边界条件 ($x=0$) 和流出条件 ($x=\mathcal{L}_x$)。大致来说,这里的流入条件与时间混合层的初始条件起着相同的作用。毫不奇怪,流动对这些流入条件的细节是敏感的(Buell and Mansour, 1989)。

9.2.3 后向台阶流动

如图 9.5 所示,此类流动的 DNS 已经由 Le 等(1997)完成。一个湍流边界层(厚度 $\delta \approx 1.2h$, 自由流速度 U_0) 从左边界进入,在台阶 ($x=0$) 处分离,然后在下游重新附着(在 $x \approx 7h$)。流动在统计学上是稳态的、二维的。相对于 Durst 和 Schmitt(1985)的实验中的 $Re = 500\,000$，他们考虑的雷诺数(定义为 $Re \equiv U_0 h/\nu = 5\,100$)是相当低的。

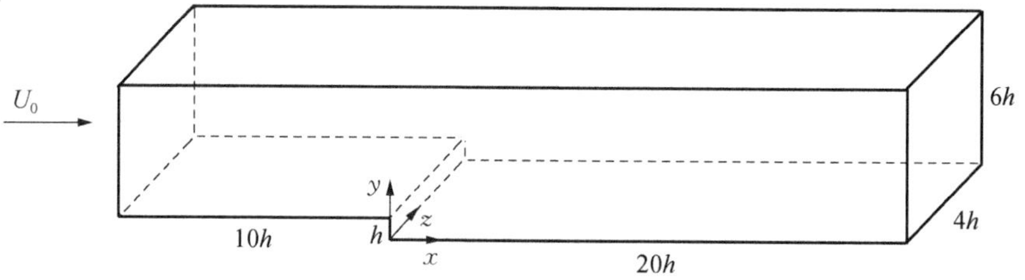

图 9.5 Le 等(1997)使用的解决方案的计算域示意图，用于 DNS 计算后向台阶流(尺寸以台阶高度 h 为单位)

表 9.3 给出了 DNS 的一些数值特性。尽管低雷诺数和计算机时间的大量消耗(约 54 天)，分辨率是有限的(marginal)。根据作者的描述，入口长度加倍(台阶上游)，展向节点数量 N_z 随之加倍是必要的。此外，在周期性的展向方向上，相对较短的长度 $\mathcal{L}_z = 4h$ 导致两点速度自相关，在某些位置，所有展向分离 r 超过 0.7$\left(\text{并非可以忽略的 } r = \frac{1}{2}\mathcal{L}_z\right)$。模拟结果与 Jovic 和 Driver(1994)的实验结果非常一致，包括雷诺应力收支(Reynolds-stress budgets)。

表 9.3 后向台阶 DNS 模拟中的数值参数(Le et al.,1997)

x 方向节点数 N_x	786
y 方向节点数 N_y	192
z 方向节点数 N_z	64
总的节点数 N_{xyz}	8.3×10^6
时间步数 M	2.1×10^5
节点时间步数 $N_{xyz}M$	1.8×10^{12}
计算机型号	Cray C－90
CPU 时间/h	1 300

9.3 讨论

在可以应用的场景下，DNS 提供了其他方法无法比拟的描述和准确性层级。

已经开发出高精度的数值方法来求解 Navier-Stokes 方程，并且 DNS 实践者通常对数值精度有很高的标准。

事实证明，DNS 研究在补充从湍流和湍流实验中获得的知识方面非常有价值。例如，DNS 已用于提取拉格朗日统计[如 Yeung 和 Pope(1989)的研究]和压力波动统计[如应变压力率张量(Sparart, 1988)]，这些都是无法通过实验获得的。相比实验方法，DNS 方法更容易给出近壁面流动的细节，以及受到各种变形驱动的均匀湍流。第 5 章和第 7 章介绍了一些 DNS 的结果，但是，读者可以参考 Moin 和 Mahesh(1998)的研究，以便更全面地了解 DNS 对于理解湍流和湍流流动的贡献。

应当认识到，并非所有基于 Navier-Stokes 方程的模拟都是“直接的”。由于人工修改、不完全分辨率或非物理边界条件，模拟不需要直接对应现实的湍流。但是，这些非物理模拟仍可用来抽离(isolate)和研究特定现象[例如，Jimenez 和 Moin(1991)，以及 Perot 和 Moin(1995)的研究]。

当然，DNS 的缺点是它的计算成本非常大，而且这个成本随着雷诺数(大约为 Re^3)迅速增加。在超级计算机上，计算机时间通常为 200 h，且只能模拟低等或中等雷诺数的流动。

对 DNS 计算成本的观察不仅仅表明了当前计算机的瓶颈效应，此外还表明，在湍流中，DNS 与确定平均速度和含能运动的目标之间存在不匹配。在 DNS 中，超过 99%的工作都用于耗散范围(图 9.4 和练习 9.2)，并且随着雷诺数的增加，这种工作会大大增加。相比之下，平均流动和含能运动的统计数据仅表现出较弱的雷诺数依赖性。

第 10 章

湍流黏性模型

在本章和下一章中，我们将讨论求解雷诺方程获得平均速度场的 RANS 模型。在雷诺方程中出现的未知雷诺应力由湍流模型确定，通过湍流黏性假设，或者更直接地从雷诺应力输运方程模拟中得到(第 11 章)。

湍流黏性模型是基于湍流黏性假说，这已经在第 4 章介绍过，并应用在随后的章节中。根据这一假设，雷诺应力由以下公式给出：

$$\langle u_i u_j \rangle = \frac{2}{3} k \delta_{ij} - \nu_{\mathrm{T}} \left(\frac{\partial \langle U_i \rangle}{\partial x_j} + \frac{\partial \langle U_j \rangle}{\partial x_i} \right) \tag{10.1}$$

或者在简单剪切流动中，切应力可由如下公式给出：

$$\langle uv \rangle = - \nu_{\mathrm{T}} \frac{\partial \langle U \rangle}{\partial y} \tag{10.2}$$

给定湍流黏性场 $\nu_{\mathrm{T}}(\boldsymbol{x}, t)$，式(10.1)提供了一个最方便的闭合雷诺方程的形式，其与 Navier-Stokes 方程[式(4.46)]具有相同的形式。不幸的是，对于许多流动而言，这一假设的精度很差。在第 10.1 节中回顾了湍流黏性假设的不足之处，其中许多已经在之前提到过。

如果接受湍流黏性假设作为一个合理的近似，剩下的就是确定一个恰当的湍流黏性 $\nu_T(\boldsymbol{x}, t)$ 的计算方法。这可以写成速度 $u^*(\boldsymbol{x}, t)$ 和长度 $\ell^*(\boldsymbol{x}, t)$ 的乘积：

$$\nu_{\mathrm{T}} = u^* \ell^* \tag{10.3}$$

确定 ν_{T} 的任务一般是通过 u^* 和 ℓ^* 实现。在代数模型(第 10.2 节)——混合长度模型中，例如，ℓ^* 通过流动的具体化几何来指定。在两方程模型(第 10.4 节)——最初级的 $k-\varepsilon$ 模型中，u^* 和 ℓ^* 与 k 和 ε 相关联，用于求解模型化的输运方程。

10.1 湍流黏性假设

湍流黏性假设可以被视为两部分。首先,有一个内在的(intrinsic)假设,即(在每一点和每一时刻)雷诺应力各向异性 $a_{ij} \equiv \langle u_i u_j \rangle - \frac{2}{3}k\delta_{ij}$ 是由平均速度梯度 $\partial\langle U_i \rangle / \partial x_j$ 确定的,其次,有一个特定的(specific)假设,即 a_{ij} 和 $\partial\langle U_i \rangle / \partial x_j$ 之间的关系是

$$\langle u_i u_j \rangle - \frac{2}{3}k\delta_{ij} = -\nu_{\mathrm{T}}\left(\frac{\partial\langle U_i \rangle}{\partial x_j} + \frac{\partial\langle U_j \rangle}{\partial x_i}\right) \tag{10.4}$$

或者,等效为

$$a_{ij} = -2\nu_{\mathrm{T}}\bar{S}_{ij} \tag{10.5}$$

其中, $\bar{S}_{ij}$ 是平均应变速率张量。当然,这直接比拟于牛顿流体中黏性应力的关系:

$$-(\tau_{ij} + P\delta_{ij})/\rho = -2\nu S_{ij} \tag{10.6}$$

10.1.1 内在假设

为了讨论内在假设,首先描述一个完全不正确的简单流动。结果表明,一个关键的方面在于湍流的物理本质与产生黏性应力定律的分子过程的物理本质(式10.6)有着很大的不同。然而,最终观察到的结果是对于简单的剪切流动,湍流黏性假设仍然是相当合理的。

1. 轴对称收缩

图 10.1 是 Uberoi(1956)为研究轴对称收缩对湍流的影响效应而开展的首次风洞实验的示意图。空气通过湍流产生网格流入第一个直截面,其中平均速度 $\langle U_1 \rangle$ (理想情况下)是均匀的。在这一部分没有平均应变 ($\bar{S}_{ij} = 0$), 湍流(几乎是各向同性的)开始衰减。

在第一个等截面段之后有一个轴对称收缩,其目的是产生一个均匀扩张的轴向应变速率, $\bar{S}_{11} = \dfrac{\partial\langle U_1 \rangle}{\partial x_1} = \mathcal{S}_\lambda$, 从而产生均匀的压缩横向应变速率, $\bar{S}_{22} = \bar{S}_{33} = -\dfrac{1}{2}\mathcal{S}_\lambda$。 物理量 $\dfrac{\mathcal{S}_\lambda k}{\varepsilon}$ (在开始收缩位置处)用于度量相对于湍流时间尺度的平均应变速率。图 10.2 显示了在 Tucker(1970)的实验中,当 $\dfrac{\mathcal{S}_\lambda k}{\varepsilon} = 2.1$ 时,无量纲化各

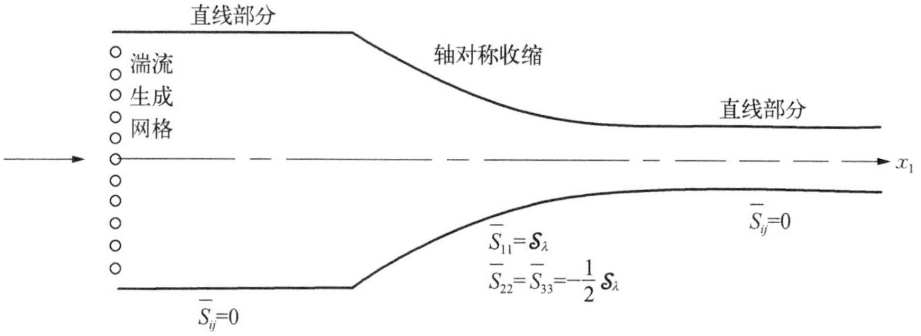

图 10.1 装置示意图,类似于 Uberoi(1956)和 Tucker(1970)所采用的实验装置,用于研究轴对称平均应变对网格湍流的影响

向异性度量$\left(b_{ij} \equiv \frac{\langle u_i u_j \rangle}{\langle u_k u_k \rangle} - \frac{1}{3}\delta_{ij} = \frac{1}{2}\frac{a_{ij}}{k}\right)$的分布情况。图 10.2 还显示了 Lee 和 Reynolds(1985)得到的 $\frac{\mathcal{S}_\lambda k}{\varepsilon} = 55.7$ 时的 DNS 结果。对于较大的 $\frac{\mathcal{S}_\lambda k}{\varepsilon}$ 值,快速变形理论(rapid-distortion theory, RDT)(见第 11.4 节)可以准确地描述雷诺应力的演化。根据 RDT,雷诺应力不是由应变速率决定的,而是由湍流所经历的平均应变总量决定的。在这些情况下,湍流的表现不像黏性流体,而更像是弹性固体(Crow, 1968):湍流黏性假设在定性上是不正确的。

在图 10.1 所示的实验中,在收缩之后有第二个等截面段。该区域不存在平均应变,因湍流黏性假设不可避免地预测雷诺应力各向异性为零。然而,Warhaft(1980)的实验数据表明,在湍流时间尺度 k/ε 上,收缩产生的各向异性衰减得相当缓慢(图 10.2)。这些持续的各向异性之所以存在,并不是因为局部平均应变速率(其值为零),而是湍流先前所受的应变导致的。

显然,对于这种流动,无论是在收缩段还是在下游等截面段,湍流黏性假设的内在假设是不正确的:雷诺应力各向异性不是由局部平均应变速率决定的。

2. 与动力学理论的对比

理想气体的简单动力学理论[如 Vincenti 和 Kruger(1965),以及 Chapman 和 Cowling(1970)的研究]提出了牛顿黏性应力定律[式(10.6)],其运动黏性由式(10.7)给出:

$$\nu \approx \frac{1}{2}\bar{C}\lambda \tag{10.7}$$

其中,$\bar{C}$ 是平均分子速度;λ 是平均自由程。很自然地想到通过与动力学理论的类比来证明湍流黏性假设是正确的,进而通过与 $\bar{C}$ 和 λ 的类比来给出 u^* 和 ℓ^* 的物

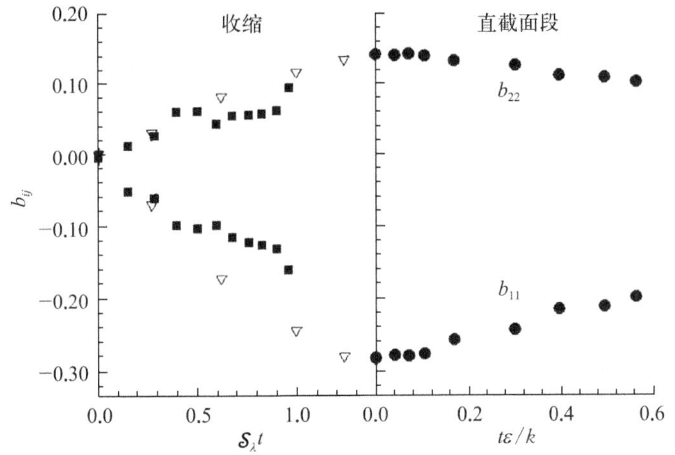

图 10.2　轴对称应变过程中及之后的雷诺应力各向异性分布

收缩：取自 Tucker(1970)的实验数据，$\frac{\mathcal{S}_\lambda k}{\varepsilon}=2.1$；△：取自 Lee 和 Reynolds (1985)的 DNS 数据，$\frac{\mathcal{S}_\lambda k}{\varepsilon}=55.7$；从收缩开始的飞行时间(flight time) t 由平均应变速率 $\mathcal{S}_\lambda$ 无量纲化。直截面段：取自 Warhaft(1980)的实验数据；从直线段开始的飞行时间由湍流时间尺度无量纲化

理意义。然而，对所涉及的各种时间尺度的简单查验表明，这种类比不具有普适性。

在简单层流剪切流中$\left(\text{具有剪切速率为}\ \frac{\partial U_1}{\partial x_2}=\mathcal{S}=\frac{\mathcal{U}}{\mathcal{L}}\right)$，分子时间尺度 $\frac{\lambda}{\bar{C}}$ 与剪切时间尺度 $\mathcal{S}^{-1}$ 的比值为

$$\frac{\lambda}{\bar{C}}\mathcal{S}=\frac{\lambda}{\mathcal{L}}\frac{\mathcal{U}}{\bar{C}}\sim Kn\ Ma \tag{10.8}$$

它的值通常非常小(如 10^{-10}，见练习 10.1)。分子时间尺度相对较小的意义在于，分子运动的统计状态能够迅速适应所施加的应变。相比之下，对于湍流剪切流，湍流时间尺度 $\tau=k/\varepsilon$ 与平均剪切时间尺度 $\mathcal{S}^{-1}$ 的比值并不小：在自相似圆形射流中，$\mathcal{S}k/\varepsilon$ 约为 3(表 5.2)；在均匀湍流剪切流实验中，它通常为 6(表 5.4)；在湍流快速变形时，它的数量级可以更大。因此，正如已经观察到的，湍流不会迅速调整到强加的平均应变，因此(与分子运动的情况相反)在应力和应变速率之间的局部关系上没有普适的基础。

3. 简单剪切流

快速轴对称变形的例子和上面对时间尺度的讨论表明，一般来说，湍流黏性假设是不正确的。尽管存在这些普遍的反对意见，但还是有一些重要的特定流动，湍

流黏性假设是较为合理的。在简单的湍流剪切流动(如圆形射流、混合层、槽道流和边界层)中,湍流特性和平均速度梯度(随着平均流动)的变化相对较慢。因此,局部平均速度梯度表征了湍流所受到的平均变形的历史;雷诺应力平衡主要由局部过程,即产生、耗散、压力应变速率张量主导,相比较而言,非局部输运过程的影响较小(图 7.35~图 7.38)。因此,在这种情况下,假设雷诺应力与局部平均速度梯度之间存在关联关系较为合理。

一个重要的观察结果是,在这些特殊的流动(其中湍流特性随着平均流动缓慢变化)中,湍流动能的产生和耗散近似平衡,即 $\frac{\mathcal{P}}{\varepsilon} \approx 1$。相比之下,在轴对称收缩实验(图 10.1)中,在收缩部分的 $\frac{\mathcal{P}}{\varepsilon}$ 远大于 1,而在下游的等截面处的 $\frac{\mathcal{P}}{\varepsilon}$ 为 0。在这两种情况下,湍流黏性假设都是不成立的。

4. 梯度扩散假设

与湍流黏性假设相关的梯度扩散假设是

$$\langle \boldsymbol{u}\phi' \rangle = -\Gamma_{\mathrm{T}} \nabla \langle \phi \rangle \tag{10.9}$$

根据式(10.9),标量通量 $\langle \boldsymbol{u}\phi' \rangle$ 与平均标量梯度一致(第 4.4 节)。上述大多数观测结果同样适用于梯度扩散假设。在均匀剪切流中,发现标量通量的方向与平均梯度的方向明显不同(Tavoularis and Corrsin, 1985)。然而,在简单的二维湍流剪切流动中(普通坐标系统),标量方程:

$$\langle v\phi' \rangle = -\Gamma_{\mathrm{T}} \frac{\partial \langle \phi \rangle}{\partial y} \tag{10.10}$$

可以用来定义 Γ_{T},因此(这个分量)不涉及任何假设。湍流普朗特数 σ_{T} 可以用来关联 ν_{T} 和 Γ_{T},即 $\Gamma_{\mathrm{T}} = \nu_{\mathrm{T}}/\sigma_{\mathrm{T}}$;对于简单的剪切流,$\sigma_{\mathrm{T}}$ 在单位一的数量级上(is of order unity),如图 5.34 所示。

ν_{T} 和 Γ_{T} 都可以写成速度尺度和长度尺度的乘积[式(10.3)],它们也可以表示为速度尺度的平方与时间尺度的乘积:

$$\Gamma_{\mathrm{T}} = u^{*2} T^{*} \tag{10.11}$$

如第 12.4 节所示,在理想情况下,Γ_{T} 可以与湍流的统计关联:u^{*} 是速度 u' 的平方根,T^{*} 是拉格朗日积分时间尺度 T_{L} [式(12.158)]。

练　习

10.1 根据简单动力学理论[例如,Vincenti 和 Kruger(1965)的研究],理想气

体的动力学黏性为

$$\nu \approx \frac{1}{2}\bar{C}\lambda \tag{10.12}$$

平均分子速度 $\bar{C}$ 是声速 a 的 1.35 倍。证明由分子时间尺度 $\lambda/\bar{C}$ 无量纲化的剪切速率 $\mathcal{S} = \mathcal{U}/\mathcal{L}$ 为

$$\frac{\mathcal{S}\lambda}{\bar{C}} \approx 0.7 Ma\ Kn \tag{10.13}$$

其中，马赫数和克努森数的定义分别为 $Ma \equiv U/a$, $Kn \equiv \lambda/\mathcal{L}$。

用关系式 $a^2 = \gamma p/\rho$ $(\gamma = 1.4)$，证明黏性剪切力 τ_{12} 与正应力(压力)的比值为

$$\frac{\tau_{12}}{p} \approx 0.9 Ma\ Kn \tag{10.14}$$

利用 $a = 332\ \mathrm{ms}^{-1}$ 和 $\nu = 1.33 \times 10^{-5}\ \mathrm{m}^2\mathrm{s}^{-1}$(对应于大气环境下的空气)，$\mathcal{S} = 1\ \mathrm{s}^{-1}$，得到下面的估计值：

$$\begin{aligned} &\lambda = 5.9 \times 10^{-8}\mathrm{m}, \quad \lambda/\bar{C} = 1.3 \times 10^{-10}\mathrm{s} \\ &\frac{\mathcal{S}\lambda}{\bar{C}} = 1.3 \times 10^{-10}, \quad \frac{\tau_{12}}{p} = 1.7 \times 10^{-10} \end{aligned} \tag{10.15}$$

10.1.2　特定假设

现在转向特定的假设，雷诺应力和平均速度梯度之间的关系是由式(10.1)给出的[或等价地，由式(10.4)或式(10.5)推导得到]。

对于简单剪切流，唯一感兴趣的雷诺应力 $\langle uv\rangle$ 与唯一有意义的平均速度梯度 $\partial\langle U\rangle/\partial y$ 之间的关联关系通过式(10.2)给出。本质上不涉及假设，而是方程定义了 ν_{T}。图 5.10 给出了在圆形射流例子中获得的 ν_{T} 剖面，图 7.30 给出了边界层下的情况。

一般情况下，湍流黏性假设的特定假设是：雷诺应力各向异性张量 a_{ij} 通过标量湍流黏性与平均应变速率张量 $\bar{S}_{ij}$ 线性相关[式(10.5)]。即使对于最简单的流动，这显然也是不成立的。在湍流剪切流中，法向应变速率为零 ($\bar{S}_{11} = \bar{S}_{22} = \bar{S}_{33} = 0$)，但是，正雷诺应力彼此之间存在着显著的差异(表 5.4)。对这一观察结果的另一种看法是，a_{ij} 的主轴(以一个显著的量)与 $\bar{S}_{ij}$ 的主轴不一致(练习 4.5)。

简单线性应力定律适用于黏性应力[式(10.6)]而不是雷诺应力的原因可以再次通过时间尺度比率及各向异性的水平来理解。与分子尺度相比，应变非常弱 ($\mathcal{S}\lambda/\bar{C} \ll 1$)，从而产生各向同性的偏离非常小：在简单的层流剪切流中，各向异

性和各向同性分子应力的比值(见练习 10.1)是

$$\frac{\tau_{12}}{p} \approx \frac{\frac{1}{2}\bar{C}\lambda\mathcal{U}}{P\mathcal{L}} \sim Kn\ Ma \tag{10.16}$$

这通常是非常小的。因此,有充分的理由期望各向异性应力线性依赖于速度梯度。牛顿黏性应力定律[式(10.6)]与应力张量的数学性质的一致性关系是最普遍可能的线性关系。相比之下,在湍流剪切流中,各向异性与各向同性的应力比 $-\langle uv\rangle \Big/ \left(\frac{2}{3}k\right)$ 接近于 0.5。在湍流情况下,应变速率相对较大($\mathcal{S}k/\varepsilon > 1$),这导致了相对较大的各向异性。因此,没有理由认为这种关系是线性的。

有几类流动中的平均速度梯度张量比单纯剪切流动中的更为复杂,已知的湍流黏性假设在这些流动中明显不成立,如强烈的旋转流(Weber et al., 1990)、具有显著流线曲率的流动(Bradshaw, 1973; Patel and Sotiropoulos, 1997),以及在非圆截面管道中充分发展的流动(Melling and Whitelaw, 1976; Bradshaw, 1987)。

可以代替式(10.5)的,是一个可能的非线性湍流黏性假设:

$$a_{ij} = -2\nu_{T1}\bar{S}_{ij} + \nu_{T2}(\bar{S}_{ik}\bar{\Omega}_{kj} - \bar{\Omega}_{ik}\bar{S}_{kj}) + \nu_{T3}\left(\bar{S}_{ik}\bar{S}_{kj} - \frac{1}{3}\bar{S}^2_{kk}\delta_{ij}\right) \tag{10.17}$$

其中,系数 ν_{T1}、ν_{T2} 和 ν_{T3} 可能依赖于平均速度梯度不变量,如 $\bar{S}^2_{kk}$(及湍流量)。请注意,a_{ij} 对平均旋转速率 $\bar{\Omega}_{ij}$ 的依赖性(例如,通过 ν_{T2} 项)是必需的,因此 a_{ij} 的主轴不与 $\bar{S}_{ij}$ 的主轴对齐;当前已经发展出获得非线性湍流黏性定律的合理方法,将在第 11.9 节中对其描述。

总而言之:湍流黏性假设的内在假设,即 a_{ij} 是由 $\partial\langle U_i\rangle/\partial x_j$ 局部确定的,不具有普遍的有效性。然而,对于平均速度梯度和湍流特性演化缓慢的简单剪切流动(遵循平均流动),该假设较为合理。在这种流动中,$\frac{\mathcal{P}}{\varepsilon}$ 接近于 1,这表明雷诺应力方程中存在近似的局部平衡,这主要由平均剪切的生成与其他局部过程(重分布和耗散)之间的作用来实现。

10.2 代数模型

前面章节介绍的代数模型是均匀湍流黏性模型和混合长度模型。现在根据第 8 章中描述的标准对这些模型进行评估。

10.2.1　均匀湍流黏性

在应用于平面二维自由剪切流时,均匀湍流黏性模型可以写成:

$$\nu_T(x, y) = \frac{U_0(x)\delta(x)}{R_T} \tag{10.18}$$

其中,$U_0(x)$ 和 $\delta(x)$ 是平均流动的特征速度尺度和长度尺度,而 R_T 可以理解为湍流雷诺数——是一个与流动相关的常数。因此,湍流黏性在整个流动横向(y 方向)上是常数,但它在平均流动方向上是变化的。

这个模型的适用性非常有限。为了应用这个模型,有必要明确地定义流向 x、特征流动宽度 $\delta(x)$ 和特征速度 $U_0(x)$。这样的操作只有对最简单的流动才是可能的。

对于可以适用该模型的简单自由剪切流,模型是不完备的,因为必须指定 R_T,其适当值依赖于流动的性质,以及 $U_0(x)$ 和 $\delta(x)$ 选择的定义。第 5 章的研究表明,对于每个自相似的自由剪切流,扩展速率 S 与湍流雷诺数 R_T 呈反比关系。表 10.1 总结了实测的扩展速率和相应的 R_T 值(对于每种流动,第 5 章中给出 S、δ 和 U_0 的定义)。

表 10.1　自相似自由剪切流的扩展速率 S 的测量值及对应的湍流雷诺数 R_T

流　动	扩展速率 S	湍流雷诺数 R_T	方程相关性 $S : R_T$
圆形喷气机	0.094	35	5.84
平面射流	0.10	31	5.200
混合层	0.06～0.11	60～110	5.225
平面尾迹	0.073～0.103	13～19	5.241
轴对称尾迹	0.064～0.8	2～22	5.260

在自相似自由剪切流中,经验确定的湍流黏性在大部分流动中是相当均匀的,但是在靠近自由流时,黏性降低到零(图 5.10)。相应地,均匀黏性模型预测的平均速度剖面与实验数据吻合良好,除了在流动的边缘(图 5.15)。

原则上,均匀黏性湍流模型可以应用于简单的壁面黏性流动。然而,由于湍流黏性实际上在整个流动中变化很大(图 7.30),所得到的预测平均速度剖面在大多数情况下是不准确的。总之,均匀湍流黏性模型为自相似自由剪切流的平均速度分布提供了有用的基本描述。然而,它是一个适用范围非常有限的不完备模型。

10.2.2 混合长度模型

在二维边界层流动中，混合长度 $\ell_m(x, y)$ 是位置的函数，进而湍流黏性通过式（10.19）可以给出：

$$\nu_T = \ell_m^2 \left| \frac{\partial \langle U \rangle}{\partial y} \right| \tag{10.19}$$

如第 7.1.7 节所示，在对数律区域，混合长度的适当值为 $\ell_m = \kappa y$，进而可以得到湍流黏性为 $\nu_T = u_\tau \kappa y$。

为使混合长度假设适用于所有流动，提出了关于式（10.19）的几个一般化方法。基于平均应变速率 $\bar{S}_{ij}$，Smagorinsky（1963）提出：

$$\nu_T = \ell_m^2 (2\bar{S}_{ij}\bar{S}_{ij})^{1/2} = \ell_m^2 \mathcal{S} \tag{10.20}$$

同时，基于旋转平均速率 $\bar{\Omega}_{ij}$，Baldwin 和 Lomax（1978）提出：

$$\nu_T = \ell_m^2 (2\bar{\Omega}_{ij}\bar{\Omega}_{ij})^{1/2} = \ell_m^2 \Omega \tag{10.21}$$

当 $\dfrac{\partial \langle U_1 \rangle}{\partial x_2}$ 是唯一的非零平均速度梯度时，这两个公式都可以简化为式（10.19）。

在广义形式上，混合长度模型适用于所有湍流流动，可以说是最简单的湍流模型。然而，它的主要缺点在于它的不完备性：必须指定混合长度 $\ell_m(\boldsymbol{x})$，并且适当的指定值不可避免地依赖于流动的几何形状。对于一个以前没有研究过的复杂流动，$\ell_m(\boldsymbol{x})$ 的确需要大量的猜测，因此人们对计算出的平均速度场的准确性没有多少信心。另外，有几类技术上重要的流动已经得到了广泛研究，因此 $\ell_m(x)$ 的适当取值规范已经建立，最好的例子是航空应用中的边界层流动。Cebeci-Smith 模型（Smith and Cebeci，1967）和 Baldwin-Lomax 模型（Baldwin and Lomax，1978）提供了混合长度的指定方式，可以对附面边界层进行相当精确的计算。Wilcox（1993）提供了这些模型的细节及表现。

如下面的练习所示，混合长度模型也可以应用于自由剪切流。预测的平均速度剖面与实验数据非常吻合（Schlichting，1979）。这个（非物理）解的一个有趣的特点是混合层有一个明确的边缘，在该位置处，平均速度以零斜率变为自由流速度，但具有非零曲率。

练 习

10.2 考虑自相似瞬态混合层，其中平均横向速度 $\langle V \rangle$ 为零，$\langle U \rangle$ 轴向速度仅依赖于 y 和 t。速度差是 U_s，所以在 $y = \pm\infty$ 处的边界条件是 $\langle U \rangle = \pm\dfrac{1}{2}U_s$。定

义混合层的厚度 $\delta(t)$（图 5.21），以使在 $y=\pm\frac{1}{2}\delta(t)$ 处，有 $\langle U\rangle=\pm\frac{2}{5}U_s$。

混合长度模型适用于这种流动，混合长度在整个流动中是均匀的，并且与流动的宽度成正比，即 $\ell_m=\alpha\delta$，其中 α 是一个指定的常数。

从雷诺方程出发：

$$\frac{\partial\langle U\rangle}{\partial t}=-\frac{\partial\langle uv\rangle}{\partial y} \tag{10.22}$$

证明混合长度假设隐含着：

$$\frac{\partial\langle U\rangle}{\partial t}=2\alpha^2\delta^2\frac{\partial\langle U\rangle}{\partial y}\frac{\partial^2\langle U\rangle}{\partial y^2} \tag{10.23}$$

证明这个方程允许一种形式的自相似解 $\langle U\rangle=U_s f(\xi)$，其中 $\xi=y/\delta$，$f(\xi)$ 满足常微分方程：

$$-S\xi f'=2\alpha^2 f'f'' \tag{10.24}$$

其中，$S\equiv U_s^{-1}\mathrm{d}\delta/\mathrm{d}t$ 是传播速率。

证明，式(10.24)允许两个不同解(用 f_1、f_2 表示)：

$$f_1=-\frac{S}{12\alpha^2}\xi^3+A\xi+B \tag{10.25}$$

$$f_2=C \tag{10.26}$$

其中，A、B、C 为任意常数。

f 的恰当解由三部分组成。对于 $|\xi|$ 大于一个特定值 ξ^*，f 是常数(即 f_2)：

$$f=\begin{cases}-\dfrac{1}{2}, & \xi<-\xi^*\\ \dfrac{1}{2}, & \xi>\xi^*\end{cases} \tag{10.27}$$

证明：对于 $-\xi^*<\xi<\xi^*$，满足 $f'(\pm\xi^*)=0$ 的恰当解为

$$f=\frac{3}{4}\frac{\xi}{\xi^*}-\frac{1}{4}\left(\frac{\xi}{\xi^*}\right)^3 \tag{10.28}$$

证明传播速率与混合长度常数的关联关系为

$$S=3\alpha^2/\xi^{*3} \tag{10.29}$$

利用 δ 的定义 $\left[\text{即} f\left(\frac{1}{2}\right)=\frac{2}{5}\right]$，可以得到：

$$\xi^* \approx 0.8450 \tag{10.30}$$

分析 ν_T 在流动中如何变化。

10.3 湍动能模型

在混合长度模型中，湍流黏性写成如下形式：

$$\nu_T = \ell^* u^* \tag{10.31}$$

其中，长度尺度 $\ell^* = \ell_m$，（在简单剪切流中）速度尺度如下：

$$u^* = \ell_m \left| \frac{\partial \langle U \rangle}{\partial y} \right| \tag{10.32}$$

这意味着平均速度梯度局部决定速度尺度，尤其是当 $\partial\langle U\rangle/\partial y$ 为零时，u^* 为零。事实上，与这一含义相反，有几种情况下速度梯度为零，但湍流速度尺度是非零的。一个例子是衰减的网格湍流；另一个例子是圆形射流的中心线，直接测量显示 ν_T 不为零（图 5.10）。

Kolmogorov（1942）和 Prandtl（1945）分别提出，最好将速度尺度建立在湍流动能的基础上，即

$$u^* = ck^{1/2} \tag{10.33}$$

其中，c 是常数。如果长度尺度同样取混合长度，那么湍流黏性变为

$$\nu_T = ck^{1/2}\ell_m \tag{10.34}$$

如练习 10.3 所示，在对数律区域常数 c 取值 0.55 左右可以准确预测流动演化。

为了应用式（10.34），则湍动能 $k(\boldsymbol{x}, t)$ 的值必须是已知的或通过估计给出。Kolmogorov 和 Prandtl 建议通过求解关于 k 的模型输运方程来实现这一点，称为一方程模型，因为仅求解一个关于湍流物理量的模型输运方程，即湍动能 k。

在讨论关于湍动能 k 的模型输运方程之前，有必要列出模型的所有组成部分：

（1）已指定混合长度 $\ell_m(\boldsymbol{x}, t)$；

（2）求解关于 $k(\boldsymbol{x}, t)$ 的模型输运方程；

（3）通过 $\nu_T = ck^{1/2}\ell_m$ 定义湍流黏性；

（4）通过湍流黏性假设［式（10.1）］，获得雷诺应力；

（5）通过求解雷诺方程给出 $\langle \boldsymbol{U}(\boldsymbol{x}, t)\rangle$ 和 $\langle p(\boldsymbol{x}, t)\rangle$。

因此，从精确模型方程的解和混合长度 ℓ_m 的指定出发，可以确定下列场：$\langle \boldsymbol{U}\rangle$、$\langle p\rangle$、$\ell_m$、$k$、$\nu_T$、$\langle u_i u_j\rangle$，称为“已知量”。

现在考虑关于 k 的模型输运方程,精确式(5.132)如下:

$$\frac{\bar{\mathrm{D}}k}{\bar{\mathrm{D}}t} \equiv \frac{\partial k}{\partial t} + \langle \boldsymbol{U} \rangle \cdot \nabla k$$

$$= -\nabla \cdot \boldsymbol{T}' + \mathcal{P} - \varepsilon \tag{10.35}$$

其中,通量 $\boldsymbol{T}'$ [式(5.140)]为

$$T'_i = \frac{1}{2}\langle u_i u_j u_j \rangle + \langle u_i p' \rangle / \rho - 2\nu \langle u_j s_{ij} \rangle \tag{10.36}$$

在式(10.35)中,将任何可以被"已知量"完全确定的项称为闭合形式。具体地,$\bar{\mathrm{D}}k/\bar{\mathrm{D}}t$、$\mathcal{P}$ 是闭合形式的。相反地,其余项(ε 和 $\nabla \cdot \boldsymbol{T}'$)是"未知量",为了得到模型方程的闭合形式,这些项必须被模型化处理。也就是,需要采用"闭合近似"将未知项写成已知的模型。

正如第 6 章广泛讨论的那样,在高雷诺数下,耗散速率 ε 以 u_0^3/ℓ_0 为缩比尺度,其中 u_0 和 ℓ_0 分别是含能运动的速度尺度和长度尺度。因此,采用下面的式子对 ε 建模是合理的:

$$\varepsilon = C_{\mathrm{D}} k^{3/2} / \ell_{\mathrm{m}} \tag{10.37}$$

其中,C_{D} 是模型常数。实际上,在对数律区域(练习 10.3)中的检验可以得到关系,$C_{\mathrm{D}} = c^3$。

诸如式(10.37)之类的模型假设值得密切关注。综合式(10.34)和式(10.37)可以消除 ℓ_{m},得出如下关系:

$$\nu_{\mathrm{T}} = c C_{\mathrm{D}} k^2 / \varepsilon \tag{10.38}$$

或者,等价为

$$\frac{\nu_{\mathrm{T}} \varepsilon}{k^2} = c C_{\mathrm{D}} \tag{10.39}$$

对于简单的剪切流,k、ε 和 $\nu_{\mathrm{T}} = -\langle uv \rangle / (\partial \langle U \rangle / \partial y)$ 是可测量的,从而可以直接检验模型假设。图 10.3 显示了从充分发展的湍流槽道流动 DNS 数据中提取的式(10.39)的左侧。从图中可以看到(除了靠近壁面的部分,$y^+ < 50$),这个量确实是近似恒定的,大约为 0.09。图 10.4 显示了瞬态混合层流动中的这一物理量:除了靠近边缘的地方,其他地方的值都接近 0.08。

在湍动能方程中,能量通量 $\boldsymbol{T}'$ [式(10.36)]是剩余未知量,通过梯度扩散假设

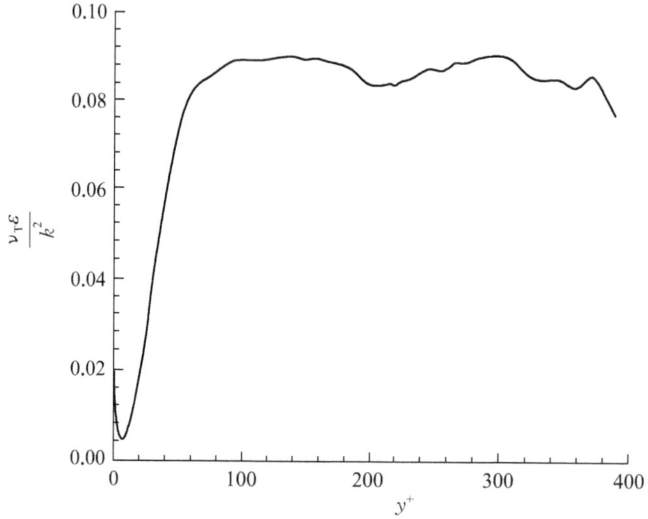

图 10.3　当 Re = 13 750 时，从槽道流动 DNS 获得的 $\nu_T \varepsilon / k^2$ 的剖面[式(10.39)](Kim et al.,1987)

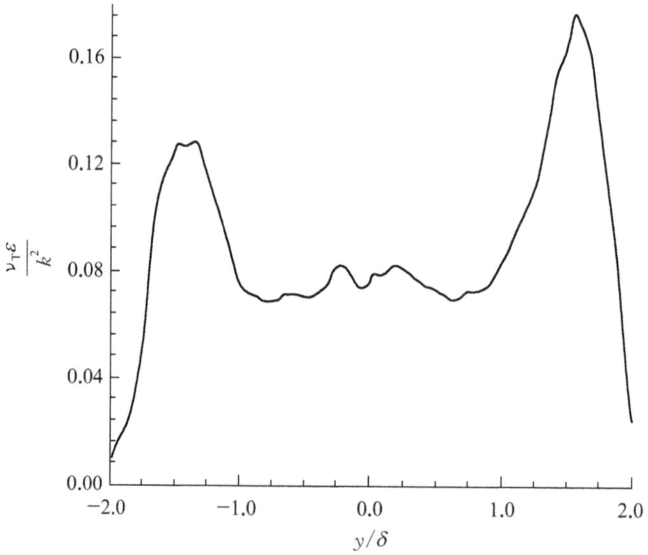

图 10.4　通过 DNS 从时间混合层得到的 $\nu_T \varepsilon / k^2$ 的剖面图[式(10.39)][取自 Rogersh 和 Moser(1994)的数据]

可以建模为

$$\boldsymbol{T}' = -\frac{\nu_T}{\sigma_k} \nabla k \tag{10.40}$$

其中，针对动能①的湍流普朗特数通常取为 $\sigma_k=1.0$。物理上，式(10.40)断言，(由于速度和压力的脉动)在 k 的梯度下存在一个通量 k。从数学上来说，这个项可以确保得到的关于 k 的模型输运方程产生光滑解，并且可以在求解区域边界的任何地方对 k 施加边界条件。

总之，基于 k 的一方程模型由如下的模型输运方程组成：

$$\frac{\bar{\mathrm{D}}k}{\bar{\mathrm{D}}t}=\nabla\cdot\left(\frac{\nu_{\mathrm{T}}}{\sigma_k}\nabla k\right)+\mathcal{P}-\varepsilon \tag{10.41}$$

其中，设定 $\nu_{\mathrm{T}}=ck^{1/2}\ell_{\mathrm{m}}$ 和 $\varepsilon=C_{\mathrm{D}}k^{3/2}/\ell_{\mathrm{m}}$，结合湍流黏性假设[式(10.1)]和混合长度 ℓ_{m} 的取值规范。

对比模型预测与实验数据(Wilcox, 1993)，这个一方程模型在精度上比混合长度模型有一定的优势。然而，不完备性的主要缺点仍然存在：必须指定长度尺度 $\ell_{\mathrm{m}}(\boldsymbol{x})$。

练　习

10.3　考虑壁面流动的对数律区域。使用对数律和规范 $\ell_{\mathrm{m}}=\kappa y$ 证明常数 c (关系式 $\nu_{\mathrm{T}}=ck^{1/2}\ell_{\mathrm{m}}$) 的适当值是

$$c=|\langle uv\rangle/k|^{1/2}\approx 0.55 \tag{10.42}$$

用关系式 $\mathcal{P}=\varepsilon$ 证明：

$$\varepsilon=c^3k^{3/2}/\ell_{\mathrm{m}} \tag{10.43}$$

因此：

$$\nu_{\mathrm{T}}=c^4k^2/\varepsilon \tag{10.44}$$

10.4　对于应用于简单剪切流的一方程模型，用 k、ℓ_{m} 和 $\partial\langle U\rangle/\partial y$ 表示生成项 $\mathcal{P}$。因此，在式(10.37)中取 $C_{\mathrm{D}}=c^3$ 的结果证明，在一方程模型和混合长度模型中，速度尺度 u^* 通过式(10.45)相关：

$$ck^{1/2}=\ell_{\mathrm{m}}\left|\frac{\partial\langle U\rangle}{\partial y}\right|\left(\frac{\mathcal{P}}{\varepsilon}\right)^{-1/2} \tag{10.45}$$

证明在一个普通流动中，对应的关系[式(10.20)]为

① 符号 σ_k 是标准符号。然而，请注意 σ_k 是一个标量，而“k”不是笛卡儿张量后缀符号意义上的后缀。

$$ck^{1/2} = \ell_{\mathrm{m}} \mathcal{S}\left(\frac{\mathcal{P}}{\varepsilon}\right)^{-1/2} \tag{10.46}$$

10.4 $\boldsymbol{k-\varepsilon}$ 模型

10.4.1 概述

$k-\varepsilon$ 模型属于两方程模型类别,其中模型输运方程是针对两个湍流变量求解的,即在 $k-\varepsilon$ 模型中的 k 和 ε。这两个量可以形成一个长度尺度（$L=k^{3/2}/\varepsilon$）、一个时间尺度（$\tau=k/\varepsilon$）和一个尺寸量 $\nu_{\mathrm{T}}(k^2/\varepsilon)$ 等。因此,两方程模型可以是完备的——不需要指定流动依赖的规范,如混合长度 $\ell_{\mathrm{m}}(\boldsymbol{x})$。

$k-\varepsilon$ 模型是目前应用最广泛的完备湍流模型,广泛应用于大多数商业 CFD 程序中。就像所有湍流模型一样,概念和细节都是随着时间的推移而演变的;但是 Jones 和 Launder(1972)发展了“标准的” $k-\varepsilon$ 模型,Launder 和 Sharma(1974)提供了模型常数的改进值。早期的贡献者包括 Davidov(1961)、Harlow 和 Nakayama(1968)、Hanjalic(1970),以及其他被 Launder 和 Spalding(1972)引用过的一些科研工作。

在湍流黏性假设的基础上,$k-\varepsilon$ 模型还包括:

(1) 关于 k 的模型输运方程[与一方程模型中的式(10.41)相同];

(2) 关于 ε 的模型输运方程(将在下面详细描述);

(3) 湍流黏性的指定方式:

$$\nu_{\mathrm{T}} = C_{\mu} k^2/\varepsilon \tag{10.47}$$

其中,$C_{\mu}=0.09$,是 5 个模型常数之一。

如果假设 ν_{T} 仅仅依赖于湍流量 k 和 ε（与 $\partial\langle U_i\rangle/\partial x_j$ 等无关）,那么式(10.47)是不可避免的。一方程模型隐含了相似关系 $\nu_{\mathrm{T}}=c^4k^2/\varepsilon$（见练习 10.3）,所以模型常数通过 $c=C_{\mu}^{1/4}$ 关联。

对于简单湍流剪切流动,$k-\varepsilon$ 模型(见练习 10.5)有

$$\frac{|\langle uv\rangle|}{k} = C_{\mu}^{1/2}\frac{\mathcal{P}}{\varepsilon} \tag{10.48}$$

那么在 $\mathcal{P}/\varepsilon$ 接近于单位一(is of order unity)区域,规范 $C_{\mu}=0.09=(0.3)^2$ 来源于经验观测 $|\langle uv\rangle|/k\approx0.3$。图 10.3 和图 10.4 中绘制的 $\nu_{\mathrm{T}}\varepsilon/k^2$ 是对于槽道流和瞬态混合层流动中 C_{μ} 的一种“测量”。可以看到,$\nu_{\mathrm{T}}\varepsilon/k^2$ 的量值,除了在靠近流动边界的区域外,均十分接近 0.09。

练　习

10.5　考虑应用于简单湍流剪切流动的 $k-\varepsilon$ 模型，其中 $\mathcal{S}=\partial\langle U\rangle/\partial y$ 是唯一非零平均速度梯度。得到如下关系：

$$\frac{|\langle uv\rangle|}{k}=C_\mu\frac{\mathcal{S}k}{\varepsilon} \tag{10.49}$$

$$\frac{\mathcal{P}}{\varepsilon}=C_\mu\left(\frac{\mathcal{S}k}{\varepsilon}\right)^2 \tag{10.50}$$

并因此证明式(10.48)。

证明 $\langle uv\rangle$ 满足柯西–施瓦茨(Cauchy-Schwart)不等式[式(3.100)]，当且仅当 C_μ 满足如下条件：

$$C_\mu\leqslant\frac{2/3}{\mathcal{S}\,k/\varepsilon} \tag{10.51}$$

或者，等价为

$$C_\mu\leqslant\frac{4/9}{\mathcal{P}/\varepsilon} \tag{10.52}$$

证明式(10.50)同样适用于一般流动。

10.4.2　ε 的模型方程

在发展关于 k 和 ε 模型输运方程的过程中，采用了不同的方法。k 方程考虑精确方程[式(10.35)]，其湍流通量 $\boldsymbol{T}'$ 模型为梯度扩散[式(10.40)]。其他三项——$\bar{\mathrm{D}}k/\mathrm{D}t$、$\mathcal{P}$ 和 ε 具有闭合形式(给定湍流黏性假设)。

也可以导出关于 ε 的精确方程，但它对模型方程不是一个有用的起点。因为(如第 6 章所讨论的) ε 最好被视为级串(cascade)中的能量流率，它是由大尺度运动决定的，与黏性无关(在高雷诺数下)。相反，关于 ε 的精确方程适用于耗散范围内的过程。因此，关于 ε 标准模型方程最好被看作完全经验的，而不是基于精确方程，其表达如下：

$$\frac{\bar{\mathrm{D}}\varepsilon}{\bar{\mathrm{D}}t}=\nabla\cdot\left(\frac{\nu_{\mathrm{T}}}{\sigma_\varepsilon}\nabla\varepsilon\right)+C_{\varepsilon1}\frac{\mathcal{P}_\varepsilon}{k}-C_{\varepsilon2}\frac{\varepsilon^2}{k} \tag{10.53}$$

参考 Launder 和 Sharma(1974)的工作，所有模型常数的标准值是

$$C_\mu = 0.09, \quad C_{\varepsilon 1} = 1.44, \quad C_{\varepsilon 2} = 1.92, \quad \sigma_k = 1.0, \quad \sigma_\varepsilon = 1.3 \tag{10.54}$$

通过研究 ε 方程在各种流动中的表现,可以帮助我们理解 ε 方程。首先研究均匀湍流,其中 k 和 ε 方程变成:

$$\frac{\mathrm{d}k}{\mathrm{d}t} = \mathcal{P} - \varepsilon \tag{10.55}$$

$$\frac{\mathrm{d}\varepsilon}{\mathrm{d}t} = C_{\varepsilon 1}\frac{\mathcal{P}\varepsilon}{k} - C_{\varepsilon 2}\frac{\varepsilon^2}{k} \tag{10.56}$$

1. 衰减湍流

在没有平均速度梯度的情况下,生成项为零,而且湍流在不断衰减。进而可得方程的解如下:

$$k(t) = k_0\left(\frac{t}{t_0}\right)^{-n}, \quad \varepsilon(t) = \varepsilon_0\left(\frac{t}{t_0}\right)^{-(n+1)} \tag{10.57}$$

其中,k 和 ε 在参考时间点具有参考值 k_0 和 ε_0:

$$t_0 = n\frac{k_0}{\varepsilon_0} \tag{10.58}$$

衰减指数 n 为

$$n = \frac{1}{C_{\varepsilon 2} - 1} \tag{10.59}$$

这个幂律衰减是精确的,可以在网格湍流中被精确观察到[见第 5.4.6 小节,以及式(5.274)和式(5.277)],因此对于这种流动,ε 方程的这种表现是正确的。

衰减指数 n 的实验值一般为 1.15~1.45, Mohamed 和 LaRue(1990)表明大多数数据与 $n = 1.3$ 一致。可以重新排列式(10.59),给出 $C_{\varepsilon 2}$ 关于 n 的表达式:

$$C_{\varepsilon 2} = \frac{n+1}{n} \tag{10.60}$$

其中,$C_{\varepsilon 2}$ 在 $n = 1.15$、1.3 和 1.45 时的值分别为 1.87、1.77、1.69。可以发现,标准值 $C_{\varepsilon 2} = 1.92$ 在一定程度上超出了实验观测结果的范围,下面讨论产生这一结果的原因。

练 习

10.6 考虑应用于衰减湍流的 $k-\varepsilon$ 模型。令 $s(t)$ 的无量纲化时间定义为

$$s(t)=\int_{t_0}^{t}\frac{\varepsilon(t')}{k(t')}\mathrm{d}t'$$

(1) 给出 $s(t)$ 的显示表达式;

(2) 推导和求解以 s 表示的 k 和 ε 演化方程,即 $\mathrm{d}k/\mathrm{d}s=\cdots$;

(3) 在 $x/M=40$ 和 $x/M=200$ 之间检验网格湍流。这对应的无量纲化时间间隔是多少?

10.7 如果修改 $C_{\varepsilon 2}$ 为 $C_{\varepsilon 2}=\dfrac{7}{5}$,证明 $k-\varepsilon$ 模型给出了最终衰变周期的正确表现(见练习 6.11)。

2. 均匀剪切流

正如第 5.4.5 节所观察到的,在均匀湍流剪切流中,主要的实验观察结果是雷诺应力变得自相似,无量纲参数 $\mathcal{S}k/\varepsilon$ 和 $\mathcal{P}/\varepsilon$ 变为常数: $\mathcal{S}k/\varepsilon\approx 6$ 和 $\mathcal{P}/\varepsilon\approx 1.7$。由于施加的平均剪切率 $\mathcal{S}$ 是恒定的, $\mathcal{S}k/\varepsilon$ 的恒定性意味着湍流时间尺度 $\tau\equiv k/\varepsilon$ 也是固定的。通过 k 和 ε [式(10.55)和式(10.56)],可以得到:

$$\frac{\mathrm{d}}{\mathrm{d}t}\left(\frac{k}{\varepsilon}\right)=\frac{\mathrm{d}\tau}{\mathrm{d}t}=(C_{\varepsilon 2}-1)-(C_{\varepsilon 1}-1)\left(\frac{\mathcal{P}}{\varepsilon}\right)\tag{10.61}$$

显然,模型预测出,针对某一特定的 $\mathcal{P}/\varepsilon$ 值, τ 不随时间变化:

$$\left(\frac{\mathcal{P}}{\varepsilon}\right)^{*}\equiv\frac{C_{\varepsilon 2}-1}{C_{\varepsilon 1}-1}\approx 2.1\tag{10.62}$$

该值比实验和 DNS 模拟中的观测值高很多。

3. ε 方程的理解

根据湍流频率 $\omega\equiv\varepsilon/k$ 与特征平均应变速率 $\mathcal{S}$ 之间的关系,提供一个关于 ε 方程的理解。

一个极度简单的模型是

$$\omega=\frac{\mathcal{S}}{\beta}\tag{10.63}$$

其中, β 是常数(如 3)。然后,该模型预测在所有流动中, $\mathcal{S}k/\varepsilon=\mathcal{S}/\omega$ 等于常数值 $\beta=3$。在一些剪切流中, $\mathcal{S}k/\varepsilon$ 的值确实是可以测量的(表 5.2、表 5.4 和表 7.2)。然而,对于其他一些流动,该模型是错误的:在网格湍流 ($\mathcal{S}=0$) 中, ω 不为零;在均匀剪切流中, $\mathcal{S}k/\varepsilon$ 约为 6。

与设置 ω 等于 $\mathcal{S}/\beta$ 不同,考虑一个使 ω 向 $\mathcal{S}/\beta$ 松弛的模型,或者(作为产生所需结果的一种发明)考虑一个使 ω^2 向 $(\mathcal{S}/\beta)^2$ 松弛的模型。当它应用于均匀湍

流时,这个模型可以用如下方程来描述:

$$\frac{\mathrm{d}\omega^2}{\mathrm{d}t} = -\alpha\omega\left(\omega^2 - \frac{\mathcal{S}^2}{\beta^2}\right) \tag{10.64}$$

其中,α 是常数;$\alpha\omega$ 是松弛速率。这是一个代数问题(见练习 10.8),表明当指定常数为下面值时,这个方程完全等价于 ε 式[式(10.56)]:

$$\alpha = 2(C_{\varepsilon 2} - 1) \approx 1.84 \tag{10.65}$$

$$\beta = \left(\frac{C_{\varepsilon 2} - 1}{C_\mu[C_{\varepsilon 1} - 1]}\right)^{1/2} \approx 4.27 \tag{10.66}$$

因此,可以通过式(10.64)来解释 ε 方程:湍流频率(平方)以速率 $\alpha\omega$ 向 $\mathcal{S}/\beta$(平方)松弛。

练 习

10.8 对于均匀湍流,由 k [式(10.55)]及 ω^2 [式(10.64)]的模型方程,证明相应的关于 ε 的模型方程是

$$\frac{\mathrm{d}\varepsilon}{\mathrm{d}t} = \frac{\mathcal{P}_\varepsilon}{k} + \frac{\alpha k\mathcal{S}^2}{2\beta^2} - \left(1 + \frac{1}{2}\alpha\right)\frac{\varepsilon^2}{k} \tag{10.67}$$

通过式(10.50)消除 $\mathcal{S}$,方程重新表示为

$$\frac{\mathrm{d}\varepsilon}{\mathrm{d}t} = \left(1 + \frac{\alpha}{2\beta^2 C_\mu}\right)\frac{\mathcal{P}\varepsilon}{k} - \left(1 + \frac{1}{2}\alpha\right)\frac{\varepsilon^2}{k} \tag{10.68}$$

通过与标准 ε 式[式(10.56)]的结果对比,验证 α 和 β,以及 $C_{\varepsilon 1}$ 和 $C_{\varepsilon 2}$ 之间的关系[式(10.65)和式(10.66)]。

4. 对数律区域的表现

对于非均匀流动,ε 方程中的扩散项(即 $\nabla\cdot[(\nu_T/\sigma_\varepsilon)\nabla\varepsilon]$)与 k 方程中的类似项具有相同的优点:它可以保证获得的解连续,并且允许在边界上的任何地方指定关于 ε 的边界条件。正如现在所说明的,扩散项在近壁面流动中起着重要作用。

考虑高雷诺数充分发展的槽道流动。关注的量($\langle U\rangle$、k 和 ε)只依赖于 y,因此 $k-\varepsilon$ 方程简化为

$$0 = \frac{\mathrm{d}}{\mathrm{d}y}\left(\frac{\nu_T}{\sigma_k}\frac{\mathrm{d}k}{\mathrm{d}y}\right) + \mathcal{P} - \varepsilon \tag{10.69}$$

$$0 = \frac{d}{dy}\left(\frac{\nu_T}{\sigma_\varepsilon}\frac{d\varepsilon}{dy}\right) + C_{\varepsilon1}\frac{\mathcal{P}_\varepsilon}{k} - C_{\varepsilon2}\frac{\varepsilon^2}{k} \tag{10.70}$$

现在关注对数律区域。生成和耗散平衡，两者都等于 $u_\tau^3/(\kappa y)$。因此，在 k 方程中，扩散项是零，这意味着 k 是均匀的，这是近似正确的。在 ε 方程中，$\mathcal{P}$ 和 ε 的等式产生了一个随 y^{-2} 变化的净汇（net sink）[等于 $-(C_{\varepsilon2} - C_{\varepsilon1})\varepsilon^2/k$]，它可以被远离壁面的 ε 扩散平衡掉。练习 10.9 表明，ε 式[式(10.70)]满足如下关系：

$$\varepsilon = \frac{C_\mu^{3/4}k^{3/2}}{\kappa y} \tag{10.71}$$

常数具有如下的关联关系：

$$\kappa^2 = \sigma_\varepsilon C_\mu^{1/2}(C_{\varepsilon2} - C_{\varepsilon1}) \tag{10.72}$$

式(10.72)产生 $k-\varepsilon$ 模型所隐含的 von Karman 常数值（$\kappa \approx 0.43$）；或者，可以用它来调整模型常数（如 σ_ε），以产生特定的 κ 值。

练　习

10.9　考虑壁面有界（wall-bounded）湍流的对数律区域。证明湍流黏性假设 $\nu_T = C_\mu k^2/\varepsilon$ 和对数律表明：

$$\varepsilon = \frac{C_\mu k^2}{u_\tau \kappa y} \tag{10.73}$$

给定 $\mathcal{P} = \varepsilon$，从关于 $\mathcal{P}$ 的表达式中得出如下结果：

$$\varepsilon = \frac{C_\mu^{1/2}ku_\tau}{\kappa y} \tag{10.74}$$

因此，证明式(10.71)并将其与式(10.43)进行比较。将关于 ε 的式(10.71)代入式(10.70)（k 独立于 y）得到式(10.72)。证明这些方程产生的长度尺度变化为

$$L \equiv \frac{k^{3/2}}{\varepsilon} = C_\mu^{3/4}\kappa y \tag{10.75}$$

5. 自由流边缘的表现

如第 5.5.2 节所述，在湍流和无旋、非湍流的自由流或静止环境之间存在一个间歇性区域。在非湍流流体（$y \to \infty$）中，k 和 ε 都为零。

$k-\varepsilon$ 模型没有考虑到间歇性，它产生的解在湍流和非湍流区域之间存在一个尖锐的边缘（Cazalbou et al., 1994）。对于统计上的二维边界层或自由剪切流，用

$y_e(x)$ 表示边界的位置。然后,对于 $y > y_e(x)$, k 和 ε 为零,平均流是无旋的。只有在湍流区域内, k、ε 和 $\partial\langle U\rangle/\partial y$ 随到边缘的距离 $y_e(x) - y$ 的正幂变化。

由于夹带作用,存在一个从非湍流一侧通过边缘的平均流动。因此,边缘相当于一个湍流前缘,(相对于流体)通过湍流扩散传播。在练习 10.10 中给出了对于这种传播前缘的 $k-\varepsilon$ 模型方程的解。

练 习

10.10 考虑一个统计稳态的无湍流生成的一维流动,其中 $k-\varepsilon$ 方程简化为

$$U_0 \frac{\mathrm{d}k}{\mathrm{d}x} = \frac{\mathrm{d}}{\mathrm{d}x}\left(\frac{\nu_{\mathrm{T}}}{\sigma_k}\frac{\mathrm{d}k}{\mathrm{d}x}\right) - \varepsilon \tag{10.76}$$

$$U_0 \frac{\mathrm{d}\varepsilon}{\mathrm{d}x} = \frac{\mathrm{d}}{\mathrm{d}x}\left(\frac{\nu_{\mathrm{T}}}{\sigma_\varepsilon}\frac{\mathrm{d}\varepsilon}{\mathrm{d}x}\right) - C_{\varepsilon 2}\frac{\varepsilon^2}{k} \tag{10.77}$$

其中, U_0 是均匀平均速度,为正值。这些方程允许一个弱解(对于 $x \leqslant 0$, $k = 0$ 和 $\varepsilon = 0$; 对于 $x > 0$, $k > 0$ 和 $\varepsilon > 0$),对应于湍流 ($x > 0$) 和非湍流 ($x \leqslant 0$) 之间的前缘。对于小的正的 x, 解是

$$k = k_0\left(\frac{x}{\delta_0}\right)^p \tag{10.78}$$

$$\varepsilon = \varepsilon_0\left(\frac{x}{\delta_0}\right)^q \tag{10.79}$$

其中, p、q、k_0、ε_0、δ_0 为正常数, $\delta_0 \equiv k_0^{3/2}/\varepsilon_0$。

将式(10.78)和式(10.79)代入式(10.76)和式(10.77),得到:

$$q = 2p - 1 \tag{10.80}$$

$$\frac{U_0}{k_0^{1/2}} = \frac{C_\mu p}{\sigma_k} = \frac{C_\mu(2p - 1)}{\sigma_\varepsilon} \tag{10.81}$$

这表明(对于小 x)对流和扩散平衡,相比之下,耗散项可以忽略不计。从式(10.81)得到:

$$p = \frac{\sigma_k}{2\sigma_k - \sigma_\varepsilon} = \frac{1}{2 - \sigma} \tag{10.82}$$

其中, $\sigma \equiv \sigma_\varepsilon/\sigma_k$。证明(对于小 x): k、ε、$L \equiv k^{3/2}/\varepsilon$, $\omega \equiv \varepsilon/k$, 以及 ν_{T} 分别随 x 的下列幂次变化:

$$\frac{1}{2-\sigma}, \quad \frac{\sigma}{2-\sigma}, \quad \frac{\frac{3}{2}-\sigma}{2-\sigma}, \quad \frac{\sigma-1}{2-\sigma}, \quad 1 \tag{10.83}$$

因此,当 x 趋近于零时,所有这些量都是零,使得 σ 为 1~1.5。证明:湍流前缘(相对于平均流动)的传播速度为

$$U_0 = \frac{1}{2\sigma_k - \sigma_\varepsilon}\left(\frac{\mathrm{d}\nu_T}{\mathrm{d}x}\right)_{x=0_+} \tag{10.84}$$

10.11　证明:应用于自相似瞬态混合层的 $k-\varepsilon$ 模型方程可以写为

$$\frac{\partial k}{\partial t} = \frac{\partial}{\partial y}\left(\frac{C_\mu k^2}{\sigma_k \varepsilon}\frac{\partial k}{\partial y}\right) - \varepsilon\left(1 - \frac{\mathcal{P}}{\varepsilon}\right) \tag{10.85}$$

$$\frac{\partial \varepsilon}{\partial t} = \frac{\partial}{\partial y}\left(\frac{C_\mu k^2}{\sigma_\varepsilon \varepsilon}\frac{\partial \varepsilon}{\partial y}\right) - \frac{\varepsilon^2}{k}\left(C_{\varepsilon 2} - C_{\varepsilon 1}\frac{\mathcal{P}}{\varepsilon}\right) \tag{10.86}$$

$\delta(t)$ 表示层的宽度,自相似变量定义为

$$\xi \equiv \frac{y}{\delta}, \quad \hat{k}(\xi) \equiv \frac{k}{U_s^2}, \quad \hat{\varepsilon}(\xi) \equiv \frac{\varepsilon\delta}{U_s^3} \tag{10.87}$$

其中,U_s 是常速度差。将式(10.85)和式(10.86)变换得到:

$$-S\xi\frac{\mathrm{d}\hat{k}}{\mathrm{d}\xi} = \frac{\mathrm{d}}{\mathrm{d}\xi}\left(\frac{C_\mu \hat{k}^2}{\sigma_k \hat{\varepsilon}}\frac{\mathrm{d}\hat{k}}{\mathrm{d}\xi}\right) - \hat{\varepsilon}\left(1 - \frac{\mathcal{P}}{\varepsilon}\right) \tag{10.88}$$

$$-S\left(\hat{\varepsilon} + \xi\frac{\mathrm{d}\hat{\varepsilon}}{\mathrm{d}\xi}\right) = \frac{\mathrm{d}}{\mathrm{d}\xi}\left(\frac{C_\mu \hat{k}^2}{\sigma_\varepsilon \hat{\varepsilon}}\frac{\mathrm{d}\hat{\varepsilon}}{\mathrm{d}\xi}\right) - \frac{\hat{\varepsilon}^2}{\hat{k}}\left(C_{\varepsilon 2} - C_{\varepsilon 1}\frac{\mathcal{P}}{\varepsilon}\right) \tag{10.89}$$

其中,S 是扩散速率,$S = U_s^{-1}\mathrm{d}\delta/\mathrm{d}t$。

用 ξ_e 表示湍流区域的边缘(所以 k、ε 在 $\xi_e \geqslant \xi$ 时为零),令 x 为离边缘的距离为

$$x \equiv \xi_e - \xi \tag{10.90}$$

证明式(10.88)的左端项可以写成:

$$-S\xi\frac{\mathrm{d}\hat{k}}{\mathrm{d}\xi} = S(\xi_e - x)\frac{\mathrm{d}\hat{k}}{\mathrm{d}x} \tag{10.91}$$

因此,证明(对于小 x) 练习 10.10 中的方程具有幂次律的解 ($k \sim x^p$, $\varepsilon \sim x^q$)。

10.4.3 讨论

$k-\varepsilon$ 模型可以说是最简单的完备湍流模型，因此其适用范围最广泛。大多数商业 CFD 代码中都包含了该模型，用于传热、燃烧、多相流等各种问题的研究中。

关于其准确性，将在下一章（第 11.10 节）进行讨论，并将它的性能将与其他湍流模型的性能进行比较。简言之，尽管对于简单流动这通常是可以接受的精确度，但对于复杂流则可能相当不精确，以至于计算的平均流模式可能在定性上都是不正确的。这种不准确性源自湍流黏性假设和 ε 方程。

关于近壁面的处理也在下一章（第 11.7 节）中进行讨论。为了将其应用于黏性近壁面区域，需要对标准 $k-\varepsilon$ 模型进行修改。例如，从图 10.3 可以看出，C_μ 的适当值随着 y^+ 低于 50 而减小。

标准 $k-\varepsilon$ 模型常数[式(10.54)]的取值是一种折中选择。对于特定流动，通过调整常数可能提升模型计算的精度。在衰减湍流中，$C_{\varepsilon 2}=1.77$（对应衰减指数 $n=1.3$）比 $C_{\varepsilon 2}=1.92$（对应衰减指数 $n=1.09$）更适用。标准 $k-\varepsilon$ 模型的一个显著缺陷是严重高估圆形射流的扩散率。此问题可通过调整 $C_{\varepsilon 1}$ 或 $C_{\varepsilon 2}$ 值（针对圆形射流）缓解，但这种依赖流动特例的临时调整，其价值有限。完整的通用模型需采用一组固定常数，标准值往往是通过主观判断选择的折中方案，以期在多种流动中达到“最佳”性能。

多年来，针对标准 $k-\varepsilon$ 模型的“修正”方案被广泛提出，通常旨在改善特定流动类别的性能。例如，Pope（1978）在 ε 方程中引入形如：

$$\delta_{ij}\,\Omega_{jk}\,\Omega_{ki}\,\frac{k^2}{\varepsilon}$$

的附加源项，使修正模型准确预测圆形射流扩散率。其他（基于 $\bar{\Omega}_{ij}$）的 ε 方程修正方案由 Hanjalic 和 Launder（1980）、Bardina 等（1983）提出。然而，当这些修正模型应用于多种流动时，普遍经验（Launder，1990；Hanjalic，1994）表明，其整体性能劣于标准模型。

此处将 ε 的模型方程视为完全经验性公式，但这仅是一种观点。重整化群（renormalization group，RNG）方法已用于从 Navier-Stokes 方程导出 $k-\varepsilon$ 方程[见 Yakhot 和 Orszag（1986）、Smith 和 Reynolds（1992）、Smith 和 Woodruff（1998）的研究]。RNG 分析得出的常数值为

$$C_\mu=0.0845,\quad C_{\varepsilon 1}=1.42,\quad C_{\varepsilon 2}=1.68,\quad \sigma_k=\sigma_\varepsilon=0.72 \tag{10.92}$$

（Orszag et al.，1996），对照式（10.54）。RNG $k-\varepsilon$ 模型的 ε 方程还包含一项附加项，该项为经验模型，非源自 RNG 理论，此附加项是标准模型与 RNG 模型性能差异的主因。

10.5 其他湍流黏性模型

10.5.1 $k-\omega$ 模型

历史上出现了许多两方程模型。大多数模型中认为 k 是变量之一，但是对于第二个变量有多种不同的选择。例如，具有 kL（Rotta，1951）、ω（Kolmogorov，1942）、ω^2（Saffman，1970）和 τ（Speziale et al.，1992）量纲的一些量。

对于均匀湍流，第二个变量的选择是无关紧要的，因为在不同的方程之间有一种精确的对应，它们的形式本质上是相同的（见练习 10.12）。对于非均匀流，差异在于扩散项。例如，对于 $\omega \equiv \varepsilon/k$，考虑下面的模型方程：

$$\frac{\bar{D}\omega}{\bar{D}t} = \nabla\cdot\left(\frac{\nu_T}{\sigma_\omega}\nabla\omega\right) + C_{\omega 1}\frac{\mathcal{P}\omega}{k} - C_{\omega 2}\omega^2 \tag{10.93}$$

基于这个方程的 $k-\omega$ 模型与 $k-\varepsilon$ 模型有什么不同呢？回答这个问题的一个方法是推导 $k-\varepsilon$ 模型所隐含的 ω 式（见练习 10.13）。为简单起见，取 $\sigma_k=\sigma_\varepsilon=\sigma_\omega$，结果是

$$\frac{\bar{D}\omega}{\bar{D}t} = \nabla\cdot\left(\frac{\nu_T}{\sigma_\omega}\nabla\omega\right) + (C_{\varepsilon 1}-1)\frac{\mathcal{P}\omega}{k} - (C_{\varepsilon 2}-1)\omega^2 + \frac{2\nu_T}{\sigma_\omega k}\nabla\omega\cdot\nabla k \tag{10.94}$$

显然，对于均匀湍流，选择 $C_{\omega 1}=C_{\varepsilon 1}-1$ 和 $C_{\omega 2}=C_{\varepsilon 2}-1$ 会使模型相同。然而，对于非均匀流动，$k-\varepsilon$ 模型（写成 $k-\omega$ 模型形式）包含一个附加项——式（10.94）中的最后一项。

第二个最广泛使用的两方程模型是由 Wilcox 和其他人发展了 20 多年的 $k-\omega$ 模型（Wilcox，1993）。在这个模型中，ν_T 和 k 方程的表达式与 $k-\varepsilon$ 模型中的表达式相同。区别在于用关于 ω 的式（10.93）[或隐含的 ω 方程，式（10.94）]而不是用关于 ε 的式（10.53）。正如 Wilcox（1993）详细描述的，对于边界层流动，该 $k-\omega$ 模型在处理黏性近壁面区域和考虑流向压力梯度的影响方面都是优越的。然而，对于非湍流自由流边界的处理是有问题的：需要一个关于 ω 的非零（非物理）边界条件，并且计算给出的流动对指定的值很敏感。

Menter（1994）提出了一个两方程模型，可以设计得到 $k-\varepsilon$ 模型和 $k-\omega$ 模型的最佳表现。可以将其写成一个（非标准）$k-\omega$ 模型，ω 方程的形式为式（10.94），但最后一项乘上一个“混合函数”。在靠近壁面处混合函数为零（成为标准的 ω 方

程),而在远离壁面处混合函数是统一的(对应于标准的 ε 方程)。Cazalbou 等(1994)分析了 $k-\varepsilon$ 模型在自由流边界上的表现,也可参见练习 10.11。

练 习

10.12 考虑将物理量 Z 定义为

$$Z = C_Z k^p \varepsilon^q \tag{10.95}$$

其中,C_z、p、q 已知。对于标准 $k-\varepsilon$ 方程,证明在均匀湍流中,隐含的关于 Z 的模型方程为

$$\frac{\mathrm{d}Z}{\mathrm{d}t} = C_{Z1}\frac{Z\mathcal{P}}{k} - C_{Z2}\frac{Z\varepsilon}{k} \tag{10.96}$$

其中,

$$C_{Z1} = p + qC_{\varepsilon 1} \tag{10.97}$$

$$C_{Z2} = p + qC_{\varepsilon 2} \tag{10.98}$$

因此,验证表 10.2 中的值 C_{Z1} 和 C_{Z2}。

表 10.2 用于 $Z = C_Z k^p \varepsilon^q$ 具体化的各种参数值 C_{Z1}、C_{Z2}(参见练习 10.12)

Z	p	q	C_{Z1}	C_{Z2}
k	1	0	1.0	1.0
ε	0	1	1.44	1.92
$\omega = \varepsilon/k$	−1	1	0.44	0.92
$\tau = k/\varepsilon$	1	−1	−0.44	−0.92
$L = k^{3/2}/\varepsilon$	3/2	−1	0.06	−0.42
$kL = k^{5/2}/\varepsilon$	5/2	−1	1.06	0.58
$\nu_T = C_\mu k^2/\varepsilon$	2	−1	0.56	0.08

10.13 给定标准 $k-\varepsilon$ 模型方程,证明对于 $\omega = \varepsilon/k$,隐含的模型方程是

$$\frac{\bar{\mathrm{D}}\omega}{\bar{\mathrm{D}}t} = \nabla\cdot\left(\frac{\nu_T}{\sigma_\varepsilon}\nabla\omega\right) + (C_{\varepsilon 1} - 1)\frac{\mathcal{P}\omega}{k} - (C_{\varepsilon 2} - 1)\omega^2 + C_\mu\left(\frac{1}{\sigma_\varepsilon} + \frac{1}{\sigma_k}\right)\frac{1}{\omega}\nabla\omega\cdot\nabla k$$

$$+C_{\mu}\left(\frac{1}{\sigma_{\varepsilon}}-\frac{1}{\sigma_{k}}\right)\left(\nabla^{2}k+\frac{1}{k}\nabla k\cdot\nabla k\right) \tag{10.99}$$

10.5.2　Spalart-Allmaras 模型

Spalart 和 Allmaras(1994)描述了一个为空气动力学应用而开发的一方程模型,其中采用唯一的模型输运方程来求解湍流黏性 ν_{T}。Nee 和 Kovasznay(1969)、Baldwin 和 Barth(1990)描述了该模型的早期发展。

从一开始就了解 Spalart-Allmaras 模型的发展背景是有益的。在下一章所描述的雷诺应力模型中,上述模型——代数的、一方程的、两方程的——有一个自然的递进。每一个后续水平提供了一个更全面的湍流描述,从而消除了其前一个模型的精度缺陷。如果精度是选择开发和应用模型的唯一标准,那么这种选择自然会倾向于描述程度较高的模型。然而,正如第 8.3 节所讨论的,成本和易用性也是支持选择更简单模型的重要标准。因此,对于模型开发者来说,在每个描述层级上,努力实现尽可能好的模型是非常有必要的。

可以说,关于 ν_{T} 的一方程模型是一个最低水平的完备模型。Spalart 和 Allmaras(1994)开发了这个模型来消除基于 k 的代数模型和一方程模型的不完备性,而且是一个比两方程模型计算更简单的模型。该模型是为空气动力学流动问题而设计,如跨声速翼型流动,包括边界层分离。

模型方程的形式如下:

$$\frac{\bar{\mathrm{D}}\nu_{\mathrm{T}}}{\bar{\mathrm{D}}t}=\nabla\cdot\left(\frac{\nu_{\mathrm{T}}}{\sigma_{\nu}}\nabla\nu_{\mathrm{T}}\right)+S_{\nu} \tag{10.100}$$

其中,源项 S_{ν} 取决于层流和湍流黏性,分别是 ν 和 ν_{T};$|\nabla\nu_{\mathrm{T}}|$ 是湍流黏性梯度。该模型的细节是相当复杂的:读者应当参考原始文献,其提供了一系列具有启发性的模型构建方法,以实现特定的期望表现。

在空气动力学流动的应用中,该模型被证明是相当成功的[如 Godin 等(1997)的研究]。然而,作为一般模型,它有明显的局限性。例如,它不能解释各向同性湍流中 ν_{T} 的衰减,它意味着在均匀湍流中 ν_{T} 不受无旋平均应变的影响;并且它过高估了将近 40%的平面射流的扩散速率。

练　习

10.14　考虑应用于高雷诺数均匀湍流的 Spalart-Allmaras 模型。假定层流黏性 ν 和到最近壁的距离 ℓ_{w} 是不相关的量。因此,证明量纲和其他考虑可以将方程(10.100)简化为

$$\frac{\mathrm{d}\nu_{\mathrm{T}}}{\mathrm{d}t} = S_{\nu}(\nu_{\mathrm{T}},\ \Omega) = c_{\mathrm{b1}}\nu_{\mathrm{T}}\Omega \tag{10.101}$$

其中，Ω 为平均涡度(或旋转速率)；c_{b1} 为常数。讨论无旋平均应变方程的形式。

对于 Ω 和 S 相等的自相似均匀湍流剪切流，从关系式 $-\langle uv\rangle = \nu_{\mathrm{T}}\partial\langle U\rangle/\partial y$ 可以看出 ν_{T} 由式(10.101)演化，伴随有

$$c_{\mathrm{b1}} = \left(\frac{\mathcal{P}}{\varepsilon} - 1\right)\left(\frac{\mathcal{S}k}{\varepsilon}\right)^{-1} \tag{10.102}$$

使用实验数据(表 5.4)根据式(10.102)估计 c_{b1}，并将其与 Spalart-Allmaras 模型中的值 $c_{\mathrm{b1}} = 0.135$ 进行比较。

第 11 章

雷诺应力和相关模型

11.1 引言

11.1.1 雷诺应力闭合

在雷诺应力模型中，模型输运方程用于求解单个雷诺应力 $\langle u_i u_j \rangle$ 和耗散 ε（或另一个量，如 ω，这提供了一个湍流长度尺度或时间尺度）。因此，不需要湍流黏性假设，从而解决了前一章描述的模型的主要缺陷之一。

精确的雷诺应力输运方程是从练习 7.23 ~ 7.25 的 Navier-Stokes 方程中得到的：

$$\frac{\bar{\mathrm{D}}}{\bar{\mathrm{D}}t}\langle u_i u_j \rangle + \frac{\partial}{\partial x_k} T_{kij} = \mathcal{P}_{ij} + \mathcal{R}_{ij} - \varepsilon_{ij} \tag{11.1}$$

在雷诺应力模型中，“已知量”是 $\langle \boldsymbol{U} \rangle$、$\langle p \rangle$、$\langle u_i u_j \rangle$ 及 ε。因此，在式(11.1)中平均流对流(mean-flow convection) $\bar{\mathrm{D}}\langle u_i u_j \rangle / \bar{\mathrm{D}}t$ 和生成张量 $\mathcal{P}_{ij}$［式(7.179)］具有闭合形式。然而，依然需要关于耗散张量 ε_{ij}［式(7.181)］、应变压力率张量 $\mathcal{R}_{ij}$［式(7.187)］及雷诺应力通量 T_{kij}［式(7.195)］的模型。

11.1.2 本章提纲

到目前为止，需要模拟的最重要的量是应变压力率张量 $\mathcal{R}_{ij}$。在接下来的四个章节中，我们将在均匀湍流的背景下广泛考虑这一项。这包括（在第 11.4 节）快速变形理论(RDT)的描述，其适用于一种限定的情况，并提供了有用的见解。第 11.6 节描述了对非均匀流动的扩展，第 11.7 节描述了特殊的近壁面处理方法——包括 $k-\varepsilon$ 和雷诺应力模型。关于雷诺应力模型有大量的文献，有许多不同的建议和改进：这里的重点是基本概念和方法。

在雷诺应力模型中，$\mathcal{R}_{ij}$ 被建模为关于 $\langle u_i u_j \rangle$、ε 及 $\partial \langle U_i \rangle / \partial x_j$ 的局部函数。椭圆松弛模型（第 11.8 节）提供了更高水平的闭合层级，从而允许关于 $\mathcal{R}_{ij}$ 的模型

为非局部的。

第 11.9 节描述了代数应力模型和非线性湍流黏性模型。这些模型比较简单，可以从雷诺应力闭合中推导得到。本章最后对所述各种模型的相对优点进行了评述。

11.1.3 耗散

这里总结了对耗散项的处理方法。对于高雷诺数流动，局部各向同性的结果是①

$$\varepsilon_{ij} = \frac{2}{3}\varepsilon\delta_{ij} \tag{11.2}$$

这作为关于 ε_{ij} 的模型。对于中等雷诺数的流动，这种各向同性关系并不完全准确（如图 7.39）。然而，在某种程度上，这个模型是可信的，因为各向异性分量 $\left(\text{即 } \varepsilon_{ij} - \frac{2}{3}\varepsilon\delta_{ij}\right)$ 具有与 $\mathcal{R}_{ij}$ 相同的数学性质，因此可以被合并到关于 $\mathcal{R}_{ij}$ 的模型中。如第 11.7 节所讨论的，靠近壁面的耗散是各向异性的，采用不同的模型是适当的。

11.1.4 雷诺数

大多数雷诺应力模型不包含雷诺数相关性（除了近壁面处理方法），因此它们隐含地假定所模拟的项与雷诺数无关。为了解释简单，我们遵循这个权宜的假设。然而，值得注意的是，在中等雷诺数实验中，尤其是在 DNS 中，可能存在（通常是中等的）雷诺数效应。

11.2 应变压力率张量

脉动压力最直接地出现在雷诺应力式［式(7.178)］中，表现为速度压力梯度张量：

$$\Pi_{ij} \equiv -\frac{1}{\rho}\left\langle u_i\frac{\partial p'}{\partial x_j} + u_j\frac{\partial p'}{\partial x_i}\right\rangle \tag{11.3}$$

这可以分解（练习 7.24）为压力输运项 $-\partial T_{kij}^{(p)}/\partial x_k$［式(7.192)］和应变压力率

① 在这种情况下，没有必要区分耗散 ε 和伪耗散 $\tilde{\varepsilon}$。

张量：

$$\mathcal{R}_{ij} \equiv \left\langle \frac{p'}{\rho}\left(\frac{\partial u_i}{\partial x_j} + \frac{\partial u_j}{\partial x_i}\right)\right\rangle \tag{11.4}$$

张量 $\mathcal{R}_{ij}$ 的迹为零（$\mathcal{R}_{ii} = 2\langle p' \nabla\cdot \boldsymbol{u}/\rho\rangle = 0$），因此该项不应出现在动能方程中：它导致能量在雷诺应力之间的重新分配。

正如 Lumley(1975)所观察到的，将 Π_{ij} 分解为一个再分配项和一个输运项并不是唯一的分解方法。例如，另一种分解是

$$\Pi_{ij} = \mathcal{R}_{ij}^{(a)} - \frac{\partial}{\partial x_\ell}\left(\frac{2}{3}\delta_{ij}T_\ell^{(p)}\right) \tag{11.5}$$

其中，

$$\mathcal{R}_{ij}^{(a)} \equiv \Pi_{ij} - \frac{1}{3}\Pi_{\ell\ell}\delta_{ij} \tag{11.6}$$

$$\boldsymbol{T}^{(p)} \equiv \langle \boldsymbol{u}p'\rangle/\rho \tag{11.7}$$

$\boldsymbol{T}^{(p)}$ 的意义在于由压力输运引起的动能来源是

$$\frac{1}{2}\Pi_{ii} = -\nabla\cdot \boldsymbol{T}^{(p)} \tag{11.8}$$

在均匀湍流中，压力输运为零，所有的再分配项都是等价的[例如，$\Pi_{ij} = \mathcal{R}_{ij} = \mathcal{R}_{ij}^{(a)}$]。在研究这样的流动时（在本节和接下来的三节中），我们关注应变压力率张量 $\mathcal{R}_{ij}$。对于不均匀的流动，使用哪一种分解是一个与方便性有关的问题；在这种情况下，正如在第 11.6 节中讨论的，有理由支持按 $\mathcal{R}_{ij}^{(a)}$ 分解式(11.5)。

11.2.1　再分配的重要性

值得回顾的是 Π_{ij} 在湍流边界层中的行为。在 $\langle u^2\rangle$ 的收支(budget)中(图 7.35)，Π_{ij} 能量消耗的速率大约是 ε_{11} 的 2 倍。这两个汇项(近似)与生成项 $\mathcal{P}_{11}$ 平衡。在 $\langle v^2\rangle$ 和 $\langle w^2\rangle$ 的收支中(图 7.36 和图 7.37)没有生成项，但是 Π_{22} 和 Π_{33} 是近似平衡 ε_{22} 和 ε_{33} 的来源。因此能量从最大的法向应力(包括所有的能量)重新分配到较小的法向应力(不存在生成)。在剪切应力收支中(图 7.38)，生成项 $\mathcal{P}_{12}$ 与 $-\Pi_{12}$ 是近似平衡的，相比之下，耗散较小。

显然，随着生成和耗散，再分配是雷诺应力平衡的主导过程。因此，对它的建模至关重要，是广泛研究的课题。

11.2.2 关于 p' 的泊松方程

通过研究压力的泊松方程可以增进对应变压力率张量的一些理解(见第 2.5 节)。这个等式的雷诺分解(在练习 11.1 中执行)导出了关于 p' 的泊松方程,具有两个源项:

$$\frac{1}{\rho}\nabla^2 p' = -2\frac{\partial\langle U_i\rangle}{\partial x_j}\frac{\partial u_j}{\partial x_i} - \frac{\partial^2}{\partial x_i \partial x_j}(u_i u_j - \langle u_i u_j\rangle) \tag{11.9}$$

在这个方程的基础上,将脉动压力场分解为三个贡献因子:

$$p' = p^{(\mathrm{r})} + p^{(\mathrm{s})} + p^{(\mathrm{h})} \tag{11.10}$$

快速压力 $p^{(\mathrm{r})}$ 满足:

$$\frac{1}{\rho}\nabla^2 p^{(\mathrm{r})} = -2\frac{\partial\langle U_i\rangle}{\partial x_j}\frac{\partial u_j}{\partial x_i} \tag{11.11}$$

慢速压力 $p^{(\mathrm{s})}$ 满足:

$$\frac{1}{\rho}\nabla^2 p^{(\mathrm{s})} = -\frac{\partial^2}{\partial x_i \partial x_j}(u_i u_j - \langle u_i u_j\rangle) \tag{11.12}$$

谐波(harmonic)贡献项 $p^{(\mathrm{h})}$ 满足拉普拉斯方程 $\nabla^2 p^{(\mathrm{h})} = 0$, 指定 $p^{(\mathrm{h})}$ 的边界条件——依赖于 $p^{(\mathrm{r})}$ 和 $p^{(\mathrm{s})}$ 上的边界条件——从而保证 p' 满足所需的边界条件。

之所以称为快速压力是因为(与 $p^{(\mathrm{s})}$ 不同)它对平均速度梯度的变化会立即做出反应。此外,在快速形变极限(即 $\mathcal{S}\,k/\varepsilon \to \infty$)时,快速压力场 $p^{(\mathrm{r})}$ 具有主导阶(leading-order)效应,而 $p^{(\mathrm{s})}$ 可以忽略不计(第 11.4 节)。对应于 $p^{(\mathrm{r})}$、$p^{(\mathrm{s})}$ 和 $p^{(\mathrm{h})}$,应变压力率张量也可分解为具有明显定义的三个部分,$\mathcal{R}_{ij}^{(\mathrm{r})}$、$\mathcal{R}_{ij}^{(\mathrm{s})}$、$\mathcal{R}_{ij}^{(\mathrm{h})}$,例如:

$$\mathcal{R}_{ij}^{(\mathrm{r})} \equiv \left\langle \frac{p^{(\mathrm{r})}}{\rho}\left(\frac{\partial u_i}{\partial x_j} + \frac{\partial u_j}{\partial x_i}\right)\right\rangle \tag{11.13}$$

正如 Chou(1945)的开创性工作所示,泊松方程的格林函数解[式(2.48)]可以用两点速度关联式来表示应变压力率张量。例如,在均匀湍流中,对 $\mathcal{R}_{ij}^{(\mathrm{r})}$ 的贡献为

$$\left\langle \frac{p^{(\mathrm{r})}}{\rho}\frac{\partial u_i}{\partial x_j}\right\rangle = 2\frac{\partial\langle U_k\rangle}{\partial x_\ell}M_{i\ell jk} \tag{11.14}$$

其中,四阶张量 $\boldsymbol{M}$ 通过对两点速度关联式 $R_{ij}(\boldsymbol{r}) = \langle u_i(\boldsymbol{x})u_j(\boldsymbol{x}+\boldsymbol{r})\rangle$ 的积分给出(见练习 11.2):

$$M_{i\ell jk} = -\frac{1}{4\pi}\int \frac{1}{|\boldsymbol{r}|}\frac{\partial^2 R_{i\ell}}{\partial r_j \partial r_k}\mathrm{d}\boldsymbol{r} \tag{11.15}$$

从这些考虑中得出的宝贵结论是,对 $\mathcal{R}_{ij}$ 有三个本质上的不同贡献。快速压力涉及平均速度梯度,在均匀湍流中 $\mathcal{R}_{ij}^{(\mathrm{r})}$ 直接正比于 $\partial\langle U_k\rangle/\partial x_l$[式(11.14)]。在大多数情况下(除了快速变形),慢速应变压力率张量 $\mathcal{R}_{ij}^{(\mathrm{s})}$ 可能是显著的;实际上,在衰减的均匀各向异性湍流中,$\mathcal{R}_{ij}^{(\mathrm{s})}$ 是三个贡献中唯一一个非零的。谐波分量(harmonic component) $\mathcal{R}_{ij}^{(\mathrm{h})}$ 在均匀湍流中为零,仅在壁面附近重要:我们将在第 11.7.5 节中进一步讨论。

练　习

11.1　证明压力的泊松式[式(2.42)]也可以写为

$$\frac{1}{\rho}\nabla^2 p = -\frac{\partial U_i}{\partial x_j}\frac{\partial U_j}{\partial x_i} = -\frac{\partial^2 U_i U_j}{\partial x_i \partial x_j} \tag{11.16}$$

从而证明平均压力满足:

$$\frac{1}{\rho}\nabla^2\langle p\rangle = -\frac{\partial\langle U_i\rangle}{\partial x_j}\frac{\partial\langle U_j\rangle}{\partial x_i} - \frac{\partial^2\langle u_i u_j\rangle}{\partial x_i \partial x_j} \tag{11.17}$$

并且脉动压力满足式(11.9)。

11.2　考虑均匀湍流(其中平均速度梯度 $\partial\langle U_k\rangle/\partial x_\ell$ 是均匀的)。从式(2.48)和式(11.11)出发,证明在 $\boldsymbol{x}$ 处快速压力与随机场 $\phi(\boldsymbol{x})$ 的相关关系由式(11.18)给出:

$$\frac{1}{\rho}\langle p^{(\mathrm{r})}(\boldsymbol{x})\phi(\boldsymbol{x})\rangle = \frac{1}{2\pi}\frac{\partial\langle U_k\rangle}{\partial x_\ell}\iiint_{-\infty}^{\infty}\left\langle\frac{\partial u_\ell(\boldsymbol{y})}{\partial y_k}\phi(\boldsymbol{x})\right\rangle\frac{\mathrm{d}\boldsymbol{y}}{|\boldsymbol{x}-\boldsymbol{y}|} \tag{11.18}$$

其中,积分域为整个 $\boldsymbol{y}$ 区域。对积分收敛所必需的两点相关的行为进行评论。证明对 $\mathcal{R}_{ij}^{(\mathrm{r})}$ 的贡献是

$$\left\langle\frac{p^{(\mathrm{r})}}{\rho}\frac{\partial u_i}{\partial x_j}\right\rangle = \frac{1}{2\pi}\frac{\partial\langle U_k\rangle}{\partial x_\ell}\iiint_{-\infty}^{\infty}\frac{\partial^2}{\partial x_j \partial y_k}\langle u_i(\boldsymbol{x})u_\ell(\boldsymbol{y})\rangle\frac{\mathrm{d}\boldsymbol{y}}{|\boldsymbol{x}-\boldsymbol{y}|} \tag{11.19}$$

分离向量定义为 $\boldsymbol{r}\equiv\boldsymbol{y}-\boldsymbol{x}$,证明该方程可以重新写成两点速度相关 $\mathcal{R}_{ij}(\boldsymbol{r}) = \langle u_i(\boldsymbol{x})u_j(\boldsymbol{x}+\boldsymbol{r})\rangle$ 的形式:

$$\left\langle\frac{p^{(\mathrm{r})}}{\rho}\frac{\partial u_i}{\partial x_j}\right\rangle = -\frac{1}{2\pi}\frac{\partial\langle U_k\rangle}{\partial x_\ell}\iiint_{-\infty}^{\infty}\frac{1}{|\boldsymbol{r}|}\frac{\partial R_{i\ell}}{\partial r_j \partial r_k}\mathrm{d}\boldsymbol{r} \tag{11.20}$$

从而证明式(11.14)。

11.3 各向同性回归模型

11.3.1 Rotta 模型

检验慢速应变压力率张量的最简单情况是衰减的均匀各向异性湍流。在这种情况下，没有生成或输运，$\mathcal{R}_{ij}^{(r)}$ 和 $\mathcal{R}_{ij}^{(h)}$ 是零，所以精确的雷诺应力方程是

$$\frac{\mathrm{d}}{\mathrm{d}t}\langle u_i u_j\rangle = \mathcal{R}_{ij}^{(s)} - \varepsilon_{ij} \tag{11.21}$$

由于 $\mathcal{R}_{ij}^{(s)}$ 的迹为零，该项对湍动能没有影响。它对雷诺应力能量分布的影响可以通过对无量纲各向异性张量来检验：

$$b_{ij} \equiv \frac{\langle u_i u_j\rangle}{\langle u_k u_k\rangle} - \frac{1}{3}\delta_{ij} = \frac{a_{ij}}{2k} \tag{11.22}$$

令 ε_{ij} 为各向同性[方程(11.2)]，关于 b_{ij} 的演变方程为(见练习 11.3)

$$\frac{\mathrm{d}b_{ij}}{\mathrm{d}t} = \frac{\varepsilon}{k}\left(b_{ij} + \frac{\mathcal{R}_{ij}^{(s)}}{2\varepsilon}\right) \tag{11.23}$$

很自然地假设，随着湍流衰减，其各向异性的趋势会减弱，事实上，这种回到各向同性状态的趋势在图 10.2 中是显而易见的。在此基础上，Rotta(1951)提出了这个模型：

$$\begin{aligned}\mathcal{R}_{ij}^{(s)} &= -C_{\mathrm{R}}\frac{\varepsilon}{k}\left(\langle u_i u_j\rangle - \frac{2}{3}k\delta_{ij}\right)\\ &= -2C_{\mathrm{R}}\varepsilon b_{ij}\end{aligned} \tag{11.24}$$

其中，C_{R} 是 Rotta 常数。将其代入式(11.23)中：

$$\frac{\mathrm{d}b_{ij}}{\mathrm{d}t} = -(C_{\mathrm{R}} - 1)\frac{\varepsilon}{k}b_{ij} \tag{11.25}$$

证明 Rotta 模型对应于各向同性的线性回归。显然，这需要一个比单位 1 大的 C_{R} 值。

练　习

11.3 从 b_{ij} 的定义[式(11.22)]和雷诺应力演变式[式(11.21)]，证明衰减湍

流中 b_{ij} 的精确方程是

$$\frac{\mathrm{d}b_{ij}}{\mathrm{d}t} = \frac{\varepsilon}{k}\left(b_{ij} + \frac{\mathcal{R}_{ij}^{(s)}}{2\varepsilon} + \frac{1}{3}\delta_{ij} - \frac{\varepsilon_{ij}}{2\varepsilon}\right) \tag{11.26}$$

从而证明式(11.23)是遵循 ε_{ij} 的各向同性假设的。

证明,如果 ε_{ij} 与 $\langle u_i u_j \rangle$ 成正比,那么为 b_{ij} 产生的方程是

$$\frac{\mathrm{d}b_{ij}}{\mathrm{d}t} = \frac{\mathcal{R}_{ij}^{(s)}}{2k} \tag{11.27}$$

证明,如果在方程中采用 Rotta 模型,结果与将式(11.25)中的 $C_{\mathrm{R}} - 1$ 替换为 C_{R} 的结果一致。

11.3.2 雷诺应力各向异性的特征

为了检验 Rotta 模型(以及其他各向同性模型)的性质,能够采用比通过各向异性张量 $\boldsymbol{b}$ 的六个分量 b_{ij} 更简单的方式表征雷诺应力各向异性是有用的。事实上,正如现在所描述的,各向异性的状态可以只用两个变量 (ξ 和 η) 来表示,这样就可以用一个简单的图形表征各向异性。

各向异性张量的迹为零 ($b_{ii} = 0$),因此它只有两个独立的不变量(见附录 B)。可以很方便地将这两个独立的不变量 ξ、η 定义为

$$6\eta^2 = -2 \mathrm{II}_b = b_{ii}^2 = b_{ij}b_{ji} \tag{11.28}$$

$$6\xi^3 = 3 \mathrm{III}_b = b_{ii}^3 = b_{ij}b_{jk}b_{ki} \tag{11.29}$$

一个相关的观察是,张量 $\boldsymbol{b}$ 的特征值 (λ_1、λ_2、λ_3) 的和是零,因此,在它的主轴中, $\boldsymbol{b}$ 是

$$\tilde{b}_{ij} = \begin{bmatrix} \lambda_1 & 0 & 0 \\ 0 & \lambda_2 & 0 \\ 0 & 0 & -\lambda_1 - \lambda_2 \end{bmatrix} \tag{11.30}$$

因此,雷诺应力的各向异性状态可以通过任意两个不变量 ξ 和 η, II_b 和 III_b 或者 λ_1 和 λ_2 来进行描述。

在任意湍流中的任意点和时间, ξ 和 η 都可以由雷诺应力来确定,结果可以绘制成在 $\xi - \eta$ 平面上的一个点。雷诺应力张量有一些特殊的状态,它们对应于这个平面上的特殊点和曲线。这些状态在练习 11.4 中确定,总结在表 11.1 中,并绘制在图 11.1 中,即 Lumley 三角形(即便有一条边不是直的)。

表 11.1 雷诺应力张量特殊状态下的不变量 ξ、η, b 的特征值及练习 11.8 中定义的雷诺应力椭球的形状(参见图 11.1 和练习 11.4)

湍流状态	不变量	b 的特征值	雷诺应力椭球的形状	图 11.1 中的名称
各向同性	$\xi = \eta = 0$	$\lambda_1 = \lambda_2 = \lambda_3 = 0$	球	iso
两分量轴对称	$\xi = -\frac{1}{6},\ \eta = \frac{1}{6}$	$\lambda_1 = \lambda_2 = \frac{1}{6}$	盘	2C, axi
一分量	$\xi = -\frac{1}{3},\ \eta = \frac{1}{3}$	$\lambda_1 = \frac{2}{3}$, $\lambda_2 = \lambda_3 = -\frac{1}{3}$	线	1C
轴对称(一个大特征值)	$\eta = \xi$	$-\frac{1}{3} \leqslant \lambda_1 = \lambda_2 \leqslant 0$	长椭球	axi, $\xi < 0$
轴对称(小特征值)	$\eta = -\xi$	$0 \leqslant \lambda_1 = \lambda_2 \leqslant \frac{1}{6}$	扁球	axi, $\xi > 0$
两分量	$\eta = \left(\frac{1}{27} + 2\xi^3\right)^{\frac{1}{2}}$ $F(\xi, \eta) = 0$	$\lambda_1 + \lambda_2 = \frac{1}{3}$	椭圆	2C

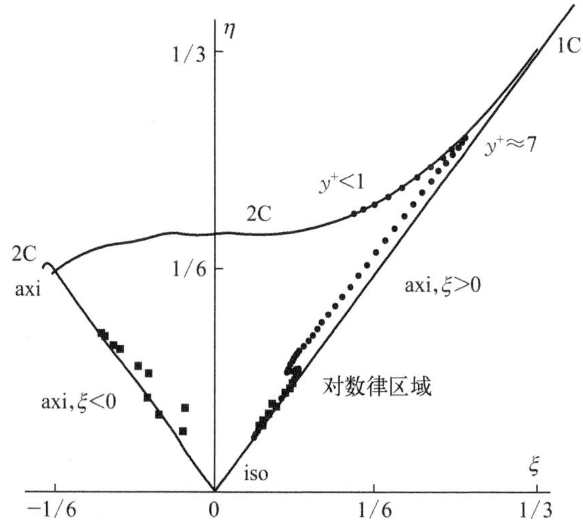

图 11.1 雷诺应力各向异性张量的不变量 ξ 和 η 在平面上的 Lumley 三角形

线和顶点对应特殊的状态(表 11.1);圆圈:取自槽道流动的 DNS (Kim et al., 1987);方形:来自湍流混合层的实验(Bell and Mehta, 1990);1C:单分量;2C:两分量

在湍流中,每一个可能发生的雷诺应力状态(即可实现的应力状态)对应于 Lumley 三角形中的一个点。外面的点对应于不可实现的雷诺应力——具有负的或复数的特征值。

图 11.1 还显示了在湍流槽道流和湍流混合层中获得的 $(\xi,\ \eta)$ 值。在非常接近壁面的槽道流动(假设 $y^+ < 5$)中,湍流基本上是两分量的,$\langle v^2\rangle$ 远小于 $\langle u^2\rangle$ 和 $\langle w^2\rangle$。各向异性(以 η 量度)在 $y^+ \approx 7$ 处达到峰值。在槽道的其余部分,雷诺应力接近轴对称,ξ 为正。在湍流混合层的中心,雷诺应力接近轴对称,ξ 为正,各向异性略低于对数区的各向异性。在混合层边缘,雷诺应力接近轴对称,ξ 为负。

练 习

11.4 证明 ξ 和 η [式(11.28)和式(11.29)]与 $\boldsymbol{b}$ [式(11.30)]的特征值之间的关联关系:

$$\eta^2 = \frac{1}{3}(\lambda_1^2 + \lambda_1\lambda_2 + \lambda_2^2) \tag{11.31}$$

$$\xi^3 = -\frac{1}{2}\lambda_1\lambda_2(\lambda_1 + \lambda_2) \tag{11.32}$$

令 $\langle \tilde{u}_1^2\rangle$、$\langle \tilde{u}_2^2\rangle$、$\langle \tilde{u}_3^2\rangle$ 为雷诺应力张量的特征值(即主轴的正应力)。验证表 11.1 中关于下列雷诺应力状态的条目:

(1) 各向同性,即 $\langle \tilde{u}_1^2\rangle = \langle \tilde{u}_2^2\rangle = \langle \tilde{u}_3^2\rangle$;

(2) 两分量,轴对称,$\langle \tilde{u}_1^2\rangle = \langle \tilde{u}_2^2\rangle$,$\langle \tilde{u}_3^2\rangle = 0$;

(3) 一分量,$\langle \tilde{u}_2^2\rangle = \langle \tilde{u}_3^2\rangle = 0$。

证明轴对称雷诺应力(即 $\langle \tilde{u}_1^2\rangle = \langle \tilde{u}_2^2\rangle$,$\lambda_1 = \lambda_2$)存在:

$$\eta^2 = \lambda_1^2, \quad \xi^3 = -\lambda_1^3 \tag{11.33}$$

从而证明表 11.11 中给出的轴对称状态。

定义量 F 为无量纲雷诺应力张量的行列式:

$$F \equiv \det\left(\frac{\langle u_i u_j\rangle}{\frac{1}{3}\langle u_\ell u_\ell\rangle}\right) \tag{11.34}$$

所以其在各向同性湍流中为单位 1。推导如下关于 F 的等效表达式:

$$F = \frac{27\langle \tilde{u}_1^2\rangle\langle \tilde{u}_2^2\rangle\langle \tilde{u}_3^2\rangle}{(\langle \tilde{u}_1^2\rangle + \langle \tilde{u}_2^2\rangle + \langle \tilde{u}_3^2\rangle)^3}$$
$$= (1 + 3\lambda_1)(1 + 3\lambda_2)(1 - 3\lambda_1 - 3\lambda_2)$$
$$= 1 - \frac{9}{2}b_{ii}^2 + 9b_{ii}^3$$
$$= 1 - 27\eta^2 + 54\xi^3 \tag{11.35}$$

观察在两分量湍流(即 $\langle \tilde{u}_1^2\rangle = 0$) 中的 F 为零,从而验证图 11.1 中的两分量曲线方程是

$$\eta = \left(\frac{1}{27} + 2\xi^3\right)^{1/2} \tag{11.36}$$

11.5 计算均匀剪切流的 ξ 和 η: ① 依据实验数据(表 5.4);② 根据 $k-\varepsilon$ 模型。在图 11.1 中找到对应的点。

11.6 证明根据 Rotta 模型[式(11.25)], b_{ii}^n (即 $b_{ii}^3 = b_{ij}b_{jk}b_{ki}$) 按照式(11.37)演化:

$$\frac{\mathrm{d}b_{ii}^n}{\mathrm{d}t} = -n(C_{\mathrm{R}} - 1)\frac{\varepsilon}{k}b_{ii}^n \tag{11.37}$$

从而证明方程 ξ 和 η [式(11.28)和式(11.29)]根据如下公式演化:

$$\frac{\mathrm{d}\xi}{\mathrm{d}t} = -(C_{\mathrm{R}} - 1)\frac{\varepsilon}{k}\xi \tag{11.38}$$

$$\frac{\mathrm{d}\eta}{\mathrm{d}t} = -(C_{\mathrm{R}} - 1)\frac{\varepsilon}{k}\eta \tag{11.39}$$

其比值 ξ/η 如何演化呢? 证明由式(11.38)和式(11.39)在 $\xi-\eta$ 平面生成的轨迹是指向原点的直线(对于 $C_{\mathrm{R}} > 1$)。

11.7

$$C_\mu \leqslant \frac{2}{\sqrt{3}}\left(\frac{\mathcal{S}k}{\varepsilon}\right)^{-1}, \quad C_\mu \leqslant \frac{1}{\sqrt{3}}\left(\frac{\mathcal{S}k}{\varepsilon}\right)^{-1} \tag{11.40}$$

证明式(11.40)分别是 $k-\varepsilon$ 模型给出的雷诺应力可实现的必要充分条件。

11.8 在湍流中给定的一个点上,如果给定 $\alpha \geqslant 0$, 考虑一下这个量:

$$E(\boldsymbol{V}, \alpha) \equiv \frac{1}{\alpha^2}C_{ij}^{-1}(V_i - \langle U_i\rangle)(V_j - \langle U_j\rangle) \tag{11.41}$$

其中, C_{ij}^{-1} 是雷诺应力张量的逆的 $i-j$ 分量, $C_{ij} = \langle u_i u_j\rangle$。证明方程:

$$E(\boldsymbol{V},\ \alpha) \leqslant 1 \tag{11.42}$$

在速度空间中定义一个椭球体,其以 $\langle \boldsymbol{U} \rangle$ 为中心,主轴与 $\langle u_i u_j \rangle$ 对齐,主轴的半长为 $\alpha \tilde{u}'_{(i)}$,其中 $\tilde{u}'^2_{(i)}(i=1,\ 2,\ 3)$ 是 $\langle u_i u_j \rangle$ 的特征值。验证表 11.1 中给出的雷诺应力椭球体的形状。

如果 $\boldsymbol{U}$ 是联合正态分布[式(3.116)],证明由 $E(\boldsymbol{V},\ \alpha)=1$ 给出的椭球面是一个常数概率密度的面。证明 $\boldsymbol{U}$ 位于椭球内的概率为

$$P(\alpha) = \sqrt{\frac{2}{\pi}} \int_0^{\alpha} s^2 \mathrm{e}^{-s^2/2} \mathrm{d}s = 1 - Q\left(\frac{3}{2},\ \frac{1}{2}\alpha^2\right) \tag{11.43}$$

其中,Q 是由式(12.202)定义的不完整伽马函数(这是具有三个自由度的 χ^2 分布)。

11.3.3　非线性各向同性回归模型

当均匀各向异性湍流衰减时,其演化状态对应于 $\xi-\eta$ 平面上的一个轨迹。根据 Rotta 模型,这些轨迹是指向原点的直线(参见练习 11.6),并且各向同性的无量纲速率不依赖于 ξ、η。

$$\frac{k}{\varepsilon} \frac{\mathrm{d}}{\mathrm{d}t} \ln b_{ii}^2 = -2(C_{\mathrm{R}} - 1) \tag{11.44}$$

仔细观察现有的实验数据(Chung and Kim, 1995)可以揭示不同的表现,主要观察结论如下。

(1) 与其说是直线,回归各向同性的轨迹更像图 11.2 所示的那样:存在一个向 ξ 为正的轴对称状态趋近的趋势。

(2) 各向同性的无量纲回归率与 ξ 和 η 无关。特别地,ξ 为负数时的回归率通常比 ξ 为正数时回归率大(例如,两倍大小)。

(3) 在网格湍流实验和 DNS 的雷诺数范围内,回归率与雷诺数密切相关。

Rotta 模型的缺陷促使人们考虑针对慢速应变压力率张量 $\mathcal{R}_{ij}^{(\mathrm{s})}$ 建立更普适的模型[例如,Shih 和 Lumley(1985),Sarkar 和 Speziale(1990),Chung 和 Kim(1995)的研究]。这些模型的发展在一个相对简单的背景下说明了雷诺应力模型中使用的几个一般性原理。因此,详细说明所涉及的步骤是有帮助的。

在应用于衰减各向异性湍流的雷诺应力模型中,湍流的特征为 $\langle u_i u_j \rangle$ 和 ε,唯一相关的物质属性是 ν。因此,通用模型可以写成关于规范的张量函数形式 $\mathcal{F}_{ij}^{(1)}$:

$$\mathcal{R}_{ij}^{(\mathrm{s})} = \mathcal{F}_{ij}^{(1)}(\langle u_k u_\ell \rangle, \varepsilon,\ \nu) \tag{11.45}$$

在衰减各向异性湍流的风洞实验中,平均速度 $\langle \boldsymbol{U} \rangle$ 也用雷诺应力闭合描述,

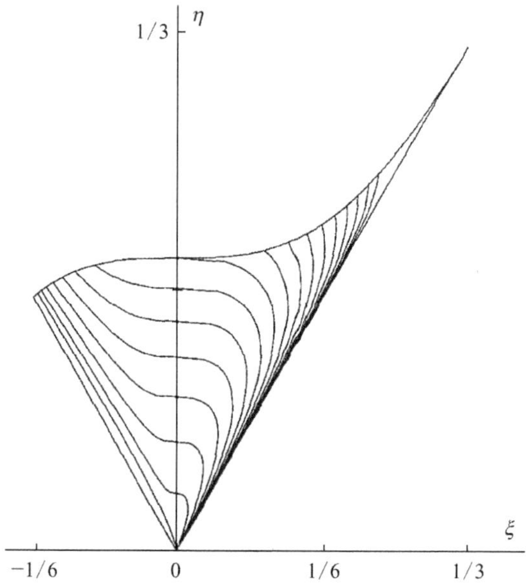

图 11.2 由 Sarkar 和 Speziale(1990)模型给出的 $\xi-\eta$ 平面上的轨迹[式(11.51)和式(11.57)]

因此也可以考虑 $\mathcal{R}_{ij}^{(s)}$ 对 $\langle \boldsymbol{U} \rangle$ 的依赖性。然而,伽利略不变性原理排除了这种依赖性: $\mathcal{R}_{ij}^{(s)}$ 在所有惯性系中是相同的,而 $\langle \boldsymbol{U} \rangle$ 则显然不同(见第 2.9 节)。虽然它没有明确的符号表示,但是也应该认识到,式(11.45)包含了局部性的假设: 对于位置 $\boldsymbol{x}$ 和时间 t 的 $\mathcal{R}_{ij}^{(s)}$ 依赖于在同一位置和时间的 $\langle u_i u_j \rangle$ 和 ε。

量纲分析的简单应用使得式(11.45)可以用无量纲形式重新表示为

$$\frac{\mathcal{R}_{ij}^{(s)}}{\varepsilon} = \mathcal{F}_{ij}^{(2)}(\boldsymbol{b},\ Re_L) \tag{11.46}$$

其中, $\mathcal{F}_{ij}^{(2)}$ 为无量纲张量函数。雷诺数定义为 $Re \equiv k^2/(\varepsilon\nu)$。值得注意的是,Rotta 模型[式(11.24)]对应于规范:

$$\mathcal{F}_{ij}^{(2)} = -2C_{\mathrm{R}} b_{ij} \tag{11.47}$$

$\mathcal{R}_{ij}^{(s)}/\varepsilon$ 是一个二阶张量,而且(正如符号所隐含的那样)只有模型 $\mathcal{F}_{ij}^{(2)}$ 也是一个二阶张量才合理。这一点似乎显而易见,然而,重要的是要认识到,坚持张量上正确的模型可以保证模型所隐含的行为不依赖于坐标系的选择。不以张量形式的模型(例如,特定分量的模型,或者涉及伪向量或交替符号 ε_{ijk} 的模型)不能保证坐标系统的不变性,应该以怀疑的态度审视这些模型。此外,为了再现 $\mathcal{R}_{ij}^{(s)}/\varepsilon$ 的性质,模型 $\mathcal{F}_{ij}^{(2)}$ 必须是一个迹为零的对称张量。

下一个问题是张量函数的表征。除了式(11.47),用张量 $\boldsymbol{b}$ 和标量 Re_L 表示张量函数 $\mathcal{F}_{ij}^{(2)}$ 的最一般形式是什么? 形式上,可以写为

$$\mathcal{F}_{ij}^{(2)} = \sum_n f^{(n)} \mathcal{T}_{ij}^{(n)} \tag{11.48}$$

其中, $T_{ij}^{(n)}$, $n = 1, 2, 3, \cdots$, 都是由 $\boldsymbol{b}$ 构成的对称偏张量;标量系数 $f^{(n)}$ 依赖于 Re_L 和 $\boldsymbol{b}$ 的不变量。由 $\boldsymbol{b}$ 可以形成的张量的唯一形式是 $\boldsymbol{b}$ 的幂,因此,偏张量 $\mathcal{T}_{ij}^{(n)}$ 可以被认为是

$$\mathcal{T}_{ij}^{(n)} = b_{ij}^n - \frac{1}{3} b_{kk}^n \delta_{ij} \tag{11.49}$$

然而,鉴于 Cayley-Hamilton 定理(见附录 b),式(11.48)中只包括 $\mathcal{T}^{(1)}$ 和 $\mathcal{T}^{(2)}$ 就足够了,因为所有其他张量(即 $\mathcal{T}^{(n)}$, $n > 2$)可以表示为这两个张量的线性组合。因此,式(11.48)可以写为

$$\mathcal{F}_{ij}^{(2)}(\boldsymbol{b}, Re_L) = f^{(1)}(\xi, \eta, Re_L) b_{ij} + f^{(2)}(\xi, \eta, Re_L)\left(b_{ij}^2 - \frac{1}{3} b_{kk}^2 \delta_{ij}\right) \tag{11.50}$$

这个方程表明 $\mathcal{F}_{ij}^{(2)}$(一个张量的张量函数)是由两个已知的张量乘以标量系数得到的。因此,建模任务已经简化为确定这两个标量系数($f^{(1)}$ 和 $f^{(2)}$)。显然,使用 Cayley-Hamilton 定理来获得这种张量表示的过程[由 Robertson(1940)引入]在湍流建模中具有重要价值。

在本例中过程是很简单的,但在研究湍流时出现的其他情况远非简单。对于这种情况,在描述一系列张量表示定理的力学文献中有大量的工作[例如,Spencer(1971),Pennisi 和 Trovato(1987),Pennisi(1992)的研究,以及其中的参考文献]。

到目前为止,所采取的步骤已经将通用模型[式(11.45)]简化至更具体的形式[式(11.50)],结合式(11.23),进一步导出了 b_{ij} 演化的模型方程:

$$\frac{k}{\varepsilon}\frac{\mathrm{d}b_{ij}}{\mathrm{d}t} = \left(1 + \frac{1}{2} f^{(1)}\right) b_{ij} + \frac{1}{2} f^{(2)}\left(b_{ij}^2 - \frac{1}{3} b_{kk}^2 \delta_{ij}\right) \tag{11.51}$$

一个特定的模型对应于 $f^{(1)}$ 和 $f^{(2)}$ 作为 ξ、η 和 Re_L 的函数的一种特定规范。Rotta 模型规范为 $f^{(1)} = -2C_R$, $f^{(2)} = 0$。

对可实现性的考虑为 $f^{(1)}$ 和 $f^{(2)}$ 的规范施加了约束。对于给定的规范,以及关于 b_{ij} 给定的初始条件,式(11.51)定义了湍流衰减时,$\xi - \eta$ 平面上的轨迹遵循雷诺应力各向异性。如果对 $f^{(1)}$ 和 $f^{(2)}$ 的描述不恰当,那么轨迹就有可能从可实现区域(即 Lumley 三角形)进入不可实现区域。图 11.3 中的轨迹(a)说明了这种不可实

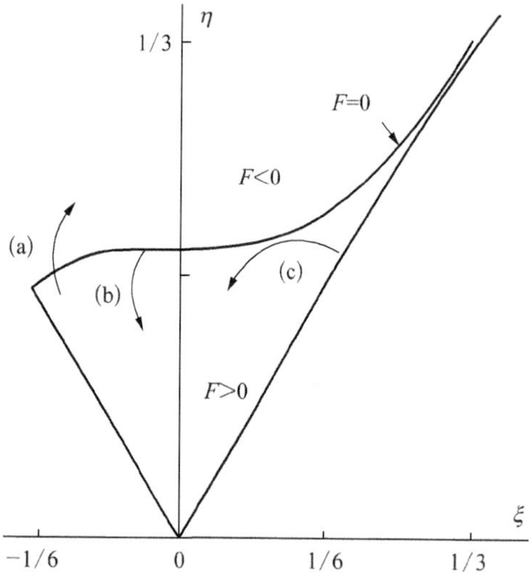

图 11.3 Lumley 三角形显示的三种类型的轨迹

(a) 违背可实现性;(b) 满足弱可实现能力;(c) 满足较强的可实现能力(注意,其他类型的轨迹也是可能的)

现的行为。

在目前关于可实现性的讨论中,一个方便考虑的量是无量纲雷诺应力张量的行列式:

$$F \equiv \det\left(\frac{\langle u_i u_j\rangle}{\frac{1}{3}\langle u_k u_k\rangle}\right) \quad (11.52)$$

请参阅练习 11.4。在 Lumley 三角形中, F 是正的;在两条线上, F 是零;在不可实现的区域中,越过两条线, F 是负的①。如练习 11.10 所示,关于 b_{ij} 的方程[式(11.51)]导出了关于 F 的对应方程:

$$\frac{\mathrm{d}F}{\mathrm{d}t} = \frac{\varepsilon}{k}\mathcal{F}^{(3)}(\xi,\ \eta,\ Re_L) \quad (11.53)$$

其中,无量纲函数 $\mathcal{F}^{(3)}$ 由 $f^{(1)}$、$f^{(2)}$ 确定[式(11.64)]。

图 11.3 所示的三个轨迹是通过两分量线 ($F = 0$) 上 $\mathrm{d}F/\mathrm{d}t$ 的行为来区分的。轨迹(a)可描述为

$$\left(\frac{\mathrm{d}F}{\mathrm{d}t}\right)_{F=0} < 0 \quad (11.54)$$

导致 F 值为负,不可实现。轨迹(b)可描述为

$$\left(\frac{\mathrm{d}F}{\mathrm{d}t}\right)_{F=0} > 0 \quad (11.55)$$

显然,如果这个条件沿着两分量线一直满足,那么就不会有任何轨迹穿过这条线,从而保证了它的可实现性②。轨迹(c)与两分量线密切,其可描述为

$$\left(\frac{\mathrm{d}F}{\mathrm{d}t}\right)_{F=0} = 0,\quad \left(\frac{\mathrm{d}^2F}{\mathrm{d}t^2}\right)_{F=0} > 0 \quad (11.56)$$

Schumann(1977)和 Lumley(1978)将可实现性的概念引入雷诺应力模型中,并认为

① 在单分量点的上方和右侧有一个不可实现的区域,该区域具有正 F, 对应于具有两个负特征值的雷诺应力张量。

② 单分量点的奇异性除外。

模型应该产生(c)类型的轨迹。许多模型开发人员已经遵循了这种思想,并相应地构造了满足式(11.56)的模型,据说这种模型具有很强的可实现性。另外,Pope(1985)认为类型(b)的轨迹并不违反可实现性,因此(一般来说)强可实现性条件约束太强。具有(b)或(c)行为的模型,满足式(11.55)或式(11.56),被认为满足弱可实现性。

对于非线性回归各向同性模型[式(11.50)],Sarkar 和 Speziale(1990)描述了弱可实现性对 $f^{(1)}$ 和 $f^{(2)}$ 的约束,Chung 和 Kim(1995)描述了强可实现性的约束。本节描述了回归各向同性模型给出的雷诺应力特定情况的可实现性。然而,应该认识到,可实现性是一种普遍的概念,应该适用于所有的模型和所有的统计数据。

回归各向同性模型发展的最后一步是模型系数 $f^{(1)}(\xi, \eta, Re_L)$ 和 $f^{(2)}(\xi, \eta, Re_L)$ 的规范。这个步骤中,实验数据在建议恰当规范和测试结果模型两个方面起着至关重要的作用。在 Sarkar 和 Speziale(1990)的模型中,规范很简单:

$$f^{(1)} = -3.4, \quad f^{(2)} = 4.2 \tag{11.57}$$

然而,在 Chung 和 Kim(1995)的模型中,规范是关于 ξ、η、Re_L 的复杂函数。前者所生成的轨迹如图 11.2 所示。

在本节末,提醒大家注意:在开发通用模型的合理过程中,看似无懈可击的逻辑可能会导致过高地估计模型描述当前现象的能力,如两个衰减均匀各向异性湍流的直接数值模拟。选择初始条件使 $\langle u_i u_j \rangle$、ε 及 ν 在两个模拟中是相同的,但频谱是完全不同的。两次模拟中湍流的后续演变不可避免地会有所不同,导致在 $\xi - \eta$ 平面上的轨迹不同,如图 11.4 所示。但是,无论如何指定 $f^{(1)}$ 和 $f^{(2)}$,通用模型[式(11.50)]不可避免地从初始条件产生一个唯一的轨迹,因此不能描述这两个模拟的不同行为。当然,其原因在于湍流的状态仅被模型中的变量(即 $\langle u_i u_j \rangle$、ε 和 ν) 部分表征。

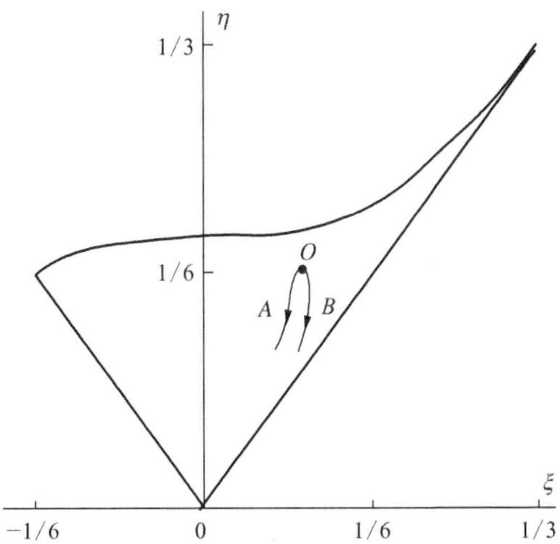

图 11.4　两个实验(或 DNS)在 $\xi - \eta$ 平面上的轨迹(A 和 B)示意图

初始谱不同,但 b 的初始值相同,雷诺应力模型可以给出从初始点 O 开始的唯一轨迹

练　习

11.9　推导 $\boldsymbol{b}$ 的三个主不变量[式(B.31)~式(B.33)]是

$$\mathrm{I}_b = 0 \tag{11.58}$$

$$\mathrm{II}_b = -\frac{1}{2}b_{kk}^2 = -3\eta^2 \tag{11.59}$$

$$\mathrm{III}_b = \frac{1}{3}b_{kk}^3 = 2\xi^3 \tag{11.60}$$

用 Cayley-Hamilton 定理[式(B.39)]证明：

$$b_{kk}^4 = \frac{1}{2}(b_{kk}^2)^2 = 18\eta^4 \tag{11.61}$$

11.10 推导式(11.51)隐含下面关于 η 和 ξ 的演化方程：

$$\frac{k}{\varepsilon}\eta\frac{\mathrm{d}\eta}{\mathrm{d}t} = \left(1 + \frac{1}{2}f^{(1)}\right)\eta^2 + \frac{1}{2}f^{(2)}\xi^3 \tag{11.62}$$

$$\frac{k}{\varepsilon}\xi^2\frac{\mathrm{d}\xi}{\mathrm{d}t} = \left(1 + \frac{1}{2}f^{(1)}\right)\xi^3 + \frac{1}{2}f^{(2)}\eta^4 \tag{11.63}$$

从而证明，F[式(11.35)]按如下方程演化：

$$\frac{k}{\varepsilon}\frac{\mathrm{d}F}{\mathrm{d}t} = 54\left[\left(1 + \frac{1}{2}f^{(1)}\right)(3\xi^3 - \eta^2) + \frac{1}{2}f^{(2)}(3\eta^4 - \xi^3)\right] \tag{11.64}$$

11.4 快速变形理论

均匀湍流可能受到随时间变化的均匀平均速度梯度的影响，其大小可以表示为

$$\mathcal{S}(t) \equiv (2\bar{S}_{ij}\bar{S}_{ij})^{1/2} \tag{11.65}$$

（见练习 5.41①。）如上所述，在湍流剪切流中，湍流与平均剪切时间尺度之比 $\tau\mathcal{S} = \mathcal{S}k/\varepsilon$ 通常为 3~6。相反，在本节中我们考虑快速变形极限状态，$\mathcal{S}k/\varepsilon$ 为任意大。在这种极限情况下，湍流的演化可以用 RDT 来精确描述。RDT 提供了一些有用的见解，特别是关于快速应变压力率张量，其模型将在下一节中考虑。

① 对于 $\bar{S}_{ij}$ 等于零的固体旋转运动，显然需要不同的表征，如 $(\bar{\Omega}_{ij}\bar{\Omega}_{ij})^{1/2}$。

11.4.1　快速变形方程

在均匀湍流中，脉动速度演化可通过式(5.138)来表述：

$$\frac{\bar{\mathrm{D}}u_j}{\bar{\mathrm{D}}t} = -u_i\frac{\partial\langle U_j\rangle}{\partial x_i} - u_i\frac{\partial u_j}{\partial x_i} + \nu\nabla^2 u_j - \frac{1}{\rho}\frac{\partial p'}{\partial x_j} \tag{11.66}$$

关于 $p' = p^{(\mathrm{r})} + p^{(\mathrm{s})}$ 的泊松方程[式(11.9)]为

$$\frac{1}{\rho}\nabla^2(p^{(\mathrm{r})} + p^{(\mathrm{s})}) = -2\frac{\partial\langle U_i\rangle}{\partial x_j}\frac{\partial u_j}{\partial x_i} - \frac{\partial^2 u_i u_j}{\partial x_i \partial x_j} \tag{11.67}$$

在这两个方程的右端，第一项表示湍流场 $\boldsymbol{u}$ 和平均速度梯度之间的相互作用，而第二项表示湍流/湍流相互作用。给定时刻 t 的湍流场 $\boldsymbol{u}(\boldsymbol{x}, t)$，就确定了湍流/湍流项，它与 $\partial\langle U_i\rangle/\partial x_j$ 无关。另外，平均速度梯度项与 $\mathcal{S}$ 呈线性关系，因此，在快速变形极限(即 $\mathcal{S}\to\infty$)中，与 $\mathcal{S}$ 成比例关系的项占主导地位，其他项相比之下可以忽略不计。因此，在这个极限下，式(11.66)和式(11.67)简化为快速变形方程：

$$\frac{\bar{\mathrm{D}}u_j}{\bar{\mathrm{D}}t} = -u_i\frac{\partial\langle U_j\rangle}{\partial x_i} - \frac{1}{\rho}\frac{\partial p^{(\mathrm{r})}}{\partial x_j} \tag{11.68}$$

$$\frac{1}{\rho}\nabla^2 p^{(\mathrm{r})} = -2\frac{\partial\langle U_i\rangle}{\partial x_j}\frac{\partial u_j}{\partial x_i} \tag{11.69}$$

平均速度梯度引起的变形可以用速率 $\mathcal{S}(t)$ 考虑，即(从时间 0 到 t)的量值来表示：

$$s(t) \equiv \int_0^t \mathcal{S}(t')\,\mathrm{d}t' \tag{11.70}$$

变形的几何为

$$\mathcal{G}_{ij}(t) \equiv \frac{1}{\mathcal{S}(t)}\frac{\partial\langle U_i\rangle}{\partial x_j} \tag{11.71}$$

注意，s 和 $\mathcal{G}_{ij}$ 都是无量纲量。快速变形理论的一个有趣的特点是，湍流场取决于几何形状和变形量，但它与速率 $\mathcal{S}(t)$ 无关——表明湍流黏性假说对于快速变形在定性上是不正确的(Crow, 1968)。为了证明快速变形方程的这一性质，用 s 代替 t 作为一个独立变量，并定义：

$$\tilde{\boldsymbol{u}}(\boldsymbol{x}, s) \equiv \boldsymbol{u}(\boldsymbol{x}, t),\quad \tilde{\mathcal{G}}_{ij}(s) \equiv \mathcal{G}_{ij}(t),\quad \tilde{p}(\boldsymbol{x}, s) \equiv \frac{p^{(\mathrm{r})}(\boldsymbol{x}, t)}{\rho\,\mathcal{S}(t)} \tag{11.72}$$

进而(当除以 $\mathcal{S}$ 时)，快速变形式[式(11.68)和式(11.69)]变为

$$\frac{\bar{\mathrm{D}}\tilde{u}_j}{\bar{\mathrm{D}}s} = -\tilde{u}_i\tilde{\mathcal{G}}_{ji} - \frac{\partial\tilde{p}}{\partial x_j} \tag{11.73}$$

$$\nabla^2\tilde{p} = -2\tilde{\mathcal{G}}_{ij}\frac{\partial\tilde{u}_j}{\partial x_i} \tag{11.74}$$

给定初始湍流场 $\boldsymbol{u}(\boldsymbol{x},0)$ 和变形几何 $\tilde{\mathcal{G}}_{ij}(s)$，这些方程以 s 向前积分，来确定随后作为变形量 s 函数的湍流场[与 $S(t)$ 和 t 无关]。在进行观察之后，回到式(11.68)和式(11.69)更熟悉的变量上。

为了对快速变形方程进行解析推导，需要绕过或求解 $p^{(\mathrm{r})}$ 的泊松方程。在 RDT 的早期工作中，Prandtl(1933)和 Taylor(1935b)考虑了湍流黏性[式(11.68)]的旋度，从而消除了 $p^{(\mathrm{r})}$。对于无旋平均变形 ($\bar{\Omega}_{ij}=0$)，这个涡量方程是

$$\frac{\bar{\mathrm{D}}\omega_j}{\bar{\mathrm{D}}t} = \omega_i\frac{\partial\langle U_j\rangle}{\partial x_i} = \omega_i\bar{S}_{ij} \tag{11.75}$$

因此，涡线(脉动涡度场的涡线)随着平均速度场移动，并被平均速度场拉伸；而且，(如在无黏流中)涡度 $|\boldsymbol{\omega}|$ 的增加与拉伸量成正比。

在轴对称收缩时，$\bar{S}_{11}>0$，且 $\bar{S}_{22}=\bar{S}_{33}=-\frac{1}{2}\bar{S}_{11}$ (图 10.1 和图 10.2)，涡线向 x_1 轴倾斜，并且在 x_1 方向拉伸，导致 $|\omega_1|$ 强化。因此，$\langle u_2^2\rangle$ 和 $\langle u_3^2\rangle$ 相对于 $\langle u_1^2\rangle$ 增加，如图 10.2 所示。

11.4.2 傅里叶模态演化

取代涡度方程的另一种 RDT 方法是考虑傅里叶模态，该方法由 Taylor 和 Batchelor(1949)提出(Batchelor and Proudman, 1954)，并由 Craya(1958)进一步发展。初始湍流速度场 $\boldsymbol{u}(\boldsymbol{x},0)$ 可以表示为一系列傅里叶模态之和(第 6.4 节)。快速变形式[式(11.68)和式(11.69)]在 $\boldsymbol{u}$ 和 $p^{(\mathrm{r})}$ 中是线性的，因此每个傅里叶模态都是独立演化的。因此，首先考虑一个单模态的情况，该模态最初被指定为

$$\boldsymbol{u}(\boldsymbol{x},0) = \hat{\boldsymbol{u}}(0)\mathrm{e}^{\mathrm{i}\boldsymbol{\kappa}^{\circ}\cdot\boldsymbol{x}} \tag{11.76}$$

其中，为满足连续性方程[式(6.128)]中的 $\boldsymbol{\kappa}^{\circ}\cdot\hat{\boldsymbol{u}}(0)=0$[可知，还有一个共轭模态 $\hat{\boldsymbol{u}}^*(0)\mathrm{e}^{-\mathrm{i}\boldsymbol{\kappa}^{\circ}\cdot\boldsymbol{x}}$，这两个模态的和产生一个真实的速度场]。

在处理快速变形方程之前，为了发展必要的概念，我们首先考虑一个更简单的方程。特别地，设 $\phi(\boldsymbol{x},t)$ 是一个固定于平均流的标量场，即

$$\frac{\bar{\mathrm{D}}\phi}{\bar{\mathrm{D}}t} = 0 \tag{11.77}$$

且对于某些特定的 $\hat{\phi}$ 和 $\boldsymbol{\kappa}^{\circ}$，其最初的傅里叶模态是

$$\phi(\boldsymbol{x},\ 0) = \hat{\phi}\mathrm{e}^{\mathrm{i}\boldsymbol{\kappa}^{0}\cdot \boldsymbol{x}} \tag{11.78}$$

因为 ϕ 不能改变平均流，对于所有的时间，ϕ 的最大值依然等于 $\hat{\phi}$。

图 11.5(a)显示了对于 $\kappa_1^{\circ}=\kappa_2^{\circ}>0$，$\kappa_3^{\circ}=0$，$\phi(\boldsymbol{x},\ 0)$（其中 $\phi=\hat{\phi}$）的峰值，这些是平行平面[如图 11.5(a)中的直线]。图 11.5(b)和(c)还显示了平面应变和剪切后 $\phi(\boldsymbol{x},\ t)$ 的峰值，峰顶保持平行，但它们的间距和方向会因变形而改变。

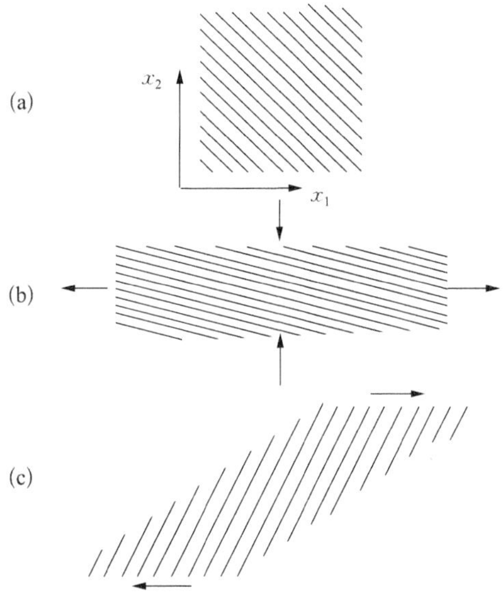

图 11.5　由 $\bar{\mathrm{D}}\phi/\bar{\mathrm{D}}t=0$ 演化的场 $\phi(\boldsymbol{x},\ t)$ 的波峰

(a) 初始条件，$\phi\mathrm{e}^{\mathrm{i}\boldsymbol{\kappa}^{\circ}\cdot\boldsymbol{x}}$，$\kappa^{\circ}_1=\kappa^{\circ}_2>0$，$\kappa^{\circ}_3=0$；(b) 平面应变后 ($\bar{S}_{11}=-\bar{S}_{22}>0$)；(c) 剪切后 ($\partial\langle U_1\rangle/\partial x_2>0$)

在这些观察的基础上，我们可以假设场 $\phi(\boldsymbol{x},\ t)$ 演化为一个傅里叶模态，但具有一个随时间变化的波数，即，对于某些 $\hat{\boldsymbol{\kappa}}(t)$，有

$$\phi(\boldsymbol{x},\ t) = \hat{\phi}\mathrm{e}^{\mathrm{i}\hat{\boldsymbol{\kappa}}(t)\cdot \boldsymbol{x}} \tag{11.79}$$

很容易证明(练习 11.11)，这确实是 $\bar{\mathrm{D}}\phi/\bar{\mathrm{D}}t=0$ 的一个解，只要波数根据式(11.80)演化，且具有初始条件 $\hat{\boldsymbol{\kappa}}(0)=\boldsymbol{\kappa}^{\circ}$：

$$\frac{\mathrm{d}\hat{\kappa}_{\ell}}{\mathrm{d}t} = -\hat{\kappa}_j\frac{\partial\langle U_j\rangle}{\partial x_{\ell}} \tag{11.80}$$

对于快速变形方程，可以得到了相同类型的解，即

$$\boldsymbol{u}(\boldsymbol{x},\ t) = \hat{\boldsymbol{u}}(t)\mathrm{e}^{\mathrm{i}\hat{\boldsymbol{\kappa}}(t)\cdot \boldsymbol{x}} \tag{11.81}$$

$$p^{(\mathrm{r})}(\boldsymbol{x},\ t) = \hat{p}(t)\mathrm{e}^{\mathrm{i}\hat{\boldsymbol{\kappa}}(t)\cdot\boldsymbol{x}} \tag{11.82}$$

其中,傅里叶系数 $\hat{\boldsymbol{u}}(t)$ 演化符合:

$$\frac{\mathrm{d}\hat{u}_j}{\mathrm{d}t} = -\hat{u}_k \frac{\partial\langle U_\ell\rangle}{\partial x_k}\left(\delta_{j\ell} - 2\frac{\hat{\kappa}_j\hat{\kappa}_\ell}{\hat{\kappa}^2}\right) \tag{11.83}$$

(见练习 11.13。)因此,在快速变形极限下,湍流速度场的每个傅里叶模态[式(11.81)]根据一对关于 $\hat{\boldsymbol{\kappa}}(t)$ 和 $\hat{\boldsymbol{u}}(t)$ 的常微分方程组[式(11.80)和式(11.83)]独立演化。

波向量 $\hat{\boldsymbol{\kappa}}(t)$ 可以分解为其大小 $\hat{\kappa}(t) \equiv |\hat{\boldsymbol{\kappa}}(t)|$ 和方向:

$$\hat{\boldsymbol{e}}(t) \equiv \frac{\hat{\boldsymbol{\kappa}}(t)}{\hat{\kappa}(t)} \tag{11.84}$$

式(11.84)就是单位波矢量。从式(11.83)可以立即看出。傅里叶系数 $\hat{\boldsymbol{u}}(t)$ 的演化是不依赖波数的大小的,方程可以重写为单位波向量,如下:

$$\frac{\mathrm{d}\hat{u}_j}{\mathrm{d}t} = -\hat{u}_k \frac{\partial\langle U_\ell\rangle}{\partial x_k}(\delta_{j\ell} - 2\hat{e}_j\hat{e}_\ell) \tag{11.85}$$

此外,它遵循式(11.80),即单位波数演化如下:

$$\frac{\mathrm{d}\hat{e}_\ell}{\mathrm{d}t} = -\frac{\partial\langle U_m\rangle}{\partial x_i}\hat{e}_m(\delta_{i\ell} - \hat{e}_i\hat{e}_\ell) \tag{11.86}$$

这一对方程完全决定了 $\hat{\boldsymbol{u}}(t)$ 的演化,其显然与波数的大小 $\hat{\kappa}(t)$ 无关。

一个单位向量可以表示为单位球面上的一个点,相应地,$\hat{\boldsymbol{e}}(t)$ 的演化由式(11.86)给出,可以表示为单位球面上的一个轨迹。表 11.2 中定义了各种平均速度梯度(来自不同的初始条件),其轨迹如图 11.6 所示。

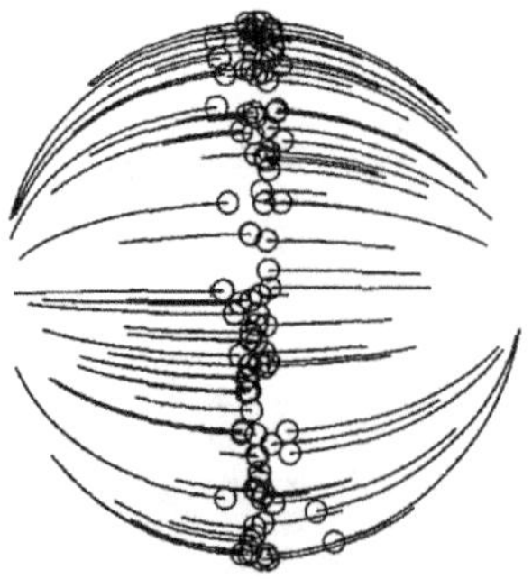

(a) 轴对称收缩

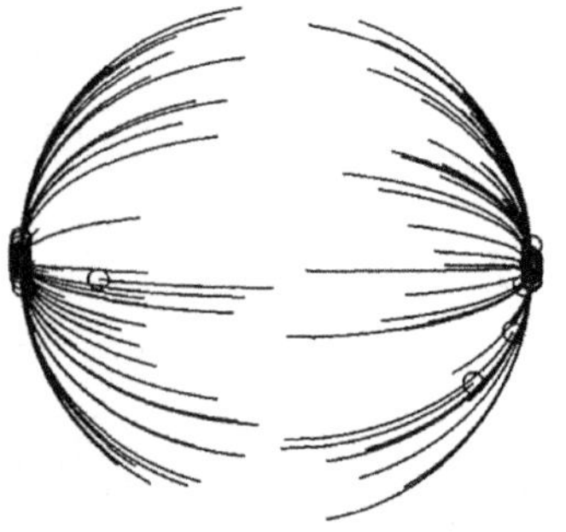

(b) 轴对称膨胀

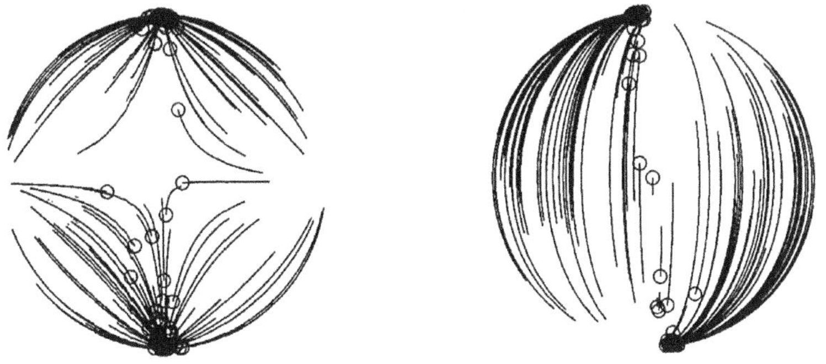

图 11.6　不同随机初始条件下单位波矢量 $\hat{e}(t)$ 在单位球上的轨迹

$\hat{e}_1$ 方向为水平方向，$\hat{e}_2$ 方向为竖直方向，$\hat{e}_3$ 方向为垂直进入纸面方向，这些符号标记了扭曲后轨迹的末端

傅里叶系数 $\hat{\boldsymbol{u}}(t)$ 与 $\boldsymbol{\kappa}(t)$ 正交，因此与 $\hat{\boldsymbol{e}}(t)$ 正交（由于连续性）。因此，如图 11.7 所示，$\hat{\boldsymbol{u}}(t)$ 可以表示为单位球面 $\hat{\boldsymbol{e}}(t)$ 切平面上的一个向量。当点 $\hat{\boldsymbol{e}}(t)$ 在单位球面上移动时，系数 $\hat{\boldsymbol{u}}(t)$ 根据式（11.85）变化，并且保持在局部切平面上。

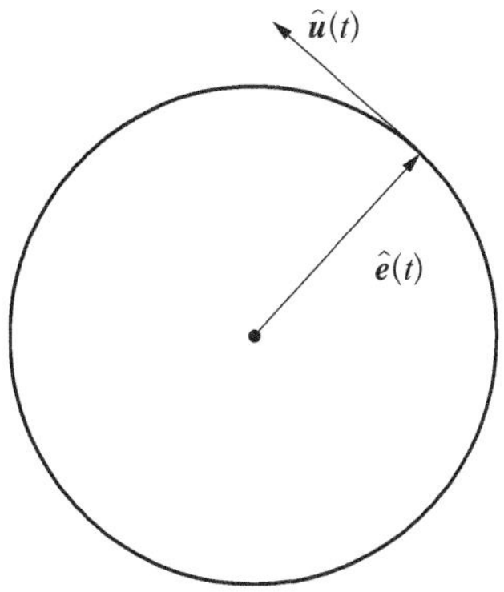

图 11.7　表示单位波向量 $\hat{e}(t)$ 的单位球体示意图

速度 $\hat{\boldsymbol{u}}(t)$ 的傅里叶分量正交于 $\hat{\boldsymbol{e}}(t)$，所以它在单位球的切平面 $\hat{\boldsymbol{e}}(t)$ 处

练　习

11.11　考虑具有均匀平均速度梯度的均匀湍流，平均速度在原点是零，所以平均速度场是

$$\langle U_j \rangle = \frac{\partial \langle U_j \rangle}{\partial x_\ell} x_\ell \tag{11.87}$$

由式(11.79)推导给出 $\phi(x, t)$ 的演化是

$$\begin{aligned}\frac{\bar{\mathrm{D}}\phi}{\bar{\mathrm{D}}t} &\equiv \frac{\partial \phi}{\partial t} + \langle U_j \rangle \frac{\partial \phi}{\partial x_j} \\ &= \mathrm{i}\phi x_\ell \left(\frac{\mathrm{d}\hat{\boldsymbol{\kappa}}_\ell}{\mathrm{d}t} + \hat{\kappa}_j \frac{\partial \langle U_j \rangle}{\partial x_\ell} \right)\end{aligned} \tag{11.88}$$

从而得出,如果 $\hat{\boldsymbol{\kappa}}(t)$ 演化方程为式(11.80),那么 $\bar{\mathrm{D}}\phi/\bar{\mathrm{D}}t$ 为零。

11.12 如果 ϕ 按 $\bar{\mathrm{D}}\phi/\bar{\mathrm{D}}t = 0$ 演化,推导得到其梯度 $\boldsymbol{g}$ 的演化为

$$\frac{\bar{\mathrm{D}}g_\ell}{\bar{\mathrm{D}}t} = - g_j \frac{\partial \langle U_j \rangle}{\partial x_\ell} \tag{11.89}$$

讨论这一结果与式(11.80)之间的联系。

11.13 由式(11.81)、式(11.82)和式(11.80)给出 $\boldsymbol{u}$、$p^{(\mathrm{r})}$ 和 $\hat{\boldsymbol{\kappa}}(t)$。证明关于 $p^{(\mathrm{r})}$ 的泊松方程[式(11.69)],可以用傅里叶系数表示为

$$\hat{\kappa}^2 \hat{p} = \mathrm{i}2\rho \hat{\kappa}_\ell \hat{u}_k \frac{\partial \langle U_\ell \rangle}{\partial x_k} \tag{11.90}$$

从而证明快速压力梯度是

$$- \frac{1}{\rho} \frac{\partial p^{(\mathrm{r})}}{\partial x_j} = 2 \frac{\hat{\kappa}_j \hat{\kappa}_\ell}{\hat{\kappa}^2} u_k \frac{\partial \langle U_\ell \rangle}{\partial x_k} \tag{11.91}$$

证明:

$$\frac{\bar{\mathrm{D}}u_j}{\bar{\mathrm{D}}t} = \mathrm{e}^{\mathrm{i}\hat{\boldsymbol{\kappa}}(t)\cdot \boldsymbol{x}} \frac{\mathrm{d}\hat{u}_j}{\mathrm{d}t} \tag{11.92}$$

从而可得,如果 $\hat{u}(t)$ 按式(11.93)演化:

$$\frac{\mathrm{d}\hat{u}_j}{\mathrm{d}t} = - \hat{u}_k \frac{\partial \langle U_j \rangle}{\partial x_k} + 2 \frac{\hat{\kappa}_j \hat{\kappa}_\ell}{\hat{\kappa}^2} \hat{u}_k \frac{\partial \langle U_\ell \rangle}{\partial x_k} \tag{11.93}$$

将能满足快速变形方程。

11.14 $\boldsymbol{u}(\boldsymbol{x}, t)$ 是式(11.81)的傅里叶模式,证明连续性方程要求 $\hat{\boldsymbol{\kappa}}(t)$ 和 $\hat{\boldsymbol{u}}(t)$ 是正交的[即 $\hat{\boldsymbol{\kappa}}(t) \cdot \hat{\boldsymbol{u}}(t) = 0$]。假定初始条件满足这个条件[即 $\hat{\boldsymbol{\kappa}}(0) \cdot \hat{\boldsymbol{u}}(0) = 0$],证明 $\hat{\boldsymbol{\kappa}}(t)$ 和 $\hat{\boldsymbol{u}}(t)$ 的演化[式(11.80)和式(11.83)]将仍保持这种正

交性。

11.4.3　频谱的演化

现在不考虑单一的傅里叶模态,而是由多个模态组成的随机波动速度场。速度谱张量 $\boldsymbol{\Phi}_{ij}(\boldsymbol{\kappa}, t)$ 提供了场的统计描述,而且值得注意的是,速度谱的演化精确地由 RDT 确定。

脉动速度场的初始条件 ($t = 0$) 可以表示为傅里叶模态之和:

$$\boldsymbol{u}(\boldsymbol{x}, 0) = \sum_{\boldsymbol{\kappa}^\circ} \mathrm{e}^{\mathrm{i}\boldsymbol{\kappa}^\circ \cdot \boldsymbol{x}} \hat{\boldsymbol{u}}(\boldsymbol{\kappa}^\circ, 0) \tag{11.94}$$

其中,$\boldsymbol{\kappa}^\circ$ 表示一组波数中的一个(可以是随机的);$\hat{\boldsymbol{u}}(\boldsymbol{\kappa}^\circ, 0)$ 表示相应的(随机)傅里叶系数。这些初始条件的要求是,$\boldsymbol{\kappa}^\circ$ 和 $\hat{\boldsymbol{u}}$ 是正交的(为了满足连续性),模态是共轭复数对的形式[所以 $\boldsymbol{u}(\boldsymbol{x}, 0)$ 是实数]。

每种模态都根据快速变形方程独立演化,如前一小节所述。因此,在随后的时间,速度场可以简单表示为

$$\boldsymbol{u}(\boldsymbol{x}, t) = \sum_{\boldsymbol{\kappa}^\circ} \mathrm{e}^{\mathrm{i}\hat{\boldsymbol{\kappa}}(t) \cdot \boldsymbol{x}} \hat{\boldsymbol{u}}(\boldsymbol{\kappa}^\circ, t) \tag{11.95}$$

回想一下,波数 $\hat{\boldsymbol{\kappa}}(t)$ 是根据式(11.80)演化得到的,其初始条件为 $\hat{\boldsymbol{\kappa}}(0) = \boldsymbol{\kappa}^\circ$;傅里叶系数 $\boldsymbol{u}(\boldsymbol{\kappa}^\circ, t)$ 根据式(11.83)演化得到。

速度谱张量 $\Phi_{ij}(\boldsymbol{\kappa}, t)$ 提供了湍流速度场的统计描述(见第 6.5 节)。根据速度场的傅里叶表示[式(11.95)],该张量可以由式(11.96)显式给出:

$$\Phi_{ij}(\boldsymbol{\kappa}, t) = \left\langle \sum_{\boldsymbol{\kappa}^\circ} \delta[\boldsymbol{\kappa} - \hat{\boldsymbol{\kappa}}(t)] \hat{u}_i^*(\boldsymbol{\kappa}^\circ, t) \hat{u}_j(\boldsymbol{\kappa}^\circ, t) \right\rangle \tag{11.96}$$

也就是式(6.155)。在计算中,考虑以初始波数为参数的频谱也很方便:

$$\boldsymbol{\Phi}_{ij}^\circ(\boldsymbol{\kappa}, t) = \left\langle \sum_{\boldsymbol{\kappa}^\circ} \delta(\boldsymbol{\kappa} - \boldsymbol{\kappa}^\circ) \hat{u}_i^*(\boldsymbol{\kappa}^\circ, t) \hat{u}_j(\boldsymbol{\kappa}^\circ, t) \right\rangle \tag{11.97}$$

速度谱张量的一个重要性质是它代表了波数空间中的雷诺应力密度:在全波数空间 $\boldsymbol{\kappa}$ 中积分式(11.96)或式(11.97),可以得到:

$$\begin{aligned}
\langle u_i u_j \rangle &= \iiint_{-\infty}^{\infty} \Phi_{ij}(\boldsymbol{\kappa}, t) \mathrm{d}\boldsymbol{\kappa} = \iiint_{-\infty}^{\infty} \Phi_{ij}^\circ(\boldsymbol{\kappa}, t) \mathrm{d}\boldsymbol{\kappa} \\
&= \left\langle \sum_{\boldsymbol{\kappa}^\circ} \hat{u}_i^*(\boldsymbol{\kappa}^\circ, t) \hat{u}_j(\boldsymbol{\kappa}^\circ, t) \right\rangle
\end{aligned} \tag{11.98}$$

从速度谱张量的定义[式(11.96)]及关于 $\hat{\boldsymbol{\kappa}}$、$\hat{\boldsymbol{u}}$ 的演化方程,可以推导出关于速度谱张量演化式(练习 11.15),结果如下:

$$\frac{\partial \boldsymbol{\Phi}_{ij}}{\partial t} = \frac{\partial \langle U_m \rangle}{\partial x_\ell} \boldsymbol{\kappa}_m \frac{\partial \boldsymbol{\Phi}_{ij}}{\partial \boldsymbol{\kappa}_\ell} - \frac{\partial \langle U_i \rangle}{\partial x_k} \boldsymbol{\Phi}_{kj} - \frac{\partial \langle U_j \rangle}{\partial x_k} \boldsymbol{\Phi}_{ik}$$

$$+ 2\frac{\partial\langle U_\ell\rangle}{\partial x_k}\left(\frac{\kappa_i\kappa_\ell}{\kappa^2}\Phi_{kj} + \frac{\kappa_j\kappa_\ell}{\kappa^2}\Phi_{ik}\right) \tag{11.99}$$

这是一个闭合的统计方程，它精确描述了在快速变形极限下湍流频谱的演化。除了指定的平均速度梯度和独立变量（$\boldsymbol{\kappa}$ 和 t），方程中涉及的唯一物理量是频谱本身。

式(11.99)右边的第一项表示频谱在波数空间中的输运，这是平均速度梯度使波数向量 $\hat{\boldsymbol{\kappa}}(t)$ 变形的结果。关于 $\Phi^{\circ}_{ij}(\boldsymbol{\kappa}, t)$ 的演化方程[式(11.97)]与关于 $\Phi_{ij}(\boldsymbol{\kappa}, t)$ 的演化方程[式(11.99)]一致，只是省略了第一项。

式(11.99)中右侧接下来的两项表示生成项，其余项来自快速压力。请注意，快速压力项取决于波数的方向 $\boldsymbol{\kappa}/|\boldsymbol{\kappa}|$，而不是它的大小 $|\boldsymbol{\kappa}|$。

当在全波数空间上积分关于 Φ_{ij} 的方程时，输运项消失，留下雷诺应力方程形式如下：

$$\frac{\mathrm{d}}{\mathrm{d}t}\langle u_i u_j\rangle = -\langle u_j u_k\rangle\frac{\partial\langle U_i\rangle}{\partial x_k} - \langle u_i u_k\rangle\frac{\partial\langle U_j\rangle}{\partial x_k} + 2\frac{\partial\langle U_\ell\rangle}{\partial x_k}(M_{kji\ell} + M_{ikj\ell}) = \mathcal{P}_{ij} + \mathcal{R}^{(\mathrm{r})}_{ij} \tag{11.100}$$

其中，四阶张量 $\boldsymbol{M}$ 为

$$M_{ijk\ell} \equiv \iiint_{-\infty}^{\infty}\Phi_{ij}\frac{\kappa_k\kappa_\ell}{\kappa^2}\mathrm{d}\boldsymbol{\kappa} = \left\langle\sum_{\boldsymbol{\kappa}^\circ}\hat{u}_i^*\hat{u}_j\frac{\hat{\kappa}_k\hat{\kappa}_\ell}{\hat{\kappa}^2}\right\rangle = \langle\sum_{\boldsymbol{\kappa}^\circ}\hat{u}_i^*\hat{u}_j\hat{e}_k\hat{e}_\ell\rangle \tag{11.101}$$

[可以验证(见练习 11.16)，这个 M_{ijkl} 的定义与式(11.15)介绍的定义相同。]雷诺应力方程不是闭合的，因为张量 $\boldsymbol{M}$ 涉及不包含在雷诺应力本身中的傅里叶模态方向信息。

练 习

11.15 通过对式(11.96)进行微分，可得

$$\frac{\partial\Phi_{ij}}{\partial t} = \left\langle -\frac{\partial}{\partial\kappa_\ell}\left(\sum_{\boldsymbol{\kappa}^\circ}\frac{\mathrm{d}\hat{\kappa}_\ell}{\mathrm{d}t}\delta(\boldsymbol{\kappa}-\hat{\boldsymbol{\kappa}})\hat{u}_i^*\hat{u}_j\right) + \sum_{\boldsymbol{\kappa}^\circ}\delta(\boldsymbol{\kappa}-\hat{\boldsymbol{\kappa}})\left(\hat{u}_j\frac{\mathrm{d}\hat{u}_i^*}{\mathrm{d}t} + \hat{u}_i^*\frac{\mathrm{d}\hat{u}_j}{\mathrm{d}t}\right)\right\rangle \tag{11.102}$$

将式(11.80)代入 $\mathrm{d}\hat{\boldsymbol{\kappa}}/\mathrm{d}t$，以重新表示右侧第一项为

$$\frac{\partial\langle U_m\rangle}{\partial x_\ell}\frac{\partial}{\partial\kappa_\ell}(\kappa_m\Phi_{ij}) \tag{11.103}$$

（提示：利用 $\hat{\boldsymbol{\kappa}}$ 与 $\boldsymbol{\kappa}$ 无关的特性，以及 delta 函数的筛选性质。）

将式(11.83)代入 $\mathrm{d}\hat{u}_j/\mathrm{d}t$，得到结果：

$$\left\langle\sum_{\boldsymbol{\kappa}^\circ}\delta(\boldsymbol{\kappa}-\hat{\boldsymbol{\kappa}})\hat{u}_i^*\frac{\mathrm{d}\hat{u}_j}{\mathrm{d}t}\right\rangle=-\frac{\partial\langle U_\ell\rangle}{\partial x_k}\Phi_{ik}\left(\delta_{j\ell}-2\frac{\kappa_j\kappa_\ell}{\kappa^2}\right) \tag{11.104}$$

用这些结果证明式(11.99)。

11.16　考虑泊松方程：

$$\frac{\partial^2 m_{ijk\ell}(\boldsymbol{r})}{\partial r_q\partial r_q}=\frac{\partial^2 R_{ij}(\boldsymbol{r})}{\partial r_k\partial r_\ell} \tag{11.105}$$

的解函数 $m_{ijkl}(\boldsymbol{r})$。用式(2.48)写出关于该方程的格林函数解，从而证明原点处的解为

$$m_{ijk\ell}(0)=-\frac{1}{4\pi}\iiint_{-\infty}^{\infty}\frac{1}{|\boldsymbol{r}|}\frac{\partial^2 R_{ij}}{\partial r_k\partial r_\ell}\mathrm{d}\boldsymbol{r}=M_{ijk\ell} \tag{11.106}$$

证明：式(11.105)的傅里叶模态变换为

$$-\kappa^2\hat{m}_{ijk\ell}(\boldsymbol{\kappa})=-\kappa_k\kappa_\ell\Phi_{ij}(\boldsymbol{\kappa}) \tag{11.107}$$

其中，$\hat{m}_{ijkl}(\boldsymbol{\kappa})$ 表示 $m_{ijkl}(\boldsymbol{r})$ 的傅里叶变换，因此得到：

$$m_{ijk\ell}(0)=\iiint_{-\infty}^{\infty}\hat{m}_{ijk\ell}(\boldsymbol{\kappa})\mathrm{d}\boldsymbol{\kappa}=\iiint_{-\infty}^{\infty}\Phi_{ij}\frac{\kappa_k\kappa_\ell}{\kappa^2}\mathrm{d}\boldsymbol{\kappa}=M_{ijk\ell} \tag{11.108}$$

证明 M_{ijkl} 的两种定义[式(11.15)和式(11.101)]是一致的。

11.17　从关于 M_{ijkl} 的表达式出发，证明它满足下面条件：

$$M_{ijk\ell}=M_{jik\ell},\quad M_{ijk\ell}=M_{ij\ell k},\quad M_{iij\ell}=0,\quad M_{ijkk}=\langle u_iu_j\rangle \tag{11.109}$$

11.18　对于各向同性湍流，关于 M_{ijkl} 的最一般的可能(各向同性)表达式为

$$M_{ijk\ell}=k(\alpha\delta_{ij}\delta_{k\ell}+\beta\delta_{ik}\delta_{j\ell}+\gamma\delta_{i\ell}\delta_{jk}) \tag{11.110}$$

其中，α、β、γ 为常数。证明由式(11.109)确定这些常数为

$$\alpha=\frac{4}{15},\quad\beta=\gamma=-\frac{1}{15} \tag{11.111}$$

11.19　对于各向同性湍流，证明雷诺应力生成项有

$$\mathcal{P}_{ij} = -\frac{4}{3}k\bar{S}_{ij} \tag{11.112}$$

用练习 11.18 的结果证明(对于各向同性湍流)快速应变压力率张量为

$$\mathcal{R}_{ij}^{(r)} = \frac{4}{5}k\bar{S}_{ij} = -\frac{3}{5}\mathcal{P}_{ij} \tag{11.113}$$

11.4.4 初始各向同性湍流的快速变形

现在用表 11.2 中给出的简单平均速度梯度来描述在快速变形作用下,初始各向同性湍流的演变。Townsend(1976)、Reynolds(1987)、Hunt 和 Carruthers(1990)的研究,以及其参考的一些文献中,给出了一些变形的频谱解析解。这里给出的结果是从关于 $\boldsymbol{\Phi}_{ij}^{\circ}(\boldsymbol{\kappa}, t)$ 方程[类似于式(11.99)]的数值积分得到的。

表 11.2 简单变形的非零平均速度梯度($\mathcal{S}_\lambda$ 是 $\bar{S}_{ij}$ 的最大特征值)

	轴对称压缩	轴对称膨胀	平面应变	剪 切
$\partial\langle U_1\rangle/\partial x_1$	$\mathcal{S}_\lambda$	$-2\mathcal{S}_\lambda$	$\mathcal{S}_\lambda$	0
$\partial\langle U_1\rangle/\partial x_1$	$-\frac{1}{2}\mathcal{S}_\lambda$	$\mathcal{S}_\lambda$	$-\mathcal{S}_\lambda$	0
$\partial\langle U_1\rangle/\partial x_1$	$-\frac{1}{2}\mathcal{S}_\lambda$	$\mathcal{S}_\lambda$	0	0
$\partial\langle U_1\rangle/\partial x_1$	0	0	0	$\mathcal{S}$
$\mathcal{S}\equiv(2\bar{S}_{ij}\bar{S}_{ij})^{1/2}$	$\sqrt{\frac{3}{2}}\mathcal{S}_\lambda$	$2\mathcal{S}_\lambda$	$\sqrt{2}\mathcal{S}_\lambda$	$\mathcal{S}$

1. 初始响应

在施加变形的初始瞬间,湍流是各向同性的,其相关统计量可以明确确定(Crow, 1968)。四阶张量 M_{ijkl} [式(11.101)]是

$$M_{ijk\ell} = \frac{1}{15}k(4\delta_{ij}\delta_{k\ell} - \delta_{ik}\delta_{j\ell} - \delta_{i\ell}\delta_{jk}) \tag{11.114}$$

快速应变压力率张量为

$$\mathcal{R}_{ij}^{(r)} = \frac{4}{5}k\bar{S}_{ij} = -\frac{3}{5}\mathcal{P}_{ij} \tag{11.115}$$

(见练习 11.18 和 11.19。)因此,最初快速压力对雷诺应力的影响是抵消了 60%的

生成量。在初始瞬间之后，湍流变为各向异性，这些方程不再有效。作为后面的参考，我们注意到动能的生成，$\mathcal{P}=\dfrac{1}{2}\mathcal{P}_{ii}$，在初始瞬间为零，因此式(11.115)也可以写为

$$\mathcal{R}_{ij}^{(\mathrm{r})}=-\frac{3}{5}\left(\mathcal{P}_{ij}-\frac{2}{3}\mathcal{P}\delta_{ij}\right) \tag{11.116}$$

2. 轴对称收缩

对于轴对称收缩，波数演化[式(11.80)]中有

$$\frac{\mathrm{d}\hat{\kappa}_1}{\mathrm{d}t}=-\hat{\kappa}_1\mathcal{S}_\lambda,\quad \frac{\mathrm{d}\hat{\kappa}_2}{\mathrm{d}t}=\frac{1}{2}\hat{\kappa}_2\mathcal{S}_\lambda,\quad \frac{\mathrm{d}\hat{\kappa}_3}{\mathrm{d}t}=\frac{1}{2}\hat{\kappa}_3\mathcal{S}_\lambda \tag{11.117}$$

显然，$\hat{\kappa}_2$ 和 $\hat{\kappa}_3$ 呈指数增长，而 $\hat{\kappa}_1$ 减小。因此，如图 11.6(a)所示，单位波向量 $\hat{e}(t)$ 的轨迹趋向于对应于 $\hat{e}_1=0$ 的本初子午线。

$\langle u_1^2\rangle$ 的生成项是负的（$\mathcal{P}_{11}=-2\langle u_1^2\rangle\mathcal{S}_\lambda$），而 $\langle u_2^2\rangle$ 的生成项是正的（$\mathcal{P}_{22}=\langle u_2^2\rangle\mathcal{S}_\lambda$）；$\langle u_3^2\rangle$ 在统计上与 $\langle u_2^2\rangle$ 一致。因此，雷诺应力演化(图 11.8)是可以预期的。从图 11.9 可以看出，在长时间情况下，$\langle u_2^2\rangle$ 随着 $\exp(\mathcal{S}_\lambda t)$ 增加。这是由于生成作用的结果：相比之下，快速应变压力率张量趋于零。在初期，$\langle u_2^2\rangle$ 增长比指数增长慢，因为应变压力率张量将能量重新分配到 $\langle u_1^2\rangle$。在长时间情况下，波向量趋向于本初子午线（$\hat{e}_1=0$），而傅里叶分量 $\hat{u}$ 则与本初子午线（$\hat{u}_1=0$）对齐。

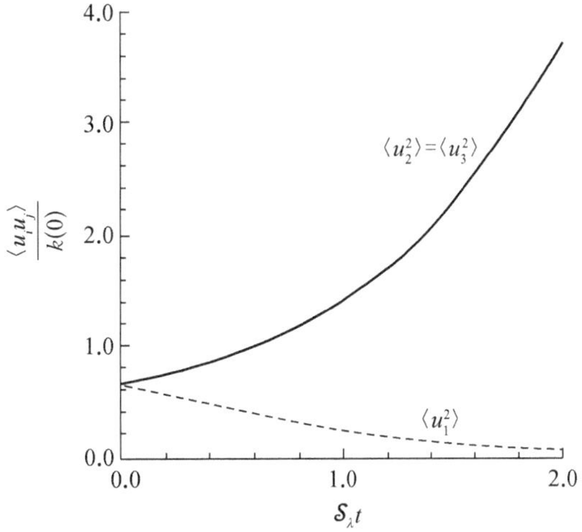

图 11.8　轴对称收缩快速变形时雷诺数应力的演化

虚线：$\langle u_1^2\rangle/k(0)$；实线：$\langle u_2^2\rangle/k(0)=\langle u_3^2\rangle/k(0)$

3. 轴对称膨胀

虽然轴对称收缩中的快速变形可以在实验中得到近似，但是，由于流动分离，扩压器中的快速轴对称膨胀是不可能的。然而，可以通过 DNS 和 RDT 对流动进行研究。

在某些方面，这种流动与轴对称收缩相反。波数 $\hat{\kappa}_1$ 呈指数增长，而 $\hat{\kappa}_2$ 和 $\hat{\kappa}_3$ 减少，因此 $\hat{e}(t)$ 在单位球面上的轨迹[图 11.6(b)]趋向于极轴 $\hat{e}_1=\pm1$。$\langle u_1^2\rangle$ 的生

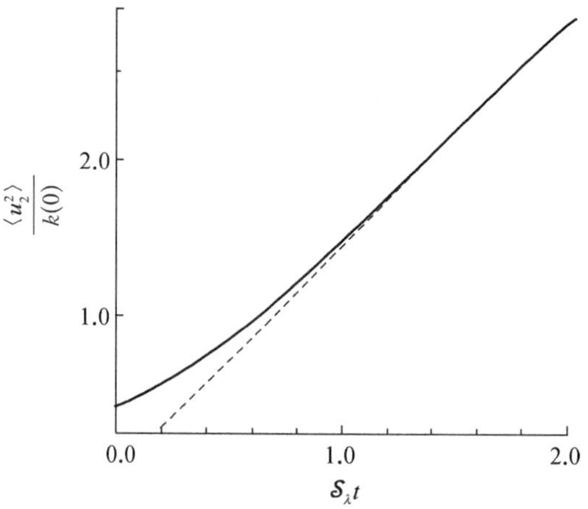

图 11.9　轴对称收缩块收缩变形时$\langle u_2^2\rangle$(对数标度)的演化

虚线：$\frac{1}{2}\exp(\mathcal{S}_\lambda t)$，表示渐近增长率

成为正($\mathcal{P}_{11}=4\langle u_1^2\rangle\mathcal{S}_\lambda$)，而$\langle u_2^2\rangle$和$\langle u_2^2\rangle$的生成为负($\mathcal{P}_{22}=\mathcal{P}_{33}=-2\langle u_2^2\rangle\mathcal{S}_\lambda$)。然而，对于这种流动，快速压力强烈地抑制$\langle u_1^2\rangle$的增长。当波向量趋向于$\hat{e}_1=\pm 1$时，连续性方程(由快速压力强制的)要求$\hat{u}_1$趋向于零。

图 11.10 显示了雷诺应力的演变过程，在长时间情况下，雷诺应力是按比例分布的，见式(11.118)。

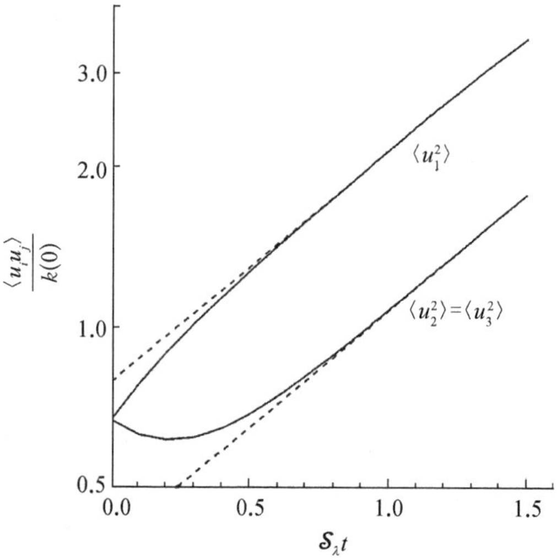

图 11.10　轴对称膨胀快速变形时雷诺数应力的演化

虚线表示渐近增长的 $\exp(\mathcal{S}_\lambda t)$

$$\langle u_1^2 \rangle = 2\langle u_2^2 \rangle = 2\langle u_3^2 \rangle \tag{11.118}$$

并且每一项随 $\exp(S_\lambda t)$ 增长。因此,可以推导雷诺应力平衡中的项:

$$\frac{\mathrm{d}}{\mathrm{d}t}\langle u_i u_j \rangle = \mathcal{P}_{ij} + \mathcal{R}_{ij}^{(\mathrm{r})} \tag{11.119}$$

除以 $\mathcal{S}_\lambda k$, 可得

$$\begin{bmatrix} 1 & 0 & 0 \\ 0 & \dfrac{1}{2} & 0 \\ 0 & 0 & \dfrac{1}{2} \end{bmatrix} = \begin{bmatrix} 4 & 0 & 0 \\ 0 & -1 & 0 \\ 0 & 0 & -1 \end{bmatrix} + \begin{bmatrix} -3 & 0 & 0 \\ 0 & \dfrac{3}{2} & 0 \\ 0 & 0 & \dfrac{3}{2} \end{bmatrix} \tag{11.120}$$

快速压力以生成速率的 3/4 的速率从 $\langle u_1^2 \rangle$ 中移除能量。生成不仅增加能量,而且趋于增强各向异性。对于这种流动(在长时间情况下),式(11.120)中 $\mathcal{P}_{ij}$、$\mathcal{R}_{ij}^{(\mathrm{r})}$ 的关联关系如下:

$$\mathcal{R}_{ij}^{(\mathrm{r})} = -\frac{9}{10}\left(\mathcal{P}_{ij} - \frac{2}{3}\mathcal{P}\delta_{ij}\right) \tag{11.121}$$

表明快速压力抵消了 90%的各向异性生成[见式(11.116)]。

4. 平面应变

对于平面应变,波数演化如下:

$$\frac{\mathrm{d}\hat{\kappa}_1}{\mathrm{d}t} = -\hat{\kappa}_1 \mathcal{S}_\lambda, \quad \frac{\mathrm{d}\hat{\kappa}_2}{\mathrm{d}t} = \hat{\kappa}_2 \mathcal{S}_\lambda, \quad \frac{\mathrm{d}\hat{\kappa}_3}{\mathrm{d}t} = 0 \tag{11.122}$$

其引起的轨迹见图 11.6(c)。在长时间尺度上,波向量趋于极轴 $\hat{e}_2 = \pm 1$。

雷诺应力生成的速率为

$$\mathcal{P}_{11} = -2\langle u_1^2 \rangle \mathcal{S}_\lambda, \quad \mathcal{P}_{22} = 2\langle u_2^2 \rangle \mathcal{S}_\lambda, \quad \mathcal{P}_{33} = 0 \tag{11.123}$$

如图 11.11 所示,可以预见 $\langle u_1^2 \rangle$ 的衰减和 $\langle u_2^2 \rangle$ 的增加。然而,当波矢量趋于 $\hat{e}_2 = \pm 1$ ($\hat{u}_2$ 强制为 0)时,快速压力将 $\langle u_2^2 \rangle$ 的能量重新分配到 $\langle u_3^2 \rangle$。显然,在长时间尺度上,$\mathcal{R}_{22}$ 以生成速率 $\mathcal{P}_{22}$ 的 50%的速率从 $\langle u_2^2 \rangle$ 提取能量,所以 $\langle u_3^2 \rangle$ 的净获取速率(即 $\mathcal{R}_{33}$)略微大于 $\langle u_2^2 \rangle$ 的速率(即 $\mathcal{P}_{22} + \mathcal{R}_{22}$)。

5. 剪切

在剪切情况下,波数演化为

$$\frac{\mathrm{d}\hat{\kappa}_1}{\mathrm{d}t} = 0, \quad \frac{\mathrm{d}\hat{\kappa}_2}{\mathrm{d}t} = -\hat{\kappa}_1 \mathcal{S}, \quad \frac{\mathrm{d}\hat{\kappa}_3}{\mathrm{d}t} = 0 \tag{11.124}$$

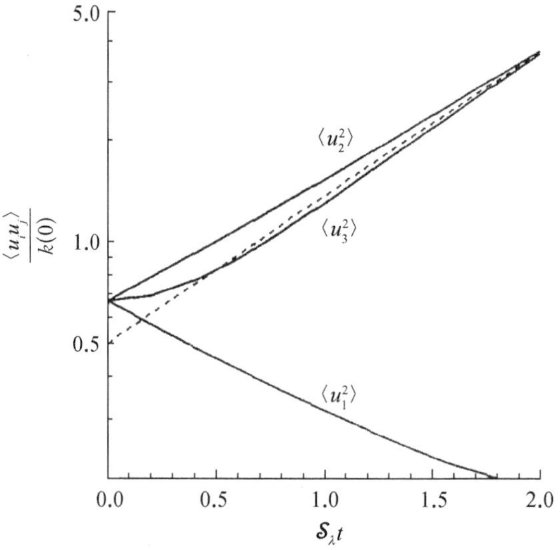

图 11.11　平面应变快速变形的雷诺应力演化

虚线表示 $\frac{1}{2}\exp(\mathcal{S}_\lambda t)$

因此,如图 11.6 所示,在西半球中的波向量 ($\hat{e}_1 < 0$) 向上移动靠近北极轴 $\hat{e}_2 = 1$; 然而,东半球中的运动向下,靠近南极轴。

雷诺应力生成的非零速率为

$$\mathcal{P}_{11} = -2\langle u_1 u_2 \rangle \mathcal{S}, \quad \mathcal{P}_{12} = -\langle u_2^2 \rangle \mathcal{S} \tag{11.125}$$

雷诺应力各向异性 b_{ij} 的演化如图 11.12 所示,相应的状态如图 11.13 中的 Lumley 三角形所示。初期,状态接近轴对称,具有负的第三不变量 ($\xi < 0$)。这与非快速均匀剪切中的状态相反,其中的第三不变量为正。在长时间情况下,状态朝着两分量极限 ($\langle u_2^2 \rangle \approx 0$) 移动,甚至达到一分量极限 ($\langle u_1^2 \rangle > 0$)。

与轴对称膨胀和平面应变的情况一样,快速压力在很大程度上抑制了最大雷诺应力的增长速率。事实上,渐近增长似乎是线性的,而不是指数(图 11.14)。然而,对于剪切,抑制是间接的。在极点 $\hat{e}_2 = \pm 1$ 时,连续性方程并不排除 $\hat{u}_1$,实际上渐近的一分量态(one-component state)是 $\hat{e}_2 = \pm 1, |\hat{u}_1| > 0$。

然而,在这些极点处,$\hat{u}_2$ 被排除,因此剪切应力 $\langle u_1 u_2 \rangle$ (和生成项 $\mathcal{P}_{11}$) 被抑制。在长时间情况下,$\mathcal{R}_{22}$ 是负的,不断地从已经很小的正应力 $\langle u_2^2 \rangle$ 中移除能量。

11.4.5　结束语

RDT 应用于均匀湍流的主要结论如下。

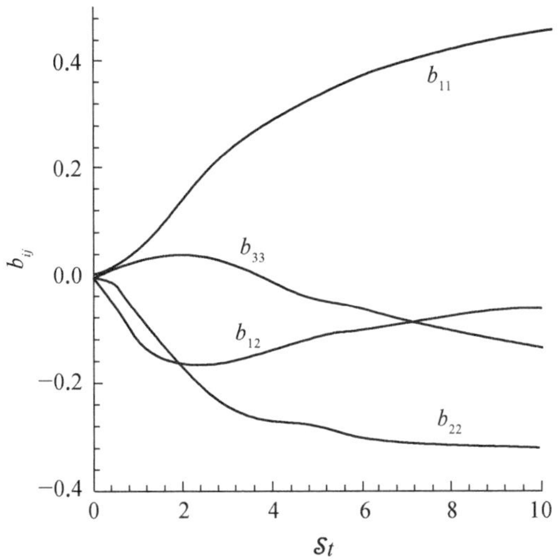

图 11.12　剪切快速变形的雷诺应力各向异性演化

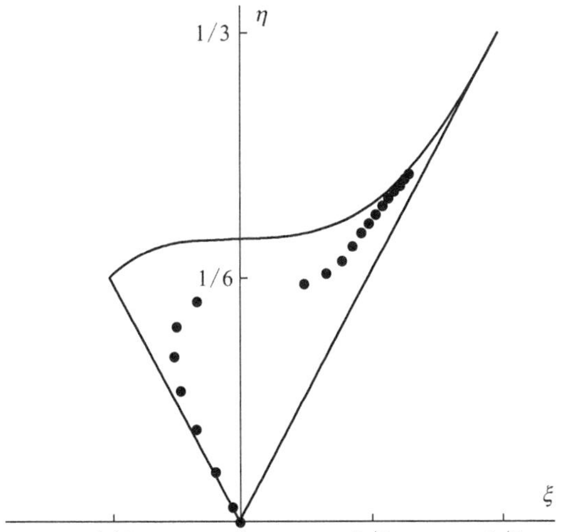

图 11.13　剪切快速变形的雷诺应力不变量演化

从原点开始(对应各向同性),每个符号给出剪切量 $\mathcal{S}t = 0.5$ 后的状态

(1) RDT 适用于平均速度梯度的大小与湍流速率相比非常大的极限情况。$\mathcal{S}\tau = \mathcal{S}k/\varepsilon \gg 1$ 是将 RDT 应用于含能运动的必要条件:要将 RDT 应用于所有运动尺度,则需要满足更严格的条件 $\mathcal{S}\tau_\eta \gg 1$。Savill(1987),以及 Hunt 和 Carruthers (1990)讨论了当这些条件没有得到满足时,RDT 如何很好地表示湍流。

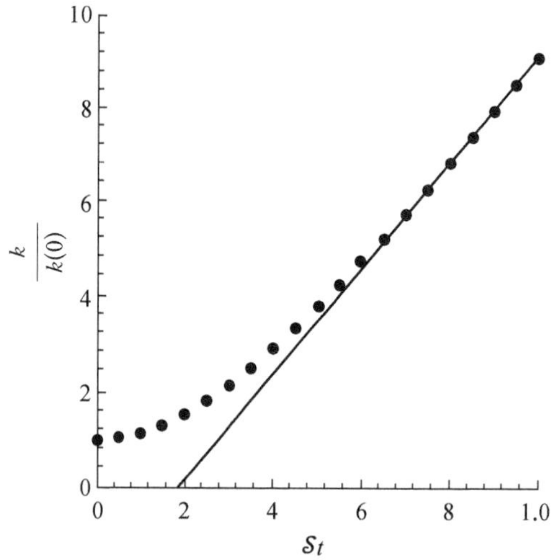

图 11.14 快速变形剪切时湍动能的演化

（2）湍流的演化取决于几何形状和变形量，但与速率无关。

（3）在快速变形方程［式(11.68)和式(11.69)］中，快速压力的作用是确保连续性方程$\nabla\cdot \boldsymbol{u}=0$。

（4）快速变形方程是线性的，因此傅里叶模态［式(11.71)］独立演化：波数$\hat{\boldsymbol{\kappa}}(t)$和系数$\hat{\boldsymbol{u}}(t)$由常微分式［式(11.80)及式(11.83)］独立演化。

（5）傅里叶系数的演化取决于单位波矢量$\hat{e}=\hat{\boldsymbol{\kappa}}/|\hat{\boldsymbol{\kappa}}|$，而不是波数的大小$|\hat{\boldsymbol{\kappa}}|$。

（6）在快速变形极限下，速度谱张量$\Phi_{ij}(\hat{\boldsymbol{\kappa}},t)$通过一个精确的闭合式［式(11.99)］演化。

（7）因为四阶张量M_{ijkl}（它决定了快速应变压力率张量$\mathcal{R}_{ij}^{(r)}$）涉及关于傅里叶模态方向的信息［式(11.101)］，雷诺应力［式(11.100)］不是闭合的。两个均匀湍流场可以具有相同的雷诺应力张量：

$$\langle u_i u_j\rangle=\sum_{\boldsymbol{\kappa}^{\circ}}\langle \hat{u}_i^{*}\hat{u}_j\rangle \tag{11.126}$$

但有不同的M_{ijkl}值：

$$M_{ijk\ell}=\sum_{\boldsymbol{\kappa}^{0}}\langle \hat{u}_i^{*}\hat{u}_j\hat{e}_k\hat{e}_\ell\rangle \tag{11.127}$$

因此，雷诺应力的演化不是由雷诺应力唯一决定的。

（8）四种简单变形的快速变形方程的解表现出不同的几何行为。对于长时间轴对称膨胀，快速压力抵消了90%的各向异性生成［式(11.121)］。在各向同性湍流受到任意变形的初始瞬间,相应的数值为 60%。然而,对于轴对称收缩(在大多数情况下),它是零:相对于生成,快速应变压力率张量消失不见。在剪切中,分量 $\langle u_2^2\rangle$ 没有生成,但是快速压力消除了该分量的能量。

Kassinos 和 Reynolds(1994),Van Slooten 和 Pope(1997)发展了一些不同的均匀湍流 RDT 方法。如 Hunt(1973),以及 Hunt 和 Carruthers(1990)所述,RDT 也可以应用于非均匀流动。

11.5　应变压力率模型

前两节考虑了零平均速度梯度($\mathcal{S}k/\varepsilon=0$)和非常大平均速度梯度($\mathcal{S}k/\varepsilon\to\infty$)两种极限情况下的均匀湍流。在第一种情况下,应变压力率张量(pressure-rate-of-strain tensor)完全受慢速压力(即 $\mathcal{R}_{ij}=\mathcal{R}_{ij}^{(s)}$)的影响;在第二种情况下,它完全受快速压力(即 $\mathcal{R}_{ij}=\mathcal{R}_{ij}^{(r)}$)的影响。这里我们考虑与湍流剪切流动更相关的情况,$\mathcal{S}k/\varepsilon$ 具有单位 1 的量级,并且慢速压力场和快速压力场都是重要的。

对于均匀湍流,耗散被认为是各向同性的,雷诺应力方程[式(11.1)]为

$$\frac{\mathrm{d}}{\mathrm{d}t}\langle u_iu_j\rangle=\mathcal{P}_{ij}+\mathcal{R}_{ij}-\frac{2}{3}\varepsilon\delta_{ij}\tag{11.128}$$

应变压力率张量 $\mathcal{R}_{ij}$ 是唯一未闭合的项。

11.5.1　基础模型 LRR－IP

关于 $\mathcal{R}_{ij}$ 的基础模型是

$$\mathcal{R}_{ij}=-C_{\mathrm{R}}\frac{\varepsilon}{k}\left(\langle u_iu_j\rangle-\frac{2}{3}k\delta_{ij}\right)-C_2\left(\mathcal{P}_{ij}-\frac{2}{3}\mathcal{P}\delta_{ij}\right)\tag{11.129}$$

第一项是关于 $\mathcal{R}_{ij}^{(s)}$ 的 Rotta 模型,第二项是由 Naot 等(1970)提出的关于 $\mathcal{R}_{ij}^{(r)}$ 的各向异性(isotropization of production, IP)生成模型。IP 模型假设快速压力部分抵消了生成效应,从而增加了雷诺应力各向异性。这确实是在快速变形轴对称膨胀中观察到的效应[见式(11.121)]。此外,如果模型常数取 $C_2=\frac{3}{5}$,则 IP 模型可得出所有快速变形产生各向同性湍流的正确初始响应[见式(11.116)]。

Rotta 模型和 IP 模型的这种结合是由 Launder 等(1975)提出的两个模型中的第一个,也称为 LRR－IP。Launder(1996)建议 Rotta 常数取 $C_{\mathrm{R}}=1.8$;IP 常数取为 $C_2=\frac{3}{5}$,与 RDT 一致。

图 11.15 显示了均匀剪切流的 LRR－IP 模型计算结果与 DNS 数据的对比情况。从雷诺应力方程[式(11.128)]、$\mathcal{R}_{ij}$ 的模型[式(11.129)]，以及模化的 ε 方程[式(10.56)]，可以推导出一组闭合的常微分方程。唯一的非零平均速度梯度 $\partial\langle U_1\rangle/\partial x_2 = \mathcal{S}$ 为常数，雷诺应力初始为各向同性的，因此表征该方程解的单个无量纲参数为 $\mathcal{S}k/\varepsilon$ 的初始值，为与 DNS 结果相匹配，取其为 2.36。

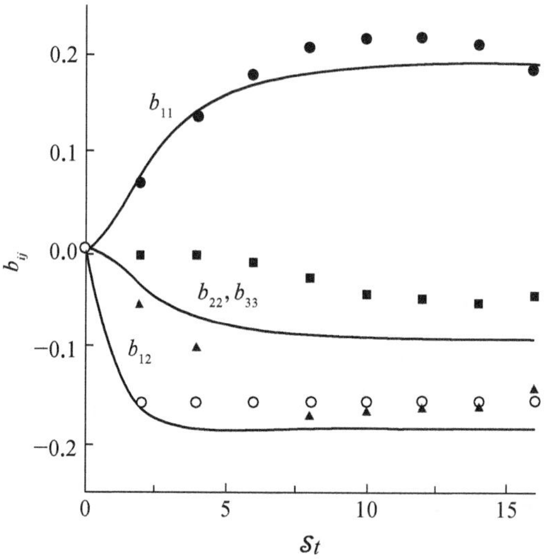

图 11.15 均匀剪切流中的雷诺应力各向异性

LRR－IP 模型计算(曲线)与 Rogers 和 Moin(1987)的 DNS 数据(符号)的比较：●为 b_{11}；○为 b_{12}；三角形为 b_{22}；四边形为 b_{33}

从图 11.15 可以看出，LRR－IP 模型可以合理地表示 b_{12} 和 b_{11} 的演化，偏差通常小于 15%。另外，该模型预测 b_{22} 和 b_{33} 是相等的，而 DNS 数据显示 b_{22} 要小得多。[因为 ε 方程预测了 $\mathcal{P}/\varepsilon$ 的一个渐近值，这比观测值要高得多。见式(10.62)，k 的计算是相当不准确的：但是 b_{ij} 的计算值对这个缺陷不敏感。]在练习 11.20 中，得到了 b_{ij} 分量渐近值的解析解，见式(11.133)和式(11.134)。

练 习

11.20 在长时间情况下，均匀湍流剪切流中，雷诺应力张量变得自相似(即 $\langle u_iu_j\rangle/k$ 趋向于常张量)。在这种自相似状态下，雷诺应力张量的变化率为

$$\frac{\mathrm{d}}{\mathrm{d}t}\langle u_iu_j\rangle = \frac{\langle u_iu_j\rangle}{k}\frac{\mathrm{d}k}{\mathrm{d}t} = \frac{\langle u_iu_j\rangle}{k}(\mathcal{P}-\varepsilon) \qquad (11.130)$$

对于均匀湍流,写下雷诺应力式[式(11.128)],其中变化率用式(11.130)近似,$\mathcal{R}_{ij}$ 用 LRR－IP[式(11.129)]建模。转换该方程得到如下结果:

$$\frac{\langle u_i u_j \rangle}{k} = \frac{2}{3}\delta_{ij} + \Theta \frac{\left(\mathcal{P}_{ij} - \frac{2}{3}\mathcal{P}\delta_{ij}\right)}{\mathcal{P}} \tag{11.131}$$

其中,

$$\Theta \equiv \frac{(1 - C_2)\mathcal{P}/\varepsilon}{C_{\mathrm{R}} - 1 + \mathcal{P}/\varepsilon} \tag{11.132}$$

因此,得到:

$$\begin{cases} b_{ij} = \frac{1}{2}\Theta\left(\mathcal{P}_{ij} - \frac{2}{3}\mathcal{P}\delta_{ij}\right) \Big/ \varepsilon \\ b_{11} = \frac{2}{3}\Theta, \quad b_{22} = b_{33} = -\frac{1}{3}\Theta \end{cases} \tag{11.133}$$

$$b_{12} = -\sqrt{\frac{1}{6}\Theta(1 - \Theta)} \tag{11.134}$$

11.5.2　其他应变压力率模型

已经存在许多其他的应变压力率模型,包括:Hanjalic 和 Launder(1972)的 HL 模型;Launder 等(1975)的准各向同性模型(LRR－QI);Shih 和 Lumley(1985)的 SL 模型;Jones 和 Musonge(1988)的 JM 模型;Speziale 等(1991)的 SSG 模型;Fu 等(1987)的 FLT 模型。前五个模型(及 LRR－IP 模型)可以写为

$$\frac{\mathcal{R}_{ij}}{\varepsilon} = \sum_{n=1}^{8} f^{(n)} \mathcal{T}_{ij}^{(n)} \tag{11.135}$$

其中,无量纲、对称的偏斜张量 $\mathcal{T}_{ij}^{(n)}$ 在表 11.3 中给出,并且定义为无量纲平均应变速率:

$$\hat{S}_{ij} = \frac{k}{\varepsilon}\bar{S}_{ij} = \frac{1}{2}\frac{k}{\varepsilon}\left(\frac{\partial\langle U_i\rangle}{\partial x_j} + \frac{\partial\langle U_j\rangle}{\partial x_i}\right) \tag{11.136}$$

以及无量纲平均旋度率:

$$\hat{\Omega}_{ij} = \frac{k}{\varepsilon}\bar{\Omega}_{ij} = \frac{1}{2}\frac{k}{\varepsilon}\left(\frac{\partial\langle U_i\rangle}{\partial x_j} - \frac{\partial\langle U_j\rangle}{\partial x_i}\right) \tag{11.137}$$

表 11.3 方程(11.135)中无量纲、对称、偏张量的定义

$$\mathcal{T}_{ij}^{(1)} = b_{ij}$$

$$\mathcal{T}_{ij}^{(2)} = b_{ij}^2 - \frac{1}{3}b_{kk}^2\delta_{ij}$$

$$\mathcal{T}_{ij}^{(3)} = \hat{S}_{ij}$$

$$\mathcal{T}_{ij}^{(4)} = \hat{S}_{ik}b_{kj} + b_{ik}\hat{S}_{kj} - \frac{2}{3}\hat{S}_{k\ell}b_{\ell k}\delta_{ij}$$

$$\mathcal{T}_{ij}^{(5)} = \hat{\Omega}_{ik}b_{kj} - b_{ik}\hat{\Omega}_{kj}$$

$$\mathcal{T}_{ij}^{(6)} = \hat{S}_{ik}b_{kj}^2 + b_{ik}^2\hat{S}_{kj} - \frac{2}{3}\hat{S}_{k\ell}b_{\ell k}^2\delta_{ij}$$

$$\mathcal{T}_{ij}^{(7)} = \hat{\Omega}_{ik}b_{kj}^2 - b_{ik}^2\hat{\Omega}_{kj}$$

$$\mathcal{T}_{ij}^{(8)} = b_{ik}\hat{S}_{k\ell}b_{\ell j} - \frac{1}{3}\hat{S}_{k\ell}b_{\ell k}^2\delta_{ij}$$

表 11.4 给出了定义某些模型中的系数 $f^{(n)}$（FLT 模型包含额外的张量）。

表 11.4 方程(11.135)中各种压力-应变率模型的系数

系数	LPR－IP 模型 (Launder, 1975)	LPR－QI 模型 (Launder, 1975)	JM 模型 (Jones and Musonge, 1988)	SSG 模型 (Speziale et al., 1991)	SL 模型 (Shih and Lumley, 1985)
$f^{(1)}$	$-2C_R$	$-2C_R$	$-2C_1$	$-C_1 - C_1^*\dfrac{\mathcal{P}}{\varepsilon}$	$-\beta - \dfrac{6}{5}\dfrac{\mathcal{P}}{\varepsilon}$
$f^{(2)}$	0	0	0	C_2	0
$f^{(3)}$	$\dfrac{4}{3}C_2$	$\dfrac{4}{5}$	$2(C_4 - C_2)$	$C_3 - \sqrt{6}C_3^*\eta$	$\dfrac{4}{5}$
$f^{(4)}$	$2C_2$	$\dfrac{6}{11}(2 + 3C_2)$	$-3C_2$	C_4	$12C_2$
$f^{(5)}$	$2C_2$	$\dfrac{2}{11}(10 - 7C_2)$	$3C_2 + 4C_3$	C_5	$\dfrac{4}{3}(2 - 7C_2)$
$f^{(6)}$	0	0	0	0	$\dfrac{4}{5}$
$f^{(7)}$	0	0	0	0	$\dfrac{4}{5}$

续　表

系数	LPR - IP 模型（Launder，1975）	LPR - QI 模型（Launder，1975）	JM 模型（Jones and Musonge，1988）	SSG 模型（Speziale et al.，1991）	SL 模型（Shih and Lumley，1985）
$f^{(8)}$	0	0	0	0	$-\frac{8}{5}$
常数的值	$C_R=1.8$ $C_2=0.6$	$C_R=1.5$ $C_2=0.4$	$C_1=1.5$ $C_2=-0.53$ $C_3=0.67$ $C_4=-0.12$	$C_1=3.4$ $C_1^*=1.8$ $C_2=4.2$ $C_3=0.8$ $C_3^*=0.8$ $C_4=1.25$ $C_5=0.4$	β 参考 Shih 和 Lumley(1985)的研究； $C_2=\frac{1}{10}\left(1+\frac{4}{5}F^{1/2}\right)$

在 $\mathcal{T}_{ij}^{(1)}$ 中的项对应于 Rotta 模型的贡献，Rotta 系数为 $-\frac{1}{2}f^{(1)}$。LRR 和 JM 模型的 Rotta 系数取为常数，而 SSG 和 SL 模型的 Rotta 系数与 $\mathcal{P}/\varepsilon$ 有关。表 11.4 所示的模型中，只有 SSG 模型的 $f^{(2)}$ 具有非零值，这导致非线性回归到图 11.2 所示的各向同性。剩余的张量 $\mathcal{T}_{ij}^{(3-8)}$ 为快速应变压力率张量模型提供了贡献。

LRR - IP 模型是第一个被广泛使用的雷诺应力模型，但是应该认识到所有这些模型都建立在早期的贡献之上。例如，LRR、JM 和 SSG 模型都是 Hanjalic 和 Launder(1972)提出的一般模型的特殊情况；HL 模型的特殊形式包括与 SSG 模型中出现的 Rotta 系数对 $\mathcal{P}/\varepsilon$ 的相同依赖性。

理想的应变压力率模型在任何情况下都是准确的，因此符合 $\mathcal{R}_{ij}$ 的所有已知属性，这些属性如下所述：

（1）在快速变形极限（$\mathcal{S}k/\varepsilon\to\infty$）中，$\mathcal{R}_{ij}$ 在平均速度梯度上是线性的；

（2）$\mathcal{R}_{ij}^{(r)}$ 由张量 M_{ijkl}［式(11.14)和式(11.15)］确定，满足式(11.109)给出的精确关系；

（3）$\mathcal{R}_{ij}^{(r)}$ 在雷诺应力中是线性的，因为 M_{ijkl} 在谱中是线性的［式(11.101)］；

（4）$\mathcal{R}_{ij}$ 需满足雷诺应力张量仍然是可实现的；

（5）在二维湍流的极限下，$\mathcal{R}_{ij}$ 满足材料框架的无差异性［见第(2.9)节和 Speziale(1981)的研究］。

在很大程度上，希望开发符合这些特性的模型，驱动着这一领域研究的发展。基本模型(LRR - IP)不满足属性(2)，为此提出了 LRR - QI。SL 模型是为了满足强可实现性而发展起来的，但是，在这样做的过程中，引入了与属性(3)相反的非线性项(即 $\mathcal{T}_{ij}^{(6)}-\mathcal{T}_{ij}^{(8)}$)。事实上，除了病态情况外，其他模型在所有情况下都满足弱可实现性，并且可以修改它们的系数以满足所有情况(Durbin and Speziale, 1994)。上面提到的模型没有一个满足属性(5)，只有 Haworth 和 Pope(1986)，以及 Ristorcelli 等(1995)提出的模型确实满足属性(5)。

一个微妙但重要的点是，评价上面列举的性质属于理想的应变压力率模型。然而，这样的模型并不存在。正如已经观察到的(图 11.4)，各向异性湍流的衰减并不是由雷诺应力闭合中的"已知"唯一决定的。类似地，张量 M_{ijkl} 不是由 $\langle u_i u_j \rangle$ 唯一决定的[见式(11.126)及式(11.127)]。在缺乏理想模型的情况下，寻求"最佳"模型是很自然的——"最佳"意味着当模型应用于关注的流动范畴时，它是尽可能准确的。上面列举的许多性质都与极端情况有关——快速变形极限、二维湍流、两分量湍流，这些与关注的流动的相关性是有限的。因此，可以说，在模型的形式和系数 $f^{(n)}$ 的规范中，应用于关注的流动时，模型的定量表现比满足极限中的精确约束更重要。

与 LRR－IP 模型相比，LRR－QI 模型具有符合性质(2)的理论优势。然而，经验表明，在实践中，LRR－IP 是明显优越的(Launder, 1996)。与 LRR－IP 模型相比，SSG 模型满足更少的性质，它的 b_{ij} 是非线性的。

练 习

11.21 (1) 表 11.4 所示的哪些模型与(2)及(3)的性质一致？

(2) 对于各向同性湍流的初始快速变形，哪个模型是正确的？

(3) 哪个模型对于任意的快速变形是正确的？

11.22 证明 LRR－QI 是最普遍性的模型，其在 b_{ij} 和 $\partial\langle U_i\rangle/\partial x_j$ 中是线性的，且与 $M_{ijk\ell}$ [式(11.101)]的属性是一致的。

11.6 非均匀流动的拓展

前面章节主要聚焦于各向同性湍流，然而雷诺应力模型主要应用于非均匀湍流。本节描述了如何推导完整的非均匀流雷诺应力模型的剩余步骤，下一节将介绍近壁区域的其他处理方法。

精确雷诺应力方程[式(11.1)]中这些项需要模型化处理，即耗散张量 ε_{ij}、应变压力率张量 $\mathcal{R}_{ij}$，以及输运 T_{kij}。如第 11.1 节所讨论的，耗散 ε_{ij} 可以看作各向同性的，$\frac{2}{3}\varepsilon\delta_{ij}$（除了近壁面）。本节后面将描述所使用模型耗散方程的形式。

11.6.1　再分配

正如第 11.2 节所讨论的，有不同的分解方式将速度压力梯度张量 Π_{ij} 分解为再分配项和输运项，例如，式(7.187)写成 $\mathcal{R}_{ij}$ 的形式，式(11.5)写成 $\mathcal{R}_{ij}^{(a)}$ 的形式。Mansour 等(1988)基于对槽道流 DNS 数据的分析，强烈建议对于这种近壁流动，最好使用 $\mathcal{R}_{ij}^{(a)}$ 分解，而不是 $\mathcal{R}_{ij}$。结果发现，动能 $\frac{1}{2}\Pi_{ij}$ 的压力输运相当小(图7.18和图 7.34)，因此实际上 Π_{ij} 本身几乎是再分配的。Π_{ij} 的分布型面(图 7.35~图 7.38)表现出简单的行为，且 Π_{ij} 在壁面上为零(因为 u 在此处为零)。相比之下，$\mathcal{R}_{22}$ 和 $\partial T_{222}^{(p)}/\partial y$ 表现出更为复杂的行为，包括一些符号的变化。虽然两项在壁面上都是零，但是在黏性子层内它们很大，却几乎相互抵消。考虑到这些因素，今后使用写成 $\mathcal{R}_{ij}^{(a)}$ 和 $\boldsymbol{T}^{(p)}$ 形式的分解式(11.5)。

对于非均匀流动，再分配 $\mathcal{R}_{ij}^{(a)}$ 是根据局部物理量建模的。也就是说，$\mathcal{R}_{ij}^{(a)}(\boldsymbol{x}, t)$ 是根据计算在 $(\boldsymbol{x}, t)$ 处的 $\langle u_i u_j\rangle$、$\partial\langle U_i\rangle/\partial x_j$ 和 ε 建模的，就像在均匀湍流中[式(11.135)]。就所得到的模型方程的易解性而言，相较于包含非局部量的替代方法，这当然是一个权宜的假设。然而，应该意识到 $p'(\boldsymbol{x}, t)$ 是由泊松式[式(11.9)]控制的，因此它受到一定距离 $\boldsymbol{x}$ 处的 $\partial\langle U_i\rangle/\partial x_j$ 等一些物理量的影响。因此，对 $\mathcal{R}_{ij}^{(a)}$ 的模型化处理，非均匀流动的安全性要低于均匀湍流。[相反，在椭圆松弛模型中(11.8 节)，$\mathcal{R}_{ij}^{(a)}$ 的模型是非局部的。]

11.6.2　雷诺应力输运

根据式(11.5)对速度压力梯度张量 Π_{ij} 进行分解，可得到雷诺应力演化的精确方程：

$$\frac{\bar{\mathrm{D}}}{\bar{\mathrm{D}}t}\langle u_i u_j\rangle + \frac{\partial}{\partial x_k}(T_{kij}^{(\nu)} + T_{kij}^{(p')} + T_{kij}^{(u)}) = \mathcal{P}_{ij} + \mathcal{R}_{ij}^{(a)} - \varepsilon_{ij} \qquad (11.138)$$

其中，三个通量是黏性扩散：

$$T_{kij}^{(\nu)} = -\nu\frac{\partial\langle u_i u_j\rangle}{\partial x_k} \qquad (11.139)$$

压力输运：

$$T_{kij}^{(p')} = \frac{2}{3}\delta_{ij}\langle u_k p'\rangle/\rho \qquad (11.140)$$

湍流对流：

$$T_{kij}^{(u)} = \langle u_i u_j u_k \rangle \tag{11.141}$$

除了在黏性壁面区域，黏性扩散可以忽略不计；而且，由于该项是闭合形式的，因此不需要进一步讨论。

1. 压力输运

在 DNS 出现之前，几乎没有关于压力相关性的可靠信息。在分析近似均匀湍流的基础上，Lumley(1978)提出了该模型：

$$\frac{1}{\rho}\langle u_i p' \rangle = -\frac{1}{5}\langle u_i u_j u_j \rangle \tag{11.142}$$

由于式(11.140)给出的压力输运是各向同性的，可以通过动能方程中的相应项来检验：

$$\frac{1}{2}T_{kii}^{(p')} = \langle u_k p' \rangle / \rho \tag{11.143}$$

对于 Lumley 模型，有

$$\frac{1}{2}T_{kii}^{(p')} = -\frac{1}{5}\langle u_k u_i u_i \rangle \tag{11.144}$$

这是对流通量的 $-\dfrac{2}{5}$：

$$\frac{1}{2}T_{kii}^{(u)} = \frac{1}{2}\langle u_k u_i u_i \rangle \tag{11.145}$$

槽道流动(图 7.18)和边界层(图 7.34)的动能收支表明，压力输运在靠近壁面的地方并不十分显著，而且 Lumley 模型在定性上是不正确的。然而，在边界层的边缘，压力输运更为重要，而且 Lumley 模型至少在定性上是正确的。

为了研究自由剪切流的压力输运，自相似瞬态混合层的动能收支(kinetic-energy budget)如图 11.16 所示。从图 11.16(a)可以看出，在大部分混合层内，压力输运相对较小，而且 Lumley 模型是相当合理的。

图 11.16(b)中更详细地研究了该混合层的边缘。层内的旋转湍流脉动引起非湍流区域(假设 $y/\delta > 1$)的无旋转脉动。这种能量的转移受脉动压力场的影响，因此它在动能收支中以压力输运的形式出现。从图 11.16(b)可以看出，在该层的边缘，这种压力输运占主导地位。

Demuren 等(1996)利用 DNS 数据分别研究了由慢速压力和快速压力引起的压力输运，并提出了每种贡献的模型。在大多数雷诺应力模型中，压力输运要么被

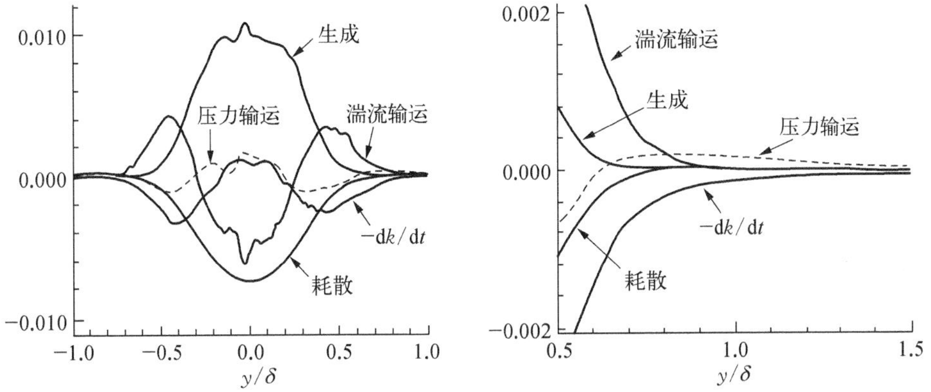

(a) 整个流的动能收支　　(b) 层边缘的扩展视图

图 11.16　由 Rogers 和 Moser(1994)的 DNS 数据得到的时间混合层的动能收支

对收支的贡献是生成项 $\mathcal{P}$、耗散项 $-\varepsilon$、变化率 $-\mathrm{d}k/\mathrm{d}t$、湍流输运和压力输运(虚线),所有的量都用速度差和层厚 δ 进行无量纲化(图 5.21)

忽略,要么(隐式地或显式地)与梯度扩散假设的湍流对流项一起建模模拟。

2. 梯度扩散模型

对于 $T'_{kij}=T^{(u)}_{kij}+T^{(p')}_{kij}$, Shir(1973)提出的最简单的梯度扩散模型是

$$T'_{kij}=-C_{\mathrm{s}}\frac{k^2}{\varepsilon}\frac{\partial\langle u_iu_j\rangle}{\partial x_k} \tag{11.146}$$

其中, C_{s} 是模型常数。更普遍的应用是 Daly 和 Harlow(1970)的模型,它使用雷诺应力张量来定义各向异性扩散系数:

$$T'_{kij}=-C_{\mathrm{s}}\frac{k}{\varepsilon}\langle u_ku_\ell\rangle\frac{\partial\langle u_iu_j\rangle}{\partial x_\ell} \tag{11.147}$$

对于这个模型,Launder(1990)建议常数取值为 $C_{\mathrm{s}}=0.22$。

如果 $T^{(u)}_{kij}\equiv\langle u_ku_iu_j\rangle$ 要单独建模,那么这个一致的模型需要对三个指标都是对称的。Mellor 和 Herring(1973)提出,这种对称模型必然涉及交叉扩散:

$$\langle u_iu_ju_k\rangle=-C_{\mathrm{s}}\frac{k^2}{\varepsilon}\left(\frac{\partial\langle u_ju_k\rangle}{\partial x_i}+\frac{\partial\langle u_iu_k\rangle}{\partial x_j}+\frac{\partial\langle u_iu_j\rangle}{\partial x_k}\right) \tag{11.148}$$

且 Hanjalic 和 Launder(1972)提出如下公式:

$$\langle u_iu_ju_k\rangle=-C_{\mathrm{s}}\frac{k}{\varepsilon}\left(\langle u_iu_\ell\rangle\frac{\partial\langle u_ju_k\rangle}{\partial x_\ell}+\langle u_ju_\ell\rangle\frac{\partial\langle u_iu_k\rangle}{\partial x_\ell}+\langle u_ku_\ell\rangle\frac{\partial\langle u_iu_j\rangle}{\partial x_\ell}\right) \tag{11.149}$$

然而，T'_{kij} 的一致性模型只需要 i 和 j 对称，这是上述四个模型都满足的要求。

对三重相关 $\langle u_i u_j u_k \rangle$ 的输运方程的检验可以促使发展出更为精细的模型，包括平均速度梯度。然而，根据学者的一般经验，对 T'_{kij} 的建模并不是整个模型的关键组成部分，相对简单的 Daly-Harlow 模型也能满足（Launder, 1990）。Parneix、Laurence 和 Durbin（1998b）对这一观点提出了质疑，他们认为输运模型中的缺陷是导致后向台阶流动模拟不准确的原因。$T^{(u)}_{kij}$ 模型与实验数据的直接对比测试可以在 Schwarz 和 Bradshaw（1994）的研究及其参考文献中找到。

11.6.3 耗散方程

在雷诺应力模型中，ε 的标准模型方程是由 Hanjalic 和 Launder（1972）提出的：

$$\frac{\bar{\mathrm{D}}\varepsilon}{\bar{\mathrm{D}}t} = \frac{\partial}{\partial x_i}\left(C_\varepsilon \frac{k}{\varepsilon}\langle u_i u_j \rangle \frac{\partial \varepsilon}{\partial x_j}\right) + C_{\varepsilon 1}\frac{\mathcal{P}_\varepsilon}{k} - C_{\varepsilon 2}\frac{\varepsilon^2}{k} \tag{11.150}$$

其中，$C_\varepsilon = 0.15$，$C_{\varepsilon 1} = 1.44$，$C_{\varepsilon 2} = 1.92$（Launder, 1990）。这个方程与 $k-\varepsilon$ 模型[式(10.53)]中使用的方程有两个不同之处。首先，生成项 $\mathcal{P}$ 直接通过雷诺应力计算给出，而不是 $2\nu_T \bar{S}_{ij}\bar{S}_{ij}$。其次，扩散项包含各向异性扩散。

如第 10.4.3 节所述，对耗散方程提出了几种修正。在雷诺应力模型中，各向异性张量 b_{ij} 的不变量可用于这种修正。例如，Launder（1996）建议将系数修改为

$$C_{\varepsilon 1} = 1.0, \quad C_{\varepsilon 2} = 1.92/(1 + 3.4\eta F) \tag{11.151}$$

其中，不变量 η、F 通过式(11.28)和式(11.34)来定义。Hanjalic 等（1997）给出了一些其他修正的建议。

练 习

11.23 证明耗散方程[式(11.150)]与对数定律相一致，Karman 常数由式(11.152)给出：

$$\kappa^2 = \frac{4(C_{\varepsilon 2} - C_{\varepsilon 1}) \mid b_{12} \mid^3}{C_\varepsilon\left(b_{22} + \frac{1}{3}\right)} \tag{11.152}$$

由 LRR－IP 模型[式(11.133)，有 $\mathcal{P}/\varepsilon = 1$] 给出的 b_{ij} 评估 κ。

11.7 近壁处理

11.7.1 近壁效应

在湍流中,壁面的存在会引起一系列不同的效应。例如,对于一般坐标系中的边界层,其中的一些效应如下:

(1) 低雷诺数——湍流雷诺数 $Re_L \equiv k^2/(\varepsilon\nu)$ 在靠近壁面时趋于零;

(2) 高剪切率——最高平均剪切率 $\partial\langle U\rangle/\partial y$ 发生在壁面处(见练习 11.24);

(3) 两分量湍流——对于小的 y, $\langle v^2\rangle$ 随 y^4 变化,而 $\langle u^2\rangle$ 和 $\langle w^2\rangle$ 随 y^2 变化[式(7.60)~式(7.63)],因此,当靠近壁面时,湍流趋向于两分量极限(图 11.1);

(4) 壁面阻塞——通过压力场[$p^{(h)}$, 式(11.10)],不可渗透条件 $V=0$(在 $y=0$ 处)对流动的影响可延伸至离壁面约一个积分尺度的区域(Hunt and Graham, 1978)。

这些效应需要修改基本的 $k-\varepsilon$ 和雷诺应力湍流模型。研究不存在(1)和(2)之一或两者的湍流流动也是有意义的,如自由表面的湍流(Brumley, 1984)和壁面附近的无剪切湍流(Thomas and Hancock, 1977; Perot and Moin, 1995; Aronson et al., 1997)。

自 20 世纪 70 年代起,基本 $k-\varepsilon$ 和雷诺应力模型的形式还没有变过。对于近壁处理,情况并非如此。在 20 世纪 80 年代,黏性近壁区域的详细 DNS 数据终于出现,而此前一直极难通过实验进行研究。这些数据表明,现有模型在定性上存在错误,进而催生了新的持续不断的进展。

练　习

11.24 考虑 $\tau_\eta \partial\langle U\rangle/\partial y$ 作为剪切率的无量纲度量。证明它在壁面上的值是

$$\tau_\eta \frac{\partial\langle U\rangle}{\partial y} = (\varepsilon_0^+)^{-1/2} \approx 2 \tag{11.153}$$

(见练习 7.8。)而在对数律区域,它的值是

$$\tau_\eta \frac{\partial\langle U\rangle}{\partial y} = (\kappa y^+)^{-1/2} \tag{11.154}$$

它小于 0.3(对于 $y^+ > 30$)。剪切率的另一个无量纲度量是 Sk/ε。它在靠近壁面处如何变化?

11.7.2 湍流黏性

回顾可知,混合长度指定 $\ell_m = \kappa y$ 在近壁区域太大(如 $y^+ < 30$),并且通过 van Driest 阻尼函数得到了一个大大改进的规范,式(7.145)。同样,标准的 $k-\varepsilon$ 规范 $\nu_T = C_\mu k^2/\varepsilon$ 在近壁区产生过大的湍流黏性,如图 10.3 所示。

Jones 和 Launder(1972)的原始 $k-\varepsilon$ 模型包括各种阻尼函数,以便模型在黏性近壁区内适用。湍流黏性由如下公式给出:

$$\nu_T = f_\mu C_\mu \frac{k^2}{\varepsilon} \tag{11.155}$$

其中,阻尼函数 f_μ 依赖于湍流雷诺数:

$$f_\mu = \exp\left(\frac{-2.5}{1 + Re_L/50}\right) \tag{11.156}$$

f_μ 在壁面处很小,并且在大雷诺数情况下趋近单位 1,从而确保可恢复到标准 $k-\varepsilon$ 公式。

图 10.3 中绘制的量 $v_T\varepsilon/k^2$ 是槽道流动中 $f_\mu C_\mu$ 的"测量值"。Rodi 和 Mansour(1993)根据类似的 DNS 数据评估了一些针对 f_μ 的方案:大多数早期的案例,如式(11.156),是相当不准确的。Rodi 和 Mansour(1993)提出了如下经验关系:

$$f_\mu = 1 - \exp(-0.000\,2y^+ - 0.000\,65y^{+2}) \tag{11.157}$$

关于这种方法的一个站得住脚的观点是,阻尼函数 f_μ 缺乏物理证明,只是用来修正基本模型中不正确的物理值。没有理由认为式(11.157)在应用于其他流动时是准确的,例如在分离点或再附着点附近。

Durbin(1991)认为,在边界层流动中,湍流输运是由横流速度 v 决定的,湍流黏性的恰当表达式是

$$\nu_T = C'_\mu \frac{\langle v^2 \rangle k}{\varepsilon} \tag{11.158}$$

其中,C'_μ 是一个常数[这也是 Daly-Harlow 模型中的横流扩散系数,式(11.147)]。图 11.17 显示在整个近壁区,式(11.158)确实提供了一个对 ν_T 的出色描述。这意味着——正如 Launder(1986)指出的那样,f_μ 和 $\langle v^2 \rangle/k$ 的剖面形状是相似的。

在近壁区,$\langle v^2 \rangle$(相对于 k)的强抑制(图 7.14 和图 7.33)是由于无黏壁面阻塞效应产生的,而不是黏性效应。因此,将 f_μ 称为"低雷诺数修正"是不恰当的。

11.7.3 k 和 ε 的模型方程

大多数提出的 k 和 ε 的模型方程与 Jones 和 Launder(1972)的原始模型具有相

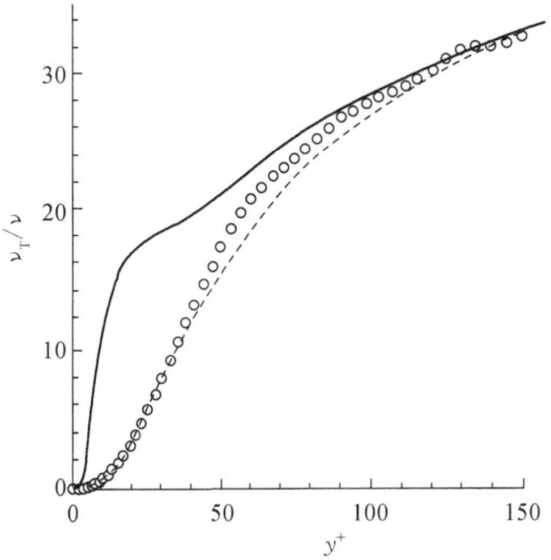

图 11.17 Re = 13 500 时，槽道流动的湍流黏性对 y^+ 的影响

符号：取自 Kim 等(1987)的 DNS 数据；实线：$0.09k^2/\varepsilon$；
虚线：$0.22\langle v^2\rangle k/\varepsilon$

同的形式。关于 k 的方程包括分子黏性的输运：

$$\frac{\bar{D}k}{\bar{D}t}=\nabla\cdot\left[\left(\nu+\frac{\nu_T}{\sigma_k}\right)\nabla k\right]+\mathcal{P}-\varepsilon \tag{11.159}$$

在壁面处，扩散值为

$$\varepsilon_0=\nu\left(\frac{\partial^2 k}{\partial y^2}\right)_{y=0}=2\nu\left(\frac{\partial k^{1/2}}{\partial y}\right)^2_{y=0} \tag{11.160}$$

[见式(7.73)。]Jones 和 Launder(1972)选择第二变量：

$$\tilde{\varepsilon}\equiv\varepsilon-\varepsilon_0 \tag{11.161}$$

因此，可以采用简化边界条件 $\tilde{\varepsilon}_{y=0}=0$。关于 $\tilde{\varepsilon}$ 的模型方程为

$$\frac{\bar{D}\tilde{\varepsilon}}{\bar{D}t}=\nabla\cdot\left[\left(\nu+\frac{\nu_T}{\sigma_\varepsilon}\right)\nabla\tilde{\varepsilon}\right]+C_{\varepsilon 1}f_1\frac{\tilde{\varepsilon}\mathcal{P}}{k}-C_{\varepsilon 2}f_2\frac{\tilde{\varepsilon}^2}{k}+E \tag{11.162}$$

阻尼函数 f_1 和 f_2，以及附加项 E 的不同指定在 Patel 等(1985)，以及 Rodi 和 Mansour(1993)的研究中给出。DNS 数据揭示了所有提出的模型(Rodi and Mansour, 1993)的实质性差异。

湍流时间尺度 $\tau=k/\varepsilon$ 在壁面上趋于零，当然所有相关的物理时间尺度都是严

格为正的。Durbin(1991)认为,(一个常数时间)Kolmogorov 时间尺度 $\tau_\eta = (\nu/\varepsilon)^{1/2}$ 是最小的相关尺度,从而定义了修正时间尺度:

$$T \equiv \max(\tau,\ C_T\tau_\eta) \tag{11.163}$$

其中,取 $C_T = 6$。T 在 $y^+ \approx 5$ 以下由 $C_T\tau_\eta$ 确定,对于更大的 y^+,则由 τ 确定。将标准扩散方程写成 T 的形式替代 τ:

$$\frac{\bar{\mathrm{D}}\varepsilon}{\bar{\mathrm{D}}t} = \nabla\cdot\left[\left(\nu + \frac{\nu_T}{\sigma_\varepsilon}\right)\nabla\varepsilon\right] + C_{\varepsilon1}\frac{\mathcal{P}}{T} - C_{\varepsilon2}\frac{\varepsilon}{T} \tag{11.164}$$

这个方程的解没有阻尼函数或附加项——产生的 ε 剖面与 DNS 数据符合良好(Durbin,1991)。

11.7.4 耗散张量

在雷诺应力模型中,耗散张量 ε_{ij} 和应变压力率张量 $\mathcal{R}_{ij}$ 主要受壁面影响。在高雷诺数和远离壁面的情况下,耗散被认为是各向同性的:

$$\varepsilon_{ij} = \frac{2}{3}\varepsilon\delta_{ij} \tag{11.165}$$

然而,正如在第 7 章中所观察到的(如图 7.39),随着接近壁面,ε_{ij} 明显变得各向异性。

从 ε_{ij} 的定义[式(7.181)]和 u_i 的级数展开式[式(7.56)~式(7.58)],就可以直接表明,随着接近壁面($y \to 0$),ε_{ij} 由如下公式给出:

$$\begin{cases} \dfrac{\varepsilon_{ij}}{\varepsilon} = \dfrac{\langle u_i u_j\rangle}{k}, & i \neq 2, j \neq 2 \\ \dfrac{\varepsilon_{i2}}{\varepsilon} = 2\dfrac{\langle u_i u_2\rangle}{k}, & i \neq 2 \\ \dfrac{\varepsilon_{22}}{\varepsilon} = 4\dfrac{\langle u_2^2\rangle}{k} \end{cases} \tag{11.166}$$

Rotta(1951)对低雷诺数湍流极限提出了简单模型:

$$\varepsilon_{ij} = \frac{\langle u_i u_j\rangle}{k}\varepsilon \tag{11.167}$$

在壁面处,该模型与式(11.166)一致,因为 $\langle v^2\rangle/k$、$\langle uv\rangle/k$ 在 $y = 0$ 处为零。然而,对于小 y 值,式(11.167)对 ε_{12}、ε_{22} 的预测分别低估 2 倍和 4 倍。

为更精确逼近小 y 区域的 ε_{ij} 并与式(11.166)兼容,Launder 和 Reynolds

(1983),以及 Kebede 等(1985)引入了如下修正量:

$$\varepsilon_{ij}^{*} = \frac{\varepsilon(\langle u_i u_j\rangle + n_j n_\ell \langle u_\ell u_i\rangle + n_i n_\ell \langle u_\ell u_j\rangle + \delta_{ij} n_\ell n_m \langle u_\ell u_m\rangle)/k}{1 + \frac{5}{2} n_\ell n_m \langle u_\ell u_m\rangle / k} \tag{11.168}$$

其中,$\boldsymbol{n}$ 是壁面的法向单位向量。在壁面处,分母为单位 1,并被指定,以便保证 ε_{ij}^{*} 的迹是 2ε。已经证明,在 $y=0$(即 $n_j=\delta_{j2}$)的壁面,式(11.168)可还原为式(11.166)。

鉴于式(11.168)给出壁面处的 ε_{ij} 值,而式(11.165)适用于远离壁面的区域,自然可将 ε_{ij} 建模为两者的混合:

$$\varepsilon_{ij} = f_s \varepsilon_{ij}^{*} + (1 - f_s)\frac{2}{3}\varepsilon\delta_{ij} \tag{11.169}$$

其中,混合函数 f_s 从壁面处的单位 1 降低到远离壁面处的零。Lai 和 So(1990)提出:

$$f_s = \exp\left[-\left(\frac{Re_L}{150}\right)^2\right] \tag{11.170}$$

图 11.18 显示了由 Spalart(1988)得出的边界层数据与 Rotta 模型[式(11.167)和式(11.169)]给出的 $\varepsilon_{ij}\Big/\left(\frac{2}{3}\varepsilon\right)$ 型线对比情况。从图中可以看出,这两个模型对

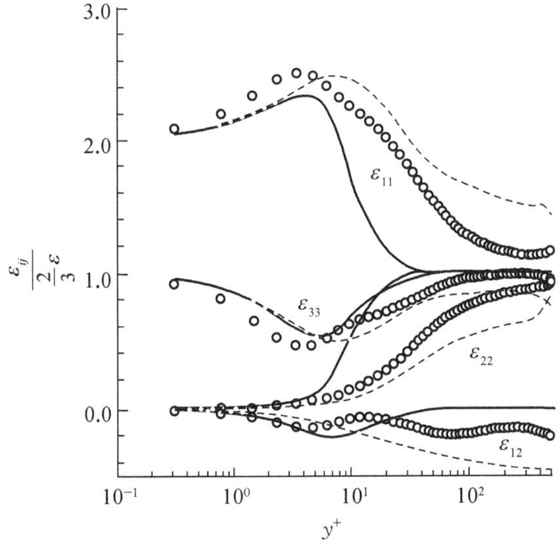

图 11.18　Re_θ = 1 410 时,湍流边界层内的无量纲耗散分量

符号:Spalart(1988)的 DNS 数据;虚线:Rotta 模型[式(11.167)];实线:式(11.169)

黏性子层是相当准确,更复杂的模型[式(11.169)]没有明显的优势。进一步,在流动($y^+ > 200$)中,耗散的各向异性小于 Rotta 模型的预测。另外,对于这种低雷诺数流动,显然在式(11.169)中的混合函数导致模拟的 ε_{ij} 随着 y 的增大而比数据更快速地变为各向同性。[Hanjalic 和 Jakirlic(1993),以及 Launder(1996)提出关于 f_s 的更复杂的建议,这些建议与数据有更好的一致性。]

上面描述的一些近壁处理涉及距壁面的距离 y [例如式(11.157)]或壁面法向 $\boldsymbol{n}$ [例如式(11.168)]。对于几何上简单的流动,例如平板边界层,定义和计算这些量是很简单的。对于一般情况,$\ell_{\mathrm{w}}(\boldsymbol{x})$ 定义为从 $\boldsymbol{x}$ 点到壁面的最近点的距离——可以用来代替 y;且向量可以用来替代 $\boldsymbol{n}$:

$$\boldsymbol{n}^{\mathrm{w}}(\boldsymbol{x}) \equiv \nabla \ell_{\mathrm{w}}(\boldsymbol{x}) \tag{11.171}$$

$\boldsymbol{n}^{\mathrm{w}}$ 的性质是它在光滑曲面上的每一点都等于 $\boldsymbol{n}$,其大小 $|\boldsymbol{n}^{\mathrm{w}}|$ 小于或等于单位 1,它可以随 $\boldsymbol{x}$ 不连续变化。

对于在近壁处理中使用 ℓ_{w} 和 $\boldsymbol{n}^{\mathrm{w}}$ 的可取性有不同的意见。另一种选择是使用具有相似行为的局部量替代。例如,在壁面处的 $\nabla k^{1/2}$ 是 $\boldsymbol{n}$ 方向的一个向量,式(11.160)可以用来给出:

$$n_i n_j = \frac{2\nu}{\varepsilon} \frac{\partial k^{1/2}}{\partial x_i} \frac{\partial k^{1/2}}{\partial x_j} \tag{11.172}$$

在壁面上,这个关系是精确的,并且通过黏性子层提供了一个很好的近似。Craft 和 Launder(1996)使用这个公式来近似式(11.168)中的 $n_i n_j$,从而使式(11.169)成为关于 ε_{ij} 的本地模型。

11.7.5 脉动压力

1. 谐波压力

为了精确地将脉动压力 p' 解耦为快速 $p^{(\mathrm{r})}$、慢速 $p^{(\mathrm{s})}$ 和谐波 $p^{(\mathrm{h})}$ 贡献[式(11.10)、式(11.12)],有必要指定边界条件。从脉动速度演化式(5.138)出发,可以得到关于 p' 的边界条件。在通常的坐标系中,这个方程在壁面处($y=0$)的法向分量计算,可以给出 Neumann 条件:

$$\frac{1}{\rho} \frac{\partial p'}{\partial y} = \nu \frac{\partial^2 v}{\partial y^2} \tag{11.173}$$

显然,壁面上的法向压力梯度完全是由黏性效应引起的:对于无黏流动,$\partial p'/\partial y$ 将为零。

关于 p' 的泊松式[式(11.9)]中的源项与黏性无关。因此,指定关于 $p^{(\mathrm{r})}$ 和 $p^{(\mathrm{s})}$ 的零法向梯度(无黏)边界条件,和指定关于谐波贡献 $p^{(\mathrm{h})}$ 的黏性条件[式

(11.173)]是很自然的[Mansour 等(1988)将 $p^{(h)}$ 表示为斯托克斯压力]。

通过对槽道流 DNS 数据的分析(Mansour et al.,1988)可以发现,谐波压力在雷诺应力收支中起的作用较小,在 $y^+ \approx 15$ 以外不起作用。这证实了壁面对脉动压力场的显著影响是由于不渗透条件而产生的无黏阻塞效应,而不是由于无滑移条件的黏性效应。

练　习

11.25　考虑在 $y=0$ 的无限平面壁上方的半无限湍流体,湍流在 x 和 z 方向上是统计均匀的。壁面处法向速度导数的傅里叶模态为

$$\left(\frac{\partial^2 v}{\partial y^2}\right)_{y=0} = \frac{u_\tau}{\delta_\nu^2}\hat{v}\exp\left(\mathrm{i}\kappa_1 \frac{x}{\delta_\nu} + \mathrm{i}\kappa_3 \frac{z}{\delta_\nu}\right) \tag{11.174}$$

其中,κ_1 和 κ_3 为无量纲化的波数;$\hat{v}$ 是无量纲化的傅里叶系数。确定对应的谐波压力场 $p^{(h)}$,从而证明其随 y 呈指数型衰减。

2. 壁面反射

"惯性"压力定义为

$$p^{(i)} \equiv p^{(r)} + p^{(s)} = p' - p^{(h)} \tag{11.175}$$

这给 $p^{(i)}$ 的格林函数解提供了一些深入研究壁面阻塞效应的视角。考虑在无限平面壁面 $y=0$ 上方的湍流流动。惯性压力同样由关于 p' 的泊松式[式(11.9)]控制,可以写为

$$\nabla^2 p^{(i)} = S \tag{11.176}$$

源项 $S(\boldsymbol{x}, t)$ 由式(11.9)的右端给出(乘以 ρ)。为了简单起见,假设远离关注区域($|\boldsymbol{x}| \to \infty$)的流动是非湍流的,因此 $p^{(i)}$ 在那里为零。壁面处的边界条件是

$$\left(\frac{\partial p^{(i)}}{\partial y}\right)_{y=0} = 0 \tag{11.177}$$

源定义在上半空间 $y \geqslant 0$ 中,这个定义是通过关于壁面的反射 S 来扩展的:

$$S(x, y, z, t) \equiv S(x, |y|, z, t), \quad y < 0 \tag{11.178}$$

因为 S 关于 $y=0$ 是对称的,所以泊松方程在整个区域的解 $p^{(i)}$ 也是关于 $y=0$ 对称的,因此满足边界条件式(11.177),其解为[参考式(2.49)]

$$p^{(i)}(\boldsymbol{x}, t) = -\frac{1}{4\pi}\iiint_{-\infty}^{\infty} S(\boldsymbol{x}', t)\,\frac{\mathrm{d}\boldsymbol{x}'}{|\boldsymbol{x} - \boldsymbol{x}'|} \tag{11.179}$$

如图 11.19 所示，当每一点 $\boldsymbol{x}'=(x', y', z')$ 在上半空间中，图像点 $\boldsymbol{x}''=(x'', y'', z'')$ 定义为

$$(x'', y'', z'')=(x', -y', z') \tag{11.180}$$

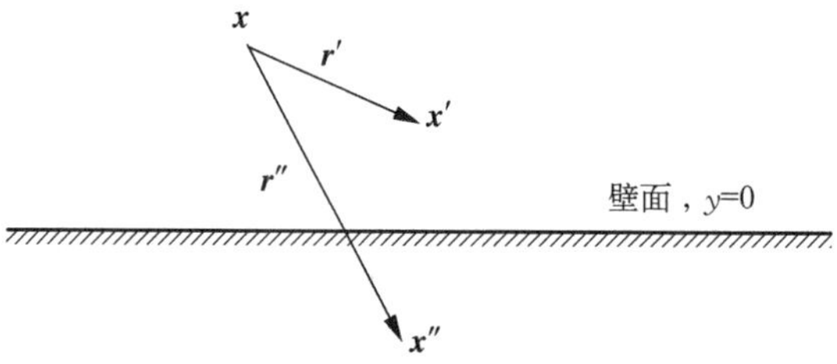

图 11.19　点 x' 及其镜像 x'' 的示意图，表示向量 r' 和 r'' 如何出现在格林函数解方程中[式(11.181)和式(11.182)]

然后，定义 $\boldsymbol{r}'\equiv\boldsymbol{x}'-\boldsymbol{x}$ 和 $\boldsymbol{r}''\equiv\boldsymbol{x}''-\boldsymbol{x}$，解可以重写为

$$p^{(\mathrm{i})}(\boldsymbol{x}, t)=-\frac{1}{4\pi}\int_{-\infty}^{\infty}\int_{0}^{\infty}\int_{-\infty}^{\infty}S(\boldsymbol{x}', t)\left(\frac{1}{|\boldsymbol{r}'|}+\frac{1}{|\boldsymbol{r}''|}\right)\mathrm{d}\boldsymbol{x}' \tag{11.181}$$

因此，在 $\boldsymbol{x}$ 位置处，$p^{(\mathrm{i})}$ 和随机场 $\phi(\boldsymbol{x}, t)$ 的关联关系是

$$\langle p^{(\mathrm{i})}(\boldsymbol{x}, t)\phi(\boldsymbol{x}, t)\rangle=-\frac{1}{4\pi}\int_{-\infty}^{\infty}\int_{0}^{\infty}\int_{-\infty}^{\infty}\langle S(\boldsymbol{x}', t)\phi(\boldsymbol{x}, t)\rangle\left(\frac{1}{|\boldsymbol{r}'|}+\frac{1}{|\boldsymbol{r}''|}\right)\mathrm{d}\boldsymbol{x}' \tag{11.182}$$

用应变的脉动率 s_{ij} 代替 ϕ，得到应变压力率张量 $\mathcal{R}_{ij}$，并且得到速度压力梯度张量 $\boldsymbol{\Pi}_{ij}$ 的相似方程。

式(11.182)表明压力相关性可以看作有两个贡献：一个是由于自由空间格林函数 $|\boldsymbol{r}'|^{-1}$；第二个是由于 $|\boldsymbol{r}''|^{-1}$，称为壁面反射贡献(或壁面回波)。这是一个简单的估计问题，贡献的相对大小是 L_s^{-1} 与 y^{-1} 的比率，其中 L_s 是 S 和 ϕ 的特征相关长度尺度。因此，远离壁面 $(L_s/y\ll 1)$ 的壁面反射可以忽略不计，但是当湍流的长度尺度与离壁面的距离相当时，壁面反射可能是显著的——因为它贯穿整个对数律区域。

在一些雷诺应力闭合中，可用附加的再分配项来解释壁面反射。在 LRR－IP 模型的基础上，Gibson 和 Launder(1978)提出了附加慢速 $\mathcal{R}_{ij}^{(\mathrm{s, w})}$ 和快速 $\mathcal{R}_{ij}^{(\mathrm{r, w})}$ 项，前者是

$$\mathcal{R}_{ij}^{(\mathrm{s, w})}=0.2\frac{\varepsilon}{k}\frac{L}{y}\left(\langle u_\ell u_\mathrm{m}\rangle n_\ell n_\mathrm{m}\delta_{ij}-\frac{3}{2}\langle u_i u_\ell\rangle n_j n_\ell-\frac{3}{2}\langle u_j u_\ell\rangle n_i n_\ell\right) \tag{11.183}$$

其中,湍流长度为 $L = k^{3/2}/\varepsilon$。因子 L/y 与前面的格林函数分析是一致的,并且在对数律区域 $L_s/y \approx 2.5$ [见式(7.84)]。这一项的效果是减少 $\langle v^2 \rangle$ 和 $\langle uv \rangle$,并增加 $\langle u^2 \rangle$、$\langle w^2 \rangle$ (见练习 11.26)。

SSG 模型(不带壁面反射项)在对数律区域表现得相当好;Speziale(1996)认为,在其他模型中需要壁面反射项是由于其应变压力率模型 $\mathcal{R}_{ij}^{(s)}$ 和 $\mathcal{R}_{ij}^{(r)}$ 的缺陷。

练　习

11.26　对于一般坐标系的近壁流,用矩阵表示式(11.183)给出的 $\mathcal{R}_{ij}^{(s,w)}$ 的分量。

对于边界层的对数律区域,估计 L/y,比较 LRR - IP 模型中项 $\mathcal{R}_{22}^{(s)}$、$\mathcal{R}_{22}^{(s,w)}$ 和 $-\dfrac{2}{3}\varepsilon$ 的相对大小。

11.7.6　壁面函数

近壁区域增加了开展湍流模型计算任务的复杂性和成本。如前面小节所述,近壁效应需要对基本模型进行添加或修改;解析陡峭型线(例如,对于 $y^+ < 30$ 范围的 $\langle U \rangle$ 和 ε,会导致大部分计算工作投入近壁区域)。同时,如果平均流动近似与壁面平行,则对数律关系适用,其给出对数律区域内湍流模型变量的简单代数关系。

"壁面函数"方法(Launder and Spalding, 1972)的思想是在距壁面一定距离处应用边界条件(基于对数律关系),这样,湍流模型方程就不会在靠近壁面的地方(即,在壁面和应用边界条件的位置之间的区域内)求解。

现在描述在常规坐标系中对于统计二维流动壁面函数的实现。壁面函数边界条件应用于对数律区域中 $y = y_p$ 的位置(即 y+在 50 左右)。其中,下标"p"表示在 y_p 位置处计算的物理数量,如 $\langle U \rangle_p$、k_p、ε_p。

对于高雷诺数零壁面压力梯度边界层,对数律[式(7.43)]为

$$\langle U \rangle = u_\tau \left(\frac{1}{\kappa} \ln y^+ + B \right) \tag{11.184}$$

生成与扩散平衡关系给出:

$$\varepsilon = \frac{u_\tau^3}{\kappa y} \tag{11.185}$$

湍流黏性的 $k - \varepsilon$ 表达式[方程(10.48)]给出:

$$-\langle uv\rangle = u_\tau^2 = C_\mu^{1/2}k \tag{11.186}$$

壁面函数不直接使用这些方程，而是在所有情况下提供“鲁棒”边界条件，并在理想条件下恢复到上述关系。

式(11.186)用来定义名义摩擦速度：

$$u_\tau^* \equiv C_\mu^{1/4}k_{\mathrm{p}}^{1/2} \tag{11.187}$$

相应的 y_{p}^+ 估计值为

$$y_{\mathrm{p}}^* \equiv \frac{y_{\mathrm{p}}u_\tau^*}{\nu} \tag{11.188}$$

通过对数律给出名义平均速度：

$$\langle U\rangle_{\mathrm{p}}^* = u_\tau^*\left(\frac{1}{\kappa}\ln y_{\mathrm{p}}^* + B\right) \tag{11.189}$$

在平均动量方程中，边界条件不直接指定 $\langle U\rangle_{\mathrm{p}}$，而是通过指定剪切应力：

$$-\langle uv\rangle_{\mathrm{p}} = u_\tau^{*2}\frac{\langle U\rangle_{\mathrm{p}}}{\langle U\rangle_{\mathrm{p}}^*} \tag{11.190}$$

这是一个鲁棒的条件，因为剪切应力与速度 $\langle U\rangle_{\mathrm{p}}$ 符号相反；在分离点或再附点 ($\langle U\rangle_{\mathrm{p}}=0$)，一切都是明确的(即使 u_τ 为零)；如果 $\langle U\rangle_{\mathrm{p}}$ 超过名义值 $\langle U\rangle_{\mathrm{p}}^*$，那么 $-\langle uv\rangle$ 超过 u_τ^{*2}，从而提供一个“恢复力”。

在式(11.185)的基础上，关于 ε 的边界条件是

$$\varepsilon_{\mathrm{p}} = \frac{u_\tau^{*3}}{\kappa y_{\mathrm{p}}} \tag{11.191}$$

其中，法向零梯度条件应用于 k 和法向应力。

通常壁面函数的实现方式比上面的描述更为复杂，这种处理方法包含在数值求解过程中使用的有限体积方程中(Jones, 1994)。位置 y_{p} 被视为远离壁面的第一个网格节点。

壁面函数提供的简化和节约非常有吸引力，在商业 CFD 程序求解复杂湍流流动中得到了广泛的应用。然而，在许多流动条件下，如强压力梯度、分离流和撞击流，它们的物理基础是不确定的，其准确性较差(Wilcox, 1993)。

壁面函数引入 y_{p} 作为人工参数。对于对数律关系准确的边界层流动，整体解对 y_{p} (在对数律区域内)的选择不敏感。然而，在其他流动中，发现整个解决方案对这种选择是敏感的。因此，它也许不可能获得数值精确、网格无关的解(因为细化网格通常意味着降低 y_{p})。

练　习

11.27　在不使用壁面函数的情况下,用有限差分法求解完全发展的管道流动的 $k-\varepsilon$ 或者雷诺应力模型方程。为了提供足够的空间分辨率,网格间距 Δy 被指定为

$$\Delta y = \min[\max(a\delta_\nu,\ by), c\delta] \tag{11.192}$$

其中,δ 为管道的半高;a、b、c 是正常数 $(b > c)$。证明网格点数 N_y 需要满足:

$$N_y \approx \int_0^\delta \frac{\mathrm{d}y}{\Delta y} = \frac{1}{c} + \frac{1}{b}\ln\left(\frac{c\delta}{a\delta_\nu}\right) \tag{11.193}$$

使用关系式 $Re_\tau = \delta/\delta_\nu \approx 0.09Re^{0.88}$ (7.1.5 节)来估计高雷诺数渐近线:

$$N_y \sim \frac{0.88}{b}\ln(Re) \tag{11.194}$$

11.28　继练习 11.27 之后,考虑完全发展的管道流动的湍流模型计算,壁面函数应用在 $y = y_\mathrm{p}$ 处。有限差分网格(从 $y = y_\mathrm{p}$ 延伸到 $y = \delta$) 具有的间距如下:

$$\Delta y = \min(by,\ c\delta) \tag{11.195}$$

其中,$0 < c < b$。证明网格点数目 N_y 要求满足如下条件:

$$N_y \approx \int_{y_\mathrm{p}}^\delta \frac{\mathrm{d}y}{\Delta y} = \frac{1}{c} + \frac{1}{b}\left[\ln\left(\frac{c\delta}{by_\mathrm{p}}\right) - 1\right] \tag{11.196}$$

证明,如果 y_p 指定为 δ 的一部分,那么 N_y 不依赖雷诺数;然而,如果 y_p 指定为 δ_ν 的倍数(即 $y_\mathrm{p}^+ \equiv y_\mathrm{p}/\delta_\nu = 50$),那么 N_y 随 $\ln(Re)$ 增加而增长。

11.8　椭圆松弛模型

从理论的观点看,对于强非均匀流,根据局部量对再分配 $\mathcal{R}_{ij}^{(a)}$ 的建模是可疑的。从实用的角度来看,对于近壁流动,各种阻尼函数和壁面反射项都不是很理想。阻尼函数基本上是临时修正,在超出它们的发展中涉及的流动时,经常被发现是不准确的[例如,Rodi 和 Scheuerer(1986)的研究]。利用距壁面的距离 ℓ_w 和法向方向 $\boldsymbol{n}$ 是一种将非局部信息合并到其他局部模型中的不完善方法。在模型方程中,更倾向于只通过在壁面上施加的边界条件来感知壁面的存在。

Durbin(1993)提出了一个更高层次的闭合,以解决这些问题,其本质创新之处在于,应变压力率模型不是局部的,而是基于椭圆方程的解(类似于泊松方程①)。这个模型和相关的椭圆松弛模型(Durbin, 1991; Dreeben and Pope, 1997)既不使用阻尼函数也不使用壁面反射项,在计算各种近壁流动方面取得了相当大的成功。

现在描述 Durbin(1993)模型,其起点是精确的雷诺应力方程[见式(11.138)]:

$$\frac{\bar{\mathrm{D}}\langle u_i u_j\rangle}{\bar{\mathrm{D}}t} + \frac{\partial}{\partial x_k}\left(T_{kij}^{(\nu)} + T_{kij}^{(p')} + T_{kij}^{(u)}\right) = \mathcal{P}_{ij} + \mathcal{R}_{ij}^{(\mathrm{e})} - \frac{\langle u_i u_j\rangle}{k}\varepsilon \tag{11.197}$$

其中,

$$\mathcal{R}_{ij}^{(\mathrm{e})} \equiv \left(\Pi_{ij} - \frac{1}{3}\Pi_{kk}\delta_{ij}\right) - \left(\varepsilon_{ij} - \frac{\langle u_i u_j\rangle}{k}\varepsilon\right) \tag{11.198}$$

模拟的主要物理量是再分配项 $\mathcal{R}_{ij}^{(\mathrm{e})}$,它由两部分贡献组成:速度压力梯度张量 $\mathcal{R}_{ij}^{(\mathrm{a})}$(壁面为零)的偏斜部分;以及 ε_{ij} 与简单各向异性(Rotta)模型 $\varepsilon\langle u_i u_j\rangle/k$ 之间的差异。耗散以某种方式分解,以确保式(11.197)中的耗散在壁面处是精确的,相应的 $\mathcal{R}_{ij}^{(e)}$ 为零。

湍流输运项模拟为

$$\frac{\partial}{\partial x_k}\left(C_{\mathrm{s}} T\langle u_k u_\ell\rangle \frac{\partial\langle u_i u_j\rangle}{\partial x_\ell}\right) \tag{11.199}$$

其中,时间尺度是如前面定义的 $T = \max(k/\varepsilon,\ 6\tau_\eta)$ [见式(11.163)]。除在黏性子层,该输运模型等同于 Daly-Harlow 模型[式(11.147)]。

量 $\bar{\mathcal{R}}_{ij}$ 定义为

$$\bar{\mathcal{R}}_{ij} = -\frac{(C_{\mathrm{R}} - 1)}{T}\left(\langle u_i u_j\rangle - \frac{2}{3}k\delta_{ij}\right) - C_2\left(\mathcal{P}_{ij} - \frac{2}{3}\mathcal{P}\delta_{ij}\right) \tag{11.200}$$

这与 $\mathcal{R}_{ij}$ 的基础 LRR－IP 模型[式(11.129)]相同,除了用 $1/T$ 替换了 ε/k,还用 $C_{\mathrm{R}} - 1$ 代替 C_{R} 以解释式(11.197)中各向异性的耗散(见练习 11.3)。

在黏性子层外($T = k/\varepsilon$),如果应用局部模型:

$$\mathcal{R}_{ij}^{(\mathrm{e})} = \bar{\mathcal{R}}_{ij} \tag{11.201}$$

那么导致的雷诺应力模型将等同于基础 LRR－IP 模型。然而,在式(11.201)中,

① 实际上,解出的椭圆方程[式(11.203)]更接近于修正亥姆霍兹(Helmholtz)方程,它比泊松方程更容易在数值上求解。

$R_{ij}^{(e)}$ 由下面的方程确定：

$$\mathcal{R}_{ij}^{(e)} = kf_{ij} \tag{11.202}$$

$$(I - L_D^2 \nabla^2) f_{ij} = \frac{\bar{\mathcal{R}}_{ij}}{k} \tag{11.203}$$

其中，长度尺度 L_D 通过 $L = k^{3/2}/\varepsilon$ 和 Kolmogorov 尺度 η 得到：

$$L_D = C_L \max(L, C_\eta \eta) \tag{11.204}$$

其中，$C_L = 0.2$；$C_\eta = 80$。式(11.203)是关于量 f_{ij} 的椭圆松弛方程。该椭圆算子由恒等运算符 I 和 L_D 标度的拉普拉斯算子组成。在均匀湍流（$\nabla^2 f_{ij}$ 为零）中，或者如果 L_D 取为零，则由式(11.203)简单地得到 $f_{ij} = \bar{\mathcal{R}}_{ij}/k$，使得局部模型[式(11.201)]恢复。然而，一般来说，由于式(11.203)中的拉普拉斯，$f_{ij}(\boldsymbol{x}, t)$ 是由 $\bar{\mathcal{R}}_{ij}(\boldsymbol{x}', t)$ 及施加在 f_{ij} 上的边界条件非局部确定的。

对于非均匀流，无论是从 Navier-Stokes 方程，还是从实验观测，都很难为模型提供令人信服的理由；当然，式(11.203)也没有这样的理由。然而，对压力的泊松方程的处理提供了一些理解(Durbin, 1991; 1993)。如果泊松方程写成：

$$\nabla^2 p'(\boldsymbol{x}) = S(\boldsymbol{x}) \tag{11.205}$$

$\phi(\boldsymbol{x})$ 是随机场，相关 $\langle p'(\boldsymbol{x})\phi(\boldsymbol{x})\rangle$ 的解为

$$\langle p'(\boldsymbol{x})\phi(\boldsymbol{x})\rangle = -\frac{1}{4\pi}\iiint \langle S(\boldsymbol{y})\phi(\boldsymbol{x})\rangle \frac{\mathrm{d}\boldsymbol{y}}{|\boldsymbol{x}-\boldsymbol{y}|}, \tag{11.206}$$

参见式(11.179)和式(11.182)。[在流动区域上积分，并且可以添加调和分量 $\langle p^{(h)}(\boldsymbol{x})\phi(\boldsymbol{x})\rangle$ 以满足适当的边界条件。]现在假设两点相关性可以近似为

$$\langle S(\boldsymbol{y})\phi(\boldsymbol{x})\rangle = \langle S(\boldsymbol{y})\phi(\boldsymbol{y})\rangle \mathrm{e}^{-|\boldsymbol{x}-\boldsymbol{y}|/L_D} \tag{11.207}$$

那么，式(11.203)成为

$$\langle p'(\boldsymbol{x})\phi(\boldsymbol{x})\rangle = \iiint \langle S(\boldsymbol{y})\phi(\boldsymbol{y})\rangle \left\{-\frac{1}{4\pi}\frac{\mathrm{e}^{-|\boldsymbol{x}-\boldsymbol{y}|/L_D}}{|\boldsymbol{x}-\boldsymbol{y}|}\right\}\mathrm{d}\boldsymbol{y} \tag{11.208}$$

当它乘以 $-L_D^2$ 时，括号({})中的项是式(11.203)中算子的格林函数。因此，在压力的泊松方程和椭圆松弛方程之间建立了一个松散的联系。

也许比椭圆松弛方程的具体形式更重要的是，它允许应用额外的边界条件。在局部雷诺应力模型中，每个雷诺应力只能有一个边界条件(即 $\langle u_i u_j\rangle = 0$)，然后由该模型确定雷诺应力随距离的渐近变化。另外，在椭圆松弛模型中，两个边界条件可适用于每个 $\langle u_i u_j\rangle$ 和 f_{ij} 对。附加边界条件可以用来保证正确的渐近雷诺应力

变化。

利用椭圆松弛的雷诺应力模型已成功地计算了具有逆压力梯度和凸曲率的边界层(Durbin, 1993)。对于管道流动(DNS 数据是可用的)雷诺应力收支被相当精确地再现(Dreeben and Pope, 1997)。

具有椭圆松弛的 $\boldsymbol{k}-\boldsymbol{\varepsilon}-\bar{\boldsymbol{v}}^2$ 模型。在椭圆松弛雷诺应力模型之前,Durbin(1991)对 $k-\varepsilon-\bar{v}^2$ 模型引入了椭圆松弛。对于考虑的边界层流动,$\bar{v}^2$ 是关于 $\langle v^2\rangle$ 的模型,湍流黏性模型采用如下公式:

$$\nu_{\mathrm{T}} = C'_{\mu}\frac{\bar{v}^2 k}{\varepsilon} \tag{11.209}$$

[见式(11.158)和图 11.17。]这个模型也被成功应用于许多复杂流动[例如,Durbin(1995),以及 Parneix 等(1998a)的研究]。其中,将 $\bar{v}^2$ 解释为一个标量,它紧邻一个壁面,是法向速度方差的模型,即 $\bar{v}^2 = \langle u_i u_j\rangle n_i n_j$。

练 习

11.29 作为椭圆松弛式[式(11.203)]到一般化情况的推广,考虑方程:

$$\frac{\mathcal{R}_{ij}^{(\mathrm{e})}}{k} - L_{\mathrm{D}}^{(2-p-q)}\nabla\cdot\left[L_{\mathrm{D}}^{p}\nabla\left(L_{\mathrm{D}}^{q}\frac{\mathcal{R}_{ij}^{(\mathrm{e})}}{k}\right)\right] = \frac{\bar{\mathcal{R}}_{ij}}{k} \tag{11.210}$$

Durbin 的模型有指数 $p = q = 0$,而 Wizman 等(1996)提出了一个 $p = 0$ 和 $q = 2$ 的“自然”模型,以及另一个 $p = -2$ 和 $q = 2$ 的模型。考虑通常坐标系下的对数律区域,假设湍流统计量是自相似的($L_{\mathrm{D}} \sim y$, $k \sim y^0$, $\mathcal{R}_{ij}^{(\mathrm{e})} \sim y^{-1}$ 和 $\bar{\mathcal{R}}_{ij} \sim y^{-1}$)。证明式(11.210)的一个解是

$$\mathcal{R}_{ij}^{(\mathrm{e})} = \bar{\mathcal{R}}_{ij}\Big/\left[1 - \frac{C_{\mathrm{L}}^2\kappa^2}{C_{\mu}^3}(q-1)(p+q-2)\right] \tag{11.211}$$

讨论上面提及的三个模型的影响。

11.9 代数应力和非线性黏性模型

11.9.1 代数应力模型

通过引入输运项的近似,雷诺应力模型可以简化为一组代数方程组。这些方程组形成了一个代数应力模型(algebraic stress model, ASM),它隐含地确定雷诺应力(局部)作为 k、ε 和平均速度梯度的函数。由于涉及近似,代数应

力模型本质上不如雷诺应力模型那么通用和精确。然而，由于其相对简单，因此被应用于湍流模型（与 k 和 ε 的模型方程一起使用）。此外，代数应力模型提供了一些从雷诺应力模型推导出来的见解，它也可以用来获得一个非线性湍流黏性模型。

标准雷诺应力模型方程是

$$\mathcal{D}_{ij} \equiv \frac{\bar{\mathrm{D}}\langle u_i u_j\rangle}{\bar{\mathrm{D}}t} - \frac{\partial}{\partial x_k}\left(\frac{C_{\mathrm{s}}k}{\varepsilon}\langle u_k u_\ell\rangle \frac{\partial}{\partial x_\ell}\langle u_i u_j\rangle\right) = \mathcal{P}_{ij} + \mathcal{R}_{ij} - \frac{2}{3}\varepsilon\delta_{ij} \tag{11.212}$$

这是六个偏微分方程的耦合集合。右侧的项是 $\partial\langle U_i\rangle/\partial x_j$、$\langle u_i u_j\rangle$ 和 ε 的局部代数函数，它们不涉及雷诺应力的导数。在代数应力模型中，输运项 $\mathcal{D}_{ij}$［在式(11.212)的左侧］被一个代数式近似，所以整个方程变成了代数形式。具体来说，式(11.212)成为由六个代数方程构成的方程组，它隐式地确定雷诺应力作为 k、ε 及平均速度梯度的函数形式。

在某些情况下（例如，高雷诺数充分发展的管道流动的对数律区域），式(11.212)中的输运项是可以忽略的，因此（在某种意义上）雷诺应力与施加的平均速度梯度处于局部平衡状态。然而，除非 $\mathcal{P}/\varepsilon = 1$，否则完全忽略运输项是不一致的，因为式(11.212)中迹的一半为

$$\frac{1}{2}\mathcal{D}_{\ell\ell} = \mathcal{P} - \varepsilon \tag{11.213}$$

Rodi（1972）引入了更一般的弱平衡假设，雷诺应力可以分解为

$$\langle u_i u_j\rangle = k\frac{\langle u_i u_j\rangle}{k} = k\left(2b_{ij} + \frac{2}{3}\delta_{ij}\right) \tag{11.214}$$

因此，$\langle u_i u_j\rangle$ 的空间和时间变化可以认为是由 k 和 b_{ij} 的变化引起的。在弱平衡假设中，忽略 $\langle u_i u_j\rangle/k$（或等效于 b_{ij}）的变化，但保留了由 k 引起的 $\langle u_i u_j\rangle$ 变化。对于平均对流项，这导致了近似：

$$\begin{aligned}\frac{\bar{\mathrm{D}}}{\bar{\mathrm{D}}t}\langle u_i u_j\rangle &= \frac{\langle u_i u_j\rangle}{k}\frac{\bar{\mathrm{D}}k}{\bar{\mathrm{D}}t} + k\frac{\bar{\mathrm{D}}}{\bar{\mathrm{D}}t}\left(\frac{\langle u_i u_j\rangle}{k}\right)\\ &\approx \frac{\langle u_i u_j\rangle}{k}\frac{\bar{\mathrm{D}}k}{\bar{\mathrm{D}}t}\end{aligned} \tag{11.215}$$

同样的近似应用于整个输运项，给出：

$$\mathcal{D}_{ij} \approx \frac{\langle u_i u_j \rangle}{k} \frac{1}{2} \mathcal{D}_{\ell\ell} = \frac{\langle u_i u_j \rangle}{k} (\mathcal{P} - \varepsilon) \tag{11.216}$$

最后一步是式(11.213)。

在雷诺应力模型[式(11.211)]中应用弱平衡假设[式(11.216)],导出代数应力模型:

$$\frac{\langle u_i u_j \rangle}{k} (\mathcal{P} - \varepsilon) = \mathcal{P}_{ij} + \mathcal{R}_{ij} - \frac{2}{3} \varepsilon \delta_{ij} \tag{11.217}$$

它包括 5 个独立的代数式(因为迹没有包含信息),可以根据 k、ε 和 $\partial\langle U_i \rangle / \partial x_j$ 确定 $\langle u_i u_j \rangle / k$ (或等价的 b_{ij})。

若雷诺应力 $\mathcal{R}_{ij}$ 通过 LRR－IP 模型给出,则通过代数应力模型(ASM)的推导可揭示重要特性。例如,对式(11.217)进行变换可得

$$b_{ij} = \frac{\frac{1}{2}(1 - C_2)}{C_{\mathrm{R}} - 1 + \mathcal{P}/\varepsilon} \frac{\left(\mathcal{P}_{ij} - \frac{2}{3}\mathcal{P}\delta_{ij}\right)}{\varepsilon} \tag{11.218}$$

[见练习 11.20。]因此,可以看到模型隐含着雷诺应力各向异性直接正比于生成各向异性。

对于简单剪切流动,式(11.218)可以给出关于 $\mathcal{P}/\varepsilon$ 的各向异性函数 b_{ij} (见练习 11.20):绘于图 11.20。对于大的 $\mathcal{P}/\varepsilon$, $|b_{12}|$ 趋于渐近线 $\sqrt{\frac{1}{6} C_2 (1 - C_2)} = \frac{1}{5}$,

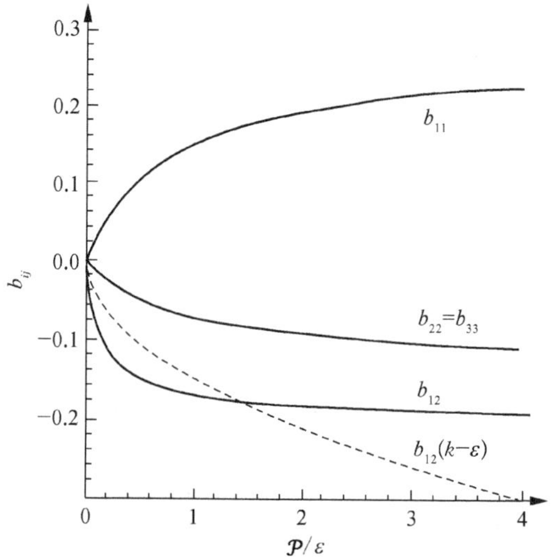

图 11.20 根据 LRR－IP 代数应力模型,雷诺应力各向异性为 $\mathcal{P}/\varepsilon$ 的函数

虚线表示根据 $k-\varepsilon$ 模型得到的 b_{12}

而 $k-\varepsilon$ 给出的值连续增加，变得不可实现。

对于简单剪切流，若采用如下关系式定义 C_μ：

$$-\langle uv\rangle = \frac{C_\mu k^2}{\varepsilon}\frac{\partial\langle U\rangle}{\partial y} \tag{11.219}$$

则可通过代数应力模型[式(11.218)]推导得出(练习 11.31)：

$$C_\mu = \frac{\frac{2}{3}(1-C_2)(C_R - 1 + C_2\mathcal{P}/\varepsilon)}{(C_R - 1 + \mathcal{P}/\varepsilon)^2} \tag{11.220}$$

因此，如图 11.21 所示，LRR－IP 模型隐含的 C_μ 值随着 $\mathcal{P}/\varepsilon$ 降低，对应于"剪切-稀化"行为—— C_μ 随着剪切的增加而降低，Sk/ε。

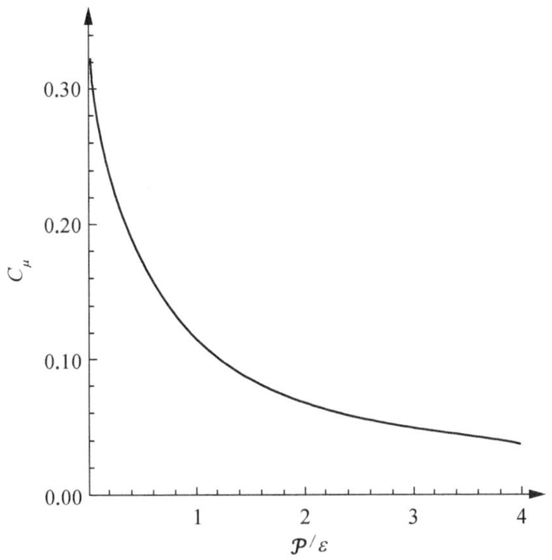

图 11.21　由 LRR－IP 代数应力模型给出的 C_μ 值和 $\mathcal{P}/\varepsilon$ 的函数[式(11.220)]

对于平均流动对流，弱平衡假设[式(11.215)]达到：

$$\frac{\bar{\mathrm{D}}}{\bar{\mathrm{D}}t}b_{ij} = 0 \tag{11.221}$$

其中，b_{ij} 是相对于某一惯性系雷诺应力各向异性张量 $\boldsymbol{b}$ 的分量。因此，式(11.221)包含部分假设，即 b 的主轴不旋转(相对于惯性系，跟随平均流动)。对于一些流动，例如那些具有显著的平均流线曲率的流动，Girimaji(1997)认为，一个更好的假

设是 $\boldsymbol{b}$ 的分量相对于特定的旋转系是固定的。

表 11.5 式(11.223)中各种变量模型中的系数

系数	一般形式	LRR - IP	LRR - QI
g^{-1}	$-\frac{1}{2}f^{(1)}-1+\frac{\mathcal{P}}{\varepsilon}$	$C_R-1+\frac{\mathcal{P}}{\varepsilon}$	$C_R-1+\frac{\mathcal{P}}{\varepsilon}$
γ_1	$\frac{2}{3}-\frac{1}{2}f^{(3)}$	$\frac{2}{3}(1-C_2)$	$\frac{4}{15}$
γ_2	$1-\frac{1}{2}f^{(4)}$	$1-C_2$	$\frac{1}{11}(5-9C_2)$
γ_3	$1-\frac{1}{2}f^{(5)}$	$1-C_2$	$\frac{1}{11}(1+7C_2)$

练 习

11.30 考虑基于 LRR - IP 的代数应力模型应用于简单剪切流动[式(11.130)~式(11.134)],得到在 $\mathcal{P}/\varepsilon \to \infty$ 极限情况下 b_{ij} 的表达式。这些值是否可实现?是否与 RDT 一致?

11.31 整理式(11.219)得到:

$$C_\mu = \frac{4b_{12}^2}{\mathcal{P}/\varepsilon} \tag{11.222}$$

因此,用式(11.134)证明关于 C_μ 的表达式[式(11.220)]。

11.32 考虑应变压力率张量的一般模型,其 b_{ij} 和平均速度梯度[即式(11.135),且 $f^{(2)}=f^{(6-8)}=0$]是线性的。推导证明相应的代数应力模型[式(11.217)]可以写成:

$$\begin{aligned} b_{ij} = -g\Big[\gamma_1\hat{S}_{ij} + \gamma_2\Big(\hat{S}_{ik}b_{kj} + b_{ik}\hat{S}_{kj} - \frac{2}{3}\hat{S}_{k\ell}b_{\ell k}\delta_{ij}\Big) \\ + \gamma_3(\hat{\Omega}_{ik}b_{kj} - b_{ik}\hat{\Omega}_{kj})\Big] \end{aligned} \tag{11.223}$$

其中,表 11.5 给出这些系数(通常,对于 LRR 模型)。

11.9.2 非线性湍流黏性

代数应力模型[式(11.217)]是关于 $\langle u_iu_j\rangle/k$ 的隐式方程,等效于各向异性

b_{ij}。显然，给出如下形式的显式关系是有好处的：

$$b_{ij} = \mathcal{B}_{ij}(\hat{\boldsymbol{S}}, \hat{\boldsymbol{\Omega}}) \tag{11.224}$$

其中，$\hat{\boldsymbol{S}}$ 和 $\hat{\boldsymbol{\Omega}}$ 分别为无量纲平均应变和旋转速率张量[式(11.136)和式(11.137)]。

表 11.6　偏斜对称张量 $\hat{S}$ 和非对称张量 $\hat{\Omega}$ 的独立、对称、偏斜函数 $\hat{\mathcal{T}}^{(n)}$ 的完整集合

$\hat{\mathcal{T}}^{(1)} = \hat{\boldsymbol{S}}$	$\hat{\mathcal{T}}^{(6)} = \hat{\boldsymbol{\Omega}}^2\hat{\boldsymbol{S}} + \hat{\boldsymbol{S}}\hat{\boldsymbol{\Omega}}^2 - \dfrac{2}{3}\{\hat{\boldsymbol{S}}\hat{\boldsymbol{\Omega}}^2\}\boldsymbol{I}$
$\hat{\mathcal{T}}^{(2)} = \hat{\boldsymbol{S}}\hat{\boldsymbol{\Omega}} - \hat{\boldsymbol{\Omega}}\hat{\boldsymbol{S}}$	$\hat{\mathcal{T}}^{(7)} = \hat{\boldsymbol{\Omega}}\hat{\boldsymbol{S}}\hat{\boldsymbol{\Omega}}^2 - \hat{\boldsymbol{\Omega}}^2\hat{\boldsymbol{S}}\hat{\boldsymbol{\Omega}}$
$\hat{\mathcal{T}}^{(3)} = \hat{\boldsymbol{S}}^2 - \dfrac{1}{3}\{\hat{\boldsymbol{S}}^2\}\boldsymbol{I}$	$\hat{\mathcal{T}}^{(8)} = \hat{\boldsymbol{S}}\hat{\boldsymbol{\Omega}}\hat{\boldsymbol{S}}^2 - \hat{\boldsymbol{S}}^2\hat{\boldsymbol{\Omega}}\hat{\boldsymbol{S}}$
$\hat{\mathcal{T}}^{(4)} = \hat{\boldsymbol{\Omega}}^2 - \dfrac{1}{3}\{\hat{\boldsymbol{\Omega}}^2\}\boldsymbol{I}$	$\hat{\mathcal{T}}^{(9)} = \hat{\boldsymbol{\Omega}}^2\hat{\boldsymbol{S}}^2 + \hat{\boldsymbol{S}}^2\hat{\boldsymbol{\Omega}}^2 - \dfrac{2}{3}\{\hat{\boldsymbol{S}}^2\hat{\boldsymbol{\Omega}}^2\}\boldsymbol{I}$
$\hat{\mathcal{T}}^{(5)} = \hat{\boldsymbol{\Omega}}\hat{\boldsymbol{S}}^2 - \hat{\boldsymbol{S}}^2\hat{\boldsymbol{\Omega}}$	$\hat{\mathcal{T}}^{(10)} = \hat{\boldsymbol{\Omega}}\hat{\boldsymbol{S}}^2\hat{\boldsymbol{\Omega}}^2 - \hat{\boldsymbol{\Omega}}^2\hat{\boldsymbol{S}}^2\hat{\boldsymbol{\Omega}}$

注：以矩阵表示，括号代表迹，例如 $\{\hat{\boldsymbol{S}}^2\} = \hat{S}_{ij}\hat{S}_{ji}$。

形式如式(11.224)的最一般的可能表达式可以写作：

$$\mathcal{B}_{ij}(\hat{\boldsymbol{S}}, \hat{\boldsymbol{\Omega}}) = \sum_{n=1}^{10} G^{(n)} \hat{\mathcal{T}}_{ij}^{(n)} \tag{11.225}$$

其中，$\hat{\mathcal{T}}^{(n)}$ 在表 11.6 中给出，系数依赖于 5 个不变量 $\hat{S}_{ii}^2$、$\hat{\Omega}_{ii}^2$、$\hat{S}_{ii}^3$、$\hat{\Omega}_{ij}^2\hat{S}_{ji}$ 和 $\hat{\Omega}_{ij}^2\hat{S}_{ji}^2$ (Pope, 1975)。类似 b_{ij}，每一个张量 $\hat{\mathcal{T}}^{(n)}$ 都是无量纲的、对称的、偏斜的。作为一个集合，它们形成了一个完整的基，这意味着由 $\hat{\boldsymbol{S}}$ 和 $\hat{\boldsymbol{\Omega}}$ 形成的每一个对称偏斜二阶张量都可以表示为这十个张量的线性组合[证明这一点的依据是 Cayley-Hamilton 定理(Pope, 1975)]。

对于 $n > 0$，设 $G^{(1)} = -C_\mu$，$G^{(n)} = 0$，式(11.225)恢复为线性 $k-\varepsilon$ 湍流黏性公式：

$$b_{ij} = -C_\mu \hat{S}_{ij} \tag{11.226}$$

或者，等效地：

$$\langle u_i u_j \rangle - \frac{2}{3}k\delta_{ij} = -C_\mu \frac{k^2}{\varepsilon}\left(\frac{\partial \langle U_i \rangle}{\partial x_j} + \frac{\partial \langle U_j \rangle}{\partial x_i}\right) \tag{11.227}$$

对于 $n > 1$，$G^{(n)}$ 的非一般规范产生了一个非线性的湍流/黏性模型，即 $\langle u_i u_j \rangle$

的显式公式，其在平均速度梯度上是非线性的。

对于统计上是二维的流动的情况，则认为其相对简单。张量 $\hat{\mathcal{T}}^{(1)}$、$\hat{\mathcal{T}}^{(2)}$ 和 $\hat{\mathcal{T}}^{(3)}$ 构成完整的基，只有两个独立不变量 $\hat{S}^2_{kk}$、$\hat{\Omega}^2_{kk}$（Pope，1975；Gatski and Speziale，1993）。因此，$G^{(4)}-G^{(10)}$ 可以设为零。此外，$\hat{\mathcal{T}}^{(3)}$ 中的项可以被合并到修正压力中（见练习 11.33），因此 $G^{(3)}$ 的值对平均速度场没有影响。在 $G^{(3)}=0$ 条件下，统计二维流动的非线性黏性模型为

$$b_{ij}=G^{(1)}\hat{\mathcal{T}}^{(1)}_{ij}+G^{(2)}\hat{\mathcal{T}}^{(2)}_{ij} \tag{11.228}$$

或者，等效地：

$$\langle u_iu_j\rangle-\frac{2}{3}k\delta_{ij}=2G^{(1)}\frac{k^2}{\varepsilon}\bar{S}_{ij}+2G^{(2)}\frac{k^3}{\varepsilon^2}(\bar{S}_{ik}\bar{\Omega}_{kj}-\bar{\Omega}_{ik}\bar{S}_{kj}) \tag{11.229}$$

一种获得系数 $G^{(n)}$ 的合适描述的方法是从代数应力模型出发。由于非线性湍流黏性公式[式(11.225)]根据平均速度梯度给出了 b_{ij} 的完全一般表达式，即对于每一个代数应力模型都对应一个非线性黏性模型。确定相应的系数 $G^{(n)}$ 是一个代数问题，例如，对于统计二维流动，与 LRR－IP 代数应力模型相对应的系数 $G^{(n)}$ 是

$$G^{(1)}=-C_\mu,\quad G^{(2)}=-\lambda C_\mu,\quad G^{(3)}=2\lambda C_\mu,\quad G^{(4-10)}=0 \tag{11.230}$$

其中，

$$\lambda\equiv\frac{1-C_2}{C_{\mathrm{R}}-1+\mathcal{P}/\varepsilon} \tag{11.231}$$

$$C_\mu\equiv\frac{\frac{2}{3}\lambda}{1-\frac{2}{3}\lambda^2\hat{S}^2_{ii}-2\lambda^2\hat{\Omega}^2_{ii}} \tag{11.232}$$

[见练习 11.36。]图 11.22 显示，$-G^{(1)}=C_\mu$ 和 $-G^{(2)}=\lambda C_\mu$ 是 Sk/ε 和 $\Omega k/\varepsilon$ 的函数，其中 $\Omega=(2\bar{\Omega}_{ij}\bar{\Omega}_{ij})^{1/2}$。

由式(11.230)～式(11.232)定义的非线性黏性模型不是完全显式的，因为 λ 的定义包含 $\mathcal{P}/\varepsilon=-2b_{ij}\hat{S}_{ij}$，Girimaji(1996)给出了完全显式的公式，通过求解 λ 的立方方程得到，见练习 11.36。Taulbee(1992)，以及 Gatski 和 Speziale(1993)将这种方法推广到三维流动，一般来说，这种情况下的 10 个系数 $G^{(n)}$ 都是非零的。

Yoshizawa(1984)、Speziale(1987)、Rubinstein 和 Barton(1990)、Craft 等(1996)等已经提出了不基于代数应力模型的非线性黏性模型。前三者在平均速度梯度上是二次的，所以 $G^{(1)}-G^{(4)}$ 是非零的。在 Craft 等的模型中，$G^{(5)}$ 也是非零的。除了平均速度梯度外，Yoshizawa 和 Speziale 的模型还涉及 $\bar{\mathrm{D}}\bar{S}_{ij}/\bar{\mathrm{D}}t$。

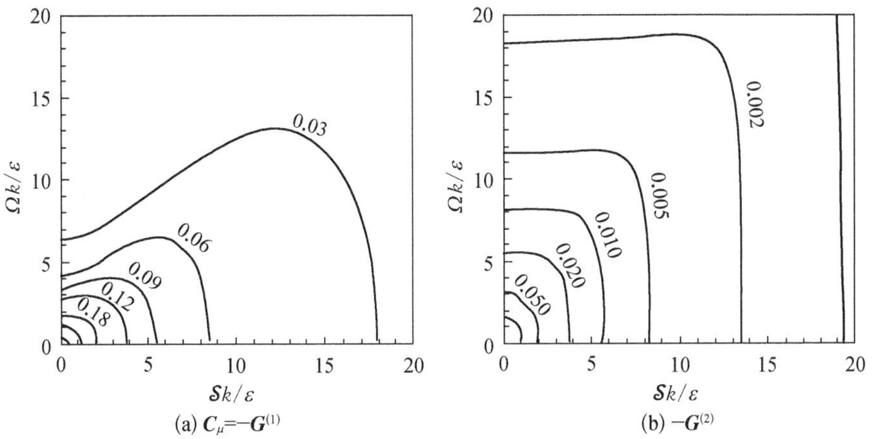

图 11.22　LRR－IP 非线性黏性模型的 $C_\mu=-G^{(1)}$ 和 $-G^{(2)}$ 等值线图[式(11.230)～式(11.232)]

练　习

11.33　考虑在 x_1-x_2 平面上的统计二维湍流流动[$\langle U_3\rangle=0$ 和 $\partial\langle U_1\rangle/\partial x_3=0$)]。通过评估每个分量,证明:

$$\hat{S}_{ij}^2=\frac{1}{2}\delta_{ij}^{(2)}\hat{S}_{kk}^2 \tag{11.233}$$

其中,

$$\boldsymbol{\delta}^{(2)}\equiv\begin{bmatrix}1&0&0\\0&1&0\\0&0&0\end{bmatrix} \tag{11.234}$$

因此,证明:

$$\hat{T}_{ij}^{(3)}=-\hat{S}_{kk}^2\hat{\mathcal{T}}_{ij}^{(0)} \tag{11.235}$$

其中,

$$\hat{\mathcal{T}}_{ij}^{(0)}\equiv\frac{1}{3}\delta_{ij}-\frac{1}{2}\delta_{ij}^{(2)} \tag{11.236}$$

11.34　在非线性黏性模型[式(11.225)]中,来自平均动量方程的贡献 $\hat{\mathcal{T}}^{(3)}$ 是

$$\frac{\partial}{\partial x_i}\langle u_i u_j \rangle^{(3)} = \frac{\partial}{\partial x_i}(2kG^{(3)}\hat{\mathcal{T}}_{ij}^{(3)}) \tag{11.237}$$

对于考虑的二维流动，证明其可以重新表示为

$$\frac{\partial}{\partial x_i}\langle u_i u_j \rangle^{(3)} = \frac{\partial}{\partial x_j}\left(\frac{1}{3}kG^{(3)}\hat{S}_{kk}^2\right) \tag{11.238}$$

（该项可以吸收进修正压力中，所以 $G^{(3)}$ 对于平均速度场没有影响。）

11.35 对于 $\partial\langle U_1\rangle/\partial x_2 = S$ 为唯一非零平均速度梯度的简单剪切流，计算 $\hat{\mathcal{T}}^{(2)}$。证明对于这种流动，由非线性黏性模型[式(11.229)]给出的剪切应力 $\langle u_1 u_2\rangle$ 依赖于 $G^{(1)}$，但与 $G^{(2)}$ 无关。

11.36 考虑在平均速度梯度和各向异性中线性的应变压力率模型，式(11.223)是相应的代数应力模型。对于统计二维的湍流流动，Pope(1975)提出了相应的非线性黏性模型：

$$\begin{gathered} G^{(1)} = -C_\mu, \quad G^{(2)} = -C_\mu g\gamma_3 \\ G^{(3)} = 2C_\mu g\gamma_2, \quad G^{(4-10)} = 0 \end{gathered} \tag{11.239}$$

其中，表 11.5 给出了 g、γ_1、γ_2、γ_3 的定义，用该结果证明式(11.230)。

利用关系 $\mathcal{P}/\varepsilon = -2b_{ij}\hat{S}_{ij}$，证明 λ [方程(11.231)]满足立方方程。

11.37 Rubinstein 和 Barton(1990)给出的模型可以表示为

$$\begin{aligned} \langle u_i u_j\rangle - \frac{2}{3}k\delta_{ij} = &-2\nu_{\mathrm{T}}\bar{S}_{ij} + \frac{k^3}{\varepsilon}\left[C_{\tau 1}\frac{\partial\langle U_i\rangle}{\partial x_k}\frac{\partial\langle U_j\rangle}{\partial x_k}\right. \\ &+ C_{\tau 2}\left(\frac{\partial\langle U_i\rangle}{\partial x_k}\frac{\partial\langle U_k\rangle}{\partial x_j} + \frac{\partial\langle U_j\rangle}{\partial x_k}\frac{\partial\langle U_k\rangle}{\partial x_i}\right) \\ &\left. + C_{\tau 3}\frac{\partial\langle U_k\rangle}{\partial x_i}\frac{\partial\langle U_k\rangle}{\partial x_j}\right] - Q\delta_{ij} \end{aligned} \tag{11.240}$$

其中，定义 Q 以保证右端项的迹逐渐消失，并且常数为 $C_{\tau 1} = 0.034$，$C_{\tau 2} = 0.104$，$C_{\tau 3} = -0.014$。以式(11.225)的形式重新表示该模态，确定系数 $G^{(n)}$。

11.38 Craft 等(1996)提出了一个包含 $\mathcal{T}^{(1-5)}$ 张量的非线性黏性模型：

$$\hat{\mathcal{T}}_{ij}^{*} \equiv \hat{S}_{ij}^3 - \frac{1}{3}\hat{S}_{kk}^3\delta_{ij} \tag{11.241}$$

重新将 $\hat{\mathcal{T}}_{ij}^{*}$ 表示为 $\hat{\mathcal{T}}_{ij}^{(n)}$ 的形式。

11.10　讨论

表 11.7 显示了本章和前一章介绍的主要湍流模型的属性。所有这些都是 RANS 模型，即湍流模型方程与雷诺平均的 Navier-Stokes 方程一起求解，它们为 Navier-Stokes 方程提供了闭合。本节将根据第 8 章中描述的模型评价标准讨论这些模型，特别是 $k-\varepsilon$ 模型和雷诺应力模型。

表 11.7　各种 RANS 湍流模型的属性（前四个为湍流黏度模型）

模　　型	设定场	建模中用到的差分方程中的场	建模的主要量
混合长度	ℓ_{m}	$\dfrac{\partial\langle U_i\rangle}{\partial x_j}$	$\langle u_iu_j\rangle$
一方程 (ν_{T})	—	ν_{T}、$\dfrac{\partial\langle U_i\rangle}{\partial x_j}$	$\langle u_iu_j\rangle$、$\dfrac{\bar{\mathrm{D}}\nu_{\mathrm{T}}}{\bar{\mathrm{D}}t}$
一方程 $(k-\ell_{\mathrm{m}})$	ℓ_{m}	k、$\dfrac{\partial\langle U_i\rangle}{\partial x_j}$	$\langle u_iu_j\rangle$、ε
两方程 $(k-\varepsilon)$ 各向同性黏性 非线性黏性 代数应力	—	k、ε、$\dfrac{\partial\langle U_i\rangle}{\partial x_j}$	$\langle u_iu_j\rangle$、$\dfrac{\bar{\mathrm{D}}\varepsilon}{\bar{\mathrm{D}}t}$
雷诺应力	—	$\langle u_iu_j\rangle$、ε、$\dfrac{\partial\langle U_i\rangle}{\partial x_j}$	$\mathcal{R}_{ij}$、$\dfrac{\bar{\mathrm{D}}\varepsilon}{\bar{\mathrm{D}}t}$
雷诺应力/ 椭圆形松弛	—	$\langle u_iu_j\rangle$、f_{ij}、ε、$\dfrac{\partial\langle U_i\rangle}{\partial x_j}$	$\bar{\mathcal{R}}_{ij}$、$\dfrac{\bar{\mathrm{D}}\varepsilon}{\bar{\mathrm{D}}t}$

11.10.1　描述层级

在表 11.7 中，模型按照描述层级递增的顺序列出。列出的前两个模型仅用于确定湍流黏性 ν_{T}，它们几乎没有提供关于湍流的信息。在 $k-\varepsilon$ 模型中，因变量描述了速度的湍流尺度 $(k^{1/2})$、长度 $(L=k^{3/2}/\varepsilon)$ 和时间 $(\tau=k/\varepsilon)$。一方程 $k-\ell_{\mathrm{m}}$ 模型提供了同样的描述层级，但长度尺度 ℓ_m 预先指定的，而不是计算给出的。

迄今为止提到的模型（表 11.7 中的前四个）是湍流黏性模型。非常重要的雷诺应力张量不是直接表示,而是作为 k, ε 和 $\partial\langle U_i\rangle/\partial x_j$ 的局部函数模拟。然而,这是通过各向同性或非线性黏性模型,或代数应力模型来完成的——描述的层级是相同的;并且 $\langle u_iu_j\rangle$ 由局部 $\partial\langle U_i\rangle/\partial x_j$ 确定的假设是不可避免的。

在雷诺应力模型中,雷诺应力的直接表示消除了湍流黏性模型固有的假设,即 $\langle u_iu_j\rangle$ 是由 $\partial\langle U_i\rangle/\partial x_j$ 局部确定的。在雷诺应力方程中,平均对流 $\bar{\mathrm{D}}\langle u_iu_j\rangle/\bar{\mathrm{D}}t$ 由生成、耗散、再分配和湍流输运四个过程来平衡,其中前三个过程通常占主导地位(并具有可比性)。在这种闭合水平上,生成和耗散(至少其各向同性部分)都是具有闭合形式,所以要模拟的主要量是由于压力场的波动而引起的再分配 $\mathcal{R}_{ij}$。

在非均匀性较强的区域,特别是在壁面附近,$\mathcal{R}_{ij}$ 由局部量($\langle u_iu_j\rangle$、ε 和 $\partial\langle U_i\rangle/\partial x_j$)确定的假设是有问题的。脉动压力场 p' 是由泊松方程控制的,因此可能存在实质性的非局部效应,如壁面阻塞。椭圆松弛模型中较高层次的描述允许将非局部效应纳入再分配模型[如 $\mathcal{R}_{ij}^{(e)}=kf_{ij}$, 式(11.202)]。特别是在壁面附近,$\mathcal{R}_{ij}^{(e)}$ 受到施加在壁面 f_{ij} 上的边界条件的强烈影响。

在所列出的后面三个模型中,用于建模的长度尺度和时间尺度是从 ε(通过 $L=k^{3/2}/\varepsilon$ 和 $\tau=k/\varepsilon$)得到的。在某些情况下——例如,当湍流近似自相似时——一个单一的尺度可能足以参数化湍流的状态。然而,在一般情况下,特别是对于快速变化的流动,可能需要一个以上的参数来表征不同尺度的湍流运动状态和响应。Hanjalic 等(1980)、Wilcox(1988)和 Lumley(1992)等提出了引入额外尺度的模型,这些模型尚未得到广泛应用。

练　　习

11.39 在什么情况下,或者在什么假设或参数选择下,如下列表中的每个模型都可以简化到它的后继模型?

(1) 椭圆松弛雷诺应力模型;

(2) 雷诺应力模型;

(3) 一个代数应力模型(使用 $k-\varepsilon$);

(4) 一个非线性黏性模型(使用 $k-\varepsilon$);

(5) 标准(各向同性黏性) $k-\varepsilon$ 模型;

(6) 一方程 $k-\ell_{\mathrm{m}}$ 模型;

(7) 混合长度模型。

11.10.2 完备性

混合长度模型和一方程 $k-\ell_{\mathrm{m}}$ 模型是不完备的,因为它们需要指定 $\ell_{\mathrm{m}}(\boldsymbol{x},t)$,而其他模型是完备的。

Spalart-Allmaras 模型的 ν_{T} 涉及距壁面的距离 ℓ_{m}；其他模型中的一些近壁处理涉及 ℓ_{m} 和法向 $\boldsymbol{n}$。在一般流动[例如式(11.171)]中，由于可以清晰地定义 ℓ_{m} 和 $\boldsymbol{n}$，它们的使用不会使模型不完整。

11.10.3　成本和易用性

在这个讨论中，我们以 $k-\varepsilon$ 模型作为参考：该模型被整合到大多数商业 CFD 代码中，当它与壁面函数一起使用时，通常被认为是易于使用和计算成本低廉的。

如果不使用壁面函数，那么对黏性近壁区域开展 $k-\varepsilon$ 计算的任务就显得更加困难和昂贵。这是因为需要求解 k 和 ε（其在近壁区域变化很大），另外是因为这些方程中的源项在靠近壁面的地方变得非常大。（在对数律区域中，$C_{\varepsilon 2}\varepsilon^2/k$ 随 u_τ^4/y^2 变化。）

对于近壁空气动力流动来说，Spalart-Allmaras 模型被设计得更加简单且计算成本更低。这是因为，与 k 和 ε 相比，湍流黏性 ν_{T} 在近壁区表现良好，更容易分辨。

与 $k-\varepsilon$ 模型相比，雷诺应力模型在一定程度上更困难，更耗费资源，因为：

（1）一般需要七个湍流方程（$\langle u_i u_j\rangle$ 和 ε），而不是两个（k 和 ε）；

（2）模型雷诺应力方程实质上比 k 方程更复杂(因此需要更复杂编程实现)；

（3）在平均动量方程中，项：

$$-\frac{\partial}{\partial x_i}\langle u_i u_j\rangle \tag{11.242}$$

相较于 $k-\varepsilon$ 模型中对应的项：

$$\frac{\partial}{\partial x_i}\left[\nu_{\mathrm{T}}\left(\frac{\partial\langle U_i\rangle}{\partial x_j}+\frac{\partial\langle U_j\rangle}{\partial x_i}\right)\right] \tag{11.243}$$

会导致流动方程与湍流方程之间的数值耦合效果更差。通常，雷诺应力模型计算所需的 CPU 时间可能比 $k-\varepsilon$ 计算所需的 CPU 时间多一倍。

使用代数应力模型的主要目的是避免求解雷诺应力模型方程的代价和困难。然而，一般的经验是这些好处并没有实现。代数应力模型方程是一类耦合的非线性方程，往往有多个根，无法以较低的计算资源进行求解。另外，对于上述第三项，代数应力模型与雷诺应力模型有相同的缺点。正如前一节所讨论的，代数应力模型可以重构为非线性黏性模型，这几乎不会增加 $k-\varepsilon$ 模型计算的成本和难度。

椭圆松弛模型引入的六个附加场 $f_{ij}(\boldsymbol{x},\ t)$ 显著增加了计算成本。椭圆方程[式(11.203)]的求解过程本身并无特殊难度，但其结构通常与 CFD 代码通常处理的对流扩散方程存在差异。

11.10.4 适用范围

基础的 $k-\varepsilon$ 模型和雷诺应力模型都可以应用于任何湍流流动，这些模型还提供了长度尺度和时间尺度的信息，可用于建立其他过程的模型。因此，这些模型为湍流反应流、多相流等问题的建模提供了基础。标量通量的模型输运方程可以与雷诺应力模型一起求解，以提供平均标量方程的闭合。这种所谓的二阶矩闭合已经成功地推广到浮力效应显著的大气流动中(Zeman and Lumley, 1976)。虽然原则上它可以应用于任何湍流流动(在考虑的类)，Spalart-Allmaras 模型的应用领域只有空气动力学。

11.10.5 精度

评估模型准确性的理想方法是比较各种湍流模型在大范围测试流动中的性能。必须证明无关误差(图 8.2)是很小的；用于测试的流动应该与模型开发中使用的流动不同；测试不应该由模型的开发人员执行。尽管下面的工作在所有方面都不符合这个理想要求，但它们对于评估各种湍流模型的准确性是有用的，例如：Bradshaw 等(1996)；Luo 和 Lakshminarayana(1997)；Kral 等(1996)；Behnia 等(1998)；Godin 等(1997)；Menter(1994)，以及 Kline 等(1982)的研究。同样有价值的是 Hanjalic(1994)和 Wilcox(1993)的综述和评估。

引用的工作支持以下结论。

(1) 对于平均流线曲率和平均压力梯度较小的二维薄切流动，$k-\varepsilon$ 模型表现相当好。

(2) 对于具有强压力梯度的边界层，$k-\varepsilon$ 模型表现不佳。然而，$k-\omega$ 模型的性能令人满意，而且确实它在诸多流动中的性能表现优良。

(3) 对于远离简单剪切的流动(如撞击射流和三维流动)，$k-\varepsilon$ 模型可能严重失效。

(4) 使用非线性黏性模型是有益的，并允许计算二次流(不能使用各向同性黏性假设计算)。

(5) 雷诺应力模型可以成功地(而湍流黏性模型无法)计算具有明显平均流线曲率的流动、具有强烈涡流或平均旋转的流动、管道中的二次流动和平均流动快速变化的流动。

(6) 雷诺应力模型计算对应变压力率张量模型的细节敏感，包括壁面反射项。

(7) 椭圆松弛模型(无论雷诺应力模型或 $k-\varepsilon-\overline{v}^2$ 模型)在许多具有挑战性的二维流动(包括冲击射流和分离的边界层)中得到了成功的应用。

(8) 模型性能不佳经常归咎于耗散方程。对于许多流动，可以通过改变模型常数($C_{\varepsilon1}$ 或 $C_{\varepsilon2}$)或添加修正项来获得更好的性能。没有发现对所有流动都有效的耗散方程修正方法。

总之,特别是对于复杂流动,雷诺应力模型已被证明优于两方程模型。直到 1990 年左右,由于所使用的模型存在缺陷,而且少有针对复杂流动的测试,这种优势还没有得到很好的确立。自从 Bradshaw(1987)写下"最好的现代方法允许几乎对所有流动的计算比最好的猜测具有更高的精度,这意味着这些方法即使不能取代实验,也是真正有用的",RANS 模型获得了明显改善。

第 12 章

PDF 方法

平均速度 $\langle \boldsymbol{U}(\boldsymbol{x},\ t)\rangle$ 和雷诺应力 $\langle u_i u_j\rangle$ 分别是速度 $f(\boldsymbol{V};\ \boldsymbol{x},\ t)$ [式(3.153)]在欧拉 PDF 方法中的一阶矩和二阶矩。在 PDF 方法中,它是对 PDF 的一种模型输运方程的求解,如 $f(\boldsymbol{V};\ \boldsymbol{x},\ t)$。

附录 H 中由 Navier-Stokes 方程精确推导的 $f(\boldsymbol{V};\ \boldsymbol{x},\ t)$ 输运方程,将在 12.1 节进行讨论。该方程的所有对流输运都是闭合形式——与平均动量方程 $\partial\langle u_i u_j u_k\rangle/\partial x_i$ 项和雷诺应力方程 $\partial\langle u_i u_j\rangle/\partial x_i$ 项相反。第 12.2 节给出了基于广义朗之万模型(GLM)的 PDF 闭合模型方程,并显示与应变压力率张量 R_{ij} 模型的密切关联。

PDF 方法的核心是随机拉格朗日模型,由于涉及新的概念,需要额外的数学工具。附录 J 中给出了关于扩散过程和随机微分方程的必要背景。最简单的随机拉格朗日模型是朗之万方程,它提供了跟随流体粒子的速度模型,这个模型将在第 12.3 节中进行介绍和研究。

仅仅基于速度,PDF 方程不能闭合,因为 PDF 不包含湍流时间尺度的信息。有一种方法通过采用模型耗散方程对 PDF 方程进行补充来满足闭合条件。在第 12.5 节,描述了一种考虑速度和湍流频率的联合 PDF 的更好方法。

在实践中,模型 PDF 方程是由拉格朗日粒子方法(第 12.6 节)求解的,这本身就提供了有价值的见解。第 12.7 节中将描述更多(GLM 以外)的模型。

12.1 速度的欧拉 PDF

12.1.1 定义和性质

根据式(3.153)的定义,$f(\boldsymbol{V};\ \boldsymbol{x},\ t)$ 是速度 $\boldsymbol{U}(\boldsymbol{x},\ t)$ 的单点、单次欧拉 PDF,其中 $\boldsymbol{V}=\{V_1,\ V_2,\ V_3\}$,是样本空间——速度空间中的自变量。对整个速度空间的积分 $\int_{-\infty}^{\infty}\int_{-\infty}^{\infty}\int_{-\infty}^{\infty}(\ )\mathrm{d}V_1\mathrm{d}V_2\mathrm{d}V_3$ 缩写为 $\int(\ )\mathrm{d}\boldsymbol{V}$,这样可以写出无量纲化条件:

$$\int f(\boldsymbol{V};\ \boldsymbol{x},\ t)\,\mathrm{d}\boldsymbol{V} = 1 \tag{12.1}$$

对于任意函数 $Q[\boldsymbol{U}(\boldsymbol{x},\ t)]$，定义其均值(或期望)为

$$\langle Q[\boldsymbol{U}(\boldsymbol{x},\ t)]\rangle \equiv \int Q(\boldsymbol{V})f(\boldsymbol{V};\ \boldsymbol{x},\ t)\,\mathrm{d}\boldsymbol{V} \tag{12.2}$$

因此平均速度为

$$\langle \boldsymbol{U}(\boldsymbol{x},\ t)\rangle = \int \boldsymbol{V}f(\boldsymbol{V};\ \boldsymbol{x},\ t)\,\mathrm{d}\boldsymbol{V} \tag{12.3}$$

以及雷诺应力(用缩写符号)为

$$\langle u_i u_j\rangle = \int (V_i - \langle U_i\rangle)(V_j - \langle U_j\rangle) f\,\mathrm{d}\boldsymbol{V} \tag{12.4}$$

实现 PDF 的问题要比雷诺应力的问题简单得多。为使得 $f(\boldsymbol{V};\ \boldsymbol{x},\ t)$ 是一个可实现的 PDF，它必须对所有 $\boldsymbol{V}$ 都是非负的，并且满足无量纲化条件[式(12.1)]。此外，由于动量和能量是有界的，$f(\boldsymbol{V};\ \boldsymbol{x},\ t)$ 必须满足 $\langle \boldsymbol{U}\rangle$ 和 $\langle u_i u_j\rangle$ [式(12.3)和式(12.4)]是有界的。

在精确的 PDF 输运方程中，“未知”出现在条件期望中，现在回顾其定义和性质。设 $\phi(\boldsymbol{x},\ t)$ 为随机场，使 $f_{U\phi}(\boldsymbol{V},\ \psi;\ \boldsymbol{x},\ t)$ 为 $\boldsymbol{U}(\boldsymbol{x},\ t)$ 和 $\phi(\boldsymbol{x},\ t)$ 的(单点、单次)欧拉联合 PDF，其中 ψ 为 φ 对应的样本空间变量。$\boldsymbol{U}(\boldsymbol{x},\ t) = \boldsymbol{V}$ 条件下 $\phi(\boldsymbol{x},\ t)$ 的 PDF 定义为

$$f_{\phi|U}(\psi \mid \boldsymbol{V},\ \boldsymbol{x},\ t) \equiv \frac{f_{U\phi}(\boldsymbol{V},\ \psi;\ \boldsymbol{x},\ t)}{f(\boldsymbol{V};\ \boldsymbol{x},\ t)} \tag{12.5}$$

[参考式(3.95)。]定义 ϕ 的条件均值为

$$\langle \phi(\boldsymbol{x},\ t) \mid \boldsymbol{U}(\boldsymbol{x},\ t) = \boldsymbol{V}\rangle \equiv \int_{-\infty}^{\infty} \psi f_{\phi|U}(\psi \mid \boldsymbol{V},\ \boldsymbol{x},\ t)\,\mathrm{d}\psi \tag{12.6}$$

缩写为 $\langle \phi \mid \boldsymbol{V}\rangle$。可以得到无条件平均值：

$$\begin{aligned}\langle \phi(\boldsymbol{x},\ t)\rangle &= \iint_{-\infty}^{\infty} \psi f_{U\phi}(\boldsymbol{V},\ \psi;\ \boldsymbol{x},\ t)\,\mathrm{d}\psi\,\mathrm{d}\boldsymbol{V}\\ &= \int \langle \phi(\boldsymbol{x},\ t) \mid \boldsymbol{U}(\boldsymbol{x},\ t) = \boldsymbol{V}\rangle f(\boldsymbol{V};\ \boldsymbol{x},\ t)\,\mathrm{d}\boldsymbol{V}\\ &= \int \langle \phi \mid \boldsymbol{V}\rangle f\,\mathrm{d}\boldsymbol{V}\end{aligned} \tag{12.7}$$

12.1.2 PDF 输运方程

附录 H 中推导了 $f(\boldsymbol{V};\ \boldsymbol{x},\ t)$ 的精确输运方程，可以用几种信息丰富的方式表

示该方程,其中两种是

$$\frac{\partial f}{\partial t} + V_i \frac{\partial f}{\partial x_i} = -\frac{\partial}{\partial V_i}\left[f\left\langle \frac{\mathrm{D}U_i}{\mathrm{D}t} \,\middle|\, \boldsymbol{V}\right\rangle\right] \tag{12.8}$$

和:

$$\frac{\partial f}{\partial t} + V_i \frac{\partial f}{\partial x_i} = \frac{1}{\rho}\frac{\partial\langle p\rangle}{\partial x_i}\frac{\partial f}{\partial V_i} - \frac{\partial}{\partial V_i}\left[f\left\langle \nu\nabla^2 U_i - \frac{1}{\rho}\frac{\partial p'}{\partial x_i} \,\middle|\, \boldsymbol{V}\right\rangle\right] \tag{12.9}$$

第三种是式(H.25)。

左端项表示变化率和对流。它们只涉及方程的主体f, 以及自变量$\boldsymbol{x}$、$\boldsymbol{V}$和t: 因此这些项是闭合的。

第一个等式[式(12.8)]是一个数学恒等式,因此不包含物理特征(除非假定不可压缩)。然而,它表明,决定 PDF 演化的基本量是条件加速度$\langle \mathrm{D}\boldsymbol{U}/\mathrm{D}t \mid \boldsymbol{V}\rangle$。当采用引起加速度的特定力($\nu\nabla^2\boldsymbol{U} - \nabla p/\rho$)取代加速度($\mathrm{D}\boldsymbol{U}/\mathrm{D}t$)时,物理特征就加入 Navier-Stokes 方程了。再加上压力的雷诺分解,就得到了第二个方程[式(12.9)]。

同样,平均压力梯度项——第一项或等式(12.9)的右边——是闭合的形式。这是因为:给定$f(\boldsymbol{V};\boldsymbol{x},t)$,平均速度和雷诺应力场已知,有式(12.3)和式(12.4)。因此,$\langle p\rangle$[式(4.13)]的泊松方程中的源项是已知的,$\partial\langle p\rangle/\partial x_i$由泊松方程的解确定。

练习 12.3 和 12.4 描述了如何从 PDF 输运方程得到f(例如,$\langle \boldsymbol{U}\rangle$和$\langle u_j u_k\rangle$)的矩演化方程。由此产生的一个重要技术问题是这种形式的物理量评估:

$$Q_{ij} \equiv \int \frac{\partial}{\partial V_i}[fA_j(\boldsymbol{V})]\,\mathrm{d}\boldsymbol{V} \tag{12.10}$$

在这里遇到的所有情况,这种形式的物理量都是零:如练习 12.1 所示,Q_{ij}为零的一个充分条件是存在均值$\langle |\boldsymbol{A}|\rangle$。

练　习

12.1 由式(12.10)定义Q_{ij},用高斯定理证明:

$$Q_{ij} = \lim_{V\to\infty}\oint fA_j \frac{V_i}{V}\mathrm{d}\mathcal{S}(V) \tag{12.11}$$

其中,$\oint f(\,)\mathrm{d}\mathcal{S}(V)$为速度空间中半径为$V$的球面上的积分。因此获得

$$|Q_{ij}| \leqslant \lim_{V\to\infty} 4\pi V^2 \{f|\boldsymbol{A}|\}_{\mathcal{S}(V)} \tag{12.12}$$

其中，$\{\}_{\mathcal{S}(V)}$ 为半径为 V 的球面上的面平均值。

证明：$\langle|\boldsymbol{A}|\rangle$ 由如下公式给出：

$$\langle|\boldsymbol{A}|\rangle = \int_0^\infty 4\pi V^2 \{f|\boldsymbol{A}|\}_{\mathcal{S}(V)} \mathrm{d}V \tag{12.13}$$

且 $\langle|\boldsymbol{A}|\rangle$ 的存在是 Q_{ij} 为零的充分条件。

12.2　获取一般性结论：

$$\int B_k(\boldsymbol{V}) \frac{\partial}{\partial \boldsymbol{V}_i}[fA_j(\boldsymbol{V})]\mathrm{d}\boldsymbol{V} = -\langle A_j(\boldsymbol{U}(\boldsymbol{x}, t))\boldsymbol{B}_{k,i}(\boldsymbol{U}[\boldsymbol{x}, t])\rangle \tag{12.14}$$

其中，$\boldsymbol{B}_{k,i}$ 表示导数：

$$\boldsymbol{B}_{k,i}(\boldsymbol{V}) \equiv \frac{\partial \boldsymbol{B}_k(\boldsymbol{V})}{\partial V_i} \tag{12.15}$$

12.3　将式(12.9)乘以 V_j，并且对速度空间积分，可以得到平均动量方程，证明这与式(4.12)是相同的。当同样的过程应用于式(12.8)时，结果会是什么？

12.4　将式(12.9)乘以 v_jv_k，并对速度空间积分，可以得到(对于 $\langle u_ju_k\rangle$)精确的雷诺应力方程，其中定义 $\boldsymbol{v}$ 为

$$\boldsymbol{v}(\boldsymbol{V}, \boldsymbol{x}, t) \equiv \boldsymbol{V} - \langle \boldsymbol{U}(\boldsymbol{x}, t)\rangle \tag{12.16}$$

完成后，证明：

(1) $\partial f/\partial t$ 项得到 $\partial\langle u_ju_k\rangle/\partial t$；

(2) 对流项可重新表示为

$$V_iv_jv_k\frac{\partial f}{\partial x_i} = \frac{\partial}{\partial x_i}(V_iv_jv_kf) + fV_i\left(v_k\frac{\partial\langle U_j\rangle}{\partial x_i} + v_j\frac{\partial\langle U_k\rangle}{\partial x_i}\right) \tag{12.17}$$

因此，这一项包括了平均对流，湍流输运和生成；

(3) 平均压力梯度项消失。

12.1.3　脉动速度的 PDF

脉动速度 $\boldsymbol{u}(\boldsymbol{x}, t)$ 的 PDF 表示为 $g(\boldsymbol{v}; \boldsymbol{x}, t)$，其中 $\boldsymbol{v}$ 为样本空间变量。g 的一阶矩是零：

$$\int v_ig(\boldsymbol{v}; \boldsymbol{x}, t)\mathrm{d}\boldsymbol{v} = \langle u_i(\boldsymbol{x}, t)\rangle = 0 \tag{12.18}$$

且 g 不包含平均速度的信息。但是，$\langle \boldsymbol{U}(\boldsymbol{x}, t)\rangle$ 和 $g(\boldsymbol{v}; \boldsymbol{x}, t)$ 中包含的信息与

$f(\boldsymbol{V};\boldsymbol{x},t)$ 中包含的信息是一致的。

在附录 H 中推导出的 $g(\boldsymbol{v};\boldsymbol{x},t)$ 的输运方程为

$$\begin{aligned}&\frac{\partial g}{\partial t}+(\langle U_i\rangle+v_i)\frac{\partial g}{\partial x_i}+\frac{\partial\langle u_iu_j\rangle}{\partial x_i}\frac{\partial g}{\partial v_j}-v_i\frac{\partial\langle U_j\rangle}{\partial x_i}\frac{\partial g}{\partial v_j}\\&=-\frac{\partial}{\partial v_i}\left[g\left\langle \nu\nabla^2u_i-\frac{1}{\rho}\frac{\partial p'}{\partial x_i}\mid \boldsymbol{v}\right\rangle\right]\\&=\nu\nabla^2 g+\frac{\partial^2}{\partial x_i\partial v_i}\left[g\left\langle\frac{p'}{\rho}\middle|\boldsymbol{v}\right\rangle\right]+\frac{1}{2}\frac{\partial^2}{\partial v_i\partial v_j}[g(\mathcal{R}_{ij}^{c}-\varepsilon_{ij}^{c})]\end{aligned}\tag{12.19}$$

其中,条件应变压力率张量是

$$\mathcal{R}_{ij}^{c}(\boldsymbol{v},\boldsymbol{x},t)\equiv\left\langle\frac{p'}{\rho}\left(\frac{\partial u_i}{\partial x_j}+\frac{\partial u_j}{\partial x_i}\right)\middle|\boldsymbol{v}\right\rangle\tag{12.20}$$

并且,条件耗散张量是

$$\varepsilon_{ij}^{c}(\boldsymbol{v},\boldsymbol{x},t)\equiv 2\nu\left\langle\frac{\partial u_i}{\partial x_k}\frac{\partial u_j}{\partial x_k}\middle|\boldsymbol{v}\right\rangle\tag{12.21}$$

可以看出,g 方程[式(12.19)]的左边要比 f 方程[式(12.9)]的左边复杂得多。最后一项(在左边)对应于雷诺应力方程中的生成项。右边给出的第一种形式类似于方程 f 中的右边。第二种形式显示了雷诺应力方程中对应于黏性扩散、压力输运、再分配和耗散的项分解。

在均匀湍流中,式(12.19)可简化为

$$\frac{\partial g}{\partial t}=v_i\frac{\partial\langle U_j\rangle}{\partial x_i}\frac{\partial g}{\partial v_j}+\frac{1}{2}\frac{\partial^2}{\partial v_i\partial v_j}[g(\mathcal{R}_{ij}^{c}-\varepsilon_{ij}^{c})]\tag{12.22}$$

练 习

12.5 对于非对称张量函数 $\boldsymbol{H}_{ij}(\boldsymbol{v})$,按部分积分表示:

$$\int v_k\frac{\partial^2}{\partial v_i\partial v_j}[g\boldsymbol{H}_{ij}(\boldsymbol{v})]\mathrm{d}\boldsymbol{v}=0\tag{12.23}$$

$$\begin{aligned}\int v_kv_\ell\frac{\partial^2}{\partial v_i\partial v_j}[g\boldsymbol{H}_{ij}(\boldsymbol{v})]\mathrm{d}\boldsymbol{v}&=\int g[\boldsymbol{H}_{k\ell}(\boldsymbol{v})+\boldsymbol{H}_{\ell k}(\boldsymbol{v})]\mathrm{d}\boldsymbol{v}\\&=\langle\boldsymbol{H}_{k\ell}(\boldsymbol{u})\rangle+\langle\boldsymbol{H}_{\ell k}(\boldsymbol{u})\rangle\end{aligned}\tag{12.24}$$

12.6 证明将式(12.19)对速度空间积分,与将其乘以 v_k 后对速度空间积分得

到结果是一致的。

12.7　证明：

$$\langle \mathcal{R}_{ij}^{c}[\boldsymbol{u}(\boldsymbol{x},\ t),\ \boldsymbol{x},\ t]\rangle = \mathcal{R}_{ij}(\boldsymbol{x},\ t) \tag{12.25}$$

而且，对 ε_{ij}^{c} 也是相似的。

12.8　将式(12.19)乘以 $v_k v_\ell$，并且在速度空间上积分，可以得到雷诺应力张量 $\langle u_k u_\ell \rangle$ 的精确输运方程。并与式(7.194)逐项进行比较。

12.2　模型速度 PDF 方程

在从 Navier-Stokes 方程导出的 PDF 输运方程[式(12.9)]中，对流和平均压力以闭合形式出现，而黏性项和脉动压力的条件期望则需要模型。Lundgren(1969)和 Pope(1981)提出了不同类型的模型；但是，自从引入 Pope(1983)的模型以来，普遍的模型类型一直是广义朗之万模型(GLM)。在本节中，讨论了带有 GLM 的 PDF 方程的特征(behavior)和性质(properties)。第 12.3 节中讨论了模型的物理基础。

12.2.1　广义朗之万模型

结合广义朗之万模型的 PDF 输运方程为

$$\begin{aligned} &\frac{\partial f}{\partial t} + V_i \frac{\partial f}{\partial x_i} - \frac{1}{\rho}\frac{\partial \langle p \rangle}{\partial x_i}\frac{\partial f}{\partial V_i} \\ &= -\frac{\partial}{\partial V_i}[fG_{ij}(V_j - \langle U_j \rangle)] + \frac{1}{2}C_0\varepsilon \frac{\partial^2 f}{\partial V_i \partial V_i} \end{aligned} \tag{12.26}$$

其中，$C_0(\boldsymbol{x},\ t)$ 和 $G_{ij}(\boldsymbol{x},\ t)$ 是定义特定模型的系数：C_0 是无量纲的，而 G_{ij} 是时间倒数的量纲。对于均匀湍流，对应脉动速度 PDF 的方程为

$$\frac{\partial g}{\partial t} - v_i \frac{\partial \langle U_j \rangle}{\partial x_i}\frac{\partial g}{\partial v_j} = -\frac{\partial}{\partial v_i}(gG_{ij}v_j) + \frac{1}{2}C_0\varepsilon \frac{\partial^2 g}{\partial v_i \partial v_i} \tag{12.27}$$

在讨论系数规范和这些方程特征之前，得到一般性的结论。

(1) 由式(12.26)(通过乘以 $\boldsymbol{V}$ 和积分)形成平均动量方程时，建模项消失，正确地留下雷诺方程。(为简单起见，已省略黏性项 $\nu\nabla^2\langle \boldsymbol{U}\rangle$，但其很容易被包括在内。)

(2) 由于耗散 $\varepsilon(\boldsymbol{x},\ t)$ 的出现，式(12.26)本身不是闭合的，但是 f 和 ε 的模型方程是闭合的。

(3) 一般情况下，系数 $C_0(\boldsymbol{x},\ t)$ 和 $G_{ij}(\boldsymbol{x},\ t)$ 依赖于 $\langle u_i u_j \rangle$、ε 和 $\partial\langle U_i \rangle / \partial x_j$ 的

局部值,但与 $\boldsymbol{V}$ 无关。

(4) 将 G_{ij} 和 C_0 两项联合(jointly)模拟了 ν 和 p' 中的确切(exact)项,每个模型项并不对应于同一个确切项。

(5) 如本节后面所示,系数受如下约束:

$$\left(1 + \frac{3}{2}C_0\right)\varepsilon + G_{ij}\langle u_i u_j\rangle = 0 \tag{12.28}$$

这确保了动能在均匀湍流中正确地演变。

(6) 一个非常重要的结果(Pope, 1985; Durbin and Speziale, 1994)是,只要 C_0 是非负的,并且 C_0 和 G_{ij} 是有界的,一定能实现 GLM 方程[式(12.26)],这个结果将在第 12.6 节中阐述。

(7) 广义朗之万模型实际上是同一类模型:一种对应于 C_0 和 G_{ij} 特定规范的特定模型。

12.2.2 PDF 的演变

GLM PDF 方程[式(12.26)]由漂移项(涉及 G_{ij})和扩散项(涉及 C_0)组成。后者导致 PDF 在速度空间中的扩散。为了说明这种效应,考虑更简单的方程:

$$\frac{\partial g_u}{\partial t} = \mathcal{D}\frac{\partial^2 g_u}{\partial v^2} \tag{12.29}$$

其中,$g_u(\boldsymbol{v}; t)$ 是标量随机过程 $u(t)$ 的 PDF;$\mathcal{D}$ 是(常数)扩散系数,与 ε 一样,量纲是单位时间速度的平方。简单地说,式(12.29)使平均值 $\langle u(t)\rangle$ 保持不变,方差以 $2D$ 的速率增加。

图 12.1 显示了根据练习 3.13 非物理初始条件中方程给出的 $g_u(v; t)$ 的演变。即使在非常短的时间 $\mathcal{D}t = 0.02$,扩散平滑 PDF 的效果也很明显。在最长时间($\mathcal{D}t = 1$)显示 PDF 接近高斯分布。事实上,式(12.29)的解析解(在练习 12.9 中得到)表明,从任何初始条件出发,扩散都将使得 PDF 趋于高斯分布。

对于若干 PDF 方程,如式(12.29),可以得到对应特征函数的解析解。在附录 I 中,回顾了特征函数的性质,表 I.1 提供了有用结果的总结。

最简单的漂移系数规范(specification)是各向同性的,即

$$G_{ij} = -\frac{\delta_{ij}}{T_L} \tag{12.30}$$

其中,约束式(12.28)决定了时间尺度(timescale) T_L:

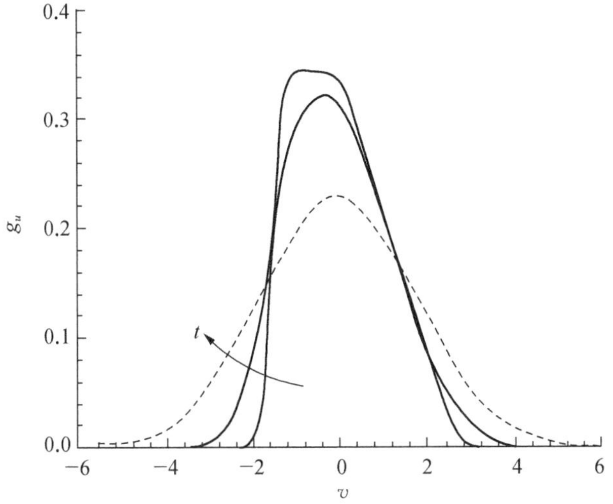

图 12.1　扩散项对 PDF 形状的影响：式(12.29)在 $\mathcal{D}t$ = 0、0.02、0.2 和 1 时的解

虚线为高斯分布，其均值(0)和方差(3)与在 $\mathcal{D}t$ = 1 时 PDF 的分布相同

$$T_L^{-1}=\left(\frac{1}{2}+\frac{3}{4}C_0\right)\frac{\varepsilon}{k} \tag{12.31}$$

这种以 C_0 为常数的规范称为简化朗之万模型(SLM)。

为了说明漂移项的影响，考虑如下方程为零均值随机过程 $u(t)$ 的 PDF：

$$\frac{\partial g_u}{\partial t}=\frac{1}{T_L}\frac{\partial}{\partial v}(g_u v) \tag{12.32}$$

取 T_L 为常数。这已经表明，零均值被保留，方差以指数形式减少：

$$\sigma(t)^2\equiv\langle u(t)^2\rangle=\langle u(0)^2\rangle e^{-2t/T_L} \tag{12.33}$$

所以标准差是 $\sigma(t)=\sigma(0)e^{-t/T_L}$。

式(12.32)的独特特征是它保留了 PDF 的形态。很容易证明，根据初始条件($t=0$)，在 t 时刻的解为

$$g_u(v,t)=\frac{\sigma(0)}{\sigma(t)}g_u\left[v\frac{\sigma(0)}{\sigma(t)},0\right] \tag{12.34}$$

对于前面考虑的非物理初始条件，在 t/T_L = 0、$\frac{1}{2}$ 和 1 时，该解如图 12.2 所示。

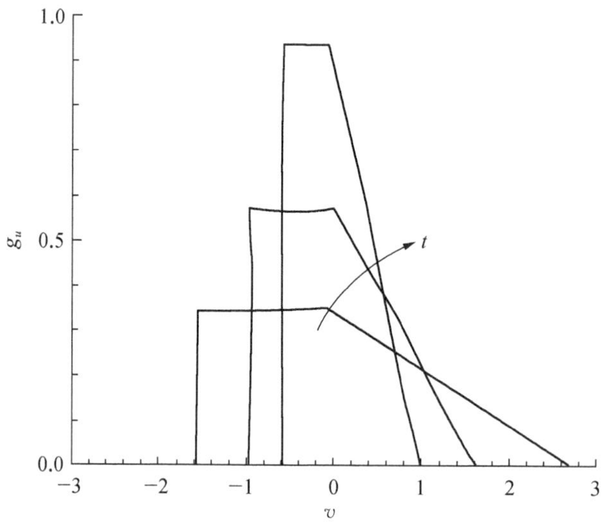

图 12.2　当 t/T_L = 0、1/2、1 时，式(12.34)对式(12.32)的解

对于衰减的均匀湍流(有 $\partial\langle U_i\rangle/\partial x_j = 0$)，简化的朗之万模型(SLM)可以再简化为

$$\frac{\partial g}{\partial t} = \left(\frac{1}{2} + \frac{3}{4}C_0\right)\frac{\varepsilon}{k}\frac{\partial}{\partial v_i}(g v_i) + \frac{1}{2}C_0\varepsilon\frac{\partial^2 g}{\partial v_i \partial v_i} \tag{12.35}$$

可以对 v_2 和 v_3 积分来得到 u_1 的边缘 PDF 的方程，可以用 $g_u(v;\ t)$：

$$\frac{\partial g_u}{\partial t} = \left(\frac{1}{2} + \frac{3}{4}C_0\right)\frac{\varepsilon}{k}\frac{\partial}{\partial v}(g_u v) + \frac{1}{2}C_0\varepsilon\frac{\partial^2 g_u}{\partial v^2} \tag{12.36}$$

这两项保证均值 $\langle u_1\rangle = 0$。扩散项使方差 $\langle u_1^2\rangle$ 以 $C_0\varepsilon$ 的速率增加，而漂移项使其以 $\left(C_0 + \frac{2}{3}\right)\varepsilon$ 的速率减小，假设 $\langle u_1^2\rangle = \frac{2}{3}k$，其最终效果是产生方差 $\langle u_1^2\rangle$ 的正确衰减速率，即 $\frac{2}{3}\varepsilon$。

图 12.3 给出了非物理初始条件下式(12.36)的解。可以看出，随着时间的推移，PDF 趋于高斯分布并变得更窄。练习 12.11 给出了式(12.36)的解析解。

对于一般情况，广义朗之万模型的定性行为与上述例子相同。漂移项使 PDF $g(v;\ t)$ 变形而不从定性上影响其形状；而扩散项使其趋向于各向同性的联合正态(joint normal)分布。对于均匀湍流，如练习 12.12 所示，GLM 允许联合正态分布解，并且解从任何初始条件都趋向于联合正态分布。这是正确的物理现象，因为在均匀湍流中的测量确实显示了速度的单点 PDF 是联合正态分布的(见第 5.5.3 节

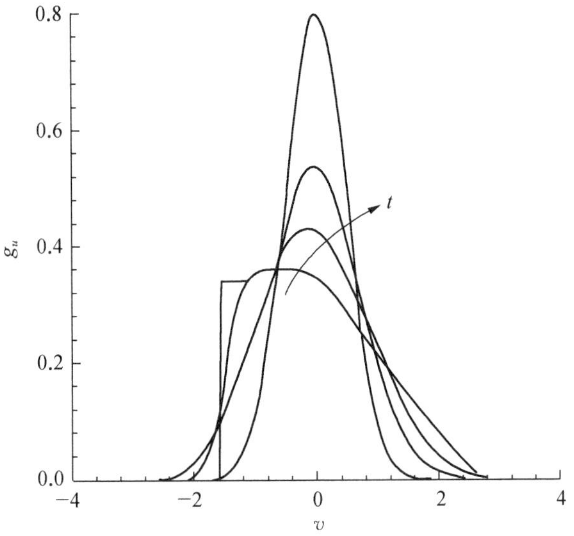

图 12.3 根据简化朗格万模型演化的 PDF $g_u(v;\, t)$，式(12.36)

在标准偏差为 1、0.99、0.9、0.75 和 0.5 时的 PDF(取常数 C_0 为 2.1)

和图 5.46)。

练 习

12.9 通过对式(12.29)进行积分，表明：① 满足无量纲化条件；② 保守 $u(t)$ 的均值；③ 使得方差以 $2D$ 的速度增加。

证明，对应于式(12.29)，特征函数：

$$\Psi_u(s,\, t) \equiv \langle e^{iu(t)s} \rangle \tag{12.37}$$

通过如下公式演变得到：

$$\frac{\partial \Psi_u}{\partial t} = -\mathcal{D}s^2 \Psi_u \tag{12.38}$$

(提示：参考表 I.1)通过该方程对 s 进行微分，验证①、②和③的性质。证明式(12.38)的解为

$$\Psi_u(s,\, t) = \Psi_u(s,\, 0)\, e^{-\mathcal{D}s^2 t} \tag{12.39}$$

证明，(对于 $t > 0$) 随机变量：

$$\tilde{u} \equiv \frac{u}{\sqrt{2\mathcal{D}t}} \tag{12.40}$$

其特征函数为

$$\Psi_{\hat{u}}(\hat{s},\ t) = \exp\left(-\frac{1}{2}\hat{s}^2\right)\Psi_u\left(\frac{\hat{s}}{\sqrt{2Dt}},\ 0\right) \tag{12.41}$$

利用这一结果证明,对于任何初始 PDF,扩散方程[式(12.29)]的解在较长的时间上趋于高斯分布。

12.10 证明,如果 PDF $g_u(v;\ t)$ 通过式(12.32)演变,那么相应的特征函数[式(12.37)]通过如下公式演变:

$$\left(\frac{\partial}{\partial t} + \frac{s}{T_{\mathrm{L}}}\frac{\partial}{\partial s}\right)\Psi_u = 0 \tag{12.42}$$

由此得到解:

$$\Psi_u(s,\ t) = \Psi_u(s\mathrm{e}^{-t/T_{\mathrm{L}}},\ 0) \tag{12.43}$$

12.11 设 $\hat{g}(\hat{v};\ \hat{t})$ 是 $u(t)$ 的标准 PDF,即

$$\hat{g}(\hat{v};\ \hat{t}) = g_u[\hat{v}\sigma(t),t]\sigma(t) \tag{12.44}$$

其中,$\sigma(t)^2 = \langle u(t)^2\rangle$,且:

$$\mathrm{d}\hat{t} \equiv \frac{3}{4}C_0\frac{\varepsilon}{k}\mathrm{d}t \tag{12.45}$$

证明,如果 g_u 按照 SLM[式(12.36)]演变,那么 $\hat{g}$ 通过如下公式演变:

$$\frac{\partial\hat{g}}{\partial\hat{t}} = \frac{\partial}{\partial\hat{v}}(\hat{g}\hat{v}) + \frac{\partial^2\hat{g}}{\partial\hat{v}^2} \tag{12.46}$$

以 $\hat{\Psi}_u(\hat{s},\ \hat{t})$ 为 $u(t)/\sigma(t)$ 的特征函数,证明其通过如下公式演变:

$$\frac{\partial\hat{\Psi}_u}{\partial\hat{t}} = -\hat{s}\frac{\partial\hat{\Psi}_u}{\partial\hat{s}} - \hat{s}^2\hat{\Psi}_u \tag{12.47}$$

利用特征法求得解:

$$\hat{\Psi}_u(\hat{s},\ \hat{t}) = \hat{\Psi}_u(\hat{s}\mathrm{e}^{-\hat{t}},\ 0)\exp\left[-\frac{1}{2}\hat{s}^2(1-\mathrm{e}^{-2\hat{t}})\right] \tag{12.48}$$

讨论长时间的表现。确定 σ 是 $\hat{t}$ 的函数,从而得到 $\Psi_u(s,\ t)$ 的解。

12.12 根据定义:

$$A_{ji} = -G_{ij} + \frac{\partial\langle U_i\rangle}{\partial x_j} \tag{12.49}$$

证明 $g(\boldsymbol{v}, t)$ [式(12.27)]的 GLM 可以改写为

$$\frac{\partial g}{\partial t} = A_{ji}\frac{\partial}{\partial v_i}(gv_j) + \frac{1}{2}C_0\varepsilon\frac{\partial^2 g}{\partial v_i \partial v_i} \tag{12.50}$$

而且,特征函数 $\Psi(\boldsymbol{s}, t)$ 对应的方程为

$$\left(\frac{\partial}{\partial t} + A_{ji}s_i\frac{\partial}{\partial s_j}\right)\Psi = -\frac{1}{2}C_0\varepsilon s^2\Psi \tag{12.51}$$

其中,$s^2 = s_i s_i$。

证明,轨迹 $\hat{\boldsymbol{s}}(s_0, t)$ 由如下公式给出:

$$\hat{\boldsymbol{s}}(\boldsymbol{s}_0, t) = \boldsymbol{B}(t)\boldsymbol{s}_0 \tag{12.52}$$

根据:

$$\boldsymbol{B}(t) \equiv \exp\left[\int_0^t \boldsymbol{A}(t')\mathrm{d}t'\right] \tag{12.53}$$

Ψ 通过如下公式演变:

$$\frac{\mathrm{dln}\ \Psi}{\mathrm{d}t} = -\frac{1}{2}C_0\varepsilon\hat{s}^2 \tag{12.54}$$

因此,证明式(12.51)的解是

$$\Psi(\boldsymbol{s}, t) = \Psi(\boldsymbol{B}^{-1}\boldsymbol{s}, 0)\mathrm{e}^{-s^{\mathrm{T}}\hat{\boldsymbol{C}}s/2} \tag{12.55}$$

其中,

$$\hat{\boldsymbol{C}}(t) = (\boldsymbol{B}^{-1})^{\mathrm{T}}\int_0^t C_0\varepsilon\boldsymbol{B}\boldsymbol{B}^{\mathrm{T}}\mathrm{d}t'\boldsymbol{B}^{-1} \tag{12.56}$$

证明,如果 $g(v, t)$ 初始是联合正态分布,那么它会一直保持联合正态分布。再证明,对于任意初始条件,当 $\boldsymbol{B}^{-1}$ 趋向于零时,分布趋于联合正态分布(协方差 $\hat{\boldsymbol{C}}$)。

12.2.3 相应的雷诺应力模型

从 PDF [式(12.26)]的 GLM 方程,可以直接推导出一阶矩和二阶矩 $\langle \boldsymbol{U}(x, t)\rangle$ 和 $\langle u_i u_j\rangle$ 的相应方程。正如已经观察到的,一阶矩方程是雷诺方程[式(4.12)],忽略了黏性项。二阶矩方程为部分模拟的雷诺应力方程:

$$\frac{\bar{\mathrm{D}}}{\bar{\mathrm{D}}t}\langle u_i u_j\rangle + \frac{\partial}{\partial x_k}\langle u_i u_j u_k\rangle = \mathcal{P}_{ij} + G_{ik}\langle u_j u_k\rangle + G_{jk}\langle u_i u_k\rangle + C_0\varepsilon\delta_{ij} \tag{12.57}$$

其中,前三项是确切的——平均对流、湍流输运和生成项。

上述方程可以与确切的雷诺应力方程[式(7.194)]相比较。如果忽略黏性和压力输运,那么模型项[式(12.57)中 G_{ij} 和 C_0 的项]对应的是再分配和耗散,即

$$\mathcal{R}_{ij} - \varepsilon_{ij} = G_{ik}\langle u_j u_k\rangle + G_{jk}\langle u_i u_k\rangle + C_0\varepsilon\delta_{ij} \tag{12.58}$$

因此,假设耗散为各向同性,则 GLM 所隐含的应变压力率模型为

$$\mathcal{R}_{ij} = G_{ik}\langle u_j u_k\rangle + G_{jk}\langle u_i u_k\rangle + \left(\frac{2}{3} + C_0\right)\varepsilon\delta_{ij} \tag{12.59}$$

要求 $\mathcal{R}_{jk}$ 具有再分配性(即 $\mathcal{R}_{ii} = 0$),导致了对 GLM 系数的约束[式(12.28)]。

1. 简化的朗之万模型(SLM)

该模型是选择最简单的 G_{ij} 来定义的,即

$$G_{ij} = -\left(\frac{1}{2} + \frac{3}{4}C_0\right)\frac{\varepsilon}{k}\delta_{ij} \tag{12.60}$$

将此规范代入式(12.59),得到:

$$\mathcal{R}_{ij} = -\left(1 + \frac{3}{2}C_0\right)\varepsilon\left(\frac{\langle u_i u_j\rangle}{k} - \frac{2}{3}\delta_{ij}\right) \tag{12.61}$$

这是 Rotta 模型[式(11.24)],其系数为

$$C_{\mathrm{R}} = 1 + \frac{3}{2}C_0 \tag{12.62}$$

因此,简化的朗之万模型(在雷诺应力水平上)对应 Rotta 模型,有 $C_{\mathrm{R}} = \left(1 + \frac{3}{2}C_0\right)$。当将它应用于均匀湍流时,SLM 得到了与 Rotta 模型相同的雷诺应力演化。

2. 生成的各向同性模型

LRR-IP 模型对应的 G_{ij} 和 C_0 是什么样的规范?均匀湍流[式(12.27)]中 $g(v, t)$ 的 GLM 方程可以写为

$$\frac{\partial g}{\partial t} = -\frac{\partial}{\partial v_i}\left[g\left(G_{ij} - \frac{\partial\langle U_i\rangle}{\partial x_j}\right)v_j\right] + \frac{1}{2}C_0\varepsilon\frac{\partial^2 g}{\partial v_i\partial v_i} \tag{12.63}$$

平均速度梯度项会在雷诺应力方程中引发生成项 $\mathcal{P}_{ij}$。因此,对 G_{ij} 的贡献项:

$$G'_{ij} = C_2\frac{\partial\langle U_i\rangle}{\partial x_j} \tag{12.64}$$

将在雷诺应力方程中引入 $-C_2\mathcal{P}_{ij}$ 项，即根据 IP 模型对生成项的抵消作用。因此，LRR－IP 模型对应的 G_{ij} 规范是该 IP 贡献[式(12.64)]及 Rotta 模型对应的各向同性贡献之和：

$$G_{ij}=-\frac{1}{2}C_{\mathrm{R}}\frac{\varepsilon}{k}\delta_{ij}+C_2\frac{\partial\langle U_i\rangle}{\partial x_j} \tag{12.65}$$

然后，约束式(12.28)可以得到：

$$C_{\mathrm{R}}=1+\frac{3}{2}C_0-C_2\frac{\mathcal{P}}{\varepsilon} \tag{12.66}$$

或者，重新排列：

$$C_0=\frac{2}{3}\left(C_{\mathrm{R}}-1+C_2\frac{\mathcal{P}}{\varepsilon}\right) \tag{12.67}$$

综上所述：给定 C_{R} 和 C_2 的值，根据式(12.65)和式(12.67)，以及 G_{ij} 和 C_0 的规范可以得到 LRR－IP 对应的广义朗之万模型(generalized Langevin model)。在均匀湍流条件下，两种模型给出的雷诺应力演化规律是一致的。

3. Haworth-Pope 模型

Haworth 和 Pope(1986)提出这样一个模型：

$$G_{ij}=\frac{\varepsilon}{k}(\alpha_1\delta_{ij}+\alpha_2 b_{ij}+\alpha_3 b_{ij}^2)+\boldsymbol{H}_{ijk\ell}\frac{\partial\langle U_k\rangle}{\partial x_\ell} \tag{12.68}$$

其中，四阶张量 $\boldsymbol{H}$ 为

$$\begin{aligned}\boldsymbol{H}_{ijk\ell}=&\beta_1\delta_{ij}\delta_{k\ell}+\beta_2\delta_{ik}\delta_{j\ell}+\beta_3\delta_{i\ell}\delta_{jk}\\&+\gamma_1\delta_{ij}b_{k\ell}+\gamma_2\delta_{ik}b_{j\ell}+\gamma_3\delta_{i\ell}b_{jk}\\&+\gamma_4 b_{ij}\delta_{k\ell}+\gamma_5 b_{ik}\delta_{j\ell}+\gamma_6 b_{i\ell}\delta_{jk}\end{aligned} \tag{12.69}$$

$\alpha_{(i)}$ 中的项是仅涉及雷诺应力各向异性 b_{ij} 的最普遍的可能，而 $\boldsymbol{H}$ 中的项在平均速度梯度和各向异性中都是线性的。Haworth 和 Pope(1986)，以及 Haworth 和 Pope(1987)给出了系数的值(取为常数)。

从式(12.59)可以很容易地推导出相应的应变压力率张量模型。它的一般形式是式(11.135)，系数 $f^{(n)}$ 由 $\alpha_{(i)}$、$\beta_{(i)}$ 和 $\gamma_{(i)}$ 确定[见 Pope(1994)的研究和练习 12.13，以及式(12.72)]。

4. 拉格朗日 IP 模型(LIPM)

本课程中一个有用的模型是由 Pope(1994)提出的 LIPM 模型，指定了三个常数：$C_0=2.1$，$C_2=0.6$ 和 $\alpha_2=3.5$。剩下的系数由 $\alpha_3=-3\alpha_2$，$\beta_1=-\frac{1}{5}$，$\beta_2=$

$\frac{1}{2}(1+C_2)$，$\beta_3=-\frac{1}{2}(1-C_2)$，$\gamma_{1-4}=0$，$\gamma_5=-\gamma_6=\frac{3}{2}(1-C_2)$ 和 α_1 得到，α_1 的计算公式为

$$\alpha_1=-\left(\frac{1}{2}+\frac{3}{4}C_0\right)+\frac{1}{2}C_2\frac{\mathcal{P}}{\varepsilon}+3\alpha_2 b_{ii}^3 \tag{12.70}$$

该模型的性能与 LRR－IP 模型[式(12.65)～式(12.67)]区别不大，但它有一个 C_0 为常数值的优点。Rotta 常数的隐含值为

$$C_{\mathrm{R}}=1+\frac{3}{2}C_0-C_2\frac{\mathcal{P}}{\varepsilon}-\frac{2}{3}\alpha_2 F \tag{12.71}$$

[见式(12.66)。]其中，F 为无量纲雷诺应力张量的行列式[式(11.34)]。

5. 一般情况

由式(12.59)可知，每个 GLM 对应一个唯一的再分配 $\mathcal{R}_{ij}$ 模型。此外，该模型是可实现的(仅限于系数有界和 C_0 非负的条件)。

相反的情况则更为微妙。我们已经确定了与 Rotta 的模型和 LRR－IP 模型相对应的 C_0 和 G_{ij} 的规范，但这些规范并不是唯一的：注意，$\mathcal{R}_{ij}$ 只有 5 个独立项，而 G_{ij} 有 9 个。Pope(1994)对这些问题进行了更深入的讨论。

练 习

12.13 由式(12.59)可知，与 Haworth-Pope 模型[式(12.68)]对应的应变压力率模型为式(11.135)，其系数 $f^{(n)}$ 为

$$\begin{cases} f^{(1)}=4\alpha_1+\frac{4}{3}\alpha_2+2b_{ii}^2\alpha_3 \\ f^{(2)}=4\alpha_2+\frac{4}{3}\alpha_3 \\ f^{(3)}=\frac{4}{3}(\beta_2+\beta_3) \\ f^{(4)}=2(\beta_2+\beta_3)+\frac{2}{3}(\gamma_2+\gamma_3+\gamma_5+\gamma_6) \\ f^{(5)}=2(\beta_2-\beta_3)+\frac{2}{3}(\gamma_2-\gamma_3-\gamma_5+\gamma_6) \\ f^{(6)}=2(\gamma_2+\gamma_3) \\ f^{(7)}=2(\gamma_2-\gamma_3) \\ f^{(8)}=4(\gamma_5+\gamma_6) \end{cases} \tag{12.72}$$

12.14　证明，对于任意 γ_5，可以指定 Haworth-Pope 模型中的剩余系数(β_i，γ_i)，使相应的应变压力率模型为 LRR－IP。

12.15　证明对应 Haworth-Pope 模型的系数 $f^{(n)}$［式(12.72)］满足：

$$\frac{3}{2}f^{(3)} - f^{(4)} + \frac{1}{3}f^{(6)} + \frac{1}{6}f^{(8)} = 0 \tag{12.73}$$

讨论系数 $f^{(n)}$ 线性相关的重要性。

12.2.4　欧拉和拉格朗日建模方法

到目前为止，在考虑雷诺应力和 PDF 闭合时，我们采用了欧拉方法建模，如图 12.4 所示。从 Navier-Stokes 方程出发，可以得到精确输运方程的统计量，例如所推导的 $\langle u_i u_j \rangle$ 和 $f(\boldsymbol{V};\, \boldsymbol{x},\, t)$。这些方程是不闭合的：它们包含未知的欧拉统计量，如 $\mathcal{R}_{ij}$ 和 $\langle \partial p/\partial x_j \mid \boldsymbol{V} \rangle$。"建模"包括用已知的函数逼近这些未知的统计量，从而得到一组闭合的模型方程。

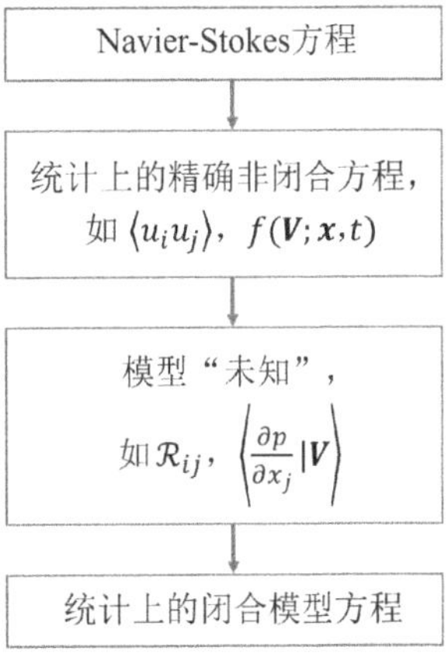

图 12.4　欧拉建模方法

另一种方法是直接在 Navier-Stokes 方程上开展模拟。例如，考虑以下关于流体粒子的速度演化的模型方程：

$$\frac{\mathrm{D}U_i}{\mathrm{D}t} = -\frac{1}{\rho}\frac{\partial \langle p \rangle}{\partial x_i} + G_{ij}(U_j - \langle U_j \rangle) \tag{12.74}$$

其中，系数 $G_{ij}(\boldsymbol{x},\, t)$ 是 $\langle u_i u_j \rangle$、$\partial \langle U_i \rangle / \partial x_j$ 和 ε 的局部函数。G_{ij} 中的项将特定力（由于脉动压力梯度和黏度）模拟为速度脉动的线性函数。

由该模型方程导出的欧拉 PDF $f(\boldsymbol{V};\, \boldsymbol{x},\, t)$ 的演化方程是

$$\frac{\partial f}{\partial t} + \boldsymbol{V}_i \frac{\partial f}{\partial x_i} = \frac{1}{\rho}\frac{\partial \langle p \rangle}{\partial x_i}\frac{\partial f}{\partial \boldsymbol{V}_i} - \frac{\partial}{\partial \boldsymbol{V}_i}[fG_{ij}(\boldsymbol{V}_j - \langle U_j \rangle)] \tag{12.75}$$

其直接由式(12.8)得到。该方程与模型耗散方程形成一个闭环。其实，当扩散系数设为零（即 $C_0 = 0$）时，式(12.75)与广义朗之万模型方程［式(12.26)］是相同的。因此，也可以从式(12.74)这样的流体粒子速度模型中得到闭合模型 PDF 方程。

式(12.74)的右端是流体粒子上特定力的确定性模型。就目前的情况而言，它不是一个令人满意的模型，因为在式(12.75)中没有扩散项，导致 PDF 的形状松弛到联合正态分布，下一节将介绍朗之万方程。这些是对流体粒子特定力的随机模

型，能使 PDF 产生令人满意的特征。图 12.5 对这种替代的拉格朗日建模方法进行了总结。

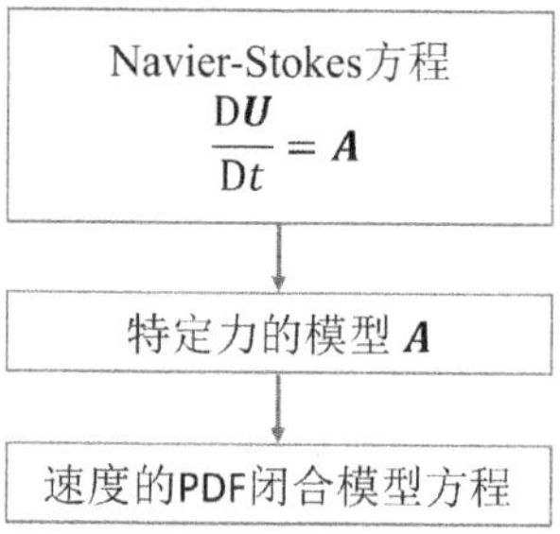

图 12.5　拉格朗日建模方法

练　　习

12.16　从式(12.75)给出平均速度的必要条件为什么是螺线形？写出论证中 f 和 ε 方程[式(12.75)和式(10.53)]形成一个闭环的步骤。

12.17　从式(12.75)导出平均动量方程和雷诺数应力方程。证明 $\langle u_i u_j \rangle$ 和 ε 的方程对于均匀湍流是闭合的，但对于一般情况不闭合。

12.2.5　拉格朗日和欧拉 PDFs 的关系

虽然后面章节中描述的模型都是拉格朗日模型，但理解它们对欧拉量的影响是十分必要的。这可以通过考虑这里建立的拉格朗日和欧拉 PDFs 方程[式(12.80)和式(12.87)]两者之间的关系来实现。

回顾第 2.2 节，$\boldsymbol{X}^+(t,\ \boldsymbol{Y})$ 和 $\boldsymbol{U}^+(t,\ \boldsymbol{Y})$ 表示在参考时间点 t_0 从点 $\boldsymbol{Y}$ 出发的流体粒子的位置和速度。这些是拉格朗日量，相应地，其联合 PDF 称为拉格朗日 PDF，用 $f_{\mathrm{L}}(\boldsymbol{V},\ \boldsymbol{x};\ t\mid \boldsymbol{Y})$ 表示。这可以用精细的拉格朗日 PDF f'_{L} 表示为

$$f_{\mathrm{L}}(\boldsymbol{V},\ \boldsymbol{x};\ t\mid \boldsymbol{Y})=\langle f'_{\mathrm{L}}(\boldsymbol{V},\ \boldsymbol{x};\ t\mid \boldsymbol{Y})\rangle \tag{12.76}$$

其中，

$$f'_{\mathrm{L}}(\boldsymbol{V},\ \boldsymbol{x};\ t\mid \boldsymbol{Y})\equiv\delta[\boldsymbol{U}^+(t,\ \boldsymbol{Y})-\boldsymbol{V}]\delta[\boldsymbol{X}^+(t,\ \boldsymbol{Y})-\boldsymbol{x}] \tag{12.77}$$

(附录 H 中描述了细粒度 PDF 的属性，如 f'_{L}。)

现在考虑 f'_{L} 对所有初始点的积分，即 $\int f'_{\mathrm{L}}\mathrm{d}\boldsymbol{Y}$。由于点 $\boldsymbol{Y}$ 和 $\boldsymbol{X}^+(t,\ \boldsymbol{Y})$ 之间存在一对一的映射，这个积分可以重新表示为

$$\int f'_{\mathrm{L}}\mathrm{d}\boldsymbol{Y}=\int f'_{\mathrm{L}}J^{-1}\mathrm{d}\boldsymbol{X}^{+} \tag{12.78}$$

其中，J 为雅可比矩阵 $\partial X_i^+/\partial Y_j$［式(2.23)］的行列式。当考虑不可压缩流动时，连续性方程的一个结果是 J 等于单位 1(见练习 2.5)。因此，式(12.78)变为

$$\begin{aligned}\int f'_{\mathrm{L}}\mathrm{d}\boldsymbol{Y}&=\int\delta[\boldsymbol{U}^{+}(t,\ \boldsymbol{Y})-\boldsymbol{V}]\delta[\boldsymbol{X}^{+}(t,\ \boldsymbol{Y})-\boldsymbol{x}]\mathrm{d}\boldsymbol{X}^{+}\\&=\delta[\boldsymbol{U}^{+}(t,\ \boldsymbol{Y})-\boldsymbol{V}]\,|_{\boldsymbol{X}^{+}(t,\ \boldsymbol{Y})=\boldsymbol{x}}\\&=\delta[\boldsymbol{U}(\boldsymbol{x},\ t)-\boldsymbol{V}]\end{aligned} \tag{12.79}$$

delta 函数的筛选特性可以单独选出位于 $\boldsymbol{X}^{+}(t,\ \boldsymbol{Y})=\boldsymbol{x}$ 处的流体粒子，其速度为 $\boldsymbol{U}(\boldsymbol{x},\ t)$。可以看出 $\delta[\boldsymbol{U}(\boldsymbol{x},\ t)-\boldsymbol{V}]$ 是精细的欧拉 PDF［式(H.1)］，因此，由式(12.79)的期望得到的所需结果是：

$$\int f_{\mathrm{L}}(\boldsymbol{V},\ \boldsymbol{x};\ t\mid\ \boldsymbol{Y})\mathrm{d}\boldsymbol{Y}=f(\boldsymbol{V};\ \boldsymbol{x},\ t) \tag{12.80}$$

通常认为 $\boldsymbol{Y}$ 是固定的初始位置，因此(在湍流中) $\boldsymbol{X}^{+}(t,\ \boldsymbol{Y})$ 是随机的。但是，我们可以认为 $\boldsymbol{X}^{+}$ 是固定的［即 $\boldsymbol{X}^{+}(t,\ \boldsymbol{Y})=\boldsymbol{x}$］，在这种情况下，$\boldsymbol{Y}$ 是流体粒子在 t 时刻 $\boldsymbol{x}$ 处的随机初始位置。由此可以看出，$f_{\mathrm{L}}(\boldsymbol{V},\ \boldsymbol{x};\ t\mid\ \boldsymbol{Y})$ 有第二种解释：即当 $\boldsymbol{x}$ 和 t 固定时，f_{L} 为 t 时刻流体粒子在 $\boldsymbol{X}^{+}(t,\ \boldsymbol{Y})=\boldsymbol{x}$ 处速度 $\boldsymbol{U}^{+}(t,\ \boldsymbol{Y})=\boldsymbol{U}(\boldsymbol{x},\ t)$ 和初始位置 $\boldsymbol{Y}$ 处的流体粒子联合 PDF。因此，式(12.80)左端表示在 $\boldsymbol{x}$(不考虑初始位置)处流体粒子的速度边缘 PDF，这与欧拉 PDF 相同。

式(12.80)的结果同样适用于脉动速度的 PDFs。欧拉速度脉动 $\boldsymbol{u}(\boldsymbol{x},\ t)$ 的 PDF $g(\boldsymbol{v};\ \boldsymbol{x},\ t)$ 与 f 的关系可以简单表示为

$$g(\boldsymbol{v};\ \boldsymbol{x},\ t)=f[\langle\boldsymbol{U}(\boldsymbol{x},\ t)\rangle+\boldsymbol{v};\ \boldsymbol{x},\ t] \tag{12.81}$$

$\boldsymbol{X}^{+}(t,\ Y)$ 与脉动的联合 PDF：

$$\boldsymbol{u}^{+}(t,\ \boldsymbol{Y})\equiv\boldsymbol{U}^{+}(t,\ \boldsymbol{Y})-\langle\boldsymbol{U}[\boldsymbol{X}^{+}(t,\ \boldsymbol{Y}),\ t]\rangle \tag{12.82}$$

用 $g^{+}(\boldsymbol{v},\ \boldsymbol{x};\ t\mid\ \boldsymbol{Y})$ 表示，且其与 f_{L} 的关系为

$$g^{+}(\boldsymbol{v},\ \boldsymbol{x};\ t\mid\ \boldsymbol{Y})=f_{\mathrm{L}}[\langle\boldsymbol{U}(\boldsymbol{x},\ t)\rangle+\boldsymbol{v},\ \boldsymbol{x};\ t\mid\ \boldsymbol{Y}] \tag{12.83}$$

它直接遵循式(12.80)~式(12.83)，且 g^{+} 和 g 的相关关系为

$$\int g^{+}(\boldsymbol{v},\ \boldsymbol{x};\ t\mid\ \boldsymbol{Y})\mathrm{d}\boldsymbol{Y}=g(\boldsymbol{v};\ \boldsymbol{x},\ t) \tag{12.84}$$

均匀湍流。根据定义，在均匀湍流中，脉动欧拉速度场 $\boldsymbol{u}(\boldsymbol{x},\ t)$ 在统计上是均匀的：其 PDF $g(\boldsymbol{v};\ t)$ 与 $\boldsymbol{x}$ 无关。

需要考虑的拉格朗日量是速度脉动 $\boldsymbol{u}^{+}(t,\ \boldsymbol{Y})$ 和位移：

$$\boldsymbol{R}^{+}(t,\ \boldsymbol{Y}) \equiv \boldsymbol{X}^{+}(t,\ \boldsymbol{Y}) - \boldsymbol{Y} \tag{12.85}$$

由于统计的均匀性，$\boldsymbol{u}^{+}(t,\ \boldsymbol{Y})$ 和 $\boldsymbol{R}^{+}(t,\ \boldsymbol{Y})$ 的联合 PDF 表示为 $g_R^{+}(\boldsymbol{v},\ \boldsymbol{r};\ t)$ ——与 $\boldsymbol{Y}$ 无关。$\boldsymbol{u}^{+}(t,\ \boldsymbol{Y})$ 的边缘 PDF 也独立于 $\boldsymbol{Y}$：

$$g_{\mathrm{L}}(\boldsymbol{v};\ t) = \int g_{\mathrm{R}}^{+}(\boldsymbol{v},\ \boldsymbol{r};\ t)\,\mathrm{d}\boldsymbol{r} \tag{12.86}$$

根据这些定义，对于均匀湍流，式(12.84)可以重新表示为

$$\begin{aligned} g(\boldsymbol{v};\ t) &= \int g^{+}(\boldsymbol{v},\ \boldsymbol{x};\ t \mid \boldsymbol{Y})\,\mathrm{d}\boldsymbol{Y} \\ &= \int g_{\mathrm{R}}^{+}(\boldsymbol{v},\ \boldsymbol{x} - \boldsymbol{Y};\ t)\,\mathrm{d}\boldsymbol{Y} \\ &= g_{\mathrm{L}}(\boldsymbol{v};\ t) \end{aligned} \tag{12.87}$$

因此，在均匀湍流中，$\boldsymbol{u}(\boldsymbol{x},\ t)$ 和 $\boldsymbol{u}^{+}(t,\ \boldsymbol{Y})$ 的 PDF 是相同的，与 $\boldsymbol{x}$ 和 $\boldsymbol{Y}$ 无关。对于单点、单次统计量，所有点——无论是固定的 ($\boldsymbol{x}$) 还是移动的 ($\boldsymbol{X}^{+}$)，其在统计上是等价的。在更为简单的平均速度为零的均匀湍流的情况下，$\boldsymbol{U}(\boldsymbol{x},\ t)$、$\boldsymbol{u}(\boldsymbol{x},\ t)$、$\boldsymbol{U}^{+}(t,\ \boldsymbol{Y})$ 和 $\boldsymbol{u}^{+}(t,\ \boldsymbol{Y})$ 的单点、单次 PDF 都是相等的：

$$\begin{aligned} f(\boldsymbol{V};\ \boldsymbol{x},\ t) = g(\boldsymbol{v};\ t) = g_{\mathrm{L}}(\boldsymbol{v};\ t) &= \int f_{\mathrm{L}}(\boldsymbol{V},\ \boldsymbol{x};\ t \mid \boldsymbol{Y})\,\mathrm{d}\boldsymbol{x} \\ &= \int f_{\mathrm{L}}(\boldsymbol{V},\ \boldsymbol{x};\ t \mid \boldsymbol{Y})\,\mathrm{d}\boldsymbol{Y} \end{aligned} \tag{12.88}$$

其中，$\boldsymbol{V} = \boldsymbol{v}$。

12.3 朗之万方程

最初提出朗之万方程(Langevin, 1908)，是作为微观粒子在布朗运动下速度的随机模型。在这一节中，将描述和展示该方程，为湍流中流体粒子的速度提供了一个很好的模型。

由朗之万方程产生 $U^{*}(t)$ 的随机过程称为 Ornstein-Uhlenbeck(OU)过程，其 PDF 由 Fokker-Planck 方程演变而来。在随机过程的术语中，$U^{*}(t)$ 是一种扩散过程(diffusion process)，朗之万方程是一个随机微分方程(stochastic differential equation, SDE)。在附录 J 中，总结了与扩散过程相关的必要的数学知识，描述了 OU 过程的性质。

12.3.1　稳态各向同性湍流

我们首先考虑各向同性均匀湍流的最简单情况,人为使其在统计上稳定。平均速度是零,k 和 ε 的值是常数。在这种情况下,所有的流体粒子在统计上是相同的,它们的三个速度分量在统计上也是相同的。因此,考虑流体粒子速度的一个分量就足够了,这个分量表示为 $U^{+}(t)$,用 $U^{*}(t)$ 表示朗之万方程给出的 $U^{+}(t)$ 模型。

朗之万方程(the Langevin equation)是随机微分方程:

$$\mathrm{d}U^{*}(t) = -U^{*}(t)\frac{\mathrm{d}t}{T_{\mathrm{L}}} + \left(\frac{2\sigma^{2}}{T_{\mathrm{L}}}\right)^{1/2}\mathrm{d}W(t) \tag{12.89}$$

其中,T_{L} 和 σ^{2} 都是正常数。对于不熟悉随机微分方程的读者,当 Δt 趋于 0 时,此方程可以看作有限差分方程:

$$U^{*}(t+\Delta t) = U^{*}(t) - U^{*}(t)\frac{\Delta t}{T_{\mathrm{L}}} + \left(\frac{2\sigma^{2}\Delta t}{T_{\mathrm{L}}}\right)^{1/2}\xi(t) \tag{12.90}$$

其中,$\xi(t)$ 是一个标准化的高斯随机变量($\langle\xi(t)\rangle = 0, \langle\xi(t)^{2}\rangle = 1$),在不同时刻相互独立($\langle\xi(t)\xi(t')\rangle = 0$)$t \neq t'$),在过去时刻与 $U^{*}(t)$ 无关(例如,$\langle\xi(t)U^{*}(t')\rangle = 0$,对于 $t' \leqslant t$)。在式(12.89)中,确定性漂移项($-U^{*}\mathrm{d}t/T_{\mathrm{L}}$)导致速度在时间尺度 T_{L} 上的松弛趋近于零,而扩散项增加了标准差 $\sigma\sqrt{2\mathrm{d}t/T_{\mathrm{L}}}$ 的零均值随机增量。

图 12.6 显示了由朗之万方程实现 $U^{*}(t)$ 的 OU 过程或样本路径。式(12.89)是随机的(即包含随机性),致使来自相同初始条件的两个样本的路径是不同的。

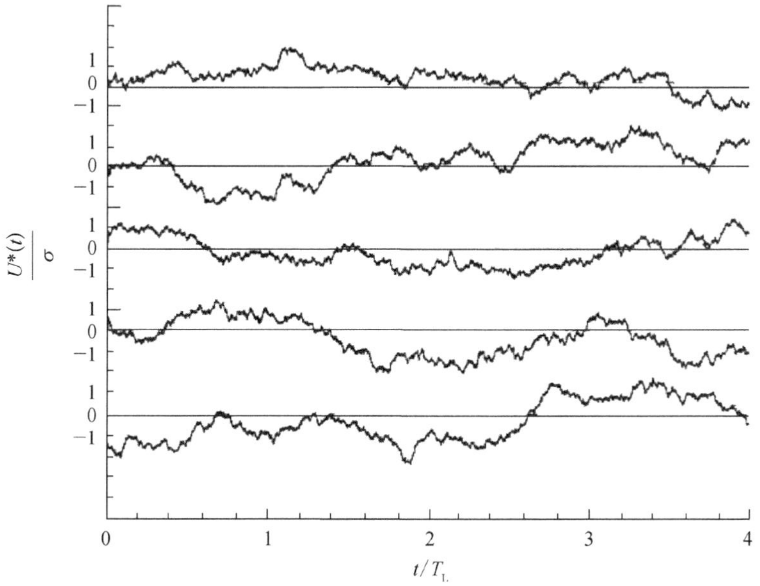

图 12.6　由朗之万方程[式(12.89)]生成的 OU 过程的样本路径

$U^*(t)$ 的 PDF $f_L^*(\boldsymbol{V};\ t)$ 由 Fokker-Planck 方程演变得到：

$$\frac{\partial f_L^*}{\partial t} = \frac{1}{T_L}\frac{\partial}{\partial \boldsymbol{V}}(\boldsymbol{V} f_L^*) + \frac{\sigma^2}{T_L}\frac{\partial^2 f_L^*}{\partial \boldsymbol{V}^2} \tag{12.91}$$

附录 J 中描述了 OU 过程的性质。简单来说 $U^*(t)$ 是一个统计稳态的高斯-马尔可夫(Gaussian-Markov)过程，具有处处不可导的连续样本路径。作为一个稳态的高斯过程，它的特性完全由均值(0)、方差 σ^2 及其自相关函数表征，即

$$\rho(s) = e^{-|s|/T_L} \tag{12.92}$$

如果 $\rho(s)$ 是拉格朗日速度自相关函数，则定义拉格朗日积分时间尺度为

$$T_L \equiv \int_0^\infty \rho(s)\,\mathrm{d}s \tag{12.93}$$

显然，式(12.92)符合这个定义，因此在朗之万方程[式(12.89)]中系数 T_L 确实是过程上的积分时间尺度。

与观察结果的比较：OU 过程 $U^*(t)$ 能在多大程度上模拟湍流中流体粒子速度 $U^+(t)$ 的行为？朗之万方程可以正确得到速度的高斯 PDF。在各向同性湍流中，拉格朗日速度 $U^+(t)$ 的单次 PDF 与单点、单次欧拉 PDF[式(12.88)]一致。实验和 DNS[例如，Yeung 和 Pope(1989)的研究]的结果都明确证明，这些 PDF 非常接近高斯分布。

通过设定式(12.94)可以得到正确的速度方差：

$$\sigma^2 = \frac{2}{3}k \tag{12.94}$$

朗之万方程的一个局限在于，$U^+(t)$ 是可微的，而 $U^*(t)$ 是不可微的。因此，如果在无穷小的时间尺度下考察 $U^*(t)$，该模型在定性上不准确。然而，考虑高雷诺数湍流，其积分时间尺度 T_L 与 Kolmogorov 时间尺度 τ_η 存在显著分离；若在惯性区时间尺度 $s(T_L \gg s \gg \tau_\eta)$ 分析 $U^+(t)$，则可通过拉格朗日结构函数进行有效研究：

$$D_L(s) \equiv \langle [U^+(t+s) - U^+(t)]^2 \rangle \tag{12.95}$$

柯尔莫戈罗夫(Kolmogorov)假设(于 1941 年提出，并于 1962 年进行改进)预测：

$$D_L(s) = \mathcal{C}_0 \varepsilon s, \quad \tau_\eta \ll s \ll T_L \tag{12.96}$$

其中，$\mathcal{C}_0$ 为通用常数。而由朗之万方程得到：

$$D_L^*(s) \equiv \langle [U^*(t+s) - U^*(t)]^2 \rangle$$
$$= \frac{2\sigma^2}{T_L} s, \quad s \ll T_L \tag{12.97}$$

［见式(J.46)。］因此，在求解惯性范围内 D_L 与 s 呈线性相关方面，朗之万方程与 Kolmogorov 假设一致。

朗之万方程中的两个参数可以用 k 和 ε 代替 σ^2 和 T_L。式(12.94)给出 k 和 σ^2 的关系，并通过如下关系式引入模型系数 C_0：

$$\frac{2\sigma^2}{T_L} = C_0 \varepsilon \tag{12.98}$$

所以时间尺度由式(12.99)给出：

$$T_L^{-1} = \frac{C_0 \varepsilon}{2\sigma^2} = \frac{3}{4} C_0 \frac{\varepsilon}{k} \tag{12.99}$$

用这种方式重新表示各系数，朗之万方程变为

$$\mathrm{d}U^*(t) = -\frac{3}{4} C_0 \frac{\varepsilon}{k} U^*(t)\,\mathrm{d}t + (C_0 \varepsilon)^{1/2} \mathrm{d}W(t) \tag{12.100}$$

如果认为模型系数 C_0 是 Kolmogorov 常数 $\mathcal{C}_0$，朗之万方程在定量上与 Kolmogorov 假设一致。因此，$D_L(s)$［由式(12.96)给出］和 $D_L^*(s)$［由式(12.97)给出］是相同的(对于 $\tau_\eta \ll s \ll T_L$)。第 12.4 节中将讨论 $\mathcal{C}_0$ 的值和 C_0 的选择。

在高雷诺数流动中，已证明实验和 DNS 都无法实现拉格朗日统计。然而，在低雷诺数或中等雷诺数下，这两种方法都被用来测量拉格朗日自相关函数 $\rho(s)$。图 12.7 显示了各向同性湍流中 $\rho(s)$ 的测量结果与朗之万方程给出的指数［式(12.92)］的对比。在很短的时间内 ($s/T_L \ll 1$)，由朗之万方程产生的指数在定性上是错误的，因为它有一个

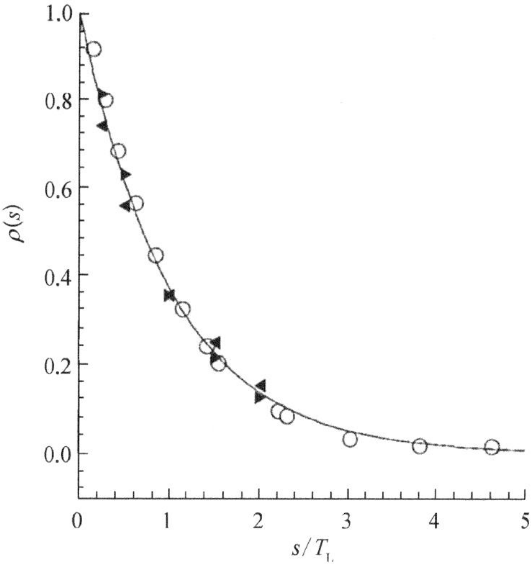

图 12.7　拉格朗日速度自相关函数

直线：朗之万模型 $\rho(s) = \exp(-s/T_L)$；实体符号：Sato 和 Yamamoto(1987)的实验数据，▶：$R_\lambda = 46$；◀：$R_\lambda = 66$；空心符号：Yeung 和 Pope(1989)的 DNS 数据，$R_\lambda = 90$

负斜率——这是 $U^*(t)$ 不可微的结果。然而,对于较长时间观察到的自相关,指数提供了一个非常合理的近似值。

练 习

12.18 在朗之万方程[式(12.90)]的有限差分形式中,对于 $t' \leqslant t$,定义随机变量 $\xi(t)$ 与 $U^*(t')$ 无关。证明 $\xi(t)$ 与 $U^*(t+\Delta t)$ 是相关的。

12.19 通过对式(12.90)取均值,证明均值 $\langle U^*(t)\rangle$ 演变为

$$\frac{\mathrm{d}\langle U^*\rangle}{\mathrm{d}t} = -\frac{\langle U^*\rangle}{T_\mathrm{L}} \tag{12.101}$$

证明式(12.90)平方的均值为

$$\langle U^*(t+\Delta t)^2\rangle = \langle U^*(t)^2\rangle\left(1-\frac{\Delta t}{T_\mathrm{L}}\right)^2 + \frac{2\sigma^2\Delta t}{T_\mathrm{L}} \tag{12.102}$$

因此,证明方差 $\langle u^{*2}\rangle \equiv \langle U^{*2}\rangle - \langle U^*\rangle^2$ 通过式(12.103)演变:

$$\frac{\mathrm{d}}{\mathrm{d}t}\langle u^{*2}\rangle = \frac{2}{T_\mathrm{L}}(\sigma^2 - \langle u^{*2}\rangle) \tag{12.103}$$

$t = t_1$ 时,根据初始条件 $\langle U^*\rangle = V_1$ 和 $\langle u^*\rangle = 0$,得到式(12.101)和式(12.102)的解。证明这些与式(J.41)是一致的。

12.20 对于 $t_0 < t$,将式(12.90)乘以 $U^*(t_0)$,取均值得到:

$$\frac{\mathrm{d}}{\mathrm{d}t}\langle U^*(t)U^*(t_0)\rangle = -\frac{\langle U^*(t)U^*(t_0)\rangle}{T_\mathrm{L}} \tag{12.104}$$

因此,对于稳态 $U^*(t)$,自协方差为

$$R(s) = \sigma^2 \mathrm{e}^{-s/T_\mathrm{L}}, \quad s \geqslant 0 \tag{12.105}$$

当 $s < 0$ 时,如何确定 $R(s)$?

12.21 当 $\Psi(s, t)$ 是 $U^*(t)$ 的特征函数时,证明式(12.90)对应于:

$$\Psi(s, t+\Delta t) = \Psi\left[\left(1-\frac{\Delta t}{T_\mathrm{L}}\right)s, t\right]\exp\left(-\frac{s^2\sigma^2\Delta t}{T_\mathrm{L}}\right) \tag{12.106}$$

通过将右端项展开到 Δt 的首阶,证明 $\Psi(s, t)$ 通过式(12.107)演变:

$$\frac{\partial\Psi}{\partial t} = -\frac{s}{T_\mathrm{L}}\frac{\partial\Psi}{\partial s} - \frac{s^2\sigma^2}{T_\mathrm{L}}\Psi \tag{12.107}$$

证明这个方程的傅里叶变换是 Fokker-Planck 方程,即式(12.91),此方程的解见练习 J.4。

12.3.2　广义朗之万模型

现在介绍了朗之万方程[式(12.100)]对非均匀湍流的初步拓展,其结果是简化的朗之万模型(SLM),广义朗之万模型(GLM)则是作为 SLM 的拓展。

这些朗之万方程讨论的主题是位于 $\boldsymbol{X}^*(t)$ 的粒子的速度 $\boldsymbol{U}^*(t)$。这些粒子模拟流体粒子的特征,因此它以自己的速度运动,即

$$\frac{\mathrm{d}\boldsymbol{X}^*(t)}{\mathrm{d}t} = \boldsymbol{U}^*(t) \tag{12.108}$$

简化后的朗之万模型可以写成随机微分方程:

$$\begin{aligned}\mathrm{d}U_i^*(t) = &-\frac{1}{\rho}\frac{\partial\langle p\rangle}{\partial x_i}\mathrm{d}t - \left(\frac{1}{2}+\frac{3}{4}C_0\right)\frac{\varepsilon}{k}[U_i^*(t) - \langle U_i\rangle]\mathrm{d}t \\ &+ (C_0\varepsilon)^{1/2}\mathrm{d}W_i(t)\end{aligned} \tag{12.109}$$

其中,$\boldsymbol{W}(t)$ 为向量值的维纳(Wiener)过程,其性质为 $\langle \mathrm{d}W_i\mathrm{d}W_j\rangle = \mathrm{d}t\delta_{ij}$,并且在粒子位置 $\boldsymbol{X}^*(t)$ 处计算系数 ($\partial\langle p\rangle/\partial x_i$, k, ε 和 $\langle U_i\rangle$)。相比稳态各向同性湍流的标量朗之万方程[式(12.100)],SLM 模型的不同之处有如下几点。

(1) SLM 适用于粒子向量速度 $\boldsymbol{U}^*(t)$。

(2) 在平均压力梯度中加入漂移项:这是 Navier-Stokes 方程的精确项(用 $\langle p\rangle + p'$ 表示)。

(3) 在第二个漂移项中,粒子速度 $\boldsymbol{U}^*(t)$ 向局部欧拉均值 $\langle \boldsymbol{U}\rangle$ 松弛。[在稳态各向同性湍流中,方程(12.100)涉及的平均速度为零。]

(4) 通过系数 $\left(\frac{1}{2}+\frac{3}{4}C_0\right)$ 中的附加值 $\frac{1}{2}$ 可以得到正确的能量耗散率 ε,如下所示。[或者,反过来,在式(12.100)中省略了这一点,因为人为作用力正好平衡 ε。]

这些修正[相对于式(12.100)]是与平均动量和动能方程一致所必需的最小值。

广义朗之万模型(Pope, 1983)为

$$\mathrm{d}U_i^*(t) = -\frac{1}{\rho}\frac{\partial\langle p\rangle}{\partial x_i}\mathrm{d}t + G_{ij}[U_j^*(t) - \langle U_j\rangle]\mathrm{d}t + (C_0\varepsilon)^{1/2}\mathrm{d}W_i(t) \tag{12.110}$$

其中,系数 $G_{ij}(\boldsymbol{x}, t)$ [在 $\boldsymbol{X}^*(t)$ 处计算]取决于 $\langle u_iu_j\rangle$、ε 和 $\partial\langle U_i\rangle/\partial x_j$ 的当地值。如前所述,GLM 是同一类模型,特定的模型对应于 G_{ij} 和 C_0 的特定规范。SLM 是特

定模型的例子,其 G_{ij} 由式(12.111)给出:

$$G_{ij}=-\left(\frac{1}{2}+\frac{3}{4}C_0\right)\frac{\varepsilon}{k}\delta_{ij} \tag{12.111}$$

且 G_{ij} 和 C_0 的 IP 模型由式(12.65)和式(12.67)给出。

GLM 的特征是漂移项在 $\boldsymbol{U}^*$ 内是线性的,扩散系数是各向同性的,即 $(C_0\varepsilon)^{1/2}\delta_{ij}$。考虑将一般的扩散系数表示为 $\mathcal{B}_{ij}$,使扩散项为 $\mathcal{B}_{ij}\mathrm{d}W_j$。在这种情况下,根据扩散过程:

$$\begin{aligned} D_{ij}^*(s) &\equiv \langle [U_i^*(t+s)-U_i^*(t)][U_j^*(t+s)-U_j^*(t)]\rangle \\ &= \mathcal{B}_{ik}\mathcal{B}_{jk}s,\quad s\ll\frac{k}{\varepsilon} \end{aligned} \tag{12.112}$$

可以给出二阶拉格朗日结构函数[参考式(12.97)]。而 Kolmogorov 假设使得

$$\begin{aligned} D_{ij}^{\mathrm{L}}(s) &\equiv \langle [U_i^+(t+s)-U_i^+(t)][U_j^+(t+s)-U_j^+(t)]\rangle \\ &= \mathcal{C}_0\varepsilon s\delta_{ij},\quad \tau_\eta\ll s\ll T_{\mathrm{L}} \end{aligned} \tag{12.113}$$

[参考式(12.96)。]因此,GLM 中各向同性扩散系数的选择是符合局部各向同性的必要条件;并且,从 $D_{ij}^*(s)$ 和 $D_{ij}^{\mathrm{L}}(s)$ 的这些方程的比较中可以明显看出,与 Kolmogorov 假设的一致性是通过规范实现的:

$$\mathcal{B}_{ij}=(C_0\varepsilon)^{1/2}\delta_{ij} \tag{12.114}$$

其中,$C_0=\mathcal{C}_0$。

给定扩散项的形式,G_{ij} 在 $\boldsymbol{U}^*$ 中的线性保证了 GLM 在均匀湍流中保持联合正态速度分布,与观测结果一致。[Durbin 和 Speziale(1994)进一步考虑在 Langevin 模型中使用各向异性扩散。]

1. 拉格朗日 PDF 方程

在广义朗之万模型中,$\boldsymbol{X}^*(t)$ 和 $\boldsymbol{U}^*(t)$ 模拟了流体粒子的性质,因此其联合 PDF f_{L}^* 是 f_{L} 的模型。由于流体粒子被定义为在时间 t_0 上起源于 $\boldsymbol{Y}$[即 $X^+(t_0,\boldsymbol{Y})=\boldsymbol{Y}$],$f_{\mathrm{L}}^*(\boldsymbol{V},\boldsymbol{x};t\mid\boldsymbol{Y})$ 的适当定义是 $\boldsymbol{X}^*(t)$ 和 $\boldsymbol{U}^*(t)$ 的联合 PDF[条件是 $\boldsymbol{X}^*(t_0)=\boldsymbol{Y}$]。

f_{L}^* 的演化方程就是简单的 Fokker-Planck 方程[式(J.56)],其由 $\boldsymbol{X}^*(t)$ 和 $\boldsymbol{U}^*(t)$ 的方程[式(12.108)和式(12.110)]得到:

$$\frac{\partial f_{\mathrm{L}}^*}{\partial t}=-V_i\frac{\partial f_{\mathrm{L}}^*}{\partial x_i}+\frac{1}{\rho}\frac{\partial f_{\mathrm{L}}^*}{\partial V_i}\frac{\partial\langle p\rangle}{\partial x_i}-G_{ij}\frac{\partial}{\partial V_i}[f_{\mathrm{L}}^*(V_j-\langle U_j\rangle)]+\frac{1}{2}C_0\varepsilon\frac{\partial^2 f_{\mathrm{L}}^*}{\partial V_i\partial V_i} \tag{12.115}$$

其中,所有系数在 $(\boldsymbol{x},t)$ 处计算得到(见练习 12.22)。

2. 欧拉 PDF 方程

根据拉格朗日 PDF 和欧拉 PDF 的关系[式(12.80)],广义朗之万模型对应的模型欧拉 PDF 为

$$f^*(\boldsymbol{V};\ \boldsymbol{x},\ t) = \int f_{\mathrm{L}}^*(\boldsymbol{V},\ \boldsymbol{x};\ t \mid \boldsymbol{Y})\,\mathrm{d}\boldsymbol{Y} \tag{12.116}$$

通过在所有 $\boldsymbol{Y}$ 上对 f_{L} 方程[式(12.115)]积分,很容易得到 f_{L}^* 的演化方程。因为这个方程不包含对 $\boldsymbol{Y}$ 的依赖(除了 f_{L}),结果可以简化为

$$\frac{\partial f^*}{\partial t} + V_i \frac{\partial f^*}{\partial x_i} - \frac{1}{\rho}\frac{\partial f^*}{\partial V_i}\frac{\partial \langle p \rangle}{\partial x_i} = -G_{ij}\frac{\partial}{\partial V_i}\left[f^*(V_j - \langle U_j \rangle)\right] + \frac{1}{2}C_0\varepsilon \frac{\partial^2 f^*}{\partial V_i \partial V_i} \tag{12.117}$$

这个方程正是第 12.2 节中讨论的模型欧拉 PDF 方程,即式(12.26)。尽管这里的 PDF 用 f_{L}^* 表示,以强调它起源于 $\boldsymbol{X}^*(t)$ 和 $\boldsymbol{U}^*(t)$ 的随机拉格朗日模型方程[式(12.108)和式(12.110)]。因此,第 12.2 节中由式(12.26)推导出的所有推论都反映了随机拉格朗日模型的性质。

图 12.8 总结了随机拉格朗日模型(GLM)与各种统计量演化方程之间的联系。特别地,$\boldsymbol{U}^*(t)$ [式(12.110)]的 GLM 方程,意味着雷诺应力 $\langle u_i u_j \rangle$ 根据式(12.57)演化而来。

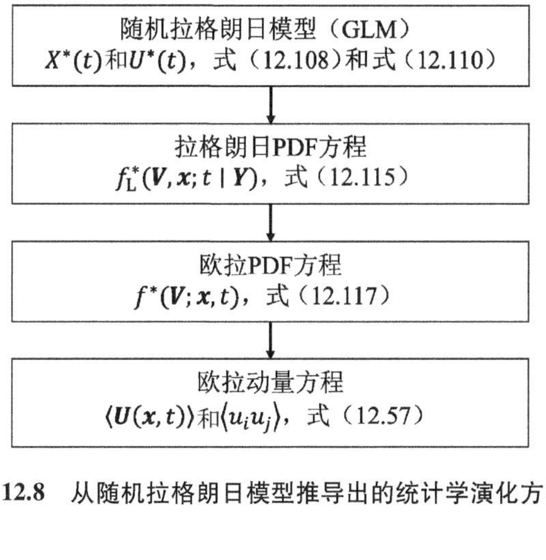

图 12.8　从随机拉格朗日模型推导出的统计学演化方程

3. 可实现性

随机拉格朗日模型 $\boldsymbol{X}^*(t)$ 和 $\boldsymbol{U}^*(t)$ 是可实现的,最小的约束条件是 GLM 方程[式(12.110)]中的系数是实数和有界的。假设 $\boldsymbol{X}^*(t)$ 和 $\boldsymbol{U}^*(t)$ 是可实现的,那么其所有的统计量也都是可实现的,包括拉格朗日和欧拉 PDF f_{L} 和 f_{L}^*,以及从它们获得的雷诺应力。

因此,可实现性不仅在 PDF 方法中很容易满足,而且如图 12.8 所示,从随机模型到雷诺应力方程的路线,提供了一种简单方法来解决雷诺应力闭合的可实现性问题。特别是,如果 G_{ij} 是有界的,并且 C_0 是正定有界的,那么可以实现将应变压力率模型写在式(12.59)的右侧。Pope(1994),以及 Durbin 和 Speziale(1994)对这些问题进行了更深入的思考。

练 习

12.22 考虑六维扩散过程 $\boldsymbol{Z}^*(t)$,其中 $\boldsymbol{Z}^*$ 的分量为 $\{Z_1^*, Z_2^*, Z_3^*, Z_4^*, Z_5^*, Z_6^*\} = \{X_1^*, X_2^*, X_3^*, U_1^*, U_2^* U_3^*\}$。$\boldsymbol{X}^*(t)$ 和 $\boldsymbol{U}^*(t)$ 根据式(12.108)和式(12.110)演变,证明 $\boldsymbol{Z}^*(t)$ 是由一般扩散方程演化的:

$$\mathrm{d}Z_i^* = a_i(\boldsymbol{Z}^*, t)\mathrm{d}t + \mathcal{B}_{ij}(\boldsymbol{Z}^*, t)\mathrm{d}W_j \tag{12.118}$$

且是漂移向量 a_i、扩散矩阵 $\mathcal{B}_{ij}$ 和扩散系数 $B_{ij} = \mathcal{B}_{ik}\mathcal{B}_{jk}$ 的显式表达式。因此,请使用 Fokker-Planck 方程[式(J.56)]的一般形式来验证式(12 115)。

12.23 考虑式(12.119)替换 Navier-Stokes 方程,并作为式(12.74)的一般化:

$$\frac{\mathrm{D}U_i}{\mathrm{D}t} = -\frac{1}{\rho}\frac{\partial\langle p\rangle}{\partial x_i} + \bar{A}_i(\boldsymbol{U}, \boldsymbol{x}, t) \tag{12.119}$$

其中,$\bar{A}_i$ 为可微函数。表明对应于 $\boldsymbol{U}(\boldsymbol{x}, t)$ 的欧拉 PDF $f^*(\boldsymbol{V}; \boldsymbol{x}, t)$ 由式(12.120)演变:

$$\frac{\partial f^*}{\partial t} + V_i\frac{\partial f^*}{\partial x_i} - \frac{1}{\rho}\frac{\partial f^*}{\partial V_i}\frac{\partial\langle p\rangle}{\partial x_i} = -\frac{\partial}{\partial V_i}[f^*\bar{A}_i(\boldsymbol{V}, \boldsymbol{x}, t)] \tag{12.120}$$

证明由 GLM 推导的欧拉 PDF 方程[式(12.117)]可以写成与式(12.121)的相同形式:

$$\bar{A}_i = G_{ij}(V_j - \langle U_j\rangle) + \frac{1}{2}C_0\varepsilon\frac{\partial\ln f^*}{\partial V_i} \tag{12.121}$$

如果 f^* 是联合正态分布的,那么 $\bar{\boldsymbol{A}}$ 有

$$\bar{A}_i = \left(G_{ij} - \frac{1}{2}C_0\varepsilon C_{ij}^{-1}\right)(V_j - \langle U_j\rangle) \tag{12.122}$$

其中,C_{ij}^{-1} 是雷诺应力张量 $C_{ij} = \langle u_i u_j\rangle$ 逆的 $i-j$ 分量。因此,可以认为,对于均匀(homogeneous)湍流,其中 f^* 是联合正态分布,式(12.119)和式(12.122)提供了与 GLM 具有相同欧拉 PDF 演化的确定性(deterministic)模型。对于一般流动,这个确定性模型的缺点是什么?

12.24　通过比较 Navier Stokes 方程[式(2.35)]与 GLM 方程[式(12.110)]可知,广义朗之万模型相当于对脉动压力梯度和黏性项的模拟,即

$$-\frac{1}{\rho}\frac{\partial p'}{\partial x_i}+\nu\nabla^2 U_i=\widetilde{A}_i(\boldsymbol{U},\ \boldsymbol{x},\ t)\equiv G_{ij}(U_j-\langle U_j\rangle)+(C_0\varepsilon)^{1/2}\dot{W}_i \tag{12.123}$$

其中,$\dot{\boldsymbol{W}}$ 为白噪声[见式(J.29)]。

12.25　设 $\boldsymbol{u}^*(t)$ 为速度随粒子的脉动分量,定义为

$$\boldsymbol{u}^*(t)\equiv\boldsymbol{U}^*(t)-\langle\boldsymbol{U}[\boldsymbol{X}^*(t),t]\rangle \tag{12.124}$$

其中,$\boldsymbol{X}^*(t)$ 通过式(12.108)演变,$\boldsymbol{U}^*(t)$ 通过扩散过程演变,证明 $\boldsymbol{u}^*(t)$ 通过式(12.125)演变:

$$\begin{aligned}\mathrm{d}u_i^*(t)&=\mathrm{d}U_i^*(t)-\left(\frac{\partial\langle U_i\rangle}{\partial t}+\frac{\mathrm{d}X_j^*}{\mathrm{d}t}\frac{\partial\langle U_i\rangle}{\partial x_j}\right)\mathrm{d}t\\&=\mathrm{d}U_i^*(t)-u_j^*\frac{\partial\langle U_i\rangle}{\partial x_i}\mathrm{d}t-\frac{\bar{\mathrm{D}}\langle U_i\rangle}{\bar{\mathrm{D}}t}\mathrm{d}t\end{aligned} \tag{12.125}$$

对于均匀湍流,以及 $\boldsymbol{U}^*(t)$ 由 GLM[式(12.110)]演化,证明 $\boldsymbol{u}^*(t)$ 的演化过程:

$$\mathrm{d}u_i^*=-u_j^*\frac{\partial\langle U_i\rangle}{\partial x_j}\mathrm{d}t+G_{ij}u_j^*\,\mathrm{d}t+(C_0\varepsilon)^{1/2}\mathrm{d}W_i(t) \tag{12.126}$$

验证由式(12.126)得到的雷诺应力张量 $\langle u_i^* u_j^*\rangle$ 的演化方程与式(12.57)一致。特别地,证明等式(12.126)右边的第一项导致了生成项 $\mathcal{P}_{ij}$。由式(12.126)得到 $g^*(\boldsymbol{v};\,t)$ 和 $\boldsymbol{u}^*(t)$ 的 PDF,验证此方程与式(12.27)相同。

12.4　湍流分散

在前面的章节中,随机拉格朗日模型(如 GLM)已用作湍流建模的基础——特别是为了获得欧拉速度 PDF 的闭合模型方程。在历史上,随机拉格朗日模型更早且更普遍地应用于湍流分散背景下。本节考虑了在网格湍流中的线源之后,分散最简单的情况。这既是因为它的历史意义,也是因为它揭示了朗之万方程的性能。

12.4.1　考虑的问题

湍流模型应用中常见问题的简单表述是:给定流动的几何形状、初始条件和

边界条件,确定平均速度场 $\langle \boldsymbol{U}(\boldsymbol{x}, t)\rangle$ 和一些湍流特性(如 $\langle u_i u_j\rangle$ 和 ε)。湍流分散研究涉及不同的问题,即给定一个湍流流场[用 $\langle \boldsymbol{U}(\boldsymbol{x}, t)\rangle$,$\langle u_i u_j\rangle$ 和 ε 表示],确定一个来自指定源的守恒被动标量的平均场 $\langle \phi(\boldsymbol{x}, t)\rangle$。这类研究的主要应用涉及污染物在大气、河流、湖泊及海洋中的分散[例如,见 Fischer 等(1979)和 Hunt(1985)的研究]。在这些应用中,源在时间上可能是连续的(例如,从管道排放到海洋的废水),也可能限于很短的时间(例如,有毒气体的意外释放)。与所研究区域的大小相比,源的大小通常非常小,因此可以近似为点源。

12.4.2 欧拉方法

确定平均标量场 $\langle \phi(\boldsymbol{x}, t)\rangle$ 的一种方法是用标量通量 $\langle \boldsymbol{u}\phi'\rangle$ 模型求解 $\langle \phi\rangle$[式(4.41)]的输运方程。例如,如果采用湍流扩散假设[式(4.42)],得到的模型方程为

$$\frac{\bar{\mathrm{D}}\langle \phi\rangle}{\bar{\mathrm{D}}t} = \nabla\cdot[(\Gamma + \Gamma_{\mathrm{T}})\nabla\langle \phi\rangle] \tag{12.127}$$

其中,Γ 和 Γ_{T} 分别为分子和湍流扩散系数。

12.4.3 拉格朗日方法

另一种研究湍流分散的拉格朗日方法源于 Taylor 的经典论文《连续运动的扩散》(diffusion by continuous movement)。Taylor 认为(在高雷诺数条件下),与平均流和湍流运动下的对流输运相比,由分子扩散引起的 ϕ 空间输运可以忽略不计。在完全忽略分子扩散的情况下,沿流体粒子 ϕ 是守恒的 ($\mathrm{D}\phi/\mathrm{D}t = 0$),因此可以从流体粒子运动的统计量确定平均场 $\langle \phi\rangle$ 的演化。现在正在研究有关的统计数据。

12.4.4 粒子位置的 PDFs

回想一下,$\boldsymbol{X}^{+}(t, \boldsymbol{Y})$ 表示流体粒子从 t_0 时 $\boldsymbol{Y}$ 位置到 t 时刻的位置。$\boldsymbol{X}^{+}(t, \boldsymbol{Y})$ 的 PDF 称为粒子位置的向前 PDF,可以表示为

$$f_X(\boldsymbol{x}; t \mid \boldsymbol{Y}) = \langle f'_X(\boldsymbol{x}; t \mid \boldsymbol{Y})\rangle \tag{12.128}$$

其中,细粒度 PDF 是

$$f'_X(\boldsymbol{x}; t \mid \boldsymbol{Y}) = \delta[\boldsymbol{X}^{+}(t, \boldsymbol{Y}) - \boldsymbol{x}] \tag{12.129}$$

通过式(12.130):

$$f_X(\boldsymbol{x}; t \mid \boldsymbol{Y}) = \int f_{\mathrm{L}}(\boldsymbol{V}, \boldsymbol{x}; t \mid \boldsymbol{Y})\,\mathrm{d}\boldsymbol{V} \tag{12.130}$$

可将式(12.129)与拉格朗日 PDF f_{L} [式(12.76)]相关联。

在这些定义中,我们认为 $\boldsymbol{Y}$ 是一个(非随机)自变量,那么 $\boldsymbol{X}^{+}(t,\ \boldsymbol{Y})$ 给出了当 $t>t_0$ 时,流体粒子在时间上向前的随机轨迹。

考虑流体粒子在时间上的反向轨迹也是有用的。为此,定义 $\boldsymbol{Y}^{+}(t,\ \boldsymbol{x})$ 为流体粒子在 t (对于 $t>t_0$) 时刻 $\boldsymbol{x}$ 处的位置。这里 $\boldsymbol{x}$ 是非随机的向前位置,且 $\boldsymbol{Y}^{+}(t,\ \boldsymbol{x})$ 是随机初始位置。正向和反向流体粒子的轨迹如图12.9所示。

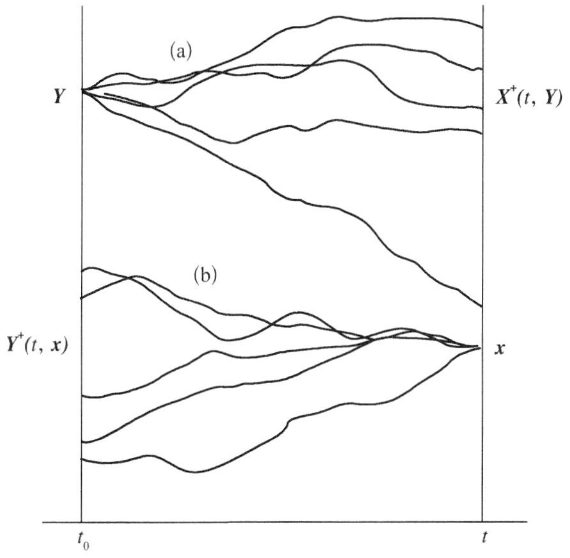

图12.9　正向(a)和反向(b)流体粒子的轨迹图(湍流的不同实现)

(a) 正向轨迹:在 t_0 时刻 $\boldsymbol{Y}$ 点开始的流体粒子路径;(b) 反向轨迹:在时刻 t 到达 $\boldsymbol{x}$ 处的流体粒子路径

函数 $\boldsymbol{X}^{+}(t,\ \boldsymbol{Y})$ 提供了初始点 $\boldsymbol{Y}$ 和最终点 $\boldsymbol{X}^{+}$ 之间的一对一映射;类似地,$\boldsymbol{Y}^{+}(t,\ \boldsymbol{x})$ 提供了最终点 x 和初始点 $\boldsymbol{Y}^{+}$ 之间的一对一映射。当然,这些函数是可逆的,表示为

$$\boldsymbol{X}^{+}[t,\ \boldsymbol{Y}^{+}(t,\ \boldsymbol{x})]=\boldsymbol{x} \tag{12.131}$$

$$\boldsymbol{Y}^{+}[t,\ \boldsymbol{X}^{+}(t,\ \boldsymbol{Y})]=\boldsymbol{Y} \tag{12.132}$$

对于考虑密度为常数的流动,映射 $\boldsymbol{X}^{+}(t,\ \boldsymbol{Y})$ 的雅可比矩阵为单位1:

$$\det\left(\frac{\partial X_i^{+}(t,\ \boldsymbol{Y})}{\partial Y_j}\right)=J(t,\ \boldsymbol{Y})=1 \tag{12.133}$$

(见练习2.5。)因此,逆矩阵的雅可比矩阵也为1:

$$\det\left(\frac{\partial Y_j^+(t,\ \boldsymbol{x})}{\partial x_t}\right) = J[t,\ \boldsymbol{Y}^+(t,\ \boldsymbol{x})]^{-1} = 1 \tag{12.134}$$

$\boldsymbol{Y}^+(t,\ \boldsymbol{x})$ 的 PDF 称为流体粒子位置的反向 PDF,可以写为

$$f_Y(\boldsymbol{Y};\ t \mid \boldsymbol{x}) = \langle f'_Y(\boldsymbol{Y};\ t \mid \boldsymbol{x}) \rangle \tag{12.135}$$

其中,细粒度 PDF 是

$$f'_Y(\boldsymbol{Y};\ t \mid \boldsymbol{x}) = \delta[\boldsymbol{Y}^+(t,\ \boldsymbol{x}) - \boldsymbol{Y}] \tag{12.136}$$

一个简单而有价值的关系(虽然不是很明显)是正向和反向 PDF 是相等的:

$$f_X(\boldsymbol{x};\ t \mid \boldsymbol{Y}) = f_Y(\boldsymbol{Y};\ t \mid \boldsymbol{x}) \tag{12.137}$$

这可以从式(12.138)的推导中看出:

$$\begin{aligned} f'_X(\boldsymbol{x};\ t,\ \boldsymbol{Y}) &\equiv \delta[\boldsymbol{X}^+(t,\ \boldsymbol{Y}) - \boldsymbol{x}] \\ &= \int \delta(\boldsymbol{Y} - \boldsymbol{y})\delta[\boldsymbol{X}^+(t,\ \boldsymbol{y}) - \boldsymbol{x}]\mathrm{d}\boldsymbol{y} \\ &= \int \delta(\boldsymbol{Y} - \boldsymbol{y})\delta[\boldsymbol{X}^+(t,\ \boldsymbol{y}) - \boldsymbol{x}]J(t,\ \boldsymbol{y})^{-1}\mathrm{d}\boldsymbol{X}^+ \\ &= \delta[\boldsymbol{Y} - \boldsymbol{Y}^+(t,\ \boldsymbol{x})] = f'_Y(\boldsymbol{Y};\ t \mid \boldsymbol{x}) \end{aligned} \tag{12.138}$$

在式(12.138)的第三行,对所有 y 的积分被重新表示为对所有 $\boldsymbol{X}^+$ 的积分。雅可比矩阵为单位 1,因此下一行来自函数的筛选特性;其中 $\boldsymbol{X}^+(t,\ \boldsymbol{y})$ 等于 $\boldsymbol{x}$,且 $\boldsymbol{y}$ 等于 $\boldsymbol{Y}^+(t,\ \boldsymbol{x})$。

12.4.5 拉格朗日公式

回到湍流分散问题,考虑一个无界湍流流动,其中一个源在 t_0 时刻将标量场初始化为某个值:

$$\phi(\boldsymbol{x},\ t_0) = \phi_0(\boldsymbol{x}) \tag{12.139}$$

如果完全忽略分子扩散,则 ϕ 随流体粒子守恒。因此,ϕ 在流体-粒子轨迹的初始点和最终点具有相同的值:

$$\phi[\boldsymbol{X}^+(t,\ \boldsymbol{Y}),\ t] = \phi(\boldsymbol{Y},\ t_0) = \phi_0(\boldsymbol{Y}) \tag{12.140}$$

或相反地:

$$\phi(\boldsymbol{x},\ t) = \phi[\boldsymbol{Y}^+(t,\ \boldsymbol{x}),\ t_0] = \phi_0[\boldsymbol{Y}^+(t,\ \boldsymbol{x})] \tag{12.141}$$

最后一个方程的期望会产生所需的结果:

$$\langle \phi(\boldsymbol{x},\ t) \rangle = \langle \phi_0[\boldsymbol{Y}^+(t,\ \boldsymbol{x})] \rangle = \int f_Y(\boldsymbol{Y};\ t \mid \boldsymbol{x})\phi_0(\boldsymbol{Y})\mathrm{d}\boldsymbol{Y}$$

$$= \int f_X(\boldsymbol{x};\, t \mid \boldsymbol{Y})\phi_0(\boldsymbol{Y})\mathrm{d}\boldsymbol{Y} \tag{12.142}$$

单位点源在 $\boldsymbol{Y}_0$ 位置的特定情况下，也就是

$$\phi_0(\boldsymbol{x}) = \delta(\boldsymbol{x} - \boldsymbol{Y}_0) \tag{12.143}$$

对式(12.142)，有

$$\langle \phi(\boldsymbol{x},\, t) \rangle = f_X(\boldsymbol{x};\, t \mid \boldsymbol{Y}_0) \tag{12.144}$$

因此，由单位点源产生的平均守恒标量场由源处流体粒子位置的 PDF 给出。

重要的是，要认识到，在这一发展过程中只在 ϕ 的空间传输方面忽略分子扩散是合理的。对标量方差 $\langle \phi'^2 \rangle$ 和标量 PDF $f_\phi(\psi;\, \boldsymbol{x},\, t)$，例如，即使在高雷诺数条件下，分子扩散具有一阶效果。因此，即使可以从式(12.141)中得到这些量的表达式，它们也不一定在物理上真实存在。Saffman(1960)和 Pope(1998)考虑了分子扩散的影响。

12.4.6　来自点源的分散

要考虑的最简单的情况是统计稳态各向同性湍流中来自点源的分散。单位源[式(12.143)]位于原点($\boldsymbol{Y}_0 = 0$)，且在 $t_0 = 0$ 时刻释放。各向同性湍流速度场的均值为($\langle \boldsymbol{U}(\boldsymbol{x},\, t) \rangle = 0$)，并保持统计稳态(通过人为限制)。速度的均方根为 u'，因此雷诺应力为 $\langle u_i u_j \rangle = u'^2 \delta_{ij}$。

在这种情况下，平均标量场 $\langle \phi(\boldsymbol{x},\, t) \rangle$ 等于源自点源的流体粒子位置 $\boldsymbol{X}^+(t,\, 0)$ 的 PDF $f_X(\boldsymbol{x};\, t \mid 0)$，式(12.144)。因此，扩散特性可通过该 PDF 的一阶矩和二阶矩来表征，即 $\boldsymbol{X}^+(t,\, 0)$ 的均值和方差。[如果 f_X 是联合正态(joint normal)分布——正如朗之万模型所预测的——那么这些矩可完全描述扩散行为。]

流体粒子的运动方程 $\partial \boldsymbol{X}^+ / \partial t = \boldsymbol{U}^+$ 可积分为

$$\boldsymbol{X}^+(t,\, 0) = \int_0^t \boldsymbol{U}^+(t',\, 0)\mathrm{d}t' \tag{12.145}$$

因此，$\boldsymbol{X}^+$ 的统计量可以通过拉格朗日速度统计量来表示，将平均速度取为零，$\boldsymbol{X}^+$ 均值为零：

$$\langle \boldsymbol{X}^+(t,\, 0) \rangle = \int_0^t \langle \boldsymbol{U}^+(t',\, 0) \rangle \mathrm{d}t' = 0 \tag{12.146}$$

流体粒子位置的协方差是

$$\langle X_i^+(t,\, 0) X_j^+(t,\, 0) \rangle = \int_0^t \int_0^t \langle U_i^+(t',\, 0) U_j^+(t'',\, 0) \rangle \mathrm{d}t' \mathrm{d}t'' \tag{12.147}$$

假设湍流是稳态和各向同性的，双时间拉格朗日速度相关可以写为

$$\langle U_i^+(t', 0)U_j^+(t'', 0)\rangle = u'^2\rho(t' - t'')\delta_{ij} \tag{12.148}$$

其中，$\rho(s)$ 为拉格朗日速度自相关函数。因此，位置的协方差也是各向同性的：

$$\langle X_i^+(t, 0)X_j^+(t, 0)\rangle = \sigma_X^2(t)\delta_{ij} \tag{12.149}$$

且用标准导数 $\sigma_X(t)$ 来表征。由这三个方程得到：

$$\sigma_X^2(t) = u'^2\int_0^t\int_0^t\rho(t' - t'')\,\mathrm{d}t'\mathrm{d}t'' \tag{12.150}$$

通过一个非常规的操作（见练习 12.26），二重积分可以简化为单个积分来求解：

$$\sigma_X^2(t) = 2u'^2\int_0^t(t - s)\rho(s)\,\mathrm{d}s \tag{12.151}$$

在很短的时间内［$t \ll T_\mathrm{L}$，以便 $\rho(s)$ 可由 $\rho(0) = 1$ 充分近似］，式（12.151）中的积分是 $\frac{1}{2}t^2$，这导致了如下结果：

$$\sigma_X(t) \approx u't, \quad t \ll T_\mathrm{L} \tag{12.152}$$

在考虑的短时间内，流体粒子速度［$\rho(s) \approx 1$］的变化可以忽略不计，因此基本上是直线运动：

$$\boldsymbol{X}^+(t, 0) \approx \boldsymbol{U}^+(0, 0)t, \quad t \ll T_\mathrm{L} \tag{12.153}$$

［式（12.152）紧随其后。］

在另一种极端情况下，对于非常长的时间（$t \gg T_\mathrm{L}$），式（12.151）中的积分可以近似为

$$\int_0^t(t - s)\rho(s)\,\mathrm{d}s \approx t\int_0^\infty\rho(s)\,\mathrm{d}s = tT_\mathrm{L}, \quad t \gg T_\mathrm{L} \tag{12.154}$$

这就导致了平方根传播：

$$\sigma_X(t) \approx \sqrt{2u'^2T_\mathrm{L}t}, \quad t \gg T_\mathrm{L} \tag{12.155}$$

这正是等湍流扩散系数的扩散方程所给出的精确传播：

$$\Gamma_\mathrm{T} = u'^2T_\mathrm{L} \tag{12.156}$$

（见练习 12.27。）

事实上，对于任何时候，分散都可以用扩散系数 $\hat{\Gamma}_\mathrm{T}(t)$ 来表示：

$$\hat{\Gamma}_\mathrm{T}(t) \equiv \frac{\mathrm{d}}{\mathrm{d}t}\left(\frac{1}{2}\sigma_X^2\right) \tag{12.157}$$

且从式(12.151)可得

$$\hat{\Gamma}_{\mathrm{T}}(t)=u'^2\int_0^t\rho(s)\mathrm{d}s \tag{12.158}$$

综上所述：流体粒子从原点向各向同性分散[式(12.146)和式(12.149)]。在每个坐标方向上，质点位移的标准差为$\sigma_X(t)$，通过式(12.151)用拉格朗日速度自相关函数$\rho(s)$表示。在长时间($t\gg T_{\mathrm{L}}$)时，分散对应具有等湍流扩散率$\Gamma_{\mathrm{T}}=u'^2T_{\mathrm{L}}$的扩散，因此$\sigma_X$随时间的平方根而增加[式(12.155)]。在短时间($t\ll T_{\mathrm{L}}$)时，直线流体粒子运动导致$\sigma_X\approx u't$线性增大，对应的是随时间变化的扩散系数$\hat{\Gamma}_{\mathrm{T}}(t)\approx u'^2t$。

12.4.7 朗之万方程

流体粒子速度的朗之万模型对湍流分散有一个完整的预测。根据该模型，拉格朗日速度自相关函数为指数$\rho(s)=\exp(-|s|/T_{\mathrm{L}})$。根据$\rho(s)$的表达式，可以将式(12.151)积分得到：

$$\sigma_X^2(t)=2u'^2T_{\mathrm{L}}[t-T_{\mathrm{L}}(1-\mathrm{e}^{-t/T_{\mathrm{L}}})] \tag{12.159}$$

图12.10显示了该公式给出的$\sigma_X(t)$：分别显示了在短时间和长时间下的线性特征与平方根特征。

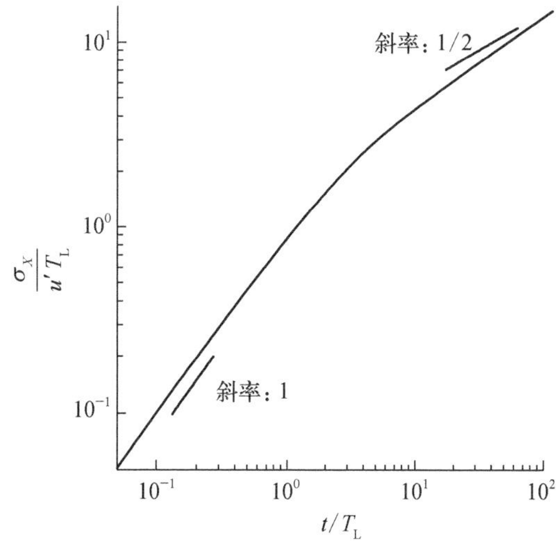

图12.10 朗之万模型[式(12.159)]给出的点源分散的标准差σ_X

根据朗之万模型，流体粒子的每个速度分量是一个OU过程，即一个高斯过程。由此可见，流体粒子的位置(即OU过程的积分)也是一个高斯过程。因此，朗之万模型预测的平均标量场为高斯分布：

$$\langle \phi(\boldsymbol{x},\ t) \rangle = (\sigma_X \sqrt{2\pi})^{-3} \exp\left(-\frac{1}{2} x_i x_i / \sigma_X^2\right) \tag{12.160}$$

其中，$\sigma_X(t)$ 由式(12.159)给出。图 12.11 显示了由朗之万方程产生的流体粒子路径。

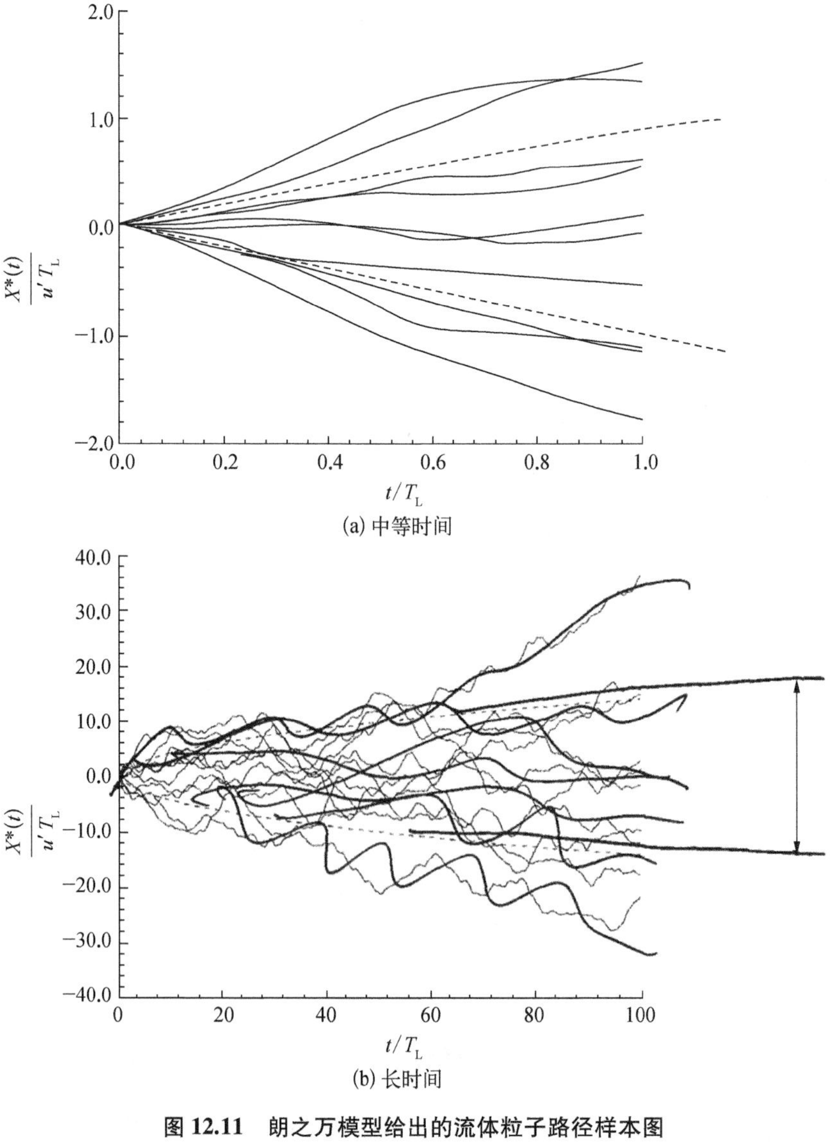

图 12.11　朗之万模型给出的流体粒子路径样本图

虚线表示 ± $\sigma_X(t)$

练 习

12.26 由式(12.150),将 $r = t''$, 和 $s = t'' - t'$ 替换,且 $\rho(s)$ 是偶函数,得到:

$$\sigma_X^2(t) = 2u'^2 \int_0^t \int_0^r \rho(s)\,\mathrm{d}s\mathrm{d}r \tag{12.161}$$

利用表达式:

$$\int_0^t \frac{\mathrm{d}}{\mathrm{d}r}\left(r\int_0^r \rho(s)\,\mathrm{d}s\right)\mathrm{d}r$$

证明:

$$\int_0^t \int_0^r \rho(s)\,\mathrm{d}s\mathrm{d}r = t\int_0^t \rho(s)\,\mathrm{d}s - \int_0^t r\rho(r)\,\mathrm{d}r \tag{12.162}$$

因此,验证式(12.151)。

12.27 证明扩散方程:

$$\frac{\partial\langle\phi\rangle}{\partial t} = \hat{\Gamma}_{\mathrm{T}}(t)\,\nabla^2\langle\phi\rangle \tag{12.163}$$

存在高斯解[式(12.160)],其中 $\sigma_X(t)$ 根据式(12.157)变化。

12.28 证明:当采用指数近似 $\rho(s) = \exp(-|s|/T_{\mathrm{L}})$ 时,可得

$$\hat{\Gamma}_{\mathrm{T}}(t) = u'^2 T_{\mathrm{L}}(1 - \mathrm{e}^{-t/T_{\mathrm{L}}}) \tag{12.164}$$

以及 $\sigma_X(t)^2$ 的式(12.159)。验证这些表达式的短时间和长时间行为。

12.29 设 $X^*(t)$ 和 $U^*(t)$ 为根据朗之万模型[式(12.89)]演化的流体粒子的位置和速度分量。证明它们的协方差是

$$\langle X^* U^*\rangle = u'^2 T_{\mathrm{L}}(1 - \mathrm{e}^{-t/T_{\mathrm{L}}}) \tag{12.165}$$

确定相关系数 ρ_{XU}。它在短时间和长时间的表现如何?

12.30 Taylor(1921)提出了流体粒子 $X^*(t)$ 的一个位置分量的随机模型。根据模型,$X^*(t)$ 是一个马尔可夫(Markov)过程,并且在一个短的时间间隔 Δt 上,增量 $\Delta_{\Delta t}X^*(t)$ 具有如下性质:

$$\begin{cases}\langle \Delta_{\Delta t}X^*(t)\rangle = 0, \quad \langle[\Delta_{\Delta t}X^*(t)]^2\rangle = d^2 \\ \langle \Delta_{\Delta t}X^*(t+\Delta t)\Delta_{\Delta t}X^*(t)\rangle = cd^2\end{cases} \tag{12.166}$$

其中,方差 d^2 和相关系数 c 依赖于 Δt。表明,在适当的 d^2 和 c 的规范下,当极限

$\Delta t \to 0$ 时，该模型等价于朗之万方程，即式(12.89)。[提示：表示 $U^*(t) \equiv \Delta_{\Delta t}X^*(t)/\Delta t$ 趋于扩散过程。]

12.4.8 网格湍流中的线源

用于研究湍流分散的最简单实验是图 12.12 所示的热尾迹。加热细丝排布在平均流流向的垂直方向上，产生湍流位置的下游距离 x_0 的网格尺寸为 M。导线要足够细，不会显著影响速度场。虽然金属丝可能相当热，但通过其空气的温度会迅速下降到几摄氏度。因此，除了在金属丝附近，超温 $\phi(\boldsymbol{x}, t)$ 是一个守恒的被动标量。

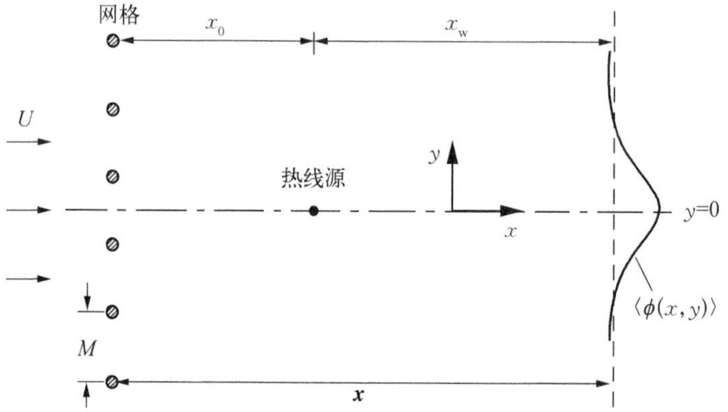

图 12.12 热线源实验的示意图：显示了湍流产生网格下游的一根热线

在实验中[例如，Warhaft(1984)和 Stapountzis(1986)的研究]，均值分布为高斯分布：

$$\langle \phi(\boldsymbol{x}) \rangle = \frac{1}{\sigma_Y\sqrt{2\pi}}\exp\left(\frac{-\frac{1}{2}y^2}{\sigma_Y^2}\right) \tag{12.167}$$

具有随金属丝下游距离 x_w 增加的特征宽度 $\sigma_Y(x_w)$。[流动展向积分是守恒的，并且，正如式(12.167)所隐含的，$\langle\phi\rangle$ 是无量纲化(normalized)的，因此这个积分为单位 1。]

在实验室坐标系中，热尾迹在统计上是稳态的，并且是二维的：统计仅依赖于 x_w 和 y。为了更好地近似，在以平均速度运动的框架中，温度场在统计上是一维的：统计仅依赖于 y 和 t ——从源头出发的平均流动时间。对应于平面源的分散(在 $y = 0$ 和 $t = 0$ 时)时间演化的问题，可以用与点源分散相同的方法来分析。实际上，如果湍流不是衰减的，上一小节中得到的 σ_X [式(12.151)和式(12.159)]的表达式也适用于热尾流 σ_Y 的厚度。

Anand 和 Pope(1985)将朗之万模型应用到热尾流中,考虑了湍流的衰减,以及靠近源头的分子扩散不可忽略的影响。他们得到的结果是

$$\frac{\sigma_Y^2}{L_0^2} = 2\frac{\Gamma x_w}{U} + \frac{4n^2}{3}\left(\frac{(1 + x_w/x_0)^{r-s}}{r(r - s)} + \frac{(1 + x_w/x_0)^{-s}}{rs} - \frac{1}{s(r - s)}\right) \quad (12.168)$$

其中,L_0 是金属丝处的长度尺度 $k^{3/2}/\varepsilon$;Γ 是分子扩散率;n 是湍流衰减指数,且常数 r 和 s 由朗之万模型常数 C_0 给出:

$$r = \frac{1}{2}n\left(\frac{3}{2}C_0 - 1\right) + 1 \quad (12.169)$$

$$s = \frac{1}{2}n\left(\frac{3}{2}C_0 + 1\right) - 1 \quad (12.170)$$

图 12.13 对比了朗之万模型对 σ_Y [式(12.168)]的预测和实验数据。即使这些数据选择了 $C_0 = 2.1$,在一个相当大的范围内仍具有良好的一致性。

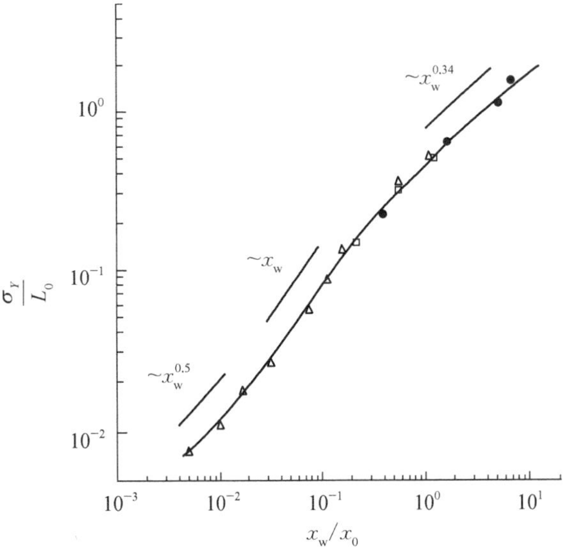

图 12.13 热尾迹的厚度 σ_Y(通过湍流长度尺度 L_0 无量纲化)作为导线下游距离 x_w 的函数(通过从网格到导线 x_0 的距离无量纲化)

直线:朗之万模型[式(12.168)];符号:Warhaft(1984)的实验数据,x_0/M = 20(●),x_0/M = 52(□),x_0/M = 60(△)

12.4.9 C_0和 C_0的值

鉴于朗之万方程和 Kolmogorov 假设之间的一致性,可能认为热尾流数据得到

的 $C_0 = 2.1$ 值可以很好地估计 Kolmogorov 常数 $\mathcal{C}_0$。但事实并非如此,因为实验在相当低的雷诺数条件下进行,σ_Y^2 的预测依赖于惯性子范围外时间间隔 s 的自相关函数 $\rho(s)$。虽然 $\mathcal{C}_0$ 很难确定,但有迹象表明其值大于 4,可能在 6 左右(Pope, 1994)。正是这个原因,形成朗之万模型常数 C_0 与 Kolmogorov 常数 $\mathcal{C}_0$ 符号的区别。朗之万模型与 Kolmogorov 假设(在高雷诺数条件下)之间的一致性程度是一个悬而未决的问题。

练 习

12.31 将梯度扩散假设应用于热尾迹,湍流分散系数为

$$\Gamma_{\mathrm{T}} = \frac{C_\mu}{\sigma_{\mathrm{T}}} \frac{k^2}{\varepsilon} \tag{12.171}$$

证明:热尾迹厚度预测值为

$$\frac{\sigma_Y^2}{L_0^2} = \frac{2\Gamma x_{\mathrm{w}}}{U} + \frac{2nC_\mu}{(2-n)\sigma_{\mathrm{T}}}\left[\left(1 + \frac{x_{\mathrm{w}}}{x_0}\right)^{2-n} - 1\right] \tag{12.172}$$

[参考式(12.168)。]证明,这个结果在定性和定量上均与实验数据有显著的差异(图 12.13)。

12.5 速度频率联合 PDF

12.5.1 完整的 PDF 闭合

广义朗之万模型给出了速度 PDF 的模型方程 $f(\boldsymbol{V};\boldsymbol{x},t)$ [式(12.26)]。这个方程本身并不能提供一个完整的闭合,因为方程中的系数涉及 f 项中的未知量(例如,ε 和 $\tau \equiv k/\varepsilon$)。同时,$f$ 和 ε(或 f 和 $\omega \equiv \varepsilon/k$)的模型方程确实提供了一个完整的闭合;Haworth 和 El Tahry(1991)的计算为该方法的应用提供了一个例子。

另一种方法(本节介绍)是在 PDF 框架中加入关于湍流尺度分布的信息来满足闭合。具体来说,考虑速度和湍流频率的联合 PDF(定义如下),这个联合 PDF 的模型方程提供了一个完整的闭合。

除了提供一个完整的闭合外,描述湍流频率分布还有其他好处:可以解释耗散率中的大脉动(即内部间歇);而且,在非均匀流动中,可以更全面地考虑湍流流体的不同性质,这取决于它的起源和历史。对于非湍流流体,湍流频率为零,而对于湍流流体,湍流频率严格为正。利用这一特性,有可能(从速度频率联合 PDF)

获得间歇因子 $\gamma(\boldsymbol{x}, t)$，以及湍流和非湍流条件 PDFs。

重新将 $\omega(x, t)$ 定义为瞬时湍流频率：

$$\omega(\boldsymbol{x}, t) \equiv \varepsilon_0(\boldsymbol{x}, t)/k(\boldsymbol{x}, t) \tag{12.173}$$

其中，$\varepsilon_0(\boldsymbol{x}, t)$ 为瞬时耗散率[式(6.312)]。它表明：

$$\langle \omega(\boldsymbol{x}, t) \rangle = \frac{\varepsilon(\boldsymbol{x}, t)}{k(\boldsymbol{x}, t)} = \frac{1}{\tau(\boldsymbol{x}, t)} \tag{12.174}$$

这与 $k-\omega$ 模型中的第二个变量是一样的。$\omega(\boldsymbol{x}, t)$ 的欧拉 PDF 表示为 $f_\omega(\theta; \boldsymbol{x}, t)$（其中 θ 是对应于 ω 的样本空间变量），因此均值也由式(12.175)给出：

$$\langle \omega(\boldsymbol{x}, t) \rangle = \int_0^\infty \theta f_\omega(\theta; \boldsymbol{x}, t) \mathrm{d}\theta \tag{12.175}$$

因为根据定义，ω 是非负的，样本空间的下限是 0。

速度-频率联合 PDF——$\boldsymbol{U}(\boldsymbol{x}, t)$ 的欧拉联合 PDF 和 $\omega(\boldsymbol{x}, t)$ 表示为 $\bar{f}(\boldsymbol{V}, \theta; \boldsymbol{x}, t)$。通常情况下，边缘 PDFs(marginal PDFs)格式为

$$f(\boldsymbol{V}, \boldsymbol{x}, t) = \int_0^\infty \bar{f}(\boldsymbol{V}, \theta; \boldsymbol{x}, t) \mathrm{d}\theta \tag{12.176}$$

$$f_\omega(\theta; \boldsymbol{x}, t) = \int \bar{f}(\boldsymbol{V}, \theta; \boldsymbol{x}, t) \mathrm{d}\boldsymbol{V} \tag{12.177}$$

与速度一样，湍流频率的模型是从拉格朗日观点发展起来的。在接下来的两个小节中，描述了一个流体粒子 $\omega^*(t)$ 湍流频率的随机模型 $\omega^+(t, \boldsymbol{Y})$。Pope 和 Chen(1990)提出的模型在均匀湍流中得到 ω 对数正态分布的 PDF，而 Jayesh 和 Pope(1995)提出的模型得到的是伽马分布。$\boldsymbol{U}^*(t)$ 和 $\omega^*(t)$ 的随机拉格朗日模型导出了欧拉速度频率联合 PDF $\bar{f}(\boldsymbol{V}, \theta; \boldsymbol{x}, t)$ 的闭合模型方程。

12.5.2 湍流频率的对数正态模型

如第 6.7 节所讨论的，瞬时耗散会表现出间歇性的特征，并且近似为对数正态分布。Pope 和 Chen(1990)设计了一个 $\omega^*(t)$ 的随机模型来融合这些性质。

首先，我们考虑统计上稳态的均匀湍流，因此平均湍流频率 $\langle\omega\rangle$ 是恒定的。（对于这种情况，欧拉均值 $\langle\omega\rangle$ 和拉格朗日均值 $\langle\omega^*\rangle$ 是相等的。）如果 ω^* 是对数正态分布，那么（根据定义）数值是正态分布：

$$\chi^*(t) \equiv \ln\left[\omega^*(t)/\langle\omega\rangle\right] \tag{12.178}$$

因此，$\omega^*(t)$ 的对数正态模型是通过设 $\chi^*(t)$ 是一个 OU 过程得到的[因为这产生了 $\chi^*(t)$ 的正态分布]。

$\chi^*(t)$ 的 OU 进程是

$$\mathrm{d}\chi^* = -\left(\chi^* + \frac{1}{2}\sigma^2\right)\frac{\mathrm{d}t}{T_\chi} + \left(\frac{2\sigma^2}{T_\chi}\right)^{1/2}\mathrm{d}W \tag{12.179}$$

其中，需要指定的系数是χ^*、σ^2 的方差，以及其自相关时间尺度 T_χ。参考中等雷诺数 DNS 数据，将这些系数取为

$$\sigma^2 = 1.0, \quad T_\chi^{-1} = C_\chi\langle\omega\rangle \tag{12.180}$$

其中，$C_\chi = 1.6$。根据其定义[式(12.178)]和正态分布假设得出的χ^* 的均值为 $-\frac{1}{2}\sigma^2$（见练习 12.32）。式(12.179)中漂移项的因子 $\frac{1}{2}\sigma^2$ 确保 $\langle\chi^*\rangle$ 具有正确的值(在稳定状态)。

由式(12.179)利用 Ito 变换[式(J.52)]得到 $\omega^*(t) = \langle\omega\rangle\exp\left[\chi^*(t)\right]$ 对应的随机微分方程为

$$\mathrm{d}\omega^* = -C_\chi\omega^*\langle\omega\rangle\left[\ln\left(\frac{\omega^*}{\langle\omega\rangle}\right) - \frac{1}{2}\sigma^2\right]\mathrm{d}t + \omega^*(2C_\chi\langle\omega\rangle\sigma^2)^{1/2}\mathrm{d}W \tag{12.181}$$

该过程的示例路径如图 12.14 所示。可以看出，这一过程确实是剧烈变化和间歇

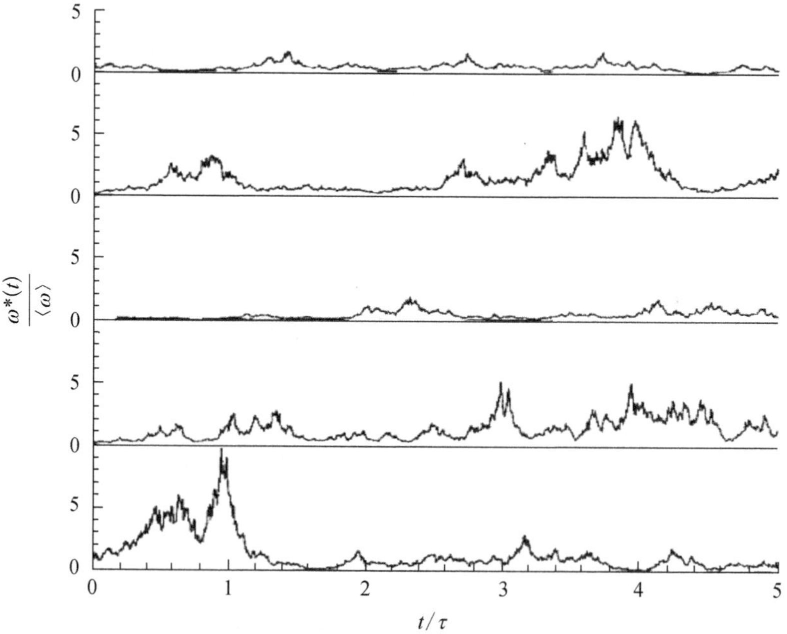

图 12.14 湍流频率的对数正态随机模型的样本路径图[式(12.181)]

性的。有持续的小振幅平静期,也有大脉动的时期,ω^* 达到其平均值的十倍。

当拓展到非稳态和非均匀流动时(Pope, 1991),$\omega^*(t)$ 的随机微分方程为

$$\mathrm{d}\omega^* = -\omega^*\langle\omega\rangle\left\{S_\omega + C_\chi\left[\ln\left(\frac{\omega^*}{\langle\omega\rangle}\right) - \left\langle\frac{\omega^*}{\langle\omega\rangle}\ln\left(\frac{\omega^*}{\langle\omega\rangle}\right)\right\rangle\right]\right\}\mathrm{d}t + \langle\omega\rangle^2 h\mathrm{d}t + \omega^*(2C_\gamma\langle\omega\rangle\sigma^2)^{1/2}\mathrm{d}W \tag{12.182}$$

其中,扩散项不变;漂移项被重新表述(使其均值在 ω^* 非对数正态分布时仍是零),并引入了包含系数 h 和 S_ω 的附加漂移项。由式(12.182)可知,若 h 为零,则非湍流粒子(即 $\omega^*=0$)将始终保持非湍流状态。因此,引入 h 项的目的是允许非湍流流体转变为湍流,具体细节参见 Pope(1991a)的研究。

对于均匀湍流,h 中的项可以忽略不计,式(12.182)隐含的均值 $\langle\omega\rangle$ 演化为

$$\frac{\mathrm{d}\langle\omega\rangle}{\mathrm{d}t} = -\langle\omega\rangle^2 S_\omega \tag{12.183}$$

因此,S_ω 决定了均值的演变,且为了保持与 $k-\varepsilon$ 和 $k-\omega$ 模型一致,可以将其指定为

$$S_\omega = -C_{\omega1}\frac{\mathcal{P}}{\varepsilon} + C_{\omega2} \tag{12.184}$$

得到 $C_{\omega1}=C_{\varepsilon1}-1$ 和 $C_{\omega2}=C_{\varepsilon2}-1$[参考式(10.94)]。

除了上面描述的 $\omega^*(t)$ 模型,Pope 和 Chen(1990)提出了一个改进的朗之万模型[速度 $\boldsymbol{U}^*(t)$],其中,系数取决于 $\omega^*(t)$(介于其他量之间)。特别地,将 $C_0\varepsilon=C_0k\langle\omega\rangle$ 替换为扩散系数 $C_0k\omega^*$,即基于瞬时耗散,与内部间歇性的思想和精细的相似性假设一致。

ω^* 的对数正态分布模型和 $\boldsymbol{U}^*(t)$ 的改进朗之万模型得到了速度-频率联合 PDF 的闭合模型方程。Pope(1991)、Anand 等(1993),以及 Minier 和 Pozorski(1995)已经将该模型应用于多种流动。如图 12.15 所示的自相似平面混合层中速度的斜度和峰度分布,显然可以精确计算这些高阶矩(higher moments)。

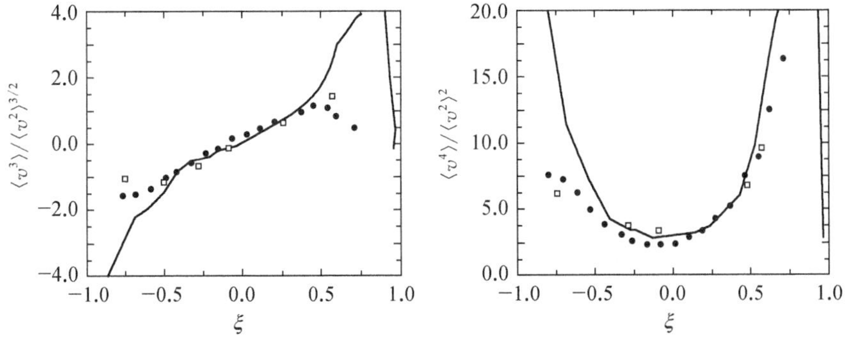

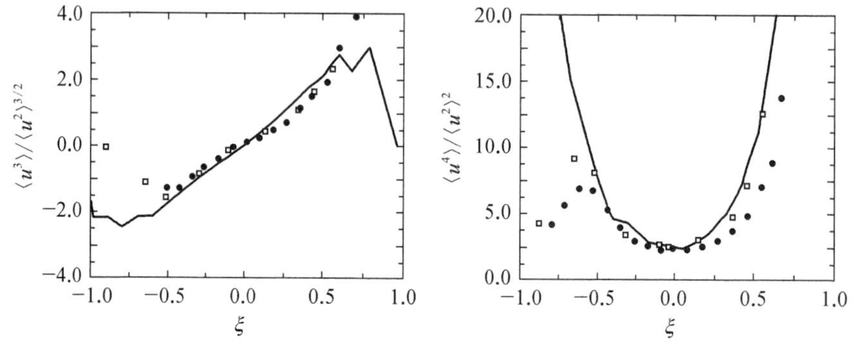

图 12.15 自相似平面混合层中轴向(u)和横向(v)速度的斜度和平度分布(Minier and Pozorski, 1995)

直线:由 Minier 和 Pozorski(1995)基于 Pope(1991)的对数正态/改进的朗之万模型计算得到;符号:Wygnanski 和 Fiedler(1970)(●),以及 Champagne 等(1976)(□)的实验数据;横坐标为无量纲化的横流坐标

练 习

12.32 考虑 ω^* 为对数正态分布,由式(12.178)定义的 χ^* 方差为 σ^2。给出无量纲化条件:

$$\langle e^{\chi^*} \rangle = 1 \tag{12.185}$$

[源于式(12.178)。]隐含着 χ^* 的均值是

$$\langle \chi^* \rangle = -\frac{1}{2}\sigma^2 \tag{12.186}$$

也可以得到如下结果:

$$\left\langle \frac{\omega^*}{\langle \omega \rangle} \ln\left(\frac{\omega^*}{\langle \omega \rangle} \right) \right\rangle = \langle \chi^* e^{\chi^*} \rangle = \frac{1}{2}\sigma^2 \tag{12.187}$$

12.33 给定 ω^* 的 N 个独立样本 $\omega^{(n)}$, $n = 1, 2, \cdots, N$, 都是从相同的分布 $f_\omega(\theta)$ 中得出的,均值 $\langle \omega \rangle$ 通过取样本平均来估计:

$$\langle \omega \rangle \approx \langle \omega \rangle_N \equiv \frac{1}{N} \sum_{n=1}^{N} \omega^{(n)} \tag{12.188}$$

证明:该近似中,无量纲化的均方根误差 ϵ_N 为

$$\epsilon_N^2 \equiv \left\langle \left(\frac{\langle \omega \rangle_N - \langle \omega \rangle}{\langle \omega \rangle} \right)^2 \right\rangle \tag{12.189}$$

是由式(12.190)给出的：

$$\epsilon_N^2 = \frac{1}{N}\mathrm{var}\left(\frac{\omega^*}{\langle\omega\rangle}\right) \tag{12.190}$$

如果：

(1) $f_\omega(\theta)$ 是 $\mathrm{var}[\ln(\omega^*/\langle\omega\rangle)] = \sigma^2 = 1$ 的对数正态分布；

(2) $f_\omega(\theta)$ 是 $\mathrm{var}(\omega^*/\langle\omega\rangle) = \sigma^2 = \dfrac{1}{4}$ 的伽马分布。

为了使误差 ϵ_N 为 1%，需要多少样本 N？

12.5.3　伽马分布模型

虽然它在物理上是准确的(与 DNS 数据相比)，但对数正态模型有几个不好的特征：为了引入非湍流流体，需要在 h [在式(12.182)中]中加入特别项(ad hoc)；随机微分方程比较复杂，数值分析和实现比较困难；以及潜在的对数正态分布的长尾，导致数值实现的统计波动很大(见练习 12.33)。Jayesh 和 Pope(1995)开发了 $\omega^*(t)$ 的替代模型，旨在避免这些困难，并尽可能简单化。

从统计上稳态的各向同性湍流开始，Jayesh-Pope 模型是

$$\mathrm{d}\omega^* = -(\omega^* - \langle\omega\rangle)\frac{\mathrm{d}t}{T_\omega} + \left(\frac{2\sigma^2\langle\omega\rangle\omega^*}{T_\omega}\right)^{1/2}\mathrm{d}W \tag{12.191}$$

其中，取时间尺度为 $T_\omega^{-1} = C_3\langle\omega\rangle$，有 $C_3 = 1.0$，且 σ^2 是 $\omega^*/\langle\omega\rangle$ 的方差，并且值为 $\sigma^2 = \dfrac{1}{4}$。因为漂移项在 ω^* 中是线性的，所以自相关函数是指数 $\exp(-|s|/T_\omega)$。

ω^* 的稳态分布(见练习 12.34)为

$$f_\omega(\theta) = \frac{1}{\Gamma(\alpha)}\left(\frac{\alpha}{\langle\omega\rangle}\right)^{\alpha}\theta^{\alpha-1}\exp\left(-\frac{\alpha\theta}{\langle\omega\rangle}\right) \tag{12.192}$$

其中，$\alpha = 1/\sigma^2 = 4$，且 $\Gamma(\alpha)$ 是伽马函数，这确实是具有平均值 $\langle\omega\rangle$ 和方差 $\langle\omega\rangle^2\sigma^2$ 的伽马分布(见练习 12.35)。

由式(12.191)产生的 $\omega^*(t)$ 的样本路径如图 12.16 所示。很明显，这些没有表现出间歇性，且超过 $3\langle\omega\rangle$ 的位移是罕见的。

图 12.17 比较了对数正态分布和伽马分布的 PDF。令人惊讶的是一眼看出，这些分布具有相同的均值，对数正态分布的方差是伽马分布的 6 倍以上。原因在于对数正态分布的长尾：在 $\theta f_\omega(\theta)$ 和 $\theta^2 f_\omega(\theta)$ 的积分中，分别有 13% 和 45% 的贡献来自尾部 $\theta > 5\langle\omega\rangle$ (即超出图 12.17 所示的范围)。

将伽马分布模型拓展到非均匀流动，这涉及源 S_ω 的直接叠加[就像在对数正

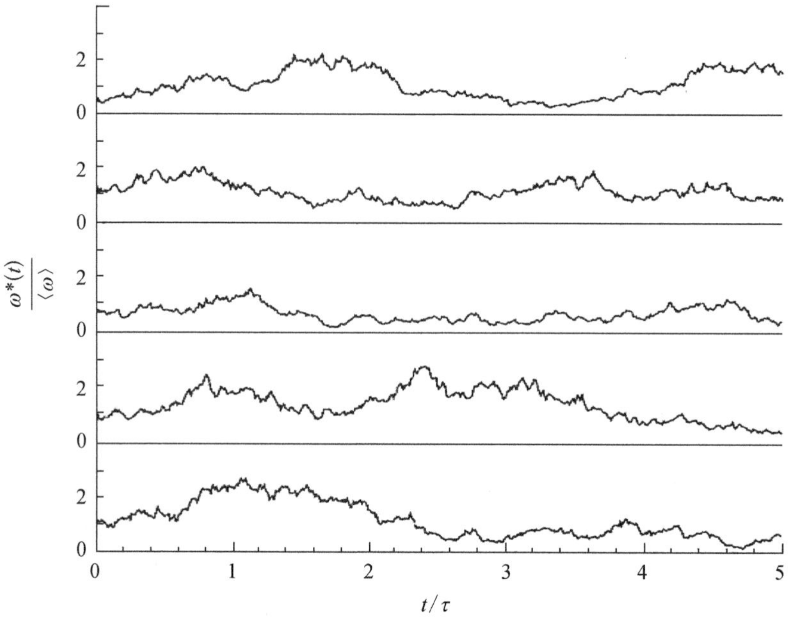

图 12.16　湍流频率的伽马分布模型的样本路径图[式(12.191)]

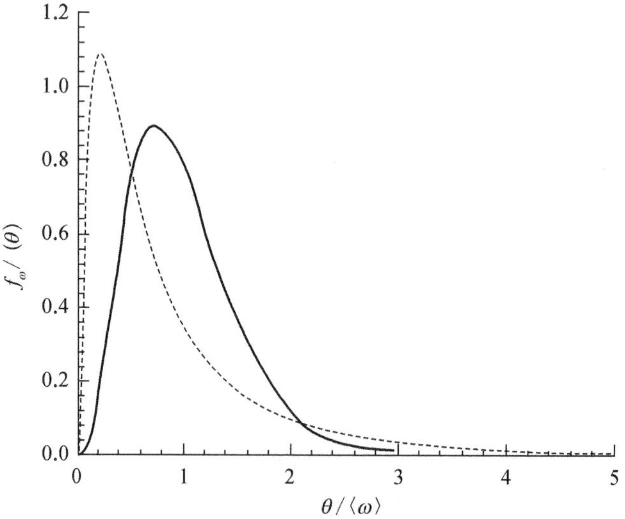

图 12.17　由对数正态分布模型(虚线)和伽马分布模型(实线)给出的湍流频率的稳态 PDF

态模型中,式(12.182)],以及根据条件平均湍流频率(conditional mean turbulence frequency) Ω 重新定义的时间尺度 T_ω。

为了解释 Ω 的定义和其使用的基本原理,图 12.18 展示了将该模型应用于时

间混合层得到的 ω^* 的散点图。注意,ω^* 以对数尺度表示,横流坐标 ξ 的范围可以很好地延伸到间歇性湍流/非湍流区域。在层的中心,发现 ω^* 的 PDF 与预期一致,是一个伽马分布:没有 ω^* 小于 $\frac{1}{10}\langle\omega\rangle$ 的样本。在层的边缘(例如,$\xi=\pm0.8$),情况是完全不同的。对应夹带的非湍流流体,有一条 ω^* 值很小的粒子带;对应完全湍流流体,有一条 ω^* 值较大的粒子带,类似于层中心的粒子带。从图中可以看出,平均值 $\langle\omega\rangle$ 的剖面提供了非湍流和湍流样品之间的分隔界线。

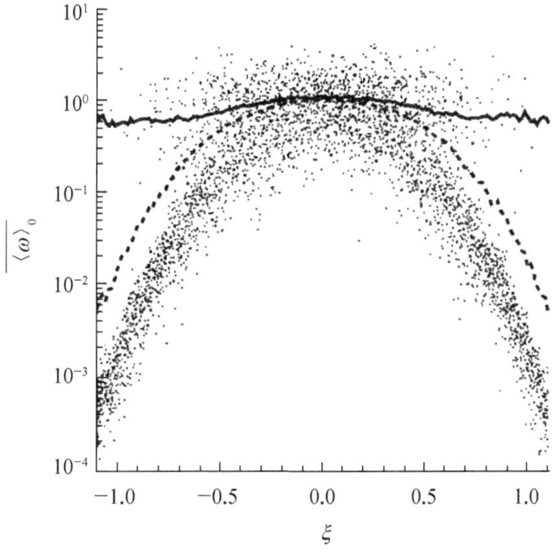

图 12.18 自相似时间剪切层中湍流频率 ω^*(在 $\xi=0$ 处由 $\langle\omega\rangle$ 无量纲化)对无量纲化横向距离的散点图[取自 Van sloten 等(1998)的研究]

虚线为无条件平均值 $\langle\omega\rangle$,实线为条件平均值 Ω[式(12.193)]

Jayesh 和 Pope(1995)指出,在间歇区域模拟湍流过程时,应采用湍流流体的速率 Ω 作为适当的模型速率。(相比之下,无条件平均值 $\langle\omega\rangle$ 基于湍流和非湍流流体。)因此,定义 Ω 为

$$\begin{aligned}\Omega &\equiv C_\Omega\langle\omega^* \mid \omega^* \geqslant \langle\omega\rangle\rangle \\ &= C_\Omega\int_{\langle\omega\rangle}^{\infty}\theta f_\omega(\theta)\,\mathrm{d}\theta\Big/\int_{\langle\omega\rangle}^{\infty}f_\omega(\theta)\,\mathrm{d}\theta \qquad (12.193)\end{aligned}$$

其中,$C_\Omega\approx0.69$ 是一个常数,说明如下。

在间歇区,条件 $\omega^*\geqslant\langle\omega\rangle$ 不包括非湍流粒子。因此,如图 12.18 所示,层边缘的 Ω 约为其峰值的一半,且比 $\langle\omega\rangle$ 大两个数量级。在层中心,条件 $\omega^*\geqslant\langle\omega\rangle$ 不包

括一些湍流粒子，因此，如果 C_Ω 是 1，Ω 将超过 $\langle\omega\rangle$。相反，指定 C_Ω，使得当 ω^* 的 PDF 是伽马分布时（参考练习 12.36），Ω 和 $\langle\omega\rangle$ 相等。

通过包含源项 S_ω 和重新定义 $T_\omega^{-1}=C_3\Omega$，由式（12.191）得到非均匀流模型（Van Slooten and Pope，1999）：

$$d\omega^*=-C_3(\omega^*-\langle\omega\rangle)\Omega dt-\Omega\omega^*S_\omega dt+(2C_3\sigma^2\langle\omega\rangle\Omega\omega^*)^{1/2}dW \tag{12.194}$$

ω^* 的伽马分布与观测到的瞬时耗散的近似对数正态分布有本质上的不同（图 12.17），因此最好舍弃 ω^* 的精确定义［式（12.173）］。相反，可以认为 ω^* 是湍流过程的一个不精确定义的特征速率，通过式（12.195）与平均耗散相关联：

$$\varepsilon=k\Omega \tag{12.195}$$

12.5.4 模型联合 PDF 方程

由 $\boldsymbol{U}^*(t)$ 的广义朗之万模型，$\omega^*(t)$ 的式（12.110）和式（12.194）得到下列速度-频率联合 PDF $\bar{f}(\boldsymbol{V},\theta;\boldsymbol{x},t)$ 方程：

$$\begin{aligned}\frac{\partial\bar{f}}{\partial t}+V_i\frac{\partial\bar{f}}{\partial x_i}&=\frac{1}{\rho}\frac{\partial\langle p\rangle}{\partial x_i}\frac{\partial\bar{f}}{\partial V_i}-G_{ij}\frac{\partial}{\partial V_i}[\bar{f}(V_j-\langle U_j\rangle)]\\&\quad+\frac{1}{2}C_0\Omega k\frac{\partial^2\bar{f}}{\partial V_i\partial V_i}+\frac{\partial}{\partial\theta}\{\bar{f}[C_3(\theta-\langle\omega\rangle)\Omega+\Omega\theta S_\omega]\}\\&\quad+C_3\sigma^2\langle\omega\rangle\Omega\frac{\partial^2(\bar{f}\theta)}{\partial\theta^2}\end{aligned} \tag{12.196}$$

从联合 PDF $\bar{f}(\boldsymbol{V},\theta;\boldsymbol{x},t)$ 可以确定 $\langle\boldsymbol{U}\rangle$、$\langle\omega\rangle$、$\Omega$、$k$、$\langle u_iu_j\rangle$ 场，因此式（12.196）中的所有系数都用 $\bar{f}$ 表示，这个单一的模型方程是闭合的。基于该方程进行湍流流动计算的有 Anand 等（1997）和 Van Slooten 等（1998）。

回顾 10.5 节，$k-\omega$ 模型在处理非湍流自由流方面存在困难，但是，因为使用了条件平均 Ω，速度频率联合 PDF 模型不存在这种困难。

练 习

12.34 确定由 Jayesh-Pope 模型［式（12.191）］的一般形式定义的系数 $a(\theta)$ 和 $b(\theta)^2$：

$$d\omega^*=a(\omega^*)dt+b(\omega^*)dW \tag{12.197}$$

用式（J.21）表示 ω^* 的稳定分布为

$$f_{\omega}(\theta) = C\theta^{\alpha-1}\exp\left(-\frac{\alpha\theta}{\langle\omega\rangle}\right) \tag{12.198}$$

其中，$\alpha = 1/\sigma^2$；C 为常数。用 $x = \alpha\theta/\langle\omega\rangle$ 来表示无量纲化条件：

$$\int_0^{\infty} f_{\omega}(\theta)\,\mathrm{d}\theta = 1 = C\left(\frac{\langle\omega\rangle}{\alpha}\right)^{\alpha}\int_0^{\infty} x^{\alpha-1}\mathrm{e}^{-x}\mathrm{d}x = C\left(\frac{\langle\omega\rangle}{\alpha}\right)^{\alpha}\Gamma(\alpha) \tag{12.199}$$

其中，$\Gamma(\alpha)$ 为伽马函数。由此验证式(12.192)。

12.35　利用练习 3.10 的结果证明伽马分布[式(12.192)]的矩为

$$\frac{\langle\omega^n\rangle}{\langle\omega\rangle^n} = \frac{\Gamma(n+\alpha)}{\alpha^n\Gamma(\alpha)} = \frac{(n+\alpha-1)!}{\alpha^n(\alpha-1)!} \tag{12.200}$$

比较高阶矩的值(如 $n = 4$)与对数正态分布的值[式(6.333)]。

12.36　当式(12.192)中 $f_{\omega}(\theta)$ 为伽马分布时，得到：

$$\int_z^{\infty} \theta^n f_{\omega}(\theta)\,\mathrm{d}\theta = \left(\frac{\langle\omega\rangle}{\alpha}\right)^n \frac{\Gamma(n+\alpha)}{\Gamma(\alpha)} Q\left(n+\alpha,\ \frac{\alpha z}{\langle\omega\rangle}\right) \tag{12.201}$$

其中，定义不完全伽马函数 $Q(a, z)$ 为

$$Q(a, z) = \frac{1}{\Gamma(a)}\int_z^{\infty} x^{a-1}\mathrm{e}^{-x}\mathrm{d}x \tag{12.202}$$

因此如果指定 C_{Ω} 为

$$C_{\Omega} = \frac{Q(\alpha, \alpha)}{Q(\alpha+1, \alpha)} \tag{12.203}$$

(对于 $\alpha = 4$，由这个等式得到 $C_{\Omega} = 0.689\,3$。)证明 $\langle\omega\rangle$ 和 Ω[式(12.193)]是相等的。

12.6　拉格朗日粒子方法

在上一节中，基于流体粒子性质演化的随机模型，可以得到速度-频率联合 PDF $\bar{f}(\boldsymbol{V}, \theta; \boldsymbol{x}, t)$ 的模型方程[式(12.196)]。对于一般的三维流动，在给定的时间 t，这个联合 PDF 是 7 个独立变量(即 V_1、V_2、V_3、θ、x_1、x_2 和 x_3)的函数。在计算上，通过 7 维 $\boldsymbol{V}-\theta-\boldsymbol{x}$ 空间的离散化来精确地表示联合 PDF 是不可行的，而在有限差分、有限体积和有限元方法中需要这样做。不同的是，模型 PDF 方程采用粒子方法求解。Hockney 和 Eastwood(1998)介绍了粒子方法在各种应用中的使用。

粒子方法的某些特征是简单而明显的。例如,存在大量的粒子,每一个粒子都是根据随机模型方程演化的。然而,还有其他不那么明显但是重要的特征。本节的目的是描述粒子方法的基本概念。在大多数情况下,这在速度 PDF $f(\boldsymbol{V};\ \boldsymbol{x},\ t)$ 层面上最为简单(相对于速度-频率 PDF $\bar{f}$)。

12.6.1 流体和粒子系统

明确区分湍流和用来模拟湍流的粒子方法是十分必要的,分别将其称为流体系统和粒子系统。

1. 流体系统

湍流的基本表达是欧拉速度场 $\boldsymbol{U}(\boldsymbol{x},\ t)$。这是由连续性和 Navier-Stokes 方程控制的,同时,压力场 $p(\boldsymbol{x},\ t)$ 由泊松方程[式(2.42)]确定。考虑的基本概率描述为单点、单次(one-pint one-time)欧拉 PDF $f(\boldsymbol{V};\ \boldsymbol{x},\ t)$,其前两个矩为平均速度场 $\langle \boldsymbol{U}(\boldsymbol{x},\ t)\rangle$ 和雷诺应力场 $\langle u_i u_j\rangle$。为简单起见,考虑在体积为 $\mathcal{V}$ 的固定闭合区域内流动,该区域的边界没有流体进出,因此流体的质量 $\mathcal{M}=\rho\,\mathcal{V}$ 是常数。

2. 粒子系统

粒子系统的基本表现是大量 (N) 粒子的性质,每个粒子代表的流体质量 $m\equiv \mathcal{M}/N$。第 n 个粒子的位置是 $\boldsymbol{X}^{(n)}(t)$ 且速度为 $\boldsymbol{U}^{(n)}(t)$。粒子在统计上是相同的,因此在某些分析中,考虑单个粒子就足够了,它的性质用 $\boldsymbol{X}^*(t)$ 和 $\boldsymbol{U}^*(t)$ 等表示。

$\boldsymbol{X}^*(t)$ 和 $\boldsymbol{U}^*(t)$ 的单次联合 PDF 用 $f_{\mathrm{L}}^*(\boldsymbol{V},\ \boldsymbol{x};\ t)$ 表示。然后是位置的边缘 PDF:

$$f_X^*(\boldsymbol{x};\ t)=\int f_{\mathrm{L}}^*(\boldsymbol{V},\ \boldsymbol{x};\ t)\mathrm{d}\boldsymbol{V} \tag{12.204}$$

且 $\boldsymbol{U}^*(t)$ 在 $\boldsymbol{X}^*(t)=\boldsymbol{x}$ 条件下的 PDF 为

$$f^*(\boldsymbol{V}\mid \boldsymbol{x};\ t)=f_{\mathrm{L}}^*(\boldsymbol{V},\ \boldsymbol{x};\ t)/f_X^*(\boldsymbol{x};\ t) \tag{12.205}$$

这个 PDF 的一阶矩是条件平均粒子速度:

$$\langle \boldsymbol{U}^*(t)\mid \boldsymbol{X}^*(t)=\boldsymbol{x}\rangle=\int \boldsymbol{V}f^*(\boldsymbol{V}\mid \boldsymbol{x};\ t)\mathrm{d}\boldsymbol{V} \tag{12.206}$$

缩写为 $\langle \boldsymbol{U}^*\mid \boldsymbol{x}\rangle$。粒子的脉动速度由如下公式定义:

$$\boldsymbol{u}^*(t)\equiv \boldsymbol{U}^*(t)-\langle \boldsymbol{U}^*(t)\mid \boldsymbol{X}^*(t)\rangle \tag{12.207}$$

所以粒子速度的条件协方差是

$$\langle u_i^* u_j^*\mid \boldsymbol{x}\rangle=\langle u_i^*(t)u_j^*(t)\mid \boldsymbol{X}^*(t)=\boldsymbol{x}\rangle$$

$$= \int (V_i - \langle U_i^* \mid \boldsymbol{x} \rangle)(V_j - \langle U_j^* \mid \boldsymbol{x} \rangle) f^*(\boldsymbol{V} \mid \boldsymbol{x};\ t)\mathrm{d}\boldsymbol{V} \tag{12.208}$$

3. 对应关系

认识到流体系统与粒子系统有本质的不同是很重要的。在流体系统中存在一个瞬时速度场 $\boldsymbol{U}(\boldsymbol{x},\ t)$ 和速度梯度[如 $\partial^2 U_i/(\partial x_j \partial x_k)$]，可以确定压力场 $p(\boldsymbol{x},\ t)$ 和多点、多次的统计量[如 $\langle U_i(\boldsymbol{x},\ t) U_j(\boldsymbol{x}+\boldsymbol{r},\ t+s) \rangle$]。而在粒子系统中，没有潜在的瞬时速度场。唯一与粒子有关的场是像 $\langle \boldsymbol{U}^*(t) \mid \boldsymbol{x} \rangle$ 这样的平均场。

考虑到这些内在的差异，粒子系统只能以有限的方式模拟流体系统。具体地说，我们在单点、单次统计的层次上寻求系统之间的对应关系(correspondence)。也就是说，如果模型是完美的，那么粒子速度 $f^*(\boldsymbol{V} \mid \boldsymbol{x};\ t)$ 的条件 PDF 将等于流体速度 $f(\boldsymbol{V};\ \boldsymbol{x},\ t)$，因此粒子速度的矩 $\langle \boldsymbol{U}^* \mid \boldsymbol{x} \rangle$ 和 $\langle u_i^* u_j^* \mid \boldsymbol{x} \rangle$ 将等于平均速度 $\langle \boldsymbol{U}(\boldsymbol{x},\ t) \rangle$ 和雷诺应力 $\langle u_i u_j \rangle$。表 12.1 列出了流体系统和粒子系统之间的一些区别和对应关系。

表 12.1　流体系统和粒子系统之间的比较显示：基本表示的根本不同；单点、单次统计的层级对应关系；统计的控制方程之间的对应关系

	流体系统	粒子系统
基本表示	$\boldsymbol{U}(\boldsymbol{x},\ t)$	$\boldsymbol{X}^*(t),\ \boldsymbol{U}^*(t)$
控制方程	Naver-Stokes	$\dfrac{\mathrm{d}\boldsymbol{X}^*}{\mathrm{d}t} = \boldsymbol{U}^*$，$\boldsymbol{U}^*$ 的随机模型
对应关系	$f(\boldsymbol{V};\ \boldsymbol{x},\ t)$	$f^*(\boldsymbol{V} \mid \boldsymbol{x};\ t)$
速度统计量	$\langle \boldsymbol{U}(\boldsymbol{x},\ t) \rangle$ $\langle u_i u_j \rangle$	$\langle \boldsymbol{U}^*(t) \mid \boldsymbol{X}^*(t) \rangle = \boldsymbol{x}$ $\langle u_i^* u_j^* \mid \boldsymbol{x} \rangle$
压力	$p(\boldsymbol{x},\ t)$	$P(\boldsymbol{x},\ t)$
PDF 方程	式(12.9)	式(12.221)
平均连续	$\nabla \cdot \langle \boldsymbol{U} \rangle = 0$	$\nabla \cdot \langle \boldsymbol{U}^* \mid \boldsymbol{x} \rangle = 0$
平均动量	式(12.224)	式(12.222)
泊松方程	式(4.13)	式(12.227)
雷诺应力方程	式(7.194)	式(12.229)

部分流体统计量 $\left(\text{如} \left\langle \dfrac{\partial U_i}{\partial x_j} \dfrac{\partial U_k}{\partial x_\ell} \right\rangle\right)$ 在粒子系统中无对应表征。对于其他统计

量[例如两点、两次相关函数 $\langle U_i(\boldsymbol{x}, t) U_j(\boldsymbol{x}+\boldsymbol{r}, t+s)\rangle$],可在粒子系统中定义等效量,即 $\langle U_i^{(n)}(t) U_j^{(m)}(t+s) \mid \boldsymbol{X}^{(n)}(t)=\boldsymbol{x}, \boldsymbol{X}^{(m)}(t+s)=\boldsymbol{x}+\boldsymbol{r}\rangle$,其中 n 和 m 表示不同的粒子。但需注意,这种多点、多次的统计量并不需要严格等价——其设计目的并非精确对应。

在大多数粒子方法中,粒子在统计上是独立的(更准确地说,它们只有一个微弱的依赖关系,将在极限 $N \to \infty$ 中消失)。因此,最好设想粒子是(模拟)湍流在不同状态的流体粒子。两个粒子在同一位置 $\boldsymbol{x}$ 处(或非常接近)可能有完全不同的速度,即 $f(\boldsymbol{V}; \boldsymbol{x}, t)$ 有独立样本。鉴于这种独立性,前面介绍的两粒子相关性为

$$\begin{aligned}\langle U_i^{(n)}(t) U_j^{(m)}(t+s) \mid \boldsymbol{X}^{(n)}(t)=\boldsymbol{x}, \boldsymbol{X}^{(m)}(t+s)=\boldsymbol{x}+\boldsymbol{r}\rangle \\ = \langle U_i^*(t) \mid \boldsymbol{x}\rangle \langle U_j^*(t+s) \mid \boldsymbol{x}+\boldsymbol{r}\rangle\end{aligned} \tag{12.209}$$

这显然不符合流体系统两点、两次(two-time)的相关性,$\langle U_i(\boldsymbol{x}, t) U_j(\boldsymbol{x}+\boldsymbol{r}, t+s)\rangle$。

12.6.2 对应的方程

为了使流体和粒子统计相对应,其控制方程也必须相对应。例如,平均连续性方程为

$$\nabla \cdot \langle \boldsymbol{U}(\boldsymbol{x}, t)\rangle = 0 \tag{12.210}$$

因此,$\langle \boldsymbol{U}(\boldsymbol{x}, t)\rangle$ 和 $\langle \boldsymbol{U}^*(t) \mid \boldsymbol{x}\rangle$ 对应的必要条件是

$$\nabla \cdot \langle \boldsymbol{U}^*(t) \mid \boldsymbol{x}\rangle = 0 \tag{12.211}$$

满足这样的方程相当于对粒子系统施加了约束,这是将要讨论的内容。

1. 粒子方程

每个粒子都像流体粒子一样以自己的速度运动:

$$\frac{\mathrm{d}\boldsymbol{X}^*(t)}{\mathrm{d}t} = \boldsymbol{U}^*(t) \tag{12.212}$$

而它的速度是通过扩散过程演变的:

$$\mathrm{d}\boldsymbol{U}^*(t) = \boldsymbol{a}[\boldsymbol{U}^*(t), \boldsymbol{X}^*(t), t]\mathrm{d}t + b[\boldsymbol{X}*(t), t]\mathrm{d}\boldsymbol{W} \tag{12.213}$$

其中,$\boldsymbol{a}(\boldsymbol{V}, \boldsymbol{x}, t)$ 和 $b(\boldsymbol{x}, t)$ 为漂移系数和扩散系数。这种一般形式足以包含广义朗之万模型;且如果用完全一般的扩散项代替,得到的结果不变。由这些粒子方程得到 $f_{\mathrm{L}}^*(\boldsymbol{V}, \boldsymbol{x}; t)$ 的 Fokker-Planck 方程为

$$\frac{\partial f_{\mathrm{L}}^*}{\partial t} + V_i \frac{\partial f_{\mathrm{L}}^*}{\partial x_i} = -\frac{\partial}{\partial V_i}[f_{\mathrm{L}}^* a_i(\boldsymbol{V}, \boldsymbol{x}, t)] + \frac{1}{2} b(\boldsymbol{x}, t)^2 \frac{\partial^2 f_{\mathrm{L}}^*}{\partial V_i \partial V_i} \tag{12.214}$$

2. 粒子位置密度

$f(\boldsymbol{V};\boldsymbol{x},t)$ 和 $f^*(\boldsymbol{V}|\boldsymbol{x};t)=f_L^*(\boldsymbol{V},\boldsymbol{x};t)/f_X^*(\boldsymbol{x};t)$ 之间的对应关系不足以确定物理空间 f_X^* 中的粒子位置密度：对于任何正的 f_X^* 规范，通过 $f_L^*=ff_X^*$ 可以满足条件 $f=f^*$。然而，如现在所示，演化方程规范 $f_X^*(\boldsymbol{x},t)$ 必须是常数和均匀的，即

$$f_X^*(\boldsymbol{x};t)=\mathcal{V}^{-1} \tag{12.215}$$

当 f^* 的方程从 f_L^* 的 Fokker-Planck 方程导出时，式(12.216)所示的项变大：

$$(V_i-\langle U_i^*|\boldsymbol{x}\rangle)\frac{f^*}{f_X^*}\frac{\partial f_X^*}{\partial x_i} \tag{12.216}$$

(参考练习 12.38。)在流体系统中没有与 f_X^* 相等的量，因此，为了使 f 和 f^* 的方程相对应，这一项明显为零。当且仅当 f_X^* 是均匀的时，才会发生这种情况。

同样从 Fokker-Planck 方程(见练习 12.37)得到的是 f_X^* 的演变方程：

$$\left(\frac{\partial}{\partial t}+\langle U_i^*|\boldsymbol{x}\rangle\frac{\partial}{\partial x_i}\right)\ln f_X^*=-\frac{\partial\langle U_i^*|x\rangle}{\partial x_i} \tag{12.217}$$

要满足粒子平均连续性方程[式(12.211)]，则式(12.217)的左边为零是充分必要的。假设 f_X^* 是均匀的，那么这个条件就要求 f_X^* 也是常数。(无量纲化条件 $\int f_X^*\mathrm{d}\boldsymbol{x}=1$ 也隐含了这个结果。)

练　习

12.37 从式(12.204)~式(12.206)的定义，获取结果：

$$\int \boldsymbol{V}f_L^*(\boldsymbol{V},\boldsymbol{x};t)\mathrm{d}\boldsymbol{V}=f_X^*(\boldsymbol{x};t)\langle\boldsymbol{U}^*(t)|\boldsymbol{x}\rangle \tag{12.218}$$

通过在所有 $\boldsymbol{V}$ 上对 f_L^* [式(12.214)]的 Fokker-Planck 方程积分，证明粒子位置密度 $f_X^*(\boldsymbol{x};t)$ 随如下规律演变：

$$\frac{\partial f_X^*}{\partial t}+\frac{\partial}{\partial x_i}(\langle U_i^*|\boldsymbol{x}\rangle f_X^*)=0 \tag{12.219}$$

除以 f_X^* 来验证式(12.217)。

12.38 粒子速度 $f^*(\boldsymbol{V}|\boldsymbol{x};t)$ 的条件 PDF 的演化方程是通过将 $f(\boldsymbol{V};\boldsymbol{x},t)$ [式(12.214)]的 Fokker-Planck 方程除以位置 f_X^* 的 PDF 得到的。假设满足粒子均

值连续性方程[式(12.211)],得到如下结果:

$$\frac{1}{f_X^*}\left(\frac{\partial f_L}{\partial t}+V_i\frac{\partial f_L^*}{\partial x_i}\right)=\frac{\partial f^*}{\partial t}+V_i\frac{\partial f^*}{\partial x_i}+(V_i-\langle U_i^*\mid \boldsymbol{x}\rangle)\frac{f^*}{f_X^*}\frac{\partial f_X^*}{\partial x_i} \tag{12.220}$$

3. PDF 方程

粒子速度$f^*(\boldsymbol{V}\mid \boldsymbol{x};t)$的条件 PDF 的演化方程是通过将 Fokker-Planck 方程[式(12.214)]除以f_X^*得到的。给定f_X^*是均匀的,结果很简单:

$$\frac{\partial f^*}{\partial t}+V_i\frac{\partial f^*}{\partial x_i}=-\frac{\partial}{\partial V_i}[f^*a_i(\boldsymbol{V},\boldsymbol{x},t)]+\frac{1}{2}b(\boldsymbol{x},t)^2\frac{\partial^2 f^*}{\partial V_i\partial V_i} \tag{12.221}$$

由于f^*对应欧拉速度 PDF $f(\boldsymbol{V};\boldsymbol{x},t)$,这个$f^*$方程对应于$f$的演化方程,式(12.9)或等价的式(H.25)。如果$U^*(t)$的扩散模型是完美的,那么这些方程的右边将是相等的。该条件提供了模型系数a和b与流体速度场条件统计量之间的关系——这通常是未知的。通过比较动量方程,可以得到更确切的信息。

4. 平均动量方程

将式(12.221)乘以V_j并积分,可以得到粒子平均动量方程:

$$\frac{\partial}{\partial t}\langle U_j^*\mid \boldsymbol{x}\rangle+\frac{\partial}{\partial x_i}\langle U_i^*U_j^*\mid \boldsymbol{x}\rangle=A_j(\boldsymbol{x},t) \tag{12.222}$$

其中,$\boldsymbol{A}(\boldsymbol{x},t)$是条件平均漂移:

$$\begin{aligned}\boldsymbol{A}(\boldsymbol{x},t)&=\langle \boldsymbol{a}[\boldsymbol{U}^*(t),\boldsymbol{X}^*(t),t]\mid \boldsymbol{X}^*(t)=\boldsymbol{x}\rangle\\&=\int \boldsymbol{a}(\boldsymbol{V},\boldsymbol{x},t)f^*(\boldsymbol{V};\boldsymbol{x},t)\mathrm{d}\boldsymbol{V}\end{aligned} \tag{12.223}$$

这个粒子平均动量方程对应于雷诺方程,(忽略黏性项)可以写成:

$$\frac{\partial}{\partial t}\langle U_j\rangle+\frac{\partial}{\partial x_i}\langle U_iU_j\rangle=-\frac{1}{\rho}\frac{\partial\langle p\rangle}{\partial x_j} \tag{12.224}$$

(第 12.7.2 节将讨论在近壁区域加入黏性效应的情况。)

雷诺方程的右边(即$-\nabla\langle p\rangle/\rho$)是由标量$-\langle p\rangle/\rho$的梯度给出的无旋向量场。对于相对应的粒子-和流体-平均动量方程,条件漂移$\boldsymbol{A}$也必须是无旋的,因此可以写成标量的梯度。当乘以$-\rho$时,这个标量场记为$P(\boldsymbol{x},t)$,称为粒子压力场(particle-pressure field),因此$\boldsymbol{A}$由如下公式给出:

$$\boldsymbol{A}=-\frac{1}{\rho}\nabla P \tag{12.225}$$

显然,当且仅当平均流体压力$\langle p(\boldsymbol{x},t)\rangle$和粒子压力$P(\boldsymbol{x},t)$相对应时,粒子-平均

动量方程和流体-平均动量方程相对应。

5. 压强的泊松方程

当式(12.225)给出 $\boldsymbol{A}(\boldsymbol{x},\ t)$ 时,式(12.222)的散度为

$$\frac{\partial}{\partial t}\frac{\partial\langle U_j^* \mid \boldsymbol{x}\rangle}{\partial x_j}+\frac{\partial^2\langle U_i^* U_j^* \mid \boldsymbol{x}\rangle}{\partial x_i \partial x_j}=-\frac{1}{\rho}\frac{\partial^2 P}{\partial x_j \partial x_j} \tag{12.226}$$

根据粒子平均连续性方程[式(12.211)],第一项为零,因此 $\langle P(\boldsymbol{x},\ t)\rangle$ 由泊松方程确定:

$$\nabla^2 P=-\rho\frac{\partial^2\langle U_i^* U_j^* \mid \boldsymbol{x}\rangle}{\partial x_i \partial x_j} \tag{12.227}$$

这个方程的两边都直接对应于 $p(\boldsymbol{x},\ t)$ 的泊松方程[式(4.13)]。

在粒子系统中,不存在潜在的瞬时场,但存在定义为粒子性质条件平均值的平均场[如 $\langle \boldsymbol{U}^*(t) \mid \boldsymbol{X}^*(t)=\boldsymbol{x}\rangle$]。对于压力来说,既不存在潜在的瞬时场,也不存在可以得到条件平均场的粒子特性。因此,在描述粒子压力场 $P(\boldsymbol{x},\ t)$ 时避免使用“均值”一词,因为它不是潜在随机对象的均值,而是泊松方程的解。

由式(12.226)可以清楚地看出,满足泊松方程是满足粒子平均连续性方程的必要条件。因此,这个条件确定了漂移系数的条件均值($\boldsymbol{A}=\langle \boldsymbol{a} \mid \boldsymbol{x}\rangle=-\nabla P/\rho$)。

6. 广义朗之万模型

如前所述[式(12.110)],广义朗之万模型包含与流体系统和粒子系统有关的量。按照粒子性质的一致性,则表示为

$$\begin{aligned}\mathrm{d}U_i^*(t)=&-\frac{1}{\rho}\frac{\partial P}{\partial x_i}\mathrm{d}t+G_{ij}[U_j^*(t)-\langle U_j^*(t) \mid \boldsymbol{X}^*(t)\rangle]\mathrm{d}t\\&+[C_0\varepsilon(\boldsymbol{X}^*(t),t)]^{1/2}\mathrm{d}W_i\end{aligned} \tag{12.228}$$

练　习

12.39　对于流体系统,瞬时连续性方程为 $\nabla\cdot\boldsymbol{U}=0$,由此得到雅可比矩阵 $J(t,\ \boldsymbol{Y})$ [式(2.23)]为单位 1。对于粒子系统,有没有对应于 $\nabla\cdot\boldsymbol{U}=0$ 的方程和对应于粒子系统 $J(t,\ \boldsymbol{Y})$ 的量?比较流体和粒子系统的拉格朗日和欧拉 PDF 的相关步骤。

12.40　确定 GLM[式(12.228)]对应的漂移系数 $a(\boldsymbol{V},\ \boldsymbol{x},\ t)$ 和扩散系数 $b(\boldsymbol{x},\ t)$。验证条件:平均漂移是否为 $-\nabla P/\rho$。写出 $f^*(\boldsymbol{V} \mid \boldsymbol{x},\ t)$ 的演化方程,验证 $\langle \boldsymbol{U}^*(t) \mid \boldsymbol{x}\rangle$ 的一阶矩方程与雷诺方程的对应关系。证明二阶矩方程为

$$\left(\frac{\partial}{\partial t}+\langle U_k^* \mid \boldsymbol{x}\rangle \frac{\partial}{\partial x_k}\right)\langle u_i^* u_j^* \mid \boldsymbol{x}\rangle+\frac{\partial}{\partial x_k}\langle u_i^* u_j^* u_k^* \mid \boldsymbol{x}\rangle$$
$$+\langle u_i^* u_k^* \mid \boldsymbol{x}\rangle \frac{\partial\langle U_j^* \mid \boldsymbol{x}\rangle}{\partial x_k}+\langle u_j^* u_k^* \mid \boldsymbol{x}\rangle \frac{\partial\langle U_i^* \mid \boldsymbol{x}\rangle}{\partial x_k}$$
$$=G_{ik}\langle u_j^* u_k^* \mid \boldsymbol{x}\rangle+G_{jk}\langle u_i^* u_k^* \mid \boldsymbol{x}\rangle+C_0 \varepsilon \delta_{ij} \tag{12.229}$$

将此方程与精确的雷诺应力方程[式(7.194)]进行比较,哪些是对应项?

12.6.3 均值估计

到目前为止,本节的发展涉及条件平均值,如 $\langle \boldsymbol{U}^* \mid \boldsymbol{x}\rangle$ 和 $\langle u_i^* u_j^* \mid \boldsymbol{x}\rangle$,它们出现在广义朗之万模型中。在数值实现中,有数量为 N 的大量粒子,这些条件平均值必须从粒子性质 $\boldsymbol{X}^{(n)}(t)$, $\boldsymbol{U}^{(n)}(t)$,$n=1, 2, \cdots, N$ 中估计,通常使用核估计(kernel estimator)(后续将会阐述)。这里的目的不是描述某一特定数值方法的细节;但条件均值的估计在概念上是粒子 PDF 方法实现的一个重要组成部分。

1. 核估计

当 $Q(\boldsymbol{V})$ 是一个给定的速度函数时,我们考虑了从 N 个粒子集合的性质估计条件均值 $\langle Q(\boldsymbol{U}^*[t]) \mid \boldsymbol{X}^*(t)=\boldsymbol{x}\rangle$。粒子的位置 $\boldsymbol{X}^{(n)}(t)$ 在流域中是随机的、均匀分布的。由于在感兴趣的点 $\boldsymbol{x}$ 上没有粒子(概率为 1),这种估计必然涉及 $\boldsymbol{x}$ 附近的粒子。核估计是 $\boldsymbol{x}$ 附近粒子的加权平均值,权重与指定的核函数 $K(\boldsymbol{r}, h)$ 成比例。D 维核函数的一个简单例子是

$$K(\boldsymbol{r}, h)=\begin{cases}\alpha_D h^{-D}\left(1-\dfrac{r}{h}\right), & \dfrac{r}{h} \leqslant 1 \\ 0, & \dfrac{r}{h}>1\end{cases} \tag{12.230}$$

其中,h 为指定的(正的)带宽;$r=|\boldsymbol{r}|$。一般来说,需要积分为单位 1 的一个核函数:

$$\int K(\boldsymbol{r}, h) \mathrm{d} \boldsymbol{r}=1 \tag{12.231}$$

对于式(12.230)给出的核,这个条件决定了 $D=1$、2 和 3 情况下的系数 α_D(见练习 12.41)。通常还要求 K 非负,并且它有边界限制(即 $|\boldsymbol{r}|>h$),则 $K=0$)。

为简单起见,考虑点 $\boldsymbol{x}$ 距离边界至少为 h,且考虑一个固定的时刻 t(在符号中没有明确表示)。核估计:

$$\langle Q \mid \boldsymbol{x}\rangle \equiv\langle Q(\boldsymbol{U}^*[t]) \mid \boldsymbol{X}^*(t)=\boldsymbol{x}\rangle \tag{12.232}$$

可表示为

$$\langle Q \mid \boldsymbol{x} \rangle_{N,h} \equiv \frac{(\mathcal{V}/N)\sum_{n=1}^{N} K(\boldsymbol{x}-\boldsymbol{X}^{(n)},h)Q^{(n)}}{(\mathcal{V}/N)\sum_{n=1}^{N} K(\boldsymbol{x}-\boldsymbol{X}^{(n)},h)} \tag{12.233}$$

其中，$Q^{(n)}$ 表示 $Q(\boldsymbol{U}^{(n)}[t])$。可以看出，$\langle Q \mid \boldsymbol{x} \rangle_{N,h}$ 是粒子值 $Q^{(n)}$ 的样本平均值，由以 $\boldsymbol{x}$ 为中心的核加权。实际上，式(12.233)也可以写成：

$$\langle Q \mid \boldsymbol{x} \rangle_{N,h} = \sum_{n=1}^{N} w^{(n)} Q^{(n)} \tag{12.234}$$

其中，权重为

$$w^{(n)} \equiv \frac{(\mathcal{V}/N)K(\boldsymbol{x}-\boldsymbol{X}^{(n)},h)}{(\mathcal{V}/N)\sum_{m=1}^{N} K(\boldsymbol{x}-\boldsymbol{X}^{(m)},h)} \tag{12.235}$$

显然它们的和是 1，即 $\sum_{n=1}^{N} w^{(n)} = 1$。

2. 估计误差

核估计中的误差：

$$\epsilon_Q \equiv \langle Q \mid \boldsymbol{x} \rangle_{N,h} - \langle Q \mid \boldsymbol{x} \rangle \tag{12.236}$$

可以分解为一个确定部分，称为偏差(bias)：

$$\boldsymbol{B}_Q \equiv \langle \langle Q \mid \boldsymbol{x} \rangle_{N,h} \rangle - \langle Q \mid \boldsymbol{x} \rangle = \langle \epsilon_Q \rangle$$
$$\epsilon_Q = \boldsymbol{B}_Q + \epsilon_s \xi \tag{12.237}$$

和随机部分，即

$$\epsilon_Q = \boldsymbol{B}_Q + \epsilon_s \xi \tag{12.238}$$

其中，ξ 为标准化随机变量 ($\langle \xi \rangle = 0$，$\langle \xi^2 \rangle = 1$)；$\epsilon_s$ 为均方根误差：

$$\epsilon_s^2 = \mathrm{var}\,(\langle Q \mid \boldsymbol{x} \rangle_{N,h}) \tag{12.239}$$

(见练习 12.42。)出现偏差是因为该估计是基于 $\boldsymbol{x}+\boldsymbol{r}$ 处(对于 $|\boldsymbol{r}| < h$) 的粒子，其中均值 $\langle Q \mid \boldsymbol{x}+\boldsymbol{r} \rangle$ 与均值 $\langle Q \mid \boldsymbol{x} \rangle$ 不同。如练习 12.43 所示，偏差的主导阶(leading order)随 $h^2 \nabla^2 \langle Q \mid \boldsymbol{x} \rangle$ 的变化而变化。由于非零权重的样本数量有限，会产生统计误差。如练习 12.44 所示，第一个近似 $\langle Q \mid \boldsymbol{x} \rangle_{N,h}$ 的方差为

$$\epsilon_s^2 \sim \frac{1}{N_h}\mathrm{var}(Q) \sim \frac{1}{Nh^D}\mathrm{var}(Q) \tag{12.240}$$

偏差随 h 的增大而增大，统计误差随 h 的减小而减小。因此，如练习 12.45 所示，对于给定的 N，有一个最佳的 h 选项，其变化形式为 $N^{-1/(D+4)}$。在这个选择下，总误差变化为

$$\langle \epsilon_Q^2 \rangle^{1/2} \sim N^{-2/(4+D)} \tag{12.241}$$

结论是核估计可用于从粒子值来估计平均场。当粒子数 N 趋于无穷大时，误差也趋于零，但这个过程相当缓慢。关于核估计的进一步信息可以在 Eubank（1988）和 Härdle（1990）的文献中找到，其中讨论了比式（12.230）更好的核函数。

3. 粒子和粒子网格方法

为了对广义朗之万方程［式（12.228）］积分，意味着 $\langle \boldsymbol{U}(t)^* \mid \boldsymbol{X}^{(n)}(t) \rangle$ 必须在每个粒子位置（$n=1, 2, \cdots, N$）都要估值。直接的方法是对每个粒子位置进行核估计。乍一看，对每一个粒子进行这种估计需要 N^2 阶的操作。然而，在 N 阶操作之内执行任务才是可能的（Welton and Pope，1997；Welton，1998）。得到的方法是一种纯粹的粒子方法，类似于光滑粒子流体力学（smoothed particle hydrodynamics，SPH），参考 Monaghan（1992）的研究。

通常使用的替代方法是使用粒子网格方法，类似于云网格的方法（Birdsall and Fuss，1969）。用网格覆盖解域，在网格节点处形成平均场的核估计。在这些值的基础上，用线性样条表示整个场的平均场，从而简单地通过线性插值得到粒子位置的值。

12.6.4 总结

下述观点总结了粒子方法数值求解模型 PDF 方程的理论基础。

（1）具有性质 $\boldsymbol{X}^{(n)}(t)$，$\boldsymbol{U}^{(n)}(t)$，$n=1, 2, \cdots, N$ 的 N 个粒子集合，可以一致地表示湍流。这些粒子可以被认为是在不同流动实现上的（模型）。

（2）流体系统和粒子系统在单点、单次欧拉 PDF 层面上对应（表 12.1），但多粒子统计与多点流体统计并不对应。

（3）采用粒子方法可得到模型 PDF 方程的数值解。在这些方法中，模型方程［例如式（12.212）、式（12.213）和式（12.228）］在时间上向前积分，以确定粒子性质的演化。

（4）粒子系统的几个重要性质由流体概率密度函数 $f(\boldsymbol{V}; \boldsymbol{x}, t)$ 和粒子概率密度函数 $f^*(\boldsymbol{V} \mid \boldsymbol{x}, t)$ 的演化方程之间的对应关系确定。

（a）粒子位置 f_X^* 的 PDF 是均匀的（uniform）。如果满足粒子平均连续性方程，则初始均匀分布将保持均匀［式（12.217）］。

（b）在速度的随机模型方程［式（12.213）］中，条件平均漂移 $\boldsymbol{A}$［式（12.223）］由 $\boldsymbol{A}=-\nabla P/\rho$ 给出，其中 $P(\boldsymbol{x}, t)$ 为粒子压力。

（c）粒子压力（对应于平均流体压力 $\langle p(\boldsymbol{x}, t) \rangle$）由泊松方程［式（12.227）］确定，满足泊松方程是满足粒子平均连续性方程的必要条件。

（5）式（12.228）给出了专门根据粒子性质写成的广义朗之万模型。

(6) 条件平均值(如 $\langle \boldsymbol{U}^*(t) \mid \boldsymbol{x} \rangle$) 可以使用核估计确定。当粒子 N 趋于无穷大时,这种估计的误差趋于零,但它们趋于零的过程变得相当缓慢[式(12.241)]。

练　习

12.41　对于式(12.230)给出的核 $K(\boldsymbol{r}, h)$, 证明无量纲化条件[式(12.231)]决定的系数 α_D 是

$$\alpha_1 = 1, \quad \alpha_2 = \alpha_3 = \left(\frac{3}{\pi}\right) \tag{12.242}$$

证明核的一阶矩为零:

$$K_i \equiv \int r_i K(\boldsymbol{r}, h) \mathrm{d}\boldsymbol{r} = 0 \tag{12.243}$$

且二阶矩为

$$K_{ij} \equiv \int r_i r_j K(\boldsymbol{r}, h) \mathrm{d}\boldsymbol{r} = \beta_D h^2 \delta_{ij} \tag{12.244}$$

其中,

$$\beta_1 = \frac{1}{6}, \quad \beta_2 = \frac{3}{20}, \quad \beta_3 = \frac{2}{15} \tag{12.245}$$

得出结果:

$$\int K(\boldsymbol{r}, h)^2 \mathrm{d}\boldsymbol{r} = h^{-D} \gamma_{\mathrm{D}} \tag{12.246}$$

其中,

$$\gamma_1 = \frac{2}{3}, \quad \gamma_2 = \frac{3}{4\pi}, \quad \gamma_3 = \frac{3}{5\pi} \tag{12.247}$$

12.42　根据 ϵ_Q [式(12.236)]的定义,证明核估计中的均方误差为

$$\langle \epsilon_Q^2 \rangle = \boldsymbol{B}_Q^2 + \epsilon_{\mathrm{s}}^2 \tag{12.248}$$

由此确认 $\epsilon_Q = \boldsymbol{B}_Q + \epsilon_{\mathrm{s}} \xi$ [式(12.238)]分解的有效性。

12.43　回顾 $\boldsymbol{X}^{(n)}(t)$ 和 $\boldsymbol{U}^{(n)}(t)$ 的联合 PDF 是 $f_{\mathrm{L}}^*(\boldsymbol{V}, \boldsymbol{x}, t) = f_X^*(x; t) f^*(\boldsymbol{V} \mid \boldsymbol{x}; t)$, 且 f_X^* 为均匀分布 V^{-1}, 证明核估计[式(12.233)]中计算的期望是

$$\left\langle \frac{\mathcal{V}}{N} \sum_{n=1}^{N} K[\boldsymbol{x} - \boldsymbol{X}^{(n)}(t), h] Q(\boldsymbol{U}^{(n)}[t]) \right\rangle =$$
$$\iint K(\boldsymbol{r}, h) Q(\boldsymbol{V}) f^*(\boldsymbol{V} \mid \boldsymbol{x} - \boldsymbol{r}; t) \mathrm{d}\boldsymbol{V} \mathrm{d}\boldsymbol{r} \tag{12.249}$$

证明式(12.233)中分母的期望是单位1。通过关于$\boldsymbol{x}$的泰勒级数展开$f^*(\boldsymbol{V} \mid \boldsymbol{x} - \boldsymbol{r}; t)$，得到：

$$\iint K(\boldsymbol{r}, h) Q(\boldsymbol{V}) f^*(\boldsymbol{V} \mid \boldsymbol{x} - \boldsymbol{r}; t) \mathrm{d}\boldsymbol{V} \mathrm{d}\boldsymbol{r} =$$
$$\langle Q \mid \boldsymbol{x} \rangle - \boldsymbol{K}_i \frac{\partial \langle Q \mid \boldsymbol{x} \rangle}{\partial \dot{x}_i} + \frac{1}{2!} K_{ij} \frac{\partial^2 \langle Q \mid \boldsymbol{x} \rangle}{\partial x_i \partial x_j} \cdots \tag{12.250}$$

其中，核函数K_i和K_{ij}的矩由式(12.243)和式(12.244)定义。由此表明，在$N \to \infty$的极限下，核估计的偏差为

$$\begin{aligned} \boldsymbol{B}_Q &= \langle Q \mid \boldsymbol{x} \rangle_{\infty, h} - \langle Q \mid \boldsymbol{x} \rangle \\ &= \frac{1}{2} \beta_D h^2 \nabla^2 \langle Q \mid \boldsymbol{x} \rangle + \mathcal{O}(h^4) \end{aligned} \tag{12.251}$$

其中，系数β_D由式(12.244)定义。

12.44 设w^*表示由式(12.235)定义的任意一个权值。证明均值是

$$\langle w^{(n)} \rangle = \langle w^* \rangle = \frac{1}{N} \tag{12.252}$$

注意，由于无量纲化条件$\sum_{n=1}^{N} w^{(n)} = 1$，权重不是相互独立的，得到结果：

$$\langle w^{(n)} w^{(m)} \rangle = \frac{1}{N^2} + \frac{(N\delta_{nm} - 1)}{N - 1} \mathrm{var}(w^*) \tag{12.253}$$

有$\langle Q \mid \boldsymbol{x} \rangle$独立于$\boldsymbol{x}$，且$w^{(n)}$和$Q^{(n)}$独立，考虑统计上均匀(statistically homogeneous)的情况。可得如下结果：

$$\begin{aligned} \frac{\epsilon_s^2}{\mathrm{var}(Q)} = \frac{\mathrm{var}(\langle Q \mid \boldsymbol{x} \rangle_{N, h})}{\mathrm{var}(Q)} &= \frac{1}{N} + N\mathrm{var}(w^*) \\ &= N\langle w^{*2} \rangle = \frac{1}{N} \left\langle \left(\frac{w^*}{\langle w^* \rangle} \right)^2 \right\rangle \end{aligned} \tag{12.254}$$

从式(12.235)可以得出，对于较大的N，权重w^*（这是一个随机变量）可以写成：

$$w^* = \frac{\mathcal{V}}{N} K(\boldsymbol{r}^*, h) \tag{12.255}$$

其中，$\boldsymbol{r}^*$ 为均匀分布的随机变量，其密度为 $1/\mathcal{V}$，因此可得

$$\langle w^{*2}\rangle = \frac{\mathcal{V}}{N^2}\int K(\boldsymbol{r},\ h)^2 \mathrm{d}\boldsymbol{r} = \frac{\mathcal{V}\gamma_D}{N^2 h^D} \tag{12.256}$$

其中，系数 γ_D 由式(12.246)定义。

以 $\mathcal{L} \equiv \mathcal{V}^{1/D}$ 为解域的特征维度，表示核估计的方差为

$$\epsilon_{\mathrm{s}}^2 = \frac{\gamma_D}{N}\left(\frac{\mathcal{L}}{h}\right)^D \mathrm{var}(Q) \tag{12.257}$$

证明这可以重新表示为

$$\epsilon_{\mathrm{s}}^2 = \frac{\gamma'_D}{N_{\mathrm{h}}}\mathrm{var}(Q) \tag{12.258}$$

其中，N_{h} 是在核支持下的期望粒子数；γ'_D 是一个常数。

12.45 以上结果表明，对于主导阶，核估计中均方误差的形式为

$$\langle \epsilon_Q^2 \rangle = C_{\mathrm{b}} h^4 + \frac{C_{\mathrm{s}}}{N h^D} \tag{12.259}$$

其中，C_{b} 和 C_{s} 是描述偏差和统计误差的正系数(独立于 N 和 h)。证明使误差最小的 h 的条件是

$$h = \left(\frac{D C_{\mathrm{s}}}{4 N C_{\mathrm{b}}}\right)^{1/(D+4)} \tag{12.260}$$

为 h 的选择确定 $\langle \epsilon_Q^2 \rangle$，从而确定式(12.241)。

12.7 扩展

在本节中，描述了基于速度和湍流频率联合 PDF 模型的各种扩展。与其他湍流模型一样，在 PDF 方法中，壁面可以用壁面函数来处理，也可以通过在壁面处施加边界条件的黏性壁面区域来求解模型方程(经过一些修改)。这两种方法将在前两小节进行描述。通过在 PDF 公式(第 12.7.3 节)中添加一个随机的单位向量——波向量(wavevector)，就有可能为快速变形提供一个更精确的表示。在第 12.7.4 节中，简要描述将 PDF 方法扩展到具有化学反应的流动，这涉及向 PDF 公式添加组分变量。

12.7.1 壁面函数

在通常的坐标系中考虑一个统计上的二维流动，因此 U 和 V 是平行和垂直于 $y=0$ 处壁面的速度分量。如第 11.7.6 节所述，壁面函数方法的思想是在对数律区域(例如，y^+ 约为 50)的 $y=y_p$ 处施加边界条件，因此模型方程在黏性近壁区域不需要求解。对于速度频率联合 PDF 方程，Dreeben 和 Pope(1997b)提出了令人满意的壁面函数处理方法，最好用在模型 PDF 方程的数值解中使用的粒子特征来描述这一点。

一般粒子的位置为 $\boldsymbol{X}^*(t)$，速度为 $\boldsymbol{U}^*(t)$，频率为 $\omega^*(t)$，它到壁面的距离为 $Y^*(t)=X_2^*(t)\geqslant y_p$。壁面函数边界条件是通过将粒子反射(reflecting)出边界 $y=y_p$ 来施加的，如图 12.19 所示。

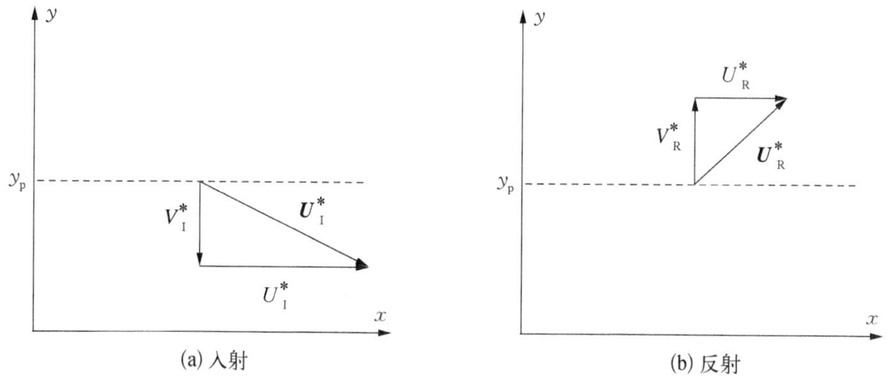

图 12.19 入射和反射粒子速度在 $y=y_p$ 处的壁面函数

假设粒子在 $t=\bar{t}$ 时刻到达边界，即 $Y^*(\bar{t})=y_p$。紧接在 $\bar{t}$ 之前的粒子性质称为入射(incident)性质，用下标 I 表示(例如，U_I^*、V_I^* 和 ω_I^*)。注意，V_I^* 是负的，因为粒子通过从上面 $(y>y_p)$ 向下移动到达边界 $(y=y_p)$。边界条件通过指定紧接在 $\bar{t}$ 之后的粒子性质来施加。这些反射(reflected)性质用下标 R 表示。

每一个入射粒子都会产生一个反射粒子，因此，在壁面的无穷小区域中，入射粒子和反射粒子以相同的概率发生。因此，壁处的平均特性就是入射特性和反射特性的平均。例如，平均法向速度是

$$\langle V\rangle_p=\frac{1}{2}[\langle V_I^*\rangle+\langle V_R^*\rangle] \tag{12.261}$$

(下标 p 表示在 $y=y_p$ 处计算的量。)

粒子的位置是连续的(即，$\boldsymbol{X}_R^*=\boldsymbol{X}_I^*$)，而速度的法向分量是由如下这个条件适当地保证了 V_R^* 是正的：

$$V_R^*=-V_I^* \tag{12.262}$$

并且平均法向速度为零。

在标准壁面函数中，轴向动量方程的边界条件相当于剪应力的规范 $\langle uv\rangle_{\mathrm{p}}$ ——根据等式(11.190)，例如，在 PDF 方法中，通过该规范也达到了同样的效果：

$$U_{\mathrm{R}}^{*}=U_{\mathrm{I}}^{*}+\alpha V_{\mathrm{I}}^{*} \tag{12.263}$$

对所得雷诺应力的直接分析(练习 12.46)，表明系数 $\boldsymbol{A}$ 的合适规范是

$$\alpha=-\frac{2\langle uv\rangle_{\mathrm{p}}}{\langle v^{2}\rangle_{\mathrm{p}}} \tag{12.264}$$

当粒子在从壁面反射时，其特定的轴向动量会减少，这个减少量与 $\alpha|V_{\mathrm{I}}^{*}|$ 有关，这种动量的减少导致了剪切应力的产生。如练习 12.47 所示，这些边界条件与 $\boldsymbol{U}^{*}$ 是一致的，都是联合正态分布的。对于考虑的统计二维流动，展向速度在反射上是守恒的，即

$$W_{\mathrm{R}}^{*}=W_{\mathrm{I}}^{*} \tag{12.265}$$

施加在湍流频率 ω^{*} 上的壁面函数边界条件也基于类似的思想，但具体细节不那么直接。在对数律区域，当接近壁面时(当 y^{-1})，平均值 $\langle\omega\rangle$ 增加，并且有一个正通量 $\langle v\omega\rangle$ 远离壁面。因此，适当的边界条件使 ω^{*} 在反射 ($\omega_{\mathrm{R}}^{*}>\omega_{\mathrm{I}}^{*}$) 上增加，至少在平均值上是这样。Dreeben 和 Pope(1997)提出的条件是

$$\omega_{\mathrm{R}}^{*}=\omega_{\mathrm{I}}^{*}\exp\left(\frac{\beta V_{\mathrm{I}}^{*}}{y_{P}\langle\omega\rangle}\right) \tag{12.266}$$

其中，β 是一个无维(负的)系数，指定该系数是为了产生适当的通量 $\langle v\omega\rangle_{\mathrm{p}}$。指数形式符合 $\boldsymbol{U}^{*}$ 和 $\ln\omega^{*}$ 的联合正态分布。

在求解模型 PDF 传输方程的粒子方法中描述了壁面函数边界条件是如何实现的。对于 $\boldsymbol{U}$ 和 ω 的联合 PDF $\bar{f}(\boldsymbol{V},\theta;\boldsymbol{x},t)$，为使 $V_2>0$，边界条件(见练习 12.48)为

$$\begin{aligned}\bar{f}(V_1,V_2,V_3,\theta;x_1,y_{\mathrm{p}},x_3,t)&=\exp\left(\frac{\beta V_2}{y_{\mathrm{p}}\langle\omega\rangle}\right)\\&\times\bar{f}\left[V_1+\alpha V_2,-V_2,V_3,\theta\exp\left(\frac{\beta V_2}{y_{\mathrm{p}}\langle\omega\rangle}\right);x_1,y_{\mathrm{p}},x_3,t\right]\end{aligned} \tag{12.267}$$

图 12.20 和图 12.21 说明了使用壁面函数(施加于 $y^{+}\approx 40$) 的槽道流动的速度-频率联合 PDF 模型计算结果。从图 12.20 可以看出，湍流动能在外层区域 ($y^{+}>50$) 得到了很好的表示，而黏性近壁区域没有进行计算。对壁面函数的主要需求是它们能获取正确的壁面剪切应力。图 12.21 显示，对于槽道流动，这些壁面函数在这方面是成功的。

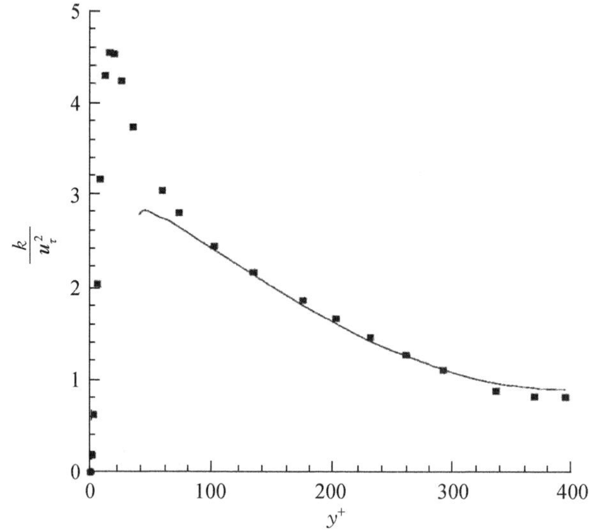

图 12.20 *Re* = 13 750 时完全发展的槽道流动的湍动能剖面(以壁面为单位)

符号：Kim 等(1987)的 DNS 数据；实线：使用壁面函数计算的速度-频率联合 PDF[取自 Dreeben 和 Pope(1997)的研究]

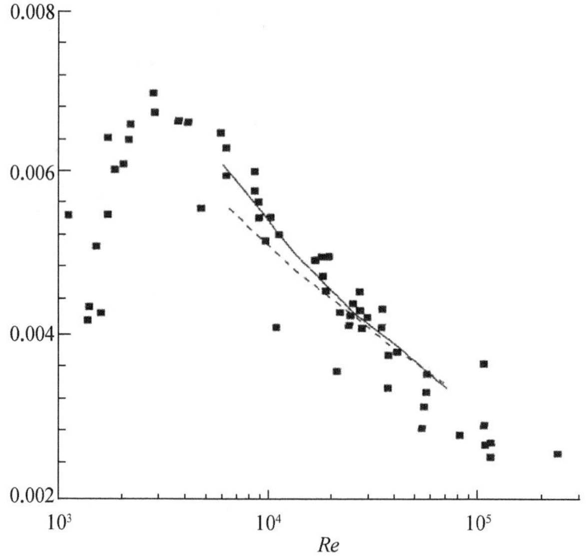

图 12.21 槽道流动的表面摩擦系数 $c_f \equiv \tau_w \Big/ \left(\frac{1}{2}\rho U_0^2\right)$ 与雷诺数 ($Re = 2\bar{U}\delta/\nu$) 的关系

符号：Dean(1978)的实验数据；实线：使用壁面函数计算的速度-频率联合 PDF(Dreeben and Pope, 1997)；虚线：使用椭圆松弛计算的近壁联合 PDF (第 12.7.2 节；Dreeben and Pope, 1998)

在PDF方法中使用壁面函数的优点和缺点与其他湍流模型相同。与通过黏性壁区域求解模型方程相比,可以节省大量的计算量。然而,在近壁流动区域,剖面不同于对数定律,壁面函数几乎没有物理基础,可能是相当不准确的。

练 习

12.46 从式(12.261)~式(12.263)得到如下结果:

$$\langle V \rangle_{p} = 0 \tag{12.268}$$

$$\langle v^2 \rangle_{p} = \langle V_{I}^{*} \rangle = \langle V_{R}^{*2} \rangle \tag{12.269}$$

$$\langle uv \rangle_{p} = -\frac{1}{2}\alpha \langle v^2 \rangle_{p} \tag{12.270}$$

如果 V^* 是正态分布,证明:

$$-\langle V_{I}^{*} \rangle = \langle V_{R}^{*} \rangle = \left(\frac{2\langle v^2 \rangle}{\pi}\right)^{1/2} \tag{12.271}$$

12.47 设 U 和 V 相关,当 $\langle V \rangle = 0$, 存在联合正态随机变量,且对于指定的 α, 设 U^* 和 V^* 定义为

$$U^* = U + \alpha V \tag{12.272}$$

$$V^* = -V \tag{12.273}$$

证明,对于 α 的特定选择,随机变量 $\{U^* \ V^*\}$ 和 $\{U, V\}$ 的分布是相同的。在此结果的基础上,论证壁面函数[式(12.262)~式(12.264)]符合质点速度关联正态分布。$\{U, V\}$ 的一个样本对应于样本空间中的一个点,这个点位于一个恒定概率密度的椭圆上。证明 $\{U^*, V^*\}$ [由 $\{U, V\}$ 通过式(12.272)和式(12.273)得到]所对应的点都位于同一个椭圆上。这个结果的意义是什么?

12.48 写下 U_{I}^{*}、V_{I}^{*}、W_{I}^{*}、ω_{I}^{*} 对于 U_{R}^{*} 的表达式 V_{R}^{*}、W_{R}^{*} 和 ω_{R}^{*}。证明这些变量之间变换的雅可比矩阵的行列式为 $\exp\left[\beta V_{R}/(y_{p}\langle \omega \rangle)\right]$, 进而验证式(12.267)。

12.7.2 近壁椭圆松弛模型

替代壁面函数的方法是通过在黏性近壁面区域求解模型PDF方程,从而在壁面施加边界条件。在这里将叙述由Dreeben和Pope(1998)开发的速度频率联合PDF模型的扩展,该模型考虑了近壁面效应。三种扩展都包含了黏性的直接影响,通过椭圆松弛方程确定GLM系数 C_0 和 G_{ij}, 并通过关联 $\langle \omega \rangle$ 与 k 和 ε 来修正定义

方程。

1. 黏性输运

由 Navier-Stokes 方程推导出的速度 PDF 的精确演化方程$f(\boldsymbol{V};\ \boldsymbol{x},\ t)$为

$$\frac{\partial f}{\partial t}+V_i\frac{\partial f}{\partial x_i}=\nu\nabla^2 f+\frac{1}{\rho}\frac{\partial\langle p\rangle}{\partial x_i}\frac{\partial f}{\partial V_i}+\dot{f}_{\mathrm{R}} \tag{12.274}$$

其中,$\dot{f}_{\mathrm{R}}$ 表示压力脉动和耗散项[见式(H.25)]。

前面小节描述的 GLM 模型适用于高雷诺数区域,相应的模型 PDF 方程[式(12.26)]中没有黏性输运项 $\nu\nabla^2 f$[在式(12.274)的右侧]。然而,这一黏性项显然在黏性亚层是最重要的,必须包括在一个成功的近壁模型中。

从微观角度看,黏性效应源于分子的随机运动;因此,在 PDF 方法的粒子实现中包含黏性效果的一种自然和方便的方法是向粒子添加随机运动。具体来说,粒子位置 $\boldsymbol{X}^*(t)$ 被重新定义为通过扩散过程演化:

$$\mathrm{d}\boldsymbol{X}^*(t)=\boldsymbol{U}(t)\,\mathrm{d}t+\sqrt{2\nu}\,\mathrm{d}\boldsymbol{W}' \tag{12.275}$$

其中,$\boldsymbol{W}'(t)$ 为 Wiener 过程(独立于 GLM 中出现的 Wiener 过程)。根据这一定义,$\boldsymbol{X}^*(t)$ 不再是流体粒子的位置,而是以扩散系数 v 扩散的分子的位置模型(见练习 12.49)。

如前所述,$\boldsymbol{U}^*(t)$ 是随粒子运动的连续流体速度模型,即①

$$\boldsymbol{U}^*(t)\equiv\boldsymbol{U}[\boldsymbol{X}^*(t),t] \tag{12.276}$$

即使 $\boldsymbol{U}(\boldsymbol{x},\ t)$ 是可微的,$\boldsymbol{U}^*(t)$ 却不能,因为辐角 $\boldsymbol{X}^*(t)$ 是不可微的。但是,$\boldsymbol{U}^*(t)$ 是一个无限小增量的扩散过程:

$$\begin{aligned}\mathrm{d}U_i^*(t)&=\frac{\partial U_i}{\partial t}\mathrm{d}t+\frac{\partial U_i}{\partial x_j}\mathrm{d}\boldsymbol{X}_j^*+\frac{1}{2}\frac{\partial^2 U_i}{\partial x_j\partial x_k}\mathrm{d}\boldsymbol{X}_j^*\,\mathrm{d}\boldsymbol{X}_k^*\\&=\frac{\mathrm{D}U_i}{\mathrm{D}t}\mathrm{d}t+\nu\nabla^2 U_i\mathrm{d}t+\sqrt{2\nu}\,\frac{\partial U_i}{\partial x_j}\mathrm{d}W_j'\\&=-\frac{1}{\rho}\frac{\partial p}{\partial x_i}\mathrm{d}t+2\nu\nabla^2 U_i\mathrm{d}t+\sqrt{2\nu}\,\frac{\partial U_i}{\partial x_j}\mathrm{d}W_j'\end{aligned} \tag{12.277}$$

其中,第一行是由式(12.276)得到的增量;第二行由式(12.275)代入 $\mathrm{d}\boldsymbol{X}^*$ 得到;最后结果由 Navier-Stokes 方程代入 $\mathrm{D}U_i/\mathrm{D}t$ 得到。

在式(12.277)的右侧,可以将速度分解为均值和脉动。对 $\boldsymbol{U}^*(t)$ 的 GLM 进行

---

① 请注意从 $\boldsymbol{U}(\boldsymbol{x},\ t)$ 得到的流体速度 $\boldsymbol{U}^*(t)$ [由式(12.277)演变得到]与由模型[式(12.278)]演变得到的随机过程 $\boldsymbol{U}^*(t)$ 之间是存在区别的。

扩展，加入了得到的均值项，即扩展模型为

$$\mathrm{d}U_i^*(t) = -\frac{1}{\rho}\frac{\partial\langle p\rangle}{\partial x_i}\mathrm{d}t + 2\nu\nabla^2\langle U_i\rangle\mathrm{d}t + \sqrt{2\nu}\frac{\partial\langle U_i\rangle}{\partial x_j}\mathrm{d}W_j' + G_{ij}(U_j^* - \langle U_j\rangle)\mathrm{d}t + (C_0\varepsilon)^{1/2}\mathrm{d}W_i \tag{12.278}$$

[注意，这个方程是用第 12.1～12.5 节中使用的相对简单的符号书写的。第 12.6 节中用更精确但烦琐的表示方法，$\langle \boldsymbol{U}\rangle$ 用 $\langle \boldsymbol{U}^*(t) \mid \boldsymbol{X}^*(t)\rangle$ 代替，$\langle p\rangle$ 用粒子压力 P 代替。]

速度 PDF 的模型方程（从 $\boldsymbol{X}^*$ 和 $\boldsymbol{U}^*$ 的随机模型推导而来）正是从 Navier-Stokes 方程[式(12.274)]精确得到的形式。特别地，它包含精确的黏性输运项 $\nu\nabla^2 f^*$ [见练习 12.50，式(12.282)]。因此，模型的平均动量和雷诺应力方程均包含在精确的黏性输运项中（见练习 12.51）。

练　习

12.49　考虑层流中理想气体的混合，因此速度 $\boldsymbol{U}(\boldsymbol{x}, t)$ 是非随机的。用随机微分方程来模拟一种特定组分分子的位置 $\boldsymbol{X}^*(t)$：

$$\mathrm{d}\boldsymbol{X}^*(t) = \boldsymbol{U}[\boldsymbol{X}^*(t), t]\mathrm{d}t + \sqrt{2\Gamma}\mathrm{d}\boldsymbol{W}(t) \tag{12.279}$$

其中，Γ 是一个正常数。组分的浓度用 $\phi(\boldsymbol{x}, t)$ 表示，这是组分分子的期望数密度，等于这些分子的总数量与 $\boldsymbol{X}^*(t)$ 的 PDF 的乘积。根据这个 PDF 的 Fokker-Planck 方程，证明 $\phi(\boldsymbol{x}, t)$ 随如下公式演化：

$$\frac{\partial\phi}{\partial t} + U_i\frac{\partial\phi}{\partial x_i} = \Gamma\frac{\partial^2\phi}{\partial x_i\partial x_i} \tag{12.280}$$

对分子运动模型[式(12.279)]和系数 Γ 的有效性进行讨论，如何在湍流中得到相同的结果？

12.50　考虑六维扩散过程 $\boldsymbol{Z}^*(t)$，其中 $\boldsymbol{Z}^*$ 的分量为 $\{Z_1^*, Z_2^*, Z_3^*, Z_4^*, Z_5^*, Z_6^*\} = \{X_1^*, X_2^*, X_3^*, U_1^*, U_2^*, U_3^*\}$。$\boldsymbol{X}^*(t)$ 和 $\boldsymbol{U}^*(t)$ 根据式(12.275)和式(12.278)演化，证明 $\boldsymbol{Z}^*(t)$ 是随一般扩散方程演化的：

$$\mathrm{d}Z_i^* = a_i(\boldsymbol{Z}^*, t)\mathrm{d}t + \mathcal{B}_{ij}(\boldsymbol{Z}^*, t)\mathrm{d}W_j'' \tag{12.281}$$

其中，$\{W_1'', W_2'', W_3'', W_4'', W_5'', W_6''\} = \{W_1', W_2', W_3', W_1, W_2, W_3\}$。

写出漂移向量 a_i、扩散矩阵 $\mathcal{B}_{ij}$、扩散系数 $B_{ij} = \mathcal{B}_{ik}\mathcal{B}_{jk}$ 的显式表达式。因此，使用 Fokker-Planck 方程[式(J.56)]的一般形式来表示 $\boldsymbol{X}^*(t)$ 和 $\boldsymbol{U}^*(t)$ 的联合 PDF $f_{\mathrm{L}}^*(\boldsymbol{V}, \boldsymbol{x}; t)$ 的发展：

$$\frac{\partial f_{\mathrm{L}}^{*}}{\partial t}+V_{i}\frac{\partial f_{\mathrm{L}}^{*}}{\partial x_{i}}=\nu\nabla^{2}f_{\mathrm{L}}^{*}+\frac{1}{\rho}\frac{\partial\langle p\rangle}{\partial x_{i}}\frac{\partial f_{\mathrm{L}}^{*}}{\partial V_{i}}$$
$$-\frac{\partial}{\partial V_{i}}[G_{ij}(V_{j}-\langle U_{j}\rangle)f_{\mathrm{L}}^{*}]+2\nu\frac{\partial\langle U_{j}\rangle}{\partial x_{i}}\frac{\partial^{2}f_{\mathrm{L}}^{*}}{\partial x_{i}\partial V_{j}}$$
$$+\nu\frac{\partial\langle U_{i}\rangle}{\partial x_{k}}\frac{\partial\langle U_{j}\rangle}{\partial x_{k}}\frac{\partial^{2}f_{\mathrm{L}}^{*}}{\partial V_{i}\partial V_{j}}+\frac{1}{2}C_{0}\varepsilon\frac{\partial^{2}f_{\mathrm{L}}^{*}}{\partial V_{i}\partial V_{i}} \tag{12.282}$$

将这个方程对所有 $\boldsymbol{V}$ 积分，得到位置 $f_{X}^{*}(\boldsymbol{x};\, t)$ 的 PDF 演变方程。证明这个方程与 f_{X}^{*} 是一样均匀的，因此，$\boldsymbol{X}^{*}(t)=\boldsymbol{x}$，$f^{*}(\boldsymbol{V}\mid \boldsymbol{x};\, t)$ 条件下的速度条件 PDF 也由式(12.282)得到。

12.51 由模型 PDF 方程可知，$f^{*}(\boldsymbol{V}\mid \boldsymbol{x};\, t)$ 写作式(12.282)，证明模型的平均动量方程与雷诺方程(包括黏性项)是一致的。

类似地，证明雷诺应力的模型方程 $\langle u_i u_j\rangle$ 与 GLM[式(12.57)]给出的值相同，但在右边加入了精确的黏性输运项 $\nu\nabla^2\langle u_i u_j\rangle$。

2. 椭圆松弛

Dreeben 和 Pope(1998)在 Durbin(1991; 1993)方法(第 11.8 节)的基础上，提出了一个椭圆松弛模型来确定 GLM 系数 G_{ij} 和 C_0。求解张量场 $g_{ij}(\boldsymbol{x},\, t)$ 的椭圆方程为

$$g_{ij}-L_{\mathrm{D}}\nabla^{2}(L_{\mathrm{D}}g_{ij})=k\left(\bar{G}_{ij}+\frac{1}{2}\langle\omega\rangle\delta_{ij}\right) \tag{12.283}$$

其中，$\bar{G}_{ij}$ 是 G_{ij} 的局部模型(与 LIPM 非常相似)；长度 L_{D} 由式(11.204)定义。然后使用解 g_{ij} 将 G_{ij} 指定为

$$G_{ij}=\left(g_{ij}-\frac{1}{2}\varepsilon\delta_{ij}\right)\Big/ k \tag{12.284}$$

可以看出，对于均匀湍流，当 $\varepsilon=k\langle\omega\rangle$ 时，这两个方程恢复到局部模型，即 $G_{ij}=\bar{G}_{ij}$。

用 $\bar{C}_0$ 表示局部模型中使用的 C_0 的值。通过构建，与每一个统一的 GLM 一样，局部模型满足其关联系数 $\bar{C}_0$ 和 $\bar{G}_{ij}$ 的约束式[式(12.28)]。然而，当 $C_0=\bar{C}_0$ 时，模型 G_{ij} 极有可能不满足约束条件(均匀湍流除外)。通过限定：

$$C_{0}=-\frac{2}{3}\left(\frac{G_{ij}\langle u_{i}u_{j}\rangle}{\varepsilon}+1\right)=-\frac{2}{3}\frac{g_{ij}\langle u_{i}u_{j}\rangle}{k\varepsilon} \tag{12.285}$$

确定 GLM[式(12.278)]中使用的 C_0 值，可以克服这一困难。

在壁面，g_{ij} 的每个分量都需要边界条件，合适的条件是

$$g_{ij} = -\gamma_o \varepsilon_o n_i n_j \tag{12.286}$$

其中，ε_o 为壁面处的耗散率；$\boldsymbol{n}$ 为单位法向量；取常数 $\gamma_o = 4.5$。在通常的坐标系中，壁面在 $y = 0$ 处，这个条件得到 $g_{22} = -\gamma_o \varepsilon_o$，以及所有其他分量都为零。

对所得模型雷诺应力方程的分析表明，雷诺数应力分量非常接近的壁面尺度为 $\langle u^2 \rangle \sim y^2$，$\langle v^2 \rangle \sim y^3$，$\langle w^2 \rangle \sim y^2$ 和 $\langle uv \rangle \sim y^3$（前提是 γ_o 至少为 2）。这些尺度是正确的[见式(7.60)~(7.63)]，除了 $\langle v^2 \rangle$，其正确的尺度是 $\langle v^2 \rangle \sim y^4$。

3. 湍流频率和耗散

如第 11.7 节所述，在非常接近壁面处，Kolmogorov 时间尺度 $\tau_\eta = (\nu/\varepsilon)^{1/2}$ 是相关的物理时间尺度，而 $\tau = k/\varepsilon$ 在壁面处为零。因此，修正湍流频率的定义，使 $\langle \omega \rangle$ 在壁面处为 $1/\tau_\eta$ 阶（而不是根据 $\langle \omega \rangle = \varepsilon/k$ 的关系为无穷大）是适当的。为此，当 $C_T = 6$ 时，Dreeben 和 Pope(1998) 通过如下公式描述了 $\langle \omega \rangle$ 和 ε 的关系：

$$\varepsilon = \langle \omega \rangle (k + \nu C_T^2 \langle \omega \rangle) \tag{12.287}$$

在高雷诺数区域，这将恢复到原来的关系（$\langle \omega \rangle = \varepsilon/k$），而在壁面处，有 $\langle \omega \rangle^{-1} = C_T \tau_\eta$ ——与 Durbin 的模型一致[式(11.163)]。$\langle \omega \rangle$ 在壁面处的值，用 $\langle \omega \rangle_o$ 表示，由式(11.160)和式(12.287)可知：

$$\langle \omega \rangle_o = \frac{1}{C_T} \left(\frac{\partial (2k^{1/2})}{\partial y} \right)_{y=0} \tag{12.288}$$

4. 边界条件

在壁面（$y=0$）处，$\boldsymbol{U}$ 和 ω 的联合 PDF 上的边界条件 $\bar{f}(\boldsymbol{V}, \theta; \boldsymbol{x}, t)$ 是必要的[除了 g_{ij} 的边界条件，式(12.286)，这些已经讨论过]。指定的边界条件为

$$\bar{f}(\boldsymbol{V}, \theta; x_1, 0, x_3, t) = \delta(\boldsymbol{V}) f_\omega^o(\theta) \tag{12.289}$$

其中，f_ω^o 是均值为 $\langle \omega \rangle_o$ 的伽马分布[式(12.288)]，方差为 $\sigma^2 \langle \omega \rangle_o^2$；项 $\delta(\boldsymbol{V})$ 对应确定性的无滑移与不可渗透条件 $\boldsymbol{U}(x_1, 0, x_3, t) = 0$。

当 $y^+ \ll 1$ 时，检查非常靠近壁面的粒子特征是有指导意义的。粒子位置 $\boldsymbol{X}^*(t)$ [式(12.275)]的演化以扩散为主，相对地，流体速度较小时以对流为主（当 $y^+ \ll 1$ 时）。

以壁面单位来考虑粒子到壁的距离：

$$Y^+(t^+) \equiv \boldsymbol{X}_2^*(t)/\delta_\nu \tag{12.290}$$

作为壁面单位时间的函数：

$$t^+ \equiv t\nu/\delta_\nu^2 \tag{12.291}$$

忽略流体速度 U_2^*，式(12.275)转化为

$$\mathrm{d}Y^+(t^+)=\sqrt{2}\,\mathrm{d}W^+(t^+) \tag{12.292}$$

其中,Wiener 过程 W^+ 有 $\langle \mathrm{d}W^+(t^+)^2\rangle=\mathrm{d}t^+$。粒子从壁上反射回来,这样就可以写出 Y^+ 的随机过程:

$$Y^+(t^++\mathrm{d}t^+)=|\,Y^+(t^+)+\sqrt{2}\,\mathrm{d}W^+(t^+)\,| \tag{12.293}$$

图 12.22 显示了这一过程的一个样本路径,称为反射布朗运动(reflected Brownian motion)。

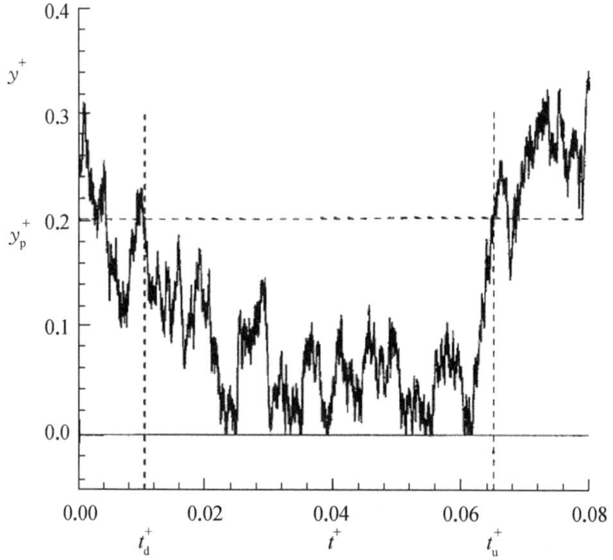

图 12.22 粒子到壁面的距离 $Y^+(t^+)$(以壁面为单位)作为时间的函数:反射布朗运动的样本路径[式(12.293)]

对于给定的能级 y_p^+,在 t_d^+ 处有一个向下交叉,随后在 t_u^+ 处向上交叉

对于距离壁面 $y_p^+=0.2$ 的给定距离,图 12.22 显示了在 t_d^+ 处的向下交叉(down-crossing),即样本路径 $Y^+(t^+)$ 从上方穿过直线 $y^+=y_p^+$ 和在 t_u^+ 处的后续向上交叉。可以观察到,在时间间隔 $(t_d^+,\ t_u^+)$ 内,粒子多次撞击壁面。事实上,反射布朗运动的一个显著特性是,如果粒子在时间间隔 $(t_d^+,\ t_u^+)$ 内撞击壁面,那么它会无限次地撞击壁面(概率为 1,见练习 J.2)。这个特性适用于所有正的 y_p^+,不管它有多小。

在马上撞击壁面之前的是粒子的入射(incident)性质 $\boldsymbol{U}_\mathrm{I}^*$ 和 $\boldsymbol{\omega}_\mathrm{I}^*$,而紧接撞击壁面之后的是反射(reflected)性质 $\boldsymbol{U}_\mathrm{R}^*$ 和 $\boldsymbol{\omega}_\mathrm{R}^*$。指定反射速度为零($U_R^*=0$),而 $\boldsymbol{\omega}_\mathrm{R}^*$ 则从适当的伽马分布中采样。那么关于入射性质 $\boldsymbol{U}_\mathrm{I}^*$ 和 $\boldsymbol{\omega}_\mathrm{I}^*$,我们

了解什么？由于反射布朗运动的特性，$\boldsymbol{U}_{\mathrm{I}}^{*}$ 和 ω_{I}^{*} 在统计上与 $\boldsymbol{U}_{\mathrm{R}}^{*}$ 和 ω_{R}^{*} 相同。因为，如果粒子在某些时间 t_{h}^{+} 撞击壁面的概率为 1，它也会在任意小的时间间隔内撞击壁面，在此时间间隔内，粒子的属性设置为 $\boldsymbol{U}_{\mathrm{R}}^{*}$ 和 ω_{R}^{*}。因此，壁面处联合 PDF 的边界条件[式(12.289)]是通过反射性质 $\boldsymbol{U}_{\mathrm{R}}^{*}=0$ 和 ω_{R}^{*} 的规范强制得到的。（注意，在壁面函数处理中，y_{p} 处的联合 PDF 与反射粒子性质的联合 PDF 不同。）

5. 槽道流动的应用

图 12.23 显示了近壁面速度-频率联合 PDF 模型在充分发展的湍流槽道流动中的应用。可以看出，在整个槽道中，对于雷诺应力的计算是相当准确的，并且在黏性近壁区域与 DNS 数据有极好的一致性。模型给出的表面摩擦系数如图 12.21 所示。

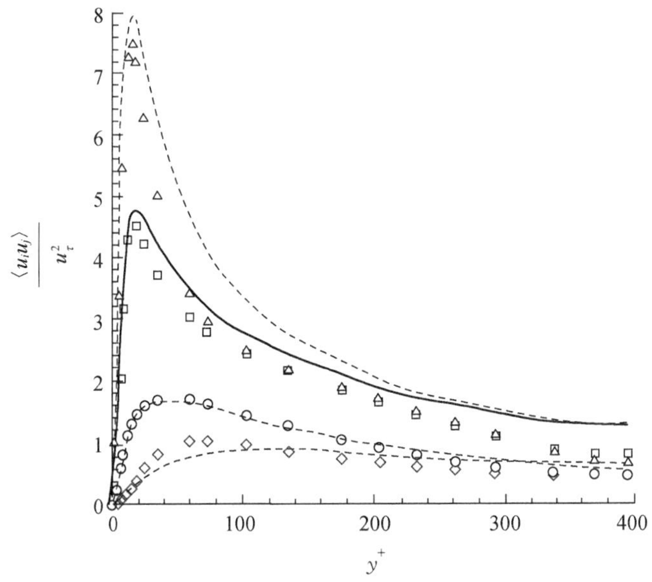

图 12.23　在 Re = 13 750 时充分发展的湍流槽道中的雷诺应力

符号：Kim 等(1987)的 DNS 数据，△表示 $\langle u^2 \rangle$，◇表示 $\langle v^2 \rangle$，○表示 $\langle w^2 \rangle$，□表示 k；实线：计算得到的近壁速度-频率联合 PDF［取自 Dreeben 和 Pope(1998)的研究］

12.7.3　波向量模型

正如在第 11 章中所讨论的，不可能构建一个对均匀湍流的任意快速变形都精确的雷诺应力模型。这是因为快速应变压力率张量 $\mathcal{R}_{ij}^{(\mathrm{r})}$ 依赖于速度相关性的方向，而这一信息并不包含在雷诺应力中。以 Kassinos 和 Reynolds(1994)、

Reynolds 和 Kassinos(1995)的思想为基础,Van Slooten 和 Pope(1997)建立了一个 PDF 模型,该模型可以得到快速变形均匀湍流中雷诺应力的精确演化。该模型是速度、湍流频率和单位向量——波向量,包含描述快速变形所需的方向信息的联合 PDF。现在将叙述该模型的发展,首先针对快速变形的情况,然后是一般情况。

1. 均匀湍流的快速变形

回顾第 11.4 节,对于所考虑的情况,脉动速度场可以表示为傅里叶模式的和:

$$\boldsymbol{u}(\boldsymbol{x},\ t) = \sum_{\boldsymbol{\kappa}^{\circ}} \hat{\boldsymbol{u}}(\boldsymbol{\kappa}^{\circ},\ t)\mathrm{e}^{\mathrm{i}\hat{\boldsymbol{\kappa}}(t)\cdot\boldsymbol{x}} \tag{12.294}$$

每个傅里叶模式都独立演化:时变波数向量 $\hat{\boldsymbol{\kappa}}(t)$ 由初始条件 $\hat{\boldsymbol{\kappa}}(0) = \boldsymbol{\kappa}^{\circ}$ 的常微分方程[式(11.80)]演化得到;对应的傅里叶系数 $\hat{\boldsymbol{u}}(\boldsymbol{\kappa}^{\circ},\ t)$ 由式(11.83)演化得到。

$\hat{\boldsymbol{u}}(\boldsymbol{\kappa}^{\circ},\ t)$ 的演化取决于波数向量的方向,由单位波向量给出:

$$\hat{\boldsymbol{e}}(t) \equiv \frac{\hat{\boldsymbol{\kappa}}(t)}{\hat{\kappa}(t)} \tag{12.295}$$

但与其大小 $\hat{\kappa}(t) = |\hat{\boldsymbol{\kappa}}(t)|$ 无关。两个量 $\hat{\boldsymbol{u}}(\boldsymbol{\kappa}^{\circ},\ t)$ 和 $\hat{\boldsymbol{e}}(t)$ 基于常微分方程的闭合演化而来:

$$\frac{\mathrm{d}\hat{u}_i}{\mathrm{d}t} = -\hat{u}_j \frac{\partial \langle U_\ell \rangle}{\partial x_j}(\delta_{i\ell} - 2\hat{e}_i\hat{e}_\ell) \tag{12.296}$$

而且:

$$\frac{\mathrm{d}\hat{e}_i}{\mathrm{d}t} = -\hat{e}_\ell \frac{\partial \langle U_\ell \rangle}{\partial x_j}(\delta_{ij} - \hat{e}_i\hat{e}_j) \tag{12.297}$$

[见式(11.85)和式(11.86)。]由于连续性方程,$\hat{\boldsymbol{u}}$ 正交于 $\hat{\boldsymbol{\kappa}}$ 和 $\boldsymbol{e}$:

$$\hat{\boldsymbol{e}} \cdot \hat{\boldsymbol{u}} = 0 \tag{12.298}$$

$$\langle u_i u_j \rangle = \left\langle \sum_{\boldsymbol{\kappa}^{\circ}} \hat{\boldsymbol{u}}_i^{*}(\boldsymbol{\kappa}^{\circ},\ t)\hat{\boldsymbol{u}}_j(\boldsymbol{\kappa}^{\circ},\ t) \right\rangle \tag{12.299}$$

因此,给定初始傅里叶模式 [$\hat{\boldsymbol{u}}(\boldsymbol{\kappa}^{\circ},\ 0)$ 和 $\boldsymbol{\kappa}^{\circ}$],雷诺应力的演变可以由 $\hat{\boldsymbol{u}}$ 和 $\hat{\boldsymbol{e}}$ 的常微分方程的解来确定。

对于这种快速变形效应的描述是在波数空间中,而 PDF 方法是基于物理空间。因此,Van Slooten 和 Pope(1997)的速度波向量 PDF 方法不是前面发展的直接实现:相反,它是一个基于式(12.296)~式(12.299)的精确数学类比。

在 PDF 方法的粒子实现中，一般粒子有一个脉动速度 $\boldsymbol{u}^*(t)$ 和一个单位向量（称为波向量）$\boldsymbol{e}^*(t)$ ①。根据式(12.298)，这些向量是正交的：

$$\boldsymbol{e}^*(t)\cdot\boldsymbol{u}^*(t)=0 \tag{12.300}$$

它们按照式(12.296)和式(12.297)演化：

$$\frac{\mathrm{d}u_i^*}{\mathrm{d}t}=-u_j^*\frac{\partial\langle U_\ell\rangle}{\partial x_j}(\delta_{i\ell}-2e_i^*e_\ell^*) \tag{12.301}$$

$$\frac{\mathrm{d}e_i^*}{\mathrm{d}t}=-e_\ell^*\frac{\partial\langle U_\ell\rangle}{\partial x_i}(\delta_{ij}-e_i^*e_j^*) \tag{12.302}$$

它是由为 $\hat{\boldsymbol{u}}(\boldsymbol{\kappa}^\circ,t)$ 和 $\hat{\boldsymbol{e}}(t)$ 的式(12.296)~式(12.298)与为 $\boldsymbol{u}^*(t)$ 和 $\boldsymbol{e}^*(t)$ 的式(12.300)~式(12.302)之间的精确类比得出的（给定适当的初始条件），由粒子（即 $\langle u_i^*u_j^*\rangle$）确定的雷诺应力张量与由傅里叶系数[式(12.299)]得到的是相同的。因此，该模型给出的雷诺应力 $\langle u_i^*u_j^*\rangle$ 的演化对于均匀湍流的任意快速变形是精确的。

式(12.301)可以改写为

$$\frac{\mathrm{d}u_i^*}{\mathrm{d}t}=-u_j^*\frac{\partial\langle U_i\rangle}{\partial x_j}+G_{ij}^*u_j^* \tag{12.303}$$

其中，

$$G_{ij}^*\equiv 2e_i^*e_\ell^*\frac{\partial\langle U_\ell\rangle}{\partial x_j} \tag{12.304}$$

在快速变形极限情况下，广义朗之万模型的扩散消失，所以 $\boldsymbol{u}^*(t)$ 的 GLM 方程[式(12.126)]变为

$$\frac{\mathrm{d}u_i^*}{\mathrm{d}t}=-u_j^*\frac{\partial\langle U_i\rangle}{\partial x_j}+G_{ij}u_j^* \tag{12.305}$$

显然，波向量模型与 GLM 具有相似的形式。然而，系数 G_{ij}^* 是否得到快速变形的正确表现，依赖于 $\boldsymbol{e}^*(t)$；而在 GLM 中，G_{ij} 以 $\langle u_iu_j\rangle$、ε 和 $\partial\langle U_i\rangle/\partial x_j$ 来建模。

2. 均匀湍流

对于均匀湍流的情况（不在快速变形极限下），Van Slooten 和 Pope(1997)提出的速度模型可以写成：

① 此处及本节的其余部分，上标 * 表示粒子属性。在式(12.299)中，它表示复共轭。

$$\mathrm{d}u_i^*(t) = \left(G_{ij}^* - \frac{\partial\langle U_i\rangle}{\partial x_j}\right)u_j^*\mathrm{d}t + (C_0\varepsilon)^{1/2}\mathrm{d}W_i \tag{12.306}$$

$$G_{ij}^* = \frac{\varepsilon}{k}\left[-\left(\frac{1}{2}+\frac{3}{4}C_0\right)\delta_{ij} + \alpha_2(b_{ij} - b_{\ell\ell}^2\delta_{ij})\right] + 2e_i^* e_\ell^* \frac{\partial\langle U_\ell\rangle}{\partial x_j} \tag{12.307}$$

其中，$C_0 = 2.1$；$\alpha_2 = 2.0$。在式(12.306)中，平均速度梯度中的项是精确的，与生成项(production)相对应。在 G_{ij}^* 的表达式中，平均速度梯度中的项表示快速压力[参考式(12.304)]；而剩下的项代表慢速压力，并对应一个非线性的回归各向同性模型(对于非零的 α_2)。

在没有平均速度梯度的情况下，式(12.306)成为不依赖于 $\boldsymbol{e}^*(t)$ 的朗之万方程；而在快速变形极限下，所有涉及 ε 的项都可以忽略不计，方程可以正确地还原为式(12.303)。

可以写出 $\boldsymbol{e}^*(t)$ 的一般扩散过程：

$$\mathrm{d}e_i^*(t) = E_i\mathrm{d}t + B_{ij}\mathrm{d}W_j + B'_{ij}\mathrm{d}W'_j \tag{12.308}$$

其中，Wiener 过程 $\boldsymbol{W}'(t)$ 与速度方程 $\boldsymbol{W}(t)$ 无关；系数 E_i、B_{ij} 和 B'_{ij} 可以同时依赖于 $\boldsymbol{u}^*(t)$ 和 $\boldsymbol{e}^*(t)$。Van Slooten 和 Pope(1997)的模型对应于与 $\boldsymbol{e}^*(t)$ 相一致的最简单的系数规范，其中 $\boldsymbol{e}^*(t)$ 是正交于 $\boldsymbol{u}^*(t)$ 的单位向量。系数(见练习 12.52)如下：

$$E_i = -\frac{e_i^*\varepsilon}{2k}\left(C_e + C_0\frac{k}{u_j^* u_j^*}\right) - \frac{u_i^* u_k^* e_\ell^*}{u_m^* u_m^*}\left(G_{\ell k}^* - \frac{\partial\langle U_\ell\rangle}{\partial x_k}\right) \tag{12.309}$$

$$B_{ij} = -\frac{u_i^* e_j^*}{u_k^* u_k^*}(C_0\varepsilon)^{1/2} \tag{12.310}$$

$$B'_{ij} = \left(\delta_{ij} - e_i^* e_j^* - \frac{u_i^* u_j^*}{u_\ell^* u_\ell^*}\right)\left(\frac{C_e\varepsilon}{k}\right)^{1/2} \tag{12.311}$$

其中，新模型常数取 $C_e = 0.03$。

Van Slooten 和 Pope(1997)将该模型广泛应用于均匀湍流，发现与实验数据和 DNS 数据有很好的一致性。作为一个例子，图 12.24 显示了均匀剪切流中雷诺数应力各向异性的计算结果。

3. 非均匀流动

Van Slooten 等(1998)将该模型直接推广到非均匀流动，并将其与湍流频率结合，得到了速度、波向量和湍流频率的联合 PDF 模型方程，该模型已应用于许多流动，包括旋涡射流(Van Slooten and Pope, 1999)。虽然该模型对这些流动有相当好的模拟能力，但更简单的 LIPM 也是如此。尽管如此，波向量的优点是对均匀湍流的快速变形模拟很精确，而且可以预期其性能在接近这一极限的流动中也是优越的。

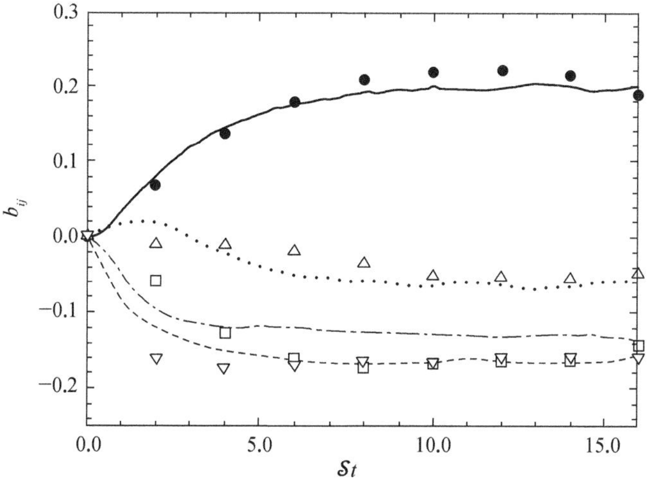

图12.24 在 $(\mathcal{S}k/\varepsilon)_0 = 2.36$ 时均匀剪切流中雷诺数应力各向异性的演化

Van sloten 和 Pope(1997)计算得到的速度波向量 PDF 模型(实线)与 Rogers 和 Moin(1987)的 DNS 数据的比较(符号):(−,●)表示 b_{11};(---,▽)表示 b_{12};(-.-,□)表示 b_{22};(···,△)表示 b_{33}

练 习

12.52 考虑 $\boldsymbol{e}^*(t)$ 的一般模型[式(12.308)]和 $\boldsymbol{u}^*(t)$ 的模型[式(12.306)],为简单起见,重写为

$$du_i^*(t) = A_{ij}u_j^*\,dt + b\,dW_i \tag{12.312}$$

使得 $\boldsymbol{e}^*(t)$ 保持单位长度的要求导致对系数的约束条件如下:

$$e_i^* B_{ij} = 0,\; e_i^* B'_{ij} = 0 \tag{12.313}$$

$$2e_i^* E_i + B_{ij}B_{ij} + B'_{ij}B'_{ij} = 0 \tag{12.314}$$

同样地,证明 $\boldsymbol{u}^*(t)$ 和 $\boldsymbol{e}^*(t)$ 的正交性导出约束条件为

$$u_i^* B'_{ij} = 0,\; u_i^* B_{ij} + be_j^* = 0 \tag{12.315}$$

$$u_i^* E_i + e_i^* u_j^* A_{ij} + bB_{ii} = 0 \tag{12.316}$$

证明 B_{ij}、B'_{ij} 的规范通过式(12.310)和式(12.311)满足式(12.313)和式(12.315)。从这些规范中,获得如下结果:

$$B_{ij}B_{ij} = \frac{C_0\varepsilon}{u_k^* u_k^*} \tag{12.317}$$

$$B'_{ij}B'_{ij}=\frac{C_{\mathrm{e}}\varepsilon}{k} \tag{12.318}$$

另外，$B_{ii}=0$。由此证明约束方程[式(12.314)和式(12.316)]可以重写为

$$e_i^* E_i=-\frac{1}{2}\left(\frac{C_0\varepsilon}{u_k^* u_k^*}+\frac{C_{\mathrm{e}}\varepsilon}{k}\right) \tag{12.319}$$

$$u_i^* E_i=-e_i^* u_j^* A_{ij} \tag{12.320}$$

并且 E_i 的规范[式(12.309)]都满足这些条件。

12.53 对于 $\boldsymbol{e}^*(t)$ 的一般扩散过程[式(12.308)]，取 $B_{ij}=0$，确定系数 E_i 和 B'_{ij} 对应于 $\boldsymbol{e}^*(t)$ 为单位球上的各向同性扩散。

12.7.4 混合和反应

PDF 方法对于处理带化学反应的湍流特别有吸引力，因为非线性化学反应在 PDF 方程中以闭合形式出现。Pope(1985)、Kuznetsov 和 Sabel'nikov(1990)，以及 Dopazo(1994)对应用于反应流的 PDF 方法进行了综述。本节的主要理念是，首先给出单个标量 $\phi(\boldsymbol{x},t)$ 的微分方程，然后叙述速度与一组标量的联合 PDF。

1. 组分 PDF

在最简单的情况下，反应标量 $\phi(\boldsymbol{x},t)$ 的守恒方程为

$$\frac{\mathrm{D}\phi}{\mathrm{D}t}=\Gamma\nabla^2\phi+S[\phi(\boldsymbol{x},t)] \tag{12.321}$$

其中，S 为化学反应源，是 ϕ 的已知函数。在许多应用中，特别是在燃烧中，$S(\phi)$ 是一个高度非线性的函数，因此基于平均 $S(\langle\phi\rangle)$ 的源不能提供对平均源 $\langle S(\phi)\rangle$ 的真实估计。随后，化学源项在平均流和二阶矩闭合中导致了严重的闭合问题。

$\phi(\boldsymbol{x},t)$ 的单点、单次欧拉 PDF 用 $f_\phi(\psi;\boldsymbol{x},t)$ 表示，其中 ψ 为样本空间变量。由式(12.321)推导出 f_ϕ 演化方程为

$$\begin{aligned}\frac{\partial f_\phi}{\partial t}+\frac{\partial}{\partial x_i}[f_\phi(\langle U_i\rangle+\langle u_i\mid\psi\rangle)]&=-\frac{\partial}{\partial\psi}\left(f_\phi\left\langle\frac{\mathrm{D}\phi}{\mathrm{D}t}\mid\psi\right\rangle\right)\\&=-\frac{\partial}{\partial\psi}\{f_\phi[\langle\Gamma\nabla^2\phi\mid\psi\rangle+S(\psi)]\}\end{aligned} \tag{12.322}$$

或者：

$$\frac{\bar{\mathrm{D}}f_\phi}{\bar{\mathrm{D}}t}=\Gamma\nabla^2 f_\phi-\frac{\partial}{\partial x_i}(f_\phi\langle u_i\mid\psi\rangle)$$

$$-\frac{\partial^2}{\partial\psi^2}\left(f_\phi\left\langle\Gamma\frac{\partial\phi}{\partial x_i}\frac{\partial\phi}{\partial x_i}\middle|\psi\right\rangle\right)-\frac{\partial}{\partial\psi}[f_\phi S(\psi)] \tag{12.323}$$

其中，$\langle u_i|\psi\rangle$ 表示 $\langle u_i(\boldsymbol{x},t)|\phi(\boldsymbol{x},t)=\psi\rangle$，等等(见练习 12.54)。最重要的结果是，由于以下关系式：

$$\langle S(\phi)|\phi=\psi\rangle=S(\psi) \tag{12.324}$$

化学源以闭合形式出现。

脉动速度场导致湍流对流通量 $-f_\phi\langle\boldsymbol{u}|\psi\rangle$ 不是闭合形式。梯度扩散模型(通常有的缺陷)为

$$-f_\phi\langle\boldsymbol{u}|\psi\rangle=\Gamma_{\mathrm{T}}\nabla f_\phi \tag{12.325}$$

其中，$\Gamma_{\mathrm{T}}(\boldsymbol{x},t)$ 为湍流扩散率。

分子扩散的效应也不是闭合的，而是以条件拉普拉斯(conditional Laplacian)项($\langle\Gamma\nabla^2\phi|\psi\rangle$)或条件标量(conditional scalar dissipation)项($\langle 2\Gamma\nabla\phi\cdot\nabla\phi|\psi\rangle$)的形式出现。分子扩散效应的模型称为混合模型①(mixing models)，将在后面讨论。一个早期的简单混合模型就是

$$\langle\Gamma\nabla^2\phi|\psi\rangle=-\frac{1}{2}C_\phi\frac{\varepsilon}{k}(\psi-\langle\phi\rangle) \tag{12.326}$$

其中，模型常数 C_ϕ(通常取为 2.0)是机械标量时间尺度比 τ/τ_ϕ(见第 5.5 节和练习 12.55)。这种确定性线性模型称为 IEM 模型(Villermaux and Devillon, 1972)或 LMSE 模型(Dopazo and O'Brien, 1974)。

结合这些模型的加入，组分 PDF 方程[式(12.322)]变为

$$\frac{\bar{\mathrm{D}}f_\phi}{\bar{\mathrm{D}}t}=\frac{\partial}{\partial x_i}\left(\Gamma_{\mathrm{T}}\frac{\partial f_\phi}{\partial x_i}\right)+\frac{\partial}{\partial\psi}\left[f_\phi\left(\frac{1}{2}C_\phi\frac{\varepsilon}{k}(\psi-\langle\phi\rangle)-S(\psi)\right)\right] \tag{12.327}$$

假设 $\langle\boldsymbol{U}\rangle$、$k$、$\varepsilon$ 和 Γ_{T} 由湍流模型计算可得，则式(12.327)是一个闭合模型方程，可以通过求解得到 $f_\phi(\Psi;\boldsymbol{x},t)$。

该方程可以很容易地推广到一系列的组分，许多反应流计算都是基于该方程，如 Chen 等(1990)，Roekaerts(1991)，Hsu 等(1990)，以及 Jones 和 Kakhi(1997)，这些计算采用了基于节点的粒子方法(Pope, 1981)，在有限差分网格的每个节点上都有一个粒子集合。另外，也使用了分布粒子算法(Pope, 1985)，见练习 12.56——类似于第 12.6 节中描述的算法，例如，Tsai 和 Fox(1996)及 Colucci 等

① 它们也称为分子混合模型和微混合模型。

(1998)的研究。

练 习

12.54 当：

$$f'_{\phi}(\psi;\ \boldsymbol{x},\ t) \equiv \delta[\phi(\boldsymbol{x},\ t) - \psi] \tag{12.328}$$

作为组成的细粒度PDF,获得如下结果：

$$\frac{\partial f'_{\phi}}{\partial t} = -\frac{\partial}{\partial \psi}\left(f'_{\phi}\frac{\partial \phi}{\partial t}\right) \tag{12.329}$$

$$\frac{\partial f'_{\phi}}{\partial x_i} = -\frac{\partial}{\partial \psi}\left(f'_{\phi}\frac{\partial \phi}{\partial x_i}\right) \tag{12.330}$$

$$\frac{\mathrm{D}f'_{\phi}}{\mathrm{D}t} = -\frac{\partial}{\partial \psi}\left(f'_{\phi}\frac{\mathrm{D}\phi}{\mathrm{D}t}\right) \tag{12.331}$$

提示：式(H.8)类似于式(12.3),得到结果：

$$\langle f'_{\phi}\boldsymbol{U}\rangle = f_{\phi}(\langle \boldsymbol{U}\rangle + \langle \boldsymbol{u} \mid \psi\rangle) \tag{12.332}$$

其中,$\langle \boldsymbol{u} \mid \psi\rangle$ 是 $\langle \boldsymbol{u}(\boldsymbol{x},\ t) \mid \phi(\boldsymbol{x},\ t) = \psi\rangle$ 的缩写,因此验证了式(12.322)。将式(12.330)对 x_i 求导获得

$$\nabla^2 f'_{\phi} = -\frac{\partial}{\partial \psi}(f'_{\phi}\nabla^2\phi) + \frac{\partial^2}{\partial \psi^2}(f'_{\phi}\nabla\phi \cdot \nabla\phi) \tag{12.333}$$

求此方程的均值,验证式(12.323)。

12.55 证明从模型PDF方程[式(12.327)]得到的平均值 $\langle\phi\rangle$ 和方差 $\langle\phi'^2\rangle$ 的演化方程是

$$\frac{\bar{\mathrm{D}}\langle\phi\rangle}{\bar{\mathrm{D}}t} = \frac{\partial}{\partial x_i}\left(\Gamma_{\mathrm{T}}\frac{\partial\langle\phi\rangle}{\partial x_i}\right) + \langle S(\phi)\rangle \tag{12.334}$$

$$\frac{\bar{\mathrm{D}}\langle\phi'^2\rangle}{\bar{\mathrm{D}}t} = \frac{\partial}{\partial x_i}\left(\Gamma_{\mathrm{T}}\frac{\partial\langle\phi'^2\rangle}{\partial x_i}\right) + 2\Gamma_{\mathrm{T}}\frac{\partial\langle\phi\rangle}{\partial x_i}\frac{\partial\langle\phi\rangle}{\partial x_i} - C_{\phi}\frac{\varepsilon}{k}\langle\phi'^2\rangle + 2\langle\phi' S(\phi)\rangle \tag{12.335}$$

12.56 考虑一种粒子方法,其中粒子的位置 $\boldsymbol{X}^*(t)$ 和组分 $\phi^*(t)$ 通过如下公式演变：

$$dX^* = a(X^*, t)dt + b(X^*, t)dW \tag{12.336}$$

$$d\phi^* = c(\phi^*, X^*, t)dt \tag{12.337}$$

其中，$\boldsymbol{a}$、b 和 c 为系数；$\boldsymbol{W}(t)$ 为各向同性 Wiener 过程。证明 $\boldsymbol{X}^*$ 和 ϕ^* 的联合 PDF——$f^*_{\phi X}(\psi, \boldsymbol{x}; t)$ 随如下公式演变：

$$\frac{\partial f^*_{\phi X}}{\partial t} = -\frac{\partial}{\partial x_i}[f^*_{\phi X}a_i(\boldsymbol{x}, t)] + \frac{1}{2}\frac{\partial^2}{\partial x_i \partial x_i}[f^*_{\phi X}b(\boldsymbol{x}, t)] - \frac{\partial}{\partial \psi}[f^*_{\phi X}c(\psi, \boldsymbol{x}, t)] \tag{12.338}$$

将该方程对所有 ψ 积分，得到粒子位置密度 $f^*_X(\boldsymbol{x}; t)$ 的演化方程。证明，如果 f^*_X 最初是均匀的，那么它将保持均匀，只要系数满足：

$$\nabla \cdot \boldsymbol{a} = \frac{1}{2}\nabla^2 b \tag{12.339}$$

在 $\boldsymbol{X}^*(t) = \boldsymbol{x}$ 条件下，$\phi^*(t)$ 的 PDF 为 $f^*_\phi(\psi; \boldsymbol{x}, t) = f^*_{\phi X}(\psi, \boldsymbol{x}; t)/f^*_X(\boldsymbol{x}; t)$。设 f^*_X 是均匀的(uniform)，并证明 f^*_ϕ 随模型 PDF 方程[式(12.327)]演变，提供的系数由如下公式定义：

$$\boldsymbol{a}(\boldsymbol{x}, t) = \langle \boldsymbol{U} \rangle + \nabla \Gamma_T \tag{12.340}$$

$$b(\boldsymbol{x}, t) = 2\Gamma_T \tag{12.341}$$

$$c(\psi, \boldsymbol{x}, t) = -\frac{1}{2}C_\phi \frac{\varepsilon}{k}(\psi - \langle \phi^* | \boldsymbol{x} \rangle) + S(\psi) \tag{12.342}$$

2. 各向同性湍流中的守恒标量 PDF

组分 PDF 方法的核心问题是分子扩散效应的建模。考虑最简单的情况是均匀各向同性湍流中单个守恒被动标量的统计均匀场(从一个指定的初始条件)的衰变。Eswaran 和 Pope(1988)通过 DNS 研究了该问题，初始条件对应于统计上相同的流体团块（$\phi = 0$ 和 $\phi = 1$），其初始 PDF 为

$$f_\phi(\psi; 0) = \frac{1}{2}[\delta(\psi) + \delta(1 - \psi)] \tag{12.343}$$

随着场 $\phi(\boldsymbol{x}, t)$ 的演化，均值是守恒的，方差根据式(12.344)衰变[式(5.281)]：

$$\frac{d\langle \phi'^2 \rangle}{dt} = -\varepsilon_\phi = -2\Gamma\langle \nabla\phi' \cdot \nabla\phi' \rangle \tag{12.344}$$

演变的 PDF $f_\phi(\psi, t)$ 采用的形状如图 12.25(a)所示。DNS 数据表明，PDF $f_\phi(\psi, t)$

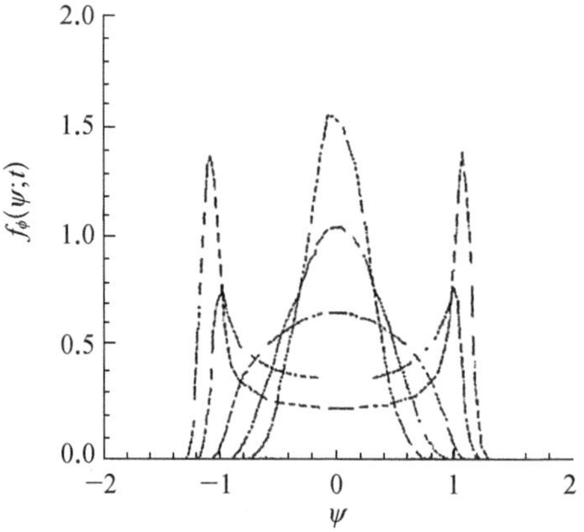

(a) Eswaran和Pope(1988)的DNS数据

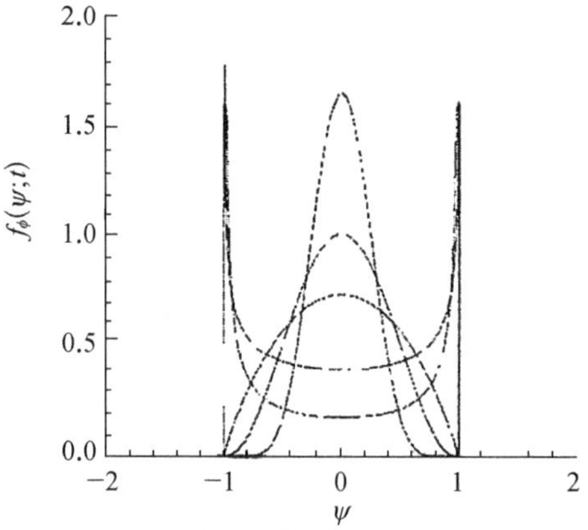

(b) 映射闭合的计算结果(Pope, 1991)

图 12.25　双 δ 函数初始条件下各向同性湍流中守恒被动标量的 PDF $f_\phi(\psi, t)$ 的演化

在较多次数上趋于高斯分布。

对于统计均匀守恒标量场的这种情况，组分 PDF 方程[式(12.322)和式(12.323)]退化为

$$\frac{\partial f_\phi}{\partial t} = -\frac{\partial}{\partial \psi}(f_\phi \langle \Gamma \nabla^2 \phi \mid \psi \rangle) = -\frac{1}{2}\frac{\partial^2}{\partial \psi^2}[f_\phi \varepsilon_\phi^{c}(\psi, t)] \tag{12.345}$$

其中，ε_ϕ^{c} 是条件标量耗散：

$$\varepsilon_\phi^{c}(\psi, t) \equiv \langle 2\Gamma \nabla\phi' \cdot \nabla\phi' \mid \phi = \psi \rangle \tag{12.346}$$

3. 高斯场(Gaussian-field)模型

对基于高斯场的三种不同模型的研究具有重要的参考价值。首先，假设 $\phi(\boldsymbol{x}, t)$ 是高斯场，意味着条件拉普拉斯算子正是由 IEM 模型给出的[式(12.326)——见练习 12.57]。该模型直接类似于扩散系数为零的退化(degenerate)朗之万方程[式(12.32)]。已经发现这个模型在保留 PDF 的形状方面有严重的缺陷。从高斯初始条件出发，正确地给出了高斯演化。然而，根据双 δ 函数的初始条件，对高斯函数没有松弛。相反，δ 函数存在并在组分空间中相互移动。

考虑的第二个模型也是基于 $\phi(\boldsymbol{x}, t)$ 是高斯场的假设(见练习 12.57)，即条件和无条件标量耗散是相等的。然后，PDF 方程[式(12.345)]可以简化为

$$\frac{\partial f_\phi}{\partial t} = -\frac{1}{2}\varepsilon_\phi \frac{\partial^2 f_\phi}{\partial \psi^2} \tag{12.347}$$

这是扩散方程，但扩散系数为负 $\left(即\ -\frac{1}{2}\varepsilon_\phi\right)$。这是不稳定微分方程的一个经典

例子：式(12.347)的解析解(见练习 12.9)表明,解的傅里叶系数在时间上呈指数级发散,最高阶模态发散得最快。除了从高斯函数的特定初始条件出发外,PDF $f_\phi(\psi;t)$ 变为负值,因此不可实现。

$\phi(\boldsymbol{x},t)$ 是高斯场的假设导致了基于条件拉普拉斯算子和条件耗散的不同缺陷混合模型。对于高斯初始条件,两个模型都正确地预测了高斯演化。然而,对于其他初始条件,两种模型表现出不同的令人不满意特征。

练　　习

12.57　设 $\phi(\boldsymbol{x})$ 为统计上均匀的高斯场。那么,在每个位置,ϕ、$\partial\phi/\partial x_i$ 和 $\nabla^2\phi$ 是联合正态随机变量。表明 ϕ 与 $\Gamma\nabla^2\phi$ 之间的协方差为

$$\langle\phi\Gamma\ \nabla^2\phi\rangle=-\langle\Gamma\ \nabla\phi\cdot\nabla\phi\rangle=-\frac{1}{2}\varepsilon_\phi \tag{12.348}$$

因此,利用式(3.119)可知,条件拉普拉斯算子为

$$\langle\Gamma\ \nabla^2\phi\mid\psi\rangle=-\frac{1}{2}\frac{\varepsilon_\phi}{\langle\phi'^2\rangle}(\psi-\langle\phi\rangle) \tag{12.349}$$

证明这与 IEM 模型相同[式(12.326)]。证明 ϕ 和 $\partial\phi/\partial x_i$ 是不相关的,因此是独立的(因为它们是联合正态分布的)。从而证明条件标量耗散 $\varepsilon_\phi^c(\psi)$ [式(12.346)]等价于无条件标量耗散 ε_ϕ。(强调这些结果是特定于高斯场的,并不适用于一般情况。)

4. 映射闭合

对于非高斯初始 PDF $f_\phi(\psi;0)$,与假设 $\phi(\boldsymbol{x},t)$ 是高斯场显然是不一致的。相反,映射闭合(Chen et al., 1989; Pope, 1991; Gao and O'Brien, 1991)提出了一致的高斯假设,并推导出一个令人满意的模型。

设 $\theta(\boldsymbol{x})$ 为统计上的均匀高斯场,且设 η 为 θ 对应的样本空间变量。在每个时刻 t,都有一个唯一定义的非递减(uniquely-defined non-decreasing)函数 $X(\eta,t)$——"映射",以至于代理场(surrogate field):

$$\phi^s(\boldsymbol{x},t)\equiv X[\theta(\boldsymbol{x}),t] \tag{12.350}$$

与组分场 $\phi(\boldsymbol{x},t)$ 具有相同的一点 PDF。闭合是通过假设组分场 $\phi(x,t)$ 的统计量与(非高斯)代理场 $\phi^s(\boldsymbol{x},t)$ 的统计量相同来实现的:特别是 $\langle\Gamma\nabla^2\phi\mid\psi\rangle$ 等于 $\langle\Gamma\nabla^2\phi^s\rangle$ 时——这是已知的映射。这个假设引出了映射 $X(\eta,t)$ 的演化方程,它隐性地决定了 PDF。

对于双 δ 函数初始条件的测试示例,图 12.25(b)显示了映射闭合预测的 PDF

形状的演化。显然,这与 DNS 数据非常一致。在大多数情况下,由映射闭合给出的 PDF 趋向于高斯分布。对于单个组分,Pope(1991)描述了映射闭合的粒子实现。

5. 速度组分 PDF

化学反应湍流中流体的热化学组分可以用标量 $\boldsymbol{\phi}=\{\phi_1, \phi_2, \cdots, \phi_{n_\phi}\}$ 来表示。取决于涉及的化学性质,标量 n_ϕ 的数量可以是 2、3 和 10 左右,甚至是 100 的量级。现在将前面的考虑扩展到速度和一组标量的联合 PDF。为简单起见,取这些标量根据守恒方程进行演化:

$$\frac{\mathrm{D}\phi_\alpha}{\mathrm{D}t}=\Gamma\,\nabla^2\phi_\alpha+S_\alpha(\boldsymbol{\phi}) \tag{12.351}$$

其中,反应 $\boldsymbol{S}$ 的源是组分的已知函数。分子扩散 F 被认为是恒定的、均匀的,并且对每种组分都是相同的。[实际上,组分扩散的差异可能很重要;参考 Yeung(1998),以及 Nilsen 和 Kosály(1999)的研究及其参考文献。]

速度 $\boldsymbol{U}(\boldsymbol{x}, t)$ 和组分 $\phi(\boldsymbol{x}, t)$ 的单点、单次欧拉联合 PDF 用 $\hat{f}(\boldsymbol{V}, \boldsymbol{\psi}; x, t)$ 表示,其中 $\boldsymbol{\psi}=\{\psi_1, \psi_2, \cdots, \psi_{n_\phi}\}$ 是组分的样本空间变量。由 Navier-Stokes 方程和式(12.351)推导出的 $\hat{f}(\boldsymbol{V}, \boldsymbol{\psi}; \boldsymbol{x}, t)$ 的演化方程为

$$\begin{aligned}&\frac{\partial\hat{f}}{\partial t}+V_i\frac{\partial\hat{f}}{\partial x_i}-\frac{1}{\rho}\frac{\partial\langle p\rangle}{\partial x_i}\frac{\partial\hat{f}}{\partial V_i}+\frac{\partial}{\partial\psi_\alpha}[\hat{f}S_\alpha(\boldsymbol{\psi})]\\&=-\frac{\partial}{\partial V_i}\left(\hat{f}\left\langle v\nabla^2U_i-\frac{1}{\rho}\frac{\partial p'}{\partial x_i}\,\Big|\,\boldsymbol{V}, \boldsymbol{\psi}\right\rangle\right)-\frac{\partial}{\partial\psi_\alpha}[\hat{f}\langle\Gamma\nabla^2\phi_\alpha\mid\boldsymbol{V}, \boldsymbol{\psi}\rangle]\end{aligned} \tag{12.352}$$

其中,左边的项是闭合形式,最明显的是对流和反应。因此,组分 PDF 模型中使用的梯度扩散模型被消除,而保留了反应处于闭合形式的好处。

对于右边的未闭合项,期望以 $\boldsymbol{U}(\boldsymbol{x}, t)=\boldsymbol{V}$ 和 $\boldsymbol{\phi}(\boldsymbol{x}, t)=\boldsymbol{\psi}$ 为条件。因为,假设组分是被动的,它们的值对 ρ、ν、$\boldsymbol{U}$ 和 p' 没有影响。因此,右边的第一项可以用广义朗之万模型来建模,与 $\boldsymbol{\psi}$ 无关。

最简单的混合模型还是 IEM:

$$\langle\Gamma\,\nabla^2\phi_\alpha\mid\boldsymbol{V}, \boldsymbol{\psi}\rangle=-\frac{1}{2}C_\phi\frac{\varepsilon}{k}(\psi_\alpha-\langle\phi_\alpha\rangle) \tag{12.353}$$

[可参考式(12.326)。]根据这个模型,条件拉普拉斯式独立于 $\boldsymbol{V}$——这是不正确的(Pope, 1998b)。还提出了其他几个包含对 $\boldsymbol{V}$ 依赖性的模型[例如,Pope(1985)和 Fox(1996)的研究]。

这种方法很容易扩展到速度、湍流频率和组分的联合 PDF,从而产生一个简单的湍流反应流的闭合模型 PDF 方程。采用第 12.6 节中描述的粒子方法可以解出

这个方程，尽管联合 PDF 是许多独立变量的函数。例如，Saxena 和 Pope(1998)描述了基于速度、湍流频率和 14 种组分，即 $f_{U\omega\boldsymbol{\phi}}(V_1, V_2, V_3, \theta, \psi_1, \psi_2, \cdots, \psi_{14}; x, r)$ 的联合 PDF 对(统计稳态和轴对称)甲烷-空气射流火焰的计算。

练　习

12.58　写出速度-组分联合 PDF 方程[式 12.352)]，用广义朗之万模型[式(12.26)]和 IEM 模型[式(12.353)]代替右边的两个未闭合项。乘以适当的样本空间变量，积分得到平均演化方程：

$$\frac{\bar{\mathrm{D}}\langle U_j\rangle}{\bar{\mathrm{D}}t} + \frac{\partial\langle u_i u_j\rangle}{\partial x_i} + \frac{1}{\rho}\frac{\partial\langle p\rangle}{\partial x_j} = 0 \tag{12.354}$$

$$\frac{\bar{\mathrm{D}}\langle \phi_\beta\rangle}{\bar{\mathrm{D}}t} + \frac{\partial\langle u_i \phi'_\beta\rangle}{\partial x_i} - \langle S_\beta(\boldsymbol{\phi})\rangle = 0 \tag{12.355}$$

将模型联合 PDF 方程乘以 $V_j\psi_\beta$，积分得到：

$$\frac{\partial\langle U_j\phi_\beta\rangle}{\partial t} + \frac{\partial\langle U_i U_j\phi_\beta\rangle}{\partial x_i} + \frac{\langle\phi_\beta\rangle}{\rho}\frac{\partial\langle p\rangle}{\partial x_j} - \langle U_j S_\beta\rangle = G_{j\ell}\langle u_\ell\phi_\beta\rangle - \frac{1}{2}C_\phi\frac{\varepsilon}{k}\langle U_j\phi'_\beta\rangle \tag{12.356}$$

由此得到模型标量通量方程：

$$\frac{\bar{\mathrm{D}}\langle u_j\phi'_\beta\rangle}{\bar{\mathrm{D}}t} + \frac{\partial\langle u_i u_j\phi'_\beta\rangle}{\partial x_i} + \langle u_i u_j\rangle\frac{\partial\langle\phi_\beta\rangle}{\partial x_i} + \langle u_i\phi'_\beta\rangle\frac{\partial\langle U_j\rangle}{\partial x_i} - \langle u_j S_\beta\rangle = \left(G_{j\ell} - \frac{1}{2}C_\phi\frac{\varepsilon}{k}\delta_{j\ell}\right)\langle u_\ell\phi'_\beta\rangle \tag{12.357}$$

6. 混合模型

由于 IEM 和其他简单模型存在不足，已经有很多尝试开发更好的混合模型[Dopazo(1994)对其中大部分进行了综述]。虽然已经有所改进，但还没有一种模型在所有方面都令人满意。

理想混合模型的一些行为和性质可以从守恒方程推导出来，其他的可以从实验和 DNS 数据推导出来。对于一组具有相等扩散系数的守恒标量，应保持如下。

(1) 平均值 $\langle\phi_\alpha\rangle$ 不受混合的直接影响。

(2) 混合造成方差 $\langle\phi'_{(\alpha)}\phi'_{(\alpha)}\rangle$ 随时间减少(一个更强的条件是使协方差矩阵

$\langle \phi'_\alpha \phi'_\beta \rangle$ 的特征值减小)。

(3) 对有界条件[式(2.55)]的一般化(generalization)是标量在样本空间中所占的凸区域随时间减小。设 $\mathcal{C}(t)$ 表示最小凸区域在 t 时刻的组分所占据的样本空间中,因此对于 $\mathcal{C}(t)$ 以外的所有组分,PDF 为零。然后,对于 $t_2 > t_1$, $\mathcal{C}(t_2)$ 包含在 $\mathcal{C}(t_1)$ 中。

(4) 理想混合模型满足 $\boldsymbol{\phi}$ (Pope, 1983)的守恒方程所隐含的线性和独立性不变。

(5) 对于均匀湍流中的统计均匀标量场,联合 PDF $f_{\boldsymbol{\phi}}(\boldsymbol{\psi};\ t)$ 趋于联合正态分布(Juneja and Pope,1996)。

在更一般的情况下,理想的混合模型可以准确地考虑:微分扩散;标量场长度尺度的影响;反应对混合的影响。

如前所述,IEM 模型保留了 PDF 的形状,这与 (v) 相反。这一缺陷可以通过添加扩散项来弥补,因此 $\boldsymbol{\phi}^+(t)$ 可以用朗之万方程来建模,但这样就违反了有界条件(3)。对于简单有界,可以构造一个满足有界的扩散过程[如 Valifo 和 Dopazo (1991),以及 Fox(1992; 1994)的研究],但一般情况仍然存在问题。一个令人满意且易于操作的映射闭合向一般情况的扩展也难以实现。

PDF 方法的粒子实现允许使用基于粒子相互作用的模型(Curl,1963; Janicka et al., 1977; Pope, 1985; Subramaniam and Pope, 1998)。这些模型很容易满足一般的有界条件(3),并提供了 PDF 形状的松弛。为了解决标量场长度尺度的影响的问题,Fox(1997)开发了一个模型,其包含关于标量场的谱信息。

12.8 讨论

表 12.2 展示了本章介绍的一些 PDF 模型。为简单起见,组分只在第一个模型中显示,但值得注意的是,所有其他模型也很容易向包括组分扩展。本节基于第 8 章中描述的模型评估标准讨论这些 PDF 模型。在本节的讨论中,自然要比较 PDF 方法的雷诺应力闭合情况。

表 12.2 PDF 模型的不同层级

模 型	PDF	闭合需要的额外场
组分 PDF	$f_{\boldsymbol{\phi}}(\boldsymbol{\psi};\ \boldsymbol{x},\ t)$	$k,\ \varepsilon,\ \langle \boldsymbol{U} \rangle$
速度 PDF	$f(\boldsymbol{V};\ \boldsymbol{x},\ t)$	ε
速度频率 PDF	$\bar{f}(\boldsymbol{V},\ \theta;\ \boldsymbol{x},\ t)$	

续　表

模　　型	PDF	闭合需要的额外场
椭圆松弛的速度频率 PDF	$\bar{f}(\boldsymbol{V},\ \theta;\ \boldsymbol{x},\ t)$	g_{ij}
速度频率波向量 PDF	$f_{U\omega e}(\boldsymbol{V},\ \theta,\ \boldsymbol{\eta};\ \boldsymbol{x},\ t)$	

12.8.1　描述的层次

各种联合 PDF 对所考虑的流动提供了完整的单点、单次的统计描述。一般来说,这比均值和协方差包含的信息要多得多。对于某些流动(例如,均匀湍流),这种更高级别的描述可能比二阶矩闭合没有增加多少好处。然而,总的来说,更完整的描述有助于准确地处理更多的过程,并提供更多可用于构建闭合模型的信息。具体来说:

(1) 在包含速度的 PDF 模型中,湍流对流是闭合的,因此避免了梯度扩散模型(如 $\langle u_i u_j u_k \rangle$ 和 $\langle u_i \phi' \rangle$);

(2) 当包含组分时,反应是闭合的,与矩闭合中遇到的闭合问题形成明显的对比;

(3) 在波向量模型中,应变压力率张量在快速变形极限下(对于均匀湍流)可以得到精确处理;

(4) 从湍流频率的分布可以得到条件平均湍流频率 Ω 并用于建模,从而消除 $k-\omega$ 模型中遇到的自由流边界条件问题。

12.8.2　完整性

认为所有 PDF 模型都是完整的。

12.8.3　成本和易用性

与雷诺应力模型相比,PDF 方法在这方面处于劣势。第 12.6 节中描述的粒子方法在算法和代码可用性方面的发展都不如用于 $k-\omega$ 和雷诺应力计算的有限体积方法。在典型的粒子法计算中,粒子的数量可能比典型的有限体积计算中的网格数量多 100 倍。因此,粒子方法对 CPU 时间的需求更大——但不是 100 倍,这并不奇怪。例如,Hsu 等(1990)在比较组分 PDF 计算和 $k-\omega$ 计算时引用了一个因子 5。

然而,与 LES 相比,PDF 方法的计算成本是适度的。就像在所有一点统计模型中一样,在 PDF 方法中,尺度比积分尺度低很多的问题不需要去求解,且统计对称性可以用来降低问题的维数。

12.8.4 适用范围

与 k-ω 和雷诺应力模型一致，PDF 方法可以应用于（在本书中考虑的）任何湍流。PDF 方法在反应流动中得到了广泛的应用，因为非线性化学反应可以在没有闭合近似的情况下进行处理。

12.8.5 精度

针对均匀湍流的 PDF 方法可以构造成等效于任何可实现的雷诺应力闭合，因此（对于这些流动）两种方法的精度是相当的。对于非均匀流动，速度 PDF 方法具有湍流对流输运是闭合形式的理论优势；波向量模型对于快速变形的流动具有理论优势。然而，由于缺乏雷诺应力和 PDF 模型计算的比较研究，很难评估 PDF 方法在处理各种流动时所取得的精度收益。

第 13 章

大涡模拟

13.1 介绍

大涡模拟直接计算较大尺度的三维非定常湍流运动，并采用模型计算较小尺度运动的影响。在计算成本方面，大涡模拟介于雷诺应力模型和直接数值模拟之间，它的动机是由于两种方法的局限性引起的。由于大尺度非定常运动被显式地表示出来，对于大尺度非定常现象显著的流动，例如涉及非定常分离和涡脱落的钝体流动，可以期望大涡模拟比雷诺应力模型更准确和可靠。

正如第 9 章所讨论的，直接数值模拟的计算成本很高，并且随着雷诺数呈三次方增长，因此直接数值模拟不适用于高雷诺数的流动。直接数值模拟中几乎所有的计算量都花费在最小的耗散运动上(图 9.4)，而能量和各向异性主要包含在更大的运动尺度上。在大涡模拟中，大尺度运动的动力学(受流动几何形状的影响且不普适)是显式计算的，而小尺度运动的影响(在某种程度上具有普适性)则由简单模型表示。因此，与直接数值模拟相比，可以节约因为显式表示小尺度运动而产生的巨大计算成本。

大涡模拟有四个概念步骤。

(1) 定义一个滤波操作，为将速度 $\boldsymbol{U}(\boldsymbol{x}, t)$ 分解成滤波(或解析)组成部分 $\bar{\boldsymbol{U}}(\boldsymbol{x}, t)$ 和残余[或亚网格尺度(subgrid-scale, SGS)]组成部分 $\boldsymbol{u}'(\boldsymbol{x}, t)$ 的和。滤波后的速度场 $\bar{\boldsymbol{U}}(\boldsymbol{x}, t)$ (三维且与时间相关)代表了大涡运动。

(2) 滤波速度场的演化方程由 Navier-Stokes 方程导出。这些方程是标准形式的，动量方程包含由残余运动引起的残余应力张量(或 SGS 应力张量)。

(3) 闭合是通过模拟残余应力张量得到的，最简单的方法是使用涡黏模型。

(4) 模型滤波方程对 $\bar{\boldsymbol{U}}(\boldsymbol{x}, t)$ 进行数值求解，它提供了一种在湍流实现中大尺度运动的近似方法。

关于将模型问题(1)~(3)与数值解(4)分离，有两种观点。Reynolds(1990)所表达的一种观点认为，这些问题是完全独立的。滤波和建模独立于数值方法，特别是它们独立于所采用的网格。因此,“滤波”和“残余”是合适的术语,而不是“解析的”或“亚网格”。然后,该数值方法有望提供滤波方程的精确解。在实践中,建模和数值问题在一定程度上是相互交织的;而且(如第 13.5 节所讨论的),甚至在原则上它们是联系在一起的。(第 13.6.4 节讨论的另一种观点是,建模和数值问题应该谨慎地结合起来。)

许多关于大涡模拟的开创性工作[例如,Smagorinsky(1963),Lilly(1967)和 Deardorff(1974)的研究]都是由气象应用所推动的,大气边界层仍然是大涡模拟研究的焦点[如 Mason(1994)的研究]。大涡模拟方法的发展和测试主要集中在各向同性湍流[如 Kraichnan(1976)和 Chasnov(1991)的研究],以及充分发展的湍流槽道流[如 Deardorff(1970)、Schumann(1975)、Moin 和 Kim(1982),以及 Piomelli(1993)的研究]。这一领域的主要工作目标是将大涡模拟应用于工程中出现的各种复杂几何形状的流动[如 Akselvoll 和 Moin(1996),以及 Haworth 和 Jansen(2000)的研究]。Galperin 和 Orszag(1993)编写的著作综述了大涡模拟的历史及其应用范围。

已经发展起来的大涡模拟方法在一定程度上取决于所考虑的流动类型和所采用的数值方法。因此,记住以下几个大涡模拟(LES)的例子是有用的,这些例子涵盖了流动类型和数值方法的范围:

(1) 伪频谱方法(如波数空间)的各向同性湍流;

(2) 采用有限差分法(物理空间)的各向同性湍流;

(3) 使用均匀矩形网格的自由剪切流;

(4) 利用非均匀矩形网格充分发展的湍流槽道流动;

(5) 使用矩形网格的大气边界层;

(6) 使用结构化网格的钝体上的流动;

(7) 使用非结构化网格在复杂几何体中的流动。

大涡模拟的不同变体之间有重要的区别,如表 13.1 所示。首先,考虑到远离壁面的流动,我们区分了 LES(大涡模拟)和 VLES(特大大涡模拟)。在大涡模拟中,滤波后的速度场占流场总湍动能的大部分(约 80%)。在 VLES 中,由于网格和滤波器太大,无法求解含能(energy-containing)运动,而残余运动中存在相当大的能量。虽然 VLES 可以在较粗的网格上执行,从而降低成本,但仿真更加强烈地依赖于残余运动的建模。实际上,很少估算解析的能量的比例,因此并不总是很清楚某个特定的模拟是 LES 还是 VLES。

对于有壁面的流动,LES 和 VLES 之间的区别同样适用于远离壁面的流动;进一步的区别取决于对近壁运动的处理。对于光滑壁面,近壁面运动尺度由黏性长度尺度 δ_ν 来衡量(与流动尺度 δ 相比,它随雷诺数减小)。如果滤波器和网格能解析这些运动中的大部分(即 80%)能量,那么结果是一个具有近壁解析率的大涡模拟,LES - NWR。这需要在壁面附近有一个非常精细的网格,计算成本随着雷诺

表 13.1　DNS 和一些 LES 类型的解析率

模　型	简　写	解　析　率
直接数值模拟	DNS	所有尺度的湍流运行都全部求解
近壁解析率的大涡模拟	LES - NWR	滤波器和网格细到可以解析每一个地方能量的 80%
近壁模拟的大涡模拟	LES - NWM	滤波器和网格细到可以解析远离壁面能量的 80%，但是不在近壁区域
特大大涡模拟	VLES	滤波器和网格粗到无法解析能量的 80%

数的幂(第 13.4.5 节)而增加，因此，和 DNS 一样，LES - NWR 对于高雷诺数流动是不可行的。另一种方法是采用近壁模型的大涡模拟，LES - NWM，其滤波器和网格过于粗糙，无法解析近壁运动，所以近壁影响是(显式或隐式)模拟的。LES 在气象中的应用属于 LES - NWM 或 VLES。

章节大纲：在接下来的两节中，LES 公式是基于考察滤波操作及其在 Navier-Stokes 方程中的应用来建立的。对于在物理空间中开展的 LES，基本的残余应力模型是 Smagorinsky(1963)提出的涡黏模型，在 13.4 节中进行了描述与解释。在第 13.5 节考虑了波数空间中的 LES 后，在第 13.6 节中描述了进一步的残余应力模型。本章最后对 LES 及其变体进行了评价。

13.2　滤波

在 DNS 中，速度场 $\boldsymbol{U}(\boldsymbol{x}, t)$ 必须在长度尺度下降到 Kolmogorov 尺度 η 上才能解析。在 LES 中，进行低通滤波操作，以便在相对粗的网格上充分解析滤波后的速度场 $\bar{\boldsymbol{U}}(\boldsymbol{x}, t)$。具体来说，所需的网格间距 h 与指定的滤波器宽度 Δ 成正比。在理想情况下，滤波器宽度略小于最小含能量运动的尺寸 ℓ_{EI} (图 6.2)。在含能量运动被解析的前提下，网格间距尽可能大。

13.2.1　一般定义

一般的滤波操作[由 Leonard(1974)引入]定义为

$$\bar{\boldsymbol{U}}(\boldsymbol{x}, t) = \int G(\boldsymbol{r}, \boldsymbol{x})\boldsymbol{U}(\boldsymbol{x} - \boldsymbol{r}, t)\,\mathrm{d}\boldsymbol{r} \tag{13.1}$$

需要对整个流域进行积分，指定的滤波函数 G 满足无量纲化条件：

$$\int G(\boldsymbol{r},\ \boldsymbol{x})\mathrm{d}\boldsymbol{r} = 1 \tag{13.2}$$

在最简单的情况下，滤波函数是均匀的，即与 $\boldsymbol{x}$ 无关。

残余场定义为

$$\boldsymbol{u}'(\boldsymbol{x},\ t) \equiv \boldsymbol{U}(\boldsymbol{x},\ t) - \bar{\boldsymbol{U}}(\boldsymbol{x},\ t) \tag{13.3}$$

因此，速度场可以通过如下公式分解：

$$\boldsymbol{U}(\boldsymbol{x},\ t) = \bar{\boldsymbol{U}}(\boldsymbol{x},\ t) + \boldsymbol{u}'(\boldsymbol{x},\ t) \tag{13.4}$$

这似乎类似于雷诺分解。然而，主要区别是，$\bar{\boldsymbol{U}}(x,\ t)$ 是一个随机场，并且（通常）滤波残余不为零：

$$\bar{\boldsymbol{u}}'(\boldsymbol{x},\ t) \neq 0 \tag{13.5}$$

练 习

13.1 由式(13.1)可知，对时间运算的滤波和微分操作，即

$$\frac{\partial \bar{\boldsymbol{U}}}{\partial t} = \overline{\left(\frac{\partial \boldsymbol{U}}{\partial t}\right)} \tag{13.6}$$

证明滤波和取平均运算的操作为

$$\overline{(\langle \boldsymbol{U} \rangle)} = \langle \bar{\boldsymbol{U}} \rangle \tag{13.7}$$

对式(13.1)求 x_j 的微分要通过式(13.8)的结果获得：

$$\frac{\partial \bar{U}_i}{\partial x_j} = \overline{\left(\frac{\partial U_i}{\partial x_j}\right)} + \int U_i(\boldsymbol{x} - \boldsymbol{r},\ t)\ \frac{\partial G(\boldsymbol{r},\ \boldsymbol{x})}{\partial x_j}\mathrm{d}\boldsymbol{r} \tag{13.8}$$

这证明关于位置的滤波和微分的运算一般不能交换，但对于均匀滤波器是可以的。

13.2.2 一维滤波

在一维研究中各种滤波器的特性是最简单的。因此，考虑对所有 $x(-\infty < x < \infty)$ 定义一个随机标量函数 $U(x)$。在三维向量情况下的扩展是直接的；且记住我们称 $U(x)$ 为“速度场”。当 $G(r)$ 为均匀滤波器时，滤波后的速度场可以通过以下卷积给出：

$$\bar{U}(x) \equiv \int_{-\infty}^{\infty} G(r)U(x - r)\mathrm{d}r \tag{13.9}$$

最常用的滤波器(定义见表 13.2,如图 13.1 所示)有盒式滤波器(box filter)、高斯滤波器(Gaussian filter)、锐频谱滤波器(sharp spectral filter)等。对于盒式滤波器,$\bar{U}(x)$ 只是 $U(x')$ 在 $x-\frac{1}{2}\Delta < x' < x+\frac{1}{2}\Delta$ 区间内的平均值。高斯滤波函数是均值为零,以及方差为 $\sigma^2=\frac{1}{12}\Delta^2$ 的高斯分布。σ^2 的值是 Leonard(1974)为了匹配高斯和盒式滤波器的二阶矩 $\int_{-\infty}^{\infty} r^2 G(r)\,\mathrm{d}r$ 而选择的。表 13.2 中定义的其他种类的滤波器将在下面讨论。

表 13.2　一维滤波器的滤波函数和传递函数

名　称	滤 波 函 数	传 递 函 数
一般	$G(r)$	$\hat{G}(\kappa) \equiv \int_{-\infty}^{\infty} \mathrm{e}^{\mathrm{i}\kappa r} G(r)\,\mathrm{d}r$
盒式	$\frac{1}{\Delta} H\left(\frac{1}{2}\Delta - \lvert r \rvert\right)$	$\dfrac{\sin\left(\frac{1}{2}\kappa\Delta\right)}{\frac{1}{2}\kappa\Delta}$
高斯	$\left(\frac{6}{\pi\Delta^2}\right)^{1/2} \exp\left(-\frac{6r^2}{\Delta^2}\right)$	$\exp\left(-\frac{\kappa^2\Delta^2}{24}\right)$
锐频谱	$\dfrac{\sin(\pi r/\Delta)}{\pi r}$	$H(\kappa_c - \lvert\kappa\rvert)$, $\kappa_c \equiv \pi/\Delta$
Cauchy	$\dfrac{a}{\pi\Delta[(r/\Delta)^2+a^2]},\ a=\dfrac{\pi}{24}$	$\exp(-a\Delta\lvert\kappa\rvert)$
Pao		$\exp\left(-\frac{\pi^{2/3}}{24}(\Delta\lvert\kappa\rvert)^{4/3}\right)$

注:盒式滤波器函数具有与高斯相同的二阶矩 $\left(\frac{1}{12}\Delta^2\right)$;其他滤波器在特征波数处的传递函数值相同,$\kappa_c \equiv \pi/\Delta$,例如,$\hat{G}(\kappa_c) = \exp(-\pi^2/24)$。

图 13.2 为采用 $\Delta \approx 0.35$ 高斯滤波器得到的样本速度场 $U(x)$ 和对应的滤波场 $\bar{U}(x)$。很明显,$\bar{U}(x)$ 遵循 $U(x)$ 的一般趋势,但短长度尺度的脉动已被消除。这些出现在残余场 $u'(x)$,如图 13.2 所示。综上所述,可以观察到滤波后的残余是非零的。

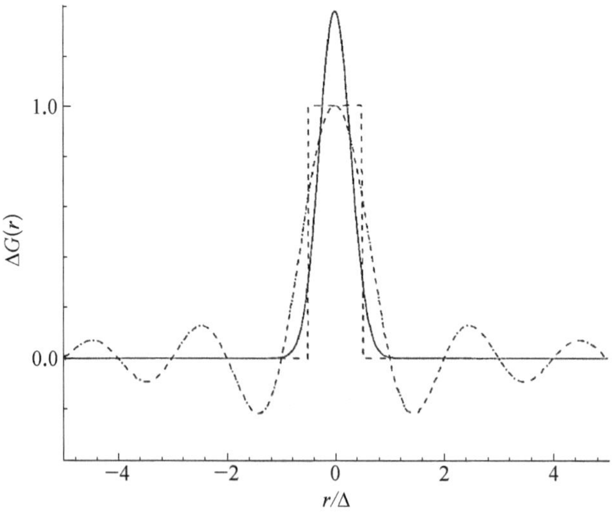

图 13.1 滤波器 $G(r)$

虚线：盒式滤波器；实线：高斯滤波器；点虚线：锐频谱滤波器

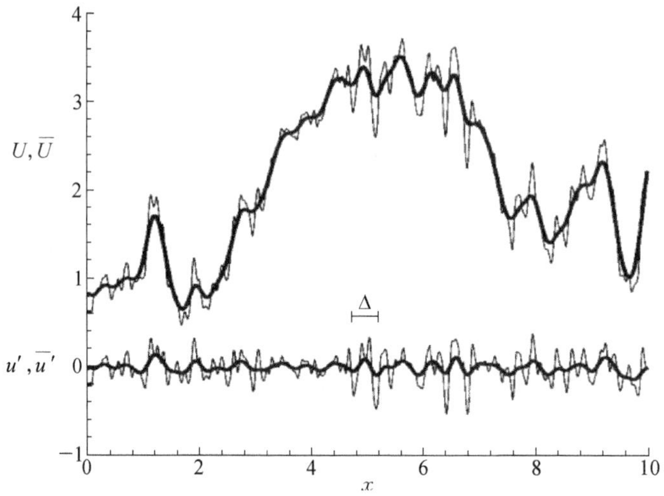

图 13.2 上方曲线：速度场 $U(x)$ 的样本和相应的滤波场 $\bar{U}(x)$（粗线），使用 $\Delta \approx 0.35$ 的高斯滤波器；下方曲线：残余场 $u'(x)$ 和滤波后的残余场 $\overline{u'(x)}$（粗线）

13.2.3 频谱表征

滤波器的作用在波数空间中表现得最为明显。假设 $U(x)$ 有一个傅里叶变换：

$$\hat{U}(\kappa) \equiv \mathcal{F}\{U(x)\} \tag{13.10}$$

那么滤波后的速度的傅里叶变换是

$$\hat{\bar{U}}(\kappa) \equiv \mathcal{F}\{\bar{U}(x)\} = \hat{G}(\kappa)\hat{U}(\kappa) \tag{13.11}$$

传递函数(transfer function) $\hat{G}(\kappa)$ 等于滤波器傅里叶变换的 2π 倍：

$$\hat{G}(\kappa) \equiv \int_{-\infty}^{\infty} G(r)\mathrm{e}^{-\mathrm{i}\kappa r}\mathrm{d}r = 2\pi F\{G(r)\} \tag{13.12}$$

这个结果直接由滤波方程[式(13.9)]和卷积定理[式(D.15)]得到。

各种滤波器的传递函数如表 13.2 所示,并如图 13.3 所示。由于所考虑的滤波函数 $G(r)$ 是实数且偶数,传递函数也是如此。在原点处,传递函数为单位 1,因为无量纲化条件是

$$\int_{-\infty}^{\infty} G(r)\,\mathrm{d}r = \hat{G}(0) = 1 \tag{13.13}$$

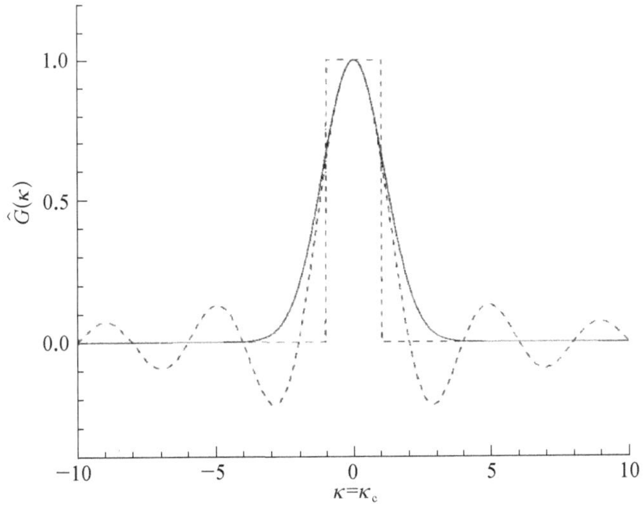

图 13.3　滤波器传递函数 $\hat{G}(\kappa)$

虚线：盒式滤波器;实线：高斯滤波器;点虚线：锐频谱滤波器

锐频谱滤波器的意义现在是显而易见的：它消除了所有波数 $|\kappa|$ 大于截止波数的傅里叶模式而对低波数模态没有影响：

$$\kappa_c \equiv \frac{\pi}{\Delta} \tag{13.14}$$

然而,尽管锐频谱滤波器在波数空间中是锐利的,但在物理空间中却明显是非

局部的,而盒式滤波器则相反。在所考虑的滤波器中,只有高斯滤波器在物理空间和波数空间上都是合理紧凑的。

(表 13.2 中定义的 Cauchy 和 Pao 滤波器没有在实践中使用,但其理论意义在第 13.4 节中有所揭示,其传递函数和滤波函数将在后续内容中与高斯函数进行比较。)

练　习

13.2 设 $U(x)$ 有傅里叶变换 $\hat{U}(\kappa)$ [式(13.10)],因此 $\bar{U}(x)$ 的傅里叶变换为 $\hat{\bar{U}}(\kappa)=\hat{G}(\kappa)\hat{U}(\kappa)$ [式(13.11)]。证明残余 $u'(x)$ 的傅里叶变换是

$$\hat{u}'(\kappa)\equiv\mathcal{F}\{u'(x)\}=[1-\hat{G}(\kappa)]\hat{U}(\kappa) \tag{13.15}$$

滤波后的残余 $\bar{u}'$ 的傅里叶变换是

$$\hat{\bar{u}}'(\kappa)\equiv\mathcal{F}\{\bar{u}'(x)\}=\hat{G}(\kappa)[1-\hat{G}(\kappa)]\hat{U}(\kappa) \tag{13.16}$$

双重滤波场 $\bar{\bar{U}}(x)$ 的傅里叶变换是

$$\hat{\bar{\bar{U}}}(\kappa)\equiv\mathcal{F}\{\bar{\bar{U}}(x)\}=\hat{G}(\kappa)^2\hat{U}(\kappa) \tag{13.17}$$

由式(13.4)和上述公式均可得到:

$$\bar{u}'(x)=\bar{U}(x)-\bar{\bar{U}}(x) \tag{13.18}$$

13.3 对于锐频谱滤波器,存在:

$$\hat{G}(\kappa)^2=\hat{G}(\kappa) \tag{13.19}$$

从而得到结果(对于锐频谱滤波器):

$$\bar{\bar{U}}(x)=\bar{U}(x) \tag{13.20}$$

$$\bar{u}'(x)=0 \tag{13.21}$$

更一般地,证明当且仅当滤波操作是投影,即产生式(13.20),滤波后的残余为零[式(13.21)]。

13.4 设 $\langle\,\rangle_\Delta$ 表示采用宽度为 Δ 的高斯滤波器的运算,即

$$\langle U(x)\rangle_\Delta\equiv\int_{-\infty}^{\infty}\left(\frac{6}{\pi\Delta^2}\right)^{1/2}\exp\left(\frac{-6r^2}{\Delta^2}\right)U(x-r)\,\mathrm{d}r \tag{13.22}$$

用 $\hat{G}(\kappa;\,\Delta)$ 表示对应的传递函数,即

$$\hat{G}(\kappa;\,\Delta)\equiv\exp\left(-\frac{\kappa^2\Delta^2}{24}\right) \tag{13.23}$$

获得结果：

$$\hat{G}(\kappa;\ \Delta_a)\hat{G}(\kappa;\ \Delta_b) = \hat{G}(\kappa;\ \Delta_c) \tag{13.24}$$

其中，

$$\Delta_c = (\Delta_a^2 + \Delta_b^2)^{1/2} \tag{13.25}$$

因此证明：

$$\langle\langle U(x)\rangle_\Delta\rangle_\Delta = \langle U(x)\rangle_{\sqrt{2}\Delta} \tag{13.26}$$

13.5　证明滤波函数的二阶矩为

$$\int_{-\infty}^{\infty} r^2 G(r)\,\mathrm{d}r = -\left(\frac{\mathrm{d}^2\hat{G}(\kappa)}{\mathrm{d}\kappa^2}\right)_{\kappa=0} \tag{13.27}$$

从而验证盒式滤波器和高斯滤波器的二阶矩为 $\Delta^2/12$。讨论锐频谱和 Cauchy 滤波器的含义。

13.6　在区间 $0 \leqslant x \leqslant L$，定义一个集合含有 N 个基函数 $\varphi_n(x)$，$n=1, 2, \cdots, N$。给定速度 $U(x)$，定义滤波速度 $\bar{U}(x)$ 是 $U(x)$ 在基函数上的最小二乘投影，即 $\bar{U}(x)$ 由式(13.28)得出：

$$\bar{U}(x) = \sum_{n=1}^{N} a_n\varphi_n(x) \tag{13.28}$$

其中，基函数系数 a_n 是由均方残余最小化的条件决定的：

$$\chi \equiv \frac{1}{\mathcal{L}}\int_0^{\mathcal{L}} [\bar{U}(x) - U(x)]^2\mathrm{d}x \tag{13.29}$$

将式(13.28)代入式(13.29)，对 a_m 求导，得到的系数满足矩阵方程：

$$\sum_{n=1}^{N} B_{mn}a_n = v_m \tag{13.30}$$

有

$$B_{mn} \equiv \frac{1}{\mathcal{L}}\int_0^{\mathcal{L}} \varphi_m(x)\varphi_n(x)\,\mathrm{d}x \tag{13.31}$$

$$v_m \equiv \frac{1}{\mathcal{L}}\int_0^{\mathcal{L}} \varphi_m(x)U(x)\,\mathrm{d}x \tag{13.32}$$

证明矩阵 $\boldsymbol{B}$ 是对称正定的。证明 $\bar{U}(x)$ 可以表示为滤波操作的结果：

$$\bar{U}(x) = \int_{x-\mathcal{L}}^{x} G(r,\ x)U(x-r)\,\mathrm{d}r \tag{13.33}$$

其中，滤波器是

$$G(r,\ x)=\sum_{n=1}^{N}\sum_{m=1}^{N}B_{mn}^{-1}\varphi_n(x)\varphi_m(x-r) \tag{13.34}$$

且 B_{mn}^{-1} 表示矩阵 $\boldsymbol{B}$ 的逆矩阵中的 $m-n$ 元素。从式(13.33)和 $\partial X/\partial a_m$ 的方程证明，滤波后的残余 $\overline{u}(x)$ 为零。

13.2.4 滤波后的能谱

为了考察滤波的效果这一重要问题，我们现在认为 $U(x)$ 是统计均匀并考虑脉动场 $u(x)\equiv U(x)-\langle U\rangle$。假设 $\boldsymbol{u}(\boldsymbol{x})$ 的分速度 $u(x)$ 沿着一条统计均匀湍流的线，如 $u(x)=u_1(e_1x)$。自协方差是

$$R(r)\equiv\langle u(x+r)u(x)\rangle \tag{13.35}$$

并且，与第 6 章的表述方法一致，定义频谱 $E_{11}(\kappa)$ 为其傅里叶变换的两倍：

$$E_{11}(\kappa)=\frac{1}{\pi}\int_{-\infty}^{\infty}R(r)\mathrm{e}^{-\mathrm{i}\kappa r}\mathrm{d}r \tag{13.36}$$

由此可见，滤波后的脉动 $\overline{u}(x)$ 也是统计稳定的；如练习 13.7 所示，其频谱为

$$\bar{E}_{11}(\kappa)=|\hat{G}(\kappa)|^2E_{11}(\kappa) \tag{13.37}$$

图 13.4 显示了各种滤波器的衰减因子 $\hat{G}(k)^2$。显然，盒式滤波器在衰减高波

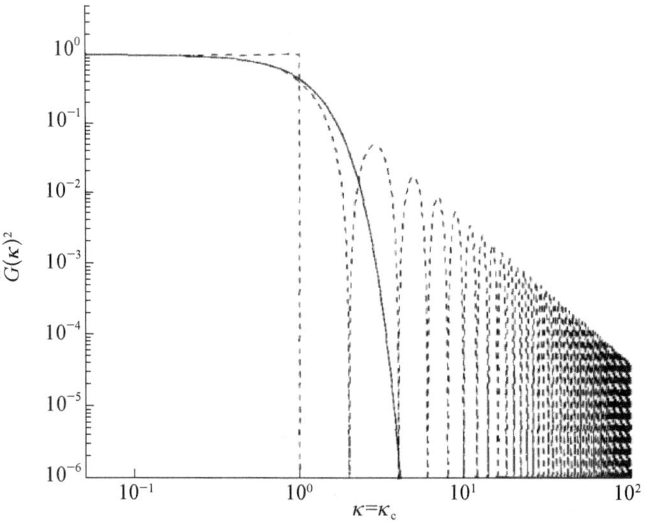

图 13.4 衰减因子 $\hat{G}(\kappa)^2$

虚线：盒式滤波器；实线：高斯滤波器；点虚线：锐频谱滤波器

数模式时不是很有效。

为了说明滤波对湍流频谱的影响，图 13.5 显示了雷诺数 $R_\lambda = 500$ 时由模型频谱[式(6.246)]得到的一维频谱 $E_{11}(\kappa)$ 和对应的滤波频谱 $\bar{E}_{11}(\kappa)$。这是通过使用 $\Delta = \ell_{\mathrm{EI}} = \frac{1}{6}L_{11}$ 的高斯滤波器从式(13.37)中得到的，其中 L_{11} 是积分的长度尺度：

$$L_{11} = \frac{1}{\langle u^2 \rangle}\int_0^\infty R(r)\,\mathrm{d}r \tag{13.38}$$

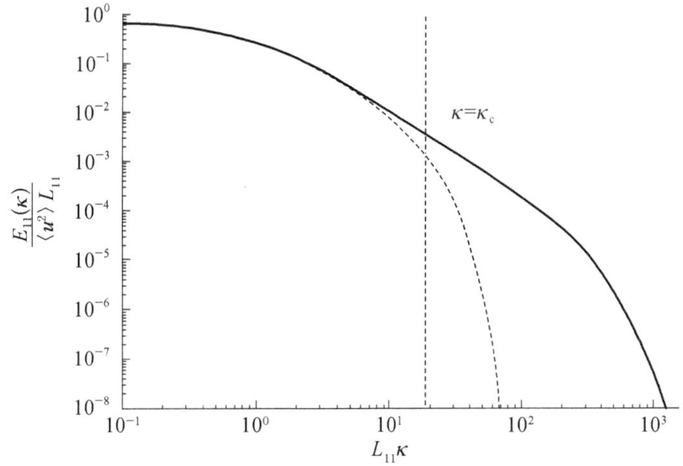

图 13.5　$R_\lambda = 500$ 时模型频谱得到的一维频谱 $E_{11}(\kappa)$（实线）；采用 $\Delta = \frac{1}{6}L_{11}$ 的高斯滤波器滤波后的频谱 $\bar{E}_{11}(\kappa)$（虚线）

根据 Δ 的规范，滤波速度场 $\frac{1}{2}\langle \bar{u}^2 \rangle$ 中的能量是总能量 $\frac{1}{2}\langle u^2 \rangle$ 的 92%。（注意，这个结果是基于一维滤波和一维频谱的。在更相关的三维情况下，在相应的宽度为 $\Delta = \ell_{\mathrm{EI}}$ 的三维滤波器中，大约 80%的能量被解析，见练习 13.10。）

练　习

13.7　证明：滤波后的脉动自协方差为

$$\begin{aligned}\bar{R}(r) &\equiv \langle \bar{u}(x+r)\bar{u}(r) \rangle \\ &= \int_{-\infty}^{\infty}\int_{-\infty}^{\infty} G(y)G(z)R(r+z-y)\,\mathrm{d}y\mathrm{d}z\end{aligned} \tag{13.39}$$

证明：$\bar{u}(x)$ 的频谱可以写为

$$\bar{E}_{11}(\kappa) \equiv \frac{1}{\pi}\int_{-\infty}^{\infty} \bar{R}(r)\mathrm{e}^{-\mathrm{i}\kappa r}\mathrm{d}r$$
$$= \frac{1}{\pi}\int_{-\infty}^{\infty}\int_{-\infty}^{\infty}\int_{-\infty}^{\infty} G(y)\mathrm{e}^{-\mathrm{i}\kappa y}G(z)\mathrm{e}^{\mathrm{i}\kappa z}$$
$$R(r+z-y)\mathrm{e}^{-\mathrm{i}\kappa(r+z-y)}\mathrm{d}y\mathrm{d}z\mathrm{d}r \tag{13.40}$$

对于固定的 y 和 z,证明:

$$\frac{1}{\pi}\int_{-\infty}^{\infty} R(r+z-y)\mathrm{e}^{-\mathrm{i}\kappa(r+z-y)}\mathrm{d}r = E_{11}(\kappa) \tag{13.41}$$

从而得到如下结果:

$$\bar{E}_{11}(\kappa) = \hat{G}(\kappa)\hat{G}^*(\kappa)E_{11}(\kappa) = |\hat{G}(\kappa)|^2E_{11}(\kappa) \tag{13.42}$$

13.2.5 滤波场的解析率

考虑区间 $0 < x < \mathcal{L}$ 的统计均匀域 $u(x)$,将滤波后的域 $\bar{u}(x)$ 离散表示为间隔 $h = \mathcal{L}/N$ 的均匀网格的 N 个节点上的值。需要多大网格间距 h(或等价地需要多少节点)才能充分解析 $\bar{u}(x)$?当然,这是一个重要的问题,因为 LES 的计算成本会随着节点数量的增加而增加(至少是线性的)。答案既取决于滤波器的选择,也取决于要从 $\bar{u}(x)$ 中提取的信息。

为了解决滤波和解析的问题,假设 $u(x)$ 是周期性的(周期为 $\mathcal{L}$),并考虑 $u(x)$ 和 $\bar{u}(x)$ 的傅里叶级数。$u(x)$ 的傅里叶级数可以写成离散傅里叶逆变换的形式[式(F.6)]:

$$u(x) = \sum_{n=1-\frac{1}{2}N_{\max}}^{\frac{1}{2}N_{\max}} c_n\mathrm{e}^{\mathrm{i}\kappa_n x} \tag{13.43}$$

其中,c_n 是对应于第 n 个波数的傅里叶系数:

$$\kappa_n = \frac{2\pi n}{\mathcal{L}} \tag{13.44}$$

偶数 $N_{\max}$ 决定了最大解析波数:

$$\kappa_{\max} = \kappa_{N_{\max}/2} = \frac{\pi N_{\max}}{\mathcal{L}} \tag{13.45}$$

选择足够大的值,以解出 $u(x)$。(如第 9 章所述,使用 $k_{\max}\eta \geqslant 1.5$ 可以充分求解各向同性湍流。)

离散傅里叶变换(见附录 F)提供了傅里叶系数和 $u(x)$ 值在具有 $N_{\max}$ 节点的均匀网格上的一一映射关系,即 $u(nh_{\max})$,$n = 0, 1, \cdots, N_{\max}-1$,其中:

$$h_{\max} \equiv \frac{\mathcal{L}}{N_{\max}} = \frac{\pi}{\kappa_{\max}} \tag{13.46}$$

因此，$h_{\max}$ 是可以求解 $u(x)$ 的最大网格间距。

滤波场 $\overline{u}(x)$ 的傅里叶级数可以写为

$$\overline{u}(x) = \sum_{n=1-\frac{1}{2}N_{\max}}^{\frac{1}{2}N_{\max}} \overline{c}_n \mathrm{e}^{\mathrm{i}\kappa_n x} \tag{13.47}$$

其中，系数 $\overline{c}_n$ 是 $u(x)$ 被滤波器的传递函数衰减后的系数：

$$\overline{c}_n = \hat{G}(\kappa_n) c_n \tag{13.48}$$

参考式(13.11)。

1. 锐频谱滤波器

我们首先考虑截止波数是 $\kappa_c < \kappa_{\max}$ 的锐频谱滤波器。为了简单起见，假设选择 κ_c 可使得 N 是一个偶数：

$$N \equiv \frac{\kappa_c \mathcal{L}}{\pi} \tag{13.49}$$

则 $\hat{G}(\kappa)H(\kappa_c - |\kappa|)$ 的锐频谱滤波器的系数 $\overline{c}_n$ 为

$$\overline{c}_n = \begin{cases} c_n, & |n| < \frac{1}{2}N \\ 0, & |n| \geqslant \frac{1}{2}N \end{cases} \tag{13.50}$$

因此，$\overline{u}(x)$ [式(13.47)]的傅里叶级数可以重新表示为

$$\overline{u}(x) = \sum_{n=-\frac{1}{2}N+1}^{\frac{1}{2}N} c_n \mathrm{e}^{\mathrm{i}\kappa_n x} \tag{13.51}$$

相应地，在不丢失信息的情况下，离散傅里叶变换允许 $\overline{u}(x)$ 在一个空间网格上的物理空间中表示为

$$h \equiv \frac{\mathcal{L}}{N} = \frac{\pi}{\kappa_c} \tag{13.52}$$

正是这个原因，定义特征滤波器宽度为 $\Delta \equiv \pi/\kappa_c$。

综上所述，锐频谱滤波器给定的滤波场可以用 $N = \dfrac{\kappa_c \mathcal{L}}{\pi}$ 个傅里叶模式精确表示，也等价于在间距为 $h = \Delta = \dfrac{\pi}{\kappa_c}$ 的网格上，通过 N 个值 $\overline{u}(nh)$, $n = 0, 1, \cdots, N-$

1 来表示。即使再多的傅里叶模式,或更多的网格点,也不能提供更多的信息。

2. 高斯滤波器

现在把注意力转向高斯滤波器,它的传递函数 $\hat{G}(k)$ 对所有 κ 都是严格正定的。因此,$u(x)$ 和 $\bar{u}(x)$ [式(13.47)]的傅里叶级数包含相同的信息:给定 $\bar{u}(x)$ 的傅里叶系数,$u(x)$ 的傅里叶系数可恢复为

$$c_n = \bar{c}_n/\hat{G}(\kappa) \tag{13.53}$$

这是一个良性的操作(well-conditioned)。另外,如果 $\bar{u}(x)$ 在物理空间中用 $\bar{u}(nh_{\max})$, $n=0, 1, \cdots, N_{\max}-1$ 的 $N_{\max}$ 值表示,则恢复 $u(nh_{\max})$(或 c_n)的过程是恶性的。

在 LES 中,滤波的目标是使用比求解 $u(x)$ 所需更少的模式或节点,以便可以充分解析滤波后的场 $\bar{u}(x)$。为了考察所涉及的问题,我们考虑修正后的级数:

$$\bar{u}(x) \approx \tilde{u}(x) \equiv \sum_{n=1-\frac{1}{2}N}^{\frac{1}{2}N} \tilde{c}_n e^{ik_n x} \tag{13.54}$$

对于某些偶数 $N(N \leqslant N_{\max})$,以及在物理空间中网格间距为 $h = \mathcal{L}/N$ 的相应表达,最高解析模式的波数 κ_r 为

$$\kappa_r = \kappa_{N/2} = \frac{\pi}{h} \tag{13.55}$$

考虑到适当的系数 $\tilde{c}_n$ 取决于 $\bar{u}(x)$ 在波数空间或在物理空间中是否已知。如果 $\bar{u}(x)$ 在波数空间中已知,当 $|n| < \frac{1}{2}N$ 且 $\tilde{c}_{N/2}=0$[以确保 $\bar{u}(x)$ 是实数]时,取 $\tilde{c}_n = \bar{c}_n$ 为最佳近似。当 $\kappa < \kappa_r$ 时,$\tilde{u}(x)$、$\widetilde{E}_{11}(\kappa)$ 的频谱与 $\bar{u}(x)$、$\bar{E}_{11}(\kappa)$ 的频谱相同,且在较高的波数处为零。

解析率可以采用 $h/\Delta = \kappa_c/\kappa_r$ 来表征。对于模型频谱,图 13.6 显示的是滤波后的速度导数 $d\bar{u}(x)/dx$ 的频谱 $\kappa^2 \bar{E}_{11}(\kappa)$。解析上限到波数 κ_r,意味着忽略所有与 $\kappa > \kappa_r$ 有关的贡献。如练习 13.8 所示,解析率 $\frac{\kappa_c}{\kappa_r} = \frac{h}{\Delta} = \frac{1}{2}$ 和 1 会分别忽略 2%和 28%对 $\langle [d\bar{u}(x)/dx]^2 \rangle$ 的贡献。因此,认为 $h = \frac{1}{2}\Delta$ 具有良好的解析率,而 $h = \Delta$ 的解析率则较差。

另外,如果 $\bar{u}(x)$ 在物理空间的网格上已知,则系数 $\tilde{c}_n$ 可从 $\bar{u}(nh) = \tilde{u}(nh)$, $n = 0, 1, \cdots, N-1$ 时的离散傅里叶变换获得。在这种情况下,$\bar{u}(x)$ 中的波数高于网格解析率($|\kappa| \geqslant \kappa_r$)的傅里叶模式被混叠为解析波数(见附录 F)。对于模型频谱,图 13.6 显示了混叠(aliased)频谱 $\widetilde{E}_{11}(\kappa)$(乘以 κ^2)N 的两个选择,其分别

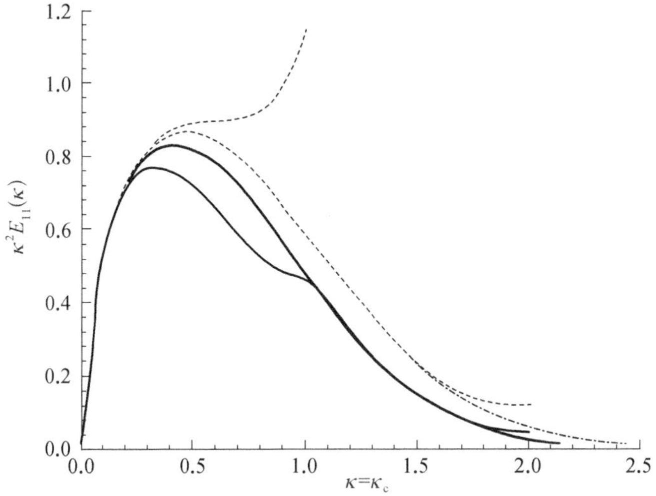

图 13.6　$d\bar{u}(x)/dx$ 的频谱，$\kappa^2\bar{E}_{11}(\kappa)$（点线）；$h/\Delta = \frac{1}{2}$ 和 1 时的混叠频谱 $\kappa^2\bar{E}_{11}(\kappa)$（虚线）；以及 $h/\Delta = \frac{1}{2}$ 和 1 时的有限差分近似 $d\tilde{u}(x)/dx$［式（13.56）］的频谱 $\tilde{D}_h(\kappa)$［式（13.57）］（实线），模型频谱（R_λ = 500）和高斯滤波器（对频谱进行缩放，使 $\kappa^2\bar{E}_{11}(\kappa)$ 积分为单位 1）

对应于 $h/\Delta = \kappa_c/\kappa_r = \frac{1}{2}$ 和 1。显然，对于 $h/\Delta = 1$，混叠频谱 $\tilde{E}_{11}(\kappa)$ 是 $\bar{E}_{11}(\kappa)$ 的一个很差的近似值。

如果在物理空间中求解 LES 方程，则必须对空间导数进行近似，而近似的精度取决于解析率。通过采用简单的有限差分公式研究导数 $d\bar{u}(x)/dx$ 的近似，可以得到误差的示数：

$$\mathcal{D}_h\tilde{u}(x) \equiv \left[\tilde{u}\left(x + \frac{1}{2}h\right) - \tilde{u}\left(x - \frac{1}{2}h\right)\right] \Big/ h \tag{13.56}$$

$d\bar{u}(x)/dx$ 的频谱为 $\kappa^2\bar{E}_{11}(\kappa)$，而 $\mathcal{D}_h\tilde{u}(x)$ 的频谱为

$$\tilde{D}_h(\kappa) \equiv \left(\frac{\sin\left(\frac{1}{2}\kappa h\right)}{\frac{1}{2}\kappa h}\right)^2 \kappa^2\tilde{E}_{11}(\kappa) \tag{13.57}$$

（见练习 13.9。）对于模型频谱，图 13.6 显示了 $d\bar{u}(x)/dx$ 和 $\kappa^2\bar{E}_{11}(\kappa)$ 的频谱，当 $h/\Delta = \frac{1}{2}$ 和 $h/\Delta = 1$ 时，其近似值为 $\tilde{D}_h(\kappa)$。可以清楚地看到，近似的误差在高波

数时最大,并随着 h/Δ 的减小而减小。精度的定量示数是 $\mathcal{D}_h\tilde{u}(x)$ 的方差相对于 $\mathrm{d}\bar{u}(x)/\mathrm{d}x$ 的方差的比值(是频谱积分的比值)。当 $h/\Delta=1$、$\frac{1}{2}$ 和 $\frac{1}{4}$ 时,该比值分别为 0.60、0.86、0.96。

在固定滤波器宽度为 Δ 的湍流 LES 计算中,计算成本大致与 $(h/\Delta)^{-4}$ 成正比,因为每个方向上的时间步长和节点数量比例为 h^{-1}。因此,良好的解析率需要付出高昂的代价:解析率翻两倍,例如从 $h/\Delta=1$ 到 $h/\Delta=\frac{1}{2}$——会增加 16 倍的成本。

练　习

13.8 假设 $u(x)$ 存在式(6.240)给出的 Kolmogorov 频谱 $E_{11}(\kappa)$。证明对于高斯滤波器,$\mathrm{d}\bar{u}(x)/\mathrm{d}x$ 的频谱为

$$\kappa^2\bar{E}_{11}(\kappa)=C_1\varepsilon^{2/3}\kappa^{1/3}\exp\left(-\frac{\pi^2\kappa^2}{12\kappa_c^2}\right)\tag{13.58}$$

如果 $u(x)$ 由其上限到波数 κ_r 的傅里叶系数表示,则 $[\mathrm{d}\bar{u}(x)/\mathrm{d}x]^2$ 求解后的分数是

$$\frac{\int_0^{\kappa_r}\kappa^2\bar{E}_{11}(\kappa)\,\mathrm{d}\kappa}{\int_0^{\infty}\kappa^2\bar{E}_{11}(\kappa)\,\mathrm{d}\kappa}=\frac{\int_0^{(\pi^2/12)(\kappa_r/\kappa_c)^2}t^{-1/3}\mathrm{e}^{-t}\mathrm{d}t}{\int_0^{\infty}t^{-1/3}\mathrm{e}^{-t}\mathrm{d}t}=P\left[\frac{2}{3},\ \frac{\pi^2}{12}\left(\frac{\kappa_r}{\kappa_c}\right)^2\right]\tag{13.59}$$

其中,P 是不完全伽马函数。因此,对于 $\frac{\kappa_c}{\kappa_r}=h/\Delta=\frac{1}{2}$ 和 1,该比值分别为 0.98 和 0.72。

13.9 证明 $\tilde{u}\left(x+\frac{1}{2}h\right)$ 的傅里叶变换是

$$\mathcal{F}\left\{\tilde{u}\left(x+\frac{1}{2}h\right)\right\}=\mathrm{e}^{\mathrm{i}\kappa h/2}\mathcal{F}\{\tilde{u}(x)\}\tag{13.60}$$

因此证明,$\mathcal{D}_h\tilde{u}(x)$ [式(13.56)]的傅里叶变换为

$$\mathcal{F}\{\mathcal{D}_h\tilde{u}(x)\}=\frac{\mathrm{i}\sin\left(\frac{1}{2}\kappa h\right)}{\frac{1}{2}h}\mathcal{F}\{\tilde{u}(x)\}$$

$$
= \frac{\sin\left(\frac{1}{2}\kappa h\right)}{\frac{1}{2}\kappa h} \mathcal{F}\left\{\frac{\mathrm{d}\tilde{u}(x)}{\mathrm{d}x}\right\} \tag{13.61}
$$

并验证式(13.57)。

13.2.6　三维滤波

一般情况下，滤波后的速度场 $\bar{\boldsymbol{U}}(\boldsymbol{x}, t)$ 由式(13.1)定义为滤波函数 $G(\boldsymbol{r}, \boldsymbol{x})$，滤波可以是均匀的[即 $G(\boldsymbol{r}, \boldsymbol{x})$ 不依赖于 $\boldsymbol{x}$]，也可以是非均匀的。它可能是各向同性的[例如，只有沿 $r=|\boldsymbol{r}|$ 时，$G(\boldsymbol{r}, \boldsymbol{x})$ 取决于 $\boldsymbol{r}$] 或者可能是各向异性。

在一维中引入的所有滤波器都可以用来生成均匀的、各向同性的三维滤波器。盒式滤波器是半径为 $\frac{1}{2}\Delta$ 的球面上的体积平均；高斯滤波函数是均值为零、协方差为 $\delta_{ij}\Delta^2/12$ 的联合正态分布；锐频谱滤波器消除了所有 $|\boldsymbol{\kappa}| \geqslant \kappa_c$ 的傅里叶模式。在一维条件下得到的大多数结果可以直接适用于这些三维滤波器。特别是对于均匀湍流，滤波的能谱函数为

$$
\bar{E}(\kappa) = \hat{G}(\kappa)^2 E(\kappa) \tag{13.62}
$$

可以利用这个关系(见练习 13.10)来估计，在高雷诺数各向同性湍流中，如果锐频谱滤波器的滤波器宽度为 $\Delta \approx 1.2\ell_{EI}$，或高斯滤波器的宽度为 $\Delta \approx 0.8\ell_{EI}$，则可以解析动能的 80%。

对于某些非均匀流动，LES 方程可以在均匀各向异性矩形网格上求解，网格间距在三个坐标方向上分别为 h_1、h_2 和 h_3。随后，使用各向异性滤波器，其特征滤波器宽度 Δ_1、Δ_2 和 Δ_3 一般与 h_1、h_2 和 h_3 成正比。例如，各向异性高斯滤波函数是协方差为 $\delta_{ij}\Delta_{(i)}^2/12$ 的联合正态分布。下面描述的一些模型涉及的特征滤波器宽度 Δ，在各向异性滤波器中，通常认为是 $\Delta=(\Delta_1\Delta_2\Delta_3)^{1/3}$，这是由 Deardorff (1970)提出的。Scotti 等(1993)为这一选择提供了一些理论依据，且 Scotti 等(1997)进一步阐述了这一问题。

历史上，在 Leonard(1974)引入一般滤波形式之前，LES[如 Deardorff(1970)的研究]的一种观点是，$\bar{\boldsymbol{U}}(\boldsymbol{x}, t)$ 代表在矩形网格单元上的平均速度 $\boldsymbol{U}(\boldsymbol{x}, t)$。也就是说，对于以 $\boldsymbol{x}$ 为中心的单元格，$\bar{\boldsymbol{U}}(\boldsymbol{x}, t)$ 为

$$
\bar{\boldsymbol{U}}(\boldsymbol{x}, t) = \frac{1}{h_1 h_2 h_3}\int_{x_3-h_3/2}^{x_3+h_3/2}\int_{x_2-h_2/2}^{x_2+h_2/2}\int_{x_1-h_1/2}^{x_1+h_1/2} \boldsymbol{U}(\boldsymbol{x}', t)\,\mathrm{d}x_1'\mathrm{d}x_2'\mathrm{d}x_3' \tag{13.63}
$$

对应的滤波器为

$$G(\boldsymbol{r}) = \prod_{i=1}^{3} H\left(\frac{1}{2}\Delta_{(i)} - | r_{(i)} |\right) \tag{13.64}$$

有 $\boldsymbol{\Delta} = \boldsymbol{h}$，它是各向异性的，即使网格间距相同（即 $h_1 = h_2 = h_3$）。

在壁面流动的 LES－NWR 中，靠近壁面的网格间距取得更细，从而可以解析近壁结构（Piomelli，1993）。（如果滤波器宽度与网格间距成比例）这将导致一个非均匀滤波器。对于非均匀滤波器，滤波和空间差分的操作不可交换（见练习 13.1），Ghosal 和 Moin（1995），以及 Vasilyev 等（1998）对这个问题作进一步讨论。他们还研究了边界附近的滤波问题，以及如何实现滤波操作的离散。为了避免这些难题，在槽道流动的 LES 中，通常的做法是在壁面法向（y）方向上有一个非均匀网格，但只在 $x-z$ 平面上滤波（见练习 13.13）。

练　　习

13.10　考虑高雷诺数均匀各向同性湍流，以及宽度为 Δ、特征波数 $\kappa_c = \pi/\Delta$ 的各向同性滤波器。残余运动的动能为

$$\langle k_r \rangle = \int_0^{\infty} [1 - \hat{G}(\kappa)^2] E(\kappa) \mathrm{d}\kappa \tag{13.65}$$

对于惯性子范围内具有 κ_c 截止特性的锐频谱滤波器，可以利用 Kolmogorov 频谱估计残余运动中能量的占比：

$$\frac{\langle k_r \rangle}{k} = \frac{3}{2} C(\kappa_c L)^{-2/3} \tag{13.66}$$

其中，长度尺度是 $L \equiv k^{\frac{3}{2}}/\varepsilon$。证明，如果通过如下公式选择 κ_c：

$$\kappa_c L = \left(\frac{15}{2} C\right)^{3/2} \approx 38 \tag{13.67}$$

可以解析 80%的能量 $\left(\text{即} \frac{\langle k_r \rangle}{k} = 0.1\right)$。

利用第 6.5 节中的关系式 $\ell_{EI} = \frac{1}{6} L_{11}$ 和 $L_{11} = 0.43L$，证明对应的滤波器宽度为

$$\frac{\Delta}{\ell_{EI}} = \frac{6\pi}{0.43 \kappa_c L} \approx 1.16 \tag{13.68}$$

对高斯滤波器进行同样的分析，得到：

$$\frac{\langle k_{\mathrm{r}}\rangle}{k} = CI_0 96^{-1/3}(\Delta/L)^{2/3} \tag{13.69}$$

其中，I_0 由式(13.70)给出：

$$I_0 \equiv \int_0^{\infty}(1 - \mathrm{e}^{-x})x^{-4/3}\mathrm{d}x \approx 4.062 \tag{13.70}$$

并证明，通过如下公式：

$$\kappa_{\mathrm{c}}L = \pi\left(\frac{5}{96^{1/3}}CI_0\right)^{3/2} \approx 54 \tag{13.71}$$

得到 $\kappa_{\mathrm{c}} \equiv \pi/\Delta$，可以解析能量的 80%。

13.11　考虑用伪频谱方法求解 LES 方程，可以解析 $|\boldsymbol{\kappa}| < \kappa_{\mathrm{r}}$ 的波数。探讨，对于高斯滤波器且对于 $\kappa_{\mathrm{r}} = \kappa_{\mathrm{c}}$（对应于差的空间解析率），需要比锐频谱滤波器多 $(54/38)^3 \approx 2.9$ 个节点（在每种情况下采用的 κ_{c} 都能解析能量的 80%）。证明：如果采用更好的解析 $\kappa_{\mathrm{r}} = 2\kappa_{\mathrm{c}}\left(h = \frac{1}{2}\Delta\right)$，对应的因子是 23。

13.12　在惯性子范围内，采用伪频谱方法和截止波数为 $\kappa_{\mathrm{c}} = \kappa_{\mathrm{r}}$ 的锐频谱滤波器研究高雷诺数各向同性湍流的 LES。证明，如果要求解 90% 的能量，则需要比只求解能量的 80% 多一个倍数因子为 $2^{\frac{9}{2}} \approx 23$ 的更多模式。

13.13　考虑具有能谱函数 $E(\kappa)$ 的各向同性湍流。在 1－2 平面上采用截止波数为 κ_{c} 的锐频谱滤波器，而在第 3 个方向不进行滤波。也就是说，滤波器会消除 $\kappa_1^2 + \kappa_2^2 \geqslant \kappa_{\mathrm{c}}^2$ 的模式。证明滤波场的能谱函数 $\bar{E}(\kappa)$ 是

$$\bar{E}(\kappa) = \left\{1 - H(\kappa - \kappa_{\mathrm{c}})\left[1 - \left(\frac{\kappa_{\mathrm{c}}}{\kappa}\right)^2\right]^{1/2}\right\}E(\kappa) \tag{13.72}$$

证明衰减因子具有高波数渐近线 $\frac{1}{2}(\kappa_{\mathrm{c}}/\kappa_{\mathrm{r}})^2$。证明：如果只在一个方向上进行滤波，则相应的渐近线为 $(\kappa_{\mathrm{c}}/\kappa_{\mathrm{r}})$。

13.2.7　应变的滤波速率

由通滤波后的速度场 $\bar{\boldsymbol{U}}(\boldsymbol{x}, t)$ 可以得到滤波后的速度梯度 $\partial\bar{U}_i/\partial x_j$ 和应变张量的滤波速率①

① 注意，$\bar{\boldsymbol{S}}_{ij}$（带长上划线）是以 $\bar{\boldsymbol{U}}$ 为基础的，而 $\bar{\boldsymbol{S}}_{ij}$（带短上划线）是以 $\langle \boldsymbol{U}\rangle$ 为基础的。

$$\bar{S}_{ij} \equiv \frac{1}{2}\left(\frac{\partial \bar{U}_i}{\partial x_j} + \frac{\partial \bar{U}_j}{\partial x_i}\right) \tag{13.73}$$

在此基础上，将应变的特征滤波速率定义为

$$\bar{\mathcal{S}} \equiv (2\bar{S}_{ij}\bar{S}_{ij})^{1/2} \tag{13.74}$$

这两个量在下面描述的 SGS 模型中都十分重要，检查它们对滤波器类型和滤波器宽度的依赖关系是有指导意义的。

考虑高雷诺数各向同性湍流，使得存在一个惯性子域（inertial subrange），其中的能谱函数 $E(\kappa)$ 采用 Kolmogorov 形式 $C\varepsilon^{2/3}\kappa^{-5/3}$ [式(6.239)]。$\bar{\mathcal{S}}$的均方由频谱 $E(\kappa)$ 和滤波传递函数 $\hat{G}(\kappa)$ 决定：

$$\begin{aligned}\langle \bar{\mathcal{S}}^2 \rangle &= 2\langle \bar{S}_{ij}\bar{S}_{ij} \rangle \\ &= 2\int_0^\infty \kappa^2 \bar{E}(\kappa)\,\mathrm{d}\kappa \\ &= 2\int_0^\infty \kappa^2 \hat{G}(\kappa)^2 E(\kappa)\,\mathrm{d}\kappa\end{aligned} \tag{13.75}$$

其中，式(13.75)第二行是各向同性速度场的均方应变率与其频谱 $\bar{E}(\kappa)$ 之间的标准关系；最后的表达式由式(13.62)得到。

κ^2 的因子衡量了积分到高波数的权重，而因子 $\hat{G}(\kappa)^2$ 衰减超过它的截止波数 κ_c。因此，$\langle \bar{\mathcal{S}}^2 \rangle$ 的贡献主要来自 κ_c 附近的波数。

如果截止波数 κ_c 在惯性子域内，式(13.75)中的积分可以通过将 $E(\kappa)$ 替换为 Kolmogorov 频谱来很好地逼近。这就使得估计为

$$\begin{aligned}\langle \bar{\mathcal{S}}^2 \rangle &\approx 2\int_0^\infty \kappa^2 \hat{G}(\kappa)^2 C\varepsilon^{2/3}\kappa^{-5/3}\,\mathrm{d}\kappa \\ &= a_f C\varepsilon^{2/3}\Delta^{-4/3}\end{aligned} \tag{13.76}$$

其中，常数 a_f 由式(13.71)定义：

$$a_f \equiv 2\int_0^\infty (\kappa\Delta)^{1/3}\hat{G}(\kappa)^2 \Delta\,\mathrm{d}\kappa \tag{13.77}$$

且依赖于滤波器类型，但独立于 Δ（a_f 的值在练习 13.14 中推导）。

这种分析方法起源于 Lilly（1967）的研究。最重要的推论是 $\bar{\mathcal{S}}$的均方根标度（scales）为 $\Delta^{-2/3}$（对于在惯性子域中的 Δ）。

练 习

13.14 证明，对于锐频谱滤波器，通过式(13.77)定义的常数 a_f 是

$$a_f = \frac{3}{2}\pi^{4/3} \approx 6.90 \tag{13.78}$$

对于高斯滤波器来说，则是

$$a_f = 12^{2/3}\Gamma\left(\frac{2}{3}\right) \approx 7.10 \tag{13.79}$$

13.15　考虑如下公式作为高波数频谱的模型[见式(6.249)和练习 6.33]：

$$E(\kappa) = C\varepsilon^{2/3}\kappa^{-5/3}\exp(-\beta_0\kappa\eta) \tag{13.80}$$

对于此频谱及 Cauchy 滤波器(见表 13.2)，证明式(13.75)使得：

$$\begin{aligned}\langle \bar{\mathcal{S}}^2 \rangle &= 2\Gamma\left(\frac{4}{3}\right)\left(\frac{\pi}{12} + \beta_0\frac{\eta}{\Delta}\right)^{-4/3} C\varepsilon^{2/3}\Delta^{-3/4} \\ &\approx \frac{\varepsilon^{2/3}}{\left(\eta + \frac{1}{8}\Delta\right)^{4/3}}\end{aligned} \tag{13.81}$$

(对于 $C = 1.5$。)证明：对于 Cauchy 滤波器，有

$$a_f = 2\left(\frac{12}{\pi}\right)^{4/3}\Gamma\left(\frac{4}{3}\right) \approx 10.66 \tag{13.82}$$

13.16　证明，采用 Pao 频谱：

$$E(\kappa) = C\varepsilon^{2/3}\kappa^{-5/3}\exp\left[-\frac{3}{2}C(\kappa\eta)^{4/3}\right] \tag{13.83}$$

和 Pao 滤波器：

$$\hat{G}(\kappa) = \exp\left[-\frac{\pi^{2/3}}{24}(\kappa\Delta)^{4/3}\right] \tag{13.84}$$

由式(13.75)可得

$$\begin{aligned}\langle \bar{\mathcal{S}}^2 \rangle &= \varepsilon^{2/3}\left(\eta^{4/3} + \frac{\pi^{2/3}}{18C}\Delta^{4/3}\right)^{-1} \\ &\approx \frac{\varepsilon^{2/3}}{\eta^{4/3} + \left(\frac{1}{7}\Delta\right)^{4/3}}\end{aligned} \tag{13.85}$$

(对于 $C = 1.5$。)证明：对于 Pao 滤波器，有

$$a_f = 18\pi^{-2/3} \approx 8.39 \tag{13.86}$$

13.3 滤波后的守恒方程

将滤波运算应用于 Navier-Stokes 方程，得到了滤波后的速度场 $\bar{\boldsymbol{U}}(\boldsymbol{x}, t)$ 的守恒控制方程。我们考虑了空间均匀滤波器，使滤波和微分可交换。

滤波后的连续性方程为

$$\overline{\left(\frac{\partial U_i}{\partial x_i}\right)} = \frac{\partial \bar{U}_i}{\partial x_i} = 0 \tag{13.87}$$

从中得到：

$$\frac{\partial u_i'}{\partial x_i} = \frac{\partial}{\partial x_i}(U_i - \bar{U}_i) = 0 \tag{13.88}$$

因此，滤波场 $\bar{\boldsymbol{U}}$ 和残余场 $\boldsymbol{u}'$ 都是螺线形。

13.3.1 动量守恒

滤波后的动量方程（以守恒形式表示）很简单：

$$\frac{\partial \bar{U}_j}{\partial t} + \frac{\partial \bar{U}_i \bar{U}_j}{\partial x_i} = \nu \frac{\partial^2 \bar{U}_j}{\partial x_i \partial x_i} - \frac{1}{\rho}\frac{\partial \bar{p}}{\partial x_j} \tag{13.89}$$

其中，$\bar{p}(\boldsymbol{x}, t)$ 是滤波后的压力场。这个方程不同于 Navier-Stokes 方程，因为滤波后的乘积 $\overline{U_i U_j}$ 不同于滤波后的速度的乘积 $\bar{U}_i \bar{U}_j$。差分是残余应力张量，由式（13.90）定义：

$$\tau_{ij}^{\mathrm{R}} \equiv \overline{U_i U_j} - \bar{U}_i \bar{U}_j \tag{13.90}$$

这类似于雷诺应力张量：

$$\langle u_i u_j \rangle = \langle U_i U_j \rangle - \langle U_i \rangle \langle U_j \rangle \tag{13.91}$$

严格地说，应力张量是 $-\rho\tau_{ij}^{\mathrm{R}}$ 和 $-\rho\langle u_i u_j \rangle$，残余动能是

$$k_{\mathrm{r}} \equiv \frac{1}{2}\tau_{ii}^{\mathrm{R}} \tag{13.92}$$

且各向异性残余应力张量定义如下：

$$\tau_{ij}^{\mathrm{r}} \equiv \tau_{ij}^{\mathrm{R}} - \frac{2}{3}k_{\mathrm{r}}\delta_{ij} \tag{13.93}$$

修正滤波后的压力中包含各向同性的残余应力：

$$\bar{p} \equiv \bar{p} + \frac{2}{3}k_{\mathrm{r}} \tag{13.94}$$

有了这些定义，滤波后的动量方程[式(13.91)]可以写为

$$\frac{\bar{\mathrm{D}}\bar{U}_j}{\bar{\mathrm{D}}t} = v\frac{\partial^2 \bar{U}_j}{\partial x_i \partial x_i} - \frac{\partial \tau_{ij}^{\mathrm{r}}}{\partial x_i} - \frac{1}{\rho}\frac{\partial \bar{p}}{\partial x_j} \tag{13.95}$$

其中，基于滤波后的速度的物质导数(substantial derivative)是

$$\frac{\bar{\mathrm{D}}}{\bar{\mathrm{D}}t} \equiv \frac{\partial}{\partial t} + \bar{U} \cdot \nabla \tag{13.96}$$

通常，动量方程的散度可以求解修正压力 $\bar{p}$ 的泊松方程。

就像 $\langle \boldsymbol{U} \rangle$ 的雷诺方程，$\bar{U}$ 滤波后的方程[式(13.87)和式(13.95)]不闭合。闭合是通过模拟残余(或 SGS)应力张量 τ_{ij}^{r} 来实现的：这将是第 13.4 节和 13.6 节的主题。

然而，在几个重要的方面，滤波后的方程与雷诺方程有很大的不同。所涉及的场 - $\bar{\boldsymbol{U}}(\boldsymbol{x}, t)$，$\bar{p}(\boldsymbol{x}, t)$ 和 $\tau_{ij}^{\mathrm{r}}(\boldsymbol{x}, t)$ 是随机的、三维的、非定常的，即使流动是统计稳定的或均匀的。此外，应力张量的建模取决于滤波器的类型和宽度的规范(specification)。事实上，只有对正滤波器，$G \geqslant 0$，才能保证 k_{r} 和 τ_{ij}^{R} 是正半定的(positive semi-definite)，见练习 13.21。

当由残余应力模型给出 $\tau_{ij}^{\mathrm{r}}(\boldsymbol{x}, t)$ 时，由式(13.87)和式(13.95)可求出 $\bar{\boldsymbol{U}}(\boldsymbol{x}, t)$ 和 $\bar{p}(\boldsymbol{x}, t)$。滤波后的速度场取决于滤波器的类型和宽度 Δ，但这些量并没有直接出现在方程中——它们只是间接地通过模型出现在 $\tau_{ij}^{\mathrm{r}}(\boldsymbol{x}, t)$ 中。

练　习

13.17　考虑高雷诺数均匀湍流惯性子域内的锐频谱滤波器。利用 Kolmogorov 频谱估计平均残余动能：

$$\langle k_{\mathrm{r}} \rangle = \int_{\kappa_{\mathrm{c}}}^{\infty} E(\kappa)\,\mathrm{d}\kappa \approx \frac{3}{2}C\left(\frac{\varepsilon\Delta}{\pi}\right)^{2/3} \tag{13.97}$$

13.3.2　残余应力的分解

LES 中的闭合问题是由 Navier-Stokes 方程中的非线性对流项引起的。式

(13.90)和式(13.93)分解为

$$\overline{U_iU_j} = \bar{U}_i\bar{U}_j + \tau_{ij}^{\mathrm{R}} = \bar{U}_i\bar{U}_j + \tau_{ij}^{\mathrm{r}} + \frac{2}{3}k_{\mathrm{r}}\delta_{ij} \tag{13.98}$$

还可以考虑其他分解。Leonard(1974)在三个分量应力中引入了 τ_{ij}^{R} 的分解,如练习13.18所述。然而,由于其中两个分量应力不是伽利略不变量(Speziale, 1985),见练习13.19,首选的伽利略不变分解是由Germano(1986)提出的:

$$\tau_{ij}^{\mathrm{R}} = \mathcal{L}_{ij}^{\circ} + \mathcal{C}_{ij}^{\circ} + \mathcal{R}_{ij}^{\circ} \tag{13.99}$$

其中,Leonard应力为

$$\mathcal{L}_{ij}^{\circ} \equiv \overline{\bar{U}_i\bar{U}_j} - \bar{\bar{U}}_i\bar{\bar{U}}_j \tag{13.100}$$

交叉应力(cross stresses)为

$$\mathcal{C}_{ij}^{\circ} \equiv \overline{\bar{U}_iu_j'} - \overline{u_i'\bar{U}_j} - \bar{\bar{U}}_i\bar{u}_j' - \bar{u}_i'\bar{\bar{U}}_j \tag{13.101}$$

且SGS雷诺应力为

$$\mathcal{R}_{ij}^{\circ} \equiv \overline{u_i'u_j'} - \bar{u}_i'\bar{u}_j' \tag{13.102}$$

这些应力的意义将在第13.5.2节中讨论。

采用锐频谱滤波器,可以得到较好的分解:

$$\overline{U_iU_j} = \overline{\bar{U}_i\bar{U}_j} + \tau_{ij}^{\kappa} \tag{13.103}$$

并有

$$\begin{aligned}\tau_{ij}^{k} &= \overline{u_i\bar{U}_j} + \overline{u_j\bar{U}_i} + \overline{u_iu_j}\\ &= \mathcal{C}_{ij}^{o} + \mathcal{R}_{ij}^{o}\end{aligned} \tag{13.104}$$

这是完全合理的,因为每个应力分量都是一个滤波后的量,因此可以精确地用解析模态表示,即波数为 $|\boldsymbol{\kappa}| < \kappa_{\mathrm{c}}$ 的傅里叶模态。(出于同样的原因)这种分解对于其他投影也完全合理,如最小二乘(least-square)投影(练习13.6)。

练 习

13.18 从分解 $\boldsymbol{U} = \bar{\boldsymbol{U}} + \boldsymbol{u}'$, 证明[由Leonard(1974)提出的]残余应力张量可以

分解为

$$\tau_{ij}^{\mathrm{R}} \equiv L_{ij} + C_{ij} + R_{ij} \tag{13.105}$$

其中,Leonard 应力为

$$L_{ij} \equiv \overline{\bar{U}_i \bar{U}_j} - \bar{U}_i \bar{U}_j \tag{13.106}$$

交叉应力是

$$C_{ij} \equiv \overline{\bar{U}_i u_j'} + \overline{u_i' \bar{U}_j} \tag{13.107}$$

且 SGS 雷诺兹应力为

$$R_{ij} \equiv \overline{u_i' u_j'} \tag{13.108}$$

[请注意,虽然使用了相同的名称,但这三个应力与式(13.100)~式(13.102)中定义的应力不同。]证明:τ_{ij}^{R} 和 τ_{ij}^{κ} 因 Leonard 应力而不同,即

$$\tau_{ij}^{\mathrm{R}} - \tau_{ij}^{\kappa} = L_{ij} \tag{13.109}$$

13.19　为了考虑原始 Leonard 分解中各种应力的伽利略不变性,式(13.105)考虑变换后的速度场:

$$\boldsymbol{W}(\boldsymbol{x},\ t) \equiv \boldsymbol{U}(\boldsymbol{x},\ t) + \boldsymbol{V} \tag{13.110}$$

其中,$\boldsymbol{V}$ 是匀速差。获得的结果为

$$\overline{\boldsymbol{W}_i \boldsymbol{W}_j} - \bar{\boldsymbol{W}}_i \bar{\boldsymbol{W}}_J = \overline{\boldsymbol{U}_i \boldsymbol{U}_j} - \bar{\boldsymbol{U}}_i \bar{\boldsymbol{U}}_j \tag{13.111}$$

证明残余应力 τ_{ij}^{R} 是伽利略不变量,也有

$$\overline{\overline{\boldsymbol{W}_i \boldsymbol{W}_j}} - \bar{\boldsymbol{W}}_i \bar{\boldsymbol{W}}_J = \overline{\overline{\boldsymbol{U}_i \boldsymbol{U}_j}} - \bar{\boldsymbol{U}}_i \bar{\boldsymbol{U}}_j - \boldsymbol{V}_i\, \bar{u}_j' - \boldsymbol{V}_j\, \bar{u}_i' \tag{13.112}$$

证明(通常)Leonard 应力不是伽利略不变的。对于式(13.105)中的其他应力,证明 R_{ij} 是伽利略不变的,而(通常) C_{ij} 不是。

13.20　验证 Germano 分解的有效性[式(13.99)]。证明由式(13.100)~式(13.102)定义的 Leonard 应力、交叉应力和 SGS 雷诺应力是伽利略不变量。证明,如果滤波器是一个投影,则 Germano 分解[式(13.99)~式(13.102)]和 Leonard 分解[式(13.105) ~式(13.108)]是一样的。

13.21　对于满足无量纲化条件[式(13.2)]的一般滤波器 $G(\boldsymbol{r},\ \boldsymbol{x})$,定义滤波后的密度函数(Pope, 1990)为

$$\bar{f}(\boldsymbol{V};\ \boldsymbol{x},\ t) \equiv \int G(\boldsymbol{r},\ \boldsymbol{x})\delta[\boldsymbol{U}(\boldsymbol{x}-\boldsymbol{r},\ t)-\boldsymbol{V}]\mathrm{d}\boldsymbol{r} \tag{13.113}$$

可得结果：

$$\bar{U} = \int \boldsymbol{V}\bar{f}(\boldsymbol{V};\ \boldsymbol{x},\ t)\mathrm{d}\boldsymbol{V} \tag{13.114}$$

$$\overline{U_i U_j} = \int V_i V_j \bar{f}(\boldsymbol{V};\ \boldsymbol{x},\ t)\mathrm{d}\boldsymbol{V} \tag{13.115}$$

$$\tau_{ij}^{\mathrm{R}} = \int (V_i - \bar{U}_i)(V_j - \bar{U}_j)\bar{f}(\boldsymbol{V};\ \boldsymbol{x},\ t)\mathrm{d}\boldsymbol{V} \tag{13.116}$$

其中，积分是对所有 $\boldsymbol{V}$ 的积分；且 $\bar{\boldsymbol{U}}$、$\overline{U_i U_j}$ 和 τ_{ij}^{R} 在 $\boldsymbol{x}$，t 处求值。证明 $\bar{f}$ 满足式(12.1)的无量纲化条件，且如果滤波器处处是非负的，那么 $\bar{f}$ 也是非负的，因此具有联合 PDF 的性质。于是认为，对于这种正滤波器，残余应力 τ_{ij}^{R} 是正半定的(Gao and O'brien, 1993)。用类似的推理来证明，$\mathcal{L}_{ij}^{\circ}$ 和 $\mathcal{R}_{ij}^{\circ}$[式(13.100)和式(13.102)]对于正滤波器也是正半定的。

13.3.3 能量守恒

一个重要的问题是滤波后的速度场和残余运动之间的动能传递。通过对动能场 $E(\boldsymbol{x},\ t) \equiv \frac{1}{2}\boldsymbol{U}\cdot\boldsymbol{U}$ 进行滤波，得到滤波后的动能 $\bar{E}(\boldsymbol{x},\ t)$，即

$$\bar{E} \equiv \frac{1}{2}\overline{\boldsymbol{U}\cdot\boldsymbol{U}} \tag{13.117}$$

式(13.117)可以分解为

$$\bar{E} = E_{\mathrm{f}} + k_{\mathrm{r}} \tag{13.118}$$

其中，

$$E_{\mathrm{f}} \equiv \frac{1}{2}\bar{\boldsymbol{U}}\cdot\bar{\boldsymbol{U}} \tag{13.119}$$

E_{f} 是滤波后的速度场的动能，而且 k_{r} 是残余动能：

$$k_{\mathrm{r}} \equiv \frac{1}{2}\overline{\boldsymbol{U}\cdot\boldsymbol{U}} - \frac{1}{2}\bar{\boldsymbol{U}}\cdot\bar{\boldsymbol{U}} = \frac{1}{2}\tau_{ii}^{\mathrm{R}} \tag{13.120}$$

E_{f} 的守恒方程可以由式(13.95)乘以 $\bar{U}_j$ 得到，结果可以写为

$$\frac{\bar{\mathrm{D}}E_{\mathrm{f}}}{\bar{\mathrm{D}}t}-\frac{\partial}{\partial x_i}\left[\bar{U}_j\left(2\nu\bar{S}_{ij}-\tau_{ij}^{\mathrm{r}}-\frac{\bar{p}}{\rho}\delta_{ij}\right)\right]=-\varepsilon_{\mathrm{f}}-\mathcal{P}_{\mathrm{r}} \tag{13.121}$$

其中，ε_{f} 和 $\mathcal{P}_{\mathrm{r}}$ 定义如下：

$$\varepsilon_{\mathrm{f}}\equiv 2\nu\bar{S}_{ij}\bar{S}_{ij} \tag{13.122}$$

$$\mathcal{P}_{\mathrm{r}}\equiv -\tau_{ij}^{\mathrm{r}}\bar{S}_{ij} \tag{13.123}$$

式(13.121)等号左边的项代表输运；但是最有意义的是右边的源和汇项。汇项 $-\varepsilon_{\mathrm{f}}$ 直接表示滤波后的速度场的黏性耗散。对于高雷诺数流动，滤波器宽度远大于 Kolmogorov 尺度，这一项相对较小(见练习 13.23)。

式(13.121)的最后一项 $\mathcal{P}_{\mathrm{r}}$ 是残余动能的生成率，这一项在 E_{f} 的方程中作为一个汇 $(-\mathcal{P}_{\mathrm{r}})$，在 k 的方程中作为一个源 $(+\mathcal{P}_{\mathrm{r}})$。因此，它表示从滤波后的运动到残余运动的能量传递率。有时称 $\mathcal{P}_{\mathrm{r}}$ 为 SGS 耗散，用 ε_{s} 表示。这个术语是不合适的，因为与真正的耗散不同，$\mathcal{P}_{\mathrm{r}}$ 完全是个无黏的惯性过程，而且，它可以是负的。

在高雷诺数条件下，采用在惯性子域内的滤波器，滤波后的速度场几乎占全部动能，即

$$\langle\bar{E}\rangle\approx\langle E\rangle \tag{13.124}$$

$\langle\bar{E}\rangle$ 方程中主导的汇是 $\langle\mathcal{P}_{\mathrm{r}}\rangle$，而 $\langle E\rangle$ 方程[式(5.125)]中主导的汇是动能耗散率 ε。因此，在所考虑的情况下，这两个量几乎相等：

$$\langle\mathcal{P}_{\mathrm{r}}\rangle\approx\varepsilon \tag{13.125}$$

这个结果的一个等价观点(Lilly, 1967)是，在平均残余动能 $\langle k_{\mathrm{r}}\rangle$ 的方程中，在生成 $\langle\mathcal{P}_{\mathrm{r}}\rangle$ 和耗散 ε 之间有一个近似平衡。

同时，在平均情况下，能量从大尺度 $\langle\mathcal{P}_{\mathrm{r}}\rangle>0$ 运动传递而来，但在局部可能存在反散射(backscatter)，能量从残余运动传递到滤波后的速度场，$\mathcal{P}_{\mathrm{r}}<0$。这将在第 13.5 节中讨论。

练　习

13.22　对于各向同性湍流，验证 $\langle\bar{E}\rangle$、$\langle E_{\mathrm{f}}\rangle$、$\langle k_{\mathrm{r}}\rangle$ 和 $\langle\varepsilon_{\mathrm{f}}\rangle$ 分别由频谱 $E(\kappa)$ 的所有 κ 乘以 1、$\hat{G}(\kappa)^2$、$1-\hat{G}(\kappa)^2$ 和 $2\nu\kappa^2\hat{G}(\kappa)^2$ 的积分给出。

13.23　考虑滤波器宽度 Δ 小于 ℓ_{EI} 的高雷诺数流动的 LES。使用练习 13.15 的结果来估计：

$$\frac{\langle\varepsilon_{\mathrm{f}}\rangle}{\varepsilon}\approx\left(1+\frac{\Delta}{8\eta}\right)^{-4/3} \tag{13.126}$$

13.4 Smagorinsky 模型

为了闭合滤波速度方程，需要建立各向异性残余应力张量 τ_{ij}^{r} 的模型。最简单的模型是 Smagorinsky(1963)提出的，它也是 13.6 节中描述的几种更高级模型的基础。

13.4.1 模型的定义

模型可以分成两部分来看。首先，线性涡黏模型用于将残余应力与滤波后的应变率联系起来：

$$\tau_{ij}^{r} = -2\nu_{r}\bar{S}_{ij} \tag{13.127}$$

比例系数 $\nu_{r}(\boldsymbol{x}, t)$ 为残余运动的涡黏性。其次，通过类比混合长度假设[式(10.20)]，将涡黏建模为

$$\begin{aligned}\nu_{r} &= \ell_{S}^{2}\bar{\mathcal{S}} \\ &= (C_{S}\Delta)^{2}\bar{\mathcal{S}}\end{aligned} \tag{13.128}$$

其中，$\bar{\mathcal{S}}$为特征滤波后的应变率[式(13.74)]；ℓ_{S} 为 Smagorinsky 长度尺度(类似于混合长度)；通过 Smagorinsky 系数 C_{S}，使其与滤波器宽度 Δ 成正比。

根据涡黏模型[式(13.127)]，残余运动的能量传递率为

$$\mathcal{P}_{r} \equiv -\tau_{ij}^{r}\bar{S}_{ij} = 2\nu_{r}\bar{S}_{ij}\bar{S}_{ij} = \nu_{r}\bar{\mathcal{S}}^{2} \tag{13.129}$$

对于 Smagorinsky 模型(或任何其他含 $\nu_{r} > 0$ 的涡黏模型)，这种能量传递无处不在，从滤波后的运动到残余运动不存在反散射。

13.4.2 在惯性子域内的行为

采用在惯性子域内滤波器宽度 Δ(即 $\ell_{EI} > \Delta > \ell_{DI}$)，研究将 Smagorinsky 模型应用于高雷诺数湍流，具有一定的参考价值。对于这种情况，平均而言，能量向残余运动 $\langle \mathcal{P}_{r} \rangle$ 的传递是由耗散 ε 来平衡的：

$$\varepsilon = \langle \mathcal{P}_{r} \rangle = \langle \nu_{r}\bar{\mathcal{S}}^{2} \rangle = \ell_{S}^{2}\langle \bar{\mathcal{S}}^{3} \rangle \tag{13.130}$$

采用从 Kolmogorov 频谱[式(13.76)]得到 $\langle \bar{\mathcal{S}}^{2} \rangle$ 的估计，可以解出该方程的 Smagorinsky 长度：

$$\ell_{S} = \frac{\Delta}{(Ca_{f})^{3/4}}\left(\frac{\langle \bar{\mathcal{S}}^{3} \rangle}{\langle \bar{\mathcal{S}}^{2} \rangle^{3/2}}\right)^{-1/2} \tag{13.131}$$

其中，C 为 Kolmogorov 常数；a_f 是由式(13.77)定义的与滤波器相关的常数。这个分析起源于 Lilly(1967)，他使用了锐频谱滤波器[式(13.78)]和近似 $\langle \bar{\mathcal{S}}^3 \rangle \approx \langle \bar{\mathcal{S}}^2 \rangle^{3/2}$ 得到结果：

$$C_S = \frac{\ell_S}{\Delta} = \frac{1}{\pi}\left(\frac{2}{3C}\right)^{3/4} \approx 0.17 \tag{13.132}$$

因此，证明了对于惯性子域内的 Δ，Smagorinsky 模型中 ℓ_S 与 Δ 成比例的假设。

根据 $\ell_S \sim \Delta$ 和 $\bar{\mathcal{S}} \sim \varepsilon^{1/3}\Delta^{-2/3}$ 的比例关系，可以很容易地推导出惯性子域内其他量的尺度。例如，涡黏尺度为 $\nu_r \sim \ell_s^2 \bar{\mathcal{S}} \sim \varepsilon^{1/3}\Delta^{4/3}$，残余应力为 $\tau_{ij}^r \sim \ell_s^2 \bar{\mathcal{S}}^2 \sim \varepsilon^{2/3}\Delta^{2/3}$。

表 13.3 对这些比例进行了总结，图 13.7 显示了这些比例关系。

表 13.3　高雷诺数湍流惯性子域中锐频谱滤波器的滤波量与剩余量估计

量	无量纲量	无量纲量估计	采用的方程
残余动能	$\dfrac{\langle k_r \rangle}{k}$	$\dfrac{3}{2}C\left(\dfrac{\Delta}{\pi L}\right)^{2/3}$	式(13.97)
能量向残余运动的传递速率	$\dfrac{\langle \mathcal{P}_r \rangle}{\varepsilon}$	1	式(13.125)
从滤波后运动得出的耗散	$\dfrac{\langle \varepsilon_f \rangle}{\varepsilon}$	$\dfrac{3}{2}\pi^{4/3}C\left(\dfrac{\Delta}{\eta}\right)^{-4/3}$	式(13.122)
滤波后的应变速率	$\dfrac{\langle \bar{\mathcal{S}}^2 \rangle^{1/2} k}{\varepsilon}$	$\pi^{2/3}\left(\dfrac{3}{2}C\right)^{1/2}\left(\dfrac{\Delta}{L}\right)^{-2/3}$	式(13.76) 式(13.78)
残余应力	$\dfrac{\langle \tau_{ij}^r \tau_{ij}^r \rangle^{1/2}}{k}$	$\dfrac{2}{(3C)^{1/2}}\left(\dfrac{\Delta}{\pi L}\right)^{2/3}$	式(13.127) 式(13.128)
残余涡黏性	$\dfrac{\langle \nu_r \rangle \varepsilon}{k^2}$	$\dfrac{2}{3\pi^{2/3}}C\left(\dfrac{\Delta}{L}\right)^{4/3}$	式(13.129)
Smagorinsky 长度尺度	$\dfrac{\ell_S}{L}$	$\dfrac{1}{\pi}\left(\dfrac{2}{3C}\right)^{3/4}\dfrac{\Delta}{L}$	式(13.132)

注：采用 k、ε 和 $L \equiv k^{\frac{3}{2}}/\varepsilon$ 进行无量纲化，最后三种量的估计基于 Smagorinsky 模型。

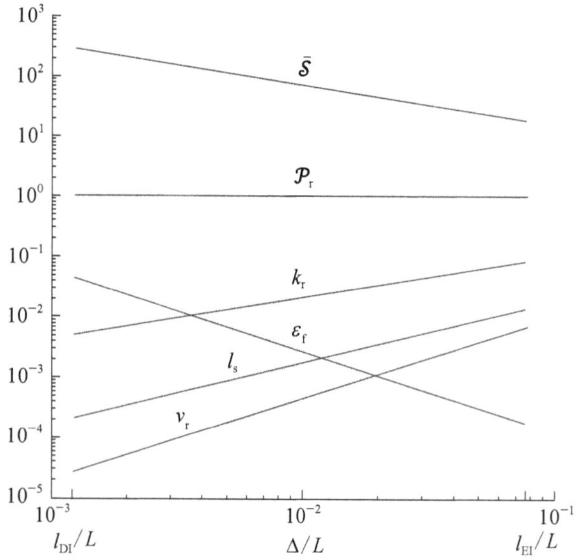

图 13.7 高雷诺数湍流惯性子区中锐频谱滤波器的归一化滤波量和残余量随滤波宽度 Δ 的变化关系估计（归一化方法与估计参数详见表 13.3）

练 习

13.24 设 $\bar{\mathcal{S}}$ 随 $\text{var}[\ln(\bar{\mathcal{S}}^2/\langle\bar{\mathcal{S}}^2\rangle)]=\sigma^2$ 呈对数正态分布，可以获得如下结果：

$$\frac{\langle\bar{\mathcal{S}}^3\rangle}{\langle\bar{\mathcal{S}}^2\rangle^{3/2}}=\exp\left(\frac{3}{8}\sigma^2\right) \tag{13.133}$$

证明，如果采用 $\sigma^2=1$ 进行估计，则采用 Lilly 的分析方法得出的 Smagorinsky 常数要降低约 20%。讨论 σ^2 对 Δ/L 的依赖关系，因此，由于内部间歇性（Novikov, 1990），C_S 对 Δ/L 的依赖可能较弱。

13.25 证明：基于 Pao 滤波器，由 Lilly 的分析（表 13.2）可得

$$C_S=\pi^{1/2}(18C)^{-3/4}\approx 0.15 \tag{13.134}$$

13.4.3 Smagorinsky 滤波器

在 Smagorinsky 长度尺度 ℓ_S 的规定下，利用 Smagorinsky 模型求解 LES 方程，可以确定滤波后的速度场 $\bar{\boldsymbol{U}}(\boldsymbol{x},t)$。这可以在没有显式规定滤波器的情况下完成：因为通过将残余黏性指定为 $\nu_r=\ell_s^2\bar{\mathcal{S}}$，滤波器既没有出现在 LES 方程［式(13.87)

和式(13.95)]中,也不满足Smagorinsky模型。

对于均匀各向同性湍流,有一个唯一的隐含滤波器,即Smagorinsky滤波器,其计算的频谱是一致的(Pope, 1998)。假设用DNS计算各向同性湍流,得到(某一时刻的)能谱函数 $E(\kappa)$;用LES(Smagorinsky模型和指定的 ℓ_S)计算了相同的流动,得到了滤波后流场的能谱 $E(\kappa)$。因此,在理论上(和在中等雷诺数的实践中),频谱 $E(\kappa)$ 和 $\bar{E}(\kappa)$ 可以计算出来。根据式(13.62),这些频谱由滤波传递函数 $\hat{G}(\kappa)$ 联系起来,可以将其倒置来求解:

$$\hat{G}(\kappa)=\left[\frac{\bar{E}(\kappa)}{E(\kappa)}\right]^{1/2} \tag{13.135}$$

这就是Smagorinsky滤波器的传递函数:只有使用该滤波器,得到滤波后的DNS速度场频谱才与LES得到的滤波后的速度场频谱相同。(虽然使用这个滤波器,Smagorinsky模型能产生正确的频谱,但并不意味着它相对于其他统计数据是准确的。)

对于高雷诺数的各向同性湍流,以及 ℓ_S 小于积分长度尺度 ($\ell_S/L_{11}\ll 1$) 的情况,Smagorinsky滤波器可以通过估计 $E(\kappa)$ 和 $\bar{E}(\kappa)$ 来粗略估算。对于 $E(\kappa)$,假设具有Pao形式[式(6.254)]模型频谱的耗散范围,即

$$E(\kappa)=f_L(\kappa L)C\varepsilon^{2/3}\kappa^{-5/3}\exp\left[-\frac{3}{2}C(\kappa\eta)^{4/3}\right] \tag{13.136}$$

[用Pao形式而不是式(6.248)来简化代数。]

为了估计 $\bar{E}(\kappa)$,在Smagorinsky模型中采用 $\langle\bar{\mathcal{S}}^2\rangle^{1/2}$ 对 $\bar{\mathcal{S}}$进行了近似。然后,残余黏性是非随机且均匀的:

$$\nu_r=\ell_S^2\langle\bar{\mathcal{S}}^2\rangle^{1/2} \tag{13.137}$$

同时,LES动量方程[式(13.95)]变为

$$\frac{\bar{\mathrm{D}}\bar{U}_j}{\bar{\mathrm{D}}t}=(\nu+\nu_r)\frac{\partial^2\bar{U}_j}{\partial x_i\partial x_i}-\frac{1}{\rho}\frac{\partial\bar{p}}{\partial x_j} \tag{13.138}$$

除了有效黏性为 $\nu+\nu_r$ 之外,这与Navier-Stokes方程相同,因此式(13.138)的LES解与Navier-Stokes方程的DNS解在雷诺数低于因子 $(1+\nu/\nu_r)$ 时相同。定义有效的Kolmogorov尺度为

$$\bar{\eta}\equiv\left(\frac{(\nu+\nu_r)^3}{\varepsilon}\right)^{1/4}=\ell_S\left(1+\frac{\nu}{\nu_r}\right)^2 \tag{13.139}$$

(见练习13.26。)如果 $\bar{\eta}$ 比积分尺度小,这与式(13.136)一致,认为可以通过LES

求解频谱：

$$\bar{E}(\kappa)=f_L(\kappa L)C\varepsilon^{2/3}\kappa^{-5/3}\exp\left[-\frac{3}{2}C(\kappa\bar{\eta})^{4/3}\right] \tag{13.140}$$

根据 $E(\kappa)$ 和 $\bar{E}(\kappa)$ 的这些估计，从式(13.135)导出的 Smagorinsky 滤波器的传递函数为

$$\hat{G}(\kappa)=\exp\left[-\frac{3}{4}C\kappa^{4/3}(\bar{\eta}^{4/3}-\eta^{4/3})\right] \tag{13.141}$$

这对应于表 13.2 中定义的 Pao 滤波器，伴有滤波器宽度 $\Delta=\ell_S/C_S$，其中：

$$\begin{aligned}C_S&=\frac{\pi^{1/2}}{(18C)^{3/4}}\left[1+\frac{18C}{\pi^{2/3}}\left(\frac{\eta}{\Delta}\right)^{4/3}\right]^{1/4}\\&\approx 0.15\left[1+\left(\frac{7\eta}{\Delta}\right)^{4/3}\right]^{1/4}\end{aligned} \tag{13.142}$$

见练习 13.26。

重要的是，式(13.135)给出了一个唯一的滤波器。从前面的论点推导出的特定滤波器是一个近似值（因为 $\bar{S}$ 的波动被忽略了），它取决于耗散频谱的假设形式。由 Pao 频谱导出 Pao 滤波器，而由指数频谱 $\exp(-\beta_0\kappa\eta)$ 可以导出 Cauchy 滤波器，且由模型频谱导出练习 13.27 中推导的滤波器[式(13.150)]。这些滤波传递函数如图 13.8 所示，对应的滤波函数（通过傅里叶逆变换得到）如图 13.9 所示。

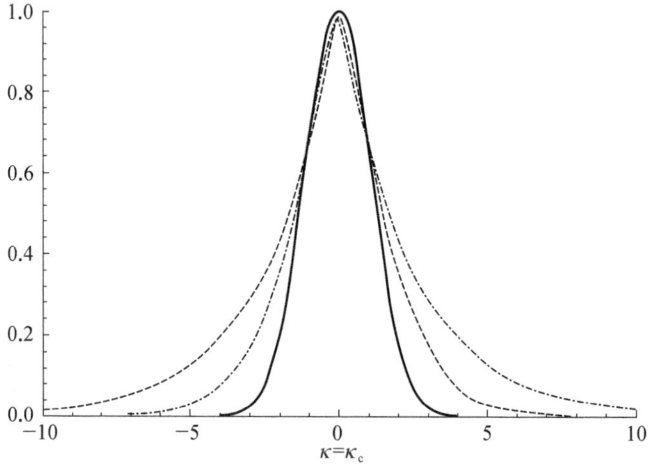

图 13.8 滤波传递函数

实线：高斯滤波器；虚线：Cauchy 滤波器；点划线：Pao 滤波器；由模型谱[式(13.150)]隐含的（点线）

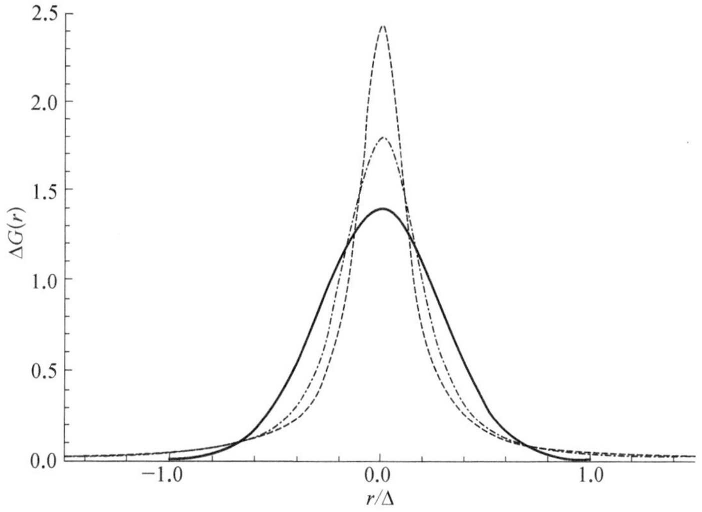

图 13.9　滤波函数

实线：高斯滤波器；虚线：Cauchy 滤波器；点划线：Pao 滤波器；由模型谱［式(13.150)］隐含的(点线)

模型频谱提供了耗散频谱最精确的表达(图 6.15)，因此从它推导出的滤波器是 Smagorinsky 滤波器的最佳估算。有趣的是，从图 13.8 和图 13.9 中可以观察到，这个滤波器在许多方面与高斯滤波器非常相似。

在本讨论中，隐性地假设 LES 方程的解是准确的。然而，通常的做法是使用截止 κ_c 等于最大代表波数 κ_{max} 的锐频谱滤波器来执行各向同性湍流的 LES (Meneveau、Lund 和 Cabot，1996)。这样的模拟是低解析率的，因为真实频谱超出了 κ_{max}。因此，计算得到的频谱在 κ_{max} 处有一个峰值，而不是式(13.140)所示的耗散范围。

练　习

13.26　证明式(13.141)给出的 $\hat{G}(\kappa)$ 是具有 Pao 滤波器的传递函数，并有

$$\Delta^{4/3} = 18C\pi^{-2/3}(\eta^{4/3} - \eta^{4/3}) = \frac{18\nu_r}{\pi^{2/3}\varepsilon^{1/3}} \tag{13.143}$$

由式(13.140)得到 $\langle \bar{S}^2 \rangle$ 的值为

$$\langle \bar{S}^2 \rangle = \varepsilon^{2/3}/\bar{\eta}^{4/3} \tag{13.144}$$

从而得到结果：

$$\varepsilon = (\nu + \nu_r)\langle \bar{\mathcal{S}}^2 \rangle \tag{13.145}$$

取 $\ell_S = C_S\Delta$，根据式(13.137)，有

$$\nu_r = (C_S\Delta)^2 \langle \bar{\mathcal{S}}^2 \rangle^{1/2} \tag{13.146}$$

用式(13.143)和式(13.145)消去 ν_r 和 $\langle \bar{\mathcal{S}}^2 \rangle$，由此得到：

$$C_S^2 = \gamma\left[\gamma + \left(\frac{\eta}{\Delta}\right)^{4/3}\right]^{1/2} \tag{13.147}$$

其中，定义 γ 为

$$\gamma \equiv \frac{\pi^{2/3}}{18C} \tag{13.148}$$

因此，可验证式(13.142)。由 $\bar{\eta}$ [式(13.139)]的定义可知，根据式(13.145)和 $\nu_r = \ell_S^2 \langle \bar{\mathcal{S}}^2 \rangle^{1/2}$，可以得到结果：

$$\bar{\eta} = \ell_S\left(1 + \frac{\nu}{\nu_r}\right)^2 \tag{13.149}$$

13.27 使用带滤波器的 Smagorinsky 模型在惯性子域内考虑均匀各向同性湍流的 LES，使 ℓ_S 远大于 Kolmogorov 尺度 ($\ell_S \approx \bar{\eta} \gg \eta$)。证明如果模型频谱[式(6.246)和式(6.248)]可以粗略估计出 $\bar{E}(\kappa)$，则隐含的 Smagorinsky 滤波器具有传递函数：

$$\hat{G}(\kappa) = \exp\left\{-\frac{1}{2}\beta\{[(\kappa\ell_S)^4 + c_\eta^4]^{1/4} - c_\eta\}\right\} \tag{13.150}$$

如果对滤波器进行比例缩放，使 $\hat{G}(\kappa_c) = \exp(-\pi^2/24)$ (高斯、Cauchy 和 Pao 滤波器也是如此)，证明 Smagorinsky 常数的隐含值为

$$C_S = \frac{c_\eta}{\pi}\left[\left(1 + \frac{\pi^2}{12\beta c_\eta}\right)^4 - 1\right]^{1/4} \approx 0.16 \tag{13.151}$$

其中，$\beta = 5.2$；$c_\eta = 0.4$。

13.4.4 极限特征

LES 的一种理想应用是，在惯性子域内采用滤波器的高雷诺数湍流流动。然而，在实践中，经常偏离这一理想情况；通过考虑极端的偏离情况，可以获得一些见解。具体而言，考虑了以下三种情况：滤波器处于耗散范围内；滤波器与积分尺度相比较大；层流。

1. 一个非常小的滤波器宽度

如果滤波器在远离耗散的范围(即 $\Delta/\eta \ll 1$)，则可以进行泰勒级数分析，表明残余应力张量为(到主导阶)

$$\tau_{ij}^{\mathrm{R}} \equiv \overline{U_i U_j} - \bar{U}_i \bar{U}_j = \frac{\Delta^2}{12} \frac{\partial \bar{U}_i}{\partial x_k} \frac{\partial \bar{U}_j}{\partial x_k} \tag{13.152}$$

(见练习 13.28。)这一结果适用于具有有限矩的滤波器，如高斯滤波器，但不适用于锐频谱滤波器。像 Smagorinsky 模型，在 Δ 和滤波后的速度梯度中，τ_{ij}^{R} 的表达式是二次的，但张量形式不同。

尽管存在这种差异，但可以确定 Smagorinsky 系数的值，使能量向残余尺度传递的平均速率 $\langle \mathcal{P}_{\mathrm{r}} \rangle$ 与式(13.152)保持一致[见练习 13.28 和式(13.160)]。对于高雷诺数湍流，$C_{\mathrm{S}} \approx 0.13$ 的估计值一般略低于 $C_{\mathrm{S}} \approx 0.17$ 的惯性范围值。据推测，在 $\dfrac{\Delta}{\eta} = 1$ 附近，在惯性与远离耗散范围内的常数值之间存在一个 Smagorinsky 系数的过渡。

在考虑 $(\Delta/\eta \to 0)$ 的极限情况下，滤波后的应变率 $\bar{S}_{ij}$ 趋向于 S_{ij}，因此 $\bar{\mathcal{S}}^2$ 趋向于 $\langle S_{ij} S_{ij} \rangle \approx \langle s_{ij} s_{ij} \rangle = \varepsilon/\nu$。因此，对于 Smagorinsky 模型有

$$\frac{\langle \nu_{\mathrm{r}}^2 \rangle^{1/2}}{\nu} = \left(\frac{\ell_{\mathrm{S}}}{\eta}\right)^2 = C_{\mathrm{S}}^2 \left(\frac{\Delta}{\eta}\right)^2 \tag{13.153}$$

在远离耗散的范围——在惯性子域内，Δ 比 $\nu_{\mathrm{r}} \sim \Delta^{4/3}$ 下降更快。

与这里得到的结果相反，第 13.4.3 节的分析预测，C_{S} 随着 Δ/η 的减小而增大[式(13.142)和式(13.147)]。另外，Voke(1996)，以及 Meneveau 和 Lund(1997)开展的 lilly 型分析(使用锐频谱滤波器)表明，C_{S} 随着 Δ/η 的减小而减小。这些差异可以部分归因于 Smagorinsky 模型针对残余应力细节层面提供了很差的刻画——后续将会讨论。因此，当使用模型特征的不同方面来估计 C_{S} 时，得到不同的结果。从实际的观点来看，Smagorinsky 模型的这种极限特征的不确定性不是很重要，因为对于小的 Δ/η，黏性应力主导残余应力。

练　习

13.28　考虑具有二阶矩的各向同性滤波器(如高斯滤波器)：

$$\int r_i r_j G(\boldsymbol{r}) \, \mathrm{d}\boldsymbol{r} = \frac{\Delta^2}{12} \delta_{ij} \tag{13.154}$$

以及有限的高阶矩。当应用于湍流的滤波器宽度 Δ 比 Kolmogorov 尺度 η 小得多

时,对于给定的 $\boldsymbol{x}$ 和 Δ 阶的 $\boldsymbol{r}$(即 $|\boldsymbol{r}| \ll \eta$),速度 $\boldsymbol{U}(\boldsymbol{x}+\boldsymbol{r})$ 可以展开成泰勒级数:

$$U_i(\boldsymbol{x}+\boldsymbol{r}) = U_i(\boldsymbol{x}) + \frac{\partial U_i}{\partial x_k} r_k + \frac{1}{2!}\frac{\partial^2 U_i}{\partial x_k \partial x_\ell} r_k r_\ell + \cdots \tag{13.155}$$

其中,速度梯度在 $\boldsymbol{x}$ 处取值。将式(13.155)乘以 $G(\boldsymbol{r})$ 并积分,可以得到滤波后的速度场为(到主导阶)

$$\bar{U}_i(\boldsymbol{x}) = U_i(\boldsymbol{x}) + \frac{\Delta^2}{24}\frac{\partial^2 U_i}{\partial x_k \partial x_k} + o(\Delta^4) \tag{13.156}$$

按照类似的方法可以得到残余应力张量为

$$\tau_{ij}^{\mathrm{R}} \equiv \overline{U_i U_j} - \bar{U}_i \bar{U}_j = \frac{\Delta^2}{12}\frac{\partial \bar{U}_i}{\partial x_k}\frac{\partial \bar{U}_j}{\partial x_k} + o(\Delta^4) \tag{13.157}$$

证明残余运动的平均能量传递率为

$$\langle \mathcal{P}_{\mathrm{r}} \rangle = -\left\langle \frac{\partial \bar{U}_i}{\partial x_j}\tau_{ij}^{\mathrm{R}} \right\rangle = -\frac{\Delta^2}{12}\left\langle \frac{\partial \bar{U}_i}{\partial x_j}\frac{\partial \bar{U}_i}{\partial x_k}\frac{\partial \bar{U}_j}{\partial x_k} \right\rangle + o(\Delta^4) \tag{13.158}$$

利用练习 6.11 的结果表明,在高雷诺数条件下,局部各向同性湍流(对于 $\Delta/\eta \ll 1$):

$$\langle \mathcal{P}_{\mathrm{r}} \rangle = \frac{7}{72\sqrt{15}}\Delta^2(-S)\left(\frac{\varepsilon}{v}\right)^{3/2} \tag{13.159}$$

其中,S 为速度导数斜度(为负)。将此结果与式(13.130)进行比较,结果与式(13.130)的 Smagorinsky 模型一致:

$$C_{\mathrm{S}}^2 = \frac{7}{72\sqrt{15}}(-S)\frac{\langle \bar{\mathcal{S}}^2 \rangle^{3/2}}{\langle \bar{\mathcal{S}}^3 \rangle} \tag{13.160}$$

取 $\langle \bar{\mathcal{S}}^3 \rangle \approx \langle \bar{\mathcal{S}}^2 \rangle^{3/2}$ 和 $S=-0.7$(图 6.33),可得

$$C_{\mathrm{S}} \approx 0.13 \tag{13.161}$$

2. 一个非常大的滤波器宽度

相反的极端情况,滤波器宽度 Δ 比湍流积分尺度 L 大,可以在均匀湍流情况下进行分析。当 Δ/L 趋于无穷时,滤波后的速度 $\bar{\boldsymbol{U}}(\boldsymbol{x}+t)$ 趋于均值 $\langle \bar{\boldsymbol{U}}(\boldsymbol{x}+\boldsymbol{t}) \rangle$,因此残余速度 $\boldsymbol{u}'(\boldsymbol{x}+t)$ 趋于 $\boldsymbol{u}(\boldsymbol{x}+t)$。因此,残余应力张量 τ_{ij}^{R} 趋于雷诺应力张量 $\langle u_i u_j \rangle$。对于均匀湍流剪切流,Smagorinsky 模型给出的残余剪应力为

$$\tau_{12}^{\mathrm{R}} = -\nu_{\mathrm{r}}\frac{\partial \bar{U}_1}{\partial x_2} = -\ell_{\mathrm{S}}^2\left|\frac{\partial \bar{U}_1}{\partial x_2}\right|\frac{\partial \bar{U}_1}{\partial x_2} \tag{13.162}$$

而混合长度模型给出的雷诺剪应力为

$$\langle u_1 u_2 \rangle = -\nu_{\mathrm{r}} \frac{\partial \langle U_1 \rangle}{\partial x_2} = -\ell_{\mathrm{m}}^2 \left| \frac{\partial \langle U_1 \rangle}{\partial x_2} \right| \frac{\partial \langle U_1 \rangle}{\partial x_2} \tag{13.163}$$

显然,在考虑极限($\Delta/\eta \to \infty$)情况时,残余涡黏性 ν_{r} 即为湍流黏性 ν_{T},Smagorinsky 长度 ℓ_{S} 即混合长度 ℓ_{m}。混合长度可计算为

$$\ell_{\mathrm{m}} = |\langle u_1 u_2 \rangle|^{1/2} \Big/ \left| \frac{\partial \langle U_1 \rangle}{\partial x_2} \right| \tag{13.164}$$

这当然与 Δ 无关。因此,当 Δ/L 趋于无穷时,Smagorinsky 系数趋于 0,因为有

$$C_{\mathrm{S}} = \frac{\ell_{\mathrm{m}}}{\Delta} \tag{13.165}$$

3. 层流

对于层流,雷诺方程恢复为 Navier-Stokes 方程,雷诺应力为零。相反,在一般情况下,残余应力张量在层流中是非零的。在滤波器宽度 Δ 相对于层流速度场的长度尺度较小的情况下,练习 13.28 的泰勒级数分析是有效的,由此可得残余应力张量 τ_{ij}^{R} 的方程[式(13.157)]。

尽管有这个一般结果,但对于几个重要的流动,残余应力基本上为零。例如,考虑单向流动,其中速度的唯一分量 U_1 只取决于 x_2 和 x_3。由式(13.157)可以看出,唯一的非零残余应力为 τ_{11}^{R},而影响动量输运的剪应力为零。对于二维和三维边界层流动也是如此(对于在边界层近似中的情况)。

对于残余剪应力为零的层流剪切流,适当的 Smagorinsky 系数值为 $C_{\mathrm{S}} = 0$:C_{S} 的非零值将错误地导致残余剪应力的阶数为 Δ^2。因此,采用非零常数 C_{S} 值的 Smagorinsky 模型对于层流是不正确。在一些应用中[如 Schumann(1975),以及 Moin 和 Kim(1982)的研究],Smagorinsky 模型基于 $\bar{S}_{ij} - \langle \bar{S}_{ij} \rangle$,而不是基于 $\bar{S}_{ij}$,因此 ν_{r} 在层流中为零。然而,注意这意味着 $\langle \bar{S}_{ij} \rangle$ 在 LES 中不容易获得,而是必须通过计算适当类型的平均值来估计。

13.4.5　近壁解析率

正如本章引言中所讨论的,在 LES 中有两种不同的方法来处理近壁区域(表 13.1)。在 LES－NWR 中,滤波器和网格具有足够的解析率,可以在包括黏性壁面区域在内的所有区域解析 80%的能量;而在 LES－NWM(采用近壁模拟的 LES)中,不能解析近壁运动。在本节中,我们考察这两种方法的计算成本,并考虑在 LES－NWR 中使用 Smagorinsky 模型。

首先,回顾第 7 章内容,在边界层类型的流动中,黏性壁面区域是非常重要的:

在 y^+ 小于 20 处，即在 20 个壁面黏性长尺度 δ_ν 内，壁面的生成、耗散、动能和雷诺应力各向异性均达到峰值。相对于流动长度尺度 δ，黏性长度尺度 δ_ν 较小，随雷诺数减小而减小，大约为 $\delta_\nu/\delta \sim Re^{-0.88}$。

在 LES－NWR 中，为了解析近壁运动，黏性近壁面区域的滤波器宽度和网格间距必须达到 δ_ν 的量级。由此可以估计所需网格节点的数量随着 $Re^{1.76}$ 的增加而增加[参见 Chapman(1979)的研究和练习 13.29]。因此，LES－NWR 在高雷诺数流动模拟中不可行，如在航空和气象中的应用。

相反，在 LES－NWM 中，滤波器宽度和网格间距尺度与流动长度尺度 δ 成比例，因此计算量需求与雷诺数无关(见练习 13.29)。然而，重要的近壁面过程并没有被解析，而是通过模拟。LES－NWM 中使用的一些近壁面处理将在 13.6.5 节中进行描述。

在近壁面区域(就像其他地方一样)，残余应力 τ_{ij}^{R} 取决于滤波器的类型和宽度。在槽道流动的 LES 中，通常的做法是只在 $x-z$ 平面进行滤波。如果这是采用一个均匀的滤波器(特别是 Δ 独立于 y)来完成的，那么可以表明，在非常接近壁面的地方，τ_{ij}^{R} 分量的 y 次方与雷诺应力 $\langle u_1 u_2\rangle$ 的 y 次方相同(见练习 13.30)。特别地，剪切应力 τ_{12}^{R} 随 y^3 (到主导阶)的变化而变化。

在 Smagorinsky 模型中，规定 $\ell_{\mathrm{S}} = C_{\mathrm{S}}\Delta$ (对于 C_{S} 为常数)对于 Δ 在高雷诺数湍流的惯性子范围是合理的。这些情况不适用于黏性壁面区域，而且，ℓ_{S} 的这一规范将错误地导致黏性壁面处的非零残余黏性和剪切应力(见练习 13.31)。相反，Moin 和 Kim(1982)使用 van Driest 阻尼函数来规定 ℓ_{S} 为

$$\ell_{\mathrm{S}} = C_{\mathrm{S}}\Delta[1 - \exp(y^+/A^+)] \tag{13.166}$$

见式(7.145)。

练　　习

13.29　本练习的目的是研究 LES－NWR 和 LES－NWM 对壁面有界流动的计算成本，特别是确定所需网格量与雷诺数成何比例。考虑采用四种不同网格模拟充分发展的湍流槽道流的 LES。

(1) 传统的 LES－NWR 使用结构化网格：

$$\Delta x = a_x \delta_v, \quad \Delta z = a_z \delta_\nu \tag{13.167}$$

$$\Delta y = \min[\max(a\delta_\nu,\ by), c\delta] \tag{13.168}$$

其中，a_x、a_z、a、c 是正常数，$b > c$。请注意，Δx 和 Δz 与 δ_ν 的比例会影响近壁面结构的解析率，但会导致远离壁面区域的过度解析。

(2) LES－NWR 使用不规则网格的最佳解析率(Chapman, 1979)：Δy 再次由式(13.168)规定,但 Δx 和 Δz 与 Δy 呈比例缩放：

$$\Delta x = a_x \Delta y, \quad \Delta z = a_z \Delta y \tag{13.169}$$

(3) 采用近壁面平均剖面解析率的 LES－NWM：Δy 由式(13.168)得到,使平均速度、雷诺应力等分布在黏性近壁面区域得到解析,而 Δx 和 Δz 指定为

$$\Delta x = a_x \delta, \quad \Delta z = a_z \delta \tag{13.170}$$

因此,对于固定的正值 a_x 和 a_z(不管怎样小)时,随着雷诺数趋于无穷($\delta_\nu/\delta \to 0$),近壁面结构无法得到解析。

(4) 没有近壁面平均剖面解析率的 LES－NWM, Δx 和 Δz 由式(13.170)指定,Δy 由如下公式指定：

$$\Delta y = \min[\max(a\delta,\ by),c\delta] \tag{13.171}$$

其中,$a < c < b$。

对于这四种指定的情况中的任何一种,计算网格点的大致数目为

$$N_{xyz} = \int_0^\delta \int_0^\delta \int_0^\delta \frac{\mathrm{d}x\mathrm{d}y\mathrm{d}z}{\Delta x \Delta y \Delta z} \tag{13.172}$$

用 $Re_\tau = \delta/\delta_\nu$ 表示结果。利用经验关系式(对于高雷诺数) $Re_\tau \approx 0.09 Re^{0.88}$,可以得到四种网格的尺度：

$$N_{xyz}^{\mathrm{A}} \sim Re_\tau^2 \ln Re_\tau \sim Re^{1.76} \ln Re \tag{13.173}$$

$$N_{xyz}^{\mathrm{B}} \sim Re_\tau^2 \sim Re^{1.76} \tag{13.174}$$

$$N_{xyz}^{\mathrm{C}} \sim \ln Re_\tau \sim \ln Re \tag{13.175}$$

$$N_{xyz}^{\mathrm{D}} \text{ 与 } Re \text{ 无关} \tag{13.176}$$

注意：最大的区别是(2)和(3)之间的结果,是从不同的近壁面 $x-z$ 解析率得到的,其用 δ_ν 对(2)进行缩比,用 δ 对(3)进行缩比。

13.30 在传统坐标系中考虑槽道湍流流动,$y = x_2$ 是到壁面的法向距离。非常接近于壁面,到 y 中的主导阶,速度场可以写为

$$U_1(\boldsymbol{x},\ t) = a(x,\ z,\ t)y \tag{13.177}$$

$$U_2(\boldsymbol{x},\ t) = b(x,\ z,\ t)y^2 \tag{13.178}$$

$$U_3(\boldsymbol{x},\ t) = c(x,\ z,\ t)y \tag{13.179}$$

其中,a、b、c 是随机函数,参考式(7.56)～式(7.58)。仅将滤波应用于 $x-z$ 平面,

使用宽度为 Δ 的均匀滤波器，得到的滤波后的速度场是

$$\bar{U}_1 = \bar{a}y, \quad \bar{U}_2 = \bar{b}y^2, \quad \bar{U}_3 = \bar{c}y \tag{13.180}$$

且残余应力是

$$\begin{cases} \tau_{11}^{\mathrm{R}} = (\overline{a^2} - \bar{a}^2)y^2, \quad \tau_{22}^{\mathrm{R}} = (\overline{b^2} - \bar{b}^2)y^4 \\ \tau_{12}^{\mathrm{R}} = (\overline{ab} - \bar{a}\bar{b})y^3 \end{cases} \tag{13.181}$$

证明（对于在考虑的滤波器）残余应力 τ_{ij}^{R} 与雷诺应力 $\langle u_i u_j \rangle$ 以相同的 y 次方变化。

有人认为，在 LES 中，由于 $\bar{\boldsymbol{U}}$ 是螺线性的，且在壁面处会消失，其主导阶的行为由式(13.180)给出，而 τ_{ij}^{R} 的行为取决于所采用的残余应力模型。

13.31 拓展练习 13.30，考虑 Smagorinsky 模型在槽道湍流 LES 中的性能。证明 $\partial \bar{U}_1 / \partial x_2 = \bar{a}$ 和 $\partial \bar{U}_3 / \partial x_2 = \bar{c}$ 是唯一的主导阶速度梯度。证明模拟的残余剪切应力为

$$\tau_{12}^{\mathrm{r}} = -\ell_{\mathrm{S}}^2 (\bar{a}^2 + \bar{c}^2)^{1/2} \bar{a} \tag{13.182}$$

因此，为了产生正确的特征，需要 $\ell_{\mathrm{S}} \sim y^{3/2}$ 的变化。相反，证明标准规范 $\ell_{\mathrm{S}} = C_{\mathrm{S}}\Delta$ 使得 ν_{r} 和 τ_{12}^{r} 与 y 无关（对主导阶）。通过忽略 $\bar{a}$ 和 $\bar{c}$ 中的脉动，得到：

$$\frac{\nu_{\mathrm{r}}}{\nu} \approx \frac{C_{\mathrm{S}}\Delta}{\delta_\nu} \tag{13.183}$$

当 $\Delta \gg \delta_\nu \equiv \nu / (\tau_{\mathrm{w}}/\rho)^{1/2}$ 时有效。

13.4.6 模型性能测试

一般来说，一个模型可以用两种截然不同的方式进行测试。在 LES 中，这两种方法被称为先验(priori)测试和后验(posteriori)测试。先验测试使用实验或 DNS 数据直接测试模型假设的准确性，例如，由 Smagorinsky 模型[式(13.127)和式(13.128)]给出的残余应力张量 τ_{ij}^{r} 的关系。在后验测试中，该模型用于对湍流进行计算，并再次通过实验或 DNS 数据评估计算统计数据(如 $\langle \boldsymbol{U} \rangle$ 和 $\langle u_i u_j \rangle$) 的准确性。自然和适当的做法是进行先验测试，直接评估所作近似的有效性和准确性。然而，LES 方法要发挥作用，需要的是后验测试的成功。

对于均匀湍流，Clark、Ferziger 和 Reynolds(1979)，以及 McMillan 和 Ferziger (1979)报道了 Smagorinsky 模型的先验测试。在分辨率为 64^3，雷诺数 $R_\lambda \approx 38$ 的 DNS 中，提取滤波后的速度场 $\bar{\boldsymbol{U}}(\boldsymbol{x}, t)$，并据此确定对残余应力 $\tau_{ij}^{\mathrm{r,\,Smag}}$ 的 Smagorinsky 预测。然后，将其与直接从 DNS 速度场获得的残余应力 $\tau_{ij}^{\mathrm{r,\,DNS}}$ 进行比较。McMillan 和 Ferziger(1979)发现，当 Smagorinsky 系数取 $C_{\mathrm{S}} = 0.17$ 时，$\tau_{ij}^{\mathrm{r,\,Smag}}$ 与

$\tau_{ij}^{\mathrm{r,\,DNS}}$ 之间的相关性最大，这与 Lilly 的分析一致。然而，在 1/3 附近时，相关系数很小。在 1/2 附近时，对于标量：

$$\bar{U}_i \frac{\partial \tau_{ij}^{\mathrm{r}}}{\partial x_j} = -\frac{\partial \bar{U}_i}{\partial x_j}\tau_{ij}^{\mathrm{r}} + \frac{\partial}{\partial x_j}(\bar{U}_i \tau_{ij}^{\mathrm{r}}) \tag{13.184}$$

发现了一个更高的相关系数。这与能量传递到残余运动 $\mathcal{P}_{\mathrm{r}}$ 相关。

在这些早期工作之后，有许多研究对 Smagorinsky 模型进行了先验测试，这些测试维持了之前得出的结论。例如，在 $R_\lambda \approx 310$ 的圆形射流中，Liu、Meneveau 和 Katz(1994)的研究表明，smagorinsky 模型应力和实测残余应力之间的相关系数不大于 1/4。正如第 13.5.6 节所讨论的，先验测试（特别是相关系数的测量）的重要性并不像它可能出现的那样明显。

在后验测试中，将从 LES 计算得到的统计数据与实验或 DNS 得到的统计数据进行比较。对于统计稳态流动的 LES，可以进行长时间平均，以获得平均滤波后的速度场 $\langle \bar{\boldsymbol{U}} \rangle$ 的估计，以及解析雷诺应力的估计：

$$R_{ij}^{\mathrm{f}} \equiv \langle (\bar{U}_i - \langle \bar{U}_i \rangle)(\bar{U}_j - \langle \bar{U}_j \rangle) \rangle \tag{13.185}$$

在后验测试中，通常将 LES 中的 $\langle \bar{\boldsymbol{U}} \rangle$ 和 R_{ij}^{f} 与实验或 DNS 中的 $\langle \bar{\boldsymbol{U}} \rangle$ 和 $\langle u_i u_j \rangle$ 进行比较。然而，我们应该认识到，尽管它们之间的差异随着滤波器宽度的减小而减小，但这些量并不是直接等价的（见练习 13.32）。可以将 DNS 数据滤波后进行滤波量值（如 R_{ij}^{f}）之间的直接对比。

对于非均匀流动，从后验测试得出的一般结论是，Smagorinsky 模型耗散太大——也就是说，它将太多的能量传递给了残余运动。在槽道流计算中，Smagorinsky 系数一般是减小的，例如，减小到 $C_{\mathrm{S}} = 0.1$(Deardorff, 1970; Piomelli et al., 1988)或减小到 $C_{\mathrm{S}} = 0.065$(Moin and Kim, 1982)。由于 Smagorinsky 模型在层流中产生了虚假的残余应力，该模型在不稳定流动中也耗散过大。Vreman 等(1997)对湍流混合层进行了详细的后验研究，揭示出了类似的不足。

重要的是，要认识到，残余应力模型的性能取决于雷诺数、滤波器类型和宽度的选择。当通过 DNS 测试 LES 时，不可避免地会遇到雷诺数很低的情况。因此，在含能尺度和耗散尺度之间存在相当大的重叠，滤波器很可能被放置在这样一个重叠区域：残余黏性 ν_{r} 通常是分子黏性 ν 的两倍左右。此情形与高雷诺数流动的理想情况截然不同——在理想情况下，滤波器通常设置于显著惯性子区的起始区域。对于高雷诺数自由剪切流的这种理想应用，由于所得方程在较低雷诺数下与 Navier-Stokes 方程相似，且自由剪切流的单点统计量对雷诺数不敏感，我们完全有理由认为 Smagorinsky 模型是令人满意的。

在大气边界层的 LES－NWM 中，滤波器宽度和网格间距的尺度随边界层厚度的变化而变化，因此与含能湍流运动相比，其在地面上较大。与 LES - NWR 一样，ℓ_S 在靠近壁面处减小(但方式不同)。Mason 和 Thomson(1992)研究了 $C_S\Delta$ 的各种混合及混合长度 ℓ_m，但得出的结论是，Smagorinsky 模型天生不能得到正确的对数速度分布。

在 LES 中，残余应力模型的一个主要功能是以适当的速率从解析尺度中去除能量，该速率为 $\mathcal{P}_r = -\tau_{ij}^r \bar{S}_{ij}$ [式(13.123)]。根据 Smagorinsky 模型，$-\tau_{ij}^r$ 和 $\bar{S}_{ij}$ 几乎是完全相关的(见练习 13.33)，而先验测试表明，实际上相关性要弱得多。因此，如 Jiménez 和 Moser(1998)所观察到的，如果将 Smagorinsky 系数设置为求解 $\langle \mathcal{P}_r \rangle$ 的适当值，则模拟的残余应力幅度过小。在近壁面附近，如果滤波器的宽度与含能尺度相比不是很小，那么很大一部分的剪切应力来自残余应力模型。因此，可以理解的是，在这种情况下，Smagorinsky 模型表现不佳，因为没有可以同时使得 $\langle \mathcal{P}_r \rangle$ 和 $\langle \tau_{12}^r \rangle$ 在正确水平的 C_S 可选。

练 习

13.32 平均量 $\langle Q(\boldsymbol{x}, t) \rangle$ (如 $\langle \boldsymbol{U} \rangle$ 和 $\langle u_i u_j \rangle$) 在长度尺度 L 上的变化与含能量运动的长度相当。讨论，对于 $\Delta \ll L$，这种方法几乎不受滤波的影响，即

$$\langle Q \rangle \approx \overline{\langle Q \rangle} = \langle \bar{Q} \rangle \tag{13.186}$$

因此认为，在统计稳态流动的 LES 中，$\langle \boldsymbol{U} \rangle$ 可以准确地近似为 $\bar{\boldsymbol{U}}$ 的长时间平均值。

采用 $\bar{\boldsymbol{U}}$ 和 $\boldsymbol{u}'$ 的均值写出雷诺应力 $\langle u_i u_j \rangle$ 的精确表达式。利用式(13.186)得到近似：

$$\langle u_i u_j \rangle \approx R_{ij}^f + \langle C_{ij} \rangle + \langle R_{ij} \rangle \tag{13.187}$$

其中，R_{ij}^f 为解析雷诺应力[式(13.185)]；C_{ij} 和 R_{ij} 分别由式(13.107)和式(13.108)给出交叉应力和 SGS 雷诺应力。

13.33 设 ρ_r 为残余应力与应变滤波速率的相关系数：

$$\rho_r \equiv \langle \tau_{ij}^r \bar{S}_{ij} \rangle / (\langle \tau_{k\ell}^r \tau_{k\ell}^r \rangle \langle \bar{S}_{mn} \bar{S}_{mn} \rangle)^{1/2} \tag{13.188}$$

证明：Smagorinsky 模型的结果为

$$\rho_r = -\langle \bar{\mathcal{S}}^3 \rangle / (\langle \bar{\mathcal{S}}^2 \rangle \langle \bar{\mathcal{S}}^4 \rangle)^{1/2} \tag{13.189}$$

通过 $\mathrm{var}\left[\ln\left(\frac{\bar{\mathcal{S}}^2}{\langle \bar{\mathcal{S}}^2 \rangle}\right)\right] = \sigma^2 = 1$，使 $\bar{\mathcal{S}}$ 呈对数正态分布，得到估计(对于

Smagorinsky 模型)：

$$\rho_r = -\exp\left(-\frac{1}{8}\sigma^2\right) \approx -0.88 \tag{13.190}$$

13.5 波数空间中的 LES

和 DNS 一样,LES 也被用作研究均匀湍流的工具。在这种应用中,建模和数值求解通常在波数空间中进行。波数空间中的残余应力模型与物理空间中的残余应力模型不同,不能用于非均匀湍流。由于它们在若干问题上提供了可供选择的另一种有用观点,本节给出了波数空间中 LES 的基本原理。

在大多数情况下,我们考虑的是锐频谱滤波器,它是波数空间中 LES 的自然选择。然而,在最后一小节中,为了进一步研究解析率和建模的问题,将考虑高斯滤波器——与这类滤波器存在质的不同。

13.5.1 滤波后的方程

第 6.4 节中,我们考虑平均速度为零的均匀湍流,其中速度场在三个坐标方向上的速度场都是周期性的(周期为 $\mathcal{L}$)。那么速度场 $\boldsymbol{u}(\boldsymbol{x}, t)$ 有如下傅里叶级数:

$$\boldsymbol{u}(\boldsymbol{x}, t) = \sum_{\boldsymbol{\kappa}} e^{i\boldsymbol{\kappa}\cdot\boldsymbol{x}}\hat{\boldsymbol{u}}(\boldsymbol{\kappa}, t) \tag{13.191}$$

其中,波数向量 $\boldsymbol{\kappa}$ 是 $\kappa_0 \equiv 2\pi/\mathcal{L}$ 的整数倍[式(6.105)~式(6.109)]。傅里叶系数 $\hat{\boldsymbol{u}}(\boldsymbol{\kappa}, t)$ 满足共轭对称[式(6.121)]并与 $\boldsymbol{\kappa}$ 正交。

对于截止波数为 κ_c 的锐频谱滤波器,其滤波速度场的傅里叶系数为

$$\hat{\hat{\boldsymbol{u}}}(\boldsymbol{\kappa}, t) = H(\kappa_c - \kappa)\hat{\boldsymbol{u}}(\boldsymbol{\kappa}, t) \tag{13.192}$$

其中, H 为 Heaviside 函数; $\kappa = |\boldsymbol{\kappa}|$ 为波数的大小。滤波后速度的傅里叶级数是

$$\bar{\boldsymbol{u}}(\boldsymbol{x}, t) = \sum_{\boldsymbol{\kappa}} e^{i\boldsymbol{\kappa}\cdot\boldsymbol{x}}\hat{\hat{\boldsymbol{u}}}(\boldsymbol{\kappa}, t) = \sum_{\boldsymbol{\kappa},\, \kappa<\kappa_c} e^{i\boldsymbol{\kappa}\cdot\boldsymbol{x}}\hat{\boldsymbol{u}}(\boldsymbol{\kappa}, t) \tag{13.193}$$

在 LES 计算中, N^3 波数 $\boldsymbol{\kappa}$ 表示位于波数空间中边长为 $2\kappa_c$ 的立方体内的均匀网格上。在每个坐标方向上,波数表示为 $-\left(\frac{1}{2}N-1\right)\kappa_0$, $-\left(\frac{1}{2}N-2\right)\kappa_0$, $\cdots$, $-\kappa_0$, 0, κ_0, $\cdots$, $\left(\frac{1}{2}N-1\right)\kappa_0$, $\frac{1}{2}N\kappa_0$。截止波数 κ_c 和模态数 N^3 通过式(13.194)关联:

$$\kappa_c = \frac{1}{2}N\kappa_0 \tag{13.194}$$

注意,滤波器被认为是各向同性的,因此式(13.193)中的第二个求和被限制在半径为 κ_c 的球体内的波数(在边长 $2\kappa_c$ 的立方体内)。等价地,代表系数 $\hat{\boldsymbol{u}}(\boldsymbol{\kappa}, t)$ 的分数不为零且近似为 $\frac{4}{3}\pi\kappa_c^3/(2\kappa_c)^3 = \pi/6$。

波数空间中的 Navier-Stokes 方程[式(6.145)]可以写为

$$\left(\frac{\mathrm{d}}{\mathrm{d}t} + \nu\kappa^2\right)\hat{u}_j(\boldsymbol{\kappa}, t) = -\mathrm{i}\kappa_\ell P_{jk}(\boldsymbol{\kappa})\sum_{\boldsymbol{\kappa}', \boldsymbol{\kappa}''}\delta_{\boldsymbol{\kappa}, \boldsymbol{\kappa}'+\boldsymbol{\kappa}''}\hat{u}_k(\boldsymbol{\kappa}, t)\hat{u}_\ell(\boldsymbol{\kappa}'', t) \tag{13.195}$$

其中,P_{jk} 为投影张量[式(6.133)]。Kronecker 三角是三波关系的统一,即

$$\boldsymbol{\kappa} = \boldsymbol{\kappa}' + \boldsymbol{\kappa}'' \tag{13.196}$$

否则为零。式(13.195)是一组耦合的常微分方程,每一个方程代表无限阶模态。

对于非零系数 ($\kappa < \kappa_c$),由式(13.195)得到的滤波后的方程为

$$\left(\frac{\mathrm{d}}{\mathrm{d}t} + \nu\kappa^2\right)\hat{\bar{u}}_j(\boldsymbol{\kappa}, t) = -\mathrm{i}\kappa_\ell P_{jk}(\boldsymbol{\kappa})\sum_{\boldsymbol{\kappa}'\boldsymbol{\kappa}''}\delta_{\boldsymbol{\kappa}, \boldsymbol{\kappa}'+\boldsymbol{\kappa}''}H(\kappa_c - \kappa)\hat{u}_k(\boldsymbol{\kappa}', t)\hat{u}_\ell(\boldsymbol{\kappa}'', t) \tag{13.197}$$

这是一个(近似为 $\pi N^3/6$) 常微分方程的有限集合,但它不是闭合的。出现闭合问题是因为非线性项[在等式(13.197)的右边]包含未知的傅里叶系数,即 $\hat{\boldsymbol{u}}(\boldsymbol{\kappa}')$ 和 $\hat{\boldsymbol{u}}(\boldsymbol{\kappa}'')$,当 $\kappa' \equiv |\boldsymbol{\kappa}'| \geq \kappa_c$ 和 $\kappa'' \equiv |\boldsymbol{\kappa}''| \geq \kappa_c$ 时。

练 习

13.34 以最大解析波数 $\kappa_{\max} = \kappa_c$,采用锐频谱滤波器和伪频谱方法研究高雷诺数均匀各向同性湍流的 LES。因为在 DNS 中,满足大尺度解析率需要域的大小 $\mathcal{L}$ 是八个积分长度尺度,即 $\mathcal{L} = 8L_{11}$ [式(9.5)]。因此,残余运动中的能量不超过 20%,取截止波数 $\kappa_c L_{11} = 15$(表 6.2)。根据这些要求确定解析波数的比值,有

$$\frac{\kappa_{\max}}{\kappa_0} = \frac{15}{\pi/4} \approx 19 \tag{13.198}$$

对应一个网格量 38^3 的模拟。

13.5.2　三波关系

显然,式(13.197)中的非线性项、物理空间中的速度积 $u_k u_\ell$, 以及由此形成的各种应力(如 $\overline{u_k u_\ell}$) 之间都有直接的关联。由式(13.191)可得

$$u_k(\boldsymbol{x}, t)u_\ell(\boldsymbol{x}, t) = \sum_{\boldsymbol{\kappa}'}\sum_{\boldsymbol{\kappa}''} e^{i(\boldsymbol{\kappa}'+\boldsymbol{\kappa}'')\cdot \boldsymbol{x}}\hat{u}_k(\boldsymbol{\kappa}', t)\hat{u}_\ell(\boldsymbol{\kappa}'', t)$$
$$= \sum_{\boldsymbol{\kappa}'\boldsymbol{\kappa}''}\delta_{\boldsymbol{\kappa}, \boldsymbol{\kappa}'+\boldsymbol{\kappa}''} e^{i\boldsymbol{\kappa}\cdot \boldsymbol{x}}\hat{u}_k(\boldsymbol{\kappa}', t)\hat{u}_\ell(\boldsymbol{\kappa}'', t) \qquad (13.199)$$

图 13.10 是不同类型三波关系的示意图,分别是类型(a)~(d),并且表 13.4 给出了相应的定义。对于 LES(即 $|\boldsymbol{\kappa}| < \kappa_c$) 中所表示的模态,只有类型(a)的相互作用可以准确表示。考虑式(13.199)中 $u_k u_\ell$ 的求和局限于这些波数。通过用 $\bar{u}_k$ 替换 u_k 和用 $\bar{u}_\ell$ 替换 u_ℓ 得到约束条件 $\kappa' < \kappa_c$ 和 $\kappa'' < \kappa_c$, 而且滤波得到约条件束 $\kappa < \kappa_c$。因此,类型(a)相互作用的总和是

$$\overline{\bar{u}_k\bar{u}_\ell} = \sum_{\boldsymbol{\kappa}', \boldsymbol{\kappa}''}\delta_{\boldsymbol{\kappa}, \boldsymbol{\kappa}'+\boldsymbol{\kappa}''} H(\kappa_c - \kappa)H(\kappa_c - \kappa')H(\kappa_c - \boldsymbol{\kappa}'')\hat{u}_k(\boldsymbol{\kappa}')\hat{u}_\ell(\boldsymbol{\kappa}'')$$
$$= \sum_{\boldsymbol{\kappa}', \boldsymbol{\kappa}''}\delta_{\boldsymbol{\kappa}, \boldsymbol{\kappa}'+\boldsymbol{\kappa}''} H(\kappa_c - \kappa)\,\hat{\bar{u}}_k(\boldsymbol{\kappa}')\,\hat{\bar{u}}_\ell(\boldsymbol{\kappa}'') \qquad (13.200)$$

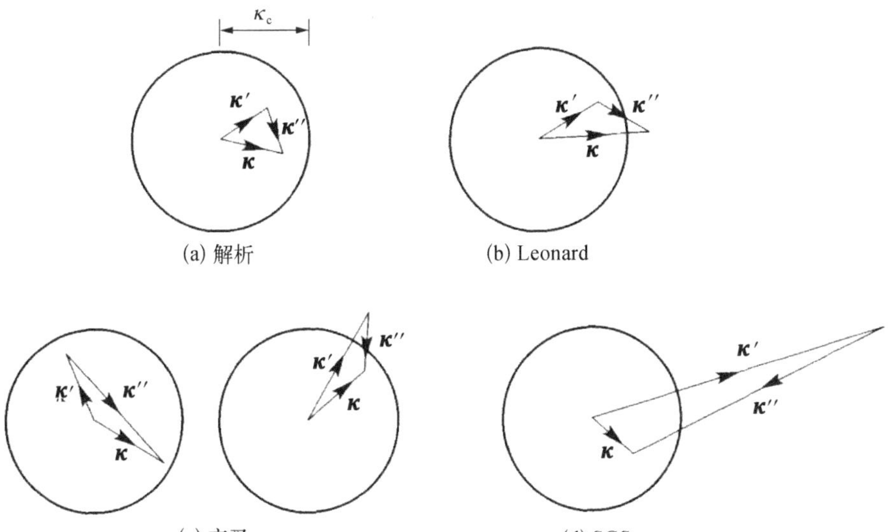

图 13.10　表 13.4 中定义的各种类型的三波关系示意图

给定傅里叶系数 $\hat{\bar{\boldsymbol{u}}}(\boldsymbol{\kappa}, t)$, 类型(b)的三波关系是已知的,但它们求解波数 $\boldsymbol{\kappa}$ 的贡献超出滤波器截止 ($\kappa \geqslant \kappa_c$) 波数。式(13.199)中的类型(a)和(b)对 $u_k u_\ell$ 的贡献之和为 $\bar{u}_k\bar{u}_\ell$, 因此类型(b)单独的贡献为

$$\bar{u}_k\bar{u}_\ell - \overline{\bar{u}_k\bar{u}_\ell} = -\mathcal{L}_{k\ell}^0 \qquad (13.201)$$

表 13.4 示意图 13.10 中各种三波关系类型的定义和对 $u_k u_\ell$ 的贡献[式(13.199)]

类型名称	定义的波数范围	对 $u_k u_\ell$ 的贡献
类型(a)：解析	$\kappa<\kappa_c$ $\kappa'<\kappa_c$ $\kappa''<\kappa_c$	$\overline{\bar{u}_k\bar{u}_\ell}$
类型(b)：Leonard	$\kappa_c\leqslant\kappa<2\kappa_c$ $\kappa'<\kappa_c$ $\kappa''<\kappa_c$	$\bar{u}_k\bar{u}_\ell-\overline{\bar{u}_k\bar{u}_\ell}$
类型(c)：交叉	$\kappa<\kappa_c$ $\kappa_c\leqslant\max(\kappa',\kappa'')<2\kappa_c$ $\min(\kappa',\kappa'')<\kappa_c$	$\overline{\bar{u}_k u'_\ell}+\overline{u'_k\bar{u}_\ell}$
类型(d)：SGS	$\kappa<\kappa_c$ $\kappa'\geqslant\kappa_c$ $\kappa''\geqslant\kappa_c$	$\overline{u'_k u'_\ell}$

注：当 $\kappa<\kappa_c$ 时，包含所有可能的关系，但是没有 $\kappa\geqslant\kappa_c$ 的关系。

即 Leonard 应力的负值[式(13.100)]。(需注意，使用锐频谱滤波器时，Leonard 应力、交叉应力与亚格子雷诺应力的两种不同定义是等效的。)

如上所述，对于波数空间中的 LES，最好定义残余应力张量为

$$\tau_{k\ell}^{\kappa}\equiv\overline{u_k u_\ell}-\overline{\bar{u}_k\bar{u}_\ell}\tag{13.202}$$

滤波后的结果分解为

$$\overline{u_k u_\ell}=\overline{\bar{u}_k\bar{u}_\ell}+\tau_{k\ell}^{\kappa}=\overline{\bar{u}_k\bar{u}_\ell}+\mathcal{C}_{k\ell}^{0}+\mathcal{R}_{k\ell}^{0}\tag{13.203}$$

这样，式(13.203)中的每一项都是一个滤波量，因此波数没有比 κ_c 更大的贡献。相反，在分解中：

$$\overline{u_k u_\ell}=\bar{u}_k\bar{u}_\ell+\tau_{k\ell}^{\mathrm{R}}\tag{13.204}$$

$\bar{u}_k\bar{u}_\ell$ 项包含来自波数范围 $\kappa_c\leqslant\kappa\leqslant2\kappa_c$ 的类型(b)的贡献；而且(因为 $\overline{u_k u_\ell}$ 不包含这种模式)，残余应力模型需要完全消除这些贡献，这是一大难题！

类型(c)的三波关系是表示模式(如 $\kappa'<\kappa_c$)和通过 $\kappa<\kappa_c$ 产生贡献的残余模式($\kappa''\geqslant\kappa_c$)之间的相互作用，这种相互作用产生了交叉应力[式(13.101)]。

在类型(d)的相互作用中，两个残余模式($\kappa'<\kappa_c$ 和 $\kappa''\geqslant\kappa_c$)产生一个代表

性(represented)贡献($\kappa < \kappa_c$),这些相互作用产生了 SGS 雷诺应力 $\overline{u'_k u'_\ell}$。加一起后,类型(c)和(d)的三波关系产生 $\tau^{\kappa}_{k\ell}$[式(13.202)]。

滤波后的 Navier-Stokes 方程[式(13.197)]可以根据这些不同类型的三波关系(对于 $\kappa < \kappa_c$)重写为

$$\left(\frac{\mathrm{d}}{\mathrm{d}t} + \nu\kappa^2\right)\hat{\bar{u}}_j(\boldsymbol{\kappa},\ t) = F_j^<(\boldsymbol{\kappa},\ t) + F_j^>(\boldsymbol{\kappa},\ t) \tag{13.205}$$

其中,$F^<$ 来自类型(a)的解析相互作用:

$$F_j^<(\boldsymbol{\kappa}) \equiv -\mathrm{i}\kappa_\ell P_{jk}(\boldsymbol{\kappa})\sum_{\boldsymbol{\kappa}',\ \boldsymbol{\kappa}''}\delta_{\boldsymbol{\kappa},\ \boldsymbol{\kappa}'+\boldsymbol{\kappa}''}\hat{\bar{u}}_k(\boldsymbol{\kappa}')\ \hat{\bar{u}}_\ell(\boldsymbol{\kappa}'') \tag{13.206}$$

并且是闭合的;而 $F_j^>(\boldsymbol{\kappa},\ t)$ 产生于类型(c)和(d)的相互作用:

$$F_j^>(\boldsymbol{\kappa}) \equiv -\mathrm{i}\kappa_\ell P_{jk}(\boldsymbol{\kappa})\sum_{\max(\kappa',\ \kappa'')\geqslant\kappa_c}\delta_{\boldsymbol{\kappa},\ \boldsymbol{\kappa}'+\boldsymbol{\kappa}''}H(\kappa_c - \kappa)\hat{u}_k(\boldsymbol{\kappa}')\hat{u}_\ell(\boldsymbol{\kappa}'') \tag{13.207}$$

而且必须进行模拟。

13.5.3　频谱能量平衡

由式(13.205)可以推导出各种能量和频谱方程。最简单的方法是用如下公式表示波数 $\boldsymbol{\kappa}$ 模态的瞬时能量:

$$\check{E}(\boldsymbol{\kappa},\ t) \equiv \frac{1}{2}\hat{\bar{u}}_j^*(\boldsymbol{\kappa},\ t)\ \hat{\bar{u}}_j(\boldsymbol{\kappa},\ t) \tag{13.208}$$

则由式(13.205)可得

$$\frac{\mathrm{d}\check{E}}{\mathrm{d}t} = -2\nu\kappa^2\check{E} + T_\mathrm{f} + T_\mathrm{r} \tag{13.209}$$

其中,$T_\mathrm{f}(\boldsymbol{\kappa},\ t)$ 和 $T_\mathrm{r}(\boldsymbol{\kappa},\ t)$ 的定义分别是

$$T_\mathrm{f} \equiv \frac{1}{2}(\hat{\bar{u}}_j^* F_j^< + \hat{\bar{u}}_j F_j^{<*}) \tag{13.210}$$

$$T_\mathrm{r} \equiv \frac{1}{2}(\hat{\bar{u}}_j^* F_j^> + \hat{\bar{u}}_j F_j^{>*}) \tag{13.211}$$

式(13.209)右端第一项是解析运动中的分子耗散,且总是负的。第二项 $T_\mathrm{f}(\boldsymbol{\kappa},\ t)$,代表采用类型(a)的三波关系,从其他解析模态到波数 $\boldsymbol{\kappa}$ 的能量传递速率。在这种相互作用中(练习 6.17),总能量是守恒的。因此,当对所有解析模式求和时:

$$\sum_{\boldsymbol{\kappa}} T_{\mathrm{f}}(\boldsymbol{\kappa}, t) = 0 \tag{13.212}$$

这项将消失。式(13.209)中的最后一项 $T_{\mathrm{r}}(\boldsymbol{\kappa}, t)$，表示通过类型(c)和(d)的三波关系从残余运动得到的能量获取率。正值($T_{\mathrm{r}} > 0$)对应于反散射,而该项主要是负的(正散射)。残余运动能量传递率的期望为

$$\langle \mathcal{P}_{\mathrm{r}} \rangle = -\left\langle \sum_{\boldsymbol{\kappa}} T_{\mathrm{r}}(\boldsymbol{\kappa}, t) \right\rangle \tag{13.213}$$

13.5.4 频谱涡黏性

为了进行大涡模拟,需要对式(13.205)中的未闭合项 $\boldsymbol{F}^{>}(\boldsymbol{\kappa}, t)$ 进行建模。最简单也是通常使用的模型,是基于频谱涡黏性模型。残余运动的净效应与分子耗散的净效应相似,但其频谱黏性 $\nu_{\mathrm{e}}(\kappa \mid \kappa_{\mathrm{c}})$ 取决于波数 κ 和截止波数 κ_{c}。因此,模型为

$$\boldsymbol{F}^{>}(\boldsymbol{\kappa}, t) = -\nu_{\mathrm{e}}(\kappa \mid \kappa_{\mathrm{c}})\kappa^2 \hat{\bar{\boldsymbol{u}}}(\boldsymbol{\kappa}, t) \tag{13.214}$$

从 Kraichnan(1976)的工作开始,研究人员采用各种湍流理论来估计 $\nu_{\mathrm{e}}(\kappa \mid \kappa_{\mathrm{c}})$。Chollet 和 Lesieur(1981)提出了如下形式:

$$\nu_{\mathrm{e}}(\kappa \mid \kappa_{\mathrm{c}}) = \nu_{\mathrm{e}}^{+}(\kappa/\kappa_{\mathrm{c}}) \sqrt{\frac{E(\kappa_{\mathrm{c}}, t)}{\kappa_{\mathrm{c}}}} \tag{13.215}$$

它是基于截止波数 $E(\kappa_{\mathrm{c}}, t)$ 处的能谱函数值;由 Chollet(1984)提出的无量纲函数 ν_{e}^{+} 的形式为

$$\nu_{\mathrm{e}}^{+}(\kappa/\kappa_{\mathrm{c}}) = C^{-3/2}\left[0.441 + 15.2\exp\left(-3.03\frac{\kappa_{\mathrm{c}}}{\kappa}\right)\right] \tag{13.216}$$

如图 13.11 所示。正如 Kraichnan(1976)最先预测的那样,在惯性子范围内的 κ_{c},当 κ_{c} 接近 κ_{c} 时,谱涡黏系数 $\nu_{\mathrm{e}}(\kappa \mid \kappa_{\mathrm{c}})$ 的合理设定值急剧上升。根据频谱涡黏模型,只有正散射,由于这个模拟项,$\check{E}(\boldsymbol{\kappa}, t)$ 随速率增大而减小:

$$-T_{\mathrm{r}} = 2\nu_{\mathrm{e}}\kappa^2 \check{E}(\boldsymbol{\kappa}, t) \tag{13.217}$$

13.5.5 反散射

能量传递率的期望 $\langle \mathcal{P}_{\mathrm{r}} \rangle$ 可以分解为正散射贡献和反散射贡献:

$$\langle \mathcal{P}_{\mathrm{r}} \rangle = \langle \mathcal{P}_{\mathrm{rf}} \rangle - \langle \mathcal{P}_{\mathrm{rb}} \rangle \tag{13.218}$$

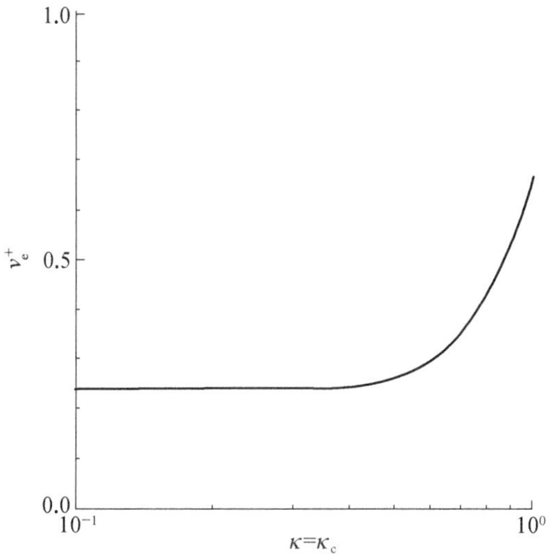

图 13.11　无量纲频谱黏性 $\nu_e^+(\kappa/\kappa_c)$ [式(13.216)]

其中,

$$\langle \mathcal{P}_{rf} \rangle = -\langle \sum_{\kappa} T_r(\boldsymbol{\kappa}, t) H[-T_r(\boldsymbol{\kappa}, t)] \rangle \tag{13.219}$$

$$\langle \mathcal{P}_{rb} \rangle = \langle \sum_{\kappa} T_r(\boldsymbol{\kappa}, t) H[T_r(\boldsymbol{\kappa}, t)] \rangle \tag{13.220}$$

Leslie 和 Quarini(1979)发现反散射可能非常显著,比值 $\langle \mathcal{P}_{rb} \rangle / \langle \mathcal{P}_r \rangle$ 大于 1。

通过加入白噪声的贡献, $\boldsymbol{F}^{>}(\boldsymbol{\kappa}, t)$ 模型中包含反散射(Chasnov, 1991)。那么 $\hat{\hat{\boldsymbol{u}}}(\boldsymbol{\kappa}, t)$ 就变成了一个扩散过程,其控制随机微分方程为

$$\begin{aligned} \mathrm{d}\,\hat{\hat{u}}_j(\boldsymbol{\kappa}, t) = &-[\nu + \nu_e(\kappa \mid \kappa_c)]\kappa^2 \hat{\hat{u}}_j \mathrm{d}t + F_j^{<} \mathrm{d}t \\ &+ \dot{E}_b(\kappa \mid \kappa_c)^{1/2} P_{jk}(\boldsymbol{\kappa}) \mathrm{d}W_k(\boldsymbol{\kappa}, t) \end{aligned} \tag{13.221}$$

其中,对于每一个模态,各向同性 Wiener 过程 $\boldsymbol{W}(\boldsymbol{\kappa}, t)$ 是独立的:

$$\langle \mathrm{d}W_i(\boldsymbol{\kappa}, t) \mathrm{d}W_j(\boldsymbol{\kappa}', t) \rangle = \delta_{\boldsymbol{\kappa}, \boldsymbol{\kappa}'} \delta_{ij} \mathrm{d}t \tag{13.222}$$

且 $\dot{E}_b$ 是一个指定系数。由式(13.221)推导出的模态的期望能量 $\langle \check{E}(\boldsymbol{\kappa}, t) \rangle$ 由式(13.223)演变:

$$\frac{\mathrm{d}\langle \check{E} \rangle}{\mathrm{d}t} = -2\nu\kappa^2(\nu + \nu_e)\langle \check{E} \rangle + \langle T_f \rangle + \dot{E}_b \tag{13.223}$$

因此, $\dot{E}_b$ 被认为是通过反散射的平均能量增长率(见练习 13.35)。

练 习

13.35 验证式(13.221)与的连续性方程中的 $\kappa_j \mathrm{d}\,\hat{u}_j(\boldsymbol{\kappa},\, t)$ 一致且等于零。回顾 P_{ij} [式(6.133)]的定义,得到结果:

$$\langle P_{jk}(\boldsymbol{\kappa})\,\mathrm{d}W_k(\boldsymbol{\kappa},\, t)\,P_{j\ell}(\boldsymbol{\kappa})\,\mathrm{d}W_\ell(\boldsymbol{\kappa},\, t)\rangle = 2\mathrm{d}t \tag{13.224}$$

因此,验证式(13.223)。

13.5.6 LES 统计视图

残余运动的理想 LES 模型是什么?也就是说,在物理空间中,残余应力 τ_{ij}^{r} 的理想模型是什么?或者,在波数空间中,$\boldsymbol{F}^{>}$ 的理想模型是什么?

对于前几章所考虑的湍流模型,相应的问题很容易回答。例如,理想的湍流黏性模型会产生正确的雷诺应力场(所考虑的流动中发生的)。然而,对于 LES 来说,这个问题更难回答。

为了研究所涉及的问题,考虑使用带有 N_{DNS}^3 模式的伪频谱方法对均匀各向同性湍流进行精确的 DNS 模拟。我们还考虑了使用截止波数 κ_{c} 的相同流动的 LES,从而使表示 N_{LES}^3 的模式数量显著减少 ($N_{\mathrm{LES}}^3 \ll N_{\mathrm{DNS}}^3$)。正如在实践中常采用的方法,DNS (当 $t=0$ 时) 的初始条件是通过指定傅里叶振幅 $|\hat{\boldsymbol{u}}(\boldsymbol{\kappa},\, 0)|$ 来确定,以获得指定的频谱 $E(\kappa,\, 0)$,而傅里叶相位是随机设定的。我们考虑不同的 DNS 算例,对于 $|\boldsymbol{\kappa}| < \kappa_{\mathrm{c}}$,初始条件 $\hat{\boldsymbol{u}}(\boldsymbol{\kappa},\, 0)$ 是相同的,但对于 $|\boldsymbol{\kappa}| \geqslant \kappa_{\mathrm{c}}$ 则是不同的(Piomelli and Chasnov, 1996)。

图 13.12(a)是不同 DNS 算例的流动演变的示意图(在 N_{DNS}^3 维状态空间)。初始状态不同(因为当 $|\boldsymbol{\kappa}| \geqslant \kappa_{\mathrm{c}}$ 时,相位不同),因此发展路径也不同。$\{\hat{\boldsymbol{u}}(\boldsymbol{\kappa},\, t)\}$ 的状态基于 Navier-Stokes 方程演化是确定的,因此发展路径在 N_{DNS}^3 维状态空间中不相交。

图 13.12(b)显示了滤波后的 DNS 场在 N_{LES}^3 维状态空间中的演变。如图 13.12(a)所示,这些样本路径是 DNS 样本路径在低维 LES 状态空间上的投影。虽然初始状态 $\{\hat{\bar{\boldsymbol{u}}}(\boldsymbol{\kappa},\, 0)\}$ 相同,然而随着时间的推移,不同的算例状态会分散。

对于一个确定的 LES 模型,如频谱涡黏模型,式(13.214)给定初始条件,状态 $\{\hat{\bar{\boldsymbol{u}}}(\boldsymbol{\kappa},\, t)\}$ 只有一个演变过程,如图 13.12(c)所示。对于随机 LES 模型,如式(13.221)所示,不同算例的状态出现散布[图 13.12(d)];但造成散布的原因(即白噪声)与经滤波的 DNS 场完全不同。

基于以上考虑可以得出以下结论:

(1) 滤波后的 DNS 场 $\{\hat{\bar{\boldsymbol{u}}}(\boldsymbol{\kappa},\, t)\}$,不是由滤波后的初始条件 $\{\hat{\bar{\boldsymbol{u}}}(\boldsymbol{\kappa},\, 0)\}$ 唯一

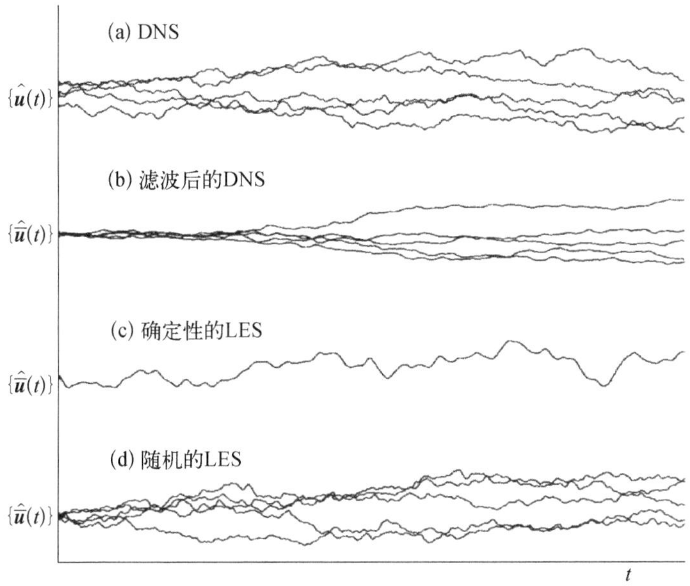

图 13.12　模拟各向同性湍流的 DNS 和 LES 样本路径示意图

(a) DNS, $\{\hat{\boldsymbol{u}}(\boldsymbol{\kappa}, t)\}$; (b) 滤波后的 DNS, $\{\hat{\bar{\boldsymbol{u}}}(\boldsymbol{\kappa}, t)\}$; (c) 具有确定性残余应力模型的 LES $\{\hat{\bar{\boldsymbol{u}}}(\boldsymbol{\kappa}, t)\}$; (d) LES 含随机反散射模型 $\{\hat{\bar{\boldsymbol{u}}}(\boldsymbol{\kappa}, t)\}$。(a)中的路径在 N_{DNS}^3 维状态空间中;(b)~(d)中的路径在 N_{LES}^3 维状态空间中

确定的;

(2) 因此,不可能构建一个 LES 模型,其滤波后的速度场可以与 DNS 不同算例的速度场相匹配;

(3) 最好结果是 LES 与 DNS 滤波后的流场之间在统计上相关;

(4) 通过用条件期望:

$$\langle \boldsymbol{F}^{>}(\boldsymbol{\kappa}, t) \mid \hat{\bar{\boldsymbol{u}}}(\boldsymbol{\kappa}', t)\rangle \tag{13.225}$$

取代确定性模型中的 $\boldsymbol{F}^{>}(\boldsymbol{\kappa}, t)$,理论上可以在单次(one-time)统计层面上实现相关[这个结果直接来自傅里叶系数 $\{\hat{\bar{\boldsymbol{u}}}(\boldsymbol{\kappa}, t)\}$ 的单次(one-time)联合 PDF 的演化方程,它取决于初始联合 PDF 是连续的——与前面所述 $\{\hat{\bar{\boldsymbol{u}}}(\boldsymbol{\kappa}, 0)\}$ 的锐初始条件相反:见 Adrian(1990)的研究和练习 13.36。]

(5) 模型残余应力与实测残余应力之间相关系数的先验测试意义不大。在理想模型[式(13.225)]下,从 DNS 得到的 $\boldsymbol{F}^{>}$ 与从模型得到的 $\boldsymbol{F}^{>}$ 的相关系数可能明显小于单位 1。匹配只适用于条件平均值,即以整个流场作条件平均。因此,更有意义的是基于条件统计的先验测试,例如 Piomelli 等(1996)开展的工作。

练 习

13.36 考虑一个随机向量过程 $\boldsymbol{u}(t)=\{u_1(t),u_2(t),\cdots,u_N(t)\}$，由随机初始条件 $\boldsymbol{u}(0)$ 演化而来,根据常微分方程:

$$\frac{\mathrm{d}\boldsymbol{u}(t)}{\mathrm{d}t}=\boldsymbol{A}(t) \tag{13.226}$$

其中，$\boldsymbol{A}(t)$ 是一个可微的随机向量。显示 $\boldsymbol{u}(t)$，$f(\boldsymbol{v};\ t)$ 的 PDF 演化为

$$\frac{\partial f(\boldsymbol{v};\ t)}{\partial t}=-\frac{\partial}{\partial v_i}[f(\boldsymbol{v};\ t)B_i(\boldsymbol{v},\ t)] \tag{13.227}$$

其中，

$$\boldsymbol{B}(\boldsymbol{v},\ t)\equiv\langle\boldsymbol{A}(t)\mid\boldsymbol{u}(t)=\boldsymbol{v}\rangle \tag{13.228}$$

考虑第二个向量过程 $\hat{\boldsymbol{u}}(t)=\{\hat{u}_1(t),\hat{u}_2(t),\cdots,\hat{u}_N(t)\}$，其由与 $\boldsymbol{u}$ [即 $\hat{\boldsymbol{u}}(0)=\boldsymbol{u}(0)$] 相同的初始条件演化而来,根据确定性方程:

$$\frac{\mathrm{d}\hat{\boldsymbol{u}}}{\mathrm{d}t}=\boldsymbol{B}[\hat{\boldsymbol{u}}(t),t] \tag{13.229}$$

证明 $\hat{\boldsymbol{u}}(t)$ 的单次 PDF 与 $\boldsymbol{u}(t)$ 的单次 PDF 相同。

讨论这一结果并证明第(4)项提出的结论是正确的。

13.5.7 解析率和建模

基于锐频谱滤波器(具有截止波数 κ_c)，解析率和建模的问题是明确且独立的。只需表示所有 $|\boldsymbol{\kappa}|<\kappa_c$ 的波数,而表示更高的波数模式没有带来任何好处。对于 $|\boldsymbol{\kappa}|<\kappa_c$，滤波后的速度场可以用傅里叶模态 $\hat{\bar{\boldsymbol{u}}}(\boldsymbol{\kappa},\ t)$ 完全准确地表示。滤波后的速度场不包含任何关于残余运动 $|\boldsymbol{\kappa}|\geqslant\kappa_c$ 的直接信息,因此必须对这些残余运动的影响进行建模。

对于高斯滤波器——或任何其他具有严格正传递函数 $\hat{G}(\boldsymbol{\kappa})$ 的滤波器——解析率和建模的问题不太明确且不好区分。利用伪频谱方法考虑均匀湍流(当 $\langle\boldsymbol{U}\rangle=0$) 的 DNS 和 LES。在 DNS 中,所有到 κ_{DNS} 的波数都得到表示,因此,为了确保瞬时速度场有足够解析率,选择使 $\kappa_{\mathrm{DNS}}\eta$ 大于 1.5 的 κ_{DNS}。根据给定的初始条件,对 Navier-Stokes 方程[式(13.195)]对时间进行前向积分,以确定 $|\boldsymbol{\kappa}|<\kappa_{\mathrm{DNS}}$ 的傅里叶系数 $\hat{\boldsymbol{u}}(\boldsymbol{\kappa},\ t)$。

采用带有特征波数 κ_c 的高斯滤波器,开展 LES,其传递函数为

$$\hat{G}(\boldsymbol{\kappa}) = \exp\left[-\frac{1}{24}\left(\frac{\pi\kappa}{\kappa_c}\right)^2\right] \tag{13.230}$$

如第 13.2 节所述，得到滤波后的速度场 $\bar{\boldsymbol{u}}(\boldsymbol{x}, t)$ 有超过 κ_c 的频谱成分。因此，LES 表示到具有更高波数 κ_{LES} 的模态，例如，$\kappa_{LES} = 2\kappa_c$。

LES 方程的形式取决于 $\overline{u_i u_j}$ 分解的选择。采用 $\overline{u_i u_j} = \bar{u}_i \bar{u}_j + \tau_{ij}^R$ 的分解方式，方程为（$|\boldsymbol{\kappa}| < \kappa_{LES}$）

$$\left(\frac{d}{dt} + \nu\kappa^2\right)\hat{\bar{u}}_j(\boldsymbol{\kappa}, t) = -i\kappa_\ell P_{jk}(\boldsymbol{\kappa}) \sum_{\boldsymbol{\kappa}', \boldsymbol{\kappa}''} \delta_{\boldsymbol{\kappa}, \boldsymbol{\kappa}'+\boldsymbol{\kappa}''} \hat{\bar{u}}_k(\boldsymbol{\kappa}', t)\hat{\bar{u}}_\ell(\boldsymbol{\kappa}'', t) + F_j^>(\boldsymbol{\kappa}, t) \tag{13.231}$$

这与 Navier-Stokes 方程[式(13.195)]相同，只是它写成滤波后的流场傅里叶系数 $\hat{\bar{\boldsymbol{u}}}$ 的形式；波数 $\boldsymbol{\kappa}$、$\boldsymbol{\kappa}'$ 和 $\boldsymbol{\kappa}''$ 限定在半径为 κ_{LES} 的球内；加入表示残余模型的 $F_j^>(\boldsymbol{\kappa}, t)$ 项。

在典型的应用中，波数的相对大小可以是 $\kappa_c = \frac{1}{8}\kappa_{DNS}$ 和 $\kappa_{LES} = 2\kappa_c = \frac{1}{4}\kappa_{DNS}$，因此 LES 的所需模态减少了 $4^3 = 64$ 倍，成本的节省是以 $F_j^>(\boldsymbol{\kappa}, t)$ 建模产生的不确定性为代价的。然而，应该注意到，表面上的闭合问题——需要对 $\boldsymbol{F}^>$ 建模，也可以视为一个解析率问题。因为，如果滤波后的流场完全解析，则可以确定 $\boldsymbol{F}^>$ 如现在所证明的。

瞬时 $\boldsymbol{u}(\boldsymbol{x}, t)$ 和滤波后的 $\bar{\boldsymbol{u}}(\boldsymbol{x}, t)$ 速度场的傅里叶系数由式(13.232)给出：

$$\hat{\bar{\boldsymbol{u}}}(\boldsymbol{\kappa}, t) = \hat{G}(\boldsymbol{\kappa})\hat{\boldsymbol{u}}(\boldsymbol{\kappa}, t) \tag{13.232}$$

由于（对于高斯滤波器）$\hat{G}(\boldsymbol{\kappa})$ 是严格为正的，该关系可以反过来求解：

$$\hat{\boldsymbol{u}}(\boldsymbol{\kappa}, t) = \frac{\hat{\bar{\boldsymbol{u}}}(\boldsymbol{\kappa}, t)}{\hat{G}(\boldsymbol{\kappa})} \tag{13.233}$$

通过将 Navier-Stokes 方程[式(13.195)]乘以 $\hat{G}(\boldsymbol{\kappa})$ 得到系数 $\hat{\bar{\boldsymbol{u}}}(\boldsymbol{\kappa}, t)$ 的精确闭合方程组：

$$\left(\frac{d}{dt} + \nu\kappa^2\right)\hat{\bar{u}}_j(\boldsymbol{\kappa}, t) = -i\kappa_\ell P_{jk}(\boldsymbol{\kappa}) \sum_{\boldsymbol{\kappa}', \boldsymbol{\kappa}''} \delta_{\boldsymbol{\kappa}, \boldsymbol{\kappa}'+\boldsymbol{\kappa}''} \frac{\hat{G}(\boldsymbol{\kappa})\,\hat{\bar{u}}_k(\boldsymbol{\kappa}', t)\,\hat{\bar{u}}_\ell(\boldsymbol{\kappa}'', t)}{\hat{G}(\boldsymbol{\kappa}')\hat{G}(\boldsymbol{\kappa}'')} \tag{13.234}$$

将此方程与 LES 方程[式(13.231)]进行比较，可以得到以下精确的残余运动方程：

$$F_j^{>}(\boldsymbol{\kappa}, t) = -\mathrm{i}\kappa_\ell P_{jk}(\boldsymbol{\kappa}) \sum_{\boldsymbol{\kappa}', \boldsymbol{\kappa}''} \delta_{\boldsymbol{\kappa}, \boldsymbol{\kappa}'+\boldsymbol{\kappa}''} \left(\frac{\hat{G}(\boldsymbol{\kappa})}{\hat{G}(\boldsymbol{\kappa}')\hat{G}(\boldsymbol{\kappa}'')} - 1 \right) \hat{\bar{u}}_k(\boldsymbol{\kappa}', t)\, \hat{\bar{u}}_\ell(\boldsymbol{\kappa}'', t) \tag{13.235}$$

只有当滤波后的速度场完全解析时,这些结果才准确,因此所考虑的波数延伸到 κ_{DNS} 及以上。如果滤波后的速度系数只表示到 $\kappa_{\mathrm{LES}} < \kappa_{\mathrm{DNS}}$,那么 $F_j^{>}(\boldsymbol{\kappa}, t)$ (当 $|\boldsymbol{\kappa}| < \kappa_{\mathrm{LES}}$) 可以分解为

$$F_j^{>}(\boldsymbol{\kappa}, t) = F_j^{\mathrm{f}}(\boldsymbol{\kappa}, t) + F_j^{\gg}(\boldsymbol{\kappa}, t) \tag{13.236}$$

其中, $F_j^{\mathrm{f}}(\boldsymbol{\kappa}, t)$ 由式(13.235)的右边定义,但其求和仅限于 $\boldsymbol{\kappa}'$ 和 $\boldsymbol{\kappa}''$ 在半径为 κ_{LES} 的球内。因此,由所表示的系数可得 $\boldsymbol{F}^{\mathrm{f}}$, 而 $\boldsymbol{F}^{\gg}$ 必须建模。随着 κ_{LES} 的增加, $\boldsymbol{F}^{\gg}$ 的相对贡献减小,当 $\kappa_{\mathrm{LES}} = \kappa_{\mathrm{DNS}}$ 时,可以忽略不计。

当 $|\boldsymbol{\kappa}|/\kappa_{\mathrm{c}}$ 值较大时,传递函数 $\hat{G}(\boldsymbol{\kappa})$ 非常小,这就出现了式(13.234)和式(13.235)的病态问题。如果滤波速度场由其傅里叶系数 $\hat{\bar{\boldsymbol{u}}}(\boldsymbol{\kappa}, t)$ 表示,就可以避免病态条件[见式(13.38)],但是如果在物理空间网格中表示 $\bar{\boldsymbol{u}}(\boldsymbol{x}, t)$ ——这将是一个非均匀流的 LES,然后根据 $\bar{\boldsymbol{u}}(\boldsymbol{x}, t)$ 确定 τ_{ij}^{R} 的过程肯定是病态的,需要细化网格。因此,可以类比式(13.236),将 τ_{ij}^{R} 分解为

$$\tau_{ij}^{\mathrm{R}} = \tau_{ij}^{\mathrm{f}} + \tau_{ij}^{\gg} \tag{13.237}$$

那么,不能可靠地确定波数比 κ_{c} 大许多的 κ_{LES} 运动的贡献 τ_{ij}^{f} (见练习 13.37 和 13.39)。

我们现在从这些考虑中得出重要的结论。对于使用锐频谱滤波器(或其他投影)的 LES,结论如下:

(1) 滤波后的速度场可以用有限模态集完全精确地表示;

(2) 滤波后的速度场没有提供关于残余运动的直接信息;

(3) 建模和解析率问题是独立的。

对于使用高斯滤波器[或其他可逆滤波器, $\hat{G}(\kappa) > 0$] 的 LES,结论如下:

(1) 滤波后的速度场不能用有限模态集完全准确地表示,精度随 $\kappa_{\mathrm{LES}}/\kappa_{\mathrm{c}}$ 的增加而提高;

(2) 滤波后的速度场包含残余运动的信息,这些信息在 LES 中用于表示残余运动的影响程度取决于滤波后流场的解析率,以及其在物理空间网格或波数空间中是否是已知的;

(3) 解析率和建模有内在的关联: 如果滤波后的流场在波数空间中完全解析(成本与 DNS 相同),那么残余运动的影响是已知的,不需要建模。

练 习

13.37 对于高斯滤波器[式(13.230)],式(13.234)中的传递函数可以重新表示为

$$\frac{\delta_{\boldsymbol{\kappa},\, \boldsymbol{\kappa}'+\boldsymbol{\kappa}''}\hat{G}(\boldsymbol{\kappa})}{\hat{G}(\boldsymbol{\kappa}')\hat{G}(\boldsymbol{\kappa}'')} = \delta_{\boldsymbol{\kappa},\, \boldsymbol{\kappa}'+\boldsymbol{\kappa}''}\exp\left(-\frac{\pi^2\boldsymbol{\kappa}'\cdot\boldsymbol{\kappa}''}{12\kappa_c^2}\right) \tag{13.238}$$

如果$\boldsymbol{\kappa}'$和$\boldsymbol{\kappa}''$在半径为$2\kappa_c$的球内,证明指数项大于0.037。并证明,对于一个半径为$4\kappa_c$的球,其边界是1.9×10^{-6}。

13.38 大小差别很大的变量计算可能是病态的。这个问题可以通过缩放变量来缓解,使它们在量级上相当。证明求解缩比变量$\hat{\bar{\boldsymbol{u}}}(\boldsymbol{\kappa}, t)/\hat{G}(\boldsymbol{\kappa})$的LES方程[式(13.234)]等价于求解DNS方程[式(13.231)]。

13.39 采用高斯滤波器得到的给定完全解析滤波后的速度场$\bar{\boldsymbol{u}}(\boldsymbol{x}, t)$,证明残余应力$\tau_{ij}^{\mathrm{R}}$(理论上)可以通过如下公式得到:

$$\tau_{ij}^{\mathrm{R}} = \mathcal{F}^{-1}\{\hat{G}\mathcal{F}[\mathcal{F}^{-1}\{\hat{G}^{-1}\mathcal{F}(\bar{u}_i)\}\mathcal{F}^{-1}\{\hat{G}^{-1}\mathcal{F}(\bar{u}_j)\}]\} - \bar{u}_i\bar{u}_j \tag{13.239}$$

对于$\kappa_{\mathrm{LES}} > \kappa_c$, $\hat{H}(\boldsymbol{\kappa})$定义为

$$\hat{H}(\boldsymbol{\kappa}) \equiv H(\kappa_{\mathrm{LES}} - |\boldsymbol{\kappa}|) \tag{13.240}$$

证明τ_{ij}^{f}[式(13.237)](小于κ_{LES}的波数模态对τ_{ij}^{R}的贡献)可以由$\bar{\boldsymbol{u}}(\boldsymbol{x}, t)$通过式(13.241)得到:

$$\tau_{ij}^{\mathrm{f}} = \mathcal{F}^{-1}\{\hat{H}\hat{G}\mathcal{F}^{-}[\mathcal{F}^{-1}\{\hat{H}\hat{G}^{-1}\mathcal{F}(\bar{u}_i)\}\mathcal{F}^{-1}\{\hat{H}\hat{G}^{-1}\mathcal{F}(\bar{u}_j)\}]\} - \bar{u}_i\bar{u}_j \tag{13.241}$$

讨论这些推导的条件。

13.6 进一步的残余应力模型

现在回到物理空间来考虑适用于非均匀湍流的残余应力模型,发展这些模型的动力来自Smagorinsky模型的缺陷。

13.6.1 动态模型

Smagorinsky模型存在的一个问题是,在不同的流动模式下,适当的系数C_S值

是不同的。特别地，在层流中为零，而较高雷诺数自由湍流中的数值（$C_S \approx 0.15$），在近壁面处衰减。动态模型提供了一种确定合适的 Smagorinsky 系数局部值的方法。该模型由 Germano 等（1991）提出，Lilly（1992）和 Meneveau 等（1996）对其进行了重要的修正和扩展。

1. 网格和测试滤波器

动态模型涉及不同滤波宽度的滤波器。为简单起见，我们考虑均匀各向同性滤波器，并以 $G(r;\Delta)$ 和 $\hat{G}(\kappa;\Delta)$ 表示宽度为 Δ 的滤波器及其传递函数。

网格滤波器（grid filter）的滤波宽度为 $\bar{\Delta}$，与网格间距 h 成比例（例如，$\bar{\Delta}=h$，或者，为了有更好的解析率，取 $\bar{\Delta}=2h$）。网格滤波处理用一个上划线表示，例如：

$$\bar{\boldsymbol{U}}(\boldsymbol{x},t) \equiv \int \boldsymbol{U}(\boldsymbol{x}-\boldsymbol{r},t)G(|\boldsymbol{r}|;\bar{\Delta})\,\mathrm{d}\boldsymbol{r} \tag{13.242}$$

认为求解 LES 方程是为了获得 $\bar{\boldsymbol{U}}(\boldsymbol{x},t)$，尽管这个滤波处理不是显式执行的。

测试滤波器（test filter）的滤波宽度为 $\tilde{\Delta}$，通常取为 $\bar{\Delta}$ 的两倍，测试滤波用波浪符号表示，例如：

$$\tilde{\boldsymbol{U}}(\boldsymbol{x},t) \equiv \int \boldsymbol{U}(\boldsymbol{x}-\boldsymbol{r},t)G(|\boldsymbol{r}|;\tilde{\Delta})\,\mathrm{d}\boldsymbol{r} \tag{13.243}$$

事实上，由于在 LES 计算中 $\boldsymbol{U}$ 是未知的，所以考虑对 $\bar{\boldsymbol{U}}$ 应用测试滤波器，得到双滤波后的量 $\tilde{\bar{\boldsymbol{U}}}$ 更有意义。

注意，如果使用锐频谱滤波器，$\tilde{\bar{\boldsymbol{U}}}$ 与 $\tilde{\boldsymbol{U}}$ 是相同的，因为传递函数的乘积是

$$\begin{aligned}\hat{G}(\kappa;\tilde{\Delta})\hat{G}(\kappa;\bar{\Delta}) &= H(\pi/\tilde{\Delta}-|\boldsymbol{\kappa}|)H(\pi/\bar{\Delta}-|\boldsymbol{\kappa}|)\\ &= H(\pi/\tilde{\Delta}-|\boldsymbol{\kappa}|) = \hat{G}(\kappa;\tilde{\Delta})\end{aligned} \tag{13.244}$$

（对于 $\tilde{\Delta} \geqslant \bar{\Delta}$。）另外，对于高斯滤波器，有

$$\hat{G}(\kappa;\tilde{\Delta})\hat{G}(\kappa;\bar{\Delta}) = \hat{G}[\kappa;(\tilde{\Delta}^2+\bar{\Delta}^2)^{1/2}] \tag{13.245}$$

（见练习 13.4。）因此，对于这两个滤波器，双滤波操作可写为

$$\begin{aligned}\tilde{\bar{U}}(\boldsymbol{x},t) &\equiv \int \bar{\boldsymbol{U}}(\boldsymbol{x}-\boldsymbol{r},t)G(|\boldsymbol{r}|;\tilde{\Delta})\,\mathrm{d}\boldsymbol{r}\\ &= \int \boldsymbol{U}(\boldsymbol{x}-\boldsymbol{r},t)G(|\boldsymbol{r}|;\tilde{\bar{\Delta}})\,\mathrm{d}\boldsymbol{r}\end{aligned} \tag{13.246}$$

其中，有效的双滤波器宽度是

$$\tilde{\bar{\Delta}} = \begin{cases}\tilde{\Delta}, & \text{锐频谱滤波器}\\ (\tilde{\Delta}^2+\bar{\Delta}^2)^{1/2}, & \text{高斯滤波器}\end{cases} \tag{13.247}$$

2. 最小解析运动

速度分解 $\boldsymbol{U}=\bar{\boldsymbol{U}}+\boldsymbol{u}'$ 很容易推广到：

$$\boldsymbol{U}=\bar{\bar{\boldsymbol{U}}}+(\bar{\boldsymbol{U}}-\bar{\bar{\boldsymbol{U}}})+\boldsymbol{u}' \tag{13.248}$$

其中，这三种贡献（大致）代表大于 $\bar{\bar{\Delta}}$ 的运动、$\bar{\Delta}$ 和 $\bar{\bar{\Delta}}$ 之间的运动和小于 $\bar{\Delta}$ 的运动。最小解析率运动 $\bar{\boldsymbol{U}}-\bar{\bar{\boldsymbol{U}}}$ 可以由 $\bar{\boldsymbol{U}}$ 确定，并在概念上对包括动态模型在内的一些模型很重要。

在物理空间中，$\bar{\boldsymbol{U}}-\bar{\bar{\boldsymbol{U}}}$ 可以由 $\boldsymbol{U}$ 与滤波器差值 $G(r;\ \bar{\Delta})-G(r;\ \bar{\bar{\Delta}})$ 的卷积得到。对于均匀湍流，$\bar{\boldsymbol{U}}-\bar{\bar{\boldsymbol{U}}}$ 的傅里叶系数是 $\boldsymbol{U}$ 乘以传递函数的差值 $\hat{G}(\kappa;\ \bar{\Delta})-\hat{G}(\kappa;\ \bar{\bar{\Delta}})$。对于 $\tilde{\Delta}=2\bar{\Delta}$ 的锐频谱滤波器和高斯滤波器，两者的差异如图 13.13 所示：可以看出，它们分别对应于完美的带通（band-pass）滤波器和不完美的带通滤波器。

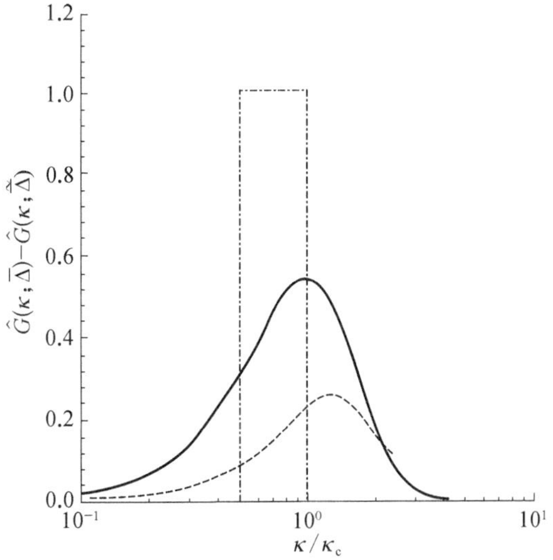

图 13.13　对应于最小解析运动的滤波器传递函数的差异

实线：高斯滤波器 $\tilde{\Delta}=2\bar{\Delta}$；点虚线：锐利光频谱滤波器 $\tilde{\Delta}=2\bar{\Delta}$；虚线：高斯滤波器 $\tilde{\Delta}=\bar{\Delta}$

如果测试滤波器和网格滤波器是相同的（例如，$\tilde{\Delta}=\bar{\Delta}$），那么有

$$\bar{\boldsymbol{U}}-\bar{\tilde{\boldsymbol{U}}}=\bar{\boldsymbol{U}}-\bar{\bar{\boldsymbol{U}}}=\bar{\boldsymbol{u}}' \tag{13.249}$$

对于锐频谱滤波器，$\bar{\boldsymbol{u}}'$ 为零；而高斯滤波器的传递函数差值与 $\tilde{\Delta}=2\bar{\Delta}$ 的传递函数差值在形状上相似（图 13.13）。

将 $\bar{\boldsymbol{U}}-\tilde{\bar{\boldsymbol{U}}}$ 解释为最小的可解析运动——由间隔 $\bar{\Delta}$ 的网格确定。同样，$\bar{\boldsymbol{U}}-\tilde{\bar{\boldsymbol{U}}}$ 表示在间隔 $\tilde{\bar{\Delta}}$ 的网格上不能解析(resolved)的最大运动。

练 习

13.40 考虑在高雷诺数各向同性湍流中，将锐频谱网格和测试滤波器在惯性子范围内应用。使用 Kolmogorov 频谱估计最小解析尺度的能量与残余动能之比为 $(\tilde{\Delta}/\bar{\Delta})^{2/3}-1$。当 $\dfrac{\tilde{\Delta}}{\bar{\Delta}}=2$ 和 2.8 时，这个比值分别是 0.59 和 1。

3. Germano 恒等式

基于单一和双滤波处理的残余应力分别定义为

$$\tau_{ij}^{\mathrm{R}} \equiv \overline{U_i U_j} - \bar{U}_i \bar{U}_j \tag{13.250}$$

$$T_{ij} \equiv \widetilde{\overline{U_i U_j}} - \tilde{\bar{U}}_i \tilde{\bar{U}}_j \tag{13.251}$$

对式(13.250)应用测试滤波器，并减去式(13.251)的结果，可以得到由 Germano(1992)引入的恒等式：

$$\mathcal{L}_{ij} \equiv T_{ij} - \widetilde{\tau_{ij}^{\mathrm{R}}} = \widetilde{\bar{U}_i \bar{U}_j} - \tilde{\bar{U}}_i \tilde{\bar{U}}_j \tag{13.252}$$

这个恒等式的意义在于称为解析应力的 $\mathcal{L}_{ij}$ 是用 $\bar{\boldsymbol{U}}$ 表示的，而不是 T_{ij} 和 τ_{ij}^{R}。

式(13.252)的右边是基于网格滤波后速度的残余应力形式(相对于测试滤波器)。因此，对于测试滤波器，$\mathcal{L}_{ij}$ 可以大致解释为最大未解析运动对残余应力的贡献。同样，对于 $\tilde{\Delta}=\bar{\Delta}$，由式(13.252)定义的 $\mathcal{L}_{ij}$ 与由式(13 100)定义的 Leonard 应力 $\mathcal{L}_{ij}^{\mathrm{o}}$ 相同。

4. Smagorinsky 系数

Smagorinsky 模型[式(13.127)和式(13.128)]表示 τ_{ij}^{R} 的偏差部分(deviatoric part)，可以写为

$$\tau_{ij}^{\mathrm{r}} \equiv \tau_{ij}^{\mathrm{R}} - \frac{1}{3}\tau_{kk}^{\mathrm{R}}\delta_{ij} = -2c_{\mathrm{S}}\bar{\Delta}^2 \bar{\mathcal{S}} \bar{S}_{ij} \tag{13.253}$$

重新定义该系数为 c_{S}（代替 C_{S}^2），从而允许存在负值的可能性，对应于反散射。同样的模型方程写作宽度为 $\tilde{\bar{\Delta}}$ 的滤波器是

$$T_{ij}^{\mathrm{d}} \equiv T_{ij} - \frac{1}{3}T_{kk}\delta_{ij} = -2c_{\mathrm{S}}\,\bar{\tilde{\Delta}}^2\,\bar{\tilde{\mathcal{S}}}\,\bar{\tilde{S}}_{ij} \tag{13.254}$$

其中，$\bar{\tilde{\boldsymbol{U}}}$ 直接定义 $\bar{\tilde{S}}_{ij}$ 和 $\bar{\tilde{\mathcal{S}}}$，与等式(13.73)和式(13.74)类似。设 c_{S} 是均匀的，并定义：

$$M_{ij} \equiv 2\bar{\Delta}^2\,\widetilde{\bar{\mathcal{S}}\bar{S}_{ij}} - 2\,\bar{\tilde{\Delta}}^2\,\bar{\tilde{\mathcal{S}}}\,\bar{\tilde{S}}_{ij} \tag{13.255}$$

式(13.253)和式(13.254)导出：

$$\mathcal{L}_{ij}^{\mathrm{s}} \equiv T_{ij}^{\mathrm{d}} - \widetilde{\tau_{ij}^{\mathrm{r}}} = c_{\mathrm{S}}M_{ij} \tag{13.256}$$

这是关于 $\mathcal{L}_{ij}$［式(13.252)］偏差部分的 Smagorinsky 模型：

$$\mathcal{L}_{ij}^{\mathrm{d}} \equiv \mathcal{L}_{ij} - \frac{1}{3}\mathcal{L}_{kk}\delta_{ij} \tag{13.257}$$

在 LES 中，M_{ij} 和 $\mathcal{L}_{ij}^{\mathrm{d}}$（$\boldsymbol{x}$ 和 t 的函数）都用 $\bar{\boldsymbol{U}}(\boldsymbol{x}, t)$ 表示。此信息可用于确定 Smagorinsky 系数 c_{S} 的值，使得模型 $\mathcal{L}_{ij}^{\mathrm{s}}$ 得到对 $\mathcal{L}_{ij}^{\mathrm{d}}$ 最好的近似。当然，不能选择单一系数 c_{S} 去匹配的 $\mathcal{L}_{ij}^{\mathrm{s}}$ 和 $\mathcal{L}_{ij}^{\mathrm{d}}$ 的五个独立分量。然而，Lilly(1992)提出，通过规范：

$$c_{\mathrm{S}} = M_{ij}\mathcal{L}_{ij}/M_{k\ell}M_{k\ell} \tag{13.258}$$

可使均方误差最小(见练习 13.41)。(注意，M_{ij} 是有偏差的，因此 $M_{ij}\mathcal{L}_{ij}$ 等于 $M_{ij}\mathcal{L}_{ij}^{\mathrm{d}}$。)

练　习

13.41　偏应力 $\mathcal{L}_{ij}^{\mathrm{d}}$ 和 Smagorinsky 模型预测 $\mathcal{L}_{ij}^{\mathrm{s}}$［式(13.256)］之间的均方误差定义为

$$\epsilon = (\mathcal{L}_{ij}^{\mathrm{S}} - \mathcal{L}_{ij}^{\mathrm{d}})(\mathcal{L}_{ij}^{\mathrm{s}} - \mathcal{L}_{ij}^{\mathrm{d}}) \tag{13.259}$$

对 c_{S} 求导得到：

$$\frac{1}{2}\frac{\partial\epsilon}{\partial c_{\mathrm{S}}} = M_{ij}(\mathcal{L}_{ij}^{\mathrm{s}} - \mathcal{L}_{ij}^{\mathrm{d}}) = c_{\mathrm{S}}M_{ij}M_{ij} - M_{ij}\mathcal{L}_{ij}^{\mathrm{d}} \tag{13.260}$$

$$\frac{1}{2}\frac{\partial^2\epsilon}{\partial c_{\mathrm{S}}^2} = M_{ij}M_{ij} \tag{13.261}$$

因此，讨论根据式(13.258)得到 c_{S} 的规范如何使 ϵ 达到最小值。

13.42　考虑在层流中应用动态模型。在滤波器宽度 $\bar{\tilde{\Delta}}$ 量级的距离上，可以假设速度与 $\boldsymbol{x}$ 线性变化。使用练习 13.28 的结果证明各种应力为

$$\tau_{ij}^{R} = \tilde{\tau}_{ij}^{R} = \frac{\bar{\Delta}^2}{12}\frac{\partial \bar{U}_i}{\partial x_k}\frac{\partial \bar{U}_j}{\partial x_k}$$
$$= T_{ij}/\alpha^2 = \mathcal{L}_{ij}/(\alpha^2 - 1) \tag{13.262}$$

其中，α 为滤波器宽度比，$\alpha = \bar{\tilde{\Delta}}/\bar{\Delta}$。证明张量 M_{ij} [式(13.255)]是

$$M_{ij} = -2\bar{\Delta}^2(\alpha^2 - 1)\bar{\mathcal{S}}\bar{S}_{ij} \tag{13.263}$$

因此，由式(13.258)可知，动态模型有

$$c_S = -\frac{\bar{S}_{ij}}{12\bar{\mathcal{S}}^3}\frac{\partial \bar{U}_i}{\partial x_k}\frac{\partial \bar{U}_j}{\partial x_k} \tag{13.264}$$

验证以下均匀层流变形的 c_S 值(见表 11.2)：轴对称收缩流，$c_S = -0.012$；轴对称扩张流，$c_S = 0.012$；平面应变，$c_S = 0$；剪切流，$c_S = 0$。

5. 槽道流动的应用

考虑到在先验测试中观察到的应力与应变率之间的低相关性，从式(13.258)得到的 c_S 值表现出非常大的波动，包括负值，也就不奇怪了。因此，利用式(13.248)进行的 LES 计算是不稳定的。为克服这一问题，Germano 等(1991)和 Piomelli(1993)在计算充分发展的槽道湍流时，对式(13.258)①中的分子和分母取平均。用( )$_{\text{ave}}$表示这种平均，则 Smagorinsky 系数为

$$c_S = (M_{ij}\mathcal{L}_{ij})_{\text{ave}}/(M_{k\ell}M_{k\ell})_{\text{ave}} \tag{13.265}$$

通过这种处理，只要网格足够精细，可以解析近壁面含能运动，动态模型就可以很好地计算过渡和完全湍流的槽道流。因而，不需要阻尼函数或其他特殊的近壁面处理。在某种程度上，这种模式成功的原因是：$c_S = 0$ 可正确求解层流剪切流动(见练习 13.42)，靠近壁面时，平均残余剪切应力 $\langle \tau_{12}^{R} \rangle$ 正确地以距离壁面高度的三次方而变化(见练习 13.43)。

同样的方法已成功地应用于随时间演化的自由剪切流[例如，Ghosal and Rogers(1997)；Vreman et al.(1997)]，以及统计上轴对称流(Akselvoll and Moin, 1996)，在这种情况下，式(13.265)中的平均是在周向进行的。在一些处理过程中，"剪切"是通过设置 c_S 的负值为零来实现的，这样就消除了反散射(Vreman et al., 1997; Zang et al., 1993)。

练 习

13.43 在常见坐标系下考虑槽道湍流，$y = x_2$ 是到壁面的法向距离。如练习

① Gernano 等(1991)使用的 c_S 方程和式(13.258)不完全相同。

13.30 所示,非常接近于壁面的 LES 速度场(以 y 为主导阶)可以写为

$$\bar{U}_1 = \bar{a}y,\quad \bar{U}_2 = \bar{b}y^2,\quad \bar{U}_3 = \bar{c}y \tag{13.266}$$

其中,$\bar{a}$、$\bar{b}$ 和 $\bar{c}$ 是 x、z 和 t 随机的函数。通过这个练习,考虑十分靠近壁面的区域,式(13.266)是有效的,而且只需要保留 y 的首项。采用宽度一致为 $\bar{\Delta}$ 和 $\tilde{\Delta}$ 的滤波器仅应用于 $x-z$ 平面,由式(13.252)得到:

$$\mathcal{L}_{12} = (\widetilde{\bar{a}\bar{b}} - \tilde{\bar{a}}\,\tilde{\bar{b}})y^3 \tag{13.267}$$

并证明,$\mathcal{L}_{ij}$ 分量与雷诺应力和真实残余应力以相同的 y 次方变化,如式(13.181)。证明主导阶速度梯度 $\partial\bar{U}_i/\partial x_j$ 与 y 无关,因此 M_{ij} 一样与 y 无关[式(13.255)]。由此可见,根据动态模型,c_S、ν_r、τ^r_{12} 均正确地以 y^3 变化。对比 τ^r_{ij} 的其他分量的建模和修正特征。

6. 局部动力学模型

对于一般流动(无统计均匀的方向),需要另一种方法来获得稳定的 Smagorinsky 系数 c_S 场。Ghosal 等(1995)根据观察到动态模型的标准推导存在的不一致,发展了这样一种方法。具体来说,由于 c_S 在空间中是变化的,几乎没有理由为了计算 τ^r_{ij} 而假设它是均匀的[式(13.253)~式(13.256)]。

如果在分析时考虑到 c_S 的空间变化,那么 $\mathcal{L}^d_{ij}$ 与 $\mathcal{L}^S_{ij}$ 之间的差(误差)就不再由 c_S 的局部值决定。相反,可以求解一个约束变分问题,以确定使 $\mathcal{L}^d_{ij}$ 与 $\mathcal{L}^S_{ij}$ 之间的全局差最小化的非负场 $c_S(\boldsymbol{x})$。用这种方法确定 $c_S(\boldsymbol{x})$ 的 Smagorinsky 模型称为局部动力学模型。Piomelli 和 Liu(1995)基于类似的思想描述了一个更简单的模型。

7. 拉格朗日动力学模型

对于一般的非均匀流动,可以考虑使用动力学模型,用式(13.265)中的平均值对 $\boldsymbol{x}$ 附近的体积进行 $c_S(\boldsymbol{x})$ 计算。然而,在指定体积(特别是靠近壁面)时存在一些任意性和困难,并且在每个网格点上计算体积的平均值会产生计算成本。Meneveau 等(1996)提出了拉格朗日动力学模型,沿流体粒子路径时间回溯形成加权平均(基于滤波后的速度场)。

根据该模型,Smagorinsky 系数的取值为

$$c_S = \mathcal{J}_{LM}/\mathcal{J}_{MM} \tag{13.268}$$

其中,$\mathcal{J}_{LM}$ 和 $\mathcal{J}_{MM}$ 分别表示 $(M_{ij}\mathcal{L}_{ij})_{ave}$ 和 $(M_{ij}M_{ij})_{ave}$ 的平均。通过简单的松弛方程:

$$\frac{\bar{D}\mathcal{J}_{MM}}{\bar{D}t} = -(\mathcal{J}_{MM} - M_{ij}M_{ij})/T \tag{13.269}$$

可以解得 $\mathcal{J}_{\mathrm{MM}}$，其中 T 为指定的松弛时间。这相当于沿粒子路径取平均，其在前一时刻 t' 的相对权重为 $\exp[-(t-t')/T]$。求解 $\mathcal{J}_{\mathrm{LM}}$ 的类似方程为

$$\frac{\bar{\mathrm{D}}\mathcal{J}_{\mathrm{LM}}}{\bar{\mathrm{D}}t}=-I_0(\mathcal{J}_{\mathrm{LM}}-M_{ij}\mathcal{L}_{ij})/T \tag{13.270}$$

其中，指标函数为

$$I_0\equiv 1-H(-\mathcal{J}_{\mathrm{LM}})H(-M_{ij}\mathcal{L}_{ij}) \tag{13.271}$$

可以防止 $\mathcal{J}_{\mathrm{LM}}$（及 c_{S}）变为负值。

拉格朗日动力学模型已由其创始人应用于过渡和完全湍流的槽道流动，取得了与原始平面平均动力学模型相似的成功。Haworth 和 Jansen（2000）对火花点火发动机气缸内流动的 LES 计算清楚地证明了该方法的普适性。

8. 讨论

后验测试的一般结论是，只要能解出含能运动，动力学模型就是相当成功的。这一附带条件需要在靠近壁面（即 LES－NWR）黏性长尺度 δ_ν 的量级上进行解析。

鉴于这一成功案例，有必要回顾一下模型两个分量的物理基础。第一个分量是 smagorinsky 模型的基本假设，即残余应力 τ_{ij}^{r} 与应变 $\bar{S}_{ij}$ 的滤波率对齐［式（13.253）］。如第 13.4.6 节所讨论的，先验测试表明，τ_{ij}^{r} 和 $\bar{S}_{ij}$ 之间的相关性比 Smagorinsky 模型所采用的接近完美的相关性要弱得多。因此，Smagorinsky 系数 c_{S} 不能得到正确量级的 τ_{ij}^{r} 和 $P_{\mathrm{r}}=-\tau_{ij}^{\mathrm{r}}\bar{S}_{ij}$ 的能量传递率。

模型的第二个分量——动力学方面是基于 Smagorinsky 系数与滤波器宽度无关的假设［式（13.253）和式（13.254）］。同样，假设 Smagorinsky 长度尺度 ℓ_{S} 与滤波器宽度 Δ 成正比。这一假设对于滤波器处于高雷诺数湍流惯性子范围内的情况是有充分依据的，如式（13.131）所示。然而，该模型可成功地模拟层流、过渡流及黏性壁面区域的流动状态，但上述假设缺乏证明。这样的考虑导致 Jimez 和 Moser（1998）得出结论：LES 中动态 Smagorinsky 亚格子模型的良好后验测试性能的物理基础似乎与其正确表达亚格子物理的能力关系不大。

Porté-Agel 等（2000）描述了一个尺度相关的动态模型，其中假定 Smagorinsky 系数 c_{S} 随滤波器宽度 Δ 以未知的幂次方变化。通过三层滤波，可以推导出假设幂律中的指数，从而确定 c_{S}。

13.6.2 混合模型和变体

多年来，提出了许多基于滤波后的速度梯度 $\partial\bar{U}_i/\partial x_j$ 和双滤波后的速度 $\tilde{\bar{\boldsymbol{U}}}$ 或 $\bar{\bar{\boldsymbol{U}}}$ 的残余应力模型。通常将这些模型与 Smagorinsky 模型结合使用，形成所谓的混合模型，动态过程可用于确定模型系数。Liu 等（1994）对其中几个模型及其变体进

行了先验测试。

1. Bardina 模型

由 Bardina 等(1980)提出的一个模型——也称为尺度相似模型,可以最简单地解释为 Leonard 应力的显式合并(尽管该模型的创始人和其他人已经提出了不同的物理解释)。如第 13.3 节所讨论的,残余应力可以以不同的方式分解为 Leonard 应力、交叉应力和 SGS 雷诺应力[见式(13.105)和式(13.99)]。因为分解的每个分量都是伽利略不变量,首选分解是由 Germano(1986)提出的:

$$\tau_{ij}^{\mathrm{R}} = \mathcal{L}_{ij}^{\mathrm{o}} + \mathcal{C}_{ij}^{\mathrm{o}} + \mathcal{R}_{ij}^{\mathrm{o}} \tag{13.272}$$

其中,Leonard 应力是

$$\mathcal{L}_{ij}^{\mathrm{o}} \equiv \overline{\bar{U}_{\mathrm{i}}\bar{U}_{\mathrm{j}}} - \bar{\bar{U}}_{\mathrm{i}}\,\bar{\bar{U}}_{\mathrm{j}} \tag{13.273}$$

在 LES 中,$\bar{\boldsymbol{U}}$ 是已知的,因此可以评估 $\mathcal{L}_{ij}^{\mathrm{o}}$。

之前,采用 Smagorinsky 模型作为 τ_{ij}^{r} 的模型,τ_{ij}^{R}[式(13.127)]的偏差部分。相反,我们将 Smagorinsky 模型作为 $\mathcal{C}_{ij}^{\mathrm{o}} + \mathcal{R}_{ij}^{\mathrm{o}}$ 的模型,并明确地包括 Leonard 应力,那么得到的模型是

$$\tau_{ij}^{\mathrm{r}} = \left(\mathcal{L}_{ij}^{\mathrm{o}} - \frac{1}{3}\mathcal{L}_{kk}^{\mathrm{o}}\delta_{ij}\right) - 2c_{\mathrm{S}}\bar{\Delta}^2\,\bar{\mathcal{S}}\,S_{ij} \tag{13.274}$$

$\mathcal{L}^{\mathrm{o}}$ 中的项是 Bardina(或尺度相似)模型。

Zang 等(1993)和 Vreman 等(1997)报道了成功使用这种混合模型的 LES 算例,其中动态过程用于确定 c_{S}。事实上,对于湍流混合层,这是 Vreman 等(1997)评估的六个模型中最成功的一个。

2. Clark 模型

正如 Clark 等(1979)观察到的那样,对于高斯滤波器,Leonard 应力的近似是

$$\mathcal{L}_{ij}^{\mathrm{c}} \equiv \frac{\bar{\Delta}^2}{12}\frac{\partial \bar{U}_i}{\partial x_k}\frac{\partial \bar{U}_j}{\partial x_k} \tag{13.275}$$

(这可以通过调整练习 13.28 中的泰勒级数分析得到证明。)如果在式(13.274)中使用这个近似,得到的结果是混合模型:

$$\tau_{ij}^{\mathrm{r}} = \frac{\bar{\Delta}^2}{12}\left(\frac{\partial \bar{U}_i}{\partial x_k}\frac{\partial \bar{U}_j}{\partial x_k} - \frac{1}{3}\frac{\partial \bar{U}_\ell}{\partial x_k}\frac{\partial \bar{U}_\ell}{\partial x_k}\delta_{ij}\right) - 2c_{\mathrm{S}}\bar{\Delta}^2\,\bar{\mathcal{S}}\,S_{ij} \tag{13.276}$$

其中,等号右端第一项是 Clark 模型。

Vreman 等(1997)将该模型(利用动态过程确定 c_{S})应用于湍流混合层,并取得了较好的结果,可与 Bardina 混合模型相媲美。

3. 备选残余速度尺度

由 Smagorinsky 模型得到的涡黏性 ν_r 可以写为

$$\nu_r = \bar{\Delta} q_r \tag{13.277}$$

其中,速度尺度是

$$q_r = c_S \overline{\Delta\ \mathcal{S}} \tag{13.278}$$

基于速度尺度 q_r 的不同定义,提出了几种涡黏模型。

按理说,速度尺度 q_r 应该是残余运动的表示。使用滤波器,如高斯滤波器,残余速度的估计由式(13.279)表示:

$$\bar{\boldsymbol{u}}' = \bar{\boldsymbol{U}} - \bar{\bar{\boldsymbol{U}}} \tag{13.279}$$

在此结果的基础上,Bardina 等(1980)将速度尺度 q_r 定义为

$$q_r = c_q \mid \bar{\boldsymbol{U}} \cdot \bar{\boldsymbol{U}} - \bar{\bar{\boldsymbol{U}}} \cdot \bar{\bar{\boldsymbol{U}}} \mid^{1/2} \tag{13.280}$$

其中,$c_q = 0.126$。Colucci 等(1998)叙述了使用该模型的伽利略不变版本的 LES 算例。

4. 结构函数模型

在 Métais 和 Lesieur(1992)的结构函数模型中,速度尺度可由二阶结构函数得到:

$$\bar{F}_2(\boldsymbol{x}) = \frac{1}{4\pi\bar{\Delta}^2}\oint \mid \bar{\boldsymbol{U}}(\boldsymbol{x}+\boldsymbol{r}) - \bar{\boldsymbol{U}}(\boldsymbol{x}) \mid^2 \mathrm{d}\,\mathcal{S}(\bar{\Delta}) \tag{13.281}$$

这是速度差的平方除以距离 $\bar{\Delta}$,在以 $\boldsymbol{x}$ 为中心、半径为 $\bar{\Delta}$ 的球体表面上的面平均。用于定义 ν_r 的速度尺度[式(13.277)]为

$$q_r = c_q \bar{F}_2^{1/2} \tag{13.282}$$

其中,$c_q = 0.063$。Lesieur 和 metais(1998)介绍了结构功能模型的理论基础,并且对其推广应用进行了评述。

练　习

13.44 根据 $\bar{\boldsymbol{U}}(\boldsymbol{x}+\boldsymbol{r})$ 的泰勒级数展开,得到 $\bar{F}_2$[式(13.281)]的一阶估计为

$$\bar{F}_2 \approx \frac{1}{3}\bar{\Delta}^2(\bar{S}_{ij}\bar{S}_{ij} + \bar{\Omega}_{ij}\bar{\Omega}_{ij}) \tag{13.283}$$

其中,$\bar{\Omega}_{ij}$ 为滤波后速度场的旋转速率。如果应变速率和旋转速率不变量相等,证

明结构函数模型[基于式(13.283)]可降为 Smagorinsky 模型,有

$$C_S = 3^{-1/4} c_q^{1/2} \approx 0.19 \tag{13.284}$$

13.6.3　输运方程模型

上述考虑残余应力张量的所有模型都将 $\tau_{ij}^r(\boldsymbol{x}, t)$ 在同一时刻 t 与 $\boldsymbol{x}$ 附近的滤波速度场 $\bar{\boldsymbol{U}}(\boldsymbol{x}', t)$ 关联起来。为了追求更精确的模型,很自然地需要通过 τ_{ij}^r 的输运方程和其他与残余运动有关的量来考虑时间历程和非局部效应。这种方法与传统的湍流模型并行:就像 Smagorinsky 模型与混合长度模型类似一样,输运方程模型也是类似于已经提到过的一方程模型、代数应力模型、雷诺应力模型和 PDF 模型。然而,不同的是,在每种情况下,都将滤波器宽度 Δ 作为残余运动的特征长度尺度,因此不使用尺度方程(类似于 ε 或 ω 的模型方程)。

Deardorff(1974)的早期工作是用模型输运方程求解残余应力 τ_{ij}^R 的 LES 例子之一。模型方程与雷诺应力闭合形式相同:生成项为闭合形式;再分配用 Rotta 模型和一个简单的快速模型来模拟;输运采用梯度扩散法;耗散是各向同性的。残余动能 $k_r = \tau_{ii}^R$ 的瞬时耗散率 ε_r 与 k_r 有关,滤波器宽度 Δ 可通过如下公式计算:

$$\varepsilon_r = \frac{C_E k_r^{3/2}}{\Delta} \tag{13.285}$$

其中,常数 C_E 取 0.7。如习题 13.45 所示,在高雷诺数和在惯性子范围内的锐频谱滤波器的理想条件下,这种形式是合理的,常数 C_E 可以与 Kolmogorov 常数 C 相关。

为了降低计算成本,Deardorff(1980)随后回归到各向同性涡黏模型,涡黏性 ν_r 为

$$\nu_r = C_\nu k_r^{1/2} \Delta \tag{13.286}$$

并利用输运方程模型来确定残余动能。同样,在理想条件下,ν_r 的这种形式是合理的,可以估计出常数值 $C_\nu = 0.1$(见练习 13.45)。这类模型已被气象学界广泛使用[如 Mason(1989)、Schmidt and Schumann(1989),以及 Sullivan 等(1994)]。Schmidt 和 Schumann(1989)没有使用涡黏模型,而是通过对其输运方程的代数近似来获得残余应力——类似于代数应力模型。

Wong(1992)描述了(但没有演示)一种方法,该方法求解了对应于两种不同滤波器宽度 $\bar{\Delta}$ 和 $\tilde{\Delta}$ 的残余动能 $\bar{k}_r$ 和 $\tilde{k}_r$ 的方程。动力学过程可以用来确定系数 C_E 和 C_ν。Ghosal 等(1995)描述了 k_r 结合局部动态模型在方程中的不同用法。

类似于速度的联合 PDF,定义滤波后的密度函数(FDF)为

$$\bar{f}(\boldsymbol{V}; \boldsymbol{x}, t) = \int G(\boldsymbol{r}) \delta[\boldsymbol{U}(\boldsymbol{x} - \boldsymbol{r}, t) - \boldsymbol{V}] d\boldsymbol{r} \tag{13.287}$$

对于正则滤波器（$G > 0$），$\bar{f}$ 具有 PDF 的所有特性(见练习 13.21)。$\bar{f}$ 的一阶矩是滤波后速度 $\bar{\boldsymbol{U}}$ 的分量，二阶矩是残余应力 τ_{ij}^{R}。Gicquel 等(1998)使用 $\bar{f}(\boldsymbol{V};\ \boldsymbol{x},\ t)$ 的模型方程进行了 LES 计算，类似于 Langevin 模型。

在气象应用中存在其他影响(如浮力)，结合 k_{r} 的模型方程的 LES 方法在气象应用中被证明是有利的。基于滤波后的密度函数方法也适用于分析亚格子尺度混合和反应的重要过程。然而，除了这些例子外，一般的经验是，在 LES 中，求解额外的输运方程所产生的额外计算成本和复杂性并不能证明能保证提高精度。在 VLES 中，亚格子尺度的运动占能量的比例更大，使用附加输运方程的好处更为明显。

练 习

13.45 考虑高雷诺数均匀湍流，并在惯性子范围设置锐频谱滤波器。使用 Kolmogorov 频谱（$C = 1.5$）和关系 $\langle \varepsilon_{\mathrm{r}} \rangle \approx \varepsilon$ 来获得 C_{E} 的估计[式(13.285)]：

$$C_{\mathrm{E}} \approx \pi\left(\frac{3}{2}C\right)^{-3/2} \approx 0.93 \tag{13.288}$$

用式(13.286)给出的涡黏性，证明：

$$\varepsilon \approx \langle \mathcal{P}_{\mathrm{r}} \rangle = \langle \nu_{\mathrm{r}} \bar{\mathcal{S}}^2 \rangle \approx C_\nu \Delta \langle k_{\mathrm{r}} \rangle^{1/2} \langle \bar{\mathcal{S}}^2 \rangle \tag{13.289}$$

推导估计结果为

$$C_\nu \approx \left(\frac{3}{2}C\right)^{-3/2} \Big/ \pi \approx 0.094 \tag{13.290}$$

13.6.4 隐式数值滤波器

在 LES 动量方程[式(13.95)]的数值解中，产生了各种数值误差，其中最重要的是空间截断误差。表示这种误差的一种方法是通过修正方程，即数值解所满足的偏微分方程。可以得到与 LES 动量方程相对应的修正方程：

$$\frac{\bar{\mathrm{D}}\bar{U}_j}{\bar{\mathrm{D}}t} = \nu \frac{\partial^2 \bar{U}_j}{\partial x_i \partial x_i} - \frac{\partial}{\partial x_i}(\tau_{ij}^{\mathrm{r}} + \tau_{ij}^{h}) - \frac{1}{\rho}\frac{\partial \bar{p}}{\partial x_j} \tag{13.291}$$

因此，空间截断误差作为一个附加的数值应力 τ_{ij}^{h} 出现，它依赖于网格间距 h。如果空间离散是 p 阶精度，那么 τ_{ij}^{h} 的精度就是 h^p 阶。(一阶精确格式的一个简单例子见练习 13.46，其中数值应力可以表示为附加的黏性项，数值黏性 ν_{num} 与 h 成比例。)

关于数值应力在 LES 中的作用，有不同的观点。最简单的（在前面的讨论中已经隐含假设）是可以精确求解 LES 方程。也就是说，对于给定的滤波器宽度 Δ，应使网格间距 h 足够小，使数值应力 τ_{ij}^h 与模拟的残余应力 τ_{ij}^r 相比可以忽略不计。

Boris 等（1992）提出了相反的观点，即不应进行显式滤波，也不应使用显式残余应力模型（$\tau_{ij}^r = 0$），而是使用适当的数值方法来尝试求解 $\bar{\boldsymbol{U}}$ 的 Navier-Stokes 方程。由于网格不够精细，无法求解 Navier-Stokes 方程，从而产生了显著的数值应力。因此，通过数值方法隐式地进行了滤波和残余应力模拟。

数值应力取决于所用数值方法的类型，因此这种选择是至关重要的。理想的方法对于 $\bar{\boldsymbol{U}}(\boldsymbol{x}, t)$（与 h 相比为长波长）高解析的贡献是精确的（即 τ_{ij}^h 很小），同时它衰减了低解析较短波长的贡献（并防止混叠误差污染高解析模式）。通过数值耗散率：

$$\varepsilon_{\text{num}} \equiv -\tau_{ij}^h \bar{S}_{ij} \tag{13.292}$$

从解析运动中去除能量。Boris 等（1992）使用了所谓的单调数值方法，并将他们的方法称为 MILES——单调集成大涡模拟（monotonic integrated large eddy simulation）。除了 Boris 等（1992）引用的著作外，Tamura 和 Kuwahara（1989），Knight 等（1998），Okong'o 和 Knight（1998）也叙述了使用这种方法的典型 LES 算例。

与显式残余应力模型相比，MILES 方法有优点也有缺点，有支持者也有批评者。其优点是（对于给定的网格尺寸）湍流运动尽可能用 LES 速度场 $\bar{\boldsymbol{U}}(\boldsymbol{x}, t)$ 来明确表示，只有在必要的地方和时刻，能量才会从 $\bar{\boldsymbol{U}}$ 中移除。有人认为，如何去除能量的细节并不重要，只要有一种机制可以在不影响较大尺度的情况下从最小的解析率尺度中去除能量（这类似于用来证明在先验测试中表现不佳的残余应力模型时使用的论点）。另一个优势是，消除了开发和测试残余应力模型所需的时间和精力。

其主要缺点是模型与数值不可分割地耦合。有时称这种方法为“无模型”，但应该认识到这是一个不充分的描述：对于给定的流动，模拟结果取决于数值方法和所使用的网格。细化网格以获得与网格无关的解决方案是不可能的（除非运行 DNS）。另一个缺点是没有可以用于去滤波或用于其他亚网格尺度过程模型的亚网格尺度运动的表示或估计。

练　习

13.46　考虑 Burgers 方程的数值解（Burgers，1940）：

$$\frac{\partial u}{\partial t} + u\frac{\partial u}{\partial x} = \nu\frac{\partial^2 u}{\partial x^2} \tag{13.293}$$

对于正的速度 $u(x, t) > 0$。采用一种粗略的有限差分方法,用如下公式:

$$\frac{\partial u}{\partial x} \approx \mathcal{D}_h^- u(x) \equiv \frac{u(x) - u(x-h)}{h} \tag{13.294}$$

来近似 x 点的空间导数:

$$\frac{\partial^2 u}{\partial x^2} \approx \mathcal{D}_h^2 u(x) \equiv \frac{u(x+h) - 2u(x) + u(x-h)}{h^2} \tag{13.295}$$

其中,h 为网格间距。使用泰勒级数分析来确定这些近似的主导阶截断误差。由此证明解出方程,即

$$\frac{\partial u}{\partial t} + u\mathcal{D}_h^- u = \nu \mathcal{D}_h^2 u \tag{13.296}$$

等于修正后的方程:

$$\frac{\partial u}{\partial t} + u\frac{\partial u}{\partial x} = (\nu + \nu_{\text{num}})\frac{\partial^2 u}{\partial x^2} + o(h^2) \tag{13.297}$$

其中,数值黏性是

$$\nu_{\text{num}} = \frac{1}{2}uh \tag{13.298}$$

(因此,主导阶截断误差相当于一个附加的黏性项。)

13.6.5 近壁面处理方法

在具有近壁面解析率的 LES 中,对滤波后的壁面速度采用无滑移和不渗透边界条件。靠近壁面的 Smagorinsky 长度尺度 ℓ_S 的正确特征是 $\ell_S \approx y^{3/2}$,这导致 $\nu_r \approx y^3$ 和 $\tau_{12}^r \approx y^3$(见练习 13.31)。相反,对于常数 C_S,Smagorinsky 模型会错误地产生恒定的 ℓ_S、ν_r 和 τ_{12}^r 值。克服这一缺陷的一种方法是通过阻尼 ℓ_S 来实现,例如 van Driest 阻尼函数[式(13.166)]。更令人满意的方法是从动态模型中确定 c_S。这产生了正确的近壁面尺度,并能获得相当满意的槽道流动模拟结果[例如,Piomelli(1993)的研究]。

如果不解析黏性壁面区域,可以节省大量的计算量,事实上,这是高雷诺数条件下唯一可行的方法(第 13.4.5 节)。在 LES-NWM 这种情况下,未解析运动的影响通常通过使用与湍流-黏性和雷诺-应力模型中使用的类似壁面函数的边界条件来建模(第 11.7.6 节)。这些条件要么应用在壁面处($y = 0$),要么应用于离壁面的第一个网格节点($y = y_p$)。

法向速度适用于 $\bar{U}_2 = 0$ 的不渗透条件。$\bar{\boldsymbol{U}}$ 的切向分量的边界条件,可以像式(13.299)一样通过剪应力的规范隐式地应用。

$$\tau_{i2}^{\mathrm{r}}(x,\ 0,\ z) = u^*(x,\ z)\bar{U}_i(x,\ y_{\mathrm{p}},\ z),\quad i = 1,\ 3 \tag{13.299}$$

速度尺度 u^* 是通过假设 $\bar{\boldsymbol{U}}$ 瞬态地满足对数定律(Grötzbach, 1981; Mason and Callen, 1986),或幂律(Werner and Wengle, 1989)得到的。Piomelli 等(1989)提出的一种修正方法,是将 x 处的剪切应力建立在 x 下游一些距离 Δ_{s} 的滤波速度 $\bar{U}_i(x + \Delta_{\mathrm{s}},\ y_{\mathrm{p}},\ z)$ 上。

u^* 的规范中所包含的假设,以及剪应力与切向速度对齐的假设,显然会受到批判。此外,不渗透条件 $\bar{U}_2 = 0$ 的无害性看起来比它还小。将雷诺数应力 $\langle u_i u_j \rangle$ 分解为解析雷诺应力 R_{ij}^{f}[式(13.185)]和平均残余雷诺应力 $\langle \tau_{ij}^{\mathrm{r}} \rangle$;理想情况下,在 LES 中,$R_{ij}^{\mathrm{f}}$ 是主要的贡献。然而,规定 $(\bar{U}_2)_{\mathrm{p}} = 0$, 使得 $(R_{i2}^{\mathrm{f}})_{\mathrm{p}}$ 为零,因此剪切应力 $\langle u_i u_2 \rangle$ 完全来自模拟的边界条件[式(13.299)]。

对于 $Re_\tau = 5\,000$ 以下的槽道流动,Balaras 等(1995)利用动态模型结合这种近壁面处理方法获得了满意的结果。然而,人们普遍认为,对于存在分离、再附、冲击等的复杂流动,这些壁面处理是 LES－NWM 中最不令人满意的方面。

13.7 讨论

在本节中,将通过第 8 章中描述的评估模型标准讨论 LES 方法;最后对湍流的模拟和建模进行了展望。

13.7.1　LES 评价

1. 描述的层次

由于滤波后的速度场提供了包含能量运动的直接表示,LES 中的刻画层面对于大多数情况来说已经足够了。由于解析的流场已被滤波,在提取未滤波的单点统计信息时涉及一些近似,如 $\langle \boldsymbol{U} \rangle$ 和 $\langle u_i u_j \rangle$(见练习 13.32),但实际上,这并不是一个大问题。与 RANS 相比,LES 具有描述非定常、大尺度湍流结构的优势,因此可以用于研究结构上的非定常气动载荷和声学噪声形成等现象。

2. 完整性

混合长度模型是不完整的[因为必须指定 $\ell_{\mathrm{m}}(\boldsymbol{x})$],而 $k-\varepsilon$ 和雷诺-应力模型是完整的。LES 完整吗? 或者是否需要依赖于流动的规定? 答案取决于滤波器宽度 Δ 的规定——通常作为位置和时间的函数。

在将 LES 应用于复杂流时,通常的做法是指定数值解中使用的网格,然后(隐式或显式)使滤波器宽度 Δ 与局部网格大小 h 成比例。如果 LES 解依赖于网格的规定,则模型为不完整的。经验表明,如果包含能量的运动解析率很低(即

VLES），LES 计算很可能依赖网格。为了表示得更完整，这种方法需要流体的先验知识，以便可以适当指定网格（和滤波器），以确保在整个域内能解析湍流能量的大部分。理想的 LES 数值方法应该包括自适应网格，以确保网格和滤波器在任何地方都足够精细，进而解析包含能量的运动。

3. 成本和易用性

需要仔细考虑 LES 的计算成本，特别是对于壁面流动。对于均匀的各向同性湍流，即使对于高雷诺数状态（见练习 13.34），40^3模态足以解析 80%的能量（有时使用更少的模态，如 32^3，以便在高波数或低波数时使频谱解析率更低。）

对于自由剪切流，通常使用的模态或网格点的数量是相当的。因此，这种流动的 LES 是十分可行的；与 DNS 相比，计算成本与雷诺数无关。另外，与雷诺应力模型相比，对于具有统计均匀性的每个方向，LES 模型的成本要高出约两个数量级。

对于壁面流动的 LES，解析率要求有质的不同，因为重要近壁运动的大小随黏性长度尺度 δ_ν 的变化而变化（相对于流动长度尺度 δ，其随雷诺数减小）。Chapman（1979）估计，在气动应用中具有近壁面解析率的 LES－NWR 的成本随雷诺数 $Re^{1.8}$增加，即雷诺数每增大 10 倍，成本增加 60 倍（与练习 13.29 中得到的结果基本相同）。因此，虽然 LES－NWR 已成功地应用于中、低雷诺数的边界层和槽道流动，但其要应用于飞机机翼、船体和大气边界层等高雷诺数条件下的流动是不可行的。

另一种方法是采用近壁面模拟（LES－NWM），其中近壁面含能运动不被解析。然后，根据实际需求，计算代价要么独立于雷诺数，要么以 $\ln Re$ 缓慢增加（见练习 13.29）。

由于 LES——即使是对各向同性湍流——也需要依赖时间的三维计算，与雷诺应力计算相比，它在统计上的三维和非稳态的流动（雷诺应力模型的计算也是三维非定常的）代价最小。因此，举例来说，对于火花点火发动机固有的三维和非定常流场来说，LES 是一种很有吸引力的方法（Haworth and Jansen, 2000）。对于统计上稳定的三维流动（Rodi et al., 1997），LES 计算通常模拟几个流动输运周期，以便可以用时间平均来估计平均值。这种对平均时间的需求相对于雷诺数应力的计算增加了计算成本。

对于工程应用中普遍遇到的三维流动，求解 LES 方程与求解 Navier-Stokes 或湍流模型方程的数值任务基本相同，因此，可执行代码的 LES 可用性可以与湍流模型相媲美。许多商业 CFD 代码都包含“LES 选项”。然而，应该认识到，在通常使用的网格上，计算是 VLES，空间截断误差可能较大（与模拟的残余应力相比）。

4. 适用范围

对于密度不变的低速流动，LES 是普遍适用的——尽管如前所述，计算成本决定了对于高雷诺数的壁面流动，使用 LES－NWM 而不是 LES－NWR。与 RANS 相比，LES 提供了更高的刻画水平，拓展了对气动声学和其他与非定常湍流运动相关现象的适用范围。

基于 LES 开发的方法也用于更复杂的湍流流动现象，如高速可压缩流（Hussaini，1998）和反应流［如 Cook 和 Riley（1994）及 Colucci 等（1998）的研究］。所涉及的一些重要过程（如分子混合和反应）主要发生在亚网格尺度上，因此需要建立统计模型。

5. 精度

与其他湍流方法一样，评估各种 LES 方法准确性的理想方法是在大范围内比较它们在实验流动模拟中的性能。必须证明产生的误差（图 8.2）很小；实验流动应该与模型开发中使用的测试流动不同；而且流动实验不应该由模型的开发人员执行。对于 LES 的另一个特殊要求是，在一定范围内，计算应该在滤波器宽度变化的情况下进行，从而评估计算对滤波器规定的敏感性。目前还没有开展满足这些要求的测试，因此对 LES 精度的评估存在相当大的不确定性。然而，Fureby 等（1997）（对于各向同性湍流）和 Vreman 等（1997）（对于混合层），以及 Rodi 等（1997）（对于两个通过方形障碍物的流动）提出了一些有用的比较结果。

Vreman 等（1997）对混合层的比较表明，例如，使用动态混合模型［式（13.274）］可以得到相当准确的结果。这些计算和其他计算都支持这样一种观点，即 LES 对于自由剪切流是相当准确的。

对于中等雷诺数的简单边界层类型流动，有许多基于动态模型的 LES－NWR 计算，对这些流动也支持类似的结论（Piomelli，1993）。然而，应该承认用于开发和测试的不同流动的数量并不多。

对于更复杂和更高雷诺数的流动，有限的证据表明 LES－NWM 的准确性不太确定。例如，Rodi 等（1997）在对各种越过障碍物的 LES－NWM 计算进行比较研究的基础上得出结论，“结果对网格和数值方法很敏感”，使得壁面处理“在分离流动中的使用不可靠”。

13.7.2　最后的观点

在湍流的背景下，研究中一个持续的关键挑战是开发出一种方法，使用日益增长的可用计算机能力来计算与工程、大气科学和其他领域有实际相关性的流动和湍流特性。这是本书第二部分的主题。

湍流问题的范围很广，并随着构型复杂程度而各不相同，许多还涉及额外的物理和化学过程，因此需要不同层次的刻画和精度。因此，具有各种属性的广泛方法是有价值的，这些方法的计算成本相差多达 10^6。在第 10～13 章中描述的每一种方法都有自己的特长：没有一种方法可以取代所有其他的方法。

此外，各种方法之间存在有益的协同作用。虽然 DNS 的计算成本排除了它用于高雷诺数流动的可行性,但它为开发和测试其他方法提供了宝贵的信息。RANS模型有望对 LES 的主要问题——高雷诺数流动中近壁面区域的建模——做出贡献。统计方法,如 PDF 方法,可以与 LES 结合使用来处理湍流反应流,以及在亚网格尺度上发生重要过程的其他流动。对于一些湍流流动问题,现有方法的准确性是可以接受的,并且计算成本尚能承担。对其他许多情况来说,还需要取得实质性进展。因此,湍流在未来一段时间内仍将是一个值得研究和具有挑战性的领域。

第三篇

附　　录

附录 A

笛卡儿张量

通过矢量运算,我们熟悉了标量与矢量。标量只有一个值,在任何坐标系中都是相同的。矢量有大小和方向,并且(在任何给定的坐标系中)具有三个分量①。使用笛卡儿张量,不仅可以表示标量与矢量,还可以表示具有更多方向的量。具体而言,一个 N 阶张量 ($N \geqslant 0$) 有 N 个与之相关的方向,并且(在给定的笛卡儿坐标系中)有 3^N 个分量。零阶张量是标量,一阶张量则是矢量。在定义高阶张量之前,简要回顾下在笛卡儿坐标中表示的矢量。

A.1 笛卡儿坐标和矢量

流体流动(以及经典力学中的其他现象)均发生在三维欧几里得物理空间中。如图 A.1 所示,设 E 表示物理空间的笛卡儿坐标系。由原点 O 的位置和三个相互

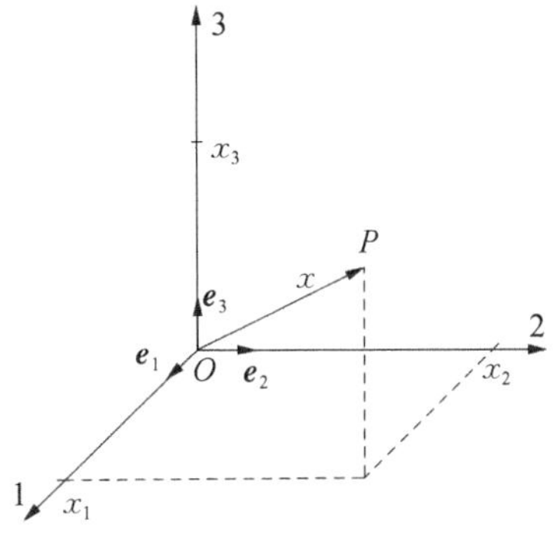

图 A.1 E 坐标系示意图,包括原点 O,三个正交向量 e_i,以及位置为 $x = x_1e_1 + x_2e_2 + x_3e_3$ 的点 P

① 这里考虑的是三维空间,张量可以直接扩展到不同维度的空间。

垂直轴的方向确定。三个坐标方向上的单位矢量由 $\boldsymbol{e}_1$、$\boldsymbol{e}_2$ 和 $\boldsymbol{e}_3$ 表示。通过 $\boldsymbol{e}_i$ 代表其中的任一矢量，下标 i（或任何其他下标）取值 1、2 或者 3。

通过克罗内克函数 δ_{ij} 可以简洁地表示单位矢量 $\boldsymbol{e}_i$ 的基本性质。定义：

$$\delta_{ij}=\begin{cases}1, & i=j\\ 0, & i\neq j\end{cases} \tag{A.1}$$

或者，通过矩阵表示：

$$\begin{bmatrix}\delta_{11} & \delta_{12} & \delta_{13}\\ \delta_{21} & \delta_{22} & \delta_{23}\\ \delta_{31} & \delta_{32} & \delta_{33}\end{bmatrix}=\begin{bmatrix}1 & 0 & 0\\ 0 & 1 & 0\\ 0 & 0 & 1\end{bmatrix} \tag{A.2}$$

从表达式可以明显看出，矢量 $\boldsymbol{e}_i$ 具有正交性：

$$\boldsymbol{e}_i\cdot\boldsymbol{e}_j=\delta_{ij} \tag{A.3}$$

对于 $i=j$，则点积为 1（因为它们是单位矢量），而对于 $i\neq j$，点积为零（因为矢量是正交的）。因此，$\boldsymbol{e}_1$、$\boldsymbol{e}_2$ 和 $\boldsymbol{e}_3$ 形成一组正交基矢量。

如图 A.1 所示，$\boldsymbol{x}$ 是位置矢量，给出了任意点 P 相对于原点 O 的位置。该矢量可以写为

$$\boldsymbol{x}=\boldsymbol{e}_1x_1+\boldsymbol{e}_2x_2+\boldsymbol{e}_3x_3 \tag{A.4}$$

其中，x_1、x_2 和 x_3 是坐标系 E 中 $\boldsymbol{x}$ 的分量。

A.1.1 爱因斯坦求和约定

通过爱因斯坦求和约定可以大大简化笛卡儿张量的表达式。根据该约定，如果是重复下标（例如，$\boldsymbol{e}_ix_i$ 中的下标 i），则表示下标所有三个值（$i=1,2,3$）的总和。因此，根据该隐式求和，式（A.4）可以写为

$$\boldsymbol{x}=\boldsymbol{e}_ix_i \tag{A.5}$$

注意，赋予重复或伪下标的符号是无关的（即 $\boldsymbol{e}_ix_i=\boldsymbol{e}_jx_j$）。

在张量方程中，通过符号 +，- 和 = 隔离不同的表达式。在给定表达式中，不重复的下标称为自由下标。与求和约定相关的一条重要规则是，下标在表达式中不能出现两次以上。

练 习

A.1 通过显式展开求和，表明代换规则：

$$\delta_{ij}x_j = x_i \tag{A.6}$$

得到：

$$\delta_{ii} = 3 \tag{A.7}$$

$$\delta_{ij}\delta_{jk} = \delta_{ik} \tag{A.8}$$

A.2　证明矢量的分量可以通过以下方式获得：

$$\boldsymbol{e}_j \cdot \boldsymbol{x} = \boldsymbol{e}_j \cdot (\boldsymbol{e}_i x_i) = x_j \tag{A.9}$$

设 $\boldsymbol{u}$ 和 $\boldsymbol{v}$ 是分量分别为 (u_1, u_2, u_3) 和 (v_1, v_2, v_3) 的矢量。推导两者的点积为

$$\boldsymbol{u} \cdot \boldsymbol{v} = (\boldsymbol{e}_i u_i) \cdot (\boldsymbol{e}_j v_j) = u_i v_i = (\boldsymbol{e}_i \cdot \boldsymbol{u})(\boldsymbol{e}_i \cdot \boldsymbol{v}) \tag{A.10}$$

A.1.2　坐标变换

张量是根据其变换性质定义的。引入第二个笛卡儿坐标系(用 $\bar{E}$ 表示)，并确定矢量分量的变换规则。

$\bar{E}$ 坐标系是 E 通过任意组合轴的旋转和反射得到的，图 A.2 显示了一个示例。应该注意到，如果存在奇数个反射，则 $\bar{E}$ 和 E 的手定则将不同。即，如果 E 是右手坐标系，并且 $\bar{E}$ 是通过反射一个轴获得的，那么 $\bar{E}$ 是左手坐标系。在笛卡儿张量中，右手和左手坐标系都是有效的，没有必要特意区分它们。

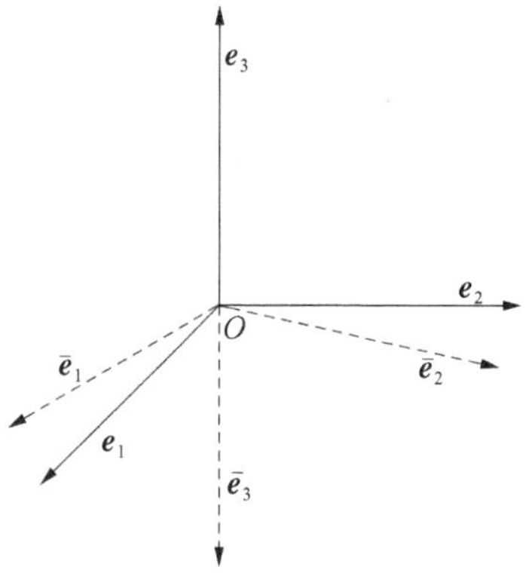

图 A.2　E(实线)和 $\bar{E}$(虚线)坐标系示意图

该示例中，通过 $\bar{\boldsymbol{e}}_3$ 轴反射和在 $\bar{\boldsymbol{e}}_1$ - $\bar{\boldsymbol{e}}_2$ 平面旋转将 E 转换为 $\bar{E}$

以 $\bar{\boldsymbol{e}}_1$、$\bar{\boldsymbol{e}}_2$ 和 $\bar{\boldsymbol{e}}_3$ 作为 $\bar{E}$ 坐标系的正交基矢量。由点积定义的九个量：

$$a_{ij} \equiv \boldsymbol{e}_i \cdot \bar{\boldsymbol{e}}_j \tag{A.11}$$

为方向余弦。

a_{ij} 是 E 坐标系中 i 轴与 $\bar{E}$ 坐标系中 j 轴之间夹角的余弦。此外，a_{ij} 还是 $\bar{\boldsymbol{e}}_j$ 在 E 坐标系中 i 轴的分量[见式(A.9)]。根据以上说明，得到方向余弦的一个基本性质：$\bar{\boldsymbol{e}}_j$ 和 $\bar{\boldsymbol{e}}_k$ 的点积为[见式(A.10)]

$$\begin{aligned}\bar{\boldsymbol{e}}_j \cdot \bar{\boldsymbol{e}}_k &= (\boldsymbol{e}_i \cdot \bar{\boldsymbol{e}}_j)(\boldsymbol{e}_i \cdot \bar{\boldsymbol{e}}_k) \\ &= a_{ij}a_{ik}\end{aligned} \tag{A.12}$$

因此，由于矢量 $\bar{\boldsymbol{e}}_j$ 是正交的，可得

$$a_{ij}a_{ik} = \delta_{jk} \tag{A.13}$$

类似地,有

$$a_{ji}a_{ki} = \delta_{jk} \tag{A.14}$$

矢量 $\boldsymbol{x}$ 在 E 和 $\bar{E}$ 坐标系是相同的,但其分量 (x_1, x_2, x_3) 和 $(\bar{x}_1, \bar{x}_2, \bar{x}_3)$ 是不同的:

$$\boldsymbol{x} = \boldsymbol{e}_i x_i = \bar{\boldsymbol{e}}_j \bar{x}_j \tag{A.15}$$

通过将该方程 $\boldsymbol{e}_k$ 和 $\bar{\boldsymbol{e}}_k$ 的点积而得到变换规则:

$$x_k = a_{kj}\bar{x}_j \tag{A.16}$$

$$\bar{x}_k = a_{lk}x_l \tag{A.17}$$

A.1.3 微分

$\boldsymbol{x}$ 的分量是 E 坐标系中的坐标。因此,可以将物理空间中定义的函数相对于 x_i 进行求导。可通过下述练习得到一些有用的结果。

练 习

A.3 推导以下结果:

$$\frac{\partial x_j}{\partial x_i} = \delta_{ij}, \quad \frac{\partial \boldsymbol{x}}{\partial x_i} = e_i, \quad \frac{\partial r}{\partial x_i} = \frac{x_i}{r}, \quad r \equiv (\boldsymbol{x} \cdot \boldsymbol{x})^{1/2}$$

$$\frac{\partial \bar{x}_j}{\partial x_i} = a_{ij}, \quad \frac{\partial x_j}{\partial \bar{x}_i} = a_{ji}, \quad \frac{\partial \bar{x}_i}{\partial x_j}\frac{\partial x_j}{\partial \bar{x}_k} = \delta_{ik} \tag{A.18}$$

A.2 笛卡儿张量的定义

零阶张量是标量。只有 $3^0 = 1$ 个分量,在每个坐标系中具有相同的值。例如密度、温度和压力等物理量,以及矢量的点积。

一阶张量是矢量 $\boldsymbol{u}$:

$$\boldsymbol{u} = \boldsymbol{e}_i u_i = \bar{\boldsymbol{e}}_j \bar{u}_j \tag{A.19}$$

具有 $3^1 = 3$ 个分量,通过如下公式进行变换[参见式(A.17)]:

$$\bar{u}_j = a_{ij}u_i \tag{A.20}$$

接下来的两个练习将阐明,确定式(A.19)形式的量是否为一阶张量的方法是确定其变换规则,随后将该规则与式(A.20)进行比较。

练 习

A.4 设 $\boldsymbol{X}(t)$ 和 $\boldsymbol{U}(t) = \mathrm{d}\boldsymbol{X}(t)/\mathrm{d}t$ 是粒子的位置和速度。确定分量 $U_i(t)$ 和 $\bar{U}_i(t)$ 之间的变换规则;并且证明速度是一阶张量。

A.5 设 $\phi(t)$ 为标量场。确定 $g_i = \partial\phi/\partial x_i$ 与 $\bar{g}_i = \partial\phi/\partial\bar{x}_i$ 之间的转换规则;并证明标量梯度是一阶张量:

$$\nabla\phi = \boldsymbol{g} = \boldsymbol{e}_i g_i = \bar{\boldsymbol{e}}_i \bar{g}_i \tag{A.21}$$

A.2.1 二阶张量

二阶张量 $\boldsymbol{b}$:

$$\boldsymbol{b} = \boldsymbol{e}_i\boldsymbol{e}_j b_{ij} = \bar{\boldsymbol{e}}_k\bar{\boldsymbol{e}}_\ell \bar{b}_{k\ell} \tag{A.22}$$

$\boldsymbol{b}$ 具有 $3^2 = 9$ 个分量,通过式(A.23)进行变换:

$$\bar{b}_{k\ell} = a_{ik}a_{j\ell}b_{ij} \tag{A.23}$$

根据式(A.22)中的 $\boldsymbol{e}_i\boldsymbol{e}_j b_{ij}$ 表达式可以得到几个结果。$\boldsymbol{e}_i$ 与 $\boldsymbol{e}_j$ 之间没有运算符号(如点),并且 $\boldsymbol{e}_i\boldsymbol{e}_j$ 在标准矢量表达式中没有对应项。同理,用于伪下标的符号是无关的。

$$\boldsymbol{e}_p\boldsymbol{e}_q b_{pq} = \boldsymbol{e}_i\boldsymbol{e}_j b_{ij} \tag{A.24}$$

并且,单位矢量的排序很重要:

$$\boldsymbol{e}_i\boldsymbol{e}_j b_{ij} \neq \boldsymbol{e}_j\boldsymbol{e}_i b_{ij} \tag{A.25}$$

事实上,式(A.25)的右侧定义了一个不同的二阶张量,即 $\boldsymbol{b}$ 的转置:

$$\boldsymbol{b}^{\mathrm{T}} = \boldsymbol{e}_i\boldsymbol{e}_j b^{\mathrm{T}}_{ij} = \boldsymbol{e}_i\boldsymbol{e}_j b_{ji} = \boldsymbol{e}_j\boldsymbol{e}_i b_{ij} \tag{A.26}$$

为确定具有式(A.22)形式的量是否为二阶张量,需要确定变化规则并与式(A.23)进行比较。例如,定义 c_{ij} 和 $\bar{c}_{k\ell}$ 为

$$c_{ij} \equiv u_i v_j, \quad \bar{c}_{k\ell} \equiv \bar{u}_k \bar{v}_\ell \tag{A.27}$$

其中,$\boldsymbol{u}$ 和 $\boldsymbol{v}$ 是矢量。它们是二阶张量的分量吗?为了获取答案,需要确定 $\bar{c}_{k\ell}$ 的变化规则,可以根据 $\bar{u}_k$ 和 $\bar{v}_\ell$ 的变换规则得到[式(A.19)]:

$$
\begin{aligned}
\bar{c}_{k\ell} \equiv \bar{u}_k \bar{v}_\ell &= (a_{ik}u_i)(a_{j\ell}v_j) \\
&= a_{ik}a_{j\ell}c_{ij}
\end{aligned} \tag{A.28}
$$

这确实是变换规则表达式[式(A.23)],因此 $\boldsymbol{c} = \boldsymbol{e}_i\boldsymbol{e}_j c_{ij} = \bar{\boldsymbol{e}}_k\bar{\boldsymbol{e}}_\ell \bar{c}_{k\ell}$ 是一个二阶张量。

练　　习

A.6　证明以下是二阶张量的分量:

$$
\delta_{ij}, \quad \frac{\partial^2\phi}{\partial x_i \partial x_j}, \quad \frac{\partial u_i}{\partial x_j}
$$

其中,$\phi(\boldsymbol{x})$ 是标量场;$\boldsymbol{u}(\boldsymbol{x})$ 是矢量场。

A.2.2　高阶张量

直接进行高阶张量的拓展。三阶张量:

$$
\boldsymbol{d} = \boldsymbol{e}_i\boldsymbol{e}_j\boldsymbol{e}_k d_{ijk} = \bar{\boldsymbol{e}}_\ell\bar{\boldsymbol{e}}_m\bar{\boldsymbol{e}}_n \bar{d}_{\ell mn} \tag{A.29}
$$

$\boldsymbol{d}$ 具有 $3^3 = 27$ 个分量,通过式(A.30)进行变换:

$$
\bar{d}_{\ell mn} = a_{i\ell}a_{jm}a_{kn}d_{ijk} \tag{A.30}
$$

一个 N 阶张量 $(N \geqslant 0)$ 的形式为

$$
\boldsymbol{f} = \boldsymbol{e}_i\boldsymbol{e}_j\cdots\boldsymbol{e}_k f_{ij\cdots k} = \bar{\boldsymbol{e}}_\ell\bar{\boldsymbol{e}}_m\cdots\bar{\boldsymbol{e}}_n \bar{f}_{\ell m\cdots n} \tag{A.31}
$$

并且具有 3^N 个分量,通过式(A.32)进行变换:

$$
\bar{f}_{\ell m\cdots n} = a_{i\ell}a_{jm}\cdots a_{kn}f_{ij\cdots k} \tag{A.32}
$$

A.3　张量运算

现在叙述可用张量进行的运算,如果运算对象是张量,则结果也是张量。交由读者来验证该结论。

A.3.1　加法

两个阶数相同的张量可以相加或相减。例如,如果 $\boldsymbol{b}$ 和 $\boldsymbol{c}$ 是二阶张量,则它们的和 $\boldsymbol{s}$ 为

$$
\begin{aligned}
\boldsymbol{s} &= e_i e_j s_{ij} \\
&= \boldsymbol{b} + \boldsymbol{c} = e_i e_j b_{ij} + e_i e_j c_{ij} \\
&= e_i e_j (b_{ij} + c_{ij})
\end{aligned} \tag{A.33}
$$

因此,简单地,以分量的形式表示:

$$s_{ij} = b_{ij} + c_{ij} \tag{A.34}$$

A.3.2 张量积

例如,一阶张量 $\boldsymbol{u}$ 与二阶张量 $\boldsymbol{b}$ 的张量积为三阶张量 $\boldsymbol{d}$:

$$
\begin{aligned}
\boldsymbol{d} &= \boldsymbol{e}_i \boldsymbol{e}_j \boldsymbol{e}_k d_{ijk} \\
&= \boldsymbol{ub} = (\boldsymbol{e}_i u_i)(\boldsymbol{e}_j \boldsymbol{e}_k b_{jk}) \\
&= \boldsymbol{e}_i \boldsymbol{e}_j \boldsymbol{e}_k u_i b_{jk}
\end{aligned} \tag{A.35}
$$

因此,以分量的形式表示:

$$d_{ijk} = u_i b_{jk} \tag{A.36}$$

一般地,N 阶张量与 M 阶张量的张量积是 $N+M$ 阶张量。

标量(即零阶张量)和 N 阶张量的乘积是 N 阶张量。特别地(将标量设为-1),如果 b_{ij} 是张量,则 $-b_{ij}$ 也是张量,因此减法是有效的运算,例如:

$$h_{ij} = b_{ij} - c_{ij} \tag{A.37}$$

式(A.34)、式(A.36)和式(A.37)是分量形式张量方程的例子。在这些方程中,各种表达式通过 +、- 和=隔离。在任何张量方程中,每个表达式都具有相同的自由下标,例如等式(A.36)中的 i、j 和 k。下标的顺序很重要,但不需要在每个表达式中保持一致。例如,以下表达式都是有效的张量方程:

$$d_{ijk} = u_i b_{jk} \tag{A.38}$$

$$d'_{ijk} = u_j b_{ik} \tag{A.39}$$

$$d''_{ijk} = u_j b_{ki} \tag{A.40}$$

但它们定义了不同的张量 $\boldsymbol{d}$、$\boldsymbol{d}'$ 和 $\boldsymbol{d}''$。

收缩(崩坍)(contraction)。对于给定分量 d_{ijk} 的三阶张量:

$$w_k \equiv d_{iik} \tag{A.41}$$

w_1、w_2 和 w_3 是一阶张量的分量吗? 在 $\bar{E}$ 坐标系中,有

$$\bar{d}_{\ell mn} = a_{i\ell} a_{jm} a_{kn} d_{ijk} \tag{A.42}$$

$$\bar{w}_n = \bar{d}_{\ell\ell n} \tag{A.43}$$

在式(A.42)中,将 m 设定为 ℓ, 有

$$\begin{aligned}\bar{d}_{\ell\ell n} &= a_{i\ell}a_{j\ell}a_{kn}d_{ijk}\\ &= \delta_{ij}a_{kn}d_{ijk}\\ &= a_{kn}d_{ikk}\end{aligned} \tag{A.44}$$

因此,可以得到:

$$\bar{w}_n = a_{kn}w_k \tag{A.45}$$

式(A.45)确实是一阶张量的变换规则。

称“将 m 设定为 ℓ”的过程为“将 m 与 ℓ 关联”。一般地,当 N 阶张量($N \geqslant 2$)的任意两个指数(分量)收缩时,结果是 $N-2$ 阶张量。注意,d_{iik}、d_{iji} 和 d_{ijj} 都是 d_{ijk} 的有效(但不同)收缩形式。

A.3.3 内积

如果 $\boldsymbol{b}$ 和 $\boldsymbol{c}$ 分别是二阶张量和三阶张量,则它们的内积是三阶张量 $\boldsymbol{d}$:

$$\begin{aligned}\boldsymbol{d} &= \boldsymbol{b}\cdot\boldsymbol{c}\\ &= (\boldsymbol{e}_i\boldsymbol{e}_j b_{ij})\cdot(\boldsymbol{e}_k\boldsymbol{e}_\ell\boldsymbol{e}_m c_{k\ell m})\\ &= \boldsymbol{e}_i\boldsymbol{e}_\ell\boldsymbol{e}_m\delta_{jk}b_{ij}c_{k\ell m}\\ &= \boldsymbol{e}_i\boldsymbol{e}_\ell\boldsymbol{e}_m b_{ij}c_{j\ell m}\end{aligned} \tag{A.46}$$

因此,以分量的形式表示为

$$d_{i\ell m} = b_{ij}c_{j\ell m} \tag{A.47}$$

通常,取 N 阶张量与 M 阶张量($N, M \geqslant 1$)的内积得到 $N+M-2$ 阶张量。当然,最常见的内积是两个矢量的点积。

A.3.4 除法

没有对应除法的张量运算。(然而,如附录 B 所述,二阶张量可能有一个倒数。)

A.3.5 梯度

通过梯度算子获得张量场的梯度:

$$\nabla \equiv \boldsymbol{e}_i\frac{\partial}{\partial x_i} \tag{A.48}$$

例如,如果 $\boldsymbol{b}(x)$ 是二阶张量场:

$$\boldsymbol{b}(\boldsymbol{x}) = \boldsymbol{e}_i\boldsymbol{e}_j b_{ij}(\boldsymbol{x}) \tag{A.49}$$

那么 $\boldsymbol{b}$ 的梯度是三阶张量 $\boldsymbol{h}$, 并由如下公式给出:

$$\begin{aligned}\boldsymbol{h} &= \boldsymbol{e}_k\boldsymbol{e}_i\boldsymbol{e}_j h_{kij} \\ &= \nabla\boldsymbol{b} = \boldsymbol{e}_k \frac{\partial}{\partial x_k}[\boldsymbol{e}_i\boldsymbol{e}_j b_{ij}(\boldsymbol{x})] \\ &= \boldsymbol{e}_k\boldsymbol{e}_i\boldsymbol{e}_j \frac{\partial b_{ij}}{\partial x_k}\end{aligned} \tag{A.50}$$

或者,以分量的形式表示为

$$h_{kij} = \frac{\partial b_{ij}}{\partial x_k} \tag{A.51}$$

有时,可以采用速记法,即用 $b_{ij,k}$ 表示 $\partial b_{ij}/\partial x_k$。

从式(A.50)可以看出, $\boldsymbol{b}$ 的梯度类似于∇和 $\boldsymbol{b}$ 的张量积。一般地, N 阶张量 ($N \geqslant 0$) 的梯度是 $N+1$ 阶张量。重复应用梯度算子∇可以连续得到更高的导数,如 $-\partial^2 b_{ij}/(\partial x_k \partial x_\ell)$。

A.3.6 散度

张量 $\boldsymbol{b}$ 的散度是∇和 $\boldsymbol{b}$ 的内积:

$$\begin{aligned}\nabla\cdot\boldsymbol{b} &= \boldsymbol{e}_k \frac{\partial}{\partial x_k}[\boldsymbol{e}_i\boldsymbol{e}_j b_{ij}(\boldsymbol{x})] \\ &= \delta_{ki}\boldsymbol{e}_j \frac{\partial b_{ij}}{\partial x_k} = \boldsymbol{e}_j \frac{\partial b_{ij}}{\partial x_i}\end{aligned} \tag{A.52}$$

通常, N 阶张量 ($N \geqslant 1$) 的散度是 $N-1$ 阶张量。特别地,矢量的散度为标量。

A.3.7 拉普拉斯算子

拉普拉斯算子是标量运算:

$$\begin{aligned}\nabla^2 = \nabla\cdot\nabla &= \left(\boldsymbol{e}_i \frac{\partial}{\partial x_i}\right)\cdot\left(\boldsymbol{e}_j \frac{\partial}{\partial x_j}\right) \\ &= \delta_{ij}\frac{\partial^2}{\partial x_i \partial x_j} = \frac{\partial^2}{\partial x_i \partial x_i}\end{aligned} \tag{A.53}$$

A.3.8 泰勒级数

如果$\boldsymbol{b}(x)$是一个光顺的二阶张量场，则位置$\boldsymbol{y}+\boldsymbol{r}$处的$\boldsymbol{b}$值可以从$\boldsymbol{y}$处的$\boldsymbol{b}$值及其导数的泰勒级数得到。

以分量的形式，泰勒级数可表示为

$$b_{ij}(\boldsymbol{y}+\boldsymbol{r}) = b_{ij}(\boldsymbol{y}) + \left(\frac{\partial b_{ij}}{\partial x_k}\right)_{\boldsymbol{y}} r_k + \frac{1}{2!}\left(\frac{\partial^2 b_{ij}}{\partial x_k \partial x_\ell}\right)_{\boldsymbol{y}} r_k r_\ell + \frac{1}{3!}\left(\frac{\partial^3 b_{ij}}{\partial x_k \partial x_\ell \partial x_m}\right)_{\boldsymbol{y}} r_k r_\ell r_m + \cdots \tag{A.54}$$

不同阶的张量情况类似。

A.3.9 高斯定理

高斯定理适用于任何阶的张量场（一次连续可微），这里选择二阶张量$\boldsymbol{b}(x)$作为示例。

设$\mathcal{A}$为包围体积$\mathcal{V}$的分段光滑可定向闭合表面，设n表示$\mathcal{A}$上指向外侧的单位法线（图4.1）。随后有

$$\iiint_{\mathcal{V}} \frac{\partial b_{ij}}{\partial x_k} \mathrm{d}V = \iint_{\mathcal{A}} b_{ij} n_k \mathrm{d}A \tag{A.55}$$

其中，$\mathrm{d}A$和$\mathrm{d}V$分别是单元面积和体积。如果i和k收缩，结果就是散度定理。

A.3.10 符号

涉及张量的方程可以直接用符号表示，如$\boldsymbol{b}=\boldsymbol{c}$，或者用下标符号表示，如$b_{ij}=c_{ij}$。遵循流体力学的传统，对二阶或更高阶张量使用下标符号，而对一阶张量交替使用两种符号（例如，$\nabla\cdot\boldsymbol{u}=\partial u_i/\partial x_i$）。

在使用下标表示时，遵循引用“张量b_{ij}”的常规做法。然而，应当清楚，更准确的表述是，b_{ij}为E坐标系中张量$\boldsymbol{b}$的$i-j$分量。

练 习

A.7 $\boldsymbol{u}(x)$是矢量场，而$\phi(\boldsymbol{x})$和$\theta(\boldsymbol{x})$是标量场，用笛卡儿张量下标表示：

(1) $\boldsymbol{u}=\nabla\phi$;

(2) $\theta=\nabla\cdot\boldsymbol{u}$;

(3) 根据(1)和(2)推导ϕ与θ的关联方程。

A.8 u_i、A_{ij}、B_{ijk}及$C_{ijk\ell}$是给定的张量（不是张量场）。在(1)~(5)中，使用

所有这些张量来完成指定量的有效方程。

(1) 标量：ϕ =

(2) 一阶张量：v_j =

(3) 二阶张量：$T_{k\ell}$ =

(4) 三阶张量：F_{pqr} =

(5) 四阶张量：$V_{ijk\ell}$ =

[例如，(1)的一个可能的答案是 $\phi = A_{ii} + u_i B_{iji} + C_{iijj}$。]

A.9 设 $\boldsymbol{u}(x, t)$ 为速度场，$\boldsymbol{n}$ 为给定的单位矢量。使用笛卡儿张量下标表示法，写出以下表达式：

(1) 流体加速度；

(2) $\boldsymbol{n}$ 方向上的加速度分量；

(3) 垂直于 $\boldsymbol{n}$ 平面上的速度分量。

A.10 考虑两个移动点 A 和 B，其位置为 $\boldsymbol{X}^A(t)$ 和 $\boldsymbol{X}^B(t)$，并且其速度为 $\boldsymbol{u}^A(t)$ 和 $\boldsymbol{u}^B(t)$。设 $s(t)$ 表示 A 与 B 之间的距离，并设 $n(t)$ 为 $\boldsymbol{X}^A(t) - \boldsymbol{X}^B(t)$ 方向上的单位矢量。使用笛卡儿张量下标表示法，得到如下表达式：

(1) 以 $\boldsymbol{X}_i^A(t)$ 和 $\boldsymbol{X}_i^B(t)$ 的形式表示 s；

(2) 以 $\boldsymbol{X}_i^A(t)$、$\boldsymbol{X}_i^B(t)$ 和 s 形式表示 n_i；

(3) 以 n_i、$\boldsymbol{u}_i^A(t)$ 和 $\boldsymbol{u}_i^B(t)$ 的形式表示 $\dfrac{\mathrm{d}s}{\mathrm{d}t}$；

(4) n_i、$\boldsymbol{u}_i^A(t)$、$\boldsymbol{u}_i^B(t)$ 及 s 的形式表示 $\dfrac{\mathrm{d}n_i}{\mathrm{d}t}$。

A.4 矢量叉积

在推导笛卡儿张量时，引入了许多矢量运算中直接等价的量-标量、矢量、点积、梯度以及散度。然而，对于笛卡儿张量，没有与叉积或旋度等价的运算。围绕这一结果的考虑不太明显，往往不被重视或误解。但在湍流建模的背景下，这是一个重要的问题，在本节中对此进行了说明和澄清。

可以通过式(A.56)定义的交换符号(或者 Levi-Civita 符号)以下标形式表示叉积：

$$\varepsilon_{ijk} = \begin{cases} 1, & (i, j, k)\ \text{是循环} \\ -1, & (i, j, k)\ \text{是逆循环} \\ 0, & \text{其他} \end{cases} \tag{A.56}$$

循环顺序为 123、231 及 312;逆序为 321、132 及 213;否则,两个或多个下标是相同的。两个矢量 $\boldsymbol{u}$ 和 $\boldsymbol{v}$ 的叉积为

$$\begin{aligned} \boldsymbol{r} = \boldsymbol{u} \times \boldsymbol{v} &= \det \begin{vmatrix} \boldsymbol{e}_1 & \boldsymbol{e}_2 & \boldsymbol{e}_3 \\ u_1 & u_2 & u_3 \\ v_1 & v_2 & v_3 \end{vmatrix} \\ &= \varepsilon_{ijk} \boldsymbol{e}_i u_j v_k \end{aligned} \tag{A.57}$$

因此,分量为

$$r_i = \varepsilon_{ijk} u_j v_k \tag{A.58}$$

例如:

$$\begin{aligned} r_1 &= \varepsilon_{123} u_2 v_3 + \varepsilon_{132} u_3 v_2 \\ &= u_2 v_3 - u_3 v_2 \end{aligned} \tag{A.59}$$

类似地,如果 $\boldsymbol{U}(\boldsymbol{x})$ 是矢量场(如速度),则其旋度 $\boldsymbol{\omega}(\boldsymbol{x}) = \nabla \cdot \boldsymbol{U}$(即涡量)为

$$\boldsymbol{\omega} = e_i \varepsilon_{ijk} \frac{\partial U_k}{\partial x_j} \tag{A.60}$$

其分量为

$$\omega_i = \varepsilon_{ijk} \frac{\partial U_k}{\partial x_j} \tag{A.61}$$

$\boldsymbol{r}$ 和 $\boldsymbol{\omega}$ 是一阶张量吗?从式(A.58)和式(A.61)明显可以看出,答案取决于 ε_{ijk} 是否是三阶张量。通过一个简单的例子就可以说明 ε_{ijk} 不是张量。通过 E 坐标系中的每个轴进行反射得到 $\bar{E}$ 坐标系,即 $\bar{\boldsymbol{e}}_i = -\boldsymbol{e}_i$。方向余弦为

$$a_{ij} = e_i \cdot \bar{e}_j = e_i \cdot (-e_j) = -\delta_{ij} \tag{A.62}$$

因此:

$$\begin{aligned} a_{ip} a_{jq} a_{kr} \varepsilon_{ijk} &= (-\delta_{ip})(-\delta_{jq})(-\delta_{kr}) \varepsilon_{ijk} \\ &= -\varepsilon_{pqr} \end{aligned} \tag{A.63}$$

由于存在负号,不符合三阶张量的变换规则。[可以看出,如果反射次数为偶数(即 0 或 2),则 ε_{ijk} 按照张量进行变换,但如果是奇数(即 1 或 3),则根据式(A.63)进行变换。]

可以得出结论,叉积 $\boldsymbol{r} = \boldsymbol{u} \times \boldsymbol{v}$ 和旋度 $\boldsymbol{\omega} = \nabla \cdot \boldsymbol{U}$ 不是一阶张量:称为伪矢量更为恰当。

左右手定则是矢量和伪矢量问题的核心。在矢量运算中,坚持使用固定的坐

标系——通常是右手定则,如图 A.1 所示。物体、运动和流动也可能表现出左右手定则,常见的例子是右手和左手螺丝。

如图 A.3 所示,(在右手坐标系中)旋转箭头从观察者向镜子移动。箭头的速度用矢量 $\boldsymbol{u}$ 表示,旋转速率用伪矢量 $\boldsymbol{\omega}$ 表示。

$\boldsymbol{u}$ 和 $\boldsymbol{\omega}$ 都平行于箭头的轴线,从尾部指向头部。乘积 $\boldsymbol{u} \cdot \boldsymbol{\omega}$ 为正,对应于右手螺旋运动。图 A.3 中还显示了镜子中箭头的反射,反射图像也是一个箭头,以速度 $\boldsymbol{u}_r = -\boldsymbol{u}$ 朝观察者移动,并以速率 $\boldsymbol{\omega}_r = \boldsymbol{\omega}$ 旋转,这说明了在反射条件下矢量与伪矢量之间的差异。值得注意的是,对于镜子内的箭头,$\boldsymbol{u}_r \cdot \boldsymbol{\omega}_r$ 为负,对应左手螺旋运动。

图 A.4 显示了在左手坐标系中的相同运动。$\boldsymbol{\omega}$ 的方向相反,箭头的右手螺旋运动现在对应于 $\boldsymbol{u} \cdot \boldsymbol{\omega}$ 值为负。

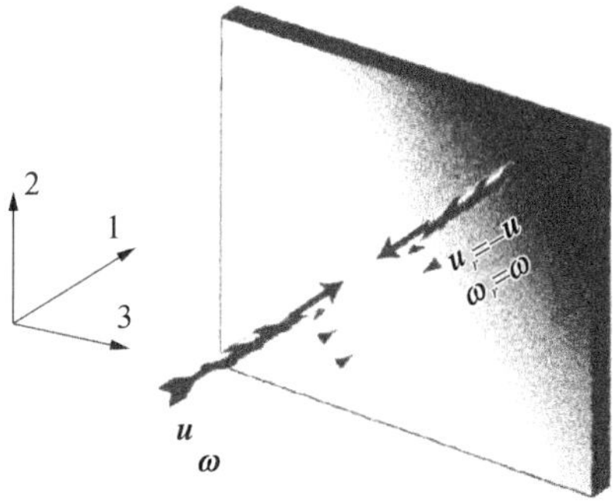

图 A.3 在右手坐标系中向镜子移动的旋转箭头(左下)及其在镜子中的图像(右上)

速度矢量 $\boldsymbol{u}$ 改变方向,但旋转伪矢量 $\boldsymbol{\omega}$ 不改变方向

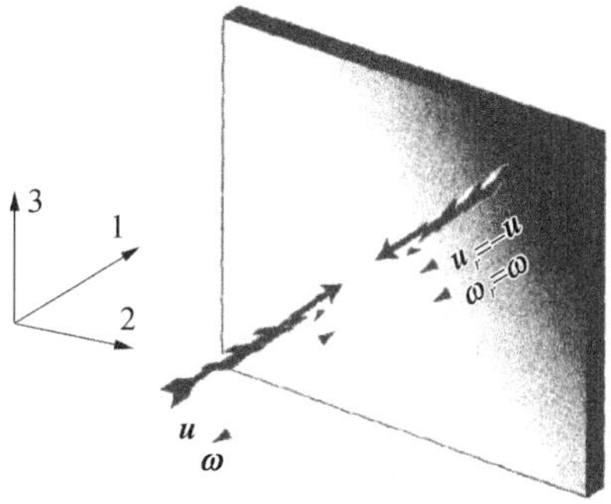

图 A.4 左手坐标系旋转箭头及镜子中与图 A.3 所示相同的图像

注意旋转伪向量 $\boldsymbol{\omega}$ 的方向

重点考虑这些因素的原因是,力学定律和牛顿流体的性质均不偏向于右手或左手运动 2。为了解释相反的行为,考虑以下方程:

$$\frac{\partial \boldsymbol{\omega}}{\partial t} = u\boldsymbol{\omega} \cdot \boldsymbol{\omega} \tag{A.64}$$

旨在模拟流体运动的某些方面[$\boldsymbol{u}(x, t)$ 和 $\boldsymbol{\omega}(x, t)$ 是速度场和涡量场]。除了缺乏物理基础之外,该方程是一个糟糕的模型,因为它在维数上是不正确的,并且违反了伽利略不变性原则(见第 2.9 节)。与本讨论相关的是,该方程错误地将潜在的运动偏向于特定的惯用手。为了说明该情况,选择局部右手坐标系,以便(在观测时刻和位置)速度在 $\boldsymbol{e}_1$ 方向。然后,根据式(A.64),$\boldsymbol{\omega}$ 的分量演变为

$$\frac{\partial \omega_1}{\partial t} = |\boldsymbol{u}||\boldsymbol{\omega}|^2 \geqslant 0 \tag{A.65}$$

$$\frac{\partial\omega_2}{\partial t}=\frac{\partial\omega_3}{\partial t}=0 \tag{A.66}$$

注：流动可能会偏向一个方向或另一方向，但这种偏向是由初始和边界条件决定，而不是控制方程决定。

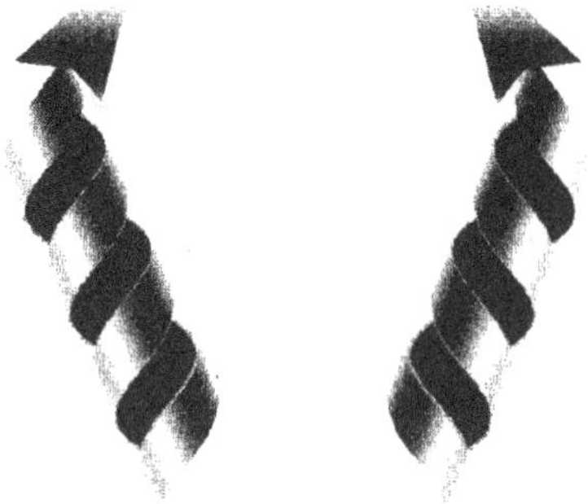

(a) 旋度为正 (b) 旋度为负

图 A.5 旋度为正 ($\boldsymbol{u}\cdot\boldsymbol{\omega}>0$) 和旋度为负 ($\boldsymbol{u}\cdot\boldsymbol{\omega}<0$) 的螺旋运动示意图

从式(A.65)可以看出，该模型意味着 $\boldsymbol{\omega}$ 在 $\boldsymbol{u}$ 方向上的分量总是增加，因此偏向正值；或者是等价的，如图 A.5 所示，旋度 $\boldsymbol{u}\cdot\boldsymbol{\omega}$ 偏向于对应于右手螺旋运动的正值。如果改用左手坐标系，则式(A.64)将意味着偏向左手螺旋运动。

力学定律和牛顿流体的性质都是无偏向性的，因此式(A.64)等有偏方程从根本上是错误的。在构建描述湍流的模型方程时，我们需要确保没有偏向性，可以通过以笛卡儿张量表示方程来用实现。因此，在右手和左手坐标系中，包含运动是相同的。因此，基于这种对称性，不可能存在偏向性。笛卡儿张量的坐标系对称性来源于反射所需的变换性质中。

结论总结如下。

(1) 交换符号 ε_{ijk} 不是三阶张量，$\boldsymbol{r}=\boldsymbol{u}\times\boldsymbol{v}$ 和 $\boldsymbol{\omega}=\nabla\cdot\boldsymbol{u}$ 不是一阶张量，它们是在(奇数个)坐标轴的反射下不以张量转换的伪矢量。

(2) 用笛卡儿张量(有效地)表示的方程所包含的物理运动相对于左右手定则是无偏向性的，并且与左右手坐标系的选择无关。

(3) 与(2)相反，用矢量表示法表示包含伪矢量的方程，或等价于以下标表示包含 ε_{ijk} 或伪矢量的方程，将导致物理运动在左右手坐标系中具有非对称性，并依赖于左右手坐标系选择的误导。

鉴于(3)，在构造描述流体运动的方程时，应避免使用 ε_{ijk} 和伪矢量，可以将其有效且有用地用于其他情况。特别是，涡量和涡量方程是理解流体力学中诸多现象的核心。

还可以认识到，由于相互抵消，包含偶数次交换符号的表达式可以像张量一样变换。因此，这些表达式可以重新表示为张量。

练 习

A.11 证明以下表达式：

$$\varepsilon_{ijk} = \varepsilon_{jki} = \varepsilon_{kij} = -\varepsilon_{jik} \tag{A.67}$$

$$\varepsilon_{iik} = 0 \tag{A.68}$$

$$\varepsilon_{ijk}\varepsilon_{\ell mk} = \delta_{i\ell}\delta_{jm} - \delta_{im}\delta_{j\ell} \tag{A.69}$$

$$\varepsilon_{ijk}\varepsilon_{ijk} = 6 \tag{A.70}$$

A.12 通过式(A.61)表明:

$$\omega_i = -\varepsilon_{ijk}\frac{\partial U_j}{\partial x_k} = -\varepsilon_{ijk}\Omega_{jk} \tag{A.71}$$

其中,速率-旋转张量为

$$\Omega_{ij} \equiv \frac{1}{2}\left(\frac{\partial U_i}{\partial x_j} - \frac{\partial U_j}{\partial x_i}\right) \tag{A.72}$$

并写出 ω_1、ω_2 和 ω_3 的显式表达式。

A.13 证明:

$$\Omega_{ij} = -\frac{1}{2}\varepsilon_{ijk}\omega_k \tag{A.73}$$

并将该方程两边重新以 3×3 的矩阵显示表示。

A.14 验证:

$$\begin{aligned}\varepsilon_{ijk}\varepsilon_{\ell mn} = {} & \delta_{i\ell}\delta_{jm}\delta_{kn} + \delta_{im}\delta_{jn}\delta_{k\ell} + \delta_{in}\delta_{j\ell}\delta_{km} \\ & - \delta_{in}\delta_{jm}\delta_{k\ell} - \delta_{im}\delta_{j\ell}\delta_{kn} - \delta_{i\ell}\delta_{jn}\delta_{km}\end{aligned} \tag{A.74}$$

A.5 笛卡儿张量下标符号的总结

将使用下标表示与笛卡儿张量有关的定义、规则和运算总结如下。

(1) 在张量方程中,张量表达式通过 +、- 和 = 隔离,例如:

$$b_{ij} + c_{ij} = f_{ijkk} \tag{A.75}$$

(2) 在张量表达式中,出现一次的下标为一个自由下标[例如,式(A.75)中的 i 和 j]。

(3) 在张量表达式中,出现两次的下标是一个重复下标或虚拟下标(例如,d_{ijkk} 中的下标 k)。使用虚拟下标的符号不是实质的,即 $d_{ijkk} = d_{ijpp}$。

(4) 求和约定:重复下标意味着求和,即

$$d_{ijkk} = \sum_{k=1}^{3} d_{ijkk} \quad (A.76)$$

(5) 在张量表达式中,下标不能出现两次以上。例如,表达式 f_{ijii} 无效。

(6) 具有 N 个自由下标的张量表达式(或更准确地,表示分量)是 N 阶张量。例如,式(A.75)中的每个表达式都是二阶张量。

(7) 张量方程中的每个表达式都必须是相同阶的张量,具有相同的自由下标(不一定是相同阶)。式(A.75)有效,而 $b_{ij} = d_{ijk}$ 和 $b_{ij} = c_{ik}$ 都是无效的。

(8) 定义克罗内克函数 δ_{ij} 如下:

$$\delta_{ij} = \begin{cases} 1, & i = j \\ 0, & i \neq j \end{cases} \quad (A.77)$$

δ_{ij} 是一个二阶张量,且 $\delta_{ij} = 3$。

(9) 式(A.56)中的交换符号 ε_{ijk} 不是一个张量。

(10) 另外,例如 $b_{ijk} = c_{ijk} + d_{ikj}$,每个张量必须具有相同的阶数和相同的自由下标。

(11) N 阶张量与 M 阶张量的张量积是 $(N+M)$ 阶张量,例如,$b_{ijk\ell m} = c_{ij}d_{k\ell m}$。

(12) 通过将两个自由下标变为重复下标,可以压缩 N 阶张量 $(N \geqslant 2)$,结果是 $N-2$ 阶张量。d_{ijk} 的不同收缩形式有:d_{iik}、d_{iji} 和 d_{ijj}。

(13) N 阶张量与 M 阶张量 $(N \geqslant 1, M \geqslant 1)$ 的内积是 $N+M-2$ 阶张量,例如:$f_{ik\ell} = c_{ij}d_{jk\ell}$。

(14) 替换准则是具有克罗内克函数的内积,例如:

$$\delta_{ij}c_{jk} = c_{ik} \quad (A.78)$$

(15) 没有对应除法的张量运算。

(16) 张量的梯度是高一阶的张量,例如,$d_{jk\ell} = \partial c_{k\ell}/\partial x_i$。

(17) N 阶张量 $(N \geqslant 1)$ 的散度是 $(N-1)$ 阶张量,例如,$v_k = \partial c_{jk}/\partial x_j$。

(18) 没有对应向量叉积或旋度的张量运算。

附录 B

二阶张量性质

在湍流研究中，我们遇到一些二阶张量，特别是速度梯度张量 $\partial U_i/\partial x_j$、黏性应力张量 $\boldsymbol{\tau}_{ij}$ 和雷诺应力张量 $\langle u_i u_j \rangle$。本附录的目的是回顾这些在书中使用的张量的一些性质。

B.1 矩阵表示法

一个二阶张量 $\boldsymbol{b}$ 中的分量 b_{ij} 构成一个 3×3 的矩阵：

$$\boldsymbol{B} = \begin{bmatrix} b_{11} & b_{12} & b_{13} \\ b_{21} & b_{22} & b_{23} \\ b_{31} & b_{32} & b_{33} \end{bmatrix} \tag{B.1}$$

类似地，一阶张量 $\boldsymbol{u}$ 中的分量 u_i 构成一个向量：

$$\boldsymbol{U} = \begin{bmatrix} u_1 \\ u_2 \\ u_3 \end{bmatrix} \tag{B.2}$$

因此，在线性代数中很熟悉的矩阵的性质可直接应用于二阶张量。

在继续之前，先阐明符号和术语的这两个方面。首先，在本附录中，用小写字母（例如，$\boldsymbol{b}$ 和 $\boldsymbol{u}$）表示张量，用大写字母表示相应的矩阵和列向量（例如，$\boldsymbol{B}$ 和 $\boldsymbol{U}$）。其次，术语“向量”在笛卡儿张量和矩阵分析中都有使用。必要时，可用术语“一阶张量”和“列向量”来区分这两种不同的含义。表 B.1 显示了所考虑的三种符号表示的各种操作。

表 B.1 用各种符号表示的一阶和二阶张量运算

运　算	笛卡儿张量直接符号	笛卡儿张量后缀符号	矩阵符号
两个向量的内积	$\boldsymbol{u}\cdot\boldsymbol{v}$	$u_i v_i$	$\boldsymbol{U}^{\mathrm{T}}\boldsymbol{V}$
两个向量的张量积	$\boldsymbol{u}\boldsymbol{v}$	$u_i v_j$	$\boldsymbol{U}\boldsymbol{V}^{\mathrm{T}}$
二阶张量与向量的内积	$\boldsymbol{b}\cdot\boldsymbol{u}$	$b_{ij}u_j$	$\boldsymbol{B}\boldsymbol{U}$
二阶张量转置与向量的内积	$\boldsymbol{b}^{\mathrm{T}}\cdot\boldsymbol{u}$	$b_{ji}u_j$	$\boldsymbol{B}^{\mathrm{T}}\boldsymbol{U}$
两个二阶张量的内积	$\boldsymbol{b}\cdot\boldsymbol{c}$	$b_{ij}c_{jk}$	$\boldsymbol{B}\boldsymbol{C}$
两个二阶张量的加	$\boldsymbol{b}+\boldsymbol{c}$	$b_{ij}+c_{ij}$	$\boldsymbol{B}+\boldsymbol{C}$

B.2 分解

二阶张量的唯一收缩 b_{ii} 对应于矩阵 $\boldsymbol{B}$ 的迹，即 trace($\boldsymbol{B}$)，也就是对角分量的和：

$$b_{ii}=\mathrm{trace}(\boldsymbol{B})=b_{11}+b_{22}+b_{33} \tag{B.3}$$

迹可用于将张量分解为各向同性部分和偏差部分。根据定义，各向同性张量在每个坐标系都有相同的分量。不存在奇阶各向同性张量，而各向同性二阶张量是一个含有克罗内克(Kronecker delta)的标量。$\boldsymbol{b}$ 的各向同性部分是

$$b_{ij}^{I}=\frac{1}{3}b_{\ell\ell}\delta_{ij} \tag{B.4}$$

根据定义，偏张量的迹为零，所以 $\boldsymbol{b}$ 的偏差部分是

$$b'_{ij}\equiv b_{ij}-\frac{1}{3}b_{\ell\ell}\delta_{ij} \tag{B.5}$$

因此，$\boldsymbol{b}$ 可以作如下分解：

$$b_{ij}=\frac{1}{3}b_{\ell\ell}\delta_{ij}+b'_{ij} \tag{B.6}$$

或者，写成矩阵形式，$\boldsymbol{I}$ 表示 3×3 的单位矩阵(对应于 δ_{ij})，上述分解可以写为

$$\boldsymbol{B}=\frac{1}{3}\mathrm{trace}(\boldsymbol{B})\boldsymbol{I}+\boldsymbol{B}' \tag{B.7}$$

其中,

$$\boldsymbol{B}' = \boldsymbol{B} - \frac{1}{3}\text{trace}(\boldsymbol{B})\boldsymbol{I} \tag{B.8}$$

偏差部分可以进一步分解为对称（S）和反对称（R）部分:

$$s_{ij} = \frac{1}{2}(b'_{ij} + b'_{ji}) = s_{ji} \tag{B.9}$$

$$r_{ij} = \frac{1}{2}(b'_{ij} - b'_{ji}) = -r_{ji} \tag{B.10}$$

或者,用矩阵符号表示:

$$\boldsymbol{S} = \frac{1}{2}(\boldsymbol{B}' + \boldsymbol{B}'^{\mathrm{T}}) = \boldsymbol{S}^{\mathrm{T}} \tag{B.11}$$

$$\boldsymbol{R} = \frac{1}{2}(\boldsymbol{B}' - \boldsymbol{B}'^{\mathrm{T}}) = -\boldsymbol{R}^{\mathrm{T}} \tag{B.12}$$

因此,二阶张量 b 可以分解为一个各向同性部分 $\frac{1}{3}b_{\ell\ell}\delta_{ij}$、一个对称偏离部分 s_{ij} 和一个反对称偏离部分 r_{ij}:

$$b_{ij} = \frac{1}{3}b_{\ell\ell}\delta_{ij} + s_{ij} + r_{ij} \tag{B.13}$$

练　习

B.1 在 s_{ij} 为对称、r_{ij} 为反对称的情况下,用角标和矩阵两种形式证明如下:

(1) r_{ij} 的对角线分量为零;

(2) $s_{ik}s_{kj}$, $r_{ik}r_{kj}$, $s_{ik}s_{kj} + r_{ik}r_{kj}$ 是对称的;

(3) $s_{ik}r_{kj} - s_{jk}r_{ki}$ 是反对称的;

(4) $s_{ij}r_{ji} = 0$。

B.3 酉变换

方向余弦 a_{ij} 的矩阵 $\boldsymbol{A}$ 是酉矩阵。回顾定义 $a_{ij} \equiv \bar{e}_i \cdot \bar{e}_j$, 可能会发现, $\boldsymbol{A}$ 的 j 列是与 E 坐标系中 $\bar{e}_j$ 分量对应的列向量,因此 $\boldsymbol{A}$ 的列是相互正交的单位向量。因此,

根据式(A.13)及式(A.14),可得

$$A^{\mathrm{T}}A = AA^{\mathrm{T}} = I \tag{B.14}$$

一阶和二阶张量[式(A.17)和式(A.23)]的转换规则相对应,因此酉变换为

$$\bar{X} = A^{\mathrm{T}}X \tag{B.15}$$

$$\bar{B} = A^{\mathrm{T}}BA \tag{B.16}$$

B.4 主轴

现在进一步考虑对称(不一定偏差)二阶张量的性质。由从线性代数[例如:Franklin(1968)的研究],可得到以下重要的结果。如果 $\boldsymbol{S}$ 是一个实对称矩阵,那么存在对角化 S 的酉矩阵 $\widetilde{\boldsymbol{A}}$:

$$\widetilde{A}^{\mathrm{T}}S\widetilde{A} = \Lambda = \begin{bmatrix} \lambda_1 & 0 & 0 \\ 0 & \lambda_2 & 0 \\ 0 & 0 & \lambda_3 \end{bmatrix} \tag{B.17}$$

对角线分量 λ_1、λ_2、λ_3(实分量)是 $\boldsymbol{S}$ 的特征值,$\widetilde{\boldsymbol{A}}$ 的列($\tilde{e}_1$、$\tilde{e}_2$、$\tilde{e}_3$)是对应的特征向量。根据他们的定义,特征向量和特征向量满足等式:

$$S\tilde{e}_{(i)} = \lambda_{(i)}\tilde{e}_{(i)} \tag{B.18}$$

其中,括号后缀表示排除在求和约定之外。特征向量 $\tilde{e}_1$、$\tilde{e}_2$ 和 $\tilde{e}_3$ 为一种特殊的坐标系提供了正交基——称为 $\boldsymbol{S}$ 的主轴。

如果特征值是不同的,那么单位特征向量决定于它们的顺序和符号。因此,主轴根据反射和轴的 90°旋转确定。如果两个特征值相等,$\lambda_1 = \lambda_2 \neq \lambda_3$,那么与 $\tilde{e}_3$ 正交的每个向量都是一个特征向量。因此,任何包含 $\tilde{e}_3$ 作为基矢的坐标系都提供了 $\boldsymbol{S}$ 的主轴。如果所有三个特征值相等,$\lambda_1 = \lambda_2 = \lambda_3 = \lambda$,那么 $S = \lambda I$,每个向量都是一个特征向量,每个坐标系都提供了主轴。

通常有对角线分量和非对角线分量之间的区别。例如,对于应力张量,对角线分量是法向应力,非对角线分量是剪应力。上述结果表明,这种区别不是内在的,而是完全取决于坐标系:在主轴上,对角线以外的分量为零。本质的区别在于张量的各向同性部分和各向异性偏差部分。

练 习

B.2 假设 $\widetilde{A}$ 的列是特征向量 $\tilde{e}_1$、$\tilde{e}_2$、$\tilde{e}_3$,得到如下结果:

$$\tilde{\boldsymbol{A}}^{\mathrm{T}}\tilde{\boldsymbol{e}}_1 = \begin{bmatrix} 1 \\ 0 \\ 0 \end{bmatrix} \tag{B.19}$$

$$\boldsymbol{\Lambda}\tilde{\boldsymbol{A}}^{\mathrm{T}}\tilde{\boldsymbol{e}}_1 = \begin{bmatrix} \lambda_1 \\ 0 \\ 0 \end{bmatrix} \tag{B.20}$$

$$\tilde{\boldsymbol{A}}\boldsymbol{\Lambda}\tilde{\boldsymbol{A}}^{\mathrm{T}}\tilde{\boldsymbol{e}}_1 = \lambda_1\tilde{\boldsymbol{e}}_1 \tag{B.21}$$

最后结果的含义是什么?

B.3 从方程(B.17)中可以得到结果:

$$\boldsymbol{\Lambda}^2 \equiv \boldsymbol{\Lambda}\boldsymbol{\Lambda} = \begin{bmatrix} \lambda_1^2 & 0 & 0 \\ 0 & \lambda_2^2 & 0 \\ 0 & 0 & \lambda_3^2 \end{bmatrix} \tag{B.22}$$

$$\boldsymbol{S} = \tilde{\boldsymbol{A}}\boldsymbol{\Lambda}\tilde{\boldsymbol{A}}^{\mathrm{T}} \tag{B.23}$$

$$\boldsymbol{S}^2 \equiv \boldsymbol{S}\boldsymbol{S} = \tilde{\boldsymbol{A}}\boldsymbol{\Lambda}^2\tilde{\boldsymbol{A}}^{\mathrm{T}} \tag{B.24}$$

因此,$\boldsymbol{S}$ 的主轴也是 $\boldsymbol{S}^2$ 的主轴,并且(通过递归)也是 $\boldsymbol{S}^3$, $\boldsymbol{S}^4$, …。

B.4 令 $v^{(\alpha)}$, $\alpha = 1, 2, 3$, 为相互正交的向量,通过式(B.25)定义对称二阶张量 $\boldsymbol{s}$:

$$s_{ij} = v_i^{(1)}v_j^{(1)} + v_i^{(2)}v_j^{(2)} + v_i^{(3)}v_j^{(3)} \tag{B.25}$$

通过考虑主轴下的 $\boldsymbol{s}$, 表明它的特征向量是

$$\lambda_\alpha = v^{(\alpha)} \cdot v^{(\alpha)} \geqslant 0$$

并且,(对于 $\lambda_\alpha \neq 0$) 相应的单位特征向量是

$$\tilde{\boldsymbol{e}}_\alpha = \boldsymbol{v}^{(\alpha)}/(\boldsymbol{v}^{(\alpha)} \cdot \boldsymbol{v}^{(\alpha)})^{1/2} \tag{B.26}$$

[因此,任一个对称半正定二阶张量具有方程(B.25)的分裂形式。]

令 $\boldsymbol{f}$、$\boldsymbol{g}$ 和 $\boldsymbol{h}$ 为相互正交单位向量,利用练习 B.4 的结果,显示:

$$f_i f_j + g_i g_j + h_i h_j = \delta_{ij} \tag{B.27}$$

B.5 不变量

对于任意二阶张量 $\boldsymbol{b}$, 幂可以定义为

$$\boldsymbol{b}^2 \equiv \boldsymbol{b} \cdot \boldsymbol{b}, \quad \boldsymbol{b}^3 \equiv \boldsymbol{b} \cdot \boldsymbol{b} \cdot \boldsymbol{b} \tag{B.28}$$

相应的举证表达式为

$$\boldsymbol{B}^2 = \boldsymbol{BB}, \quad \boldsymbol{B}^3 = \boldsymbol{BBB} \tag{B.29}$$

写成分量 b_{ij} 的形式,方程(B.28)为

$$b_{ij}^2 = b_{ik} b_{kj}, \quad b_{ij}^3 = b_{ik} b_{k\ell} b_{\ell j} \tag{B.30}$$

注意 b_{ij}^2 表示 $\boldsymbol{b}^2$ 的 $i-j$ 分量,而不是 $\boldsymbol{b}$ 的 $i-j$ 分量的平方,即 $(b_{ij})^2$ [九个分量 $(b_{ij})^2$ 不是一个张量的分量]。

从一个张量中得到的标量(即 b_{ii}, $b_{ii}^2 = b_{ij}b_{ji}$; $b_{ii}^3 = b_{ij}b_{jk}b_{ki}$) 称为不变量,因为它们的值在任意坐标系中都是相同的。对于一个对称二阶张量 $\boldsymbol{s}$(相应的矩阵为 $\boldsymbol{S}$),三个主要不变量定义为

$$I_s = s_{it} = \mathrm{trace}(\boldsymbol{S}) \tag{B.31}$$

$$II_s = \frac{1}{2}[(s_{ii})^2 - s_{ii}^2] = \frac{1}{2}\{[\mathrm{trace}(\boldsymbol{S})]^2 - \mathrm{trace}(\boldsymbol{S}^2)\} \tag{B.32}$$

$$III_s = \frac{1}{6}(s_{ii})^3 - \frac{1}{2}s_{ii}s_{jj}^2 + \frac{1}{3}s_{ii}^3 = \det(\boldsymbol{S}) \tag{B.33}$$

其中,det 表示行列式。

根据定义,不变量在每个坐标系中都是同样的。在主轴中计算给出主要的不变量,得到:

$$I_s = \lambda_1 + \lambda_2 + \lambda_3 \tag{B.34}$$

$$II_s = \lambda_1\lambda_2 + \lambda_2\lambda_3 + \lambda_1\lambda_3 \tag{B.35}$$

$$III_s = \lambda_1\lambda_2\lambda_3 \tag{B.36}$$

应当注意到 I_s、II_s 和 III_s 是不依赖于特征值顺序的线性、平方及立方的最简单、最可能的组合。

B.6 特征方程

特征值-特征向量方程[式(B.18)]可以写为

$$(\boldsymbol{S} - \lambda \boldsymbol{I})\tilde{e} = 0 \tag{B.37}$$

并且,从线性方程的理论可知,只有 $(\boldsymbol{S} - \lambda\boldsymbol{I})$ 的行列式为零时,非平凡解才存

在。(练习 B.6)行列式计算给出特征方程:

$$\lambda^3 - I_s\lambda^2 + II_s\lambda - III_s = 0 \tag{B.38}$$

也就是主要不变量的含义。

练　习

B.5　计算行列式 $\begin{vmatrix} s_{11}-\lambda & s_{12} & s_{13} \\ s_{21} & s_{22}-\lambda & s_{23} \\ s_{31} & s_{32} & s_{33}-\lambda \end{vmatrix}$,由此证明方程(B.38)。计算 $(\lambda_1-\lambda)(\lambda_2-\lambda)(\lambda_3-\lambda)$ 并讨论其含义。

B.7　凯莱-哈密顿(Cayley-Hamilton)定理

本节中,重要的 Cayley-Hamilton 定理指出,矩阵 $\boldsymbol{S}$ 满足其特征方程:

$$\boldsymbol{S}^3 - I_s\boldsymbol{S}^2 + II_s\boldsymbol{S} - III_s\boldsymbol{I} = 0 \tag{B.39}$$

(见练习 B.7。)该方程表明,$\boldsymbol{S}^3$ 可以表示为 $\boldsymbol{S}^2$、$\boldsymbol{S}$ 及 $\boldsymbol{I}$ 的线性组合。

此外,通过将方程预乘以 $\boldsymbol{S}$,发现 $\boldsymbol{S}^4$ 也可以用同样的方法表示。因此,通过归纳,$\boldsymbol{S}^n(n>3)$ 可以表示为 $\boldsymbol{S}^2$、$\boldsymbol{S}$ 和 $\boldsymbol{I}$ 的线性组合,其中这些矩阵的三个系数是 $\boldsymbol{S}$ 的不变量。这些观察结果是定理表示的基础。

如果所有的特征值 λ_1、λ_2 和 λ_3 是非零的,那么 $\det(\boldsymbol{S})$ 也非零,进而 S 是非奇异的。在这种情况下,存在有一个逆 $\boldsymbol{S}^{-1}$,使得 $\boldsymbol{S}^{-1}\boldsymbol{S}=\boldsymbol{I}$。当 $\boldsymbol{S}$ 变换为主轴时,$\boldsymbol{S}$ 成为特征值的对角矩阵[方程(B.17)],显然 $\boldsymbol{S}^{-1}$ 是

$$\tilde{\boldsymbol{A}}^{\mathrm{T}}\boldsymbol{S}^{-1}\tilde{\boldsymbol{A}} = \boldsymbol{\Lambda}^{-1} = \begin{bmatrix} \lambda_1^{-1} & 0 & 0 \\ 0 & \lambda_2^{-1} & 0 \\ 0 & 0 & \lambda_3^{-1} \end{bmatrix} \tag{B.40}$$

将方程(B.39)预乘 $\boldsymbol{S}^{-1}$,可以得到关于 $\boldsymbol{S}^{-1}$ 的显示表达式。写成逆张量 $\boldsymbol{s}^{-1}$ 的张量分量形式 s_{ij}^{-1},结果为

$$s_{ij}^{-1} = (s_{ij}^2 - I_s s_{ij} + II_s\delta_{ij})/III_s \tag{B.41}$$

另外,如果一个或多个特征值为零,则 $\boldsymbol{S}$ 是奇异的,而 $\boldsymbol{S}^{-1}$ 是未定义的。$\boldsymbol{S}$ 的秩亏等于特征值为零的个数。

如果对于每个非零向量 $\boldsymbol{v}$，则量[见式(B.42)]是严格为正的：

$$Q(\boldsymbol{v}) \equiv s_{ij}v_iv_j \tag{B.42}$$

张量 $\boldsymbol{s}$ 是正定的。因为 $Q(\boldsymbol{v})$ 是一个标量，它的值不受坐标系改变的影响。在 $\boldsymbol{s}$ 的主轴下，令 $\tilde{v}_i$ 表示 $\boldsymbol{v}$ 的分量，那么 Q 为

$$Q(\boldsymbol{v}) = \Lambda_{ij}\tilde{v}_i\tilde{v}_j = \lambda_1\tilde{v}_1^2 + \lambda_2\tilde{v}_2^2 + \lambda_3\tilde{v}_3^2 \tag{B.43}$$

显然当且仅当所有的特征值都是严格为正时，$\boldsymbol{s}$ 是正定的。如果特征值是非负的 $(\lambda_i \geqslant 0)$，那么 $Q(\boldsymbol{v})$ 是非负的，那么 $\boldsymbol{S}$ 是半正定。

练　习

B.6 将方程(B.39)左乘以 $\tilde{\boldsymbol{A}}^{\mathrm{T}}$，再右乘以 $\tilde{\boldsymbol{A}}$，将 $\boldsymbol{\Lambda}$ 变换到主轴，将结果表示成 $\boldsymbol{\Lambda}$ 的项。并与特征方程[式(B.38)]对比，从而验证 Cayley-Hamilton 定理。

B.7 对于半正定矩阵 $\boldsymbol{S}$，定义：

$$\boldsymbol{\Lambda}^{1/2} = \begin{bmatrix} \lambda_1^{1/2} & 0 & 0 \\ 0 & \lambda_2^{1/2} & 0 \\ 0 & 0 & \lambda_3^{1/2} \end{bmatrix} \tag{B.44}$$

$$\boldsymbol{S}^{1/2} = \tilde{\boldsymbol{A}}\boldsymbol{\Lambda}^{1/2}\tilde{\boldsymbol{A}}^{\mathrm{T}} \tag{B.45}$$

表明 $\boldsymbol{s}^{1/2}$ 是一个对称张量，且满足如下属性：

$$s_{ik}^{1/2}s_{kj}^{1/2} = s_{ij} \tag{B.46}$$

即 $\boldsymbol{s}^{1/2}$ 是 $\boldsymbol{s}$ 的(对称)平方根。

B.8 令 $\boldsymbol{s}^{1/2}$ 为对称正定二阶张量 $\boldsymbol{s}$ 的逆，考虑方程：

$$s_{ij}^{-1}x_ix_j = 1 \tag{B.47}$$

通过考虑主轴，证明了该方程定义了一个椭球，其主轴与 $\boldsymbol{s}$ 的特征向量对齐，且主轴的长度等于 $\boldsymbol{s}$ 的特征值的平方根。

附录 C

狄拉克 delta 函数

在本书中，广泛使用了 delta 函数 $\delta(x)$ 及其相关的量，如单位阶跃函数 $H(x)$。在附录中，将回顾这些分布（数学）的基本特性，并得出一些特别有用的结论。

C.1 $\delta(x)$ 的定义

狄拉克（Dirac）delta 函数具有如下性质：

$$\delta(x)=\begin{cases}0, & x\neq 0\\ \infty, & x=0\end{cases} \tag{C.1}$$

$$\int_{-\infty}^{\infty}\delta(x)\,\mathrm{d}x=1 \tag{C.2}$$

然而，应该认识到 $\delta(x)$ 不是通常意义上的函数，而且上述方程没有提供一个充分的定义。相反，$\delta(x)$ 是一个广义函数。因此，它的定义和性质取决于积分：

$$\int_{-\infty}^{\infty}\delta(x)g(x)\,\mathrm{d}x \tag{C.3}$$

其中，$g(x)$ 为任意测试函数（具有适当的可微性和无穷远处的行为）。

作为接近狄拉克 δ 函数的一种方法，考虑一下这些函数：

$$D_n(x)\equiv\frac{n}{\sqrt{2\pi}}\exp\left(-\frac{1}{2}x^2n^2\right) \tag{C.4}$$

其中，$n=1,2,3,\cdots$。这是一个 delta 序列的例子。可以发现，$D_n(x)$ 是平均值为零且标准差为 $1/n$ 的正态分布［见方程（3.41）］。因此，有

$$\int_{-\infty}^{\infty}D_n(x)\,\mathrm{d}x=1 \tag{C.5}$$

更一般地，对于 $m \geqslant 0$，有

$$\int_{-\infty}^{\infty} x^m D_n(x)\,\mathrm{d}x = n^{-m}\hat{\mu}_m \tag{C.6}$$

其中，$\{\hat{\mu}_0, \hat{\mu}_1, \hat{\mu}_2, \hat{\mu}_3, \hat{\mu}_4, \cdots\} = \{1, 0, 1, 0, 3, \cdots\}$ 是标准高斯分布的矩。图 C.1 给出一些 n 值的 $D_n(x)$ 分布。

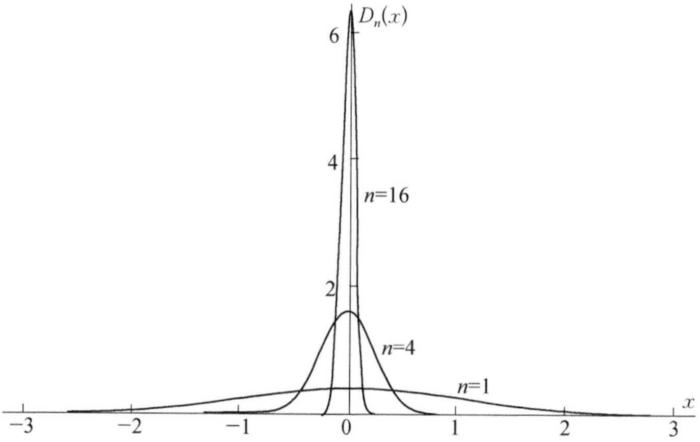

图 C.1　n = 1、4 和 16 时的函数 $D_n(x)$ [式(C.4)]

对于测试函数 $g(x)$，其 Taylor 级数形式为

$$g(x) = g(0) + \sum_{m=1}^{\infty} g^{(m)}(0)x^m/m! \tag{C.7}$$

其中，$g^{(m)}(x)$ 表示 $g(x)$ 函数的第 m 阶导数，对于方程(C.7)的积分形式，可以得到：

$$\begin{aligned}\int_{-\infty}^{\infty} D_n(x)g(x)\,\mathrm{d}x &= g(0) + \sum_{m=1}^{\infty} \frac{g^{(m)}(0)}{m!}\int_{-\infty}^{\infty} x^m D_n(x)\,\mathrm{d}x \\ &= g(0) + \sum_{m=1}^{\infty} g^{(m)}(0)n^{-m}\hat{\mu}_m/m!\end{aligned} \tag{C.8}$$

然而，极限 $\lim\limits_{n\to\infty} D_n(x)$ 不存在，显然有

$$\lim_{n\to\infty}\int_{-\infty}^{\infty} D_n(x)g(x)\,\mathrm{d}x = g(0) \tag{C.9}$$

根据定义，Dirac delta 函数为精确满足如下性质的广义函数：

$$\int_{-\infty}^{\infty} \delta(x)g(x)\,\mathrm{d}x = g(0) \tag{C.10}$$

C.2　$\delta(x)$ 的性质

下面列出 $\delta(x)$ 函数的基本性质。

（1）通过一个简单的变量变化，从式（C.10）可以看出，对于任何常数 a：

$$\int_{-\infty}^{\infty} \delta(x-a) g(x) \mathrm{d}x = g(a) \tag{C.11}$$

这是 delta 函数的筛选属性：$\delta(x-a)$ 表示在位置 a 处的 delta 函数，方程（C.11）从函数 $g(x)$ 中的积分挑选出特定值 $g(a)$。

（2）更一般地，如果函数 $f(x)$ 在 a 处连续，对于 $\epsilon_1 > 0$，$\epsilon_2 > 0$：

$$\int_{a-\epsilon_1}^{a+\epsilon_2} \delta(x-a) f(x) \mathrm{d}x = f(a) \tag{C.12}$$

如果 ϵ_1 和 ϵ_2 为 0，或者 $f(x)$ 在位置 a 处不连续，则这个积分式无定义。

（3）合法的运算包括乘以一个函数，如 $f(x)\delta(x-a)$［假设 $f(x)$ 在 a 处是连续的］；以及加法，如 $f(x)\delta(x-a) + h(x)\delta(x-b)$。非法运算包括将同一变量的两个 delta 函数相乘，如 $\delta(x-a)\delta(x-b)$，以及除以 delta 函数。

（4）涉及 delta 函数，如 $f(x)\delta(x-a)$，其的唯一意义是当其乘以一个测试函数积分得到的值。例如，有

$$\int_{-\infty}^{\infty} g(x)[f(x)\delta(x-a)] \mathrm{d}x = g(a) f(a) \tag{C.13}$$

同时：

$$\int_{-\infty}^{\infty} g(x)[f(a)\delta(x-a)] \mathrm{d}x = g(a) f(a) \tag{C.14}$$

因此，如下方程是正确的：

$$f(x)\delta(x-a) = f(a)\delta(x-a) \tag{C.15}$$

［注意除以一个 delta 函数是非法的，因此该方程并没有隐含 $f(x)$ 等于 $f(a)$。］

（5）显然从归一化条件 $\int_{-\infty}^{\infty} \delta(x) \mathrm{d}x = 1$ 可见，$\delta(x)$ 是与 PDFs 类似的密度函数。因此，如果 x 具有长度量纲，$\delta(x)$ 则具有逆长度的量纲。经过一个独立变量变化，$\delta(x)$ 变换为密度。例如，对于 $b > 0$，考虑 $\delta[(x-a)/b]$。设置 $y = (x-a)/b$，可得

$$\int_{-\infty}^{\infty} g(x)\delta\left(\frac{x-a}{b}\right)\mathrm{d}x = \int_{-\infty}^{\infty} g(a+by)\delta(y)b\mathrm{d}y$$
$$= g(a)b$$
$$= \int_{-\infty}^{\infty} g(x)b\delta(x-a)\mathrm{d}x \tag{C.16}$$

通过对比该方程中第一个表达式和最后一个表达式，并且对于 $b<0$ 重复分析，可以推出变换规则为（$b\neq 0$）

$$\delta\left(\frac{x-a}{b}\right) = |b|\delta(x-a) \tag{C.17}$$

注意，对于 $b=-1$，该方程表明 delta 函数是对称的：

$$\delta(x-a) = \delta(a-x) \tag{C.18}$$

C.3 $\delta(x)$ 函数的导数

delta 序列 $D_n(x)$［方程(C.4)］的导数由式(C.19)定义：

$$D_n^{(1)}(x) = \frac{\mathrm{d}}{\mathrm{d}x}D_n(x) \tag{C.19}$$

图 C.2 给出了三个 n 值下的情况。在分部积分时，可以得到：

$$\int_{-\infty}^{\infty} D_n^{(1)}(x)g(x)\mathrm{d}x = \int_{-\infty}^{\infty}\frac{\mathrm{d}D_n(x)}{\mathrm{d}x}g(x)\mathrm{d}x$$
$$= [D_n(x)g(x)]_{-\infty}^{\infty} - \int_{-\infty}^{\infty} D_n(x)\frac{\mathrm{d}g(x)}{\mathrm{d}x}\mathrm{d}x$$
$$= -\int_{-\infty}^{\infty} D_n(x)g^{(1)}(x)\mathrm{d}x \tag{C.20}$$

［测试函数满足 $D_n(x)g(x)$ 在无穷远处消失的弱条件。］然后定义 delta 函数 $\delta^{(1)}(x)$ 的导数，以便：

$$\int_{-\infty}^{\infty}\delta^{(1)}(x)g(x)\mathrm{d}x = \lim_{n\to\infty}\int_{-\infty}^{\infty} D_n^{(1)}(x)g(x)\mathrm{d}x$$
$$= \int_{-\infty}^{\infty} -\delta(x)g^{(1)}(x)\mathrm{d}x$$
$$= -g^{(1)}(0) \tag{C.21}$$

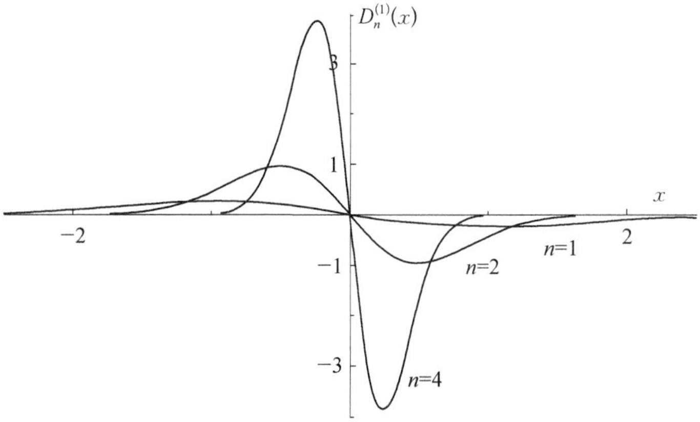

图 C.2 n = 1、2、4 时的函数 $D_n^{(1)}(x)$ 方程[式(C.19)]

可以观察到 $-\delta^{(1)}(x-a)$ 在 a 处筛选导数,即 $g^{(1)}(a)$;还可以观察到 $\delta^{(1)}$ 呈反对称性:

$$\delta^{(1)}(x-a)=-\delta^{(1)}(a-x) \tag{C.22}$$

(同样见图 C.2。)

类似地定义高阶导数。对于 m 阶导数,可得

$$\int_{-\infty}^{\infty}\delta^{(m)}(x)g(x)\,\mathrm{d}x=\lim_{n\to\infty}\int_{-\infty}^{\infty}D_n^{(m)}(x)g(x)\,\mathrm{d}x=(-1)^m g^{(m)}(0) \tag{C.23}$$

转换规则是 $(b\neq 0)$

$$\delta^{(m)}\left(\frac{x-a}{b}\right)=b^m\,|\,b\,|\,\delta^{(m)}(x-a) \tag{C.24}$$

(见练习 C.1。)因此,有

$$\int_{-\infty}^{\infty}\delta^{(m)}\left(\frac{x-a}{b}\right)g(x)\,\mathrm{d}x=(-b)^m\,|\,b\,|\,g^m(a) \tag{C.25}$$

练　习

C.1 按照方程(C.16)中采用的方法,推导关于 $\delta^{(1)}$ 的变换规则是

$$\delta^{(1)}\left(\frac{x-a}{b}\right)=b\,|\,b\,|\,\delta^{(1)}(x-a) \tag{C.26}$$

C.4 泰勒级数

一个可能令人惊讶的观察结果是 $\delta(x)$ 有一个泰勒级数展开式。测试函数 $g(x)$ 的泰勒级数是

$$g(h)=g(0)+\sum_{m=1}^{\infty}\frac{h^m}{m!}g^{(m)}(0) \tag{C.27}$$

就 delta 函数而言,左边是

$$g(h)=\int_{-\infty}^{\infty}\delta(x-h)g(x)\mathrm{d}x \tag{C.28}$$

右侧是

$$g(0)+\sum_{m=1}^{\infty}\frac{h^m}{m!}g^{(m)}(0)=\int_{-\infty}^{\infty}\left[\delta(x)+\sum_{m=1}^{\infty}\frac{(-h)^m}{m!}\delta^{(m)}(x)\right]g(x)\mathrm{d}x \tag{C.29}$$

因此,可以得到:

$$\delta(x-h)=\delta(x)+\sum_{m=1}^{\infty}\frac{(-h)^m}{m!}\delta^{(m)}(x) \tag{C.30}$$

C.5 赫维赛德(Heaviside)函数

对应于 delta 序列 $D_n(x)$ [方程(C.4)],序列 $S_n(x)$ 由式(C.31)定义:

$$S_n(x)=\int_{-\infty}^{x}D_n(y)\mathrm{d}y \tag{C.31}$$

[如图 C.3 所示。]显然,当 n 趋于无穷时, $S_n(x)$ 趋于单位阶跃:

$$\lim_{n\to\infty}S_n(x)=\begin{cases}0, & x<0\\1, & x>0\end{cases} \tag{C.32}$$

单位阶跃函数 $H(x)$ 被定义为该属性的广义函数:

$$\int_{-\infty}^{\infty} H(x)g(x)\,dx = \lim_{n\to\infty}\int_{-\infty}^{\infty} S_n(x)g(x)\,dx = \int_{0}^{\infty} g(x)\,dx \tag{C.33}$$

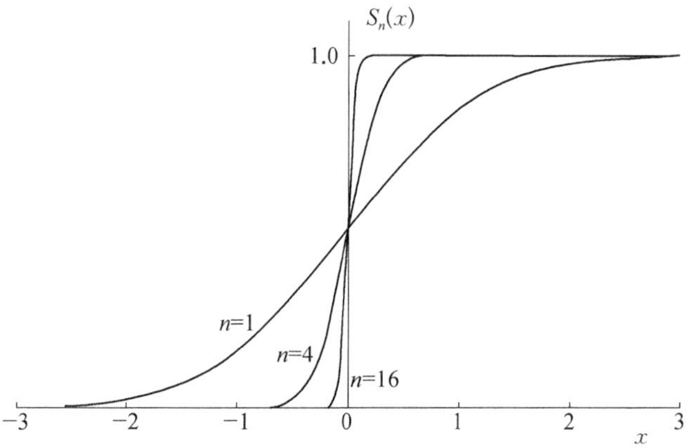

图 C.3 n = 1、2、4 时的函数 $S_n^{(1)}(x)$ 方程[式(C.31)]

$H(x)$ 的导数为 $\delta(x)$；相反地，$H(x)$ 是积分 $\int_{-\infty}^{x}\delta(y)\,dy$。这从上面的定义中可以明显看出，或者从如下公式得出：

$$\frac{d}{dy}\int_{-\infty}^{\infty} H(x-y)g(x)\,dx = \int_{-\infty}^{\infty} -H^{(1)}(x-y)g(x)\,dx$$

$$= \frac{d}{dy}\int_{y}^{\infty} g(x)\,dx = -g(y) \tag{C.34}$$

练　　习

C.2 证明 Heaviside 函数的转换准则：

$$H[(x-a)/b] = \begin{cases} H(x-a), & b > 0 \\ 1 - H(x-a), & b < 0 \end{cases} \tag{C.35}$$

C.3 考虑函数的序列：

$$\bar{S}_n(x) \equiv \exp(-e^{-nx}) \tag{C.36}$$

当 n 趋向于无穷大时，$S_n(x)$ 和 $\bar{S}_n(x)$ 有什么不同？证明：

$$\lim_{n\to\infty}\int_{-\infty}^{\infty} \bar{S}_n(x)g(x)\,dx = \int_{-\infty}^{\infty} H(x)g(x)\,dx \tag{C.37}$$

C.6 多维情况

令 $\boldsymbol{y}$ 表示在三维 Euclidean 空间上一点。$\boldsymbol{y}$ 处的三维 delta 函数写成 $\delta(\boldsymbol{x}-\boldsymbol{y})$，它是三个一维 delta 函数的乘积：

$$\delta(\boldsymbol{x}-\boldsymbol{y})=\delta(x_1-y_1)\delta(x_2-y_2)\delta(x_3-y_3) \tag{C.38}$$

它具有筛选属性：

$$\iiint_{-\infty}^{\infty} g(\boldsymbol{x})\delta(\boldsymbol{x}-\boldsymbol{y})\,\mathrm{d}\boldsymbol{x}=g(\boldsymbol{y}) \tag{C.39}$$

其中，$\mathrm{d}\boldsymbol{x}$ 写成 $\mathrm{d}x_1\mathrm{d}x_2\mathrm{d}x_3$［注意将不同变量的 delta 函数写成乘积的形式是合法的，例如 $\delta(x_1-a)\delta(x_2-b)$，但是不能将变量的 delta 函数相乘，即 $\delta(x-a)\delta(x-b)$］。

附录 D

傅里叶变换

本附录的目的是提供定义和本书其他地方使用的傅里叶变换的性质的总结。对于进一步的解释和结果，读者可以参考标准文本，例如，Bracewell(1965)，以及Lighthill(1970)和Priestley(1981)的相关研究。

D.1 定义

给定一个函数$f(t)$，其傅里叶变换为

$$g(\omega)=\mathcal{F}\{f(t)\}\equiv\frac{1}{2\pi}\int_{-\infty}^{\infty}f(t)\mathrm{e}^{-\mathrm{i}\omega t}\mathrm{d}t \tag{D.1}$$

逆变换是

$$f(t)=\mathcal{F}^{-1}\{g(\omega)\}=\int_{-\infty}^{\infty}g(\omega)\mathrm{e}^{\mathrm{i}\omega t}\mathrm{d}\omega \tag{D.2}$$

为了使$f(t)$ 和$g(\omega)$ 形成傅里叶变换对，上述积分必须收敛，至少作为广义函数。这里展示的变换是在时域 (t) 和频域 (ω) 之间的变换，物理空间 (x) 和波数空间 (κ) 之间的变换对应的公式是显而易见的。表 D.1 中给出了一些有用的傅里叶变换对，Erdelyi 等(1954)提供了一个全面的汇编。

表 D.1 傅里叶变换对$\left(a、b \text{ 和 } \nu \text{ 是常数}, b>0, \nu>-\frac{1}{2}\right)$

$f(t)$	$g(\omega)$
1	$\delta(\omega)$
$\delta(t-a)$	$\frac{1}{2\pi}\mathrm{e}^{-\mathrm{i}\omega a}$

续 表

$\delta^{(n)}(t-a)$	$\dfrac{(\mathrm{i}\omega)^n}{2\pi}\mathrm{e}^{-\mathrm{i}\omega a}$
$\mathrm{e}^{-b\lvert t\rvert}$	$\dfrac{b}{\pi(b^2+\omega^2)}$
$\dfrac{1}{b\sqrt{2\pi}}\mathrm{e}^{-t^2/(2b^2)}$	$\dfrac{1}{2\pi}\mathrm{e}^{-b^2\omega^2/2}$
$H(b-\lvert t\rvert)$	$\dfrac{\sin(b\omega)}{\pi\omega}$
$(b^2+t^2)^{-(\nu+1/2)}$	$\dfrac{2\sqrt{\pi}}{\Gamma\left(\nu+\dfrac{1}{2}\right)}\left(\dfrac{\lvert\omega\rvert}{2b}\right)^{\nu}K_{\nu}\left(\dfrac{\lvert\omega\rvert}{b}\right)$

对于傅里叶变换的定义没有一个唯一的约定。在一些定义中,负指数 $-\mathrm{i}\omega t$ 出现在逆变换中,因子 2π 在 $\mathcal{F}$ 和 $\mathcal{F}^{-1}$ 间可以以不同方式分裂。这里使用的约定与 Batchelor(1953)、Monin 和 Yaglom(1975),以及 Tennekes 和 Lumley(1972)使用的约定相同。

D.2 导数

导数的傅里叶变换为

$$\mathcal{F}\left\{\frac{\mathrm{d}^n f(t)}{\mathrm{d}t^n}\right\}=(\mathrm{i}\omega)^n g(\omega) \tag{D.3}$$

$$\mathcal{F}^{-1}\left\{\frac{\mathrm{d}^n g(\omega)}{\mathrm{d}\omega^n}\right\}=(-\mathrm{i}t)^n f(t) \tag{D.4}$$

D.3 余弦变换

如果 $f(t)$ 为实数,那么 $g(\omega)$ 有共轭对称:

$$g(\omega)=g^*(-\omega),\quad f(t)\ \text{为实数} \tag{D.5}$$

这一点可以从方程(D.2)的共轭复数中看出。如果 $f(t)$ 是实函数的且偶函数[即

$f(t)=f(-t)$]，那么方程(D.1)可以重写为

$$\begin{aligned} g(\omega) &= \frac{1}{2\pi}\int_{-\infty}^{\infty} f(t)\cos(\omega t)\,\mathrm{d}t \\ &= \frac{1}{\pi}\int_{0}^{\infty} f(t)\cos(\omega t)\,\mathrm{d}t \end{aligned} \tag{D.6}$$

表明 $g(\omega)$ 也是实函数和偶函数。逆变换为

$$f(t) = 2\int_{0}^{\infty} g(\omega)\cos(\omega t)\,\mathrm{d}\omega \tag{D.7}$$

式(D.6)和式(D.7)定义了余弦傅里叶变换及其逆变换。

在考虑谱时，有时考虑实偶函数 $f(t)$ 的两倍傅里叶变换是比较方便的，即

$$\begin{aligned} \bar{g}(\omega) &\equiv 2g(\omega) \\ &= \frac{2}{\pi}\int_{0}^{\infty} f(t)\cos(\omega t)\,\mathrm{d}t \end{aligned} \tag{D.8}$$

因此，逆变换公式为

$$f(t) = \int_{0}^{\infty} \bar{g}(\omega)\cos(\omega t)\,\mathrm{d}\omega \tag{D.9}$$

不包含因子 2[参见式(D.7)]。

D.4　delta 函数

delta 函数 $\delta(t-a)$ 的傅里叶变换是从方程(D.1)调用并筛选属性方程(C.11)：

$$\mathcal{F}\{\delta(t-a)\} = \frac{1}{2\pi}\mathrm{e}^{-\mathrm{i}\omega a} \tag{D.10}$$

特别地，有

$$\mathcal{F}\{\delta(t)\} = \frac{1}{2\pi} \tag{D.11}$$

令 $g(\omega)=(1/2\pi)\mathrm{e}^{-\mathrm{i}\omega a}$，逆变换公式产生：

$$\delta(t-a) = \int_{-\infty}^{\infty} \frac{1}{2\pi}\mathrm{e}^{\mathrm{i}\omega(t-a)}\,\mathrm{d}\omega \tag{D.12}$$

这是一个显著而有价值的结论。然而，由于方程(D.12)中的积分是发散的。它与 $\delta(t-a)$ 一样，必须被视为一个广义函数。也就是说，令 $G(t)$ 作为一个测试函数，方程(D.12)具有如下含义：

$$\begin{aligned}\int_{-\infty}^{\infty} G(t)\delta(t-a)\,\mathrm{d}t &= \int_{-\infty}^{\infty}\int_{-\infty}^{\infty}\frac{1}{2\pi}G(t)\,\mathrm{e}^{\mathrm{i}\omega(t-a)}\,\mathrm{d}\omega\,\mathrm{d}t \\ &= G(a)\end{aligned} \tag{D.13}$$

Lighthill(1970)和 Butkow(1968)给出了进一步的解释。

D.5 卷积

给定两个函数 $f_a(t)$ 和 $f_b(t)$（两个函数都有傅里叶变换），其卷积定义为

$$h(t) \equiv \int_{-\infty}^{\infty} f_a(t-s)f_b(s)\,\mathrm{d}s \tag{D.14}$$

采用替换 $r=t-s$，卷积的傅里叶变换是

$$\begin{aligned}\mathcal{F}\{h(t)\} &= \frac{1}{2\pi}\int_{-\infty}^{\infty}\mathrm{e}^{-\mathrm{i}\omega t}\int_{-\infty}^{\infty} f_a(t-s)f_b(s)\,\mathrm{d}s\mathrm{d}t \\ &= \frac{1}{2\pi}\int_{-\infty}^{\infty}\int_{-\infty}^{\infty}\mathrm{e}^{-\mathrm{i}\omega(r+s)}f_a(r)f_b(s)\,\mathrm{d}s\mathrm{d}r \\ &= \frac{1}{2\pi}\int_{-\infty}^{\infty}\mathrm{e}^{-\mathrm{i}\omega r}f_a(r)\,\mathrm{d}r\int_{-\infty}^{\infty}\mathrm{e}^{-\mathrm{i}\omega s}f_b(s)\,\mathrm{d}s \\ &= 2\pi\mathcal{F}\{f_a(t)\}\mathcal{F}\{f_b(t)\}\end{aligned} \tag{D.15}$$

也就是说，卷积的傅里叶变换等于 2π 和函数傅里叶变换的乘积。

D.6 帕塞瓦尔(Parseval)定理

我们考虑具有 Fourier 变换 $g_a(\omega)$ 和 $g_b(\omega)$ 的两个函数 $f_a(t)$ 和 $f_b(t)$ 的乘积的积分问题。通过 f_a 和 f_b 作为逆傅里叶变换，可得

$$\int_{-\infty}^{\infty} f_a(t)f_b(t)\,\mathrm{d}t = \int_{-\infty}^{\infty}\int_{-\infty}^{\infty} g_a(\omega)\,\mathrm{e}^{\mathrm{i}\omega t}\mathrm{d}\omega\int_{-\infty}^{\infty} g_b(\omega')\,\mathrm{e}^{\mathrm{i}\omega' t}\mathrm{d}\omega'\mathrm{d}t \tag{D.16}$$

$$= \int_{-\infty}^{\infty}\int_{-\infty}^{\infty}\int_{-\infty}^{\infty} g_a(\omega)g_b(-\omega'')\,\mathrm{e}^{\mathrm{i}(\omega-\omega'')t}\mathrm{d}\omega\mathrm{d}\omega''\mathrm{d}t \tag{D.17}$$

在整个 t 内对指数项的积分给出 $2\pi\delta(\omega-\omega'')$，参见方程(D.12)，在 ω'' 范围内的积分很容易实现，生成：

$$\int_{-\infty}^{\infty} f_a(t) f_b(t)\,\mathrm{d}t = 2\pi\int_{-\infty}^{\infty} g_a(\omega) g_b(-\omega)\,\mathrm{d}\omega \tag{D.18}$$

这就是 Parseval 第二定理。

对于 f_a 和 f_b 是相同函数(即 $f_a=f_b=f$，相应的 $g_a=g_b=g$)的情况，方程(D.18)成为 Parseval 第一定理：

$$\int_{-\infty}^{\infty} f(t)^2\,\mathrm{d}t = 2\pi\int_{-\infty}^{\infty} g(\omega) g(-\omega)\,\mathrm{d}\omega \tag{D.19}$$

如果 $f(t)$ 是实函数，其可以重新表示为

$$\begin{aligned}\int_{-\infty}^{\infty} f(t)^2\,\mathrm{d}t &= 2\pi\int_{-\infty}^{\infty} g(\omega) g^*(\omega)\,\mathrm{d}\omega \\ &= 4\pi\int_{0}^{\infty} g(\omega) g^*(\omega)\,\mathrm{d}\omega\end{aligned} \tag{D.20}$$

练　习

D.1　当 $f(t)$ 是可微函数 $g(\omega)$ 的傅里叶变换时，得到以下结果：

$$f(0) = \int_{-\infty}^{\infty} g(\omega)\,\mathrm{d}\omega \tag{D.21}$$

$$\int_{-\infty}^{\infty} f(t)\,\mathrm{d}t = 2\pi g(0) \tag{D.22}$$

$$\int_{-\infty}^{\infty} \left(\frac{\mathrm{d}^n f}{\mathrm{d}t^n}\right)^2 \mathrm{d}t = 2\pi\int_{-\infty}^{\infty} \omega^{2n} g(\omega) g(-\omega)\,\mathrm{d}\omega \tag{D.23}$$

当 $f(t)$ 为实函数时，重新表示右侧项。

D.2　设 $f_a(t)$ 是均值为零，标准差为 a 的正态分布，即

$$f_a(t) = \mathcal{N}(t;\ 0,\ a^2) \equiv \frac{1}{a\sqrt{2\pi}} \mathrm{e}^{-t^2/(2a^2)} \tag{D.24}$$

且令 $f_b(t) = \mathcal{N}(t;\ 0,\ b^2)$，其中 a 和 b 为正常数。证明 f_a 和 f_b 的卷积为 $\mathcal{N}(t;\ 0,\ a^2+b^2)$。

附录 E

稳态随机过程的谱描述

本附录的目的是展示统计/稳态随机过程 $U(t)$、谱表示(以傅里叶模式表示)、频谱 $E(\omega)$ 和其自相关函数 $R(s)$ 之间的联系。

一个统计稳态的随机过程有一个常数方差,因此不会有 $|t|$ 趋向于无穷大而衰减到零的情况。因此, $U(t)$ 的傅里叶变换并不存在。这一事实造成了巨大的技术困难,只有使用更精细的数学工具才能克服这些困难。首先发展周期函数的概念,然后将结果推广到感兴趣的非周期函数,从而克服了这个困难。

E.1 傅里叶级数

首先考虑时间间隔 $0 \leqslant t < T$ 内的非随机实过程 $U(t)$。通过定义:

$$U(t + NT) = U(t) \tag{E.1}$$

该过程对所有非零整数 N 为周期连续的。

在周期内的时间平均可以定义为

$$\langle U(t) \rangle_T \equiv \frac{1}{T}\int_0^T U(t)\,\mathrm{d}t \tag{E.2}$$

其他量的时间平均与此类似。脉动函数定义为

$$u(t) = U(t) - \langle U(t) \rangle_T \tag{E.3}$$

显然,其时间平均 $\langle u(t) \rangle_T$ 为零。

对于每个整数 n 频率 ω_n 定义为

$$\omega_n = 2\pi n/T \tag{E.4}$$

考虑 n 为正、为负两种情况,可以得到:

$$\omega_{-n} = -\omega_n \tag{E.5}$$

N 阶复傅里叶模态为

$$e^{i\omega_n t} = \cos(\omega_n t) + i\sin(\omega_n t) \\ = \cos(2\pi nt/T) + i\sin(2\pi nt/T) \tag{E.6}$$

其时间平均为

$$\langle e^{i\omega_n t}\rangle_T = \begin{cases} 1, & n = 0 \\ 0, & n \neq 0 \\ \delta_{n0} \end{cases} \tag{E.7}$$

因此,模态满足正交条件:

$$\langle e^{i\omega_n t} e^{-i\omega_m t}\rangle_T = \langle e^{i(\omega_n - \omega\omega_m)t}\rangle_T = \delta_{nm} \tag{E.8}$$

过程 $u(t)$ 可以表示为一系列傅里叶模态:

$$u(t) = \sum_{n=-\infty}^{\infty}(a_n + ib_n)e^{i\omega_n t} = \sum_{n=-\infty}^{\infty} c_n e^{i\omega_n t} \tag{E.9}$$

其中,$\{a_n, b_n\}$ 为实数;$\{c_n\}$ 为负数傅里叶系数。由于时间平均 $\langle u(t)\rangle_T$ 为零,它遵循方程(E.7),c_0 也是零。按照正弦和余弦形式展开,方程(E.9)为

$$u(t) = \sum_{n=1}^{\infty}[(a_n + a_{-n}) + i(b_n + b_{-n})]\cos(\omega_n t) \\ + \sum_{n=1}^{\infty}[i(a_n - a_{-n}) - (b_n - b_{-n})]\sin(\omega_n t) \tag{E.10}$$

由于 $u(t)$ 为实函数,c_n 满足共轭对称:

$$c_n = c_{-n}^* \tag{E.11}$$

即 $a_n = a_{-n}$,$b_n = b_{-n}$,所以方程(E.10)中右侧项的虚部消失。方程(E.10)中的傅里叶级数展开变为

$$u(t) = 2\sum_{n=1}^{\infty}[a_n\cos(\omega_n t) - b_n\sin(\omega_n t)] \tag{E.12}$$

其也可以写为

$$u(t) = 2\sum_{n=1}^{\infty}|c_n|\cos(\omega_n t + \theta_n) \tag{E.13}$$

其中,n 阶傅里叶模态的振幅可以写为

$$|c_n| = (c_n c_n^*)^{1/2} = (a_n^2 + b_n^2)^{1/2} \tag{E.14}$$

其相位是

$$\theta_n = \tan^{-1}(b_n/a_n) \tag{E.15}$$

通过将方程(E.9)乘以$-m$阶模式并求平均值,可以得到傅里叶系数的显式表达式:

$$\begin{aligned}\langle e^{-i\omega_m t}u(t)\rangle_T &= \left\langle \sum_{n=-\infty}^{\infty} c_n e^{i\omega_n t} e^{-i\omega_m t}\right\rangle_T \\ &= \sum_{n=-\infty}^{\infty} c_n \delta_{nm} = c_m \end{aligned} \tag{E.16}$$

为方便起见,引入操作符$\mathcal{F}_{\omega_n}\{\quad\}$,其定义如下:

$$\mathcal{F}_{\omega_n}\{u(t)\} \equiv \langle u(t)e^{-i\omega_n t}\rangle_T = \frac{1}{T}\int_0^T u(t)e^{-i\omega_n t}dt \tag{E.17}$$

所以,方程(E.16)可以写为

$$\mathcal{F}_{\omega_n}\{u(t)\} = c_n \tag{E.18}$$

因此,操作符$\mathcal{F}_{\omega_n}\{\quad\}$确定了频率$\omega_n$的模态的傅里叶系数。

方程(E.9)是$u(t)$的谱表示,给出$u(t)$作为离散傅里叶模态$e^{i\omega_n t}$的和,用傅里叶系数c_n加权。考虑到对非周期情形的推广,谱表示也可以写为

$$u(t) = \int_{-\infty}^{\infty} z(\omega)e^{i\omega t}d\omega \tag{E.19}$$

其中,

$$z(\omega) \equiv \sum_{n=-\infty}^{\infty} c_n\delta(\omega - \omega_n) \tag{E.20}$$

其中,ω是连续的频率。方程(E.19)中的积分是逆傅里叶变换[参见方程(D.2)]。因此,$z(\omega)$是$u(t)$的傅里叶变换(另见练习 E.1)。

E.2 周期随机过程

现在认为,$u(t)$是一个统计稳态的周期性随机过程。上述所有结果对于过程的每个实现都是有效的。特别地,傅里叶系数c_n由方程(E.16)给出。然而,由于$u(t)$是随机的,傅里叶系数c_n是随机变量。现在证明$\langle c_n\rangle$均值为零,并且对应于不同频率的系数是不相关的。

方程(E.9)的平均为

$$\langle u(t)\rangle = \sum_{n=-\infty}^{\infty}\langle c_n\rangle e^{i\omega_n t} \tag{E.21}$$

回想一下,c_0是零,对于$n \neq 0$,稳态条件——$\langle u(t)\rangle$不依赖于时间,显然意味着$\langle c_n\rangle$是零。

傅里叶模态的协方差是

$$\begin{aligned}\langle c_n c_m\rangle &= \langle \langle \mathrm{e}^{-\mathrm{i}\omega_n t}u(t)\rangle_T \langle \mathrm{e}^{-\mathrm{i}\omega_m t}u(t)\rangle_T\rangle \\ &= \frac{1}{T^2}\int_0^T\int_0^T \mathrm{e}^{-\mathrm{i}\omega_n t}\mathrm{e}^{-\mathrm{i}\omega_m t'}\langle u(t)u(t')\rangle \mathrm{d}t'\mathrm{d}t \\ &= \frac{1}{T}\int_0^T \mathrm{e}^{-\mathrm{i}(\omega_n+\omega_m)t}\left[\frac{1}{T}\int_{-t}^{T-t}\mathrm{e}^{-\mathrm{i}\omega_m s}R(s)\mathrm{d}s\right]\mathrm{d}t \\ &= \delta_{n(-m)}\mathcal{F}_{\omega_m}\{R(s)\}\end{aligned} \tag{E.22}$$

式(E.22)中的第三行来自替换 $t' = t + s$ 和自协方差的定义：

$$R(s) \equiv \langle u(t)u(t+s)\rangle \tag{E.23}$$

由于平稳性，它不依赖于时间。被积函数 $\mathrm{e}^{\mathrm{i}\omega_m s}R(s)$ 具有 s 的周期，周期为 T，因此大括号中的积分与时间无关。式(E.22)中的最后一行源于方程(E.8)和式(E.17)。

从方程(E.22)可以看出，除非 m 等于 $-n$，否则协方差 $\langle c_n c_m\rangle$ 为零，也就是说，对应于不同频率的傅里叶系数是不相关的。对于 $m=-n$，方程(E.22)成为

$$\langle c_n c_{-n}\rangle = \langle c_n c_n^*\rangle = \langle |c_n|^2\rangle = \mathcal{F}_{\omega_n}\{R(s)\} \tag{E.24}$$

因此，方差 $\langle |c_n|^2\rangle$ 是 $R(s)$ 的傅里叶系数，可以表示为

$$R(s) = \sum_{n=-\infty}^{\infty}\langle c_n c_n^*\rangle \mathrm{e}^{\mathrm{i}\omega_n s} = 2\sum_{n=1}^{\infty}\langle |c_n|\rangle^2\cos(\omega_n s) \tag{E.25}$$

可以观察到，$R(s)$ 是实函数，是 s 的偶函数，它只依赖于与相位无关的振幅 $|c_n|$，与相位 θ_n 无关。

同样，考虑到非周期情形的扩展，频谱定义为

$$\check{E}(\omega) = \sum_{n=-\infty}^{\infty}\langle c_n c_n^*\rangle \delta(\omega-\omega_n) \tag{E.26}$$

因此，自协方差可以写为

$$R(s) = \sum_{n=-\infty}^{\infty}\langle c_n c_n^*\rangle \mathrm{e}^{\mathrm{i}\omega_n s} = \int_{-\infty}^{\infty}\check{E}(\omega)\mathrm{e}^{\mathrm{i}\omega s}\mathrm{d}\omega \tag{E.27}$$

见方程(E.19)。

从它的定义可以看出，$\check{E}(\omega)$ 是 ω 的一个实偶函数[即 $\check{E}(\omega)=\check{E}(-\omega)$]。因此，通过以下方法来定义(替代)频谱是很方便的：

$$E(\omega) = 2\check{E}(\omega),\quad \omega \geqslant 0 \tag{E.28}$$

并将方程(E.27)重写为逆余弦变换[方程(D.9)]：

$$R(s) = \int_0^{\infty}E(\omega)\cos(\omega s)\mathrm{d}\omega \tag{E.29}$$

令上面方程中的 $s=0$，得到：

$$R(0)=\langle u(t)^2\rangle=\sum_{n=-\infty}^{\infty}\langle c_n c_n^*\rangle=\int_{-\infty}^{\infty}\check{E}(\omega)\mathrm{d}\omega$$
$$=\int_0^{\infty}E(\omega)\mathrm{d}\omega \tag{E.30}$$

因此，$\langle c_n c_n^*\rangle$ 表示第 n 个模态对方差的贡献，类似地：

$$\int_{\omega_a}^{\omega_b}E(\omega)\mathrm{d}\omega$$

是在频率范围 $\omega_a\leqslant|\omega|<\omega_b$ 内对 $\langle u(t)^2\rangle$ 的贡献。很显然，从方程(E.26)可以看出，类似于 $R(s)$，谱 $E(\omega)$ 与相无关。

可以观察到方程(E.27)中将 $R(s)$ 定为 $\check{E}(\omega)$ 的反傅里叶变换[参照方程(D.2)]。因此，可以直接从方程(E.25)验证，$\check{E}(\omega)$ 是 $R(s)$ 的傅里叶变换：

$$\check{E}(\omega)=\frac{1}{2\pi}\int_{-\infty}^{\infty}R(s)\mathrm{e}^{-\mathrm{i}\omega s}\mathrm{d}s \tag{E.31}$$

类似地，$E(\omega)$ 是 $R(s)$ 的傅里叶变换的两倍：

$$E(\omega)=\frac{2}{\pi}\int_0^{\infty}R(s)\cos(\omega s)\mathrm{d}s \tag{E.32}$$

把 $R(s)$ 和 $\check{E}(\omega)$ 确定为傅里叶变换对，现在取方程(E.31)[而非方程(E.26)]作为 $\check{E}(\omega)$ 的定义。

谱 $\check{E}(\omega)$ 也可以用傅里叶变换 $z(\omega)$ 表示，在方程(E.20)中定义。考虑无穷小区间 $(\omega,\omega+\mathrm{d}\omega)$，它包含零个或一个离散频率 ω_n。如果它不包含任何离散的频率，那么：

$$z(\omega)\mathrm{d}\omega=0,\quad \check{E}(\omega)\mathrm{d}\omega=0 \tag{E.33}$$

另外，如果它包含离散频率 ω_n，则有

$$z(\omega)\mathrm{d}\omega=c_n,\quad \check{E}(\omega)\mathrm{d}\omega=\langle c_n c_n^*\rangle \tag{E.34}$$

因此，通常有

$$\check{E}(\omega)\mathrm{d}\omega=\langle z(\omega)z(\omega)^*\rangle\mathrm{d}\omega^2 \tag{E.35}$$

谱的本质属性如下：

(1) $\check{E}(\omega)$ 是非负的 $[\check{E}(\omega)\geqslant 0]$，见方程(E.35)；

(2) $\check{E}(\omega)$ 为实函数[因为 $R(s)$ 为偶函数，即 $R(s)=R(-s)$]；

(3) $\check{E}(\omega)$ 为偶函数，即 $\check{E}(\omega)=\check{E}(-\omega)$ [因为 $R(s)$ 是实函数]；

表 E.1 总结给出了 $u(t)$、c_n、$z(\omega)$、$R(s)$ 及 $\check{E}(\omega)$ 之间的关系。

表 E.1　周期和非周期统计稳态随机过程的谱属性

	周　期	非　周　期
自协方差	$R(s) \equiv \langle u(t)u(t+s)\rangle$， 周期	$R(s) \equiv \langle u(t)u(t+s)\rangle$， $R(\pm\infty) = 0$
谱	$\check{E}(\omega) \equiv \frac{1}{2\pi}\int_{-\infty}^{\infty} R(s)\mathrm{e}^{-\mathrm{i}\omega s}\mathrm{d}s$ 离散 $E(\omega) = 2\check{E}(\omega)$ $\equiv \frac{2}{\pi}\int_0^{\infty} R(s)\cos(\omega s)\mathrm{d}s$ $R(s) = \int_{-\infty}^{\infty} \check{E}(\omega)\mathrm{e}^{\mathrm{i}\omega s}\mathrm{d}\omega$ $\equiv \int_0^{\infty} E(\omega)\cos(\omega s)\mathrm{d}\omega$	$\check{E}(\omega) \equiv \frac{1}{2\pi}\int_{-\infty}^{\infty} R(s)\mathrm{e}^{-\mathrm{i}\omega s}\mathrm{d}s$ 连续 $E(\omega) = 2\check{E}(\omega)$ $\equiv \frac{2}{\pi}\int_0^{\infty} R(s)\cos(\omega s)\mathrm{d}s$ $R(s) = \int_{-\infty}^{\infty} \check{E}(\omega)\mathrm{e}^{\mathrm{i}\omega s}\mathrm{d}\omega$ $\equiv \int_0^{\infty} E(\omega)\cos(\omega s)\mathrm{d}\omega$
傅里叶系数	$c_n = \langle \mathrm{e}^{-\mathrm{i}\omega_n t}u(t)\rangle_T = \mathcal{F}_{\omega_n}\{u(t)\}$	
傅里叶变换	$z(\omega) = \sum_{n=-\infty}^{\infty} c_n\delta(\omega-\omega_n)$	
谱描述	$u(t) = \int_{-\infty}^{\infty} \mathrm{e}^{\mathrm{i}\omega t}z(\omega)\mathrm{d}\omega$ $= \sum_{n=-\infty}^{\infty} \mathrm{e}^{\mathrm{i}\omega_n t}c_n$	$u(t) = \int_{-\infty}^{\infty} \mathrm{e}^{\mathrm{i}\omega t}\mathrm{d}z(\omega)$
谱	$\check{E}(\omega)\mathrm{d}\omega = \langle z(\omega)z(\omega)^*\rangle \mathrm{d}\omega^2$	$\check{E}(\omega)\mathrm{d}\omega = \langle \mathrm{d}z(\omega)\mathrm{d}z(\omega)^*\rangle$

练　习

E.1　通过采用方程(E.9)的傅里叶变换，证明方程(E.20)给出的 $z(\omega)$ 是 $u(t)$ 的 Founer 变换[提示：见方程(D.12)]。

E.2　统计稳态的傅里叶系数为 $c_n = a_n + \mathrm{i}b_n$，证明周期随机过程满足：

$$\langle c_n^2\rangle = 0, \quad \langle a_n^2\rangle = \langle b_n^2\rangle, \quad \langle a_n b_n\rangle = 0 \tag{E.36}$$

$$\langle a_n a_m\rangle = \langle a_n b_m\rangle = \langle b_n b_m\rangle = 0, \quad n \neq m \tag{E.37}$$

E.3 非周期随机过程

现在认为，$u(t)$ 是一个非周期的，统计稳态的随机过程。当 $|s|$ 趋向于无穷大时，自协方差 $R(s)$ 衰减为零，而不是周期性的。正如在周期情况下，谱 $\check{E}(\omega)$ 被定义为 $R(s)$ 的傅里叶变换，但是现在 $\check{E}(\omega)$ 是 ω 的连续函数，而不是由 delta 函数组成。

在近似意义下，非周期情形可以看作当周期 T 趋于无穷大极限时的周期情形。区别在于，离散频率是

$$\Delta\omega \equiv \omega_{n+1} - \omega_n = 2\pi/T \tag{E.38}$$

当 T 趋于无限时，其趋于零。因此，在给定频率范围（$\omega_a \leqslant \omega < \omega_b$）内，离散频率的数量 $[(\omega_b - \omega_a)/\Delta\omega]$ 趋于无限，因此（在近似意义上）谱在频域内连续。

Monin 和 Yaglom（1975），以及 Priestley（1981）给出了非周期情形的严格数学处理。简而言之，虽然非周期过程 $u(t)$ 没有傅里叶变换，但它确实具有傅里叶-Stieltjes 积分的谱表示：

$$u(t) = \int_{-\infty}^{\infty} \mathrm{e}^{\mathrm{i}\omega t}\mathrm{d}Z(\omega) \tag{E.39}$$

其中，$Z(\omega)$ 是一个不可微的复杂随机函数。可以观察到 $\mathrm{d}Z(\omega)$（在非周期情况下）对应于 $Z(\omega)\mathrm{d}(\omega)$ [在周期情况下，式（E.20）]。对应于周期情况下的方程（E.35），非周期情形的谱为

$$\check{E}(\omega)\mathrm{d}\omega = \langle \mathrm{d}Z(\omega)\mathrm{d}Z(\omega)^* \rangle \tag{E.40}$$

周期和非周期情形的谱表示见表 E.1。

E.4 过程导数

对于周期情形，过程 $u(t)$ 具有谱表示方程（E.9）。关于时间进行微分，得到了 $\mathrm{d}u/\mathrm{d}t$ 的谱表示式：

$$\frac{\mathrm{d}u(t)}{\mathrm{d}t} = \sum_{n=-\infty}^{\infty} \mathrm{i}\omega_n c_n \mathrm{e}^{\mathrm{i}\omega_n t} \tag{E.41}$$

类似地，k 阶导数的谱表示为

$$u^{(k)}(t) \equiv \frac{\mathrm{d}^k u(t)}{\mathrm{d}t^k} = \sum_{n=-\infty}^{\infty} (\mathrm{i}\omega_n)^k c_n \mathrm{e}^{\mathrm{i}\omega_n t} \tag{E.42}$$

由于 $u^{(k)}(t)$ 是由 $u(t)$ 的傅里叶系数决定的，即方程(E.42)中 c_n 和 $u^{(k)}(t)$ 的自协方差和谱由 $R(s)$ 和 $E(\omega)$ 决定。

由导出方程(E.25)的相同过程可以得出 $u^{(k)}(t)$ 的自相关性是

$$\begin{aligned} R_k(s) &\equiv \langle u^{(k)}(t) u^{(k)}(t+s) \rangle \\ &= \sum_{n=-\infty}^{\infty} \omega_n^{2k} \langle c_n c_n^* \rangle \mathrm{e}^{\mathrm{i}\omega_n s} \end{aligned} \tag{E.43}$$

通过与方程(E.25)的(2k)阶导数的对比，有

$$\frac{\mathrm{d}^{2k} R(s)}{\mathrm{d}s^{2k}} = (-1)^k \sum_{n=-\infty}^{\infty} \omega_n^{2k} \langle c_n c_n^* \rangle \mathrm{e}^{\mathrm{i}\omega_n s} \tag{E.44}$$

得到结果：

$$R_k(s) = (-1)^k \frac{\mathrm{d}^{2k} R(s)}{\mathrm{d}s^{2k}} \tag{E.45}$$

$u^{(k)}(t)$ 的谱为[见方程(E.26)]

$$\begin{aligned} \check{E}_k(\omega) &\equiv \sum_{n=-\infty}^{\infty} \omega_n^{2k} \langle c_n c_n^* \rangle \delta(\omega - \omega_n) \\ &= \omega^{2k} \sum_{n=-\infty}^{\infty} \langle c_n c_n^* \rangle \delta(\omega - \omega_n) \\ &= \omega^{2k} \check{E}(\omega) \end{aligned} \tag{E.46}$$

这个结果也可以用方程(E.45)的傅里叶变换得出。

总之，对于过程 $u(t)$ 的 k 阶导数 $u^{(k)}(t)$，自协方差 $R_k(s)$ 由方程(E.45)给出，而谱是

$$\check{E}_k(\omega) = \omega^{2k} \check{E}(\omega) \tag{E.47}$$

这两个结论适用于周期和非周期两种情况。

附录 F

离散傅里叶变换

考虑一个周期函数 $u(t)$，周期为 T，在周期内进行 N 次等间隔采样，其中 N 为偶数。在这些样本的基础上，离散傅里叶变换（discrete Fourier transform）定义了 N 个傅里叶系数（与傅里叶级数的系数相关），从而提供了 $u(t)$ 的离散谱表示。

快速傅里叶变换（FFT）是离散傅里叶变换的一种有效实现。在数值方法中，FFT 及其逆函数可以用于时域和频域、物理空间和波数空间之间进行变换。在一个或多个统计均匀方向上的流动的直接数值模拟（DNS）和大涡模拟（LES）中，通常使用伪谱方法（在均匀方向），FFTs 广泛用于物理空间和波数空间之间的转换。

时间间隔 Δt 定义为

$$\Delta t \equiv \frac{T}{N} \tag{F.1}$$

采样次数为

$$t_j \equiv j\Delta t, \quad j = 0, 1, \cdots, N-1 \tag{F.2}$$

样本表示为

$$u_j \equiv u(t_j) \tag{F.3}$$

然后定义 $1 - \frac{1}{2}N \leqslant k \leqslant \frac{1}{2}N$ 的离散傅里叶变换的复数系数 $\tilde{c}_k$ 为

$$\tilde{c}_k \equiv \frac{1}{N}\sum_{j=0}^{N-1} u_j \mathrm{e}^{-\mathrm{i}\omega_k t_j} = \frac{1}{N}\sum_{j=0}^{N-1} u_j \mathrm{e}^{-2\pi \mathrm{i} jk/N} \tag{F.4}$$

其中，（与傅里叶级数一样）频率 ω_k 由如下公式给出：

$$\omega_k = \frac{2\pi k}{T} \tag{F.5}$$

如下所示，逆变换为

$$u_\ell = \sum_{k=1-\frac{1}{2}N}^{\frac{1}{2}N} \tilde{c}_k e^{i\omega_k t_\ell} = \sum_{k=1-\frac{1}{2}N}^{\frac{1}{2}N} \tilde{c}_k e^{2\pi i k\ell/N} \tag{F.6}$$

为了确定逆变换的形式,考虑了如下量:

$$\mathcal{J}_{j,N} \equiv \frac{1}{N} \sum_{k=1-\frac{1}{2}N}^{\frac{1}{2}N} e^{2\pi i jk/N} \tag{F.7}$$

在复数平面上看, $\mathcal{J}_{j,N}$ 是 N 个点的中心 $e^{2\pi i jk/N}$ (对于 k 的 N 个值)。因为 j 是 0 或 N 的整数倍,每个点都位于 (1, 0),所以 $\mathcal{J}_{j,N}$ 是一个单位(unity)。因为 j 不是 N 的整数倍,这些点在原点对称分布,所以 $\mathcal{J}_{j,N}$ 等于 0。因此,可得

$$\mathcal{J}_{j,N} = \begin{cases} 1, & j/N \text{ 为整数} \\ 0, & \text{其他} \end{cases} \tag{F.8}$$

根据这个结果,可以写出等式(F.6)的右侧项为

$$\begin{aligned} \sum_{k=1-\frac{1}{2}N}^{\frac{1}{2}N} \tilde{c}_k e^{2\pi i k\ell/N} &= \sum_{k=1-\frac{1}{2}N}^{\frac{1}{2}N} \frac{1}{N} \sum_{j=0}^{N-1} u_j e^{-2\pi i jk/N} e^{2\pi i k\ell/N} \\ &= \sum_{j=0}^{N-1} u_j \frac{1}{N} \sum_{k=1-\frac{1}{2}N}^{2^2N} e^{2\pi i k(\ell-j)/N} \\ &= \sum_{j=0}^{N-1} u_j \mathcal{J}_{(\ell-j),N} = u_\ell \end{aligned} \tag{F.9}$$

在最终的和中,唯一的非零贡献是对于 $j=\ell$,这验证了逆变换[式(F.6)]。

研究离散傅里叶变换 $\tilde{c}_k$ 的系数和傅里叶级数 c_k 的系数之间的关系是有意义的。从这些量的定义[式(F.6)和式(E.9)]可得

$$u_\ell = \sum_{k=1-\frac{1}{2}N}^{\frac{1}{2}N} \tilde{c}_k e^{i\omega_k t_\ell} = \sum_{k=-\infty}^{\infty} c_k e^{i\omega_k t_\ell} \tag{F.10}$$

在考虑一般情况之前,考虑一种更简单的情况,即对于 $|\omega_k| \geqslant \omega_{\max}$ 的所有模态,傅里叶系数 c_k 为零,其中 $\omega_{\max}$ 为离散傅里叶变换中出现的最高频率:

$$\omega_{\max} \equiv \frac{\pi}{\Delta t} = \omega_{N/2} \tag{F.11}$$

在这种情况下,式(F.10)中的和从 $-\left(\frac{1}{2}N-1\right)$ 到 $\left(\frac{1}{2}N-1\right)$ 都是有效的,因此系数 c_k 和 $\tilde{c}_k$ 是相同的。

对于一般情况,需要考虑比 $\omega_{\max}$ 高的频率。在 $-\left(\frac{1}{2}N-1\right) \leqslant k \leqslant \frac{1}{2}N$ 范围内,且对于非零整数 m 的情况,$(k+mN)$ 模态下的频率为

$$\omega_{k+mN}=\omega_k+2m\omega_{\max} \tag{F.12}$$

与:

$$|\omega_{k+mN}|\geqslant\omega_{\max} \tag{F.13}$$

在采样次数为 t_j 时, $(k+mN)$ 第 k 阶模态与第 k 阶模态不可区分,因为:

$$e^{i\omega_{k+mN}t_j}=e^{2\pi ij(k+mN)/N}=e^{2\pi ijk/N}=e^{i\omega_k t_j} \tag{F.14}$$

第 $(k+mN)$ 阶模态的别名(aliased)为第 k 阶模态。

系数 $\tilde{c}_k$ 可以由其定义[式(F.4)]确定,用傅里叶级数代替 u_j:

$$\begin{aligned}\tilde{c}_k&=\frac{1}{N}\sum_{j=0}^{N-1}\left(\sum_{n=-\infty}^{\infty}c_n e^{2\pi inj}\right)e^{-2\pi ijk/N}\\&=\sum_{n=-\infty}^{\infty}\mathcal{J}_{n-k,\,N}c_n=\sum_{m=-\infty}^{\infty}c_{k+mN}\end{aligned} \tag{F.15}$$

因此,系数 $\tilde{c}_k$ 是偏于(aliased)与第 k 阶模态的所有模态的傅里叶系数的和。

考虑到共轭对称性, N 个复系数 $\tilde{c}_k$ 可以用 N 个实数表示(例如, $\mathcal{R}\{\tau_k\}k=0,1,\cdots,\frac{1}{2}N$ 和 $\mathfrak{I}\{\tilde{c}_k\}$, $k=1,2,\cdots,\frac{1}{2}N-1$, 见练习 F.1)。离散傅里叶变换及其反变换提供了 u_j 和 $\tilde{c}_k$ 之间一对一的映射。为了直接从式(F.4)的和直接计算 $\tilde{c}_k$,需要进行 N^2 阶操作。然而,通过使用快速傅里叶变换(FFT)[例如,Brigham(1974)的研究],在 $N\log N$ 阶的操作中也可以得到相同的结果。因此,对于在足够小的时间间隔采样的周期性数据,FFT 是一种有效的工具,用于计算傅里叶系数、频谱、自相关(作为频谱的反傅里叶变换)、卷积和导数:

$$\frac{d^n u(t)}{dt^n}=\mathcal{F}^{-1}\{(i\omega)^n\mathcal{F}\{u(t)\}\} \tag{F.16}$$

和傅里叶变换一样,离散傅里叶变换有各种不同的定义,这里使用的定义与傅里叶级数有最直接的联系。在数值实现中,通常使用练习 F.2 中给出的另一种定义。

练 习

F.1 证明,对于实 $u(t)$, 系数 $\tilde{c}_k$ 满足:

$$\tilde{c}_k=\tilde{c}_{-k}^{*},\quad |k|<\frac{1}{2}N \tag{F.17}$$

$\tilde{c}_0$ 和 $\tilde{c}_{\frac{1}{2}N}$ 是实数。

表明：

$$\cos(\omega_{\max} t_j) = (-1)^j \tag{F.18}$$

$$\sin(\omega_{\max} t_j) = 0 \tag{F.19}$$

F.2　离散傅里叶变换的另一种定义是

$$\bar{c}_k = \sum_{j=0}^{N-1} u_j \mathrm{e}^{-2\pi \mathrm{i} jk/N}, \quad k = 0, 1, \cdots, N-1 \tag{F.20}$$

证明它的逆是

$$u_\ell = \frac{1}{N} \sum_{k=0}^{N-1} \bar{c}_k \mathrm{e}^{2\pi \mathrm{i} k\ell/N} \tag{F.21}$$

系数 $\tilde{c}_k$ 和 $\bar{c}_k$ 之间的关系是什么？

附录 G

幂律谱

在湍流研究中，对高频率（或大波数）下的波谱形状给予了很大的关注。本附录的目的是显示幂律谱[$(E(\omega) \sim \omega^{-p}$，对于大 ω)]之间的关系，潜在的随机过程 $u(t)$ 和二阶结构函数 $D(s)$。

考虑一个统计稳定过程 $u(t)$ 具有有限方差 $\langle u^2 \rangle$ 和积分时间尺度 $\bar{\tau}$。自相关函数：

$$R(s) \equiv \langle u(t)u(t+s) \rangle \tag{G.1}$$

和频谱的一半形成傅里叶余弦变换对（Fourier-cosine-transform pair）：

$$R(s) = \int_0^\infty E(\omega)\cos(\omega s)\,\mathrm{d}\omega \tag{G.2}$$

$$E(\omega) = \frac{2}{\pi}\int_0^\infty R(s)\cos(\omega s)\,\mathrm{d}s \tag{G.3}$$

第三个感兴趣的量是二阶结构函数：

$$\begin{aligned} D(s) &\equiv \langle [u(t+s) - u(t)]^2 \rangle \\ &= 2[R(0) - R(s)] \\ &= 2\int_0^\infty [1 - \cos(\omega s)]E(\omega)\,\mathrm{d}\omega \end{aligned} \tag{G.4}$$

根据定义，幂律谱变化为

$$E(\omega) \sim \omega^{-p}, \quad \omega \text{ 较大} \tag{G.5}$$

而幂律结构函数为

$$D(s) \sim s^q, \quad s \text{ 较小} \tag{G.6}$$

这里的目的是理解 p 和 q 的特定值的意义及其之间的联系。

通过在式(G.2)中设置 $s = 0$，得到的第一个观察结果是方差为

$$\langle u^2 \rangle = R(0) = \int_0^{\infty} E(\omega)\mathrm{d}\omega \tag{G.7}$$

通过假设 $\langle u^2 \rangle$ 是有限的,因此,如果 $E(\omega)$ 是幂律谱,积分收敛的要求规定了 $p > 1$。

一系列相似的结果来源于 $u(t)$ 的导数的谱。假设 $u(t)$ 的 n 阶导数存在,表示为

$$u^{(n)}(t) = \frac{\mathrm{d}^n u(t)}{\mathrm{d}t^n} \tag{G.8}$$

$u^{(n)}(t)$ 的自相关为

$$\begin{aligned} R_n(s) &\equiv \langle u^{(n)}(t) u^{(n)}(t+s) \rangle \\ &= (-1)^{n+1} \frac{\mathrm{d}^{2n} R(s)}{\mathrm{d}s^{2n}} \end{aligned} \tag{G.9}$$

[见附录 E,式(E.45)],其频谱为

$$E_n(\omega) = \omega^{2n} E(\omega) \tag{G.10}$$

[见式(E.47)]。因此,可得

$$\begin{aligned} \left\langle \left(\frac{\mathrm{d}^n u}{\mathrm{d}t^n} \right)^2 \right\rangle = R_n(0) &= \int_0^{\infty} E_n(\omega)\mathrm{d}\omega \\ &= \int_0^{\infty} \omega^{2n} E(\omega)\mathrm{d}\omega \end{aligned} \tag{G.11}$$

如果 $u(t)$ 可微 n 次(在均方意义上),则左边是有限的。那么,如果 $E(\omega)$ 是一个幂律谱,则式(G.11)中的积分必须收敛:

$$p > 2n + 1 \tag{G.12}$$

对于一个无限可微的过程,例如由 Navier-Stokes 方程演化的速度——从式(G.12)可以得出(对于较大的 ω),频谱衰减比 ω 的任何次幂都快:例如,它可以以 $\exp(-\omega)$ 或 $\exp(-\omega^2)$ 的形式衰减。然而,在一个显著的频率范围(如 $\omega_1 < \omega < \omega_h$)内,可能会出现幂律谱,其指数衰减超过 ω_h。

如果过程 $u(t)$ 至少是一次连续可微的,那么,对于小 s,结构函数为

$$D(s) \approx \left\langle \left(\frac{\mathrm{d}u}{\mathrm{d}t} \right)^2 \right\rangle s^2 \tag{G.13}$$

即 $q = 2$ 的幂律[式(G.6)]。

研究无量纲幂律谱具有指导意义:

$$E(\omega) = \frac{2}{\pi}\left(\frac{\alpha^2}{\alpha^2 + \omega^2}\right)^{(1+2\nu)/2} \tag{G.14}$$

其中，正参数 ν 取不同值。该谱的无量纲积分时间尺度为单位 1，即

$$\int_0^\infty R(s)\,\mathrm{d}s = \frac{\pi}{2}E(0) = 1 \tag{G.15}$$

且对于给定的 ν，α 需被指定[参见下面的式(G.18)]，使方差为单位 1。图 G.1 显示了 ν 在 $\frac{1}{6}$ 和 2 之间时 $E(\omega)$ 的变化趋势。当 ω 较大时，双对数坐标上的直线清晰表明幂律行为满足：

$$p = 1 + 2\nu \tag{G.16}$$

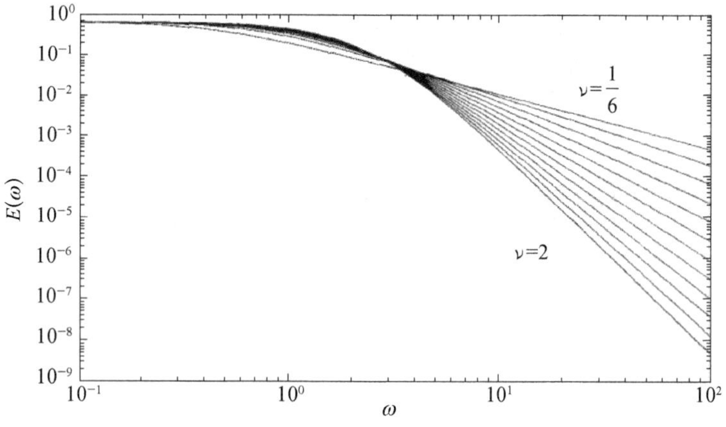

图 G.1　无量纲幂律谱 $E(\omega)$：方程(G.14)

其中，$\nu = \frac{1}{6}, \frac{1}{3}, \cdots, 1\frac{5}{6}, 2$

对应的自相关[由式(G.14)的逆变换得到]为

$$R(s) = \frac{2\alpha}{\sqrt{\pi}\,\Gamma\left(\nu + \frac{1}{2}\right)}\left(\frac{1}{2}s\alpha\right)^{\nu} K_\nu(s\alpha) \tag{G.17}$$

其中，K_ν 为第二类修正贝塞尔(Bessel)函数。由归一化条件 $\langle u^2\rangle = R(0) = 1$ 得到：

$$\alpha = \sqrt{\pi}\,\Gamma\left(\nu + \frac{1}{2}\right) \Big/ \Gamma(\nu) \tag{G.18}$$

使式(G.17)可以重写为

$$R(s)=\frac{2}{\Gamma(\nu)}\left(\frac{1}{2}s\alpha\right)^{\nu}K_{\nu}(s\alpha) \tag{G.19}$$

这些自相关如图 G.2 所示。$\left[\text{对于}\ \nu=\frac{1}{2}\right.$，由式(G.19)给出的自相关仅仅是 $R(s)=\exp(-|s|)$。]

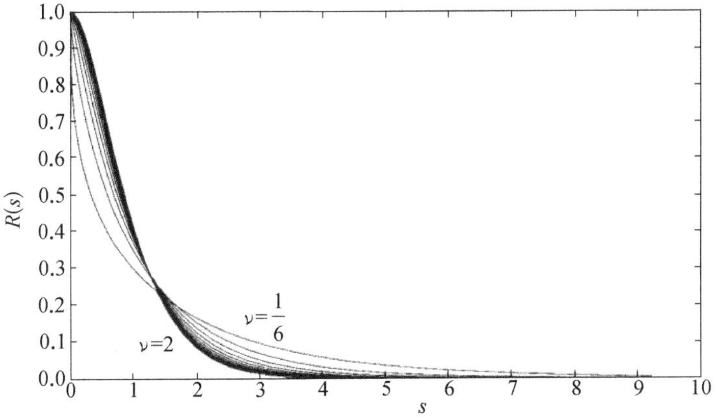

图 G.2　自相关函数 $R(s)$：方程(G.19)

其中，$\nu=\frac{1}{6},\frac{1}{3},\cdots,1\frac{5}{6},2$

自相关的表达式远远不能说明问题。然而，对 $K_{\nu}(s\alpha)$ 展开(对于小的论点)可以得到非常有信息的结构函数表达式(对于小 s)：

$$D(s)=\begin{cases}2\dfrac{\Gamma(1-\nu)}{\Gamma(1+\nu)}\left(\dfrac{1}{2}\alpha s\right)^{2\nu}\cdots, & \nu<1\\[2ex] 2(\nu-1)\left(\dfrac{1}{2}\alpha s\right)^{2}\cdots, & \nu>1\end{cases} \tag{G.20}$$

因此，结构函数为幂律函数，指数为

$$q=\begin{cases}2\nu, & \nu<1\\ 2, & \nu>1\end{cases} \tag{G.21}$$

这种行为在图 G.3 中很明显。

由幂律指数 p 和 q [式(G.16)和式(G.21)]的表达式得出结论是直截了当的。

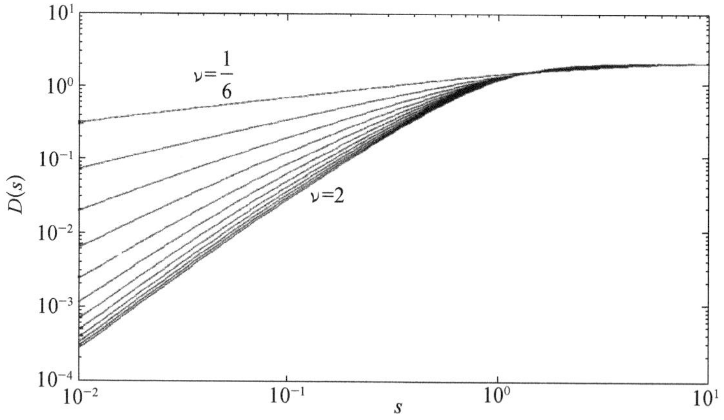

图 G.3 二阶结构函数[方程(G.20)]

其中，$\nu=\frac{1}{6},\frac{1}{3},\cdots,1\frac{5}{6},2$。观察到，对于 $\nu>1$ 和小 s，所有结构函数随 s^2 变化

表 G.1 幂律谱[方程(G.14)]中谱指数 p、结构指数 q 与背后过程 $u(t)$ 的可微性之间的关系

方程(G.14)中的参数 ν	谱 $E(\omega)\sim\omega^{-p}$ p	结构函数 $D(s)\sim s^{q}$ q	过程 $u(t)$ $\left\langle\left(\frac{d^n u}{dt^n}\right)^2\right\rangle<\infty$ n
$\frac{1}{3}$	$\frac{1}{3}$	$\frac{1}{3}$	0
$\frac{1}{3}$	2	1	0
>1	>3	2	≥ 1
>2	>5	2	≥ 2

当 p 大于 3 且 q 等于 2 时，$\nu>1$，对应一个潜在(underlying)过程，它至少有一次连续可微。当 $0<\nu<1$ 时，对应一个不可微过程 $u(t)$，且幂律由如下公式关联：

$$p=q+1 \tag{G.22}$$

表 G.1 列出了特定情况下的这些结果。

当 $\nu<1$ 时，ω 较大的幂律谱为

$$E(\omega) \approx C_1\omega^{-(1+q)} \tag{G.23}$$

同时,对于小 s, 结构函数为

$$D(s) \approx C_2 s^q \tag{G.24}$$

这些关系源于式(G.14)和式(G.20),由此可以推导出 C_1 和 C_2(依赖于 q)。这是一个代数问题(见练习 G.1),表明 C_1 和 C_2 是相关的:

$$\frac{C_1}{C_2} = \frac{1}{\pi}\Gamma(1+q)\sin\left(\frac{\pi q}{2}\right) \tag{G.25}$$

对于特殊情况 $q=\frac{2}{3}$, 该比值为 0.248 9; 或者,到完美近似:

$$(C_1/C_2)_{q=2/3} \approx \frac{1}{4} \tag{G.26}$$

虽然已经考虑了幂律谱的一个具体例子[即式(G.14)],但得出的结论是一般的。如果一个频谱在一个显著的频率范围内表现出幂律行为 $E(\omega) \approx C_1\omega^{-p}$,那么对于 $q=\min(p-1, 2)$ 的结构函数,就有相应的幂律行为 $D(s) \approx C_2 s^q$。这个结论可以通过式(G.4)的分析来验证,参见 Monin 和 Yaglom(1975)的研究。对于 $q<2$, C_1 和 C_2 是由式(G.25)联系起来。

练　习

G.1　确定式(G.23)和式(G.24)中的 C_1 和 C_2。利用伽马函数的以下性质验证式(G.25):

$$\Gamma(1+\nu) = \nu\Gamma(\nu) \tag{G.27}$$

$$\Gamma(\nu)\Gamma(1-\nu) = \pi/\sin(\pi\nu) \tag{G.28}$$

$$\Gamma(\nu)\Gamma\left(\nu+\frac{1}{2}\right) = (2\pi)^{\frac{1}{2}}2^{(1/2-2\nu)}\Gamma(2\nu) \tag{G.29}$$

附录 H

欧拉 PDF 方程的推导

在本附录中，给出了速度 $f(\boldsymbol{V}; \boldsymbol{x}, t)$ 欧拉 PDF 输运方程，由 Navier-Stokes 方程导出。这个导数基于细粒度(fine-grained) PDF 的属性；其他一些技术由 Dopazo (1994) 描述。

H.1 细粒度的 PDF

对于流动的给定实现，速度的(一点、一次性、欧拉)细粒度 PDF 定义为

$$f'(\boldsymbol{V}; \boldsymbol{x}, t) \equiv \delta[\boldsymbol{U}(\boldsymbol{x}, t) - \boldsymbol{V}] = \prod_{i=1}^{3} \delta[U_i(\boldsymbol{x}, t) - V_i] \tag{H.1}$$

在每一点 $\boldsymbol{x}$ 和时间 t 上，f' 是位于速度空间 $\boldsymbol{V} = \boldsymbol{U}(\boldsymbol{x}, t)$ 的三维 delta 函数(附录 C 回顾了 delta 函数的性质)。

细粒度 PDF 在获取和操作 PDF 方程方面非常有用，因为它有以下两个属性：

$$\langle f'(\boldsymbol{V}; \boldsymbol{x}, t) \rangle = f(\boldsymbol{V}; \boldsymbol{x}, t) \tag{H.2}$$

$$\langle \phi(\boldsymbol{x}, t) f'(\boldsymbol{V}; \boldsymbol{x}, t) \rangle = \langle \phi(\boldsymbol{x}, t) \mid \boldsymbol{U}(\boldsymbol{x}, t) = \boldsymbol{V} \rangle f(\boldsymbol{V}; \boldsymbol{x}, t) \tag{H.3}$$

第一个关系式由式(12.2)中均值 $\langle Q[U(x, t)] \rangle$ 的一般表达式得到，用 $\boldsymbol{V}'$ 替换积分变量 $\boldsymbol{V}$，代入 $Q[\boldsymbol{U}(\boldsymbol{x}, t)] = \delta[\boldsymbol{U}(\boldsymbol{x}, t) - \boldsymbol{V}]$ 和相应的 $Q(\boldsymbol{V}') = \delta(\boldsymbol{V}' - \boldsymbol{V})$：

$$\begin{aligned} \langle f'(\boldsymbol{V}; \boldsymbol{x}, t) \rangle &= \langle \delta[\boldsymbol{U}(\boldsymbol{x}, t) - \boldsymbol{V}] \rangle \\ &= \int \delta(\boldsymbol{V}' - \boldsymbol{V}) f(\boldsymbol{V}'; \boldsymbol{x}, t) \mathrm{d}\boldsymbol{V}' \\ &= f(\boldsymbol{V}; \boldsymbol{x}, t) \end{aligned} \tag{H.4}$$

最后一步根据 delta 函数的筛选性质[式(C.39)]。

第二个关系式[式(H.3)]可以通过类似的方式得到：

$$\begin{aligned}\langle \phi(\boldsymbol{x},t)f'(\boldsymbol{V};\boldsymbol{x},t)\rangle &= \langle \phi(\boldsymbol{x},t)\delta[\boldsymbol{U}(\boldsymbol{x},t)-\boldsymbol{V}]\rangle \\ &= \iint_{-\infty}^{\infty} \psi\delta(\boldsymbol{V}'-\boldsymbol{V})f_{U\phi}(\boldsymbol{V}',\psi;\boldsymbol{x},t)\,\mathrm{d}\boldsymbol{V}'\mathrm{d}\psi \\ &= \int_{-\infty}^{\infty} \psi f_{U\phi}(\boldsymbol{V},\psi;\boldsymbol{x},t)\,\mathrm{d}\psi \\ &= f(\boldsymbol{V};\boldsymbol{x},t)\int_{-\infty}^{\infty} \psi f_{\phi|U}(\psi|\boldsymbol{V};\boldsymbol{x},t)\,\mathrm{d}\psi \\ &= f(\boldsymbol{V};\boldsymbol{x},t)\langle \phi(\boldsymbol{x},t)|\boldsymbol{U}(\boldsymbol{x},t)=\boldsymbol{V}\rangle \end{aligned} \tag{H.5}$$

这五个步骤遵循 f' 的定义[式(H.1)]；$\boldsymbol{U}$ 和 ϕ 函数无条件均值的定义；筛选性质；式(12.3)的代入；以及条件均值的定义[式(12.4)]。

H.2 细粒度 PDF 的导数

细粒度 PDF 的时间和空间导数 $f'(\boldsymbol{V};\boldsymbol{x},t)$ 在 PDF 输运方程的推导中是必需的。作为一个更简单的初步,考虑一个标量值可微过程 $u(t)$ 与细粒度 PDF:

$$f'_u(v;t)=\delta[u(t)-v] \tag{H.6}$$

其中,v 是样本空间变量。delta 函数 $\delta(v-a)$ (a 为常数)的导数表示为 ($\delta^{(1)}(v-a)$) [式(C.21)],为奇函数[式(C.22)]:

$$\frac{\mathrm{d}}{\mathrm{d}v}\delta(v-a)=\frac{\mathrm{d}}{\mathrm{d}v}\delta(a-v)=\delta^{(1)}(v-a)=-\delta^{(1)}(a-v) \tag{H.7}$$

因此,将式(H.6)对 t 求微分(利用链式法则),得到:

$$\begin{aligned}\frac{\partial}{\partial t}f'_u(v;t) &= \delta^{(1)}[u(t)-v]\frac{\mathrm{d}u(t)}{\mathrm{d}t}=-\delta^{(1)}[v-u(t)]\frac{\mathrm{d}u(t)}{\mathrm{d}t} \\ &= -\frac{\partial f'_u(v;t)}{\partial v}\frac{\mathrm{d}u(t)}{\mathrm{d}t}=-\frac{\partial}{\partial v}\left[f'_u(v;t)\frac{\mathrm{d}u(t)}{\mathrm{d}t}\right]\end{aligned} \tag{H.8}$$

接下来是最后一步,因为 $u(t)$ 与 v 无关。

对于速度的细粒度 PDF,通过同样的过程产生所需的导数:

$$\frac{\partial}{\partial t}f'(\boldsymbol{V};\boldsymbol{x},t)=-\frac{\partial f'(\boldsymbol{V};\boldsymbol{x},t)}{\partial V_i}\frac{\partial U_i(\boldsymbol{x},t)}{\partial t} \tag{H.9}$$

$$\frac{\partial}{\partial x_i}f'(\boldsymbol{V};\boldsymbol{x},t)=-\frac{\partial f'(\boldsymbol{V};\boldsymbol{x},t)}{\partial V_j}\frac{\partial U_j(\boldsymbol{x},t)}{\partial x_i} \tag{H.10}$$

在接下来的推导过程中需要的最后一个结果是

$$U_i(\boldsymbol{x},\ t)\ \frac{\partial}{\partial x_i}f'(\boldsymbol{V};\ \boldsymbol{x},\ t) = \frac{\partial}{\partial x_i}[\ U_i(\boldsymbol{x},\ t)f'(\boldsymbol{V};\ \boldsymbol{x},\ t)\ ]$$
$$= \frac{\partial}{\partial x_i}[\ V_i f'(\boldsymbol{V};\ \boldsymbol{x},\ t)\ ] = V_i\ \frac{\partial}{\partial x_i}f'(\boldsymbol{V};\ \boldsymbol{x},\ t) \tag{H.11}$$

第一步依赖于不可压缩性 ($\nabla\cdot\ \boldsymbol{U} = 0$)，第二步根据筛选(sifting)性质[式(C.15)]，紧随其后的第三步是因为 V_i 是一个自变量。

H.3 PDF 输运方程

根据已经得到的结果，推导 PDF 的输运方程 $f(\boldsymbol{V};\ \boldsymbol{x},\ t)$ 是直接的。$f'(\boldsymbol{V};\ \boldsymbol{x},\ t)$ 的实体导数(substantial derivative)由式(H.9)~式(H.11)得到。

$$\frac{\mathrm{D}f'}{\mathrm{D}t} = \frac{\partial f'}{\partial t} + V_i\ \frac{\partial f'}{\partial x_i} = -\ \frac{\partial}{\partial V_i}\left(f'\ \frac{\mathrm{D}U_i}{\mathrm{D}t}\right) \tag{H.12}$$

这个方程的均值是

$$\frac{\partial f}{\partial t} + V_i\ \frac{\partial f}{\partial x_i} = -\ \frac{\partial}{\partial V_i}\left(f\left\langle\frac{\mathrm{D}U_i}{\mathrm{D}t}\ \middle|\ \boldsymbol{V}\right\rangle\right) \tag{H.13}$$

式(H.11)假定速度场不可压缩；但除此之外，这个 PDF 方程[式(H.13)]是相当普适(general)的，不包含物理含义。将 Navier-Stokes 方程[式(2.35)]代入 $\mathrm{D}U_i/\mathrm{D}t$ 时，物理含义就包含进去了：

$$\frac{\partial f}{\partial t} + V_i\ \frac{\partial f}{\partial x_i} = -\ \frac{\partial}{\partial V_i}\left(f\left\langle \nu\nabla^2 U_i\ -\ \frac{1}{\rho}\ \frac{\partial p}{\partial x_i}\ \middle|\ \boldsymbol{V}\right\rangle\right) \tag{H.14}$$

压强的雷诺分解 ($p = \langle p\rangle\ +p'$) 得到：

$$\left\langle\frac{\partial p}{\partial x_i}\ \middle|\ \boldsymbol{V}\right\rangle = \frac{\partial\langle p\rangle}{\partial x_i} + \left\langle\frac{\partial p'}{\partial x_i}\ \middle|\ \boldsymbol{V}\right\rangle \tag{H.15}$$

注意，$\partial\langle p\rangle/\partial x_i$ 是非随机的，因此不受均值和条件均值操作的影响，也就是说：

$$\frac{\partial\langle p\rangle}{\partial x_i} = \left\langle\frac{\partial\langle p\rangle}{\partial x_i}\right\rangle = \left\langle\frac{\partial\langle p\rangle}{\partial x_i}\ \middle|\ V\right\rangle \tag{H.16}$$

将分解式(H.15)代入式(H.14)，得到本书给出的 PDF 方程[式(12.9)]。

下面的练习对脉动速度的 PDF $g(\boldsymbol{v};\boldsymbol{x},t)$ 的输运方程进行推导，并对 f 和 g 方程中出现的项进行各种分解。

练 习

H.1 采用与推导 $f(\boldsymbol{V};\boldsymbol{x},t)$［式(H.14)］相同的过程，表明 $g(\boldsymbol{v};\boldsymbol{x},t)$（脉动速度的 PDF）的方程为

$$\frac{\partial g}{\partial t}+(\langle U_i\rangle+v_i)\frac{\partial g}{\partial x_i}=-\frac{\partial}{\partial v_i}\left(g\left\langle\frac{\mathrm{D}u_i}{\mathrm{D}t}\,\middle|\,\boldsymbol{v}\right\rangle\right) \tag{H.17}$$

采用式(5.138)代替 $\mathrm{D}u_i/\mathrm{D}t$，得到结果：

$$\begin{aligned}\frac{\partial g}{\partial t}+(\langle U_i\rangle+v_i)\frac{\partial g}{\partial x_i}=&\,v_i\frac{\partial\langle U_j\rangle}{\partial x_i}\frac{\partial g}{\partial v_j}-\frac{\partial\langle u_iu_j\rangle}{\partial x_i}\frac{\partial g}{\partial v_j}\\&-\frac{\partial}{\partial v_i}\left(g\left\langle\nu\nabla^2u_i-\frac{1}{\rho}\frac{\partial p'}{\partial x_i}\,\middle|\,\boldsymbol{v}\right\rangle\right)\end{aligned} \tag{H.18}$$

H.2 从 $\boldsymbol{u}(\boldsymbol{x},t)$ 和 $\boldsymbol{U}(\boldsymbol{x},t)$ 的 PDF 之间的关系：

$$g(\boldsymbol{v};\boldsymbol{x},t)=f(\langle\boldsymbol{U}\rangle+\boldsymbol{v};\boldsymbol{x},t) \tag{H.19}$$

表明它们的演化方程与如下公式相关：

$$\begin{aligned}&\frac{\partial g}{\partial t}+(\langle U_i\rangle+v_i)\frac{\partial g}{\partial x_i}\\=&\frac{\partial f}{\partial t}+(\langle U_i\rangle+v_i)\frac{\partial f}{\partial x_i}+\frac{\partial g}{\partial v_i}\left(\frac{\partial\langle U_i\rangle}{\partial t}+(\langle U_j\rangle+v_j)\frac{\partial\langle U_i\rangle}{\partial x_j}\right)\\=&\,v_j\frac{\partial g}{\partial v_i}\frac{\partial\langle U_i\rangle}{\partial x_j}-\frac{\partial}{\partial v_j}\left[g\left(\left\langle\frac{\mathrm{D}U_j}{\mathrm{D}t}\,\middle|\,\boldsymbol{V}\right\rangle-\frac{\bar{\mathrm{D}}\langle U_j\rangle}{\bar{\mathrm{D}}t}\right)\right]\end{aligned} \tag{H.20}$$

表明这等价于式(H.18)。

H.3 以 $g'(\boldsymbol{v};\boldsymbol{x},t)$ 为细粒度的 PDF $\delta[\boldsymbol{u}(\boldsymbol{x},t)-\boldsymbol{v}]$，得到结果：

$$g'\frac{\partial p'}{\partial x_i}=\frac{\partial}{\partial x_i}(g'p')+p'\frac{\partial g'}{\partial v_j}\frac{\partial u_j}{\partial x_i} \tag{H.21}$$

因此，式(H.18)中的 $\partial p'/\partial x_j$ 的项可以重新表示为

$$\frac{\partial}{\partial v_i}\left(g\left\langle\frac{1}{\rho}\frac{\partial p'}{\partial x_i}\,\middle|\,\boldsymbol{v}\right\rangle\right)=\frac{\partial^2}{\partial x_i\partial v_i}\left(g\left\langle\frac{p'}{\rho}\,\middle|\,\boldsymbol{v}\right\rangle\right)+\frac{1}{2}\frac{\partial^2}{\partial v_i\partial v_j}[g\mathcal{R}^c_{ij}(\boldsymbol{v})] \tag{H.22}$$

其中,条件压力应变率张量 $\mathcal{R}_{ij}^{c}(\boldsymbol{v}, \boldsymbol{x}, t)$ 由式(12.20)定义。

H.4 获得的关系:

$$\nabla^2 g' = \frac{\partial^2 g'}{\partial v_j \partial v_k}\frac{\partial u_j}{\partial x_i}\frac{\partial u_k}{\partial x_i} - \frac{\partial g'}{\partial v_j}\nabla^2 u_j \tag{H.23}$$

式(H.18)中的黏性项可以重新表示为

$$-\frac{\partial}{\partial v_i}(g\langle \nu \nabla^2 u_i \rangle) = \nu \nabla^2 g - \frac{1}{2}\frac{\partial^2}{\partial v_i \partial v_j}[g\varepsilon_{ij}^{c}(\boldsymbol{v})] \tag{H.24}$$

其中,条件耗散张量 $\varepsilon_{ij}^{c}(\boldsymbol{v}, \boldsymbol{x}, t)$ 定义为式(12.21)。

H.5 通过使用练习 H.3 和 H.4 的技术,表明 PDF 输运方程[式(H.18)]可以重新表示为

$$\begin{aligned}\frac{\partial f}{\partial t} + V_i\frac{\partial f}{\partial x_i} &= \nu \nabla^2 f + \frac{1}{\rho}\frac{\partial \langle p \rangle}{\partial x_i}\frac{\partial f}{\partial V_i} + \frac{\partial^2}{\partial x_i \partial V_i}\left(f\left\langle \frac{p'}{\rho} \middle| \boldsymbol{V}\right\rangle\right) \\ &\quad + \frac{1}{2}\frac{\partial^2}{\partial V_i \partial V_j}\left[f\left\langle \frac{p'}{\rho}\left(\frac{\partial U_i}{\partial x_j} + \frac{\partial U_j}{\partial x_i}\right) - 2\nu\frac{\partial U_i}{\partial x_k}\frac{\partial U_j}{\partial x_k} \middle| \boldsymbol{V}\right\rangle\right]\end{aligned} \tag{H.25}$$

附录 I

特 征 函 数

对于随机变量 U，特征函数定义为

$$\Psi(s) \equiv \langle e^{iUs} \rangle \tag{I.1}$$

它是实变量 s（维数为 U^{-1}）的无量纲复变函数。与 U 的 PDF $f(V)$ 一样，特征函数完全刻画了随机变量 U。

在某些情况下，用特征函数比用 PDF 更容易得到结果。这些情况包括矩的计算、随机变量的变换、独立随机变量的和、正态分布和联合正态分布，以及模型 PDF 方程的解。本节给出了特征函数的基本性质。

I.1 与 PDF 的关系

将均值定义为 PDF[式(3.20)]上的积分，可以重写定义特征函数的方程[式(I.1)]：

$$\Psi(s) = \int_{-\infty}^{\infty} f(V) e^{iVs} dV \tag{I.2}$$

这可以看作一个傅里叶反变换[参见式(D.2)]，因此 $f(V)$ 和 $\Psi(s)$ 形成一个傅里叶变换对：

$$f(V) = \mathcal{F}\{\Psi(s)\} = \frac{1}{2\pi}\int_{-\infty}^{\infty} \Psi(s) e^{-iVs} ds \tag{I.3}$$

$$\Psi(s) = \mathcal{F}^{-1}\{f(V)\} \tag{I.4}$$

因为 $f(V)$ 是实数，所以 $\Psi(s)$ 具有共轭对称：$\Psi(s) = \Psi^*(-s)$。

I.2 原点处的行为

将式(I.1)中的 s 设为零得到重要的结果：

$$\Psi(0) = 1 \tag{I.5}$$

式(I.5)对应于 PDF 的无量纲化条件。$\Psi(s)$ 的第 k 阶导数是

$$\Psi^{(k)}(s) \equiv \frac{\mathrm{d}^k \Psi(s)}{\mathrm{d}s^k} = \mathrm{i}^k \langle U^k \mathrm{e}^{\mathrm{i}Us} \rangle \tag{I.6}$$

因此，U 的矩（关于原点）由如下公式给出：

$$\langle U^k \rangle = (-\mathrm{i})^k \Psi^{(k)}(0) \tag{I.7}$$

I.3 线性变换

当 a 和 b 是常数时，随机变量：

$$\widetilde{U} \equiv a + bU \tag{I.8}$$

其具有特征函数：

$$\begin{aligned}\widetilde{\Psi}(s) &= \langle \mathrm{e}^{\mathrm{i}\widetilde{U}s} \rangle = \langle \mathrm{e}^{\mathrm{i}as + \mathrm{i}bUs} \rangle \\ &= \mathrm{e}^{\mathrm{i}as} \Psi(bs)\end{aligned} \tag{I.9}$$

I.4 独立随机变量的和

如果 U_1 和 U_2 是具有特征函数 $\Psi_1(s)$ 和 $\Psi_2(s)$ 的独立随机变量，那么它们的和的特征函数 $\widetilde{U} = U_1 + U_2$ 是

$$\begin{aligned}\widetilde{\Psi}(s) &= \langle \mathrm{e}^{\mathrm{i}(U_1+U_2)s} \rangle = \langle \mathrm{e}^{\mathrm{i}U_1 s} \mathrm{e}^{\mathrm{i}U_2 s} \rangle \\ &= \langle \mathrm{e}^{\mathrm{i}U_1 s} \rangle \langle \mathrm{e}^{\mathrm{i}U_2 s} \rangle = \Psi_1(s) \Psi_2(s)\end{aligned} \tag{I.10}$$

即特征函数的乘积。

I.5 正态分布

如果 U 是一个标准化正态随机变量，那么它的 PDF 是

$$f(V) = \frac{1}{\sqrt{2\pi}} \mathrm{e}^{-\frac{1}{2}V^2} \tag{I.11}$$

然后进行傅里叶反变换(表 D.1):

$$\Psi(s) = e^{-s^2/2} \tag{I.12}$$

更一般地,如果具有均值 U 和方差 σ^2 的 μ 是正态分布的,然后可由式(I.9)和式(I.12)得到:

$$\Psi(s) = e^{i\mu s - \sigma^2 s^2/2} \tag{I.13}$$

I.6　细粒度特征函数

正如细粒度的 PDF $f'(V) \equiv \delta(U - V)$ 的定义使其平均值为 PDF $f(V)$,细粒度的特征函数也定义为

$$\Psi'(s) \equiv e^{isU} \tag{I.14}$$

它的均值是 $\Psi(s)$, $f'(V)$ 和 $\Psi'(s)$ 一致地形成傅里叶变换对。当 Q 是第二个随机变量时,有[见式(H.5)]

$$\langle Qf'(V) \rangle = \langle Q \mid V \rangle f(V) \tag{I.15}$$

相应的,对于细粒度的特征函数,有

$$\begin{aligned} \langle Q\Psi'(s) \rangle &= \int_{-\infty}^{\infty} \langle Q\Psi'(s) \mid V \rangle f(V) \mathrm{d}V \\ &= \int_{-\infty}^{\infty} \langle Q \mid V \rangle f(V) e^{isV} \mathrm{d}V \\ &= \mathcal{F}^{-1}\{\langle Q \mid V \rangle f(V)\} \end{aligned} \tag{I.16}$$

因此,$\langle Qf' \rangle$ 和 $\langle Q\Psi' \rangle$ 也形成了一个傅里叶变换对。

I.7　总结

表 I.1 总结了特征函数的几个有用性质,以及其与 PDF 的关系。

表 I.1 特征函数与概率密度函数之间的关系

特征函数 $\Psi(s)=\mathcal{F}^{-1}\{f(V)\}$	概率密度函数 $f(V)=\mathcal{F}\{\Psi(s)\}$
$\Psi'(s)=e^{isU}$	$f'(V)=\delta(U-V)$
$\Psi(s)=\langle\Psi'(s)\rangle$	$f(V)=\langle f'(V)\rangle$
$=\int_{-\infty}^{\infty}f(V)e^{isV}dV$	$=\frac{1}{2\pi}\int_{-\infty}^{\infty}\Psi(s)e^{-isV}ds$
$(-i)^n\frac{d^n\Psi(s)}{ds^n}$	$V^nf(V)$
$(-is)^n\Psi(s)$	$\frac{d^nf(V)}{dV^n}$
$-s\frac{d\Psi(s)}{ds}$	$\frac{d}{dV}[Vf(V)]$
$\langle Q\Psi'(s)\rangle$	$\langle Qf'(V)\rangle=\langle Q\mid V\rangle f(V)$
$(-is)^n\langle Q\Psi'(s)\rangle$	$\frac{d^n}{dV^n}[\langle Q\mid V\rangle f(V)]$
$\exp\left(i\mu s-\frac{1}{2}\sigma^2s^2\right)$	$\frac{1}{\sigma\sqrt{2\pi}}\exp\left(-\frac{1}{2}[V-\mu]^2/\sigma^2\right)$

注：如果左侧的量存在，则右侧的量是其傅里叶变换。

练 习

I.1 在傅里叶变换方程[式(I.3)和式(I.4)]的基础上，验证如下关系：

$$\mathcal{F}^{-1}\left\{\frac{d^2f(V)}{dV^2}\right\}=-s^2\Psi(s) \tag{I.17}$$

$$\mathcal{F}^{-1}\left\{\frac{d}{dV}(fV)\right\}=-s\frac{d\Psi(s)}{ds} \tag{I.18}$$

I.2 用方程(I.7)和式(I.12)来确定标准化正态分布的前六个矩。

I.3 使 $U_1, U_2, \cdots, U_N$ 是独立、同分布、标准化的随机变量。表明：

$$X_N\equiv\frac{1}{\sqrt{N}}\sum_{i=1}^{N}U_i \tag{I.19}$$

是标准化的随机变量。表明 X_N 和 $\Psi_N(s)$ 的特征函数与 U_i、$\Psi_u(s)$ 的特征函数之间的关系为

$$\Psi_N(s) = \Psi_u(N^{-1/2}s)^N \tag{I.20}$$

因此：

$$\ln \Psi_N(s) = N \ln\left(1 - \frac{1}{2}\frac{s^2}{N} + \frac{1}{3!}\Psi_u^{(3)}(0)\frac{s^3}{N^{\frac{3}{2}}} + \cdots\right) \tag{I.21}$$

由此得到结果：

$$\lim_{N\to\infty} \Psi_N(s) = \mathrm{e}^{-s^2/2} \tag{I.22}$$

即 X_N 趋于标准化正态随机变量[这是中心极限定理(central-limit theorem)的一个简单版本]。

I.4 设 U、Q 为随机变量，$f(V)$、$\Psi'(s)$ 分别为 U 的 PDF 和细粒度特征函数。表明 $U+Q$ 的特征函数为

$$\langle \mathrm{e}^{\mathrm{i}s(U+Q)} \rangle = \sum_{n=0}^{\infty} \frac{(\mathrm{i}s)^n}{n!}\langle Q^n \Psi'(s) \rangle \tag{I.23}$$

对应的 $U+Q$ 的 PDF 为

$$\langle \delta(U+Q-V) \rangle = \sum_{n=0}^{\infty} \frac{(-1)^n}{n!}\frac{\mathrm{d}^n}{\mathrm{d}V^n}[f(V)\langle Q^n \mid V \rangle] \tag{I.24}$$

I.8 联合随机变量

令 $\boldsymbol{U} = \{U_1, U_2, \cdots, U_D\}$ 是 D 个随机变量的集合，对应的特征函数定义为

$$\Psi(\boldsymbol{s}) \equiv \langle \mathrm{e}^{\mathrm{i}U_j s_j} \rangle \tag{I.25}$$

其中，$\boldsymbol{s} = \{s_1, s_2, \cdots, s_D\}$ 为自变量。

设 $\boldsymbol{A}$ 是恒定的 D 向量(D-vector)，设 $\boldsymbol{B}$ 是恒定的 $D \times D$ 矩阵，用来定义线性变换：

$$\widetilde{\boldsymbol{U}} = \boldsymbol{A} + \boldsymbol{B}\boldsymbol{U} \tag{I.26}$$

则 $\widetilde{\boldsymbol{U}}$ 的特征函数 $\widetilde{\Psi}(\boldsymbol{s})$ 为

$$\widetilde{\Psi}(\boldsymbol{s}) = \langle \mathrm{e}^{\mathrm{i}\widetilde{U}_j s_j} \rangle = \mathrm{e}^{\mathrm{i}A_j s_j}\langle \mathrm{e}^{\mathrm{i}B_{jk}U_k s_j} \rangle = \mathrm{e}^{\mathrm{i}\boldsymbol{A}^{\mathrm{T}}\boldsymbol{s}}\Psi(\boldsymbol{B}^{\mathrm{T}}\boldsymbol{s}) \tag{I.27}$$

单随机变量 U_j 的特征函数 $\Psi_j(s)$ 可以由 $\Psi(s)$ 通过设 $s_k=0,\ k\neq j$ 得到[由式(I.25)得到]。

如果 D 随机变量是相互独立的,那么:

$$\Psi(s)\equiv\left\langle\prod_{j=1}^{D}\mathrm{e}^{\mathrm{i}U_j s_j}\right\rangle=\prod_{j=1}^{D}\langle\mathrm{e}^{\mathrm{i}U_j s_j}\rangle=\prod_{j=1}^{D}\Psi_j(s_j)\tag{I.28}$$

其中,括号中的后缀不包括在求和约定中。它来自等式(I.12)和式(I.28),是 D 联合正态标准化随机变量 $\boldsymbol{U}$ 的特征函数:

$$\Psi(\boldsymbol{s})=\mathrm{e}^{-s_j s_j/2}=\mathrm{e}^{-\boldsymbol{s}^{\mathrm{T}}\boldsymbol{s}/2}\tag{I.29}$$

如果这些随机变量对式(I.26)进行线性变换,则得到的随机向量 $\widetilde{\boldsymbol{U}}$ 具有均值:

$$\langle\widetilde{\boldsymbol{U}}\rangle=\boldsymbol{A}\tag{I.30}$$

协方差矩阵:

$$\boldsymbol{C}=\boldsymbol{B}\boldsymbol{B}^{\mathrm{T}}\tag{I.31}$$

以及特征函数[来自方程(I.27)和式(I.29)]:

$$\begin{aligned}\widetilde{\Psi}(\boldsymbol{s})&=\exp\left(\mathrm{i}A_j s_j-\frac{1}{2}C_{jk}s_j s_k\right)\\&=\exp\left(\mathrm{i}\boldsymbol{A}^{\mathrm{T}}\boldsymbol{s}-\frac{1}{2}\boldsymbol{s}^{\mathrm{T}}\boldsymbol{C}\boldsymbol{s}\right)\end{aligned}\tag{I.32}$$

事实上,这个方程通常被认为是联合正态随机变量的定义。

附录 J

扩 散 过 程

本附录对扩散过程及在描述和分析中使用的一些数学技术提供了一个简短的介绍。Gardiner(1985)、Gillespie(1992)、Arnold(1974)、Karlin 和 Taylor(1981)提供了更全面和严谨的描述。

扩散过程是一种特殊的随机过程,它是一个连续时间的马尔可夫(Markov)过程,具有连续的样本路径(以及下面描述的其他属性)。

J.1 马尔可夫(Markov)过程

设 $U(t)(t \geqslant t_0)$ 是一个具有单次 PDF $f(V; t)$ 的随机过程。引入 N 个时间点 $t_1 < t_2 < \cdots < t_N(t_1 > t_0)$,同时考虑 $U(t_N)$ 在较早时刻 $\{U(t_{N-1}), U(t_{N-2}), \cdots, U(t_1)\}$ 条件下的 PDF,表示为

$$f_{N-1}(V_N; t_N \mid V_{N-1}, t_{N-1}, V_{N-2}, t_{N-2}, \cdots, V_1, t_1)$$

例如, $U(t)$ 在单一过去时间条件下的 PDF 可表示为

$$f_1(V_N; t_N \mid V_{N-1}, t_{N-1})$$

根据定义,如果 $U(t)$ 是一个 Markov 过程,那么这些条件 PDF 是相等的:

$$f_{N-1}(V_N; t_N \mid V_{N-1}, t_{N-1}, V_{N-2}, t_{N-2}, \cdots, V_1, t_1) = f_1(V_N; t_N \mid V_{N-1}, t_{N-1}) \tag{J.1}$$

这意味着,给定 $U(t_{N-1}) = V_{N-1}$,已知之前的值 $U(t_{N-2}), U(t_{N-3}), \cdots, U(t_1)$,没有提供关于 $U(t_N)$ 未来值的进一步信息。

J.2 查普曼-柯尔莫哥洛夫(Chapman-Kolmogorov)方程

对于任何过程,根据条件 PDF 的定义,有

$$f_1(V_3;\, t_3 \mid V_1,\, t_1) = \int_{-\infty}^{\infty} f_2(V_3;\, t_3 \mid V_2,\, t_2,\, V_1,\, t_1) f_1(V_2;\, t_2 \mid V_1,\, t_1)\,\mathrm{d}V_2 \tag{J.2}$$

（参见练习 J.1。）对于 Markov 过程，式(J.1)可以用$f_1(V_3;\, t_3 \mid V_2,\, t_2)$ 替换f_2得到查普曼-柯尔莫哥洛夫(Chapman-Kolmogorov)方程：

$$f_1(V_3;\, t_3 \mid V_1,\, t_1) = \int_{-\infty}^{\infty} f_1(V_3;\, t_3 \mid V_2,\, t_2) f_1(V_2;\, t_2 \mid V_1,\, t_1)\,\mathrm{d}V_2 \tag{J.3}$$

J.3 增量

一个有用的概念是过程中的增量：正时间间隔 h 内的增量定义是

$$\Delta_h U(t) \equiv U(t+h) - U(t) \tag{J.4}$$

需要注意的是，h 是正的，且增量在时间上向前定义。一个过程可以被认为是其增量的总和，例如：

$$U(t_N) = U(t_0) + \Delta_{t_1-t_0} U(t_0) + \Delta_{t_2-t_1} U(t_1) + \cdots + \Delta_{t_N-t_{N-1}} U(t_{N-1}) \tag{J.5}$$

以 $\Delta_h U(t)$ 为条件的增量 $U(t)=V$ 的 PDF 表示为 $g(\hat{V};\, h,\, V,\, t)$。设 h 为 $t_3 - t_2$，则 $U(t_2)$ 可以重新表示为

$$U(t_2) = U(t_3) - \Delta_{h_i} U(t_2) \tag{J.6}$$

式(J.3)右侧的第一个条件 PDF 为

$$f_1(V_3;\, t_2+h \mid V_3-\hat{V},\, t_2) = g(\hat{V};\, h,\, V_3-\hat{V},\, t_2) \tag{J.7}$$

因此，Chapman-Kolmogorov 方程可以改写为

$$f_1(V;\, t_2+h \mid V_1,\, t_1) = \int_{-\infty}^{\infty} g(\hat{V};\, h,\, V-\hat{V},\, t_2) f_1(V-\hat{V};\, t_2 \mid V_1,\, t_1)\,\mathrm{d}\hat{V} \tag{J.8}$$

J.4 扩散过程

连续时间马尔可夫过程有不同的性质，它们之间的区别在于当 h 趋于零时，它们的增量 $\Delta_h U(t)$ 在极限上的行为。扩散过程的一个定义性质是它的样本路径是

连续的。更准确地说,对所有 $\epsilon > 0$,有

$$\lim_{h \downarrow 0} \frac{1}{h} P\{|\Delta_h U(t)| > \epsilon \mid U(t) = V\} = 0 \tag{J.9}$$

如果他们存在,则过程的无穷小参数(infinitesimal parameters)的定义式为

$$\begin{aligned} B_n(V, t) &\equiv \lim_{h \downarrow 0} \frac{1}{h} \langle [\Delta_h U(t)]^n \mid U(t) = V \rangle \\ &= \lim_{h \downarrow 0} \frac{1}{h} \int_{-x}^{x} \hat{V}^n g(\hat{V}; h, V, t) \mathrm{d}\hat{V} \end{aligned} \tag{J.10}$$

当 $n = 1, 2, \cdots$ 时,除了式(J.9),扩散过程的定义性质是漂移系数和扩散系数存在:

$$a(V, t) \equiv B_1(V, t) \tag{J.11}$$

$$b(V, t)^2 \equiv B_2(V, t) \tag{J.12}$$

且剩余的无穷小参数为零:

$$B_n(V, t) = 0, \quad n \geqslant 3 \tag{J.13}$$

由常微分方程:

$$\frac{\mathrm{d}U(t)}{\mathrm{d}t} = a[U(t), t] \tag{J.14}$$

控制的可微的确定性过程为退化扩散过程,有漂移系数 $a(V, t)$ 和扩散系数 $b(V, t)^2 = 0$。一个非退化扩散过程[即 $b(V, t) > 0$)]显然无处可微,因为 $\langle [\Delta_h U(t)]^2 / h \rangle$ 趋于正极限意味着 $\langle [\Delta_h U(t)/h]^2 \rangle$ 趋于无穷。

J.5　克拉默斯-莫亚尔(Kramers-Moyal)方程

在 Chapman-Kolmogorov 方程[式(J.8)]中,右侧的 g 和 f_1 都涉及讨论 $V - \hat{V}$,将这些量展开成关于 V 的泰勒级数,得到:

$$\begin{aligned} f_1(V; t_2 + h \mid V_1, t_1) = {}& f_1(V; t_2 \mid V_1, t_1) \\ & + \int_{-\infty}^{\infty} \sum_{n=1}^{\infty} \frac{(-\hat{V})^n}{n!} \frac{\partial^n}{\partial V^n} [g(\hat{V}; h, V, t_2) f_1(V; t_2 \mid V_1, t_1)] \mathrm{d}\hat{V} \end{aligned} \tag{J.15}$$

通过除以 h，取极限 $h \to 0$，并使用式(J.10)，得到了 Kramers-Moyal 方程：

$$\frac{\partial}{\partial t} f_1(V;\ t \mid V_1,\ t_1) = \sum_{n=1}^{\infty} \frac{(-1)^n}{n!} \frac{\partial^n}{\partial V^n} [B_n(V,\ t) f_1(V;\ t \mid V_1,\ t_1)] \quad (\mathrm{J.16})$$

此方程适用于参数 $B_n(V,\ t)$ 存在的过程，且有 $t \geqslant t_1$。合适的初始条件为

$$f_1(V;\ t \mid V_1,\ t_1) = \delta(V - V_1) \quad (\mathrm{J.17})$$

J.6 福克-普朗克(Fokker-Planck)方程

对于扩散过程，所有参数 B_n 都为零，除了漂移 $(B_1 = a)$ 和扩散 $(B_2 = b^2)$。在这种情况下，式(J.16)可以退化为 Fokker-Planck 方程或向前(forward) Kolmogorov 方程：

$$\begin{aligned}\frac{\partial}{\partial t} f_1(V;\ t \mid V_1,\ t_1) = &-\frac{\partial}{\partial V}[a(V,\ t) f_1(V;\ t \mid V_1,\ t_1)] \\ &+ \frac{1}{2}\frac{\partial^2}{\partial V^2}[b(V,\ t)^2 f_1(V;\ t \mid V_1,\ t_1)] \end{aligned} \quad (\mathrm{J.18})$$

这个方程决定了条件 PDF 的演变。

通过乘以 $f(V;\ t)$，对 V_1 积分，得到边际 PDF $f(V_1;\ t_1)$ 对应的方程。因为在式(J.18)中，只有 f_1 对 V_1 有任何依赖，结果很简单：

$$\frac{\partial}{\partial t} f(V;\ t) = -\frac{\partial}{\partial V}[a(V,\ t) f(V;\ t)] + \frac{1}{2}\frac{\partial^2}{\partial V^2}[b(V,\ t)^2 f(V;\ t)] \quad (\mathrm{J.19})$$

对于由常微分方程[式(J.14)]控制的确定性过程，扩散系数为零，因此消去了式(J.18)和式(J.19)中最后一项，得到的方程称为刘维尔(Liouville)方程。

J.7 平稳分布

如果系数 a 和 b 与时间无关，则扩散过程有可能是统计平稳的。在这种情况下，Fokker-Planck 方程[式(J.19)]退化为

$$0 = -\frac{\mathrm{d}}{\mathrm{d}V}[a(V) f(V)] + \frac{1}{2}\frac{\mathrm{d}^2}{\mathrm{d}V^2}[b(V)^2 f(V)] \quad (\mathrm{J.20})$$

有解：

$$f(V)=\frac{C}{b(V)^2}\exp\left(\int_{V_0}^{V}\frac{2a(V')}{b(V')^2}\mathrm{d}V'\right) \tag{J.21}$$

其中，下限 V_0 可随意选择；常数 C 由无量纲化条件确定。如果式(J.21)右侧对所有 V 的积分不收敛，那么 $U(t)$ 就不是平稳分布。

J.8　维纳(Wiener)过程

最基本的扩散过程是维纳过程(Wiener process)，用 $W(t)$ 表示，其他所有扩散过程都可以由此推导出来。这(对于 $t\geqslant 0$) 由初始条件 $W(0)=0$，以及漂移和扩散系数的规范定义：

$$a(V,t)=0,\quad b(V,t)^2=1 \tag{J.22}$$

$W(t)$ 的一些样本路径如图 J.1 所示。

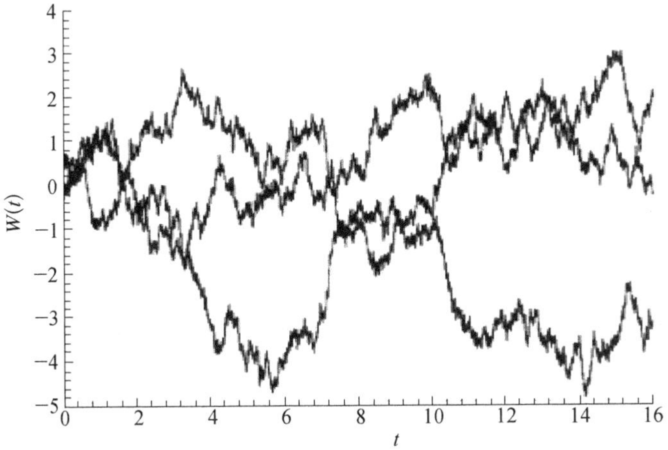

图 J.1　维纳过程的三种样本路径

这一点很容易得到证实，由初始条件式(J.17)得到 $a=0$，$b^2=1$ 时福克−普朗克方程[式(J.18)]的解为

$$f_1(V;t\mid V_1,t_1)=\frac{1}{\sqrt{2\pi(t-t_1)}}\exp\left(-\frac{\frac{1}{2}(V-V_1)^2}{t-t_1}\right) \tag{J.23}$$

即均值为 V_1、方差为 $t-t_1$ 的正态分布。因此，对于所有 $h>0$，均值为0，方差为 h 的增量 $\Delta_h W(t)$ 是正态分布：

$$\Delta_h W(t) \stackrel{\mathrm{D}}{=} \mathcal{N}(0,\ h) \tag{J.24}$$

其中，符号 $\stackrel{\mathrm{D}}{=}$ 被解读为“正态分布相等”；$\mathcal{N}(\mu,\ \sigma^2)$ 表示均值为 μ、方差为 σ^2 的正态分布[式(3.41)]。

维纳过程增量的一些重要性质(并非全部独立)如下：

(1) $\langle W(t_2) - W(t_1) \rangle = 0$；

(2) $\langle [W(t_2) - W(t_1)]^2 \rangle = \mathrm{var}[W(t_2) - W(t_1)] = t_2 - t_1$；

(3) $W(t_2) - W(t_1) \stackrel{\mathrm{D}}{=} \mathcal{N}(0,\ t_2 - t_1)$；

(4) $h^{-1/2}\Delta_h W(t) \stackrel{\mathrm{D}}{=} \mathcal{N}(0,\ 1)$；

(5) 对 $t \leqslant t_1$，$W(t_2) - W(t_1)$ 与 $W(t)$ 无关；

(6) $\langle [W(t_3) - W(t_2)][W(t_2) - W(t_1)] \rangle = 0$——非重叠时间间隔的增量是独立的；

(7) $\langle [W(t_4) - W(t_2)][W(t_3) - W(t_1)] \rangle = t_3 - t_2$——增量的协方差等于时间间隔重叠的持续时间；

(8) $\sum_{n=1}^{N} \langle [W(t_n) - W(t_{n-1})]^2 \rangle = t_N - t_0$；

(9) $W(t)$ 是一个高斯过程：$W(t_1)$，$W(t_2)$，…，$W(t_N)$ 的关联 PDF 为关联法向(法向可能是正态)。在练习 J.2 中推导了维纳过程的其他几个有趣性质。

J.9 随机微分方程

由于扩散过程是不可微的，因此不能应用微分学的标准工具。适当的方法是伊藤(Ito)方法，而不是微分计算；扩散过程不再用常微分方程来描述，而是用随机微分方程来描述。

过程 $U(t)$ 的无穷小增量由式(J.25)定义：

$$\mathrm{d}U(t) \equiv U(t+\mathrm{d}t) - U(t) \tag{J.25}$$

其中，$\mathrm{d}t$ 是一个正无穷小的时间区间。特别是维纳过程，有

$$\mathrm{d}W(t) = W(t+\mathrm{d}t) - W(t) \stackrel{\mathrm{D}}{=} \mathcal{N}(0,\ \mathrm{d}t) \tag{J.26}$$

现在考虑由初始条件 $U(t_0) = U_0$ 和增量定义的过程：

$$dU(t) = a[U(t),t]dt + b[U(t),t]dW(t) \tag{J.27}$$

对于给定函数 $a(V, t)$ 和 $b(V, t)$，由该随机微分方程定义的过程 $U(t)$ 是一个扩散过程,这是很容易证明的;由符号可知,漂移系数和扩散系数分别为 $a(V, t)$ 和 $b(V, t)^2$。

随机变量由其PDF完全表征;两个具有相同PDF的随机变量在统计上是相同的。同样,扩散过程完全由漂移系数和扩散系数表征,与两个具有相同系数的扩散过程在统计上是相同的。因此,随机微分方程[式(J.27)]提供了扩散过程的一般表达式。

由随机微分方程[式(J.27)]可知,扩散过程的无穷小增量为高斯分布,即

$$dU(t) = \mathcal{N}(a[U(t),t]dt,\ b[U(t),t]^2dt) \tag{J.28}$$

这种高斯性不是扩散过程的定义性质,而是从它们的定义推导出来的。

J.10 白噪声

在随机微分方程理论发展之前,扩散过程通常被表示为包含白噪声的常微分方程。将式(J.27)除以 dt, 得到:

$$\frac{dU(t)}{dt} = a[U(t),t] + b[U(t),t]\dot{W}(t) \tag{J.29}$$

其中,白噪声 $\dot{W}(t)$ 为 $dW(t)/dt$。由于 dU/dt 和 dW/dt 都不存在,这个方程不能用通常的方式解释。因此,最好不要使用白噪声的概念,而是用随机微分方程来表示扩散过程。

矩的演化:无条件矩 $\langle U(t)^n\rangle$ 的演化方程可以从福克-普朗克方程[式(J.19)],或从随机微分方程[式(J.27)]导出。后一种方法是有启发性的。

取式(J.25)的均值,代入式(J.27),得到:

$$\begin{aligned}\langle U(t+dt)\rangle - \langle U(t)\rangle &= \langle dU(t)\rangle \\ &= \langle a[U(t),t]\rangle dt + \langle b[U(t),t]dW(t)\rangle\end{aligned} \tag{J.30}$$

$dW(t)$ 的均值为零,并且对于 $t' \leqslant t$, 它与 $U(t')$ 无关。因此,最后一项消失,导致:

$$\frac{d}{dt}\langle U(t)\rangle = \langle a[U(t),t]\rangle \tag{J.31}$$

同理, $U(t+dt)$ 平方的均值是

$$\begin{aligned}\langle U(t+\mathrm{d}t)^2\rangle &= \langle [U'(t)+\mathrm{d}U(t)]^2\rangle \\ &= \langle U(t)^2\rangle + 2\langle U(t)\mathrm{d}U(t)\rangle + \langle \mathrm{d}U(t)^2\rangle \end{aligned} \tag{J.32}$$

交叉项是 $2\langle Ua\rangle \mathrm{d}t$，而最终项是

$$\begin{aligned}\langle \mathrm{d}U(t)^2\rangle &= \langle a(U[t], t)^2\rangle \mathrm{d}t^2 + \langle b(U[t], t)^2 \mathrm{d}W(t)^2\rangle \\ &= \langle b(U[t], t)^2\rangle\langle \mathrm{d}W(t)^2\rangle + o(\mathrm{d}t) \\ &= \langle b(U[t], t)^2\rangle \mathrm{d}t + o(\mathrm{d}t)\end{aligned} \tag{J.33}$$

其中，$o(h)$ 表示如下这样一个量：

$$\lim_{h\downarrow 0}\frac{o(h)}{h} = 0 \tag{J.34}$$

[例如，$h^{1+\epsilon} = o(h)$，对于所有的 $\epsilon > 0$。] 因此，$U(t)$ 的均方演变为

$$\frac{\mathrm{d}}{\mathrm{d}t}\langle U(t)^2\rangle = 2\langle U(t)a[U(t),t]\rangle + \langle b[U(t),t]^2\rangle \tag{J.35}$$

注意,对于可微过程，$\langle \mathrm{d}U(t)^2\rangle/\mathrm{d}t$ 是零,但是,对于扩散过程,它是 $\langle b^2\rangle$，这就得到了式(J.35)的最后一项。

J.11 欧恩斯坦-乌伦贝克(Ornstein-Uhlenbeck，OU)过程

OU 过程是最简单的统计平稳扩散过程,它由线性漂移系数定义：

$$a(V, t) = -\frac{V}{T} \tag{J.36}$$

常数扩散系数：

$$b(V, t)^2 = \frac{2\sigma^2}{T} \tag{J.37}$$

初始条件：

$$U(0) \stackrel{\mathrm{D}}{=} \mathcal{N}(0, \sigma^2) \tag{J.38}$$

其中，T 为正时间标度(timescale)；σ 为常数。对应的随机微分方程是朗之万方程：

$$\mathrm{d}U(t) = -U(t)\frac{\mathrm{d}t}{T} + \left(\frac{2\sigma^2}{T}\right)^{1/2}\mathrm{d}W(t) \tag{J.39}$$

对于 OU 过程,在 $U(t_1)=V_1$ (当 $t>t_1$ 时) 的条件下, $U(t)$ 的 PDF 福克-普朗克方程[式(J.18)] $f_1(V;t\mid V_1,t_1)$ 为

$$\frac{\partial f_1}{\partial t}=\frac{1}{T}\frac{\partial}{\partial V}(Vf_1)+\frac{\sigma^2}{T}\frac{\partial^2 f_1}{\partial V^2} \tag{J.40}$$

在确定的初始条件[式(J.17)]下,这个方程的解是正态分布:

$$f_1(V;t\mid V_1,t_1)=\mathcal{N}[V_1\mathrm{e}^{-(t-t_1)/T},\ \sigma^2(1-\mathrm{e}^{-2(t-t_1)/T})] \tag{J.41}$$

(见练习 J.4。)该解充分刻画了这一过程,表明条件均值 $\langle U(t)\mid V_1\rangle$ 在时间尺度 T 上从 V_1 衰减到 0;而条件方差在时间尺度 $\frac{1}{2}T$ 上从 0 到 σ^2 递增。在很大程度上,条件分布趋于平稳分布 $\mathcal{N}(0,\sigma^2)$。

由式(J.41)可推导出一个重要推论: OU 过程是高斯过程。马尔可夫性质的一个结果是,在 $N+1$ 个时刻 $\{t_0=0,t_1,t_2,\cdots,t_N\}$, $U(t)$ 的联合 PDF 可表示为初始时刻 t_0 的边际 PDF 和 N 个条件 PDF $f_1(V_n;t_n\mid V_{n-1},t_{n-1})$ $(n=1,2,\cdots,N)$ 的乘积。由于每个条件 PDF 均为正态分布[见式(J.38)和式(J.41)],因此 $N+1$ 时刻的联合 PDF 是联合正态的,满足高斯过程的定义。

由于均值 $\langle U(t)\rangle$ 为零,自协方差(对于 $s\geqslant 0$) 为

$$R(s)=\langle U(t_1+s)U(t_1)\rangle \tag{J.42}$$

这很容易通过如下公式从条件平均值 $\langle U(t_1+s)\mid V_1\rangle=V_1\mathrm{e}^{-s/T}$ 得到:

$$\begin{aligned}R(s)&=\langle\langle U(t_1+s)\mid U(t_1)\rangle U(t_1)\rangle\\&=\langle U(t_1)^2\rangle\mathrm{e}^{-s/T}=\sigma^2\mathrm{e}^{-s/T}\end{aligned} \tag{J.43}$$

对于任何统计稳定过程,自协方差 $R(s)$ 和自相关函数 $\rho(s)$ 是偶函数。因此,对于 OU 流程,有

$$R(s)=\sigma^2\mathrm{e}^{-|s|/T} \tag{J.44}$$

$$\rho(s)=\mathrm{e}^{-|s|/T} \tag{J.45}$$

注意: 由 $\int_0^\infty\rho(s)\mathrm{d}s$ 定义的积分时间尺度是 T。

二阶结构函数 $D_2(s)$ 和频谱 $E(\omega)$ 包含与自协方差 $R(s)$ 相同的信息。对于 OU 进程,其结构函数为

$$\begin{aligned}D_2(s)&\equiv\langle[U(t+s)-U(t)]^2\rangle=2[\sigma^2-R(s)]\\&=2\sigma^2(1-\mathrm{e}^{-|s|/T})=\frac{2\sigma^2}{T}|s|+O(s^2)\end{aligned} \tag{J.46}$$

而 [$R(s)$ 的傅里叶变换的两倍] 频谱为

$$E(\omega)=\frac{(2/\pi)\sigma^2 T}{1+T^2\omega^2} \tag{J.47}$$

$U(t)$ 的可微性缺乏的表现为在原点处 $\rho(s)$ 的不连续斜率,以及 $D_2(s)\sim s(s)$ 和 $E(\omega)\sim\omega^{-2}$ 的变化(对于大 ω)。

综上所述;OU 过程[由朗之万方程产生,式(J.39)]是一个统计稳定的高斯过程。因此,它完全由其均值(为零)、方差 σ^2 和自相关函数 $\rho(s)=\mathrm{e}^{-|s|/T}$ 表征。

J.12 伊藤(Ito)转换

考虑过程 $q(t)$ 由如下公式定义:

$$q(t)=Q[U(t)] \tag{J.48}$$

其中,$U(t)$ 为扩散过程[漂移 $a(V,t)$,扩散 $b(V,t)^2$];$Q(V)$ 为可微函数,导数为 $Q'(V)$ 和 $Q''(V)$ 等。q 的无穷小增量是

$$\mathrm{d}q(t)=Q[U(t)+\mathrm{d}U(t)]-Q[U(t)] \tag{J.49}$$

将 $Q(U+\mathrm{d}U)$ 展开成关于 $U(t)$ 的泰勒级数,用式(J.27)代入 $\mathrm{d}U$,得到:

$$\begin{aligned}\mathrm{d}q(t)&=Q'[U(t)]\mathrm{d}U+\frac{1}{2}Q''[U(t)]\mathrm{d}U^2+o(\mathrm{d}t)\\&=\left(Q'a+\frac{1}{2}Q''b^2\right)\mathrm{d}t+Q'b\mathrm{d}W+o(\mathrm{d}t)\end{aligned} \tag{J.50}$$

因此,$q(t)$ 本身是一个扩散过程,具有随机微分方程:

$$\mathrm{d}q(t)=a_q[q(t),t]\mathrm{d}t+b_q[q(t),t]\mathrm{d}W(t) \tag{J.51}$$

其中,系数为

$$a_q=Q'a+\frac{1}{2}Q''b^2 \tag{J.52}$$

$$b_q=Q'b \tag{J.53}$$

这些关系形成伊藤变换。与常微分方程的变换规则相比,其本质区别是额外的漂移 $\frac{1}{2}Q''b^2$。

J.13 向量-数值(vector-valued)扩散过程

上述关于标量值扩散过程的发展可直接推广到向量-数值过程 $U(t)=\{U_1(t), U_2(t), \cdots, U_D(t)\}$,这里只给出主要结果。

漂移系数是向量:

$$\boldsymbol{a}(\boldsymbol{V}, t) = \lim_{h \downarrow 0} \frac{1}{h} \langle [\Delta_h \boldsymbol{U}(t)] \mid \boldsymbol{U}(t) = \boldsymbol{V} \rangle \tag{J.54}$$

且扩散系数为 $D \times D$ 矩阵 $\boldsymbol{B}$,包含元素:

$$B_{ij}(\boldsymbol{V}, t) = \lim_{h \downarrow 0} \frac{1}{h} \langle \Delta_h U_i(t) \Delta_h U_j \mid \boldsymbol{U}(t) = \boldsymbol{V} \rangle \tag{J.55}$$

根据它的定义,$\boldsymbol{B}$ 是对称正半定的。

对于 $\boldsymbol{U}(t)$ 的 PDF、$f(\boldsymbol{V}; t)$ 和条件 PDF,福克-普朗克方程为

$$\frac{\partial f}{\partial t} = -\frac{\partial}{\partial V_i}(a_i f) + \frac{1}{2} \frac{\partial^2}{\partial V_i \partial V_j}(B_{ij} f) \tag{J.56}$$

[参考式(J.19)。]

向量-数值维纳过程 $\boldsymbol{W}(t) = \{W_1(t), W_2(t), \cdots, W_D(t)\}$ 是由独立标量过程 $W_i(t)$ 简单组成的。增量 $\mathrm{d}\boldsymbol{W}(t)$ 是一个联合正态(joint normal),有均值为零,且协方差为

$$\langle \mathrm{d}W_i \mathrm{d}W_j \rangle = \mathrm{d}t \delta_{ij} \tag{J.57}$$

这个过程在统计上是各向同性的:如果 $\boldsymbol{A}$ 是一个单位矩阵(unitary matrix),那么 $\hat{\boldsymbol{W}}(t) \equiv \boldsymbol{A}\boldsymbol{W}(t)$ 也是一个向量-数值维纳过程。

$U(t)$ 的随机微分方程为

$$\mathrm{d}U_i(t) = a_i[\boldsymbol{U}(t), t]\mathrm{d}t + b_{ij}[\boldsymbol{U}(t), t]\mathrm{d}W_j(t) \tag{J.58}$$

其中,系数 b_{ij} [与式(J.55)一致]满足:

$$b_{ik} b_{jk} = B_{ij} \tag{J.59}$$

注意,非对称矩阵 $\boldsymbol{b}$ 不是由对称矩阵 $\boldsymbol{B}$ 唯一确定的。$\boldsymbol{b}$ 的两个可能的选择是 $\boldsymbol{B}$ 的对称平方根和由 Cholesky 分解 $\boldsymbol{B}$ 给出的下三角矩阵。所有 $\boldsymbol{b}$ 的选择[与式(J.59)一致]导致统计上相同的扩散过程。

练 习

J.1 考虑三个随机变量 U_1、U_2 和 U_3。条件 PDF 由联合 PDF 定义，例如：

$$f_{3|1}(V_3 \mid V_1) = f_{13}(V_1, V_3)/f_1(V_1) \tag{J.60}$$

$$f_{3|12}(V_3 \mid V_1, V_2) = f_{123}(V_1, V_2, V_3)/f_{12}(V_1, V_2) \tag{J.61}$$

获得的结果为

$$\int_{-\infty}^{\infty} \frac{f_{123}(V_1, V_2, V_3)}{f_{12}(V_1, V_2)} \frac{f_{12}(V_1, V_2)}{f_1(V_1)} \mathrm{d}V_2 = f_{3|1}(V_3 \mid V_1) \tag{J.62}$$

从而验证式(J.2)。

J.2 设时间间隔 $(0, T)$ 分为 M 个相等的时间子间隔 $h = T/M$。对于离散时间 $nh(n = 0, 1, \cdots, M)$，过程 $\widetilde{W}$ 定义为 $\widetilde{W}(0) = 0$ 和：

$$\widetilde{W}(nh) = \sum_{i=1}^{n} h^{1/2}\xi_i, \quad n \geqslant 1 \tag{J.63}$$

其中，ξ_1，ξ_2，$\cdots$，ξ_M 为独立标准化正态随机变量。

(1) 表明 $\widetilde{W}$ 与同一时间采样的维纳过程在统计上是相同的。

(2) 用 S_M 表示维纳过程增量的平方和：

$$S_M \equiv \sum_{n=0}^{M-1} [\Delta_h W(nh)]^2 \tag{J.64}$$

得到结果 $\langle S_M \rangle = T$ 和 $\mathrm{var}(S_M) = 2hT = 2T^2/M$。由此论证了随机变量 S_M 具有非随机极限 $S_\infty = T$。

(3) 考虑 $\widetilde{W}$ 对 t 的图，其中逐次值(successive values)由直线段连接。表明每个线段的期望长度超过 $\sqrt{2h/\pi}$，并且长度和的期望超过 $\sqrt{2MT/\pi}$。由此得出，在每个正区间内，维纳过程的样本路径具有无限长的弧长。

(4) $\widetilde{W}(nh)$ 和 $\Delta_h\widetilde{W}(nh)$ 的联合 PDF $f_n(V, \hat{V}; h)$ 是什么？对于 $n \geqslant 1$，考虑事件 C_n，其定义为 $\widetilde{W}(nh)$ 和 $\widetilde{W}[(n+1)h]$ 符号相反。在 $V - \hat{V}$ 样本空间中，哪个区域对应于事件 C_n？证明 C_n 的概率是

$$P(C_n) = \frac{1}{\pi}\tan^{-1}\left(\frac{1}{\sqrt{n}}\right) \geqslant \frac{1}{4\sqrt{n}} \tag{J.65}$$

提示：考虑将 f_n 转换为标准关联法向的简单转换。$\widetilde{W}$ 改变符号的期望次数为 $N_M = \sum_{n=1}^{M-1} P(C_n)$。当 M 增加时，N_M 表现如何？因此，可以认为，在任意正区间

(t_1, t_2), Wiener 过程对 $W(t_1)$ 到 $W(t_2)$ 之间的每个值取无穷次。

(5) 对于任意正常数 c, 证明,在变换时间 $\hat{t} = ct$:

$$\hat{W}(\hat{t}) \equiv \frac{1}{\sqrt{c}} W(ct) \tag{J.66}$$

式(J.66)是一个维纳过程。

J.3 对于由式(J.27)定义的扩散过程,如下哪个量是相关的: $W(t)$、$\mathrm{d}W(t)$、$U(t)$、$\mathrm{d}U(t)$ 和 $U(t+\mathrm{d}t)$?

J.4 设 $\Psi(s, t)$ (对于 $t \geqslant t_1$) 是从确定性初始条件 $U(t_1) = V_1$ 出发的 OU 过程的特征函数,所以其傅里叶变换是有条件的 PDF $f_1(V; t \mid V_1, t_1)$。对于 f_1 [式(J.40)],从 Fokker-Planck 方程证明 $\Psi(s, t)$ 通过式(J.67)演变而来:

$$\left(\frac{\partial}{\partial t} + \frac{s}{T}\frac{\partial}{\partial s}\right)\Psi(s, t) = -\frac{\sigma^2 s^2}{T}\Psi(s, t) \tag{J.67}$$

利用特征量法求得式(J.67)的解:

$$\Psi(s, t) = \Psi[s\mathrm{e}^{-(t-t_1)/T}, t_1]\exp\left[-\frac{1}{2}s^2 \sum (t)^2\right] \tag{J.68}$$

其中,

$$\sum (t)^2 \equiv \sigma^2[1 - \mathrm{e}^{-2(t-t_1)/T}] \tag{J.69}$$

证明,在初始条件 $\Psi(s, t_1) = \mathrm{e}^{-\mathrm{i}sV_1}$ 时,该解对应于正态分布有均值:

$$\mu(t) = V_1\mathrm{e}^{-(t-t_1)/T} \tag{J.70}$$

和方差 $\sum (t)^2$。

J.5 设速度的每个分量 $\boldsymbol{U}(t) = \{U_1(t), U_2(t), U_3(t)\}$ 由独立的朗之万方程演化,即

$$\mathrm{d}\boldsymbol{U} = -\boldsymbol{U}\frac{\mathrm{d}t}{T} + \left(\frac{2\sigma^2}{T}\right)^{1/2}\mathrm{d}\boldsymbol{W} \tag{J.71}$$

U 的联合 PDF 是什么? 速度 $q(t)$ 由如下公式定义:

$$q(t) = [U_i(t)U_i(t)]^{1/2} \tag{J.72}$$

证明 $q(t)$ 是由随机微分方程演化的:

$$\mathrm{d}q = \left(\frac{2\sigma^2}{q} - q\right)\frac{\mathrm{d}t}{T} + \left(\frac{2\sigma^2}{T}\right)^{1/2}\mathrm{d}W \tag{J.73}$$

表明 q 的稳定分布为

$$f(v)=\sqrt{\frac{2}{\pi}}\,\frac{v^2}{\sigma^3}\mathrm{e}^{-v^2/(2\sigma^2)} \tag{J.74}$$

J.6 设 $\Psi(s,\ t)$ 为式(J.58)给出的一般向量-数值扩散过程的特征函数。展开 $\langle\exp(\mathrm{i}s\times[\boldsymbol{U}(t)+\mathrm{d}\boldsymbol{U}(t)])\rangle$ [见式(1.23)],得到如下结果:

$$\Psi(s,\ t+\mathrm{d}t)=\Psi(s,\ t)+\mathrm{i}s_j\langle a_j\mathrm{e}^{ts\cdot U(t)}\rangle\mathrm{d}t-\frac{1}{2}s_js_k\langle b_{j\ell}b_{k\ell}\mathrm{e}^{\mathrm{i}s\cdot U(t)}\rangle\mathrm{d}t+o(\mathrm{d}t) \tag{J.75}$$

其中,例如,系数是 $a_j=a_j[U(t),t]$。证明这个方程的傅里叶变换(当它除以 dt 时)是福克-普朗克方程[式(J.56)]。

参考文献

符号表及缩写